# 深度学习：
# 从基础到实践

Deep Learning:
From Basics to Practice

（下册）

[美] 安德鲁·格拉斯纳（Andrew Glassner）著

罗家佳 译

人民邮电出版社

北京

# 深度学习：
## 从基础到实践

### Deep Learning:
### From Basics to Practice
### （下册）

［美］安德鲁·格拉斯纳（Andrew Glassner）著

李皓 译

人民邮电出版社

北京

# 目录

# 第 20 章

# 深度学习

本章介绍深度学习网络的基本结构，并研究构成深度学习网络的多种不同类别的层。

## 20.1 为什么这一章出现在这里

在上册中，我们已经为构建神经网络打下了扎实基础。在本章中，我们将把这些知识点结合起来，并通过将人工神经元（neuron）装入层中来构建一个网络。如第 18 章所述，这使得我们可以利用高效的反向传播算法来提高网络性能。由一系列层组成的网络通常则称为**深度网络**（deep network），当这种网络对我们所提供的数据进行学习时，就称其为**深度学习**。

我们将讨论深度学习的相关术语，并研究在深度学习网络中最常用的一些层。通过案例研究，我们将探索如何构建一个新网络并对其结果加以解读。

本章为下册的提纲。接下来，我们将了解以实现不同任务为目的的各种特殊形式的深度学习。

## 20.2 深度学习概述

通过一堆层构建的神经网络通常称为**深度网络**（也称为高度、宽度或长度网络，但深度网络最为贴切），在使用深度网络时，我们通常会说我们正在进行**深度学习**。

**深度学习**一词通常指的是排列成层堆栈的神经网络，而**机器学习**一词更加常见，它包含了深度学习和其他我们已经介绍过的算法（如第 13 章中的分类器），而这些算法并不是基于神经网络进行的。有些作者会将"机器学习"和"深度学习"视为两个不同的领域，并认为"机器学习"仅仅指那些不使用神经网络的算法。

有的书会将神经网络包含于"机器学习"的大概念之下，而有的书则不是这样（是将两者分开的），因此读者有必要花点时间分辨一下特定作者所说的深度学习的概念具体指的是什么。

在不同层上组织神经元并构建深度学习网络有助于培养对数据进行分层分析的能力。初始的层所分析的是原始数据，之后的每一层能够利用来自上一层神经元的信息来处理更大量的数据。例如，在分析一张照片时，第 1 层通常分析单个像素，第 2 层会分析一组像素，第 3 层会分析这些像素组构成的整体，以此类推。前几层我们可能会注意到一些像素比其他像素更黑，而在之后的层中，可能会注意到一堆像素整合起来看就像一只眼睛，再后面的层可能会帮助我们识别出图像的线条感，这些线条整合而成的图像看上去像是一只老虎。

图 20.1 展示了一个 3 层的深度学习网络的例子。

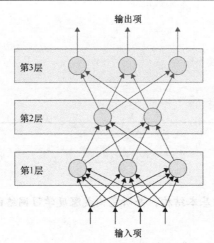

图 20.1 一个 3 层的深度学习网络。其中有 4 个输入项流过 3 层，最后有 3 个输出项。我们说这个网络是 "全连接的"，因为每一层的每个神经元接收的输入项都来自前一层所有的神经元

在垂直地绘制层时，输入项几乎总是被画在最底部，而收集结果的输出项几乎总是在最顶部，如图 20.1 所示。

最顶部的层（图 20.1 中的第 3 层）称为**输出层**。尽管我们在使用前可能还会进一步地处理从这一层出来的值。例如，使用在第 17 章中见到的 softmax 技术，我们通常就将这一层作为神经网络的尾部，因为它包含了最后一组神经元。

我们很可能会期待在开始的地方有一个对应的**输入层**，并且它被自然而然地认为是我们给图 20.1 中第 1 层的名字。但这不是该术语演变的过程。有一个 "输入层"，但它几乎不被明确地展现。不如说输入层指的是保存输入值的内存。我们可以认为图 20.1 中底部那一排黑色箭头表示的是输入层。

图 20.1 中的第 1 层和第 2 层称为**隐藏层**。如果我们想象有人在外部从上或从下观察这个网络，他们只能看见输入层或输出层。我们想象中间的层在视野中是 "隐藏的"，因此称为 "隐藏层"（从侧面可以看到它们，但我们就这条术语而言忽略这一点）。

有时层的堆叠是从左至右被绘制的，如图 20.2 所示。

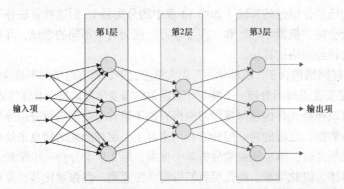

图 20.2 同图 20.1 一样的深度网络，但按照从左到右的数据流绘制

即使这样绘制，我们仍然可以使用同垂直方向一样的术语。作者可能会说第 2 层在第 1 层 "上方"，并且在第 3 层 "下方"。不管图是怎么绘制的，如果我们用 "在上方" 或 "更高" 描述更接近输出的层，而用 "在下方" 或 "更低" 描述更接近输入的层，就总能简洁易懂。

## 张量

深度学习网络的机制本质上是对数字的操作，因此一个重要的数据组织概念是数字**列表**。这个列表或许会是图 20.3a 所示的一维列表——简单地识别一个又一个数字。

我们也可以将数据组织成别的形状。例如，图 20.3b 所示的二维列表非常适合存储图像中的像素值，我们可以称之为**网格**（grid）或**矩阵**（matrix）；图 20.3c 所示的三维列表可以存储体数据，或者可能是多次采样由多个特征组成的多个样本，我们称之为**长方体**或**块**（block）。

为了简化讨论，我们将一个具有任意尺寸和维数的列表称为张量。"张量"这个词在数学和物理领域有更复杂的含义，这里我们仅用它来表示一个被组织成多维列表的数字集合。

$$(a) \qquad\qquad (b) \qquad\qquad (c)$$

图 20.3　3 个张量，每个有 12 个元素。(a)一个一维张量是一个列表；(b)一个二维张量是一个网格；(c)一个三维张量是一个长方体。在所有情况下，也包括更高维的情况下，所有结构都是被填满了的。也就是说，所有的行、列等有着相同的长度

因此，我们经常用输入张量（指所有输入值）、输出张量（指所有输出值）以及网络内计算输入值的新表示的其他张量。

我们说每个张量都有维数，每一维都有尺寸。总的来说，维数和尺寸构成了张量的**形状**。

## 20.3　输入层和输出层

大多数网络会有一个单独的输入层和一个单独的输出层。这些标签仅指层在网络中的位置：输入层是在开始处（底部或左侧），而输出层是在结尾处（顶部或右侧）。

正如前文提到的，输入层不是一个神经元层，它只是一个输入数据概念上的"占位符"。输入层通常由深度学习库自动创建和维护，而我们很少直接对它进行操作。我们需要意识到这一点，有时由于我们想在网络其他部分之前处理输入，因此可以在输入层和网络中第一个神经元层之间放置某种处理步骤。

但是，输出层确实包含神经元，并且在搭建网络时，我们要显式地创建它。它的类型和结构完全由我们决定。输出层通常没有正式的定义，不如说，我们在网络顶部放置的任何一层都可以被称作这个结构的"输出层"。

### 20.3.1　输入层

**输入层**通常不会在深度学习网络结构图中显示。应当注意的是，输入层不是神经元，因为它不对数据做任何处理。它可以简单地被视为一组仅保存输入值的内存块，每个内存块能容纳一个输入数据，如图 20.4 所示。

有些作者随意地用"输入层"这个词来描述网络中涉及处理的第一层，因此当我们遇到像"第一层"和"输入层"这些术语时要保持警惕，以确保它们所指代的意思。

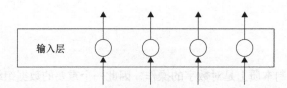

图 20.4　输入层仅是我们可以暂时存储输入数据的占位符

### 20.3.2　输出层

**输出层**是网络的结果被传递给网络之外的地方。

在构建网络时，我们会在输出层选择与所尝试解决的问题类型相匹配的神经元数量。

如果要解决的是一个仅输出单个数字的回归问题，那么输出层中只有一个神经元，并且这个神经元的值就是预测值。

如果我们在搭建一个二元分类器，那么我们可以只用一个输出值为 0～1 的神经元，接近 0 的值意味着其输入来自一种分类，而接近 1 的值则表明输入来自另一种分类。或者，我们可以用两个输出神经元，每个各用于一种类别，我们通常会寻找值最大的神经元，然后将对应的类别指派给该输入。

多分类器通常具有和类别数同样多的输出数。例如，假如我们尝试识别大写的英文字母，那么会有 26 个输出神经元，每个神经元对应一个字母并为每个字母提供一个分数。我们可以选择分数最高的输出作为对输入分类的最好结果，如图 20.5 所示。如果我们想把这些输出解释为概率，则可以通过 softmax 步骤来实现，正如第 17 章讨论的那样。

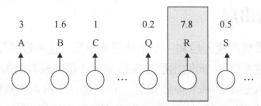

图 20.5　如果对单个字母进行分类，我们会有 26 个输出。每个输出都给出一个对
应于那个情况的分数。在这里，字母 R 得分最高

## 20.4　深度学习层纵览

大多数库会提供各种各样类型的层。本节将介绍一些最常见和最有用的层。每个库的性质会影响它提供的层及其工作方式，所以以一个库为例来讲会更容易理解。我们将以 Keras[Keras16] 为例来展开讨论，因为它提供了一个很好的选择，并且我们会在第 23 章和第 24 章中更详细地介绍它。即使在这个库中，我们的纵览也不会是详尽无遗的。

我们将在此总结一下每一层的基本结构和函数。大多数层有可选参数，如果我们不喜欢默认值，可以通过调参来改善它们的表现。

许多处理层有一种可用的选项是应用于神经元输出的激活函数的选择。回顾第 17 章，激活函数是我们将值传递出去前，应用到每个神经元输出上的小型非线性变换。尽管在理论上，人们可以对层中的每个神经元应用不同的激活函数，但这非常少见。实际上，对于给定的层我们通常将同样的激活函数应用到每个神经元。

接下来的概述是有意简化的。我们之后将用整个章节来回顾其中一些层的原理和用法，而对于其他层，则会在我们用到时再讨论其中的细节。

## 20.4.1 全连接层

**全连接层**也称为 FC 或**密集层**（dense layer），是一组从前一层所有神经元那里接收输入的神经元的集合。例如，如果全连接层有 4 个神经元，而之前的层有 4 个神经元，那么这一层的每个神经元都有 4 个输入，分别来自前一层的每个神经元，总共便是 4×4=16 个连接。

图 20.6a 所示的是一个有 3 个神经元、位于一个有 4 个神经元的层之后的全连接层。

图 20.6b 显示了用于全连接层的示意简图。其设计思路是顶部和底部各有两个神经元，连线则表示它们之间的 4 个连接。通过图 20.6b 的数字，我们可以确定层内有多少神经元。当有需要时，我们也可以在此标记该层的激活函数。

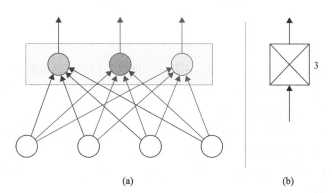

(a)          (b)

图 20.6 一个全连接层。(a)带颜色的神经元组成了一个全连接层，较高层的每个神经元从前一层的各个神经元接收输入。(b)用于全连接层的示意简图

全连接层在深度学习中被广泛使用。有些名为**全连接网络**（fully-connected network）或**多层感知机**（Multi-Layer Perceptron，MLP）的网络，就是只由一些全连接层堆叠而成的。

## 20.4.2 激活函数

许多层允许我们指定激活函数——该激活函数会被用于那一层的所有神经元。这个选择通常包含许多我们在第 17 章见到的激活函数，如 ReLU、sigmoid 以及 tanh 等。

但我们也可以选择在没有激活函数的情况下创建神经元，然后在它们之后放置一个激活函数"层"。这些神经元自身不会有激活函数，但之后随着它们的输出传递到该激活层时，激活函数就被应用了。这和在创建层时确定激活函数得到的结果一样，但它让我们得以分开这两个步骤，这对我们正在做的事来说或许是一种更方便的方式。

在解决分类问题时，我们常常会用一个输出数等同类别数的全连接层结尾，然后附上一个我们在第 17 章见到的 softmax 层。这样对输出做了一些缩放，并确保它们加起来等于 1。总之，这些步骤使得我们能将 softmax 层的输出解释为概率，如图 20.7 所示。

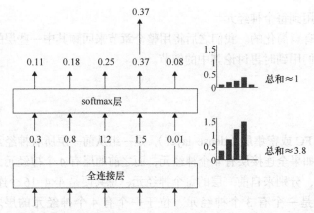

图 20.7　softmax 操作改变了一组数字以便它们表示概率。使用了一个数学转换后，每
个输出都为 0~1，并且所有输出的和约为 1。在这个例子中，有 5 个值来自全连接层。
这 5 个值处于 0.01~1.5，且它们的和大约是 3.8。经过 softmax 层后，这些值便处在
0 到 1 的范围内并且和约为 1

### 20.4.3　dropout

过拟合是许多神经网络会出现的问题。一旦一个网络开始记忆训练数据并因此过拟合，我们通常都会停止训练。任何我们用来延缓过拟合开始的技术都是一种**正则化**。正则化方法非常棒，因为它使得我们可以在过拟合前更久地训练网络，从而带来更好的性能。

有一种延缓过拟合的技术称为 dropout，它可以在深度网络中包含在 dropout 层[Srivastava14]内使用。dropout 层不包含任何神经元。不同于 softmax 层，dropout 层不做任何计算。相反，它仅仅是使前一层的部分神经元断开连接。这种层仅仅在训练时有效，当我们使用网络来预测时，dropout 层是没有影响的。

dropout 层用一个参数来描述应该受影响的神经元的百分比。在每一轮训练开始前，我们随机选择前一层该百分比数量的神经元，之后暂时地切断它们同其他神经元的输入与输出。实际上，这些神经元就像被搁浅了一样，每个都是一个孤岛。由于它们失联了，这些神经元不参与任何的计算和更新（updating）。当这一轮训练结束并且权重已经更新后，这些神经元及其所有连接会被恢复。

比如，假设 dropout 层中该参数描述的比例是 20%（一个常见值），而之前的层有 100 个神经元，那么在每轮训练开始时，我们会随机选取 20 个神经元（因为 100 的 20% 是 20），令它们暂时与网络分离。

当这一轮结束时，这些神经元及其连接会被恢复，就好像它们从未失联过。之后在下一轮开始时，新的随机神经元又会被挑选并暂时移走，类似地，在每一轮都重复这样的过程，如图 20.8 所示。

引入 dropout 层的目的是防止任何一个神经元过度专门化。假设一个照片分类系统中的神经元在检测中高度专门化。例如，针对猫的眼睛，这对识别猫脸照片是有用的，但对其他所有或许需要使用该系统来分类的照片来说是没用的。

这种专门化很容易导致过拟合。如果网络内不同的神经元都非常擅长寻找训练数据中的一个或两个特征，那么它们能在该数据上表现得非常好，因为它们能找出其被训练着去寻找的特有细节。但这个整体系统在没有那些神经元专门针对的精细线索的新数据上则会表现得很差。为了避免这种专门化导致的过拟合，我们首先就要避免专门化。这就是 dropout 为我们做的。

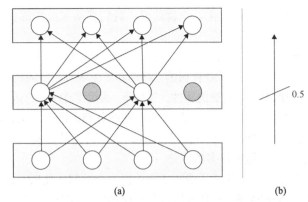

图 20.8　dropout 是如何工作的。在此我们对中间的层应用了 dropout。(a)没有显式地画
出 dropout 层，而只是表现了它的效果。我们设置 dropout 比例为 0.5，因此中间那层 4
个神经元中的 50%被选中并在本轮训练开始前失联。在这里它们被用灰色表示。实际上，
它们此时不是网络的一部分。当本轮结束时，它们所有的输入和输出连接都会被恢复。
对单个 dropout 层，在示意图(b)中是一个从左下到右上的斜线，在右侧我们标出了被选
为失联神经元的比例

通过随机地移除神经元，有时一个已经专门化的神经元会被选中。这意味着剩下的神经元被
迫要介入并承担失去的神经元的一些责任。当该专门化的神经元重连时，就不再需要那么多它的
专门化响应，然后因此，它也可以变得更泛化。这两个步骤都会导致神经元在响应时更加泛化，
如此不易于过拟合。

换言之，dropout 通过将学习分散到所有神经元上来帮助推迟过拟合。

dropout 层可以跟在任何有神经元的层的后面。

### 20.4.4　批归一化

另一种正则化技术被称作批归一化（batch normalization），或者可以简称批归一（batchnorm）
[Ioffe15]。像 dropout 一样，批归一化可以作为网络中包含的一层来实现，但这一层也不包含神经
元。与 dropout 不同的是，批归一化实际上做了一些计算，尽管没有参数，也不需要我们控制。

批归一化用于修改从一个计算层产生的值，比如一个全连接层，或是我们将在下面看到的层
中的一个。这看起来有点奇怪，因为层的整体目标是要学会产生能带来好结果的输出值。为什么
要修改那些输出值呢？

事实证明，对一层的输出值进行一些修改可以使那些数字更适合于即将到来的计算。例如，
假设我们要用一层所有的输出值去除以某个固定的数（比如 2）那么每个传递到下一层的值都会
是原来的一半。由于所有值都被 2 除，这改变了它们的绝对大小，但不改变它们的相对大小。因
此一个比其他值大 3 倍的值仍然大 3 倍。

当我们进行数学计算时，这种放缩变化不改变相对的输出。例如，如果要实现分类，没有做
这种除法的网络中最高分的神经元在进行这种放缩操作后仍然会有最高分，因此我们仍然能够确
定相同的输入类别。

那么这种放缩的意义是什么呢？它是为了保持这些在网络中流动的值不变得过大。回顾在第
9 章中关于正则化的讨论，我们看到保持这些值较小有助于推迟过拟合。

批归一化中用来放缩值的技术与我们在第 12 章介绍的技术很相似。当时，想要为机器学习

准备数据时，我们经常想使数据标准化。也就是说，我们移动和放缩那些值，使它们的平均值为 0，标准差为 1。

对于批归一化的一般直觉是，如果对输入层进行数据归一化是个好主意，那么对内部层进行归一化也会是一个好主意。批归一化就是这样做的，移动和放缩来自一层的数据，这样数据的平均值就为 0、标准差就为 1，即赋予了它正确的属性，这样下一层就能轻松而有效地处理它。

上文解释了"批归一化"中的"归一化"。"批"的部分则是由于我们在收集了所关注的一层整个批次的输出后再应用这个步骤。正如我们在第 8 章所讨论的，实践中"批"几乎总指的是 mini-batch——这个比整个训练集小得多的部分。

可以通过在一个计算层之后、其激活函数之前放置一个批归一化层（normalization layer）来使用这种技术。因此我们首先要创建不含激活函数的计算层，紧随其后的是批归一化层，然后才是激活函数层，如图 20.9 所示。

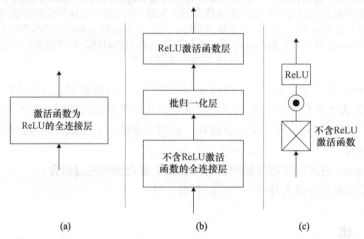

图 20.9　如何应用批归一化层。(a)"应用之前"图示，显示了一个激活函数为 ReLU 的全连接层。(b)"应用之后"图示，我们从它本来的层中移动了 ReLU 激活函数，并在二者之间放置了一个批归一化层。(c)是对(b)中网络的示意图版本。我们从一个不含 ReLU 激活函数的全连接层开始，紧随其后的是批归一化图标，然后是 ReLU 激活函数层。批归一化图标表明，由黑色圆圈表示的数据是归一化的，因为它以较大的圆圈为中心并能很好地匹配那里的大小

因此，批归一化层收集了一个批次经一个层处理流出的所有值，然后归一化了那些值。也就是说，它们有平均值 0 和标准差 1。

这可以防止从该层出来的值漂移到非常大或非常小的区域。或者扩展（或压缩）太多。这个操作有助于保持那些值更接近激活函数最有用的非线性区域。

这样做的结果是推迟了过拟合的发生，使神经网络能够训练更长时间。

## 20.4.5　卷积层

**卷积层**（convolutional layer）最著名的应用是处理二维图像。例如，基于卷积的神经网络被用于在照片中识别人脸。卷积对于一维序列、三维长方体甚至更高维的数据也有用。我们将在第 21 章更仔细地研究卷积。

而现在，让我们大致了解一下整体情况。我们将在二维图像上考虑卷积。除了这个输入图像之外，

我们还会创建第二个微小的图像，可能小到 3 像素×3 像素。我们称这个小图为**过滤器**（filter）。

现在我们可以把这个小的方形过滤器移到整个输入图像上。对于输入的每个像素，我们将把 3 像素×3 像素的图像放在它的中心，然后将 3 像素×3 像素过滤器中每个像素的值与其下方输入图像对应像素的值相乘。我们将把那些和值加起来，然后就变成了输出图像中那个像素的值。

如果我们有两个过滤器，那么会产生两个输出图像，每个对应一个过滤器。我们可以有 3 个或者 300 个过滤器，每个过滤器都遵循一样的过程并产生一个输出图像。

该过程背后的直观感受是每个过滤器都在图像中"寻找"某个特定特征，如老虎的条纹或人的胎记。由于这些过滤器在整个图像上移动，它们可以在图像的任何地方找到其正在寻找的元素。如果我们运用多个卷积层，一个跟着另一，它们可以分层工作，那么每一层都将使用前一层的结果来帮助它寻找更大的特征。

图 20.10 展示了一个二维卷积层的例子，它包括一个 5 像素×4 像素的图像以及两个 3 像素×3 像素的过滤器。我们把 3 像素×3 像素过滤器的中心轮流放在 5 像素×4 像素图像的每个像素上，将过滤器的每个像素乘以其下面图像的值，然后将结果都加在一起，得到该过滤器输出中那个像素的值。此时，如果滤波器的任意像素超过了输入图像的边界，我们只用一个 0 来表示输入图像没有的值。

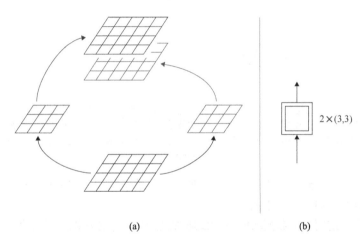

(a)　　　　　　　　　(b)

图 20.10　一个卷积层对输入图像应用一个或多个更小的图像。在此我们有一个 5 像素×4 像素的初始图像和两个 3 像素×3 像素的过滤器。(a)我们使红色的 3 像素×3 像素过滤器在输入图像上移动，将过滤器的中心放置在输入的每个像素上。然后用下面像素的值乘以过滤器的值，加和后的结果给了我们红色输出图像对应像素的值。对蓝色的过滤器也进行同样的流程，产生蓝色的输出图像。(b)卷积层的示意图是一个套在大方框里的小方框，意在暗示小图像在大图像上移动。在右侧我们指出用了多少个这样的小图以及它们的尺寸。如果需要的话，我们也能指明该层的激活函数

我们会在第 21 章更细致地研究这个过程，第 21 章完全用于讨论基于卷积的神经网络。

二维卷积对处理图像来说是很好的，它经常出现在图像处理（image processing）网络中。许多库也提供了其他维数的卷积，例如一维和三维。

### 20.4.6　池化层

池化层（pooling layer）让我们能改变在网络中传递的数据的尺寸。当我们想减小图像的尺寸以便能更快地处理它时通常使用这个过程。

假定我们有一个 512 像素×512 像素的输入图像。那是百万像素的 1/4，有很多的数据需要处理。

在这个 512 像素×512 像素的图像上运用一个池化层是有用的，这样它就可以处理像素级的细节。下一层可以操作 256 像素×256 像素的版本，再下一层可以是 128 像素×128 像素的版本，以此类推。

为了做到这一点，我们可以减小图像的尺寸。假设我们从左上方 2 像素×2 像素的块中提取最大的值，然后将其写入新图像的左上角。现在我们向右移动两个像素然后选择下一个 2 像素×2 像素的块，以此类推，如图 20.11 所示。

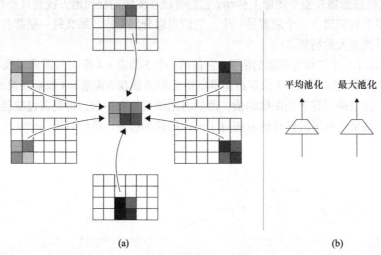

图 20.11　一个池化层。(a)对一个二维图像进行池化操作时，我们收集小块（通常是正方形），然后用它们数据的某个版本（通常要么是均值，要么是最大值）作为一个全新的、更小的图像的值。(b)池化示意图。池化的符号意味着输入边长的减小，图中的两个版本分别表示平均池化与最大池化

池化操作的结果是得到一个边的尺寸只有原来一半的新图像。如果我们使用 3 像素×3 像素的块，那么新图像每条边只有原来的 1/3。

在池化操作中，使用每个数据块的最大值通常是产生一个更小图像的好办法，而使用数据块的均值也很流行。大多数库提供了至少这两种选择。像卷积层一样，我们也可以在多种维度的数据中使用池化层，如一维、二维和三维。

池化层常用在卷积层之后，用来制作尺寸越来越小的输入图像。但这种方法正逐渐"失宠"，因为卷积层（见第 21 章）也可以减小图像尺寸。让卷积层来减小图像尺寸通常比池化层更有效，甚至能够得到更好的结果与更快的训练速度。

## 20.4.7　循环层

世界上有许多有趣的**序列**——几天内的股票价格、能编成歌曲的调子、一件设备的测量数据、能连成电影的帧画面或者是一段口头或书面语言的词。我们很自然地想问些关于这些序列的问题，比如它们是否与某些其他序列相似（例如，这本书与另一本书是同一个作者写的吗？）、如何用其他方式表达它们（例如，如何将一串词语翻译为另一种语言？）或者它们在未来的表现可能会如何（例如，明天的股票价格会是多少？）。

给目前为止我们已经见过的层配以正确的结构而组成的神经网络可以解决这些问题。但那些网络的传统问题是它们没有**记忆力**，这意味着它们利用**上下文**的能力很差，而这对我们回答有关序列的问题是很重要的。例如，如果我们正在翻译一段演讲文章，可能一刹那只考虑一个词。它的上下文让我们考虑之前或者之后的词，因而我们可以做出最好的翻译选择。

我们可以用一个更复杂的称为**循环单元**（recurrent unit）（或**循环单位**）的处理环节来代替基本的人工神经元以解决缺乏记忆力的问题。我们可以用标准层的混搭来搭建深度学习网络，并且层都由循环单元构成。如果循环单元是网络的重要组成部分，我们常常称这个网络为**循环神经网络**或 RNN。

RNN 可以回答我们先前提出的所有问题以及许多其他的问题。它被用于从语言翻译到自动配字幕甚至以已知作者风格创作新散文等各种活动。

注意，循环单元与递归的概念毫无关系，它们听起来很相似，但却是完全不同的概念。递归包含一个调用自身的函数，通常有经过修改的参数。而循环，指的是重复或**循环**的动作。一个循环单元会不断地重复一个给定的操作，因此它是循环，而非递归。

我们会在第 22 章具体地研究循环网络（recurrent network）。目前，我们知道它们提供了一种灵活的方式来给网络增添记忆和上下文信息就足够了。

图 20.12a 展示了一种画循环单元的标准方法以及完整一层这样的单元的图形符号，图 20.12c 展示了会返回一个序列的循环单元的图形符号（见第 22 章）。

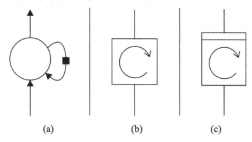

(a)　　　　　　(b)　　　　　　(c)

图 20.12　循环单元。(a)一种画循环单元的标准方法。黑色正方形代表了记忆的一个步骤。
(b)完整一层这样的单元的图形符号。(c)返回一个序列的循环单元图形符号

在网络中插入一个循环层时，我们要确定希望这些单元用多少内存。我们在如何设置与使用这些层方面会有很多选择，详细内容参见第 22 章。

## 20.4.8　其他工具层

当数据经过各个层时，我们可能需要许多有用的方法来转换它们。为了维持"层堆叠"这个一致的隐喻，我们可以将这些转换都打包进一个它们自己的层，然后简单地在构建结构时把它们加入堆叠。

就像我们已经看到的 dropout 层和批归一化层，这些层没有神经元（或循环单元），也不包含被更新的权重。因此，这些层不会随着时间的推移而学习和改变。它们只是工具层，帮助我们在数据从一个计算层传递到下一个时调整其尺寸及修改它。将这些实用操作称之为"层"可能是一种延伸，但将网络视为层的堆叠是非常方便的，以至于这已经变成了一种标准惯例。

接下来，我们再来看看其他几个常见的工具层。

**归一化层**（normalization layer）通过修改流经它的数据来调整网络，或者保持权重值较小以

便我们推迟过拟合。我们之前看到的批归一化层是归一化层的一个样例。

噪声层（noise layer）给流经它的每条数据增添了随机值。这可以帮助解决免疫其他方法的过拟合，因为它可以阻止神经元对同样的输入数据过于熟练地总产生同样的响应。

重塑层（reshaping layer）让我们能改变流经它的张量的尺寸。例如，我们可能有一个尺寸为 $10 \times 3 \times 5$ 的三维输入张量，共计 150 个元素。我们可能想合并最后两个维度来形成一个二维网格，以便将其作为一个图像来处理。我们可以用一个重塑层来宣布它现在应该被理解为一个尺寸为 $10 \times 15$ 的张量。应记住的是，"重塑"整个概念指导了每一层如何解释输入数据。不同尺寸的张量中元素被处理的初级细节在每一层是自动处理的。

剪裁层（cropping layer）在处理图像时特别有用。它只是简单地从图像中提取一个矩形区域，然后把其余部分去掉（同样，我们可以说它去掉了一些边框并保留了内部）。

零填充层（zero padding layer）常用于卷积和二维图像。它在图像外部放置了一个 0 值环——该环可以像我们所愿的一样厚。在三维情况下，它在起始的长方体周围放置 0 值环。

上采样层（upsampling layer）很像池化层，但它是反向工作的。它会使输入张量更大，而非更小。这通常是通过简单地重复元素完成的。

平整层（flatten layer）是重塑层的一种特殊形式，它将任意维数的输入张量转变成一个大的一维列表。这对于我们从一种类型的处理切换到另一种类型是有用的。例如，假设有一个二维图像，其中有 5 个人，我们想知道谁在中心。我们可以用一系列的卷积层来分析图像，但最后我们想把数据转换为一维列表，这样就可以把它传给一个有 5 个神经元的全连接层，每个神经元对应一个人。我们会在之后加上一个 softmax 层，计算每个人是中间那个人的概率。这种从二维到一维的转换就非常适合利用平整层完成。

## 20.5　层和图形符号总结

到现在为止，我们介绍过的所有层的图形符号如图 20.13 所示。

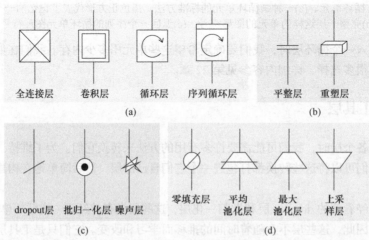

图 20.13　我们介绍过的所有层的图形符号。每个层的参数通常写在垂直图例的右侧或者水平图例的下侧。(a)主要的计算层；(b)工具计算层，它会影响流经它们的数据或前一层的计算；(c)重塑现有数据尺寸的层；(d)通过添加、移除或组合元素来改变张量尺寸的层

其中部分层对一个样例的作用效果如图 20.14 所示。

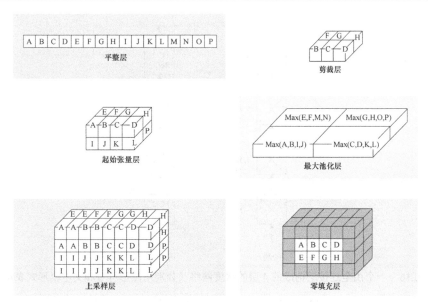

图 20.14　图 20.13 中部分实用层的作用效果，以左列中间所示的 2×2×4 维度的起始张量层为例。大多数层有能控制它们行为的参数，此处予以省略，以免杂乱

## 20.6　一些例子

下面看一些使用这些层的例子。用现代库构建一个神经网络就相当于按我们所想来命名层，并且一个接一个地确定合适的参数。我们可能需要负责将每个层和它的前方系统连接在一起，或者用库处理这个问题。我们将在第 23 章和第 24 章看到很多用 Keras 库搭建网络的实际例子。

让我们从一个只有两个全连接层的简单网络开始，每层包括两个神经元、两个输入和两个输出，每个神经元都有 ReLU 激活函数。图 20.15 展示了使用图形符号形式和传统的文本框形式的网络。

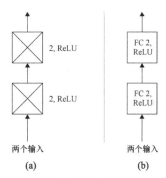

图 20.15　一个有两个输入、两个输出以及两层各有两个神经元的全连接层的小型神经网络。每个神经元都使用了 ReLU 激活函数。(a)使用图形符号形式的网络；(b)使用传统的文本框形式的网络

让我们看看有 4 层全连接层的、大些的网络，每层各有 2、4、3、2 个神经元，如图 20.16 所示。

我们可以搭建各种各样的小网络，但接下来让我们来看一个更大、更有趣的网络。这个网络有 16 个计算层以及一些零填充层、池化层、平整层等工具层，并应用了 dropout 层。拥有这样层数规模的网络曾经算是较大的网络，但按照现在的标准它可能仅能算是个小网络。这个网络是在一个竞赛中被作为一个入门级网络搭建的。

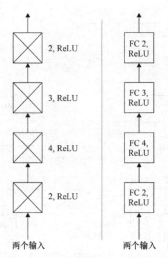

图 20.16 一个由全连接层构成的 4 层的深度网络（分别用图形符号和文本框形式表示）

ILSVRC2014 竞赛是于 2014 年举办的一系列公开挑战赛，其中一项挑战是搭建分类器[Russakovsky15]。缩写 ILSVRC 指的是"Imagenet 大规模视觉识别挑战"（Imagenet Large Scale Visual Recognition Challenge）。竞赛的组织者收集了一个巨大的物体图片数据库，并手动为每个图片分配了标签来确认图中最突出的物体。他们给参赛者提供了该数据库中的大量数据，以便参赛者可以用这些数据来训练网络。组织者随后用一个不同的测试数据集测试每个参赛方案，然后公布每支队伍的参赛结果[Imagenet14]。

令人惊讶的是，性能最好的网络之一是一个主要由 13 个卷积层及链接其后的 3 个全连接层（以及一些工具层）构成的网络。该网络是由"Visual Geometry Group"提交的，因此被命名为 VGG16[Simonyan14]。

图 20.17 展示了用图形符号绘制的 VGG16 神经网络。该网络主要是由包含零填充层的卷积层块构成的，每个块重复 2～3 次。

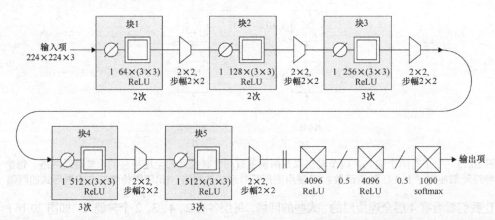

图 20.17 用于图像分类的 VGG16 神经网络。该网络是一个长堆叠，在此限于篇幅，把它分为两行

该网络包含 5 个有零填充层的卷积层块，每个块重复 2～3 次。每个块之间有池化层来使数据的宽和高都减小一半。然后，数据被平整并传递到一对有 dropout 的全连接层中。该网络的最后一层是带有 softmax 的全连接层，它为输入图像可能的 1000 种标签各产生一个概率。

为了使用这个网络，我们向这个网络输入一张图像，就可以得到 1000 个数。这些数可以告诉我们这张图像符合 1000 个可能的标签的概率。在 ILSVRC 2014 竞赛中，VGG16 的错误率只有7.3%（换言之，它得到了 92.7%的正确答案）。

VGG16 结构的详情参见第 21 章。届时我们会讨论图 20.17 中出现的所有参数值，这里仅出于完整性考虑而涵盖了这部分内容。

下面，让我们来看看这个系统的性能。

我们会使用 VGG16 来鉴定一些图像。这些图像都是这个网络之前没见过的，它们混合了公共场合的图像和一些我们在西雅图附近趁夏日明媚拍的照片。当然，我们用了 VGG16 初始开发者对它们的训练集所用的变换来预处理了每一张图像。

图 20.18 展示了一个典型结果。我们展示了一张图像以及网络报告的排名前 5 的类别和分数。在这个网络中，有些标签很长而且包含多种变体，因此我们在此仅展示了这些标签的版本剪裁。网络不仅识别出了这张图像是一只熊，而且还正确地将其识别为棕熊。分数表明它几乎完全确定该分类，而"亚军"及其后的 3 位几乎没有上榜。

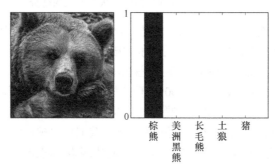

图 20.18　VGG16 对一个它从未见过的图像进行分类。排名前 5 的类别及其分数展示在右侧。在这个案例中，VGG16 几乎可以肯定这是一只棕熊（确实是）。为了节省空间，长标签被裁减了。例如，第二个标签的完整版本是"美洲黑熊、黑熊和美洲熊"

让我们看一些其他例子。如图 20.19 所示，我们会从一些动物开始。可以看到，VGG 16 被训练得不仅可以识别狗，还能分辨不同品种的狗。

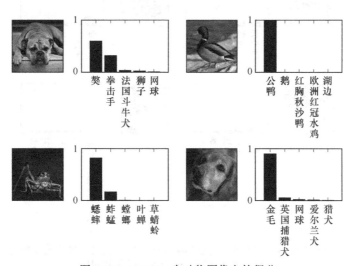

图 20.19　VGG16 在动物图像上的得分

让我们试一些别的图像，如图 20.20 所示。

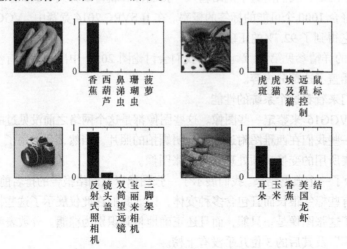

图 20.20 VGG16 在另外 4 张图像上的得分

这是值得注意的。哪怕是 VGG16 从未见过的野外拍摄的照片，即使是不同摄影师用不同设备拍摄的，有许多迷惑性的线索（如公鸭后的水和猫下面的斑点毛巾），该网络仍然能正确地识别出每张图像，而且对这几张图像来说几乎都是确信无疑的判断。

但 VGG 16 也有它的弱点。它是在 1000 种不同类别上训练的。这听起来可能很多，但英语中大概有 55 万到 70 万个名词[Tiago16]。这就代表 VGG16 还有许多完全不知道的类别。

给网络一些它从未见过的类型的图像是很有趣的。我们可以观察它努力地用有限的词汇来描述这些图像。需要注意这是个完全不公平的事。我们让网络"叫出"它从未遇到过的物体的名字，它不可能正确叫出，因为它甚至不知道要使用的名称。但仅仅为了好玩，让我们来看看它是怎么做的。

图 20.21 展示了它从未见过的 4 种类型的物体的图像。

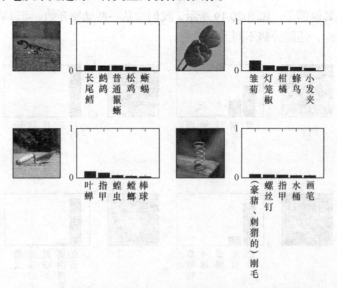

图 20.21 4 张来自 VGG16 从未见过的类型的图像。从左上角开始按顺时针方向
依次是恐龙模型、郁金香、弹簧和泥铲

看看这些尝试是很有趣的,而且它们似乎也是有一定道理的。例如,它似乎认为泥铲是一种昆虫。但请注意,所有的这些预测的可信度值都很低。该网络不知道它在看什么,但它知道它的猜测可能相当糟糕。

图 20.22 所示为另外 4 种新类型的图像。

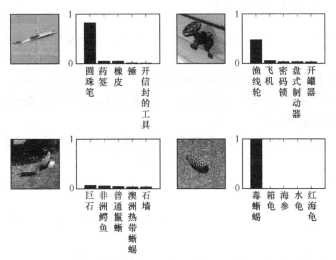

图 20.22　另外 4 种该网络从未见过的类型的图像。从左上角开始顺时针方向
依次为牙刷、水龙头、松果和木棍

VGG16 挺确信牙刷是一支圆珠笔,这不是一个很糟糕的猜测。它有些相信那个外面的水龙头是渔线轮。那个木棍乍一看确实有几分像石头或鳄鱼。真正不可思议的是,这个网络几乎肯定松果是毒蜥蜴!

只是为了好玩,让我们给 VGG16 一些可笑的图像。我们会尝试一对墨迹、一张脏的场地的照片及一张薰衣草的照片,如图 20.23 所示。

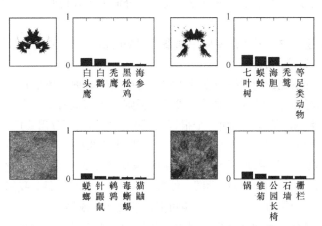

图 20.23　这是 VGG16 对 4 张不是用来处理的图像进行打分的结果。上面的两张是墨迹。
下面的两张是脏的场地的照片(左下)以及一片薰衣草的照片(右下)。在这 4 个案例
中,该网络尽力了,但它没有描绘这些图像的词汇

VGG 16 中所有值得注意的地方就是我们在图 20.17 中见到的内容,没有落下的细节、技巧或惊喜。设计的简洁性与较深的层堆叠发挥了很好的效果。

当然，训练这个庞大的网络是另一回事。它需要仔细地计划并控制初始学习率（learning rate）和衰减时间。它也需要占用大量时间。但通常只需要投入一次时间，而之后权重就可以使用了。网络结构就像是宫殿的蓝图，而权重则是里面的王冠。

## 20.7  构建一个深度学习器

当我们想要为设计一个新的深度学习器时，第一步往往是数据准备。我们想了解数据，并在需要的时候处理它。

简单地看原始数据来获得初步的认识是很常见的。如果数据是文本形式，我们可能会打开一个电子表格或文本编辑器。我们想对样本的数量、特征的数量以及数据范围有个印象，比如是否有明显奇怪的条目或印刷错误等。

通常，我们会使用可视化工具来绘制部分或全部数据，从而更好地感受它们。我们有明显的模式可以利用吗？有冗余可以消除吗？是不是有的特征几乎都是空的，所以就是没用的？我们也可以运行统计测试来帮助我们识别无法用眼睛看到的模式和趋势，尤其是当数据维度超过3个时。

根据对数据的计划，我们可能会变换它，或者是将已命名的特征映射到独热编码（或虚拟变量）上（见第12章）。

我们可能会应用一种或多种之前见过的无监督机器学习技术来变换数据。例如，我们可以用第12章中的PCA，通过除去或组合无关特征来分析和简化数据。用于神经网络的预处理的最后一步非常典型，那就是将所有特征标准化，因而它们的平均值为0，标准差为1。

现在可以考虑一下我们想要网络做什么，并确定组成网络结构的一系列层。这些选择是由经验和直觉来引导的。用数据的小子集来进行快速实验是很有用的，可用于尝试不同的想法，看看什么有效。

一旦心中有了整体的结构，我们就需要为每一层选择参数值。大多数层对于大多数参数都有有用的默认值，但我们通常希望至少重写覆盖其中部分值来更好地匹配数据以及我们想对它们做的处理。

然后我们要选择超参数，或者是要应用到整个网络的值。一般来说，最重要的超参数是学习率，如我们在第18章讨论的那样。

下一步是实际运行系统，用训练数据训练它，再用测试数据来评估它的性能。

如果它给了我们可接受的结果，那就完成了！否则，我们就需要深入研究一下。

事实上，这是最常见的情况。构建一个很好的深度学习器大部分需要广泛地进行测试、调整、跟随预感、修补、尝试更多小测试、绘图以及考虑点线图和图表等。这包含了大量的尝试和犯错。我们为各个层调整参数，或是手动补偿，或是用搜索算法来尝试一系列的变化。我们用同样的方法来调整诸如学习率这样的超参数。我们尝试一件事，然后再尝试另一件。我们可能会将一层的神经元数量翻倍，再去掉另一层20%的神经元，也可能在某处增加或移除一个或多个dropout层。

如果针对给定问题有一条通往构建"最好"深度学习器的"黄金之路"，那么每个人都会遵循它。然而我们只有大量针对不同应用最终有效的结构的论文记录。

这是如Kaggle[Kaggle16]这样的在线机器学习竞赛最具价值的一方面：基于一个给定的数据集，很多人竞争着设计能得到最好结果的学习系统。一些竞赛甚至还给出了现金奖励，比如2009年百万美元（1美元≈6.9元人民币）的Netflix奖[Netflix09]。由于大部分竞赛都至少发布了获胜者的网络结构（有时是所有参赛者），我们可以看看不同的人尝试了什么，以及看看他们的系统是如何运作的。

然后，我们可以复现他们的方法，甚至如果开发者分享了他们最终的权重，就可以马上投入运行。我们可以用这个模型做实验，添加或移除一些片段以及改变一些值，从而获得经验并提升我们的直觉。

## 入门指南

大多数人在搭建深度学习器时面对的第一个问题是要用多少层以及每个层上应该有多少个神经元。

我们的目标是找到一个很好的关于层和神经元的平衡，这样网络就能足够强大，以至于可以去学习我们需要它发现的东西，但不会比这更强大（因为那样会导致过拟合，或仅仅是在训练或预测时浪费时间）。

我们常说希望自己的网络结构能**代表模型**。我们在上面用"模型"这个词来指代结构和它的权重。但"模型"也指一种有几分相似的关系，例如，一辆塑料汽车是一辆真实汽车的模型。模型是我们正在思考的东西的一个版本，但不是该东西本身。在本案例中，我们给输入数据建立了数学模型。该模型由结构和它学到的权重组成。

总之，模型的元素组成了我们尝试学习的东西的一种**表现形式**。一般来说，这种表现形式与实物一点都不像。一组算法与数字不是一个真实的天气系统、一个真人医生或一个真正的棒球队。但如果它能用给定的正确输入来预测那些事物的行为，那么它就是对我们有用的真实事物的一个版本。

我们可以按照任何喜欢的方式混合和匹配深度学习网络的层。但当只使用（或主要使用）一种层时，我们通常会用这种层的类型来命名这个网络。

让我们回顾一下在前文看到的一些命名约定。如果神经网络主要由全连接层组成，那么我们称之为**多层感知机**或 MLP。这个名字来源于把层内的人工神经元认为是感知机，然后明确地指出我们有几个独立的这样的层。

如果神经网络很大程度上是关于卷积的（即使有一些其他类型），我们就称之为**卷积神经网络**（convolutional neural network）或是 convnet，抑或是 CNN。大多数人会把图 20.17 中的 VGG 16 模型称为 CNN。卷积神经网络的详细内容参见第 21 章。

如果神经网络主要是使用循环模块来处理序列的，我们就称之为**循环神经网络**（recurrent neural network）或 RNN。循环神经网络的详细内容参见第 22 章。

## 20.8 解释结果

我们已经看到了许多不同类型的层，而且在第 18 章中还看到了如何使用反向传播来改进深度网络的预测。但到底发生了什么？我们可以解释为什么该网络能产生它给我们的结果吗？

让我们试着通过考虑得到贷款的过程来发展那种直觉。这通常是一个人一生中很重要的一件事，如果被拒绝贷款，我们通常想知道为什么。这可以帮助我们改变现在的处境，以便之后再次申请并获得批准。

让我们从最初面对面申请贷款开始。当然，我们会简化这个讨论中的每个内容，这样就可以把重点放在对这个讨论有价值的步骤上。事实上，每一次申请贷款都是一件复杂的事情。

在向银行申请贷款之前，从朋友或同事那里借款意味着要鼓起勇气去询问。被问到的人会用他自己的标准来决定是否想要借给我们一笔钱，以及有什么条件。如果他们不同意，我们可能会问他们为什么，然后讨论他们的决定的利弊。或许一方或双方能改变对方的想法，或达成彼此都可接受的让步。关键是潜在的借款方能告诉我们为什么他们说不，因为他们知道自己的推理过程。

像银行这样的机构可以为汽车、家庭或企业提供大额贷款。大城市的银行家们不会知道是否所有进来的人都要贷款，所以他们会让申请者填写一个申请表格。这个表格会要求申请者提供许多数据，比如需要多少钱、要多久、申请者的年收入等。信贷员会把这些都看一遍，然后根据他们的经验来决定是否批准这笔贷款。他们可能不愿意讨论他们的决定，但原则上他们可以解释为什么决定这样做。

随着银行规模的扩大，这一过程变得更加标准化。银行里的某个人可能有一天坐下来，面对成百上千的贷款申请，然后将它们分为两堆：按时全额偿还的优良贷款，以及银行损失了部分或全部钱的不良贷款。根据那些贷款的申请，他们尝试制定出能让他们预测一个贷款最终是否会得到偿还的规则。

也许他们是通过累加出一个分数来实现这一点。他们或许已经注意到申请者想要存款十倍以上的贷款常常是个坏信号，所以该分数可能会变为-10分。但如果申请者有很高的年收入，能够轻易地偿还贷款，那么可能得分为20分，因而总分变为10分。但或许申请者的年收入全部来自不确定的股票市场，于是工作人员可能会从该分数中扣除8分。诸如此类，各种信息都以它们自己的方式做出贡献，直到它们汇集成最后的分数。如果最后得分为正，该贷款申请会被批准，否则会被拒绝。

这当然就和感知机所做的差不多。如图 20.24 所示，输入都被赋予权重并组合起来以产生最终的分数。

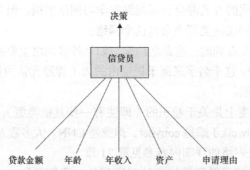

图 20.24　为了决定是否发放贷款，信贷员会从申请表中获得信息，然后将各种信息
用不同的数字加权来产生一个最终分数。分数值决定该贷款申请是否被批准

现在让我们想象一下，向这位信贷员申请贷款。我们递交了申请，之后他运用上述规则来给我们一个最终分数，该分数会告诉他是否同意该贷款。

假设我们被拒绝贷款，之后问他为什么。这位信贷员会告诉我们关于他评分系统的事以及如何评估。通常来说，那些在某些指标上评分高而在别的方面评分低的人一般会偿还他们的贷款，而不满足那些标准的人通常不会偿还贷款。我们的数字让我们进入了后面这类。

但是，我们抗议，因为可能他忽略了许多很重要的信息。或许我们有个很棒的农场，只是因为上个月拖拉机意外损坏才扭曲了"月收入"因素。又或者我们需要一辆新车来获得一个已经提供给我们的工作，但工资收入要比为车买单的钱更多。我们的目的归根结底是指出他不知道的因素或者没有正确衡量的因素，因此我们解释了这些并请他重新考虑他的决定。

根据他个人本身及他的职位，他可能会考虑我们的新信息，但也可能不会。如果该信贷员像感知机一样坚持他的流程，那么他会重新考虑。否则，这样做就没意义了，因为同样的数字出来，也会得到同样的结果。

我们知道了被拒绝的原因，因为他向我们解释了这一切。但是说统计情况对我们不利不是一种令人满意的解释。我们很可能会沮丧地走出来。

我们或许会到另一家银行碰碰运气。

在这家银行，让我们假设有5位不同的信贷员，并且每个人都制定了自己的特殊程序来评估贷款申请。我们向该银行提交了申请，随后5位信贷员轮流评估了申请。或许他们中的3位说"可以"，而两位说"不行"。如果这是一个简单多数投票，那么我们就会得到贷款。

我们可以把这个过程绘制成一个两层的神经网络，如图20.25所示。输入是申请，随后是一个有5个神经元的层，每个神经元代表一位信贷员来阅读输入。每位信贷员的决定由其输出来表征。假设1表示批准贷款，−1表示拒绝贷款，而中间的分数表示持中立态度。

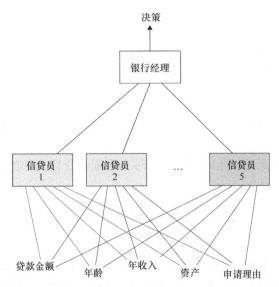

图20.25　贷款申请给了5位不同的信贷员，每位都有自己的独特判断。他们的分数都被银行经理通过加权然后累计在了一起来产生一个最终分数，该分数用于决定这笔贷款是否被批准

每位信贷员的决定都会进入第二层中代表银行经理的单个神经元。根据他对下属的经验，银行经理更信任其中一些的判断，因此他会在累计上述判断前将每个决定乘以某个数字。和之前说的一样，一个正的最终值意味着我们得到了贷款，而负值则意味着我们没有得到。

因为银行经理想确保信贷员考虑了尽可能多的信息，他告诉每人还要考虑表格填写的熟练程度、申请者的穿着、申请时的天气以及一系列辅助信息。所有的这些都可能在信贷员做决定时被考虑或被忽视。

让我们假设银行正在审批的贷款过多，以致银行经理的身体都被"压垮"了。因此他聘请了许多主管坐在信贷员和他自己之间。每位主管会做银行经理过去做的事情，也就是评估每位信贷员的决定并组合出一个最终决定。但现在那些来自主管的决定会被传递给银行经理，并由后者做最终决定。让我们假设有5位信贷员、8位主管和1位银行经理。那么我们可以搭建一个3层的神经网络来表示这个过程，如图20.26所示。

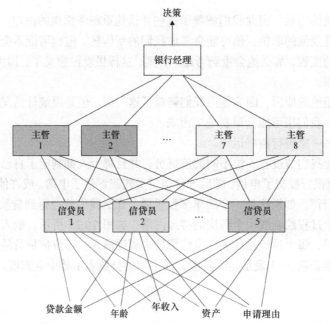

图 20.26 每位信贷员都向一位主管汇报他对我们申请的评估。在这个例子中有 5 位信贷员、8 位主管以及 1 位银行经理。主管向银行经理报告他们的决策，并由后者对贷款申请做最终决定

需要注意的重点是，主管不是直接基于我们要求贷款时提供的信息做出决定的。也就是说，他们不是看贷款金额或年收入。相反，他们关注的是信贷员的决定。例如，主管 2 可能觉得信贷员 1 太慷慨了，因此给来自信贷员 1 的观点更低的权重。但主管 4 可能觉得信贷员 1 是最好的，因而给他的观点很高的权重。本质上，每位主管关注的是信贷员的决定的统计特征，并且尝试用那些特征来提出自己的评估。

因此主管结合信贷员的结果，然后将他们自己的判断传递给银行经理。现在银行经理与我们的贷款申请信息有两个步骤的距离。他的最终决定是基于他如何选择对主管的结论进行权衡。

银行可以继续增加越来越多层级的工作人员，每一层审核前一层的决策，并寻找统计特征。他们或许会发现在每个新层中，统计分析变得越来越准确。假设有个中间层将他们前序过程的分数相加，就会发现最终的结果能以 99.9% 的准确率预测贷款是否能被偿还。

这对于银行来说是好事，但对于想要了解为什么他们的贷款申请被拒绝的客户来说是很糟糕的。

## 令人满意的可解释性

假设银行给我们分享了其网络流程的每一步。我们可以看见每个神经元的每个计算，直到输出神经元最终拒绝我们贷款的负值结果。这将是完全透明的，提供了所谓的**可解释性**（explainability），意味着它解释了结果。如果根本不能解释这个结果，我们有时会说它来自一个**黑盒**（**black box**），指的是一个不能给我们提供帮助的神秘来源。这不是我们在此遇到的情况，因为银行已经告诉我们关于如何做出决定的一切。这对我们是有价值的解释吗？

假设我们发现，检查结果中，从统计上看，那些穿着蓝色袜子、在周三下午 2：00～2：25 之

间、有一辆 3~5 年前出厂的车以及用黑色圆珠笔填写表格的人,是房屋贷款的不良押注。我们完全满足这些条件,所以我们被拒绝了。这可能非常正确而且是很好解释的,但它难以令人满意。

这些理由并不令人满意,因为它们没有告诉我们为什么。这些测量结果都是随意和无关的。从统计上来讲,它们只是告诉我们结果是怎样产生的。但我们都认为我们是独立个体,应当基于我们自身的优劣来被评判。如果被拒绝了某事,我们应该能根据逻辑、名誉、诚信以及其他在社会背景下对我们重要的品质来申诉该决定。

但这些品质与下决定的网络无关,因为网络只关注它学到的统计数据,除此之外别无其他。

所以仅对该决定做一个解释是不够的。这必须是一个**令人满意的解释**。不同的人可能会对不同类型的解释感到满意。一个很多人都感到满意的解释会清晰地传达决策的因素,比如,我们认为本应无关的因素(例如我们是否穿了蓝色袜子)要么被排除在外,要么是合理的。我们希望这个解释能告诉我们如何改变我们的处境来增加下次获得贷款的机会。

除了作为一种解释来说不令人满意,基于统计的决策过程还有另一个弱点。决策是基于历史的。让我们假设所有这些人的分析是在 3 年前完成的,当时小镇很小,资金也很紧张。在那之后小镇蓬勃发展,有更多的钱在流动,也有更多的人,总的来说,经济看起来很好。

如果这个银行的管理者们对在新经济下成功和失败的贷款有了新的眼光,他们很可能会对如何评估贷款有非常不同的规则。但他们不能那样做,因为他们的系统不会让他们批准很多这样的贷款申请。

他们能发现自己的程序已经过时的唯一方法是当许多他们批准的贷款都没有被偿还时。但同时,他们很可能已经拒绝了许多需要且能偿还的人的贷款。他们伤害了这个小镇的人,也伤害了他们自己,因为他们从来没在他们本应批准的贷款上赚到钱。

这是让网络为我们做决定的消极一面。他们不知道潜在的情景何时发生变化,因此他们只会在搞砸了很多事后才发现陷入困境了。

有一些方法可以解决这个问题,而且它们一直在变得更好[Samek17],但解释仍然很困难。为了确保系统正基于我们认为合适的标准做出决策,我们需要保持警惕[Domingos15]。

令人高兴的是,在许多情况下环境的漂移和缺乏情感上令人满意的解释并不是什么问题。如果我们的任务是识别照片上的动物,那么物种进化可能会导致系统在几千年之后开始出错,但在短期内我们觉得没事。许多实际的问题都属于这个安全地带,从分析语音请求到数字助理再到如何在雨天驾驶汽车。

当我们的决定开始影响人们时则要谨慎,因为微妙之处也能给人们的生活带来巨大变化。学习器训练数据的细微差别会导致该系统的结果里有系统误差[Zomorodi17]。现实世界是复杂的,人类和人类社会惊人地复杂。一个学习系统能处理一系列图像或统计数据并产生某种结果并不是自然而然地意味着该系统的预测能超出训练数据的准确性。人、人口和文化都随着时间推移而迅速改变,周一正确的东西在周五可能就不正确了。

获取能真正代表某些人类群体的数据,即使是一个小群体也十分困难,甚至实际中或许不能执行任何真正统一的标准[Scalas16]。因此结果数据可能会在多个方面不准确。如果我们过于认真对待那些用这种有缺陷的数据训练出的系统结果,就会得出荒谬的结论[Wu16] [Wang17]。更糟糕的是,我们不能彻底检查和独立审查系统的训练数据的质量。来自"黑盒"系统的结果可能会造成真正的伤害[Tashea17]。我们需要认真思考用什么数据来训练系统、如何对它们进行训练,以及如何解释它们的结果[Arcas17]。

这些是我们在接下来的章节里讨论深度学习方法需要注意的一些问题。

# 参考资料

[Arcas17]　　　　Blaise Aguera y Arcas, Margaret Mitchell, Alexander Todorov, *Physiognomy's New Clothes*, Medium, 2017.

[Domingos15]　　Pedro Domingos, *The Master Algorithm*, Basic Books, 2015

[Imagenet14]　　ImageNet, *Classification + localization results*, 2014.

[Ioffe15]　　　　Sergey Ioffe and Christian Szegedy, *Batch Normalization: Accelerating Deep Network Training by Reducing Internal Covariate Shift*, Proceedings of the 32nd International Conference on Machine Learning (ICML-15), 2015.

[Kaggle16]　　　Kaggle Team, *Your Home for Data Science*, 2016.

[Keras16]　　　　François Chollet, *Keras Documentation*, 2016.

[Netflix09]　　　Netflix Team, *Netflix Prize*, 2009.

[Russakovsky15]　Olga Russakovsky, Jia Deng, Hao Su, Jonathan Krause, Sanjeev Satheesh, Sean Ma, Zhiheng Huang, Andrej Karpathy, Aditya Khosla, Michael Bernstein, Alexander C. Berg and Li Fei-Fei, *ImageNet Large Scale Visual Recognition Challenge*, IJCV, 2015.

[Samek17]　　　Wojciech Samek, Thomas Wiegand, Klaus-Robert Müller, *Explainable Artificial Intelligence: Understanding, Visualizing, and Interpreting Deep Learning Models*, ITU Discoveries, Special Issue No. 1, October 2017.

[Scalas16]　　　Enrico Scalas and Nicos Georgiou, *Can Opinion Polls Ever Be Accurate? Probably Not*, The Conversation, 2016.

[Simonyan14]　　Karen Simonyan, Andrew Zisserman, *Very Deep Convolutional Networks for Large-Scale Image Recognition*, arXiv, 2014.

[Srivastava14]　Nitish Srivastava, Geoffrey Hinton, Alex Krizhevsky, Ilya Sutskever, and Ruslan Salakhutdinov, *Dropout: A Simple Way to Prevent Neural Networks from Overfitting*, Journal of Machine Learning Research, 2014.

[Tashea17]　　　Jason Tashea, *Courts Are Using AI To Sentence Criminals. That Must Stop Now*, Wired, 2017.

[Tiago16]　　　　Tiago, *How Many Nouns Are There In English?*, English-Ingles blog post, 2016.

[vandenOord16]　Aäron van den Oord, Sander Dieleman, Heiga Zen Karen Simonyan, Oriol Vinyals, Alex Graves, Nal Kalchbrenner, Andrew Senior, Koray Kavukcuoglu, *WaveNet：A Generative Model for Raw Audio*, arXiv 1609.03499v2, 2016.

[Wu16]　　　　Xiaolin Wu and Xi Zhang, *Automated Inference on Criminality using Face Images*, arXive 1611.04135, 2016.(See also *Responses to Critiques on Machine Learning of Criminality Perceptions* at the same arXiv location).

[Wang17]　　　Yilun Wang and Michal Kosinski, *Deep Neural Networks are More Accurate than Humans at Detecting Sexual Orientation from Facial Images*, PsyArXiv Preprints hv28a, 2017.

[Zomorodi17]　　Manoush Zomorodi, *Why Google 'Thought' This Black Woman Was a Gorilla*, "Note to Self" podcast, WNYC, 2017.

# 第 21 章

# 卷积神经网络

本章研究一个深度学习框架，它使用一种被称为卷积的操作从图像及其他块状数据中提取信息。

## 21.1　为什么这一章出现在这里

图像构成了一个特殊的输入数据类。我们用图像和照片来交流各种各样的东西，以达到专业、社交和个人的目的。无论我们是想标记出所爱之人的脸以便轻易地将他们从照片中找出，还是确定一张简笔画上是一个人还是一只猫，抑或判断 X 光照片上的一团斑点是否是需要进一步观察的医学问题，从图像中提取信息都是很重要的。

本章着重于介绍一种从图像中提取信息的思想——**卷积**。卷积在深度学习中很容易使用，因为它可以很容易地被封装在一个**卷积层**中。

以卷积层为特征的模型在处理图像方面取得了惊人的成功。例如，它们擅长处理确定图像是美洲豹还是猎豹、行星还是弹珠这样的基本分类任务。我们可以认出照片中的人[Sun14]，对不同类型的皮肤癌进行检测和分类[Esteva16]，修复如灰尘、划痕和模糊等图像损坏[Mao16]，以及根据人们的照片对他们的年龄和性别进行划分[Levi15]。

这种模型在其他许多应用中也有用，比如自然语言处理[Britz15]，我们可以分辨出句子的结构，或者是将句子分为不同的类别[Kim14]。

用卷积搭建有用的网络是研究和开发的热门话题，这之中经常出现崭新且令人惊讶的结果。

## 21.2　介绍

卷积是一种在计算机出现之前就有的成熟的数学技巧，并且已经应用于许多不同领域。例如，在音频处理中我们可以将卷积应用到已有的录音上，让它听起来像是在一个小夜总会里、一个大音乐厅中，甚至是在户外[Hass13]。如果我们想用 AM 或 FM 将音乐发送到无线电波中，那么卷积会向我们展示如何构建发射机和接收机[Oppenheim96]。

尽管卷积可以用于处理多种不同类型的数据，但在本章中，我们将重点讨论**图像处理**。为了简化讨论，我们只谈论**二维图像**。在机器学习术语中，每张图是一个**样本**。灰度图像中的每个像素都是一个单独的**特征**。如果图像是彩色的，那么每个样本有 3 类特征（每个像素处红、绿、蓝色分别对应一类）。

即使卷积层的输入是单张图像，输出也会是一个三维张量（或称为块）。不同于用一个通道表示像素数据的灰度图像，或由 3 个通道组成的彩色图像（每个通道分别为红色、绿色和蓝色），从卷积层而来的张量可以有任意数量的通道。

如果我们真的想要可视化该张量，就可以把图层顶层分离开并当作灰度图像来绘制，然后对第二层做同样的事，以此类推。考虑到这个过程，有些作者用"图像"这个词来指从卷积层输出的张量，但请记住这是该术语的一种延伸。

由于卷积层通常是级联的，一层的输出会作为下一层的输入，这些层的输入和输出可以是任意尺寸的张量。

我们会发现在一个网络中使用多个卷积层是很常见的。一个由卷积层扮演主要角色的网络被称作**卷积神经网络**，或 convnet，或者更常见地，称作 CNN。有时人们也说"CNN 网络"（"冗余缩写综合征"的一个例子[Memmott15]）。

在深入研究卷积之前，我们可以用一个简短的术语来解决对它的困惑。

## 21.2.1 "深度"的两重含义

若我们没有留意，一些多义词语会令我们困惑，比如**深度**这个词，它就有两重含义。

每个图都有一个尺寸，由其**宽度**和**高度**指定。它也会有**深度**。有时这指的是图像中的位数，但更多情况下是指颜色通道数。因此，我们说一张灰度图像的深度为 1，而彩色图像（红、绿、蓝通道各一个）的深度为 3。

我们在之前的章节见到的"深度"这个词常常指的是神经网络中的网络层数。

因此，"深度"有两重含义，也带来了造成困惑的机会。

当我们使用"深度"指代彩色图像时，它指的是颜色通道数。大多数彩色图像在每个像素处由 3 个数字表示，描述了那个像素承载的红色、绿色和蓝色的量，如图 21.1 所示。因此我们说彩色图像的深度为 3。

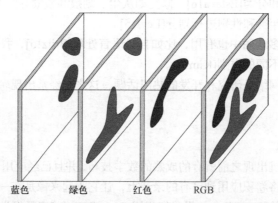

图 21.1 RGB 输出中的每个像素都是 3 个值的组合，红色、绿色和蓝色的成分各占一个

如我们接下来将看到的，当一幅图像被输入一个卷积层后，它出来时会变成一个张量。在这种情况下，"深度"指的是网络中任意给定位置的张量或多维数据块的一个维度。

有时人们用"纤维尺寸"这个术语而非"深度"来表示张量的厚度以防止混淆，但这种用法仍然很罕见。

一般来说，当谈论一个张量时，"深度"指的是它的一个维度的大小。而当谈论一个网络时，"深度"指的是网络层的数量。

### 21.2.2 放缩后的值之和

要讨论卷积，让我们先考虑彩色图像中的单个像素。正如我们所讨论的，每个像素包含 3 个数字，分别代表红色、绿色和蓝色。假设我们想要确定该像素是不是黄色的。

屏幕上的一个像素如果用光显示，这种情况下颜色是叠加结合起来的（不同于染料，它是相减结合的）。使用光线，我们把红色和绿色结合起来就能得到黄色。

假设一个像素的三原色都是由 0~1 的数字表示的。那么为了测试一个像素是不是黄色，我们就让红色（缩写为 R）和绿色（缩写为 G）几乎为 1，而蓝色（缩写为 B）几乎为 0。

我们想要用一个单独的数代表"黄色"。该像素的黄色值越大，那么这个像素就更加偏黄。

测量黄色的一种方法是找到每个像素的 R+G−B。图 21.2 展示了我们利用该公式从 8 种 R、G 和 B 的不同组合中得到的值。得分为 2 的黄色像素，打败了其他所有得分为−1、0 以及 1 的情况。

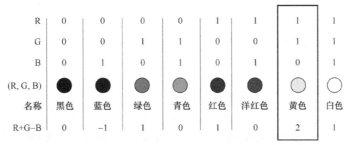

| R | 0 | 0 | 0 | 0 | 1 | 1 | 1 | 1 |
|---|---|---|---|---|---|---|---|---|
| G | 0 | 0 | 1 | 1 | 0 | 0 | 1 | 1 |
| B | 0 | 1 | 0 | 1 | 0 | 1 | 0 | 1 |
| (R, G, B) | ● | ● | ● | ● | ● | ● | ◯ | ◯ |
| 名称 | 黑色 | 蓝色 | 绿色 | 青色 | 红色 | 洋红色 | 黄色 | 白色 |
| R+G−B | 0 | −1 | 1 | 0 | 1 | 0 | 2 | 1 |

图 21.2 我们可以通过将红色和绿色值加在一起再减去蓝色值的方法来检测黄色像素。黄色像素由此可以给我们的值为 2，而别的像素只有更小的值

另一种书写 R+G−B 的方法是用+1 分别乘以红色和绿色，而用−1 乘以蓝色，然后将结果加起来：$(1 \times R)+(1 \times G)+(-1 \times B)$。这可能看起来更熟悉点，因为这个小表达式和一个人工神经元所做的工作的结构是一样的。我们在图 21.3 展示了这样的神经元。在这种情况下，+1、+1 和−1 是 3 个**权重**，(R,G,B)对应的 3 个数字是 3 个**输入**。每个输入都会乘以它对应的权重，然后将结果加起来。为了完成这个类比，我们需要一个激活函数，因此将选择没有影响的线性函数。

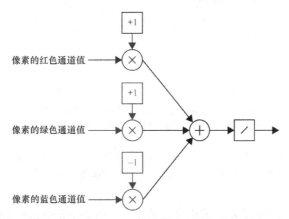

图 21.3 将黄色检测器表示为单个神经元。该像素的红色和绿色通道值是赋予+1 权重的输入，而其蓝色通道值则是赋予−1 的权重的输入。激活函数是恒等函数，这里显示的是一条短对角线，它只是简单且不加改变地将输入传递到输出

这样，我们便创建了一个小人工神经元来检测一个像素是否为"黄色"。

图21.4展示了我们刚刚描述的过程如何在整幅图像上执行。我们把每个像素视为一个从图像上钻取出的由3个通道组成的"矿土样本"。我们提取"矿土样本"，然后将它分解为3个数字，使之成为"黄色"神经元的输入。

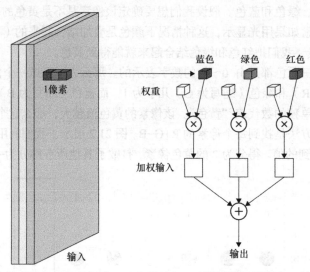

图21.4　一种展示操作的画法，它表示将图21.3中的神经元应用到整幅图像上。每个像素被提取为有3个值的"矿土样本"，来作为神经元的输入。这个有相等权重的操作在图像中的每个像素上重复。其结果是一个新的单通道图像，其中每个像素的值都对应输入像素的黄色程度

当我们将这个神经元应用到图像里的所有像素后，我们通常会把这个过程想象成"扫描"这个**图像**，将该神经元从一个像素移动到另一个，为每个输入像素产生一个新的结果像素。这种想法如图21.5所示。

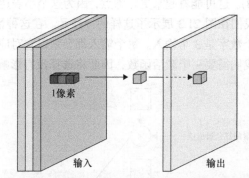

图21.5　在每个像素上应用图21.4所示内容可考虑为：想象我们从左到右、从上到下地"扫描"原图像，并将结果存储到新图像

如果在图像的每个像素上都运行这个神经元并保存输出，我们最终会得到一个新图像（它只有一个通道，因为我们的神经元只产生一个值），它会告诉我们原图像中每个像素的"黄色程度"，如图21.6所示。

当然，黄色没有什么特别之处。我们可以搭建一个小神经元给我们选择的任何颜色赋予最大的权重，包括一些用基本颜色精确组合出的微妙色彩。

图 21.6　寻找黄色像素的操作的一个应用。右侧图像内容从黑到白，取决于左侧图像对应的源像素的黄色程度

### 21.2.3　权重共享

在 21.2.2 节中，我们仅仅用了一个黄色神经元，就扫描了整幅图像。

在先前的讨论中，我们想象每个神经元的权重都与它的输入线联系在一起，因为这使得它们更容易被命名和讨论。但正如我们在第 10 章所见到的，权重实际上在神经元"内部"，或者是神经元结构的一部分。现在，让我们回过头来把它们看作属于神经元内部的。因此，当我们把神经元在图像上移动时，它会带着自己的权重一起。

其结果便是每个像素都被带有同样权重的同样神经元以相同的方式进行评估。对每个新的像素来说，只有输入值才会导致输出值变化。

假设我们想要尽可能快地完成整幅图像的黄色像素搜索过程。让我们假设图像是在一个特定的内存段中，数据的每个像素都可以连接上。

我们可能会构建一个黄色神经元的硬件版本，然后将该硬件的相同副本（包括权重）附加到图像的每个像素上。然后我们可以同时评估所有这些神经元，用运行一个神经元的时间产生整个图像的"黄色"分类。

现在假设我们想要检测一种不同的颜色，比如"洋红色"。因为我们已经在硬件神经元里建立了黄色的权重值，所以不能重复使用这些电路了。我们不得不断开它们，建立新的搜寻洋红色的神经元，并将它们连接到我们的像素上。

为了节约一些时间和精力，让我们把每个神经元的权重信息放入一小片可以读写的内存中。然后在另一处内存里放置仅仅一组权重，且让我们将它们称作**共享权重**（shared weight）。当我们希望从图像里检测某种颜色时，所有的神经元都可以从这片内存中读取这组共享的权重，并在内部保存它们。这之后，它们在评估像素的时候都将会使用相同的权重。这就可以使我们能将它们同时应用于所有的神经元。这一点和先前一样，但现在同样可以让所有的权重在任意时刻按照我们的喜好来改变。因此，如果我们希望搜寻任意其他的颜色，则可以通过仅仅改变方才读取到的权重值来实现这一点。这样一来，我们就不需要重新连接任何东西。

如果我们有一些支持并行运算的硬件（比如 GPU），这将是个完全可行的想法。使用它，我们可以并行运行对于给定神经元的多个软件副本，使它们在许多像素上同时工作。这个过程如图 21.7 所示。因为我们在每个像素上使用相同的权重，并行执行这些操作的结果和用单个神经元扫描图像的结果是一样的。它仅仅是更快出结果。

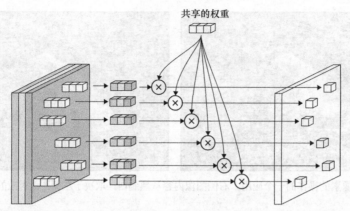

图 21.7 使用像 GPU 这样的支持并行计算的硬件，我们可以同时独立地将相同的神经元应用于图像中许多像素上。在此，每个带乘法符号的圆圈表示图 21.4 中的操作，即把每个像素的 3 个值都乘以对应的权重，然后再将结果加在一起

当我们给相同神经元的许多副本使用同一组权重时，我们称之为**权重共享**。

### 21.2.4 局部感知域

到目前为止，我们在图像上扫描（或用权重共享并行运行的）的一个神经元一次仅处理一个像素。我们将神经元移到我们想处理的像素处，读取像素值然后通过神经元计算出一个输出，接着将神经元移动到下一个像素并重复该过程。

之后将看到我们可以连接神经元以便一次读取多个像素。尽管这些输入像素可以是任何尺寸的，但它们几乎总是正方形的，并且神经元会在正方形的中心。

例如，假设神经元从一个 3 像素×3 像素的正方形区域得到它的输入（我们将在稍后看到它是如何完成的）。然后该像素的位置是正方形的中心，其他 8 个像素环绕着它，如图 21.8 所示。在这个例子中，我们的输入图像是灰度的，所以每个像素有一个值。因此，我们的神经元接收这 9 个值的输入，每个分别乘以对应的权重，然后将结果相加。得到的单值会进入输出图像的同样位置，如正方形中心高亮的像素所示。

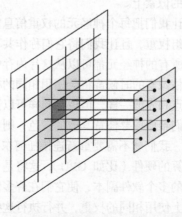

图 21.8 在这个例子中，神经元从一个 3 像素×3 像素的正方形区域得到输入。像素的位置在图中高亮显示为亮红色。9 个像素的集合称为该神经元的局部感知域。我们此处的输入图像是单通道的，因此神经元共接收 9 个输入。每个都乘以对应的权重，用蓝色表示

我们说神经元有**局部感知域**（local receptive field），意味着它读取（或"接收"）值的区域很小（"局部的"）。我们有时更简单地把局部感知域称作神经元的**足迹**（footprint）。局部感知域通常是一个边长为 1、3、5 或 7 的、以神经元为中心的小正方形，如图 21.8 所示。更大的正方形，甚至别的形状也会被使用。

我们知道神经元对局部感知域内的像素的评估的结果会产生一个单值，它会进入输出图像的新像素。但具体地说，那个像素会去到输出图像中的哪里呢？

为了回答这个问题，我们将内核中的一个元素称为**锚点**（anchor）、**参考点**或**零点**。它被用黑色高亮显示在图 21.9 的 3 像素×3 像素的网格的中心。当我们在图像上移动内核时，通常会将锚点放在中心。我们可以说锚点下面的像素就是被评估的像素，称之为**焦点像素**。

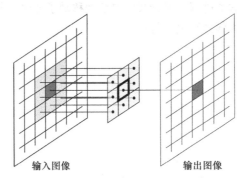

输入图像　　　　　　输出图像

图 21.9　该神经元有个 3 像素×3 像素的局部感知域，其中心有黑色高亮显示的锚点。输入图像上的亮红色像素被称为焦点像素，表示锚点现在的位置。神经元的输出会进入输出图像与焦点像素相同的位置处

当我们将单个神经元在输入图像上移动时，可以考虑将其描述为将局部感知域的锚点从一个焦点像素移动到下一个。在每个这样的像素上，神经元评估输入值，产生一个输出值，然后在输出图像与焦点像素相同的位置保存该值。随后移向下一个焦点像素。

这就解释了为何每侧像素数都是奇数（通常为 1～7）的足迹很受欢迎。这样的正方形在中间都刚好有一个像素，使得每样东西都保持简单和对称。

### 21.2.5　卷积核

当我们把神经元看作在图像上移动（或由共享的权重平行运行的）的单个物体时，常将它的权重称为**卷积核**（convolution kernel）或**过滤器**。

"卷积核"一词来源于数学。在很长一段时间里，它都被用来指代从一个概念性的操作核心，或者说"核"（kernel）操作中产生的值。这些操作是由人工神经元完成的。"过滤器"一词来自将神经元考虑为操作或"过滤"输入数据。

我们有时将"过滤器"这个词扩展到包括神经元本身的部分，因此可能会说"我们令过滤器在图像上移动"。我们也将它用作一个动词，因此也可能会说"下一步是过滤图像"，意思是我们对图像的像素应用一组特定的权重。

## 21.3　卷积

"卷积神经网络"这个名字很清楚地说明了"卷积"在这类网络的操作中起着很大的作用。

正如我们之前提到的，卷积是一种特殊类型的数学运算的名字，它包含两个输入。尽管我们不会讲卷积的数学形式，但可以将它总结为一个精心设计的乘法和加法的组合。

好消息是我们早已很熟悉卷积了，因为这是人工神经元一直在做的事情，尽管我们没有以这种特殊的方式描述它们。

卷积从两个相等长度的数列开始。根据现在的描述方式，让我们将一个数列称为输入，将另一个称为权重。然后我们将第一个输入与第一个权重相乘，第二个输入与第二个权重相乘，以此类推。当所有的乘法都完成后，将所有的结果都加在一起，那么这就是操作的结果。

这就是卷积。我们将会注意到其中漏掉了一些卷积的正式定义中的细节。这没关系，因为那些细节不影响全局，所以除非我们直接编写低级算法，否则可以放心地忽略它们。

图 21.10 形象地展示了这个过程。尽管我们灵活地移动了那些片段，但这和神经元给输入赋予权重再对结果进行求和的大体过程是一样的。

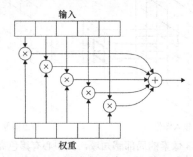

图 21.10　一个卷积操作涉及两个数列，我们可以称之为"输入"和"权重"，尽管两个数列都是用相同的方式对待的。两个数列中对应的值成对地相乘，然后将乘法结果加到一起，这就是忽略激活函数时一个人工神经元的工作过程

只要有一点概念上的变化，这个想法就会变成一个处理图像的强力工具。

这点变化是，我们不再把输入和权重看作简单的数列，而把它们看作数字网格（事实上，它们可以是任意尺寸的张量，但我们现在就仅用网格来表示）。两个网格必须有相同的尺寸。所做的操作仍和之前一样：输入网格的每个元素乘以权重网格的对应元素，得到结果后将所有的值加在一起。图 21.11 展示了这种想法。

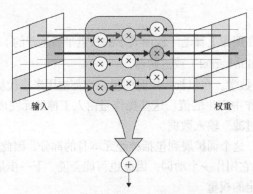

图 21.11　二维的卷积和一维的一样工作，尽管图像会更加杂乱。每一对元素对应的值乘在一起，然后把所有的积加在一起

之所以说从值列表到网格只是概念上的转换的原因是，我们总是可以将网格分解为一个列表，然后运用图 21.10 的列表版本。例如，新建一个包含输入网格第 1 行的列表，随后是第 2 行、第 3

行等，如图 21.12 所示。我们也可以对权重做相同的事，然后用之前的图来将对应的输入列表相乘。

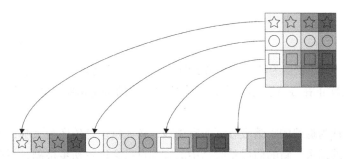

图 21.12　如果我们一开始就将每个二维网格重新组合成一个列表，则可以把二维卷积看作一维卷积。
我们只需要取第 1 行，然后加上第 2 行、第 3 行等。如果我们对两个网格
都这样操作，就可以将元素成对地相乘然后累加结果了

　　假设我们有一个神经元，它的过滤器是由一个 3 像素×3 像素的网格的 9 个权重组成的。如我们先前讨论的一样，我们可以在图像上移动过滤器。在每个位置将有 9 个像素给我们提供输入值。我们可以将两个网格（或列表）相乘，并将结果相加，从而得到新图像中那个像素的值。

　　我们把这个过程称为用过滤器卷积图像，意味着我们移动过滤器，使其锚点从一个像素移动到另一个像素，并且在每个点的足迹范围内收集像素值，用卷积核内对应的权重乘以那些值，然后将结果加起来产生输出。

　　图 21.13 展示了这个想法。在这个图中，有一个 3 像素×3 像素的过滤器在 7 像素×7 像素的图像上扫过。我们还没有讨论如果过滤器超出边缘会发生什么，所以目前只限制于考虑过滤器完全位于图像内部的情况。那意味着输出图像只有 5 像素×5 像素。

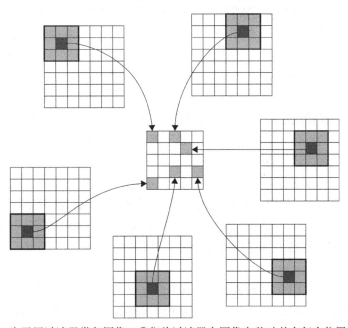

图 21.13　为了用过滤器卷积图像，我们将过滤器在图像上移动并在每个位置应用它。
之后结果值会变成输出图像中那个像素的值。图中是过滤器在输入中的一些位置，以及
它们计算出的值进入到输出中的位置。需注意，因为过滤器不能超过输入的边缘，因此
输入是 7 像素×7 像素但输出就只有 5 像素×5 像素

为什么我们要做这样的事？让我们更仔细地研究一下过滤器。

### 21.3.1 过滤器

研究蟾蜍的一些科学家认为动物视觉系统中的某些细胞对特定类型的视觉特征敏感[Ewert85]。这个想法可见于蟾蜍正在寻找看起来像它喜欢吃的动物的特定形状，以及那些动物所做的某些动作。

人们过去常常认为蟾蜍的眼睛吸收了所有光线，将大量信息传递给大脑，然后依靠大脑从中筛选符合食物特征的结果。新的假设是眼睛中的细胞自己会进行初步检测，只有当它们"认为"自己正在看猎物时，它们才会被激活并向大脑传递信息。

这个想法已经扩展到人类系统，人们猜想个别的神经元响应只会是特定人物的图像。带来这一意见的原始研究包括 87 种不同的图像，其中包括人物、动物和地标。在至少一名志愿者中，他们发现了一种特殊的神经元，只有在其视觉系统中呈现了女演员 Jennifer Aniston 的照片时才会被激活，导致了所谓的"Jennifer Aniston 神经元"[Quiroga05]的想法。奇怪的是，这个神经元只在 Aniston 单独出现在照片里时被激活，而在面对她与其他著名演员的合影时没反应。

这些想法并未被普遍接受[Sciffman01]，但我们并不是要在这里讲真正的神经科学和生物学。我们只是在寻找灵感，而这似乎是些非常好的灵感。

这些想法与卷积层的联系是我们可以使用过滤器来模拟蟾蜍的眼睛。过滤器是挑选出我们正在寻找的特征的工具，然后将它们的发现传递给后面的层用以处理该信息。

用于此过程的一些措辞使用了我们以前见过的术语。具体来说，我们一直在使用"特征"这个词来指代样本中包含的一个值，例如包含多个天气测量指标的样本中的温度。但在这种情况下，**特征**这个词指的是图像中一个特定的、过滤器正在寻找的结构。所以我们可能会说过滤器正在寻找条纹特征，或看起来像眼球的特征。继续这个用法，过滤器本身有时也称为**特征检测器**（feature detector）。

让我们看一下特征检测器在一个简单的例子上是如何工作的。图 21.14 展示了用过滤器在图像里寻找短的、分离的垂直白色条纹的过程。由于图中各个片段使用了不同的数字范围，因此我们使用了不同的颜色来表示它们的值。

图 21.14a 展示了一个 3 像素 × 3 像素的过滤器。红色网格显示过滤器中值为–1 的位置，黄色网格显示过滤器中值为 1 的位置。图 21.14b 展示了一个噪声输入图像，范围为 0（黑色）～1（白色）。图 21.14c 展示了对输入图像每个像素（最外边框除外）应用过滤器的结果。在此，值的范围为–6（紫色）～+3（青色）。正如我们将在下面看到的，得分为+3 意味着过滤器和图像完美匹配。

图 21.14d 展示了图 21.14c 的阈值版本，其中值为+3 的像素以白色表示，而所有其他像素均为黑色。最后，图 21.14e 展示了图 21.14b 的噪声输入图像，并高亮显示了图 21.14d 中白色像素周围的 3 像素 × 3 像素的网格。我们可以看到过滤器在图像中找到了那些像素与过滤器图案相匹配的位置。

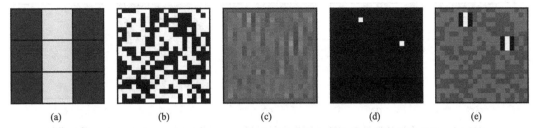

(a)　　　　　(b)　　　　　(c)　　　　　(d)　　　　　(e)

图 21.14　卷积中的二维模式匹配。(a)一个 3 像素×3 像素的过滤器，其包括一列 1 值
（黄色）和包围着它的-1 值（红色）。(b)包含 0（黑色）～1（白色）的噪声输入图像。
(c)在图像每个像素应用过滤器后的结果。输出值范围为-6（紫色）～+3（青色）。(d)(c)部
分的阈值版本，其中像素值为完美得分+3 的表示为白色，其他值是黑色。(e)(b)部分的
噪声输入图像，但是(d)部分中每个白色像素周围的 3 像素×3 像素网格被突出显示

让我们看看这为什么有效。图 21.15 的顶行中已经展示了过滤器和图像的一个 3 像素×3 像素的网格，以及逐像素结果。在这种情况下，只有一个白色像素（顶部中心）对应过滤器中的 1。这给出了 1×1=1 的结果。其他像素则是与-1 对应，给出-1×1=-1 的结果。图像中的 0 是无关紧要的，因为我们无论将它们乘以 1 或-1 都将返回 0。将角落中的 3 个白色像素的-1 得分及顶部中心白色像素的 1 得分加在一起会得出-3+1=-2。

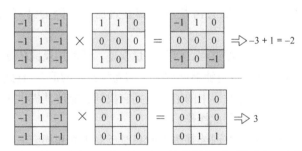

图 21.15　在图像上使用过滤器。这两行展示的是图像不同的片段。左图过滤器。中图
包含白色像素（1）或黑色像素（0）的图像片段。右图将每个图像像素乘以其对应的过
滤器值的结果。9 个值加在一起可以得到右边的最终总和

在图 12.15 的底行，我们的图像与过滤器匹配。全部 3 个白色像素都能贡献 1，没有任何一个白色像素会贡献-1 来拉低总分。也没有缺失的白色像素通过不添加 1 来降低分数。最终结果是得分为 3，表明完美匹配。

这个过程与图 21.3 中的寻找黄色的神经元非常契合，除了这里每个像素只使用一个权重以及我们将权重分散在多个像素上。

图 21.16 展示了另一个过滤器，这个过滤器在寻找对角线。我们会在相同的图像上运行它。这个被黑色包围的由 3 个白色像素构成的对角线出现在随机图像中的一个位置，靠近左下角。

因此，通过在图像上移动过滤器并在每个像素处测量最终值，都可以寻找我们想要的图案。用更大、包含更多细微差别值而不仅仅是 1 和-1 的过滤器，我们可以设计更复杂的模式以找到更有趣的特征。我们甚至可以执行模糊和锐化等图像处理操作[Snavely13]。

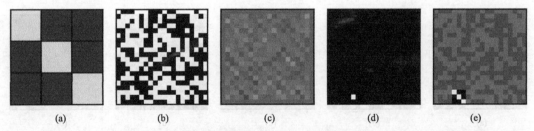

图 21.16　另一个过滤器及其在随机图像上的结果。被黑色包围的由 3 个白色像素组成的对角线只能在一个位置找到

如果我们获取第 1 组过滤器的输出并将它们提供给另一组，那么可以寻找模式中的模式。如果我们把第 2 组过滤器的输出提供给第 3 组过滤器，那么现在我们在寻找模式中的模式。我们可以重复多次，创建一组深层次结构（hierarchy）的过滤器。也许令人惊讶的是，这样的层次结构允许我们寻找任意方向或大小的复杂特征，无论是朋友的面部、篮球的纹理，还是孔雀羽毛末端的"眼睛"。

如果我们必须手工制作这些过滤器，那么分类图像充其量就只是单调乏味的。能告诉我们一幅图像中是一只小猫还是一架飞机的 8 层结构的适当过滤器是怎样的？我们会怎样解决这个问题？以及我们如何知道有最好的过滤器？

CNN 的美妙之处在于我们**无须**弄清楚需要哪些过滤器，因为计算机为我们完成了这个步骤。

我们在以前的章节中看到的学习过程，**涉及**测量误差，然后用反向传播改善权重，来训练一个 CNN 找到最好的过滤器。它修改过滤器的权重（即卷积核中的值），直到网络产生符合我们目标的结果。换句话说，它会调整过滤器中的值，直到它找到了能使其提供正确答案的特征。它可以同时为数百甚至数千个过滤器执行此操作。

这可能看起来几乎是魔幻的，但训练基本上就只是反向传播和梯度下降。从最广义的角度来说，我们只是以这样的方式修改每个卷积核中的每个权重，使之跟随误差梯度下降的方向，从而降低整体错误。这样做足够多次之后，权重值将形成能给我们提供所需的所有信息的过滤器，以便我们将输入转变为匹配标签的输出。

## 21.3.2　复眼视图

让我们试试用另一种方法可视化整个过程。不同于在图像上移动过滤器，想象一下拍摄了照片并将它分成许多小的互有重叠的部分，每个部分都同过滤器一样大。然后我们在每个部分插入过滤器并执行滤波，像之前一样，将每个像素值乘以其对应的过滤器权重[Geitgey16]。图 21.17 展示了输入图像的这些小部分，随后我们会在它们上面放置过滤器。

从这个角度看卷积，我们是将过滤器放在输入图像的每个互有重叠的小部分上，而不是用它扫过原始图像。

这两种思考方式都会产生相同的结果。

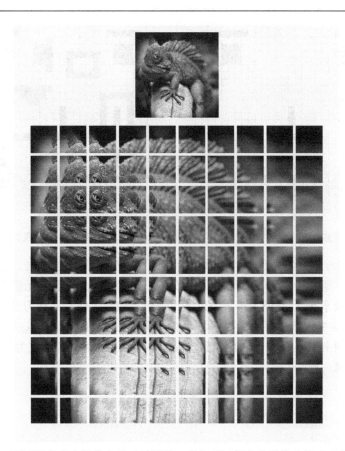

图 21.17 不同于考虑在图像上移动过滤器，我们可以想象将图像分解成互有重叠的部分，就像图像的复眼视图一样。然后我们将过滤器应用于每个部分来产生输出值（[Geitgey16]之后的图像）

### 21.3.3 过滤器的层次结构

本章中我们已经从生物学中汲取过灵感，那我们可以再做一次。

许多真实的视觉系统似乎是**分层排列**的[Serre14]。从广义上讲，我们考虑视觉系统中的处理发生在一系列**层**中，每个接续的层工作在比前层更抽象的层次中。回到蟾蜍的视觉系统，最底层可能正在寻找"浅色斑点"，接下来是"前一层中带有翅膀的东西的组合"，然后是"前一层中短距快速移动的东西的组合"，等等，直到寻找"苍蝇"的顶层（这些特征完全是虚构的，仅用于这种思路的说明）。

这种方法在概念上很好，因为它可以让我们通过图像元素的层次结构构建图像分析手段，以及用于寻找这些元素层次的过滤器。它也利于实施，因为这是一种灵活有效的图像分析方法。

让我们看一个简化的例子来了解这个过程。我们会尝试在 27 像素 × 27 像素的二值图像中找到一张脸。假设我们想要找到图 21.18a 所示的脸，但输入图像中包含各种其他的东西，如图 21.18b 所示。因为我们知道我们感兴趣的所有像素的确切位置，所以可以直接检查它们的存在。但让我们看看如何用过滤器的层次结构解决这个问题，因为我们以后会用更一般化的方法来在更复杂的彩色图像中寻找目标。

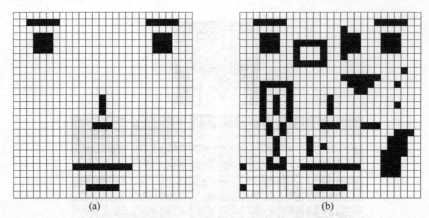

图 21.18　在 27 像素×27 像素的二值图像中寻找脸。(a)我们要检测的脸；(b)我们给出的输入图像

上述策略（policy）的总体流程如图 21.19 所示。我们将从第一层开始，应用 5 个 3 像素×
3 像素的小过滤器。第一个过滤器将寻找上下都是白色元素的 3 个黑色元素的水平行——我们
称之为过滤器 H（指水平）。我们为垂直条纹制作一个类似的过滤器并称为过滤器 V。我们也将
寻找一致的 3 像素×3 像素的区块，并称之为过滤器 B。为了再包括一点细节，我们还会寻找
水平线的左右两端并视之为一个被白色像素包围的单个黑色像素，并称之为过滤器 L 和 R。这
5 个过滤器构成了第一层。

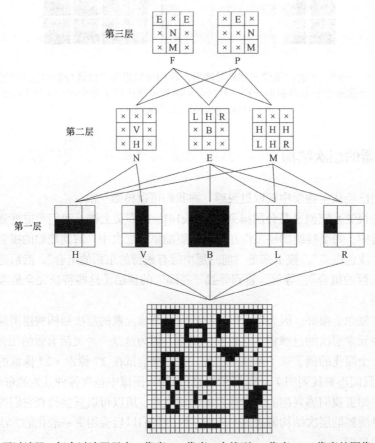

图 21.19　使用 3 层过滤器，每个过滤器只有 3 像素×3 像素，来找到 27 像素×27 像素的图像中脸的正面或轮廓

　　运行这些过滤器后，我们将使用最大值池化来减小其输出尺寸至原来的 1/3。也就是说，我们将每个过滤器的输出视为一组不重叠的 3 像素 × 3 像素的块。任何时候找到一个与包含该过滤器匹配的块，我们都将在低分辨率输出中的对应块处用黑色标记。所以 5 个过滤器中的每一个都会产生 27 像素 × 27 像素的输出，然后我们将其减小到 9 像素 × 9 像素。

　　现在到了第 2 层，我们将再应用 3 个过滤器，每个的尺寸为 3 像素 × 3 像素。这些更高级别的过滤器将检测第 1 层输出的 9 像素 × 9 像素的图像。它们正在寻找构成脸部的 5 个最低级别构建块的组合。我们会用想要组建的块来标记这些过滤器的每个条目，或者如果我们不在乎那个块里有什么，就用 X 标记。我们将为鼻子做一个过滤器，鼻子是在上方带有一条小垂直线的水平线（我们称之为过滤器 N）；为眼睛做一个过滤器，它是在眉毛下面的像素块，眉毛是具有左右两端的水平线（我们称之为过滤器 E）；为嘴做一个过滤器，它是下方附有短水平线的长水平线（我们称之为过滤器 M）。一旦我们再一次应用了池化，每个过滤器的 9 像素 × 9 像素的输出都会减小到 3 像素 × 3 像素。

　　最后，我们到达第 3 层。在这里，我们将应用 2 个新过滤器，每个过滤器都是 3 像素 × 3 像素的。一个过滤器会寻找一个向前看的脸（我们称之为过滤器 F），另一个会寻找向右看的脸（我们称之为过滤器 P）。我们的剖析图像看起来很奇怪，但对这个演示来说没什么问题。

　　让我们看看这些过滤器的实际效果。图 21.20 展示了过滤器 H、V 和 B 处理的原始图像。因为我们正在用过滤器对图像进行卷积，所以将移动每个过滤器的中心，使其落在输入中的每个像素上，并确定是否匹配（即过滤器中的白色和黑色像素与图像上的白色和黑色像素相匹配）。匹配的每个像素将以红色标出。

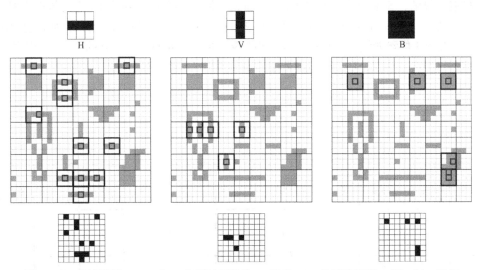

图 21.20　将过滤器 H、V 和 B 应用于原始的 27 像素 × 27 像素的图像。第 1 行：我们正在使用的过滤器。第 2 行：与过滤器匹配的每个像素都以红色突出显示。我们还展示了用于最大值池化的 3 像素 × 3 像素的块。任何带有红色的块都用更粗的轮廓突出显示。第 3 行：池化操作的结果。中间行突出显示的 3 像素 × 3 像素的块被标记为黑色

　　在找到匹配之处后，我们将使用 3 像素 × 3 像素的最大值池化来减小输入图像的尺寸，使它从 27 像素 × 27 像素减少到 9 像素 × 9 像素。任一块内部至少有一个匹配处变为黑色。注意，一些区块有多个匹配处，例如靠近过滤器 V 的中左区。我们不对这些块做任何特殊的处理，而只是像任何其他包含匹配处的块一样将它们标记为黑色。

过滤器 L 和 R 的结果如图 21.21 所示。

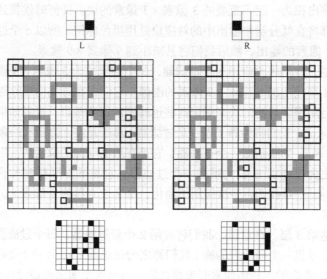

图 21.21　将过滤器 L 和 R 应用于输入图像，使用与图 21.20 相同的约定

现在是过滤第二层的时候了。在图 21.22 中，我们将所有 5 个输出图像合并在一幅图中，每个块都用一个或多个字母标记，因此过滤器输出更容易以组别的形式被使用。在我们的简单示例中，大多数块只有一个匹配之处，尽管位于中心右下方的块同时与过滤器 L 和 R 相匹配。我们如之前一样应用眼睛、鼻子和嘴巴过滤器 E、N 和 M，但这次我们不会要求所有的值都匹配。回想一下，块中的 X 表示"不关心"，我们可以把它看作一种匹配一切的通配符。例如，复合图中右上方的 3 像素 × 3 像素的块几乎与过滤器 E 相匹配，但右下角有一个额外的 R。由于该块在过滤器的相应条目中有一个 X，所以当过滤器 E 在 B 上居中时，块仍然匹配。

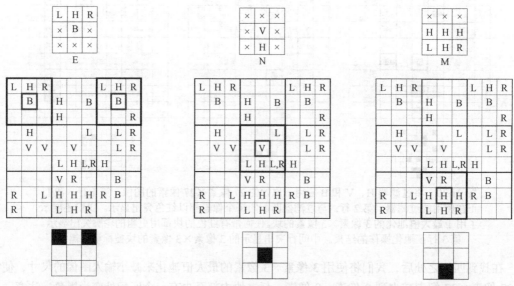

图 21.22　第一行：我们的 3 个第二层过滤器。第二行：第一层的总结。每个块都标有相匹配的过滤器。第三行：第三步时过滤器 E、N 和 M 在图像上移动。它们匹配的块以黑色显示。第四行：每个过滤器的输出是一个新图像，现在只有 3 像素 × 3 像素了

和以前一样，我们将使用 3 像素×3 像素的最大值池化，所以这一层的输出包含 3 幅图像，每个图像尺寸为 3 像素×3 像素。

现在我们准备好第 3 层也是最后一层了，它会告诉我们输入图像是否包含正脸、侧脸，或两者都没有。我们只需要将两个 3 像素×3 像素的过滤器应用于第二层的结果，如图 21.23 所示。在此，没有必要移动过滤器，因为输入是 3 像素×3 像素的。此处，正脸匹配上了，而侧脸没有。

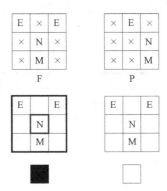

图 21.23　将第三层过滤器应用于第二层过滤器的输出，使用了与先前图中相同的布局。正脸过滤器匹配了，而侧脸过滤器没有

我们已经在包含各种干扰物体的情况下在图像中检测到了脸！

我们所要做的就是设计 10 个小过滤器，我们可以匹配脸，即使那里有很多其他的东西来分散我们的注意力。如果我们想寻找不同类型的鼻子，则可以重新设计鼻子过滤器。或者可以立即寻找多种面部特征，只要为每种类型的眼睛、鼻子和嘴巴使用过滤器，然后制作符合各种组合的更高级过滤器，以帮助告诉我们给定的是哪种面孔。

如果我们不得不为每个项目手动设计这些过滤器，那这就不是一个有吸引力的算法了。但深度学习系统可以自动从输入中学习过滤器的最佳值，只要它可以在训练过程中接触过足够标记过的样本。

我们的示例使用了二值图像，以便更容易看清发生了什么，但在实践中我们经常使用灰度图像和彩色图像。在这些情况下，我们的过滤器将包含浮点数。当二值过滤器只能报告匹配或缺少它们时，这些浮点过滤器可以返回一个浮点数，这个浮点数越大意味着它与该位置的数据能更好地匹配。

卷积的一个好处是过滤器能够在图像的任意位置找到它们正在寻找的东西。例如，过滤器 H 能发现所有水平排列的 3 个上下都为白色像素的黑色像素，图像中每处都没错过。当我们想要处理复杂的自然界的图像时，这给了我们灵活性来稳健地检测图像特征，即使它们不在我们期待的位置。

当我们操作的层级越来越高时，会感觉过滤器越来越强大。考虑到第二层 3 像素×3 像素的过滤器有效地影响了 9 像素×9 像素的区域，因为它的每个像素都是上一步减小图像尺寸的结果。例如，我们的眼睛过滤器 E 处理一个 9 像素×9 像素的区域，尽管它自身只是 3 像素×3 像素的。通过这种方式，层次结构中较高级别的过滤器可以寻找到大而复杂的特征，即使它们只使用了一些很小的（也因而快的）过滤器。

较高级别能够用多种方式将较低级别的结果组合在一起。假设我们想要分类照片中各种不同的鸟类。低层过滤器可能会寻找羽毛或喙，而更高层的过滤器能够组合不同类型的羽毛或喙来识别不同种类的鸟类，所有的这些只需在照片单次传递至系统就能完成。

这种技术有时称为使用**层次结构缩放**。

### 21.3.4 填充

让我们回到卷积并看看输入的边缘附近会发生什么。

假设我们想要将 5 像素×5 像素的过滤器应用于黑白图像。如果我们位于图像中间的某个位置，如图 21.24 所示，那我们的工作很容易。我们从图像中提取出 25 个值，将它们按过滤器中的 25 个值进行缩放，并加和结果。

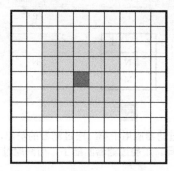

图 21.24　位于一幅图像中间某个位置的 5 像素×5 像素的过滤器。亮红色像素是锚点，而较亮的像素组成了局部感知域。

但是，如果我们处于边缘位置，如图 21.25 所示呢？

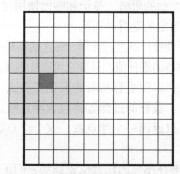

图 21.25　靠近边缘，过滤器的局部感知域可能会超出图像的边缘。对于这些缺失的像素我们用什么值？

过滤器的足迹超出了图像边缘，那里没有任何输入值。当过滤器缺少一些输入时我们如何计算输出值呢？

我们有几个选择。一个是不允许这种情况，所以我们可以只允许过滤器的足迹完全位于输入图像内部，如到目前为止我们所做的一样。任何我们无法放置过滤器的像素都会被遗弃，也导致每个维度都更小。图 21.26 展示了这个想法。

虽然简单，但这是一个糟糕的解决方案，因为如果我们应用多个卷积过滤器到相同的图像上，它会在每一步都缩小。我们可能最终只剩一小部分图像来作为输入，而这不是一个好结果。

一种流行的替代方案是使用**填充**（padding）。我们的想法是在图像外部周围"额外"添加一圈像素的边界，如图 21.27 所示。所有这些像素具有相同的值。到目前为止，最常见选择的是 0，称为**零填充**。

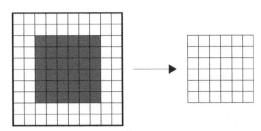

图 21.26 我们可以通过永远不让过滤器到达那么远来避免"脱离边缘"问题。使用 5 像素×5 像素的过滤器，我们只能将过滤器居中于此处标记为蓝色的像素上。由此产生的 6 像素×6 像素的输出，如右图所示，小于我们开始使用的 10 像素×10 像素的网格

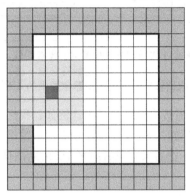

图 21.27 解决"脱离边缘"问题的更好方法是在图像边框周围填充或者添加额外像素。我们在这里添加了一个 2 像素的边框，因此原始图像中的每个像素（如图中白色所示）都可以用作过滤器的中心。通常，填充像素被给定 0 值

边框的尺寸取决于过滤器的尺寸。我们通常使用足够的填充，以便过滤器可以居中在原始图像的每一个像素上。某些库可能会提供填充尺寸的自动计算，这是基于过滤器的尺寸而定的，或者它们可能需要我们人为指定。通常，我们从不显式地将填充放入输入中。相反，我们将填充留给库来在它们需要时创建（或推测）这些像素。

使用填充，我们可以产生一个与输入图像尺寸相同的输出图像。

### 21.3.5 步幅

在图像上用过滤器进行扫描时，我们可以想象它移动的过程与我们阅读一本书时的一样。让我们暂时假设使用了填充。过滤器将从输入图像的左上角像素开始，产生一个输出，然后向右迈出一步，产生一个输出，再向右迈出一步，以此类推，直到它到达该行的右边缘。然后它向下移动一行并返回到左侧，再重复进行上述过程。

但我们不必如此按部就班。假设用过滤器扫描时，我们向右或向下移动，或**跨步**多于一个像素，会怎样呢？我们的输出尺寸最终会小于输入尺寸。

我们将看到有几种不同的方式来使用跨步，这些都是我们使用卷积层时很重要的。

为了可视化跨步，一开始让我们将输出视为空白。当过滤器从左向右移动时，它会产生一系列输出值，并且一个接一个地放置在输出中，也从左到右放置。当过滤器向下移动时，新的输出产生输出中的新单元格行。

如果我们像往常那样在每个方向上移动或跨步一个像素，得到的结果如图 21.28 所示。这里

我们没有使用填充。

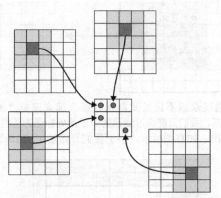

图 21.28　用 3 像素×3 像素过滤器扫描 5 像素×5 像素图像，无填充。过滤器的每一步都在输入中将其向右移动了一个像素，并在之后将它向下移动一个像素。该图展示了构成该输出的 9 个过滤器位置中的 4 个

但我们可以水平、垂直或两者皆有地跳过像素。例如，我们可能会在每个水平线上每步向右移动 3 个像素，然后每次垂直移动时，一步向下移动 2 行。输出像素仍然像以前一样结合。其结果是一个水平尺寸只有原来 1/3、垂直尺寸只有原来 1/2 的新图像，如图 21.29 所示。

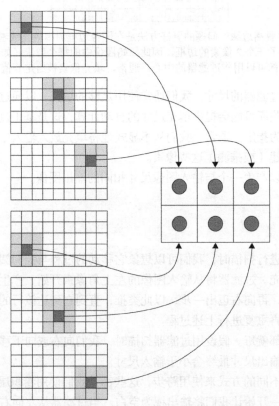

图 21.29　我们的过滤器扫描可以跳过像素。在这个例子中，我们在水平方向每隔两个像素、在垂直方向每隔一个像素地扫描。换句话说，我们使用横向 3 和纵向 2 的步幅。为清楚起见，我们在此图中未使用填充。5 像素×9 像素的输入图像变为 2 像素×3 像素的输出图像

再看一下图 21.29 中作为过滤器锚点的像素，如图 21.30 所示。

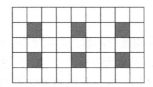

图 21.30　图 21.29 的卷积中作为过滤器锚点的 6 个像素

我们稍后会看到这是减小输入图像尺寸的快速方法，可以加快网络中的后续部分。

在图 21.29 中，我们横向使用了值为 3 的步幅，纵向使用了值为 2 的步幅。而更常见的是，我们会为两个轴指定相同的步幅值。步幅可以是任何从 1 开始的正整数。在图 21.28 中，默认步幅为 1，意味着我们每次移动的步幅是 1 像素，没有任何像素被错过。在两个轴上的步幅为 2 可以被认为是在水平和垂直方向每间隔一个像素取一次，步幅为 3 或更大也类似地考虑。这两种步幅的示意如图 21.31 所示。

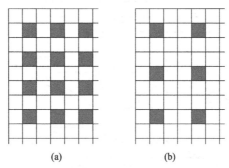

图 21.31　跨步的例子。(a)两个方向的步幅都为 2，表示水平和垂直方向上都每隔一个像素评估一次；(b)两个方向的步幅都为 3，意味着每隔两个像素评估一次

我们可以使用跨步来防止过滤器重叠，这在缩小图像时很有用。例如，如果我们在图像上用 3 像素×3 像素的过滤器进行扫描，则可能使用 3 的步幅，这样没有一个像素被使用超过一次，如图 21.32 所示。

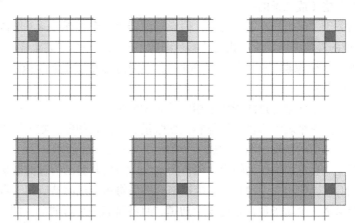

图 21.32　在每个维度中使用 3 的步幅和 3 像素×3 像素的过滤器，这表示输入中的每个像素仅被使用一次。从上到下、从左到右地读取。灰色阴影的像素是已经被过滤器覆盖过的。输出图像的尺寸将是输入图像维度的 1/3

## 21.4 高维卷积

在前面的例子中，我们一直在使用黑白图像。也就是说，每个图像仅具有一个颜色信息**通道**。我们知道彩色图像至少有 3 个通道，通常代表每个像素的红色、绿色和蓝色分量。让我们来看看如何处理这类图像。一旦可以处理 3 层图像，我们也就知道如何使用任意层数的张量，例如先前卷积层的输出。

处理彩色图像的一种方法是对每个通道应用相同的过滤器。或者，我们可以制作一个在每个通道应用不同权重的过滤器。

制作这样的过滤器很容易。我们将之前的过滤器从仅是一个权重网格转换为多个过滤器的堆叠，一层对应一个通道。图 21.33 展示了这个想法。换句话说，我们的内核从一个二维网格变成了包含 27 个值的三维块。

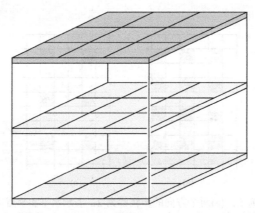

图 21.33　当我们将过滤器应用于 3 通道图像时，例如，每个像素处由红色、绿色和蓝色值组成的彩色图像，可以应用 3 个不同的过滤器，每个过滤一个通道。我们可以把 3 个过滤器想象为一个小堆栈，这里展示的过滤器具有 3 像素×3 像素的局部感知域

要将此卷积核应用于 3 通道彩色图像，这和以前的处理基本一样，但现在我们考虑块（或三维的张量）而不是网格（或二维的张量）。

回到我们之前关于"矿土样本"的想法，假设过滤器有一个 3 像素×3 像素的足迹，并将处理有 3 个颜色通道的彩色图像。所以我们从彩色图像中提取出一个"矿土样本"，但现在它的体积（volume）是每边 3 个像素（高度和宽度都是 3，因为过滤器尺寸是 3 像素×3 像素；深度也是 3，因为有 3 个通道）。

然后我们将块的每个元素与过滤器块中相应的元素相乘。

如果我们想要产生一个表示彩色图像与卷积核张量有多接近的值，则可以将所有 27 个乘积相加，来为只有一个通道的新输出图像生成一个单值，如图 21.34 所示。

假设我们想要生成彩色图像作为输出，但每个颜色通道由其自己的过滤器来修改。并非用一个三维卷积核，我们可以使用 3 个独立的二维网格。然后将每个过滤器应用于自己的通道，并产生自己的输出。结果是一个新张量，它有 3 个通道，且各来自一个过滤器。图 21.35 展示了这种方法。

这些想法可以扩展到具有任意通道数的图像，正如我们将在 21.4.1 节中看到的那样。

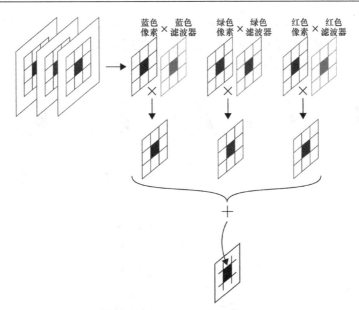

图 21.34　使用 3 像素×3 像素×3 像素的卷积核对彩色图像进行卷积。我们提取出 3 像素×3 像素的足迹内 9 个红色、绿色和蓝色的像素值，并且将这些元素与卷积核的相应切片相乘。我们可以将所有结果相加以生成单个值

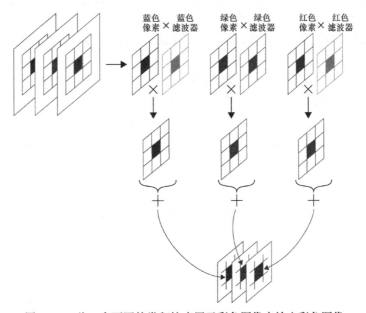

图 21.35　将 3 个不同的卷积核应用于彩色图像来输出彩色图像

我们可以选择使用并行硬件来同时应用许多相同的过滤器以提高效率。在这种情况下，我们可以使用之前看到的权重共享，这意味着所有过滤器仍然可以从单个资源处获得权重。

## 21.4.1　具有多个通道的过滤器

我们可以推广上面的想法，在单个输入上使用多个过滤器。

例如，假设有一个黑白图像，而我们想要寻找眼球、棒球、排球和肉丸。我们可以为每种特征创建一个过滤器，并相对独立地在输入上运行每个过滤器。结果将是 4 个输出图像，每个图像的通道深度都为 1，每个通道来自一个过滤器，如图 21.36 所示。

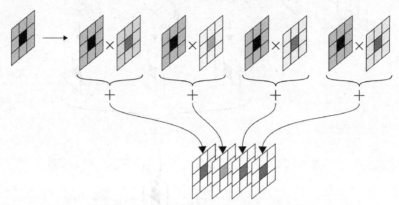

图 21.36　我们可以在同一输入（灰色表示）上运行多个过滤器（彩色表示），
每个过滤器在输出中创建自己的通道

因此，不是产生一个只有单通道的灰度图像，或有 3 个通道的彩色图像，而是产生一个带有 4 个通道的黑白图像。如果我们使用 7 个过滤器，则输出将是具有 7 个通道的新图像。那时我们可能不再想称它为一幅图像，更普遍地称它为一个张量。

这里要注意的关键是每个过滤器都有 1 个切片层，与输入相匹配。如果输入深度为 2 像素，则每个过滤器深度也需要 2 像素。

一般来说，过滤器的足迹大小可以任意设定，我们可以对任何输入图像应用任意多的过滤器。最重要的是过滤器中的通道数与输入中的通道数相匹配。

图 21.37 展示了这个想法。最左边的输入张量有 6 个通道。我们应用了 4 个不同的过滤器，每个过滤器具有尺寸为 3 像素×3 像素的足迹，所以每个过滤器的张量大小为 3 像素×3 像素×6 像素。每个过滤器生成的输出都是单通道的。因为我们使用了 4 个过滤器，所以输出张量为 4 个通道。

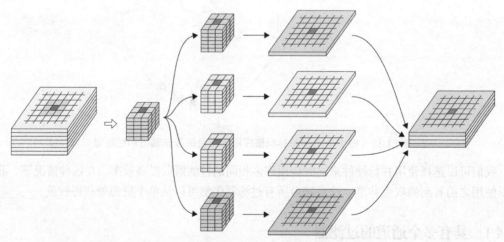

图 21.37　当我们使用过滤器对输入进行卷积时，每个过滤器必须具有与输入一样多的
切片数。这里的输入张量为 6 个通道，所以每个过滤器是 6 个通道。4 个过滤器各自创
建 1 个通道的输出，所以最终输出有 4 个通道

虽然原则上我们应用的每个过滤器可以具有不同的足迹，但实际上我们几乎总是在任何给定的卷积层中对每个过滤器使用相同的足迹大小。例如，在图 21.37 中，所有过滤器的占用空间均为 3 像素×3 像素。如果另一个卷积层跟随此层，则新层上的过滤器可以具有任意大小的占用空间。

我们将在下面看到卷积层如何为我们管理所有这些计数。先前，将图 21.37 的整个操作添加到我们的网络中，我们需要做的就是指定需要的 4 个过滤器，每个尺寸为 3 像素×3 像素，深度为 6 像素。如果库可以自动匹配输入张量的深度，它将给我们制作 4 个尺寸为 3 像素×3 像素×6 像素的过滤器，并用随机值初始化它们。在正向传播期间，过滤器将全部被应用，且结果会组合成 4 个通道的输出。在反向传播期间，将调整每个过滤器中的 54 个值（3×3×6）以改善网络输出的误差。

## 21.4.2　层次结构的步幅

我们之前看到，在尺寸不断缩小的图像上使用一系列卷积可以让我们有效地查找由大量元素组成的对象。跨步使这变得容易，因为它本身允许我们输出一幅小于输入尺寸的图像。例如，如果步幅在某个维度上是 2 个单位，则输出在该维度将变为原尺寸的 1/2。如果步幅为 3 个单位，则该维度的输出将为原尺寸的 1/3，以此类推。

假设我们从一个 600 像素×600 像素的黑白图像开始，如图 21.38 所示。我们的第一个卷积将应用 8 个过滤器给这个 600 像素×600 像素的图像，每个过滤器的尺寸为 5 像素×5 像素。我们将用两行 0 填充图像，故图像不会因此变小，但将使用大小为 2 的步幅。这意味着我们将获得一个尺寸减半（即 300 像素×300 像素）的图像，它带有 8 个通道。

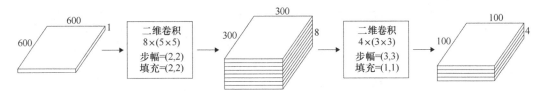

图 21.38　创建卷积的层次结构。第一个卷积在完整的 600 像素×600 像素图像上工作。第二个工作在 300 像素×300 像素的图像上，其中包含第一阶段的 8 个过滤器的结果。每个阶段都使用前一阶段的低分辨率版本，因此它可以使用更大的特征集合，而**无须**更大的过滤器

现在我们将在此图像上运行 4 个新过滤器，每个过滤器是 3 像素×3 像素的，带有 4 个通道。我们将使用 3 步的步幅和 2 位的填充，得到的张量尺寸为 100 像素×100 像素×4 像素。

由于图像在每一步都按比例缩小，因此每组后续的过滤器都使用较低分辨率的图像工作。这意味着它们运行得更快，并且可以寻找更大的特征，因为 300 像素×300 像素的图像上的 3 像素×3 像素的过滤器可以被大致认为是前一层 600 像素×600 像素的图像上的 6 像素×6 像素的过滤器。

从概念上讲，我们第一次卷积的过滤器之一可能正是实现了蟾蜍假设的寻找"浅色斑点"，而另一个过滤器在寻找"有翅膀的东西"。然后，下一个卷积可以同时关注这两个结果，并且寻找"有翅膀的斑点"。

我们可以保持这种缩小，直到最终只有一个张量，其一边只有一个像素，虽然这在实践中是罕见的。如上所述，唯一的规则是每一步的过滤器必须让它们所处理的图像中的每个通道都有一个切片。

在这个例子中，我们在卷积过程中使用跨步来降低图像的分辨率，有时称为**下采样**（downsampling）。另一种方法是不进行跨步（即水平和垂直地移动过滤器时只移动一个像素），然

后紧接着使用池化层执行操作。近年来，经验表明，在进行卷积时用跨步进行下采样更快，并且通常可以提供同样好或更好的结果，因此它成为更常见的惯用语[Springenberg15]。尽管如此，许多流行的架构仍然使用池化，这些架构至今仍在使用，因此熟悉该技术非常重要。

我们经常反过来运行这个过程，增加图像中的像素值，比如从 100 增加到 300。我们可以利用本书第 20 章所讨论的上采样层进行这样的处理，称为**上采样**。但就像下采样一样，我们可以在计算卷积本身时实现分辨率的提高。我们将在本章后面部分看到这是怎么实现的。

## 21.5    一维卷积

在之前的讨论中，我们讨论了在三维输入图像（高度、宽度和一个或多个通道）上水平和垂直地移动卷积核。如我们所讨论的，灰度图像具有一个通道，彩色图像具有 3 个通道，黑白图像具有 4 个通道，而其他的颜色表示方式可具有别的通道数。回想一下，我们不会在深度维度上移动过滤器，因为过滤器本身具有与输入图像一样多的通道。

如果输入不是三维的怎么办？我们可以将其讨论推广到更小和更大的张量，这涉及分别在更少或更多维度上移动张量。

一个有趣的特殊情况是**一维卷积**（1D convolution）。这仅涉及沿一个方向移动过滤器[Snavely13]。这是处理文本的一种流行技术，其中每行代表一个单词，或固定数量的字母[Britz15]。

一维卷积的基本思想如图 21.39 所示。我们创建一个或多个过滤器，它们具有整个输入矩阵的宽度，我们可以在每行中放置一个文本单词。一旦计算了每个过滤器的输出，我们就将它向下移动一行。"一维卷积"这个名称来自这个单一的运动方向或维度。

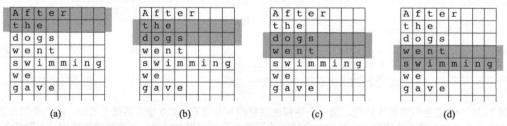

图 21.39    在一维卷积中，我们创建一个具有整个网格宽度的过滤器，并一次向下移动一行。该名称来自仅在一个方向（或维度）上移动过滤器

正如之前看到的，我们可以在网格上移动多个过滤器，每个过滤器具有不同的高度。

任何时候只在一个维度上移动过滤器，我们可以称之为"一维卷积"。它在二维网格上的应用十分直观，但我们同样可以在任意维数的输入上做一样的事情，只要仅沿输入的一个维度上移动过滤器。

由于其名称，一维卷积很容易与 1 像素×1 像素的过滤器的卷积混淆，后者通常也称为**1×1卷积**。这两个想法非常不同。现在我们来看 1×1 卷积。

## 21.6    1×1 卷积

我们已经了解了如何使用多个过滤器来创建多个输出。而随后的卷积步骤可以使用那些过滤器的输出作为输入来使用新的过滤器。

但是，如果我们只是想以某种方式组合过滤器输出，而不是使用一个大足迹呢？

例如，我们可能有一个会发现红色圆圈的过滤器，以及另一个会发现绿色线条的过滤器，我们希望找到同时包含红色圆圈和绿色线条的像素（这些像素会是黄色）。

我们可以构建一个 **1×1 过滤器**（1 by 1 filter），并使用它来执行 **1×1 卷积**[Lin14]。

这是一个仅占用一个像素的过滤器。它是正常的卷积，因为我们会在输入张量上用此过滤器进行扫描，将输入中的值乘以过滤器中的权重，生成结果，并将其保存在新的输出张量中。唯一的区别是过滤器的足迹只是两个维度中的单个像素。图 21.40 直观地展示了这一点。

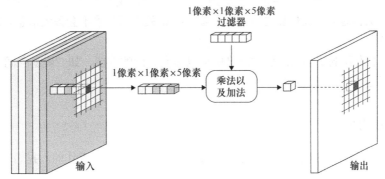

图 21.40　用 1 像素×1 像素的过滤器来执行 1×1 卷积扫描

这么小的过滤器有什么意义呢？1×1 卷积的一个强大应用是动态地进行**特征缩减**。这是一个熟悉的想法：在第 12 章中我们看到了如何使用像 PCA 这样的算法来预处理数据以减少特征的数量，从而提高算法的性能。在这种情况下，我们的 1×1 过滤器指定了一种方法，将元素中的所有值投影到一条线上，这样我们只需用一个值来表示它。

这种操作的价值是双重的。首先，它使得要处理的数据更少，因此计算速度更快，占用的内存更少。其次，网络通常能够产生更好的结果，因为它可以将所有计算能力引导到有用信息上，而不是将其浪费在冗余特征上。

现在看看 1×1 卷积如何为我们实现特征缩减的。假设我们从一个有 300 层的张量开始，如图 21.41 所示。我们怀疑这些层中的大量数据是多余的，并认为其实只需 175 层即可获得良好的结果。

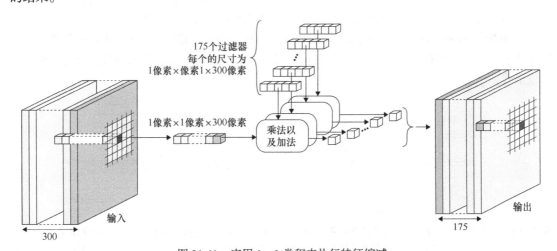

图 21.41　应用 1×1 卷积来执行特征缩减

我们可以制作 175 个过滤器，每个过滤器的足迹为 1 像素×1 像素。每个过滤器将查看位于一个像素下的所有 300 个值，并因此产生单个值作为结果。通过训练，每个过滤器都可以从这 300 个输入值中提取一个有用的测量值。结果是只有 175 层的张量，因此使得之后所有操作的速度几乎快一倍。如果我们对 175 的猜测是正确的，那么仍然可以从网络获得可接受的结果，且时间和内存消耗更少。

当特征**相互关联**时，这个过程在实践中通常是很有效的[Canziani16]。这意味着前面那些过滤器层已经创建了彼此同步相关的结果，因此当一个上升时，我们可以预测有多少其他特征将上升或下降。这种相关性越好，我们就越有可能删除一些相关层而几乎不会丢失信息。1×1 过滤器非常适合这项工作。

将执行 1×1 卷积的层插入多层的网络中可以提高它们的性能，如"盗梦空间"（Inception）的结构所演示的这样[Szegedy14]。

## 21.7　卷积层

我们已经谈了很多关于**卷积层**的内容，但没有多说它们是如何工作的。我们现在来解决这个问题。

当创建一个卷积层时，我们通常会告诉库我们想要多少个过滤器，它们的足迹应该是什么样的，以及其他可选的细节，比如，我们是否要使用跨步和我们想要使用的激活函数，而库负责所有剩余的部分。最重要的是，它会通过反向传播来改进每个过滤器中的权重，并学习使过滤器产生最佳结果的最佳值。

如上所述，卷积层的输出是张量，每个过滤器产生一个切片。由于每个过滤器都设计为与输入中的一个特征匹配，因此卷积层的输出有时称为**特征图**或**特征映射**（feature map）。"映射"这个词来自它的数学含义。在这里，我们可以将这个"映射"视为告诉我们每个特征在其输入中的位置，较大的值表示增加的可能性。

当绘制模型图时，我们通常会通过过滤器使用数量、足迹和激活函数来确定卷积层。通常，默认情况下不应用填充而使用步幅为(1,1)的跨步，因此，如果想要这些选项的不同值，我们会明确地包含它们。由于在输入周围使用相同的填充是很常见的，我们通常只提供单个值而不是两个，并且知道它适用于所有维度。因此，填充 3 表示二维时的(3,3)或三维时的(3,3,3)。

一些库会自动计算所需的填充量，以保持输出与输入的大小相同，因此，我们所要做的就是要求填充，而不是明确告诉它填充多少。图 21.42 展示了两个卷积层的图形符号，以及传统的文本框形式。

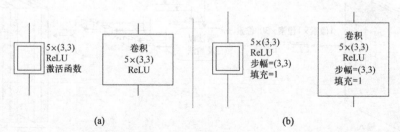

图 21.42　两个卷积层。每个都以图形符号和传统的文本框形式展示。(a)具有 5 个过滤器的卷积层，每个过滤器都是 3 像素×3 像素的，并具有 ReLU 激活函数。暗含步幅是(1,1)，而且也没有填充。(b)与(a)部分层相同，但现在具有明确的(3,3)步幅，以及输入周围的单个零填充环

### 初始化过滤器权重

当创建新的卷积层时，我们还会创建所有必需的过滤器。我们还没有学习任何东西，所以不知道过滤器卷积核内的权重应该是多少。但就像常规人工神经元的权重一样，它们必须用**某些东西**进行初始化。

如果两个过滤器具有相同的权重，我们就会浪费资源，因为两者会做同样的工作。我们说两个这样的过滤器具有**对称性**（symmetry）。我们希望防止这样的过滤器形成，所以我们绝对不希望用相同的值初始化两个过滤器。因此，为每个过滤器分配不同的值称为**对称性破坏**（symmetry breaking）。

一个对称性破坏的初始化方法是使用小的随机数，例如来自[−0.01,0.01]范围的数。这使得任何过滤器不太可能恰好复制任何其他的过滤器。

这为初始化的研究带来了其他方法。两种流行的技术都是以它们论文中的主要作者命名的。它们是 Glorot **初始化**（也称为 Xavier **初始化**）[Glorot10]和 He **初始化**[He15]。回想一下，我们在第 16 章中看到了这些不同的初始化器。

这两种技术都有相同的概念：初始值是随机数，根据神经元的输入数量选择，称为**扇入**。Glorot 初始化和 He 初始化都从使用扇入作为参数的一个分布中选择随机值 [Jones15]。

这些方法的一个很好的特性是它们不采用其他参数，特别是没有用户指定的参数。我们只需要告诉库我们想要哪个初始化，之后它就会完成其余的工作。在没有深入理论的情况下，目前的建议是，如果我们的库提供 He 初始化作为选项，那么应该使用它[Karpathy16]；否则，可以使用 Glorot 初始化或随机值。

## 21.8 转置卷积

到目前为止，我们看过的卷积层要么保持输入的大小，要么使它变小。但是我们可以使用相同的技术来使输入张量变大。此过程称为上采样。当我们在卷积步骤中进行时，它称为**转置卷积**（transposed convolution）或**分数步幅**（fractional striding）。"转置"一词来自转置这一数学运算，我们可以用它来为这个运算写出方程。我们将在下面看到"分数步幅"这个名称是怎么来的。

一些作者在进行**反卷积**（deconvolution）时将之称为上采样，但这个名称已经被一个不同的概念[Zeiler10]所采用。为了避免混淆，大多数人现在都不再使用这个术语，而是更喜欢用上述两个术语中的一个。在本章中，我们将使用术语"转置卷积"。

让我们看看它是如何工作的。我们首先重新审视没有填充的基本卷积，创建一个小于输入的输出。在图 21.43 中，我们在 5 像素 × 5 像素的输入上移动 3 像素 × 3 像素的过滤器，得到 3 像素 × 3 像素的输出。

如果我们对原始 5 像素 × 5 像素的图像使用单个零填充环，那么使用相同的过滤器将给出一个 5 像素 × 5 像素的图像，如图 21.44 所示。

如果我们对过滤器使用跨步，那么输出将再次变得小于输入。例如，60 像素 × 60 像素带有填充的输入和每个方向步幅值为 3 将产生 20 像素 × 20 像素的输出。

现在让我们来使输入比开始时更大[Dumoulin16]。假设有一个尺寸为 3 像素 × 3 像素的原始图像，我们希望用 3 像素 × 3 像素的过滤器处理它。我们想以 5 像素 × 5 像素的图结束。我们所要做的就是用两个 0 的环填充或环绕输入，如图 21.45 所示。

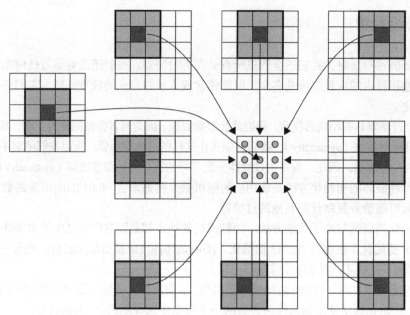

图 21.43　使用 3 像素×3 像素的过滤器对 5 像素×5 像素的输入图像进行卷积。这里我们没有使用任何填充，因此过滤器不能以最外面的像素环为中心。外部形状展示了输入图像和 3 像素×3 像素的过滤器在图像上移动时的足迹。中心图是由此产生的 3 像素×3 像素的图像

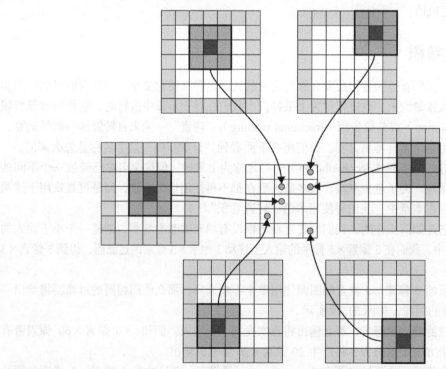

图 21.44　与图 21.43 中的设置相同，只是现在 5 像素×5 像素的输入图像被零填充了一个像素宽。我们展示了 3 像素×3 像素的过滤器的几个代表性放置，以及它们产生的元素。该输出图像是 5 像素×5 像素的，因此输入和输出具有相同的大小

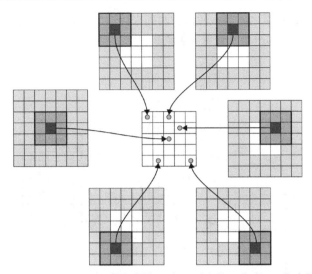

图 21.45　使用转置卷积，输出图像可以比输入图像更大。原来的 3 像素×3 像素的输入在外层网格中以
白色显示，并用两个 0 的环填充周围。3 像素×3 像素的过滤器现在产生了 5 像素×5 像素的
结果，如中间的图片中心所示

我们可以使用更多的 0 环来使输出更大，但这只会在输出中产生 0 值的环。

获得更大结果的另一种方法是通过在输入像素周围和之间插入填充来展开输入图像。这个方
法称为**空洞卷积**（dilated convolution）。让我们在开始的 3 像素×3 像素的图像的每个输入间插入
一个 0 行和列，并用 2 个 0 的环填充所有这些区域。这使得 3 像素×3 像素的输入变成了 9 像素×
9 像素。当我们在这个网格上扫描 3 像素×3 像素的过滤器时，将获得 7 像素×7 像素的输出。因
此，我们将原来的 3 像素×3 像素的输入放大为 7 像素×7 像素的输出，如图 21.46 所示。

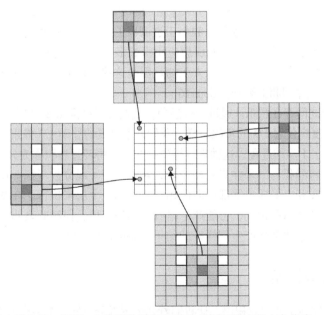

图 21.46　空洞卷积。原来的 3 像素×3 像素的图像显示为外围网格中的白色像素。我们在每个像素之间
插入了一行和一列的 0 值，然后用两个 0 值环包围整个区域。当我们用 3 像素×3 像素的过滤器对此
网格进行卷积时，将得到 7 像素×7 像素的结果，如中间所示

通过在每个原始输入像素之间插入两行和两列来让输出更大，如图 21.47 所示。现在我们的输入是 11 像素 × 11 像素，输出是 9 像素 × 9 像素。

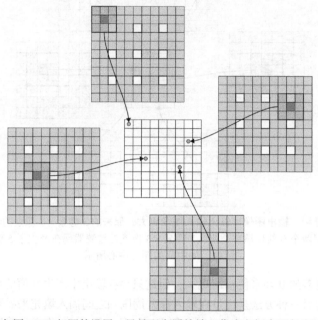

图 21.47　与图 21.46 相同的设置，只是现在原始输入像素之间有两行和两列 0 值，产生了如中间所示的 9 像素 × 9 像素的结果

我们可以在原始像素之间选择任意多的 0 值行和 0 值列，以及随我们喜好的 0 值环。但是我们必须关注过滤器的大小。比如，如果我们在每个输入像素之间放置 3 行和 3 列 0 值，并且使用 3 个像素宽的过滤器，它将在输出网格中引入垂直和水平方向的 0 值直线。我们很少想要这个，所以我们通常会保持额外插入的行数和列数小于过滤器的大小。在这种情况下，使用两行两列是在用 3 像素 × 3 像素的过滤器卷积前我们所想应用得最多的数目。这种插入 0 的技术并非万无一失，并可能在输出张量上创造小的棋盘状人工物。但是这些可以通过库程序来避免，如果它们采取措施小心谨慎地处理卷积和上采样[Odena16]。

转置卷积和跨步之间存在联系。通过一些想象，我们可以将像图 21.47 那样的一个转置卷积过程描述为像在每个维度中使用 1/3 的步幅一样。我们并不是真的移动 1/3 像素，而是需要用 3 步来移动原始输入中相当于 1 步的过程。这种观点导致一些作者将转置卷积称为**分数步幅**。

正如步幅让我们将卷积与下采样步骤相结合，转置卷积（或分数步幅）让我们将卷积与上采样步骤相结合。下采样和上采样步骤都可以由相同名称的一个层来执行。在卷积期间进行的下采样或上采样与使用单独网络层相比，可能产生略有不同的结果，但经验表明，将它们组合在一起通常更快更有效，并且它通常会产生同样好的结果[Springenberg15]。

## 21.9　卷积网络样例

为了演示如何在实践中使用卷积层，让我们看几个图像分类器：第一个将识别灰度手写数字；第二个将识别彩色照片中的特征对象，它从 1000 个不同的类别中进行选择。

对手写数字进行分类是机器学习中的一个著名问题[LeCun89]。我们首先对 MNIST 数据集中的手写数字进行分类。

MNIST 数据集收集了来自各种各样的人的数万个手写数字。数字为 0~9，每个都保存为 28 像素×28 像素的灰度图像。我们的任务是识别每个图像中的数字。

我们将使用一个专为这项工作设计的简单的卷积神经网络，它被包含于 Keras 机器学习库 [Chollet17a]。它的结构用我们的原理图形式和传统的文本框形式展示在图 21.48 中。

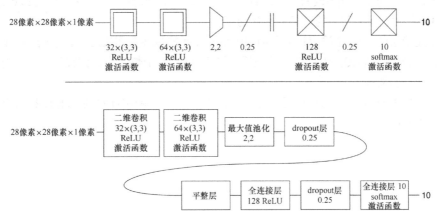

图 21.48　用于对 MNIST 数据集进行分类的卷积神经网络。输入图像是 28 像素×28 像素×1 像素。两个卷积层之后是池化、dropout 层和平整层，然后是一个全连接层（具有 dropout）和具有 10 个输出的最终 softmax 层。该网络归功于[Chollet17a]。上方：我们的原理图形式。下方：传统的文本框形式。

网络的输入是 MNIST 数据集中的图像，分辨率为 28 像素×28 像素×1 像素。卷积神经网络的核心位于前两层，它们执行卷积操作。

第一个卷积层在输入上运行 32 个大小为 3 像素×3 像素的过滤器。每个过滤器输出的结果在离开网络层之前都要通过 ReLU 激活函数。

请记住，我们只是告诉系统我们需要 32 个 3 像素×3 像素的过滤器。它辨识出输入只有一个通道，因此它创建的过滤器大小是 3 像素×3 像素×1 像素。由于我们没有指定初始化方法，库使用其默认值（在 Keras，这会是 Glorot 初始化）。每个方向的步幅默认为 1，且没有应用填充。正如我们在上面看到的，这意味着最外面的像素环将不会直接体现在输出上，输出图像将是 26 像素×26 像素，但这没关系，因为所有 MNIST 图像在数字周围应该有 4 个黑色像素的边界（并非所有图像都有此边框，但大多数都有）。

所以第一层的输入张量是 28 像素×28 像素×1 像素，输出张量是 26 像素×26 像素×32 像素。

第二步是另一个卷积层，这次是 64 个 3 像素×3 像素的过滤器。系统知道输入有 32 个通道，因此每个过滤器的大小为 3 像素×3 像素×32 像素。输入张量是 26 像素×26 像素×32 像素。由于我们在这里也使用默认步幅和填充，意味着我们失去了另一个围绕图像外部的环形，所以产生形状为 24 像素×24 像素×64 像素的输出张量。

我们可以用步幅来减小输出的大小，但在这里，我们使用块大小为(2,2)的一个显式最大池化层。这意味着，对于输入中每个非重叠的 2 像素×2 像素的块，该层只输出块中的最大值。因此，该层的输出是 12 像素×12 像素×64 像素的张量（池化不改变通道数）。

接下来是一个 dropout 层。由于最大池化层中没有神经元，它影响的是最近的卷积层，这里是有 64 个过滤器的那个。在每轮训练中，该层中 1/4 的神经元将被暂时禁用。这应该有助于防止过拟合。

dropout 层实际上只是给运行网络的代码发指令，而它不执行任何操作。因此，从 dropout 层输出的张量与输入的张量相同，即 12 像素 × 12 像素 × 64 像素。

现在我们离开网络的卷积部分，并为输出值做准备。这些步骤或类似的步骤通常位于分类卷积网络的末尾。

首先，我们在平整层将输入张量展平，使它成为 $12 \times 12 \times 64 = 9216$ 个数字的大列表。然后，该列表被输入一个完全连接（或密集）的有 128 个神经元的 dropout 层。该层也受到 dropout 的影响，其中 1/4 的神经元在每一轮开始时被暂时断开。

上述全连接层的 128 个输出进入具有 10 个神经元的最终全连接层。该层的 10 个输出进入 softmax 层，以便将它们转换为概率。从最后一层出来的 10 个数字为我们提供了网络对输入图像是相应数字的预测概率。

我们使用标准 MNIST 数据集对网络进行共 12 轮训练。该网络在训练和验证数据集上的准确率如图 21.49 所示。

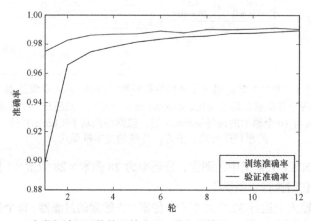

图 21.49　图 21.48 中卷积神经网络的训练表现。我们训练了 12 轮。可以看出，训练和验证曲线没有发散，我们成功地避免了过拟合，同时在两个数据集上达到了 99%以上的准确率

图 21.49 显示该网络在训练和验证数据集上的准确率大约为 99%。由于曲线没有发散，我们成功地避免了过拟合。

让我们看一些预测。图 21.50 展示了来自 MNIST 验证集的一些图像，以及对应于网络最大概率的数字。在这一小部分例子中，它做得很好。

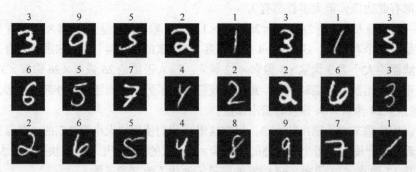

图 21.50　这些是来自 MNIST 验证集的 24 个随机选择的图像。每个图像都标有网络输出，显示的是概率最高的数字。事实上，对于所有这些图像所显示的标签的预测概率几乎为 1，而对于所有其他数字几乎为 0。网络正确分类了所有这 24 个数字

这个小小的卷积神经网络在两个卷积层中完成了它的大部分工作,且每个卷积层只在图像上运行 3 像素×3 像素的小过滤器。但这足以使系统能够正确识别验证集中 99%的数字。

由于这种技术的表现,卷积已经成为深度学习体系的主要技术,可以处理图像和体积块,以及我们在本章开头提到的其他应用。

在本书第 23 章和第 24 章中,我们将看看如何实际用 Keras 库编写代码构建卷积网络。

## 21.9.1  VGG16

现在让我们看一个更大、更强的卷积网络,它能够识别彩色照片中的 1000 种不同对象。

ILSVRC 2014 竞赛是 2014 年的一场公开挑战赛,要求人们构建神经网络来对竞赛主办方提供的包含各种图像的数据库进行分类[Russakovsky15]。

该竞赛提供的训练数据包含 120 万个图像,每个图像被人工标记为能够用网络识别的 1000 种目标中的一种。该竞赛实际上包括几个次级挑战,每个挑战都有获胜者[Imagenet14]。其中一项分类任务的获胜者是名为 VGG16 [Simonyan14]的网络。VGG 是开发该系统的团队 "Visual Geometry Group" 的首字母缩写。16 指的是网络拥有 16 个计算层(还有一些用于池化和填充的工具层)。

VGG16 系统与图像分类器一同工作已经变得流行了。其作者已经发布了所有权重值以及他们如何预处理训练数据,并且网络本身易于理解、修改及用作其他网络的原型。

因此,我们可以在自己的代码中轻松创建完整版本的 VGG16,并立即使用它来分类图像,无须训练时间。但是如果我们想要观察该系统,或者教它新技巧,则需要从训练好的模型开始并改变它。

我们来看看 VGG16 的架构。与前面看到的用于对 MNIST 数据集进行分类的卷积神经网络一样,VGG16 的大部分工作都是通过一系列卷积层完成的,中间也出现一些工具层,最后有一些平整层和全连接层。

在每次卷积之前,我们对图像进行填充,这样就不会丢失外围的像素。

卷积层(具有零填充)按 2 或 3 层重复再整体进入序列中。在段序列的最后,有一个最大池化层,其尺寸为 2 像素×2 像素,每个维度的步幅为 2,因此输出张量在宽度和高度上都减半。

在向模型提供任何数据之前,我们必须按照其作者的方式预处理训练数据。这涉及确保图像的大小为 224 像素×224 像素,并且通过从所有像素中减去特定值来调整每个通道[Simonyan14]。预处理完成后,我们就已准备好将图像提供给网络。

我们将 VGG16 的架构呈现为一系列块(共 6 个)。图 21.51 展示了第一个块。输入是大小为 224 像素×224 像素的 3 个通道(分别是红色、绿色和蓝色值)的彩色图像。该输入图像进入两个连续的填充–卷积步骤,然后由于最大值池化步骤在每个维度上都减小一半。

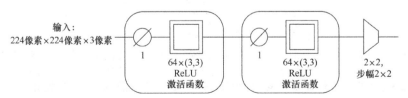

图 21.51  VGG16 的第一个块。输入是零填充的,带有一个 0 环,然后我们应用 64 个过滤器,每个过滤器的大小为 3 像素×3 像素。然后我们对该结果进行零填充,并在其上运行另一组 64 个过滤器,每个过滤器的大小还是 3 像素×3 像素。最后,我们使用最大池化将每个原始图像的大小减半

在图 21.51 中可以看到，我们已经将初始处理分为两个相同的池化步骤，然后进行卷积。输出张量的大小为 112 像素 × 112 像素 × 64 像素。

然后该张量流入下一个块，如图 21.52 所示。这个块和第一个块很像，只是我们在每个卷积层中应用了 128 个过滤器。

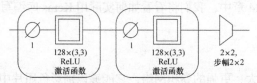

图 21.52　VGG16 的第二个块与图 21.51 中的第一个块类似，不同之处在于我们在每个卷积层中使用 128 个过滤器而不是 64 个过滤器

第三个块继续这种将每个卷积层中的过滤器数量加倍的模式，但它重复填充–卷积步骤共 3 次而不是两次，如图 21.53 所示。

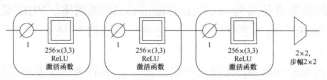

图 21.53　VGG16 的第三个块再次将过滤器的数量加倍为 256，并重复填充-卷积步骤 3 次而不是之前的两次

网络的第 4 个和第 5 个块是相同的。每个块由 3 对填充–卷积构成，然后是最大池化层。这些层的结构如图 21.54 所示。

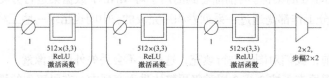

图 21.54　VGG16 的第 4 个和第 5 个块是相同的。它们每个都有 3 对填充–卷积，然后跟着最大池化层

这些就是卷积块，下面我们来看最后的处理步骤。与第一个卷积神经网络样例一样，我们首先将第 5 个块中的张量展平，然后通过两个各有 4096 个神经元的全连接层计算它们，每个全连接层后面都有截止率为 50% 的 dropout 设置。最后，输出进入一个有 1000 个神经元的全连接层，每个神经元对应一个类别，其产生 1000 个概率的输出，每个类别一个，如图 21.55 所示。

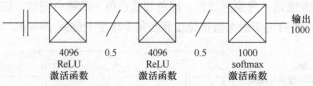

图 21.55　VGG16 中处理的最后步骤。我们将图像展平，然后通过两个全连接层计算它们，每层后都使用 dropout。然后我们进入一个具有 1000 个神经元的全连接层，并通过 softmax 激活函数输出一个有 1000 个概率的列表，每个概率对应该图像属于对应类别的可能性

图 21.56 展示了 VGG16 的整体架构。

如果我们要重构 VGG16，那么可能会移除最大池化层，并在每个重复块的最后一个卷积层中使用 2 × 2 的步幅。

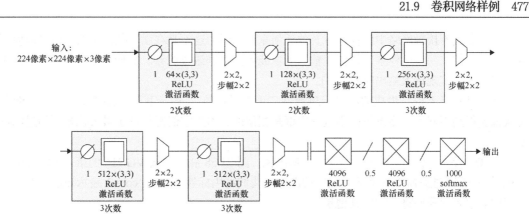

图 21.56　VGG16 的整体架构

在第 20 章中，我们看到了许多在 VGG16 没见过的图像上使用 VGG16 的例子。为了好玩，我们给出了于阳光明媚的一天在西雅图周围拍摄的 4 张照片，如图 21.57 所示。VGG16 从来没有见过这些图像，即使是在验证过程中，但它确实表现得很好。

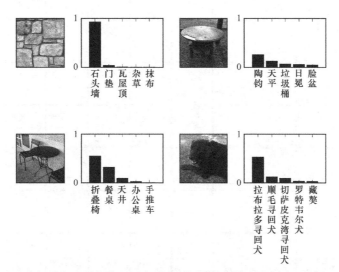

图 21.57　我们于阳光明媚的一天在西雅图周围拍摄的 4 张照片。图 21.56 中的
VGG16 在识别每张图像方面都做得很好

## 21.9.2　有关过滤器的其他内容：第 1 部分

VGG16 在图像分类方面做得很好，这在很大程度上要归功于其通过卷积层学习到的过滤器。看看过滤器学到了什么似乎是有用的。

但过滤器本身只是 3 像素 × 3 像素的，这对我们来说太小了，感觉不出它们有多大意义。但我们可以通过查看触发每个过滤器的图像间接地看到它们。换句话说，一旦选择了一个所要可视化的过滤器，我们就可以找到一张使该过滤器输出其最大值的图片。

我们可以用一个基于梯度下降的小技巧来做到这一点。梯度下降是我们在第 18 章中使用的作为反向传播的一部分的算法。但现在我们将使用梯度上升来攀爬梯度。该技术从-1 充满随机噪声的图像开始。首先测量我们感兴趣的过滤器的输出，然后使用网络中的梯度来修改输入图像中的像素。我们不接触网络中的权重或其他任何东西，因为这不是在学习任何东西，但可以使用梯度来告诉我们如何修改像素，以便使输入图像能更多地刺激过滤器。我们一遍又一遍地这样做，直到过滤器能实现最大输出[Zeiler13]。

从某种意义上说，生成的图像是过滤器"正在寻找的"。由于我们从随机值开始，因此我们每次都会得到不同的最终图像，不过它们都是相似的，因为它们都是基于最大化相同的过滤器而来的。

让我们看一下利用这种方法产生的一些图像。图 21.58 展示了从 VGG16 的第一个块的第 2 个卷积层的 64 个过滤器中获得最大响应的图像（我们将用标签 block1_conv2 表示该层，并用其他类似的名字表示我们将看到的其他层）。

从VGG16的block1_conv2层中提取的卷积核（过滤器）

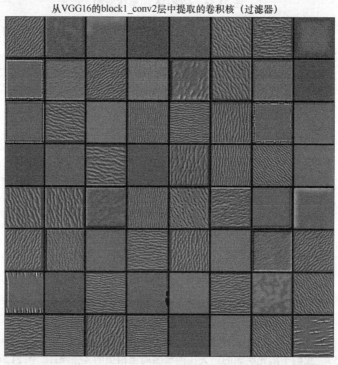

图 21.58　从 VGGG16 的 block1_conv2 层中的 64 个过滤器中获得最大响应的图像

看起来，图中很多过滤器都在寻找不同宽度和方向的条纹，这会是寻找边缘的好方法。一些过滤器看起来在寻找不同类型的边界，有一些值对于我们来说太精细了难以充分利用，而右下方的过滤器看起来像是一个有许多眼睛的、令人毛骨悚然的东西。

让我们向上移动到第 3 个块，然后查看第一个卷积层中的前 64 个过滤器。图 21.59 展示了最能刺激这些过滤器的图像。

从这些图像可以看出，这里的过滤器似乎在寻找更复杂的纹理，尽管仍然有很多条纹。让我们继续前进，看看第 4 个块的第一个卷积层的前 64 个过滤器中获得最大响应的图像，如图 21.60 所示。

这些图像变得越来越有趣。过滤器似乎正在寻找描述许多不同类型的流动和互相咬合形状的图案。

仅是为了好玩，让我们来看看其中一些过滤器中图像的特写。图 21.61 展示了前几层中 9 种模式的较大视图。

从VGG16的block3_conv1层中提取的卷积核（过滤器）

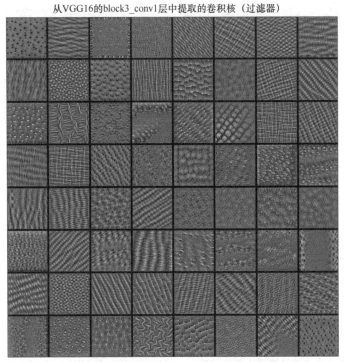

图 21.59　从 VGGG16 的 block3_conv1 层中的前 64 个过滤器中获得最大响应的图像

从VGG16的block4_conv1层中提取的卷积核（过滤器）

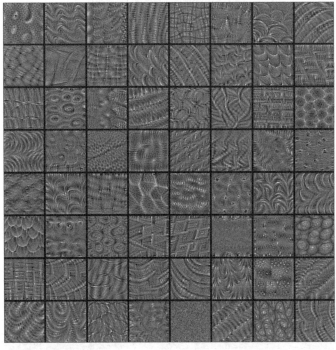

图 21.60　从 VGGG16 的 block4_conv1 层中的前 64 个过滤器中获得最大响应的图像

从VGG16中筛选的卷积核（过滤器）

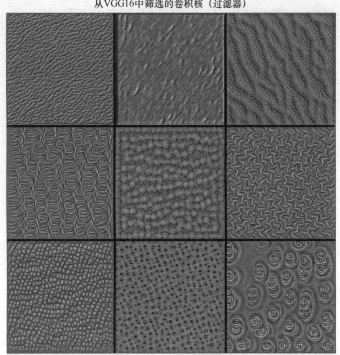

图 21.61 一些手动选择的过滤器中图像的特写，这些图像能触发 VGG16 前几层过滤器的最大响应

图 21.62 展示了触发最后几层中过滤器最大响应的图像。

从VGG16中筛选的卷积核（过滤器）

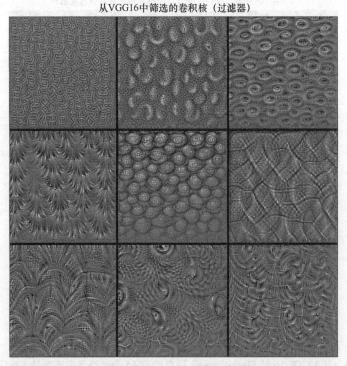

图 21.62 一些手动选择的过滤器中图像的特写，这些图像触发了 VGG16 最后几层过滤器的最大响应

这些图像美丽得令人兴奋。它们也给人有一种充满生机的感觉，可能是因为 VGG16 在大量的动物图像上训练过。

### 21.9.3　有关过滤器的其他内容：第 2 部分

查看过滤器的另一种方法是通过 VGG16 运行相同的图像，并查看过滤器生成的图像。也就是说，我们将图像提供给 VGG16 并让它在网络中运行，但我们忽略网络的输出，仅提取我们感兴趣的网络产生的输出，接着将其绘制出来并旋转它。

图 21.63 展示了一个关于鸭子的输入图像。在本小节中我们会把这个图像用于所有的过滤器输出可视化。

图 21.63　我们将用于可视化过滤器输出的鸭子图像

为了感受事物，图 21.64 展示了来自网络 block1_conv1 中过滤器 0 的响应。由于一个过滤器的输出只有一个通道，故图像不再是彩色的。我们给它一个从黑色到红色再到黄色的热力图，以显示 0～255 的每个元素的值。

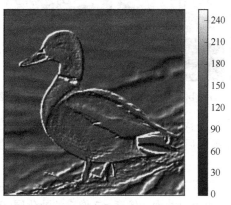

图 21.64　VGG16 的 block1_conv1 层中过滤器 0 对图 21.63 中鸭子图像的响应

看起来这个过滤器在尝试找到垂直边缘。当它们从上到下或从左到右变暗时，我们会得到很大的响应。当它们在那些方向上变得更淡时，我们只能得到非常小的响应。

图 21.65 展示了 block1_conv1 层中前 32 个过滤器的响应。

block1_conv1

图 21.65　VGG16 的 block1_conv1 层中前 32 个过滤器的响应

似乎这些过滤器中的很多都在寻找边缘，但其他的似乎在寻找图像的特定特征。让我们看一下从该层的所有 64 个过滤器中手动选择的 8 个过滤器响应的特写，如图 21.66 所示。

图 21.66　从 VGG16 block1_conv1 层中手动选择的 8 个过滤器响应的特写

第一行的第 3 张图似乎在寻找鸭脚，或者它只是对明亮的橙色东西感兴趣。第 2 行中第一张图像看起来像是在寻找鸭子后面的波浪和雪，而它右边的图像看起来对蓝色波浪的响应最大。

让我们进一步进入网络，到第 3 个块的卷积层中。这里的输出在每一侧都缩小为第一个块输出的 1/4，因为它们已经经历了两个尺寸为 2 像素 × 2 像素的池化层。我们期望它们寻找特征集群，而不是直接与鸭子本身相关联。图 21.67 展示了 block3_conv1 层中前 32 个过滤器的响应。

有趣的是，似乎还有很多边缘寻找正在进行中。明显的边缘似乎是 VGG16 理解图像显示内容的一个重要线索。但是有许多区域是明亮的，也许图像的纹理与过滤器正在寻找的一个或多个图案相匹配。

让我们直接跳到最后一个块。图 21.68 显示了 block5_conv1 层中前 32 个过滤器的响应。

block3_conv1

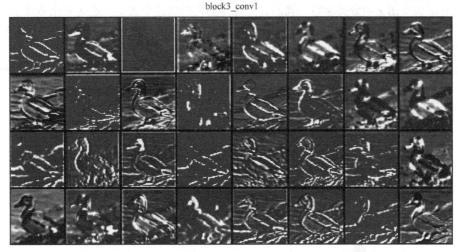

图 21.67 VGG16 的 block3_conv1 层中前 32 个过滤器的响应

block5_conv1

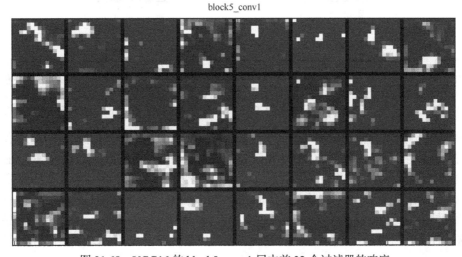

图 21.68 VGG16 的 block5_conv1 层中前 32 个过滤器的响应

正如我们所期望的那样，这些图像更小了，因为已经又通过两个池化层，每层将每一边缩小 1/2。此时，鸭子几乎看不到了，因为系统正在结合前一层的特征。有些过滤器几乎没有响应。它们可能负责寻找鸭子图像中不存在的高级特征。

在第 28 章我们将看到几个很有创意的应用，它们用卷积层中相应的过滤器来创造艺术。

## 21.10 对手

有一件我们可以对图像做的令人惊讶的事，这将摒弃 VGG16 的预测。事实上，这个技巧会打乱任何分类器的结果。

这个"欺骗"我们的卷积网络的诀窍涉及创建一个称为**对手**的新图像。该图像是通过对原始图像添加**对抗扰动**（adversarial perturbation），或更简单地说，**扰动**（perturbation）创建的，这是一个我们看起来像随机噪声的图像。如果相同的扰动适用于我们给特定分类器的每个图像，甚至每个分类器的每个图像，我们称之为**普遍扰动**（universal perturbation）[Moosavi-Dezfooli16]。

假设在准备将图交给分类器时,我们首先逐像素地添加这个扰动。这些变化非常小,即使在并排查看前后图时,我们也看不出任何差异。但像素的微小变化恰好能够使分类器完全陷入混乱并预测看似随机的类别。

例如,在图 21.69a 中,我们看到了一只老虎的图像。系统正确地以大约 80% 置信度将它归类为老虎,略有一些概率给了相关的动物,如虎猫(小型森林猫科动物)和美洲虎。

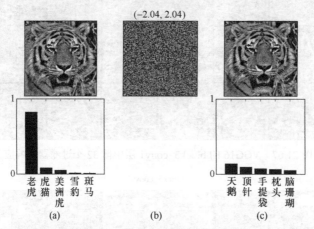

图 21.69　对图像应用扰动。(a)上面是一张老虎的照片,下面是 VGG16 预测的类别及其概率。(b)由想导致老虎被错误分类的程序创建的图像。我们扩展了像素值,使它们在图中可视化,但顶部的值显示它的值在约 −2～+2 的范围内。(c)上面是将中间图像添加到左上角老虎图像上的结果。在视觉上,老虎看起来不变。下面是 VGG16 对上图的预测结果。上图甚至不被认为是动物

在图 21.69b 中,我们展示了一个用于寻找对手的算法计算的图像。我们增大了它的值,因此可以更好地看到它们,但顶部的数字显示原像素在大约 −2～+2 的范围内(老虎的像素都在 0～255 的范围内)。当我们将这个看似嘈杂的图像添加到老虎身上时,我们会获得如图 21.69c 所示的图像。对我们的眼睛来说,它似乎没有变化。但看看分类的变化!该系统甚至不认为这是一种动物。

对手的惊人之处在于我们可以为任何图像计算它们。图 21.70 展示了扳手背景上的电钻图像的扰动。这里的像素范围甚至比图 21.69 中的更小,但输出完全改变了。该系统竟然认为这是注射器。

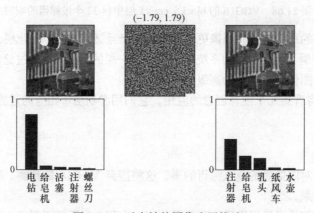

图 21.70　对电钻的图像应用扰动

让我们再看一个例子。在图 21.71 中,我们添加扰动之前,系统基本上确定这是一只巨嘴鸟。添加扰动后,系统以大约 40% 置信度确定它是孔雀,其他可能的种类都是蜥蜴类。

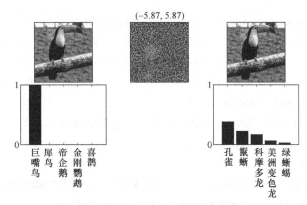

图 21.71　对巨嘴鸟的图像应用扰动

人们已经开发了各种算法来创建对抗图像[Rauber17a]。通过这些方法为给定图像创建的扰动中的值的范围可以变化很大，因此为了找到最小的扰动，通常值得尝试几种不同的方法。我们可以告诉这些被称为**攻击**的方法应该使用什么标准来衡量成功。例如，我们可以只要求一个是能导致输入被错误分类的扰动，另一个是要求将导致该输入被错误分类为特定类的扰动。对于上面的图像，我们要求进行使分类器原来分配的前 7 个类别都不会出现在对手的靠前类别中的扰动。这其中的许多方法都已经在 Python 库中实现了，我们可以将它用于任何类型的分类器和任何图像[Rauber17b]。

我们必须仔细构建对抗性扰动。它们可能是 CNN 不可避免的弱点[Gilmer18]。但是它们的存在表明，卷积网络对我们来说仍然存在意外，它们不应该被认为是万无一失的。有关 CNN 内部发生了什么还有很多需要了解的内容。

# 参考资料

[Britz15]　　　　Denny Britz, *Understanding Convolutional Neural Networks for NLP*, WildML Blog, November 2015.

[Canziani16]　　Alfredo Canziani, Adam Paszke, Eugenio Culurciello, *An Analysis of Deep Neural Network Models for Practical Applications*, ArXiv 1605.07678, 2016.

[Chollet17a]　　François Chollet, *Keras Examples：　mnist_cnn.py*, Keras examples git repository, 2017.

[Chollet17b]　　François Chollet, *Deep Learning with Python*, Manning Publications, 2017.

[Dumoulin16]　　Vincent Dumoulin and Francesco Visin, *A Guide to Convolution Arithmetic for Deep Learning*, 2016.

[Esteva16]　　　Andre Esteva, Brett Kuprel, Roberto A. Novoa, Justin Ko, Susan M. Swetter, Helen M Blau and Sebastian Thrun, *Dermatologist-level classification of skin cancer with deep neural networks*, Nature 542, 115-118, 2 February 2017.

[Ewert85]　　　J P Ewert, *Concepts in Vertebrate Neuroethology*, Animal Behaviour. 33: 1-29. 1985.

[Geitgey16]　　Adam Geitgey, *Machine Learning is Fun! Part 3: Deep Learning and Convolutional Networks*, Medium, 2016.

[Gilmer18]          Justin Gilmer, Luke Metz, Fartash Faghri, Samuel S. Schoenholz, Maithra Raghu, Martin Wattenberg, Ian Goodfellow, *Adversarial Spheres*, arXiv 1801.02774, 2018.

[Glorot10]          Xavier Glorot and Yoshua Bengio, *Understanding the Difficulty of Training Deep Feedforward Neural Networks*, 13th International Conference on Artificial Intelligence and Statistics, 2010.

[He15]              Kaiming He, Xiangyu Zhang, Shaoqing Ren, and Jian Sun, *Developing Deep into Rectifiers: Surpassing Human-Level Performance on ImageNet Classification*, 2015.

[Hass13]            Jeffrey Hass, *Chapter 4, Section 8: Convolution*, Introduction to Computer Music: Volume One, Jacobs School of Music, Indiana University, 2013.

[Jones15]           Andy Jones, *An Explanation of Xavier Initialization*, Andy's Blog, 2015.

[Kalchbrenner14]    N Kalchbrenner, E Grefenstette, and P Blunsom, *A Convolutional Neural Network for Modelling Sentences*, arXiv 1404.2188v1, 2014.

[Karpathy16]        Andrej Karpathy, *Optimization: Stochastic Gradient Descent*, Course notes for Stanford CS231n, 2016.

[Kim14]             Y Kim, *Convolutional Neural Networks for Sentence Classification*, Proceedings of the 2014 Conference on Empirical Methods in Natural Language Processing (EMNLP 2014), 2014.

[LeCun89]           LeCun Y, Boser B, Denker J S, Henderson D, Howard R E, Hubbard W and Jackel L D, *Backpropagation applied to handwritten zip code recognition*, Neural Computing, 1(4): 541-551, 1989.

[Levi15]            Gil Levi and Tal Hassner, *Age and Gender Classification using Convolutional Neural Networks*, IEEE Workshop on Analysis and Modeling of Faces and Gestures (AMFG), at the IEEE Conf. on Computer Vision and Pattern Recognition (CVPR), Boston, June 2015.

[Lin14]             Min Lin, Qiang Chen, Shuicheng Yan, *Network in Network*, arXiv 1312-4400v3, 2014.

[Mao16]             Xiao-Jiao Mao, Chinhua Shen, Yu-Bin Yang, *Image Restoration Using Convolutional Auto-encoders with Symmetric Skip Connections*, arXiv 16.06.08921v3, 2016.

[Memmott15]         Mark Memmott, *Do You Suffer From RAS Syndrome?*, NPR Ethics Handbook, 2015.

[Moosavi-Dezfooli16]  Seyed-Mohsen Moosavi-Dezfooli, Alhussein Fawzi, Omar Fawzi, Pascal Frossard, *Universal adversarial perturbations*, arXiv 1610.08401, 2014.

[Mordvintsev15]     Alexander Mordvintsev, Christopher Olah, Mike Tyka, *Inceptionism: Going Deeper into Neural Networks*, Google Research Blog, June 2015.

[Odena16]           Augustus Odena, Vincent Dumoulin, Chris Olah, *Deconvolution and Checkerboard Artifacts*, Distill, 2017.

[Oppenheim96]       Alan V Oppenheim and S Hamid Nawab, *Signals and Systems, Second edition*, Prentice Hall, 1996.

[Quiroga05]         R Quian Quiroga, L Rddy, G Greiman, C Koch, and I Fried, *Invariant visual representation by single neurons in the human brain*, Nature (vol 435 p 1102), June

2005.

[Rauber17a]　　　Jonas Rauber, Wieland Brendel, Matthias Bethge, *Foolbox v0.8.0：A Python toolbox to benchmark the robustness of machine learning models*, arXiv 1707.04131, 2017.

[Rauber17b]　　　Jonas Rauber, Wieland Brendel, *Welcome to Foolbox*, Foolbox Library, 2017.

[Serre14]　　　Thomas Serre, *Hierarchical Models of the Visual System*, Encyclopedia of Computational Neuroscience, 2014.

[Simonyan14]　　Karen Simonyan, Andrew Zisserman, *Very Deep Convolutional Networks for Large-Scale Image Recognition*, arXiv, 2014.

[Snavely13]　　　Noah Snavely, *CS1114 Section 6：Convolution*, Cornell CS1114, Introduction to Computing using Matlab and Robotics, Course notes, 2013.

[Springenberg15]　Jost Tobias Springenberg, Alexey Dosovitskiy, Thomas Brox, Martin Riedmiller, *Striving for Simplicity：The All Convolutional Net*, ICLR 2015, 2015.

[Sun14]　　　　Y Sun, X Wang and X Tang, *Deep learning face representation from predicting 10,000 classes*, In Proceedings of Conference on Computational Vision and Pattern Recognition, 2014.

[Szegedy14]　　Christian Szegedy, Wei Liu, Yangqing Jia, Pierre Sermanet, Scott Reed, Dragomir Anguelov, Dumitru Erhan, Vincent Vanhoucke, Andrew Rabinovich, *Going Deeper with Convolutions*, IEEE Conference on Computer Vision and Pattern Recognition (CVPR), 2015.

[Tyka15]　　　Mike Tyka, *Deepdream/Inceptionism - recap*, Mike Tyka's blog, 2015.

[Zeiler10]　　　Matthew D. Zeiler, Dilip Crishnana, Graham W. Taylor and Rob Fergus, *Deconvolutional Networks*, Computer Vision and Pattern Recognition 2010, 2010.

[Zeiler13]　　　Matthew D Zeiler, Rob Fergus, *Visualizing and Understanding Convolutional Networks*, arXiv 1311.2901, 2013.

# 第22章

# 循环神经网络

在处理序列数据时，我们需要特别注意保护并充分利用数据到达的顺序。为此，我们将看到各种特殊架构。

## 22.1 为什么这一章出现在这里

在本书的大部分内容中，我们将每个样本视为独立实体，与任何其他样本无关。

这对照片之类的东西很有意义。如果我们对图像进行分类并确定我们正在观察一只猫，那么这幅图像之前或之后的图像是狗、松鼠还是飞机并不重要。图像彼此独立。

但如果图像是电影的一帧，那么在上下样本（context）中查看它之前和之后的图像就会很有帮助。这可以帮助我们理解该帧中发生的事情，甚至可以推断出可能暂时被某人身体遮挡的物体。

当数据被安排成每个部分都与之前和之后的部分有某种关系时，我们称之为**序列**。在本章中，我们将研究如何使用这些**序列**来得到其中的含义。

例如，我们可能会有一系列一段时间内、特定地点、正午时间温度的读数，或每天涨潮的时间，或交易结束时股票的价格。一种重要的序列是语言。我们可以将书面或口头语言视为一组字母或单词，或更大的单位，如句子和段落。

如果我们可以查看整个集合，那么理解这些序列会更容易。例如，如果有人说"他说我可以吃这些草莓中的一个"，那么我们需要查看以前的文字流来找出"他"所指的人。理解"她说要在那里等待"这句话，需要理解更多的上下文或周围的信息。

通过访问每条信息之前（甚至可能是在其之后的信息）的内容，我们可以将某人的话翻译成另一种语言，完美地将他们所说的内容用新的语言中结构良好的表述传达，而不是一次一个单独地转换每个单词（尽管这样做可以有见解地产生持久有趣的结果[Twain03]）。

理解和处理序列的算法还有另一个好处：它们经常能够**生成**新的序列。一旦这样的系统得到训练，我们就可以生成一首诗或一个故事，甚至可以生成某位著名作家的声音[Deutsch16a]，或者编写电视情景喜剧的新剧本[Deutsch16b]。从几个音符开始，我们可以生成一首完整的歌曲。它可以是像爱尔兰吉格舞或里尔舞[Sturm17]那样的单旋律、复调旋律[LISA17]，或带有旋律与和弦的复杂歌曲[Johnson17] [O'Brien17]。如果我们想，也可以创作歌词[Krishan17]。我们甚至可以生成某种特定类型的歌曲，例如创作流行音乐[Chu17]、民间音乐[Sturm15]、说唱歌词[Barrat17]或乡村音乐歌词[Moocarme17]。

上面的用途都可以通过 RNN 来实现，它的其他突出用途还有从语音到文本系统的转换[Geitgey16] [Graves13]，以及为图像和视频生成字幕[Karpathy13] [Mao14]。

本章介绍了一种明确设计的用于从序列数据中学习的学习架构。

这种架构称为**循环神经网络**，或者最常称为 RNN。它通常也称为 LSTM，因为我们稍后将详细介绍的这种特定技术已经成为广泛流行的、用于实现 RNN 的选择。在本章中，我们将了解 RNN 的特殊之处、如何搭建 RNN 以及如何使用它。

## 22.2 引言

我们希望机器学习系统能够理解信息序列，而不是迄今为止看到的孤立、独立的数据块。

在开始研究新的东西之前，我们尝试使用熟悉的全连接层来从序列数据中提取精准的信息。

假设我们在一天中进行了一系列温度测量，想训练系统进行 4 次连续测量并预测第 5 次测量。每个样本只有一个描述温度的特征，如图 22.1 所示。

图 22.1　原始数据由一系列样本组成，每个样本包含一个特征，给出了特定时间的温度

我们可以把前 4 个样本（我们现在称之为"值"）打包成一个大的组合样本。第 5 个值将是我们希望网络为此样本预测的目标，如图 22.2 所示。

|     |     |     |
| --- | --- | --- |
| 1 35 | 2 32 | 3 45 |
| 2 32 | 3 45 | 4 48 |
| 3 45 | 4 48 | 5 41 |
| 4 48 | 5 41 | 6 39 |
| 5 41 | 6 39 | 7 36 |
| (a) | (b) | (c) |

图 22.2　将多个连续样本组合成新的较大样本。(a)用值 1～4 创建一个组合样本，并使用值 5 作为目标；(b)组合样本包含值 2～5，并使用值 6 作为目标；(c)组合样本包含值 3～6，并使用值 7 作为目标

下一个样本的值为 2～5，目标值为 6。然后我们将值 3～6 组合，目标值为 7，以此类推。我们希望网络能够了解我们提供的值之间的关系，以便更好地预测目标。

这称为**窗口**数据集，因为我们使用大小为 4 的**窗口**为神经网络创建新的组合输入。在这个例子中，我们正在使用**重叠窗口**（overlapping windows）的常用技术，其中每个连续样本包含前一个样本中使用的一些值。

要从这个数据集中学习，我们可能会使用类似于图 22.3 的简单网络。

该网络将无法从样本的排序中学习。如果我们选择通过以其他顺序收集值来构建窗口，如图 22.4 所示。该网络最终将产生相同的结果。

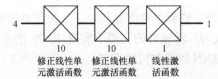

图 22.3　一个小的回归网络，用于学习窗口数据集，并从嵌在每个样本中的序列预测新值

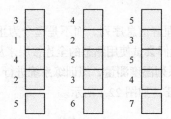

图 22.4　将原始值组合到样本中，但我们会一致地以与原始序列不匹配的顺序存储值

如果从单词的角度来看这个问题，我们可能会想到"我戴上我的帽子和"这个句子后面跟着"手套"这个词，但是我们没有任何理由期待这个混乱的句子"帽子上我的我和戴"也应该跟着"手套"。

在语言中，单词的顺序很重要，大多数序列数据都是如此。但是，无论我们的值是否如图 22.2 或图 22.4 所示的顺序，全连接层网络都可以正常工作。

关于使用 CNN 来处理序列数据工作已有了一些令人兴奋的成果[Chen17b] [vandenOord16]，但这些工具仍在开发中。

因此，让我们看看一个专门设计用来处理序列的工具。该工具可以高效、优雅地完成工作，并且几乎适用于当今涉及输入、输出或两者中任何类型序列的任何方法。

## 22.3　状态

我们希望创建一个能够记忆一些内部信息的计算单元。我们将这些信息称为单元的**状态**（state）。为了保持这种状态，我们介绍一种新类型的组件，如图 22.5 所示。

图 22.5　RNN 使用内部存储器将其输入处理为输出。即使在训练完成后，
内部存储器也能随着每个输入而改变

这种组件主要是一堆神经元和激活函数，但它们以特定方式连接并作为一个单独的单元处理。那里还有一些存储器，我们将在下面介绍。我们只需将此单元作为一个层放到神经网络中。正如我们将看到的，这个**循环单元**的两个最流行的缩写版本是 LSTM 和 GRU，它们是我们用来构建 RNN 的东西。我们将在下面更详细地介绍它们。

这些单元的特殊之处在于它们可以**保存**信息。这意味着它们每次处理输入时，都可以使用它们从以前的输入中学到的一些东西。

RNN 可以被视为受到真实生物学的粗略启发，或者仅是计算机的一部分。我们将采取后一种观点，但一些演示将注意集中于其结构的生物学合理动机上。Lipton 等人提供了对这些差异的讨论，以及 RNN 的发展历史 [Lipton15]。

在我们之前见过的网络中，一旦训练结束，权重就会被冻结。这意味着网络已完成学习和改变。我们为之提供数值，而它只是使用它所学习到的值来构建网络。除了某些算法使用的随机数之外，它每次都会以完全相同的方式处理任何特定输入。

但是我们的新单元能够在**训练完成**后记住新的信息。也就是说，它们能够在训练结束后不断变化。

如果我们要学习如何翻译句子，这是必不可少的。例如，如果句子是"玛丽说她的鞋太紧了"，我们需要以某种方式记住"玛丽"是主语，否则将无法理解"她"这个词。下一句可能是，"爱丽丝把她的钥匙放在桌子上"。现在，"她"这个词指的是爱丽丝。在评估输入时必须进行这种记忆，因为我们无法预测在训练时任何给定句子中"她"的含义。这就是我们新结构的特殊之处。

该系统的美妙之处在于，与神经网络执行的许多其他操作一样，网络本身将学习它需要记住的内容以及如何操作。我们只需要设置结构以使其能够完成工作。

这里的关键思想是我们上面提到的**存储器**。将这种存储器与网络中的权重区分开来是很重要的。我们当然可以说权重是一种存储器，因为它与网络一起保存并持续存在。但它并没有随着输入而改变。一旦学习完成，权重就会被固定，直到我们再次回去学习。我们谈论的存储器是不同的，因为它在网络部署和实际使用时会发生变化。

我们将在此存储器中保存和读取的信息统称为**状态**。有时候这个词用在较长的短语中，比如"系统的状态"或"计算的状态"。"状态"在这里用作"情境"或"配置"的粗略同义词，但有一点需要注意，我们指的是描述该情境或配置的记忆数据。我们通常会说我们"保存状态"然后"读取状态"。

从概念上讲，状态可以写入文件，保存在 USB 上，或通过网络传输。在 RNN 中，我们将其保存在循环单元内。

## 使用状态

让我们考虑一个系统的示例，该系统随时间读取和写入其状态，即 RNN 的方式。

想象一下修理手机的机器人。机器人坐在旁边有零件供应的柜台上。如果我们将破损的手机放在机器人前面，它会分析手机以找出问题所在，然后使用其工具和零件柜中的零件进行修复。这意味着它可能会从零件供应中取出一些零件，甚至可能会添加一些零件。例如，如果它可以用更简单的东西替换手机的复杂部分，那么任何被移除但仍然可用的零件都可以添加到机器人的零件供应中。

机器人的零件供应是其**状态**或持久信息。当每次开始修复时，它会考虑在这个状态有哪些零件可用来帮助决定如何修理手机。修复完成后，某些零件可能已被移除，而其他零件可能已被添加，从而生成新的状态版本。因此，每次维修后，这一零件供应都会发生变化，并成为下一个零件的起始供应零件。

我们可以如图 22.6 所示地绘制它。

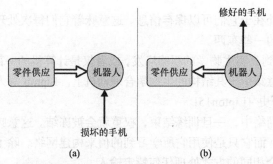

图 22.6　机器人借助零件供应修理手机。(a)给机器人一个破损的手机和一份零件供应；
(b)机器人将修好的手机还给我们，并更新零件供应的内容来匹配已移除的部件和可能已添
加的部件。注意，与零件的通信始终具有相同的供应，因此它们以不同的箭头样式显示

图 22.6 介绍了我们将在接下来的图中使用的重要约定。当显示**信息流**（在这个案例中，是有
关手机的信息）时，我们使用单线箭头。但涉及**状态**的操作是一个根本不同的想法，因为只有一
个状态被使用，然后随着时间的推移而更新。这些操作以空心箭头表示。这种区分将有助于清楚
地理解后面的图。

我们将图 22.6 中的机器人和零件保持在图的两个部分中的相同位置，因此这两个版本中的元
素显然是相同的。将图形的各个部分放在一起是有帮助的，这样箭头总是指向图中的右方和上方，
如图 22.7 所示。

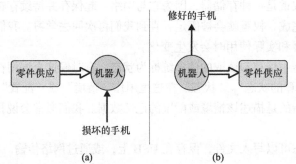

图 22.7　图 22.6 的外表变化，以使所有箭头指向上方或右方

我们仍然只有一个零件供应。我们只是移动了几个部分，使箭头的指向为从左向右和自下而上。

现在让我们将图 22.7 的两个部分压缩成一个图，如图 22.8 所示。要记住的重要事项是，这
幅图片代表了两个连续的步骤，标有"零件供应"的两个框都指的是相同的单框。空心箭头旨在
提醒我们这一点。

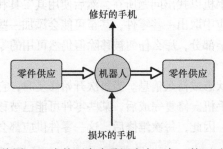

图 22.8　如果我们将图 22.7 中的两个步骤混合在一起，就可以制作更紧凑的图。
记住，两个"零件"框代表了时间上的两个步骤，实际是同一份零件供应

现在让机器人维修 3 部不同的损坏的手机。我们可以排列图 22.8 所示的多个副本,以便每次修复都使用上一次修复后留下的零件供应,如图 22.9 所示。

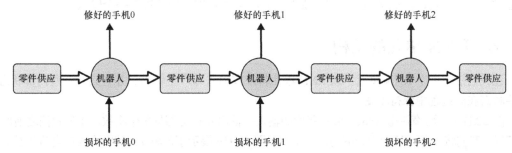

图 22.9 使用图 22.8 所示的步骤修复多部手机。只有一个机器人和一份零件供应,但在这里我们可以看到,在每次按顺序的修复中,机器人使用零件供应的条件是在上次修复结束时

至关重要的是,图 22.9 只展示了**一个机器人和一份零件供应**。我们正在展示时间多个时刻,如多重曝光快照。从左边开始,我们从最初的零件供应和损坏的手机 0 开始。机器人修复手机,返回给我们修好的手机 0,并更换了一份零件供应。一段时间后,损坏的手机 1 到了。因此,刚刚更新的**同一份**零件供应现在由**同一个**机器人使用,以创建修好的手机 1 和更新的零件供应。所有新损坏的手机都会继续循环。

我们基本上描述了 RNN 单元(RNN unit)的工作原理。让我们用 RNN 的语言表述刚刚看到的过程。注意,当单个 RNN 单元和基于 RNN 的网络之间不存在混淆时,我们有时会将 RNN 单元称为 RNN。

我们的机器人将被一个 **RNN 单元**取代。正如我们上面提到的,这个单元实际上是一些人工神经元和存储器的一小部分。它接收输入并提供输出,但最重要的是,它能够对其持久的内部存储器(如零件供应)进入读取和写入。

持久性记忆是单元的**状态**。在 RNN 中,状态通常只是一个浮点数列表。我们在创建单元时会指定此列表的大小。我们可以在小型项目中使用 3 或 5 的长度,或在较大的系统中使用数百的长度。与其他神经网络参数(如全连接层中的神经元数量)一样,这是我们根据直觉、经验,通常也根据一些实验选择的数字。

我们可以使用图 22.10 中的这种新语言重新绘制图 22.9 的重复修复手机的图。这是简单 RNN 的基本结构。

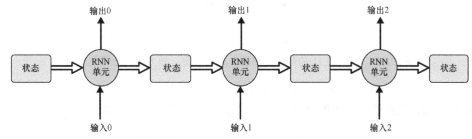

图 22.10 一个简单的 RNN。只有一个 RNN 单元,只有一个状态,但每个序列输入都会重复使用它们,从而产生序列输出

正如我们所提到的,状态信息存储在 RNN 单元内部。这使得图更简单一些,因为如果状态在 RNN 内部,就不必明确地显示它。但它会使图更加神秘,因为我们必须记住状态的存在,且在 RNN

单元的符号"内",并在每次输入后被更新,如图22.10所示。

图22.10的另一个要点是状态仅在当前输入被处理完成时才更新。也就是说,当输入到达时,它会被处理,并且输出被呈现,而只有那时的新状态才可被用于处理下一个输入。

## 22.4  RNN单元的结构

让我们搭建一个RNN单元。该RNN单元将接收输入并产生输出,并且具有一些内部状态,这些状态在此过程中保持不变。

图22.11展示了第一次尝试。假设我们的输入、输出和状态都是单个实数。正如我们之前所做的那样,我们将该单元的操作分解为两个步骤。图22.11a展示了步骤1,其中输入和当前状态被组合以产生新值。由于我们还没有谈到这种组合是如何产生的,所以现在仅将该操作表示为一个空白圈。图22.11b展示了步骤2,其中这个新值被写回状态,并作为输出呈现给该单元外的世界。

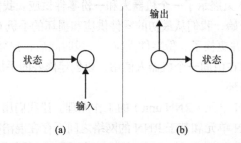

图22.11  搭建RNN单元的第一次尝试。(a)在步骤1中,输入和当前状态组合在一起(我们先不说是如何做到的)。(b)在步骤2中,将(a)部分的结果写入状态存储器,并发送到输出

我们可以将图22.11中的两个步骤组合到一个图中,就像之前一样。为了强化处理两个不同时刻的想法,我们在存储器保持状态之后绘制了一个黑方框,如图22.12所示。此框表示**延迟步骤**。

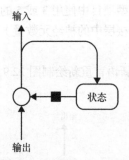

图22.12  将图22.11的两个步骤组合成一个图。黑方框表示延迟步骤

解释延迟步骤的一种方法是一个可以暂时保持一个值的缓冲区或存储器块。正如我们在图22.11a中看到的,当新输入到达单元时,我们希望将它与在前一输入处理结束时写入的状态值组合在一起。

这正是缓冲区给我们带来的。换句话说,缓冲区"持续"到前一周期的步骤2**结束**时的状态值。当输入到达时,它总是与先前输入计算得到的状态值组合。只有当此输入完成处理并且输出已经呈现给单元外部的世界时,延迟步骤才会将自身更新为状态的新版本。此延迟步骤让我们将图22.11的两部分没有歧义地结合起来,即使它们发生在不同的时间。

我们想最后填写一些图 22.12 中缺少的操作，其中输入和状态组合在一起。但我们也想用一些可以控制的值来泛化这个图，这样就可以调整计算以产生对我们有用的输出。这两个步骤相互影响。让我们首先来解决泛化步骤。

为了给我们一些小计算的控制力，我们在图 22.13 中引入了 3 个权重。在此图中，这些只是实数，就像神经网络中的任何其他权重一样。现在我们可以调整这些权重，从而调整计算和输出。

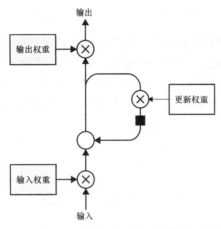

图 22.13　在图中的 3 个位置，我们通过权重来缩放通过的值。输出上通常会有激活函数。
为简单起见，我们现在暂时搁置它

现在我们可以填写缺失的操作。我们几乎可以使用任何操作来组合权重输入和延迟步骤的输出。但由于我们控制着权重，我们已经能够操纵我们想要组合的值，因此组合步骤可以很简单。所以，我们选择将值加在一起，如图 22.14 所示。

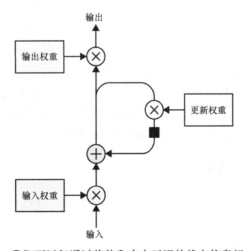

图 22.14　我们可以仅通过将值和来自延迟的状态信息相加来组合

我们现在已经搭建了一个简单的 RNN 单元！由于图 22.14 有很多东西要绘制，我们可以使用图 22.15 所示的更简单的图标。请注意，此图标只是一个单元，而不是一层。当我们搭建 RNN 层并将它们放入神经网络时，将在下面看到层符号。

图 22.15 中的符号表示一系列输入单元的整个序列的应用，例如我们在图 22.10 中看到的手机维修顺序，这需要一些时间来适应。看起来像带有输入和输出的单个方框实际上代表的是给定

输入序列的单个方框,依次处理该序列的每个元素,并产生一系列输出。

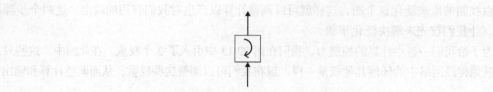

图 22.15　单个 RNN 单元的图标

图 22.16 展示了展开之后的 RNN 视图。它只是图 22.10 的简要版本。在图 22.16 中,状态以一些初始值开始,RNN 单元首先接收其第一个输入,并产生一个输出,这时状态被更新,然后相同的 RNN 单元接收第二个输入。回想一下,空心箭头旨在提醒我们能看到单个 RNN 单元随时间的变化,而不是从一个对象到另一个对象的信息流。这通常称为展开图,因为我们明确展示了多个步骤。

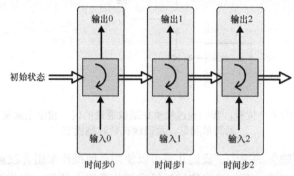

图 22.16　展开的 RNN 视图。因为状态信息包含在 RNN 单元内部,所以我们不需要明确地显示它。RNN 单元接收输入,用它来创建输出,然后更新其内部状态。之后,又出现了另一个输入,并重复该过程。图中的每个垂直切片代表一个序列时刻

图 22.16 中的蓝色框表示状态的每一个输入、处理、输出和更新操作都是唯一的事件。该图展示了多个此类事件,使用空心箭头表示每个输入被处理后 RNN 单元的状态正在发生变化。

当这些输入中的每一个都由样本的单个特征的序列值组成时,我们将它们称为时间步。

图 22.16 的展开图展示了与图 22.15 的卷起(rolled-up)(或卷)图相同的操作。在图 22.15 的卷起图中,我们暗示将存在一系列输入,并且 RNN 将产生与每个输入对应的输出,更新其状态,然后等待下一个输入。在图 22.16 中,我们明确地展示了这一系列事件。

## 22.4.1　具有更多状态的单元

到目前为止,我们的 RNN 单元图一次只处理一个数字,并且只保留一个数字。在本节中,我们将把它推广。

为什么我们想要更大的输入?

假设我们要创建一个聊天机器人。它将接收一个人输入的单词序列作为输入,并产生一个由一系列单词组成的输出。

假设聊天机器人有 8000 个单词的词汇量。我们在第 12 章中看到,对分类数据进行编码的一种方法是使用独热编码,如果使用 0 的长列表,其中在我们要编码的数字的位置有单个 1 对应。事实证明,这是 RNN 单元的输入的绝佳表示方法。对于 8000 个单词,每个单词的一位有效表示将是一个由 7999 个 0 和一个单独的 1 组成的字符串。其他类型的数据在列表中的每个条目中会

有不同的数字。

我们还希望在状态中存储多个数字。我们可能想要一个可以容纳 3 个、10 个甚至几百个数的状态。这样的话，如果有人向聊天机器人描述一个人，我们就能记住有关这个人的各种信息。例如，我们可能会记住这个人的姓名、性别、眼睛的颜色以及他此刻正在做的事情，等等。

我们的广义 RNN 单元将使用多组神经元代替图 22.14 中的多个步骤。这些神经元中的大多数都具有线性激活函数（与完全没有激活函数相同）。

图 22.17a 展示了将一组输入绘制到神经元集合的传统方式（请记住，我们没有展示隐含的偏差项）。这是一堆复杂混乱的线条。为了使 RNN 图更容易阅读，我们绘制了简化版，可以展示相同的内容，如图 22.17b 所示。

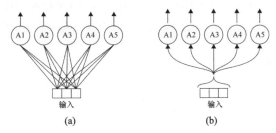

图 22.17　(a)3 个一组的输入进入 5 个神经元的传统方式；(b)简化版

输入的数量、输出的数量和内部状态的大小都可以不同。因此，假设输入具有 3 个值（可能是 0～2 的微小版的独热编码），并且输出具有 4 个值。那么内部状态将具有 5 个值，因为我们想要记住输入随时间不同的 5 种特性。图 22.18 展示了如何组装 RNN 单元。我们首先将输入发送到名为 A1～A5 的 5 个神经元。这些神经元中的每一个都将输入中的 3 个值与自己的 3 个权重相乘，以产生输出值。结果是具有 5 个值的列表。

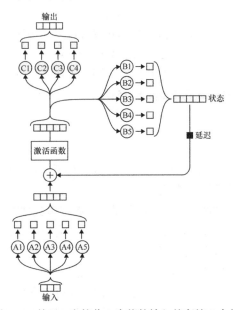

图 22.18　一个广义的 RNN 单元，它接收 3 值的输入并存储 5 个状态值。由用 A1～A5 表示的 5 个神经元同时处理 3 个值的输入来创建一个具有 5 个值的列表。这是通过逐个元素添加到状态的。然后该结果通过用 B1～B5 表示的 5 个神经元来创建一个新状态，并进入延迟步骤。相加的结果也进入用 C1～C4 表示的 4 个神经元以产生输出

集合 A 的输出被收集到具有 5 个值的列表中。此列表与状态具有相同的形状,因此我们可以逐元素地将状态的先前值添加到其中。结果是两组神经元。一组标记为 B,包含 5 个神经元(用 B1～B5 表示)。这些输出被收集到列表并进入延迟步骤,因此它们将在下一步与集合 A 的输出组合。集合 A 的当前值和集合 B 的先前值的输出也被传递到标记为 C 的 4 个神经元(用 C1～C4 表示),然后产生输出的 4 个值。

这 3 组神经元推广了图 22.14 所示的单个权重。

它们使我们能够控制这个单元。每个神经元集合 A 具有 3 个权重,其中有 5 个 A,总共有 3×5=15 个权重。神经元集合 B 各有 5 个权重,其中也有 5 个 B,总共有 5×5=25 个权重。有 5 个偏差权重在添加集合 A 的输出和集合 B 的延迟输出之后被应用,得到了 5 个权重。最后,神经元集合 C 也有 6 个权重(状态有 5 个,偏差有 1 个),其中有 4 个 C,有 6×4=24 个权重。因此,总共有 15+25+5+24=69 个权重。这为我们提供了很多值,可以在训练期间进行调整来从该单元得到有用的结果。

## 22.4.2　状态值的解释

在所有这些例子中,RNN 自动管理状态、读取和写入值,帮助它最终产生对我们有用的结果,比如,聊天机器人对某个问题的回答。

我们很自然地会问这个状态里的数字代表什么。究竟是什么被记住,什么被遗忘?我们之前提过人的姓名和性别这样的可能性,但是 RNN 如何才能确定这是应该保存的内容,以及怎样确定如何表示这些信息呢?

这就像问我们在后续章节中看到的其他类型的神经网络中的权重代表什么。权重代表某种东西,但究竟这些“东西”是什么,取决于网络在训练时所学到的东西。在训练期间,网络本身可以运行需要保存的内容以及如何保存。

以同样的方式,RNN 单元“决定”状态的内容的含义,以及如何管理这些数字,以便整个网络最终产生我们要求的答案。大多数时候,我们并没有过多地去解释这些值,正如没有强调单个权重在全连接层或卷积层中的含义。但是当我们对这个问题有了一定的了解后,可以尝试对状态中数字的含义进行逆向工程。这可以帮助我们确定网络正在关注输入的哪些部分,这有助于理解其输出并在当某些地方出错时调试它[Karpathy15a]。

## 22.5　组织输入

照例,RNN 单元的输入由样本组成。每个样本都由特征组成。新的窍门是每个特征都由时间步组成。时间步是在不同时刻测量的特征值。

标签“时间步”表明我们的测量是基于时间的。还有很多其他方法可以产生值的序列。例如,在树木从树根到树冠的部分中,它们可能代表一个树干的多个圆周;或者当我们从一堆书中经过时,它们可能代表一个大型图书馆每个书架上的图书数量。但我们还是会坚持基于时间多次测量的想法,因为这是一种常见的场景,也是对语言来说最适合的。

但时间步带来的是结构问题。到目前为止,我们已经有包含特征的样本,可以方便地将其表示为二维列表。现在时间步给了我们一个三维的体积。组织该体积的方法有很多。我们对组织方法的选择会对网络如何解释内部的数字产生重大影响。

问题归结于如何考虑我们的数据。RNN“知道”我们有包含特征的样本,并且每个特征都包含一系列时间步，但我们可以选择如何考虑这些数据，且不同的解释会得到不同的结果。

绘制数据组织的图片时，根据惯例，我们将方向（远离、向下、向右）分配给（样本、时间步、特征）。这与我们将在第 23 章中看到的 Keras 库相匹配。其他库可能以不同的顺序排列它们的数据，因此检查文档以确保我们按照库期望的方式结构化数据总是值得的。我们将在本章中坚持 Keras 库的惯例。

假设我们对山顶温度感兴趣。在一天的过程中，我们每小时进行 8 次温度测量。我们希望通过这个微小数据集训练 RNN 来预测未来的测量值。

使用我们刚刚讨论的惯例来组织这些数据的 3 种方法如图 22.19 所示。其中只有一个对我们的数据有意义。我们全部展示了这 3 种方法，这样就能更好地理解应该如何解释数据的组织通信的过程。

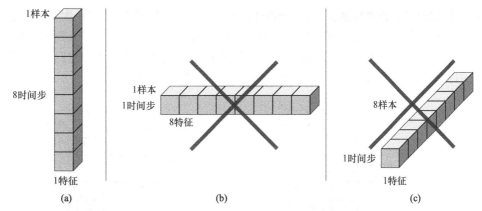

图 22.19　组织 8 个温度测量值的 3 种方法。根据惯例，其中两个结构是错误的。在这里，我们将方向（远离、向下、向右）分配给（样本、时间步、特征）。(a)我们有一个样本，其中包含一个特征。该特征包含 8 个序列测量值或时间步。(b)我们只有一个样本，由 8 个特征组成。每个特征都由一个时间步组成。(c)每个测量值都是由 1 个特征组成的样本，我们有一个序列值或时间步。我们希望使用(a)所示的组织方法

当捆绑数据时，我们想要使用图 22.19a 所示的组织方法。这个结构表明我们有一天的数据（样本），当天的数据包含温度（特征），以及多个温度测量值（时间步）。这符合我们对数据组织的概念。

如果我们按照图 22.19b 组织 RNN 数据会怎样？那就是对 RNN（和我们自己）说我们有 1 个样本包含 8 个特征，或 8 种不同类型的测量值，如温度、风速、湿度等。每个新特征到达时，将被解释为包含新的时间步列表，在我们的示例中，这些时间步将是单个值。我们不但没有 8 个特征，而且 RNN 也不会学到太多东西，因为序列只有 1 个值。毕竟，每个特征只有 1 个数据，并且它们被假定为代表完全不同类型的测量值。

图 22.19c 更糟糕。现在我们有 8 个样本，或 8 个完全独立的测量集合。每次测量都有 1 个特征。当 RNN 查看该特征的值时，它会找到 1 个时间步。只有 1 个特征的序列是不足以从中学习到一个模式的。

现在可以来构建我们的数据，让我们开阔一点视野，假设我们在每次读取时都测量了多个参数。假设我们有 3 个值，分别表示温度、湿度和风速。这为我们提供了 24 个测量值，即包含 3 种类型的数据，每个类型有 8 个测量值。因此，我们可以将其打包为具有 3 个特征的单个样本，每个特征具有 8 个测量值，如图 22.20 所示。

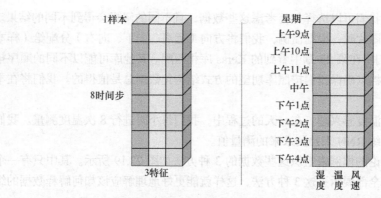

图 22.20　组织 3 个特征的数据，如温度、湿度和风速。每个特征由 8 个时间步组成

我们第二天又出去重复测量，为 3 个特征各收集 8 个新的测量值。我们一次又一次地这样做，并且天天如此，坚持做一周。每天的测量结果代表 8 个连续样本，但是从一天到下一天的测量不会形成单个连续序列，因为它们被我们每天没有测量的 16 小时分开，所以它们是独立的（虽然是相关的）序列。我们可以将每一个都包装在它自己的样本中，如图 22.21 所示。

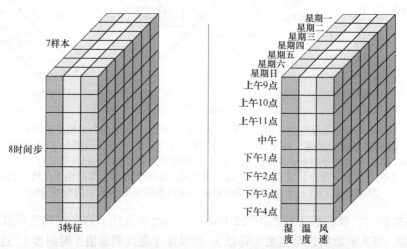

图 22.21　如果连续 7 天收集 3 种类型数据的 8 个测量值，我们可以将数据排列为 7 个样本，每个样本由 3 个特征组成，每个特征有 8 个时间步

图 22.21 中的三维体积尺寸为 $7 \times 8 \times 3$。我们可以用 6 种方式排列这 3 个数字，形成 6 种不同的块状。如果我们使用图 22.21 中未展示的 5 种形状之一，RNN 也可以运行，但它对数据的解释不会符合我们的预期，并且通常会产生令人失望的结果。

为了组织正确，我们需要考虑数据以及希望系统如何解释它，并结合我们正在使用的库的期望。

## 22.6　训练 RNN

在第 18 章中，我们介绍了**反向传播**的重要算法，它有效地计算了网络中权重的误差梯度。然后，我们通常应用更新步骤，根据其梯度修改每个权重。

假设这也适用于 RNN 似乎是合理的。毕竟，我们上面说过 RNN 只是一个小型人工神经元和其他部分打包的簇。因为它们通过反向传播来学习，所以整个单元也应该通过反向传播来学习。

事实上，我们可以做到这一点，虽然它不是没有问题。让我们从考虑将反向传播应用于 RNN 开始。通常的方法是首先"展开"RNN 单元，这样就可以更容易地看到我们正在处理的内容。当创建 RNN 时，我们会告诉它我们将提供多少时间步（通常，每个特征必须具有相同的时间步，以便张量是完整的数字块）。如果我们将 RNN 单元设置为具有 5 个时间步，则可以以图 22.22b 的形式展开图 22.22a 所示的网络图，来明确地展示每个时间步的处理，空心箭头表示每一步更新后的状态。

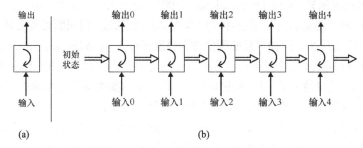

图 22.22　RNN 单元可以绘制成"卷起"或"展开"的形式。(a)卷起的形式。这意味着该单元将逐步完成时间步。(b)展开的形式，明确展示每个时间步的处理

我们可以将图 22.22 中的版本应用于反向传播，就像任何神经网络一样，只需向后推动误差梯度即可。唯一的区别是我们需要记住，RNN 的每个实例代表具有相同内部权重的相同单元。

这个修改后的反向传播版本被称为**基于时间的反向传播算法**（backpropagation through time）或 BPTT。

但坦率地说，BPTT 存在一个问题。回想一下，每个 RNN 单元都由神经网络组成，因此单元的输出是内部神经网络的输出，它计算一个值并通过其激活函数传递该值。正如我们之前提到的，到目前为止我们一直在假设线性激活函数，所以还没有绘制它们，但总的来说，RNN 单元的末端会有更复杂的东西。

问题来自每个 RNN 单元内神经网络末端的激活函数，它们通常使用 ReLU 或 tanh 激活函数。正如我们在第 17 章中看到的那样，tanh 函数的输出为 $-1\sim1$。图 22.23 展示了用一条实线表示的 tanh 函数。

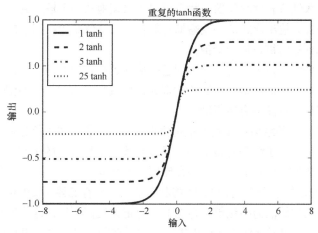

图 22.23　用实线表示的 tanh 函数。如果我们在每个点获取 tanh 函数的输出并将其应用于自身，那么将获得垂直压缩的虚线曲线。如果我们重复 5 次，将得到点画线曲线，25 次重复则用点曲线表示

当我们使用反向传播将结果向后推动，使之通过图 22.22b 所示的展开 RNN（unrolled RNN）时，该结果将通过一个接一个的 tanh 函数。实际上，我们是在反复应用 tanh 函数。图 22.23 展示了当连续应用 tanh 函数 2、5 和 25 次会发生什么。简而言之，输出值接近于 0。但真正的问题是值从负变为正的区域变得更窄。这意味着对该区域外的任何输入的更改在相应的输出上没有变化。

这对于学习来说很糟糕，因为它意味着梯度降至 0。回想一下，当梯度为 0 时，相当于没有学习。当梯度接近 0 时，系统将非常缓慢地改善。

这种现象称为**梯度消失**（vanishing gradient）问题[Hochreiter01] [Pascanu12]。"消失"这个词意味着值通过接近 0 而"逐渐消失"。虽然我们不会陷入这个问题，但问题可能会转向另一种样子，即导数越来越大而无法终止。这种罕见的现象称为**梯度爆炸**（exploding gradient）问题[R2RT16]。

还有另一个我们需要解决的问题：只有有限的存储器可供任何真正的 RNN 用作状态。如果我们试图理解像"鲍勃说他饿了"这样的句子，那么就不需要大量的记忆来将"他"与"鲍勃"联系起来。但是假设我们有一个句子开头，"当鲍勃看到他邻居的两只猫在车库外面，看着他，他忽略了它们专注的目光，并继续做他精心设计的锻炼方案……"省略了很多话之后结束语是"……当一切全部结束时，它们仍然在那里，看着他。"我们可能需要大量的存储器才能将早期的"两只猫"与后来的"它们"连接起来。即使我们为 RNN 单元提供了大量存储器，但总是能构建一个需要更多存储器的输入。这称为**长期依赖**问题（long-term dependency problem）[Hochreiter01] [Olah15]。

好消息是我们可以通过使用具有奇特内部结构的 RNN 来解决梯度问题和长期依赖问题。这些 RNN 单元中最受欢迎的是 LSTM，我们接下来会了解它。

## 22.7　LSTM 和 GRU

图 22.18 中的 RNN 单元会出现梯度消失、梯度爆炸和长期依赖问题[Bengio94]。为了解决这些问题，研究人员研究了各种方法。一种方法涉及仔细初始化的简单 RNN [Quoc15]。现在比较流行的方法是使用一种具有看似矛盾名字的 RNN 单元——**长短期记忆**或 LSTM [Hochreiter97]。LSTM 变得如此流行，以至于今天当人们谈到 RNN 单元时，它们通常意味着 LSTM。

LSTM 这个名字来源于对 RNN 单元内部情况的思考。我们可以说图 22.18 中的单元以其状态的形式存在于一些持久性或**长期**存储器。状态可以无限期地从一个输入到下一个并持续保留它的值。该单元还具有神经元输出形式的**一些短期**存储器。这些值是稍纵即逝的，仅在处理新输入时存在，然后在新输入到达时被替换为新值。

LSTM 的目标是采用一些短期的、稍纵即逝的值并延长它们的寿命，让它们能够为未来的计算做出贡献。因此，短期记忆被赋予了更长的寿命，导致名字为"长短期记忆"或 LSTM。将此视为"持久的短期记忆"可能会有所帮助。

详细介绍 LSTM 的内部结构将使我们走得更远，而且没有必要了解如何使用它。但是对于正在发生的事情有一个基本的了解是有帮助的，所以让我们来看看它的运作情况。

众所周知，每个 RNN 单元都包含一些存储器来保存其状态，这通常只是一个数字列表。在谈论 LSTM 单元或单元的内部时，我们有时将状态称为**单元存储器**（cell memory）。在第一个输入到达之前，使用默认初始值初始化单元存储器，但正如我们所见，这些值随着输入的接收和单元存储器的更新而改变。单元存储器还可以遗忘不再需要的信息。这一切都在位于 LSTM 内部的神经元的控制之下。

整个系统的优点在于，通过足够的训练，LSTM 单元内的神经元上的权重会学习如何调整自身，使得它们在正确的时间以正确的方式控制存储器记住或遗忘数据。请记住，一旦反向传播学习了这些内部网络中的权重，它们就不会改变。但是当该单元正在评估新数据时，这些网络会控制单元存储器，而单元存储器**确实**会发生变化。

### 22.7.1 门

LSTM 中的关键思想是一种称为门的机制。

我们可以将其粗略地视为控制水流流出管道的物理形式的门，如图 22.24 所示。

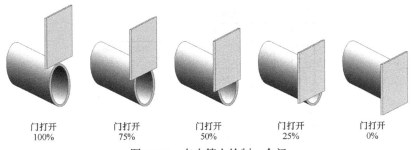

图 22.24 在水管上绘制一个门

当门打开 100%时，进入管道的所有水都可以流出。当门打开 0%时，它完全阻挡了出口，没有水可以流出。处于中间位置的门允许通过相应的水量。这个比喻并不完美，因为水与这样的门的相互作用比我们假想的更复杂。

我们可以通过将输入值（管道中的水量）乘以门值（其位置）轻松地在程序中实现门，然后可以通过如图 22.25 所示的方式实现图 22.24 中物理形式的门的效果。

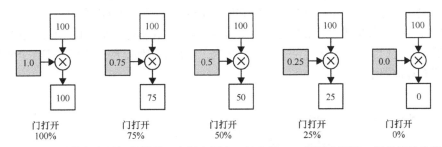

图 22.25 用数字实现门的效果。在每个图中，输入值 100 显示在顶部，门值显示为蓝色，结果显示在底部的框中。我们只需将输入值乘以门值即可获得门控值。通过将百分比除以 100，可将门打开的百分比实现为 0~1 的数字

如果我们想要以不同的数量调整一大堆值，则会为每个值应用不同的门位置。换句话说，我们将每个输入值乘以一些其他相应的值。

这只不过是人工神经元的第一步。然后，神经元继续添加结果并应用激活函数，但我们不需要任何额外的操作。我们只需将每个输入乘以其门位置，这就是我们的输出。

当我们以这种方式使用门时，会将门值限制在 0~1 的范围内。因此，当我们将门应用于输入值（或输入值列表的门列表）时，输入值可以保持不变或下降，直到它们达到 0。它们不能变大，因为门永远不会大于 1，并且它们不能改变符号，因为门永远不会小于 0。

LSTM 将门用于 3 个目的：**遗忘**（forgetting）、**记忆**（remembering）和**选择**（selecting）。记忆门和选择门也称为**输入门和输出门**。让我们依次看看它们。

我们经常认为"遗忘"意味着记忆完全丧失。在 LSTM 中，遗忘通常是局部的，我们可以在连续过程中的任何地方从完全不遗忘到完全遗忘一个值。**遗忘数字**意味着我们将它推向 0。当它达到 0 时，它就完全被遗忘了。我们可以通过将它与门值相乘来选择性地遗忘一个值，并且门值始终为 0～1。图 22.26a 的左边展示了 5 个元素的起始存储器。在中间，我们可以看到 5 个门值。当门值为 1 时，我们将完全不遗忘相应的存储器元素的值，因为它不会改变。当门值为 0 时，我们将完全遗忘相应的存储器元素的值，因为它将变为 0。门的中间值将导致我们"遗忘"相应存储器元素的部分值。图 22.26b 展示了遗忘操作完成后的存储器。

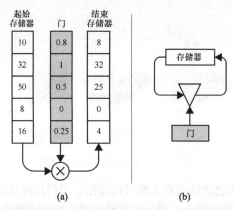

图 22.26  遗忘存储器中的值。(a)每个值乘以一个门值，结果保存到结束存储器。门值为 1 时不会遗忘与其相应的存储单元有关的任何内容，而门值为 0 会导致该值被完全遗忘。门值为中间值时会遗忘相应量的单元内容。(b)以示意图形式表示的操作

**记忆**的行为包括两个步骤。首先，我们确定每个新值中要记住的有多少。当然，我们使用门来控制它。然后要记住门控值，我们只需将它们添加到存储器的现有内容中。

图 22.27a 中，左边是我们想要记住的新值列表，但我们并不想完全记住它们。就像在图 22.26 中一样，我们对它们应用门，产生一个门控值列表。要真正记住这些，我们只需逐个元素地将它们添加到现有存储器中。

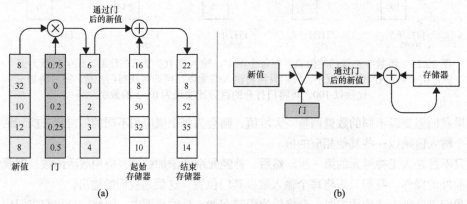

图 22.27  记忆的过程。(a)我们从记住的新值开始，如左边所示。我们可能不想完全记住这些，所以首先应用门。然后将门控值添加到现有存储器中，并将其保存到存储器中。(b)以示意图形式表示的操作

最后，要从存储器中进行**选择**，我们只需确定要使用的每个元素的数量。如图 22.28 所示，我们将门应用于存储器元素，结果是一个缩放存储器列表。

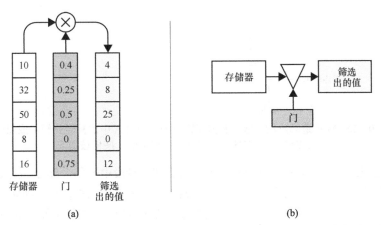

图 22.28　从存储器中进行选择。(a)为了选择记忆，我们将门控值放在存储器中。
门控结果是我们的选择。(b)示意图版本

## 22.7.2　LSTM

LSTM 单元使用我们上面看到的门控操作来管理其内部存储器。门控操作使得单元能够对其记忆和遗忘的内容进行大幅度控制，因此它可以以最有效的方式管理其内部单元存储器。

我们来看看 LSTM 的架构。我们的讨论改编自 Olah [Olah15]的图片和演示。图 22.29 展示了单个 LSTM 单元。它接收其前序输出和新值作为输入，并产生新的输出。

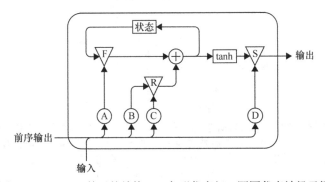

图 22.29　LSTM 单元的结构。三角形代表门，圆圈代表神经元组

图 22.29 中 LSTM 单元的顶部是状态存储器。我们有 3 个门，标记为 F 的表示遗忘，R 表示记住，S 表示选择。还有 4 个神经元组，我们将其标记为 A～D。这些神经元的输入是通过简单地将前序输出和新输入一个放在另一个上而形成的单个列表。

让我们看一下处理输入所涉及的 3 个阶段。

我们将从**遗忘**阶段开始，如图 22.30 中高亮部分所示。A 中的神经元使用新输入和前序输出来创建门值列表，然后将它们应用于当前状态。这意味着状态持有的值列表中的每个元素保持不变（如果其门值为 1 ），或者向 0 移动，从而导致我们"遗忘"该值的部分或全部。

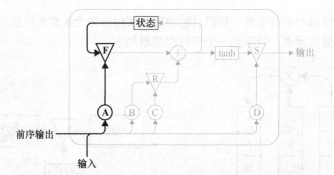

图 22.30　LSTM 的遗忘阶段。输入和前序输出的组合由 A 中的神经元转换成门信号，
然后控制 F 门并使得来自状态存储器的一些值被遗忘

　　我们可以通过绘制张量并显示所有神经元来查看遗忘阶段中的各个部分。图 22.31 展示了如果输入和输出都有 2 个值，并且我们在状态存储器中使用了 3 个元素，它将如何显示。前序输出和新输入堆叠在一起（只要是一致的，它们的顺序就无关紧要）。这个 4 元素的高张量进入 3 个神经元，每个对应状态中的一个元素。这些神经元通常负责对 4 个输入中的每一个进行加权，并将结果汇总在一起。最后一步是应用 sigma 激活函数，该函数将每个神经元的输出压缩到 0～1 的范围内。这使得它适合用作门。

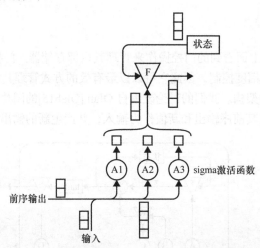

图 22.31　扩展图 22.30 的 LSTM 遗忘阶段，显示正在移动的数据的状态。前序输出和
当前输入被组合成单个张量，然后被发送到 3 个神经元中，每个神经元都含有 sigma 激活
函数。它们的 3 个输出用于控制门，其输入为 3 个元素的状态。门的输出是由神经元 A
的输出经过门控后的状态值

　　然后，这些门值控制遗忘门。门的输入是当前状态中的 3 个元素。每一个乘以其门值，使其保持不变或接近 0。

　　所以在遗忘阶段结束时，我们有一个已经遗忘的临时的状态副本，或者将该状态的某些元素推向 0。

　　下一阶段是**记住**刚刚进入的新输入（如果我们想要的话，还有关于前序输出的内容）。如图 22.32 所示，我们将前序输出和输入的组合发送到两组神经元 B 和 C。神经元 C 将用作门值，因此它们的末端含有 sigma 激活函数。神经元 B 的输出是门控值（并且最终被记住）。这些门用于控制当它们通过门 R 时，应该记住多少前序输出和当前输入的组合。

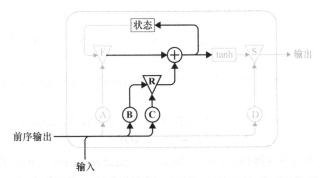

图 22.32　LSTM 的记忆阶段。输入和前序输出的组合被送到两组分别标记为 B 和 C 的
神经元。神经元 C 的输出用于控制调整来自神经元 B 的值的记忆门 R。结果是输入和
前序输出按比例缩小，然后添加到遗忘门 F 的状态版本中。最后将结果写回内部状态

正如我们之前看到的那样，得到的门控值被添加到状态中。然后将状态的新值被写入状态存储器，因此这些值现在被记住了。

最后，我们**选择**一些新计算的状态来输出。在图 22.33 中，我们将前序输出和当前输入送到标记为 D 的另一组神经元中，这些神经元也含有 sigma 激活函数。我们使用神经元 D 的输出作为门 S 的门值。该门的输入是我们刚刚计算的新状态，但首先我们通过 tanh 函数处理它。这和我们在第 17 章讨论激活函数时看到的 S 形函数相同。我们没有详细说明为什么这个阶段存在，它的功能是将我们刚刚计算的值压缩到-1～1 的范围。值由门 S 控制，然后表示为 LSTM 单元的输出。

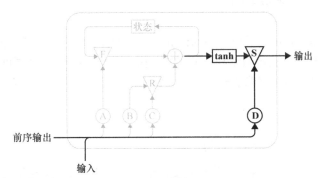

图 22.33　LSTM 的选择阶段。输入和前序输出的组合用于控制调整由记忆阶段生成的
新状态的门 S。这是单元的输出

为了回顾 LSTM 的操作，我们需要前序输出和当前输入并将它们组合起来。该组合信号将用于形成门值，并且还将被记住。

第 1 步是经过门 F 的处理来**遗忘**一些当前的状态内容。第 2 步是通过运行门 R 来**记住**一些新信息，然后将结果添加到状态中。该结果将成为新的状态。第 3 步是通过门 S 的运行来**选择**一些新状态作为输入。

通过这种方式，LSTM 可以无限期地记住信息，因为不会遗忘它，并在之后不会添加它。或者它可以完全遗忘一些信息并用新值替换它。或者它可以部分地遗忘一些信息，然后部分地记住一些新的值。

所有这一切都由我们标记为 A、B、C 和 D 的 4 组神经元控制。它们的所有权重都是使用梯度下降来学习的，就像任何其他权重一样。最终，LSTM 学习权重值，使其能够遗忘、记住并在正确的时间选择正确的信息，以便为我们提供有用的结果。

LSTM 避免了梯度消失和爆炸的问题，因为它所有的计算都在内部捆绑在一起。网络对外呈现的激活函数是线性（或恒等）函数，就算它一遍又一遍地应用于自身，也不会改变[Suresh16]。这避免了我们从它平整后的 sigmoid 中看到的问题。

LSTM 也避免了长期依赖问题，因为状态中的值会在合适的时候被遗忘门和记忆门的协调动作"保护"而不被遗忘。

LSTM 的原型[Hochreiter97]随着时间的推移经历了多次改进[Graves14]。例如，遗忘门不是LSTM 原始设计的一部分，而是几年后才提出的[Gers00]。

LSTM 的一个更著名的变体称为门控循环单元（gated recurrent unit），或 GRU [Chung15]。GRU 就像一个 LSTM，但做了一些简化。例如，遗忘门和输入门被组合成一个门[Olah15]。由于要完成的工作少一些，GRU 会比 LSTM 快一点。它通常也会产生类似于 LSTM [Chung14]的结果。在使用 RNN 时，通常需要尝试 LSTM 和 GRU，来查看两者中哪一个能够为特定网络和数据集提供更准确的结果。

## 22.8 RNN 的结构

RNN 单元非常通用，无论它们是 LSTM、GRU 还是其他变体。我们可以使用它们来搭建许多不同类型的结构来完成不同的工作。

### 22.8.1 单个或多个输入和输出

图 22.34 展示了 Karpathy 的著名图[Karpathy15b]的变体，它以展开的形式说明了这些图中的几个结构，以及与其输入和输出数量相关的名称。在这里，"多个"这个词可以被认为是"序列"的同义词。在这些图中，我们通常省略了单元间的连接，就像 LSTM 用来表示将某一步的输出作为下一步的输入。

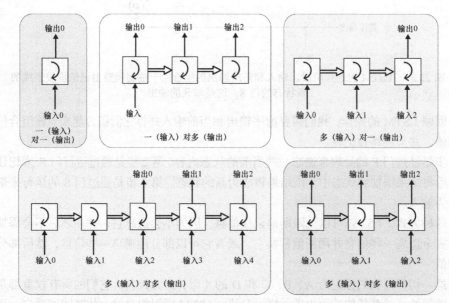

图 22.34  5 种不同类型的 RNN 结构的展开形式。名称描述了输入和输出是含有一个值，
还是一系列的值

一对一（one to one）结构被包括进来是因为我们可以搭建它，但它有点浪费 RNN。我们给它一个输入（即一个具有单个时间步的特征），它产生一个输出。可以说这是一种浪费，因为序列长度为 1，RNN 单元没有充分利用其独特的能力来记住有关其输入序列的事物。

一对多（one to many）结构接收单个数据并生成序列。我们通过向 RNN 提供启动它的信息来做到这一点，然后让它运行一段时间，产生多个输出。我们可以给网络一首歌的起始音符，它会为我们制作剩下的旋律。

多对一（many to one）结构读取一个序列并返回单个值，该结构经常用于**情绪分析**（sentiment analysis）领域。我们可以给网络一段文本，它会报告写作中固有的某些性质。一个常见的例子是观看电影评论并确定它是积极的还是消极的[Timmaraju15]。

多对多（many to many）结构在某些方面是最有趣的。在这里，我们来看两个这样的例子。对于图 22.34 中左边的多对多结构，我们在要求它开始产生输出之前，用几个输入"引导"RNN。而图中右边的多对多结构可以立即开始产生输出。

输出延迟的多对多结构可用于机器翻译。在不同的语言中，同一句话的单词的顺序不一样，所以我们无法立即开始翻译。例如，英语句子"在炎热的太阳下睡觉的黑狗"可以用法语表示为"Le chien noir dormait dans le soleil chaud"。在法语版本中，形容词"noir"（黑色）跟随在名词"chien"（狗）之后，所以我们需要有某种缓冲，这样才能以正确的英文顺序产生单词。

在另一种多对多结构中，每个新输入都会产生相应的新输出。我们可以使用它来为视频的每一帧创建描述，或者将声音转换为其本身的较老或较年轻版本，甚至转换为其他人的声音来伪装某人的声音。

让我们假设有一段一只鸟在空中飞行的视频。我们希望为每一帧分配一个标签，包括 4 个不同的上升和下降角度，加上水平飞行，总共 9 个标签。

我们可以使用 CNN 来识别鸟的位置，但 CNN 无法判断鸟是上升还是下降。这需要知道之前发生的事情。换句话说，我们需要采用 RNN 根据上下文来进行判断。

要分配这些标签，我们可以搭建一个以卷积层开始的分类器，然后进入一个包含 LSTM 单元的层。我们将后一层称为**循环层**或 **RNN 层**。我们用于该层的符号如图 22.35 所示。层的符号是在逆时针圆的大部分上有一个箭头，而单个单元的符号（见图 22.15）是顺时针圆的一半上有一个箭头，因此有两个提示可以帮助我们区分它们。

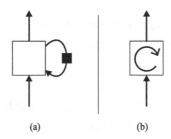

图 22.35　RNN 层的符号。(a)RNN 层的通用符号。右边的循环旨在提醒我们内部
状态被读取和写入。黑方框代表了延迟的一步。(b)RNN 层图标

现在用卷积层开始我们的网络，它将在视频的每一帧中寻找那只鸟。图 22.36 中卷积层是作为网络的第一层。在这个讨论中，我们将任意选择 128 像素 × 128 像素的图像，以及带有 8 个 5 像素 × 5 像素的滤波器和 ReLU 激活函数的卷积层。我们通过使用(2,2)的步幅将输出缩小到 64 像素 × 64 像素（我们可以在这里使用池化层而不是跨步）。

9

激活函数

1
存储器=128

8×(5,5)
ReLU激活函数
步幅=(2,2)

128像素×128像素

图 22.36 CNN-LSTM 网络，用于根据视频对鸟的飞行进行分类

卷积层的输出是一个 64 像素 × 64 像素 × 8 像素的张量。我们将它平整后输入 LSTM 层。它将有一个含有 128 个元素存储器的 LSTM 单元。输出进入一个拥有 9 个神经元的、带有 softmax 输出的全连接层，因此我们得到 9 个概率，每一个类都有一个。

当我们以这种方式组合卷积层和 RNN 层时，结果通常被称为 CNN-LSTM **网络**（CNN-LSTM network）。

这个小网络将需要大量的训练数据，因为它使用了差不多 1700 万个权重。卷积层和全连接层一共仅使用了大约 1400 个权重，因此 RNN 层几乎独自负责该网络的复杂性。它将所有这些权重用于控制计算门控值的内部神经元，以及输入和前序输出的修改版本。将 LSTM 单元的数量减半到 64 也会将所需的权重减半，并将其再减半到 32 也会使权重数量相应地继续减半，使其减少到 400 多万。

我们可以堆叠 RNN 的层来制作深度循环网络，就像任何其他类型的层一样。我们还可以利用 RNN 的序列性质并向后运行它们。我们可以将两者结合起来。接下来让我们看看这些架构。

## 22.8.2 深度 RNN

我们可以将 LSTM 单元分层排列，这样每个单元的每个输出都可以作为其他单元的输入。这称为**深度 RNN**（deep RNN），其中形容词"深度"指的是多层。

深度 RNN 的示意图以卷起的形式展示在图 22.37a 中。我们在图 22.37b 中展示了展开的形式。

深度 RNN 的基本思想是每层上的 LSTM 为下一层上的 LSTM 提供输入。因此，一个特征的第一个时间步到达第一个 LSTM，该 LSTM 处理该数据并产生输出（以及自身的新状态）。该输出被送到下一个 LSTM，它执行相同的操作，然后是下一个，以此类推。然后第二个时间步到达第一个 LSTM，并重复该过程。

在此设置中，最后一个之前的所有 LSTM 都能够处理对下一层有意义的中间表示，但不会立即作为网络产生对我们有用的输出。因此，早期的 LSTM 可以以密集和复杂的方式对其数据进行编码，以实现最高效率。在实践中，我们需要第一层返回序列，而不是单个值。我们会在第 23 章和第 24 章中重温这一想法。

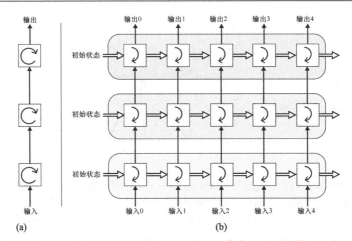

图 22.37　深度 RNN 使用多个 RNN 层，其中每个输出都作为下一层的输入。每层都保持自己的
状态。这个深层网络使用了 3 层 RNN。(a)通常的卷起形式；(b)展开形式

## 22.8.3　双向 RNN

LSTM 旨在处理一系列值，我们通常认为这些值是按时间顺序排列的。

正如所看到的，如果试图分析文本，这可以让我们考虑句子"查尔斯说他需要一个假期"，并找出代词"他"所指的人。

但经验表明，有时给**反向** LSTM 提供输入，即令 LSTM 从最后开始向着起始处反向工作是有意义的[Sutskever14]。为什么这样会有帮助？

假设我们试图理解这句话中的含义："'我需要一个假期'，查尔斯坐下来说"。如果想知道"我"指的是谁，那么从后向前扫描句子能让我们知道这是查尔斯。

这个想法导致了**双向循环神经网络**（bidirectional RNN）或**双向 RNN**、**BRNN** [Schuster97]的引入。当我们专门使用 LSTM 单元时，它有时称为**双向长短期记忆循环神经网络**（bidirectional LSTM）或**双向 LSTM**、**BLSTM**。

顾名思义，该网络一次在两个方向上运行输入。当然，这只适用于已经有一直到我们试图分析的块的末尾的数据的情况，因此它不适用于所有情况。例如，如果我们试图理解实时发出的命令，那么从最后开始意味着我们必须等这个人完成发言。

图 22.38 展示了 BRNN 层的结构。我们在一个层中使用两个 RNN，一个从开始到结束获得输入，另一个从结束到开始获得输入。这看起来有些令人费解，但从结构角度来看，它很简单。不幸的是，BRNN 的标准图（如图 22.38 所示）可能很难计算出输入和处理的异常序列，因此我们将举例说明。

图 22.38a 展示了我们对 BRNN 的图标。在图 22.38b 的展开形式中，我们可以看到两个 LSTM 单元，一个是浅绿色的，另一个是深绿色的。首先，将时间步 0 的值传递给正向 LSTM（浅绿色），同时将时间步 4 传递给反向 LSTM（深绿色）。

当两个 LSTM 都产生了输出时，它们到达图顶部的白方框。每个白方框上的两个值是在不同的时间产生的，所以第一个在第二个到达之前一直停留在那里。我们将在稍后讨论如何处理这两个值。

现在我们继续进行下一步。我们将时间步 1 的值传递给正向 LSTM，将时间步 3 传递给反向 LSTM，它们的输出保持在白方框。然后我们继续给正向 LSTM 和反向 LSTM 提供时间步 2。两个输出都上升到白方框，但在处理它们之前，让我们先完成序列的处理。我们将输入 3 提供给正向 LSTM 并将输入 1 输入到反向 LSTM，最后将输入 4 提供给正向 LSTM，并将输入 0 输入到反向 LSTM。

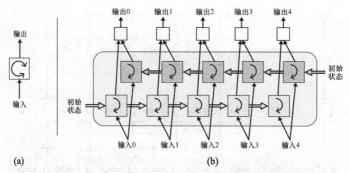

图 22.38　BRNN 是两个一起运行的 RNN。其中一个按照通常的顺序给出了时间步，从开始到结束。另一个给出了从结束到开始相反顺序的时间步。在此图中，只有两个 LSTM 单元，每个单元都有自己的状态。(a)BRNN 的图标；(b)展开的 BRNN

现在顶部的每个方框中都有两个值。

方框以我们选择的方式组合它们的输入。典型的选项是将它们加在一起，然后平均、相乘，或者通过在一个之后附加另一个值来创建一个 2 元素张量（即列表）。

然后，这些值可以继续充当网络的输出，或输入到任何其他层。

## 22.8.4　深度双向 RNN

如果我们需要更多的计算力，则可以将深度 RNN 与双向 RNN 结合起来创建一个**深度双向 RNN**。图 22.39 以卷起和展开的形式展示了这种结构。

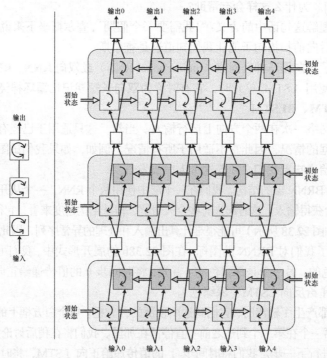

图 22.39　深度双向 RNN。每个圆角矩形表示单层双向 RNN。我们说这是"深度"是因为有多个这样的层，每个层都在为上一层提供输入。它是"双向"的，因为在每一层都有一个正向和反向 LSTM 单元。请记住，此图中只有 6 个 LSTM 单元，每层两个。
(a)卷起的深度双向 RNN；(b)展开的深度双向 RNN

深度双向 RNN 提供了大量的计算力。这种能力需要训练很多权重，并且需要大量的训练数据。例如，图 22.39 中的 3 层 BRNN 配置为 6 个 LSTM 每一个中的 25 个单元，使用大约 37500 个权重。这相当于 3 个每层有 135 个神经元的全连接层。

深度双向 RNN 已经应用到语音识别[Zeyer17]、图片字幕[Vinyals15] [Wang16]以及创建会讲话的卡通头像中[Fan16]。

## 22.9 一个例子

让我们来看看实际中的 RNN。

在这个例子中，我们将使用 RNN 生成全新的文本。我们将使用 Arthur Conan Doyle 的 3 部夏洛克·福尔摩斯短篇小说集训练一个小型 RNN，所有这些都可以在线免费获得[Gutenberg17]。总的来说，这 3 部小说集有超过 304000 个单词。当然，其中许多词都是反复使用的。不同的单词有 29000 个，包括许多专有名词，如字符和地名。

一种合理的方法是将文本视为一组单词。然后，我们可以训练 RNN 以发现单词之间的跟随关系。我们可以从一些单词开始，让 RNN 告诉我们接下来应该出现哪个单词。然后使用刚开始的单词串，将新的词加在最后，并让 RNN 告诉我们应该跟着哪个词。继续这个过程，我们可以继续将最新得到的单词组反馈给 RNN，它会继续给我们一个新的词。

为此，我们可以为文本中近 29000 个不重复的单词中的每一个都指定一个唯一编号。例如，"the" 可能被分配 91，"Sherlock" 可能被分配 307，"Holmes" 可能被分配 53，以此类推。我们可以一次为网络提供一串单词，其中样本由单个特征组成，包含与该串单词一样多的时间步。RNN 将读取这一数字序列并尝试了解数字之间的跟随关系。我们可以尝试使用名为 word2vec 的算法，将相似的数字分配给相似的单词，而不是随意地为单词指定数字[Bussieck17] [Mikolov13]。这种编号形式具有许多吸引人的特性，尽管在这种简单的情况下，它可能没有多大作用。

通过足够的训练，我们可以想象给训练好的网络提供从原始文本中提取的一串单词作为开始，尽管它们被表示为一串数字，然后运行 RNN 并从中生成无穷无尽的新单词。

这是一种完全合理的方法，它可以产生可识别的源文本结果[Deutsch16a] [Deutsch16b]。

但是这种方法需要花费大量的时间进行训练，因为它需要弄清楚前几个单词序列后应该跟着数千个单词中的哪一个。这其中有大量的选择，所以有很多决定需要学习。获得良好的结果将需要大量的时间和计算。

一个更快的选择是仅按字符工作。也就是说，我们将输入视为一串字符。在福尔摩斯小说中，删除换行符后，只剩下 89 个唯一的字符（26 个小写字母，26 个大写字母，10 个数字，22 个标点符号，4 个带重音的元音和 1 个空格）。现在我们的问题小得多了。我们只需要预测 89 个字符中的一个，而不是预测数万个可能的单词中的一个。

让我们采用这种更简单、更快的方法。

通过将所有大写字母转换为小写字母，删除带重音的元音，并将标点符号大量减少到最常见的十几个符号，我们可以使事情变得更加容易。包括空格在内，只有 49 个字符。但是所有这些符号都是有用的信息，所以先留下它们。

最重要的想法是建立一个 RNN 分类器。为了训练它，我们将提供原始文本中的一系列字符，并要求它提供 89 个字符中的每一个会成为下一个字符的概率。我们将最有可能的预测与文本中真实的下一个字符进行比较，如果它们不匹配，则将为结果分配一些误差。然后反向传播通过训练权重来减小误差，因此系统对下一个字符的预测将逐渐与标签匹配。

这是我们根据福尔摩斯小说生成新文本的架构。虽然看起来这种简单、逐字逐句的方法几乎不可能得到任何可以理解的结果，但它确实可以产生令人惊讶的、有说服力的输出，与从散文到技术文档[Karpathy15b]的各种输入风格相匹配。

让我们仔细地看一看训练。每个输入都包含一串字符，以及一个作为目标的新字符。假设我们给它输入，"我的朋友是一个热情的音乐家，他自己不仅是一个非常有能力的（per）"。最后一个词（来自原始文本）是"表演家"（performer），因此我们的目标是让网络分析这个序列并将最高可能性分配给字母"f"。

请注意，这不是一个定局。文本中有很多单词以"per"开头但之后跟着不同的字母，比如"个人"（personally）、"栖息"（perched）和"也许"（perhaps）。因此系统必须考虑整个序列才可以正确预测下一个字符。RNN能够按顺序使用之前的值来指导其决策，这使得它成为完成这项工作的完美工具。

这个方法需要我们做一个权衡。我们给系统的输入越大（即每个输入分析的字符越多），它获得的信息就越多，它的学习和预测就越好。但是输入越小，系统可以运行得越快，这样我们就可以在给定的时间内训练更多的样本。这里没有最好的答案，所以这是我们必须尝试的另一个值。

经过一些反复试验，我们选择了图22.40所示的网络。虽然几乎可以肯定这不是理想的参数选择，而只是一个简单的参数，但对于我们这里的目的来说已经可以工作得足够好。

图22.40　我们用于生成新的福尔摩斯小说数据的整个深度网络。我们的输入是含有40个连续字符的列表。这些字符进入两个RNN层。每个包含一个含有128个元素存储器的LSTM单元。第二个LSTM的输出被送到含有89个神经元的全连接层，来预测每个字符的概率。网络的结果是可能性最大的字符。第一层图标顶部的小方框告诉我们它为每个输入返回一个输出，而不仅仅是最终结果。我们将在第23章和第24章讨论这个实践中的细节

我们的输入由40个字符组成。为了创建训练集，我们将原始文本分割成大约50万个由40个字符组成的重叠字符串，每个都从每3个字符开始。图22.41展示了这个想法。

为了训练网络，我们最终决定使用RMSprop优化器，学习率为0.01，mini-batch大小为100。

在没有GPU支持的2014 iMac上，图22.40所示的网络使用我们刚刚描述的超参数时，每一轮花费的时间大约为30分钟。使用支持GPU的亚马逊云服务"p2.xlarge"虚拟机，每一轮花费的时间缩短到大约150秒（2.5分钟）。

现在我们知道如何训练了，让我们看看如何生成新文本。

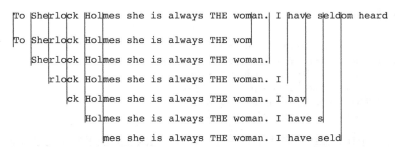

图 22.41　创建训练数据。源文本（顶行）被剪切成 40 个字符的片段，每个都从第 3 个字符开始。
第一行下方的每一行是单个训练数据样本，作为含有 40 个时间步的一个特征呈现给 RNN

　　要创建新文本，我们通过在文本中选择一个随机起点来生成"种子"，然后从那里提取接下来的 40 个连续字符。我们将种子交给网络并产生一个新的字符。这个新的字符继续放到种子的末尾，然后第一个字符被删除，并给我们一个新的 40 个字符的种子作为输入来产生下一个字符。只要我们愿意，就可以重复它，来创造出新的输出[Chen17a]。图 22.42 展示了该过程。

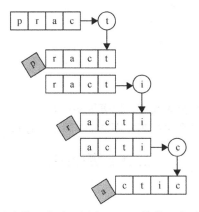

图 22.42　使用 RNN 生成字符。在此示例中，RNN 接收 4 个时间步的输入。第一行的
种子取自源文本。这里是有 4 个字符"prac"的字符串。我们将这些字符提供给 RNN，
后者预测下一个字符将是"t"。在下一行中，我们将"t"附加到种子的末尾，然后删除
第一个字符，得到一个新的 4 个字符的字符串"ract"。我们将它提供给 RNN，后者预
测"i"。再一次，我们将"i"加到种子后并删除第一个字符，得到字符串"acti"。我们
把它交给预测到"c"的 RNN，这个过程不断重复，会生成尽可能多的文本

　　为了观察网络的进展，在每轮训练之后我们会输出误差，并在那个时刻用网络生成一些
文本。我们输入随机种子"er price." "If he waits a little longer"，网络生成的每一轮输出如下。

er price." "If he waits a little longer wew fet ius ofuthe henss loll-
inod fo snof thasle, anwt wh alm mo gparg lests and and metd
tingen, at uf tor alkibto-Panurs the titningly ad saind soot on
ourne" Fy til, Min, bals' thid the taes tuswe, yeouln is any Geotsant
thive bast cxiss tilp the seud Bige tour and Crestte memofhl auch
thoos ow thaa that yawt eranteat tisl wist yho halll hiced, h

　　从某种意义上说，这非常好。"单词"是英语大小的，虽然它们不是真正的单词，但它们可
以是。也就是说，它们不是随机字符串，例如我们可能在密码中找到的字符串，如"mx,
kG73jKgl;?2"。令人惊讶的是，它们和真实存在的词很接近，而这只是在一轮之后。
　　经过 50 轮后，结果有了很大改善。这次输入的种子是"nt blood to the face, and no man could h"，

50 轮后的输出如下。

> nt blood to the face, and no man could hardly question off his pockets of trainer, that name to say, yisligman, and to say I am two out of them, with a second. "I contured these cause they not you means to know hurried at your little platter.' "'Why shoub-ing, you shout it of them," Treating, I found this step-was another write so put." "Excellent!" Holmes to be so lad, reached.

结果好多了。记住，系统完全不了解单词。它只知道跟在其他字母序列之后的字母概率。然而，上面的输出中大多数的词是真实的，但也有明显的例外。甚至一些不是单词的词（如"contured"和"shoubing"）似乎也是合理的。标点符号也可以得到，甚至包括第二个引文末尾的逗号。对于这种简单的网络和训练方案，这是非常了不起的。

通过运行这个网络，我们可以生成尽可能多的文本。它不具备更好的连贯性，但也没有更多不相关的东西。

让我们前进至 100 轮。下面是根据种子生成的输出，其中添加的极少数的细节都是对的。

> I was right and to add the very few details rum, and caused my vicyally to continued, at Chilstall, and my eye, Midlissapped in this girder on his important—and might be returned to turn smile him. "He had even out of the diven," said Barker than bothidgar Missinisticular. IXteed much walk for fremed out of astictivening away through the lady, and photoh, when he rather throw all account.

上面的文本中，标点符号有很大改进，但有很多不是单词的词。这个小小的摘录看起来并不像是有所改进。我们应该期望它会更好吗？图 22.43 展示了在这训练的 100 轮中网络的误差。

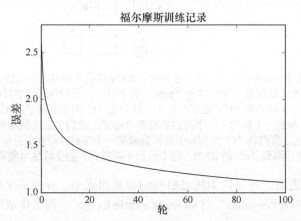

图 22.43　图 22.40 中网络每一轮的误差，用了文本中的参数

这个网络最大的胜利显然是在一开始误差就急速下降。看来在 50 轮和 100 轮之间，结果确实有所改善，尽管不是很多。但是图右侧的下降斜率表明，如果我们愿意继续训练，那么误差可能会持续下降至少一段时间。误差越小，输出的文本可读性就越强。

较大的 LSTM（即每个单元中具有更多状态的 LSTM）会有更好的性能。使用像我们这样的网络得到了一些不错的结果，但是两个 LSTM 层各有 500 个单元[Tran16]。我们的网络只有大约25 万个参数，而这个较大的网络有大约 325 万个参数，而且它训练了 1000 轮。这种训练需要强大的 GPU 支持和足够的耐心。

# 参考资料

| | |
|---|---|
| [Barrat17] | Robbie Barrat, *Rap-song Writing Recurrent Neural Network*, Github repo, 2017. |
| [Bengio94] | Yoshua Bengio, Patrice Simard, Paolo Fasconi, *Learning Long-Term Dependencies with Gradient Descent is Difficult*, IEEE Transactions on Neural Networks, 5(2), 1994. |
| [Bussieck17] | Jan Bussieck, *Demystifying Word2Vec*, Deep Learning Weekly blog, 2017. |
| [Chen17a] | Yutian Chen, Matthew W Hoffman, Sergio Gómez Colmenarejo, Misha Denil, Timothy P. Lillicrap, Matt Botvinick, Nando de Freitas, *Learning to Learn Without Gradient Descent by Gradient Descent*, arXiv 1611.03824v6, 2017. |
| [Chen17b] | Qiming Chen, Ren Wu, *CNN Is All You Need*, arXiv 1712.09662, 2017. |
| [Chu17] | Hang Chu, Raquel Urtasun, Sanja Fidler, *Song From PI：A Musically Plausible Network for Pop Music Generation*, arXiv preprint, 2017. |
| [Chung14] | Junyoung Chung, Caglar Gulcehre, Kyunghyun Cho, Yoshua Bengio, *Empirical Evaluation of Gated Recurrent Neural Networks on Sequence Modeling*, 2014. |
| [Chung15] | Junyoung Chung, Caglar Gulcehre, Kyunghyun Cho, Yoshua Bengio, *Gated Feedback Recurrent Neural Networks*, arXiv 1502.02367v4, 2015. |
| [Deutsch16a] | Max Deutsch, *Harry Potter: Written by Artificial Intelligence*, Deep Writing blog post, 2017. |
| [Deutsch16b] | Max Deutsch, *Silicon Valley: A New Episode Written by AI*, Deep Writing blog post, 2017. |
| [Fan16] | Bo Fan, Lijuan Wang, Frank K. Soong, Lei Xie, *Photo-Real Talking Head with Deep Bidirectional LSTM*, Multimedia Tools and Applications, 75(9), 2016. |
| [Geitgey16] | Adam Geitgey, *Machine Learning is Fun Part 6: How to do Speech Recognition with Deep Learning*, Medium, 2016. |
| [Gersoo] | F A Gers, J Schmidhuber and F Cummins, *Learning to forget: continual prediction with LSTM*, Neural Computing, Volume 12, Number 10, 2000. |
| [Graves13] | Alex Graves, Abdel-rahman Mohamed, Geoffrey Hinton, *Speech Recognition with Deep Recurrent Neural Networks*, 2013 IEEE International Conference on Acoustics, Speech and Signal Processing (ICASSP), 2013. |
| [Graves14] | Alex Graves, *Generating Sequences with Recurrent Neural Networks*, arXiv 1308.0850v5, 2014. |
| [Gutenberg17] | Project Gutenberg, *The Adventures of Sherlock Holmes by Arthur Conan Doyle, The Return of Sherlock Holmes by Arthur Conan Doyle, The Memoirs of Sherlock Holmes by Arthur Conan Doyle*, 2017. |
| [Hochreiter01] | Sepp Hochreiter, Yoshua Bengio, Paolo Frasconi, Jürgen Schmidhuber, *Gradient Flow in Recurrent Nets：the Difficulty of Learning Long-Term Dependencies*, in *A Field Guide to Dynamical Recurrent Neural Networks*, S C Kremer and J F Kolen, edi-tors, IEEE Press, 2001. |

[Hochreiter97]　　Sepp Hochreiter, Jurgen Schmidhuber, *Long Short-Term Memory*, Neural Computation 9(8), pp. 1735-1780, 1997.

[Johnson17]　　Daniel Johnson, *Composing Music with Recurrent Neural Networks*, Heahedria, 2017.

[Karpathy13]　　Andrej Karpathy and Fei-Fei Li, *Automated Image Captioning with ConvNets and Recurrent Nets*, Stanford Computer Science Department, 2013.

[Karpathy15a]　　Andrej Karpathy, Justin Johnson, Li Fei-Fei, *Visualizing and Understanding Recurrent Networks*, ICLR 2016, 2016.

[Karpathy15b]　　Andrej Karpathy, *The Unreasonable Effectiveness of Recurrent Neural Networks*, Andrej Karpathy blog, 2015.

[Krishan17]　　Krishan, *Bollywood Lyrics Aia Recurrent Neural Networks*, From Data to Decisions blog, 2017.

[Lipton15]　　Zachary C. Lipton, John Berkowitz, Charles Elkan, *A Critical Review of Recurrent Neural Networks for Sequence Learning*, ArXiv 1506.00019, 2015.

[LISA17]　　LISA Lab, *Modeling and generating sequences of poly-phonic music with the RNN-RBM*, 2017.

[Mao14]　　Junhua Mao, Wei Xu, Yi Yang, Jiang Wang, Zhiheng Huang, Alan Yuille, *Deep Captioning with Multimodal Recurrent Neural Networks (m-RNN)*, Proceedings of International Conference on Learning Representations (ICLR), 2015.

[Mikolov13]　　Tomas Mikolov, Kai Chen, Greg Corrado, Jeffrey Dean, *Efficient Estimation of Word Representations in Vector Space*, arXiv 1301.3781.

[Moocarme17]　　Matthew Moocarme, *Country Lyrics Created with Recurrent Neural Networks*, Blog post, 2017.

[O'Brien17]　　Tim O'Brien and Irán Román, *A Recurrent Neural Network for Musical Structure Processing and Expectation*, 2017.

[Olah15]　　Christopher Olah, *Understanding LSTM Networks*, 2015.

[Pascanu12]　　Razvan Pascanu, Tomas Mikolov, and Yoshua Bengio, *On the difficulty of training recurrent neural networks*, arXiv 1211.5063, 2012.

[Quoc15]　　Quoc V Le, Navdeep Jaitly, and Geoffrey E. Hinton, *A Simple Way to Initialize Recurrent Networks of Rectified Linear Units*, arXiv 1504.00941v2, 2015.

[R2RT16]　　R2RT, *Written Memories: Understanding, Deriving and Extending the LSTM*, R2RT blog, 2016.

[Schuster97]　　Mike Schuster and Kuldip K Paliwal, *Bidirectional Recurrent Neural Networks*, IEEE Transactions on Signal Processing, 45(11), 1997.

[Sturm15]　　Bob L. Sturm, *The Infinite Irish Trad Session*, High Noon GMT blog, 2015.

[Sturm17]　　Bob L. Sturm, *Lisl's Stis：Recurrent Neural Networks for Folk Music Generation*, High Noon GMT blog, 2017.

[Suresh16]　　Harini Suresh, *Vanishing Gradients & LSTMs*, Blog post, 2016.

[Sutskever14]　　Ilya Sutskever, Oriol Vinyals, Quoc V. Le, *Sequence to Sequence Learning with Neural Networks*, arXiv 1409.3215, 2014.

[Timmaraju15]　Aditya Timmaraju, Vikesh Khanna, *Sentiment Analysis on Movie Reviews using Recursive and Recurrent Neural Network Architectures*, 2015.

[Tran16]　Trung Tran, *Creating A Text Generator Using Recurrent Neural Network*, Blog post, 2016.

[Twain03]　Mark Twain, *The Jumping Frog: in English, then in French, then Clawed Back into a Civilized Language Once More by Patient, Unremunerated Toil*, 1903. Reprinted by Dover Publications, 1971.

[vandenOord16]　Äaron van den Oord, Sander Dieleman, Heiga Zen, Karen Simonyan, Oriol Vinyals, Alex Graves, Nal Kalchbrenner, Andrew Senior, Koray Kavukcuoglu, *WaveNet: A Generative Model for Raw Audio*, arXiv 1609.03499, 2016.

[Vinyals15]　Oriol Vinyals, Alexander Toshev, Samy Bengio, Dumitru Erhan, *Show and Tell:A Neural Image Caption Generator*, arXiv 1411.4555v2, 2015.

[Wang16]　Cheng Wang, Haojin Yang, Christian Bartz, Christoph Meinel, *Image Captioning with Deep Bidirectional LSTMs*, arXiv 1604.00790, 2016.

[Zeyer17]　Albert Zeyer, Patrick Doetsch, Paul Voigtlaender, Ralf Schlüter, Hermann Ney, *A Comprehensive Study of Deep Bidirectional LSTM RNN for Acoustic Modeling in Speech Recognition*, arXive 1606.06871, 2017.

# 第 23 章

# Keras 第 1 部分

Keras 是一个免费的开源 Python 库，可以轻松构建和训练深度学习模型。我们将学习这个库的基本概念，然后将它们在实际数据中付诸实践。

## 23.1　为什么这一章出现在这里

在前面的章节中，我们讨论了机器学习和深度学习的基础知识，并且已经看到了如何使用几种流行的神经元层。

在本章中，我们将把所有这些付诸实践。我们将构建深度学习系统并对其进行训练。

优秀的深度学习库有很多，每个库都有其优点。我们不会试图涵盖许多库，而是专注于一个名为 Keras 的库。这个库功能强大、易于使用、流行、免费、开源[Chollet17a]。

另一个优点是，Keras 允许我们编写一次算法，然后在其他几个流行和高级的深度学习库中运行它们。这意味着我们与这些库的细节隔离，但同时仍然享受使用其高度优化和高效代码的优势。

用 Keras 的一个好处是，构建和训练机器学习系统的典型步骤只需要很少的常规 Python 编程。实际的深度学习代码通常是程序中最简单的部分：我们只用几行代码网络，并通过一个或两个函数调用来训练它。该程序的其余部分大部分由支持任务组成，例如获取输入数据、清理它、构造它以便在网络中使用，编写用于保存数据和可视化结果的代码，等等。

在本章中，我们将从简单的网络开始。在第 24 章中，我们将扩展这些想法，以构建更复杂的模型，例如深度卷积神经网络和循环神经网络。

为了保持专注，我们坚持只使用自身工作需要的 Keras 程序和论证。一旦熟悉了 Keras 的基础知识，你就可以自己探索其他更深层的知识。

当我们实际使用代码时，总是必须处理管理问题，例如处理我们的数据、以各种方式操作它、设置帮助程序等。为了控制这些细节，避免我们不断陷入困境，我们将编程讨论限制在本书的 3 个章节中。在第 15 章中，我们研究了机器学习库 scikit-learn。在本章和第 24 章中，我们将深入研究深度网络编程的令人愉快但细致的工作。

### 23.1.1　本章结构

本章的结构不是一条直线。

我们在本章中的目标是介绍设计、构建、训练和使用各种深度学习网络的工具。我们永远不会忽视这一目标。但要实现这一目标，我们必须定期停止并覆盖必要的基础工作。这通常会在各部分的开头发生。有时候我们可能会向前迈出两步、退一步，但那只是因为我们需要停下来思考一个新想法。这样做的回报将更加丰厚，因为我们将看到这个想法如何帮助我们建立一个可行的系统。

### 23.1.2 笔记本

本章中包含多行代码的每个部分都有一个关联的 Python 笔记本。笔记本的名称在每个部分开始后的标注中。

### 23.1.3 Python 警告

Python 库是不断变化的，尽管通常变化很小。即使是低级库也会不时更改，以响应漏洞修复和其他改进。然而，当程序使用旧参数或默认值从该库调用例程时，这会引发**警告消息**。警告的目的是告诉我们应该更新代码以使用相关例程的新版本。

当警告来自我们没有直接调用的程序时，这可能令人困惑甚至沮丧。换句话说，使用代码调用一个库函数，该函数反过来调用另一个库中的某些东西，等等，直到使用旧约定调用更新的库，我们就会得到一个警告。

令人高兴的是，这种情况往往不可怕。更新的库通常会提供大量的时间，在此期间它们同时支持旧方法和新方法，因此，尽管有警告，但一切都运行得很好。毕竟，这只是一个警告，而不是错误。编写和维护大多数流行 Python 库的志愿者都在努力更新代码以使其保持最新状态。这意味着在稍后的某个时间，在我们完成 Python 安装的例行更新后，所有库将重新同步，相关的警告将停止显示。

最重要的是，我们需要关注错误和崩溃，但通常会忽略来自被其他库调用的库的警告。

## 23.2 库和调试

在深入研究之前，我们想知道为什么需要使用库。当然，从头开始编写代码，自己实现本书中的所有算法会更有教育意义。这个过程能够让我们学习到可能忽略的基本细节。这个方法有很多优点。为了透彻理解，我们自己来编写代码并实现（即使它们只是用于玩具系统）有无与伦比的优势。

但是，当涉及实际构建、训练和运行深度学习网络时，人们几乎总是会使用库。要使自己编写的代码可以与能立即使用的、已有的库相媲美，我们必须花费大量的时间和精力来解决数值稳定性、优化、GPU 编程、多线程等问题。虽然其中许多对于使玩具系统发挥作用并不是必不可少的，但当我们开始处理大量数据时，为了在有限的时间内获得良好的结果，它们就变得十分必要。

作为类比，请考虑今天大多数人使用的高级语言。在本章中，我们将使用 Python。但 Python 并不直接由计算机执行。任何高级语言最终都会转换为汇编语言，这是 CPU 的语言。也许我们应该用汇编语言编程。但为什么实际很少人这样做呢？因为汇编语言只是控制处理器的底层硬件的一种方式，使用称为机器码的特定处理器语言来操纵各个电路元件。也许我们应该在机器语言中编程。

当然，我们不使用机器码，因为它会花费大量不必要的时间。在越来越高的抽象层次上工作的价值在于我们可以被解放出来用更抽象的术语思考，也可以有更多时间研究如何构建解决问题的方法，而不是控制计算机的机制。出于同样的原因，使用像 Keras 这样的库可以让我们从深度学习思想中抽象地思考，而不会陷入其实现的机制中。

研究人员经常发布新的、更聪明的技术，以更快的速度和更高的效率训练深度网络。时刻保持最新的最佳方法是掌握基础知识。强大的基础使我们能够更轻松地理解和实现这些复杂的技术，因为它们经常将熟悉的想法与一些新的变化相结合。

### 23.2.1　版本和编程风格

就像我们在第 15 章中看到的 scikit-learn 一样，Keras 是基于 Python 的。

2008 年，Python 从版本 2.7 升级到现在的版本 3。我们将在本章中使用 Python 3.5，但 Python 3 的任何发行版都将与我们的代码兼容。令人高兴的是，大多数代码都可以在 Python 2.7 中正常运行。最常见的区别仅仅是在 Python 3 中，当使用 print 时，我们将参数放在括号中，例如 print（'Hello'），而在 Python 2.7 中则不使用括号进行输出。

就像 Python 接收更新一样，Keras 库也是如此。2017 年，Keras 库从版本 1 升级到版本 2。大多数内容保持不变，仅有少量变化。在本章中，我们使用 Keras 2.0.6。Keras 2 兼容 Python 3 和 Python 2.7。

Python 是一种功能强大的语言，它有许多巧妙的使用技巧。有一些方法可以编写紧凑而高效的代码，并且该代码可以构建在可以为该语言安装的 60000 多个库上[Ramalho16]。但这不是一本关于 Python 的书，也不是关于如何编写最短或最快的代码的书。

对于这些演示，我们更倾向于清晰和简洁，而不是紧凑，甚至优雅。我们的目标是编写可以理解的代码，因此我们将使用比实际可能使用的更长的变量和函数名称，并且将写出一些可以组合成一个步骤的表达式。我们有时甚至会使用非必要的括号，如果它们更容易在视觉上掌握一行代码的完成情况。

输入将以浅灰色阴影显示，输出将为浅蓝色。我们偶尔会在输出行中添加换行符和空格以使其适合页面。

在构建程序时，我们通常会一次只显示一小段代码。我们的想法是通过组合这些部分来构建完整的程序，通常只需要一个接一个地输入它们。我们通过将代码呈现为小块，使它们更易于阅读和讨论。

许多程序需要 Python import 语句来引入库，例如 NumPy 或 Keras 本身。我们的约定是在我们第一次提供包含需要它的函数的列表时包含 import 语句，但是为了避免重复大段"无聊"的 import 语句，我们将不在后续示例中重复它们。令人高兴的是，导入我们不需要的模块，甚至不止一次导入同一模块也没有任何代价。在开发一段代码时，我们可以简单地复制并粘贴一大段文本，这些文本可以导入我们常用的每个库。当我们完成代码的开发并且清理它时，可以删除任何不必要或冗余的 import 语句。

### 23.2.2　Python 编程和调试

虽然本章介绍了很多代码，但我们需要记住，这就像是一本展示最终画作的艺术书，或者是一本展示建筑物的建筑书。几乎没有什么东西一开始就干净漂亮。本章中的代码示例是一行一行开发的，经过了多轮调试、改进等优化步骤。

虽然最终的结果可能看起来简单明了，但它们通常采用一种曲折且常常产生错误的路径来达到这一点。在我们开发它们时，你在本书中看到的代码是混乱和"丑陋"的，然后一旦它们有效工作了，我们就会切掉那些不需要的部分并整理剩下的部分。我们应该始终期望在所有编程中都要经历类似的增量开发过程，特别是在学习像 Keras 这样的新库时。

Python 中的这个过程比许多其他语言容易得多，因为 Python 可以进行交互式编程。也就是说，我们不必在文本编辑器中编写程序、保存、编译（compiling），然后运行它。当然，如果我们愿意，这样做是没问题的。但我们也可以选择一次一行地将代码输入到解释器，立即得到结果。这极大地"鼓励"和"奖励"了试验。

Jupyter 提供了一个非常好的基于浏览器的交互系统，这个系统非常适合这种试验[Jupyter16]。在浏览器中运行 Python 的一个好处是我们可以同时打开多个独立的选项卡。我们可以使用一个选项卡作为主要开发环境，一个用于试验，另一个用于运行测试，等等。并且 Jupyter 有许多有用的快捷方式可以节省时间[Devlin16]。

使用 Jupyter 的一个好方法是一次增加一行代码或语句。我们可以尝试很多小试验，检查一切，直到我们确信已经掌握了所有细节。我们甚至可以用函数定义包装该代码。

使用 Keras 时调试可能是一个挑战，因为错误往往是不可理解的。Keras 在很大程度上假设我们知道自己正在做什么，并且它没有对代码进行大量的错误检查。当代码出错时，我们经常会了解到这一点，因为我们从未听说过的一些底层程序发现它无法正常工作。了解该程序中出现的问题通常远非显而易见。拥有 Keras 的所有源代码可以提供帮助，但通过阅读库源代码来调试我们的代码需要花费大量时间和精力。

一种更简单的方法是找到我们正在进行的触发问题的调用，然后尽可能地暂时简化它，直到问题消失为止。如果失败，我们可以用来自其他项目的代码片段或甚至是在线示例替换该调用。然后一步一步地将工作代码转换为我们自己的代码，这样就可以发现导致它失败的步骤。

我们可以用一些调试在 Jupyter 中进行少量实验。但有时我们想要使用更深入、功能更全面的现代调试器，它配备了断点和单步执行等功能。我们可以在 PyCharm 提供的免费开发环境 PyCharm Community Edition IDE [JetBrains17]中找到那些工具。在这里，人们可以进行现代调试，例如设置断点、检查变量和查看调用堆栈。

在两个环境之间来回复制代码可能有点麻烦，但对利用 Jupyter 的即时评估和反馈以及 PyCharm 强大的调试工具来说，这点麻烦是值得的。

除了 Jupyter 和 PyCharm，还有许多其他 Python 开发工具和环境可供选择。我们在本书中使用了 Jupyter 和 PyCharm，但是你应该花时间去探索并找到最适合自己的工具。

## 23.3 概述

Keras 是一个用于创建、训练和使用深度学习网络的库[Chollet17b]。它是用 Python 编写的，因此它与我们在第 15 章中看到的 scikit-learn 兼容。事实上，它是"故意"与 scikit-learn 一起工作的，我们将在本章中自由使用这两个库。

通过简单地构建一堆参数化层，Keras 可以轻松创建深度学习网络。这种汇编自由既是一种"福"，也是一种"祸"。

我们可以用大多数书面语言进行类比。在英语中，我们可以通过将一个从左到右的单词放在一个序列中来构建一个句子。只要我们遵循句子结构的规则，就可以随意地选择单词，并且它们将始终形成有效的英语句子。例如，"鞋子和葡萄唱着笨拙的窗户"是一个有效的英语句子，但它没有意义。也许最著名的毫无意义的句子是"无色的绿色思想疯狂地睡觉"[Chomsky57]。事实上，如果我们只是将单词以合理的结构拼凑在一起，绝大多数都将毫无意义。有意义的句子很少见。

同样，我们可以轻松地用 Keras 构建各种深度学习网络。但是，如果我们想要一个有意义的网络，意味着它可以从示例中学习并做出良好的预测，就需要谨慎选择网络层及其参数。每个层必须在紧接其之前和之后的层以及网络的所有其他层中有意义。

本章中的大部分讨论都是为了充分理解正在发生的事情，这样我们就可以避免相当于"铅笔磕磕绊绊从不煮厨师"这样的挫败。我们越了解 Keras 正在做什么，就越能够在一开始避免建立这样的"怪异东西"。而且当不可避免地制造它们时，我们将会更好地修复它们。

因此，在本章和第 24 章中，我们将仔细解释每一步。我们的目标是在这些章节结束时，**你将了解所有设计决策和选择，因此你**可以放心地设计和实施新的深度学习网络。

### 23.3.1　什么是模型

"模型"这个词值得特别关注，因为不同的作者和程序员使用它来表示不同的东西。

Keras 文档特别以 3 种方式使用模型这个词。首先，它指的是深度学习系统的架构。其次，它描述了该架构与其作为训练结果所学的权重的组合。最后，它可以引用我们用于构建系统的库调用集，也称为 API（应用程序接口）。简洁起见，为了匹配 Keras 文档，我们将以相同的 3 种方式使用"模型"一词。我们将尝试从上下文中明确含义。

### 23.3.2　张量和数组

我们将处理具有不同维度（dimension）数量的数据结构，并且我们经常给它们提供不同的名称。例如，我们通常将一维列表称为**列表**，将二维排列称为**网格**，将三维排列称为**块或体积**。在机器学习中，网格和块必须是完整的。也就是说，没有任何部分伸出，也没有洞。每一面都是平的，每个格子都被填满。

所有这些排列都属于张量类别。实际上，张量可以具有任意数量的维度。

对于数学家和物理学家来说，"张量"这个词指的是一个更为笼统的概念。张量的机器学习版本在技术上与数学定义是不兼容的，它们是不同的。这几乎不是一个问题，但是在阅读有很多物理学内容的机器学习论文时要特别注意，反之亦然。

NumPy 也适用张量，但 NumPy 文档通常称它们为**数组**。虽然对于许多程序员来说，"数组"是一维列表，但请记住，在 NumPy 中，这个词可能是指一个多维张量。

### 23.3.3　设置 Keras

要安装最新版本的 Keras，请访问 Keras 官方网站，在左侧的"主页"部分选择"安装"。这里的说明往往很简短，且面向知道如何安装 Python 系统的用户。如果你不熟悉如何在系统上安装库，则有许多网站提供逐步说明。Python 有几种流行的包管理器，可以更轻松地安装和管理库。

在开始使用 Keras 之前，我们必须对我们想要的设置方式做出一些重要的选择。在许多库中，我们可以使用默认值，然后学习如何在以后针对特定任务调整它们。但是在开始之前我们需要选择 Keras 中的一些设置，因为它们将决定我们如何塑造数据。即使在编写第一个程序时，了解 Keras 的基础也很重要，所以让我们深入研究。

Keras 是基于我们已经遇到的许多其他 Python 库构建的，比如 NumPy 和 SciPy。它还利用了为构建深度学习网络而开发的其他库。事实上，Keras 可以被视为使用这些深度学习库的一种更简单的方法。

从 Keras 2.0.8 开始，我们可以选择使用 Theano [Theano16]、TensorFlow [TensorFlow16]或 CNTK [CNTK17]来运行网络。Keras 将它们称为后端（backend），因为它们是统一的 Keras 接口的"幕后"，并提供实际创建和运行网络的引擎。

这些深度学习库是由不同的团队使用不同的原则开发的。Keras 向我们隐藏了它们的差异，提供了一种统一且相对简单的方式来构建和运行网络。

但是每个库都不同，我们在实际训练网络时必须选择一个。对这 3 个后端的比较和选择是不断变化的。TensorFlow 和 CNTK 正在紧张开发中，经常获得新的功能和能力，并且稳定性、准确性和效率都在不断提高。随着 1.0 版本 [Bengio17]的发布，Theano 的开发于 2017 年底停止。

因为所有库都实现了我们在前面章节中看到的算法，所以当我们在每个后端运行相同的网络时，会得到一样的结果。但由于实施方式或进行计算的方式不同，特定的结果可能会有所不同。本章中重要的差异是速度和内存使用。对于大多数小型项目，这些测量值从一个后端到另一个后端的差异很小，但是当项目变大时，我们可能会发现一个后端提供了与另一个后端不同的速度和内存平衡。

指定我们想要使用哪个库或后端很容易，但它涉及编辑一个小配置文本文件，它是 Keras 安装的一部分。我们可以在 Keras 网站最左侧的"主页"选项卡下找到后端选择指南，这是查找 Keras 所有内容的最新信息的最佳位置，也是此配置文件所在的位置。

### 23.3.4　张量图像的形状

如何组织我们的数据，这个问题不能完全解决。特别是当我们使用图像时，有两种常用但不同的方式来构建保存数据的张量。

Keras 允许我们使用任何一种方法，只要告诉它我们选择了哪一种方法。我们可以通过在配置文件中命名我们的选择来完成此操作。

让我们来看看这个选择，以及我们如何识别它。

考虑单个彩色图像。图像具有宽度和高度，还有 3 个**通道**（channel）或者说切片，每个通道用于红色、绿色和蓝色。如图 23.1 所示，我们可以想象从前到后或从左到右堆叠的图像。

假设图像宽 100 像素，高 200 像素，那么我们按顺序（行，列）将其写为(200,100)。我们将按远离、向下、横向的顺序指定三维数据结构的尺寸。根据这个约定，图 23.1a 首先放置通道数，创建一个具有(3,200,100)形状的块，图 23.1b 最后放置通道数，创建一个具有(200,100,3)形状的块。

(a)　　　　　　　　　(b)

图 23.1　两种堆叠大小为宽 100 像素、高 200 像素的图像的方法。我们按照远离、向下、向右的顺序读取块的尺寸。(a)从前到后堆叠图像。此块的尺寸为 3 像素×200 像素×100 像素。这是 channels_first 组织顺序。(b)从左到右堆叠图像。此块的尺寸为 200 像素×100 像素×3 像素。这是 channels_last 组织顺序

一些库假设数据是从前到后的形式，有些假设它是从左到右的形式。如果我们不符合它们的假设，事情可能会变得非常错误。例如，如果我们的库希望数据是图 23.1a 的前后顺序，但我们将它按照图 23.1b 的从左到右的顺序存储，那么库就会思考：我们有 200 个图像，每个图像高 100 像素、宽 3 像素。这不会给我们想要的结果！

Keras 隐藏了这些依赖于库的选项，并根据需要重构数据以使一切正常。但我们需要告诉它我们正在使用的是这两种方法中的哪一种。我们通过告诉它通道数（在这种情况下是 3）是第一个维度还是最后一个来描述块的尺寸。

我们通常在上面提到的 Keras 配置文件中提供此信息。在这个文本文件中，通过将名为"image_data_format"的参数设置为字符串"channels_first"或"channels_last"来确定我们如何组织数据。

在编辑配置文件之前备份配置文件总是一个好主意。该文件是纯文本，因此我们可以使用文本编辑器打开它，并根据文件的现有布局为其变量赋值。大多数参数的值将是以引号命名的字符串，我们需要保留引号。

例如，清单 23.1 展示了典型的 Keras 配置文件。注意花括号。这里我们将"image_data_format"设置为"channels_last"，即告诉 keras 我们用通道数位于最后一个维度的方式组织数据。我们还将"backend"设置为"tensorflow"，即告诉 Keras 我们想要使用 TensorFlow 作为我们的库（或后端）。其他两个选项没有更改。这些是我们将在本章和第 24 章中使用的选项。

**清单 23.1**　典型的 Keras 配置文件。我们设置了 backend 和 image_data_format 参数。另外两个没有更改。

```
{
    'epsilon' : 1e-07,
    'backend' : 'tensorflow',
    'floatx' : 'float32',
    'image_data_format' : 'channels_last'
}
```

当我们将 Keras 导入 Python 代码时，Keras 将读取此配置文件。然后，当我们使用刚刚指定的图像数据训练网络时，如果需要，Keras 将自动重构该张量，以匹配我们选择的后端的期望。

如果我们不使用图像数据，那么"image_data_format"的设置就无关紧要了。

配置文件中还有两个我们尚未解决的条目。参数"epsilon"用于控制数值计算。它的默认值需经过仔细选择，以匹配系统的内部算法，我们在正常使用库时不应更改它。

参数"floatx"告诉 keras 它应该期望存储数据的浮点数类型。这个值也很少改变。

我们还可以从代码中读取和写入这些参数的值（"backend"除外）。这样我们可以在不修改配置文件的情况下为给定程序更改它们。要访问这些值，我们使用 import 来引入 Keras 模块后端，然后调用清单 23.2 中的一个函数。在调用任何 Keras 程序之前，应该更改这些默认值。惯例是在文件开头的任何 import 语句之后很快甚至立即调用它们。

请注意，清单 23.2 中的第一行是一个 import 语句，它从 Keras 引入必要的模块。如果我们忘记了这一行，可能会在运行此代码时从 Python 中得到 NameError 反馈。

**清单 23.2** 如何从代码中设置 Keras 配置值。请注意，我们无法从代码中设置后端选项。设置"epsilon"或"floatx"的值是不常见的，只能由专家完成。

```
from keras import backend as keras backend

# read the values of epsilon, floatx, and image data format
ep value = keras backend.epsilon()
floatx value = keras backend.floatx()
idf = keras backend.image data format()

# set the values of epsilon, floatx, and image data format
keras backend.set epsilon(0.0000001)   # rarely done
keras backend.set floatx('float32')   # rarely done
# the important one
keras_backend.set_image_data_format('channels_last')
```

### 23.3.5　GPU 和其他加速器

现在许多计算机都带有**图形处理单元**或 GPU。顾名思义，这些设备最初被设计用于加速游戏、科学可视化和其他三维密集型应用程序通常使用的三维图形处理。为实现此目的，芯片被设计为实现通常用于创建这些图像的数学步骤。GPU 迅速变得越来越强大、丰富且便宜。

令人意外的是，机器学习研究人员意识到前馈和反向算法的编写方式可能使得它们在数学上看起来很像这些芯片能够快速并且并行地完成的数学计算。也就是说，这种芯片不仅可以比在"普通"计算机内更快地完成计算，也可以同时进行数十次或更多次计算。

使用 GPU 带来的速度提升，特别是在训练期间，产生了巨大的影响。那些在常规 CPU 上训练不切实际的模型突然变得触手可及。

但并非所有的 GPU 都是相同的。不同的制造商设计具有不同特征和技术的 GPU。NVIDIA 已经为机器学习提供了大量明确的支持，并提供了大量的支持软件，其中大部分都称为 CUDA [NVIDIA17]。因此，大多数机器学习库都使用该公司制作的 GPU。

为了提供替代方案，一个名为 OpenCL 的开源项目致力于创建一个库，使用户能够以任何制造商制造的芯片上运行的方式编写 GPU 程序[Khronos17]。截至 2018 年初，该项目仍在开发中，但现在一些不同的库可以使用任何 GPU。这是一个快速变化的动态局势。最新的信息可以在博客和线上论坛中找到。

更新的替代方案是**张量处理单元**（tensor processing unit），或 TPU [Sato17]。这是专为机器学习所需的张量处理而设计的专用芯片，可用于代替 GPU。截至 2018 年初，TPU 在消费级硬件上很少见。

## 23.4　准备开始

Keras 文档虽然完整，但也具有挑战性。其中大部分是专家写的。例如，文档将标识可用于给定程序的选项，但它可能不会描述这些选项的含义、每个选项的优缺点，以及我们应该选择哪个标准。

我们通常可以通过在线教程和示例填补空白。在极端情况下，我们可以深入了解可公开访问的源代码，并在理论中确切地确定每个选项的功能。为了避免这种烦琐的源代码查找和搜索工作，在本章中我们将解释所有的变量设置和选择。

许多 Keras 函数采用可选参数，其中一些很泛用，而另一些则适用于非常具体的情况。为了保持讨论的重点，我们只讨论在本章中使用的函数和参数。

在到达最终高峰之前，我们第一次实现训练有素的神经网络的过程将带我们走过 3 个山顶，然后达到有效网络的目标。当看到如何预处理数据以便为学习做好准备时，我们将到达第一个山顶。当网络建成并准备运行时，我们将到达第二个山顶。当到达第三个山顶时，我们将看到如何运行网络，以便从数据中学习。当到达这个最后的高峰时，我们将把它们放在一起。现在让我们从一个什么都没有的状态开始逐步拥有一个可以预测新数据的训练有素的网络。

我们"攀登"吧！

### "Hello,World"

第一本关于 C 语言编程的书中的第一个程序演示了如何让计算机输出"hello,world"[Kernighan78]。从那时起，输出"hello,world"已被用作无数书的无数种语言的第一个程序。"hello world program"这个短语已经被用来指代我们在几乎所有编程语言或计算机系统中学到的第一件事，即使它不是字面上输出那个短语。

机器学习有两个"hello,world"的例子：Iris 数据集和 MNIST 数据集。它们都是基于小型免费数据集的分类问题。因为它们如此受欢迎，Keras 有一些特殊用途的例程，让我们只用一行代码就可以将数据读入程序。

Iris 数据集是关于属于 3 种类型的 150 株不同鸢尾花的信息的集合[Wikipedia17]。每个样本包含 4 个测量值或特征：花萼花瓣的长度和宽度。我们的工作是从这个标记数据中学习如何接受新花的 4 个测量值并预测它属于 3 种类型中的哪种。清单 23.3 展示了这些数据的前几行。

我们在之前的章节中已经看过 MNIST 数据集。这是 0~9 的手写数字的微小灰度图像（28 像素×28 像素）的大集合[LeCun13]。数据库分为 60000 个用于训练的图像和 10000 个用于测试的图像。每个图像都附有一个 0~9 的整数作为标签，告诉我们图像包含的数字。

**清单 23.3** 经典 Iris 数据集的前几行。每行保存花萼的长度和宽度、花瓣长度和宽度，以及花所属的类的名称。为了清晰起见，我们添加了一些空格。

```
5.1, 3.5, 1.4, 0.2, Iris-setosa
4.9, 3.0, 1.4, 0.2, Iris-setosa
4.7, 3.2, 1.3, 0.2, Iris-setosa
4.6, 3.1, 1.5, 0.2, Iris-setosa
5.0, 3.6, 1.4, 0.2, Iris-setosa
```

MNIST 数据集中的图像多种多样，一半来自高中生，一半来自美国人口普查局的员工。名称 MNIST 代表"修改后的 NIST"。NIST 本身是指美国国家标准与技术研究院（NIST），其中数据来源于此。修改涉及预处理，例如裁剪和缩放图像。这些图像的一个有趣的特性是，有些是模棱两可的，甚至对观察者来说也是如此。图 23.2 展示了从训练数据中每个数字的 10 个随机选择的例子。

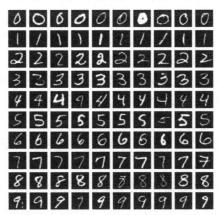

图 23.2　MNIST 训练集中随机选择的图像，按标签组织。注意厚度和样式的变化。一些细节值得注意。从左边开始的第 2 个 3 的某些地方几乎消失。第 4 个 4 可能被误认为是 9。右边的第 3 个 5 可以称为 6 开环。最右边的 7 有一个水平斜线，其他 7 却没有这个特征。有几个 8 的上部环路未关闭。最左边的 9 有一些额外的人为痕迹

因为 Iris 和 MNIST 数据集相当于机器学习的"hello,world"，所以它们几乎出现在关于该主题的每本书和教程中。这有利有弊。

益处很多。使用这些众所周知的数据集的一个重要优点是，因为有很多人研究过它们，所以它们被认为是很好的测试数据集。

这两个数据集的另一个优点是，因为它们非常广为人知，所以很容易找到人们已经建立和训练的各种网络。管理 Iris 数据集的 UCI 机器学习库将它称为"……也许是模式识别文献中最知名的数据库"。MNIST 数据集也不甘落后。MNIST（以及许多其他标准数据集）的分数表以及网络的体系结构可在线获取，因此我们可以从中学习[Benenson16][LeCun13]。

这些数据集的另一个优点是，它们已经证明自己非常适合开发机器学习技能。它们足够小，我们的程序可以快速运行，并且它们描述了具体的、可理解的现象。数据集本身是干净的，这意味着它们没有笔误、错误和其他可能干扰人类和计算机学习过程的细节。MNIST 数据集共有 70000 个样本，足以进行一些真正的训练和试验。

使用这些数据集的主要缺点正是因为它们如此众所周知，所以它们的使用会变得重复。

总的来说，我们认为使用这些易于理解和有用的数据集的好处值得承担过度熟悉的风险。为

了保持一致性，我们将在本章中为我们的示例选择 MNIST 数据集。

MNIST 另一个重要的积极品质是我们可以画出它的图像。抽象数据很好，但解释起来可能很有挑战性。图像却很棒，因为我们可以通过查看来评估它们的许多内容。

## 23.5　准备数据

在 MNIST 中，来自 NIST 的原始黑白（二值）图像的尺寸被标准化为 20 像素×20 像素的方形区域，同时保持了它们的纵横比。归一化算法使用了抗锯齿技术，因此得到的图像包含灰度级。该图像被放于 28 像素×28 像素图像的中心[LeCun13]。

所以我们知道数字都是居中的。每个图像中的灰度值从黑到白变化，查看数据会很明显地发现它们都是被扫描来的，所以数字大部分都是直立的。所有这些都让我们的任务更轻松。

对于大多数数据库，我们必须自己进行这种预处理工作，以使我们的样本保持一致并且可以相互比较。我们还必须清除坏扫描结果，纠正错误标记的数据，然后检查并再次检查（并再次检查！）数据库，以确保它完整和准确。完成所有这些工作后，我们说数据库是**干净的**。清理数据库可能需要花费大量的时间和精力，使用 MNIST 数据集的另一大优势是它已经完成了大量的清理工作。

我们将一步一步、慢慢地仔细进行 MNIST 数据集的剩余预处理。我们将使用 Keras 和 scikit-learn 的工具。这既是为了仔细展示我们正在做的事情，也是为了展示我们在考虑预处理时所经历的那种思考。

我们的目标不仅是预处理 MNIST 数据，而是呈现流程，以便将来可以将其应用于新的数据库。

在开始使用它之前，对我们的数据有一个较好的认知始终是很重要的。可视化、统计甚至直接检查数据文件可以让我们深入了解数据的特征。当我们考虑如何处理和学习数据时，这些见解总是有用的。

### 23.5.1　重塑

在本章中，我们将多次**重塑**数据。不同于继续推进一段时间，然后停下来讨论这个操作，我们将现在就介绍它，以便在我们需要时对它比较熟悉。

对于没有使用多维数组（或张量）的程序员来说，重塑可能是一个神秘的过程，因此这里简要概述了正在发生的事情。熟悉多维数组及重塑它们的读者至少应该浏览一下这一部分，因为它包含了我们将用来绘制和引用数据的约定。我们还将介绍 NumPy 的一些有用功能。

重塑是一种通用的编程思想，因此这里介绍的思想适用于任何编程语言或任务，而不仅仅是 Python 或机器学习。

首先想象一个包含 12 个元素的列表，我们用标签 A~L 命名。图 23.3 展示了这些元素。

图 23.3　我们在一维列表中排列了 12 个元素。列表中的每个元素仅由一个字母组成。
每个元素只需要一个 0~11 的索引即可识别

我们将其称为**一维列表**，或简称为**列表**，因为我们只需要一个维度或索引来标识我们想要的元素。在一维列表中，我们约定从左侧开始并向右计数。我们总是从 0 开始计算索引 [Dijkstra82]。

因此，索引 1 处的单元格包含标签"B"，而标签"H"位于索引为 7 的单元格中。

以下是我们将在本节中看到的关键点：我们可以告诉计算机以不同的方式考虑这些数据，但我们永远不会更改此列表。无论我们如何重新塑造它，基础数据都保留在一维列表中并且不受影响。通过重塑数据，我们所做的就是告诉计算机在读取或写入数据时如何解释数据。数据本身没有被触及（这种概括也有例外，特别是在应用效率测量时。但这些通常对于作为库的用户来说是不可见的）。

NumPy 提供了一个方便的例程，可以让我们将任何输入数据重塑为多种不同的形式。例如，我们可以制作一个 3 行 4 列的二维网格，如图 23.4 所示。

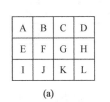 

(a)　　　　　　　　　　　　　(b)

图 23.4　图 23.3 的一维列表被重塑为 3 行 4 列的二维网格。每个条目现在需要两个索引来识别它，按顺序向下然后向右。我们将这些索引放在括号中，用逗号分隔。从左上方开始，我们向右遍历，然后向下行，从左侧再次向右遍历

我们称之为**二维列表**或**网格**，因为我们需要两个数字来标识每个元素。

这里需要说明一个容易混淆的地方。在图 23.3 中，每个元素都是在一个小框中绘制的，我们将这些框的水平行称为一维列表。但是在图 23.4 中，我们还将小框分成多行排列，并称这种布局为二维网格。我们难道不能将图 23.3 解释为二维网格，其中宽为 12 个元素高为 1 个元素吗？

这绝对可以，我们有时也会这样做。这是我们刚刚提到的潜在混淆的根源：我们不能仅仅通过查看图 23.3 来判断它是一维数组还是 1 行 12 列的二维数组。稍后我们会在从侧面看二维网格时遇到相同的问题，这可能看起来就像是三维体积的最近切片。

当人们看图片时，如果我们将一排框（如图 23.3 所示）作为一维列表或一行二维网格进行处理，通常不会出现问题。但是当我们编程时，区别是至关重要的。大多数库例程对它们的参数都是严格的，如果它们传递的是具有错误维数的变量，它们会警告甚至崩溃。如果一个程序需要一个二维输入，那么它最好得到一个二维输入，即使对我们来说，它只是一个列表数字。

当进入编程示例时，我们会小心"跟踪"数据结构中的维数。在差异很重要的任何讨论中，我们总是清楚特定的张量由多少维度构成。

回到图 23.4 的二维网格，在这样的网格中，我们的惯例是使用第一个索引计数向下的位置，第二个索引计数向右的位置。简而言之，我们将二维数组索引为(下,右)。

这种排序完全是为了方便。计算机关心数据的排列方式，但是当我们为自己制作图表时，它并不关心我们如何描绘数据的排列。但是既然我们希望能够绘制我们的数据图片（如图 23.4 所示），并且我们希望它们对每个人来说意味着同样的事情，那么使用将索引列为向下然后向右的惯例就非常好。

我们的(下,右)很受欢迎，但并不是通用的。我们有时会在文档或其他出版物中找到以其他顺序解释数据的图片。检查总是值得的。

另一个约定是我们从(0,0)开始填充单元格，然后增加最右边的索引到(0,1)，然后是(0,2)，以此类推，直到到达行的末尾。然后我们将最右边的索引设置回0并将其左边的索引增加，放在(1,0)处。然后我们继续向右，使用单元格(1,1)，然后是(1,2)，以此类推。

使用down-then-over约定，我们说图23.4的布局是按3×4排列，这意味着有3行和4列。索引(1,2)处的单元格包含标签"G"，标签"J"在单元格中索引为(2,1)。

还有许多其他方法可以将列表中的12个元素排列到二维框中。这些方法同样使用了先从左到右，再自上而下填充框的约定。图23.5展示了一些其他可能性。

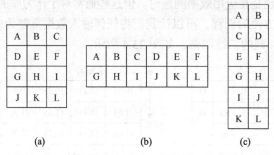

图 23.5　将12个元素排列成二维列表的另外3种方法。从左到右，
这些网格的尺寸依次为4×3、2×6和6×2

我们甚至可以将数据重塑为三维。与二维一样，在三维中绘制数据没有通用惯例。回想一下，在一维中，一个参数可以告诉我们向右移动多远。当需要二维的约定时，我们将"下"放在一维"右"的前面。对于三维，我们将"远离"放在二维"(下,右)"的前面，得到顺序(远离,向下,向右)。我们从近处的左上角开始。

这与读书有很好的类比。为了确定特定的字母，我们需要指定页面（远离）、文本行（向下）和字母在行中的位置（右）。

图23.6直观地展示了这一点。

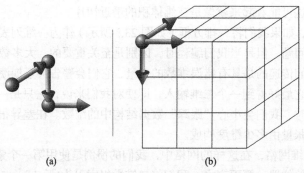

图 23.6　用于识别三维块中单元格的约定将从靠近的左上角开始。我们按(远离,向下,向
右)的顺序命名单元格。(a)依次的3个方向。(b)在三维体积中查找单元格。第1个指数告
诉我们离开多远，第2个参数告诉我们向下移动多远，第3个参数告诉我们向右移动多远

这非常契合上面的二维约定。我们认为块是从前到后排列的垂直切片的集合。每个垂直切片按顺序向下然后向右索引，就像上面的二维数组一样。就前面图23.1中的两个排列而言，这是channels_last的组织方式。

带索引的三维块如图23.7所示。

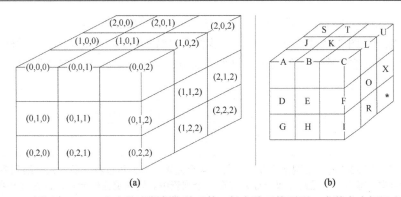

图 23.7 标识 3×3×3 立方体中的每个单元格。每个单元格需要 3 个数字来标识它。(a) 使用图 23.6 的惯例,我们计算了远离、向下和向右的值。最右边的索引变化最频繁,其次是中间索引,最后是最左边的索引。(b)按顺序填写字母 A～Z。由于有 27 个单元格,但只有 26 个字母,所以我们于单元格(2,2,2)放置了一个星号

最接近的 9 个单元格的垂直切片都按其惯例(向下,向右)值索引,此时"远离"值为 0。中间的垂直切片具有相同的索引,但"远离"值为 1。最远的垂直切片的"远离"值为 2。

图 23.8 展示了将 12 个元素组织成三维块的 3 种不同方法。

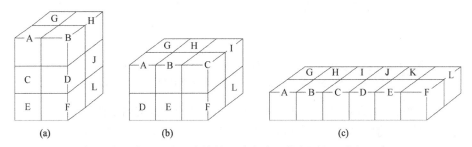

图 23.8 将 12 个元素组织成三维块的 3 种方法。从左到右,它们具有 2×3×2、2×2×3 和 2×1×6 的尺寸

我们可以将 12 个元素的排列更改为图 23.8 中的任何形状,并重复执行此操作。但请记住,此操作仅更改计算机引用信息的方式。我们从不改变数据本身。换句话说,当我们告诉数据将其重新塑造成其他形状时,计算机不会移动数据。重塑只是告诉计算机我们将如何命名元素:我们将使用多少维度,以及每个维度可以采用的值。它只保存这些数字,然后在我们实际读取或写入数据时使用它们。因此,重塑 12 个元素的列表并不比重塑 1200 万个元素的列表更快。计算机只记得有多少维度,每个维度有多大,所以当我们提供一组索引时,它可以找到我们想要的数据。

这个原则至关重要,因为它意味着我们可以针对不同的目的重复地重塑数据,并且它将始终保持有序。因此,例如我们可以用一个三维盒子获取 MNIST 训练样本,将它们展平,然后在四维数据结构中重新塑造它们,并且这些步骤永远不会改变数据。事实上,我们将在下面的代码中做这些事情。

我们刚才提到了一个四维数据结构,这意味着我们将使用 4 个数字访问元素。这不容易画出来。

有一种很好的方法可视化这些适用于任意数量维度的**多维列表**。

我们将数据结构视为列表的列表。我们不是像上图那样在空间上安排数据,而是绘制代表计算机内存中数据的一维列表,并将各个部分放入简单的一维列表的层次结构中,其中每个列表嵌套在另一个列表中。

在二维网格中,有 2 级嵌套(每行是元素列表,整个网格是行列表)。在三维块中,有 3 级

嵌套（每行包含元素，每个水平切片包含行，整个块是切片列表）。

例如，回想一下图 23.4 中的 3×4 网格。我们可以将其视为一个包含 3 行、每行 4 个元素的网格，或者是一个包含 3 个列表的列表，每个列表包含 4 个元素，如图 23.9 所示。

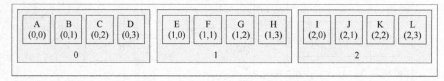

图 23.9　图 23.4 的二维网格有 3 行，每行 4 个元素。我们可以将其显示为一维列表的层次结构。每组 4 个元素（即一行）都在一个列表中。要确定任何元素，首先选择我们想要的列表（行），然后从列表中选择我们想要的元素（列）

要在单元格(1,2)处找到元素，我们转到列表 1（这是第二个列表，因为我们从 0 开始计数），然后选择第 3 个元素。所以元素(1,2)是 "G"。我们没有明确地引用最外面的列表，因为那只是一个将所有东西放在一起的封装。

以同样的方式，我们可以将列表嵌套到另一个级别，并将图 23.8 的三维块表示为一组嵌套列表。图 23.10 展示了这将如何查找最左边的 2×3×2 的块。

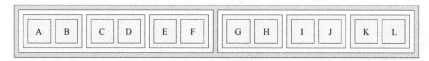

图 23.10　将列表中的 12 个元素排列在尺寸为 2×3×2 的三维块中。确定任何单元格都需要 3 个数字，对应于每个嵌套列表中的索引

我们用与以前相同的方式阅读索引，从最外面的列表开始并向内工作。

索引(1,0,1)处的元素位于第二个最外面的列表中，然后是该列表中的第一个列表，然后是该列表的第二个元素，为我们提供标签 "H"。

这提供了另一种方法来查看数据本身从未被触及过。图 23.11 中展示了图 23.8 中其他块的列表的列表的方法。我们可以看到数据仍然只是一个简单的、一维的单元格列表，而重塑只是告诉计算机以不同的方式将它们组合在一起。

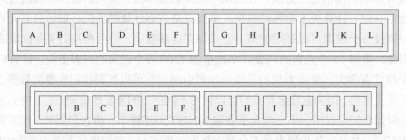

图 23.11　将图 23.8 的中间和右侧块解释为列表的列表。上方：块为 2×2×3。下方：块为 2×1×6

请注意，在我们的所有示例中，每个层的所有列表都具有相同的长度。这有另一种说法，即我们的结构在任何维度都没有漏洞或额外的位。

我们使用 NumPy 函数的 reshape() 来重塑数据。像许多 NumPy 函数一样，我们可以用两种不同的方式来调用它。假设一个名为 demoData 的数组中有数据，如上所述排列在二维网格中，为 3 行 4 列。我们想将其重新排列为 6 行 2 列的网格。我们通过给 reshape() 一个包含每个维度的新大小的

列表（或元组）来传达我们想要的新形状。对于这个例子，我们给它(6,2)。如果我们愿意，则可以将结果分配回 demoData，但是让我们将它保存在一个名为 newData 的新数组中。

如果 demoData 不是 NumPy 数组，我们需要从 NumPy 库调用 reshape()。我们给它一个我们希望它重塑的数组，以及新维度的列表，如清单 23.4 所示。

**清单 23.4** 直接从 NumPy 库调用 reshape()重塑数组 demoData。

```
import numpy as np
demoData = [[1, 2, 3, 4], [5, 6, 7, 8], [9, 10, 11, 12]]
newData = np.reshape(demoData, (6, 2))
print(newData)
[[ 1  2]
 [ 3  4]
 [ 5  6]
 [ 7  8]
 [ 9 10]
 [11 12]]
```

如果 demoData 是 NumPy 数组，那么我们可以调用 reshape()作为数组本身的方法。要将 Python 数组转换为 NumPy 数组，我们可以调用 NumPy 的 array()方法。这适用于任何形状的数组。也就是说，输入可以是具有任意维度数的张量，并且输出将是具有相同形状的 NumPy 数组（或张量）。此版本的重塑如清单 23.5 所示。

**清单 23.5** 通过调用 reshape()作为数组本身的方法来重塑数组 demoData。

```
demoData = np.array([[1, 2, 3, 4], [5, 6, 7, 8], [9, 10, 11, 12]])
newData = demoData.reshape((6, 2))
print(newData)
[[ 1  2]
 [ 3  4]
 [ 5  6]
 [ 7  8]
 [ 9 10]
 [11 12]]
```

唯一的规则是张量中元素的总数不能改变。也就是说，如果我们将张量的原始形状（此处为 3×4）中的所有维度相乘，则必须在将新形状中的所有维度相乘时也得到相同的值（此处为 2×6）。由于 3×4=12 和 2×6=12，所以我们的例子有效。

如果我们尝试将数据重塑为不兼容的大小，那么 Python 将会报错。例如，当我们尝试将有 12 个元素的数组 demoData 重塑为形状(5,15)时，清单 23.6 展示了解释器的输出。由于我们没有 5×15=75 个元素，因此 Python 报告错误。

**清单 23.6** 将数组 demoData 重塑为不兼容的大小会导致错误。

```
demoData = np.array([[1, 2, 3], [4, 5, 6], [7, 8, 9]])
demoData.reshape((5,15))
-------------------------------------------------------------
ValueError              Traceback (most recent call last)
<ipython-input-5-a51a5832a9f8> in <module>()
      1 demoData = np.array([[1, 2, 3], [4, 5, 6], [7, 8, 9]])
----> 2 demoData.reshape((5,15))
ValueError: cannot reshape array of size 12 into shape (5,15)
```

我们将相当多地使用 reshape() 函数。

## 23.5.2 加载数据

现在我们已经学会了重塑，下面回到我们的主要目标，即创建和运行神经网络。我们首先要掌握数据，然后准备进行训练。

清单 23.7 展示了加载 MNIST 数据集是多么容易，因为它是由 Keras 提供的。为了得到它，我们导入 mnist 模块，然后使用其自定义 load_data() 函数来获取数据。这将返回两个列表：训练数据和测试数据。每个列表依次包含两个列表，即特征（即图像）和标签。我们可以使用 Python 方便的赋值机制，只用一个语句将所有 4 个列表分配给变量。

刚好可以指出的是，Keras 函数（和它们的参数）在命名各种对象所属的数据集方面非常一致。训练数据通常在某处有单词 train，测试数据有单词 test，验证数据通常在其名称的某处有单词 val。

**清单 23.7** 加载 MNIST 数据集。如果需要，它将自动下载。

```
from keras.datasets import mnist
(samples_train, labels_train), (samples_test, labels_test) = \
                     mnist.load_data()
```

正如我们在第8章中看到的，当使用交叉验证这样的技术时，我们将输入数据分解为**训练集**、**验证集**和**测试集**。我们使用训练集教授系统的许多变化，然后在每次训练后用验证集评估性能。当完成搜索时，我们选择要部署的模型，使用测试集测量其性能。因此，训练集和验证集一次又一次地被使用，而测试集只被使用一次。

当没有使用交叉验证时，我们只需要训练集和测试集。mnist.load_data() 的 Keras 文档将返回的数据标识为属于这两个类别，如清单 23.8 [Chollet17a] 所示。

**清单 23.8** 例程 mnist.load_data() 返回一个训练集和一个测试集。

```
# Load MNIST using conventional names for returned objects
(x_train, y_train), (x_test, y_test) = mnist.load_data()
```

如果以前没有将 MNIST 数据集下载到计算机上，那么当我们第一次加载它时，Keras 将自动从网络获取压缩格式，解压缩，然后将其保存在 Keras 为维护这些数据创建的目录中（可以在 Keras 文档中找到每种操作系统的此目录的确切位置）。如果我们在这台计算机上再次请求此数据，Keras 将自动获取已保存在磁盘上的数据，从而为我们节省大量时间。

在清单 23.7 中，第一对变量 samples_train 和 labels_train 保存了包含 60000 个构成训练集的图像的数组，以及它们对应的整数标签。第二对变量 samples_test 和 labels_test 保存了包含构成测试集的 10000 个图像和标签的数组。

让我们通过在清单 23.9 中输出它们来快速查看它们的形状。这些数组都是从 Keras 返回的 NumPy 数组，因此它们都有可以用于输出的内置 shape 属性。

**清单 23.9** 清单 23.7 中 MNIST 数据集的形状。

```
print(' samples_train shape = ',samples_train.shape)
print(' labels_train shape = ',labels_train.shape)
print(' samples_test shape = ',samples_test.shape)
print(' labels_test shape = ',labels_test.shape)
```

```
samples train shape = (60000, 28, 28)
labels_train shape = (60000,)
samples_test shape = (10000, 28, 28)
labels_test shape = (10000,)
```

这告诉我们 samples_train 是一个 60000 层的三维块。每层包含一个 28 像素 × 28 像素的图像。labels_train 是一个包含 60000 个元素的一维列表（我们将看到每个元素都是 0～9 的数字）。(60000,) 末尾的额外逗号是一个 Python 惯例，告诉我们这是一个包含 60000 个元素的列表，而不仅仅是用括号包围的 60000 个数字[Wentworth12]。类似地，samples_test 是包含 10000 个图像的数组，每个图像的分辨率为 28 像素 × 28 像素，而 labels_test 是具有测试数据的相应标签的整数列表。

虽然这些变量名称非常精细，但常见的代码约定是使用大写字母 X 来表示数据集的样本，使用小写字母 y 来表示其标签，如清单 23.8 所示。选择这些字母是为了匹配许多深度学习方程中使用的字母。这是从早期的程序中自然而然遗留下来的约定，当时这些早期程序是为了与公式紧密匹配而编写的。小写字母 x 也可以用于样本，大写字母 Y 也可以用于标签，尽管这不太常见。

使用这个约定，我们将更简洁地编写清单 23.7，如清单 23.10 所示。

**清单 23.10** 加载 MNIST 数据集，使用 X 表示样本，使用 y 表示标签。

```
(X_train, y_train), (X_test, y_test) = mnist.load_data()
```

一旦我们习惯了，使用 X 和 y 是一个很好的约定，因为这些单个字母可以为我们节省大量的打字工作，并且很快就会为习惯这种命名方案的人所理解。

没有规则说我们必须使用这些神秘的变量名，即使它们是约定俗成的。人们如此频繁地使用 X 表示样本和 y 表示标签的样式，从长远来看可能是一件好事，我们在本书也会这样做。但是每个程序员都应该以对自己和他人都清晰、有用为原则编写代码。

### 23.5.3 查看数据

使用任何数据库的第一步都是查看它。我们希望确保它的清理及组织方式的有效性。我们通常也希望能够感受一下我们正在操作的东西。

如果在将数据用于学习之前需要对其进修改，我们可以结合使用直接的 Python 编程，以及来自 NumPy、SciPy、scikit-learn 和 Keras 等库的函数。这种预处理是确保网络按照我们想要的方式运行并防止错误的关键步骤。令人高兴的是，MNIST 数据集只需要一点点这项工作，所以我们可以在这里展示它以获得该流程的体验。

至少有两个潜在的问题来源需要密切关注。**内容问题**（content problem）是数据本身的数值问题，而**结构问题**（structural problem）是关于数据组织方式的问题。

让我们先看看数据。图 23.12 展示了 MNIST 训练集中图像的另一个随机采样。我们可以看到这些例子并非完美无缺。

有 4 个突出的问题。

首先，一些图像非常靠近 28 像素×28 像素的边界，而不是位于原始论文描述的周围相对厚的 4 像素黑色边框内[LeCun13]。图 23.13 展示了具有此特质的训练集中的一些示例。

其次，一些图像中的数字似乎已经被裁掉了，这大大改变了它们的模样。图 23.14 展示了一些示例。

再者，一些图像有很多噪点。有时这意味着线条变薄或消失。更常见的是虚假的白色区域，可能是裁剪或阈值处理期间的错误导致的。这些噪点通常不会对人类观察者造成太大的混淆，但有可能使计算机网络混淆。图 23.15 展示了一些示例。

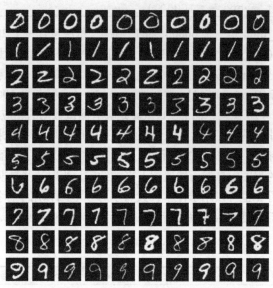

图 23.12　来自 MNIST 训练集的图像的随机采样

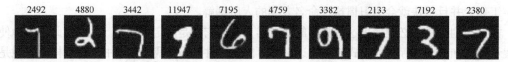

图 23.13　来自 MNIST 训练集的一些图像示例，用于显示图像在边界附近或直接超出边界的情况。每个示例上方的数字为其在训练集中的索引

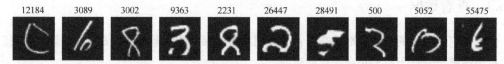

图 23.14　来自 MNIST 训练集的一些已被裁剪的图像示例，图像中一些似乎很可能本应被绘制的部分被裁掉了，这有时会创建多个断开的部分

图 23.15　来自 MNIST 训练集的一些图像示例，它们包含了人为操作残留的噪点。其中一些噪点可能是由阈值处理或裁剪错误导致的

最后，有一些图像中的问题似乎很难以解释，或者是绘制方式的问题，或者是处理方式的问题。图 23.16 展示了一些奇怪的训练示例。

我们可能想要删除上述具有人工残留干扰的样本，但实际上只要它们不是太多，它们就可以使我们的网络更强大。尽管它们存在缺陷，但如果我们的网络能够正确识别这些图像，它就将具有强大的能力。如果没有这些"有压力"的样本，我们的网络就不会有这样的能力。

在浏览了几个随机样本之后，我们得出结论，这些问题很少发生，因此不用费心去除它们。即使我们最后没有采取任何行动，重要的是查看数据并根据数据得出这个结论，而不是一个充满希望的猜测。

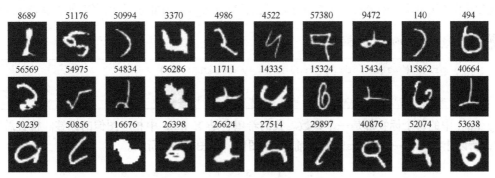

图 23.16　来自 MNIST 训练集的一些图像，其中的问题看起来特别难以解释

现在我们将转向数据结构，看看它是如何组织的。

我们的主要兴趣在于从 mnist.load_data() 获得的变量的形状。清单 23.11 使用 X 表示样本，y 表示标签，重新开始我们的起始对象。

清单 23.11　输出有关输入数据的形状信息。

```
print(' X_train shape:' , X_train.shape,
      ' y_train shape:' , y_train.shape)
print(' X_test shape:' , X_test.shape,
      ' y_test shape:' , y_test.shape)

X_train shape: (60000, 28, 28) y_train shape: (60000,)
X_test shape: (10000, 28, 28) y_test shape: (10000,)
```

训练数据 X_train 位于三维块中。使用我们的(离开,向下,向右)约定，它是 60000 个切片深度，每个垂直切片是 28 像素 × 28 像素。图 23.17 展示了这种形状。

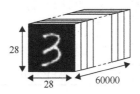

图 23.17　训练数据 X_train 的形状为 60000×28×28。这意味着它是 60000 个
对象的堆叠，每个对象的图像是 28 像素×28 像素

测试数据的设置方式相同，只是堆叠深度只有 10000 个图像。

我们将在以下部分重塑数据，所以让我们在变量中隐藏每个图像的原始高度和宽度。我们还将它们相乘并将其保存为每个图像的总像素。清单 23.12 展示了我们如何保存这些数据。

清单 23.12　保存输入数据的大小供以后使用。

```
image_height = X_train.shape[1]
image_width = X_train.shape[2]
number_of_pixels = image_height * image_width
```

这看似有点掩耳盗铃，因为对于这个固定数据集，我们知道每个图像是 28 像素 × 28 像素，但这种更通用的方法将使以后更容易复制此代码并使其适应新的数据集。

标签以一维列表的形式提供给我们。正如预期的那样,训练标签列表 y_train 的长度为 60000,因为它为训练集中的每个样本提供一个标签。让我们看一下 y_train 中的前几个标签,如清单 23.13 所示。

清单 23.13 y_train 中的前几个标签。

```
print(' start of y_train:' , y_train[:15])

start of y_train: [5 0 4 1 9 2 1 3 1 4 3 5 3 6 1]
```

y_train 中的每个标签都是一个整数。我们希望它是 X_train 中相应图像的标签。检查总是值得的,所以让我们看一下 X_train 中的前 15 个图像,如图 23.18 所示。

图 23.18 X_train 中的前 15 个图像。这些图像与 y_train 中的前 15 个标签相匹配,标签显示在每个样本上方,所以都没问题

太棒了,y_train 中的标签与 X_train 中的相应图像相匹配。由于 MNIST 数据集非常出名,我们这时已经可以停止检查。但若是不太熟悉的数据集,我们可能希望在整个数据集中至少进行几次这种抽样检查,以确保两个列表保持同步。

现在让我们看一下数据本身。在清单 23.14 中,我们从 X_train 的第一个图像中输出一个任意的小矩形。要记住 Python 的一个方便之处是,只需在解释器中键入变量的名称(而不是使用 print 语句),我们有时会获得有关变量的更多信息。

清单 23.14 X_train 中第一个训练图像的一个小矩形。

```
X_train[0, 5:12, 5:12]

array([[ 0, 0, 0, 0, 0, 0, 0],
       [ 0, 0, 0, 30, 36, 94, 154],
       [ 0, 0, 49, 238, 253, 253, 253],
       [ 0, 0, 18, 219, 253, 253, 253],
       [ 0, 0, 0, 80, 156, 107, 253],
       [ 0, 0, 0, 0, 14, 1, 154],
       [ 0, 0, 0, 0, 0, 0, 139]], dtype=uint8)
```

最后的变量 dtype 告诉我们这是一个 NumPy 数组,数据类型为 uint8,即无符号的 8 位整数。X_test 具有相同的结构。正如我们对灰度图像数据所期望的那样,所有值都在 0~255 范围内(更多信息请见下文)。

标签也是 NumPy 数组吗?清单 23.15 展示了一段 y_train 数组。

清单 23.15 y_train 数组的一部分。输入位于第一行,其余为输出。

```
y_train[:15]

array([5, 0, 4, 1, 9, 2, 1, 3, 1, 4, 3, 5, 3, 6, 1],
                     dtype=uint8)
```

是的,这是一个无符号 8 位整数的一维 NumPy 数组。这对于训练标签非常有限,因为这些数字不能超过 255。但是这里我们只存储 0~9 的标签,所以 0~255 的范围足够大。

要使用这些数据进行 Keras 训练，我们需要将训练和测试数据转换为标准化的浮点数，并将标签转换为独热编码（见第 12 章）。

但在这样做之前，我们会暂时停下来。因为 MNIST 数据集已经被分成训练集和测试集了。如果没有怎么办？有一个很好的实用工具可以为我们分割数据。我们现在来看看吧。

### 23.5.4　训练−测试拆分

大多数数据集需要我们手动将它们分成训练集和测试集。MNIST 数据集已经为我们分开，但为了完整，让我们看看如果必须这样做，我们将如何完成这项工作。

最简单和最常用的方法是使用 scikit-learn 的 train_test_split() 函数为我们完成所有工作。假设 MNIST 数据集仅作为两个张量传递给我们，称为样本和标签，我们希望将其分成训练集和测试集。典型的测试集通常约为原始数据的 20% 或 30%，所以让我们折中选择 25% 来继续推进。

我们使用 train_test_split() 来调用数据和拆分尺寸即可，它会返回 4 个数组，如清单 23.16 所示。

**清单 23.16** 使用 scikit-learn 中的 train_test_split() 将数据拆分为训练集和测试集。

```
from sklearn.model_selection import train_test_split
X_train, X_test, y_train, y_test =
    train_test_split(samples, labels, test_size=0.25)
```

图 23.19 直观地展示了这种操作。

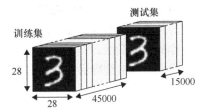

图 23.19　拆分 60000 张图像的数据集。我们将 25% 的数据作为测试集，另外 75% 作为训练集。函数 train_test_split() 不是简单地如此处所示在一个地方剪切输入数据，而是首先对数据的副本进行打乱，这样这两个部分中的每一个都更有可能包含所有样本的良好混合

请注意，train_test_split() 为我们提供了 4 个数组，而不是像 mnist.load_data() 一样返回各有两个列表的两个数组。与清单 23.10 相比，它们的顺序也略有不同。在我们习惯它们之前，库之间的这些微小的不一致可能很麻烦。

为避免它们成为主要的调试问题，捕获这些不一致的一种方法是慢慢地在交互式 Python 环境中一次一行地构建我们的代码，如前所述。当代码出错时，我们会立即得到一个错误，此时可以通过把数据输出来进行更严密的检查，并将我们正在做的事情与库的文档描述中我们应该做的事情进行比较。

在学习新库时，许多小试验可以帮助我们从一开始就编写好的代码。

### 23.5.5　修复数据类型

如清单 23.14 所示，我们从 mnist.load_data() 获取的样本数据将以整数形式返回给我们。虽然这对于存储数据是有效和合理的，但 Keras 希望使用浮点数。为了防止做出错误的假设，Keras

不会为我们自动转换数据类型。这是我们的工作，也是强制性的。Keras 期望得到浮点数，否则它要么会在某个时候变得混乱，要么报告错误并停止运行（这种情况更常见）。

实际上，Keras 期望特定类型的浮点数与其内部 floatx 参数匹配。我们在清单 23.1 中看到，可以通过在 Keras 配置文件中为 floatx 分配一个新值，或者在代码中通过调用 Keras 后端中的 set_floatx()来给该参数指定不同数据类型，如清单 23.2 所示。

默认情况下，floatx 的值为 float32，表示 32 位浮点数。除非我们更改配置文件，或者在代码中调用后端函数来更改它，否则这就是 Keras 期望的类型。

将其切换到另一种数据类型（例如 float64）很容易，但是要知道何时这样的选择有意义是复杂的，并且取决于特定的硬件和软件，所以我们将继续使用 float32。

现在我们知道了 Keras 对浮点数的预期格式，就可以回到将样本转换为该形式的工作。执行此操作的简单方法是使用 Keras 后端的函数 cast_to_floatx()，该函数将张量作为参数，并将张量的每个元素转换为当前 floatx 值指定的类型。例程甚至不关心张量的形状。从一维列表到具有一千个维度的巨大张量，例程将简单地遍历每个条目并将其转换为我们期望的数据类型。请注意，此例程名称中的最后一个单词不是 float，而是 floatx，指的是配置变量。清单 23.17 展示了如何使用它。

**清单 23.17** 使用 Keras 后端的函数将我们的数组更改为它所期望的类型。

```
from keras import backend as keras_backend
X_train = keras_backend.cast_to_floatx(X_train)
X_test = keras_backend.cast_to_floatx(X_test)
```

我们可能很想将 y_train 和 y_test 数组转换为 floatx 类型，但这不是必需的。我们将使用另一个实用程序将这些数组转换为下面的独热编码形式，并且该程序需要一个整数列表作为输入。当你第一次习惯新库时，其细节会使你的进度变慢。

现在数据已具有正确的类型，我们可以继续确保它们具有最有用的值的范围。

### 23.5.6 归一化数据

准备数据的另一个重要步骤是将其**归一化**。其含义在不同的环境中略有不同，但它总是意味着改变数据本身，而不是简单地重塑它。

我们在本章中构建的用于对 MNIST 数据集进行分类的网络将在刚开始不久就使用卷积层，这些网络对已经归一化的数据有最佳效果，因此每个特征都要被缩放到 0~1 的范围内。

注意，归一化仅适用于特征，而不适用于标签。标签需要指代从 0~9 的 10 个不同的类，我们不应该更改这些值。

如清单 23.14 所示，X_train 中的特征数据最初由 0~255 范围内的整数组成，这是图像数据通道的通常范围。我们刚刚将这些值转换成了 32 位浮点数，所以我们可以说它们现在在 0~255 的范围内。

前文提到，我们需要将数据规范化到[0,1]的范围。正如我们在前面的章节中所看到的，这有助于将神经元输出保持在相同的范围内，也有助于正则化和延迟过拟合的开始。如果我们使用像 sigmoid 这样的激活函数，它会使函数不饱和。

我们可以通过完整的预处理步骤完成此规范化。我们检查训练数据中像素的值，构建转换以将它们缩放到[0,1]，然后将该转换应用于训练数据、测试数据和任何未来的数据。我们可以创建一个 scikit-learn 的转换对象并训练它，然后将它应用到我们的数据。

这是一种非常好的方法，但是当使用 MNIST 数据集中的图像数据时，我们几乎总是使用更简单、更直接的方法来转换数据。

我们知道训练和测试数据中的像素在[0,255]范围内。我们想要的只是以相同的方式重新缩放所有像素，将它们从范围[0,255]压缩到范围[0,1]。从概念上讲，这就像将毫米转换为千米，或者是反过来转换。

我们可以使用 NumPy 的 interp()例程来缩放输入数据，该例程专为这项工作而设计。它需要一个数组（或张量）、一个输入范围和一个输出范围。对于每个条目，它将在第一个范围[0,255]中找到它的位置，并在第二个范围[0,1]中找到它的相应位置。清单 23.18 展示了代码。

**清单 23.18**  将像素从[0,255]缩放到[0,1]。

```
X_train = np.interp(X_train, [0, 255], [0,1])
X_test = np.interp(X_test, [0, 255], [0,1])
```

这非常有效，但由于我们知道数据在 0～255 的范围内，所以可以通过将所有像素除以 255 来完成相同的操作，如清单 23.19 所示。

**清单 23.19**  将像素除以 255，来重新调整为[0,1]。

```
X_train /= 255.0
X_test /= 255.0
```

清单 23.18 和清单 23.19 做了完全相同的工作，虽然第二种方法对于正在发生的事情稍微不那么明确，但它的编写时间要更短，执行速度要比使用插值的版本稍微快一点。

这可能就是为什么清单 23.19 是缩放图像的常用习惯。遵守这个惯例，我们也会在这里使用它。

让我们在一个地方整理到目前为止所见过的所有内容。我们将导入需要的模块，读取清单 23.10 中的数据，使用清单 23.12 保存大小，使用清单 23.17 将其转换为浮点数，并使用清单 23.19 将其缩放到范围[0,1]。这些都在清单 23.20 中归拢在一起。

我们的训练和测试样本现在采用浮点数，范围为[0,1]。

**清单 23.20**  读取数据，保存大小，转换为浮点数，并缩放到[0,1]。

```
from keras.datasets import mnist
from keras import backend as keras_backend

# load MNIST data and save sizes
(X_train, y_train), (X_test, y_test) = mnist.load_data()
image_height = X_train.shape[1]
image_width = X_train.shape[2]
number_of_pixels = image_height * image_width

# convert to floating-point
X_train = keras_backend.cast_to_floatx(X_train)
X_test = keras_backend.cast_to_floatx(X_test)

# scale data to range [0, 1]
X_train /= 255.0
X_test /= 255.0
```

这时，样本的预处理工作就完成了。我们需要记住，如果得到任何我们想用这个网络评估的新样本，它们也需要将它们的像素数据转换为 32 位浮点数并除以 255。

有一点很微妙，需要注意。训练完成后，我们得到的任何新图像都不应该被简单地缩放到[0,1]的范围。相反，我们需要应用与上面相同的预处理方法，也就是说，新图像数据需要除以 255。如果由于某种原因，该图像中的值小于 0 或大于 255，那么它们将变成小于 0 或大于 1 的浮点数。这在某种程度上可能不方便，但我们无法避免，因为我们必须对训练的数据上使用的新数据使用相同的变换。

现在让我们预处理标签，以便使用它们。

### 23.5.7　固定标签

我们知道 MNIST 数据集包含 0～9 的数字图像，因此在网络中，我们将创建一个包含 10 个神经元的输出层，每个数字对应一个神经元。每个神经元将产生输入图像为该数字的概率。具有最高值的神经元将是网络对输入的最终预测。

我们想要计算一个误差值，以了解这 10 个值与我们想要的值有多接近。为了简化这种比较，我们使用**独热编码**表示每个图像的标签，正如我们在第 12 章中讨论的那样。在这种情况下，它是由 10 个元素组成的列表，其中除位置 3 中的 1 之外都是 0，如图 23.20 所示。

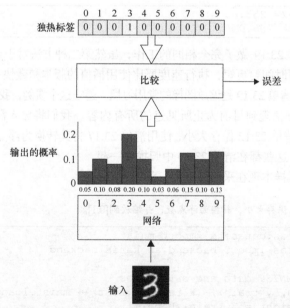

图 23.20　计算误差。我们将图像（这里是 3 的图像）提供给网络，并从 0 到 9 为每个可能的标签返回 0～1 的概率。我们将这 10 个数字与独热标签中的 10 个值进行比较。预测越像标签，误差越小

在这个虚构的例子中，网络给值 3 以最大概率，但是给出了其他每个数字也有可能是正确的概率。来自网络的完美答案应是"输入为 3"的概率为 1，此时所有其他选择的概率为 0。换句话说，完美预测将与标签相同。两者越不同，误差越大。标签的独热形式简化了输出和标签的比较。

看起来独热编码似乎是多余的，因为网络可以在需要时即时执行此操作。这是事实，但在训练期间，每个样本都必须重复这一步骤。如果我们只训练了一个周期（也就是说，每个样本只使用一次），那么是使用预处理标签还是仅在我们需要时才创建标签就无所谓了。但是，如果我们

训练 200 轮，那么就必须重复 200 次每个样本的即时编码。仅在我们开始训练之前对值进行一次编码会更快。如果我们愿意，提供预编码标签还可以创建除 0 和 1 之外的标签值。

所以我们想回过头来，把变量 y_train 和 y_test 中的整数转换成独热编码形式。

将列表中的每个整数转换为独热编码是一项常见任务，以至于 Keras 为其提供了实用工具程序。函数 to_categorical() 可以查看整数数组并查找最大值，因此它知道需要多少 0 来表示需要编码的所有值。然后，它对列表中的每个整数进行一次独热编码。to_categorical() 的输出是这些编码的列表，这些编码本身是 0 和 1 的列表。

让我们在实际中看看独热编码。清单 23.21 展示了原始 y_train 数组在进行一次独热编码之前和之后的前 5 个条目。

**清单 23.21** 使用 to_categorical() 实用工具程序函数对 y_train 数组进行独热编码之前和之后的前 5 个条目。

```
from keras.utils import to_categorical
# print the first 5 entries of the original y_train array
y_train[:5]

array([5, 0, 4, 1, 9], dtype=uint8)

# encode the y_train array as one-hot lists
y_train = to_categorical(y_train)
# print the new first 5 entries of y_train, now one-hot encoded
y_train[:5]
(array([[ 0., 0., 0., 0., 0., 1., 0., 0., 0., 0.],
        [ 1., 0., 0., 0., 0., 0., 0., 0., 0., 0.],
        [ 0., 0., 0., 0., 1., 0., 0., 0., 0., 0.],
        [ 0., 1., 0., 0., 0., 0., 0., 0., 0., 0.],
        [ 0., 0., 0., 0., 0., 0., 0., 0., 0., 1.]]),
        dtype('float64'))
```

我们可以看到，输出是一个二维网格，每个输入都对应一行。一行中除了单个 1，其余每个条目都是 0，这个 1 位于与该行的原始 y_train 值对应的索引处。

to_categorical() 产生的独热值以 64 位浮点数出现。令人高兴的是，浮点数很好，因为 Keras 会将这些浮点数与来自神经网络的浮点数进行比较。有点奇怪的是 Keras 在生成这些数据时不使用默认的 floatx 类型，但 64 位浮点数在训练我们的网络时工作正常。

我们可能会试图简单地将 y_train 和 y_test 传递给 to_categorical() 并继续推进，但这可能会引入一个微妙的错误。问题是一个列表中的最大值可能与另一个列表中的最大值不同，从而为我们提供了不同大小的列表。

例如，假设测试数据缺少任何数字 9 的图像。这意味着 y_test 将只包含 0～8 的数字。当我们使用 to_categorical() 时，将返回一个只有 9 个项的列表。当我们想要将它与输出层中的值进行比较时，这将导致麻烦，输出层中的每个类别都有一个分数。

我们不必担心 MNIST 数据集有这个问题，因为它在两个集合中都有每种图像的实例，但这个问题可能出现在其他数据集中。

有一个简单、通用的解决方案，可以永远避免这个问题。它涉及使用 to_categorical() 的可选参数来忽略其扫描步骤。这个名为 num_classes 的参数告诉程序总是生成给定长度的列表。前缀 num_ 是一个常见的约定，读作 "number of"，因此 num_classes 代表 "类的数量"。

num_classes 的值必须至少足以编码所有可能的值，否则我们将得到一个错误。如果 num_classes

大于必要值，那没关系，最后的额外值将始终为 0。

为了确保任何两个标签列表的两种编码大小相同，我们将所有标签组合成一个大列表并提取其最大值。由于我们从 0 开始，因此将为结果添加 1，这是可以编码所有标签中所有值的最小列表大小。

清单 23.22 展示了如何使用 to_categorical() 以通用方式将整数标签列表转换为独热编码列表。

**清单 23.22**　标签数组被转换为独热编码形式。

```
# combine the input lists to find largest value
# in either list, then add 1 because the values start at 0
number_of_classes = 1 + max(np.append(y_train, y_test))

# encode each list into one-hot arrays of the size we just found
y_train = to_categorical(y_train, num_classes=number_of_classes)
y_test = to_categorical(y_test, num_classes=number_of_classes)
```

有时程序中的其他位置会需要原始整数列表，我们稍后会在进行交叉验证时看到这种情况。我们可以通过两种方式撤销独热编码。如果将独热编码表示为常规 Python 列表（即不是 NumPy 数组），我们可以使用 Python 的内置 index() 方法，如清单 23.23 所示。

**清单 23.23**　使用 Python 的 index() 方法撤销独热编码。

```
one_hot = [0, 0, 0, 1, 0, 0, 0, 0, 0, 0]
print(' one-hot represents the integer ',one_hot.index(1))

one-hot represents the integer 3
```

如果独热编码是 NumPy 数组，那么我们就不能使用 index()，因为 NumPy 不支持该方法。有几种方法可以使用 NumPy 来查找 0 列表中的单个 1 的索引。清单 23.24 展示了其中一种方法。这使用了 NumPy 的 argmax() 方法，该方法返回列表中最大值的索引。

**清单 23.24**　使用 NumPy 的 argmax() 方法撤销独热编码。

```
one_hot_np = np.array([0, 0, 0, 1, 0, 0, 0, 0, 0, 0])
print(' one_hot_np represents the integer ',np.argmax(one_hot_np))

one_hot_np represents the integer 3
```

我们不会使用这些方法中的任何一种来查找独热编码的整数版本，而是在调用 to_categorical() 之前保存原始整数列表，如清单 23.25 所示。

**清单 23.25**　将标签保存为原始格式的整数列表。

```
# save the original y_train and y_test
original_y_train = y_train
original_y_test = y_test
```

仅供参考，清单 23.26 提供了一个 Python 单行代码，它将撤销独热编码，适用于我们以独热形式提供数据的情况。

**清单 23.26**　将独热编码列表转换回整数列表。

```
original_y_train = [np.argmax(v) for v in y_train]
original_y_test = [np.argmax(v) for v in y_test]
```

由于独热编码非常常见，因此 scikit-learn 也提供了执行它的工具。它位于预处理模块中，称为 OneHotEncoder()。

### 23.5.8　在同一个地方进行预处理

我们刚刚到达第一个山顶！虽然"路途"遥远，但我们已经做了很多。从一张白纸开始，我们的数据现在可以进行训练了。

回顾一下，我们首先读入（并可能下载）MNIST 数据集，并通过将其从整数更改为浮点数来为 Keras 准备每个图像，接着对其进行归一化，然后创建了标签的独热编码。

清单 23.27 中汇总了所有这些预处理步骤。我们还添加了一行来为 NumPy 的随机数发生器设置种子。这意味着我们从 NumPy 获得的任何随机数在每次运行时始终是相同的。虽然我们还没有使用随机数，但稍后会使用它们。强制我们的随机数在每次运行中始终相同，可使调试变得更加容易。

**清单 23.27**　组合前面的片段以创建一个完整的预处理器。

```
from keras.datasets import mnist
from keras import backend as keras_backend
from keras.utils.np_utils import to_categorical
import numpy as np
random_seed = 42
np.random.seed(random_seed)

# load MNIST data and save sizes
(X_train, y_train), (X_test, y_test) = mnist.load_data()
image_height = X_train.shape[1]
image_width = X_train.shape[2]
number_of_pixels = image_height * image_width

# convert to floating-point
X_train = keras_backend.cast_to_floatx(X_train)
X_test = keras_backend.cast_to_floatx(X_test)

# scale data to range [0, 1]
X_train /= 255.0
X_test /= 255.0

# save the original y_train and y_test
original_y_train = y_train
original_y_test = y_test

# replace label data with one-hot encoded versions
number_of_classes = 1 + max(np.append(y_train, y_test))
y_train = to_categorical(y_train, num_classes=number_of_classes)
y_test = to_categorical(y_test, num_classes=number_of_classes)
```

使用像 scikit-learn 和 Keras 这样的库的部分吸引力在于，使用额外的 Python 代码来完成工作时，几乎没有什么需要修改的东西。清单 23.27 中几乎每一行都要么执行特定的预处理步骤，要么保存稍后我们将再次使用的变量。

在这段代码中，我们反复覆盖 X_train 和 X_test 中的数据，以及 y_train 和 y_test 中的标签。

这是预处理过程中的常用方法，因为我们不关心起始值或中间值。这种方法的好处是它带来了一定程度的简单性；缺点是如果我们想要访问原始数据，要么必须保存它（就像我们在这里为标签所做的那样），要么加载数据的新副本。

## 23.6　制作模型

现在我们的数据已经可以使用了，下面构建我们的深度学习模型。

Keras 模型制作的美妙之处在于创建模型结构（即我们的神经网络架构）是非常顺畅的，只有两个步骤。

首先，按照我们想要的顺序命名所需的网络层。这称为**指定模型**。

其次，告诉 Keras 如何使用这个模型来学习。我们告诉它使用哪个损失函数和优化器，以及我们希望它沿途收集哪些数据。这称为**编译模型**。编译步骤将我们的指定转换为在我们选择的后端上运行的代码。

第一个分类 MNIST 数据集的模型很简单。它将具有一个输入层（在每个网络中隐含）、单个隐藏层和一个输出层。隐藏层和输出层都将是全连接层。图 23.21 展示了我们的第一个深度学习模型。

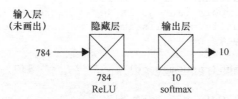

图 23.21　第一个非常简单的深度学习模型由 784 个神经元的全连接层（每个输入像素一个）及其后的 10 个神经元的全连接层（每个输出类一个）组成

回想一下，在绘制图 23.21 这样的图时，我们不绘制输入层，因为它只是一个内存缓冲区。按照惯例，数据从左到右流动，就像我们在这里做的那样，或者有时从下到上流动。末端的标签显示进出网络的数据的大小和形状。

我们决定了设置第一层为每个像素对应一个神经元。这是配置第一层的常用方法，但它绝对不是必需的。如果我们认为可以产生更好的结果，则可以使用 5 个神经元或 5000 个。

对于 28 像素×28 像素的图像，使用这种"每个输入像素对应一个神经元"的方法，我们的第一层需要 28×28=784 个神经元。

等一等，我们在上面看到，输入是一个二维网格列表（每个 28×28）。为什么我们设置网络为一维列表而不是二维网格？

我们不是故意这样做的。全连接层只能接收一维列表。在全连接层内部没有可以让它弄清楚如何获取二维数据结构中的像素的处理过程。稍后我们将看到卷积层具有这种处理方式，因此我们可以直接给它们网格。但是现在我们正在使用全连接层，全连接层的输入只能是一个列表。

因此，我们需要将 28 像素×28 像素的每个输入样本转换为 784 个值的一维列表。

### 23.6.1　将网格转换为列表

至少有两种方法可以做到这一点：第一种方法是使用 Keras 提供的 Reshape 功能层将其构建

到我们的神经网络中；第二种方法是在训练之前重塑数据。

第一种方法很简单。我们只需制作一个 Reshape 层并将其放置在全连接层之前就完成了。不利的一面是，每次评估时，每个样本都会被重塑，这需要一些时间。由于我们希望通过网络多次运行所有训练样本（也就是说，我们将训练多轮），因此一次预处理它的效率更高。回想一下，这与导致我们将标签预处理成独热编码的逻辑相同。

要将图像转换为列表，我们需要把原始三维输入数据转换为二维网格。网格的每一行都是一个样本，由 784 个特征列表组成。结果如图 23.22 所示。

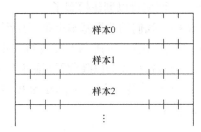

图 23.22　将三维输入数据转换为二维网格，每一长行像素对应一个图像

使用 NumPy 的 reshape() 函数很容易完成上述操作。我们将让它重新解释 X_train，它被认为是尺寸为 60000×28×28 的三维块，而不是尺寸为 60000×784 的二维数组。

如上所述，有两种方法可以使用 reshape()。让我们首先使用从 NumPy 中调用的方法，并将我们正在重塑的数组作为第一个参数传递给它。

reshape() 的第二个参数是一个包含新维度的列表。在这种情况下，第二个参数是列表[60000，784]。为了便于以后将此代码用于其他项目，我们将从数据中获取这些数字，而不是直接输入数据。回想一下，在清单 23.27 的预处理步骤中，number_of_pixels 已被设置为每个输入图像的大小，或 784。

为了简单起见，我们将继续用这些新版本覆盖 X_train 和 X_test。清单 23.28 展示了这部分代码。

清单 23.28　将图像展平为二维网格，因此每个样本只是一个数字列表。这是全连接层所需的格式，如图 23.21 中的第一层。

```
# reshape samples to 2D grid, one line per image
X_train = np.reshape(X_train,
                     [X_train.shape[0], number_of_pixels])
X_test = np.reshape(X_test,
                    [X_test.shape[0], number_of_pixels])
```

正如我们所讨论的，调用 reshape() 的另一种方式是将其作为一种重塑对象的方法。在这种情况下，唯一必需的参数是包含新维度的列表。因为这种方法也很常见，我们在清单 23.29 中对它做了展示。

清单 23.29　另一种将图像重塑为二维网格的方法。其结果与清单 23.28 相同。

```
# reshape samples to 2D grid, one line per image
X_train = X_train.reshape([X_train.shape[0], number_of_pixels])
X_test = X_test.reshape([X_test.shape[0], number_of_pixels])
```

这两种变化都会产生相同的结果，因此可以使用我们更喜欢的任意一种。我们将在下面的讨论中使用较短的第二种。

这个重塑步骤恰好是预处理的一部分，因为我们只需要做一次，所以将它放在下面的代码清单中。

稍后我们将看到其他类型的层（例如卷积层）以其他方式对其数据进行重塑。将数据转换成正确的结构是训练神经网络的关键步骤。

## 23.6.2 创建模型

现在数据已经全部处理完毕，下面就可以创建模型了。

首先告诉 Keras 模型的整体架构。我们的选择基本上是"层列表"和"自定义模型"架构。

"层列表"架构称为 Sequential 模型。这对我们来说是完美的，因为图 23.21 的架构仅是一个接一个的两个全连接层。换句话说，它们可以被描述为以隐藏层开始并以输出层结束的两个元素的列表。

"自定义模型"架构称为 Functional 模型。这比 Sequential 模型更灵活，但需要我们做更多的工作。我们稍后会讨论 Functional 模型。

我们使用**顺序** API（Sequential API）创建了 Sequential 风格的模型，这是一组库函数，旨在简化模型创建过程。Sequential API 的优点在于，要构建模型，只需从头到尾按顺序命名层。这使得 Keras 能够自动计算每一层是如何连接到前后的层的，因此它可以自动管理从一个层到下一个层的数据流。这在编程和调试方面都是一个很好的节省时间的方法。

为了创建模型，我们创建一个变量来保存 Sequential 对象。这最初是一个空的列表层，然后我们将层添加到该对象。

第一次在模型中添加层时，Keras 首先会自动为我们创建一个输入层来保存传入的数据，然后将新的层放在输入层之后。如果我们想的话，可以在这里停下来，就创建了一个单层神经网络（请记住，我们通常不计输入层，因为它不做任何处理）。

但是我们可以继续进行，并添加更多层。每个新层都从最近添加的层中获取输入。我们添加的最后一层是隐式输出层。我们不用明确表示开始或结束，只需添加层，直到完成。

如清单 23.30 所示，我们首先创建了 Sequential 对象并将其保存在变量中。

**清单 23.30** 在 Sequential 风格下创建一个空的深度学习架构。

```
from keras.models import Sequential
model = Sequential()
```

这种方法的一个缺点是，层在代码中以与我们通常绘制它们时完全相反的顺序出现。正如我们看到的，绘图惯例是显示向右或向上的层。但是在源代码中，每个新层都显示在它之前的层的下面，因此向下读取代码对应于向右或向上看图。这可能需要一点时间来适应，但最终这种心理上的翻转会变成第二天性。

让我们开始创建模型。第一层始终是输入层。但请记住，输入层是隐含的，我们通常不会绘制或计算它。而在 Sequential 模型中，我们通常甚至不会明确地绘制它。

这很好，因为输入层除了保存样本的输入尺寸外什么都不做。因此，我们唯一需要告诉 Keras 输入层的是该列表应该有多大，它将为我们提供适当的存储空间。

我们使用名为 input_shape 的可选参数告诉 Keras 输入层的大小。我们仅在第一层中将值传递给此参数。换句话说，当我们创建第一层时必须包含此参数，但不能包含在任何其他层中。每个类型的层都可以作为序列中的第一层（包括我们将使用的全连接层），将 input_shape 作为可选参数。

让我们来创建第一层。

图 23.21 指出我们的第一层是一个全连接层。

Keras 将全连接层称为密集层。请注意，此处"密集"一词指的是该层如何连接到后面的层。换句话说，该层中的每一个神经元都将连接到前一层的每一个输出。我们对于该层神经元输出发生的变化一无所知。Keras 只会在我们指定描述中的下一层时发现它们去向哪里以及如何使用它们。如果没有下一层，则该层的输出就是整个系统的输出。

由于大多数层位于堆栈中间，所以我们通常指的是从"先前"层中的神经元接收数据的神经元。在前一层是输入层的特殊情况下，这些神经元将保存在该层上的输入值作为其数据。

图 23.23 展示了全连接层的示意图。

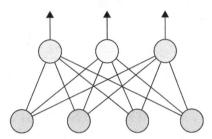

图 23.23　全连接层的示意图。3 个彩色神经元构成全连接层。它们中的每一个都连接到前一层中的每一个神经元（灰色）。当我们创建这一层时，只声明了它与之前的层连接的性质，而对它的输出发生了什么没有做任何说明

要在模型中添加全连接层，我们需创建一个 Dense 对象，然后将其附加到模型的层序列的末尾。虽然 Dense 对象有很多参数，但我们现在只使用其中的 3 个。在标准的 Python 惯例中，第一个（必需的）参数没有命名，但其他参数是命名的，并且可以按任何顺序出现。

第一个必需的的参数是层的大小。这只是神经元的数量。这可能通常与前一层中的节点数不同。例如，前一层（无论是输入层还是有神经元的层）可能有 4 个输出。我们的全连接层可能小于或等于或大于前一层的节点数，如图 23.24 所示。

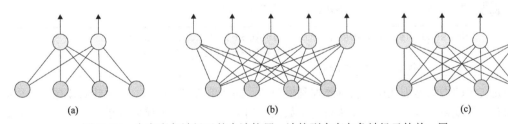

(a) (b) (c)

图 23.24　含有彩色神经元的全连接层，连接到含有灰色神经元的前一层。全连接层中的神经元数量与其前面的层中的神经元数量无关

如上所述，对于第一个分类器，我们将使用与输入中的像素相同数量的神经元。这是设置图像分类器的常用方法，但我们稍后可能会发现系统在此层中使用更少的节点或更多的节点时学习得更好。在我们的脑海中，可以把它看作一个变量，之后再来处理，看看什么值能给我们带来最佳性能。

我们将使用的第一个可选参数会告诉 Keras 在层中的每个神经元之后放置哪个激活单元。我们可以通过提供一个字符串来指定任何内置在 Keras 中的函数（和往常一样，在文档中列出）。常见的选择是将 "relu" 和 "tanh" 用于隐藏层，将 "softmax" 或 "sigmoid" 用于输出层。默认值为 "none" 或线性激活函数。因此对于中间层，我们几乎总是希望指定其他选项之一。

我们将使用的第二个可选参数是 input_shape，它定义输入中每个维度的大小。如上所述，我们**仅**将其用于模型中的第一层。此参数的值是一个列表，它可以让 Keras 创建给定形状和大小的输入层，该输入层必须与我们将提供的每个样本的形状和大小相匹配。

由于每个样本（处理后）都是 784 个数字的一维列表，我们将告诉 Keras 这个 input_shape 是784 个数字的一维列表（使用我们在预处理期间保存的变量 number_of_pixels）。

清单 23.31 展示了如何创建第一个全连接层。

**清单 23.31**　创建第一个全连接层。我们需要从 keras.layers 导入全连接对象来访问它。因为这是模型中的第一层，所以我们为 input_shape 提供了一个值。

```
from keras.layers import Dense
# create the Dense layer
dense_layer = Dense(number_of_pixels, activation=' relu' ,
                    input_shape=[number_of_pixels])
```

一旦创建了全连接层，如何将它添加到我们的模型呢？奇怪的是，尽管 Python 有一个名为append() 的内置操作，它将一个元素添加到列表的末尾，但 Keras 并没有将此名称用于该操作，尽管它们在概念上是相同的。相反，它使用含糊不清的名称 add()，其通俗意义是"添加另一个日志到文件"，而不是数字意义上的"把 2 和 4 相加"。把 Keras 的 add() 函数看作"append"将会有助于我们理解。

清单 23.32 展示了将层附加到模型中的层列表的代码。

**清单 23.32**　在模型中附加一个新层。

```
# append our layer to the list of layers in model
model.add(dense_layer)
```

一个接一个地使用上面的两个清单是完全可以的。这很清楚，也很有效。清单 23.33 展示了创建模型的顺序。

**清单 23.33**　创建全连接层，并将其添加到模型中，分两步进行。

```
dense_layer = Dense(number_of_pixels, activation=' relu' ,
                    input_shape=[number_of_pixels])
model.add(dense_layer)
```

但是传统的做法是创建层并将其添加到模型中，如清单 23.34 所示。这意味着该层不会得到一个保存它的变量，因为我们很少需要它（如果真的需要它，Keras 确实提供了一种在之后获取该层的机制）。

**清单 23.34**　一种创建全连接层并将其添加到模型中的更有效和常用的方法。

```
model.add(Dense(number_of_pixels, activation=' relu' ,
                input_shape=[number_of_pixels]))
```

现在我们可以添加模型的下一层。这将是另一个全连接层，但有 10 个神经元。

正如我们之前提到的，我们没有明确告诉 Keras 这是输出层。我们制作它并将其添加到不断增长的层列表中。当我们使用该模型时，Keras 会将其视为输出层，因为它是列表中的最后一层。

我们创建下一个全连接层，就像前一个层一样，但有一些变化。特别是，我们省略了 input_shape

参数，因为它只针对第一层。

与往常一样，第一个参数是神经元的数量，它未命名而且是强制性的。由于我们将图像分为 10 个类，因此将有 10 个神经元，每个类一个。我们将使用在预处理期间保存的变量 number_of_classes。

正如在第 17 章所讨论的，我们经常使用 softmax 来处理分类器中最后的全连接层的输出，以便将它们转化为概率。在这里我们只需将其命名为字符串，Keras 将负责其余部分。

使用在一步中创建和附加层的标准样式，我们的下一行代码如清单 23.35 所示。

**清单 23.35** 添加第二个全连接层，它将用作输出层。

```
model.add(Dense(number_of_classes, activation=' softmax' ))
```

请记住，因为此层全连接到前一层，所以这 10 个节点中的每一个都接收来自隐藏层中所有 784 个节点的输入。

这就是全部。我们创建了一个深度学习模型！清单 23.36 将它们整合在了一起。

**清单 23.36** 创建深度学习模型所需的全部代码。

```
model = Sequential()
model.add(Dense(number_of_pixels, activation=' relu' ,
                input_shape=[number_of_pixels]))
model.add(Dense(number_of_classes, activation=' softmax' ))
```

这就是所有创建模型的代码！我们的模型已经完成了！

我们可以让 Keras 输出文本形式的模型。对于简单示例而言，这并不是非常明显，但对于具有数十或数百层的更大的模型来说，这是非常有用的。我们调用模型的 summary()方法，如清单 23.37 所示。这个输出按照它们放入网络的顺序列出了这些层，所以我们可以从上到下来看它。这个摘要相当简洁，不包括像我们为每一层选择的激活函数这样的信息。

**清单 23.37** 来自 Keras 的模型摘要。

```
model.summary()

Layer (type)                 Output Shape              Param #
=================================================================
dense_1 (Dense)              (None, 784)               615440
_____
dense_2 (Dense)              (None, 10)                7850
=================================================================
Total params: 623,290
Trainable params: 623,290
Non-trainable params: 0
```

Keras 自动地为层编号，例如 dense_1 和 dense_2。在交互式会话期间，这些数字会随着时间的推移而增加，因此，如果我们一次又一次地创建模型，就会看到 dense_3 和 dense_4 之类的内容。Keras 为每一层标记了一个唯一的标签，这样当我们在给定的会话中反复地创建模型时，它们就不会混淆。

标记为 "Output Shape" 的列以维度列表的形式告诉我们每一层输出张量的形状。我们在这里看到的条目 None，是在训练期间作为小批量训练样本数的占位符。例如，如果我们的小批量大小为 64，那么第一层将一次性处理 64 个样本（如果可以，则使用 GPU）。输出将是一个包含 64 行、每行包含 784 个样本的列表。但是因为现在 Keras 不知道小批量的大小，所以它用 None 表示"还不知道"。

摘要中还显示每一层使用了多少参数或权重，然后将它们相加以告诉我们模型中的参数总数。我们可以看到，第一个全连接层 dense_1 有 784 个神经元，每个神经元读取 784 个输入的值。由于每个连接都有一个权重，因此有 784×784=614656 个权重。每个神经元还有一个偏差项，所以将 784 个偏差项加到我们刚刚得到的数字上就可以得到摘要中的 615440。那是很多的权重！类似地，第二层有 10 个神经元，每个神经元与前一层中 784 个神经元相连。记住要添加 10 个偏差项，我们得到（10×784）+10=7850 个权重。

最后一行将这些数字加在一起，告诉我们完整的模型有超过 600000 个权重。

这是值得思考的问题。我们的小型两层模型包含了超过 60 万个需要在每个更新步骤中进行调整的权重。更大的网络可以轻松地拥有数千万或数亿个权重。例如，我们在第 22 章中用来对图像进行分类的 VGG16 网络使用了近 1.4 亿个权重[Lorenzo17]。这就是为什么高效的 backprop 算法如此受欢迎，并且在 GPU 上加速它也很有吸引力。

### 23.6.3　编译模型

到目前为止，我们的模型只不过是一份说明书。这是一个潜在的模型，但它不是一个真正的模型，就像房子的蓝图不是一个真正的房子一样。那幢房子必须按设计图来建造。在例子中，我们需要将描述转换为运行代码，这被称为**编译**模型。当我们的模型完成编译后，就可以进行训练了。

编译的过程会把我们的层描述转换为可以在计算机（和 GPU，如果可用的话）上直接运行的代码。这就是 Keras 在 Theano、TensorFlow 或 CNTK 中为我们编写的程序。当我们训练和使用模型时，我们将使用这些代码。

要编译模型，我们需要至少提供给 Keras 两条信息。

首先，我们必须告诉 Keras 如何测量每个样本的误差（即如何用数字来表示网络输出和我们希望它产生的目标之间的任何差异）。其次，我们必须告诉 keras 应该使用哪个优化器来更新权重以减少误差。让我们依次来看这些。

为了衡量权重的质量，我们需要一个损失（或成本）函数。在第 18 章讨论 backprop 时，我们使用了一个简单的基于输出值和标签值之间差异的误差测量。但我们也有其他选择。

损失函数很有趣，因为它们给出了网络的"目标"。神经元、Dropout 层、激活函数等是网络的"内容"，提供各个部分，像是机械时钟中的齿轮。而结果的计算、反向传播和权重更新，这是"方法"，就像时钟的齿轮连接并相互推进的方式一样。

但是损失函数告诉我们为**什么**要这样做。是为了找到一个完美的标签？是要找到 3 个等可能的标签？是预测浮点值？是照片中一张脸的名字？是明天买什么股票最好？是一个短语从一种语言翻译到另一种语言？或者可能更深奥的东西。

每个神经网络都有一个目的，而在某种意义上，损失函数定义了这个目的，因为它驱动着整个网络。网络的目标是使损失或误差尽可能小。所以损失函数推动了整个进程。

由于其通用性和重要性，损失函数可以变得很复杂。这通常意味着其中有很多数学知识。

好消息是，我们在深度学习中所做的大部分基本事情都只涉及几个典型的应用程序，并且每个应用程序都有一个现成的已经被编程到 Keras 中用于完成这项工作的损失函数。我们只需要命名为我们的目标设计的那个。由于我们正在搭建一个多类别分类器,而不是一个执行回归或二进制分类的网络,因此我们将告诉 Keras 使用适用于多类别分类器的预先搭建的损失函数。

该函数将比较独热标签和最后一层的输出。这种比较使用了第 6 章中的熵的概念来确定我们匹配的接近程度。我们想要的损失函数的名称将这两个想法组合成长字符串"categorical_crossentropy"。

如果我们只有两个类别,并且将使用一个输出来决定它们(可能将它设置为一个类别接近 0 而另一个类别接近 1 的值),那么评估该情况下的误差的函数被命名为"binary_crossentropy"。

Keras 文档中列出了许多其他的损失函数,它们在执行回归或其他各种特定任务时非常有用。如果还没有完美的损失函数,我们可以用 Python 编写自己的函数并告诉 Keras 使用它。

令人高兴的是,我们的目标是使用多个输出进行基本分类,因此我们可以使用预先搭建的"categorical_crossentropy"损失函数。这告诉网络,我们希望网络的输出尽可能地与独热标签中的数字相匹配。

选择了损失函数后,我们的下一个任务是选择优化器。一旦计算出误差,Keras 就会将其提供给优化器,优化器将使用该误差来更新权重。我们在第 19 章中看到了各种各样的优化器,其中包括 SGD、RMSprop 和 Adagrad 等。同样,它们都已经被我们实现了,所以我们只需要通过提供它的名称来告诉 Keras 我们希望它使用哪一个。

在编译模型时,我们可以向 Keras 提供许多其他可选信息。其中最常见的是提供一个称为 metrics 的测量值列表,告诉 Keras 我们希望它在模型学习时测量什么。我们可以将这些指标视为误差或损失函数的补充,但它们只是作为理解和监控学习过程的有用信息参与计算并将结果返回给我们,并不用于更新模型。有许多指标可供选择。如果我们没有看到合适的测量指标,我们可以自己定义一个函数来计算我们想要评估的指标。虽然指标始终是一个列表,但我们通常只提供一个元素的列表,并要求它使用字符串"accuracy"来记录准确率。

我们通过调用模型的 compile() 方法来编译模型。它包含了模型在我们选择的后端计算机上实际运行的所有内容。由于此信息与模型对象一起保存,因此我们不必自行保存任何内容。当 compile() 返回时,模型就可以学习了。

清单 23.38 展示了如何使用损失函数、优化器和指标列表调用 compile()。在这种情况下,我们使用"categorical_crossentropy"损失函数,正如我们上面讨论的那样,它是具有多个输出的分类问题的适当选择。我们选择了"adam"优化器,因为它通常是一个很好的起点,并且已经指定了常规选择"准确率",以便在我们开始学习后测量指标。

**清单 23.38** 使用 compile() 方法编译模型,我们选择"categorical_crossentropy"损失函数和"adam"优化器。使用这些字符串是创建具有默认值的相应对象的简写。我们还告诉模型,一旦我们开始训练,就会希望它能够测量并返回"accuracy"。

```
model.compile(loss=' categorical_crossentropy',
              optimizer=' adam', metrics=[' accuracy' ])
```

像往常一样,我们对损失函数和优化器的初始选择是凭经验完成的。也就是说,选择一些我们认为是合理的参数设置,看看它们的效果怎么样,然后进行改变以改善我们获得的性能。

如果我们认为已经很接近了,但还可以做得更好,那么可能会决定创建一个自定义优化器,并将一些参数设置为默认值以外的其他值。

例如,Keras 文档说 Adam 的学习率参数称为 lr(小写 l 和 r),其默认值为 0.001。也许我们预感到较小的初始值可以改善结果。当我们使用字符串"adam"创建优化器时(如清单 23.38 所示),

会要求一个使用所有默认值的 Adam 优化器实例。为了设置我们自己的一些值，我们创建了一个 Adam 对象的实例，并在其中指定了我们想要赋值的参数，而将所有其他参数保留为默认值。然后我们将该对象交给 compile()，而不是给它一个字符串。清单 23.39 展示了它是如何工作的。

**清单 23.39**　使用 Adam 优化器的自定义对象编译模型。

```
from keras import optimizers
slow_adam = optimizers.Adam(lr=0.0001)
model.compile(loss='categorical_crossentropy',
              optimizer=slow_adam, metrics=['accuracy'])
```

Keras 文档列出了所有优化器及其实例名称、它们的参数以及所有默认值。

损失函数不带参数，因此除非使用自己编写的自定义函数，否则我们通常会提供一个字符串来命名一个内置函数。

我们在本节中介绍了很多内容，但它可以归结为清单 23.38 所示的一个函数调用（或清单 23.39 所示的自定义版本）。使用损失函数和优化器调用 compile() 为 Keras 提供了足够的信息，可以将我们的网络说明转换为可以运行的实际代码。

### 23.6.4　模型创建摘要

我们刚刚登上了第二个山顶。

我们从如何创建一个新模型开始。我们首先创建了一个空的 Sequential 对象，然后添加了一个全连接的隐藏层，它也指定了输入层的形状。我们完成了另一个全连接层，产生了 10 个输出，每个类别一个。

然后我们编译了模型，将其从蓝图变为现实。我们告诉 Keras 如何测量损失、如何更新权重，以及我们希望它在这个过程中为我们测量哪些数据。

把这些放在一起，清单 23.40 展示了如何创建和编译模型。我们已经将所有内容合并为一个返回已编译模型的小函数。这样我们的代码就可以包含多个模型，我们可以通过调用适当的函数来选择我们想要的模型。在本摘要中，假设已经运行了清单 23.27，因此我们可以使用变量 number_of_classes 和 number_of_pixels（为了简单起见，我们将它们用作全局变量，但它们可以作为参数传入）。

**清单 23.40**　总结如何创建和编译模型。

```
from keras.models import Sequential
from keras.layers import Dense
def make_one_hidden_layer_model():
    # create an empty model
    model = Sequential()

    # add a fully-connected hidden layer with #nodes = #pixels
    model.add(Dense(number_of_pixels, activation='relu',
                    input_shape=[number_of_pixels]))

    # add an output layer with softmax activation
    model.add(Dense(number_of_classes, activation='softmax'))
```

```
    # compile the model to turn it from specification to code
    model.compile(loss=' categorical_crossentropy' ,
                  optimizer=' adam' ,
                  metrics=[' accuracy' ])
    return model

model = make_one_hidden_layer_model() # make the model
```

　　将清单 23.27 中的数据加载和预处理步骤与清单 23.40 中的模型创建步骤相结合,我们可以让一个空白的模板变成一个可以学习的模型。

　　创建我们的模型只需要 3 行代码,编译它只需要一行。现在我们看到训练系统也只需要一行。但正如我们所看到的,每一行都包含了大量信息。

　　现在我们要将准备好的数据传递给编译好的模型并开始学习。

　　让我们开始训练吧!

## 23.7　训练模型

　　我们的数据已经为学习做好了准备,而且我们已经创建并编译了一个模型,现在是时候将数据提供给模型并让它学习了。

　　这就是像 Keras 这样的库真正闪耀的地方。管理数据流、使用反向传播计算梯度、应用权重更新公式以及其余的所有机器学习工作都可以完成。

　　为了向 scikit-learn 致敬,我们使用了一个名为 fit( )的例程来训练对象,Keras 训练例程也被命名为 fit( )。这个函数调用我们需要的数据和模型,并为我们运行整个学习过程,一应俱全。我们只需调用它们,然后去喝一杯咖啡,或者睡一晚上,周末去拜访朋友,或者休假几周,这取决于我们的网络、数据和可用的计算资源。对于清单 23.40 中运行在 MNIST 上的小型两层模型,我们只需一会的休息时间就足够了。在 2014 iMac 上训练,在没有 GPU 的情况下运行 TensorFlow 后端,每个 epoch 训练大约需要 2~3 秒。我们会看到在 20 个 epoch 后获得了良好的结果,这还不到一分钟。

　　为了关注学习过程,我们可以要求 fit( )在每一个 epoch 之后输出中间结果。这让我们可以看到事情是否进展顺利,如果网络没有学习,可能会中断这个过程。如果我们让它运行完,fit( )将返回一个 History 类型的对象。这包含了 Keras 在每一个 epoch 之后测量的所有数据,例如模型的准确率和损失。我们可以使用该历史记录制作图表来可视化系统的性能。

　　描述 fit( )的文档所使用的术语值得我们多加关注。

　　训练数据现在简称为 x 和 y,但因为它们是前两个参数,所以我们不必明确提供这些名称。用于评估系统的数据称为**验证数据**,而不是测试数据。原因是 Keras 将在每一个 epoch 之后评估我们的模型。因此,我们暂时搁置测试数据,以便在部署之前评估最终模型。我们在训练时使用验证集来测试性能。

　　有了这些术语之后,让我们看看如何调用 fit( )。

　　前两个参数都是强制性的,按顺序是训练样本和训练标签。正如我们刚刚看到的,它们称为 x 和 y。尽管遵循 Python 约定,当我们调用 fit( )时,这些强制性的第一个参数通常不会明确命名。

　　在训练期间,fit( )将使用验证数据定期评估模型。我们可以选择明确地提供数据,或者告诉 fit( )从输入数据中提取验证集。

　　如果我们有自己的验证集(就像我们使用 MNIST 一样),可以在一个小的 2 元素列表中提供验证样本及其标签，作为可选参数 validation_data 的值。

如果我们没有自己的验证集，那么 fit() 可以为 validation_split 参数提供一个值，以 0～1 的浮点数的形式，告诉它要用作验证数据的训练数据的百分比。这就像使用 scikit-learn 的 train_test_split() 例程，但是是动态的。一般来说，最好提供我们自己的验证集，因为我们可以更好地控制它所包含的内容。

正如在第 8 章中看到的，我们通常以**小批量**训练模型。由于我们很少一次使用整个批次进行训练，因此许多人将小批量简称为"批"。Keras 也这样做，使用参数名如 batch_size 更适用于"小批量的大小"。因为将"批"用于"小批量"非常常见，所以我们也会在这里使用这样的术语。

当分批次学习时，fit() 将从我们的训练集中提取出一个批大小的样本块，从中学习，更新权重，然后再获取另一个批次。我们的工作是用可选参数 batch_size 告诉 fit() 这些块应该有多大。这个参数默认值为 32，但我们可以将它设置为我们喜欢的任何值。如果使用 GPU，我们通常将其设置为 2 的幂（如 32 或 128），这可以使得数据最适合我们正在使用的 GPU，因此它可以在一个并行操作中处理整个批的数据。当仅在 CPU 上进行训练时，我们经常使用更大的批大小，甚至可能使用几百个样本，因为我们的计算机有更多可用内存。

在本章中，我们将演示没有 GPU 的结果，因此我们通常会使用相当大的批大小，如 256。

另一个重要的参数是训练过程应该运行多少 epoch。回想一下，一个 epoch 意味着遍历一次完整的训练集（如上所述，分批进行）。这几乎永远不足以完全训练系统，因此系统会在另一个 epoch 中再次运行所有数据，一遍又一遍地重复该过程。告诉 fit() 在我们开始训练之前要使用多少 epoch 的缺点是我们可能会不知所措。也许有时需要比我们要求更多的 epoch，所以我们过早地停止训练，或者选择一个远远超过我们需要的数字，浪费大量时间训练不再学习的网络（或者更糟的是，过拟合）。我们稍后会看到这两个问题的解决方案。现在，我们只需选择一个数字，并希望它是正确的。参数的名称是 epochs，是"epoch 的数量"的缩写。我们选择 3 是为了确保一切正常，然后再调高这个数字。

我们将使用的最后一个参数是 verbose，它告诉系统在每一个 epoch 之后的更新结果（语法上，我们可能更喜欢"verbosity"作为这个参数的名称，但它就是 verbose）。如果我们将其设置为 0，则不输出任何内容；值为 1 会输出一个动态进度条，显示系统在每一个 epoch 通过样本的方式；值为 2 则仅输出每一个 epoch 后的单个文本摘要行。

让我们用自己的验证集对模型进行 3 个 epoch 的训练。由于我们正在用 CPU 进行训练，因此将使用每批 256 个样本的大批量。与我们在 GPU 上训练时通常使用的较小批量的结果相比，这将在绘制数据时为我们提供更平滑的图形。我们将 verbose 设置为 2，以便在每一个 epoch 之后得到一行信息。清单 23.41 展示了完成这些操作的代码。

**清单 23.41** 最后，我们正在训练模型！

```
# call fit() to train the model, and save the history
history = model.fit(X_train, y_train, validation_data=
                    (X_test, y_test),
                    epochs=3, batch_size=256, verbose=2)
```

当我们运行代码时，系统将开始训练。由于只有 3 个 epoch，这在大多数现代计算机上运行应该不到一分钟。

这是第三个山顶！下面我们将它们放在一起。

## 23.8 训练和使用模型

我们已经到达了最后一个山顶。从头开始创建模型，我们已经得到了一个（几乎）训练好的神经网络来分类 MNIST 数字。

这是一个停下来欣赏风景，回顾一下我们已经走了多远的好时机。

清单 23.42 将清单 23.27 的预处理、清单 23.40 的模型创建和清单 23.41 的模型训练结合在一起。

短短 57 行代码（包括注释和空格），从零开始，获取数据，对其进行预处理，创建和编译一个深度学习模型，然后进行 3 个 epoch 的训练。

**清单 23.42** 将清单 23.27 的预处理、清单 23.40 的模型创建和清单 23.41 的模型训练结合在一起。

```
from keras.datasets import mnist
from keras.models import Sequential
from keras.layers import Dense
from keras import backend as keras_backend
from keras.utils.np_utils import to_categorical
from keras.utils import np_utils
import numpy as np
random_seed = 42
np.random.seed(random_seed)

# load MNIST data and save sizes
(X_train, y_train), (X_test, y_test) = mnist.load_data()
image_height = X_train.shape[1]
image_width = X_train.shape[2]
number_of_pixels = image_height * image_width

# convert to floating-point
X_train = keras_backend.cast_to_floatx(X_train)
X_test = keras_backend.cast_to_floatx(X_test)

# scale data to range [0, 1]
X_train /= 255.0
X_test /= 255.0

# save the original y_train and y_test
original_y_train = y_train
original_y_test = y_test

# replace label data with one-hot encoded versions
number_of_classes = 1 + max(np.append(y_train, y_test))
y_train = to_categorical(y_train, num_classes=number_of_classes)
y_test = to_categorical(y_test, num_classes=number_of_classes)

# reshape samples to 2D grid, one line per image
X_train = X_train.reshape([X_train.shape[0], number_of_pixels])
X_test = X_test.reshape([X_test.shape[0], number_of_pixels])

def make_one_hidden_layer_model():
    model = Sequential()
    model.add(Dense(number_of_pixels, activation='relu',
                    input_shape=[number_of_pixels]))
    model.add(Dense(number_of_classes, activation='softmax'))
```

```
        model.compile(loss=' categorical_crossentropy' ,
                      optimizer=' adam' ,
                      metrics=[' accuracy' ])
    return model

# make the model
one_hidden_layer_model = make_one_hidden_layer_model()

# call fit() to train the model, and save the history
one_hidden_layer_history = one_hidden_layer_model.fit(
    X_train, y_train,
    validation_data=(X_test, y_test), epochs=3,
    batch_size=256, verbose=2)
```

## 23.8.1  查看输出

清单 23.42 的最后一行实际上训练了我们的模型，从 **X_train** 的训练数据中学习。清单 23.43 展示了我们要求它在每一个 epoch 之后输出的摘要。再次运行此代码可能会产生略微不同的值。

**清单 23.43**  清单 23.42 的输出。请注意，不同的后端可能会产生略微不同的值。我们删除了每个值的最小有效位，以使每一行看起来美观。

```
Train on 60000 samples, validate on 10000 samples
Epoch 1/3
3s-loss: 0.3053 - acc: 0.9141 - val_loss: 0.1641 - val_acc: 0.9532
Epoch 2/3
3s-loss: 0.1237 - acc: 0.9645 - val_loss: 0.1044 - val_acc: 0.9701
Epoch 3/3
3s-loss: 0.0812 - acc: 0.9763 - val_loss: 0.0820 - val_acc: 0.9748
```

第一行是为了保证，报告了训练集和测试集的大小。这有助于我们发现意外混淆这两个数据集的情况。

系统在开始第一个 epoch 时输出 Epoch 1/3，并在遍历该 epoch 中的每个样本时输出摘要行。第一条信息是消耗的时间。在这里，系统花了大约 3 秒（同样，仅在 CPU 上）在训练集中的每个样本上训练我们的简单模型（即一个 epoch）。然后系统输出训练集的损失和准确率（loss 和 acc）。不幸的是，这些没有被明确标记为用于训练集。但是我们可以看到接下来的两个结果是针对验证集（val_loss 和 val_acc）的，这有助于提醒我们未标记的版本是针对训练数据的。

我们应该怎么做？乍一看，训练数据的结果看起来很有希望。每一个 epoch 后测试损失都在下降，测试准确率也在提高。这表明我们所有的一切都是有效的，并且系统正在学习。

这样的结果确实值得兴奋。

验证数据看起来也不错。同样，每一个 epoch 的损失都在下降，准确率都在提高。经过 3 个 epoch 的训练，它的准确率已达到 97% 以上！这虽然远不及前人发现的最好成绩[LeCun13]，但令人惊讶的是，仅仅 3 个 epoch 之后，在根本没有调整参数的情况下，一个只有一个隐藏层的小网络，手写数字识别的准确率高达 97.5 %！

对于几乎任何网络来说，3 个 epoch 的训练是不够的，即使是这么简单的网络。让我们看看怎样让它运行 20 个 epoch。我们所要做的就是将参数 epochs 改为 20，然后让模型去训练。

**清单 23.44** 最后，我们对模型进行了真正的训练！我们让它运行 20 个 epoch。

```
history = model.fit(X_train, y_train,
                    validation_data=(X_test, y_test),
                    epochs=20, batch_size=256, verbose=2)
```

清单 23.45 展示了清单 23.44 输出中的开头和结尾。

**清单 23.45** 清单 23.44 输出的开头和结尾。

```
Train on 60000 samples, validate on 10000 samples
Epoch 1/20
3s-loss: 0.3044-acc: 0.9141-val_loss: 0.1643-val_acc: 0.9522
Epoch 2/20
3s-loss: 0.1239-acc: 0.9646-val_loss: 0.1037-val_acc: 0.9699
Epoch 3/20
3s-loss: 0.0813-acc: 0.9760-val_loss: 0.0816-val_acc: 0.9753
Epoch 4/20
3s-loss: 0.0578-acc: 0.9834-val_loss: 0.0723-val_acc: 0.9788
...
Epoch 17/20
3s-loss: 0.0015-acc: 1.0000-val_loss: 0.0639-val_acc: 0.9818
Epoch 18/20
3s-loss: 0.0011-acc: 1.0000-val_loss: 0.0628-val_acc: 0.9826
Epoch 19/20
3s-loss: 9.0475e-04-acc: 1.0000-val_loss: 0.0633-val_acc: 0.9827
Epoch 20/20
3s-loss: 8.6833e-04-acc: 1.0000-val_loss: 0.0619-val_acc: 0.9826
```

清单 23.45 中的输出看起来很棒。我们在训练集上的得分是 100%准确率。这是完美的！

测试集得分并不完美，但对于这样一个简单的模型来说它是非常值得自豪的。我们的模型在所有 10000 个测试样本中只有 174 个分类错误。

正如我们前面提到的，使用图像数据的一个好处是我们可以查看它。让我们看一些被错误分类的例子。

在图 23.25 中，每一行显示的图像的给定标签是该行的编号。也就是说，在数据集中，第一行中的每个图像最初都分配了标签 0，第二行中的每个图像最初都分配了标签 1，以此类推。但在这里，我们正在展示被网络错误分类的图像。该列显示系统分配给该图像的标签。例如，在第一行中，第 5 个位置有一张图像。它在第一行，所以 MNIST 数据集告诉我们这应该是 0，但它在第 5 列，所以系统预测这是一个 4。这似乎是一个非常奇怪的错误。

在第 3 行可以看到合理的错误。左边的第二个图像在数据中标记为 2，但系统将其分类为 1。很难说它应该是什么。在第 6 行中，第一个条目在数据中标记为 5，但系统将其称为 0。这似乎并非没有道理。

有些错误看起来似乎令人惊讶（图 23.25 中第 9 行最左边的 8 看起来很明显是 8 而不是 0），重要的是要记住这些错误是很少见的。在 10000 个测试图像中，系统仅与给定的标签发生 174 次不一致。

图 23.26 展示了我们的错误的"热图"，其中每个单元格告诉我们有多少图像落入该单元格。范围从黑色（在该单元格中没有图像）到红色，然后是黄色到白色。

图 23.25 预测值与标签不匹配的测试集图像的可视化。第一行包含在原始 MNIST 数据集中标记为 0 的图像。下一行包含标记为 1 的图像，以此类推。每一列告诉我们系统分配的标签。例如，第一行显示应该全部标记为 0 的图像。但是此行的第 5 列中有一个图像，这意味着系统将其分类为 4。空格子表示没有图像落入该位置。每个位置显示的图像是从属于该单元格的所有图像中随机选择的

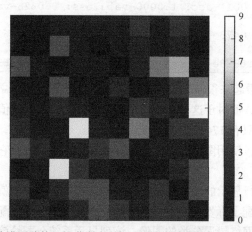

图 23.26 图 23.25 的错误总体可视化的热图，这告诉我们每个单元格中有多少图像落入。黑色表示空列表，而亮红色、黄色和白色表示较长的列表

第 5 行第 9 位的白色框显示，在此次训练中，系统始终犯的最大错误是将标记为 4 的数字分类为 9。验证集中的 10000 个数字，9 个图像被这样错误地分类。其他常见错误是把标记为 5 的数字分类为 3，把标记为 7 的数字分类为 3。

### 23.8.2 预测

我们的验证数据得到了一些令人印象深刻的数字，但如果我们查看一些非人口普查局工作人员或高中生写的数字呢？

让我们采用刚刚训练过的模型并进行部署。我们将给它一些以前从未见过的新图像，看看它会怎么做。

图 23.27 展示了西雅图地区冬季拍摄的 4 张照片。依次为：咖啡店橱窗里的一块牌子，建筑工地附近地面上的喷漆标记，垃圾箱侧面的数字，以及一个停车场的摊位号。

停车场摊位上的印刷数字不是手绘的，而且它们有间隙，所以它们真的不适合我们的系统。它们只是为了好玩而被包含在内，并且看看我们的深度学习系统会给出什么结果。

当提取这些数字时，将它们旋转直立，并以与原始 MNIST 数据集[LeCun13]相同的方式准备它们，我们得到了图 23.28。

图 23.27　西雅图地区冬季拍摄的 4 张照片。从左到右：咖啡店橱窗里的牌子，建筑工地附近地面上的喷漆标记，垃圾箱侧面的数字以及一个停车场的摊位号

咖啡店 **4 5 6 8**

建筑工地 **0 2 3 4 5 7 9**

垃圾箱 **1 3 4 5**

停车场 **2 3 5**

图 23.28　从图 23.27 中提取数字。每个数字都已旋转到垂直位置，然后像原始 MNIST 图像一样进行处理

我们的系统会有多好？在我们深入讨论之前强调一点，这不是一个公平的测试。验证集有 10000 个图像是有充分理由的，但在这里我们只有 18 个图像。这个样本集太小，没有任何统计有效性。更糟糕的是，停车场的图像不是手绘的，而且每个都有明显的间隙。所以我们要做的就是做点有趣的尝试，而不是以此作为可以用来可靠地表征我们系统性能的证据。毕竟，这正是验证集的用途。然而，它们做了一个有趣的测试，在此过程中我们将看到如何使用模型进行预测，让我们来深入研究一下。

为了弄清楚我们正在使用哪个集合，让我们制作 4 个测试集，每组一个图像。例如，我们将咖啡店数据安排到一个有 4 行 784 列的网格中，如图 23.29 所示。

784

4

**4**
**5**
**6**
**8**

图 23.29　将咖啡店数据的 4 个图像排列成一个二维网格，每个图像一行

建筑工地数据有 7 行，垃圾箱数据有 4 行，停车场数据有 3 行。

与往常一样，我们需要对数据进行预处理。我们已经把它变成了 28 像素 × 28 像素的形状，但这还不够。就像 MNIST 数据集一样，我们需要将输入像素转换为当前的 Keras 浮点类型，然后必须应用与我们用于训练模型的训练数据相同的预处理。因此我们将再次使用 cast_to_floatx( ) 将数据转换为正确的类型，然后将每个像素除以 255，就像之前一样。咖啡店图像数据的预处理步骤如清单 23.46 所示。

**清单 23.46**　咖啡店图像的预处理。我们将它们设置为当前的浮点类型，然后使用与训练时相同的预处理。在这里，也就是将值除以 255。

```
CoffeeShopDigits_set = keras_backend.cast_to_floatx(
                              CoffeeShopDigits_set)
CoffeeShopDigits_set /= 255.0
```

现在我们准备将这些图像提供给模型，并要求它识别或预测每个数字。我们正在新数据上测试我们的深度学习系统！

我们可以要求有两种类型的预测。最简单的一个只是给出每个样本概率最高的预测类。我们通过调用一个名为 predict_classes() 的方法来实现这一点，该方法由编译好的模型提供。它的第一个也是唯一的强制参数是我们希望它预测的数据。我们将 verbose 设置为 0，因为这个快速的小任务不需要进度条。清单 23.47 展示了输入和输出。

**清单 23.47**　我们给模型提供了正确形状的新数据，并使用 predict_classes() 来预测最终的类。结果是一个数组，每个类有一个条目。

```
model.predict_classes(CoffeeShopDigits_set, verbose=0)
array([4, 5, 6, 8])
```

预测的结果是一个整数数组，每个整数代表输入中的每一行，告诉我们系统为这一行分配了什么类。

将清单 23.47 的结果与图 23.28 进行比较，我们可以看到系统完美无缺！它正确地分类了所有 4 位数字。

我们可以要求的另一种类型的预测将给出每个类的概率。通过这种方式，我们可以看到是否有任何接近的第二预测值，并且通常可以感觉到系统不仅在寻找正确答案方面做得如何，而且在丢弃错误答案方面做得如何。我们使用 predict_proba() 方法返回此列表。清单 23.48 展示了这个函数的结果，它为我们提供了咖啡店牌子上的数字 4 在每一类的概率。

**清单 23.48**　咖啡店牌子上的数字 4 的概率。我们首先询问集合中所有图像的概率，这给我们返回一个长度为 4 的列表，每个元素列出了该图像的 10 个概率。这里我们只输出第一个列表。索引 4 处的条目是最大的，但有趣的是系统认为数字很可能是 9。

```
coffee_probas = model.predict_proba(CoffeeShopDigits_set,
                              verbose=0)
coffee_probas[0]
array([ 1.14440860e-13,    1.44225864e-11,    2.28489186e-10,
        5.18200795e-11,    7.40086734e-01,    1.52976892e-04,
        1.60120806e-10,    1.13515500e-06,    1.25018749e-04,
        2.59634137e-01], dtype=float32)
```

我们可以看到，每个类都返回一个浮点数。在此示例中，最大值为 4 和 9，这对于查看图像很有意义。其中 4 "胜" 了 10 倍。

让我们绘制咖啡店数据中所有 4 位数的概率，结果如图 23.30 所示。只有 4 存在明显的竞争，图像有 26% 的可能性为 9。系统基本上确定了其他 3 个数字。

让我们在其他 3 个集合上测试我们的模型。

清单 23.49 展示了建筑工地图像数据的输入和输出。

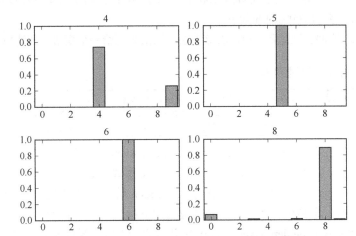

图 23.30　清单 23.48 中的概率图。系统非常确定第一个数字是 4，但认为它也可能是 9（或者仅可能是 8）。其他数字非常确定

清单 23.49　我们的模型对建筑工地图像数据的预测。

```
model.predict_classes(ConstructionDigits_set, verbose=0)
array([0, 2, 3, 9, 5, 3, 9])
```

系统得到的大部分数字是正确的，但把 4 误分类为 9，把 7 误分类为 3。7 看起来很合理，因为我们可以把这个横条理解为把图形分成上下曲线，有点像 3。但把 4 错当成 9 似乎很难解释。

清单 23.50 展示了垃圾箱图像数据的输入和输出。

清单 23.50　我们的模型对垃圾箱图像数据的预测。

```
model.predict_classes(DumpsterDigits_set, verbose=0)
array([1, 3, 4, 5])
```

完美预测！清单 23.51 展示了停车场图像数据的输入和输出。

清单 23.51　我们的模型对停车场图像数据的预测。

```
model.predict_classes(StencilDigits_set, verbose=0)
array([2, 3, 5])
```

再次完美预测！停车场图像数据几乎荒谬得不公平。数字不是手绘的，它们都有多个间隙。这根本不是模型训练的那些对象。我们没有理由认为模型能很好地解释这些图像，然而它却完美地预测了这 3 个数字。

我们的小模型只有两层，只经过了 20 个 epoch 的训练，却做得很好，正确分类了 18 张图像中的 16 张。

### 23.8.3 训练历史分析

我们的系统似乎做得很好，特别是对于这些简单的事情。

之前我们提到 fit( )返回了一些历史信息，这些信息告诉我们训练是如何进行的。现在让我们研究一下，从中可以学到什么。

为了收集大量数据，这次我们将训练 100 个 epoch，尽管我们知道系统在仅仅 20 个 epoch 之后就会在训练数据上达到 100%的准确率。

历史信息由 fit( )返回，因此我们可以将该方法的输出分配给一个变量，如清单 23.52 所示。

**清单 23.52** 保存 fit()返回的历史记录。

```
one_hidden_layer_history = model.fit(X_train, y_train,
            validation_data=(X_test, y_test),
            epochs=100, batch_size=256, verbose=2)
```

这里我们将历史记录保存在名为 one_hidden_layer_history 的变量中。它包含一堆总结训练过程的字段（比如它运行了多少个 epoch，以及我们使用了哪些参数）。我们现在最感兴趣的地方称为 history。它是一个 Python 字典对象，包含每一个 epoch 后训练集和验证集的准确率和损失值。

训练准确率在这个词典中作为一个存储在键'acc'下的列表，所以我们用 one_hidden_layer_history.history ['acc']从 one_hidden_layer_history 中获取它们（这需要打很多字！）。训练损失使用键"loss"。类似地，验证准确率和验证损失存储在键"val_acc"和"val_loss"中。

注意，与 Keras 中的许多其他地方一样，与训练集相关的信息没有前缀，因此这些列表使用键"acc"和"loss"。与其他数据集相关的信息以描述符为前缀，因此这里我们使用键"val_acc"和"val_loss"来保存验证数据。

我们使用通过这些键检索到的数字列表，绘制了训练数据的准确率和损失，如图 23.31 所示。

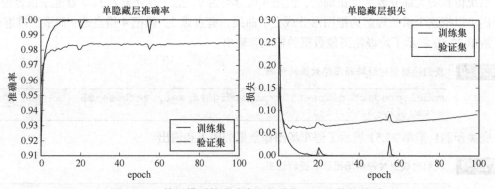

图 23.31　单层模型的准确率和损失与 epoch 数的关系

这里有一些惊喜。

首先，值得注意的是数据范围区间。准确率曲线从约 0.91 **开始**（最高为 1.0）。这意味着在经过一个 epoch 训练之后，我们的系统准确率高达 91%。这远非完美，但对于这么小的网络和一个 epoch 的训练来说，这真是太神奇了。损失曲线的范围相对较小，为 0～0.3。

两张图都显示出一些峰值。这可能是由于样本以恰当的顺序出现，因此一些系统损失能够累积。在这两种情况下，该系统几乎立即得到了恢复。

大约在第 20 个 epoch，训练损失迅速降至 0，除了尖峰，它保持在 0 处。但验证损失正在逐渐增加，即训练损失和验证损失是**发散**的。这是**过拟合**的图片。正如我们在第 9 章中讨论的那样，过拟合意味着系统已经学会了如何通过特殊化其特征来识别训练集，而不是其一般原则。

过拟合期间的学习实际上会降低我们在验证数据上的表现，因为系统会越来越多地学习训练集、锐化规则和记忆细节。这完全是浪费精力，它的代价是失去了普遍性，每一个 epoch 都会对系统在新数据上的准确率造成更大的伤害。虽然看起来这些图表的准确率并没有下降，但不断增加的验证损失表明，如果我们继续训练，这一时刻可能会到来。

为了防止这种过拟合，我们可能会试图在损失或准确率曲线相互交叉的地方停止训练，但这太早了。验证准确率仍在提高，验证损失总体上仍在下降。停止的最佳时机是我们的验证损失或准确率停止改善。也就是说，当损失开始增加或准确率开始下降时。在这两个选择中，我们通常使用不断增加的验证集损失作为停止训练的触发器。

下面我们将看到如何自动检测这种情况，并在那时停止训练。这将有助于我们避免过度训练模型。它还将解决我们必须猜测正确数量的 epoch 数进行训练的问题，并帮助我们不要猜太高或太低。我们只需选择一个很大的数，让系统在开始过拟合时自行停止。

在开始讨论之前，让我们看看如何将来之不易的训练好的模型保存并加载到文件中。毕竟，如果我们花了几个小时（或几天，或几周）训练一个模型，那么肯定希望能够保存所有这些宝贵的权重。然后，下次我们想要使用该模型时，只需从文件中加载权重，那么就可以使用完全训练好的模型了，而不必再从头开始训练它。

## 23.9 保存和加载

在解决训练模型的所有问题之后，我们当然希望保存它，以便以后再次使用它。这里有几种方式可供选择。

### 23.9.1 将所有内容保存在一个文件中

保存模型和权重的最简单方法是调用属于对象的内置方法，该方法告诉对象将自己写入文件。这个足够明智的方法称为 save( )。当我们调用此方法时，模型将生成一个包含其架构和权重的文件。

模型以一种称为 HDF5 的格式保存，通常使用扩展名.h5 或.hdf5 [HDF517]。我们可以只用一行代码来保存模型，如清单 23.53 所示。

**清单 23.53**　将模型的完整版本保存到文件中。

```
model.save(' my_model.h5' )
```

稍后，我们可以使用 load_model( )函数读回此文件。与 save( )不同，我们需要导入一个新的 Keras 模块来访问 load_model( )。那是因为当我们加载模型时，可能还没有一个可以调用其方法的对象。

假设我们要加载清单 23.53 中保存的模型，则可以使用清单 23.54 来完成。

**清单 23.54**　从文件中加载模型的完整版本。

```
from keras.models import load_model
model = load_model('my_model.h5')
```

现在，变量 model 包含了我们保存的模型的完整版本，以及在生成文件时学习的所有权重。我们可以使用该模型来预测新的结果。因为 Keras 还将优化器的状态保存在文件中，如果我们想要对模型进行更多的训练，则可以从上次停止的地方继续训练。

## 23.9.2　仅保存权重

如果我们只想保存权重（可能是为了节省一点硬盘空间），那么 save_weights()方法将完成这项工作，如清单 23.55 所示。

**清单 23.55**　只将权重保存到文件中。

```
model.save_weights('my_model_weights.h5')
```

如果我们想以后使用这些权重，那么必须首先创建一个模型来接收它们。最常见的情况是，我们的模型与用于保存权重的模型具有相同的架构，然后权重就会回到它们原来的位置，如清单 23.56 所示。

**清单 23.56**　仅加载权重。

```
# create a model just like the one we saved the weights from
model = make_model() # a pretend function to make our model

# now read the weights back from a file and fill up the model
model.load_weights('my_model_weights.h5')
```

## 23.9.3　仅保存架构

保存模型及其权重是保存工作最便捷的方式，因为我们在一个地方拥有了所需的一切。如果我们想要与使用不同库的人共享这个训练好的模型，而这些库不是用来读取 Keras 架构信息的，那么仅保存权重是非常有用的。

我们很少希望只保存架构而不考虑权重。

如果我们只需要保存模型的架构，Keras 支持两种不同的格式：JSON [JSON13]和 YAML [YAML11]。这些格式都旨在将数据结构保存为纯文本文件。YAML 是 JSON 的超集，意味着它可以完成 JSON 能做的所有事情，但是如果我们只是保存并加载模型架构，那么额外的功能就没有实际意义。由于这两种格式都是基于文本的，因此如果需要，可以使用文本编辑器轻松打开和读取任何一种格式的文件。

在两种情况下保存架构的技术是使用 Keras 将模型转换为大字符串，然后将该字符串写入文件。为了恢复架构，我们从文件中读取字符串，然后使用 Keras 将字符串转换为模型。

要将模型转换为 YAML 字符串，我们可以使用作为模型一部分的 to_yaml()方法，然后将其写入文件，如清单 23.57 所示。

清单 23.57 将不带权重的模型架构保存为 YAML 文件。

```
import yaml
filename = ' my_model_arch.yaml'
yaml_string = model.to_yaml()
with open(filename, ' w' ) as outfile:
    yaml.dump(yaml_string, outfile)
```

要读取我们的模型架构，可以使用清单 23.58。

清单 23.58 从 YAML 文件中读取不带权重的模型架构。

```
import yaml
from keras.models import model_from_yaml
filename = ' my_model_arch.yaml'
with open(filename) as yaml_data:
    yaml_string = yaml.load(yaml_data)
model = model_from_yaml(yaml_string)
```

要使用 JSON 而不是 YAML，我们只需要在清单 23.57 和清单 23.58 中用 JSON 替换所有出现的 YAML。

### 23.9.4   使用预训练模型

当开发和测试我们自己的模型时，保存和加载模型的能力非常有用。它也使我们的工作能够建立在他人的工作基础之上。

一些深度学习模型可以有几十层，并且可能已经在我们无法访问的大量数据上训练了数天或数周。但是，如果模型的作者已经发布了架构和权重，那么我们就可以立即使用他们的模型以及付出努力得到的成果。这正是我们在第 20 章和第 21 章中使用 VGG16 模型时所做的。

我们经常通过对数据进行训练来微调这些**预训练**模型，帮助它们专注于我们需要完成的任务。这有时称为**迁移学习**（transfer learning）[Karpathy16]。

我们甚至可以修改架构，例如在预训练模型的末尾添加几层或自己的层。我们通过告诉 Keras 在训练期间不改变它们的权重来"保护"现有的模型。我们说这些层是**冻结**（freeze）的。这意味着我们训练时只有新增的层才能获得更新的权重。

要冻结一个层，我们需要将层的可选参数 trainable 设置为 False。我们稍后可以通过将此参数设置为 True 并再次编译它来"解冻"冻结的层。

在模型末尾添加更多层的替代方法是冻结除最后几层之外的所有层。然后，我们通常使用新数据以非常小的学习率来训练模型。我们只想调整或微调这些层的权重，以便它们更适合数据 [Gupta17]。

### 23.9.5   保存预处理步骤

我们已经看到了如何保存架构、权重以及两者的组合。但正如我们所知，每当我们使用模型时，必须以与处理训练数据完全相同的方式预处理新数据。

例如，在对清单 23.27 中的 MNIST 数据集进行预处理时，我们将所有像素数除以 255。在第 21 章中使用的 VGG16 模型中，用作样本的彩色图像必须通过从每个像素的每个通道中减去一个特定的数字来进行预处理 [Lorenzo17]。

关键点在于，为了正确使用已保存的模型，我们还希望保存并加载数据预处理步骤，以便可以将它们应用于新数据。

不幸的是，对于 Keras 2，没有标准的方法可以做到这一点。部分问题是我们可以按照任何自己喜欢的方式进行预处理。我们可以使用库函数或我们自己的函数，或者我们可以只是明确地修改数据，就像将数据除以 255 时那样。如果没有某种标准，就无法捕捉到这些操作。

一般的解决方案是尽可能地记录我们的预处理步骤。这通常意味着将注释写入代码或文本文件中，然后尝试确保描述以某种方式与模型保持一致。我们还必须弄清楚如何提醒人们它就在那里，并鼓励他们阅读它。

这是一个混乱的局面。

但这是必须以某种方式解决的情况，因为我们需要将在训练数据上使用的相同预处理步骤应用于任何新数据。不幸的是，目前我们必须根据具体情况管理样本预处理的文档和实现。

需要记住的重要一点是，无论是分享我们自己的训练模型，还是使用其他人的模型，我们都需要有关如何预处理训练数据的文档。作为作者，其工作是编写并以某种合理的格式提供该文档。作为采用者，其工作是在准备数据时找到这些信息并遵循它。

## 23.10　回调函数

现在我们可以保存模型了，让我们回到这样一个问题，即当验证损失开始增加并且开始过拟合时，停止训练。

回想一下，fit( )函数一次运行一个批次的数据，一个 epoch 接着一个 epoch。

在每一个 epoch 之后，它计算诸如损失和准确率之类的值，以及我们在 metrics 参数中请求的值。它还会查询我们提供的回调过程列表。然后 Keras 为我们调用每一个过程，它们可以做任何我们想做的事情。

我们通过将它们作为一个名为 callbacks 的可选参数的值交给 fit( )来告诉 Keras 要调用哪些函数。这些回调函数可以是我们自己生成的函数和 Keras 内置的函数的组合。

在本节中，我们将重点介绍 Keras 提供给我们的 3 个回调：一个用于**检查点**（checkpoint）（或保存权重），一个用于控制**学习率**，一个用于**提前终止**（或在出现过拟合时停止训练）。

### 23.10.1　检查点

回调的第一个流行用途是在训练期间检查我们的模型。这意味着将模型（或者，如果我们愿意，只是权重）保存到文件中。如果我们愿意，可以在每一个 epoch 之后保存一个检查点，但通常我们只在每几个 epoch 之后才这样做。

设置检查点意味着，如果我们正在训练一个需要花费数小时或数天的系统，并且由于断电或者任何其他原因导致训练停止，我们可以通过加载最近保存的模型文件来继续训练。

为了告诉 Keras 制作检查点，我们将创建一个 ModelCheckpoint 对象，然后当我们调用 fit( )时把它交给 Keras。

ModelCheckpoint 的第一个参数是要写入的文件的路径，该参数是强制的且未命名的。此文件采用 HDF5 格式，因此我们通常会为其提供.h5 或.hdf5 的扩展名。

此文件名是特殊的，因为它可以包含 Python 字符串格式化指令，其中包含 Keras 知道的变量值。它始终跟踪 epoch 数，因此像{epoch:0 三维}这样的字符串意味着花括号和它们之间的所有内容将被保存当前 epoch 的 3 位十进制数替换。

我们可以告诉 Keras 包含我们选择的另一个值。默认情况下，该值为 val_loss，或验证集上的损失。因此，要将该值包含在输出文件的名称中，我们可以使用类似{val_loss:0.3f}的字符串。在这种情况下，片段将被替换为当前损失的 3 位浮点数（当该值小于 1 时，Python 在开始时插入一个 0）。

典型的文件名在清单 23.59 中。在这里，我们将文件放入一个名为 SavedModels 的已存在的文件夹中。

**清单 23.59** Keras 用于检查点的文件名。创建文件时，它将包含给定格式的 epoch 数和验证损失。

```
filename = 'SavedModels/weights-{epoch:02d}-{val_loss:.03f}.h5'
```

这将创建名称如清单 23.60 所示的检查点文件。

**清单 23.60** 使用清单 23.59 的文件名写出的前几个检查点文件的名称。

```
weights-epoch-000-val_loss-0.156.h5
weights-epoch-001-val_loss-0.102.h5
weights-epoch-002-val_loss-0.080.h5
weights-epoch-003-val_loss-0.072.h5
```

要让 Keras 生成这些文件，我们需要创建一个构建和保存它们的函数。我们通过创建内置 ModelCheckpoint 对象的实例来完成此操作。它需要一个提供文件名的强制参数，格式为我们刚才看到的那样。清单 23.61 展示了我们如何创建这个对象，将其所有其他选项保留为默认值。

**清单 23.61** 使用我们想要的文件名创建 ModelCheckpoint 对象的实例。

```
checkpointer = ModelCheckpoint(filename)
```

现在，唯一剩下的工作就是在训练模型时向 Keras 提供这个对象。在我们对 fit( )的调用中，包含了可选参数 callbacks，它需要一个回调对象列表。由于我们只有这个，因此将它放在方括号中，以制作一个只有一个元素的列表。使用 23.9 节中对 fit( )的调用，使用检查点的调用如清单 23.62 所示。

**清单 23.62** 使用单元素回调列表调用 fit()。

```
history = model.fit(X_train, y_train,
                    validation_data=(X_test, y_test),
                    epochs=100, batch_size=256, verbose=2,
                    callbacks = [checkpointer] )
```

ModelCheckpoint 有一些有用的选项可以使它更有用。

在每一个 epoch 之后写出完整的模型可能会占用比我们想要使用的更多的磁盘空间（和计算机时间）。我们可以通过仅保存权重来减小文件的大小。为此，请将可选参数 save_weights_only 设置为 True（默认值为 False，因此每个文件都包含架构和权重）。

我们甚至可能不需要在每一个 epoch 之后都写出权重。我们可以告诉它只通过将可选参数 period 设置为某个值来定期写出文件（默认值为 1，表示文件在每一个 epoch 后写入）。例如，如果我们将 period 设置为 5，那么该文件仅在每 5 个 epoch 后产生。

默认情况下，Keras 可以插入文件名的值是验证损失，即 val_loss。但我们可以要求它使用验证误差 val_err、训练损失 loss、或训练误差 err。我们只是在检查点文件中使用我们想要的名称。

例如，我们可以通过设置文件名来保存训练准确率，如清单 23.63 所示。

**清单 23.63** 将训练准确率保存在检查点文件名中。

```
filename = ' SavedModels/model-weights-'
filename += ' epoch-{epoch:03d}-acc-{acc:0.3f}.h5'
checkpointer = ModelCheckpoint(filename, monitor=' acc' ,
                                save_weights_only=True,
                                period=10)
```

当我们运行代码时，我们将得到类似于清单 23.64 所示的文件名。

**清单 23.64** 清单 23.63 创建的文件名。

```
model-weights-epoch-009-acc-1.000.h5
model-weights-epoch-019-acc-1.000.h5
model-weights-epoch-029-acc-1.000.h5
```

我们可以在长时间的训练中轻松累积大量的检查点文件。我们还可以告诉 ModelCheckpoint 只在某些测量值优于任何以前保存的版本时才写入新文件。我们通过设置两个参数来实现。

首先，我们通过将 save_best_only 设置为 True（默认值为 False）来告诉它我们想要这个模式。

其次，我们告诉它应该使用哪个参数来确定这一个 epoch 的结果是否比已经保存的任何结果"更好"。像往常一样，我们可以选择训练准确率"acc"、训练损失"loss"、验证准确率"val_acc"和验证损失"val_loss"。我们传递我们希望它使用可选参数 monitor 跟踪的变量（默认是"val_loss"）。系统知道最佳损失是最小的损失，最佳准确率是最高的准确率。

例如，如果新文件的验证准确率比以前任何文件都要高，我们可以使用清单 23.65 来编写新文件。

**清单 23.65** 仅保存具有最佳验证准确率的检查点文件。

```
checkpointer = ModelCheckpoint(filename,
                                save_best_only=True,
                                monitor=' val_acc' )
```

训练完成后，最近生成的文件将是与整个训练运行中验证准确率的最佳值相对应的文件。请注意，由于我们只输出了值的 3 位数，因此准确率可能没有明显提高。例如，如果它从 0.9353 变为 0.9354，则两个文件都会将文件名中的准确率列为 0.935。通过查看文件的时间戳，我们可以推断出最近生成的文件更好。

## 23.10.2 学习率

回调的第二个流行用途是随着时间的推移改变**学习率**。正如我们在第 19 章中看到的，许多现代优化器自动且自适应地调整学习率（它们的名称通常以"Ada"开头，表示"自适应学习率"）。但如果我们选择使用像 SGD 这样的优化器，就需要自己管理学习率。

在第 19 章中，我们看到了各种随时间调整学习率的策略。例如，我们可以从较大的学习率开始，然后在每一个 epoch 后缩小它，或者在每组固定的 epoch 数之后以阶梯方式缩小它。为了实现这些策略或我们可能更喜欢的其他策略，我们使用名为 LearningRateScheduler( )的内置回调例程。

LearningRateScheduler 回调实际上只是 Keras 和我们编写的函数之间的一个小连接函数。LearningRateScheduler 调用我们的函数，它返回函数返回的值。我们编写的函数必须含有一个参

数：一个带有 epoch 数编号的整数，它刚刚作为输入结束（从 0 开始）。它必须返回一个新的浮点
学习率作为输出。

清单 23.66 展示了这个想法。我们首先使用非自适应 SGD 优化器编译模型。我们编写了一个
名为 simpleSchedule( )的小调度例程。如果我们也想在这里使用检查点，则可以像在 23.10.1 节中
一样创建一个 ModelCheckpoint 对象，并将它包含在我们提供给回调的列表中。回调例程在此列
表中的命名顺序没有区别。

**清单 23.66** 设置和使用学习率调度器。

```
from keras.callbacks import LearningRateScheduler
from keras.optimizers import SGD

# make the model
model = make_model()
sgd = SGD(lr=0.0, momentum=0.9, decay=0.0, nesterov=False)
model.compile(loss=' categorical_crossentropy' ,
                optimizer=sgd, metrics=[' accuracy' ])

def simpleSchedule(epoch_number):
    # start at 1 and drop to 0.1
    return max(.1, 1-(0.01*epoch_number))

lr_scheduler = LearningRateScheduler(simpleSchedule)

history = model.fit(X_train, y_train,
                    validation_data=(X_test, y_test),
                    epochs=100, batch_size=256, verbose=2,
                    callbacks=[lr_scheduler])
```

### 23.10.3　及早停止

回调的第三个流行用途是实现**及早停止**。回想一下第 9 章，这涉及观察我们网络的性能并寻
找过拟合的迹象。当我们看到过拟合时，就停止训练。

因此，我们"及早"停止了。如果不是因为这种干预，我们可能还会继续，但实际上我们会
在适当的时候停止以防止过拟合。

Keras 提供的内置例程通过监视我们选择的统计数据来实现这一想法。当这个值不再改善时，
它将停止训练。

及早停止通常与检查点一起使用。我们会让系统训练一个比较荒谬的 epoch 数，如 100000
个 epoch，然后去吃午饭（或睡觉），让计算机运行，每隔几个 epoch 对模型进行检查（或者根据
一些测量，保存最好的模型）。当我们监控的统计数据停止改善时，需要依靠 EarlyStopping 回调
函数来停止训练。然后，当我们返回计算机时，会查看保存的文件。由于最近生成的文件通常是
训练最好的模型，因此这是我们将要使用的模型。

我们的回调是通过创建一个 EarlyStopping 的实例来完成的。让我们看看它的 4 个有用选项。

首先，我们告诉系统应该注意哪个值。像往常一样，我们可以指定训练准确率"acc"、训练损
失"loss"、验证准确率"val_acc"或验证损失"val_loss"。我们将选择权交给名为 monitor 的参数。

其次，我们为名为 min_delta 的浮点参数提供一个值。单词"delta"指的是希腊字母 δ，其中

数学家经常用它来表示 "改变" 的想法。在这种情况下，min_delta 是变化的监测值 EarlyStopping() 开始起作用的最小值。任何小于此数量的改变都将被忽略。默认情况下，此值为 0，因此每次监测值更改时，EarlyStopping() 会检查是否需要停止。该默认值通常是一个很好的起点。如果得到的文件太多，我们可以增加这个值。

再次，我们为一个称为 patience 的整数提供一个值。当系统从这一个 epoch 到下一个 epoch 观察我们选择的参数时，可能会有一段时间没有改善，甚至变得更糟。我们不想一发生这种情况就放弃，因为它可能只是暂时的影响。正如我们所见，准确率和损失曲线通常有点嘈杂并且会稍微 "跳" 一下。只有被观察的值在长期内变得越来越糟时，我们才希望它停下来。我们赋予 patience 的值告诉了例程这个 "长期" 有多长。这是在决定 fit( ) 应该停止训练之前等待情况好转的 epoch 数。patience 的默认值为 0，这通常过于激进。这是一个参数，最好经过一些试验后设置，看看结果是多么嘈杂。

最后，我们还可以给 verbose 设置一个值。如果它决定停止训练，则输出一行文本，这样我们就可以查看输出并知道它进行了干预。

清单 23.67 展示了如何设置和使用这个回调。我们将观察验证损失，将 patience 设置为 10 个 epoch，并将 verbose 设置为 1，以便在 EarlyStopping( ) 决定确实应该停止时收到通知。

**清单 23.67** 设置并使用 EarlyStopping() 在验证损失停止下降超过 10 个 epoch 时停止训练。

```
from keras.callbacks import EarlyStopping
early_stopper = EarlyStopping(monitor=' val_loss' ,
                              patience=10, verbose=1)
history = model.fit(X_train, y_train,
                    validation_data=(X_test, y_test),
                    epochs=100, batch_size=256, verbose=2,
                    callbacks=[early_stopper])
```

让我们运行它，看看会发生什么。

清单 23.68 展示了结果。在第 23 个 epoch，我们看到 EarlyStopping( ) 已经决定停止训练。由于我们将 patience 设置为 10，并且正在监控验证损失，这告诉我们验证损失自第 13 个 epoch 以来都没有得到改善。因此训练在第 23 个 epoch 之后结束并且 fit( ) 返回。这就好像我们自己打断了训练过程一样。

**清单 23.68** 及早停止训练最后几个 epoch 的输出。在第 23 个 epoch，系统决定停止训练。

```
...
Epoch 22/100
3s-loss: 5.8155e-04-acc: 1.0000-val_loss: 0.0636-val_acc: 0.9834
Epoch 23/100
3s-loss: 4.4813e-04-acc: 1.0000-val_loss: 0.0631-val_acc: 0.9825
Epoch 24/100
3s-loss: 4.0089e-04-acc: 1.0000-val_loss: 0.0647-val_acc: 0.9828
Epoch 00023: early stopping
```

该运行的准确率和损失曲线如图 23.32 所示

我们正在监测的验证损失似乎在大约第 13 个 epoch 左右停止改善。我们可以肯定的是，因为我们的及早停止回调在模型停止改善 10 个 epoch 之后起作用。验证损失可能开始一点点上升，但是，当我们训练了 100 个 epoch 之后，肯定能避免在图 23.31 中看到的过拟合曲线的上升斜率。

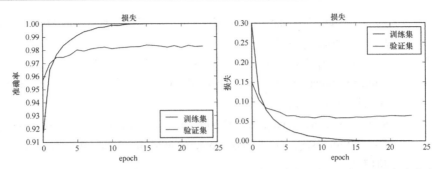

图 23.32　及早停止运行的准确率和损失。请注意，验证损失在大约第 13 个 epoch 左右稳定下来。我们设置的及早停止例程等待了另外 10 个 epoch 进行改善，然后在第 23 个 epoch 停止了训练

　　通过试验 patience 的值，我们可以将 EarlyStopping( )例程的性能调整到适合网络和数据的值。正如我们前面提到的，我们总是可以使用及早停止算法来代替它[ZFTurbo16]。

　　EarlyStopping( )是我们之前承诺的，在调用 fit( )时为 epochs 选择了错误的值的问题的解决方案。由于及早停止的存在，我们总是可以为 epochs 选择一个非常大的数字，并让计算机在适当的时间自动停止训练。

# 参考资料

| | |
|---|---|
| [Benenson16] | Rodrigo Benenson, *What is the class of this image?*, 2016. |
| [Bengio17] | Yoshua Bengio, *MILA and the future of Theano*, email thread on theano-users Google Group, September 28, 2017. |
| [Chollet17a] | François Chollet, *Keras Documentation*, 2017. |
| [Chollet17b] | François Chollet, *Deep Learning with Python*, Manning Publications, 2017. |
| [Chomsky57] | Noam Chomsky, *Syntactic Structures*, Mouton & Co., 1957. |
| [CNTK17] | Microsoft, *The Microsoft Cognitive Toolkit*, Microsoft Cognitive Toolkit, 2017. |
| [Devlin16] | Josh Devlin, *28 Jupyter Notebook tips, tricks, and short- cuts*, Dataquest.io, 2016. |
| [Dijkstra82] | Edsger W Dijkstra, *Why Numbering Should Start at 0*, August, 1982. |
| [Lorenzo17] | Baraldi Lorenzo, *VGG-16 pre-trained model for Keras*, Github, 2017. |
| [Gupta17] | Dishashree Gupta, *Transfer Learning and The Art of Using Pre-trained Models in Deep Learning*, Analytics Vidhya blog, 2017. |
| [HDF517] | The HDF5 Group, *What is HDF5?*, HDF Group Support Page, 2017. |
| [JetBrains17] | Jet Brains, *Pycharm Community Edition IDE*, 2017. |
| [JSON13] | JSON Contributors, *Introducing JSON*, ECMA-404 JSON Data Interchange Standard Working Group, 2013. |
| [Jupyter16] | The Jupyter team, 2016. |
| [Karpathy16] | Andrej Karpathy, *Transfer Learning*, Stanford CS 231 Course Notes, 2016. |
| [Kernighan78] | Brian W Kernighan and Dennis M Ritchie, *The C Programming Language (1st ed.)*, Prentice Hall, 1978. |
| [Khronos17] | The Khronos Group, *The open standard for parallel programming of heterogeneous systems*, Khronos Group Website, 2017. |

[LeCun13]　　　　Yann LeCun, Corinna Cortes, Christopher J.C. Burges, *The MNIST Database of Handwritten Digits*, 2013.

[NVIDIA17]　　　NVIDIA Corp, *CUDA Home Page*, NVIDIA Website, 2017.

[Ramalho16]　　　Luciano Ramalho, *Fluent Python*: Clear, Concise, and Effective Programming, O'Reilly Books, 2016.

[Sato17]　　　　Kaz Sato, Cliff Young, and David Patterson, *An in-depth look at Google's first Tensor Processing Unit (TPU)*, Google Cloud Big Data and Machine Learning Blog, 2017.

[TensorFlow16]　Martín Abadi, Ashish Agarwal, Paul Barham, Eugene Brevdo, Zhifeng Chen, Craig Citro, Greg S. Corrado, Andy Davis, Jeffrey Dean, Matthieu Devin, Sanjay Ghemawat, Ian Goodfellow, Andrew Harp, Geoffrey Irving, Michael Isard, Yangqing Jia, Rafal Jozefowicz, Lukasz Kaiser, Manjunath Kudlur, Josh Levenberg, Dan Mané, Rajat Monga, Sherry Moore, Derek Murray, Chris Olah, Mike Schuster, Jonathon Shlens, Benoit Steiner, Ilya Sutskever, Kunal Talwar, Paul Tucker, Vincent Vanhoucke, Vijay Vasudevan, Fernanda Viégas, Oriol Vinyals, Pete Warden, Martin Wattenberg, Martin Wicke, Yuan Yu, and Xiaoqiang Zheng, *TensorFlow: Large-scale machine learning on heterogeneous systems*, 2016.

[Theano16]　　　Theano Development Team, *Theano: A Python frame- work for fast computation of mathematical expressions*.

[Wentworth12]　Peter Wentworth, Jeffrey Elkner, Allen B Downey and Chris Meyers, *How to Think Like a Computer Scientist：Learning with Python 3*, Chapter 9: Tuples, 2012.

[Wikipedia17]　Wikipedia authors, *Iris Flower Data Set*, Wikipedia, 2017.

[YAML11]　　　YAML Contributors, *YAML Home Page*, 2017.

[ZFTurbo16]　　ZFTurbo, *How to tell Keras stop training based on loss value?*, Stack Overflow, 2016.

# 第 24 章

# Keras 第 2 部分

我们将扩展对 Keras 库的讨论，包括模型改进参数搜索以及如何搭建 CNN 和 RNN 模型。

## 24.1 为什么这一章出现在这里

在第 23 章中，我们介绍了 Keras 库，并介绍了如何创建和训练基本模型。

现在我们要进一步学习 Keras。我们将看到如何改进我们的模型，并从 scikit-learn 库中搜索例程（在第 15 章中讨论过的），共同创建更复杂的模型，如 CNN 和 RNN。

## 24.2 改进模型

我们已经探索了 Keras 使用两层小型模型提供的许多特性。正如我们前面看到的，在仅仅经过 20 个 epoch 的训练之后，这个模型能够准确地对 MNIST 测试集中 98% 的图像进行分类。

让我们看看还能不能改进。我们如何才能创建一个更好的模型？

答案并不显而易见。我们可以尝试的选择太多了，这让它变得更加困难。尽管我们在第 23 章的早些时候已经对这些选择很感兴趣了，即使在这个非常简单的模型中有一个隐藏的密集层，我们也已经做出了很多选择，所有这些都影响着网络学习的好坏和速度。

虽然有时对模型的更改会带来准确率上的巨大改进，但在大多时候，改进模型的性能是一个逐渐提高的过程。

### 24.2.1 超参数计数

在开始修改模型的超参数之前，让我们更清楚地了解我们已经做了多少选择。注意，我们没有统计权重，因为这些权重不在我们的控制之下。我们只是在考虑所有可以在模型设计中做出不同选择的地方。

我们使用的许多例程都采用了我们忽略的多个可选参数。在某种意义上，我们通过让这些参数保持默认值来给它们赋值。我们统计时也将这些参数包含在内。

我们的两个全连接层都有两个参数：神经元的数量和激活函数。参考 Keras 文档，至少还有 7 个我们可以合理试验的参数。

然后是我们在编译模型时所做的选择。我们选择了一个损失函数和一个优化器，这给了我们更多的选择来调整。

考虑到我们选择了 Adam 优化器，我们可以使用 5 个可选参数来优化它的表现。

最后，当我们调用 fit() 来训练模型时，我们提供了许多选项。我们可以选择批大小和 epoch

的数量（我们也可以说，如果使用及早停止，那么 epoch 的数量并不重要，但是我们必须为算法设置一个忍耐值），所以这里至少有两个参数。

因此，在选择参数过程中，每个层上有 9 个选择，2 个层共有 18 个选择，当我们编译时有 2 个选择，优化器有 5 个选择，并且当我们训练时至少有 2 个选择。这个小模型总共有 27 个超参数。

当我们添加更多的层时，这个数字会快速增加。

弄清楚这些选择的哪些变化将使模型变得更好是一项艰巨的任务。想象一下，你坐在一个有 27 个滑动器、开关和旋钮的控制面板前。然而这只是为了控制基本的性能，不包括其他选项的控制，比如调整学习率时间表。

我们可以设置控制，按下红色的大按钮来训练网络，等待一段时间，最后看一下那些报告模型结果的数字。我们可以调整一个或多个选项，希望结果变得更好，然后重复这个过程。

问题的复杂性在于许多超参数间的相互作用。因此，如果我们增加一个参数的值，可能只会看到一个改进。但如果我们同时减小两个或 3 个其他参数的值，并增加一个或两个其他参数的值，将无法判断哪些参数发挥了作用。

当我们想要改进几十层甚至更大、层数更多的模型时，就变得更加困难了。选择的数量和可能的组合会变得十分多。

这就是为什么我们要在之前讲这么多章节的内容。改进模型性能的唯一机会是利用我们对网络正在做什么、为什么这样做以及我们所有的选择会做什么的先验知识。当我们理解了内部发生的事情，就有了从经验中学习的机会，并培养我们的直觉，这对于创建庞大的深度学习网络是至关重要的。

虽然我们几乎总是要做试验，看看会发生什么，但我们的知识和经验创造了我们把事情做得更好的机会。

## 24.2.2 改变一个超参数

在各种各样的试验中，一个常见的规则是每次只改变一个变量，看看会发生什么。如果所涉及的值基本上是**解耦**的，这是很好的，这意味着它们不会相互影响。例如，假设我们正在调整汽车收音机的声音，提高或降低音量。即使将这些选择的结果结合在一起，它们也是独立的。换句话说，添加更多的高音并不会改变低音的传输量，反之亦然。

不幸的是，大多数真实系统和大多数深度学习系统的超参数并没有解耦。如果我们增加超参数 A 的值，发现情况变好了，然后增加超参数 B 的值，此时可能会发现现在必须减小 A 的值才能取得进一步的进展。这些联系是复杂的。

但是，每次改变一个超参数通常是一个好的开始方法。我们可以探索这个值的作用，为它找到一个好的值，然后选择另一个超参数进行调整，以此类推，通过每次微调一个超参数来寻找一个好的组合。如果必须回去，那么我们对每个值的经验可以帮助我们选择再次调整哪个值，以及调整多少。我们还可以总结出一种某些值与其他哪些值相关的经验，这样就可以预测它们之间的联系。

现在让我们试试，任意选择批大小作为我们要试验的第一个超参数。我们在前面说过，当我们使用 GPU 时，会选择一个最适合特定硬件的批大小。但是在 CPU 上，我们可以选择任何我们喜欢的值。我们使用的批大小为 256，但就像我们最初选择的 27 个超参数一样，这只是瞎猜而已。

让我们试着上下调整这些值，看看可能会发生什么。

图 24.1 ~ 图 24.4 展示了将这个超参数分别设置为 2048、512、64 和 8 的结果。每次运行都使用相同的代码，只更改批大小。注意，从一个图形到下一个图形的垂直刻度是不一样的。这样允许我们可以显示所有的数据，尽管这意味着我们不能对它们进行同等的比较。

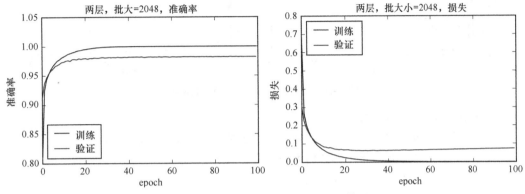

图 24.1　训练批大小为 2048 的双层模型

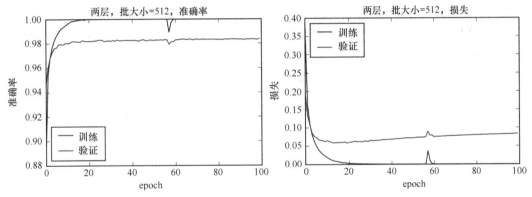

图 24.2　训练批大小为 512 的双层模型

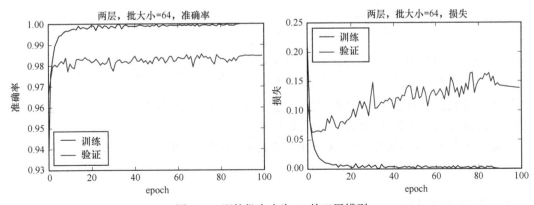

图 24.3　训练批大小为 64 的双层模型

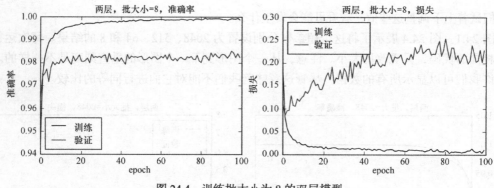

图 24.4 训练批大小为 8 的双层模型

从这些图中可以看出 3 件事。

首先，随着批大小的减小，结果中的噪声情况变得更加严重。这是因为每个新的更新都使用更少的样本，因此它会响应该批中的任何内容。更大的批往往更能代表整个数据集，给我们更平滑的结果。较小的批则会带来较多噪声的结果。

其次，所有模型的训练准确率都在 98% 左右，所以批大小对准确率影响不大。

最后，尽管所有的模型都是过拟合的，正如发散训练和验证损失所证明的那样，随着批大小的减小，训练和验证误差的发散会增加。换句话说，过拟合的数量增加了。

更小的批意味着 epochs 需要更长的时间，因为我们需要执行 backprop 并更频繁地更新权重。图 24.5 展示了批大小与批大小的运行时间（以秒为单位）的曲线。

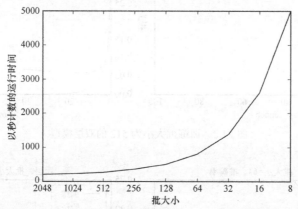

图 24.5 试验所获得的计时结果(在 2014 年末推出的 iMac 上，运行时间以秒为单位)，其数据如图 24.1～图 24.4 所示，以及其他中间批大小。注意，垂直刻度是线性的，而水平刻度不是

图 24.5 中的曲线证实了只在这些 CPU 上运行的情况下，随着批大小的减小，我们运行了更多的 backprop 和 update 步骤，所以总的训练时间增加了。

上面的试验告诉我们批大小如何对这个模型数据集的训练产生影响。该试验还表明，对于这个模型和数据，较大的批比较小的更可取。

## 24.2.3　其他改进方法

当我们试图改进一个模型时，请记住，我们不太可能找到最适合我们所追求的训练速度和准

**清单 24.2** 创建一个模型，其中第一个（也是唯一一个）隐藏层只有 64 个神经元。

```
def make smaller one hidden layer model():
    model = Sequential()
    model.add(Dense(64, input shape=[number of pixels],
                    activation=' relu' ))
    model.add(Dense(number of classes, activation=' softmax' ))
    model.compile(loss=' categorical crossentropy' ,
                  optimizer=' adam' ,
                  metrics=[' accuracy' ])
    return model
```

100 个 epoch 的准确率和损失结果如图 24.9 所示。

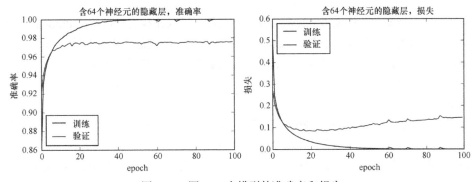

图 24.9 图 24.8 中模型的准确率和损失

这个神经网络的准确率比第一层有 784 个神经元的神经网络略低，但即便如此，它仍然是过拟合的。要做什么吗?现在试着用 24.2.4 节介绍的想法，用两个隐藏层而不是一个，但我们会保持相同数量的神经元，并将它们平均分开。换句话说，我们将有两个隐藏层，每个层有 32 个神经元，如图 24.10 所示。

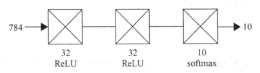

图 24.10 更深的 3 层模型。我们将之前模型中含 64 个神经元的隐藏层分割成两个独立的、密集的 32 个神经元的隐藏层

100 个 epoch 训练的准确率和损失结果如图 24.11 所示。

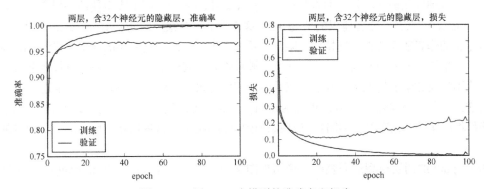

图 24.11 图 24.10 中模型的准确率和损失

在 100 个 epoch 后，图 24.10 所示模型的验证准确率从图 24.8 所示模型的大约 97.5% 下降到了大约 97%。损失也增加了，我们似乎比以前更快地过拟合了。

我们已经后退了一步。虽然是一小步，但测量结果更糟，而且仍然过拟合。

虽然将层分割成多个小块有时可以工作，但是在这个例子中它并没有帮助我们很多。

事情往往是这样的：我们试着做不同的选择，选择那些有用的想法，把那些不能让结果变得更好的想法放在一边。

在我们放弃这两个小层之前，让我们看看是否可以尝试另一个技巧来控制过拟合。

## 24.2.6　添加 dropout

因为对于这个模型和数据来说，过拟合是一个问题，所以让我们尝试使用 dropout。正如我们在第 20 章中所讨论的，这是一种明确设计用于解决过拟合问题的正则化技术。dropout 在每个 epoch 训练之前暂时删除随机选择的部分神经元，并在最后把它们放回原处。直觉告诉我们，按照这种方法神经元将不太可能特殊化（以及潜在的过度专门化），因为它们都需要能够补偿随机缺失的神经元。

为了在 Keras 中应用 dropout，我们创建了一个新的 dropout 层，并将其添加到不断增长的网络中，就放在我们想要删除一些节点的层之后。当使用 dropout 时，被随机选择的神经元在一个 epoch 内都与网络隔离，因此它对预测没有帮助，也不知道什么时候网络的权重被更新。当 epoch 结束时，神经元恢复，在下一个 epoch 之前，一个新的随机神经元集合被断开。

dropout 被当作一个层包含在其中，可能看起来有点奇怪。它没有任何神经元，也不参与反向传播或计算，那它怎么可能是一个层呢？称其为层实际上只是一个概念。我们不仅想要将其应用于全连接层，还想应用于其他类型的层，比如卷积层和循环层，我们会在本章后面讲到。Keras 没有在每个层中创建 dropout，而是让我们指定这种“信息”层，它不做任何计算，但会告诉 Keras 我们想让它做的事情。把像 dropout 这样的操作看作由它们自己的层实现的，这使我们能够保持模型的概念性视图简单和干净。我们有一大堆层。有些层有神经元，有些层对其他层或数据执行操作。

在这种情况下，dropout 层对 Keras “说”：“将 dropout 应用到前一层。”例如，在这个 dropout 层之前有 3 个全连接层，只有最近的一个受到影响。如果我们想要对所有 3 个全连接层应用 dropout，就必须对每个层分别使用它自己的 dropout 层。

Keras 中的 dropout 层只接收一个参数，而且是强制的。它是一个介于 0 和 1 之间的浮点数，用来描述每批神经元被临时移除的百分比。0 表示禁用 dropout，而 1 表示使前一层完全消失。最初关于 dropout 的论文的作者建议的值是 0.2，这通常是一个很好的初始值[Srivastava14]。

该论文的作者还建议在全连接层上限制权重的总大小，因为这一层的权重会受到 dropout 的影响。一般来说，人们担心的是，当一些节点被移除时，其他节点可能会通过将权重调高来过度补偿。在不涉及数学的情况下，我们可以采纳他们的建议，在将经过 dropout 的全连接层上设置一个可选的参数。该参数称为 kernel_constraint，上面引用的论文的作者的建议是将它设置为 3，所以我们将这样做。我们只需要将这个选项添加到全连接层中，这些层将应用 dropout，如清单 24.3 所示。

带 dropout 的两层模型的完整模型说明如图 24.12 所示。这里我们将 dropout 应用到两个隐藏层。

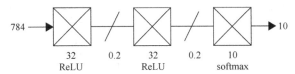

图 24.12　我们将更改图 24.10 中的模型，在每个隐藏层（全连接层）之后添加 dropout 层。在这里，我们使用的 dropout 符号是：连接两个层的线上的斜杠。每个 dropout 层应用到它前面的层

在图 24.12 中，我们展示了一个 dropout 层的示意图符号。它是一条斜线，穿过传输数据的线，来表明一些数据被删除。

制作这个模型的代码如清单 24.3 所示。这段代码中出现了一些新的东西。

**清单 24.3**　两个由 32 个神经元组成的全连接层后面都是 dropout 层。我们使用 dropout 的参数为 0.2。我们还在全连接层中设置了 kernel_constraint。

```
from keras.layers import Dropout
from keras.constraints import maxnorm
def two_layers_with_dropout_model():
    model = Sequential()
    model.add(Dense(32, input_shape=[number_of_pixels],
                activation=' relu',
                kernel_constraint=maxnorm(3)))
    model.add(Dropout(0.2))
    model.add(Dense(32,
                activation=' relu',
                kernel_constraint=maxnorm(3)))
    model.add(Dropout(0.2))
    model.add(Dense(number_of_classes, activation=' softmax'))
    # compile the model to turn it from specification to code
    model.compile(loss=' categorical_crossentropy',
                optimizer=' adam',
                metrics=[' accuracy'])
    return model

model = two_layers_with_dropout_model()
```

首先，我们要添加 dropout 层。参数 0.2 是用来告诉层，使用 dropout 的提出者建议的 20% 的 dropout 率。

正如我们上面提到的，关于 dropout 的原始论文也建议在经过 dropout 的层上设置一个权重限制条件，这个建议得到了广泛的遵循。在清单 24.3 中，我们通过将可选参数 kernel_constraint 添加到每个受 dropout 影响的层的参数列表中，并将该参数的值设置为 maxnorm(3)（注意，为了使用它，我们必须导入 maxnorm() 来实现这一点）。这个步骤背后的思想，解释了 maxnorm() 正在做什么，这在最初的论文 [Srivastava14] 中得到了解释。我们可以把它看作一种用来防止权重值变大的机制。

将该模型训练 100 个 epoch，结果如图 24.13 所示。

我们克服了过拟合问题！损失曲线不再发散。dropout 为我们做了一件伟大的工作。

准确率有点奇怪，因为我们在验证数据上的准确率要比训练数据高。验证的准确率似乎也受到了一些打击，因为它还没有达到以前的 98.3%。我们也许可以通过降低 dropout 率来提高准确率，或者在全连接层上增加一些神经元。

关于 dropout 的论文还建议我们使用 10～100 倍的学习率来配置优化器。我们可以告诉 Adam 通过设置它的可选参数 lr（小写字母 l 后面跟着小写字母 r，表示"学习率"）来初始化任何特定的学习率。此值默认为 0.001。

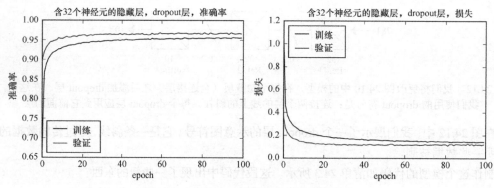

图 24.13 图 24.12 中模型的准确率和损失

为了将这个参数传递给 Adam，我们必须像前面一样创建一个 Adam 对象，并将我们的新值传递给学习率参数。清单 24.4 展示了如何将初始学习率设置为 0.1。这将替换以前调用 model.compile()的那一行。

**清单 24.4** 在编译时，我们可以提供自己的优化器对象，而不是依赖于默认值。在这里用我们自己选择的学习率创建了一个 Adam 对象。

```
from keras.optimizers import Adam

# make our own Adam object
adam_optimizer = Adam(lr=0.1)

# optimizer gets our object, rather than a string
model.compile(loss='categorical crossentropy',
              optimizer=adam_optimizer, metrics=['accuracy'])
```

清单 24.5 展示了一种更简单的编写方法，其中我们创建 Adam 对象并对其进行分配，而不需要用临时变量来保存它。

**清单 24.5** 我们不需要将新的 Adam 对象存储在它自己的变量中。这种更精简的方法更常见。

```
model.compile(loss='categorical crossentropy',
              optimizer=Adam(lr=0.1),
              metrics=['accuracy'])
```

图 24.14 展示了令人惊讶的结果。

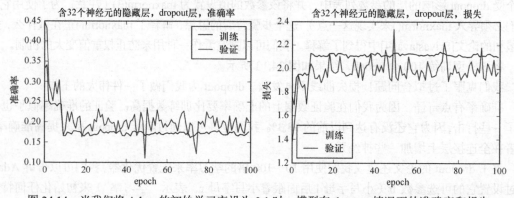

图 24.14　当我们将 Adam 的初始学习率设为 0.1 时，模型在 dropout 情况下的准确率和损失

哇,这些图看起来糟透了。

对于这个数据和模型结构,以 0.1 的学习率开始 Adam 的学习太激进了。训练的准确率骤降到 0.18 左右,这太可怕了。验证的准确率似乎在 0.2 左右徘徊,但它有很多**噪声**。损失也很糟,比以前糟糕 10 倍多。

如果将学习率降低到 0.01,我们会得到更好的性能,如图 24.15 所示。

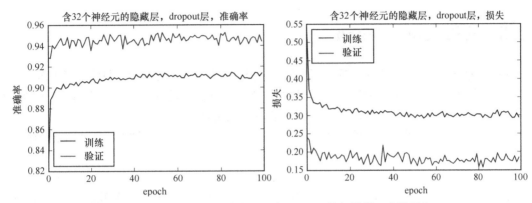

图 24.15 dropout 模型的准确率和损失,Adam 的初始学习率设置为 0.01

这些结果并不像我们采用默认的 0.001 学习率时那么好,但是值得一试。现在看起来要好得多,我们的准确率都在 90% 以上。并且我们还没有过拟合。

我们可以尝试各种不同的学习率来看看什么值对这个模型和数据最有效,但那将需要大量的输入和等待。

如果我们能让搜索自动化就太好了,这样计算机就能在我们做其他事情的同时,为我们测试各种学习率。在 24.3 节中,我们将看到如何使用 scikit-learn 中的工具来完成这项工作。

### 24.2.7 观察

我们才刚刚开始调试和改进模型。修改一个像这样的实用模型来寻找最好的结果是很花费时间的,但它磨炼了我们的直觉,并且可以帮助指导我们在未来碰到其他更大的数据库和模型时做出更好的选择。

在这种情况下,说"这个练习留给读者"是完全合适的。坐下来研究一个深度学习模型,调整它的结构和超参数,以了解模型在数据上的行为,这是无法替代的。

当使用实际部署在现实世界中的模型时,我们希望能够开发出性能最好的模型。当模型变得如此之大,以至于需要几天(甚至几周)的时间来训练时,对可能起作用的部分有一个很好的认识是很重要的。因为它让我们开始时离终点线更近,而不是随便组装一个模型。即使我们将参数搜索自动化,但仍然希望能将搜索集中在最值得搜索的地方。

我们发现,对于这些数据来说,一个巨大的全连接隐藏层是多余的。它几乎立刻就开始过拟合,训练的准确率也下降了。更糟糕的是,训练损失在稳步上升,最终导致训练准确率下降。我们在这个问题上投入了太多的计算资源,系统利用这些资源进行过拟合,即使在训练数据具有完美的准确率之后,它也对训练数据的特性了解得太多。

通过显著减小层的大小,我们避免了过拟合,但是准确率下降了。

然后通过将单层分解成两部分，并添加 dropout，我们的性能得到了提升，并停止了过拟合。

还有其他的许多东西需要尝试。使用更多的层总是值得考虑的。也许每一层都比之前的一层小一点，会迫使系统寻找更大的模式。或者我们可以在两个较大的层之间设置一个小的"扼流"层。我们可以尝试只对某些层应用 dropout，或者更激进地应用它（也就是说，增加我们正在抑制的神经元的数量）。

## 24.3　使用 scikit-learn

到目前为止，我们一直在手动搜索超参数。它很有启发性，但也需要大量的人工工作。

我们在第15章中看到，scikit-learn 库提供了一些例程来交叉验证我们的模型（以评估它有多好），并对它的超参数进行网格搜索（以找到性能最好的组合）。

Keras 并没有直接提供这两种工具中的任何一种，因为它提供了一种方法来使用已经存在于 scikit-learn 中的工具。

让我们暂停一下，考虑一下我们可能需要从这些工具中得到什么。如果一个模型需要3个小时来训练，那么使用10折的交叉验证需要10倍的时间，即30个小时。如果我们进行网格搜索，比如3个超参数，每个超参数都有5个值（这不是一个非常大的搜索），那么需要125倍的时间，也就是超过5个月！

有什么办法可以缩短这个时间吗？

一种流行的方法是提取数据集的一小部分，仔细选择它们以代表整个数据集，然后进行搜索。这样每次训练的运行速度会快得多。

通过对这些小型代理数据库中的一个或多个进行交叉验证和网格搜索，我们可以得到一些关于哪些模型和超参数值得在更大范围内进行探索的指导。然后，我们就可以利用这些知识，处理越来越大的数据集，在每个步骤中调优超参数。我们的希望是，可以得到一组很好的超参数，使我们在训练完整的数据库时，只需要进行少量搜索，甚至根本不需要搜索。

### 24.3.1　Keras 包装器

直接在 Keras 模型上使用 scikit-learn 的交叉验证和网格搜索工具是很好的。但是，Keras 是一个位于 scikit-learn "顶端"的库。这意味着 scikit-learn 对 Keras 及其模型一无所知。但这也意味着 Keras 知道了关于 scikit-learn 的所有东西。

特别是，Keras 知道 scikit-learn 如何期望它的评估器的行为。有了这个，Keras 就可以把它的一个模型"打扮"得像一个 scikit-learn 的评估器，来弥合差距。

这种伪装让我们可以将 Keras 模型放入 scikit-learn 中，然后进行交叉验证、网格搜索或任何其他我们喜欢的操作。从 scikit-learn 的角度来看，这个对象只是一些我们编写并提供给它的定制评估器。它不知道里面隐藏着一个很深的网络。

我们通过将 Keras 模型嵌入 KerasClassifier 或 KerasRegressor 类型的对象中来实现这个技巧，这取决于它的作用。这些对象称为**包装器**（wrapper），因为它们"包装"了 Keras 模型，使其外观和行为都像一个 scikit-learn 的评估器。我们不需要以任何方式修改网络来包装它。我们只需要创建一个包装器对象，将网络放入其中，就完成了。

由于这两个包装器的工作原理相同，我们将选择 KerasClassifier 作为示例，以便继续使用我们到目前为止所讨论的 MNIST 分类器。

我们不会把模型交给包装器函数。相反，我们将交给包装器一个创建模型的函数名称。当我们思考这个问题时，这是有道理的。例如，搜索过程可能会创建具有不同超参数的模型的许多版本。如果我们给它一个创建和编译的模型，就让它没有办法制作不同的版本。通过给它一个创建模型的函数，搜索程序可以调用这个函数，并根据它的需要来设置各种参数。

包装器创建者的其他参数是传递过来的参数。有些传给了模型制作函数，有些则被传给了 scikit-learn。

让我们从模型制作函数开始。

这个参数名为 build_fn，是"创建函数"的缩写。它的值是我们编写的一个函数，它将创建、编译并返回 Keras 模型，就像我们在清单 24.3 中看到的一样。在清单 24.3 中，函数 two_layers_with_dropout_model() 创建、编译并返回模型。

还有一些高级选项，但通常我们在代码中为这个参数指定一个函数的名称，例如 two_layers_with_dropout_model。注意，这里省略了括号，因为我们没有调用函数，而只是提供了它的名称。通常我们会用参数来实例化这个函数。

例如，我们可能会在前两层寻找最优的神经元数量。当我们创建模型的时候用这些数字作为参数。

如前所述，当需要创建模型时，scikit-learn 会自动调用这个模型制作函数。当我们进行网格搜索时，模型通常会在搜索的每一个新步骤开始时被创建。

我们有模型制作函数，它接收参数、包装器以及 scikit-learn，它会调用我们的函数。我们如何让 scikit-learn 在调用模型制作函数时包含我们想要的参数？

幸运的是，这个机制很简单。诀窍在于我们的参数的命名。回想一下第 15 章，当我们使用 scikit-learn 创建搜索时，我们为它提供了一个字典，它将我们希望它搜索的每个参数作为键一样命名，并对键值进行搜索。然后，Python 可以将这些字典名称与它调用的函数中的参数名称进行匹配。

在有包装器的情况下，事情就变得更简单了。由于 Python 能够"知道"函数中的参数名，我们甚至不需要字典。我们可以只命名要赋值的参数，以及我们希望它们具有的值。

例如，如果模型制作函数使用一个参数来控制它所生成的神经元的数量（可能称为 number_of_neuron），那么我们可以使用一个值将其放入包装器的参数列表中，就像在调用函数时为它赋值一样。在模型制作函数中，任何与包装器制作步骤中的参数名称匹配的参数都将被赋值。

为了看到实际情况中怎样使用包装器，让我们从一个接收参数的模型制作函数开始。清单 24.6 展示了一个示例，它基于我们之前导入和处理 MNIST 数据的代码创建。

**清单 24.6** 　模型制作函数 make_model() 接收 4 个可选参数。两个是整数，一个是浮点数，一个是字符串。它按照我们的要求创建尽可能多的全连接层，在每个层后面都添加一个 dropout 层。

```
def make model(number of layers=2, neurons per layer=32,
               dropout ratio=0.2, optimizer=' adam' ):
    model = Sequential()

    # first layer is special, because it sets input shape
    model.add(Dense(neurons per layer,
            input_shape=[number_of_pixels],
```

```
                   activation=' relu' , kernel constraint=maxnorm(3)))
    model.add(Dropout(dropout ratio))
    # now add in all the rest of the dense-dropout layers

    for i in range(number of layers-1):
        model.add(Dense(neurons per layer,
                        activation=' relu' ,
                        kernel constraint=maxnorm(3)))
    model.add(Dropout(dropout ratio))

    # finish up with a softmax layer with 10 outputs
    model.add(Dense(number of classes, activation=' softmax' ))

    # compile the model and return it
    model.compile(loss=' categorical crossentropy' ,
                  optimizer=optimizer, metrics=[' accuracy' ])
    return model
```

清单 24.7 展示了如何将参数传递给新的 make_model()函数，该函数接收参数。有一些方法可以使代码更短（例如使用 Python 的**kwargs 技术），但与往常一样，我们选择了清晰而不是简洁的方法。

**清单 24.7**   我们在 KerasClassifier 中包装 make_model()，并为创建模型和控制 scikit-learn 的训练过程所需的所有变量赋默认值。当 scikit-learn 调用 make_model()时，它将为函数的参数赋予我们在创建 KerasClassifier 时提供的值。

```
from keras.wrappers.scikit learn import KerasClassifier
kc model = KerasClassifier(build fn=make model,
                # parameters for the model-making function
                number of layers=2, neurons per layer=32,
                optimizer = ' adam' ,
                # parameters for scikit-learn
                epochs=100, batch_size=256, verbose=0)
```

实际上，包装器只接收我们提供给它的值，并将它们传递给同名的模型制作函数参数。语法有点混乱，因为 KerasClassifier 本身似乎接收了这些参数，但这是一种不遵循通用规则的另类 Python 使用。

将包装对象分配给称为 model 的变量是一种惯例，但这可能与更典型的使用 model 来表示正常的或未包装的神经网络混淆。为了强调这不是一个简单的 Keras 模型，我们将其称为 kc_model 以表示"Keras 分类器模型"。通过这种方式，我们可以描述包装对象（kc_model）和使用 build_fn 函数创建的模型，并继续将其简单地称为"模型"。

如果我们把 kc_model 交给 scikit-learn 进行交叉验证，make_model()会被调用并将值 2 传递给 number_of_layers，将值 32 传给 neurons_per_layer，将字符串"adam"传给优化器，就像我们会自己分配默认值一样。因为我们没有给 KerasClassifier 的 dropout_ratio 赋值，它不指定任何参数的值，所以 make_model()将使用其默认值的参数。

如果我们使用 kc_model 进行网格搜索，那么当调用函数来制作模型时，搜索器可以将自己的值分配给这些参数中的任何一个。任何我们没有显式重新分配的参数都将在制作包装器时使用指定的默认值。

KerasClassifier()的最后 3 个参数（epochs、batch_size 和 verbose）不是给模型的，而是给 scikit-learn 的。它们被传递给交叉验证器的 fit()例程以控制训练过程。

除了为 fit() 提供参数外，我们还可以命名传递给 predict()、predict_proba() 和 score() 的参数，以便在调用这些函数时使用。

只要我们保持所有的参数名不同，Python 就会正确地将所需的值传递给交叉验证和网格搜索中涉及的每个函数。

这是一个灵活的系统。例如，这意味着我们可以在搜索网格时调整 batch_size 的值，或者通过搜索尝试不同的 number_of_neurons 值来调整网络的大小，或者通过尝试 optimizer_choice 中不同的字符串来调整优化器。

要记住的关键一点是，包装器基本上是记住模型制作函数中的参数应该使用哪些值，默认情况下它将使用这些值。它还能记住一些传递给 scikit-learn 的值。只要我们在包装器中指定的名称与模型制作例程中的名称匹配，所有东西都会自动匹配。

### 24.3.2 交叉验证

现在使用 Keras 包装器对我们最近的 3 层深度学习系统（如图 24.12 和清单 24.3 所示）进行交叉验证，其中有两个分别包含 32 个神经元的全连接层（每个层都有 dropout）和一个包含 10 个神经元的全连接输出层。

应用交叉验证似乎毫无意义。毕竟，我们已经有了一个优秀的大型测试集。通过使用验证数据，我们还能从交叉验证中学到什么新的东西呢？

在这种情况下，能学到的新东西并不多。我们应该期望交叉验证的结果与上面看到的非常接近。

但是，拥有我们自己的高质量训练集和数据集是一种我们不能总是依赖的"奢侈品"。因为有时可能没有验证集，有时我们有验证集，但不确定它是否很好。例如，给定一副新的牌，不考虑任何小丑或其他纸牌，新纸牌的一种典型排列是从红桃 A 到红桃 K，然后是梅花 A 到梅花 K，然后是方块和黑桃。这称为"新牌顺序"[Cain13]。假设有人打开一副新牌，拿走了底部的 25%，称之为验证数据。这组被拿走的牌绝对不能代表其他牌，因为它没有任何花色的红牌，剩下的牌也没有黑桃。

当我们使用原始数据集的小版本时是验证集的另一个挑战。如果这个数据集很小，就像我们在第 8 章看到的那样，交叉验证是一种很好的评估方法，而不需要通过专门的验证集使训练集变得更小。

因此，尽管 MNIST 的数据为我们提供了一个很好的验证集，但我们会假设事实并非如此，所以我们可以看到如何在一般情况下评估训练模型的质量问题。

我们将首先做一些简单但不完整的事情，只是为了对这个过程有一个感觉。然后我们将添加缺失的步骤。

交叉验证需要训练，然后用稍微不同的数据反复验证整个模型。我们将使用 10 折交叉验证，因此交叉验证器的每次验证花费的时间将是本章前面的训练过程的 10 倍。

我们开始吧，因为它几乎什么都没有。我们将制作模型，然后使用 scikit-learn 进行交叉验证，如第 15 章所示。

如上所述，我们将重复清单 24.7 的模型，并使用包含 32 个神经元的两层网络，每层都有 dropout。我们将继续使用默认的 Adam 优化器，不过我们可以像以前一样创建自己的 Adam 对象，并在这里使用它。

为了制作模型，我们将使用在清单 24.6 中提供的通用模型制作例程 make_model()，这些参数构成了我们想要的网络。

在清单24.8中，我们使用新的例程make_model()创建了KerasClassifier的包装器。我们给出了两个与make_model()中的参数匹配的参数（number_of_layers和neurons_per_layer），因此它们将在模型创建时传入。我们还设置了在调用fit()时需要提供的参数（optimizer、epochs、batch_size和verbose）。现在kc_model可以像其他任何评估器一样在scikit-learn中使用。

**清单24.8** 将模型放入Keras包装器中。

```
kc model = KerasClassifier(build fn=make model,
                           number of layers=2,
                           neurons per layer=32,
                           optimizer=' adam' ,
                           epochs=100, batch size=256, verbose=0)
```

在我们做这个之前，有几个细节需要注意。

一个问题是scikit-learn的交叉验证函数cross_val_score()不需要标签数据的独热编码版本。它需要包含整数列表的原始版本。碰巧的是，我们一直在把原始标签保存在它们自己的变量中，所以我们有了例程需要的东西。

另一个问题与我们传递给交叉验证系统的数据有关。正如我们之前所做的那样，我们只是假装没有验证集，并将训练数据视为整个数据集。我们将让交叉验证器为我们管理训练验证部分。

现在让我们开始交叉验证。有两个任务要执行。首先，我们将创建驱动交叉验证过程的对象。让我们使用"老朋友"StratifiedKFold()（见第15章）将数据分成10份。我们将数据洗牌，并将可选的random_state变量设置为我们已有的random_seed值。这对调试很有用。

我们可以使用清单24.9来创建StratifiedKFold对象。

**清单24.9** 创建将构建交叉验证训练和测试集的StratifiedKFold对象。

```
from sklearn.model selection import StratifiedKFold

kfold = StratifiedKFold(n splits=10, shuffle=True,
                        random state=random seed)
```

现在我们准备开始了。使用与我们在第15章看到的相同的技术，我们只是让scikit-learn运行交叉验证器，并通过使用模型、训练数据、原始标签以及StratifiedKFold对象调用cross_val_score()来记录分数，如清单24.10所示。

**清单24.10** 使用包装器中的Keras模型kc_model，在scikit-learn中运行交叉验证。

```
from sklearn.model_selection import cross_val_score

results = cross_val_score(kc_model, X_train, original_y_train,
                          cv=kfold, verbose=0)
```

将它们放在一起，我们得到清单24.11。

**清单24.11** 使用MNIST数据进行交叉验证。

```
from keras.datasets import mnist
from keras.models import Sequential
from keras.layers import Dense
from keras.layers import Dropout
```

```
from keras.constraints import maxnorm
from keras import backend as keras_backend
from keras.utils import np_utils
from keras.models import load_model
from keras.wrappers.scikit_learn import KerasClassifier
from sklearn.model_selection import StratifiedKFold
from sklearn.model_selection import cross_val_score
import numpy as np
random_seed = 42
np.random.seed(random_seed)

# load MNIST data and save sizes
(X_train, y_train), (X_test, y_test) = mnist.load_data()
image_height = X_train.shape[1]
image_width = X_train.shape[2]
number_of_pixels = image_height * image_width

# convert to floating-point
X_train = keras_backend.cast_to_floatx(X_train)
X_test = keras_backend.cast_to_floatx(X_test)
# scale data to range [0, 1]
X_train /= 255.0
X_test /= 255.0

# save y_train and y_test for use when cross-validating
original_y_train = y_train
original_y_test = y_test

# replace label data with one-hot encoded versions
number_of_classes = 1 + max(np.append(y_train, y_test))
y_train = to_categorical(y_train, num_classes=number_of_classes)
y_test = to_categorical(y_test, num_classes=number_of_classes)

# reshape samples to 2D grid, one line per image
X_train = X_train.reshape(X_train.shape[0], number_of_pixels)
X_test = X_test.reshape(X_test.shape[0], number_of_pixels)

def make_model(number_of_layers=2, neurons_per_layer=32,
               dropout_ratio=0.2, optimizer='adam'):
    model = Sequential()
    # first layer is special, because it sets input_shape
    model.add(Dense(neurons_per_layer,
                    input_shape=[number_of_pixels],
                    activation='relu',
                    kernel_constraint=maxnorm(3)))
    model.add(Dropout(dropout_ratio))
    # now add in all the rest of the dense-dropout layers
    for i in range(number_of_layers-1):
        model.add(Dense(neurons_per_layer, activation='relu',
                        kernel_constraint=maxnorm(3)))
        model.add(Dropout(dropout_ratio))
    # finish up with a softmax layer with 10 outputs
    model.add(Dense(number_of_classes,
            kernel_initializer='normal',
            activation='softmax'))
    # compile the model and return it
```

```
        model.compile(loss=' categorical_crossentropy' ,
                      optimizer=optimizer, metrics=[' accuracy' ])
        return model

# make the model and wrap it up for scikit-learn
kc_model = KerasClassifier(build_fn=make_model,
                       number_of_layers=2, neurons_per_layer=32,
                       optimizer=' adam' ,
                       epochs=100, batch_size=256, verbose=0)

# create cross-validator
kfold = StratifiedKFold(n_splits=10, shuffle=True, random_
state=random_seed)

results = cross_val_score(kc_model, X_train, original_y_train,
                          cv=kfold, verbose=0)

print(' results = {}\nresults.mean = {}' .format(
                                  results, results.mean()))
```

这里有很多代码，但它只是我们已经见过的代码片段的组合。

运行这段代码得到如清单24.12所示的输出。

**清单 24.12** 在简单的 Keras 模型上运行交叉验证的第一个结果。

```
results =[ 0.95221445 0.95019157 0.95617397 0.9525
           0.95116667 0.96166028 0.95999333 0.95415903
           0.95797899 0.95346898]
results.mean=0.9549507265070032
```

交叉验证运行结果告诉我们，在 60000 张图像的原始数据集上，我们得到了超过 95% 的准确率。这与我们在图24.13中看到的模型的结果基本相同，验证准确率略高于 95%。

这是让人安心的。这说明，整个包装和交叉验证方案产生的结果与我们自己训练和测试模型时得到的结果相同。

虽然在这个例子中交叉验证没有给我们带来任何好处，因为我们已经有了一个很好的验证集，但现在我们知道了如果没有这样的测试集，如何去评估模型。

## 24.3.3 归一化交叉验证

之前我们说过这个过程中缺少了一些东西。我们忽略了在每次运行交叉验证之前对数据进行归一化。

在这种情况下，我们侥幸逃过一劫，因为当我们把它除以255时就已经将训练数据归一化到范围[0,1]。因此，当交叉验证随机获取这些样本中的90%并对其进行训练时，很可能会得到0~1的样本。

但那只是因为我们已经归一化了数据，事情很简单。通常，从数据库中选择并用于交叉验证的数据不会被归一化为[0,1]。我们要做的就是在那里实现归一化，然后将相同的转换应用到在运行中为测试而预留的那部分数据。

幸运的是，这很简单。我们只需要创建一条 pipeline。

正如我们在第 15 章看到的，我们可以通过创建一个由两个步骤组成的 pipeline 对象来归一化为每个通过交叉验证而创建的特定训练数据段：一个后面跟着模型的归一器。

让我们首先创建对象，然后将它们组装成 pipeline 对象。出于演示目的，我们的 pipeline 将包含来自 scikit-learn 的 MinMaxScaler，后面是我们的模型。MinMaxScaler 很有吸引力，因为它不需要设置参数或选择选项。MinMaxScaler 并不是这种情况下的完美选择，因为它可以独立调整每个像素，这可能导致出现亮点或暗点。但是对于这个数据的演示应该是可以的。清单 24.13 展示了如何创建两步 pipeline。

**清单 24.13** 使用命名的组件创建两步 pipeline。

```
from sklearn.pipeline import Pipeline
from sklearn.preprocessing import MinMaxScaler
estimators = []
estimators.append(('normalize_step', MinMaxScaler()))
estimators.append(('model_step', kc_model))
pipeline = Pipeline(estimators)
```

当我们以后想要引用各个步骤时，用这种方式创建 pipeline 是很有用的。当我们使用网格搜索时，很快就需要这样做。

但是对于这个交叉验证步骤，我们不需要那种访问。我们经常会看到使用 make_pipeline() 函数在一行中创建 pipeline 的代码。清单 24.14 展示了该步骤。

**清单 24.14** 使用简写符号创建 pipeline，每个步骤都没有名称。

```
pipeline = make_pipeline(MinMaxScaler(), kc_model)
```

这两个 pipeline 对象是相同的。唯一的区别是，在第一个版本中，我们给每个步骤取了自己的名字。

要使用 pipeline 对象，我们只需将其交给 cross_val_score() 来代替模型（或包装模型）。scikit-learn 将会意识到这是一个 pipeline，并处理所有其他的事情。因此，每次通过循环时，cross_val_score() 将选择其中一个折作为验证集。它将把训练数据提供给 MinMaxScaler()（使用所有默认参数）。一旦数据分析完成，MinMaxScaler 发现的转换将应用于当前的训练数据和验证数据，然后模型将从训练数据中学习。训练完成后，系统将使用模型运行转换后的验证集，预测其类别，将其与标签进行比较，并计算误差分数。

这包含了巨大的工作量，所有的工作都来自一个函数调用!这个调用如清单 24.15 所示，我们只是用 pipeline 替换了清单 24.11 中的 kc_model。

**清单 24.15** 我们对 pipeline 进行交叉验证，就像对模型进行交叉验证一样。

```
results = cross_val_score(pipeline, X_train, original_y_train,
                          cv=kfold, verbose=0)
```

将这些新行放在一起，我们得到一个新的代码块，它将替换清单 24.11 的最后几行。清单 24.16 展示了新代码以及使用它运行该过程时所得到的输出。

**清单 24.16** 使用 pipeline 设置和调用交叉验证器。

```
pipeline = make_pipeline(MinMaxScaler(), kc_model)
kfold = StratifiedKFold(n_splits=10, shuffle=True,
```

```
                          random state=random seed)
results = cross_val_score(pipeline, X_train, original_y_train,
                          cv=kfold, verbose=2)
print(' results = {}\nresults.mean = {}' .format(
                          results, results.mean()))


results =[ 0.95454545    0.9508579    0.95534078    0.952
          0.95283333    0.963994      0.95749292    0.95415903
          0.95781224    0.95380253]
results.mean=0.9552838183370085
```

这个值约为 0.955，与我们之前的平均准确率相符。

在这种情况下，使用归一器创建 pipeline 的额外工作并没有带来任何新的好处或对准确率有任何提升。这可能是因为从训练集中随机移走一批样本后归一化，可能对样本没有什么影响，因为它们已经归一化了。

但对于所有的数据集来说，这肯定不是正确的，我们永远不应该认为这是理所当然的。除非我们非常确信输入数据及其统计数据，否则使用 pipeline 并且处理数据通常是值得的。与训练和测试相比，计算和应用最常见的转换只需要很短的额外计算时间。

我们随便选了一个 MinMaxScaler，但我们知道，不同的数据集需要不同类型的预处理。使用 pipeline 机制，我们可以应用所需的任何步骤。

交叉验证是了解模型质量的好方法。当训练时间太长开始挑战我们的耐心时，情况就不那么好了，因为每一折本质上都是一个全新的、完整的训练和测试过程。使用 10 折需要连续训练，并测试 10 次我们的模型。

所需的时间增长得很快。但是如果我们没有一个好的验证集，那么在数据集的子集上运行交叉验证测试，使用不同的参数，可以告诉我们很多数据中发生的事情。这些知识反过来可以帮助我们设计一个高效的、更大的网络来处理整个数据集。

### 24.3.4　超参数搜索

在这一章中，我们使用了一些随意挑选的数字。例如，我们已经确定了一个结构，2 个分别包含 32 个神经元的层，但没有任何特殊原因。

今后，我们将经常提到"参数"，而不是更尴尬的"超参数"。这些值中有许多是作为函数的参数提供给系统的，不仅可读性更好，而且是有意义的。

我们可以使用 scikit-learn 提供的网格搜索算法来帮助我们。有了这些例程，我们就可以为多个参数自动测试多个设置的所有不同组合。我们可以自己做一些嵌套循环，但交给 scikit-learn 来搜索会更容易实现。

网格搜索对象 GridSearchCV 将测试我们给它的每个参数组合，并使用交叉验证来度量每个模型的性能。默认情况下，它使用 3 折来节省时间，但是我们可以通过一个可选参数来增加折数。

我们认为这是"搜索"，因为我们认为每个参数的组合都是某个非常高维空间中的一点，称为**搜索空间**（search space）。搜索空间中的每个点都代表一些参数的组合，该组合的值（即通过这些参数训练模型得到的准确率或损失）是与该点相关的值。换句话说就是，我们在这个空间中搜索，从一个点到另一个点，从一个区域到另一个区域，寻找性能最高的点。

图 24.16 展示了一个具有二维的搜索空间示例。当我们处理更多的维度的时候，这个想法就

形成了。虽然我们不能将它们可视化，但可以把它们类比成类似于图 24.16 的东西，并讨论两组参数是接近的还是远离的，甚至讨论空间中我们似乎找到了好结果的区域。

正如我们前面所讨论的，在搜索时，我们通常只使用训练数据的子集，以便它运行得更快。当我们使用这个更小的数据集找到模型参数的最佳值时，可以使用一个更大的版本，并逐步应用到完整的数据集。

为了简单起见，在本次讨论中，我们将在搜索时继续使用 MNIST 和整个 X_train 数据库。

我们希望再次使用归一化 pipeline，因为一般来说，这是必要的，或者至少是一个非常好的想法。

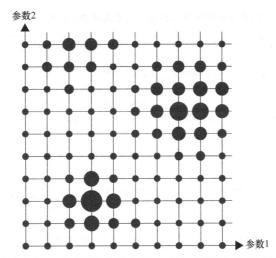

图 24.16　二维搜索空间。对于两个参数的每一对值，圆的大小表示结果的质量，较大的圆优于较小的圆。左下方似乎有一个高质量的小区域，右上方和左上方还有另外两个有希望的区域。既然我们知道在哪里可以找到好的结果，就可以用更好的分辨率来研究那些区域，以找到最佳的参数组合

正如我们在第 15 章看到的，当我们为网格搜索准备 pipeline 时，需要告诉 GridSearchCV，它正在搜索的每个参数应该传递到哪里。这意味着我们需要确定 pipeline 中的不同步骤。如果使用清单 24.13 中的 pipeline 创建方法，这就很容易了，在这种方法中，我们命名了每个步骤。

正如我们在第 15 章看到的，pipeline 内部的参数是巴洛克式的。让我们简要回顾一下。

我们创建一个字典，其中每个键是 pipeline 中某个步骤的参数的名称，它的值是我们想要研究的所有值的列表。每个名称都是通过将 pipeline 中的步骤名称和参数名称与两个 "_" 字符（如 step__parameter）组合而成的。在某些字体中，两个**下画线**看起来就像一个大下画线，这很不幸，但事实就是如此。相比之下，这里有 one_underscore 和 two__underscores。

让我们创建一个字典来搜索模型的 3 个参数：全连接层的数量（每个都有 dropout），全连接层的神经元的数量，以及两个不同的优化器。清单 24.17 展示了这个字典。注意键不是字符串。

**清单 24.17**　我们希望用于搜索的参数字典。每个键是一个参数，通过将 pipeline 步骤的名称与其参数的名称组合在一起命名，中间有两个下画线。每个值都是要尝试的设置列表。

```
param_grid = dict(model__number_of_layers=[ 2, 3, 4 ],
                  model__neurons_per_layer=[ 20, 30, 40 ],
                  model__optimizer=[ 'adam', 'adadelta' ])
```

我们可以使用字典和在清单 24.14 中创建的 pipeline 来创建搜索对象，如清单 24.18 所示。

**清单 24.18** 创建 GridSearchCV 对象，该对象将遍历参数网格，为每个选项组合组装一个模型，并交叉验证
该模型。

```
grid_searcher = GridSearchCV(estimator=pipeline,
                              param_grid=param_grid, verbose=2)
```

现在我们可以开始了。我们只对数据调用搜索器的 fit() 例程，然后让它运行。

清单 24.19 将搜索代码组合在一起。我们将给每个变量加上后缀 1，因为接下来将运行版本 2
的网格搜索。

**清单 24.19** 合并网格构造、GridSearchCV 对象构造，然后调用 fit() 来运行搜索。

```
from sklearn.model_selection import GridSearchCV

param_grid1 = dict(model__number_of_layers=[ 2, 3, 4 ],
                   model__neurons_per_layer=[ 20, 30, 40 ],
                   model__optimizer=[ 'adam' , 'adadelta' ])
grid_searcher1 = GridSearchCV(estimator=pipeline,
                              param_grid=param_grid1, verbose=2)
search_results1 = grid_searcher1.fit(X_train, original_y_train)
```

**警告!** 网格搜索速度很慢。

一旦启动，搜索器就会报告它将要执行的完整的 3 折交叉验证的总数。清单 24.20 展示了刚
刚定义的搜索的结果。

**清单 24.20** 正如网格搜索 fit() 的输出所示，这种穷举的交叉验证将在模型上调用 fit() 54 次。

```
Fitting 3 folds for each of 18 candidates, totaling 54 fits
```

数字 54 来自将折叠数（默认为 3）乘以变量组合数。在本例中，我们有 3 个变量列表，长度
分别为 3、3 和 2。把这些乘在一起可以得到可能性的总数：3×3×2=18。因为每个可能性必须经过
3 个步骤的交叉验证，我们将调用 fit() 共 3×18=54 次。

如果训练和评估模型需要一分钟，那么运行这个搜索大约需要一个小时。

我们返回的变量 search_results1 包含很多信息。search_results1 中的一个对象是一个名为
cv_results_ 的字典（回想一下，scikit-learn 的所有内部变量都以**下画线**作为后缀）。cv_results_ 字典
包含关于交叉验证结果的详细信息。

因为我们对找到参数的最佳组合很感兴趣，所以对其中两个字典项特别感兴趣。"params"项
告诉我们这组参数对应的每个分数。"mean_test_score"项告诉我们每组参数的交叉验证平均值。

让我们首先看看 "params" 条目，如清单 24.21 所示。

**清单 24.21** search_results1.cv_results_['params']的内容。其中删除了每个参数的前缀 model_step，以使列表更
适合阅读。我们还删除了输出内容中间的 10 行代码。

```
search_results1.cv_results_[ 'params' ]

{'neurons_per_layer': 20, 'number_of_layers': 2, 'optimizer': 'adam'},
{'neurons_per_layer': 20, 'number_of_layers': 2, 'optimizer': 'adadelta'},
{'neurons_per_layer': 20, 'number_of_layers': 3, 'optimizer': 'adam'},
{'neurons_per_layer': 20, 'number_of_layers': 3, 'optimizer': 'adadelta'},
      ... 10 lines manually deleted ...
{'neurons_per_layer': 40, 'number_of_layers': 3, 'optimizer': 'adam'},
```

```
{'neurons_per_layer': 40, 'number_of_layers': 3, 'optimizer': 'adadelta'},
{'neurons_per_layer': 40, 'number_of_layers': 4, 'optimizer': 'adam'},
{'neurons_per_layer': 40, 'number_of_layers': 4, 'optimizer': 'adadelta'}
```

我们可以看到搜索算法检查了每个组合，但是它的顺序与 param_grid1 字典不同。外部循环遍历 neurons_per_layer 的 3 个值，其中嵌套的循环遍历 number_of_layers 的 3 个值，最后内部循环遍历 optimizer 的 2 个值。因为 Python 字典不能保证以任何特定的顺序返回它们的结果，所以在运行搜索之前，我们无法预测搜索的顺序。

描述交叉验证测试性能的数值数据放在 mean_test_score 中，如清单 24.22 所示。

**清单 24.22**　搜索的交叉验证分数。

```
search_results1.cv_results_[' mean_test_score' ]

array([ 0.92901667,   0.91761667, 0.93081667,   0.91146667,
        0.92288333,   0.90051667, 0.9472     ,   0.93373333,
        0.94561667,   0.93166667, 0.94333333,   0.92621667,
        0.95566667,   0.9424     , 0.95376667,   0.94185,
        0.95413333,   0.9402     ])
```

使用 NumPy 的工具函数 argmax()，我们可以在这个列表中找到最大的索引值，然后从 "params" 项中提取相应的元素，所以我们可以看到这组参数给了我们最好的分数。清单 24.23 展示了这一步。

**清单 24.23**　从交叉验证结果中找到最佳测试分数的代码片段，并输出该分数的参数。输出稍微进行了格式调整，以更好地展示。

```
best_index1 = np.argmax(
            search_results1.cv_results_[' mean_test_score' ])
print(' best set of parameters:\n index {}\n {}\n' .format(
            best_index1,
            search_results1.cv_results_[' params' ][best_index1]))

best set of parameters:
index 12
{' model_step__optimizer' : ' adam' ,
 ' model_step__neurons_per_layer' : 40,
 ' model_step__number_of_layers' : 2}
```

所以我们最好的组合使用了 2 层网络，每层有 40 个神经元，还有 Adam 优化器。但是这个比其他组合好多少呢？让我们绘制 mean_test_score 的所有值，以便了解每个组合的执行结果，如图 24.17 所示。

在标签的指引下，我们可以把这幅图解释为 3 个主要部分，分别代表 20、30 和 40 个神经元。在每个部分中，我们有 3 对，每对对应 2 层、3 层和 4 层。最后，每一对值代表 Adam 和 Adadelta 的性能。

图中自左边开始不重复计数每一对点对的斜率都向下，所以我们可以说 Adam 一直比 Adadelta 的表现要好。

图中自左边开始不重复计数每隔一个点构成的点对的总体趋势也是向下的，所以添加更多的层通常会导致性能的损失。

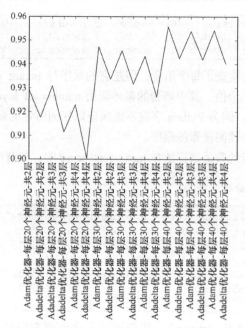

图 24.17　在清单 24.19 的字典中，搜索每个参数组合的最佳交叉验证结果所得到的 mean_test_score 的值。最高的准确率来自每层 40 个神经元，共 2 层，使用 Adam 优化器的网络

最大的组中是每 6 个一组，不重复计数，我们可以看出总体趋势是向上的，这表明更多的神经元比较少的好。

如清单 24.23 所示，最好的参数集使用了每层 40 个神经元的 2 层网络，而且经过 Adam 优化器。

有趣的是，到目前为止，每层 20 个神经元的 4 个全连接 dropout 层的表现是最糟糕的。这是该数据要避免的结构。

记住，我们总是将"层"称为全连接层和 dropout 层的组合，使用默认的 dropout 率（0.2）。

让我们在参数空间的这个区域进行搜索。因为看起来较少的层比更多的层表现更好，让我们尝试在 1 层或 2 层的网络中搜索。由于更多的神经元比较少的表现更好，我们将试着从 40 开始增加找一些更大的数值。

我们可以探索其他的优化器，但这次我们将继续使用 Adam。

做出这些选择并没有硬性规定或快速的技巧。我们需要使用基于我们对模型和数据的了解做出的判断，以及试验结果，来指导我们的搜索策略。如果我们使用太细微的网格搜索，会浪费很多时间，但是如果使用太粗略的网格，又可能会错过性能处于高峰的一个区域。一般来说，搜索性能是一项依靠直觉和分析的任务。

清单 24.24 展示了第二次参数搜索的字典。

**清单 24.24**　第二次参数搜索的字典。

```
param_grid2 = dict(model_step__number_of_layers=[ 1, 2],
                   model_step__neurons_per_layer=[
                                 50, 80, 110, 140, 170 ])
```

结果如图 24.18 所示。

这告诉我们，更多的神经元可以更好地工作，也表明我们的直觉是正确的。2 层网络比 1 层网络看起来更稳定。

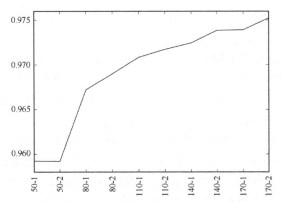

图 24.18　在 1 层和 2 层的网络中搜索神经元数量增加的层。结果与 1 层的版本交替，然后是 2 层的版本

让我们把神经元的数量和搜索范围都加大一点。清单 24.25 展示了第三次参数搜索的字典。

**清单 24.25**　第三次参数搜索的字典。

```
ram_grid3 = dict(model_step__number_of_layers=[ 1, 2 ],
                 model_step__neurons_per_layer=[
                          180, 280, 380, 480, 580 ])
```

结果如图 24.19 所示。

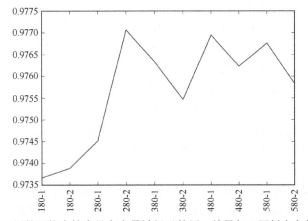

图 24.19　在 1 层和 2 层的网络中搜索具有大量神经元的层。结果与 1 层版本交替，然后是 2 层版本

从图 24.19 可以看出，最好的性能来自每层 280 个神经元的 2 层网络。当我们增加更多的神经元，表现开始缓慢地下降。这也许是过拟合的原因，尽管我们需要更仔细地观察才能确定。

注意数值刻度的大小。我们在图 24.17 中看到，从最糟糕的表现到最好的表现大约有 0.055 的提高，而在最近的图 24.19 中，差异只有大约 0.0035，大约是 1/15。

曲线的整体感觉：虽然当我们放大很多的时候，它会跳来跳去，但似乎是变平了。对于这组参数，我们可能非常接近最佳选择。

我们将在这里停止搜索，但是我们可以继续尝试所有这些参数的不同值，或者一些甚至没有尝试过的值（比如任何一个 Normalization 对象的参数，或者我们自己的模型中的 dropout_ratio）。

执行完全网格搜索所需的时间可能很快变得不切实际，因为搜索器会详尽地测试搜索参数的所有可能组合。所以使用最小数量的组合总是一个好主意，我们可以侥幸从做大量搜索的工作中逃脱，仅搜索最小数量的数据，这将给我们一个模型性能的合理预测。

一个好的策略是从搜索开始，搜索范围很广，只有几个值。当看到模型的最佳表现时，我们可以运行另一个更密集的搜索来探索该区域周围的区域。这就是所谓的**多分辨率搜索**（multi-resolution searching），它只是我们在现实世界中寻找东西时的算法版本。这就像我们在图书馆凭一个号码找一本书：我们根据这个号码走到图书馆的右边，然后找到正确的书库、正确的书架，等等，使用一系列范围越来越小的搜索，直到找到所要找的书。

我们在越来越小的搜索区域做同样的事情，直到找到一组最有效的参数值。

scikit-learn 的 RandomizedSearchCV 算法提供了一个有用的替代方案，可以替代网格搜索器执行的穷举搜索。正如第 15 章所讨论的，网格搜索的这种变体选择了每次运行时搜索参数的未开发的随机组合。例如，我们可以搜索总组合的 1/3。我们会比一个完整的网格搜索早 3 倍时间得到答案，但它是不完整的。不过，从一个好的方面来说，正因为它是不完整的，所以它给了我们一个在整个参数空间中几乎相等的点散射。这可能足以引导我们选择更小、更有针对性的搜索区域。

## 24.4　卷积网络

我们来搭建一些**卷积神经网络**，也叫**卷积网络**，或者更常见的 CNN。

在第 21 章中，我们讨论了一些关于 CNN 的神奇之处。回想一下，每个卷积层都包含一组**过滤器**（或**内核**），它们是数字的矩形（通常是一个小的正方形，一边是 3、5 或 7 个元素）。当我们对图像使用二维卷积层时，第一层中的每个过滤器依次应用到输入中的每个像素。过滤器的输出变成了在层输出时产生的新张量中该位置元素的值。如果有多个过滤器，则输出张量包含多个**通道**，就像彩色图像的红、绿、蓝通道一样。

虽然模型的第一个卷积层的原始输入通常是通过网络的数据流的图像，但我们通常不这么认为。例如，如果一个层有 32 个过滤器，那么输出将有 32 个通道。它可能与输入具有相同的宽度和高度（尽管我们将看到这些度量也经常改变），但它不再是一个真正的"图像"。因此，虽然我们很容易随便地把卷积层说成是处理由"像素"构成的"图像"，但把它们称为由元素构成的张量是一个更好的主意。

回想一下第 21 章，我们可以通过过滤器可移动的维数大小来描述卷积层。如果过滤器只在一维中移动（例如向下移动），那么我们称之为一维卷积层。通常情况下，当我们处理图像时，会在张量的二维的宽度和高度上移动过滤器，所以我们通常使用二维卷积层来处理图像。Keras 还提供了用于处理体积数据的三维卷积层。

在这一章，我们将关注图像，所以将使用二维卷积层。

在下面的部分中，我们将看到如何搭建和训练我们自己的 CNN。正如我们稍后将讨论的，实际上我们并不经常从头开始搭建和训练一个新的 CNN。相反，我们通常尽可能从一个现有的网络开始，通过修改它，然后用我们自己的数据对它进行更多的训练，使其专门化以完成我们的任务。这种**迁移学习**很有吸引力，因为我们可以从已知的工作良好的现有结构开始，并且可以节省用于训练我们正在搭建的模型的时间（有时是几天或几周）。我们还能从网络训练的数据中获益，而这些数据我们可能无法使用。

但是知道如何从零开始搭建我们自己的网络是很重要的。这让我们可以在需要的时候重新开始，并为我们提供了在需要的时候修改现有网络的工具。无论我们使用的是自己的模型还是已有的模型，了解模型内部的情况可以帮助我们诊断问题并从模型中获得最佳性能。

让我们从建立一些基本的想法开始，当我们搭建 CNN 时，这些想法将会对我们有帮助。

### 24.4.1 工具层

我们将简要回顾在第 20 章中看到的一些工具层，重点关注那些在 CNN 中有用的层。

像 dropout 层，这些并不是完全的计算层。相反，它们通常是"信息"层，告诉 Keras 如何处理或操纵流经该层的数据，或如何影响前一层。Keras 将这些构造为层，这样我们就可以把模型一致地看作层的堆栈。

下面描述的大多数层都有一、二和三维的形式。在处理图像时，我们几乎总是使用二维版本，所以这就是我们在这里要介绍的全部内容。

图 24.20 概括了主要层类型的示意图符号。

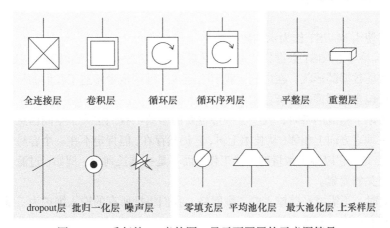

图 24.20　重复第 20 章的图，显示不同层的示意图符号

**平整层**采用任意维数的张量，并将其所有内容排列成一个一维列表。它总是以相同的顺序进行平整，所以我们可以预测张量中的每个元素会出现在哪个列表中（我们通常不关心元素是以什么顺序列出的，只要从一个样本到下一个样本是一致的）。Keras 称这个层为 Flatten。

**池化层**查看组成输入块的元素，从中计算单个值，并将该值保存到输出以替代所有输入元素。池化最常见的用途是减小其输入。例如，如果块是 2×2，并且它们没有重叠，那么输出将是输入宽度和高度的一半。Keras 提供两种类型的池化层。MaxPooling2D 层在每个块中找到最大的值。我们可以告诉它要使用的块的大小、步幅，或者在每个块之后水平和垂直移动多少个元素。通常我们使用 2×2 的块，每个维度的步幅为 2。AveragePooling2D 层以相同的方式工作，但它是计算每个块的平均值。

正如我们在第 21 章中所讨论的那样，卷积层之后的池化层正在"失宠"，取而代之的是在卷积层内部步进，以获得类似的结果。步幅和卷积方法产生相似但不同的结果。通常我们不关心这种差异，但有时这很重要，所以有时仍然使用池化层。

**裁剪层**去掉了张量的最外层元素，只留下了内矩形。Keras 将其称为 Cropping2D 层，它接收让我们描述从 4 个边分别删除多少个元素的参数。

为了使输入张量变大，**上采样层**被设计出来。在该层中，每个元素只是水平和垂直地重复了给定的次数。Keras 称这个层为 UpSampling2D（注意名称中间的大写 S）。

正如我们在第 21 章中提到的，在卷积层之后的显式上采样层的另一种替代方法是在卷积层本身中使用转置卷积（或分数步幅）。与正常的步幅和最大池化一样，转置卷积产生的结果与上采样相似，但不同。

**批归一化层**对流经它的每批数据执行归一化，使其平均值为 0、标准差为 1。这有助于防止权重过大。

**噪声层**给张量中的每个元素都添加了一些随机噪声。这种方法很少使用，但如果某些神经元在匹配最终并不重要的特定特征时表现过于激进，那么这种方法是有帮助的。

最后，一个**零填充层**将 0 放置在输入的周边。这通常是为了使卷积核不会"从边上掉下来"并试图访问不存在的数据。Keras 称其为 ZeroPadding2D 层（注意大写的 P），因为 Keras 现在在卷积层中提供了这个特征，所以在 Keras 的两个模型中，卷积之前的显式零填充是很少见的。

### 24.4.2　为 CNN 准备数据

我们将继续使用 MNIST 作为示例数据集。

我们为 CNN 准备 MNIST 数据集的过程与之前所做的几乎相同，当时第一层是全连接层。

区别在于特征数据的形状。在之前，我们已经在二维网格中塑造了我们的特征数据，每个图像有一行，每行包含该图像的所有像素。

当我们将图像平整成网格时，发生了一件重要的事情：我们丢失了空间信息，这些信息告诉我们哪些像素在垂直方向上相邻（从技术上讲，它仍然存在，但肯定不在一个容易使用的结构中）。CNN 的一大优点是，它以多维张量的形式工作，而不是一维长列表。例如，过滤器的感知区域包含了一组空间相关的元素。

使用 CNN 时，不需要平整输入的二维网格。我们将把所有的输入维护为三维长方体，其中每个输入图像都有高度、宽度和深度。

三维的一个重要用途是将表示彩色图像的数据通道捆绑在一起。一个典型的数字彩色图像有 3 个通道，分别代表红色、绿色和蓝色。如果我们把这些堆叠起来，就会得到一个 3 层的方块。准备印刷的图像则通常有 4 个通道：青色、品红、黄色和黑色。这需要一个 4 层的块，如图 24.21 所示。

(a)　　　　　　　　　　(b)

图 24.21　经常使用多个二维网格来表示更丰富的图像类型。(a)典型的数字彩色图像使用 3 个通道，分别表示红色、绿色和蓝色；(b)准备印刷的图像通常有 4 个通道，分别是青色、品红、黄色和黑色

MNIST 的数据是黑白的，所以我们只有一个像素数据通道。但是仍然需要，通过使它成为输入张量的维数之一明确地告诉 Keras 我们只有一个通道。

命名维度的顺序取决于我们使用的选项是 channels_first 还是 channels_last，正如我们在第 23 章开始时所讨论的那样。我们在这里将继续使用 channels_last，从前面到后面堆叠图像，如图 24.21 所示。回想一下，我们是按顺序来数的，先往下，再往右。

通过添加通道维度，每个 MNIST 图像将成为一个尺寸为 1×28×28 的三维块。我们的输入数据结构将包含 60000 个三维块。这意味着完整张量的第一维度是 60000，然后是每个图像的形状。

使用 channels_last 约定，这个张量的维数是 60000×28×28×1。

我们不能画一个四维张量，但是可以在一个列表中表示很多三维张量。图 24.22 使用这种方法描绘我们的数据集。

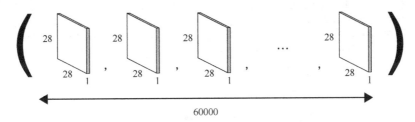

图 24.22　由于我们使用 channels_last 约定，输入中的每个图像都将被重塑为一个尺寸为 28×28×1 的三维块。然后我们把所有的 60000 个三维块堆叠在一起形成一个 60000×1×28×28 的四维张量，这将作为 CNN 的输入

正如我们前面所讨论的，可以更简单地将其看作一组嵌套列表，而不是一个四维结构：最外层的列表包含 60000 个图像，每个图像包含一个通道，每个通道包含 28 行，每一行包含 28 个元素。

这意味着每个像素都用 4 个数字来命名，依次是图像编号、通道编号、$y$ 位置和 $x$ 位置。

CNN 的输入数据调整为 -1～1 时表现最好[Karpathy16b]。这意味着我们不能把每个像素都除以 255。相反，我们使用 NumPy 的 interp() 函数将每个在[0,255]范围内的输入值转换到[-1,1]，如清单 24.26 所示。

**清单 24.26**　使用 NumPy 的 interp() 函数将所有输入值从[0,255]转换到[-1,1]。

```
X_train = np.interp(X_train, [0, 255], [-1,1])
X_test = np.interp(X_test, [0, 255], [-1,1])
```

接下来，我们将把数据重塑成刚才讨论的形状。我们只是告诉 NumPy 如何取原始版本的 X_train，它是 60000×28×28，然后把它重塑成四维张量，即 60000×1×28×28。我们不改变元素的总数，只是把我们想要的维度交给 NumPy，所以它可以完成这项工作。清单 24.27 展示了该代码。

**清单 24.27**　将输入 MNIST 数据转换为 CNN 所期望的四维张量。

```
# reshape sample data to 4D tensor using channels_last convention
X_train = X_train.reshape(X_train.shape[0],
                          image_height, image_width, 1)
X_test = X_test.reshape(X_test.shape[0],
                        image_height, image_width, 1)
```

我们将把这些重塑行放在缩放步骤之后。为了完整起见，清单 24.28 汇总了所有的预处理。这包括我们将需要的所有 import 语句。除了 import 语句和最终的重塑之外，这些预处理与我们之前所做的完全相同。毕竟，CNN 也是另一个深度神经网络，只不过增加了一些新类型的层。

我们假设 channels_last 选项已经在 Keras 配置文件中被选中。如果不是这样，那么要么修改文件，要么导入后端，并包含一个调用来设置 image_data_format 的值，正如我们在第 23 章看到的那样。

**清单 24.28** CNN 对 MNIST 数据进行分类的预处理步骤。

```
from keras.datasets import mnist
from keras.models import Sequential
from keras.layers.core import Dense, Dropout, Activation, Flatten
from keras.layers.convolutional import Conv2D, MaxPooling2D
from keras.constraints import maxnorm
from keras.optimizers import Adam, SGD, RMSprop
from keras import backend as keras_backend
from keras.utils import np_utils
from keras.preprocessing.image import ImageDataGenerator
from keras.utils.np_utils import to_categorical
import numpy as np
random_seed = 42
np.random.seed(random_seed)

# load MNIST data and save sizes
(X_train, y_train), (X_test, y_test) = mnist.load_data()
image_height = X_train.shape[1]
image_width = X_train.shape[2]
number_of_pixels = image_height * image_width

# convert to floating-point
X_train = keras_backend.cast_to_floatx(X_train)
X_test = keras_backend.cast_to_floatx(X_test)

# scale data to range [-1, 1]
X_train = np.interp(X_train, [0, 255], [-1,1])
X_test = np.interp(X_test, [0, 255], [-1,1])

# save original y_train and y_test
original_y_train = y_train
original_y_test = y_test

# replace label data with one-hot encoded versions
number_of_classes = 1 + max(np.append(y_train, y_test))
y_train = to_categorical(y_train, num_classes=number_of_classes)
y_test = to_categorical(y_test, num_classes=number_of_classes)

# reshape sample data to 4D tensor using channels_last convention
X_train = X_train.reshape(X_train.shape[0],
                    image_height, image_width, 1)
X_test = X_test.reshape(X_test.shape[0],
                    image_height, image_width, 1)
```

将特征数据重塑成这些四维张量是必要的预处理步骤。它把数据维数转换成位于 CNN 的开始的卷积层所期望的那样。

## 24.4.3 卷积层

让我们更仔细地看看如何定义卷积层。我们看到 Keras 提供了一、二、三维的卷积层。我们将选择二维版本，因为这是我们通常使用的图像数据，就像运行示例 MNIST 数据。

该层名为 Conv2D，我们通过从模块 keras.layers.convolutional 中导入来访问它。

Conv2D 层在其参数列表的开头接收两个未命名的强制参数，后面是各种可选参数。

第一个强制参数是一个整数，指定层应该管理的过滤器的数量。回想一下第 21 章，每个过滤器独立地应用于输入，并产生自己的输出。因此，如果输入只有一个通道（就像我们的输入一样），并且在卷积层中使用 5 个过滤器，那么输出将有 5 个通道，如图 24.23 所示。

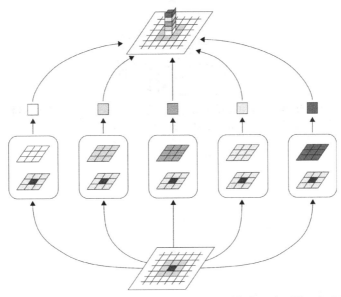

图 24.23　如果我们有一个通道输入和 5 个过滤器，输出张量将有 5 个通道，每个过滤器输出一个通道。这里我们展示了 5 个过滤器在输入的单个元素上的操作，并产生 5 个通道的输出

Conv2D 层的第二个强制参数是一个列表，用于提供该层上的过滤器的维数。在 Keras 中，就像在许多库中一样，给定层中的所有过滤器都具有相同的大小，因此我们只为整个层指定一个过滤器大小。继续之前的例子，如果我们有 5 个过滤器，每个过滤器是 3×3，那么这些参数就是 5、[3,3]。这告诉层自动分配和初始化 5 个形状为 3×3×1 的长方体（后面的 1 是通道的数量）。

在实践中，我们几乎总是使用方形的内核，通常在一边有 3~5 个元素。经验表明，这些大小，加上输入的减小（通过池化或卷积步幅），代表了计算和结果的良好权衡。有时使用较大的核，但它们并不常见。

请记住，这些过滤器的内核是三维长方体，因为内核中有一个通道对应输入中的每个通道。例如，假设第一层的输入图像是彩色图像，而我们的层使用的是 5×5 的内核。因为有 3 个通道，所以每个过滤器被创建为一个 5×5×3 的块。这个块在二维图像上移动（因此称为 Conv2D），并且在每个元素中，输入的 75 个值乘以相应的在内核中的 75 个元素，结果都加在一起，就是这个内核在该元素的输出，如图 24.24 所示。

如果在一个给定的卷积层中有几个这样的过滤器，那么我们将产生几个输出，这与图 24.23 类似，除了现在是处理一个多通道输入。图 24.25 展示了这个想法。

跟踪所有这些形状将是一项管理挑战，Keras 会为我们管理它们。因此，我们可以创建卷积层序列，只需要告诉 Keras 我们想在每个层上使用多少个过滤器，以及它们的足迹应该是怎样的。Keras 跟踪来自前一层的通道数量，并使过滤器达到必要的大小，**无须我们太费功夫**。

处理二维图像。在讨论卷积时我们提到过卷积层中有一些过滤器。在 Keras 中把这层称为
卷积层 Conv2D，这个层就是我们稍微接触过的二维卷积（2D convolutional）层。它产生了……

Conv1D 往往用在文本的学习上。我们会在讨论循环层时，看到另外处理文本的层。……

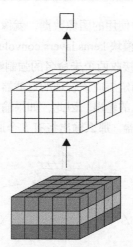

图 24.24　每个过滤器自动容纳输入中所有的通道。这里一个 5×5 的过滤器被应用到一
个 3 通道的输入，所以系统自动给过滤器 3 个通道。输入中的 75 个值（底部）都乘以
过滤器中相应的值（中间），所有这些乘积加在一起产生一个数字（顶部），即该过滤器
对输入位置的输出

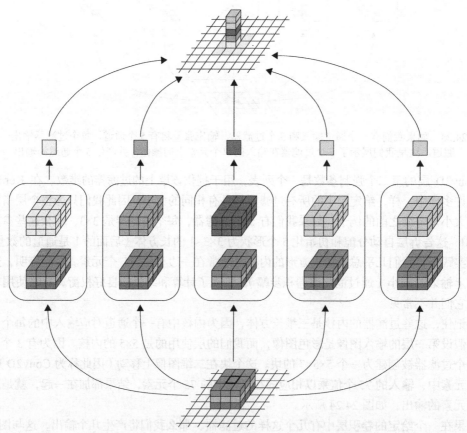

图 24.25　如果我们对多通道输入应用多个过滤器，那么每个过滤器也将有多个通道。
输出中的通道数量由所使用的过滤器的数量给出

例如，假设我们创建了一个包含 5 个过滤器的卷积层，每个过滤器都是 5×5 的。它产生的每个输
出都有 5 个通道。如果下一层也是卷积层，那么说我们想要 2 个 3×3 的过滤器，Keras 会自动知道让

每个过滤器有 5 个通道, 因为这是前一层的输出。简而言之, 每个过滤器的通道数等于输入的通道数, 而通道数又等于前一个卷积层中使用的过滤器数。图 24.26 直观地展示了这个概念。

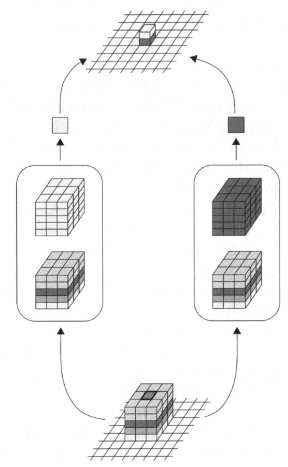

图 24.26 当一个卷积过滤器跟随另一个卷积过滤器时, 第二层的过滤器被自动配置为具有与前一层中一样多的通道

使用像 Keras 这样的库的最大乐趣之一就是自动调整过滤器的大小。我们不需要自己管理这些, 因为库已经有了所有它需要知道的东西, 以保证工作正常进行。

让我们创建一个有 15 个 3×3 的过滤器的卷积层。清单 24.29 展示了创建层并将其放入模型的代码。

**清单 24.29** 创建一个包含 15 个 3×3 的过滤器的卷积层。

```
convolution_layer = Conv2D(15, (3, 3))
model.add(convolution_layer)
```

在实践中, 我们通常一步完成, 就像我们在前面章节中对其他层所做的那样。清单 24.30 展示了通常用于此任务的一行代码。

**清单 24.30** 向模型添加卷积层的更常用方法。

```
model.add(Conv2D(15, (3, 3)))
```

Conv2D 层接收许多可选参数，所有这些参数都在文档中有所描述。我们将只讨论我们需要的那些。

我们将首先从卷积层特有的参数开始，然后扩展到我们在使用全连接层时已经见过的参数。方便起见，我们继续将输入张量元素称为"像素"，不过正如我们前面所讨论的那样，在第一层之后就没有意义了。

卷积层有一个不错的可选特性是：如果需要，我们可以在层本身中包含零填充，而不是在模型中创建一个显式的零填充层。更好的是，如果我们希望输出与输入具有相同的形状，那么 Keras 可以自动计算需要多少零填充。它使用过滤器的大小，以及我们的步幅选择（如果需要的话），并在外部添加足够的 0，以确保过滤器永远不会从输入的"边上掉下来"。

为了应用零填充，我们设置了可选参数 padding 到字符串 "same"，意为"使输出和输入的大小相同"。填充的默认值是字符串 "valid"，意思是"仅放置过滤器到有效数据可用的地方"。这是一种冗长的说法，换句话说就是"没有填充"。

我们在第 21 章看到步幅可以让过滤器每一步移动任何的距离。我们使用可选参数 strides 设置步幅。它接收一个包含两个数字的列表，给出了水平和垂直移动的像素数量。这个列表默认为 (1,1)。例如，如果我们将步幅值设置为(2,2)，那么输出将是输入宽度和高度的一半。注意，输出通道的数量不受步幅的影响，因为它来自过滤器的数量。

为了方便起见，我们可以将 strides 设置为单个数字，它将在两个方向上都使用这个数字。所以我们不用列表(2,2)，只需要给出单个值 2。

最后一个选项是 activation。就像我们之前讨论的全连接层一样，卷积层产生的每个值都经过一个激活函数。该激活函数默认是一个线性函数，实际上它什么也不做。我们可以通过将激活函数的名称提供为字符串来设置它。我们在第 17 章中讨论的所有函数都是可用的，还有其他一些函数（请参阅 Keras 文档）。隐藏卷积层的选择通常是 "relu" 和 "tanh"。

回想一下，当且仅当该层是网络中的第一层时，全连接层需要参数 input_shape。卷积层以同样的方式工作，如果它们是第一层，则需要为 input_shape 分配一个值。

我们应用到全连接层的 input_shape 参数是一个只有一个值的列表：表示图像的列表的长度。与这些层一样，卷积层希望 input_shape 不是描述整个数据集的形状，而只是一个样本。我们知道 MNIST 示例中有 60000 个样本，每个都是 $28×28×1$。因此，input_shape 的值是列表(28,28,1)，用来描述一个图像。

既然我们已经涵盖了所有背景知识，让我们创建一个二维卷积层。这将是模型中的第一层，因此我们需要 input_shape 参数。假设我们需要 16 个 5×5 的过滤器。为了进行演示，我们将选择激活函数 ReLU，零填充，以便输出与输入大小相同，$x$ 和 $y$ 中的步幅为 2。清单 24.31 展示了我们如何将它添加到名为 model 的模型中。

**清单 24.31** 向模型添加一个二维卷积层。第一个参数是过滤器的数量，然后是每个滤波器的宽度和高度。另一个命名的参数（input_shape 除外）是可选的。这里，我们将激活函数设置为 ReLU，选择零填充使输出与输入大小相同，将 padding 设置为 same，将步幅设置为(2,2)，并使用 channels_last 约定指定输入张量的形状。

```
model.add(Conv2D(16, (5, 5), activation=' relu',
                 strides=(2, 2), padding=' same',
                 input_shape=(image_height, image_width, 1)))
```

在所有这些讨论之后，即使有可选的参数，机制也会非常简短。

这涵盖了使用卷积层的基础知识。其他一切都和以前一样：我们创建模型，添加层，编译它，然后训练它。然后我们可以让它预测。

Keras 负责所有的工作，包括：创建大小合适的过滤器内核，使用良好的值初始化它们，以及使用反向传播来改进。

现在我们知道了如何创建卷积层，让我们来搭建一个完整的 CNN。

### 24.4.4 对 MNIST 使用卷积

让我们创建一个 CNN 来对 MNIST 的图像进行分类。首先，我们要制作一个简单的卷积层、一个平整层、一个全连接输出层。

我们的预处理步骤与清单 24.28 中的步骤一样。它读取我们的数据，对其进行归一化，将特征重塑为四维通道优先张量，并对标签进行独热编码。

模型的结构如图 24.27 所示。

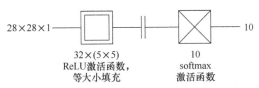

图 24.27　一个小 CNN 的结构。我们有一个卷积层，有 32 个过滤器，每个过滤器都是 5×5 的正方形。接下来是一个平整层，然后是一个包含 10 个神经元的全连接层，用来显示我们的分类输出

为了创建模型，我们像以前一样，先创建一个 Sequential 类型的新对象，然后一次添加一个层。

我们将从一个包含 32 个内核的二维卷积层开始，每个内核都是 5×5 的。我们将使用一个 ReLU 激活函数，设置 padding='same'，这将给层一个临时的零填充环，所以输出将有相同的水平和垂直大小作为输入。因为全连接层结束时需要一个列表作为输入，我们将使用一个 Flatten 层把 28×28×32 的张量变成 28 ×28×32=25088 的列表元素。和之前一样，我们在最后一层使用 softmax。

和往常一样，我们将把所有这些都打包在一个小函数中，这个函数创建模型，编译它，并返回最终结果。

清单 24.32 展示了该代码。

清单 24.32　用于分类 MNIST 图像的第一个 CNN。

```
def make_simple_cnn_model():
    model = Sequential()
    model.add(Conv2D(32, (5, 5),
                     activation='relu', padding='same',
                     input_shape=(image_height, image_width, 1)))
    model.add(Flatten())
    model.add(Dense(number_of_classes, activation='softmax'))
    model.compile(loss='categorical_crossentropy',
                  optimizer='adam',
                  metrics=['accuracy'])
    return model
```

就 Keras 而言，这只是一个 Sequential 对象，与其他对象一样。我们可以像往常一样训练这个模型，通过调用 fit() 和所有必要的参数。为了完整起见，清单 24.33 展示了代码。与 24.3 节中的实验一样，我们将在 100 个 epoch 中使用批大小 256 来运行这个模型。

**清单 24.33** 要训练 CNN，我们只需要使用通常的参数调用 fit()。

```
simple_cnn_model = make_simple_cnn_model()
simple_cnn_history = simple_cnn_model.fit(X_train, y_train,
                        validation_data=(X_test, y_test),
                        epochs=100, batch_size=256)
```

我们这次训练的结果如图 24.28 所示。

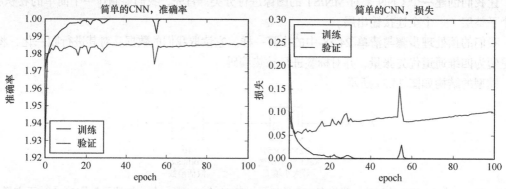

图 24.28　简单的 CNN 的准确率和损失

清单 24.34 展示了最后一个 epoch 的数值。

**清单 24.34** 图 24.28 中的最终值。我们移去了一些空格使该行方便显示。

```
Epoch 100/100
66s-loss: 2.7044e-04-acc: 1.0000-val_loss: 0.1016-val_acc: 0.9862
```

关于这些结果的好消息是，一切似乎都运行得很好。系统对训练数据进行学习，并能很好地预测验证数据的类，准确率约为 98.6%。

此外，这些曲线看起来并不好。在 35 个 epoch 左右的时间内，训练的准确率达到了 1.0 左右，而验证的准确率似乎也停滞不前。这是可以的，但是损失曲线却告诉了我们一个不同的结果。这个系统甚至在 10 个 epoch 之前就开始过拟合，而且随着时间的推移，它变得更糟。

像往常一样，要解决这样的问题，就需要遵循我们的直觉。让我们猜一下，如果我们使用更大的模型，可能会得到更好的性能。我们将把卷积层的数量从 1 增加到 3，为了控制过拟合，我们会在每一层后面加上 dropout 层。

图 24.29 展示了我们新的、更大的结构。

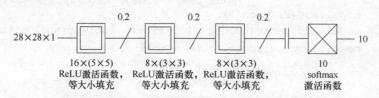

图 24.29　使用多个卷积层和 dropout 层的更大的 CNN

第一个卷积层使用了 16 个 5×5 的过滤器，然后我们在接下来的两层中使用了 8 个 3×3 的过滤器。所有这些数字或多或少都是任意的，都是来自最初的猜测和一些反复试验。我们跟踪每一个带有 dropout 层的卷积层，在最后，我们把结果压平，然后像往常一样，使用 softmax 将其输入到有 10 个神经元的全连接层。

因为我们使用 border_mode ='same'选项，还有默认的 1×1 步幅，所以每个卷积的输出宽度和高度是和输入相同的。

清单 24.35 展示了一个用于创建新模型的函数。注意，我们正在将可选参数 kernel_constraint 设置为值 maxnorm(3)，就像前面对全连接层所做的一样。对于卷积层，它可以防止过滤器中的值变大，就像它可以防止全连接层中的权重变大一样。

**清单 24.35** 创建图 24.29 中的模型。

```
def make_bigger_cnn_model():
    model = Sequential()
    model.add(Conv2D(16, (5, 5), activation='relu',
                     padding='same',
                     kernel_constraint=maxnorm(3),
                     input_shape=(image_height, image_width, 1)))
    model.add(Dropout(0.2))
    model.add(Conv2D(8, (3, 3), activation='relu', padding='same',
                     kernel_constraint=maxnorm(3)))
    model.add(Dropout(0.2))
    model.add(Conv2D(8, (3, 3), activation='relu', padding='same',
                     kernel_constraint=maxnorm(3)))
    model.add(Dropout(0.2))
    model.add(Flatten())
    model.add(Dense(number_of_classes, activation='softmax'))
    model.compile(loss='categorical_crossentropy',
                  optimizer='adam',
                  metrics=['accuracy'])
    return model
```

清单 24.36 展示了如何调用这个函数来创建一个新模型。

**清单 24.36** 训练清单 24.35 中的模型。

```
bigger_cnn_model = make_bigger_cnn_model()
bigger_cnn_history = bigger_cnn_model.fit(X_train, y_train,
                     validation_data=(X_test, y_test),
                     epochs=100, batch_size=256)
```

结果如图 24.30 所示。

清单 24.37 展示了运行结束时的数值。

**清单 24.37** 训练我们更大的 CNN 的最后一行的数值。

```
Epoch 100/100
127s-loss: 0.0094-acc: 0.9965-val_loss: 0.0565-val_acc: 0.9879
```

我们几乎消除了过拟合，尽管验证的准确率比以前略低。就验证准确率而言，我们似乎可以在大约 40 个 epoch 后停止。

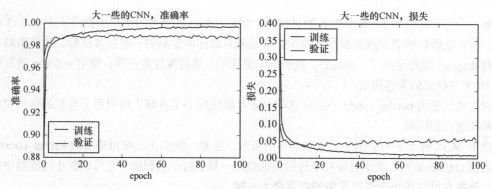

图 24.30　100 个 epoch 内图 24.29 中的模型训练的准确率和损失

可能还会有少量的过拟合，我们可以通过调整超参数来降低它，就像我们之前做的那样。

在 2014 年末的 iMac 上，在没有 GPU 支持的情况下，使用 TensorFlow 后端，这个模型每个 epoch 会花两分钟多一点。这大约是我们第一个只有一个卷积层的模型所需时间的两倍。

既然我们已经尝试了更大的网络，则可以继续考虑寻找更好的表现。但是我们从哪里开始呢？

深度学习结构的进展通常来自其他人开发和发布的结果。看一下 MNIST 的页面[LeCun13]，我们可以看到卷积网络的结构在这个数据集上运行得很好。其中大多数都有一些高级或实验性的特征，但我们仍然可以模拟它们的基本结构。

让我们试着让图像变得越来越小，就像当它通过网络时那样。这样，每一层都能处理较大区域的原始图像。

我们将首先使用池化层来做这件事。虽然我们已经注意到池化层在 CNN 中不受欢迎，但仍将使用它们，因为它们向我们显式地展示了当张量流经网络时，张量大小是如何减小的。

每个池化层将查看 2×2 个不重叠的框，并返回由 4 个输入元素组成的组中最大的值。因此，每个层的输出都是其输入宽度和高度的一半。输入的图像是 28 像素×28 像素，所以第一个最大池化层的输出是 14 像素×14 像素，第二个的输出是 7 像素×7 像素。当然，这些张量的深度是由前一个卷积层中的过滤器的数量决定的。

我们将在最后包含 3 个全连接层，同样是逐渐减小的尺寸。这基本上是一种预感，因为只有很少的输入到达最后的全连接层（总共只有 7×7=49 个值），我们可以从这些值的更多处理中受益。暂时不管它，我们仍在每个卷积层后面都加上 dropout。

图 24.31 展示了这个结构。

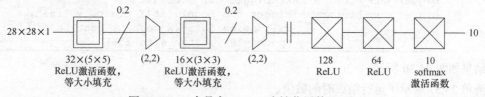

图 24.31　一个具有 dropout 和池化层的 CNN

清单 24.38 展示了一个用于创建新模型的函数。

清单 24.38　创建图 24.31 中的模型。

```
def make_pooling_cnn_model():
    model = Sequential()
```

```
model.add(Conv2D(30, (5, 5), activation=' relu' ,
                 padding=' same' ,
                 kernel_constraint=maxnorm(3),
                 input_shape=(image_height, image_width, 1)))
model.add(Dropout(0.2))
model.add(MaxPooling2D(pool_size=(2, 2), padding=' same' ))
model.add(Conv2D(16, (3, 3), activation=' relu' ,
                 padding=' same' ,
                 kernel_constraint=maxnorm(3)))
model.add(Dropout(0.2))
model.add(MaxPooling2D(pool_size=(2, 2), padding=' same' ))
model.add(Flatten())
model.add(Dense(128, activation=' relu' ))
model.add(Dense(64, activation=' relu' ))
model.add(Dense(number_of_classes, activation=' softmax' ))
model.compile(loss=' categorical_crossentropy' ,
              optimizer=' adam' ,
              metrics=[' accuracy' ])
return model
```

清单 24.39 展示了如何调用这个函数来创建一个新模型。

**清单 24.39** 创建用于训练图 24.31 中的模型。

```
pooling_cnn_model = make_pooling_cnn_model()
pooling_cnn_history = pooling_cnn_model.fit(X_train, y_train,
                      validation_data=(X_test, y_test),
                      epochs=100, batch_size=256)
```

结果如图 24.32 所示。

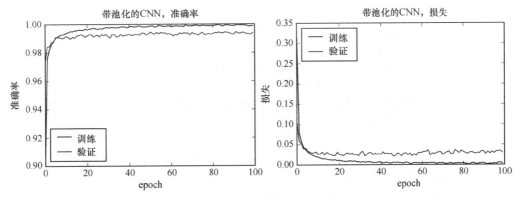

图 24.32　图 24.31 中的模型训练 100 个 epoch 的结果

运行结束时的数值如清单 24.40 所示。

**清单 24.40** 训练图 24.31 中的模型 100 个 epoch 后的最后一行数值。

```
Epoch 100/100
147s-loss: 0.0038-acc: 0.9988-val_loss: 0.0304-val_acc: 0.9939
```

我们在验证准确率方面得到了一个小但有意义的提高，从 0.9879 提高到 0.9939。正如我们前面所提到的，在这一点上的进展通常以微小的幅度进行。这实际上已经相当大了，因为我们把到 1 的距离缩短了一半。

我们似乎没有过拟合。事实上，大约在 50 个 epoch 之后一切都安定下来了。

我们提到过，卷积后的池化层现在被卷积层本身的步幅取代。让我们实现它，用 2×2 的步幅替换 2×2 的最大池化层。结果会有一点不同，因为卷积核步进的过程并不等同于通过单个步骤移动然后池化它们，但是我们预计大致会相似。

图 24.33 展示了这个结构。

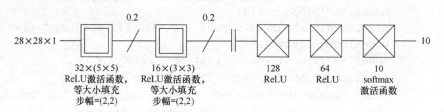

图 24.33 从图 24.31 的模型开始，我们用卷积层中的步进替换了池化层

清单 24.41 展示了一个用于创建新模型的函数。

清单 24.41 创建图 24.33 的步进 CNN。

```python
def make_striding_cnn_model():
    model = Sequential()
    model.add(Conv2D(30, (5, 5), activation='relu',
                     padding='same', strides=(2, 2),
                     kernel_constraint=maxnorm(3),
                     input_shape=(image_height, image_width, 1)))
    model.add(Dropout(0.2))
    model.add(Conv2D(16, (3, 3), activation='relu',
                     padding='same', strides=(2, 2),
                     kernel_constraint=maxnorm(3)))
    model.add(Dropout(0.2))
    model.add(Flatten())
    model.add(Dense(128, activation='relu'))
    model.add(Dense(64, activation='relu'))
    model.add(Dense(number_of_classes, activation='softmax'))
    model.compile(loss='categorical_crossentropy',
                  optimizer='adam',
                  metrics=['accuracy'])
    return model
```

清单 24.42 展示了如何调用这个函数来创建一个新模型。

清单 24.42 创建图 24.33 的步进 CNN。

```python
striding_cnn_model = make_striding_cnn_model()
striding_cnn_history = striding_cnn_model.fit(X_train, y_train,
                          validation_data=(X_test, y_test),
                          epochs=100, batch_size=256)
```

结果如图 24.34 所示。

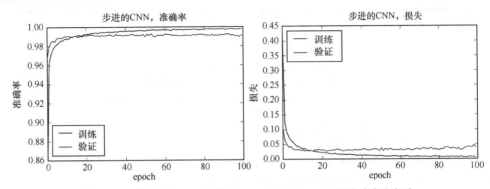

图 24.34  训练图 24.33 的步进 CNN 100 个 epoch 的准确率和损失

清单 24.43 展示了运行结束时的数值。

**清单 24.43**  训练图 24.33 中的模型 100 个 epoch 后的最后一行数值。

```
Epoch 100/100
36s-loss: 0.0062-acc: 0.9978-val_loss: 0.0400-val_acc: 0.9912
```

在训练集和验证集中，我们已经丢失了一点准确率，但是在其他方面，这些数字和它们的图看起来很像我们使用显式池化层时所看到的。

但改变了很多的是时间。如清单 24.40 所示，在没有 GPU 的 2014 年末 iMac 上，池化模型每个 epoch 需要 147 秒，而步进版本每个 epoch 只需要 36 秒。步进的 epoch 只需要使用显式池化 epoch 25% 的时间。时钟时间可能会误导人，但很难有人不喜欢只用 25% 的时间和精力就能得到几乎相同的性能。

我们能进一步提高性能吗？

我们可以改变网络的任何方面，例如可以在每个层添加或删除过滤器，改变它们的大小，增加 dropout 百分比，添加更多的卷积层，等等。为了多样性，让我们尝试用批归一化层替换 dropout 层。这两种方法都是为了减少过拟合，因此我们可以看到这两种方法中哪一种最适合这个网络和这个数据。

图 24.35 展示了这个结构。

图 24.35  图 24.33 中的模型，其中我们用批归一化层替换了每个 dropout 层

清单 24.44 展示了一个用于创建新模型的函数。我们将卷积层中的 activation 参数设置为 None，因为，正如我们在第 20 章中看到的，批归一化层在一个层的输出和其激活函数之间工作。因此，我们在每个卷积层之后加一个 BatchNormalization 层，然后用一层来应用 ReLU 激活函数（回想一下，批归一化层是设计在一个层的输出之后，但在激活函数之前）。

**清单 24.44**  创建图 24.35 的步进-批归一化 CNN。注意，我们把 BatchNormalization 层放在卷积层和它的 ReLU 激活函数之间，放在它自己的层上。

```
def make_striding_batchnorm_cnn_model():
    model = Sequential()
    model.add(Conv2D(30, (5, 5), activation=None,
```

```
                                padding=' same' , strides=(2, 2),
                                input_shape=(image_height, image_width, 1)))
    model.add(BatchNormalization())
    model.add(Activation(' relu' ))
    model.add(Conv2D(16, (3, 3), activation=None,
                     padding=' same' , strides=(2, 2)))
    model.add(BatchNormalization())
    model.add(Activation(' relu' ))
    model.add(Flatten())
    model.add(Dense(128, activation=' relu' ))
    model.add(Dense(64, activation=' relu' ))
    model.add(Dense(number_of_classes, activation=' softmax' ))
    model.compile(loss=' categorical_crossentropy' ,
                  optimizer=' adam' ,
                  metrics=[' accuracy' ])
    return model
```

清单 24.45 展示了如何调用这个函数来创建一个新模型。

**清单 24.45**　创建图 24.35 的步进-批归一化 CNN。

```
striding_batchnorm_cnn_model = \
                make_striding_batchnorm_cnn_model()
striding_batchnorm_cnn_history = \
                striding_batchnorm_cnn_model.fit(
                        X_train, y_train,
                        validation_data=(X_test, y_test),
                        epochs=100, batch_size=256)
```

结果如图 24.36 所示。

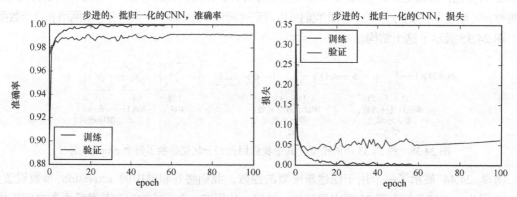

图 24.36　100 个 epoch 的训练中，步进-批归一化 CNN 的准确率和损失

清单 24.46 展示了运行结束时的数值。

**清单 24.46**　训练图 24.35 中的模型 100 个 epoch 后的最后一行数值。

```
Epoch 100/100
45s-loss: 2.6886e-04-acc: 1.0000-val_loss: 0.0618-val_acc: 0.9911
```

验证的准确率与我们之前得到的大致相同，但是我们似乎得到了少量的过拟合。而 epoch 也需要大约多 25%的时间来运行。

曲线上的**噪声**是一个值得关注的问题。当停止训练时，我们需要小心，以确保没有处于验证损失的峰值（或相应的验证准确率的低谷）。在这种情况下，保留多个检查点是很有意义的，然后根据性能图来选择一个检查点。

总的来说，这种变化似乎没有给我们带来比以前更好的东西。这就是试验的价值： 除非我们尝试，否则无法确定网络和特定数据集将如何表现。

## 24.4.5 模式

许多 CNN 都是通过重复几种可识别的模块来组装的[Karpathy16a]。这样的块是一组卷积层，然后是池化层，这个块被重复几次，可能在这些卷积层上使用不同的参数；然后是一系列全连接层。图 24.37 展示了这种结构的一个示例。

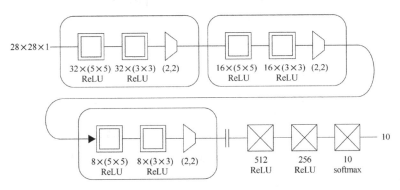

图 24.37　CNN 通常由重复模块组成。一个受欢迎的模式是一些带着池化层的卷积层，我们在这里看到重复了 3 次。通常，卷积的参数从一个块（用黄色表示）更改为下一个块

池化层通常用 2×2 的块来平整输入。也就是说，感知域是 2×2，我们使用(2,2)的步幅，这样就产生了一个没有重叠或空洞的平铺面。这使得输出的宽度和高度只有输入的一半。

这个网络是我们以前见过的 VGG16 网络的简化版本，在这里画出来是为了演示重复模块的概念。但是为了好玩，让我们在 MNIST 数据上运行它，结果如图 24.38 所示。

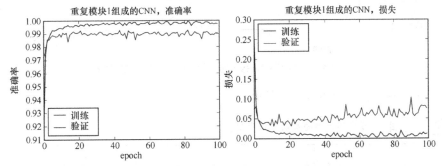

图 24.38　使用图 24.37 中的结构来评估 MNIST 数据

训练的最后一行代码如清单 24.47 所示。

**清单 24.47**　训练图 24.37 中的模型的最后一行代码。

```
Epoch 100/100
339s-loss: 0.0119-acc: 0.9974-val_loss: 0.0760-val_acc: 0.9902
```

这不是我们见过的最好的数据，也有一些过拟合，但对于一个本质上随便创建的网络来说，这并不坏。运行每个 epoch 确实需要相当长的时间，正如我们从所有这些层中所期望的那样。

正如我们之前所做的，让我们将池化层替换为每个集合的最后卷积层的步进，如图 24.39 所示。我们通常把其他层的步幅保持在 1。这正成为一个更有吸引力的选择，因为省略池化层给我们提供了一个更小、更快的网络，当参数得到很好的调整时，性能似乎没有损失[Karpathy16a][Springenberg15]。步幅大小通常是(2,2)，就像我们要替换的池化层一样。

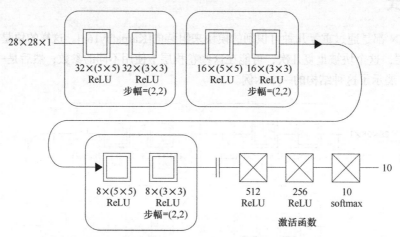

图 24.39　用卷积层中的步进替换图 24.37 的池化层

结果如图 24.40 所示。

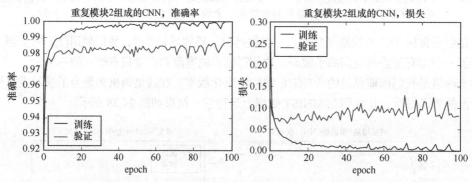

图 24.40　使用图 24.39 中的模型来评估 MNIST 数据

训练的最后一行代码如清单 24.48 所示。

**清单 24.48**　训练图 24.39 中的模型的最后一行代码。

```
Epoch 100/100
186s-loss: 2.8056e-04-acc: 1.0000-val_loss: 0.0815-val_acc: 0.9873
```

训练结果中的**噪声**比以前稍微多一点，但它们落在了大致相同的地方。我们甚至把每个 epoch 的时间缩短了一半，这表明在卷积层步进的速度明显快于随后的池化层。这是有道理的，因为步进卷积意味着我们使用卷积过滤器的频率更低，并且我们可以完全跳过后续的池化后处理步骤。

### 24.4.6  图像数据增强

提高任何模型性能的最佳方法之一是尽可能多地提供训练数据，同时避免过拟合。

当我们处理图像时，可以很容易地通过简单地操作已有的图像来创建大量的新数据，在原始数据的基础上创建各种各样的变体。我们可以将每个图像向左、向右、向上或向下移动，使其变得更小或更大，顺时针或逆时针旋转一定角度，或者水平或垂直翻转。图 24.41 展示了欧亚雕鸮图像的一些变体。我们特意使用了极端的转换，这样更容易看出它们的效果。

图 24.41　用旋转、翻转和缩放的方法扩充一幅欧亚雕鸮的图像。左上角是原图。
这些变换在此有意夸张以便展示它们的效果

通过创建变体来扩大数据集的过程称为**数据放大**或**数据扩充**（data augmentation）。

当我们专门处理图像时，Keras 提供了一个内置对象来执行数据扩充，称为 **ImageData Generator**。它执行所有我们刚刚提到的以及其他的一些修改。

顾名思义，这个对象是一个"生成器"，它是 Python 语言中的一种特定对象[PythonWiki17]。简而言之，生成器可以被认为是运行有内部循环的函数，通常可执行计算和生成数据。当该循环到达一个 yield 语句时，生成器将控制权返回给调用它的程序，并将 yield 的参数设置为函数值，就像 return 语句一样。但是如果我们再次调用该函数，则循环会从最近停止的位置继续进行，就好像它从未被中断过一样。

ImageDataGenerator 以这种方式设置，是因为这样我们可以配置它，使它为我们的每个输入图像产生大量变体。这可能需要大量的时间和计算机内存。因此，生成器按需创建批量图像，而不是提前计算所有变体并将它们保存到需要的时候。每次我们调用生成器时，它都会生成并返回另一批图像。我们将在下面看到 fit() 方法的一个变体，它使用生成器作为训练数据的来源，而不是我们传入的张量。程序每次需要更多数据时，它会一遍又一遍地调用生成器。

为了显示它们的效果，我们应用于图 24.41 中图像的转换被故意夸大了。实际上，我们希望产生与输入足够接近的、合理的新数据。毕竟，没有理由从失真的输入中学习，这些输入不能代表我们期待看到的数据。事实上，那样做可能会损害最终性能，因为网络的部分性能将无用地用于处理那样的输入。

如果我们想稍后再次使用我们生成的数据，可以通过告诉生成器在给定目录中读取和写入其图像来节省时间。然后，每当我们要另一批图像时，它会读取并返回已保存的已转换文件（如果它们可用），要不然就生成它们，保存它们，然后返回它们。当我们想要查看生成的文件时，此功能也很有用，它可以确保我们选择了获取我们所要的各种变体的正确选项。如果存储空间非常宝贵并且我们的时间并不紧迫，我们可以一直跳过整个磁盘存储，并根据需要不断更新转换后的图像。

ImageDataGenerator 是一个能够对图像应用各种变换的重要工具。我们只需要在构建对象时列出我们想要的图像转换操作，它就会全部使用它们。我们将通过几个转换来演示这个过程。Keras 文档提供了所有可用选项的完整列表。

整个设置和使用该生成器的过程只需两步：首先，使用我们想要的选项创建 ImageDataGenerator；其次，训练我们的模型。但是我们使用 fit_generator()而不是 fit()来开始训练。这两个都采用相同的参数，但有一点例外：fit_generator()的第一个参数是一个返回批量样本的函数。

我们为 fit_generator()提供的常用函数是一个名为 flow()的函数，它是作为 ImageDataGenerator 对象的一部分自动为我们创建的。生成器按需生成的数据流，就像我们转动水龙头把手时流出的水一样。调用 flow()会提供一系列训练样本供我们使用。

fit_generator()和 flow()一起管理批量图像的生成，并将它们以训练为目的呈现给我们的模型。清单 24.49 展示了 ImageDataGenerator 的典型用法。

**清单 24.49**　使用一个 ImageDataGenerator 来产生转换过的图像。每幅图都可能被随机水平翻转过，或者向某个方向被旋转了至多 100°。

```
# create the image generator with rotations and flips
image_generator = ImageDataGenerator(
                        rotation_range=100,
                        horizontal_flip=True)
# fit our model using images produced by the image generator
model.fit_generator(image_generator.flow(
                        X_train, Y_train, batch_size=256),
                        seed=42, epochs=100,
                        samples_per_epoch=len(X_train))
```

ImageDataGenerator 使用来自 MNIST 训练集的单个样本生成的一些图像如图 24.42 所示。

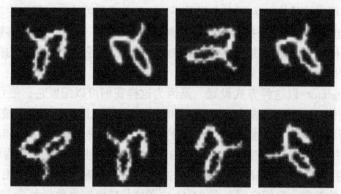

图 24.42　基于单张 MNIST 数据集中数字 2 的样本，使用一个 ImageDataGenerator 来产生变体。出于演示目的，我们允许水平翻转，以及大范围的旋转。实际上，对于这个数据，我们很可能只会用小得多的角度的旋转，我们也不会允许翻转，因为"2"的镜像根本不是一个"2"。另外，图中低分辨率原图重采样的边缘附近可见一些噪声

通常，此代码的每次运行都会产生不同的结果。对于测试和调试，每次都返回相同的序列通常很有用。因此我们可以通过在调用 flow() 时设置 seed 参数来强制执行此操作，正如我们之前所做的。这与为随机数生成器设置种子的目的相同，即将其设置为始终生成相同的伪随机值序列。

在清单 24.49 中，我们还告诉了 flow() 每批需要多少个样本，以及多少个样本构成一个 epoch，以及我们想要多少 epoch。

必须指定每个 epoch 的样本数似乎很奇怪，因为到目前为止，库已经能够从输入张量的大小推断出它。但是只要我们继续调用生成器，它就会不断地产生变体，因此遍历通常称为一个 epoch 的"所有数据"并不会有真正意义。然而，设定 epochs 很重要。例如，统计信息是在一个 epoch 结束时被采集的，我们的回调函数也是此时被调用的。因此我们告诉 flow() 在它简单地声明一个 epoch 结束之前要生成多少张图像。samples_per_epoch 的值必须是 batch_size 的倍数，否则我们将收到错误提示。

## 24.4.7 合成数据

构建网络通常是因为我们希望将它们能被部署到实际使用中，因此我们用实际数据训练它们。但是，测试和训练数据集对于帮助我们试验架构、预处理策略和超参数非常有用。

创建一个我们可以控制一切的环境的一个好方法是训练我们自己的数据，这是我们按需生成的。那么我们可以制作我们想要的数据，而不是搜索那些接近的东西。

我们使用**合成数据**这个词来描述我们自己创建的数据，这通常是使用算法动态实现的。我们在第 15 章中就看到了合成数据，当时我们使用 scikit-learn 的内置算法来制作半月形和斑点。

生成合成数据的好处在于，我们可以根据需要制作尽可能多的数据，然后像往常一样使用它进行训练。

这在概念上很容易实现。我们只要将数据生成程序挂钩到 ImageDataGenerator 对象的变体中即可。

这里的技巧是修改 ImageDataGenerator 对象中的 flow() 程序。通常，flow() 从训练集中提取下一个样本，然后将我们请求的转换应用于它。我们可以修改该步骤，以使它不是从训练集中提取样本，而是调用程序来创建全新的样本及其标签。然后，像往常一样，新样本被转换并返回。

虽然说起来很容易，但这项技术有点复杂，需要 Python 中的一些巧妙技巧，并且这方面的指导文档很少。该资源可以在本章的笔记本中找到，它改编自一个在线示例[Xie16]。

为了演示这个想法，我们编写了一个小程序，在 64 像素×64 像素的方形内绘制图像。有 5 种类型的图像："Z"形、加号形、三条垂直线、一个方形 U 和一个圆形。每当我们绘制其中一个图像时，会将这些点稍微摆动一点，这样就不会有两个相同的形状。该函数返回它绘制的图像和标签。标签是 0~4 的数字，用于标识图像是哪种类型。

图 24.43 展示了这些图像的随机集合。请注意，这些变化是在构成图像的点上执行的，与我们在获得图像后通过 ImageDataGenerator 应用的变形类型（缩放、旋转等）所获得的图像有本质上的不同。

我们使用了如上修改的 ImageDataGenerator 版本来训练图 24.44 所示的简单 CNN。

结果如图 24.45 所示。

尽管它只有分类 CNN 的最小规模，但网络可以在测试数据上保持令人印象深刻的准确性，而且没有出现明显的过拟合。

图 24.43　一个小程序生成的合成图像。5 种图像中的每一种都包括在初始位置附近
随机扰动的点（若是圆的话，则为半径）

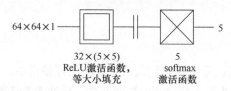

图 24.44　用于对合成数据进行分类的简单 CNN

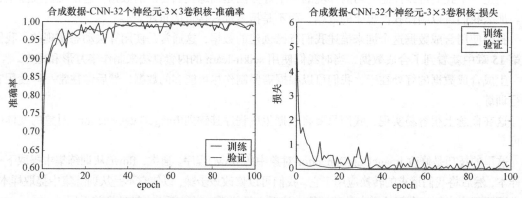

图 24.45　我们的简单模型在合成数据上实时产生的准确率与损失

## 24.4.8　CNN 的参数搜索

深层的网络可能需要很长时间才能训练好，特别是当我们使用大数据集时。如果我们使用前面用过的 GridSearchCV 或 RandomizedSearchCV 对象来搜索超参数，那么可能没有在合理的时间内产生结果的足够的计算能力。

有一些更快的选择，但是它们需要一些工作来设置和使用，所以我们不会在这里讨论它们。一个学习自动参数搜索的好地方是 Spearmint 项目[Snoek16a] [Snoek16b]。

## 24.5　RNN

正如我们在第 22 章中看到的那样，循环神经网络（RNN）对于**序列数据**（sequential data）非常有用。我们一直在使用的 MNIST 图像数据不是序列，因为图像没有顺序。

另外，序列数据本质上是有序的。典型的例子是日常温度、股票的每日价格和潮汐的每小时高度。也有一些数据是有序的，但不一定是时序的，例如按身高排列的儿童、图书馆书架上的书，以及彩虹的颜色。

在所有这些现象中，我们希望使用输入序列中的信息来帮助我们产生新的输出。

在 RNN 术语中，我们仍然有一个由样本组成的数据集，其中每个样本包含多个特征。但现在每个特征都包含多个值，称为**时间步长**（time step）。回想一下，我们也可以将"时间步长"视为"给定特征的一系列测量值"。我们在第 22 章的例子中想象了一个山顶的气象站，在白天 8 个小时的时间内每小时进行测量。每天的结果组成一个样本，每种类型的测量（如温度和风速）都是一个特征。每个特征包含 8 个时间步长，每小时有一个值。

在本章中，我们一直在对 MNIST 数据进行分类。但是 MNIST 数据没有序列性质，且我们现在的目标不是分类，而是预测序列中的下一个值。因此，在 24.5.1 节中，我们将生成一些我们自己的新数据，并使用它们来展示如何设置和运行 RNN。

### 24.5.1 生成序列数据

有许多可用的连续数据集，但其中一些很复杂或难以绘制。因此，让我们创建自己的简单数据集，以便轻松地绘制和解释。

我们将仅仅添加一堆正弦波，例如图 24.46 中顶部的正弦波。每个正弦波有其频率、振幅和相位（或位移）。我们将编写一个程序，该程序使用由 freqs（频率）、amps（振幅）和 phase（相位）分别组成的列表，并借此在许多点累加所有的波。图 24.46 展示了这个想法。

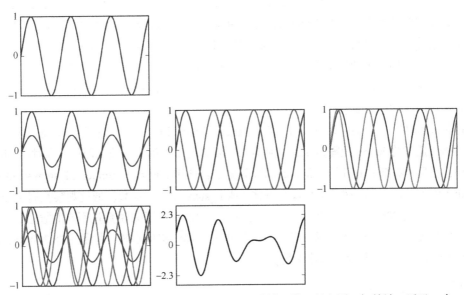

图 24.46　累加正弦波。第 1 行：一个单一的正弦波。第 2 行左图：初始波，以及一个振幅更小的波。第 2 行中图：初始波，以及一个相位不同的波。第 2 行右图：初始波，以及一个频率不同的波。第 3 行左图：全部重叠在一起的 4 个波。第 3 行右图：累加在一起的 4 个波

我们的曲线构建小程序需要另外 3 个参数。第一个是一个名为 number_of_steps 的整数，它告诉程序要生成多少个点。第二个是一个名为 d_theta 的浮点数，它告诉程序样本的间距（该名称来

自基于角度的正弦波,其通常用小写的希腊字母 θ 表示)。最后,是一个名为 skip_steps 的提供起点偏移量的整数,因此我们并不总是从 0 开始。这对于创建测试数据很有用,测试数据可以从训练数据的右侧开始。

小程序 sum_of_sines() 如清单 24.50 所示。我们写它是为了清晰地叙述。由于这完全是 Python 编程,而不是特定的机器学习,我们不会详细介绍。

清单 24.50 产生由多种不同正弦波加和而成的列表的小程序。

```python
def sum_of_sines(number_of_steps, d_theta, skip_steps,
                 freqs, amps, phases):
    ''' Add together multiple sine waves and return
        a list of values that is number_of_steps long.
        d_theta is the step (in radians) between samples.
        skip_steps determines the start of the sequence.
        The lists freqs, amps, and phases should all be
        the same length (but we don't check!)'''
    values = []
    for step_num in range(number_of_steps):
        angle = d_theta * (step_num + skip_steps)
        sum = 0
        for wave in range(len(freqs)):
            y = amps[wave] * math.sin(
                        freqs[wave]*(phases[wave] + angle))
            sum += y
        values.append(sum)
    return np.array(values)
```

我们将使用此例程生成两个不同的数据集,并将其称为数据集 0 和数据集 1。我们用于构建它们的值是通过反复试验找到的,一个是为了不会太难预测而直到产生感觉"平静"的图形为止来得到的,另一个则是为迎接更难的挑战而直到令人觉得"繁忙"为止来得到的。

我们将用于评估的数据视为一个测试集,该测试集仅使用一次,而并非在评估不同形式的网络时可以使用多次的验证集。

数据集 0 是两个波较为平缓的加和。我们通过将 freqs 设置为[1,2],使第二个波的速度为第一个波的两倍;通过将 amps 设置为[1,2],使第二个波的高度为第一个波的两倍;通过将 phases 设置为[0,0],使两个波都从 0 开始。我们的训练数据来自使用 200 步(number_of_steps=200)、步长约为 0.057 弧度(d_theta=0.057)且没有偏移(skip_steps=0)的参数。通过观察我们选择了这个奇异的步长,以使 200 个样本产生我们觉得对一个简单测试例子来说数量不错的数据。

训练集长度为 200 个样本,从 0 开始。测试集是从训练集的右侧开始的另外 200 个点。清单 24.51 展示了要产生数据集时的程序调用。

清单 24.51 创建数据集 0。

```python
train_sequence_1 = sum_of_sines(
                    200, 0.057, 0, [1, 2], [1, 2], [0, 0])
test_sequence_1 = sum_of_sines(
                    200, 0.057, 400, [1, 2], [1, 2], [0, 0])
```

得到的训练序列和测试序列如图 24.47 所示。

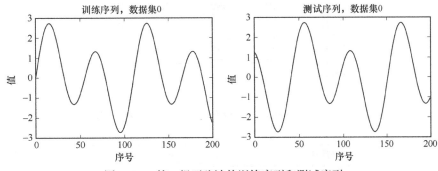

图 24.47 第一组正弦波的训练序列和测试序列

数据集 1 是使用 4 个波组成的更难的挑战。对于这个集合,我们将 freqs 设置为[1.1,1.7,3.1,7],将 amps 设置为[1,2,2,3],然后再次将所有相位保持为 0,即 phases 为[0,0,0,0]。之所以选择特殊的频率是为了使图案不会在成千上万的样本中重复出现。其他变量与产生数据集 0 时使用的相同。清单 24.52 展示了创建此数据集的程序。

**清单 24.52** 创建数据集 1。

```
train_sequence_2 = sum_of_sines(200, 0.057, 0,
                                [1.1, 1.7, 3.1, 7],
                                [1, 2, 2, 3], [0, 0, 0, 0])

test_sequence_2 = sum_of_sines(200, 0.057, 400,
                                [1.1, 1.7, 3.1, 7],
                                [1, 2, 2, 3], [0, 0, 0, 0])
```

得到的训练序列和测试序列如图 24.48 所示。

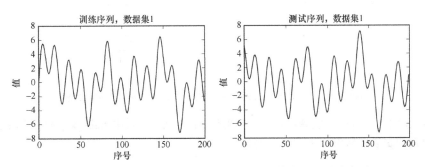

图 24.48 第二组更繁忙一些的正弦波的训练序列和测试序列

## 24.5.2 RNN 数据准备

在 Keras 中为 RNN 准备数据的机制比我们目前使用的更复杂,因为我们必须执行几个重塑步骤才能使用我们想要的所有的库程序。我们还需要提取我们的小窗口子列表,由于没有任何库程序可以帮助我们完成,这个列表我们必须自己创建。

让我们深入了解各个步骤,然后按顺序将它们逐个完成。

和以前一样,我们希望将数据归一化到[0,1]的范围内。来自 scikit-learn 的 MinMaxScaler 是完成这项工作的完美工具。但是回想第 15 章可知,这个程序要求我们的特征垂直排列,如图 24.49 所示。

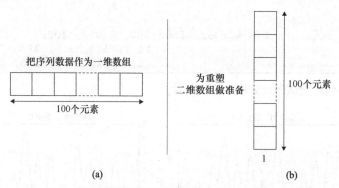

| | 温度 | 雨量 | 风速 | 湿度 |
|---|---|---|---|---|
| 6月3日 | 60 | 0.2 | 4 | 0.1 |
| 6月6日 | 75 | 0 | 8 | 0.05 |
| 6月9日 | 70 | 0.1 | 12 | 0.2 |
| | [60, 75] | [0, 0.2] | [4, 12] | [0.05, 0.2] |
| new 6月3日 | 0 | 1 | 0 | 0.33 |
| new 6月6日 | 1 | 0 | 0.5 | 0 |
| new 6月9日 | 0.66 | 0.5 | 1 | 1 |

图 24.49    MinMaxScaler，像大多数逐特征归一器一样，读入每个特征的所有值，找到
其最小值和最大值，然后将该数据缩放到[0,1]范围内。每种特征（这个例子中的每一列）
都单独缩放（这是图 12.37 的一种变体）

正弦波数据只有一种特征，有很多时间步长，它是一个一维列表（也就是说，它不是 MinMaxScaler 期望的一列）。因此，让我们将数据重新整理成一列。在 Python 中，这意味着制作一个与我们的测量值集合一样高的二维网格，并且只有一个元素宽，如图 24.50 所示。

把序列数据作为一维数组

100个元素

为重塑
二维数组做准备

100个元素

1

(a)                (b)

图 24.50    将正弦波值列表重塑为一个只有一列的二维网格

我们可以使用 reshape() 来实现这一点，如清单 24.53 所示。其中 train_sequence 和 test_sequence 可以是来自数据集 0 或数据集 1 的相应变量。

**清单 24.53**    我们的输入数据包括两个名为 train_sequence 和 test_sequence 的一维列表。为了让它们为 MinMaxScaler 做准备，我们将每个列表转换成一列元素。

```
train_sequence = np.reshape(train_sequence,
                            (train_sequence.shape[0], 1))
test_sequence = np.reshape(test_sequence,
                           (test_sequence.shape[0], 1))
```

现在数据有提供给 MinMaxScaler 的正确格式了，我们将创建该对象的实例，然后在训练数据上调用其 fit() 程序。它会找到最小值和最大值，并记住它们。然后，像往常一样，我们通过调用缩放器 transform() 的方法将转换应用于训练和测试数据，如清单 24.54 所示。为了清楚起见，我们将赋予结果前缀为 scaled 的新名称。

**清单 24.54**　我们基于训练数据形成该转换，然后将其应用到训练数据和测试数据上，并将结果保存在新变量中。

```
from sklearn.preprocessing import MinMaxScaler

min_max_scaler = MinMaxScaler(feature_range=(0, 1))
min_max_scaler.fit(train_sequence)
scaled_train_sequence = min_max_scaler.transform(train_sequence)
scaled_test_sequence = min_max_scaler.transform(test_sequence)
```

注意，像往常一样，我们首先将缩放对象拟合到训练数据，然后将该转换应用于测试（或验证）数据上。min_max_scaler 对象会记住它的变换，所以我们之后能够将它的逆转换应用于神经网络的输出，来给出一个与输入相同范围的结果。

现在数据已经标准化，我们可以创建构成训练和测试数据的小窗口子列表了，如图 24.51 所示。

一旦有了窗口，我们就可以将它们分成样本（即除了最后一个元素之外的所有内容）以及目标（即最后一个元素），如图 24.52 所示。

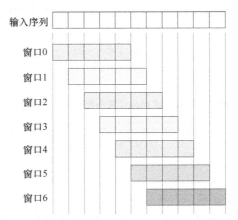

图 24.51　将输入序列截取为一系列小窗口子列表。每个子列表有相同的长度（即窗口长度）。在这个例子中，窗口之间是相互重叠的，每个窗口从前一窗口右侧的第一个元素开始

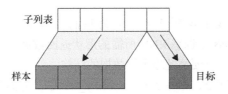

图 24.52　我们将每个窗口化的列表中除最后一个元素之外的部分作为样本，将最后一个元素作为目标

在使用 RNN 时，构建这些窗口是一种常见的操作。或许有无数种写程序的方法来完成这项工作。我们将提供一个清晰说明的版本。它将给定大小的窗口的起始点从序列的开始移动到结束前的某一位，即停止在能使整个窗口仍然全部处于输入序列内的最后位置。因为这是直接的 Python 编程，并且与机器学习没有什么关系，所以我们不会深入研究细节。清单 24.55 展示了我们的例程。

**清单 24.55**　一个将一个列表的元素及窗口尺寸转换为两个新列表的 Python 程序。第一个新列表包含多个由初始列表产生的相互重叠的子序列。每个子序列长度比给定的窗口尺寸小 1。第二个新列表则包含初始序列中每个上述子序列的下一个元素，它在训练和测试中将被用作我们的目标。

```
def samples_and_targets_from_sequence(sequence, window_size):
    ''' Return lists of samples and targets built from overlapping
    windows of the given size. Windows start at the beginning of
    the input sequence and move right by 1 element.'''
    samples = []
    targets = []
    # i is starting position
    for i in range(sequence.shape[0]-window_size):
        # sub-list of elements
        sample = sequence[i:i+window_size]
        # element following sample
        target = sequence[i+window_size]
        # append sample to list
        samples.append(sample)
        # append target to list
        targets.append(target[0])
        # return as Numpy arrays
        return (np.array(samples), np.array(targets))
```

我们现在可以通过将缩放过的序列交给此程序来创建训练数据和测试数据了，如清单 24.56 所示。和以前一样，我们把窗口化的训练数据分配给变量 X_train 和 y_train，把窗口化的测试数据分配给 X_test 和 y_test。我们假设已经设置了整数变量 window_size。

**清单 24.56** 使用清单24.55 中的工具函数创建训练数据和测试数据。

```
(X_train, y_train) = samples_and_targets_from_sequence(
                         scaled_train_sequence, window_size)
(X_test, y_test) = samples_and_targets_from_sequence(
                         scaled_test_sequence, window_size)
```

现在我们有了数据，还必须确保它具有必要的**形状**。

将数据的形状变为网络所需的正确格式，对于 RNN 及我们见过的所有其他类型的网络一样重要。如果我们用与网络预期不匹配的方式组织数据，要么遇到错误，要么网络会陷入混乱并产生疯狂的结果。

好消息是我们已经完成了这项任务，因为我们编写了程序 samples_and_targets_from_sequence，它会按我们在 Keras 中训练 RNN 所需的形状返回数据。

让我们看一下这些形状，以便清楚地了解数据的结构。

比较简单的部分是目标部分，存储在 y_train 和 y_test 中，它们只是一维列表。

我们在 X_train 和 X_test 中保存的训练和测试数据是三维块。X_train 块与我们能够生成的窗口数（即样本数）一样深，并且与窗口尺寸本身一样高（即时间步长）。该块与我们正在学习的特征数量一样宽。由于此数据集中我们只有 1 个要素，因此该块只有 1 个元素宽。

这是我们在 Keras 中训练 RNN 所需的结构。块的深度告诉我们所要训练的样本数量。时间步长垂直排列、特征水平排列。图 24.53 对一个带有 3 个样本的假想数据集进行了这样的分解，每个样本由 2 个特征组成，每个特征有 7 个时间步长。

如前所述，我们设置了预处理，使得数据现在处于合适的形状，如图 24.54 所示。

至此，数据的预处理就完成了，可以进行训练了。

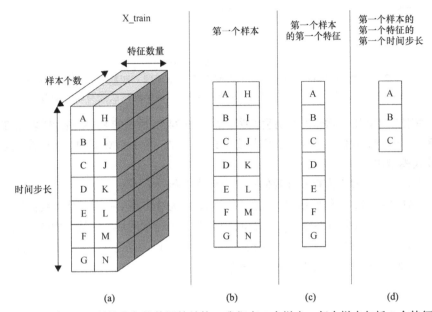

图 24.53　为 RNN 训练准备的数据的结构。我们有 3 个样本，每个样本包括 2 个特征，每个特征包含 7 个时间步。(a)准备好用于训练 RNN 的 X_train 数据集。(b)X_train 的第一个样本是块中最靠近我们的那个切片。在这里元素用 A 到 G 标记。这可以被表示为一个二维网格。(c)这个样本的第一个特征位于最左侧那列。(d)这一列中的元素是对应特征的时间步长

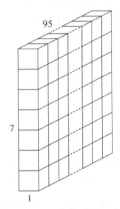

图 24.54　训练数据的形状。假设我们有 95 个样本、窗口尺寸为 7。测试数据有相似的形状，尽管样本数更少

### 24.5.3　创建并训练 RNN

既然数据已经被恰当地归一化和结构化，我们就可以创建网络并训练它了。

我们将创建一个非常简单的 RNN 以便快速运行，但它仍然展示了所有基本原理。我们将有一个循环层，然后是一个全连接层，如图 24.55 所示。注意，全连接层没有列出激活函数。这是因为我们不希望它修改计算出的值，该值是我们的预测。在这里，要么说我们没有使用激活函数，要么说我们已经将它设置为线性函数了。

回顾第 22 章，RNN 中使用了两种标准类型的构建块：LSTM（长短期记忆）和 GRU（门控循环单元）。Keras 支持这两种方法，并且这些层以它们使用的单元命名。

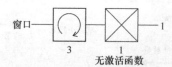

图 24.55 第一个 RNN 将有一个带有 3 个记忆元素的循环层，跟随着一个仅有一个单元的
全连接层。输入包含与窗口相同的时间步长。该全连接层没有激活函数

让我们使用 LSTM 吧。除非另有明确说明，否则图 24.55 所示的 RNN 图标代表 LSTM 单元。

要创建 LSTM 层，我们只需使用我们想要的选项创建一个 LSTM 对象，然后像往常一样使用 add() 将其放入模型中。

该层的状态应该有多少内存？让我们从 3 个元素开始。

当制作 LSTM 层时，我们要指定所需的单元数。因为这将是第一层网络，我们还必须给出输入维度。像往常一样，我们将参数 input_shape 设置为一个样本的形状。从上面的讨论中，我们知道每个样本都是一个二维网格，其高度是时间步长（即窗口的高度），其宽度是特征的数量（这里只有 1 个），如我们在图 24.53 中所见的一样。

清单 24.57 展示了如何创建这个层。

**清单 24.57** 创建一个 LSTM 层对象。第一个参数是这层中 LSTM 单元的数量。第二个参数是 input_shape，告诉了单个样本的尺寸。

```
lstm_layer = LSTM(3, input_shape=[window_size, 1])
```

我们用一个只有单个神经元的全连接层紧随其后。如果我们没有在全连接层中指定激活函数，则 Keras 默认其为 None。这种情况下对我们有好处，因为我们不希望将输出压缩到[0,1]、[-1,1] 或任何其他范围。为了明确，我们将包含一个多余的 None 赋值给激活函数。

完整的模型如清单 24.58 所示。

**清单 24.58** 创建 RNN 模型。我们只需要像平时一样以 Sequential 对象创建一个模型，加上 RNN 层（这个例子中，是一个 LSTM 对象），然后在最后放上一个单神经元全连接层。

```
# create and fit the LSTM network
model = Sequential()
model.add(LSTM(3, input_shape=[window_size, 1]))
model.add(Dense(1, activation=None))
```

这就是创建 RNN 模型所要做的事。现在我们只需要编译并运行它。

像往常一样，要编译模型，我们需要提供损失函数和优化器。在本章中我们一直使用 Adam 优化器并且它一直运行良好，所以让我们继续使用它。对于损失函数，我们不再使用和之前相同的分类函数，因为我们不再进行分类。我们想要的是能将网络输出的单一值与该样本的目标值进行比较的函数。在 Keras 文档中查看损失函数列表，我们可以看到 mean_squared_error 损失函数的功能就是这个，所以让我们使用它。

编译步骤如清单 24.59 所示。

**清单 24.59** 编译 RNN。我们使用之前那样的"adam"优化器并选择使用"mean_squared_error"损失函数，它更适合于这个 RNN。

```
model.compile(loss='mean_squared_error', optimizer='adam')
```

既然模型已经被编译了，我们就通过调用 fit()函数来像训练所有其他模型一样训练它。我们在这里做的唯一改变是使用的批量大小为 1，因为一些试验表明，对于这个小型网络和这个小数据集，这样做产生了最好的结果。清单 24.60 展示了如何训练 RNN。

**清单 24.60** 用 fit()训练 RNN。除了将 batch_size 设置为 1 这一点，其他步骤与所有训练步骤一样。

```
history = model.fit(X_train, y_train, epochs=number_of_epochs,
                    batch_size=1, verbose=2)
```

将这些步骤放在一起便有了清单 24.61 中的代码。这就构建了 RNN，然后按我们设定并保存在变量 number_of_epoches 中的任何训练 epochs 数来训练它。

**清单 24.61** 构建和训练 RNN。

```
# create and fit the LSTM network
model = Sequential()
model.add(LSTM(3, input_shape=[window_size, 1]))
model.add(Dense(1))
model.compile(loss=' mean_squared_error' , optimizer=' adam' )
history = model.fit(X_train, y_train, epochs=number_of_epochs,
                    batch_size=1, verbose=2)
```

现在我们已经训练了模型，就可以进行预测了。在清单 24.62 中，我们计算了训练数据和测试数据两者的预测。

**清单 24.62** 和往常一样，我们通过给模型的 predict()方法传递样本数据来从模型得到预测。

```
y_train_predict = model.predict(X_train)
y_test_predict = model.predict(X_test)
```

查看结果之前，需要强调的是，在用网络进行预测时，我们很少直接使用结果。

问题是我们已将 MinMaxScaler 应用于输入数据（包括训练和测试），将其从初始值转换为更适合训练的范围。这意味着网络的预测数据也被转换了。例如，如果我们的原始数据在[-6,6]的范围内，那么在转换之后它将在[0,1]的范围内。这意味着预测数据也将在[0,1]的范围内。

因此，我们无法直接将预测数据与原始数据进行比较。在简单缩放的情况下，就像我们在这里做的这样，这不是一个主要问题。但是如果我们执行了一个更复杂的处理步骤，那么主观地解释预测数据可能变得非常困难。

正如我们在第 12 章中看到的，一般的解决方案是**反向转换**预测的数据。像大多数 scikit-learn 的转换程序一样，MinMaxScaler 提供了一个名为 inverse_transform()的特定方法。

在清单 24.63 中，我们使用 min_max_scaler( 我们的 MinMaxScaler 对象 )的 inverse_transform() 方法来逆转换预测数据。我们还将逆转换训练数据和测试目标数据。

**清单 24.63** 我们逆转换了原本的目标数据和来自训练集与测试集的预测目标数据。这个过程撤销了我们用 min_max_scaler()的 transform()方法执行的测量操作。

```
# inverse-transform original targets
inverse_y_train = min_max_scaler.inverse_transform([y_train])
inverse_y_test = min_max_scaler.inverse_transform([y_test])
# inverse-transform predictions
inverse_y_train_predict = \
        min_max_scaler.inverse_transform(y_train_predict)
```

```
inverse y test predict = \
         min_max_scaler.inverse_transform(y_test_predict)
```

反转（即逆转换）初始目标 y_train 和 y_test 可能看起来很浪费。为什么不简单地保存反转的初始目标，并在此处使用它们呢？

让我们再看一下清单 24.54 的最后两行，在这里重复为清单 24.64。

**清单 24.64**　清单 24.54 的最后两行，在这里我们对数据进行了转换。

```
scaled_train_sequence = min_max_scaler.transform(train_sequence)
scaled_test_sequence = min_max_scaler.transform(test_sequence)
```

可以看到，在将它们分成样本和标签之前，我们已经转换了整个窗口序列，所以在此之前我们从未真正将标签 y_train 和 y_test 放在未转换的变量中。

我们只是为了清晰和简单才以这种方式构建代码。在标签转换之前提取和保存它们是合理的，这样我们就不需要在这里**撤销**转换。无论哪种方式都有效。我们将继续使用刚才提出的版本。

现在我们已将预测结果返回到原始数据范围内了，这样就可以用原始数据绘制它们，并查看预测结果有多好。我们还可以使用它们来获得准确率的快速数值摘要——使用称为**均方根误差**或 **RMS 误差**的度量方式。这是一种衡量误差的标准方法，可以让我们看到多个网络比较同一东西时的区别。抛却其中的平方根，均方根误差与 "mean_squared_error" 损失函数的计算结果是相近的。我们使用 math 模块中的平方根函数 sqrt() 和 scikit-learn 中的 mean_squared_error() 函数来计算这个值，如清单 24.65 所示。

**清单 24.65**　计算并报告训练和测试集的预测结果的 RMS 误差。

```
from sklearn.metrics import mean_squared_error
trainScore = math.sqrt(mean_squared_error(
                          inverse_trainY[0],
                          inverse_y_train_predict[:,0]))
print(' Training RMS error: {:.2f}' .format(trainScore))

testScore = math.sqrt(mean_squared_error(inverse_testY[0],
                          inverse_y_test_predict[:,0]))
print(' Test RMS error: {:.2f}' .format(testScore))
```

有趣的索引源于原始目标与对应预测结果数据形状的不同。在代码中，inverse_ y_train 和 inverse_y_test 是只有一行的二维网格（例如，如果每个集合中有 30 个目标，它们的形状将是 1×30），因此，通过选择 inverse_y_train [0]，我们得到在第一行（也是仅有的一行）存储的数据列表。另外，从 model.predict() 返回的预测结果是具有一列的二维网格（因此它们将是 30×1）。我们通过选择 inverse_y_train_predict [:,0] 来得到第一（也是唯一的）列中的数据列表。

诸如使这些索引正确的问题通常是很难预料的，因此我们通常只有在编写一些看似合理其实一团糟的代码时才会发现它们。以交互方式使用解释后的 Python 程序能让我们逐步、逐行地检查变量的形状，并进行适当的调整和选择，以便我们在每一步选择所需的数据。

### 24.5.4　分析 RNN 性能

让我们在这个微小的 RNN 上试试正弦波数据。我们将从图 24.47 中比较简单的数据集 0 开始，如图 24.56 所示。

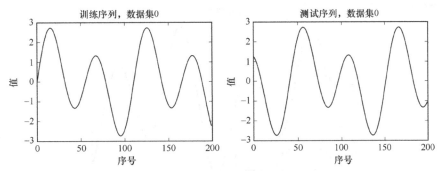

图 24.56 "平静"数据集。这个是图 24.47 的重复展示。在这个数据集中共有 200 个数据点

回想一下,那个命名笨拙的数据生成程序 samples_and_targets_from_sequence() 会接收一个名为 window_size 的参数,该参数允许我们指定每个样本中要使用的时间步长。

让我们任意地选择大小为 3 个时间步长的窗口。这意味着每个样本将有 3 个值,我们将要求网络预测随后的值。我们将始终把该值作为目标提供,以便在训练期间,系统可以学习匹配该值,并且在测试期间,我们可以看到其表现如何。

像往常一样,我们将训练 100 个 epoch。在每个 epoch 之后,我们得到一个数,由此获悉,数据集的损失(通过预测的值与目标之间的差异来衡量)。

损失如图 24.57 所示。

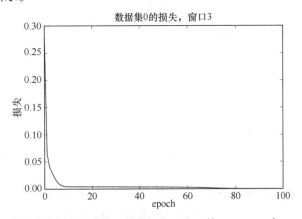

图 24.57 在窗口尺寸为 3 个时间步长的数据集 0 上训练 RNN 100 个 epoch 产生的损失

损失迅速下降到大约 0.06,然后在第 8 个 epoch 附近平缓地下降到接近 0,并在接下来的约 60 个 epoch 里继续下降,最终在大约 80 个 epoch 后达到一个在视觉上很难与 0 区分开的值。

让我们根据数据绘制预测值,以便我们能够看出最终的表现。

图 24.58 用黑色表示训练数据,用红色表示预测值。注意,我们在训练集中使用了 200 个样本。

对于只有 1 个包含 3 个状态元素的 LSTM 单元及 1 个后续神经元的网络来说,这是非常惊人的效果。尽管预测值和实际值之间的匹配并不完美,正如我们从山峰和山谷底部附近看到的,但它已经非常棒了。

预测值是从训练数据的起点稍微往后的地方开始的,因为第一次预测的是训练数据的第 4 个元素。这在图中很难看出来,更容易在后面的结果中发现。

我们现在看一下测试数据。图 24.59 以黑色表示测试数据,以红色表示预测值。注意,我们在测试集中也使用了 200 个样本。

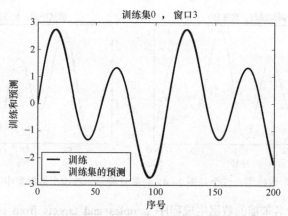

图 24.58　在数据集 0 中的训练数据用黑色表示。重叠其上的是来自我们用时间步为 3 的
窗口训练 100 个 epoch 后的 RNN 预测值

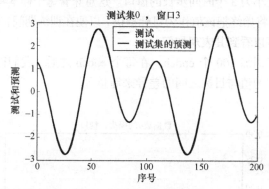

图 24.59　RNN 在数据集 0 的测试数据上的预测结果。这是在用时间步长为 3 的
窗口训练 100 个 epoch 后的效果

　　测试数据看起来与训练数据很相似，因为它是由相同的重复正弦波组成的，只是位于训练序列的后面。测试的预测值很接近，也同样再次在山峰和山谷的极点附近出现混乱。

　　也许我们在窗口中甚至不需要 3 个样本。如果窗口中只有一个样本呢？我们可以给网络一个值，并要求它预测下一个。因为数据集可能没有任何完全重复的数字，所以这种方法只有一线希望。因此，如果它可以学习训练集中每个值之后的值，就能复制这些数字。这种情况下训练的损失如图 24.60 所示。

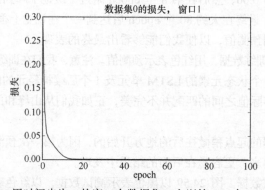

图 24.60　RNN 用时间步为 1 的窗口在数据集 0 上训练 100 个 epoch 的损失情况

图 24.61 展示了这个模型对测试数据的预测。

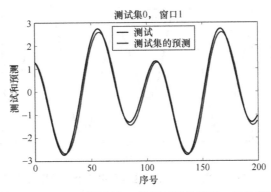

图 24.61 RNN 对数据集 0 的测试集的预测。这是在用
时间步长为 1 的窗口训练 100 个 epoch 后的效果

我们显然失去了相当"可观"的性能，但这个网络在记忆输入/输出对方面做得很好。

尽管 3 个时间步长可以很好地预测测试数据了，但让我们找另外一种方法，并将窗口大小调至 5 个时间步长。由于我们现在只是试图了解事物，而不是进行详细的分析，我们将跳过显示预测训练数据的曲线，并直接进入损失曲线和对测试数据的预测。图 24.62 展示了 5 个时间步长窗口的损失曲线。

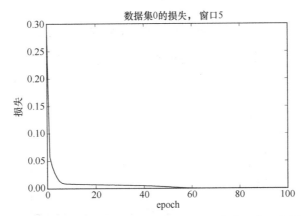

图 24.62 RNN 对测试数据集的损失。这来自在数据集 0 上用时间
步长为 5 的窗口训练 100 个 epoch 的效果

图 24.63 展示了我们在 5 个时间步长的窗口情况下对测试集的预测。

直观看来，这很像我们在图 24.59 中的 3 个时间步长的窗口的效果。也许一个包含 3 段数据的窗口足以让网络在预测第 4 个值时做得足够好。

让我们试试第二个测试集中更复杂的数据（见图 24.48），此处在图 24.64 中重复这种情况。

由于时间步长 3 的窗口对于简单数据运行良好，让我们用它再试一次。测试集的损失如图 24.65 所示。

与第一个数据集一样，损失在开始时迅速下跌，然后其下降速度减缓。在第 4 个 epoch 附近有一个转折，在第 50 个 epoch 附近有一个更为平缓的转折，直到 80 个 epoch 左右达到 0 值。这表明这个测试集对于网络来说比上一个测试集更难学习，这是讲得通的。

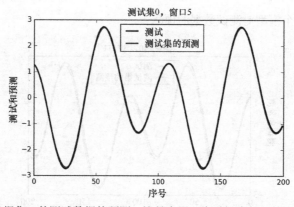

图 24.63　RNN 对数据集 0 的测试数据的预测。这是在用 5 个时间步长训练 100 个 epoch 后得到的

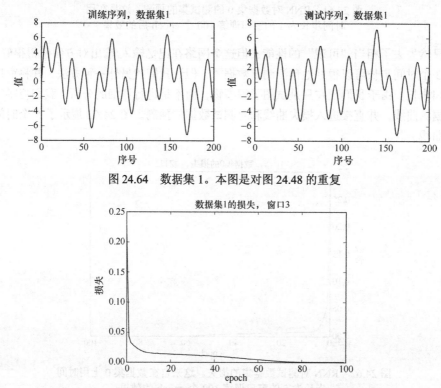

图 24.64　数据集 1。本图是对图 24.48 的重复

图 24.65　测试集上的损失。这是由 RNN 在数据集 1 上用时间步长为 3 的
窗口训练 100 个 epoch 得到的

让我们来看看这个时间步长为 3 的窗口的模型与测试数据的匹配程度。图 24.66 展示了我们的结果。

对于这么小的网络和如此扭曲的数据集来说，这是一个非常好的匹配结果，特别是只用了这么小的窗口。让我们尝试一个包含 5 个时间步长的窗口，如图 24.67 所示。

将窗口从 3 增加到 5 似乎适得其反，尽管在某些地方如第 140 个 epoch 周围的波峰处的匹配有所改善。

回顾一下这些结果，我们只有 1 个带 3 步记忆的 LSTM 单元及 1 个最终神经元的微小网络在两个测试集上都做得很好。窗口大小通常会带来些影响。对于这些简单的数据集，似乎 3 个或 5 个时间步长的窗口通常都做得非常好。正如我们稍后将看到的，更复杂的数据集通常需要更大的窗口。

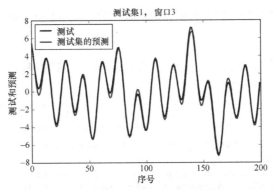

图 24.66　RNN 对数据集 1 的测试数据的预测。这是在用时间步长为 3 的
窗口训练 100 个 epoch 后的效果

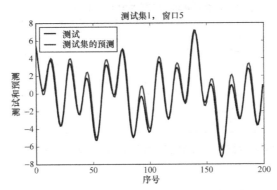

图 24.67　用时间步长为 5 的窗口对该复杂数据集的预测

### 24.5.5　一个更复杂的数据集

到目前为止，我们只使用了一个循环层，因为它工作得很好。但我们可以通过简单地添加更多的循环层来构建**深度循环神经网络**。添加的层数根据数据而定，或许有时最好只有几个循环层，每个层都有很多状态内存单元；或许有时最好有许多层，每个层只有少量内存。

我们可以对正弦波数据做一个小的改动，使 RNN 学习起来更具挑战性：任何时候曲线都下降，我们都会绕着 $x$ 轴翻转它，以使它向上移动。我们的曲线将从平滑变为跌宕起伏，带有突然的跳跃。这是我们为我们的网络创建更具挑战性的数据集而尝试的完全随意的操作。

图 24.68 展示了将这个操作应用于第二组波中的训练数据——它创建了第三组数据，即数据集 2。

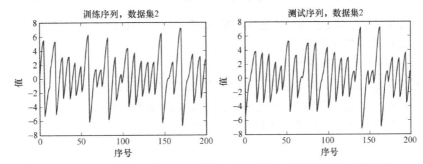

图 24.68　用第二个数据集的训练数据创建第三个数据集，就只需要当曲线开始向下走的
时候，我们才会沿 $x$ 轴反射它。这是用于训练深度 RNN 的数据

我们理所当然地将这个修改后的数据制造函数称为 sum_of_upsloping_sines()，如清单 24.66
所示。

**清单 24.66**　对 sum_of_sines() 的修改。此处我们将任意往下走的曲线翻转到了上面。新加入的代码是其中的
if 语句及其之后的赋值语句。

```
def sum_of_upsloping_sines(number_of_steps, d_theta,
                           skip_steps, freqs, amps, phases):
    '''Like sum_of_sines(), but always sloping upwards'''
    values = []
    for step_num in range(number_of_steps):
        angle = d_theta * (step_num + skip_steps)
        sum = 0
        for wave in range(len(freqs)):
            y = amps[wave] * math.sin(
                    freqs[wave]*(phases[wave] + angle))
            sum += y
        values.append(sum)
        if step_num > 0: # are we past the first sample?
            # find the direction we're headed in
            sum_change = sum - prev_sum
            if sum_change < 0:          # are we going downward?
                values[-1] *= -1        # if so, flip the last
```

让我们用与最近的实验相同的小网络来运行新数据集，保持窗口大小为 5。损失结果如
图 24.69 所示。

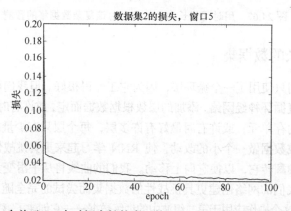

图 24.69　用 3 个单元、5 个时间步长的窗口的 RNN 运行上行测试数据所造成的损失

损失在一开始快速下降，改善后速度减慢很多。在第 60 个 epoch 左右，它似乎已经稳定下来，
或许从那时起就只有一点点改善了。

该模型对修改后的测试数据的预测如图 24.70 所示。

此处，延后开始（前 4 个值不预测）更容易在最左边被看到。这个结果非常糟糕。预测值确
实倾向于追踪测试数据更直的部分，但是经常超过或未达到峰值和谷值。

小网络运行得出奇地好，但我们还是想要更好的效果。

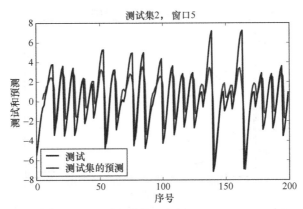

图 24.70 该模型对修改后的测试数据的预测

### 24.5.6 深度 RNN

让我们添加第二个循环层，它也由 3 个 LSTM 单元组成，如图 24.71 所示。

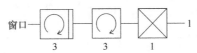

图 24.71 双层 RNN 的示意图。第一层 LSTM 末端输出处的小方框
意味着它已将 return_sequences 设置为 True

清单 24.67 展示了如何构建双层深度 RNN 模型，它使用两个 LSTM 层，各有 3 个 LSTM 单元。

第一个 LSTM 需要包含一个新参数 return_sequences，我们需要将其设置为 True。我们通过 LSTM 图标右侧的一个小方框指示这一点（或者，当网络从下到上绘制时，它在顶部）。我们将很快讨论这个 return_sequences 是关于什么的，但是现在我们可以将它视为无论何时在一层 LSTM 后再创建一层 LSTM 所必须包含的东西。

如清单 24.67 所示，在第一层 LSTM 中将 return_sequences 设置为 True。

**清单 24.67** 组建一个深度 RNN 仅仅意味着要添加更多的循环层。所有在另一个循环层之前的循环层都必须将它们的可选参数 return_sequences 设置为 True。

```
model = Sequential()
model.add(LSTM(3, return_sequences=True,
                    input_shape=[window_size, 1]))
model.add(LSTM(3))
model.add(Dense(1))
```

就 Keras 而言，这只是另一个 Sequential 模型，因此我们可以像以前一样训练这个模型并从中获得预测。

让我们看看它在新数据上执行时的效果。图 24.72 展示了训练期间该模型的损失。

损失降到略高于 0.02，这与我们之前看到的大致相同。所以我们不应该对预测结果过于乐观。

图 24.73 展示了对测试数据的预测。

这很糟糕。在 130～180 个样本附近，模型似乎无法追踪数据值了，尽管它大致模仿了它的上升和下降。似乎添加第二层使事情变得更糟了。

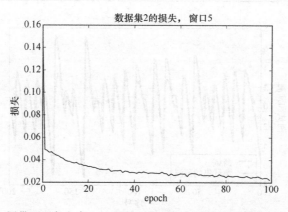

图 24.72　用带两层各 3 个 LSTM 单元的循环层训练我们的模型产生的损失

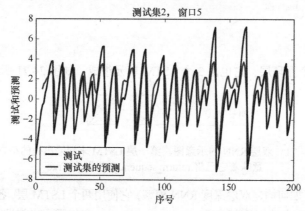

图 24.73　用两层、每层 3 个 LSTM 单元的循环层训练出的模型在测试数据上的预测

让我们看看是否可以通过更深的模型获得更好的结果。让我们制作 3 个 LSTM 层，尺寸逐渐减小，分别为 9、6 和 3 个单元，如图 24.74 所示。

图 24.74　3 层 RNN 的示意图

清单 24.68 展示了构建模型的代码。

清单 24.68　构建一个更深的、有 3 个循环层（其 LSTM 单元数逐渐减少）的 RNN。

```
model = Sequential()
model.add(LSTM(9, return_sequences=True,
                          input_shape=[window_size, 1]))
model.add(LSTM(6, return_sequences=True))
model.add(LSTM(3))
model.add(Dense(1))
```

再一次地，每个给另一个 LSTM 传递值的 LSTM 都需要将 return_sequences 设置为 True，由图标右侧的小方框标明。

图 24.75 展示了训练期间 3 层模型的损失情况。

这是令人鼓舞的，因为虽然 100 个 epoch 的损失与之前的运行一样仍然只有 0.025 左右，但损失仍然在下降，而之前的损失曲线是平的。如果我们继续学习，应该能期待进一步的改进。然而这并不是一个显著的进步。

图 24.76 展示了这种更深的 RNN 的预测结果。

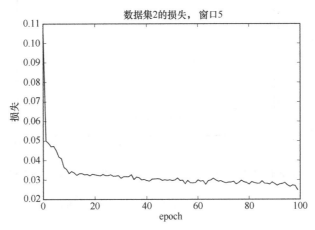

图 24.75　训练带有 3 个循环层（各有 9、6 和 3 个 LSTM 单元）的模型的损失

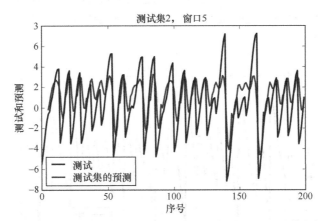

图 24.76　各层依次有 9、6 和 3 个 LSTM 单元的深度 RNN 对测试数据做出的预测

有所改观的损失数据是令人鼓舞的，但在直观上网络仍然没有做得很好。或许这甚至比以前更糟糕了。

## 24.5.7　更多数据的价值

请记住我们的一般原则，即更多数据通常比更高级的算法更好。因此，不要继续调整网络，让我们去获得更多的数据。

使用合成数据的乐趣之一是我们可以根据需要制作尽可能多的数据。测试数据集 2 中的频率值很长时间段内都不会重复，因此我们可以生成大量数据（超过 40000 个样本）而没有重复。我们将训练集的大小从 200 个样本增加到 2000 个。为了匹配训练样本 10 倍地增加，让我们将窗口从 5 增加到 13，保持所有其他参数不变。

训练期间的损失如图 24.77 所示。

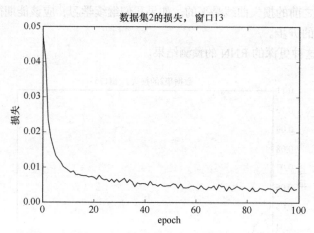

图 24.77  用 2000 个样本和尺寸为 13 个时间步的窗口训练 3 层 RNN 的损失

损失值有了巨大的下降。图 24.75 中在训练 100 个 epoch 后损失降至约 0.025。在这里，损失值看起来约为 0.004。

如果我们绘制所有 2000 个样本，就会发现它们会挤在一起并返回一个黑色矩形，所以让我们看一下前 200 个样本。这样做的额外好处是我们会更熟悉这些样本。图 24.78 展示了对测试数据的预测。

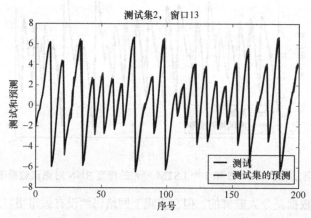

图 24.78  在将 2000 个样本被 13 个时间步长的窗口裁剪后，3 层 RNN 对测试
数据进行训练得到的预测结果

这是一个很大的进步。虽然仍然存在一些过度和不足的情况，但总体来说与之前相比有了更好的匹配。

更多数据确实有帮助！

多亏了程序数据生成器，它可以将训练集的规模扩大 10 倍，能让我们看到还会发生什么。我们将其他所有内容保持不变，只将训练集从 2000 个样本增加到 20000 个样本。

损失结果如图 24.79 所示。损失已降至约 0.0015，不到我们之前大约 0.004 的一半。

图 24.80 展示了对测试数据的预测。这是我们目前看到过的对这个困难数据集的最佳预测集。虽然仍有一些明显的失误，但与之前的结果相比，这已经非常接近了。

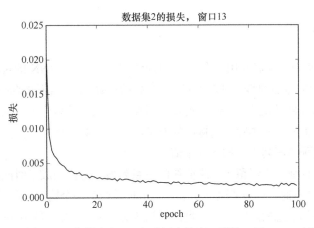

图 24.79　用 20000 个样本和 13 个时间步的窗口训练 3 层 RNN 时的损失

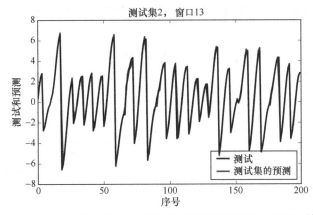

图 24.80　在将 20000 个样本用 13 个时间步长的窗口裁剪后，我们训练出的 3 层
RNN 对测试数据做出的预测

更多的数据更有帮助！

值得注意的是，学习这些越来越大的训练集所花费的时间大致与样本数量成正比。20000 个样本训练集的每个 epoch 训练使用 2014 年年末 iMac 上的 CPU（即没有 GPU 加速）仅花了 5 秒多一点的时间。所以，图 24.80 花了 28 个多小时来计算。这些训练轮次中的每一个 epoch 都比 2000 个样本集的每一个 epoch 花费了大约 10 倍长的时间，2000 个样本的情况则比训练 200 个样本集的时间长约 10 倍。更多的数据当然很棒，但处理它是需要付出代价的。

好消息是我们只需要在训练期间一次性地付出这个代价。我们一直在不改变模型的情况下稳步改进 3 层 RNN，因此所有这些模型在训练结束后需要相同的时间来预测新值。我们的前期训练成本可以永远分摊到每一次对模型的使用中去。

正如我们所见，RNN 对训练方式很敏感。深度 RNN 更加敏感。因为我们在添加新图层时根本没有调整这些架构，所以可能还会留下很多性能提升空间。通过调整窗口大小、学习率、Adam 优化器的参数以及我们选择的损失函数，我们可以改进图 24.80 中的最佳结果。在实践中，探索不同建模和训练参数的影响是很值得的，它可以用来了解哪种方法对于给定的网络和数据是最有效的。

### 24.5.8　返回序列

在上述深度 RNN 中，我们使用一个 RNN 的输出作为另一个 RNN 的输入。我们看到前序的 RNN 层（为下一个 RNN 层提供输入的层）需要一个新的参数。这个参数的名字是 return_sequences，我们将它设置为 True（默认值为 False）。现在是时候兑现我们的承诺来讨论这个问题了。

让我们回到第一个简单的尾随全连接层的 RNN，如图 24.55 所示。我们要给网络传递一系列时间步长，然后让它预测序列之后的下一个值。

样本只包含一个特征，它保留了一维曲线的一系列值。这些构成了时间步。

当我们给 RNN 样本时，它会读取第 1 个时间步长并产生一个输出。在通过 RNN 内部的选择门之后，此输出是内部状态的内容。输出可以被认为是 RNN 对曲线的下一个值的预测。

但是我们并不关心那个预测，因为我们已经知道了第 2 个时间步长。Keras 知道我们还有更多的时间步长，因此它会自动忽略该输出，甚至不会将它发送到全连接层。相反，它给了 RNN 第 2 个时间步步长。同样，RNN 产生了输出，Keras 再次忽略了它。图 24.81 展示了该概念在具有 4 个状态元素的 RNN 中的情况。在这里，我们已经给 RNN 传递了第 3 个时间步长，它产生了第 3 个输出，我们会忽略它。

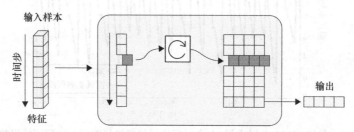

图 24.81　使用一个具有 4 个状态元素的 RNN。输入样本只有一个特征，包含了一系列时间步长。每个时间步长被评估后，RNN 会产生 4 个元素数的输出，如此处可见的第 3 个时间步长一样。我们会忽略除了最后一个时间步长之外的所有输出

我们反复这样做，给 RNN 连续传递时间步长并忽略输出，直到给出样本中的最后一个时间步长。该时间步长的输出是在输入结束后对序列值的预测，因此是我们一直以来想要的值。我们把它传递给全连接层，输出就是预测结果。

假设输入有多个特征。如果数据是在山顶进行的天气测量，那么每个样本可能都包括温度、风速和湿度。假设我们想要从 RNN 那里得到的是预测当时的无线电接收在山上会有多好。那么，在每个时间步长，我们为 RNN 提供该时间步长的所有 3 个特征的值。输出再次是 RNN 在选择门之后的内部状态，因此它具有与内部状态中的元素数一样多的元素。和以前一样，我们从每个时间步长的输入都得到一个这样的输出，但只关注最后一个，如图 24.82 所示。

图 24.82 中有一些值得注意的事情。首先，输入是三维张量。在此示例中，它有 1 个样本、7 个时间步和 3 个特征，因此它具有 $1 \times 7 \times 3$ 的尺寸。时间步长和特征数不会出现在输出中，输出时形状为 $1 \times 4$ 的二维张量。1 是因为我们只关心一个输出（最后一个），而 4 来自 RNN 的内部状态，我们假设它有 4 个元素。

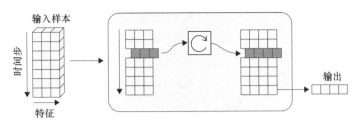

图 24.82 当样本中有多个特征时，我们将所有特征按给定的时间步长提供给 RNN

我们"丢失"了特征的数量，因为它们是在 RNN 的内部被用来控制内部状态的遗忘、记忆和选择的。我们"丢失"了时间步长，因为我们选择忽略除最后一个之外的所有时间步长。

我们的输入可能有 19 个特征和 37 个时间步长，而输出仍然是 1×4。

让我们稍微扩展图片以使它包含展开的 RNN 图。在图 24.83 中，我们有一个包含 5 个时间步长和 3 个特征的样本。再一次，RNN 的内部状态有 4 个元素。我们可以在图中看到，在每个时间步长，整行特征被传递到 RNN，产生一个输出。然后 RNN 的状态发生变化，为下一个输入设置 RNN，如向下的空心箭头所示。我们只关心最后的输出。输出的是 1×4 的二维网格。

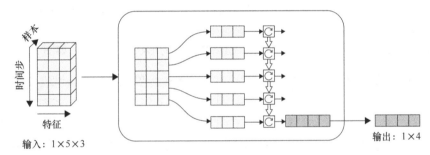

图 24.83　给一个 RNN 传递一个样本。展开的 RNN 示意图垂直显示。和之前一样，除了最后一个时间步长之外的输出都被忽略了

如果我们想将此输出提供给全连接层，则不必做任何事情。

但是假设我们想要获取输出序列并将它们作为输入序列呈现给另一个 RNN 层，就像我们在上面的一些深度 RNN 模型中所做的那样。我们知道 RNN 需要三维输入，输出在这里是二维。

我们可以给它一个 1 的深度，产生 1×1×4 的形状。虽然现在这对于 RNN 来说是合法的，但它没有任何意义。具有此形状的张量将被解释为具有 1 个时间步长（第二个 1）的单个样本（第一个 1），它包含 4 个特征（末尾为 4）。这与我们具有 5 个时间步长和 3 个特征的单个样本完全不同。

丢失时间步长信息是一个大问题，因为这是 RNN 的核心想法。我们给第一层 5 个时间步长，它产生 5 个输出。然后我们想将这 5 个输出交给下一层。每个输出将有 4 个元素（因为我们假设 RNN 有 4 个内部状态元素），所以这 4 个值将被下一个 RNN 解释为 4 个特征。但我们需要 5 个时间步长。

这实际上很容易做到。我们只需要告诉 Keras 在每一步之后**不要**忽略输出。我们告诉它留下输出并将它们叠加成一个网格。这个网络将与时间步长一样高，并且与内部状态中的元素一样宽。现在我们可以将网格的深度设为 1，而它作为 RNN 的输入是有意义的，如图 24.84 所示。

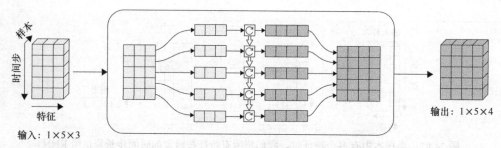

图 24.84　为了将一个 RNN 的输出传给另一个 RNN，我们只需要记住它在每个时间步
长的输出。这些输出叠加到一起，形成一个二维网格，然后我们赋予它一个为 1 的深度
来表明它总共是一个样本。这样我们就准备好将这个输出值给另一个 RNN 了

为了告诉 Keras 在每个时间步之后记住输出并建立这个网格，我们告诉它我们希望 RNN 不只是返回单个输出，而是返回与输入序列对应的整个输出序列。

通过将可选参数 return_sequences 设置为 True，我们告诉 Keras 完全按照图 24.84 所示来操作。

现在我们知道了 return_sequences 是做什么的了，通常可以在不考虑所有这些的情况下调用它。如果 RNN 的输出会进入另一个 RNN，我们只需将 return_sequences 设置为 True 即可。如果我们只想在最后一个时间步长之后输出，则可以将 return_sequences 设置为 False，或者不管它，因为这是默认值。

将 return_sequences 设置为 False 和 True 的一些输入的形状及其输出，如图 24.85 所示。

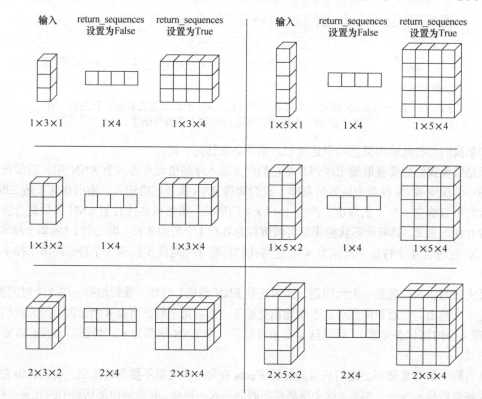

图 24.85　一个有 4 个单元的 RNN 对于不同形状输入的输出。在每个格子中，输入形状在左边，
return_sequences 设置为 False 情况下的输出在中间，return_sequences 设置为 True 情况下的输出在右边

一眼就能看出 RNN 是仅返回最终输出还是完整序列是很有用的。我们将在输出端用小方框标记会返回一个序列的 RNN 的图标，表明它有多个输出，如图 24.86b 所示。

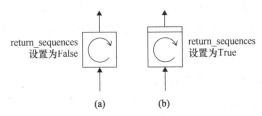

图 24.86　RNN 单元的图标。(a)当 return_sequences 设置为 False 时，RNN 只返回序列的最终输出。(b)当 return_sequences 设置为 True 时，RNN 返回每个时间步的输出。我们在图标的输出那一侧用一个小方框来标记

## 24.5.9　有状态的 RNN

我们一直在一次专注于一个样本，但实际上我们通常以小批量进行训练。因为 RNN 的内部记忆总是受到前序输入的影响，这给我们提出了一个有趣的问题：什么时候我们应该清除那个记忆并让 RNN 重新开始？

通常的方法是在新批次或小批量开始时清除内部记忆。我们不会清除或重置属于 RNN 内部神经元的权重，因为这些权重会告诉它如何完成其工作。我们只清除它不断变化的记忆，这些记忆掌握着最近看到的输入。我们的想法是，当一个新的批处理开始时，所获得的数据可能不是最近样本的延续，所以我们不想记住以前的东西。

通常，我们会在各个 epoch 训练之间对样本进行重新洗牌，因此每次都会以不可预测的顺序到达。但是，如果我们愿意的话，就可以在每一个 epoch 都保持它们的顺序。当调用 fit()来训练模型时，我们可以通过将可选参数 shuffle 设置为 False（默认值为 True）来实现这一点。

当样本始终按顺序到达时，就没有理由在每个批处理开始时重置记忆了，因为这些样本延续着上一批中的样本。换句话说，批量只是打破了样本的分组，而不是它们的序列。在这种情况下，我们可以告诉 Keras 在每个批处理开始时不重置记忆。这有时可以帮助我们加快训练速度。

在 Keras 中，当我们承担起清除记忆的职责时，我们会说 RNN 处于有状态模式。在这种模式下，Keras 只在我们告诉它时才重置记忆。通常这发生于每一个 epoch 的开始（或结束）。

有状态模式可以使训练更快一些，但它有局限性。这时批处理大小必须事先确定，并成为模型的一部分。数据集必须是此批处理大小的倍数。例如，如果批处理大小为 100，则数据集样本必须为 100、200、300 等。如果是 130 或 271 个样本，我们会收到错误提示。

当我们稍后将新数据提供给模型以供其评估时，该数据也必须以训练时使用的批处理大小进入。如果我们只需要一个预测，但批处理大小为 100，那么可以用预测的 99 个副本填充一次请求，或者只用 0 加载批处理中的所有未使用的条目。不过，我们仍然需要等待网络评估所有这些样本。

要构建有状态的网络，我们需要做 4 件事。

第一，我们需要将可选参数 stateful 包含在每个 RNN（如 LSTM 或 GRU）中，并将其设置为 True。这会告诉 Keras 我们关心何时重置单元的状态。

第二，我们需要将参数 batch_size 包含到所制作的第一个 RNN 中，并将其设置为我们将在训练期间使用的批处理大小。

第三，调用 fit()时，我们需要将 shuffle 设置为 False。

第四，如果想重置状态，那么我们需要在模型上显式地调用 reset_states()。

清单 24.69 展示了构建一个小 RNN 时遵循上述前两点的示例，其中有两个带 1 个神经元的 LSTM 层和 1 个在结尾的全连接层。这是根据 Keras 文档中的 stateful_lstm.py 示例改编的[Chollet17b]。我们假设变量 time_steps 保存输入中的时间步，batch_size 设置为我们计划使用的批处理大小。

**清单 24.69** 构建一个有状态的 RNN。我们需要给第一个 LSTM 一个 batch_size 的值，并在每个 LSTM 中设定 stateful=True（改编自[Chollet17b]）。

```
model = Sequential()
model.add(LSTM(50,
               input_shape=(time_steps, 1),
               return_sequences=True,
               batch_size=batch_size, stateful=True))
model.add(LSTM(50, stateful=True))
model.add(Dense(1))
```

为了训练模型，我们需要记得告诉 fit() 不要打乱数据。我们想在每一个 epoch 之后重置状态，所以不想和往常一样告诉 fit() 要训练多少个 epoch 然后就不管了，因为那样的话 RNN 永远不会被重置。

我们将告诉 fit() 仅训练一个 epoch，然后把这个调用放在一个循环中。循环将重复我们想要训练的 epoch 数。这样做可以让我们在每一个 epoch 训练后调用 reset_states()，如清单 24.70 所示。

**清单 24.70** 训练一个有状态的 RNN。我们需要告诉 fit() 不要打乱数据，然后需要在每个 epoch 之后调用 reset_states()（改编自[Chollet17b]）。

```
for i in range(number_of_epochs):
    model.fit(X_train, y_train, batch_size=batch_size,
              epochs=1, verbose=1, shuffle=False)
    model.reset_states()
```

### 24.5.10 时间分布层

正如我们所看到的，在将 RNN 单元的 return_sequences 参数设置为 True 时，Keras 会在每个时间步长后保存其输出。

我们在图 24.84 中看到，样本中的每个时间步长都有一个输出。一个样本的输出汇总到一个网格中，而多个样本的网格聚集在一起组成一个块。

假设我们想要在全连接层中处理此输出块，需要先将其展平为一维列表，然后将该列表填充到层中。

有时这没问题，但有些时候，我们希望全连接层逐个处理各个输出。因此，我们希望在图 24.84 中 RNN 出来的每个单独列表上运行全连接层，而不是在它们组装的二维网格上。

一旦将这些列表组装成网格，就很难将它们分开。我们可以编写自己的自定义层，或使用 Functional API（后文会讨论）制作一个自定义的设计，但我们想要一种更简单的方法，可以逐个处理这些单独的输出。

Keras 为这项工作提供了一个专用层。它称为 **TimeDistributed**（时间分布）**层**。但它并不是真正的网络层。Keras 称之为**包装层**。我们的想法是，它是一个容器，我们将一个或多个层放入其中，然后以特殊方式处理这些层。

为了了解 TimeDistributed 层为我们做了什么，让我们构建一个没有它的微小网络。图 24.87

展示了一个具有 4 个状态元素的 RNN，其后跟随一个具有 5 个神经元的全连接层。由于 RNN 图标顶部没有小方框，我们知道它不会返回序列。

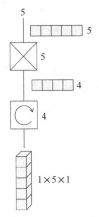

图 24.87　一个按我们对 TimeDistributed 层的讨论设置的微小网络

我们可以看到，输入是 1 个样本，由 1 个特征组成，有 5 个时间步长。通过 RNN 后，我们得到一个包含 4 个元素的列表。然后我们可以将它直接传递到 5 个神经元的全连接层中，在输出处得到 5 个值的列表。

我们通过将 RNN 中的参数 return_sequences 设置为 True 来返回单个序列输出。现在我们有图 24.88a，这里我们必须在 RNN 和全连接层之间插入一个 Flatten 层。

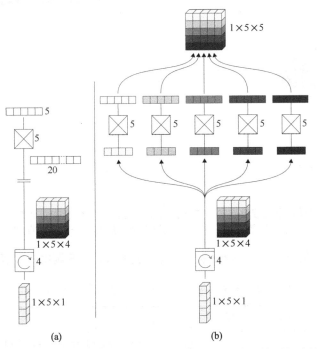

(a)　　　　　　　　(b)

图 24.88　当一个 RNN 返回一个序列时，我们可以对序列的每一个时间步长应用一些其他层，这是通过将其他层包装在 TimeDistributed 层中实现的。(a)RNN 的三维输出不匹配全连接层所需的一维列表，因此我们可以先使它平整。但在那之后全连接层会一次性处理所有 20 个输出。(b)如果我们把全连接层包装在一个 TimeDistributed 层中，Keras 会轮流处理上述输出的每一个序列，然后再把结果组合起来

在图 24.88a 中，虽然平整了 RNN 输出之后能够运行，但这并不是我们想要的。问题是全连接层将同时处理来自 RNN 的所有 20 个值。我们想要的是它分别处理每个时间步长。

如果我们将全连接层包装在 TimeDistributed 层中，就会调用 Keras 内部的一堆机制，它们为我们提供了图 24.88b 所示的操作。每个时间步长单独传递到全连接层，然后组合结果。注意，在此图中，只有一个全连接层被应用到所有 5 个时间步长上。

图 24.88b 的另一个版本如图 24.89 所示。在左侧，我们将展示如何有计划地绘制网络。全连接层周围的五边形是 TimeDistributed 层的图标。底部的 "V" 形用于表示图 24.88b 中的线的分支，说明输入正在被扩展。右侧是 TimeDistributed 层内部发生的过程的展开图。同样，只有一个全连接层应用于此示例中的每个时间步长。

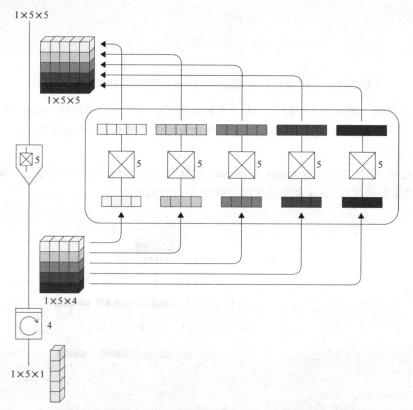

图 24.89　通过将全连接层包装在 TimeDistributed 层中，全连接层会单独地处理 RNN
每个序列的输出，然后这些结果会被组装为一个新的张量

要创建一个包装在 TimeDistributed 层中的层，我们只需嵌套调用，如清单 24.71 所示。

**清单 24.71**　将 LSTM 层的输出传递给全连接层，把全连接层包装在 TimeDistributed 层中，如图 24.89 所示。

```
model = Sequential()
model.add(LSTM(4, return_sequences=True,
                    input_shape=[window_size, 1]))
model.add(TimeDistributed(Dense(5)))
```

图 24.90 展示了具有不同内容的 TimeDistributed 层的图标。使用 Functional API，我们可以使用一个 TimeDistributed 层包装多个层，也可以单独包装每一个。

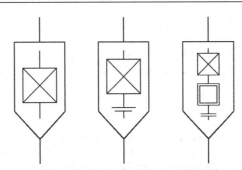

图 24.90　3 个网络层集合，每个都在一个 TimeDistributed 层内

## 24.5.11　生成文本

在第 22 章中，我们曾尝试根据夏洛克·福尔摩斯的小说生成新文本。

这并不难，但需要的不仅是几行 Python 代码。本节的笔记本包含用于制作新文本的所有代码，可以是逐字母，也可以是逐词地进行。我们不会详细介绍所有细节，而只是介绍一些重要内容并提及一些亮点。代码受到了一份源自网上很受欢迎的展示的影响[Karpathy15]。

在本章的前几个笔记本中，我们已经将代码呈现为一个按顺序执行的大型列表。我们将各行代码分解为概念块并将它们放在单元格中，但那样不会改变我们编写或使用代码的方式。为了有所改变，这次我们将每个步骤打包成自己的程序。然后，准备好制作文本时，我们只需调用其中一些程序并让它们完成工作。

第一步是读取源文本。我们用单个空格替换了多个空格，并删除了换行符，因为它们没有任何语义。

这段代码如清单 24.72 所示。在这里我们将读取文件并将其处理工作封装在一个名为 get_text() 的函数中。

**清单 24.72**　为了产生新文本，我们从读取和处理源文本文件开始。

```python
from keras.models import Sequential
from keras.layers import Dense, Activation
from keras.layers import LSTM
from keras.optimizers import RMSprop
import numpy as np
import random
import sys
def get_text(input_file):
    # open the input file and do minor processing
    file = open(input_file, 'r')
    text = file.read()
    file.close()
    #text = text.lower()
    # replace newlines with blanks, double blanks with singles
    text = text.replace('\n',' ')
    text = text.replace('  ',' ')
    print(' corpus length:', len(text))
    return text
```

现在我们必须将输入切分成重叠的窗口。我们需要选择窗口大小以及它们重叠的程度。函数

build_fragments()为我们创建了这些小片段,如清单24.73所示。

**清单 24.73** 通过切分输入文本为有重叠的片段来构建文本碎片,每个文本碎片有window_length个字符。

```
def build_fragments(text, window_length):
    # make overlapping fragments of window_length characters
    fragments = []
    targets = []
    for i in range(0, len(text)-window_length, window_step):
        fragments.append(text[i: i + window_length])
        targets.append(text[i + window_length])
    print(' number of fragments of length window_length=',
        window_length,' :' , len(fragments))
    return (fragments, targets)
```

由于网络需要的是数字,而不是字母,我们将为每个字母分配唯一的编号。为了方便查阅,我们将制作两本词典。一个词典键入字符并返回其编号,另一个词典键入数字并返回其字符。我们将该数字称为"索引"。我们可以通过使用 Python 的 set()方法来获取字符类别的总数。通常,我们会在使用该列表之前对它进行排序。清单24.74 展示了执行该任务的函数 build_dictionaries()。

**清单 24.74** 构建一对字典,将每个字符转换为唯一的数字,反之亦然。

```
def build_dictionaries(text):
    unique_chars = sorted(list(set(text)))
    print(' total unique chars:' , len(unique_chars))
    char_to_index =
        dict((ch, index) for index, ch in enumerate(unique_chars))
    index_to_char = dict((index, ch) for \
                        index, ch in enumerate(unique_chars))
    return (unique_chars, char_to_index, index_to_char)
```

现在我们想把样本和目标转变成独热向量。我们已经熟悉使用独热目标了,也会在这里对样本使用独热编码,因为我们想让每个字母都变成数据中的一个特征。该特征会有和数据中字符种类相同的时间步长。它们都会是 0,除了对应表示该字符的那一位是 1。

清单 24.75 给出了一种构建独热版本的方法。我们会组建一对全是 0 的网格,然后将需要的地方设置为 1。

**清单 24.75** 将片段和目标转化为名为 X 和 y 的独热版本。

```
def encode_training_data(fragments, window_length, targets,
                            char_to_index, index_to_char):
    # Turn inputs and targets into one-hot versions
    X = np.zeros((len(fragments), window_length,
            len(char_to_index)), dtype=np.bool)
    y = np.zeros((len(fragments), len(char_to_index)),
            dtype=np.bool)
    for i, fragment in enumerate(fragments):
        for t, char in enumerate(fragment):
            X[i, t, char_to_index[char]] = 1
        y[i, char_to_index[targets[i]]] = 1
    return (X, y)
```

现在让我们构建模型。经过一番尝试,我们选择了图 24.91 所示的简单深度模型。它只有两个 LSTM 层和唯一的全连接层。第一个 LSTM 层的 return_sequences=True,因为它要被提供给另一个 LSTM 层。第二个 LSTM 层产生单个输出——它将我们引向网络预测的字母。为了得到这个字母,我们使用一个全连接层,其中每个字母有一个神经元和一个 softmax 输出。这将为我们提供每个字符是下一个字符的概率。

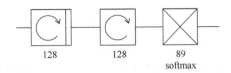

图 24.91 一次生成一个字母文本的简单深度模型

清单 24.76 给出了构建此模型的源代码。

**清单 24.76** 构建小 RNN 模型。

```
def build_model(window_length, num_unique_chars):
    # build the model. Two layers of a single LSTM cell with 128
    # elements of memory,then a dense layer with as many outputs
    # as there are characters.
    # We'll train with the RMSprop optimizer. Some experiments
    # suggest starting with a learning rate of 0.01
    model = Sequential()
    model.add(LSTM(128, return_sequences=True,
                input_shape=(window_length, num_unique_chars)))
    model.add(LSTM(128))
    model.add(Dense(num_unique_chars, activation='softmax'))
    optimizer = RMSprop(lr=0.01)
    model.compile(loss='categorical_crossentropy',
                            optimizer=optimizer)
    return model
```

现在我们准备生成文本了。我们将调用一个名为 generate_text() 的新程序来训练单个 epoch 的模型,然后输出它生成的一些文本。通过这种方式,我们可以看到文本质量如何随着时间的推移而提高。

每次通过调用 fit() 训练模型之后,我们会在原始文本中选择一个随机的起始点,并从那里提取字符。我们将选择与所训练的窗口大小一样多的字符。我们将对该字符序列进行独热编码并将结果传递给 predict()。这将为我们提供原始文本中每个字符的概率值,即告诉我们这个字符是在输入文本之后的下一个字符的可能性。

我们可以只使用最可能的字符,但在实践中这往往会导致出现很多重复的词。一种不错的选择是稍微调整概率,以便使不太可能的字母也有机会被选中。一个很好的算法可以为改变概率值增加隐含的“热度”[Chollet17c]。我们把它包含在一个名为 choose_probability() 的函数中——该函数位于笔记本中。

一旦对下一个字符进行了预测,我们就会将该预测附加到不断增长的输出字符串中。然后我们将新字符追加到模型输入的末尾,同时从该字符串中删除第一个字符,于是输入始终是训练窗口的长度。最后,我们让系统再训练一个 epoch 并再一次进行所有操作。

generated_text() 的代码如清单 24.77 所示。我们不是简单地将字符串输出,而是将它们交给一个名为 print_string() 的函数,这个函数将它们输出并保存在打开的文件中。

**清单 24.77**　用训练出的模型生成新文本。

```
def generate_text(model, X, y, number_of_epochs, temperatures,
                  index_to_char, char_to_index, file_writer):
    # train the model, output generated text after each iteration
    for iteration in range(number_of_epochs):
        print_string(' ------------------------------------\n',
                     file_writer)
        print_string(' Iteration ' +str(iteration)+' \n' ,
                     file_writer)
        history = model.fit(X, y, batch_size=batch_size, epochs=1)
        start_index = random.randint(0, len(text)-window_length-1)
        for temperature in temperatures:
            print_string(' \n----- temperature: ' +\
                        str(temperature)+' \n' ,
                        file_writer)
            seed = text[start_index: start_index+window_length]
            generated = seed
            print_string(' ----- Generating with seed:' +\
                        ' <' +seed+' >\n' ,
                        file_writer)
            for i in range(generated_text_length):
                x = np.zeros((1, window_length,
                              len(index_to_char)))
                for t, char in enumerate(seed):
                    x[0, t, char_to_index[char]] = 1.
                preds = model.predict(x, verbose=0)[0]
                next_index = choose_probability(preds,
                                                temperature)
                next_char = index_to_char[next_index]
                generated += next_char
                seed = seed[1:] + next_char
        print_string(generated+' \n\n', file_writer)
        file_writer.flush()
```

该程序的大部分工作涉及打乱数据、制作词典和窗口以及进行独热编码等。实际的神经网络代码中，只有几行构建网络的代码，以及两行分别用来训练它和获得预测的代码。

为了训练系统，我们选择了一个长度为 40 个字符的窗口，并且步长为 3，因此每个训练字符串与前一个字符串重叠 37 个字符。我们使用 100 的批处理大小，并在每个训练步骤后使用 0.5、1.0 和 1.5 的"温度"生成 1000 个新的字符。温度为 0.5 的文本经常产生相同的单词，温度为 1.5 的文本产生最多的单词，但也有许多不是单词的字符串。调整温度来找到能产生有趣输出的最佳位置的过程很好玩，偶尔有奇怪的、似是而非的单词。

正如我们在第 22 章中提到的，这可能需要很长时间才能运行。在 2014 年年末版本的 iMac 上，没有 GPU 支持，每次迭代大约需要 1400 秒，也就是略微超过 23 分钟。像这样的网络通常需要 800 个 epoch 左右的时间来生成接近源文本的文本。这将是大约 13 天的不眠不休的运算。所以我们在亚马逊云服务上使用 100 个 epoch 运行了这个网络，看着损失从大约 2.6 降到 1.1。

下面是在经过那么多训练之后产生的文本的开头，从种子"last time in my life. Certainly a gray m"开始，温度为 1.0。

last time in my life. Certainly a gray myself under the great tautoh; harm I should be a busy because cameful allo done." "Why dud that you dedy hour any one of these chimnes of this pricaption is to his, If the tall. Up appeared to very set over with Mr.Trem, there, if we confeeliin, I fawny of days if so far

显然，我们还有很长的路要走。但请记住，这是一个字母一个字母得来的，从一个不懂英语或语言或任何此类结构的系统得来的。鉴于它从零开始并且只进行了如此少量的训练，这已经非常棒了。

我们在第 22 章讨论的另一种可选择的生成文本的方法是关注单词序列而不是字母。这在许多方面更具有吸引力，但训练速度也较慢。如果我们有 7000 个或 8000 个独特的单词，那么要做的工作比 89 个独特的字符多得多。

我们对此进行了一些试验，并选择了图 24.92 所示的模型逐词生成新文本。随附的笔记本中提供了完整的代码。

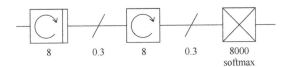

图 24.92 用于逐词生成新文本的模型

我们用文本中最常用的 8000 个单词进行了训练，用 GLORP 标记替换了所有其他的单词。

下面是第一个 epoch 之后的输出，从种子 "tell her future husband the whole story and to trust to his generosity." Milverton chuckled. "You evidently do not know the Earl，" said he . From the baffled look upon Holmes's face, I could" 开始。请注意标点符号和它们所属词是相互独立的。

tell her future husband the whole story and to trust to his GLORP . " Milverton chuckled. "You evidently do not know the Earl, " said he. From the baffled look upon Holmes's face, I could each clear at screen At there by put got His you openly is do that were once Your plans from my He greatest life to did mantle it first India" drive as come really It black build my is put hearty Stanley sprang, afraid once quite whom had comes sole snuff Francisco

在亚马逊云服务上启用支持 GPU 的 p2.xlarge 实例，每一个 epoch 需花费 15 分钟。在前 10 个 epoch，训练损失从大约 6.8 下降到大约 5.3。但是由于有数以千计的单词可供选择，事情并没有变得更好。

下面是第 10 个 epoch 的输出，从这个种子开始，"it would be a grief to me to be forced to take any extreme measure. You smile, sir, but I assure you that it really would.' GLORP is part of my trade,' I"。

it would be a grief to me to be forced to take any extreme measure. You smile, sir, but I assure you that it really would. 'GLORP is part of my trade,' I door small little who very lamps into dropped imagine the the GLORP,. his that the would nose, tell. Smith said was the The and is. a know to would are none very had there was are It a Mother upon away my for-and the about are not the for to I open one, it far ?

在结果变得有趣之前，我们不得不花费大量时间来训练这个模型。本节的笔记本提供了生成新文本的源代码，要么是逐字母的，要么是逐单词的，这是为那些具有计算能力和耐心去挖掘的人准备的。

## 24.6　函数式 API

到目前为止，在本章中，我们通过放置一个个层来构建模型。我们一直在使用的顺序 API（Sequential API）就是为这种架构而设计的。Keras 提供了第二种构建模型的方法，称为**函数式 API**（Functional API）。

之所以存在第二种 API，是因为有时我们想要构建没有严格先后顺序的模型。例如，在第 25 章中，我们将构建一个名为**变分自动编码器**（variational autoencoder）的模型。它从一系列层开始，但在这之后它分成了两个分支，两个不同的层从同一个前序层那里获得输入，如图 24.93 所示。然后我们将这两个层又重新组合成一个层并继续使用顺序模型。

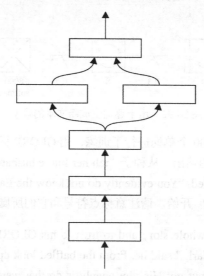

图 24.93　这个模型不能用顺序 API 构建，而需要用函数式 API 来构建它

我们不能使用顺序 API 构建图 24.93 所示的模型，因为它假定每个层都获得输入并至多将输出发送到一个层。

使用函数式 API 时，创建网络层和连接它们是两个独立的操作。我们可以先制作需要的任何层，然后按自己的喜好将它们连接在一起。

函数式 API 功能强大，但它也是复杂而微妙的。在这里，我们只注重能够制作出图 24.93 所示的模型所需的基础知识。如果我们只想创建一个直的层链，就像顺序 API 构建的那样，也可以使用函数式 API 来实现。

这种方法的关键是要知道每个网络层都是它自己的对象。也就是说，我们创建它并将其分配给变量。一旦创建了一个网络层，它就包含自己的权重、参数和内部处理过程。然后，我们将该层连接到其他层以构建模型。

由于每个网络层都是一个对象，因此我们可以多次使用它。让我们看一下可能用于图像分类的假想模型。我们已经确定前两层将是包含 100 个和 200 个神经元的全连接层，如图 24.94a 所示。

假设之后我们想要为大致相同的任务再构建不同的模型。但是这次我们想在最后放置一个卷积层，如图 24.94b 所示。我们可以重复使用第一个模型的前两层。这些不是副本，而是相同的层，只是被放进了这个新网络中。它们保留了当它们是别的网络的一部分时所学到的所有权重。因此，当我们训练任何一个模型时，另一个模型也会被训练。

将网络层、连接和模型视为 3 种不同的概念可能会有所帮助。我们从一堆"像汤一样的"层开始，所有层都浮着、没有连接任何东西，如图 24.95a 所示。然后我们决定从一个层到下一个层建立一些连接，这组连接是一个模型，如图 24.95b 所示。然后我们可以构建第二组连接，制作第二组模型，如图 24.95c 所示。我们在每个模型中重复使用相同的网络层，只是改变了它们的输入来自何处以及输出的去向。当任何层学习时，该变化将成为任何使用该层的其他模型的一部分。

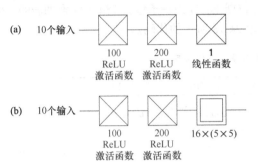

图 24.94　在 Keras 中复用层。(a)一个使用两个隐藏全连接层的小网络，用红色表示。(b)一个不同的网络，它复用(a)部分的两个红色网络层作为它的第一个阶段。我们可以构建两个模型，先使用一个，再使用下一个。红色标注的层并不是被复制，而是被共享了，因此从一个模型学到的东西也会被用于另一个模型

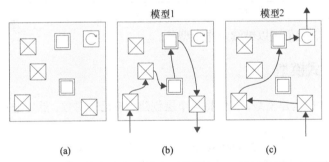

图 24.95　在函数式 API 中，我们根据它们如何连接来区分层。(a)一堆网络层。(b)网络层间的连接构成一个模型。(c)网络层间另一个不同的连接集，最左侧的网络层参与组成了另一个模型。任意模型内发生的训练都将留在学习它的网络层内，其他模型也将从这些已经改善过的权重中受益

层的连接和复用的这种灵活性允许我们执行称为**预训练**的有用操作。在这种技术中，我们在训练整个项目之前，先孤立地训练一个网络。我们的想法是构建一个只有想要训练的层的小型网络，并教它一段时间。当我们预测训练网络的某一部分需要花费的时间远远超过其余部分时，这是一种有用的技术。我们可以先在隔离环境中训练困难的部分，这通常比训练整个项目要快得多。当这些层变得擅长它们的工作后，我们将它们连接到更大的模型并训练整个项目。

这个想法甚至可以推广到模型级别。我们可以创建一个模型，然后创建包含第一个模型的第二个模型。我们甚至不需要明确包含所有层。Keras 允许我们按名称将一个模型放入另一个模型，就像它是一个层一样。

## 24.6.1　输入层

函数式 API 支持顺序 API 提供的所有层，包括我们在上面看到的所有层。但它需要一个额

外的层作为输入层。

回想一下，输入层通常是隐式的，因为它只是一个"停放"传入的数据的地方。在创建一个顺序模型时，我们使用第一层上的 input_shape 参数告诉 Keras 输入层的大小，而 Keras 为我们创建一个输入层，其大小合适，可以容纳该形状的一个样本。

在函数式 API 中，我们的工作是明确地创建该层并将其添加到模型中。

新的层称为 **Input**（输入）层，它采用一个名为 shape 的参数来告诉自己输入的结构。这与 input_shape 的使用相同，所以它们有不同的名称是件不幸的事情。

让我们回想一下 MNIST 数据集。要为一条包含 784 个元素列表的、平整过的 MNIST 数据集创建输入，我们可以编写清单 24.78 所示的代码。

**清单 24.78** 为 784 个元素列表创建一个输入层。

```
input_layer = Input(shape=[784])
```

在 Python 中编写单元素列表的常用替代方法是（784,），其中逗号告诉系统这不仅是括号中的数字 784，而是包含一个元素的列表。

假设第一个隐藏层紧跟在输入层之后，它是一个需要形状为 $28 \times 28 \times 1$ 的输入张量的卷积层。我们可以使用清单 24.79 所示的代码创建该输入层。

**清单 24.79** 创建一个包含 $28 \times 28 \times 1$ 个元素的输入层。

```
input_layer = Input(shape=[28,28,1])
```

现在有了输入层，我们可以继续制作模型了。

## 24.6.2 制作函数式模型

要在函数式 API 中构建模型，我们将每个层创建为自己的对象，然后通过确定它的输入来源来将其添加到模型中。

第一个工作是创建一个层，我们将其保存在变量中。要在模型中使用它，我们需要指定其输入。我们不需要指定输出的位置，因为系统可以从其他层中找到。假设当前的网络层名为 layer_1，稍后我们创建一个名为 layer_2 的层，并指定它从 layer_1 获取输入。这样，系统就很容易找出 layer_2 是 layer_1 的输出之一。如果我们愿意，多个层都可以从 layer_1 获取输入。

我们设想一个简单的模型，它将 784 个值的扁平列表作为输入，并返回一个数字，给出图像是 MNIST 样式数字的概率。我们不是在这里对输入进行分类，而只是在输出处显示一个告诉输入是否是 MNIST 样式数字的概率值。让我们尝试用图 24.96 所示的网络来完成工作。我们可以使用顺序 API 轻松制作此模型，但现在使用函数式 API 来看看它是如何完成的。

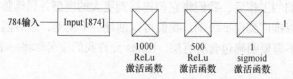

图 24.96 一个告诉我们输入是否是 MNIST 样式数字的简单网络

要创建此模型，我们需要一个 Input 层和 3 个全连接层。清单 24.80 创建了这些层并将每个层保存在一个变量中。我们将这些称为"未连接的层"，因为它们没有与任何东西连接。

**清单 24.80** 为图 24.96 所示的网络创建层。

```
input = Input(shape=(784,))
dense_1 = Dense(1000, activation=' relu' )
dense_2 = Dense(500, activation=' relu' )
output = Dense(1, activation=' sigmoid' )
```

现在我们需要连接这些层。我们将创建一个名为"连接层"的新对象。就像我们之前看到的一些层一样，这实际上只是一个包装器或容器。连接层指向两个对象：未连接的层和另一个连接层。这使我们可以构建一系列定义整个网络的连接层。

让我们看看它是如何工作的。在图 24.97 的右侧，我们可以看到刚刚在清单 24.80 中被创建的 4 个未连接的网络层。让我们开始使用输入层在底部构建连接层。输入层是一种特殊情况，不会从任何其他层获取输入。正如我们前面所说的，连接层指向两个对象。首先是它所对应的层，在这种情况下是输入层。另一个对象是为该层提供输入的连接层。由于此层不接收输入，因此我们将该指针留空。我们刚建立了第一个连接层。我们将这个层称为 C1_input，其中 C 是指这是一个连接层，1 是为了将它与我们稍后将要制作的其他这样的层区分开来。

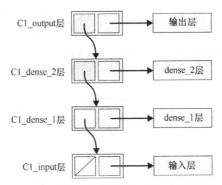

图 24.97　构建连接层。右侧是原本的未连接的层。左侧是连接层。每个连接层都指向一个未连接的层及其前序的连接层。其中输入层的连接层是一种特殊情况

现在，让我们向上移动到第一个隐藏层（dense_1）。要构建其连接层，我们将第一个值指向未连接的层 dense_1，然后将它指向为 dense_1 提供输入的连接层，即我们刚刚制作的 C1_input。这就是我们称之为 C1_dense_1 的连接层。

继续向上移动，我们为接下来的两层重复这个过程。

网络层的链是我们构建模型所需的一切。当 Keras 编写代码以将每个层的输出发送到其他层时，它就是跟随着连接层链的。

关键是连接层不会复制未连接的层。如果创建另一个连接层，例如指向 dense_2 的，那么我们不会以任何方式修改 dense_2。

清单 24.81 展示了构建连接层的代码。通过将每个未连接的层视为一个函数，并给它所指向的连接层的参数，我们可以隐式地创建连接层。这句话可能看起来有点奇怪。Keras 可以很容易地创建连接层 C1_input，它只需要指向未连接的输入层。

**清单 24.81** 构建连接层，将一个网络层和它之前的层结合起来。这里只有input_layer没有输入。

```
# The input layer has no previous connections
C1_input = input
```

```
C1 dense 1 = dense 1(C1 input)
C1_dense_2 = dense_2(C1_dense_1)
C1_output = output(C1_dense_2)
```

现在我们有 4 个以 "C1_" 为前缀的新变量。每一个都告诉我们一个层以及它从哪里得到输入。我们可以通过把输入和输出连接层作为参数调用 Model()，从而在这些连接层中创建模型，如清单 24.82 所示。

**清单 24.82** 基于输入和输出连接层构建模型。其他层被隐含在内。

```
network_1 = Model(C1_input, C1_output)
```

注意，我们不必指定输入和输出之间的所有连接层。Keras 可以发现它们是被需要的，因为它可以沿着连接层链从输出层追溯到输入层。

现在有了模型，我们可以像对待上面看到的顺序模型一样对待它。我们将用 compile() 来实际构建模型，然后使用 fit() 来训练它。

如果以后我们想要使用这种架构来解决问题，也许可以通过用跟随着平整层的卷积层替换 dense_2 层中的倒数第二阶段来提升性能。我们不想从头开始训练，因为第一个全连接层和输出层（也是一个全连接层）是相同的。我们想从第一个模型的片段中得出第二个模型，但不想拆开第一个模型。

这对使用函数式 API 来说很容易。我们先做几个新的未连接层（卷积层和平整层）。现在我们构建一组新的连接层，如图 24.98 所示。前两个层和最后一个层将复用第一个模型中的网络层。它们之前所有学到的权重会随之而来。

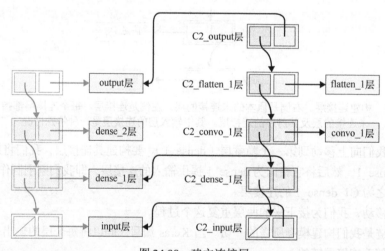

图 24.98 建立连接层

我们甚至可以反复翻转，训练一会儿第一个模型，然后训练一会儿第二个模型，然后再回到第一个模型。

构建这个新模型的代码如清单 24.83 所示。

**清单 24.83** 用一些来自第一个模型的网络层构建新模型。

```
# define the new layers
convo_1 = Conv2D(32, (5,5))
flatten_1 = Flatten()
# Build the new connection layers
```

```
C2_input = input
C2_dense_1 = dense_1(C2_input)
C2_convo_1 = convo_1(C2_dense_1)
C2_flatten_1 = flatten_1(C2_convo_1)
C2_output = output(C2_flatten_1)
# build the model
model2 = Model(C2_input, C2_output)
```

有时我们不想更改共享的层。例如，我们可能发现 dense_1 会发生很大变化，这取决于所训练的是第一个模型还是第二个模型。也许我们希望保持第一个模型中的所有网络层的位置不变，而只是训练第二个模型中的两个新层。在这种情况下，我们可以使用冻结机制来防止任意层的变化。我们只需将任意网络层的可选参数 trainable 设置为 False 即可将其冻结，如果稍后想再次训练它，就将其设置为 True。

我们是考虑到使用顺序 API 构建分支型结构很困难才来讨论函数式 API 的，这种结构的一个版本如图 24.93 和图 24.99a 所示。

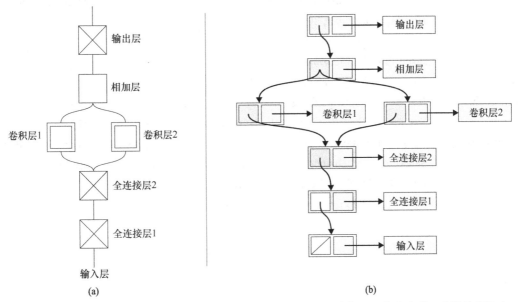

图 24.99　一个使用了函数式 API 的分支型结构。(a)想要构建的结构；(b)代表它的一个连接层集合

图 24.99b 展示了可以完成该项工作的一组连接层的结构。注意，两个卷积层的连接层从相同的、与 dense_2 相关联的连接层那里获取输入。使用函数式 API 时，这种分支不需要任何特殊的工作，因为我们只是将连接层指向我们想要它们去的位置。

图 24.99b 有一个名为相加（add）的层，我们还没有讨论过。Keras 为我们提供了许多可以组合多层的层。它们称为 "Merge Layers"（合并层），并且 Keras 文档给出了 6 种选项[Chollet17a]。这些层都使用模型中的其他层的列表，并组合它们的输出。如果我们需要一些尚未提供的操作，那么也可以编写自己的自定义层。在此处例子中，该层将两个卷积层的输出张量相加。当然，它们的尺寸必须相同才有意义。

我们已经看到函数式 API 可以用于在多个模型中复用网络层，并可以构建连接不仅是网络层简单叠加的模型。

构建更复杂结构的指南可以从网上各种博客、GitHub repos 以及 Keras 文档中找到。

# 参考资料

[Cain13]　　　　　Cain, *Answer to What is New Deck Order?*, The Magic Cafe, 2013.

[Chollet17a]　　　François Chollet, *Keras Documentation*, 2017.

[Chollet17b]　　　François Chollet, *stateful_lstm.py*, Keras documen-tation, 2017.

[Chollet17c]　　　François Chollet, *Deep Learning with Python*, Manning Publications, 2017.

[Karpathy15]　　　Andrej Karpathy, T*he Unreasonable Effectiveness of Recurrent Neural Networks*, Andrej Karpathy Blog, 2015.

[Karpathy16a]　　　Andrej Karpathy, *Convolutional Neural Networks (CNN/ConvNets)*, Stanford CS 231n Course Notes, 2016.

[Karpathy16b]　　　Andrej Karpathy, *Convolutional Neural Networks for Visual Recognition*, Stanford CS 231 Course Notes, 2016.

[LeCun13]　　　　Yann LeCun, Corinna Cortes, Christopher J.C. Burges, *The MNIST Database of Handwritten Digits*, 2013.

[PythonWiki17]　　Python Wiki contributors, *Generators*, The Python Wiki, 2017.

[Snoek16a]　　　　Jasper Snoek, *Spearmint*, 2016.

[Snoek16b]　　　　Jasper Snoek, *Spearmint* (updated), 2016.

[Springenberg15]　Jost Tobias Springenberg, Alexey Dosovitskiy, Thomas Brox, Martin Riedmiller, *Striving for Simplicity: The All Convolutional Net*, ICLR 2015, 2015.

[Srivastava14]　　　Nitish Srivastava, Geoffrey Hinton, Alex Krizhevsky, Ilya Sutskever, Ruslan Salakhutdinov, *Dropout: A Simple Way to Prevent Neural Networks from Overfitting*, Journal of Machine Learning Research, Number 15, pp. 1929-1958, 2014.

[Xie16]　　　　　He Xie, *Easy to use Keras ImageDataGenerator*, 2016.

# 第 25 章

# 自编码器

自编码器（autoencoder）会学习如何将输入进行压缩（compression）。我们可以对压缩后的数据进行不同的处理，以生成与输入项类似的新数据。

## 25.1　为什么这一章出现在这里

在本章中，我们将讲述一种特别的学习结构——**自编码器**。

有一种理解标准的自编码器的方式是将它看作一种学习机制，该机制将学习如何将输入项进行**压缩**，且压缩后的版本能够重新被解压成类似原先输入的版本（往往解压缩完的结果是输入项的一个退化版本）。

换句话来说，一个自编码器可以学习如何压缩输入来节省存储空间并且更快地传输，就像MP3 编码器压缩音乐文件或者 JPG 编码器压缩图片文件一样。但不同于这些高度特殊化的算法，一个自编码器可以对任何输入进行压缩。

自编码器的压缩方式会随着训练集的特性而自动调整，所以它并不是一个通用的编码器，因此不用担心 JPG 和 MP3 这两种编码器会被自编码器取代。如果我们用时长为 3 分钟的流行音乐训练一个自编码器，然后试着用这个自编码器去压缩一段时长为 40 分钟的交响乐，那么结果必然不会很好。

在实际应用中，我们一般用自编码器进行以下两种工作：从数据集中移除噪声，以及找到一种将数据集自动降维的方法。我们可以直接用自编码器来进行压缩和解压（有时候自编码器确实是这样使用），但通常我们可以针对某种特定的需要压缩的数据开发更特殊的算法，例如 JPG 和MP3 编码器，来得到更好的压缩结果。

去噪和降维的价值就在于：相对于原始的数据集来说，新的数据集往往能够使训练速度更快，结果更理想。

一种特殊的自编码器称为**变分自编码器**（Variational Auto Encoder，VAE）。虽然它是一个自编码器，但相对于"标准的"自编码器而言，它可以在不同的标准下工作。并且能够给我们一种很好的新特性：如果将随机数输入给 VAE 的后半部分，我们就可以**生成无限的数据**，这些数据与原始输入数据相似但又不完全相同。还有一种更好的特性，那就是我们可以将一个 VAE 产生的输出与另一个 VAE 产生的输出完美地**混合**。

自编码器可以被应用到各种各样的数据上，如图片、声音、电影片段、天气数据或者其他抽象的、离散的数据类型。对于这些数据，我们希望能去除**噪声**、（为之后的训练过程）压缩它们或者生成更多相似的数据。

## 25.2  引言

压缩在很多地方都是一种有用的工具。

使得电子音乐流行起来的关键发明就是 MP3 编码标准,这是一种能够极大程度上压缩音乐文件(一般能压缩 10 倍甚至以上,并且基本保留原有音质)的算法[Wikipedia16c]。在电子音乐需要 CD 光碟来存储的时代,能够在同一张光碟上存储 10 倍数量的音乐无疑是一项巨大的优势,当然,在更多更加昂贵的固态存储设备中(包括平板电脑和手机)也能够存储更多的音乐。

同样的故事也发生在图片上,它们受益于 JPG(或者 JPEG)压缩算法。在大多数情况下,一张照片能被压缩至原来大小的 1/15(甚至 1/20),且看上去依旧没有失真[Wikipedia16a]。这意味着图片可以放在网页中,因为它们仅需要更小的存储空间,这使得传输变得更加迅速。同时也是这种压缩方式造就了我们现在看到的被图片所充斥的网页。

MP3 和 JPG 的模式都是:读取一种**输入**(音乐文件或者图片文件)并将它**编码**成一种占据空间更小的**压缩**形式,然后再将压缩文件**解码**(decode)(或者**解压缩**)成能还原部分原文件信息的文件。压缩的**质量**越高,解压后的文件在我们所需的方面就会和原文件更相似。

MP3 和 JPG 的编码器是完全不同的,但是它们都有一个特点:两者都是**有损编码**。接下来,让我们一起看看这是什么意思。

### 25.2.1  有损编码和无损编码

在之前的章节中,我们用"损失"这个词语作为误差的同义词,网络的误差函数也称为损失函数。

在这一部分中我们也会用到这个词,但是侧重点有所改变。"损失"这个词在本章中指一段数据在经历了压缩与解压的过程后,它的内容的退化(损失)程度。原始数据和经过压缩再解压后的数据之间的差别越大,损失也就越大。

损失(或者说输入项的退化)和输入数据大小的减小是不同的概念。例如,在第 6 章中我们看到了如何用莫尔斯电码来传递信息,这些从字符到莫尔斯电码的转换并没有经历损失,因为没有任何信息在转换的过程中被遗漏。因此,这样从信息到莫尔斯电码的转换(或者说编码)称为**无损转换**,因为过程中信息没有损失。我们只是改变了信息的格式,就像改变了一本书的字体或者颜色。

让我们来看看在哪些地方可能发生信息的损失。先假设我们在一座山上露营,我们的朋友 Sara 正在附近的一座山上过生日。我们没有无线电通信设备或者手机,但我们两组人都有镜子,我们发现可以通过用镜子折射太阳光来发送和接收莫尔斯电码,以此进行交流。

假设我们想要发送这样的消息,"SARA HAPPY BIRTHDAY BEST WISHES FROM DIANA"(为了简便,我们去除了标点),算上空格,总共有 42 个字符,这就需要对镜子进行多次的摆动。所以我们决定去除元音音节,发送 "SR HPP BRTHD BST WSHS FRM DN" 来代替原有的信息,那就只有 28 个字符。现在我们就可以在发送原有消息的 2/3 时间内完成这段消息的发送。经过这样的操作,我们说原有的消息被**压缩**了。

新消息在压缩时已经损失了一些信息(元音音节),我们没办法通过特定的替换系统来还原原有的消息。换句话说,在技术层面上,没有元音音节的消息比原始消息含有更少的信息,因此我们说这样的压缩方式是**有损**的。

我们没办法轻易地判断"对某一消息来说损失一些信息是否无伤大雅",如果出现损失,那么可容忍的损失程度取决于消息本身以及发送消息的背景。

例如,假如我们的朋友 Sara 及其好友 Suri 在另一座山上露营,恰好她们两个同一天生日。在这种背景下,"HPP BRTHD"(生日快乐)的叙述可能还比较明确,但"SR"就可能会产生歧义,因为她们无法分辨这个"SR"指的是谁。同样,如果我们和 Dan 在同一座山上,她们也不知道这条消息是由 Diana 发送的还是 Dan 发送的。

这就是为什么发送消息时的背景很重要。如果 Sara 是和 Bob 还有 Mary 一起露营,那么"SR"就比较明确,而如果我们是和 Howard 而不是 Dan 一起露营,那么"DN"也就不会显得模糊了。

所以,省去元音音节可以缩短消息,但也有损失一些信息的风险。

一种简单的判断压缩是有损还是无损的方法是考虑它是否可逆(或者说可恢复),以此判断这段压缩是否可以给我们提供原始的信息。对于标准的莫尔斯电码来说,我们可以将字母转换成点和线的图像,然后再转换成原始的字母,这中间没有任何信息损失。但之前我们提到的省去元音音节的方式就会永久地损失一些字母,我们只能猜测原来的消息,这样就有可能会出错(如之前提到的名字的缩写)。因此,用省去音节的方式进行压缩是一种有损编码。

## 25.2.2 区域编码

MP3 和 JPG 都是有损编码。事实上,它们的损失情况都比较严重,一般都会丢弃 90%甚至以上的原有信息。但这两者都是精心设计过的算法,因此丢弃的部分都是"正确"部分。所以在多数情况下,我们无法分辨压缩后的文件与原始文件的区别(也许可以,但两者间的区别微乎其微)。

要达到这样的效果,需要仔细地研究各种数据的性质以及这些数据是如何被人们接收的。MP3 数据不仅是基于声音的特性,也基于音乐的特性以及人类的听觉系统。同样,JPG 算法不仅基于图像内部的结构,也基于人类视觉系统的信息。

在理想情况下,压缩文件可以非常小,并且压缩后的文件可以与原始文件完美匹配。但在现实世界中,我们需要在压缩后的文件的保真度(或者说准确性,也就是它与原图像的匹配程度)和大小之间做取舍。一般来说,压缩后的文件越大,那么它和原文件就越相似。这具有很重要的意义。由此我们可以观察到文件的尺寸对应于文件所包含的信息,小文件肯定比大文件所包含的信息要少。

有损压缩算法的设计者努力地去选取出那些对于我们来说最不重要的部分,然后将这部分在压缩的过程中摒弃掉。通常来说,哪些部分"重要"是因人而异的,这也就导致了不同的有损编码方式(例如,对于音频文件有 FLAC 和 AAC,对于图像文件则有 TIFF 和 JPG)。

仅供娱乐地尝试一下,假设我们想要用 MP3 编码器来压缩图像文件,会发生什么事呢?为简便起见,我们就用灰度图像。我们从上到下逐行写入数据,由此将一张老虎的图像转换成一段音频文件,然后再将这段音频文件用 MP3 压缩,再尝试逆向操作来还原图像。图 25.1 是一张老虎的灰度图像以及对它进行最大程度上的 MP3 压缩(稳定的 8kbit/s)后的文件。这里 MP3 编码器的效果出奇的好。与此同时,我们也展示了一张用 JPG 进行最大程度压缩(品质设置为 0)后的图像。

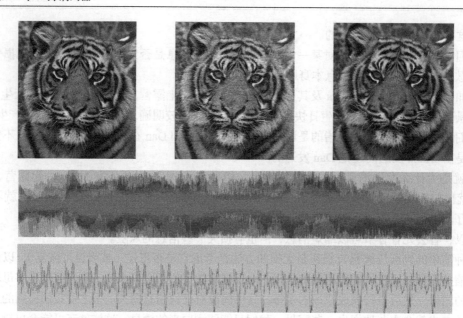

图 25.1　用 MP3 编码器压缩图像。第一行左图：原始的 512 像素×512 像素的老虎的灰度图像。第一行中图：经过 MP3 编码器（8kbit/s）最大程度上的压缩后的老虎图像。第一行右图：经过 JPG 编码器最大程度上的压缩后的老虎图像。上方音频图特写：在 MP3 压缩前的老虎图像的音频文件。下方音频图特写：原始音频文件开头的特写，展示了从最上方开始的前 17 行音频文件

　　图 25.1 底部的音频图特写中那些尖锐的极值点对应的是老虎耳朵上黑色的末梢，播放时，音频听起来像是头顶上方直升机螺旋桨的声音。原始文件、MP3 文件以及 JPG 文件的大小分别是 262000 字节、37000 字节以及 26000 字节，所以 MP3 文件大约压缩了原文件的 85%，而 JPG 文件则压缩了约 90%。很明显，虽然 MP3 版本的压缩似乎使得图像更明亮了一些，但两种压缩（甚至对于胡须这种细节来说）都有着不错的效果。这说明 JPG 和 MP3 算法都是设计得非常完善的算法。因为即使输入不是预设的数据类型，压缩后的效果都让人很满意。

　　图 25.2 是图 25.1 的 3 张图像中对于老虎眼睛的特写。

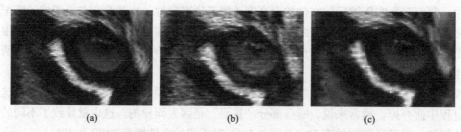

(a)　　　　　　　　　　(b)　　　　　　　　　　(c)

图 25.2　对图 25.1 中的图像的特写。(a)原始老虎图像；(b)MP3 压缩图像；(c)JPG 压缩图像

　　需要注意图 25.2b 中图像的条纹，说明了 MP3 压缩的本质是处理音频文件的时间顺序（数据是逐行保存声音的，所以每一行代表了一小段声音片段，而下一行则是接下来的一小段声音），而从图 25.2c 的图像可以看出块状结构是 JPG 处理图片数据的核心。

　　MP3 文件相较于原始文件和 JPG 文件来说，**噪声**很大且有起伏。这并不奇怪，毕竟 MP3 并不是为了对图片进行编码而设计的。相反，它对图片的压缩效果比预想要好，毕竟它丢弃的信息是针对人耳听到的声音序列做出的判断而非基于人眼的二维平面上像素点的排列。

### 25.2.3 混合展示

在本章的后半段，我们会介绍多种输入项的数值表达方式，并将它们混合起来用于创造新的数据，这些新的数据与原数据类似但不相同。

一般来说有两种常用的混合数据的方法。

第一种方法可以称为**内容混合**（content blending），就是将两段数据的内容互相掺杂在一起。例如，如果我们将奶牛和斑马的图像放在一起，就会得到图 25.3 所示的结果。

图 25.3　将奶牛和斑马的图像进行内容混合，将各自的 50%混合在一起，所导致的结果是两张图像的叠加而不是一个半奶牛半斑马的动物

这种方法的结果就是两张图像的叠加，而不是一种半奶牛半斑马的中间物种。

想要得到中间物种的结果，我们就需要第二种方法，称为**参数混合**（parametric blending），或者**表示混合**（representation blending）。这种方法所处理的是用于描述事物的参数。通过将两组参数混合起来（这种混合的方式取决于参数自身以及用来生成目标的算法），我们就可以生成融合了事物本身内在特性的结果。

例如，假设有两个圆圈，每个圆圈都是通过圆心、半径以及颜色来定义，如图 25.4 所示。

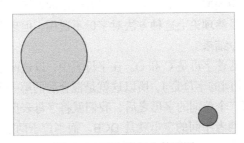

图 25.4　两个待混合的圆圈

如果我们用内容混合的方式来处理，就会得到两个透明度为原来一半的圆圈，如图 25.5 所示。

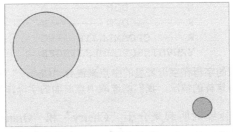

图 25.5　对两个圆圈进行内容混合意味着用到了各自图像透明度的 50%

但如果我们将两个圆圈进行参数混合（也就是说，我们将表示两个圆圈圆心的 $x$ 轴上的分量的进行混合，将 $y$ 轴上的分量也进行混合，同时，对半径和颜色也进行同样的处理），就能得到它们中间的"过渡"圆圈，如图 25.6 所示。

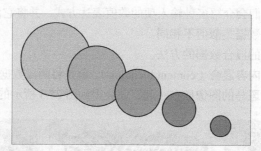

图 25.6　对两个圆圈进行参数混合意味着混合它们的参数（圆心、半径和颜色），这里我们
画出了两个原始圆圈以 25%、50% 和 75% 的比例进行混合后的"过渡"圆圈

对于没有被压缩过的对象来说，这种方法效果不错。但如果我们试着用这种方法处理压缩过的对象，则很少能得到合理的"过渡"结果。问题在于压缩后的数据可能已经和原始的一些内在结构没有什么共同点了，而这些内在结构正是我们需要的对于对象混合有意义的部分。

举个例子，我们需要提取"Cherry"和"Orange"这两个单词的声音，声音是我们需要操作的对象。我们可以让两个人同时说出这两个单词，然后我们将声音混合在一起，那么就会生成像图 25.3 中混合奶牛和斑马图像那样去混合的音频文件。

我们可以选择的一种压缩的形式是将这些声音转换成文字。例如，如果说出"Cherry"这个单词需要半秒，那么用常用的 128kbit/s 的 MP3 压缩就需要大约 8000 字节的空间[AudioMountain16]。而用简便且常用的每个字母占用一个字节的格式进行转换，得到的文字形式就只需要极小的 6字节。

因为字母都是从字母表中提取出来的，而字母表有给定的顺序，所以我们可以根据字母表的顺序对字母进行参数混合。虽然理论上这种方法对字母不适用，但现在让我们先用这种方法去处理，因为之后我们会用到这个结果。

"Cherry"和"Orange"的首字母是 C 和 O。在字母表中，以这两个字母为开头和结尾的一段是 CDEFGHIJKLMNO。正中间的字母是 I，所以这就是混合后的第一个字母。当第一个单词的字母在字母表中的位置是在第二个单词的字母之后，我们就将字母表反序排列。例如，两个单词的第三个字母是 E 和 A，那么两者中间的字母就是 DCB。而当位于两字母中间的字母数是偶数时，我们便取前一个。如图 25.7 所示，混合后的字母序列是 IMCPMO。

```
C ——— DEFGHIJKLMN ——— O
H ——— IJKLMNOPQ ——— R
E ——— DCB ——— A
R ——— QPO ——— N
R ——— QPONMLKJIH ——— G
YXWVUTSRQPONMLKJIHGFE
```

图 25.7　找到每组相互对应的字母在字母表里的中点来混合"Cherry"和"Orange"这两个单词。
对于 R 和 G 这样的情况，我们就选取中点前面的字母作为混合结果

我们想要的是一个在未压缩时听起来介于"Cherry"和"Orange"两者之间的发音，而将"imcpmo"念出来显然不满足这个要求。这甚至是一个没有意义的字母序列，它不对应于任何水

果名称, 也不是任何一个英文单词。

在这种情况下, 参数混合就无法得到合理的混合对象。

而自编码器 (尤其是本章最后会涉及的 VAE) 的一个显著特点就是它们可以混合压缩过后的数据并且可以还原原始数据在混合之后的结果。

## 25.3 最简单的自编码器

我们可以搭建一个深度学习系统来为任何数据寻找一个压缩的算法, 其关键在于在网络中创建一个地方, 在这里所有数据都需要用比输入数据少的数据量来进行表达, 这也就是压缩的全部内容。

例如, 假设输入数据是 100 像素 × 100 像素的灰度图像, 图像内容是各种不同的动物, 我们希望建立一个用来压缩它们的体系。每张图像都有 100 × 100=10000 个像素点, 所以输入层需要容纳 10000 个数字。任意取一个数字 (如 20), 我们想要找到仅用 20 个数字就能表示这些图像的最优方法。

一种方法是搭建一个图 25.8 所示的网络, 该网络只有一层。

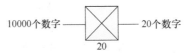

图 25.8 编码的第一步是一个单层 (或者说全连接层), 该层输入 10000 个数字, 输出 20 个数字

输入是 10000 个数字, 进入一个只有 20 个神经元的全连接层。这些神经元的输出就是我们将这幅图像压缩后的结果。换句话说, 仅仅用一个单层网络, 我们就搭建了一个编码器。

现在, 最难的问题就在于如何将压缩后的 20 个数字还原为原始的 10000 个数字, 或者接近于还原。

想要做到这一点, 我们就需要在编码器后紧接着加上一个解码器, 就像图 25.9 所示的那样。在这里, 我们仅用了一个有 10000 个神经元的全连接层, 每个神经元对应一个数字。

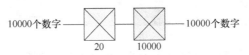

图 25.9 编码器 (蓝色) 将 10000 个输入转换成 20 个变量,
然后解码器 (米黄色) 将这些变量还原成 10000 个数字

在这个系统中, 数据的数量一开始是 10000 个, 中间是 20 个, 最后又是 10000 个, 所以我们说我们创建了一个 "瓶颈", 因为这种结构与瓶颈比底座小的瓶子相似, 如图 25.10 所示。

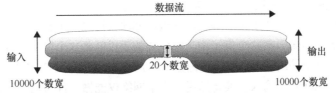

图 25.10 我们说图 25.9 所示的网络的中间部分就是一个 "瓶颈", 因为该网络的
形状就像两个有着较窄顶部的瓶子的拼接

现在就可以训练**网络**了，每张输入的图片就是最终输出想要达到的目标。该网络试着将输入压缩成 20 个数字，而这 20 个数字解压缩后应当尽量与目标（也就是输入）相匹配。

这就是一个**自编码器**。这个名字的由来是因为它能够自动找到最好的将输入进行编码的方式，这样解码后的结果就可以尽量与输入相符了。

在瓶颈处的压缩表示称为**码**，或者**隐藏变量**（"latent" 这个词源于拉丁语中的单词 "lateo"，意思是 "隐藏，潜伏" [Wikipedia16b]）。

通常来说，我们在深度网络中会用一个较小的层来作为瓶颈，很自然地，这一层常被称作**隐藏层**（latent layer）或者**瓶颈层**（bottleneck lager）。该层中单元的输出称为**隐变量**（latent variable），这些变量在一定程度上能表示一张图片。

需要注意一下，自编码器的设计中有一些奇怪的地方：它没有分类的标签（像分类器那样），也没有目标（像回归模型那样），除了我们需要进行压缩和解压的输入以外，我们没有任何其他关于这个系统的信息。

我们称自编码器是**半监督学习**的一个例子，它有点像监督学习，因为我们给了系统确切的目标（输出应该和输入相同）；它也有点不像监督学习，因为我们不需要手动决定输入项的标签。

图 25.9 是自编码器最简单的版本。那么如果用它来训练老虎图像，效果如何呢？我们会将图像输入很多次，之后用损失函数来让网络尽量输出一个老虎的图像，尽管在网络的瓶颈层数据会被压缩到只有 20 个数字。

训练会一直进行，直到它的效果看上去不再有什么进步。图 25.11 展示了训练的结果。图 25.11c 中所显示的每一个误差值都是用原始像素点的值减去对应的输出像素点的数值（像素点的数值和以往一样被规范到了[0,1]）。

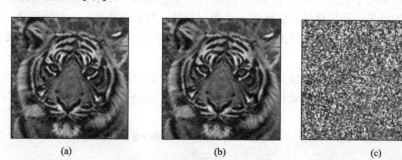

图 25.11　仅用老虎图像作为输入对图 25.9 所示的自编码器网络进行训练。(a)输入的老虎图像；(b)输出的老虎图像；(c)原始图像和输出图像逐个像素点的差异。自编码器的效果似乎已经很完美了，毕竟瓶颈层只有 20 个数字

这太让人惊讶了！输入是一个由 10000 个数字组成的图像，将它压缩成 20 个数字，再将整张图像还原，结果甚至能精细到老虎的胡须。像素点的数值范围为 0～1，而最大的误差也只有 1%。看起来我们已经找到了一个压缩的完美方案。

但是等一下，想一想这样似乎不合理，应该没有办法仅用 20 个数字且暗中不去耍什么手段就能还原出一张老虎的图像。在这个例子中，暗中要的手段就是这个网络已经记住了这幅图像。它仅仅预设好了 10000 个输出单元，然后不论输入的是哪 20 个数字，它都会输出预设好的 10000 个单元来还原原始的 10000 个输入。换句话说，整个网络仅能做一件事情：输出一个特定的老虎图像。我们并没有真正压缩任何东西，10000 个输入中，每个数字都要进入瓶颈层的 20 个神经元，这需要 20×10000=200000 个权重。接下来瓶颈层的 20 个神经元的输出项每个都要进入输出层的

10000 个神经元（也就是最后输出"还原"的老虎图像的神经元），这又需要 200000 个权重。所以我们只是找到了一个"仅"用 400000 个数字来存储 10000 个数字的"好"方法。

事实上，这些数字的大部分是没有相互关联的。回忆之前提到的，每个神经元都会有一个加在权重上的偏置。而输出神经元所输出的值大部分都是依赖于添加的偏置而非输入。为了验证这一观点，我们给这个自编码器输入了一张楼梯图像（见图 25.12），而它并没有对楼梯的图像进行压缩和解压。相反，它完全忽略了这一楼梯图像，而是返回给我们一张已经被网络所记忆的老虎图像。输出项并不完全是之前输入的老虎图像（见图 25.12c），但仅看输出的图像，我们完全找不到楼梯的图像对于输出的影响在哪里。

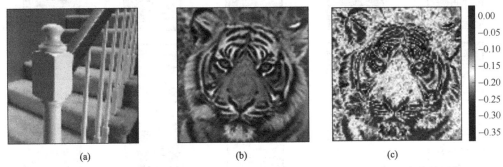

图 25.12  (a)给之前训练的自编码器输入一张楼梯的图像；(b)输出居然是老虎的图像；
(c)输出图像和原始的老虎图像的差异

图 25.12c 所示的误差条说明所得到的误差要远远大于图 25.11 中的误差，但是输出图像中的老虎看起来依旧和原始图像差不多。

让我们进行一个真正的测试，来验证这个网络是不是更依赖于添加的偏置的值。我们给这个自编码器输入一个每个像素点都为 0 的图像。这样一来就没有一个输入点的数值是有用的了。也就是说，只有偏置的数值会对最后的输出产生影响，如图 25.13 所示。

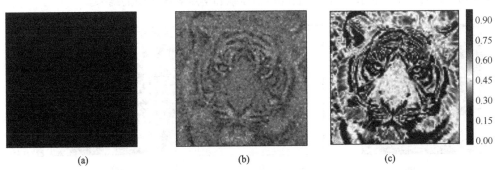

图 25.13  在向训练好的那个自编码器输入一张全黑色图像时，它用偏置值给我们返回
了一张很模糊但依旧可识别的老虎图像。(a)全黑色的输入图像；(b)输出的图像；(c)输
出图像和原始老虎图像的差异。注意到每个像素点的误差基本为 0～1，不像图 25.12 那
样误差为-0.4～0

也就是说，不论我们给这个网络的输入是什么，它都会返回一幅老虎的图像作为输出。这个自编码器已经训练出了一个每次都生成老虎图像的网络。

而要训练一个真正的自编码器，我们应该给它输入一组图像然后观察它压缩这些图像的效果。在这里我们用了 25 张图像对自编码器进行训练，如图 25.14 所示。

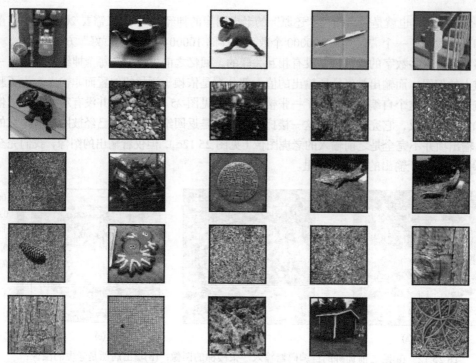

图 25.14　除了老虎图像，我们用来训练自编码器的 25 张图像。之后，每张图像都会被旋转
90°、180° 以及 270°，所以这一组图像实际上有 100 张

　　我们通过对图像进行旋转来扩大数据集，对图像分别进行了 90°、180° 和 270° 的旋转，现在的训练集变为：老虎图像（包括它在 3 个方向的旋转）以及图 25.14 所示的 100 张（包含旋转后的）图像，总共 104 张。

　　现在网络会试着去学习如何仅用 20 个数字表示这 104 张图像，不难想到这个网络并不能取得很好的效果。图 25.15 展示了训练后自编码器压缩和解压老虎图像的结果。

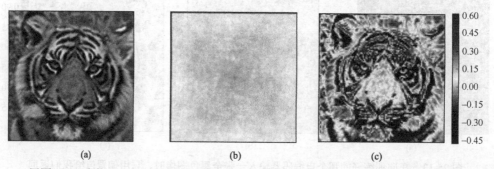

图 25.15　用图 25.14 中的 100 张图像（每张图像以及它旋转过后的图像）和老虎在 3 个方向旋转后的图像
去训练图 25.9 中的自编码器。训练结束后，我们输入(a)中的老虎图像，得到的输出是(b)中的图像

　　现在这个网络不被允许作弊了，输出的结果也就完全不像老虎了。我们可以在图像中隐约看到 3 个方向的旋转对称，因为我们的训练集所包含的图像都是用同一张图像在 3 个方向上旋转得到的。

　　图 25.15 所示的结果看起来更合理。

　　我们可以通过增加瓶颈层（或称隐藏层）的神经元数量来达到更好的结果，但既然想要得到的结果是尽可能多地对输入进行压缩，那么在瓶颈层添加神经元就应该是最后不得已而为之的手段。我们更愿意用最少的瓶颈层神经元数量来达到尽可能好的压缩效果。

接下来我们会试着用比上述所用的、仅含两个全连接层的网络更复杂的结构来提升压缩效果。

## 25.4　更好的自编码器

在这一部分，我们会探索各种自编码器的结构。为了比较它们的效果，我们会用到在第 21 章中见过的 MNIST 数据集。回顾一下，这是一个庞大的、免费的数字 0~9 的手写灰度图像集。图 25.16 所示的是 MNIST 数据集中一些经典的手写数字图像。

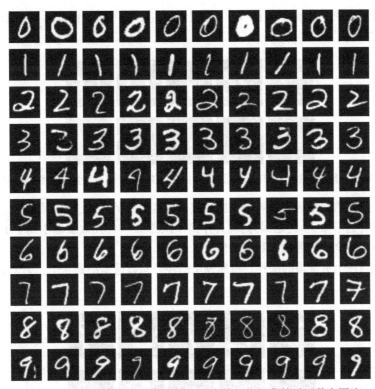

图 25.16　从 MNIST 数据集中提取出来的一些经典的手写数字图片

如果要用这组数据来测试之前的简单的自编码器，我们就需要改变图 25.9 中的输入输出的大小来适应 MNIST 数据集。我们将输入层和输出层由原来的 10000 个单元变为现在的 784 个单元（因为 28×28=784），而在瓶颈层我们依旧保留 20 个单元，如图 25.17 所示。

$$784 \text{——} \boxtimes \quad \boxtimes \text{——} 784$$
$$\phantom{784 \text{——} } 20 \qquad 784$$

图 25.17　为 MNIST 数据集设计的两层自编码器，其中的编码器是有 20 个单元的第一个隐藏层，而解码器是有 784 个单元的输出层

接下来我们将对数据进行 50 轮的训练（也就是说，我们会遍历 60000 个数据 50 次），希望相较图 25.14 而言，更大的训练集能够产生更好的训练效果。

　　图 25.18 略微有点让人惊讶，我们的两层网络学会了如何将 784 个像素点压缩成 20 个数值，然后再将它们解压缩成 784 个像素点。输出的数字虽然有些许模糊，但依旧可以分辨。

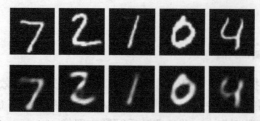

图 25.18　对训练好的图 25.17 中的自编码器输入 5 个数字。上方：输入数据。下方：解压后的图像

　　接下来试着将隐藏变量减少为 10 个，理论上效果应该会更差，而实际如图 25.19 所示。它们的还原效果确实更差了。

图 25.19　上方：原始 MNIST 数据集中的图像。下方：用含有 10 个隐藏变量的自编码器压缩并还原的结果

　　相对来说，这样的网络的训练效果就比较差，2 这个数字在经过压缩和还原后看起来像 3，而 4 这个数字则看起来像 9。这是因为我们将网络的瓶颈层神经元数量缩小到了 10 个，这个数量并不足以帮助网络完全地把握输入数据的信息。

　　如果我们执行一个更荒谬的操作，将瓶颈层的神经元数量缩小到 3 个，会怎么样呢？结果如图 25.20 所示。

图 25.20　上方：原始 MNIST 数据集中的图像。下方：用含有 3 个隐藏变量的自编码器压缩并还原的结果

　　这样结果就更糟糕了。但是即使这个网络没有准确地还原输入的数字，我们也还是可以判断出输出的图片内容是一个模糊的数字。

　　这告诉我们，自编码器不仅需要足够的计算能力（也就是足够数量的权重）来学习如何对数据进行编码，也需要足够的隐藏变量（也就是中间值）来找到一个对于输入数据来说有价值的压缩形式。

　　让我们看看深度模型会是什么样子。我们可以用任意的深度学习方式来搭建编码器和解码器：对于一般数据来说是多层网络，对于图片来说是卷积层，而对于序列数据而言是递归神经网络。我们可以构造有很多层的深层自编码器，也可以构造只有几层的浅层自编码器，这都取决于输入的数据。

现在，让我们继续使用全连接层来构建自编码器，但我们会添加层数来构建深层自编码器。首先在编码阶段增加几个隐藏层，各个层中的神经元数量会逐渐减少，直到到达瓶颈层。之后在解码阶段同样增加几个隐藏层，神经元数会逐渐增加直到输出的大小与输入的大小相同。

图 25.21 所示的就是这种结构。现在我们的编码器有 3 层，解码器也有 3 层。

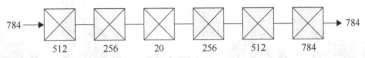

图 25.21　一个由全连接层（或称密集层）构造的自编码器。蓝色：3 层的编码器。米黄色：3 层的解码器

我们一般使全连接层的每一层的神经元数量比前一层增加（或减少）两倍，比如这一层的神经元数为 512，那么下一层的神经元数就是 256。这样的选择看起来效果不错，但具体如何选择每层的神经元数量并没有明确的规则。

像之前一样训练这个自编码器，也训练 50 轮。图 25.22 是训练后的结果。

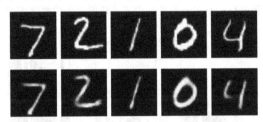

图 25.22　图 25.21 中的深度自编码器的预测。上方：原始 MNIST 数据集中的图像。下方：训练后的自编码器的输出结果

输出的结果**只有**一点模糊，且它们可以清晰地和原数字对应。相较于同样用了 20 个隐藏变量的图 25.18 的结果，这些输出的图像显然更加清楚。所以，通过增强找到（编码器中的）变量以及（解码器中）用来还原它们的计算能力，我们可以仅仅用 20 个隐藏变量去得到更好的压缩还原效果。

## 25.5　探索自编码器

接下来我们会通过更细致地研究图 25.21 所示的网络的输出结果来更深入地了解自编码器。

### 25.5.1　深入地观察隐藏变量

我们知道了隐藏变量是输入数据的压缩形式，但我们并没有研究隐藏变量本身。图 25.23 所示的是 20 个隐藏变量的图像和解码器通过它们还原出来的图像。

这个网络对于这些确切的数字有多敏感呢？让我们试着加一点**噪声**。理想情况下的结果是仅仅微调了一下这些数字，稍稍扭曲形状，可能将数字"2"底部的横线延长一些，或者使数字"4"的顶部闭合。

让我们试试看。从图 25.23 中可以看到，隐藏变量的数值在 0 到 300 的范围内，我们在-1 到 1 之间随机取一个数字加到每个数值上去，然后再用解码器去复原这些有偏移的数值，结果如图 25.24 所示。

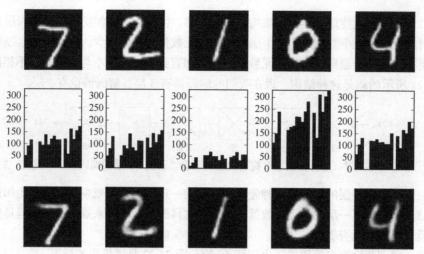

图 25.23 第一行：MNIST 数据集中的 5 张图像。第二行：每张图片对应的 20 个隐藏变量。
第三行：从第一行图像中压缩还原出来的数字图像

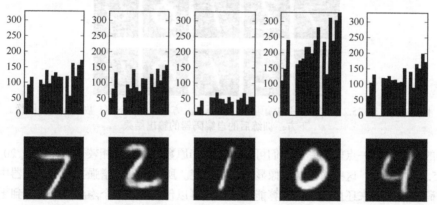

图 25.24 对每个数字图像的输出结果。我们在每个隐藏变量的数值上加上-1~1 的随机数，
之后再用解码器复原，基本看不出有什么区别

这与图 25.22 相比看不出什么明显的区别，所以加这么小的噪声应该没有太大的影响。试着
将添加的噪声值增加到-10~10，结果如图 25.25 所示。

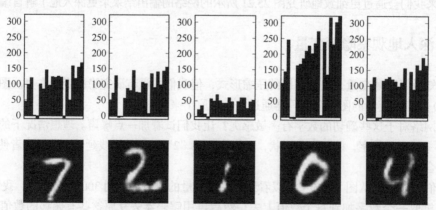

图 25.25 对图 25.23 中每个隐藏变量的数值添加-10~10 的随机数，
这样看起来比之前的效果糟糕多了

这样处理过后，还原后的数字图像明显有一些"磨损"。边缘变得更加粗糙了，数字"1"甚至有些部分被"腐蚀"了，但大部分的数字还是可以识别的。

再试试将噪声值的范围添加到-100～100呢？结果如图25.26所示。

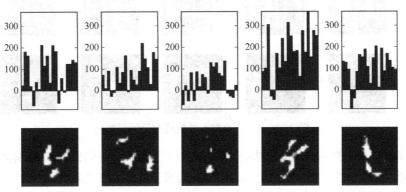

图 25.26 在每个隐藏变量的数值上添加-100～100 的随机数

这样结果看起来就非常糟糕了，几乎无法猜测出每张图像对应哪个数字，所以添加-100～100的噪声值会使效果明显下降。

但如果我们只改变一个隐藏变量的值，也许就可以看到明显的改变了。试着将在-100～100的随机噪声值仅添加到每个图像的第一个隐藏变量上，结果如图25.27所示。

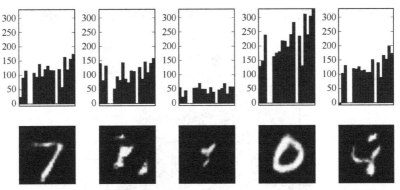

图 25.27 仅在图 25.23 中图像的第一个隐藏变量上添加-100～100 的随机数

可以看到，数字"7"和数字"0"不怎么依赖于第一个隐藏变量，所以复原结果还算不错。但其他几个数字就比较依赖于第一个隐藏变量，因为它们的形状几乎垮掉了。

接下来试着使用完全随机的隐藏变量。在图25.28中，每个隐藏变量的数值都是0～25的随机数。

这些白色的斑点显然不是数字，所以一般情况下，对于这个自编码器来说，随机的隐藏变量会生成看起来随机且无意义的图像。

## 25.5.2 参数空间

之前证实了，用随机数填充隐藏变量无法使得输出有任何可预测的结果，改变隐藏变量会使输出的数字图像效果越来越差。

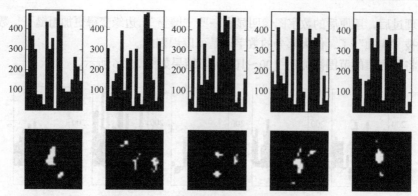

图 25.28　对完全随机的隐藏变量进行解码

　　但也许隐藏变量中有一些其他的结构是我们可以利用的, 让我们试着找找那样的结构。

　　我们将通过图 25.21 中的自编码器来深入研究隐藏变量, 但与之前编码器最后一个全连接层使用 20 个神经元不同, 我们将这个数字减少到 2 个, 也就是只有 2 个隐藏变量。从图 25.20 可以看出, 3 个隐藏变量的输出结果非常模糊并且与原输入完全不同, 显然用 2 个隐藏变量会使效果更糟糕。但 2 个数值可以用点在平面上表示出来, 所以先让我们继续进行。我们知道这个编码器效果会很差, 直觉上输出的图像会很模糊, 但也许仅用 2 个隐藏变量可以让我们深入地看到隐藏变量内部的一些结构。

　　在图 25.29 中, 我们用 10000 张 MNIST 图像对自编码器进行训练并且找出每张图片的两个隐藏变量, 最后在图上画出它们, 每个点的颜色都对应于图中数字标签的颜色。

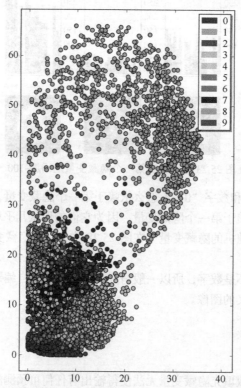

图 25.29　在训练一个仅有两个隐藏变量的深度自编码器之后, 我们画出了 10000 张 MNIST 图像的隐藏变量

从这里可以看到很多结构！隐藏变量并不是完全随机的，相反，类似的数字图像对应的隐藏变量也是类似的。

事实上，大部分的数字对应的隐藏变量都聚集在一起。例如，"0""1""3"对应的隐藏变量看起来像有它们各自的领域，而"7""9"的隐藏变量则有很多重叠的部分（和"4"的隐藏变量也有共享的部分）。这告诉我们这个模型并不能完全分辨出这 3 种类型的图片，所以才会使这 3 种类型的图片的隐藏变量有很多重叠的部分。

如果我们从这些隐藏变量的横坐标和纵坐标的范围中等距选取坐标作为新的隐藏变量，并将这些新的隐藏变量作为解码器的输入，那么产生的图像将如图 25.30 所示。

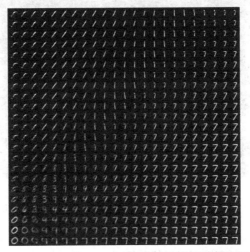

图 25.30　从图 25.29 的横坐标和纵坐标范围内选取的隐藏变量所生成的图像

其他的数字在图 25.29 的左下角被杂乱地混合在一起。图 25.31 所示的是这块区域放大后的图像。

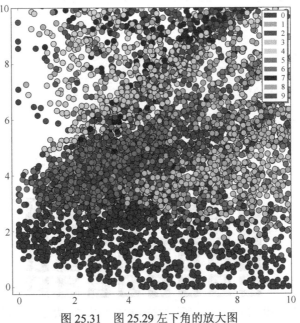

图 25.31　图 25.29 左下角的放大图

可以看到，左下角并非是完全混乱的。"0"这个数字有它自己的区域，而"3"和"5"这两个数字则完全混合在了一起，"6"和"2"这两个数字也完全混合在一起。

让我们看看这块更小区域内的图像，如图 25.32 所示。

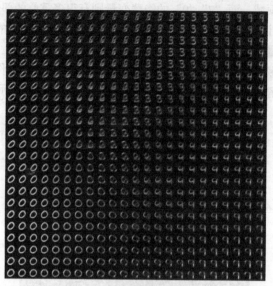

图25.32　用图25.31所示范围内的隐藏变量生成的图像。这个区域内的数字彼此混合在一起，以至于大部分图像看上去都无法准确分辨具体是哪个数字

如果有更多的隐藏变量，那么我们相信这些数字的隐藏变量所表示的"点"会更分散、更明显，虽然我们无法画出这些更高维度空间的图像。

尽管如此，我们还是知道了即使在仅保留 2 个隐藏变量这样极致的压缩后，系统还是能够大致地将不同数字区分开来，也就是将不同数字的隐藏变量所表示的"点"分配到不同的区域。

让我们更深入地看看这个结构。图 25.33 所示的是位于图中 4 条带箭头的直线上的隐藏变量所生成的图像。

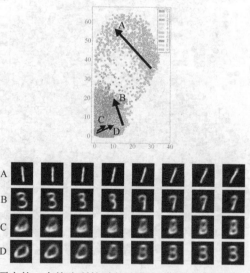

图25.33　图中的 4 个箭头所掠过的隐藏变量对应生成的下面 4 行图像

在 A 行中,我们可以看到:代表数字"1"的区域从一个竖直的直线开始,以一条斜着的线结束。所以并不是"1"都聚集在一起,而是更为相似的"1"会被聚集在一起。在 B 行中,我们看到了一个可识别的"3"逐渐转变为一个更像是"9"的图像。而 C 行则是途经了左下角的一小块区域,该区域有数字"0""2"以及"6"的点云。最后的 D 行从靠近 C 行的位置开始,但往数字"3"的区域移动。

可以推断出,编码器会为相似的图像分配相似的隐藏变量,也会为不同的图像创造不同的聚集区域,这就是这个结构的全部内容。不难想象,当我们将隐藏变量的数量从小到甚至荒谬的 2 增加到更大的数字时,编码器依旧会继续创造聚集区域的工作,并且不同区域之间会区分得更加明显,重叠部分也会更少。

### 25.5.3 混合隐藏变量

既然我们现在了解了隐藏变量的内在结构,那就来运用它。更具体地说,我们要将几对隐藏变量混合在一起,再看一下我们是否得到了一个"过渡"图像。换句话说,我们将要对图像进行参数混合(之前提到过),而隐藏变量就是这些参数。

事实上,当我们沿着箭头路径生成图像时,就已经将图 25.33 中的箭头两端的 2 个隐藏变量从直线的一端到另一端进行了混合。但当时我们只是用了一个包含 2 个隐藏变量的自编码器,所以它并不能很好地展示图像。尽管 C 行中出现了一些相对诡异的形状,但生成的结果大部分是能被识别的,因为样本是将属于相同类型的两个数字进行了混合或者插入(interpolation)。接下来我们会尝试更多的隐藏变量,这样就可以得到在更复杂的模型中这种混合的直观感受。

回到有 20 个隐藏变量的深度自编码器。我们挑选出一些图像对,找到它们各自的隐藏变量,并将每对图像对应的每对隐藏变量混合取平均值。然后我们就可以将这些结果输入解码器并观察生成的最终结果。

换句话说,我们会找到每对图像的第一个隐藏变量并将两者取平均,再找到每对图像的第二个隐藏变量再取平均,以此类推,直到有 20 个平均值。

图 25.34 展示了 5 对图像用这种方式进行混合的结果。

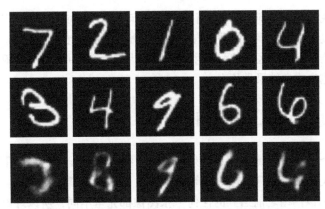

图 25.34  将深度自编码器中的隐藏变量混合之后的结果。第一行:MNIST 数据集中的 5 张图像。第二行:另外 5 张随机的图像。第三行:将第一行图像和第二行图像的隐藏变量取平均后,用解码器解压缩所得到的图像

如我们所预期的那样, 这个系统并不是简单地用内容混合的方式(图 25.3 所示的混合奶牛和斑马的图像)将图像混合起来, 自编码器会试着找到同时具有两张输入图像的特点的"过渡"图像。

这些结果并不抽象, 大部分或多或少像两张输入图像中的一张。虽然在第二列中, 数字"2"和"4"的混合看起来更像"8", 但这也确实合理。在图 25.30 中, 如果仅设置两个隐藏变量, 那么数字"2""4"和"8"的隐藏变量对应的点靠得很近, 所以在二十维空间中它们依旧靠得很近。

让我们看看将隐藏变量距离很近的数字进行混合的结果。图 25.35 所示的是 3 组新的数字图像, 以及 6 组等距"过渡"图像。

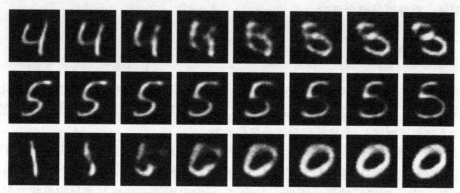

图 25.35　以不同的程度混合图像的隐藏变量, 每行最左和最右是 MNIST 数据集中的一对图像。对每对图像, 我们取 20 个隐藏变量, 然后生成 6 组等距混合的隐藏变量, 再用解码器生成图像

这个系统的目标是从一个图像过渡到另一个图像, 但是它并没有生成很合理的"过渡"数字图像。即使对于中间一行(从"5"过渡到"5")来说, 中间的"过渡"图像也有几乎"断裂"的部分, 最后又连接到一起了。而对于上面一行和下面一行来说, 中间的某些图像甚至不像任何一个数字。虽然两边的数字都可以识别, 但混合起来就会无法识别。

用这个自编码器混合隐藏变量可以平滑地从一个数字过渡到另一个数字, 但过程中会生成古怪的形状, 它们看上去并不像数字。前面几张图像已经证实了这一点, 这是因为在过渡的过程中会移动到一些(隐藏变量集中)密集的区域, 在该区域中, 相近的隐藏变量可能会被解码成为不同的数字。

但有些时候, 我们会移动到隐藏变量不对应于任何数字的区域。换句话说, 我们要求解码器从某些隐藏变量中复原一个数字, 但并没有给过编码器这些隐藏变量的意义。所以系统是在生成一些结果, 而这些结果有邻近区域的一些性质。但因为隐藏变量并不会被解码成任何有意义的图像, 所以很难去预测生成的结果是什么。

### 25.5.4　对不同类型的输入进行预测

尝试用刚刚那个用 MNIST 数据集训练好的深度自编码器来压缩并解压图 25.1 中的老虎图像。为了匹配网络的输入尺寸, 我们将老虎图像压缩成 28 像素 × 28 像素的大小。

这张老虎图像和该网络之前遇到的任何一张图像都完全不同, 所以理论上它无法处理这种数据。这个网络应该会试着从图像中找到一个数字, 再生成对应的图像。图 25.36 所示的就是输出的结果。

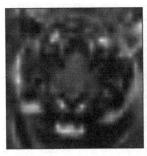

图 25.36　用 MNIST 数据集训练的有 20 个隐藏变量的深度自编码器压缩并解压图 25.1 的老虎图像
（28 像素 ×28 像素的大小）。这个要求对于这个网络来说很不公平，而结果也和预想的一样糟糕

看起来这个算法正在试着融合不同的数字来匹配老虎的形状。可以看到的是，结果的周围是黑色的边界，因为大部分 MNIST 数据集的边界是黑色的，所以在这块区域上，几乎没有数据能给网络提供用来填充边界的信息。对于中间区域来说，那些白色斑点也不怎么能和老虎的图像相匹配，而且它也不应该与老虎的图像匹配。

用从数字图像中学到的信息去压缩并解压一个老虎图像就像试着用卷笔刀中的铅笔屑去造一把吉他一样，即使用尽全力，也无法造出一把好吉他。

自编码器只有在处理用于训练它的数据时才能有较好的表现，因为它为这些数据的隐藏变量赋予了一定的意义，而自编码器只有通过隐藏变量才能将数据表示出来。换句话说，它用 20 个压缩后的数字找到了如何表示手写数字的方法。当我们惊讶于它生成了一些完全不一样的结果（如用老虎图像作为输入）时，它已经尽力了，只是最后的结果不尽如人意罢了。

## 25.6　讨论

在第 12 章中，我们提及了**主成分分析**（Principal Component Analysis，PCA），那时我们见过类似于自编码器的东西。回想一下，PCA 会找到哪一个维度上数据的变化量最大，然后保留这些维度上的数据，并丢弃其他维度上的数据。

要将自编码器和 PCA 联系起来，可以写出描述图 25.21 中自编码器的数学表达式以及描述 PCA 的数学表达式，之后比较它们。经过一些推导，我们可以证明这两个不同的方法最后会产生一样的结果[Virie14]。而一个足够复杂的自编码器甚至可以完成 PCA 完成不了的任务。

我们现在对自编码器有了一个直观的认识：它试着将输入项中尽可能多的信息用最有效率的方式压缩到每个中间值里。

自编码器的内部结构多种多样。既然我们在处理图像，而一般来说，卷积是处理这种图像的比较好的方法，那么我们就试着在自编码器中添加卷积层吧。

## 25.7　卷积自编码器

之前说过，在编码和解码阶段，我们可以把任何类型的层加到自编码器中。因为我们的例子用的是图片数据，所以让我们来尝试一下使用卷积层。换句话说，我们会构建一个卷积自编码器（convolutional autoencoder）。

在编码阶段，我们要将原始的 28 像素 ×28 像素尺寸缩小到 7 像素 ×7 像素，所用的所有卷积都是 3 像素 ×3 像素的过滤器。最终的卷积层会有 3 个这样的过滤器，所以这个模型会有 7 像素 ×

7 像素×3 像素=147 个隐藏变量。第一个卷积层有 16 个过滤器，再通过一个 2 像素×2 像素的最大池化层，至此输出是一个 14 像素×14 像素×16 像素的张量；然后再加一个有 8 个过滤器的卷积层和一个 2 像素×2 像素的最大池化层，输出是 7 像素×7 像素×7 像素的张量；最后再用一个有 3 个过滤器的卷积层（和之前的一样），所以在瓶颈层就会有一个 7 像素×7 像素×3 像素的张量，如图 25.37 所示。

图 25.37 卷积自编码器的结构。左边：在编码阶段，有 3 个卷积层。前两个卷积层后都有一个最大池化层，所以最后在该阶段生成的是一个 7 像素×7 像素×3 像素的张量。右边：用卷积层和上采样层的解码器将瓶颈层的张量复原成 28 像素×28 像素×1 像素的输出

解码器是对编码器进行逆向操作。第一个上采样层生成一个 14 像素×14 像素×3 像素的张量，而下一个卷积层和上采样层生成一个 28 像素×28 像素×16 像素的张量，最后一个卷积层生成 28 像素×28 像素×1 像素的张量。

需要注意的是，在编码阶段，卷积层过滤器的数量一开始是 16，然后下降到 8，最后到 3。所以在解码阶段，要先将过滤器数量从 3 逐步升高到 16，再下降到 1 作为输出。

因为这个结构中有 147 个隐藏变量，再加上卷积层的计算能力，我们应该可以期望这个结构有着不错的效果。像之前一样用这个卷积自编码器对训练集进行 50epoch 训练。虽然这时候模型的训练效果还在继续提升，但为了与之前的模型进行比较，我们就在 50epoch 时停止训练。

图 25.38 所示的是测试集里的前 5 张图像以及经过卷积自编码器处理后的解压缩版本。

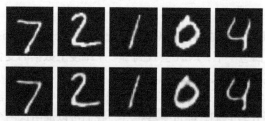

图 25.38 上方：MNIST 测试集中的前 5 张图像。下方：以第一行图像作为输入时，卷积自编码器的输出

这些结果看上去很不错，虽然图像不是完全一样，但也很接近了。

像之前一样，我们在中间的每个隐藏变量中加入一个随机数，而且是从-1～1 的随机数开始添加，结果如图 25.39 所示。

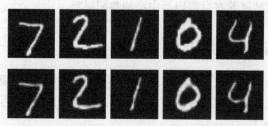

图 25.39 上方：MNIST 测试集中的前 5 张图像。下方：以第一行图像作为输入，且在瓶颈层输出的每个隐藏变量中添加-1～1 的随机数，之后观察到的卷积自编码器的输出。结果和之前所得到的相比几乎没有什么改变

可以看到，输出的图像有些许视觉上的变化，但还是很相似。接下来，我们试着将添加的噪声值范围扩大至-5~5，结果如图 25.40 所示。

图 25.40 上方：MNIST 测试集中的前 5 张图像。下方：以第一行图像作为输入，且在瓶颈层输出的每个隐藏变量中添加-5~5 的随机数，之后观察到的卷积自编码器的输出。结果比之前稍微差了一点

这些数字有些变形了。其中的大部分还是可以识别的，但最后的"4"这个数字看上去似乎有些"溶解"了。

再将添加的噪声值增加至-10~10，结果如图 25.41 所示。

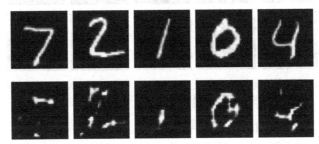

图 25.41 上方：MNIST 测试集中的前 5 张图像。下方：以第一行图像作为输入，且在瓶颈层输出的每个隐藏变量中添加-10~10 的随机数，之后观察到的卷积自编码器的输出。结果看起来已经和输入不太一样了

这些输出的图像看起来就像在黑色地板上随意地滴上白色颜料一样，只有数字"0"有可能被识别，但也只是"有可能"。

最后一个测试，像之前一样给解码器输入单纯的噪声。因为隐藏变量是一个 7 像素×7 像素×3 像素的张量，所以噪声的数值也需要构成同样尺寸的三维空间。这里我们只取出了最上面一层的 7 像素×7 像素的随机噪声值，结果如图 25.42 所示。

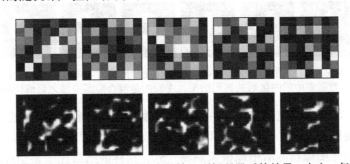

图 25.42 每张图像都是将随机生成的张量输入到解码器后的结果。上方：每个隐藏变量最上面的一层（大小为 7 像素×7 像素）的图像。在这里为了和输出的大小相同，我们将它们放大了。下方：输出的图像，它们看上去不像数字，也不像任何物体

和之前的自编码器一样，以随机生成的隐藏变量作为输入时，卷积自编码器只会生成随机的有白点的图像。

### 25.7.1 混合卷积自编码器中的隐藏变量

将卷积自编码器中的隐藏变量进行混合会发生什么呢？

图 25.43 所示的是与图 25.34 中一样的图组。我们找出了图中前两行的每张图像的隐藏变量，求它们的平均值，再将平均值解码成最下面一行的图像。

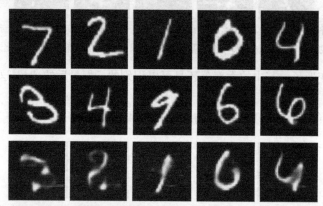

图 25.43　混合卷积自编码器的隐藏变量。第一行和第二行：MNIST 数据集中的样本。
第三行：将前两行图像的隐藏变量平均混合后生成的图像

结果虽然有种将上面两张图像混合在一起的感觉，但看上去有些模糊。

对于卷积自编码器进行图 25.35 所示的分步过程，结果如图 25.44 所示。

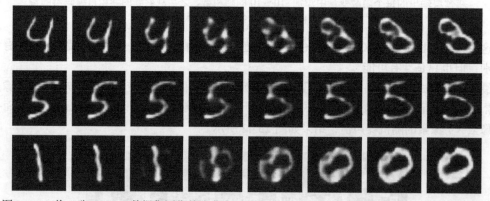

图 25.44　将 2 张 MNIST 数据集图像的隐藏变量进行混合再解码。每行最左和最右的是直接输入
MNIST 数据集中的图像后的解码结果，中间的是混合隐藏变量之后解码的结果

我们的重点在于观察系统是如何从一张图像过渡到另一张图像的。在图 25.44 的第一行中，“4”不是直接过渡成“8”的，在中间它变成了“4”和“8”的混合体。“5”的过渡看起来很完美，因为每张图像都能清晰地被识别成“5”，这样的结果比全是全连接层的自编码器要好很多。而从“1”到“0”的过渡看起来更像交叉溶解而不是简单地从一根竖直的线转变成一个圆圈。

### 25.7.2 在 CNN 中对不同类型的输入进行预测

为了好玩，让我们重复一下之前不公平的测试，也就是给 CNN 输入低像素的老虎图像，结果如图 25.45 所示。

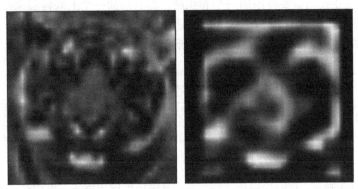

图 25.45 给卷积自编码器输入的低像素老虎图像以及输出结果，结果不是很像老虎

结果居然不错得令人吃惊。如果不经意地扫一眼，我们会发现眼睛周围一圈黑色的区域、嘴巴的两边还有鼻子似乎都被保留了下来。

和之前用全连接层构建的自编码器一样，卷积自编码器也是试着在数字的隐藏变量中找一只老虎，但看上去效果更好。

## 25.8 降噪

自编码器的一个很重要的用处是从样本中去除噪声，而一个特别有趣的应用就是用自编码器去除计算机生成的图像中不时出现的噪点[Bak017][Chaitanya17]。当我们快速生成一个图像而不对其进行改善时，这些亮点或暗点就会出现（它们看起来像是静电或者雪花）。

来看看自编码器是如何移除图像中亮点或暗点的吧。我们依旧用 MNIST 数据集，只是这次会在图像中添加随机的噪点。在每个像素点，我们都会根据高斯分布随机生成一个数值添加上去，然后再把像素点的值规范到 0~1。图 25.46 所示就是添加了随机噪声后的 MNIST 训练集图像。

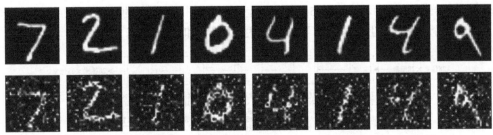

图 25.46 上方：MNIST 训练集中的图像。下方：添加了随机噪声后的图像

我们的目标是给训练好的自编码器提供像图 25.46 下面一行那样添加了噪声的数字图像，之后让编码器返回图 25.46 上面一行那样没有噪声的图像。所以在训练过程中，我们会用有噪声的

图像作为编码器的输入，而用无噪声的图像作为输出。我们希望系统能够学会一种将有噪声的图像进行编码的方法，使得我们将编码所得到的隐藏变量解码后可以得到无噪声的图像。

我们会交替使用上采样和下采样的卷积层来构造自编码器[Chollet17]。第一层使用的是尺寸为 3 像素×3 像素、过滤器数量为 32 的卷积层，然后是 2 像素×2 像素的下采样层，这样输出的张量尺寸就是 14 像素×4 像素×32 像素。重复一遍前面的步骤，输出变为 7 像素×7 像素×32 像素的张量。现在我们需要再添加一个卷积层，然后添加一个上采样层来使得长宽加倍，并且重复一遍这两种添加，现在输出的张量尺寸是 28 像素×28 像素×32 像素。最后再通过一个过滤器数量为 1 的卷积层。该结构如图 25.47 所示。

图 25.47  一个降噪自编码器

要训练这个自编码器，我们要以图 25.45 中的有噪声图像为输入，希望得到没有噪声的图像，并且使用 60000 个训练图像训练 100epoch。

图 25.47 中编码阶段最后的张量尺寸为 7 像素×7 像素×32 像素（也就是经过第二个下采样层后输出的张量），总共有 1568 个数字，所以该模型的瓶颈层数据实际上比输入数据还要大。

如果我们的目标是压缩，那么这种结构不合适，但这里我们的目标是去除噪声，所以隐藏变量数量的多少并不是特别关键的事。

那么这种结构去除噪声的效果有多好呢？图 25.48 给出了一些有噪声的输入和自编码器的输出。显然，它清理了那些有亮点和暗点的像素，还原出了更清晰的图像。

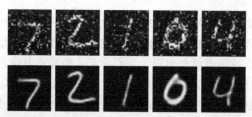

图 25.48  上方：添加了噪声的数字图像。下方：经过图 25.47 中的模型去噪处理后的图像

在第 21 章中我们说过，上采样层和下采样层已经不受人们欢迎了，取而代之的是步幅卷积层和转置卷积层。那么让我们将图 25.47 中的模型简化成图 25.49 中的模型。现在它由 5 个卷积层组成，前 4 个卷积层将上采样层和下采样层替换为步幅和分数步幅。

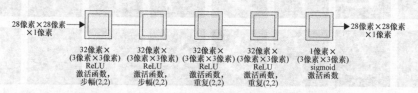

图 25.49  图 25.47 的自编码器，只是将上采样和下采样的步骤放在了卷积层中。"重复"的值指的是用分数步幅来重复每个输入元素，以此来扩展输入张量的长度和宽度

结果如图 25.50 所示。

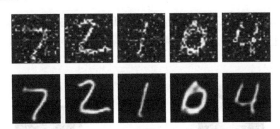

图 25.50 图 25.49 中的去噪模型所产生的结果

虽然在一些小地方可以看出差别（如"0"的左下角），但结果整体看起来很接近。第一个模型有着明确的上采样层和下采样层（见图 25.47），每个循环在无 GPU 支持的、2014 下半年版本的 iMac 上运行大约需要 300 秒。图 25.49 中简化过的模型则只需要大约 200 秒，节省了大概 1/3 的时间。

想要判断这些模型是否能在某个任务上比其他模型达到更好的效果，则需要更加详细的问题陈述、测试和结果检验。

## 25.9 VAE

迄今为止，我们见到的自动编码器试图找到最有效的方式来压缩输入，以便稍后重新创建它们将输入压缩成一些隐藏变量（或者一些代码），这些压缩后的数据会被解码器当作输入来进行还原。

虽然**变分自编码器**（VAE）和这些网络的总体结构相似（有一些比较重要的不同点），但它们实现的功能不同。最终的模型可以被用作一个**生成器**（generator），它可以生成无限的与输入类似却不相同的新数据。

如果能完成这样的结构，那么我们就可以用 MNIST 数据集来生成 10000 张（甚至 1000 万张）新数字的图像，每张图像都与原始 MNIST 数据集类似但不完全相同（仅有一些微小的变化）。

可以类比一个实例，假设我们被分配到一个任务，这个任务是将一个樱桃树园中的每棵树都画下来。当画了足够多张图的时候，我们就很了解樱桃树有哪些特性，例如树的高度、颜色、树皮的质地以及树枝的形状等。这样我们就可以通过想象画出新的树来。这些新的树不只是对已知的树的简单变化，也不会仅仅是将已知的树进行拼接（像弗兰肯斯坦的怪物那样[Shelley18]），它们会是全新的、看起来像真树的图像。也就是说，我们会成为一个樱桃树图像的生成器。

我们之前试着通过给解码器输入随机数字来将自编码器转化成生成器，但那时的输出结果只是有斑点的图像而不是数字图像。所以为了得到更好的结果，VAE 需要进行一些特殊的操作。

关于如何构建 VAE 有一个有趣的事情，对于之前的自编码器来说，一旦它们被训练好了，就是**确定性的**。也就是说，相同的输入永远会产生相同的隐藏变量，也会生成相同的输出。但 VAE 在编码阶段用到了概率（也就是随机数），所以如果对同一个输入运行几次，那么每次都会得到一个略微不一样的结果。

在讲述 VAE 时，我们还是会继续用图像数据作为处理的对象，但和其他机器学习算法一样，VAE 也可以被应用到任何其他的数据类型上，如声音、天气、影评等。

### 25.9.1 隐藏变量的分布

在之前的自编码器中，我们没有给隐藏变量的结构强加任何条件。从图 25.51（复用了图 25.29

的内容）中可以看到，对于一个二维的全连接层自编码器来说，编码器会自然地将隐藏变量分组并从(0,0)点开始向右上方发散。这种结构并不是设计的目标，而只是构造出来的网络的自然特点。

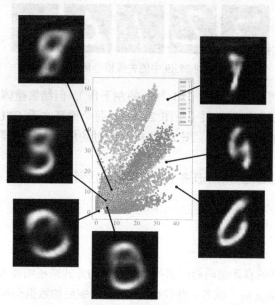

图 25.51 复用了图 25.29，添加了密集区域和稀疏区域所表示的样本

这里我们有一大片白色的没有样本的区域，也有很多样本混合在一起的区域。图 25.51 中标出了密集区域和稀疏区域的隐藏变量所产生的图像。当我们想要用随机隐藏变量生成新数据时，这些空白的或者混合的区域就会成为一个问题。如果我们选择了一对与已有数据距离很远的隐藏变量，那么结果就可能会变形（就像图片右侧的"3"那样）；如果我们在密集区域中选点，又可能会得到模棱两可的图像（就像图片底部那张模糊的"6"那样）。

我们希望得到的结果是，每一种数字都聚集在自己的区域，且不同数字的区域间没有重叠部分，也没有空白的部分。但是，没有很明显的改变自编码器结构的方法能实现这个效果。

我们很难填充空白区域，因为没有输入数据处于这些区域。但我们可以试着将混合的区域分开来，这样每个数字就都能有自己的区域。

VAE 在实现这些功能上有着不错的效果。

## 25.9.2 VAE 的结构

像许多好主意一样，VAE 也是由两组不同的人同时且独立发明出来的[Kingma14][Rezende14]。想要从数学角度详细地理解这一技巧是有一定难度的，即使只理解精华部分[Durr16]。

因为不希望涉及太多数学理论，所以在这里我们会用近似和概念化的方法来进行讲解。这意味着我们会抛弃更多的细节并对很多地方进行近似，这并无不妥，因为我们是要抓住方法的重点而不是它的详细机制。

回忆一下，VAE 的最终目标是创建一个可以生成任意隐藏变量的生成器，并且生成合理的新数据。想要达到这个效果，我们需要让隐藏变量拥有以下 3 个关键性质：第一，它们需要被集中在一块区域内，这样就可以控制生成的随机值的范围；第二，类似的输入（也就是表示同一个数字的输入图像）的隐藏变量需要被聚集在一起；第三，尽量减小不同数字区域间的空隙，这样就可以保证在生成输出时有数据可以提取。

我们会用两种方法来达到这些目标：第一，需要设计一种有能力完成目标的学习模型的结构；第二，需要手动设计一个误差项，在系统生成了不符合条件的隐藏变量时对系统进行惩罚。因为系统的目的就是减小误差，所以最终它会生成我们想要的隐藏变量，学习模型和误差项会同时运作。

我们的第一个目标是将所有隐藏变量聚集在一块区域内。为了达成这个目标，我们需要添加一条强制性规则（或称为限制）。同时，正如我们提到过的，如果编码器生成的隐藏变量不符合条件，就需要给系统施加惩罚。

我们的限制是：绘制出每一个隐藏变量后，我们需要得到一个高斯分布。在第 2 章中我们提到过，高斯分布是一个著名的"钟形曲线"，如图 25.52 所示。

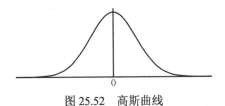

图 25.52 高斯曲线

我们将两条高斯曲线放到平面上，一条在 $x$ 轴上，另一条在 $y$ 轴上，就会得到一个二维的凸块，如图 25.53 所示。

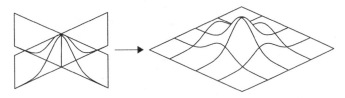

图 25.53 如果有两个维度，并且一个维度上绘制一条高斯曲线，它们就会共同形成一个二维凸块

只要在 $z$ 轴上再加入一条高斯曲线，我们就可以将这个形状拓展到三维空间。如果我们将生成的凸块的大小想象成密度，那么三维高斯曲面就像蒲公英（中心密集，外侧稀疏）。

类似地，只要每个维度上的值都遵循高斯曲线，我们就可以想象出任何维度的高斯曲面，这也就是我们要做的。我们会让 VAE 去学习如何生成隐藏变量的值。所以，当我们查看训练集的隐藏变量并且记录每个数值出现个数的时候，各个变量的个数应该形成一个平均值（中心点）为 0、标准差（范围）为 1 的高斯分布，如图 25.54 所示。我们在第 2 章中提到，这意味着每个隐藏变量中大约 68% 的数值分布在 -1～1 之间。

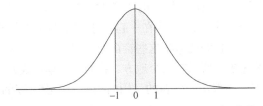

图 25.54 一个高斯曲面可以用它的平均值（中心点的位置）以及标准差（包含大约 68% 总面积的区域到中心的对称距离）来描述。这幅图中，平均值是 0，标准差是 1

　　训练完成后，我们就会知道隐藏变量是根据这样的规律分布的，所以需要从这个分布中挑选数值去作为解码器的输入项（也就是说，相对于两边数值来说，我们更容易选到靠近中间的在凸块内部的数值）。这样我们就更容易生成与训练集中学到的数值接近的隐藏变量，也就可以生成类似训练集数据的输出。

　　这样也就自然地将隐藏变量集合到一块相同的区域，因为它们都是尽量满足平均值为 0 的高斯分布的。

　　然而，得到完全符合高斯曲面的隐藏变量的分布是一种理想化的情况，事实上我们很少能达到。在变量满足高斯分布的程度和系统还原输入的准确率上会有一个取舍[Frans16]。系统会在训练时自动学习这种取舍（平衡输入图片和输出图片之间的差异）和隐藏变量的结构。

　　想要使得表示相同数字的图像聚集在同一个区域，需要用到一些随机性的技巧，这种方法有些巧妙。

　　假设我们已经达到了这个目标。来看看从一个特别的角度上说，这意味着什么，明白了这一点也就知道了如何实现这一目标。

　　换句话说，假设对于一张表示"2"的图像来说，每一组隐藏变量都和其他表示"2"的图像的隐藏变量相近。虽然我们可能会做得更好。这其中有一些"2"的左下角会有一个圈。所以除了让所有"2"聚集在一起外，我们还需要让所有左下角有圈的"2"聚集在一起，所有左下角没有圈的"2"也聚集在一起，而它们中间的区域就是那些似乎有一点圈的"2"，如图 25.55 所示。

图 25.55　一组"2"，相邻的两两相似

　　现在将这个想法实行到极限，不论一张标签是"2"的图像的形状、风格、线条粗细、倾斜度等如何，它的隐藏变量都会靠近那些同样标签是"2"的、有着同样形状和风格的图像的隐藏变量。所以我们会将左下角有圈（或没有圈）的"2"聚集在一起、将用直线（或曲线）画的"2"聚集在一起、将线条粗（或细）的"2"聚集在一起、将比较高的"2"聚集在一起……这样就会用到非常多的隐藏变量，它们让我们能够将这些特征的不同组合各自都聚集在一起，这显然不可能仅用两个隐藏变量就能够完成。所以在某个地方，我们会聚集用线条细的、用直线画的、没有圈的"2"，而在另一个地方，会聚集线条粗的、用曲线画的、没有圈的"2"等（每种特征的组合都会有各自的一个区域）

　　如果需要我们自己去区分所有的特征，那么这种方法显然是不实际的。但 VAE 不仅会学习不

同的特征，也会在它学习的时候自动创建不同的分组。一般来说，我们只需要输入图像集，剩下的事情交给系统做就行了。

这种"靠近"程度的标准是在一个想象空间中测量的，在这个想象空间中，每个隐藏变量都拥有一个维度。在二维空间中，我们的每组隐藏变量都是平面上的一个点，它们的距离（或者"靠近"程度）就是它们之间线段的长度。之后我们可以将这个概念拓展到任意维度的空间，这样就永远可以找到两组隐藏变量之间的距离，无论每组隐藏变量中有 30 个数值还是 300 个数值。

假设系统的输入是数字"2"的图像，编码器找到了它的隐藏变量。在将这些数值传输给解码器之前，我们给每个数值加上了一个随机数，再将这些修改过数值的隐藏变量作为解码器的输入，如图 25.56 所示。

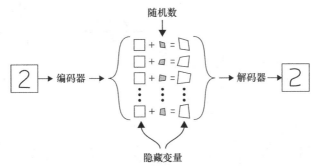

图 25.56　一种在编码器的输出上加入随机数的方法。在将隐藏变量传递给解码器之前，
在隐藏变量的每个数值上都添加一个随机数

因为我们的假设是所有同类的样本都聚集在一起，所以用这种添加过随机数的隐藏变量生成的"2"会和输入类似。因此，输出图像就会和输入图像类似，两个图像之间的误差就会很微小。只要用这种方法（在同一组隐藏变量上添加不一样的随机数），我们就可以生成很多类似输入的新的数字"2"的图像。

这就是在聚集同类数字后，系统的运作。

为了实现这一点，我们需要做的就是执行这个从输入到输出的过程，并且当输出和输入不相似时给予系统一个比较大的误差值。那么这个尝试最小化误差值的系统就会自动改变它在编码器中计算隐藏变量的方式（以及在解码器中运算的方式），这样目标就可以实现了。

但我们刚刚偷了个懒，以至于无法实际进行操作。如果我们仅仅像在图 25.56 中那样添加随机数，那么训练的时候就不能用到第 18 章中提到的反向传播了。这样问题就来了，因为系统需要反向传播来计算网络的梯度。但像图 25.56 中那样的操作的数学表达式无法计算我们需要的梯度。没有反向传播，整个学习过程也就无法实现了。

所以 VAE 用了一个巧妙的办法来解决这个问题。它用一个类似的想法来代替了添加随机数这一过程，这个想法不仅可以实现一样的功能，还可以计算出梯度。这一技巧称为**再参数化**。

这个技巧是值得学习的。在阅读关于 VAE（这里面还会涉及很多数学技巧，但我们不会深入地讲解）的文章时，这一技巧会经常出现。

这个技巧是这样的：用在概率分布中选取随机变量的方法代替简单地取一个较小的随机数添加在隐藏变量上，而这个选取出来的数值就是新的隐藏变量[Doersch16]。在第 2 章中我们提到，一个概率分布可以在我们需要的时候生成随机数，但每次生成的数值都会比较接近。在这里我们再次用到了高斯分布，这意味着当需要一个随机数时，我们最有可能得到的是 0 周围的数字（这块区域凸起部分比较高），而得到远离 0 的数字的概率比较小。

因为每个高斯分布都需要中心点（平均值）以及范围（标准差），所以编码器会为每个隐藏
变量生成一组高斯分布的参数。那么如果系统有 8 个隐藏变量，编码器就会生成 8 组数字：对每
个隐藏变量都生成一个平均值和一个标准差。对于每个隐藏变量，我们都会从对应的高斯分布中
选取一个随机数，这个数就作为该隐藏变量输入给解码器。换句话说，我们生成一个与已知隐藏
变量相近的随机数来代替在已知隐藏变量上添加一个随机数。这两个方法看上去很类似，但前者
可以使用反向传播。该过程如图 25.57 所示。

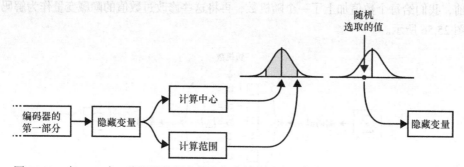

图 25.57　在 VAE 中，编码器的每个输出都会被传递到两个独立的层中。一个用于估算
高斯曲线的平均值，另一个用于估算标准差。然后我们根据该高斯分布随机选取数值，
该数值就会作为编码器最终输出的新的隐藏变量。对于每一个隐藏变量都重复该操作

为了将这一部分应用到自编码器网络中，在编码器生成了所有隐藏变量后，我们需要将网络
**分割**开。建立一层用来计算高斯曲线的平均值，再建立一层来计算高斯曲线的标准差，然后再建
立一层用来将前面两层的数据**整合**在一起。也就是用前两层生成的数据作为参数的高斯分布来随
机选取数值，选出的数值就是编码器最终输出的新的隐藏变量。具体过程图 25.58 所示。

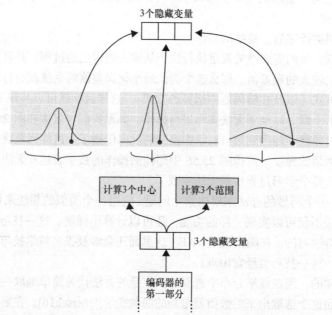

图 25.58　VAE 产生 3 个隐藏变量的过程中的分割和整合步骤。首先由编码器产生 3 个值，对每个值计算出
一个中心和范围，再对这 3 个不同的高斯分布进行随机取样，选出的值将作为隐藏变量被输入解码器中

这步操作解释了每次给 VAE 输入同一个样本，却得到略有不同的结果的原因。我们的解码器部分是确定性的，对于每个隐藏变量，我们都会得到相同的高斯曲线。但在最后一步中，由于是从高斯分布中进行随机选取，所以每次都会有不同的数值。

## 25.10 探索 VAE

图 25.59 所示的是这里我们所用到的 VAE 结构。它就像图 25.21 中用全连接层构造的深度自编码器一样，但是又有两个不同点。

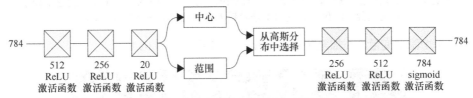

图 25.59　训练 MNIST 数据集的 VAE 结构。该模型有 20 个隐藏变量

第一个不同点在于在编码器的结束阶段添加了随机过程，第二个不同点在于用了不同的损失函数（或者误差函数），虽然在图像中并没有体现出来。

除了之前提到的"损失函数会测量输入和输出之间的差异"，新的损失函数还会测量编码阶段和解码阶段之间的差异。毕竟，不论编码阶段对输入做了什么，我们都希望解码阶段能撤销这些操作。测量用到了在第 6 章中学到的 KL 散度，它可以测量非最优编码方式压缩信息时所得到的误差（这里所说的最优编码器是指解码器的逆运算，反之亦然）。所以总体想法是：网络在试着降低误差的同时，也在降低编码器和解码器之间的差异（也就是让编码器和解码器越来越镜像）[Altosaar16]。

当这个 VAE 训练好后，我们为它输入一些 MNIST 样本，所得到的结果如图 25.60 所示。

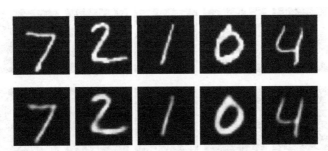

图 25.60　图 25.59 中 VAE 的预测结果。上方：MNIST 输入数据。下方：VAE 的输出

如预想的那样，这些结果和输入的匹配度很高。网络用了很强大的计算能力来生成这些图像。但根据之前的分析可以知道，即使输入相同的图像，VAE 也会生成不同的输出图像。从测试集中取一张 "2" 的图片出来，让 VAE 运行 8 次，结果如图 25.61 所示。

VAE 的这 8 个输出很相似，但也可以看出明显的差异。我们可以注意一下图像右下角，也就是 "2" 尾巴处的变化。

回到原来的 5 张图像，但我们在编码器输出的隐藏变量中添加一些噪声（就像之前所做的那样）。这可以让我们更好地测试出：在隐藏变量的空间中，训练集里相同类别图像所对应的隐藏变量是否聚集在了一起。而在之前的测试中，我们发现添加噪声几乎会使自编码器完全失效。

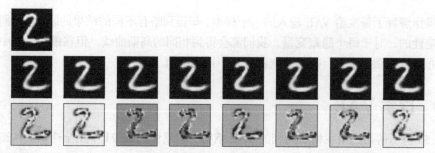

图 25.61　VAE 每次看到同一个输入都会有不同的输出。第一行：输入的图像。第二行：让 VAE 对该输入运行 8 次，每次运行后的输出。第三行：输入和每张输出的逐个像素点的差异。红色越亮说明正差异越大，蓝色越亮说明负差异越大

试着在每个隐藏变量上添加至多 10% 的噪声，结果如图 25.62 所示。

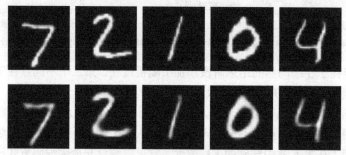

图 25.62　在隐藏变量上添加至多 10% 的噪声后 VAE 的输出。上方：MNIST 数据集的输入。下方：添加噪声后解码器的输出

可以看出，添加这些噪声对结果没有太大的影响。试着将噪声增大到至多 30%，结果如图 25.63 所示。

图 25.63　将噪声增加到隐藏变量数值的 30%。上方：MNIST 数据集的输入。下方：添加噪声后解码器的输出

即使是如此大的噪声，输出图像看起来依旧是数字。即使 "7" 的外形改变有些大，但它也只是把 "7" 的下半部分弯曲了一些而没有输出像之前那样的 "随机斑点图"。

再尝试将数字进行参数混合。图 25.64 所示的是之前看到过的 5 对数字进行等距混合的结果。

有趣的是，这些图片看起来都或多或少像其中一个数字（最左边的图像是最不像数字的图像，但它依然有一个连续的形状）。

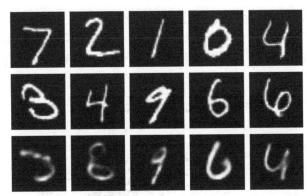

图 25.64 将 VAE 中隐藏变量进行参数混合。第一行和第二行：MNIST 的输入数据。
第三行：每对图像等距混合后解码的结果

再来看看一些线性混合。图 25.65 所示的是之前见到过的 3 对图像的"过渡"图像。

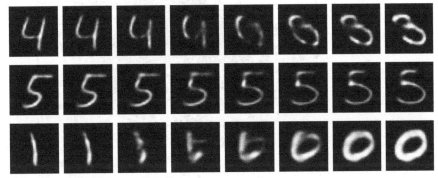

图 25.65 VAE 将隐藏变量进行了线性混合。每行最左侧和最右侧的图像都是 VAE 对某一特定
输入的输出，而中间的图像都是混合隐藏变量后的输出

中间这一行从一个"5"到另一个"5"的过渡看起来棒极了，而上下两行中有许多看起来不像数字的图像，它们与之前的自编码器处理混合隐藏变量的结果比较相似。

再试着输入老虎图像。记住，这是一个非常非常不公平的命令，而且自编码器也不应该生成有意义的输出。结果如图 25.66 所示。

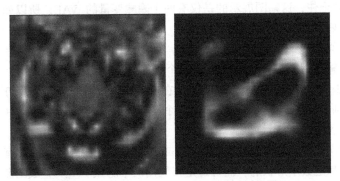

图 25.66 在 VAE 上运行低像素的老虎图像

VAE 似乎将老虎看作圆圈。有趣的是，图像看起来并不像随机涂鸦，而是像数字一样的连续结构，虽然它并不是一个真正的数字。

这些实验都告诉我们，隐藏变量如我们所希望的那样聚集在一起：如果我们在隐藏变量的空间中随便取一点，得到的都会是长得很像数字的形状，即使它不是真正的数字。

为了更直观地验证这一结论，我们再次用仅有两个隐藏变量的 VAE 进行训练，结果如图 25.67 所示。

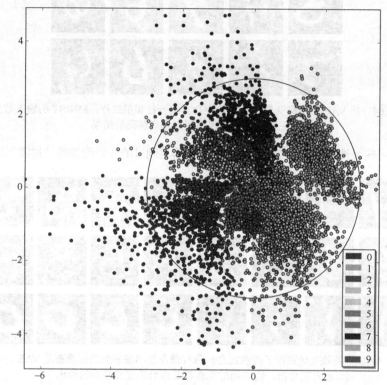

图 25.67 仅有两个隐藏变量的 VAE 在 10000 张 MNIST 图像上训练后的隐藏变量分布

这个结果已经非常理想了。由两个维度上高斯曲线的凸起所形成的区域（我们希望隐藏变量尽量位于该区域）在图中用黑色的圆标注了出来，而结果也确实是大部分点位于该圆内。不同数字对应的点也基本上聚集在不同的区域，虽然在正中间有一些交集（因为可能会存在一些写得很古怪的数字）。但要记住，这幅图展示的是仅有两个隐藏变量的 VAE，所以如果隐藏变量更多，那么效果肯定会更好。

画一张对应于两个隐藏变量的网状图像集，因为依旧只有两个隐藏变量，我们可以将每个点的$(x, y)$坐标的值输入解码器，也就是将这两个坐标轴上的数值当作隐藏变量。我们所取的范围是两个轴上的−3～3，也就是图 25.67 中黑圈在 $x$ 轴和 $y$ 轴上的范围。换句话说，我们会在图 25.67 的 $x$ 轴和 $y$ 轴上−3～3 的范围内假想出一个网格，并且将每个网格的中心点都输入给解码器。得到的结果如图 25.68 所示。

可以看到，相同的数字都很好地聚集在了一起。虽然有一些地方，图像有些许模糊，但其他大部分图像看上去都是数字形状的，而且这是仅仅用两个隐藏变量所生成的图像。

我们有一个目标就是希望可以生成类似于输入的新数据，所以试试去实现这个目标。和对之前的自编码器进行的操作一样，我们会给 VAE 输入完全随机的隐藏变量。换句话说，我们会移除编码器，之后直接从高斯分布中选取隐藏变量，然后对它们进行解码，如图 25.69 所示。

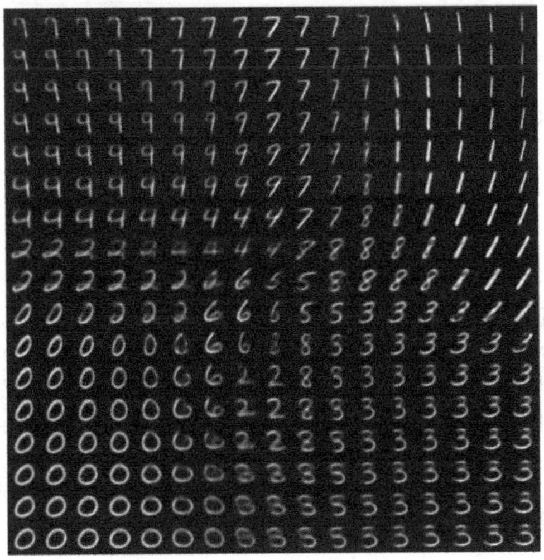

图 25.68 将每组(x,y)的值作为 VAE 的输入时，所得到的输出图像。x 轴和 y 轴上取值的范围都是-3~3

图 25.69 想要将 VAE 用作一个生成器，我们只需要在解码阶段输入 20 个随机数

我们依旧使用只有两个隐藏变量的 VAE（也就是用生成图 25.68 的 VAE）。图 25.70 所示的是将 VAE 用作生成器时得到的部分结果。

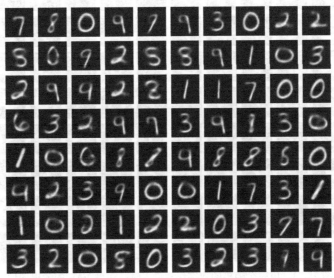

图 25.70 将 VAE 用作生成器时的输出图像。这些图像不是手动挑选的。我们只是生成了 80 组隐藏变量（每组 2 个），然后对它们进行解码，再将图像保存下来

图中大部分图像看起来很完美。虽然有一些图像形状有些古怪或者有些模糊，但大多是可识别的数字。在模糊的图像中，许多图像看起来是从"8"和"1"的边界部分解码而来的，产生的是宽度比较小的"8"。

大部分数字都是模糊的，因为我们仅仅用了两个隐藏变量。接下来我们试着用有更多隐藏变量的深度 VAE 进行处理。图 25.71 展示了我们的新的 VAE。这个结构是基于 Caffe 机器学习库中的 MLP 自编码器得来的[Jia16][Donahue15]（MLP 的全称是 Multi-Level Perceptron，意思是全部由全连接层组成的网络）。

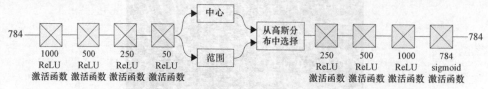

图 25.71　深度 VAE 的结构图。它是基于 Caffe 机器学习库所提供的自编码器搭建的结构

对有 50 个隐藏变量的 VAE 进行 25epoch 训练，然后再生成另一组随机图像。生成图像时，我们依旧仅用了 VAE 中的解码部分，如图 25.72 所示。

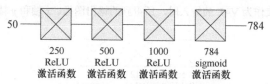

图 25.72　用深度 VAE 的解码部分来生成新的数字图像，也就是输入 50 个随机数字作为解码器的输入来生成新的图像

结果如图 25.73 所示。

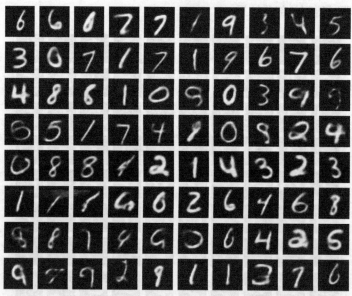

图 25.73　用完全随机的数字作为输入时，深度 VAE 的输出图像

这幅图像的数字边界明显比图 25.70 中的要清晰，且其中的大部分图像清晰可读。也就是说我们用完全随机的隐藏变量生成了清晰且可读的数字，这其中还有一些古怪且不像数字的图像。这些古怪图像的产生可能是因为不同数字间仍旧存在一些空白区域，且不同数字之间可能还会存在重叠区域，所以会出现不同形状的混合。

　　一旦 VAE 训练完成，我们就不需要编码器了，仅保留解码器就可以。现在它就是一个可以用来生成无限个数字图像的生成器了。

# 参考资料

[Altosaar16]　　　Jaan Altosaar, *Tutorial-What is a variational autoencoder?*, Blog post, 2016.

[AudioMountain16]　Audio Mountain authors, *Audio File Size Calculations*, AudioMountain.com Tech Resources, 2016.

[Bako17]　　　　Steve Bako, Thijs Vogels, Brian McWilliams, Mark Meyer,Jan Novák, Alex Harvill, Prdeep Sen, Tony DeRose, Fabrice Rousselle, *Kernel-Predicting Convolutional Networks for Denoising Monte Carlo Renderings*, Proceedings of SIGGRAPH 17, ACM Transactions on Graphics Vol 36, No.4, 2017.

[Chaitanya17]　　Chakravarty R Alla Chaitanya, Anton Kaplanyan, Christoph Schied, Marco Salvi, Aaron Lefohn, Derek Nowrouzezahrai, Timo Aila, *Interactive Reconstruction of Monte Carlo Image Sequences using a Recurrent Denoising Autoencoder*, Proceedings of SIGGRAPH 17, ACM Transactions on Graphics Vol 36, No. 4, 2017.

[Chollet17]　　　François Chollet, *Building Autoencoders in Keras*, The Keras Blog, 2017.

[Doersch16]　　　Carl Doersch, *Tutorial on Variational Autoencoders*, arXiv 1606.05908, 2016.

[Donahue15]　　　Je Donahue, *mnist_autoencoder.prototxt*, 2015.

[Dürr16]　　　　Oliver Dürr, *Variational Autoencoders*, 2016.

[Frans16]　　　　Kevin Frans, *Variational Autoencoders Explained*, Blog post, 2016.

[Jia16]　　　　　Yangqing Jia and Evan Shelhamer, *Caffe*, online documentation, 2016.

[Kingma14]　　　Diederik P Kingma and Max Welling, *Auto-encoding variational Bayes*, International Conference on Learning Representations, 2014.

[Rezende14]　　　Danilo Jimenez Rezende, Shakir Mohamed, and Daan Wierstra, *Stochastic backpropagation and approximate inference in deep generative models*, International Conference on Learning Representations, 2014.

[Shelley18]　　　Mary Shelley, *Frankenstein; or, The Modern Prometheus*, Lackington, Hughes, Harding, Mavor & Jones, 1818.

[Virie14]　　　　Patrick Virie, *Linear Autoencoders Do PCA*, Virie's mindset blog, 2014.

[Wikipedia16a]　　Wikipedia, *JPEG*, 2016.

[Wikipedia16b]　　Wikipedia, *Latent variable*, 2016.

[Wikipedia16c]　　Wikipedia, *MP3*, 2016.

# 第 26 章

# 强化学习

另一种教系统按照我们喜欢的方式进行工作的方法是在它做得好的时候奖励它。在这一章中，我们将把这一原则转化为有效的学习算法。

## 26.1 为什么这一章出现在这里

有很多方法可以训练机器学习系统。如果我们有一组带标记的样本，就可以使用监督学习来教计算机预测出每个样本的正确标签；如果我们不能提供任何反馈，就可以使用无监督学习来使计算机的学习达到最好的效果。

但有时我们介于这两个极端之间。也许，我们知道系统需要学习的一些**东西**，但是这些东西并不像给样本贴上标签那样清晰。也许，我们所知道的仅仅是如何将一个糟糕的解决方案改为一个较好的解决方案。

例如，我们可能正在尝试教一种新型的类人机器人如何用两条腿走路。我们不知道如何使它保持平衡，也不知道如何使它移动，但是知道应该让它保持直立而不倒下。如果机器人试图用腹部滑行，又或者单腿跳跃，我们就会告诉它这是错误的；而当机器人把两条腿放在地面上，然后用双腿完成一些向前的动作时，我们就可以告诉它这些行为是正确的，并且让它不断地进行探索。

这种策略称为**强化学习**，是在奖励我们所认可的进步[Sutton17]。这个术语描述了一种通用的学习方法，而不是一个特定的算法。

总体思路是这样的，**智能体**（或者说**行动者**）在**环境**中采取**行动**（action）。然后，环境会将**反馈**发送给智能体，这个反馈会通过我们喜欢的一种标准来描述"我们认为这些行动是多么'好'"。我们也给智能体返回环境的最新状态（环境会因为这些行动而发生变化）。

通过反复试验，智能体可以发现：在给定情况下，哪些行动比其他行动更重要。这样的话，如果相同的情况再次出现，它就可以选择一个更好的行动了。

## 26.2 目标

在我们还不知道最好的行动是什么的情况下，强化学习方法尤其有效。举个例子，我们需要在一栋又高又繁忙的办公大楼里安装电梯。即便只是弄清楚"电梯在什么时候应该去哪里"，也是很困难的。电梯应该总是回到底层吗？是否应该在顶层等待？它们是否应该均匀分布地停在顶层和底层之间楼层？也许停靠策略应该随着时间的推移而改变，比如在清晨和午饭后，电梯应该在一楼，等着人们从街上走过来，但是在下午晚些时候，它们应该在高层，准备帮助人们下楼回家。

对于特定的建筑，没有明确的答案去告诉我们应该如何安排电梯的运行，这将完全取决于这栋建筑的平均流量模式（而这种模式本身可能取决于时间、季节或天气）。

这是强化学习的一个很理想的问题。电梯的控制系统可以创建一个策略去引导空电梯的移动，然后通过环境的反馈（如等待电梯的人数、他们的平均等待时间、电梯的载客密度等）来帮助其基于我们所测量的指标来调整策略。

另一个很好的例子是如何种植农作物以帮助它们生长。我们应该什么时候播下种子？种植多深？相隔多远？最好的浇水计划是什么？尽管要找到理想的策略可能要花很多时间，但最终物理环境都会为我们的选择提供一个反馈，我们可以利用这些反馈来不断地改进我们所做出的决定。

强化学习可以帮助我们解决一些问题。对于这些问题，我们并不知道什么是最好的结果，可能也无法提供像游戏问题中那样的"赢得条件"，我们有的可能只是对这一结果更好或是更坏的判断。

以下是一个关键点：可能会不存在任何客观、一致的"正确"或者说"最佳"的答案，相反，我们正在根据我们所衡量的指标，去试图找到我们所能得到的最好的答案。我们不寻求"正确"的答案，因为可能并不存在这种答案，我们只是寻找答案中最好的那个。

在某些情况下，我们甚至不知道自己在这个过程中的表现如何。例如，对于一个复杂的游戏，在输赢结果确定之前，我们可能无法判断当前是领先还是落后。在这些情况下，我们只能根据任务完成时的最终结果来评估我们的行为。

强化学习提供了一种很好的方式来模拟不确定性。原则上，在简单的基于规则的游戏中，假定其他玩家总是做出同样的动作，我们可以评估任何一个棋局，并选择最佳的动作。但在现实世界中，其他玩家往往会做出让我们吃惊的举动：在某些日子里人们比在其他的日子更需要电梯、种了庄稼但是迟迟不下雨（或者下了太多的雨）。这时我们就需要一些策略，可以在面对这些情况下继续表现良好，而强化学习是一个很好的选择。

让我们以一个具体的例子来更详细地研究强化学习。

## 学习一个新游戏

假设我们想教一个朋友玩**井字游戏**（也叫**井字棋**，或者 Xs 与 Os）。玩游戏时，玩家需要轮流在 3×3 的格子里放置一个 X 或 O，而第一个将 3 个相同符号（在任意方向）排成一行的玩家是获胜者。现在，我们放置 O，而我们的朋友放置 X。

图 26.1 展示了这一游戏中的一系列可能发生的棋局。

图 26.1　井字游戏。从左到右来看，我们从其中一个空格开始，先走 X，再走 O，
然后再走 X……直到 X 在对角线上连成 3 个，则朋友获胜

现在我们想要教朋友来玩这个游戏，但不会说"她要求学这个游戏"——这个想法在整个过程中都不会出现。在教她怎么玩这个游戏时，第一个不同寻常的策略就是：我们不会告诉她发生了什么事。

　　记住，在这个过程中，我们不会告诉她我们在玩游戏。也许她认为在帮我们把东西放在商店的货架上，抑或在帮我们设计一个有吸引力的地板瓷砖图案。也可能她完全被搞糊涂了，但她愿意出于友谊和好奇来进行接下来的活动。

　　我们不会告诉她"如何赢得或输掉这场比赛"，也不会告诉她应该怎么玩。所以这位朋友几乎不知道发生了什么事。

　　这里的关键词是"几乎"。因为朋友在这个强化学习的类比中扮演了智能体的角色，而我们会把自己想象成环境。作为环境，我们将给朋友提供 4 项重要的信息。

　　首先，我们需要给她当前的棋局，如图 26.2 的第 1 步所示。

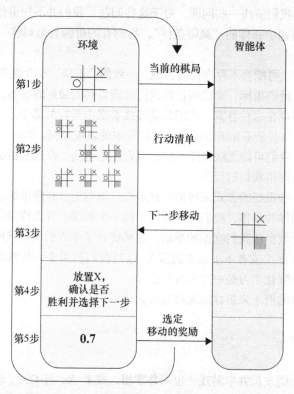

图 26.2　在一个井字游戏中，智能体和环境之间基本信息的循环交换。在这个例子中，环境和智能体需要轮流传递信息，双方都需要等待对方的信息。1：向智能体展示当前的棋局。2：给智能体一个包含全部可能动作的列表。3：智能体选择一个动作。4：环境对这个动作进行处理并返回一个还击的动作。5：环境向智能体发送一个奖励信号

　　其次，我们还将为她提供包含全部可能的动作的列表，如图 26.2 的第 2 步所示。在这种情况下，我们会给她一个包含 7 个空单元的列表，她可以在其中任一单元放置一个 X。

　　或者，我们也可以给她所有的 9 个单元作为可能的动作，这 9 个单元中包括已经有 X 或 O 的单元。重复放置是非法的，但是她不知道。这样做（把包括非法动作的全部动作提供给她）的目的是：希望智能体能自己学会如何发现这些非法行为。这种思想是为了让智能体更多地了解游戏（包括不可以做什么），这样她就能玩得更好。在这个例子中，智能体要做的事稍微容易一些，因为她不会做出非法的举动。

　　一旦我们的朋友有了当前的棋局和行动清单，她就可以以她喜欢的任一方式来选择其中的一

个，也就是图 26.2 的第 3 步。注意，她并没有在她选择的单元中放置 X，她只是指出了她希望我们（环境）为她做的事情。

在她告诉我们她选择了哪一个动作之后，我们就需要执行她的选择。如果这是非法的，我们就会马上告诉她。否则，我们会检查这样做是否会赢得胜利（如果她赢了这场比赛，我们会告诉她这个结果）。而如果这两件事都不是真的，我们就会给出一个动作作为回应。这个过程如图 26.2 的第 4 步所示。

现在在我们可以给她第 3 条信息：一个**奖励信号**作为反馈。这是一个数字，假设在 0 和 1 之间。它是为了告诉我们的朋友，根据她所不知道的某种神秘规则，这一行为有多"好"。这个过程如图 26.2 的第 5 步所示。如果她做了非法的动作，那么这一反馈将是 0；如果她完全输掉了比赛，这一反馈也将会是 0；如果她赢得了这场比赛，这个获胜的动作就将会得到 1 分。但通常，反馈值是在两种极端分数（1 分或 0 分）之间的一个值，表达了我们认为这一举动是多么的"好"。动作越好，反馈的值就越大。

我们会让这个奖励信号成为我们的朋友喜欢的某种东西，这样她就会想要得到她能得到的最大、最频繁的奖励。

在每个动作后，我们都会给出这种反馈。但有些时候，在最终结果产生之前，我们是不知道这个行为做得有多好的。在这种情况下，只有当游戏结束时，才会出现反馈信号。我们会在后面的章节中看到一个关于这种情况的例子。

我们告诉她的第 4 个信息并没有在图中展示出来，因为这是一个总体的指导，她应该争取最大的奖励。"0"的奖励是很糟糕的，而"1"的奖励是最好的，"1"意味着她已经成功地完成了我们希望她做的任何事情（在这种情况下，是得到 3 个在一行的 X）。有时"1"的奖励被称作**终极奖励**（ultimate reward）或**最终奖励**（final reward）。

回顾一下，我们向我们的朋友展示了当前的棋局和行动清单，她选择了一个行动，之后由我们来实施并给予回应。我们给她了一个奖励信号，告诉她这个选择有多好。当她再次行动时，我们会向她展示新的棋局和行动清单，这个过程会再次重复。

有时我们会以略微不同的方式来叙述这个循环，把第 2 步看作起始，然后是第 3、4、5 步，最后是第 1 步。信息的流动并没有改变，但从概念上讲，这让我们把新的棋局看成了反馈的一部分，这样智能体就可以把它（新的棋局）和奖励信号放在一起进行考虑。这个循环的版本如图 26.3 所示。

这两种循环的思考方式是没有实际区别的，因为信息的流动是一样的。它们之间的区别只是一个概念上的选择：我们是倾向于将棋局与行动清单（见图 26.2）相关联，还是倾向于将棋局与奖励信号（见图 26.3）相关联。

作为智能体，我们的朋友在"如何解释奖励信号"以及"如何选择行动"两方面有完全的自由。她也可以根据自己的喜好保留一些她的个人隐私，在这里，我们假设她已经接受了我们的建议（即她会努力争取最好的回报）。

那么她应该怎么做？

下面我们将看到一种可能的策略，它几乎可以很好地工作，但是仍旧不符合标准。我们会稍微对它进行调整，以便让它更好地工作。

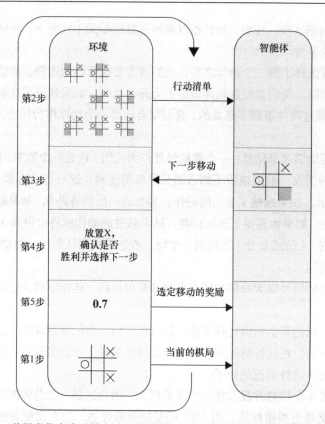

图 26.3　另一种思考信息流动的方式，是通过一个信息交换的循环进行的。我们从图 26.2
中的第 2 步开始，然后继续执行第 3、4、5 步，之后是第 1 步。这个循环所使用的起始
棋局状态与图 26.2 中的第 1 步相同，其中右上和中左的单元格被占用

在深入讨论之前，请回忆一下我们在第 11 章中关于操作性条件反射的讨论，这种基于行为
主义的训练方法将使用奖励和惩罚来鼓励或阻止更多的特定的行为。强化学习则很自然地融入了
这个框架。

## 26.3　强化学习的结构

让我们把上面的例子归纳为一个更抽象的描述。这将让我们可以处理超出游戏本身的其他情
况，如"电梯控制"以及"种植农作物"的例子。

图 26.4 展示了这种更一般化的强化学习，可以整理成 3 个步骤。下面我们将详细介绍这些
步骤。

我们的目标是让智能体学习"如何越来越好地从动作列表中做出选择"。也就是说，我们希
望它从经验中学习到"如何表现得越来越好"。

当我们把环境置于初始状态时，整个过程就开始了。在一个棋盘游戏中，这就会开始一个新
游戏，而一个完整的训练周期（比如从头到尾地玩一轮游戏）称为一节（episode）。我们通常期
望通过大量的"节"对智能体进行训练。

让我们依次看看这 3 个步骤中的每一个。

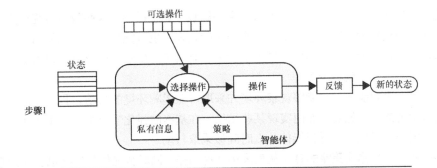

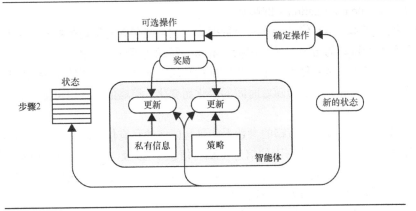

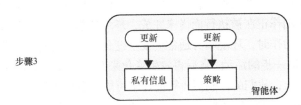

图 26.4 强化学习的概述，分为 3 个步骤。步骤 1：智能体选择一个动作。步骤 2：环境做出响应。步骤 3：智能体进行自我更新

## 26.3.1 步骤 1：智能体选择一个动作

我们从图 26.4 的步骤 1 开始，如图 26.5 所示。

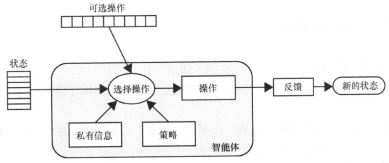

图 26.5 图 26.4 中的强化学习过程的步骤 1。首先环境为智能体提供当前的整体环境以及可以选择的动作。之后智能体会选择一个动作，而这个动作将由环境实现

环境是智能体的所有行为的发生场所，由一组数字完整描述，这些数字被统称为**环境状态**、**状态变量**或简单地称为**状态**。它可能是一个简短的列表，也可能是一个很长的列表，这取决于环境的复杂性。在棋盘游戏中，环境通常指棋盘上所有棋子的位置，以及每个玩家所持有的游戏资产（如游戏币、道具、隐藏卡等）。

我们也有一个智能体，它能够观察环境并采取可能影响环境的行动。我们经常将智能体拟人化，之后讨论智能体"想要"如何实现某些结果。在基本的强化学习中，智能体在接收环境的反馈之前是空闲的，环境会告诉智能体什么时间该采取行动。

智能体使用一种称为**策略**的算法从列表中选择动作，同时智能体的选择也会受到它所希望保护的**私有信息**（private information）的影响。

我们通常把智能体的私有信息看作一个数据库，它可能包含对策略的描述，或是包含在某些特定状态下所采取的行动的历史记录（包括采取这一行动所返回的奖励）。

相比之下，策略通常是一种由一组参数控制的算法。通常，在智能体玩游戏的过程中，随着它对动作选择策略的改进，参数会随着时间的变化而变化。策略的算法也可能随着时间的推移而改变，但这种情况并不经常发生。

如果我们愿意，我们可以把策略的参数看作是智能体的私有信息的一部分。但是，从概念上区分"由智能体存到保留信息数据库的信息（私有信息）"以及"指导其选择行动的算法和参数（结合在一起就是策略）"通常是有帮助的。我们的总体目标是让智能体使用私有信息来不断改进策略的参数，让它能够从成功和失败中进行学习。

我们通常不认为是智能体执行了它的动作。相反，它所选择的动作都会被报告给环境，由环境负责执行操作。这是因为即使动作正在被执行而尚未完成，环境还是可能会由于动作而改变。

当环境执行智能体所选择的动作时，环境本身通常会发生变化。当环境对其自身的变化做出响应时，就可能会产生一系列的进一步的活动，之后再发生变化来对这些进一步的活动做出回应，以此类推。回到我们的双足机器人，我们的控制器（智能体）可能会引导机器人把它的右脚向前推进。当机器人（环境）这样做的时候，它可能会发现它需要低头向前，这样才能将重心放在脚掌上。但是，机器人又需要看向前方，以便注意到路上的障碍，所以，为了保持重心平衡，机器人选择伸出一只手，这就是它如何调动身体的其他部分来使得自己不会摔倒的过程，以此类推。该控制器可能会等待机器人变得稳定，然后评估当前状态并引导机器人采取另一种行动。

在我们的井字游戏中，环境的变化将包括在智能体选择的单元中放置一个 X，然后进行一个新的动作（即在空的单元格中放置一个 O）。

当环境改变时，它更新后的配置将保存在状态变量中。

## 26.3.2　步骤 2：环境做出响应

让我们继续讲解图 26.4 的步骤 2，如图 26.6 所示。

在这个步骤中，环境对自身进行了更新，并准备好需要向智能体传递的信息，以提供对其操作的反馈。

环境通过状态变量保存了它的新状态，以便在智能体下一次选择动作时，它能够提供给智能体新的环境，新的状态变量取代了旧的。

环境也将使用它的新状态来确定智能体在下一步移动中可以选择什么动作，这个新的动作列表将取代旧的列表。

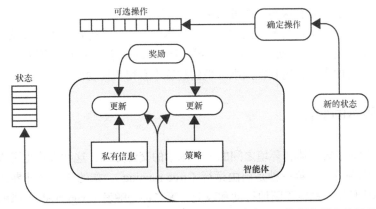

图 26.6　图 26.4 中的强化学习过程的步骤 2。在这一步中，环境保存了它的新状态，为
智能体准备可执行动作的列表，并将新状态发送给智能体。与此同时，它也会给予智能
体反馈，新状态将它的变量保存在了最左边的状态变量栏中

同时，环境还会提供一个**奖励信号**，这个信号会告诉智能体它最后选择的动作是多么的"好"。而"好"的定义则完全依赖于系统的需要。在游戏中，一个"好"的行为会引导走向更有利的战局（甚至是胜利）。而在电梯调度系统中，"好"的操作可能会大大缩短等待的时间。对于一个机器人来说，"好"的行动可以使它保持直立并向前移动。

让我们看一下智能体的内部，这里有两个更新区域，分别用于私有信息和策略。每个更新区域接收环境提供的反馈，接收的信息会连同当前的私有信息以及策略配置一起，去更新这两部分机制。

在这种构建流程中，更新区域会在这个步骤中收集它们需要的信息，并在接下来的环节里创建更新后的版本。

### 26.3.3　步骤 3：智能体进行自我更新

让我们来看图 26.4 的步骤 3，如图 26.7 所示。

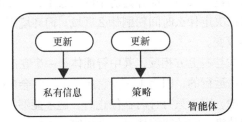

图 26.7　图 26.4 中的强化学习过程的步骤 3。在这里，新的、更新后的私有
信息及策略取代了旧的私有信息及策略

在这一步骤中，智能体会保存更新后的私有信息和策略参数。

步骤 3 之后，智能体可能会安静地等待，直到环境告诉它应当再次采取行动，或者它也有可能积极地计划下一步的行动。这取决于在最后一个动作被完全处理后，它从环境中学习到了什么。这对于实时系统（即当环境要求采取行动时，需要快速做出反应的系统）来说非常有用。

通常在玩游戏时，会有一个标志游戏结束的点，这时环境会向智能体发出**最后的奖励信号**（或者说**最终奖励**）。如果智能体试图赢得一个游戏或完成其他定界任务，这个信号通常会告诉智能体游戏已经结束了，这标志着这节训练的结束。

强化学习的目标是在特定场景中找到帮助智能体的方法，使得智能体能够从反馈中学习"如何选择带来最好回报的行为"。无论是赢得比赛、种植农作物还是移动机器人，我们都想要创造一种能从经验中学习的媒介，使其在操纵环境的过程中获得积极的回报。

### 26.3.4　简单版本的变体

上面的描述代表了智能体和环境之间的一种基本的交流方式，这种方式也可以变得更有趣。

我们将区分两种行为。第一种是**自由运行**（free-running），指的是不管外界的干预如何，一个对象（智能体或环境）都在不断地行动和改变。第二种是**触发**（triggered），指的是一个对象的状态是静止不变的，直到外力使它动作。

这两种行为类型对智能体和环境都适用，图 26.8 给我们提供了 4 种组合。

|  | | 环境 | |
|---|---|---|---|
|  | | 自由运行 | 触发 |
| 智能体 | 自由运行 | 农作物种植 | 房屋粉刷 |
|  | 触发 | 烤箱定时器 | 西洋双陆棋 |

图 26.8　假设智能体和环境都归于这两种行为类型中的一个，一个自由运行的对象能够自己发生变化，而被触发的对象只有在被请求时才会有所行动。在文中我们会对这 4 种情况进行讨论

左上方格子里的是农作物种植，其中的智能体是农民，而环境是农场和天气。其中环境和智能体都是自由运行的。环境是自由运行的，因为农作物、田地、天气、昆虫等都在做自己的事情，即使农民什么也不做，它们也在改变；而农民也是自由运行的，因为他可以决定他什么时间想要农作。

右上方格子里的是房屋粉刷，其中智能体是房子的油漆工，而环境是房子外墙面。这个油漆工是自由运行的，因为他可以决定什么时间粉刷什么区域。而环境则是被触发的，因为只有当油漆工涂上颜料时，墙面才会改变。

左下方格子里的行为模式与右上方相反，其中智能体是一个在准备餐点的厨师，环境则是一个烤箱定时器。计时器是自由运行的，因为（一旦它启动了）它会自己计算出厨师是否需要做什么事情。而厨师则是被触发的，因为只有计时器停止时，她才能够把餐点从烤箱里拿出来。

右下方格子里是西洋双陆棋，它的智能体是一个玩家，而环境是另一个玩家、棋盘和骰子。智能体是被触发的，因为只有轮到他的时候，他才可以摇骰子和移动。环境也是被触发的，因为轮到智能体的时候，环境需要等待，只有当智能体结束动作后，环境才会发生改变。

最后一个变体形式在计算机中最容易建模，因为它的数据流是很容易被预测和控制的，但其他的变体也很有用。

在本章中，我们继续以简单的棋盘游戏作为示例，但强化学习是完全可以适用于其他情况的。

在本章剩余部分，环境清晰的情况下，我们会把自己想象成智能体。因此，我们会经常谈论到"我们的策略"和"我们的经验"（指的就是智能体的策略或经验）。

### 26.3.5 回到主体部分

有很多方法可以使强化学习的结构形式化。我们可以对图 26.4 中的步骤进行概括，来归纳对智能体和环境的触发及非触发情况。

一般来说，我们可以想象智能体是一个抽象的实体，它通过动作来操纵环境从一个状态转换为另一个状态。我们将这些动作称为**转换**，因为它们导致环境发生了变化（或者说使得环境进行了一个过渡），从一个状态（即一组状态变量）转换到另一个状态（即另一组状态变量）。这样来看，我们的学习问题基本上可以归纳为**状态**、**过渡**（transition）和**奖励** 3 个部分。这种对事物的思考方式（再加上一些额外的信息）称为**马尔可夫决策过程**（或者说 MDP）。马尔可夫决策过程就是利用状态的集合来模拟一个系统（随着时间过去而发生）的行为，从一个状态过渡到下一个状态，同时模拟出一个分布，这个分布可以给我们每一个转换发生的概率[Shalizi07]。从初始状态开始，我们就会根据分布随机选择状态转换，直到结束状态。将我们教智能体的目标建立成一个马尔可夫决策过程提供了一个丰富的理论框架，但在这里我们还不需要它。

当智能体更新它的策略时，它可能会访问所有的状态参数，也可能只访问其中的一些参数。如果一个智能体能看到全部的状态，我们就说它具有**完整可观察性**（full observability），否则它就只有**有限可观察性**（limited observability）或者说**部分可观察性**（partial observability）。只给一个智能体有限的观察能力的原因是：有些参数的计算成本很高，但是我们无法确定它们是相关的还是不相关的。因此，我们需要先阻止智能体访问这些参数，去观察这样是否会损害智能体的性能。如果把它们排除在外没有害处，我们就可以把它们完全排除在外以节省精力。

一旦我们开始考虑用反馈来训练智能体（像我们一直在讨论的那样），就会发现自己面临着两个利益问题。

首先，**信用分配问题**（credit assignment problem）要求我们找到一种方法来通过最终的奖励（比如赢或输掉一场比赛）修订沿途的每一个动作。

举个例子，假设我们在玩一个游戏并且取得胜利，那么这一个动作就会得到很好的反馈并且被记住。但我们还想要以某种方式将这个奖励（**信用**）分配到沿途的每个动作（每一个使得我们走向胜利的动作）上。因为这样的话，在我们再次看到这些中间的棋局和动作时，就更有可能去选择那些可以获胜的动作。

出于同样的原因，如果我们输了，就会想让我们的每一步行动去承担一部分责任，这样在下一次选择时，才不太可能再次选到它们。

其次是**探索或开发困境**（explore or exploit dilemma），它询问了我们是否想要谨慎行事，去选择那些我们认为会得到好结果的行动，或者说我们想要冒险去尝试一些可能会得到更好的结果的新举措。当然，这些未知的举动也可能带来可怕的后果。

例如，在玩游戏时，已知某一特定的行动会让我们处于一个有利的位置，但仍旧存在某个未尝试的新行动也可能会让我们到达更有利的状态。要想知道新举措是否会更好，唯一的办法就是去尝试它。

一方面，我们希望我们的智能体能够**探索**每一种可能，这样它就能够找到最佳的选择。而另一方面，训练时间总是不够用，往往无法尝试所有的选择，这就需要我们继续**开发**已知的好的动作，并利用已知信息去找到能够带来胜利的路径，即使它们不是最快的路径（甚至不是最可靠的路径）。

在选择每一个动作时，我们需要一种方式来做出决定：是用我们以前尝试过的动作来保证安全，还是冒险采取新的行动。

### 26.3.6 保存经验

假设我们是玩游戏的智能体，每走出一步，我们都会得到一个奖励信号（直到最后一步），我们可以在私有信息中记住这些奖励。

让我们把它作为一个总体计划：我们将在本地存储器中保存每款游戏的每步动作所得到的每个奖励。本地存储器将从一场游戏（或者说一节）延续到下一场游戏，所以本地存储器中将包含我们玩过的每一场游戏的历史，也包含每一场游戏中的每一步所获得的奖励。

除了每个动作的奖励，我们还会保存一个**分数**，这是我们对这个动作有多么"好"的总体评估。换句话说，如果再次看到一个相同的棋局，我们就会知道：在这个情况下，我们尝试过的所有动作中，得分最高的动作（最好的动作）是哪一个。

当我们要玩一场新游戏时，会需要选择一个行动，这种情况下，我们就可以咨询我们的历史记录，看看从以前的经验（曾见过的相同的棋局）中能够学到什么。在这里，我们没有尝试过的动作会被标记，而尝试过的动作则会有一个与之相关的分数，它反映出我们对于这个动作的综合体验，得分高意味着这一举动带来了更好的回报。

当我们选择行动的时候，我们可以选择安全的方式（也就是去选择最高分数的动作），又或者我们可以冒险尝试一个新的动作。

### 26.3.7 奖励

在强化学习中，我们试图找到一种策略，它可以引导智能体选择能带来最高回报（奖励）的行为。在这个大背景下，"奖励的本质是什么"以及"如何明智地利用奖励"是值得我们花时间去琢磨的。

我们可以将奖励分为两类：**即时性的**和**长期的**。即时性的奖励是指在执行完一个操作后由环境交付给智能体的那部分奖励，而长期的奖励指的是我们的总体目标（比如赢得一场比赛）。

我们希望在知道所有给定游戏（或者一节）中的奖励的情况下来理解即时性的奖励。有很多方法可以解释这些奖励以及解释它们对我们来说意味着什么。我们将会看到一种流行的方法称为**折扣未来奖励**（discounted future reward），或者说 DFR，这种方法可以表示我们在 26.3.6 节末尾所讨论过的分数。

为了了解 DFR 的工作原理，我们需要展开一下奖励的过程。假定我们是一个玩游戏的智能体。

当游戏完成后，我们可以将我们收集到的游戏奖励放置在一个列表中，一个接一个地按照它们被接收的顺序放置（放置时包含获得这些奖励的动作）。之后，我们把所有的奖励加起来就能得到这个游戏的**总奖励**，如图 26.9 所示。

我们也可以把这个列表的任何部分加起来，比如把前 5 个条目加起来，又或者把后 8 个条目加起来。特别地，假设我们在游戏的中间选择了一个特定的步骤，并将这一步之后的所有奖励相加（直到游戏结束），如图 26.10 所示。

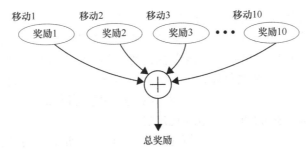

图 26.9　与某一节（一场游戏）相关的总奖励是指这一节从第一步到最后一步所获得的所有奖励的总和

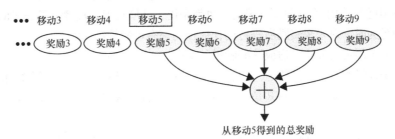

图 26.10　任何一个动作的未来总奖励是指从这个动作起到这一节结束的所有奖励的加和。为了清晰起见，这里我们只是展示了从移动 3 开始的动作，同时加和了从移动 5 开始到游戏结束的奖励

图 26.10 向我们展示了与游戏中第 5 步相关联的**未来总奖励**（total future reward），或者说 TFR。它是这场游戏的全部奖励的一部分，包括第 5 步及第 5 步之后的全部动作的奖励。换句话说，这是该行动的未来回报，而不是过去回报。

游戏的第一个动作是特别的，因为它的未来总奖励和游戏的总回报是一样的。由于我们的奖励总是 0 或正数，所以每一个后续动作的 TFR 将总是等于或小于它之前的动作的 TFR。

未来总奖励是对我们刚刚结束的游戏中所发生的事情的一个很好的描述，但是它无法描述下一场游戏中可能发生的事情，即使下一场游戏与当前游戏的动作顺序完全相同。

这是因为真实环境是**不可预测的**。

如果我们在玩一个多人游戏，我们就无法确定其他玩家（一名或多名）在下一场比赛中是否会像在前一场比赛中那样做出动作。如果他们进行了不同的操作，那么就将会改变游戏的轨迹，从而改变我们的奖励，甚至还可以改变输赢的结果。即使我们在玩纸牌游戏，也会面临洗牌或者其他"随机"的情况。所以我们不能确定未来会发生什么，即使我们动作的方式和过去完全一样。

即时性的奖励更可靠，我们有两种即时性的奖励。第一种即时性的奖励可以告诉我们"在环境做出响应之前，我们进行的动作的质量"，这种奖励是完全可以预测的。如果我们以后再面对相同的环境，并做出同样的举动，我们就将得到同样的奖励。

第二种即时性的奖励告诉我们"在环境做出响应之后，我们所做的动作的质量"，这种奖励是会受到环境影响的。这种类型的奖励不像第一种那样可以预测，因为在每次我们采取行动时，环境会以不同的方式回应。例如，在通过远程控制来打开设备的场景下，我们可以拿起遥控器，按下电源键，打开设备并把遥控器放回去，以这样相同的方式连续进行 100 次。但是我们不知道电池耗尽的情况，所以在我们第 101 次尝试时，可能就无法打开设备了。

如果奖励是根据是否按下按钮来给的（也就是说，是在环境响应之前的即时性奖励），那么我们就会得到满分。但是，如果奖励是打开设备（也就是说，是在环境响应之后的即时性奖励），那么第 101 次尝试就将得到一个很低的分数（甚至是 0 分）。

尽管环境是不可预测的，但是尽我们所能地去考虑它依旧很重要。一般来说，我们采取行动的目的都不是简单地要去做某件事，而是希望能得到一个结果。所以，即使我们无法确定会发生什么，我们也需要知道这个结果的好坏，它是理解我们是否做出了一个"好"的选择的重要部分。

真实的环境具有不可预测的元素，所以我们说真实环境是**随机的**。相比之下，一个完全可预测的环境（例如纯粹基于逻辑的游戏）就是**确定的**。

不可预测性（或者说**随机性**）在不同情况下是不一样的。如果不可预测性很低（也就是说，环境在很大程度上是确定的），那么我们就可以比较有信心地说同样动作的奖励在未来的游戏中也会相同（或相近）。如果不可预测性很高（也就是说，环境在很大程度上是随机的），那么在我们重复同样的行为时，对未来奖励所进行的任何预测都有可能是错误的。

我们需要某个固定的方式去适应这些随机的情况。

一种方法是去修改未来奖励的值，使它与我们多大程度上相信"游戏会以相同的方式再次进行"挂钩。越不确定，修改后的 TFR 值就会越低。这样的话，我们感到自信的动作就会有很高的分数，而其他动作的得分就会很低。

可以用一个**折扣因子**（discount factor）来量化我们对环境的不确定程度（或者说不确定性）的估计。这是一个介于 0 和 1 之间的数字，通常用小写的希腊字母 γ（gamma）表示。我们所选择的 γ 值代表了我们对环境的可重复性的信心。如果我们认为环境是接近于确定性的，每个给定动作都会得到相同的奖励，我们就将 γ 设为接近于 1 的值。而如果我们认为环境是混乱而不可预测的，我们就会把 γ 设为接近于 0 的值。

我们可以使用折扣因子来创建一个未来总奖励的版本，称为**折扣未来奖励**（discount future reward），或者说 DFR。这不是像 TFR 那样把一个动作之后的所有奖励加起来。在计算折扣未来奖励时，我们是从某一步的即时性奖励开始的，并将之后的每一步乘以（一个或多个）γ 以减少它们的奖励，每往后一步就多乘一次，所以这步之后的一步的奖励要乘一个 γ，再下一步的奖励要乘两个 γ，以此类推。这表明了一个事实，那就是我们认为这些动作的可重复性越来越低了（奖励的值越来越不可靠）。图 26.11 以图形方式进行了展示。

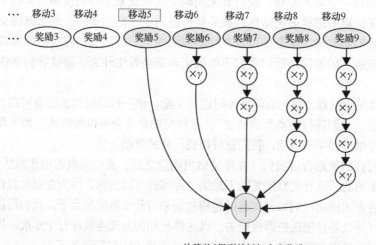

从移动5得到的折扣未来奖励

图 26.11　折扣未来奖励（或者说 DFR）是将某步之后的每一步的即时性奖励加在一起。在相加时，下一步的即时性奖励要乘以 γ，再下一步的即时性奖励要乘以两次 γ，以此类推

注意，在图 26.11 中，每个后继的值都需要乘以 $\gamma$ 至少一次。乘法次数可以带来显著的效果。

让我们在行动中看看效果。我们将使用多个 $\gamma$ 值来考虑开局动作所得到的奖励和折扣未来奖励。图 26.12 展示了一场具有 10 个动作的比赛的即时性奖励。

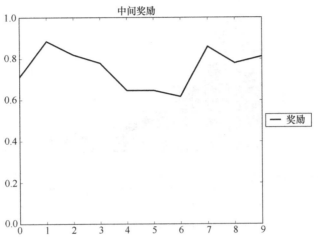

图 26.12　一场具有 10 个动作的比赛的即时性奖励。这场比赛以没有一个明确的赢家作为结尾

根据图 26.12，对这些奖励应用不同的未来折扣，之后得到了图 26.13 所示的曲线。可以明显看到的是，当折扣因子减小时，奖励的下降速度会迅速加快直到 0，这意味着我们对未来的预测不自信。

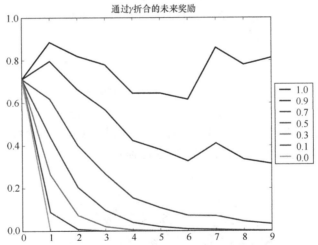

图 26.13　图 26.12 的奖励乘上不同的 $\gamma$ 值的结果。当 $\gamma$ 是 1 时，就可以认为游戏是以同样的方式运行的，也就是说，系统是确定的。而随着 $\gamma$ 值的减小，我们对未来的值的信心降低，它的奖励就会迅速下降。当 $\gamma$ 达到 0 时，我们就认为这个系统是完全随机的。除了当前动作的即时性奖励外，我们对其他奖励都没有信心

将图 26.13 中每条曲线上的值相加，我们就会得到第一个动作的折扣未来奖励（针对不同的 $\gamma$ 值），如图 26.14 所示。注意，当我们认为未来越来越不可预测（也就是说，$\gamma$ 值越来越小了）的时候，DFR 也变得更小了，因为我们对获得未来的奖励不那么有信心了。

当 $\gamma$ 值接近 1 时，未来奖励不会减少很多，所以 DFR 接近 TFR。换句话说，我们认为：如果再次采取行动，我们得到的总奖励将与现在得到的总奖励相似。

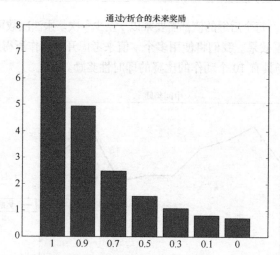

图 26.14 从图 26.13 中获得的折扣未来奖励（针对不同的 $\gamma$ 值）。$\gamma$ 值从最左边的 1 陆续降到最右边的 0。随着 $\gamma$ 的减小，我们越来越不相信系统是确定性的（也就是可重复的），因此我们越来越多地减少未来奖励的数量。最后，当 $\gamma$ 为 0 时，我们就忽略了所有未来奖励，DFR 也只是即时性奖励的值了

但是当 $\gamma$ 值接近于 0 时，未来奖励就会减少到几乎不产生任何影响的程度，我们所得到的就只有即时性奖励。换句话说，当再次进行游戏时，我们没有信心认为游戏会像这次一样进行，所以我们唯一能确定的奖励就是即时性奖励。

在许多强化学习场景中，我们通常会选择一个 0.8（或 0.9）附近的 $\gamma$ 值作为开始。随着对系统的随机性有了更多的认识，并对智能体的学习程度有了更多的了解后，我们会对 $\gamma$ 值进行不断的调整。

## 26.4 翻转

在接下来的章节中，我们将讨论学习玩一个游戏的实际算法。为了让我们专注于算法而不是游戏，我们将把井字游戏简化成一个新的纸牌游戏，称为"翻转"。

我们将在一个正方形网格上玩"翻转"（从一个 3 像素×3 像素的网格开始），每个单元格内都有一块瓦片，它会围绕一个柱子旋转，如图 26.15 所示。

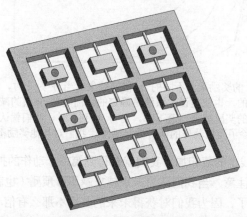

图 26.15 "翻转"游戏的棋盘，每一块瓦片都有一面是空白的，而另一面有一个点。游戏的动作就是轻弹（或者说旋转）一块瓦片

每块瓦片的一面都是空白的，而另一面则有一个点。每做一次动作，玩家都会按下一块瓦片来使其翻转。也就是说，如果它本身是一个点，那么这个点就会消失，反之亦然。

游戏以随机状态开始，如果3个蓝点垂直或水平地连在一起就代表胜利，这时其他瓦片都应该是空白。

这可能不是有史以来发明的智力要求最高的游戏。我们从随机状态开始，想要在最少的步数内达到目标。注意，有6种不同的状态（3个水平行和3个垂直列）都是可以满足目标的，所以达到这6种状态中的任何一种都可以算作胜利（斜着排成一行不算）。

图26.16展示了一个例子，我们用符号来表示动作。比赛从左到右进行，除了最后一个状态外，其他状态都给出了动作进行前的局面。其中一个单元格以红色突出显示，这就是将要翻转的瓦片。

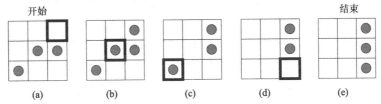

图26.16 "翻转"游戏。(a)初始状态，展示了3个点，红色方块表示我们想要翻转的瓦片。(b)翻转(a)后的状态，右上角的瓦片已经从空白变成了点，我们的下一个动作是翻转中间的瓦片。(c)到(e)展示了游戏的后续步骤，而(e)则是一个成功状态

现在我们已经明白这是一个什么样的游戏，那么就让我们看看如何使用强化学习来赢得比赛。

## 26.5 L学习

让我们用我们目前所学到的东西来建立一个完整的系统去学习如何玩"翻转"游戏。这个开始的版本会非常糟糕，我们称之为L学习（L-learning）。在这里，L代表"糟糕"（lousy），而我们则会在26.6节中完善这个算法。请注意，L学习是我们发明的一个"踏脚石"，它可以帮助我们更好地完成一些事情，但它却不是在文献中出现的那种实用算法。毕竟，它的表现很糟糕。

为了让事情变得简单，我们将使用一个非常简单的奖励系统，除了最后的胜利外，我们在"翻转"游戏中所做的每一个动作所得到的即时性奖励都是0。因为"翻转"游戏是一款单人纸牌游戏，每一场游戏最终都是可以赢的，所以并没有什么惊喜。想要证明每场游戏都能赢，我们只需要将一个随机的开始状态上的所有显示点的瓦片都翻转，然后将任意行或列上的3块瓦片翻转回来，这样就可以取得胜利。

而我们不仅要赢得胜利，还要用最少的行动去赢得胜利。

最后的获胜动作会得到一个取决于比赛时间长短的奖励。如果它只用一步就赢得了比赛，那么它获得的奖励就是1，但如果它需要用很多步才能赢得比赛，那么它所获得的奖励就会随着所需的动作的数量迅速下降。这条曲线的具体公式不是那么的重要，重要的是它是快速下降的，而且总是在变小。图26.17展示了我们获得的最终奖励与游戏时间长度的关系。

**系统**的核心将是一个数字网格，我们称之为L表格（L-table），同样，L代表"糟糕"。

L表格的每一行表示棋局的一个状态。/也就是说，表格中的每一行都表示了棋局中点和空白的相同排列方式。而每一列则代表着应对该状态的9个响应动作中的一个，所以每一列代表着这一步我们想要翻转的瓦片。

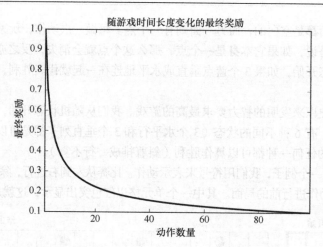

图26.17　如果能够迅速取得胜利（一步获胜），那么获得的奖励就是1，而随着赢得比赛
所需的动作的增加，奖励的大小将迅速下降

表格中每个单元格的内容将是一个单独的数字，我们称之为 L 值（L-value）。图 26.18 展示了一个示意图。

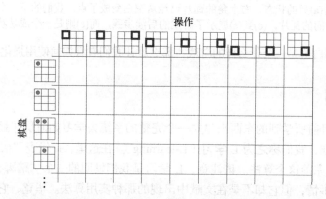

图26.18　L 表格为512种可能的棋局状态（每个格是点还是空）都准备了一个行，
而9个可能的动作都有一个列，表格的内容称为 L 值

这个表格是比较大的，有512行和9列，总共512×9 = 4608个单元格。

我们将使用 L 表格来帮助我们选择（对于每种棋局状态来说）获得奖励最高的行为。为了实现这一点，我们将根据经验用一个数字来填充每个单元格，它告诉我们相应的动作有多好。这个值就是我们在之前提到的分数，它告诉我们这个动作有多"好"。

使用 L 表格有两个步骤：填充它和使用它来进行游戏。

在将值赋给 L 表格之前，我们需要在每个单元格中对它进行初始化。

玩游戏时，我们会记下所做的所有动作，当游戏结束后，我们会回顾整个游戏中的动作和奖励，为每一个动作都确定一个值。然后将这个值和相应单元中已有的数字组合起来，为这个动作生成一个新的值（稍后我们将讨论这个机制）。这称为**更新规则**（update rule）。

玩游戏时（学习阶段或者应用阶段），我们会通过观察相应的行来选择一个动作。在这里会用到一个**策略**来告诉我们：我们需要选择这一行的哪个动作。

让我们把这些步骤具体化。

首先，在每一场比赛（或者一节）后，我们需要确定我们想要分配给每一个动作的分数。这需要使用我们在 26.3.7 节讨论的未来总奖励（或者 TFR）。回想一下，首先我们需要对所有动作和奖励进行排队，然后将某个行动后的所有奖励加起来，就会得到 TFR。

在玩这个游戏的时候，每一个动作得到的奖励都是 0，但是最后的动作所得到的奖励是基于之前的步数的。这意味着我们在途中所采取的每一个动作的 TFR 都与最终的奖励相同，耗时短的游戏的 TFR 会比耗时长的游戏的 TFR 大。

其次，让我们选择一个非常简单的更新规则，在每次游戏结束后，单元格内的东西将被完全更新为新的 TFR。换句话说，在最新一轮游戏中的每个动作的 TFR 都将会变成单元格中的新的值，这个值在表格中所对应的动作和棋局状态，就是我们采取这个动作时对应的棋局状态。

这个简单的更新规则有利于我们熟悉 L 学习系统的工作方式，但是因为它没有把新的经验和学过的东西加以结合，所以这个规则将成为导致算法不能很好地执行的一个重要原因。

我们需要一种策略，以据此得知：对于给定的棋局，我们应该采取什么行动。目前的策略是选择该行中最大的 L 值所对应的动作，如果有多个具有相同的最大值的单元格，我们就随机选择其中一个，如图 26.19 所示。

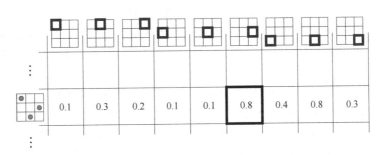

图 26.19　策略是为一个固定的棋局选择一个动作作为响应。这里我们看到的是 L 表格的一部分，这一行对应于最左边的棋局，每一列都指的是最新计算的这个动作的 TFR。在L 学习中，我们需要选择最大的值所对应的动作，这意味着我们要翻转中间偏右的瓦片

现在让我们把上面的部分组合成一个学习算法。

从构建 L 表格开始，如前所述，它是一个 512 行×9 列的表格。我们用 0 来初始化每个单元格，然后就可以开始学习了。

假设我们是智能体，第一场比赛（或者说第一节）开始时，我们会看到第一个棋局，点是随机填充的（可能根本没有点，或者有 9 个，又或者 0～9 的任意数量的点）。

第一场比赛开始时，像每场比赛的开始一样，我们会在私有信息中创建一个列表，用来记住游戏中所进行的每个动作。每一个动作由 4 个条目表示（不会马上用到）：我们在进行的棋局状态（表中的行序号）、采取的动作（列序号）、动作所得到的奖励（除了最后一步外，总是 0）以及动作所导致的结果（也是表格中的行序号）。图 26.20 展示了这个想法。在游戏开始时，列表是空的。

进行第一个动作时，我们需要看一下对应于起始棋盘状态的 L 表格的那一行，这一行包括 9 个数字。因为这是我们的第一个动作，所以值都是 0。策略告诉我们需要随机选择一个动作，于是我们随机选取一个列，这就是我们要采取的行动。

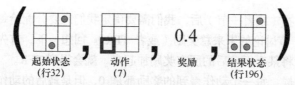

图 26.20　每当进行一个动作时，我们都会在一个不断增长的列表的末尾附加 4 个值。这其中包含了"起始状态""我们选择的动作""我们得到的奖励"以及"在采取行动后，环境返回给我们的状态"。如果我们使用一个固定的数字（即 L 表格的行序号）来表示棋盘状态和对应的 9 个单元格（动作），那么所有的东西就都可以用一个数字表示。只要前后保持一致，这些数字具体是什么不重要

环境会为我们翻转这个瓦片，要么让一个点出现，要么让一个点消失。然后，环境会向我们反馈一个奖励以及新的棋盘状态。我们会用组合在一起的 4 个值来表示这个动作：起始状态、我们选择的动作、我们得到的奖励以及由此产生的新状态。我们把这 4 个值放在动作列表的最后。

因为我们在玩单人纸牌游戏，所以环境本身不会有任何动作。在它给我们反馈之后，就会让我们采取新的行动。

作为回应，我们重复上述过程：看向新的状态，在 L 表格中找到对应于它的行，找到那一行的单元格中最大的数字之后把它作为我们的新动作。我们就又会得到一个奖励和一个新的状态，然后我们向列表中添加新组合在一起的 4 个值来描述这个动作。

这种情况会一直持续到游戏结束。而最后一步的奖励是我们会得到的唯一的非零奖励，这是基于我们在游戏中所玩的动作获得的奖励，它随着动作的增加而快速下降，就像我们在图 26.17 中看到的那样。

得到最后的非零奖励后，我们就知道游戏已经结束了，是时候开始从我们的经验中学习了。

首先，在动作列表中查看每一个元素。我们把棋局状态、产生的移动以及它们对应的奖励依次排列，如图 26.21 所示。我们一个接一个地观察每一个动作，并把这个动作后的所有奖励相加，来找到它的 TFR。因为我们知道所有中间分数都是 0，所以每个动作的 TFR 都是最终奖励，但是我们仍旧可以通过改进算法来寻找单个动作的 TFR。

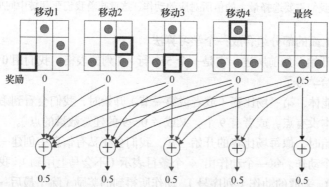

图 26.21　为每个动作寻找 TFR，我们将每个动作的即时性奖励（直接显示在它下面）及它的后续动作的即时性奖励相加。在我们的游戏中，除了最终奖励，每一个动作的即时性奖励都是 0，所以这些总和都是一样的

然后，我们使用简单的更新规则，将每个动作的 TFR 更新到 L 表格中对应于这一状态的这一动作的单元格，如图 26.22 所示。

如果想要再次学习更多的东西，我们需要回到这个过程开始的时候，建立一个空的动作列表，

然后开始玩一轮游戏。游戏结束后，我们为所选的每一个动作计算出一个 TFR 值，并将其存储在相应的单元格中（覆盖单元格内容）。注意，在每次游戏结束后，我们不会重置 L 表格，所以在我们进行很多轮（或者说节）游戏的过程中，它会逐渐被 TFR 值填满。

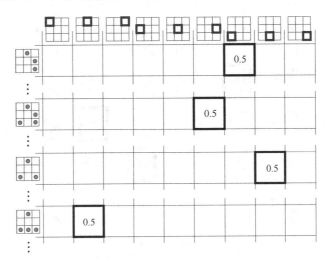

图 26.22　用游戏中每个动作的 TFR 值更新 L 表格。表格的行对应于采取这一动作时的游戏状态，而列对应于所做的动作，新的 TFR 成为这个单元格的新的值

一旦停止训练开始实战，我们会像以前一样使用 L 表格选择动作。也就是说，在选择每一个动作时，我们都会根据当前状态选择 L 表格中对应的一行，之后选择这一行中最大的 L 值所对应的动作。

让我们看看系统是如何工作的。

我们先玩 3000epoch "翻转"游戏（从游戏开始到结束是 1 个 epoch），这时 L 表格可以很好地被充满。

在 3000epoch 的训练后，我们进行了一局 "翻转"游戏，如图 26.23 所示。这并不是一个很好的结果，这局的开场状态显然通过两步就可以达到胜利：翻转左中的单元格，然后翻转左上方的单元格（其他顺序执行也可以）。算法却不这样走，它似乎是随机的，6 步之后，它终于找到了一个方案。

我们将之前的 L 表格进行了旋转，以使之更好地适应可用区域，如图 26.23 所示。每一个垂直的列表示一个棋局的配置（或者说状态），而 9 种可能的操作则显示在每一行中（以红色突出显示）。加粗的黑线表示我们从该表中选择的动作，而完成这一动作后的新的状态展示在（右侧的）下一列中。用阴影表示的单元格是我们所采取的动作。如果这个动作使得一个点出现，那么这一步就被标记为一个实心的红点；如果这个动作使点消失，那么它会被标记为一个空心的红点。每个棋局下面的绿色进度条显示了它在表格中的 L 值，较长的条形对应较大的 L 值。

靠近右边的游戏状态比左边的有着更大的 L 值，这是因为这些状态中有许多被随机选择为游戏的开始状态。（对于这些更接近胜利结果的状态来说）如果我们选择了一个好的动作，并且赢得了比赛（或者我们仅仅通过几个动作，就赢得了比赛），那么最终奖励就会很大。

回到这个游戏，从最左边的位置开始，算法的第一步是翻转左下方的单元格，引入一个新的点。之后它又翻转了最左中间的单元格，再次引入了一个点。下一步，它翻转了左上方的单元格，去掉了一个点。游戏以这种方式继续，直到结束（达到胜利）。

图 26.24 展示了另一个简单的初始状态，在中间的列中已经有 3 个连在一起的点了。该算法只需要在最右边的列中翻转两个点，使它们消失，但实际上它却需要走 6 步。

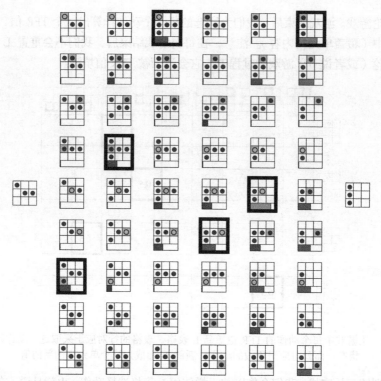

图 26.23 在用 L 表格算法进行了 3000epoch 训练后,我们重新玩一局"翻转"游戏。游戏顺序是从左到右

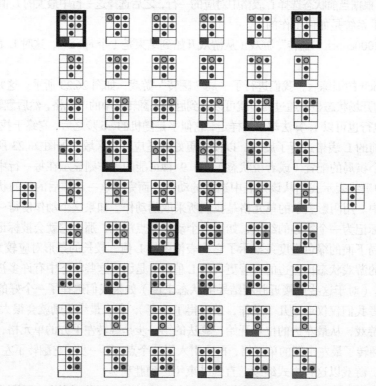

图 26.24 还是用 L 表格算法进行了 3000epoch 训练,只是我们从另一个简单的棋局状态开始。
只需要 2 步就能赢,但该算法用了 6 步

　　我们希望通过更多的训练来改进算法，也确实这样做了。图 26.25 所示的是与图 26.23 相同的游戏，但训练次数增加了 1 倍（即 6000epoch 训练）。

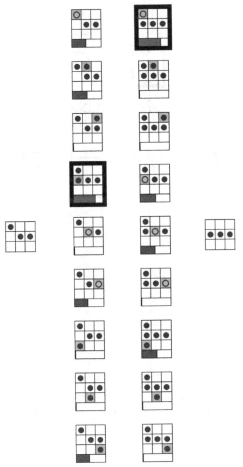

图 26.25　与图 26.23 中相同的游戏，但这次是对算法进行了 6000epoch 训练。
最终，该算法找到了通往成功的捷径

　　这很好，这个算法找到了快速达到胜利的方法。而图 26.26 是与图 26.24 中相同的游戏。

　　我们似乎已经创造了一个可以用于学习和娱乐的伟大算法，那么为什么用代表糟糕的"L"来称呼这个算法呢？它似乎运行得很好。这是因为它的良好运行只是建立在环境是完全可预测的基础上的，而在这一章的早些时候，我们讨论过不可预测的环境。事实上，在现实中，大多数环境是不可预测的。

　　基于逻辑的纸牌游戏，比如我们一直在看的"翻转"游戏，是为数不多的可以完全确定环境的游戏。

　　如果我们只是想在完全确定的环境中玩纸牌游戏，就能够完美地执行每一个预定的动作，并且环境每次都会给我们相同的反馈，那么这个算法就不能称为糟糕了。

　　但这种确定性的游戏很少见，只要有第二个玩家出现，就会有不确定性，游戏就会变得不可预测。在环境不是完全确定的任何情况下，L 学习算法都将会陷入困境。

　　让我们先来看看为什么，然后就可以学习如何修复它。

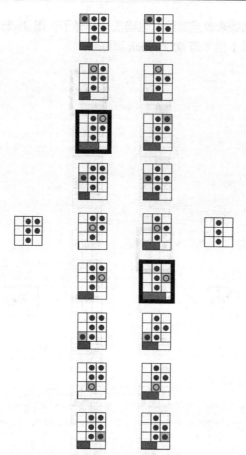

图 26.26　进行了 6000epoch 训练后，再次进行图 26.24 中的游戏。同样，算法找到了最快的解决方案并可以很好地应用它

## 处理不可预测情况

在玩"翻转"游戏时，我们是没有对手的，所以这是一个完全确定的系统。每次我们采取行动，都能够得到同样的结果。

但在现实世界中，即使是单人游戏也可能出现无法预测的事情。电子游戏常常会给我们带来意外的惊喜，一台割草机可能因为撞到一块石头而跳到一边，或者我们可能会因为网络延迟而错过在拍卖会上赢得竞拍的机会。

处理不可预测情况是非常重要的，让我们来看看把一些人为的随机因素引入"翻转"游戏中，L 学习算法将如何反应。

随机模型是这样的：一辆大卡车会不时地从游戏区域中开过，干扰棋局，使得一块或多块瓦片出现翻转。当然，即使面对这样的"惊喜"，我们仍然想要玩好比赛并取得胜利。但是面对这样的情况，L 学习算法几乎无法提供帮助。

这一问题是由策略和更新规则所导致的。记住，在我们开始学习之前，每个单元格内都是 0，而当游戏获胜时，（根据动作数量的多少）每个动作都会得到相同的分数，如图 26.22 所示。再次玩游戏时，面对同样的游戏局面，我们会选择分数最大的单元格。

假设我们正在进行一场比赛，所面对的局面曾经作为开场局面出现过，之后我们只用两步就赢了，这样，每一步都会获得一个很高的分数并被填写到L表格中。当再次比赛时，每一步我们都会选择最高得分的动作以求获胜。

但就在我们第一次行动后，大卡车隆隆地驶过，翻转了一块瓦片。面对新的局面，我们会需要很多动作才能获胜。所以，卡车经过使得同一动作的TFR大大降低。

这里出现的问题是：较小的值会覆盖每个单元格（获胜所需的全部动作）中原先的值。换句话说，因为这个事件，我们的每个动作的L值都会降低。特别是，刚刚我们举的例子中那个非常完美的开局步骤，只需要再多一步就可以取得胜利，但是现在它的分数变得非常低。

那么，当再次遇到这个局面时，我们可能会发现另一个单元格的数值比我们上次选择的单元格的数值要高，这样，我们就可能会错过一些非常完美的动作。

换句话说，这个一次性的随机事件将会让我们不再选择我们在这一点上找到的最好的动作。我们将会"忘记"这是一个完美的举动，因为一个随机事件已经把它变成了一个糟糕的动作，这个低分使得我们不太可能再次选择这个动作。

让我们在实际中看看这个问题。图26.27展示了一个完全确定情况下的例子。我们从一个有3个点的棋局开始，这一行的最大的值是0.6，对应于中心瓦片的翻转，所以我们就选择了这个动作。假设下一个动作也选得很好，我们在两步中取得了胜利，0.7的奖励值取代了我们第一次移动时的值0.6，巩固了这个动作的地位（下次还会选它）。现在一切顺利。

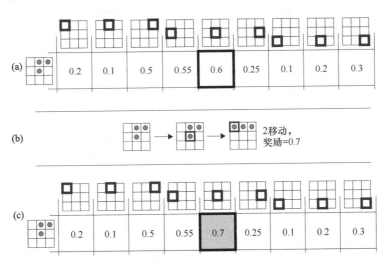

图26.27　当没有惊喜时，算法就能很好地工作。(a)开场局面对应于L表格的这一行，最好的动作的值是0.6，它对应于中心瓦片的翻转，那么我们就将选择并进行这一动作。(b)比赛结束了，只用了两步，获得的奖励是0.7。(c)值0.7覆盖了完成游戏的每一步的值

我们在图26.28中引入了卡车。在翻转了中间的瓦片之后，卡车摇动了棋局，右下方的瓦片被翻转了。这让我们走上了一条全新的道路。假设这个算法在这一步之后的4个动作内取得了胜利，那么总的移动数量是5，取得胜利的每一步所获得的奖励就都是0.44。

这是很可怕的，我们一下子"忘记"了最好的动作。在这个例子中，另外两个动作成为了高分动作。当我们再次面对同样的棋局时，得分为0.55的动作将被选中，而这个动作无法使我们像之前那样在两步内取得胜利。换句话说，最好的动作已经被遗忘了，我们所选择的将永远是一个相对糟糕的动作。

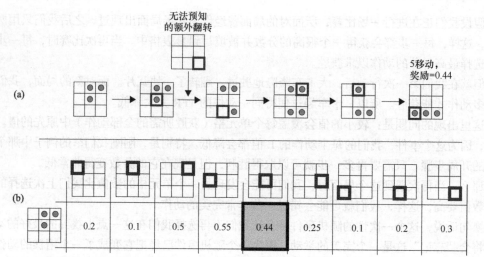

图 26.28　(a)当一辆卡车隆隆地驶过时，它会翻转右下方的瓦片，这使得这场比赛需要 5 步才能获胜。(b)0.44 的新奖励覆盖了 0.6 的旧值，这个单元格不再是这一行中得分最高的了

而有一天，卡车可能会再次隆隆地驶过，这也许会帮助我们再次记起这个动作，但这将需要很长时间。在这种情况发生之前，每当面临这个棋局，我们都会做出不是那么好的动作。那么即使卡车经过，把最优的动作恢复，其他的动作也会出错。

换句话说，L 表格所选的动作几乎总是比它应该选的动作差劲。因此平均来说，我们的游戏会持续更长的时间，而我们则会得到更低的奖励值。

一个意外的惊喜，使得我们"忘记"如何玩好这个游戏。

这就是我们称这个算法"糟糕"的原因。

但它并不是丢掉了所有东西。我们研究了这个算法，是因为这个糟糕的版本是可以被改进的。算法的大部分都是没有问题的，我们只是需要解决这个问题"在不可预测的情况下，它为什么会失败"。

从现在开始，我们假设，每当我们玩"翻转"游戏时，那辆大卡车总是会驶过并造成不可预测的结果，比如翻转一块瓦片。

在 26.6 节中，我们将看到"如何优雅地处理这种不可预测事件"，并生成一个改进的学习算法。

## 26.6　Q 学习

不需要付出太多的努力，我们就可以将 L 学习升级到一种更有效的算法，这种算法在今天被广泛使用，称为 Q 学习（Q-learning），其中 Q 代表"质量"（quality）[Watkins89] [Eden15]。Q 学习看起来很像 L 学习，但它会用 Q 值（Q-value）来填充 Q 表格（Q-table）。最大的改进是 Q 学习在随机环境中也可以有很好的表现。

从 L 学习到 Q 学习，我们将进行 3 次升级：如何计算 Q 表格中单元格的新的值、如何更新现有的变量，以及我们用于选择动作的策略。

Q 表格算法从两个重要的原则开始。首先，我们认为结果中是有不确定性因素的，所以一开始就考虑到它。其次，在游戏的过程中，我们就已经计算出了新的 Q 值，而不是等待最终奖励给出后再进行计算。

第二个想法使得我们可以处理持续时间很长的游戏（或过程），甚至一些永远得不出结论的游戏。通过更新，我们可以在没有得到最终奖励的情况下，不断完善我们的表格。

为了完成这项工作,我们需要更新 26.5 节中提到的 L 学习的超级简单的奖励策略——除了最后的动作外,其他奖励都是 0。在这里,我们需要返回可以对每一个动作进行评估的即时性奖励。

### 26.6.1　Q 值与更新

Q 值是一种隐性的、估计未来总奖励的方法,即使我们不知道这局游戏最终会如何结束。

为了找到 Q 值,我们需要把即时性奖励都加在一起,包括所有将要到来的奖励,这是对未来总奖励的定义。但是我们估计将要到来的奖励的方式是在下一个状态中来进行寻找。

回想一下,在图 26.20 中,我们说过,对于每一个动作我们将会保留 4 条信息:起始状态、我们选择的动作、我们得到的奖励以及这个动作让我们进入的新状态。那么现在,我们就将利用这个新状态来估算将获得的未来奖励。

关键是注意到我们的下一个动作是从这个新状态开始,而从我们的策略来看,我们将始终选择单元格的 Q 值最大的动作。如果这个单元格的 Q 值是该动作的未来总奖励,那么用当前动作的即时性奖励与该单元格的值加在一起就会得到当前动作的未来总奖励。这是可行的,因为我们的策略保证了我们总是会选择具有最大的 Q 值的单元格所对应的动作。

让我们用一个类比来说明这个问题。假设我们正在为月底的疯狂抢购攒钱,所以我们每天都会往银行卡里存一些钱。在这个月的第 11 天,我们存入了 10 美元(1 美元≈7 元),这时我们想知道我们是否能在月底存足够的钱来支付我们的购买费用。现在我们还没有办法预测这一点,但如果我们(某种程度上)知道从明天(12 月 12 日)开始存入的总金额将是 200 美元,那么就可以把 200 美元加到刚刚存入的 10 美元上,这样就可以知道在月底会有 210 美元的存款了。

同样,Q 表格就是使用了下一个状态的未来总奖励,它将从该状态开始到游戏结束的所有奖励进行了加和,我们可以将其添加到我们当前的奖励中,以获得当前的未来总奖励。

如果下一个状态的多个单元格(动作)都具有最大值,那么选择哪一个就不重要了,我们所关心的仅仅是下一个动作所带来的未来总奖励。

图 26.29 直观地展示了这个想法。注意,我们在这一步中计算的值并不是最终的 Q 值,但是已经很接近了。

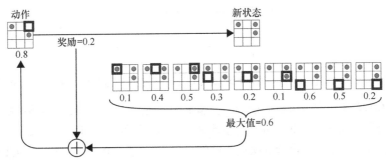

图 26.29　计算一个单元格的新的 Q 值的部分过程,新的值是两个部分的加和。第一个部分是单元格对应的动作的即时性奖励,在这里是 0.2。第二个部分是新状态的所有动作的最大 Q 值,在这里是 0.6

这里缺少了一个步骤,那就是 Q 学习对随机性的说明。

我们不应该直接使用下一个单元格的值,而应该使用该单元的折现值。回想一下,这是指我们需要将它乘以一个折扣因子(一个 0~1 的数字,通常被写作 $\gamma$)。正如我们之前讨论过的那样,$\gamma$ 的值越小,我们就越不确定未来的不可预测事件是否会改变这个值,如图 26.30 所示。

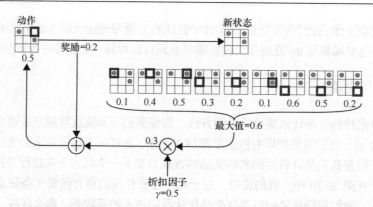

图 26.30 为了找到 Q 值，我们对图 26.29 进行了修改，加入了折扣因子 $\gamma$ 以减少未来奖励，它基于我们多大程度上不确定未来的不可预测事件是否会改变未来奖励

注意，这个方案会自动进行图 26.11 所示的折扣未来奖励中的许多乘法。在这里，我们只明确列出第一个乘法，除此之外所进行的乘法都是在计算下一个状态下的单元格的 Q 值时进行计算。

既然我们已经计算出了一个新的值，那么应该如何更新当前的值呢？在 L 学习时我们可以看到，在非确定的情况下，简单地用新值替换当前值是一个糟糕的选择。但是我们又需要在某种程度上更新单元格的 Q 值，否则永远无法得到改进。

Q 学习对这个难题的解决方案是将单元格的值更新为旧的和新的值的混合，而混合的比例是我们指定的，作为一个参数存在。

混合比例由 0~1 的一个数字控制，通常被写作小写的希腊字母 $\alpha$。在 $\alpha=0$ 的极端情况下，单元格的值是不会改变的。当 $\alpha=1$ 时，旧的值将完全被新的值取代。而当 $\alpha$ 为 0~1 的一个数字时，我们就会将这两个值进行混合，如图 26.31 所示。

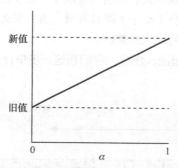

图 26.31 从旧值（当 $\alpha=0$）到新值（当 $\alpha=1$）的过渡过程中，$\alpha$ 的取值情况

参数 $\alpha$ 称为**学习率**，它是由我们设置的。非常不方便的一点是，反向传播中的更新速度也称为学习率，但通常情况下，上下文可以清楚地说明我们所指的"学习率"是哪一个。

在实践中，我们通常将 $\alpha$ 设置为接近 1 的值，如 0.9（甚至 0.99）。当这个值接近 1 时，新的值会主导单元格的值。例如，当 $\alpha=0.9$ 时，存储在单元格中的值=10%×旧的值+90%×新的值。但即使是 0.99，它也和 1 有非常大的区别，因为即使是 1%的旧的值也足以产生一定的影响。

有了这个值之后，我们就需要运行系统（通过一些数据训练），来看看它工作的效果怎么样。然后，我们就可以根据结果来调整参数的值，之后再试一次，不断重复这个过程，直到我们找到最有效的值。这个过程通常会自动进行，这样就不需要不断地动手操作了。

此时，显而易见而又被忽视的是：所有的行为都是基于我们已经对下一个状态的各个动作都有了正确的 Q 值，即使我们还没有到达下一个状态。但是它们是从哪里来的呢？如果我们已经有了正确的 Q 值，那为什么还要做这些呢？

这些都是很合理的问题，在看完新的策略规则后，我们再回来看这些问题。

### 26.6.2　Q学习策略

回忆一下，策略告诉我们在给定环境状态下，我们应该选择哪一个动作。在学习和实际开始游戏的过程中，都需要使用这个策略。

我们在 L 学习中使用的策略是：始终选择与当前棋局状态相对应的行中最大的 L 值所代表的动作。这是有道理的，因为我们已知这个动作给我们带来的奖励最高。

但是，这一策略忽视了探索或开发的平衡，它使得我们只关注"探索"。如果一个动作比其他动作得分都高，那么我们就会一直只选择它。而在一个不可预知的环境中，带来最好奖励的动作可能不会再次给我们带来最好的奖励。如果我们给那些从未尝试过的动作一个机会，它们的表现可能会好得多。

尽管如此，我们还是不想随机选择一些动作，因为我们确实偏爱那些已知会带来高奖励的动作，只是不需要每次都选择它们。

Q 学习做了一个折中。

在 Q 学习中，大部时间里，我们会选择最大的 Q 值所对应的动作，而剩下的时间里，我们则会选择另一个值。让我们来看看这两种流行的策略。

我们将看到的第一种策略称为 epsilon-贪婪或 epsilon-柔软（epsilon 是希腊小写字母 $\varepsilon$，因此有时也称为 $\varepsilon$-贪婪或 $\varepsilon$-柔软）。这两种算法几乎是相同的。我们在 0~1 选一个数字，通常是一个很小的数字（非常接近于 0），比如 0.01 或更小。

每次我们准备在一行中选择一个动作时，就要求系统从一个均匀分布中随机选择一个 0~1 的数字。如果随机数大于 $\varepsilon$，那么我们将照常进行，在行中选择最大的 Q 值所对应的动作。但是在偶然的情况下，如果随机数小于 $\varepsilon$，这时，我们就会随机从行的其他动作中选择一个动作。通过这种方式，在大多数情况下，我们都会选择最有"前途"的动作，但极其偶然的时候，我们也会选择其他的动作，看看它会把我们引向何方，如图 26.32 所示。

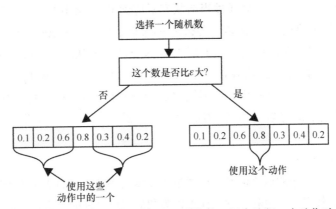

图 26.32　$\varepsilon$-贪婪策略是指：每当我们想从 Q 表格的一行中选择一个动作时，我们会先从 0~1 选择一个随机数。如果它大于 $\varepsilon$ 的值（通常是 0.01），我们就会选择行中分数最高的动作，否则，我们就会随机选择其他动作中的一个

我们要看的另一种策略称为**柔性最大值传输**（softmax），这与我们在第17章中讨论的softmax层类似。在这种策略中，我们需要暂时改变一行中的Q值，使得它们加起来可以等于1。这样，我们就可以把得到的值作为离散概率分布处理，然后根据概率的大小来选择一个动作。

通过这种方式，我们通常会得到最大的分数，偶尔也会得到第二高的分数，而得到第三高的分数的情况会更少，以此类推，如图26.33所示。

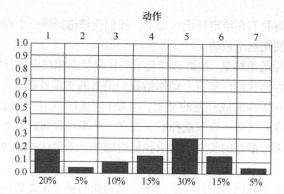

图26.33　用于选择动作的softmax策略。首先需要缩放一行中的所有动作，使它们加起来为1。然后我们就可以从这个概率分布中随机选取一个数字。在这种策略中，每个动作被选择的概率等于它的Q值除以一行中所有Q值的总和

这个方案一个吸引人的特性是，每个动作被选择的概率总是可以反映出所有动作（与给定游戏状态相关的动作）的当前Q值。Q值会随着时间的变化而变化，所以，动作被选择的概率也会随着时间的变化而变化。

有时，softmax策略所进行的计算会导致系统无法稳定在一组较好的Q值上。还有一种是称为"mellowmax"的策略，它会使用一些稍稍不同的数学知识[Asadi17]。

### 26.6.3　把所有东西放在一起

我们可以用几句话和一个图来总结Q学习策略及其更新规则。

当它需要进行动作时，我们会通过当前状态对应到Q表格中的一行，然后根据策略从这一行中选择一个动作（要么是$\varepsilon$-贪婪，要么是$\varepsilon$-柔软，要么是softmax）。之后采取行动，获得奖励和一个新的状态。现在我们想要更新Q值来反映我们从返回的奖励中学到了什么。我们观察这个新状态所对应的Q值并选择分数最高的一个，之后根据我们所认为环境的不可预测程度将这个值乘以一个折扣因子，再把它加到刚刚得到的即时性奖励中，这样就得到了一个值。我们会将这个值与当前的Q值混合，混合后得到一个新的值，并将它保存到表格中。

图26.34总结了这个过程。

学习率$\alpha$和折扣因子$\gamma$的最优值都必须通过反复试验得到。它们依赖于我们的环境的特定性质和我们正在处理的数据。经验和直觉往往可以为我们提供良好的起点，但对于某个特定的学习系统来说，没有什么比传统的试错法更能找到最优值了。

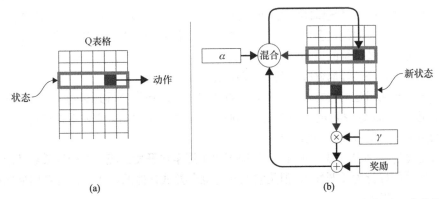

图 26.34　Q 学习策略和更新过程。(a)我们有一个棋局状态，之后根据它找到 Q 表格的相应的行，然后用我们的策略选择一个动作（这里用红色表示），并把这个动作反馈给环境。(b)环境会返回一个分数和一个新状态，之后我们需要找到 Q 表格中对应于新状态的行，并选择这一行里最大的奖励，将它乘以 γ，然后把结果与动作的即时性奖励相加，所得就是我们选择的动作的新的值。使用 α 值将旧的值和新的值混合，混合后的结果会被放置到 Q 表格的单元格内（对应于我们最初选择的动作）

### 26.6.4　显而易见而又被忽略的事实

之前我们说过会再次讨论这个问题，那就是我们需要有准确的 Q 值来评估更新规则，但这些 Q 值本身又是由更新规则计算出来的，而且使用的是下一个动作的值，并以此类推（下一个动作的值用的又是再下一个动作的值）。那么，如何使用那些我们还没有得到的数据呢？

这里有一个简单明了的答案：忽略这个问题。

确实很令人难以置信，我们可以从全部都是 0 的 Q 表格开始学习。在开始的时候，系统会表现得很疯狂，因为在 Q 表格中没有任何东西可以帮助它去选择单元格（动作）。这时，它会随机选取其中一个动作报告给环境，环境会返回一个结果状态，但这个新状态中的所有动作的值也都是 0。所以根据更新规则，无论我们的 α 和 γ 选择什么值，单元格的得分将始终为 0。

系统将会把游戏玩得很混乱和愚蠢，做出一些很糟糕的选择，而错过了明显的好动作。

但最终，这个系统会因为某个巧合而取得胜利，这个胜利将得到一个正的奖励，而这个奖励会更新导致它的动作的 Q 值。再过一段时间，能导致这个动作的动作就会获得很大的奖励，这是因为 Q 学习在更新时会看下一个状态的各个动作的得分。随着新的游戏进入各种状态（最终获胜的状态），这种连锁效应将继续缓慢地反向发挥作用，贯穿整个系统。

注意，信息实际上并没有向后传播，每一场比赛都是从头到尾进行的，每次更新都是在动作之后进行的。信息看起来像向后传播的是因为：Q 学习在进行更新规则时需要看向下一步动作。因此，下一个动作的分数能够影响这一步的分数。

在某种程度上，由于策略有时会选择尝试新的动作，而每一个动作最终都会通向胜利，获得胜利后的奖励也会向后影响导致它的动作。因此，Q 表格最终会被每个动作的精确预测的奖励填满。再次进行游戏只是在不断提高这些值的准确性，最终获得几乎不再变化的结果，这个过程称为**收敛**（convergence）。我们说 Q 学习算法是**收敛**的。

我们可以从数学上证明 Q 学习是收敛的[Melo15]。这保证了 Q 表格是在逐步变好的。但是我们无法确定收敛需要多长时间，因为表格越大，环境越难以预测，需要的训练时间就会越长。同时，收敛的速度也取决于系统试图学习的任务的性质以及它能够提供的反馈，当然我们所选择的学习率 $\alpha$ 和折扣因子 $\gamma$ 的值也会对速度产生影响。与以往一样，在学习任何特定系统的特定特性时，没有什么可以代替传统的试错法。

注意，Q 学习算法很好地解决了我们之前讨论的两个问题。

首先是信用分配问题，它要求我们确保能够取得胜利的动作会得到奖励（即使是在环境不返回奖励的情况下）。而 Q 学习的更新规则的本质就是解决这个问题，它成功地将动作的奖励从最后一步开始向前一步反馈，直到第一步。

该算法还通过 $\varepsilon$-贪婪（或 softmax）策略解决了探索或开发困境。这两种策略都倾向于选择那些已经被证明的好行为（开发），但是它们有时也会尝试其他的动作，去看看如果选择这些动作会发生什么（探索）。

### 26.6.5　Q 学习的动作

让我们把 Q 学习应用到实践中，看看它是否能在不可预知的环境中学会如何玩"翻转"游戏。衡量算法性能的一种方法是让训练好的模型多次开始随机初始化的游戏，看看它们花了多长时间。一个算法越擅长寻找好的动作并避开坏的动作，它玩一轮游戏（在取得胜利前）所需的动作就越少。

快速地对这款游戏进行了分析之后，我们认为它取得胜利的步数不应该超过 6 步，大多数都是 3 或 4 步。我们希望我们的算法能够找到更快的解决方案，在 6 步或是更少步数的情况下赢得每一场比赛。

为了了解训练次数对算法的影响，我们会在不同的训练次数下，去研究赢得比赛所需的步数（通过进行大量的游戏），并把它们绘制下来。

我们画出的图中会展示玩游戏的结果，这些游戏的开始状态是 512 种可能的点和空白的组合模式中的一个，这 512 种都会被遍历一遍。之后在一个有相当程度的不可预测的环境中，每个开始状态进行 10 场比赛，这样一共就是 5120 场比赛。在游戏步数超过 100 时，我们会中断比赛。

我们将 $\alpha$ 值设为 0.95，所以每个单元在更新时只保留 5%的旧的值，这样我们就不会完全失去以前学过的东西。但同时，我们觉得新的值会比旧的值更好，因为它会基于改进过的 Q 表格来选择下一步。

选择动作时，我们使用了较高的 $\varepsilon$ 值（$\varepsilon$-贪婪策略），即 $\varepsilon$ =0.1。这意味着我们鼓励算法在 10 次动作中有一次去探索新动作。

我们引入了很多不可预测事件。在每个动作后，卡车都有 1/10 的概率出现，每出现一次都会随机翻转一块瓦片。考虑到这一点，我们将折扣因子 $\gamma$ 设置为 0.2。这么低的值意味着，由于这些随机事件的存在，对于未来状态变化与过去相同这件事，我们只有 20%的把握。我们设置的 $\gamma$ 值比我们已知的随机程度要高（10%），因为我们希望大多数游戏在 3～4 个动作内获胜，所以与超过 10 步才能完成的游戏相比，它们看到的随机事件的可能性要小一些。

我们对 $\alpha$、$\gamma$ 和 $\varepsilon$ 的值的设定基本上都是有根据地进行猜测。特别是 $\gamma$ 值，它是根据我们对随机事件发生的频率的了解而选择的。而实际上，我们很少会提前知道随机事件的发生频率，我们通常会通过对参数进行尝试来找出最适合这个游戏和这种随机情况的值。

在仅训练了 300 轮后，我们开始使用算法进行游戏。图 26.35 展示了游戏所需的步数（即游戏长度）。可以看出，这个算法在进行少量的训练后就能够在一些情况下快速地取得胜利。

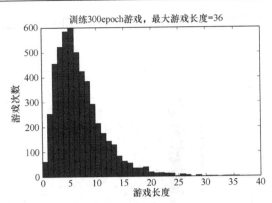

图 26.35 这是一个已经训练了 300epoch 游戏的 Q 表格取得胜利所需的步数，
共计 5120 场比赛（对于 512 种情况，每一种都进行了 10 次）

"立刻胜利"出现在第一列，对应于 0 步取胜。这些游戏的起始状态就已经是 3 个点排列在垂直或水平的列或行中了。一共有 6 种这样的起始状态，而且我们对于每种起始状态都会运行 10 次。因此，我们会从一个已经是成功状态的棋盘开始 60 次。

图 26.35 中的任何一轮游戏都没有达到 100 步（100 步会自动中断），所以我们可以判断出这个算法从来没有陷入一个长期的循环中。一个循环可能是两个状态反复交替，也可能是一长串的动作的反复进行。循环在"翻转"游戏中是可能发生的，而在基本的 Q 学习算法中也没有任何明确的阻止系统进入循环的部分。

我们可能会说：这个系统"发现"循环不会通向胜利，因此不会带来任何回报，所以它学会了避免它们。如果在某一刻，它确实回到了以前访问过的状态（可能是一个动作的结果，也可能是随机引入的翻转的结果），那么相对较高的 $\varepsilon$ 值意味着它最终很有可能会选择一个新的动作，从而进入一个新的方向（不会陷入长期循环）。

让我们把训练的数量增加到 3000 轮，如图 26.36 所示。

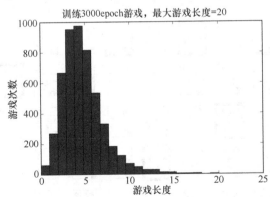

图 26.36 这是一个已经训练了 3000epoch 游戏的 Q 表格取得胜利所需的步数，共计 5120 场比赛

这个算法已经学会了很多东西，最长的游戏现在也只有 20 步，大多数游戏可以在 10 步或更少的步数内完成。令人欣喜的是，许多游戏长度聚集在 4 步和 5 步附近。

另一种探查算法性能的方法是将 Q 表格本身的值绘制出来。在图 26.37 中，我们绘制了一个 Q 表格。每一行对应于一个棋局状态，在每一行中绘制了 9 个点，它们代表这一行的每个单元格的 Q 值（对应于**横轴**的位置）。我们可以看到，这个算法有很多未被尝试过的单元格（它们保持着它们的起始值 0 ），而其他大多数单元格只有一个非常小的正值，可能是因为它们对一场耗时很长的游戏做出了贡献。

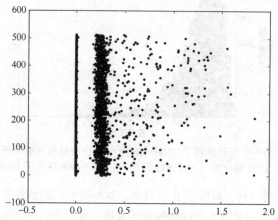

图 26.37　3000epoch 训练之后的 Q 表格，每一行对应于一个状态。而每个点在水平轴上的位置表示了它的 Q 值。我们可以看到许多动作仍然保持着 0 的初始值，但大多数的动作都有返回的奖励（表示它们至少参与过一场取得胜利的游戏）

图 26.37 中的一些值是大于 1 的。这个结果很正常，因为我们向即时性奖励中添加了下一个动作的 Q 值。

让我们来看看在进行 3000epoch 训练之后，算法所进行的一些游戏，这里只选出一些比较典型的游戏。图 26.38 展示了一个算法用 8 步取胜的游戏。游戏顺序是从左到右的。

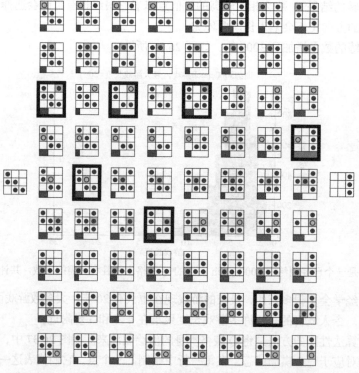

图 26.38　用训练了 3000epoch 的 Q 学习去玩一场"翻转"游戏

　　图 26.38 并不是一个很令人开心的结果。只要看一下开始的棋盘，我们就能发现至少 4 种不同的方式可以赢得这场比赛。例如，翻转左下角的瓦片后，在中间和右边的列上翻转 3 个点。但我们的算法似乎在进行随机翻转，虽然最终偶然发现了一个解决方案，但这肯定不是一个很好的方案。

　　图 26.39 展示了另一个游戏，也需要 8 步才能获胜。在棋盘的底部已经有 3 个点排成一排了，所以我们只需要翻转中间和顶部的 4 个点就可以取胜。但我们的算法却在两个空的瓦片上添加了点，使得棋局被完全填满，然后再去把其中的 6 个点一个一个地移除。

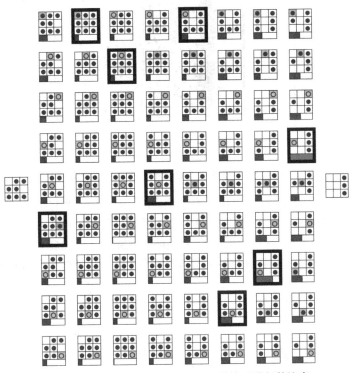

图 26.39　另一场经过 3000epoch 训练后进行的比赛

　　我们通常认为，对算法进行的训练越多，它的性能就越能够得到改善。再次进行 3000 次训练（这样总共就是 6000epoch 训练了），我们得到了图 26.40 所示的结果。

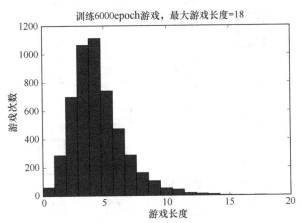

图 26.40　这是一个已经训练了 6000epoch 游戏的 Q 表格取得胜利所需的步数，共计 5120 场比赛

与图 26.36 中的结果相比，再次经过 3000epoch 训练后，最长的游戏长度从 20 步缩减到了 18 步，而 3 步和 4 步就可以完成的游戏数量增加了。

6000epoch 训练后的 Q 表格如图 26.41 所示。

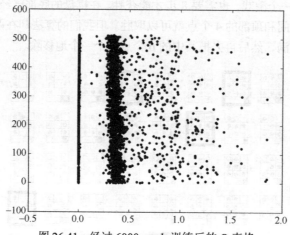

图 26.41　经过 6000epoch 训练后的 Q 表格

这些图让我们对"算法是如何学习的"有了全面的了解，但是当它（经过 6000epoch 训练的算法）玩游戏时，它是如何表现的呢? 事实上，这个算法在性能上已经有了很大的飞跃。

图 26.42 所示的是与图 26.38 中相同的游戏。在图 26.38 中，它需要 8 步才能获胜。但是现在只需要 4 步，这是这个起始状态要获得胜利所需的最小步数（尽管有不止一种方法可以实现它）。

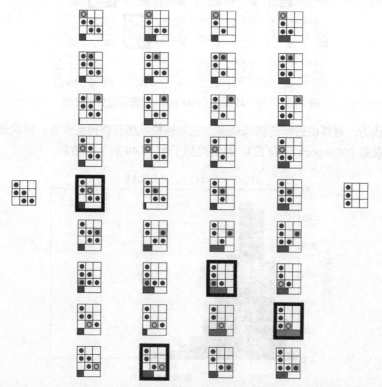

图 26.42　得益于更多的训练，Q 学习能够更有效地解决图 26.38 中的起始状态

图 26.43 所示的是与图 26.39 中相同的游戏，同样做出了改进，之前它需要 8 步才能获胜。而现在，只需要 4 步，这同样是取得胜利所需的最小步数。

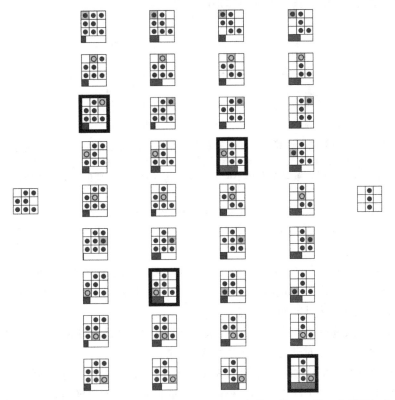

图 26.43　图 26.39 中的游戏起始状态。得益于更多的训练，Q 学习变得更加有效

即使在这个高度不可预测的学习环境（在进行 10%的动作后，会随机选择一块瓦片翻转）中，Q 学习也做得非常好。仅在进行 6000epoch 训练之后，它就经受住了这种不可预测性的考验，并设法为大多数游戏找到了理想的解决方案。

# 26.7　SARSA

Q 学习的效果很好，但它有一个缺陷，这个缺陷会降低所依赖的 Q 值的准确率。

在图 26.34 中我们可以看到，Q 学习的更新规则使用了下一个状态的最大的 Q 值。换句话说，更新规则已经假设了我们将在下一步中选择这个动作，而它对新的 Q 值的计算也是基于这个假设的。这并不是一个没有根据的假设，因为不管是 $\varepsilon$-贪婪策略，还是 softmax 策略，通常都会选择最有益的动作。但是，当策略选择其他动作时，这种假设就是错误的。

换句话说，Q 学习是在假设下一步采取最优动作的情况下去计算 Q 值，但有时我们的策略会选择另一个动作。

当策略选择其他动作（而不是我们在更新规则中选取的动作）时，对 Q 值的计算使用的就是错误数据，这样，我们为这个动作计算的新的 Q 值的准确率就会降低，如图 26.44 所示。

最好能够保持 Q 学习的所有优点，同时避免犯这样的错误。

我们仅需要对 Q 学习做一点修改就可以实现这个目标，修改后我们得到一个名为 SARSA 的新算法[Rummery94]。这是"状态-动作-奖励-状态-动作"（state-action-reward-state-action）的缩写。"SARS"的部分是我们从图 26.20 开始就已经在做的，也就是，保存开始状态（S）、动作（A）、奖励（R）和结果状态（S），这里的新内容是最后的"A"。

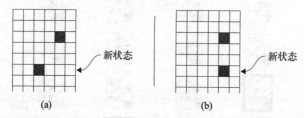

图 26.44　Q 学习算法在计算一个动作的新的 Q 值时可能会犯错误。(a)我们通过在下一个状态中的最佳的动作（蓝色）来计算当前状态（红色）的 Q 值；(b)有时当我们到达下一个状态时，策略会选择不同的动作，这导致我们之前的计算发生错误

　　SARSA 解决了下一个状态会选择错误的单元格的问题，方法是用我们的策略选择一个单元格（而不是选择 Q 值最大的单元格），并记住这个选择（也就是最后的"A"）。之后，当我们需要选择新动作时，直接选择先前计算并保存的动作。

　　换句话说，我们已经调整了选择策略的应用时间。我们不是在动作开始前选择要做哪一个动作，而是在计算上一个动作的 Q 值时就已经选择好了。并且我们记住了这个选择，这使得我们可以使用真正会进行的动作来计算新的 Q 值。

　　这两个变化（更改选择动作的时机、记住我们选择的动作）是 SARSA 和 Q 学习的全部区别，但仅仅是这两个区别就可以对学习速度产生很大的影响。

　　让我们看一下 SARSA 算法中的连续的 3 步。第一步如图 26.45 所示。因为这是第一步，所以我们会使用策略来选择一个动作。在这 3 步里这是我们唯一一次这样做。一旦有了选好的动作，我们就会用策略来选择下一步动作。

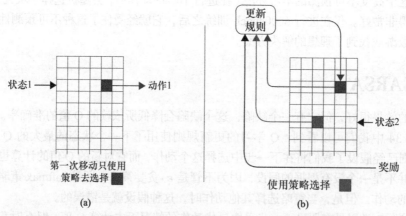

图 26.45　SARSA 算法连续的 3 步中的第一步。(a)用策略选择当前的动作；(b)用策略选择下一个动作，并使用下一个动作的 Q 值来更新当前动作的 Q 值

　　第二步如图 26.46 所示。在这里我们会进行上一步中已经选好的动作，之后再选择下一个动作并用它来确定当前动作的新的 Q 值。

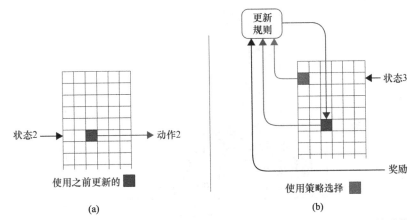

图 26.46　SARSA 算法连续的 3 步中的第二步。(a)进行上一步中已经选好的动作；
(b)选择下一个动作，并使用它的 Q 值来更新当前动作的 Q 值

第三步如图 26.47 所示。在这里，我们再次进行预先决定好的动作，并为下一步（第四步）
选定动作。

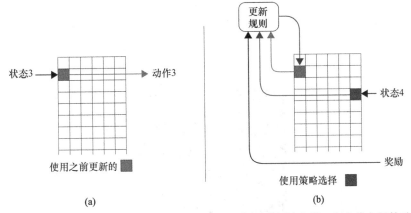

图 26.47　SARSA 算法连续的 3 步中的第三步。(a)我们采取了在第二步中确定好的动作；
(b)为第四步选择好一个动作，并使用它的 Q 值来更新当前动作的 Q 值。

非常幸运，我们可以证明 SARSA 算法也是收敛的。和以前一样，我们不能保证它一共需要
多长时间，但是它通常会比 Q 学习更快地产生结果，之后也会快速地进行改进。

### 26.7.1　实际中的 SARSA

让我们来看看 SARSA 是如何玩"翻转"游戏的，我们给出了与 Q 学习相同的使用场景。

对 SARSA 算法进行 3000epoch 训练后，我们用它来玩 5120epoch 游戏（与 Q 学习中相同），
结果如图 26.48 所示。在这里，我们使用与 Q 学习中相同的参数：学习率 $\alpha$ 为 0.95，随机翻转概
率为 0.1，折扣因子 $\gamma$ 为 0.2，选择动作的策略是 $\varepsilon$-贪婪策略，$\varepsilon$ 的值为 0.1。

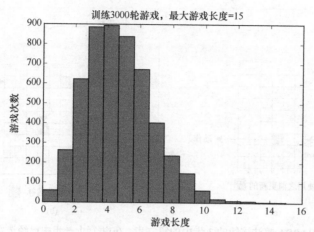

图 26.48　这是一个已经训练了 3000epoch 游戏的 SARSA 算法取得胜利所需的动作数量，
共计 5120 次比赛。需要注意的是，只有很少量的游戏需要超过 6 步才能取胜

效果看起来非常好，大多数游戏集中在 4 步左右。最长的游戏也只有 11 步，并且很少有超过 8 步才能获胜的游戏。

和以前一样，让我们画出 Q 表格的值，如图 26.49 所示。其中的每一行对应于一个游戏的状态，行中的每个点对应于这一行的一个单元格的值。

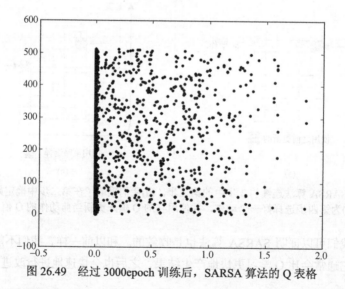

图 26.49　经过 3000epoch 训练后，SARSA 算法的 Q 表格

让我们来看看几场典型的游戏。图 26.50 展示了一场游戏，按照从左向右的顺序进行，用该算法需要 7 步才能获胜。

图 26.51 展示另一轮游戏，用该算法需要 8 步才能获胜。

像往常一样，更多的训练应该会带来更好的表现，所以我们把训练 epoch 数增加到 6000。

在 6000epoch 训练后，用 SARSA 算法去玩 5120epoch 游戏的结果如图 26.52 所示。

最长的一场游戏从 15 步下降到 14 步，降得并不多，但是仅需 3 步和 4 步就能完成的游戏数量明显有所增加。

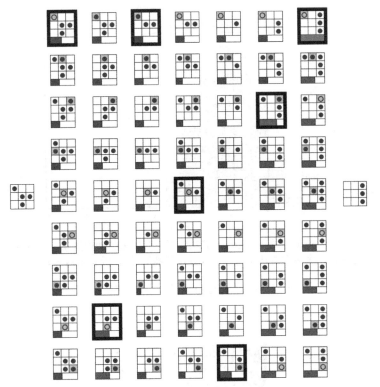

图 26.50　在对 SARSA 进行了 3000epoch 的训练后，玩的一场"翻转"游戏

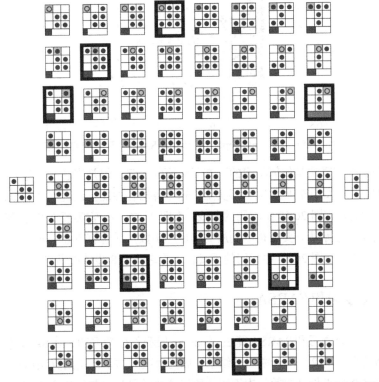

图 26.51　在对 SARSA 进行了 3000epoch 的训练后，玩的另一场"翻转"游戏

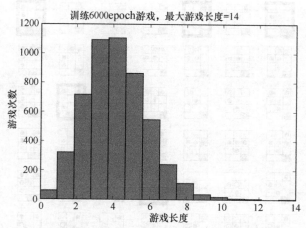

图 26.52 用训练了 6000epoch 游戏的 SARSA 算法取得胜利所需的动作数量，共计 5120epoch 比赛。
需要注意的是，大多数游戏变得很短（几步就能取胜），没有游戏会陷入长期循环

经过 6000epoch 训练后的 SARSA 算法的 Q 表格如图 26.53 所示。

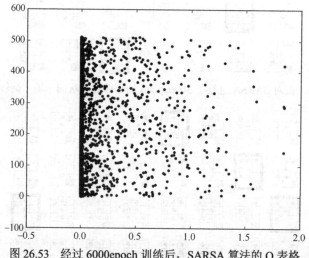

图 26.53 经过 6000epoch 训练后，SARSA 算法的 Q 表格

这些图让我们对"算法是如何学习的"有了全面的了解，但是当它（经过 6000epoch 训练的
算法）玩游戏时，它是如何表现的呢？事实上，这个算法在性能上已经有了很大的飞跃。

图 26.54 所示的是与图 26.50 中相同的游戏，在图 26.50 中，它需要 7 步才能获胜。但现在只
需要 3 步，这是这个起始状态要获得胜利所需的最小步数（尽管有不止一种方法可以实现它）。

图 26.55 所示的是与图 26.51 中相同的游戏，之前它需要 8 步才能获胜，而现在只需要 4 步。

## 26.7.2 对比 Q 学习和 SARSA

让我们比较一下 Q 学习和 SARSA 算法。图 26.56 展示了 Q 学习和 SARSA 在进行了 6000epoch
的训练之后，玩之前那 5120epoch 游戏的结果。因为每次的结果都是由算法运行产生的，而再次
运行算法时产生的随机事件会与前一次不同，所以这些结果与之前的略有不同。

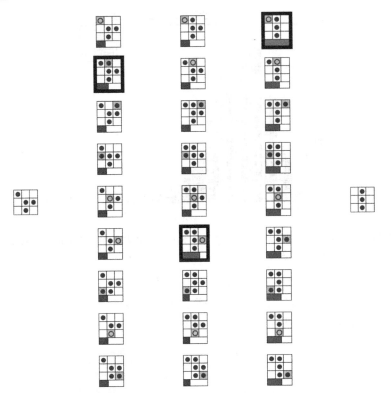

图 26.54 与图 26.50 中相同的游戏，又进行 3000epoch 的训练后的结果（一共 6000epoch 训练）

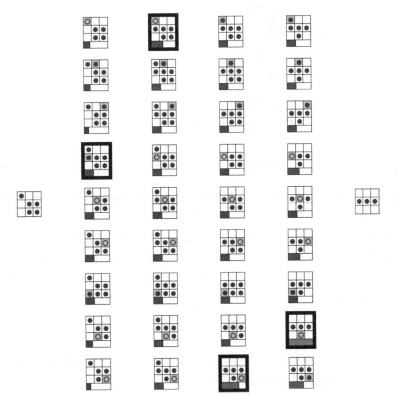

图 26.55 与图 26.51 中相同的游戏，又进行了 3000epoch 的训练后的结果（一共 6000epoch 训练）

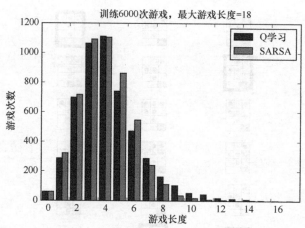

图 26.56  在进行了 6000epoch 训练后，让 Q 学习和 SARSA 再去玩那 5120epoch 游戏所得到的结果。SARSA 的最大游戏长度是 12 步，而 Q 学习的最大游戏长度是 18 步

它们是大致相当的，但 Q 学习会有几场比较长的游戏（相对于 SARSA 的 12 步而言）。

更多的训练可以改进 Q 学习，同时也会改进 SARSA。我们把训练次数增加 10 倍，也就是会对每种算法进行 60000epoch 游戏的训练，之后的结果如图 26.57 所示。

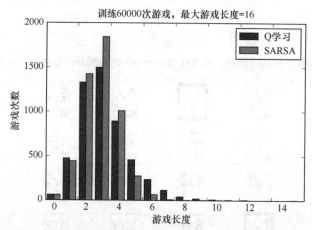

图 26.57  与图 26.56 中相同的场景，但在这里，算法已经经过 60000epoch 的训练了

经过如此多次的训练后，SARSA 在"翻转"游戏中做得很好——几乎所有游戏都可以在 6 步以内完成（只有很少的游戏需要 7 步）；而 Q 学习的整体表现就相对差一些，最多的时候需要 16 步才能取得胜利，但使用 4 步或更少步数就能取胜的游戏场数也在增加。

在这个简单的游戏中，我们还有另一种可以比较 Q 学习和 SARSA 的方法，那就是绘制出进行长时间的训练后的游戏的平均长度。这可以让我们知道它们的学习效率，如图 26.58 所示。

很容易看出这里的趋势，两种算法所用的时间都快速下降，然后趋于平稳。但一直是 SARSA 表现得更好，并且最终，SARSA 会比 Q 学习节省大概一半的时间（或者说，每玩两次游戏，就可以少走一步）。

当进行了 100000epoch 训练时，两种算法看上去都停止了学习，或者至少它们停止了表现的提升。看上去每个算法的 Q 表格都进入了稳定的状态，只会在由环境引入的随机改变下随时间而产生轻微波动。

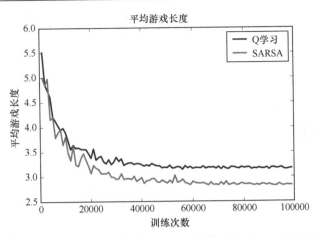

图 26.58 训练 1～100000 万 epoch 后（以 1000 次递增），算法玩游戏所需的平均长度

为了验证它的正确性，让我们看看每个 Q 表格中的平均值。我们希望可以看到，对于任何的训练量，SARSA 都应该填充更少的 Q 表格的单元格，因为它强大的前瞻功能使它可以避免一些糟糕行为而产生的计算量。这可以使 SARSA 拥有更低的 Q 表格平均值，因为更多的单元格会保留它们为 0 的初始值。图 26.59 展示了这些平均值。

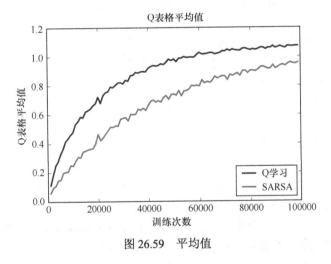

图 26.59 平均值

正如预料的那样，Q 表格平均值从前 1000epoch 游戏训练时相对较小，而随着时间增长，Q 表格平均值持续增加。

为了验证我们上面提出的"由于 SARSA 只填充了很少的 Q 表格的单元格，因此它会有更低的 Q 表格平均值这一解释"，让我们数数每个算法实际有多少个单元格为非 0 值，如图 26.60 所示。

这幅图与我们认为的 SARSA 比 Q 学习填充的单元格更少的想法一致，虽然看上去在进行大量的训练以后，SARSA 的这一个值几乎要赶上 Q 学习的了，并且一些随机事件会使它访问到一些之前从未访问过的单元格。

正如这些图所示，Q 学习与 SARSA 在学习如何玩"翻转"游戏上都表现不错。对于任何给定的训练次数，SARSA 都会相对表现得更好，且进行游戏的时间长度通常会更短。

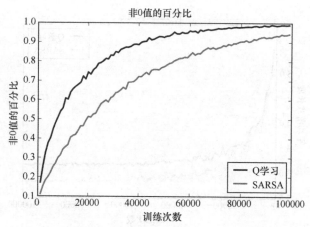

图 26.60　Q 学习以及 SARSA 的非 0 单元格的比例。横轴为以 1000 为增长单位、
从 1000epoch 增长至 100000epoch 的游戏训练轮数

## 26.8　强化学习的全貌

让我们对于所有已经构建过的系统做一次大局上的回顾。系统里都有一个环境以及一个智能体。环境为智能体提供两个数字的集合，或者是列表（状态变量以及可进行的动作）。智能体会用这两个集合，以及所有它内部的私有信息来从动作列表中挑选出一个值，并将它返回给环境。作为回应，环境会为智能体返回一个数字以及两个新的列表。

这也就是真正在发生的变化：一些数字上的小交换。

将这两个列表解释为棋盘以及棋盘上的移动是很棒的，因为这让我们可以把 Q 学习看作在学习如何玩一个游戏。但是智能体本身并不知道自己是在进行着游戏，不知道有什么规则，甚至可以说基本什么也不知道。它仅仅知道自己会得到两个列表的数字，以及它需要从其中一个列表挑选出一个数字，之后会得到一个奖励值以及两组新的数字列表作为回应。这样一个小进程却能实现如此强大的功能，令人印象深刻。不过只要我们可以找到一种描述环境及环境中可能发生的行为的方法，并将它们用数字的集合来表示，并且我们能找到即使是最原始的方式来区分一个好的行为以及一个糟糕的行为，那么这个算法就可以学习如何去产生那些高质量的行为。

对于简单的翻转棋游戏，这个算法工作得不错，但是在实际操作中，建立这样一个 Q 表格是否符合实际？在翻转棋里，总共只有 9 个方块，其中每个可以有一个点或者为空白，因此这个游戏需要一个 512 行、9 列，或者说 4608 个单元格的 Q 表格。在井字棋中，同样也有 9 个方块，其中每个有 3 种符号的可能：空白、X 或者 O。因此对于这个游戏，Q 表格的大小就会是 20000 行以及 9 列，或者说 180000 个单元格。

这样一个 Q 表格是挺大的，不过对于一台现代计算机来说还能接受。但是如果我们想要学习一些稍有挑战性的游戏呢？如果不是在 3×3 的棋盘上玩井字棋，而是在 4×4 的棋盘上玩呢？这将会产生大于 4300 万种棋盘的可能，因此我们的 Q 表格会需要 4300 万行以及 9 列，或者接近 3 亿 9000 万个单元格。这样一个 Q 表格对于现代计算机来说甚至都是相当大的。让我们仅再稍微增加一小步，在 5×5 的棋盘上玩井字棋。看上去这就有点骇人了。现在我们的棋盘有着将近 8500 亿种可能的状态。如果我们再在 13×13 大小的棋盘上玩这个游戏，会得到一个比全宇宙原子数量还要大的值[Villanueva15]。事实上，这差不多是 10 亿个宇宙的原子数量的值。

为这个游戏而存储这样一张表显然是不可能的，不过想要做这样一件事（在 13×13 大小的棋盘上玩井字棋）完全是合理的。甚至更合理的是，我们也许希望可以让系统学习下围棋。围棋的标准棋盘为 19×19 的直线，棋子摆在这些直线的交点上，每个交点可以是空的，也可以放着黑棋或者放着白棋。因此，这和井字棋的棋盘差不多，只是大了很多。我们需要一个行数为 173 位数字的表格。这样数量级的数字不仅仅处理它很不现实，而且也无法让人理解。

对这个**深度强化学习**（deep reinforcement learning）方法的一个重要观点是，它消除了 Q 表格的外在存储需求。我们可以将表格想象成一个函数，它以棋盘的状态作为自己的输入，并且将一个动作数以及 Q 值作为输出。正如我们所看到的那样，神经网络十分适合预测这样的东西。

因此，我们可以建立一个深度学习系统，它采用相同的棋盘输入，并且在我们确实掌控了棋盘的时候，预测我们会得到的动作数和 Q 值。在足够的训练之后，这样一个网络可以变得足够准确，因此我们可以抛弃 Q 表格而仅仅使用这个网络。

训练这样一个系统是十分有挑战性的，但它确实是可以完成的，并且会给我们出色的结果 [Mnih13][Matiisen15]。

## 26.9 经验回放

即便使用 $\varepsilon$-贪婪策略以及随机环境事件，强化学习依旧会陷入困境。如果在一段时间内没有用到一些有用的策略，强化学习还会渐渐地忘记它们。这需要在一段时间后重新发现这些策略。

一种减少这些问题的方法是使用经验回放[Wawrzyński13]。

经验回放的想法就像一位音乐家重新触碰多年未曾用过的乐器。她可能必须得从自己当年的早期练习以及简单的乐曲开始复建。她并非第一次学习这些知识，但再次经历这样一个过程可以重新激活她的肌肉记忆，帮助她记起那些处于休眠状态的技巧。

为了将这个想法应用于强化学习，我们将希望系统记住的状态序列及行为保存下来。在训练中，当遇到这些序列中的某个初始状态时，我们将它们"回放"给学习系统。

也就是说，我们间断性地将环境断开，并用我们所保存着的反馈序列来代替它。

我们要求系统做出一个选择，然后用之前记录下的选择覆盖它。然后我们会给系统与它上一次得到的相同的反馈（奖励、新行为以及新的状态）。系统会根据这个行为更新它的 Q 值，然后我们再要求它做出一个新选择。我们再用自己记录里的序列中所保存的下一个选择来覆盖它，然后重复上面那些步骤。对于记录里的所有行为，我们都会进行这个操作。

对记录里的所有行为进行了操作之后，我们会把环境重新连接至智能体，并让它们像先前那样继续训练。

也许我们会把所有这些看作强迫智能体再次体验"旧时的记忆"，只不过它会将这些记忆看作是真实的，并予以反馈。

这样做的结果是，每个记忆中的行为都会经历一个小小的 Q 值提升，使得它们更有可能在将来被选中。

为强化学习系统增加经验回放可以帮助它"想起"所学到的东西，即使在那之后这些知识再也没有被用到。这些成功的行为不会渐渐消退，它们的分数会被稍稍提高，因此在未来它们仍然是具有吸引力的选择。

## 26.10　两个应用

让我们简略地看看强化学习的两个应用。

第一个应用是关于围棋的。正如我们之前所提到的那样，这是一个有着多到不可思议的状态数量的游戏。虽然棋类游戏是多年来科学家们所关注的重点，但围棋一直被认为是一个相当大的挑战[Levinovitz14]。

AlphaGo 的团队使用深度强化学习技术创造了一位世界级的选手[DeepMind16]。这个系统与大量的人类知识相结合。而被称作 AlphaGo Zero 的第二个系统被设计为从头开始学习围棋。它并未与人类进行游戏，也没有被输入人类的经验以及其他任何指导，而仅仅是知道规则，以及将胜利作为自己的动力[Hassabis17]。

强化学习再次被使用，不过这次，游戏双方都被纳入其中。还记得我们说过，对于一个智能体而言，世界上其他的所有东西都是环境的一部分。因此，当玩家 1 到了自己的回合，它就是智能体，并且会根据环境而做出一些行为，这个环境也包括玩家 2。而当到了玩家 2 的回合时，玩家 1 就变成了环境的一部分。通过交替变更每局游戏中的玩家视角，一个系统就可以进行自我学习。

世界上至今还没有任何一台实际的设备可以保存围棋中的所有可能状态，因此它无法使用我们上面提到的，通过建立一张表格来保存对于所有棋盘状态的某个行为的质量评分。取而代之的是，当系统在学习如何下棋时，它同样也在训练一个将棋盘状态作为输入来帮助选择最佳行为的神经网络。这个网络就会代替那个复杂的表格。

这个方法正是训练 AlphaGo Zero 的核心。在与自己进行了接近 500 万次对战之后，如今 AlphaGo Zero 已经是世界上极具争议的最佳围棋选手了[Silver17]。

第二个应用则与游戏无关。

在计算机图像领域，人们所做的就是利用计算机程序来创造图像。这些图像经常被用来捕捉三维场景。在某些情况下，我们希望这些图像是现实世界的一个准确预测，比如在我们计划建造一幢新大楼或者一座新花园时。在另一些情况下，我们则想要创造一些更加新奇的图像，比如为游戏或者动作电影做一些简化的或者抽象的世界设定。

在所有这些应用中，想让一张图像看上去是一个合理的三维场景，会需要多种学科里的许多技术。但在这些过程中，我们几乎总是需要判定图像的质量以及从场景中的一处照射到另一处的光线颜色。通过光在环境周围的反射，我们最终可以模拟出相机拍出来的光影效果，这使我们可以真正地创造图像[Glassner94]。

计算这种光的分布是一项计算量很大的工作。它不仅需要我们考虑场景中媒介以及各种表面的性质，也同样需要我们考虑哪里的东西是透明的。例如，如果在两点间有一个完全不透明的物件，那么没有任何光线可以在两点间穿过（当然，除非这个物体穿着一件隐形衣[Vandervelde16]）。通常来说我们必须评估数百万种光路才能创造出一幅图像。通常我们将光线的传播建模为想象一束光线从一点传播到另一点，再计算这样一条光路的描述。这项技术称为**光线追踪**[Glassner89]。

通常来说，评估的光束越多，所得到的图像质量就越好（它们看上去会更加平滑，也更接近真实照片，而不是如同被一些雪花般的光点所覆盖）。然而由于评估光路十分费时，我们总是希望尽量少地执行这个步骤。我们还希望对这些计算进行优先级排列，因此会创造出那些沿着看上去对于预测入射光最重要的方向的光束。这通常意味着我们希望看到在那些方向中，哪里的入射光是最亮的，或者哪里携带着最多的颜色信息。

一篇关于计算机图像领域的文章展示了由物理学家发展出的数学表达式，它可以描述亚原子尺度微粒的运动，也可以被用来描述光在环境中传播的表现[Kajiya86]。

令人惊讶的是，这个计算机图像的公式有着和 Q 学习基本表达式几乎相同的结构[Dahm17a]。这不仅仅是一个巧合。它暗示着在两个看似毫无关系的活动间深刻的概念相似性。

如果将这两个式子放在一起，我们就可以找出强化学习与计算机图形学思想之间的对应关系。Q 学习中的一个状态正对应了场景中一个被选择的点，并且一个动作就是计算光束从其他特定点返回到被选中点的过程。奖励也就对应着接收到的光线的描述。

因此在创建一张图像时，我们会集中精力去找对于这个图像来说最重要的光线。Q 学习使得这个过程变得更有效率，因为我们不用再浪费时间去评估那些不会在图像中造成太大差别的入射光线。我们与其从一个给定的棋盘状态中去找到可以获得最佳奖励的最佳行为，不如从一个场景中给定的点往最佳方向看，以获得最多的有关抵达该点的光线的信息。

收集到了入射光线后，还有很多工作等着我们去完成，不过收集光线信息是创建一个图像的必要的第一步。因为评估光线是一个非常缓慢的过程，而且在创建一个图像的过程中，这一过程会被重复多次，所以通过使用这样的 Q 学习的类似系统来提升该过程的效率，创建看上去不错的图像现在所花费的时间比以前少得多[Dahm17b]。

## 参考资料

更多有关强化学习的信息参见[Champandard02]、[Lee04]以及[Sutton17]。

[Asadi17]　　　　Kavosh Asadi and Michael L. Littman, *An Alternative Softmax Operator for Reinforcement Learning*, Proceedings of the 34th International Conference on Machine Learning, Sydney, Australia, 2017.

[Champandard02]　Alex J Champandard, *Reinforcement Learning*, Reinforcement Learning Warehouse, Artificial Intelligence Depot, 2002.

[Dahm17a]　　　Ken Dahm, Alexander Keller, *Learning Light Transport the Reinforced Way*, arXiv 1712.07403, 2017.

[Dahm17b]　　　Ken Dahm, Alexander Keller, *Machine Learning and Integral Equations*, arXiv 1712.06115, 2017.

[DeepMind16]　　DeepMind team, *Alpha Go*, 2016.

[Eden15]　　　　Tim Eden, Anthony Knittel and Raphael van Uffelen, *Reinforcement Learning*, University of New South Wales, 2015.

[Glassner89]　　Andrew Glassner, James Arvo, Robert L.Cook, Eric Haines, Pat Hanrahan, Paul S. Heckbert, Pat Hanrahan, *A Introduction to Ray Tracing*, Academic Press, 1989.

[Glassner94]　　Andrew Glassner, *Principles of Digital Image Synthesis*, Morgan-Kauffmann, 1994.

[Hassabis17]　　Demis Hassabis and David Silver, *AlphaGo Zero：Learning From Scratch*, DeepMind Blog, 2017.

[Kajiya86]　　　James T Kajiya, *The Rendering Equation*, SIGGRAPH '86 (Proceedings of the 13th Annual Conference on Computer Graphics and Interactive Techniques), 1986.

[Lee04]　　　　　Mark Lee, *The Reinforcement Learning Problem*, University of Alberta, 2004.

[Levinovitz14]　Alan Levinovitz, *The Mystery of Go, the Ancient Game That Computers Still Can't Win*, Wired, 2017.

[Matiisen15]　　Tambet Matiisen, *Demystifying Deep Reinforcement Learning*, Nervana, 2015.

[Melo15]　　　　Francisco S. Melo, *Convergence of Q-learning: A Simple Proof*, Institute for Systems and Robotics, Instituto Superior Técnico, Portugal, 2015.

[Mnih13]　　　　Volodymyr Mnih, Koray Kavukcuoglu, David Silver, Alex Graves, Ioannis Antonoglou, Daan Wierstra, Martin Riedmiller, *Playing Atari with Deep Reinforcement Learning*, NIPS Deep Learning Workshop, 2013.

[Rummery94]　　G.A. Rummery and M. Niranjan, *On-Line Q-learning Using Connectionist Systems*, Engineering Department, Cambridge University, 1994.

[Silver17]　　　David Silver, Julian Schrittwieser, Karen Simonyan, Ioannis Antonoglou, Aja Huang, Arthur Guez, Thomas Hubert, Lucas Baker, Matthew Lai, Adrian Bolton, Yutian Chen, Timothy Lillicrap, Fan Hui, Laurent Sifre, George van den Driessche, Thore Graepel, Demis Hassabis, *Mastering the Game of Go Without Human Knowledge*, Nature, number 24270, 2017.

[Shalizi07]　　Cosma Shalizi, *Markov Processes*, Lecture notes on Stochastic Processes, Carnegie Mellon University Computer Science Course 36-754, 2007.

[Sutton17]　　Richard S Sutton and Andrew G. Baro, *Reinforcement Learning: An Introduction*, A Bradford Book, MIT Press, 2017.

[Vandervelde16]　Thomas Vandervelde, *Beyond Invisibility — Engineering Light with Metamaterials*, Phys.org blog, 2016.

[Villanueva15]　John Carl Villanueva, *How Many Atoms Are There In The Universe?*, Universe Today, 2015.

[Watkins89]　　C.J.C.H. Watkins, *Learning from Delayed Rewards*, Ph.D. thesis, Cam-bridge University, 1989.

[Wawrzyński13]　Paweł Wawrzyński and Ajay Kumar Tanwani, *Autonomous Reinforcement Learning with Experience Replay*, Neural Networks, vol 41, pp. 156-167, 2013.

# 第 27 章

# 生成对抗网络

让系统了解数据集特征的一种方法是将它与另一个试图欺骗它的系统进行配对。当学习器能够区分真实的数据和伪造的数据时，我们就可以使用它来生成更多类似于输入数据的数据。

## 27.1 为什么这一章出现在这里

生成数据令人兴奋。它让我们可以制作出与其输入相似的新画作、歌曲和雕塑。

我们在第 25 章中看到了如何用 VAE 生成新数据。在本章中，我们将研究一种完全不同的方法来生成类似于训练数据的数据。

这种技术使我们能够生成远远超出 VAE 提供的数据类型。一个有趣的应用程序允许我们基于不同但相似的媒体的现有示例创建特定类型的新媒体。例如，我们可以回答这些问题："如果凡·高把这张大峡谷照片画出来会怎样？"[Zhu17]，或者"如果巴赫创作了 20 世纪 60 年代的流行音乐会怎样？"[Bayless93]，或"如果迷幻摇滚乐队以雷鬼乐的风格演唱他们的歌曲会怎样？"[EasyStar03]。

这些都是有趣的问题，但人们都很好地回答了这些问题，他们给出了更多机智、有深度的答复，而不是单纯地伪造统计。

但是，如果我们可以随意生成新数据，它就可以帮助我们训练其他神经网络。我们已经看到大型网络需要大数据，并且难以获得高质量的标记数据。如果我们自己生成这些数据，则可以根据自己的喜好制作尽可能多的数据。

生成新数据的另一个用途是为我们提供想法和选择。假设我们正在规划一个标准的花园。我们可以为计算机提供我们可用的空间及其位置。由此，计算机可以查看当地的气候，来大致了解预期的日晒和雨水类型。接着我们可以为它提供任何我们所喜欢的花园样式，而它可以产生无穷多可能的样式设计。我们可能不会喜欢它们中的任何一个，但它们可以激发新的想法，并成为我们自己创造力的起点。

或者假设我们需要为我们的房子选择新家具。我们可以给一个训练有素的系统一张家里当前家具的照片，然后它可以合成一个适合我们现在装饰的新椅子或沙发。那个设计就可以送到工匠那里开始制作。请注意，这不仅仅是对现有照片的选择，而是一种全新的家具，与其他物品在美学上相匹配。

我们将看到的这类系统称为**生成对抗网络**（Generative Adversarial Network，GAN）。它基于一种巧妙的策略，即两个不同的深层网络互相攻击，其目标是让一个网络创建与训练数据不同的新样本，但是它们非常接近，以至于其他网络无法分辨哪些是合成的，哪些属于原始训练集。

一旦在数据集上训练了一个 GAN，无论是花园图片、音乐作品、机器零件、小说，还是更抽象的数据，我们都可以制作出自己喜欢的新数据。在最纯粹的想法中，理想情况下，新样本与训练数据无法区分。也就是说，给定任何样本，我们将无法判断它是输入样本之一还是由生成器创建的内容。

在许多情况下，我们甚至可以平滑地从一个样本混合到另一个样本，创建的中间样本（在最好的情况下）也与输入数据无法区分。

## 27.2 一个比喻：伪造钞票

引入 GAN 的通常方法是设想一种伪造操作。与典型的演示方法不同，我们将介绍它的一种变体，以更好地揭示关键想法。

故事始于两个阴谋家，我们称之为 Glenn 和 Dawn。Glenn 的名字以 G 开头，因为他将扮演**生成器**（generator）的角色，在这种情况下他会伪造钞票。Dawn 的名字以 D 开头，因为她将扮演**鉴别器**（discriminator），负责鉴别任意给定的钞票是真实的，还是 Glenn 的伪造品之一。他们将共同努力，以使他们尽可能地做好自己的工作，在这个过程中，迫使对方变得越来越好。

作为生成器，Glenn 整天坐在一间密室里，精心制作金属板和打印虚假钞票。Dawn 是负责质量控制的。她的工作是将真正的钞票与 Glenn 的伪造品混在一起，并鉴别哪些是真的。

Glenn 和 Dawn 所在的国家对制作伪钞的处罚是终身监禁，所以他们都很想制作没有人可以分辨出的钞票。我们可以称他们国家的钞票为 Solar，而他们想要伪造 10000 张 Solar 钞票。

值得注意的是，10000 张 Solar 钞票都不一样。至少，每张钞票都有唯一的序列号。但真正的钞票也会被磨损、折叠、涂画、撕裂、弄脏或者经过了什么别的处理。因为新的、清晰的钞票一眼就会被认出来，所以 Glenn 和 Dawn 更想要生产看起来就像所有其他钞票一样的被磨损的钞票。

在真实的情境下，Glenn 和 Dawn 肯定会从一大堆真实钞票开始，并对每个细节进行深入研究，学习他们所能做的一切。但我们只是把他们的工作用作一个比喻，所以将采取一些限制措施，使这种情况更好地与本章的算法相匹配。

首先，我们会简化一些事情，比如先只关心钞票的一面。也许这种钞票背面是空白的，方便人们在上面写购物清单和其他笔记。

其次，在开始之前，我们不会分别给 Glenn 和 Dawn 供他们学习的钞票。事实上，我们几乎什么都不给他们。因此，开始制作时，Dawn 和 Glenn 都不知道真正的钞票是什么样的。显然，这将使事情变得更加艰难。我们马上就会证明这一点。我们给 Glenn 的是：一大堆空白矩形纸，有正确的形状和大小来做 10000 张 Solar 钞票。

我们将给他们分配些日常工作。每天，Glenn 都会坐下来，用他已掌握的所有信息制作一些伪造品。起初，他什么都不知道，所以他可能会在纸上涂上不同颜色的墨水。或许他会画出一些面孔或数字，但基本上只是画随机的东西。

每天快结束时，Dawn 将前往银行并提取 10000 张 Solar 钞票。她会非常轻地用铅笔在每张钞票的背面写上"真"这个词，然后收集 Glenn 的伪造品，并在每张背面轻轻写下"假"字样。之后她会把它们混在一起，如图 27.1 所示。

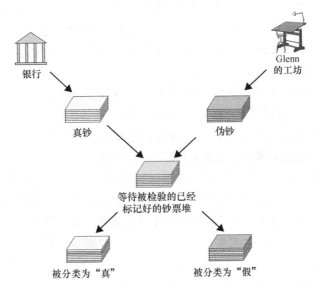

图 27.1　Dawn 在检测伪造品方面的工作。她首先会从银行获得一套真实的钞票。在每张背后，她轻轻地写下"真"这个词。然后她从 Glenn 那里收集了他一天的成果。在那些钞票背后，她轻轻地写下"假"。然后她将钞票一起打乱，只看正面，将每一张分类为"真"或"假"。在这个例子中，她在两个类别中都犯了一些错误

　　现在 Dawn 完成了她真正的工作。她逐一查看钞票正面，而不看后面，将每张钞票分类为真或假。她在问自己，"这张钞票是否真实？"，然后，"是"的答案可以称为对该钞票的积极回应，而答案为"否"将是对该钞票的消极回应。

　　Dawn 仔细地将初始钞票分成两堆：真和假。由于每张钞票可能是真的或假的，因此有 4 种可能性，如图 27.2 所示。

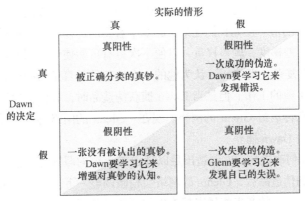

图 27.2　当 Dawn 检查钞票时，它可能是真的或假的，并且她可能宣称它是真的或假的。这里给出了 4 种可能性

　　当 Dawn 查看钞票时，如果它是真的并且她说这是真的，那么她的"积极"决定（它是真实的）是准确的，这是一个真阳性（TP）。如果该钞票是真实的，但她的决定是"消极的"（她认为这是假的），那么这是一个假阴性（FN）。如果该钞票是假的，但她认为这是真的，则这是假阳性（FP）。最后，如果该钞票是假的并且她正确地将其识别为假的，则这是真阴性（TN）。在除真阳性外的所有情况下，Dawn 或 Glenn 使用这个例子来改进他们的工作。

图 27.2 看起来很像我们在第 11 章中看到的操作性条件反射矩阵。有趣的是，这里对于真阳性没有奖励。相反，Dawn 会因为她为那些假钞鉴定成真品而受到"惩罚"，这可以迫使她去学习自己分类错误的钞票，而 Glenn 则会因为制作出了那些被鉴定为真阴性的假钞而受到"惩罚"，这可以迫使他去研究那些被鉴别出来的钞票以提高工作质量。

一旦 Dawn 对每张钞票进行了分类，她就会回过头来检查她的工作。

例如，她决定先检查她归类为"真"的钞票。如果这些钞票之一的背面写着"真"，那么它是**真阳性**，因为 Dawn 将它归类为"真"（"这张钞票是真的吗？"，她回答说"是的"），且她做对了。她能够对自己的技能感到满意，并继续判断下一张钞票。

否则，这是**假阳性**。因为当钞票不是真的时，她归类为"真"。每次误报都是她了解这些钞票的机会。由于 Dawn 是质量检查员，她需要弄清楚她错过了哪些可以让她发现伪造的线索。Dawn 能够正确发现假钞是至关重要的，因为如果她被愚弄而警察没有，那么这个团队就可能入狱。

当她处理了归类为"真"的钞票堆，她会检查归类为"假"的钞票堆。如果这些钞票之一的背面写着"真"，那么它是**假阴性**，因为当钞票不是假的时，她归类为"假"。这对团队来说是一个问题，因为它表明 Dawn 需要提高她从假钞中发现真钞的能力。

否则，该钞票是伪造的，且 Dawn 正确地将其识别出来。这是**真阴性**。现在是时候让 Glenn 了解他做错了什么，导致这张钞票是伪造的事实被发现，并且尽量不再重复。

## 27.2.1 从经验中学习

我们已经说过，Dawn 和 Glenn 都需要从他们的错误中吸取教训，但是怎么做呢？

让我们不把 Dawn 和 Glenn 看作是两个人，而假设他们是两个不同的神经网络，以此来回答这个问题。

Dawn 的分类是神经网络的结果，它将每个输入分为两类：真或假。当预测错误时，该网络的误差函数将具有较大的值。正如我们在第 18 章中看到的那样，反向传播将使用此误差开始通过 Dawn 的网络驱动误差梯度，调整权重，以便下次更有可能使该类别分类正确。

Glenn 的工作有点复杂。当 Dawn 认为他的一个伪造品是真正的钞票时，他的网络不需要改变，因为他成功完成了他的工作。但是当 Dawn 捕获伪造品时，我们会通过在网络末端发出一个较大的误差以将此信息传达给 Glenn 的网络。现在，Glenn 的网络将采用反向传播调整权重，以便新的输出不太可能被 Dawn 捕获。

Glenn 的网络是如何改进的，并制造出足以瞒过 Dawn 的假钞呢？它是通过缓慢、渐进的方式进行的。每次检测到伪造品后，Glenn 的网络会稍微调整一下。随着时间的推移，良好的变化将会逐渐积累，使得 Glenn 的产出将越来越难以与真钞区分开。

我们可以很自然地认为这是 Glenn 学习的荒谬笨拙的方式。为什么是盲目地试错呢？为什么不向 Glenn（或他的网络）展示一些真正的钞票，并告诉他直接从它们中学习呢？正如我们在第 24 章中看到的那样，这个方法适用于变分自动编码器。它们产生的输出看起来很像输入。

我们在这里不这样做，因为有很多其他重要问题无法用这种方法解决。

例如，Glenn 试图通过将各种百分比的不同成分混合在一起来伪造昂贵的葡萄酒。Glenn 可能没有技术或能力来反向设计他试图伪造的葡萄酒的化学成分。即使他可以，他也许不知道如何混合和准备大量的初始成分来产生这些特定的结果。它们可能需要加热、冷却或老化，或 Glenn 甚至无法猜测的其他过程。相反，他可以尝试很多不同的组合，并逐渐发现正确的选择，以让他的作品能越来越频繁地骗过 Dawn，一位现在越来越专业的葡萄酒品鉴师。

有时训练数据的逆向工程根本是无法进行的。我们假设 Glenn 正试图为一件电子设备伪造集成电路。他试图伪造的电路用环氧树脂和其他材料密封，使它们几乎不可能分开。相反，他必须在自己没有任何相关知识的条件下，尝试拼凑出运行表现相同的电路。

在另一种情况下，Glenn 可能会尝试着以著名艺术家的风格伪造绘画。他被给予了各种场景的照片，并希望能够制作出那个场景的图像。他希望这份赝品足以欺骗艺术家，让他们误认为这是一幅大师遗失的作品。Glenn 如何对他伪造的绘画风格进行逆向工程？当然，正如传统的伪造者所做的那样，他可以长时间工作，试图列举画笔、颜色和绘画笔画的选择等。但这需要长期细致的研究。然而运行一个尝试对照片进行大量风格修改的程序，然后将它们与主人的真实绘画进行比较要容易得多。如果现在担任艺术史学家的 Dawn 无法从真正的绘画中分辨出 Glenn 的伪造品，那么 Glenn 就完成了他的任务。

Glenn 为了对它们进行逆向工程而研究原件，与他逐渐学习伪造这些原件的方法之间的差异实际上只是一种基本的方法区分的再现，即设计可手动调整的特征和使用计算机为我们找到特征之间的不同。

回想一下我们在第 1 章中对特征工程的讨论，识别手写数字的早期方法是使用人类设计的特征来寻找 8 的两个循环，或 7 的水平和角度线，诸如此类。当问题变得复杂时，很难建立这样的特征列表，并且它们很快就被异常值和变量所淹没。机器学习所采用的纯统计方法并不需要显式地标注特征。相反，它只是统计分析像素中发生的事情，并使用这些统计数据来识别数字。事实证明，它比手工构建的特征列表更快、更准确、更健壮。

## 27.2.2　用神经网络伪造

Dawn 和 Glenn 觉得他们已经太久没有度假了，于是决定伪造一些可以购买飞往异国机票的钞票，并将他们的工作交给一对神经网络。

Dawn 用一个她称之为**鉴别器**的网络代替自己。该网络可以使用我们想要的任何类型的层。示例中的鉴别器将图像作为输入，并返回单个值作为其输出，描述图像是真钞还是假钞。我们可以将鉴别器看作二元（"真实"和"伪造"）分类器。

Glenn 用一个他称之为**生成器**的网络代替自己。这也可以有任何类型的架构。生成器的工作是生产新的伪钞。但正如我们所看到的，真实钞票之间并非完全相同。因此，生成器的输出将是一个图像流，它由无数崭新且独一无二的图像组成，图像间彼此不同，但都与真实钞票的图像无法区分。

在图 27.2 中，我们根据真或假，以及阳性或阴性来确定 Dawn 决策的 4 种类型。让我们就鉴别器和生成器，以流程图的形式说明这些。

从真阳性开始，鉴别器正确地报告输入的真钞图像确实是真的钞票。由于这正是我们希望鉴别器在这种情况下所做的，所以没有学习要做，如图 27.3 所示。

接下来，当鉴别器错误地宣布真钞是假的时，我们得到假阴性。因此，鉴别器需要了解有关真钞的更多信息，以免重复此错误，如图 27.4 所示。

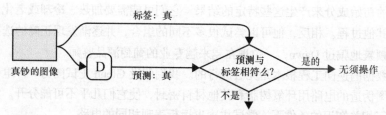

图 27.3 在真阳性情况下，鉴别器（D）接收真钞的图像并正确地预测
它是真的。在这种情况下，什么也不需要发生

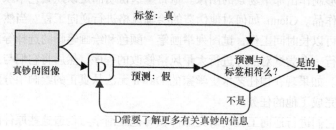

图 27.4 当钞票真实时，鉴别器说这是假的，我们得到假阴性。在这种情况下，
鉴别器需要再次了解有关真钞的更多信息，以免重复这些错误

当鉴别器被生成器愚弄，并宣布伪造的钞票是真的时，就会出现误报。在这种情况下，
鉴别者需要更仔细地研究该钞票，并发现任何错误或不准确之处，以免再次被愚弄，如图 27.5
所示。

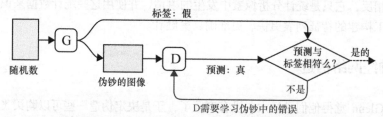

图 27.5 在假阳性情况下，鉴别器从生成器（G）接收伪钞的图像，但将其分类为真钞。
这意味着生成器已经创造了令人信服的伪造品。为了迫使生成器变得更好，鉴别器从错
误中学习，以便这种特殊的伪造不会再次被遗漏

最后，真阴性发生在鉴别器正确识别伪造的情况下。这种情况如图 27.6 所示。生成器需要了
解它做错了什么并改善其输出。

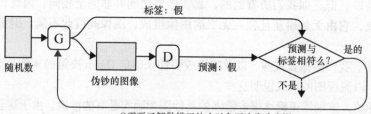

图 27.6 在真阴性场景中，我们向鉴别器提供来自生成器的假钞，鉴别器正确地将其识别为假的。
在这种情况下，生成器了解到其输出不够好，并且必须提高其伪造技能

注意，在这 4 种可能性中，其中一种（TP）对任一网络都没有影响，其中两种（FN 和 FP）会使鉴别器提高识别真钞和假钞的能力，并且只有一种（TN）会让生成器学习并避免重复错误。

### 27.2.3 一个学习回合

我们可以使用反馈循环来驱动训练过程。

通常，我们会一遍又一遍地重复 4 个步骤。在每一步中，我们都会给鉴别器一张真或假的钞票，然后根据其决定采取正确的学习行动。

首先，我们训练鉴别器，然后是生成器，接着是鉴别器，最后是生成器。这个想法是测试一个或另一个网络需要学习的 3 种情况中的每一种。生成器学习的真阴性情况会重复两次，原因我们稍后会讲到。这 4 个步骤如图 27.7 所示。

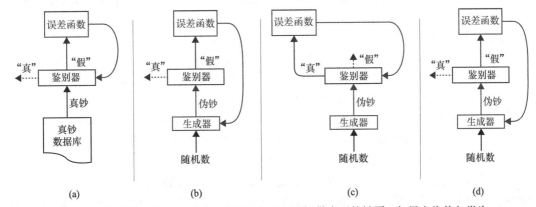

图 27.7 学习回合的 4 个步骤。(a)我们向鉴别器提供真正的钞票。如果它将其归类为"假"，那么就有假阴性，我们需要教导鉴别器以更好地识别真钞。(b)我们生成假钞。如果鉴别器将其标记为"假"，则生成器必须变得更聪明。(c)我们生成假钞。如果鉴别器将其标记为"真"，则鉴别器必须学习如何不被愚弄。(d)重复(b)的步骤，使鉴别器和生成器以大致相等的速率学习

第 1 步，我们试图从假阴性中学习。我们给鉴别器提供来自真钞数据库的随机钞票。如果它将其错误分类为伪造，我们会告诉鉴别器从这个错误中吸取教训。

第 2 步，我们寻找真阴性。我们给生成器提供一些随机数，生成伪钞，并将其交给鉴别器。如果鉴别器捕获了伪造品，我们告诉生成器，它试图学会产生更好的伪钞。

第 3 步，我们寻找假阳性。我们向生成器提供一批新的随机数，并让它生成新的假钞，我们将其交给鉴别器。如果鉴别器被愚弄并且说钞票是真的，则鉴别器从其错误中学习。

第 4 步，我们从第 2 步开始重复真阴性测试。我们给生成器提供新的随机数，制作新的假钞，如果鉴别器捕获伪造品，则生成器学习。

重复两次生成器学习步骤的原因是，实践表明，最有效的学习计划是以大致相同的速率更新两个网络。由于鉴别器从两种类型的错误中学习，而生成器只从一种错误中学习，我们将生成器的学习机会数量增加一倍，使它们能够以大致相同的速率学习。

总而言之，这个过程完成了 3 个工作。首先，鉴别器学习识别表征真实样本的特征。其次，鉴别器学会识别揭示假样本的特征。最后，生成器学习如何避免包括鉴别器已经学会发现的特征。我们还没有说过如何进行学习，但我们很快就会开始这项讨论。

因此，鉴别器在识别真实钞票和发现伪造品中的错误方面变得越来越好，并且生成器反过来越来越好地找到如何制作无法与真品区分的伪造品的方法。这对网络组合在一起组成单一的 GAN。

我们可以用"学习之战"[Geitgey16]来描绘这两个网络。随着鉴别器越来越好地发现假钞，生成器必须相应变得更好，使鉴别器更好地找到伪造品，使生成器在制造假钞时变得更好，等等。

我们的最终目标是拥有一个尽可能好的鉴别器，它对实际数据的每个方面都有深入而广泛的了解；以及一个仍然可以通过鉴别器获得伪造品的生成器。这告诉我们，伪造品现在与真实的样本不同，但在统计意义上与它们无法区分，而这一直是我们的目标。

## 27.3 为什么要用"对抗"

根据上面的描述，"生成对抗网络"这个名称可能看起来很奇怪。这两个网络似乎是合作的，而不是对立的。

"对抗"这个词来自以稍微不同的方式看待情况，而不是我们在 Dawn 和 Glenn 之间所描述的合作。我们可以想象 Dawn 是与警察合作的侦探，而 Glenn 是独自工作的。为了使这个比喻有效，我们还必须想象 Glenn 有一些方法可以知道他的伪造钞票中有哪些会被发现（也许他的同谋在 Dawn 的办公室找到了并将这些信息转发给他）。

如果我们把伪造者和侦探描绘成彼此相对的，那么他们确实是在相互对抗。这就是 GAN 在这篇原始论文中主题部分的表达 [Goodfellow14]。这种对抗性的观点并没有改变我们如何建立或训练网络，但它提供了一种不同的方式来思考它们[Goodfellow16]。

"对抗"这个词反过来来自一个称为**博弈论**（game theory）的数学分支[Watson13]。博弈论非常有名，因为它向我们展示了如何对游戏进行正式和系统的研究。虽然博弈论可以描述像国际象棋和棒球这样的传统游戏，但它实际上包含了各种各样的基于规则的冲突，从国际关系到共享公共生活中的资源。每当我们有一个或多个以某种方式反对的团体，并且遵循一套描述良好的规则时，我们就会有一个博弈论候选人。职业扑克选手、经济学家和政治科学家都使用博弈论。

我们可以把侦探和伪造者之间的对立冲突**看作**一种游戏。如果伪造者可以让他的钱被识别成真钞，他就赢了；而如果侦探捕获了伪造品，则赢了的人是她。通过这种方式，我们可以使用博弈论的数学工具来更深入地了解 GAN 的工作方式和原因[Goodfellow14]。

关于像伪造者与侦探冲突这样的游戏，一个有趣的事情是两个玩家分享游戏并相互影响，但每个玩家都只对自己的决定负责。在实际意义上，当我们用假样本训练鉴别器时，只有鉴别器在该步骤中学习，尽管我们依赖于生成器来产生假样本。另一方面，为了训练生成器，我们依赖于鉴别器的决定，以便它可以学习什么情况下会被鉴别器捕获并避免重复该错误。

## 27.4 GAN 的实现

我们将从多个模型中构建一个 GAN。在本节中，"模型"一词指的是学习架构（在这种情况下，是一组层），以及系统从训练中学到的权重。

我们通常通过为生成器制作一个模型，为鉴别器制作一个模型，然后将它们连接在一起形成第三个模型来构建一组 GAN。第三个模型使用与其他两个模型完全相同的层。也就是说，它不会创建一个全新的具有相同形式的层，但它使用的是相同的层。这意味着当我们更新第三个模型中的权重时，这些更改将自动成为其他两个模型的一部分，反之亦然。

让我们看看这个过程，然后看看一些结果。

### 27.4.1　鉴别器

鉴别器是 3 种模型中最简单的一种，如图 27.8 所示。其输入是样本，其输出是单个值，用于报告网络对输入来自训练集的可信度，而不是尝试伪造。

我们如何构建鉴别器没有任何其他限制。它可以是浅的或深的，并且使用任何类型的层：全连接层、卷积层、循环层等。

在伪造钞票的示例中，输入将是钞票的图像，输出是反映网络决策的实数。值为 1 表示它是真实的钞票，值为 0 表示它是假的，值为 0.5 意味着鉴别器无法分辨。

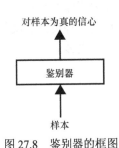

图 27.8　鉴别器的框图

### 27.4.2　生成器

生成器将一堆随机数作为输入。如果我们将生成器构建为确定性的，那么相同的输入将始终产生相同的输出。从这个意义上讲，我们可以将输入值视为潜在变量。但是这里的潜在变量并没有通过分析输入来发现，因为它们是第 24 章中的 VAE。相反，它们只代表包含我们样本集的空间，或者说云的一个版本。生成器使用这些值来创建与该点相对应的样本。

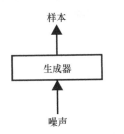

图 27.9　生成器的框图

生成器的输出是合成样本。生成器的框图如图 27.9 所示。

在伪造钞票的例子中，输出将是一张图像。

虽然我们将输入称为"噪声"或"随机数"，但这仅仅是因为我们如何生成它们。实际上，这些值是对生成器产生的内容的完全合理的描述（允许生成器本身内部的随机性）。所以我们可以说进入生成器的值描述了"铅笔的图像"，但是直到我们通过生成器运行这些值之前，我们通常不知道具体的这种类型的实例何时会出现。一旦得到输出，那么我们可以说，例如，"这些数字代表一张未削尖的黄色 #2 铅笔的图像，在它旁边有一个略微使用过的橡皮擦"。但在看到输出之前，我们并不知道，所以我们称之为"随机数"或"噪声"。

图 27.9 中生成器的损失函数本身都是无关紧要的，在某些实现中我们可能完全不用它。正如我们将看到的那样，我们通过将生成器连接到鉴别器来训练生成器，因此生成器将从应用于整个网络的损失函数中学习。

与鉴别器一样，我们如何构建生成器没有任何其他限制。我们可以使用自己喜欢的任何类型的层。

一旦 GAN 经过全面训练，我们就会丢弃鉴别器并保留生成器。毕竟，鉴别器的目的是训练生成器，以便我们可以使用它来制作新数据。

当生成器与鉴别器断开连接时，我们可以使用生成器为自己提供无限量的新数据，以便我们以任何我们喜欢的方式使用。

### 27.4.3 训练 GAN

我们现在来看看如何训练 GAN。我们将扩展图 27.7 所示的学习回合中的 4 个步骤，以显示应用更新的位置。

第一步是寻找假阴性，因此我们向鉴别器提供真钞，如图 27.10 所示。在这一步中，我们根本不涉及生成器。误差函数旨在当鉴别器将真实钞票报告为假的时，对它施以惩罚。如果发生这种情况，误差函数会通过鉴别器驱动反向传播步骤，更新其权重，以使鉴别器更好地识别真钞。

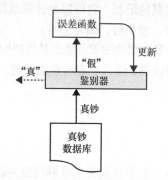

图 27.10　在假阴性步骤中，鉴别器被连接到一个误差函数，以惩罚它将真钞分类为假。如果发生这种情况，我们使用反向传播来改进鉴别器，这样就不太可能再次出现这个错误

第二步是寻找真阴性。在这一步中，我们使用一个模型，该模型开始以随机数进入生成器，如图 27.11 所示。生成器的输出是伪钞，然后送到鉴别器。如果这张伪钞被正确识别为假的，则误差函数被设计为具有较大的值，这意味着生成器被发现在进行伪造。

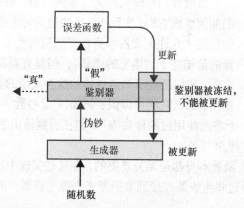

图 27.11　在真阴性步骤中，随机数为生成器提供数据，从而生成伪钞，然后将其提供给鉴别器。如果鉴别器捕获它，则通过网络发回误差函数。鉴别器没有更新，因为它被"冻结"。这意味着它的权重不会受到影响。误差信号向下传递到生成器，然后像往常一样用反向传播更新

在图 27.11 中，我们将鉴别器的更新步骤变为灰色。这是因为鉴别器正确地对这张钞票进行了分类，所以我们不想改变它的权重。我们说冻结了网络，这意味着我们不会更新权重。但是，

我们仍然应用反向传播，因为我们希望通过鉴别器将梯度信息推送到生成器。然后我们更新生成器，这样可以更好地学习然后去"欺骗"鉴别器。

现在我们寻找假阳性。我们会生成伪钞，如果鉴别器将其分类为真，我们就惩罚鉴别器，如图 27.12 所示。

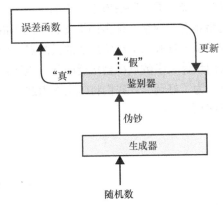

图 27.12　在假阳性步骤中，我们给鉴别器一张伪钞。如果它将其归类为真，
那么我们更新鉴别器以更好地发现伪钞

最后，我们重复图 27.11 中的真阴性步骤，这样鉴别器和生成器都有两次机会在每轮训练中得到更新。

## 27.4.4　博弈

考虑 GAN 的一个有趣方式是使用两个对手在互相博弈的观点。

有些游戏涉及竞争无限制的资源。例如，在扑克游戏中，理论上，底池可以无限制地变得越来越大。

在其他游戏中，玩家竞争固定且资源池有限。例如，在基于地图的游戏中，只有确定大小的区域可以被占用。因此，当玩家竞争资源、声明并来回交易时，每个玩家的资源总数可以改变，但是可用的资源总数不会改变。这称为零和博弈（zero-sum），因为每次玩家获得一个资源（并且总计增加一个），另一个玩家就会失去它（并从总数中减去一个），因为整体净变化为零[Chen16]。

在零和博弈游戏中，每个玩家都可以尝试设置，以使其他玩家的最佳操作产生的优势尽可能少。这称为**极小极大**（minimax）**算法**或 minmax 技术[Myers02]。例如，让我们想象一下两个玩家正试图建立领土的棋盘游戏。在特定的回合中，一个玩家意识到她的每一个可用行为都会让她获得一块领土。但是根据她选择的是哪一个，她的对手可以进行一次获得 5、10 或 20 个领土的行动。她希望尽量减少对她的负面影响（即对手的最大收益）。在预期她的对手将始终做出最好的操作的条件下，她的操作让棋盘处于对手的最佳操作只获得 5 个领土的状态。

我们训练 GAN 的目标是生产两个尽可能好的网络。换句话说，我们最终没有"胜利者"。相反，鉴于其他网络阻止它的能力，两个网络都已达到其峰值能力。游戏理论家将这种状态称为**纳什均衡**（Nash equilibrium），其中每个网络相对于另一个网络处于最佳配置[Goodfellow16]。

## 27.5 实际操作中的 GAN

让我们构建一个 GAN 系统并对其进行训练。我们将选择一些非常简单的东西，以便我们可以绘制一些二维图像来解释这个过程。

让我们将训练集中的所有样本描绘成一些抽象空间中的点云。毕竟，每个样本最终都是一个数字列表，我们可以将它们视为具有与数字一样多的维度的空间中的坐标。

我们的"真实"样本集将是属于具有二维高斯形状的云的点。回想一下第 2 章，高斯曲线在中心有一个大的凸起，所以我们预计大多数点都会接近凸起，当我们向外移动时，点越来越少。每个样本都是该分布的单个点。为了好玩，让我们将(5,5)作为这一二维图像的中心，并给它一个标准差 1。图 27.13 展示了这种分布。

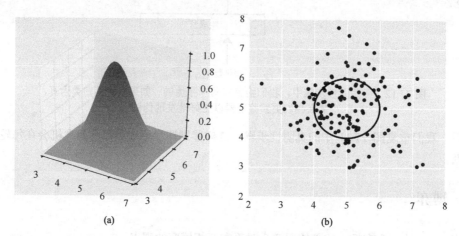

(a)                                    (b)

图 27.13　我们的初始分布是以(5,5)为中心的高斯凸起，标准差为 1。如果我们从该分布中随机选择点，其中约 68%将落入点(5,5)周围的半径为 1 的圆中。(a)三维中的块；(b)显示二维中块的一个标准差的位置的圆圈，以及从该分布中绘制的一些有代表性的随机点

通过这种解释，生成器试图学习如何将它给出的随机数转换为似乎属于云的点。目标是做到这一点，以至于让鉴别器无法从生成器创建的合成点中分辨出真实点。

换句话说，我们希望生成器接收随机数，并输出可能是从以(5,5)为中心的原始高斯云中拾取随机点的结果。

如图 27.14 所示，鉴于只有一个点，如果它是从我们的高斯云中提取的原始样本或由生成器创建的合成样本，那么对鉴别器可以确切地鉴别来说是一个挑战。

我们可以通过使用第 18 章中的 mini-batch（或通常只是 batch）来使鉴别器更容易工作。

我们通常不会每次仅让一个样本通过系统，而是同时运行许多的样本，数量通常为 $2^{32} \sim 2^{128}$。给定数量更多的点可以更容易确定它们是否符合高斯云。图 27.15 展示了生成器可能产生的几组点。很容易说这些点不太可能来自原始分布。

我们希望生成器产生的点比起图 27.15 中的 3 幅图更贴近图 27.13b 的样子。我们希望鉴别器将这些点集合分类为伪造，因为它们不太可能是原始高斯数据的一部分。

让我们为这个问题构建鉴别器和生成器网络。因为原始分布（二维高斯云）非常简单，所以网络也很简单。

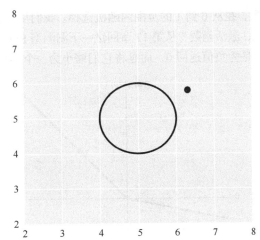

图 27.14 我们只有一个样本，需要确定它是否符合高斯分布。
用如此少的信息来做出这个决定是艰难的

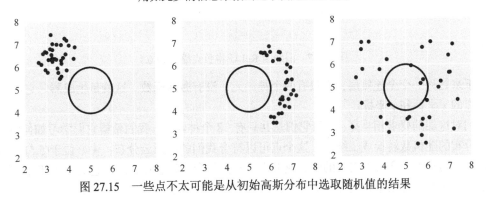

图 27.15 一些点不太可能是从初始高斯分布中选取随机值的结果

不过，在深入研究机制之前，我们需要注意一件事。众所周知，GAN 非常挑剔和敏感。它们是出了名的难训练[Achlioptas17]。生成器或鉴别器的体系结构的微小变化，或者甚至一些参数的小变化（例如学习率或 dropout 率）就可以将一个本来无用的 GAN 变得表现出众，反之亦然。更糟糕的是，我们必须训练的不是一个网络而是两个网络，并让它们一起工作，因此搜索和微调的参数选择数量可能变得令人压力巨大[Bojanowski17]。这样一来，在开发 GAN 时，我们必须尝试使用想要从中学习的特定数据。

在下面的讨论中，我们将跳过所尝试过的许多陷入僵局以及表现不佳的模型，而直接跳到我们发现适用于此数据集的模型。很可能我们将展示的架构可以通过进一步的改变得到显著改进（也就是说，它们可以更快、更准确地学习），或者甚至可以在正确的位置进行小的调整。

让我们从生成器开始，如图 27.16 所示。

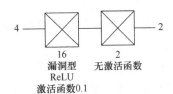

图 27.16 一个简单的生成器。它接收 4 个随机数并计算$(x,y)$对

该模型接收 4 个随机数，在从 0 到 1 的范围内随机选择。我们从一个全连接层开始，它有 16 个神经元和一个漏洞型 ReLU 激活函数（从第 17 章回忆一下漏洞型 ReLU，如图 27.17 所示，它就像一个正常的 ReLU，但不是为负值返回 0，而是将它们缩小为一个小数，在这种情况下为 0.1）。

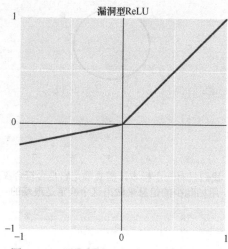

图 27.17　漏洞型 ReLU 将负点缩放为 0.1

接下来是另一个全连接层，它只有两个神经元，没有激活函数。这就是生成器，它产生的两个值是点的 $x$ 坐标和 $y$ 坐标。

我们对这层的要求相当高，尽管它们总共只有 18 个神经元。我们希望它们学习如何将一组 4 个均匀分布的随机数转换成二维点，这个点可以符合我们的高斯云分布：中心位于(5,5)，标准差为 1。但我们永远不会告诉它云的中心或大小。我们只会告诉它什么时候它的一小部分点没有与那个云完全匹配，并留给神经元来弄清楚它们出错的地方以及如何使它正确。

我们通常希望鉴别器比生成器更强大，因为它不仅需要学习真实的分布，还需要学习如何发现假的分布。我们的鉴别器如图 27.18 所示。

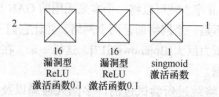

图 27.18　一个简单的鉴别器。它包含的两个有 16 个神经元和一个漏洞型 ReLU 激活函数的全连接层。最后一层也是全连接层，具有一个神经元和 sigmoid 激活函数

这只是与生成器有相同形式的两层：一对 16 个神经元的全连接层，具有漏洞型 ReLU 激活函数；最后是一个全连接层，它只有一个神经元和一个 sigmoid 激活函数。输出是单个数字，它表明网络对输入来自与训练数据相同的数据集的可信度。

最后，我们将生成器和鉴别器放在一起制作第 3 个模型，有时称为生成鉴别器，有时简称为 GAN 本身。图 27.19 展示了这种组合。

由于生成器在其输出端呈现(x,y)对，并且鉴别器在其输入端采用(x,y)对，因此两个网络完美地结合在一起。输入是一组（4 个）随机数，输出告诉我们生成器创建的点有多大可能来自训练集的分布。

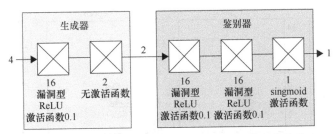

图 27.19 将生成器和鉴别器放在一起为我们提供了完整的 GAN

重要的是要记住，标有"生成器"和"鉴别器"的模型不是我们早期模型的副本，但它们实际上是相同的模型，只是一个接一个地连接在一起构成一个大模型。换句话说，只有一个生成器模型和一个鉴别器模型。在制作图 27.19 的组合模型时，我们只将这两个现有模型连接在一起。现代的深度学习库让我们可以为这种应用从共享组件中创建多个模型。

在这些不同的配置中使用相同的模型是有意义的，因为组合模型需要使用最新版本的生成器和鉴别器。

另一个重点是，当我们使用图 27.19 的组合模型训练生成器时，我们并不想训练鉴别器。我们在图 27.11 中看到了这一点，我们在更新步骤中将鉴别器变灰。我们需要通过鉴别器运行反向传播，因为它是网络的一部分，但我们只将更新步骤应用于生成器中的权重。

请记住，我们希望在交替传递中训练鉴别器和生成器。如果我们将反向传播应用于图 27.19 的整个网络，那么我们将同时更新鉴别器和生成器中的权重。因为我们想要以大致相同的速率训练两个模型，并且我们知道我们将分别训练鉴别器（因为它还需要训练真实数据），所以我们想告诉我们的库**仅**更新生成器的权重。

控制一个层是否应更新其权重的机制是特定于库的，但一般来说，我们可以**冻结（freeze）、锁定**或**禁用**每个层上的**更新**。然后，当我们希望这些层能够学习时，我们可以**解冻（unfreeze）、解锁**或**启用更新**。正如我们之前讨论的那样，反向传播算法仍然贯穿这些层，因为我们需要将梯度计算到生成器中。我们只是不将更新步骤应用于鉴别器。

总结训练过程：我们从训练集中的一个 mini-batch 的点开始，然后按照图 27.7 中的 4 个步骤，交替训练鉴别器和生成器。

我们来看看一些结果。

为了训练我们的 GAN，我们首先通过从我们的初始高斯云中挑选 10000 个随机点来制作训练集，然后使用 32 个点的 mini-batch 训练网络。系统运行所有 10000 点，就构成了一轮。

15epoch 训练的部分结果如图 27.20 所示。

我们可以看到 GAN 生成的点开始时是西南-东北方向的一条模糊的线，大致以(1,1)为中心。通过每次相互间的影响，它们更接近原始数据的中心和形状。在第 4 轮周围，生成的样本越过了中心，并且变得越来越偏向椭圆而不是圆形。但是它们回来并纠正了这两个性质，直到看起来匹配得非常好的第 13 轮。

鉴别器和生成器的损失曲线如图 27.21 所示。理想情况下，它们的值都会达到 0.5 并留在那里。我们可以看到，非常简单的模型很好地接近了这个目标。

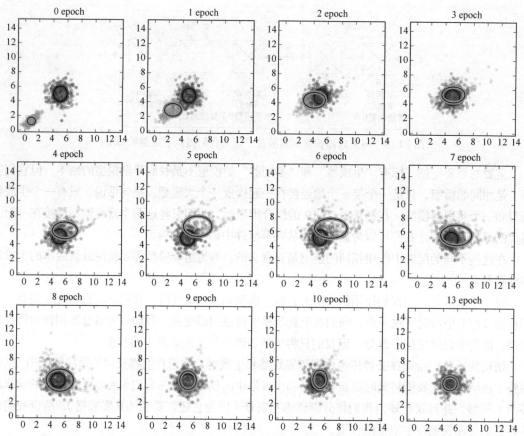

图 27.20 简单 GAN 正在运行中。从左到右、从上到下看图。初始高斯分布显示为蓝色
点，蓝色圆圈显示其平均值和标准差。GAN 正在学习的分布以橙色显示，椭圆显示生
成的 mini-batch 的点的平均值和标准差。这些图显示了 0～10 轮训练之后的结果，然后
是第 13 轮

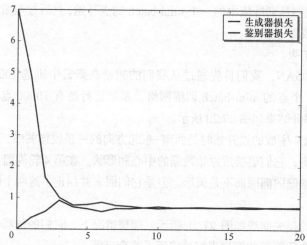

图 27.21 GAN 的损失。它们看起来重合并且保持在略高于理想值 0.5 的地方

## 27.6 DCGAN

我们可以使用自己喜欢的任何类型的架构来构建鉴别器和生成器。简单模型由全连接层组成，这对于小的二维数据集表现很好。但如果我们想处理图像，那么可能更喜欢使用卷积层。因为正如我们在第 21 章中看到的那样，它们非常适合处理图像。由卷积层构建的 GAN 有自己的首字母缩写词 DCGAN，代表**深度卷积对抗生成网络**（deep convolutional generative adversarial network）。

让我们在前面章节中看到的 MNIST 数据集上使用 DCGAN。我们将使用[Gildenblat16]提出的模型。生成器和鉴别器如图 27.22 所示。

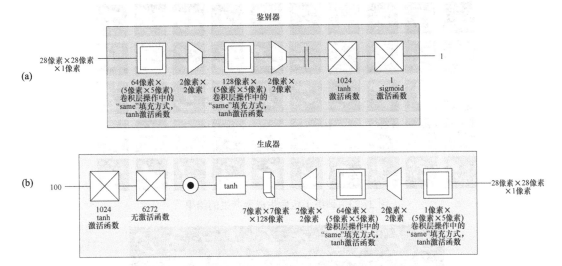

图 27.22 (a)鉴别器；(b)生成器。每个处理层都使用 tanh 激活函数，但鉴别器的最后一层上的 sigmoid 除外。鉴别器和组合的生成鉴别器都用标准二进制交叉熵损失函数和 Nesterov SGD 优化器训练，其参数设置为 0.0005 的学习率和 0.9 的动量（来自[Gildenblat16]的模型）

在这个网络中，我们在鉴别器中使用显式下采样（或池化）层，在生成器中使用上采样（或扩展）层，因为这就是该网络最初提出的方式。我们将把这些操作合并到下面的相关卷积层中。

生成器中的第二个全连接层使用 6272 个神经元。这个数字的出现是因为试验表明，给第一个卷积层提供 128 个通道的张量效果很好。我们可以看到生成器有一对 2×2 的上采样层，因此我们想要 28×28 的输出，第一个上采样层的输入应该是 7×7。所以这个层的输入需要 7×7×128 = 6272 个数字。我们简单地给第二个全连接层提供了这么多神经元，并且在进入第一个上采样层之前我们将输出重新变形为三维张量。

我们在第 20 章中看到，批归一化层被设计成位于层的输出和激活函数之间，我们就是这样在生成器中设置批归一化层的。

鉴别器遵循与生成器大致相同的过程，但是顺序相反。我们有几个卷积层，每个后面都有 2×2 的最大池化层。我们通过使用平整层将输出重新变形为一个列表（也可以使用重塑层）。这样一来我们有了几个全连接层，其中第二个有一个单独的输出。

正如我们所预料的那样，在训练 1 轮之后，生成器的结果非常难以理解，如图 27.23 所示。经过 100 轮训练后，生成器产生了图 27.24 所示的结果。

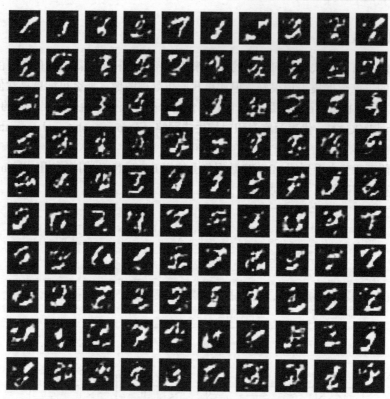

图 27.23　训练 1 轮后生成器产生的结果

图 27.24　在 MNIST 数据集上进行 100epoch 训练之后，图 27.22 的 DCGAN 的输出

　　当我们退回去考虑这个过程时，这是一个令人吃惊的结果。记住，生成器从未见过数据集。它不知道 MNIST 数据是什么样的。它所做的一切都是随机创建 28×28 的数字网格，然后收到反

馈，告诉它这些网格中的值有多好或多坏。随着时间的推移，它产生了看起来像数字的网格。这里面有一些失误，但大多数数字很容易辨认。

### 经验法则

之前提到，GAN 对其特定的体系结构和训练变量非常敏感。一篇著名的论文研究了基于卷积层的 GAN，并发现了一些似乎可以产生良好结果的经验法则[Radford16]。

首先，不要在鉴别器中使用池化层来减小数据。这与我们在第 21 章中看到的[Springenberg15]的建议相呼应。不在卷积层后使用池化层，而是使用带有跨步的卷积层。例如，要将输入宽度和高度的大小减半，应该在每个维度中使用步幅为 2 的跨步。

当将输入的噪声样本放大到整个图像时，该建议也适用于生成器。不是使用重复采样数据的上采样层（可能使用插值）来使形状更大，而是使用转置卷积（或分数步幅）来实现相同的效果。例如，要将数据放大两倍，我们将在转置卷积层的每个维度中使用步幅为 2 的跨步。

同样再提醒一下[Springenberg15]，应该将全连接层仅仅用作网络中的第一层或最后一层。

生成器和鉴别器都应该使用 Adam 优化器进行训练。生成器的典型初始学习率为 0.001（$1 \times 10^{-3}$），鉴别器的初始学习率为 0.0001（$1 \times 10^{-4}$）。

接下来，在两个网络中的每个卷积层之后应用批归一化层，除了生成器中的最终卷积层和鉴别器中的第一个卷积层。请记住，批归一化层应出现在卷积层的输出和激活函数之间。

最后，我们应该在两个网络中使用特定的激活函数。在生成器中，任何地方都可以使用 ReLU，但在最后一层，我们应该使用 tanh。在生成器中，对所有层使用漏洞型 ReLU。

这些要点是指导，而不是严格的规则。它们并非适用于我们设计的每个网络以及我们从中学习的每个数据集。但经验表明，它们是很好的初始选择。

值得注意的是，图 27.22 的模型违反了许多这些规则。这些网络可能已经经历了一个试验和调整过程[Gildenblat16]。我们尝试以简单的方式将上述经验法则应用于这些网络，但结果是性能大幅下降。

一个原因可能是生成器中的扩展层位于卷积层之前，而转置卷积层则在卷积完成后进行上采样。通常这种变化并没有太大的区别，但在这些网络中，它似乎很重要。

当我们已经拥有一个可以使用的已经调好的网络时，以有效的形式使用它是有意义的。但是，当我们从头开始创建自己的网络时，最好遵循这些经验法则。

## 27.7　挑战

也许使用 GAN 的最大挑战是练习它们对结构和参数的敏感性。玩猫捉老鼠游戏需要双方在任何时候都紧密匹配。如果鉴别器或生成器过快地比另一个好，那么另一个将永远无法赶上。正如我们前面提到的，获得所有这些值的正确组合对于从 GAN 获得良好性能至关重要，但发现这种组合可能具有挑战性[Arjovsky17a] [Achlioptas17]。在构建新的 DCGAN 时，通常建议遵循上面给出的经验法则。

关于 GAN 的一个理论上的问题是我们目前没有证据证明它们是**收敛**的。回想一下第 10 章的唯一感知机，它找到了两个可线性分离的数据集之间的分界线。我们可以证明，只要有足够的训练时间，感知机就能找到分界线。但是当事情变得复杂时，包括 GAN 在内，这些证据都无处可寻。我们可以说的是，当我们找到合适的参数时，GAN 似乎确实在大多数情况下都能达到良好的性能，但除此之外无法保证。

## 27.7.1 使用大样本

当我们尝试训练生成器生成高分辨率图像（例如 1000 像素×1000 像素）时，GAN 的基本结构会遇到麻烦。关于计算的问题是，对于所有数据，鉴别器很容易从真实图像中分辨出生成的假货。试图同时修复所有这些像素会导致梯度产生误差，这会使生成器的输出几乎沿随机方向移动，而不是更接近匹配输入[Karras17]。最重要的是，如何能找到足够的计算能力、内存和时间来处理大量这些大样本的实际问题。回想一下，每个像素都是一个特征，因此每一个 1000 像素×1000 像素的图像都有 100 万个特征（如果它是彩色图像则为 300 万个）。

因为我们希望最终高分辨率图像能够经受严格审查，所以我们会使用大型训练集。快速浏览大量高分辨率图像所需的时间将快速叠加。即使是再快的硬件也可能无法在我们需要的时间内完成工作。

一种解决方法是首先将训练集中的图像调整为各种较小的尺寸，例如，一边 512 像素，然后是 128 像素，然后是 64 像素，以此类推，另一边是 4 像素。然后，构建一个小型生成器和鉴别器，每个只有几个卷积层，使用 4 像素×4 像素的图像训练这些小型网络。当它们做得很好时，在每个网络的末尾添加一些卷积层，再用 8 像素×8 像素的图像训练它们。同样，当结果良好时，在每个网络的末尾继续添加一些卷积层，并在 16 像素×16 像素的图像上训练它们。

通过这种方式，生成器和鉴别器能够随着图像大小的增长而进行训练。这意味着当我们一直工作到一边是 1024 像素的全尺寸图像时，我们已经有了一个 GAN，它可以很好地生成和区分一边是 512 像素的图像。我们不需要对较大的图像进行太多额外的训练，直到系统也能很好地运行它们。这个过程完成的时间要比我们从一开始只使用全尺寸图像训练的时间少得多[Karras17]。

## 27.7.2 模态崩溃

另一个问题是 GAN 特有的。假设我们正在努力训练我们的 GAN 来生成猫的图像。假设生成器设法找到了一张被鉴别器判定为真实的猫图像。然后，狡猾的生成器每次都可以生成该图像。无论我们使用什么值来进行噪声输入，我们总会得到这张图像。鉴别器告诉我们，它获得的每个图像都是真实的，因此生成器已经完成了目标并停止了学习。

这是另一个神经网络为我们希望它们学习的东西找到一个特例解决方案的例子。生成器完全符合我们的要求，因为它可以将随机数转换为全新的样本，鉴别器无法区分真实样本。问题是生成器制造的每个样本都是相同的。它做了我们要求的，但不是我们想要的。

只产生一次成功输出的问题称为**模态崩溃**（modal collapse）（请注意，第一个单词是“模态”，发音为“mode'-ull”，指的是模式或工作方式，而不是“模型”）。如果生成器只安置在一个样本中（在这种情况下，只是猫的一张图像），则情况被描述为**全模态崩溃**（full modal collapse）或 Helvetica **场景**（Helvetica scenario）[Popper12]。更常见的是系统产生相同的少量输出或它们的微小变化的情况。这种情况称为**部分模态崩溃**（partial modal collapse）。

图 27.25 展示了使用一些选择不当的参数进行 3epoch 训练之后，我们的 DCGAN 的运行情况。显然，系统正在向一种模式崩溃。在这种模式下，它几乎只输出类似于 1 的东西。

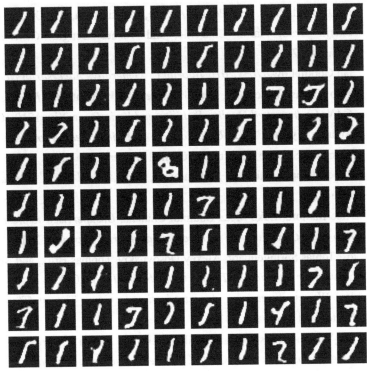

图 27.25　在仅 3 轮训练之后，这个 DCGAN 显示出明显的模态崩溃迹象

解决这个问题的方案有许多，但目前最好的建议是如前面所述的，使用 mini-batch 数据。这之后我们可以用一些附加项来扩展鉴别器的损失函数，以测量该 mini-batch 产生的输出的多样性。如果输出分为几组，而它们全部相同或几乎相同，则鉴别器可以为结果分配更大的误差。生成器将变得多样化，因为该行为会减小误差[Arjovsky17b]。

# 参考资料

[Achlioptas17]　Panos Achlioptas, Olga Diamanti, Ioannis Mitliagkas, Leonidas Guibas, *Representation Learning and Adversarial Generation of 3D Point Clouds*.

[Arjovsky17a]　Martin Arjovsky and Léon Bottou, *Towards Principled Methods for Training Generative Adversarial Networks*, 2017.

[Arjovsky17b]　Martin Arjovsky, Soumith Chintala, and Léon Bottou, *Wasserstein GAN*, 2017.

[Bayless93]　John Bayless, *Bach on Abbey Road*, CD, Proarte, 1993.

[Bojanowski17]　Piotr Bojanowski, Armand Joulin, David Lopez-Paz, Arthur Szlam, *Optimizing the Latent Space of Generative Networks*, arXiv: 1717.05776, 2017.

[Chen16]　Janet Chen, Su-I Lu, Dan Vekhter, *Strategies of Play*, Stanford Department of Computer Science, 2016.

[EasyStar93]　Easy Star All-Stars, Dub Side of the Moon, CD, Easy Star, 1993.

[Geitgey16]　Adam Geitgey, *Abusing Generative Adversarial Networks to Make 8-bit Pixel Art*, Blog post, 2016.

[Gildenblat16]　Jacob Gildenblat, *KERAS-DCGAN*, GitHub repository, 2016.

[Goodfellow14]  Ian J. Goodfellow, Jean Pouget-Abadie, Mehdi Mirza, Bing Xu, David Warde-Farley, Sherjil Ozair, Aaron Courville, and Yoshua Bengio, *Generative Adversarial Networks*, 2014.

[Goodfellow16]  Ian Goodfellow, *NIPS 2016 Tutorial： Generative Adversarial Networks*, 2016.

[Karras17]  Tero Karras, Timo Aila, Samuli Laine, Jaakko Lehtinen, *Progressive Growing of GANs for Improved Quality, Stability, and Variation*, arXiv: 1710.10196, 2017.

[Myers02]  Andrew Myers, *CS312 Recitation 21： Minimax search and Alpha-Beta Pruning*, Computer Science Department, Cornell University, 2002.

[Popper12]  Robert Popper and Peter Serafinowicz, *Look Around You： Calcium, Part 1*, BBC, June 2012.

[Radford16]  Alec Radford, Luke Metz, Soumith Chintala, *Unsupervised Representation Learning with Deep Convolutional Generative Adversarial Networks*, 2016.

[Springenberg15]  Jost Tobias Springenberg, Alexey Dosovitskiy, Thomas Brox, and Martin Riedmiller, *Striving for Simplicity: The All Convolutional Net*, 2015.

[Watson13]  Joel Watson, *Strategy： An Introduction to Game Theory (Third Edition)*, W.W. Norton and Company, 2013.

[Zhu17]  Jun-Yan Zhu, Taesung Park, Phillip Isola, and Alexei A. Efros,, *Unpaired Image-to-Image Translation using Cycle-Consistent Adversarial Networks*, arXiv: 1703.10593, 2017.

# 第 28 章

# 创造性应用

让我们使用深度学习器来创造一些有意思的应用！我们将使用系统生成一些很酷炫的图像，甚至为本书生成一些文本。

## 28.1 为什么这一章出现在这里

我们已经到了本书的尾声，所以让我们放松一下，做一点有趣的事情。在本章中，我们将研究一些创造性的方法，利用神经网络来创造艺术作品。

## 28.2 可视化过滤器

在第 21 章中，我们对 CNN 中的过滤器进行了图像或可视化处理。

在本章，我们将使用这种技术的两种变体。为了做足准备，让我们复习一下这个过程，但会比以前更详细一点。然后，我们将修改这种方法来创造艺术作品。

### 28.2.1 选择网络

为了可视化过滤器，我们需要知道它来自哪个网络。对于本章中的大多数项目，我们使用 VGG16 网络 [Simonyan14]，但是可以使用任何训练好的 CNN 替代 VGG16。正如我们在 21 章中讨论的，VGG16 是由 5 个卷积层块组成的，块与块之间进行下采样，如图 28.1 所示。

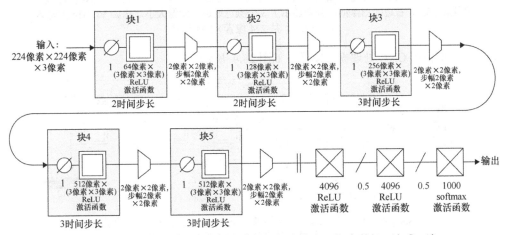

图 28.1　VGG16 网络。像标记的那样，每个块在一行中重复 2 次或 3 次

为了简化流程图,我们不会在每个卷积层之前绘制零填充层。我们还将删除所有在整个网络中一致的标签。这些包括卷积层上的 ReLU 激活函数、3×3 大小的滤波器以及 2×2 大小和步幅的最大池化层。最后,我们丢弃块 5 之后的所有内容。这是因为我们并不是为了训练这个网络,所以不会在意它的最终预测。我们只想实现给定输入,并查看卷积层中的过滤器如何反应。VGG16 的简化图如图 28.2 所示。注意,我们没有从原本的网络遗漏任何内容,只是简化了图。

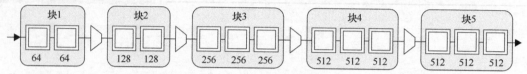

图 28.2 图 28.1 中完整 VGG16 结构的简化图。在这幅简化图中, 我们省略了零填充层、激活函数和过滤器大小、池化步骤标签以及块 5 之后的所有内容

VGG16 是在 ImageNet ILSVRC-2014 数据库上进行训练的[ImageNet14]。该数据库包含大约 50 多万张照片,被人工标记为 1000 类。这些照片包括许多动物,以及常见的一些物品。

预训练的 VGG16 网络以及它的权重应用广泛。在许多机器学习库中,我们可以轻松地访问 VGG16(见第 24 章)。

### 28.2.2 可视化一个过滤器

让我们从 VGG16 中选择一个过滤器进行可视化。我们把这个过滤器称为"目标过滤器"。

开始之前,我们将创建一个充满随机噪声的图像。我们将图像的像素值设置为-1~1 的值。所以每个像素点的 3 个颜色通道会在初始化时被分配一个随机数,它们的值通常服从均匀分布(见第 2 章)。让我们称之为"噪声图像"。图 28.3 展示了一个噪声图像的例子。

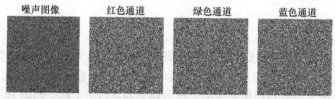

图 28.3 最左边的图像是一张由均匀噪声构成的彩色图像,为了显示效果,像素值已被缩放至[0,255]. 右边的图像依次分别显示了 3 个颜色通道。图像大小,正如 VGG16 的输入大小要求,是 224 像素×224 像素

现在,我们使用 CNN 处理噪声图像,如图 28.4 所示。

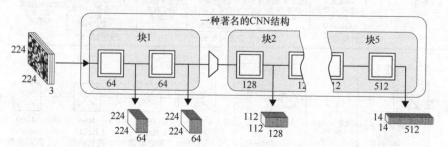

图 28.4 在 VGG16 中运行噪声图像。每个卷积层的输出是一个张量,每个通道都是用该通道的过滤器卷积得到的

每个卷积层的输出为三维张量。宽度和高度与该层输入的宽度和高度相同。在该层，每个过滤器处理一个通道。回想第 21 章中的内容，我们称每个过滤器的输出为它的**激活映射**，所以输出张量中的每个通道都是一个过滤器的激活映射。

在图 28.4 中，输入是 3 通道 224 像素 × 224 像素大小的图像。所以第一个卷积层的输出有 64 个过滤器，是 64 通道 224 像素 × 224 像素的张量。第二个卷积层的输出具有相同的形状。

块 1 中第二个卷积层的输出被送进一个最大池化层，用于将输入的宽度和高度的大小缩减为原来的一半。因此块 2 中第一个卷积层的输入大小为 64 通道 112 像素 × 112 像素。因为该层具有 128 个过滤器，因此其输出大小是 128 通道 112 像素 × 112 像素。重复这样的变化直到最后一层，输出一个 512 通道 14 像素 × 14 像素的张量。

为了可视化目标过滤器，除了属于我们关注的过滤器的激活映射，我们将忽略所有这些输出。假设我们要查看块 2 的第一个卷积层中过滤器编号为 17 的激活映射，如图 28.5 所示。

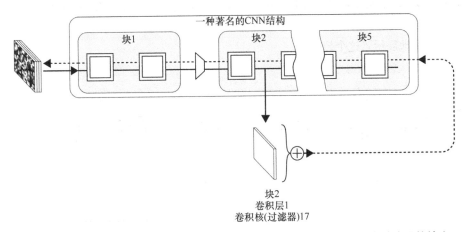

图 28.5　我们将噪声图像放到 VGG16 运行，然后观察网络中某处的单个过滤器的输出。我们获取该过滤器的激活映射，并将所有的值加在一起。在反向传播期间，我们使用激活映射的和作为损失函数（如虚线显示）来修改输入，以进一步激励过滤器

为了了解这个过滤器对输入的响应有多强烈，我们只需将激活映射中的所有值相加，就可以得到一个数字。在实际的代码中，我们通常在将每个值相加之前，将它们相乘。这一步操作有许多好处，例如，确保损失函数总是与一个正数相加。这样的实现细节将运用到我们将在本章中看到的许多算法。由于这些细节并不能促进我们对算法本身的理解，我们通常会把它们忽略。

我们继续研究过滤器通过加和激活映射的值来响应的强烈程度。当过滤器在输入中找到匹配项的区域越多时，激活映射值就越大，因此它们的总和就越大。我们称，激活映射之和表明过滤器的**激励强烈程度**。我们总是希望这个数字尽可能大。

我们通常通过查看最后一层的输出，并找出它与正确值之间的偏差，来计算一个网络的误差或损失。然后，我们尝试最小化该值。但在这种情况下，我们正在从一个内部层中推导出我们想要的测量值，我们的目标是最大化这个值。为了避免发明新的术语，我们保留通常的叫法，称这个（从图 28.5 所示的加号中出来的）测量值为误差或损失，尽管这些名称并不完全符合我们使该值尽可能大的意图。

当在这种情况下运行反向传播时，我们不更新网络。我们执行反向传播，但我们跳过更新步

骤，所以权重没有改变。重要的是要记住，我们不会改变任何权重。毕竟，我们在这一点上没有兴趣教网络任何东西。相反，我们将把反向传播误差梯度一直推到输入层。这给每个像素提供了一个梯度，告诉我们如何调整它来使我们测量的损失更大或更小。

我们想让损失更大，使过滤器被进一步激励，因为我们希望创建一个图像，使它能够尽可能地激励过滤器。因此，我们跟随梯度"上坡"产生更大的损失值，而不是跟随它"下坡"产生一个较小的损失值。换言之，我们根据其梯度调整每个像素来进一步激励过滤器，称为**梯度上升**。

### 28.2.3 可视化层

我们可以推广这个方法来可视化我们是如何激励所有给定层上的过滤器的。

我们只用关注从该层输出的每个激活映射，把它们的值加起来，然后将所有激活映射中的值相加。换句话说，我们只是把从该层输出的张量的所有值相加。这给了我们一个数，代表着在这一层的过滤器合起来对于输入的响应多么强烈。

图28.6直观地展示了这个想法。

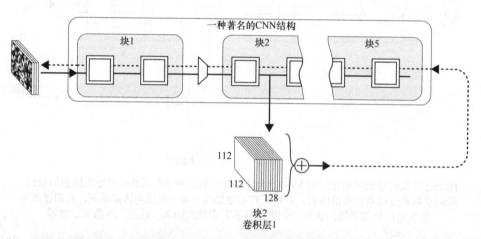

图28.6　与其将单个过滤器的响应相加，不如将给定层中所有过滤器的响应相加，
并将其作为我们的损失，激励输入更好地刺激整个层

使用反向传播在网络中运行整个层的损失会导致噪声图像中的像素发生变化，从而它们就能更多地激励该层的过滤器。

让我们试试看。图28.7展示了VGG16网络中每个卷积层的结果。

在块4的第二个和第三个过滤器中，似乎显示了很多的同心圆、螺旋片和看起来像由部分圆组成的部分管片。我们将很快再次看到这些结构。

我们刚才讨论的算法的一个变体可以让我们说一些过滤器比其他的更重要。在将每个过滤器的输出添加到总和之前，我们可以将每个过滤器的输出按某个值进行缩放，而不仅仅是将所有的过滤器的激活映射相加。每个像素将被最强烈地推向拥有最大缩放因子的过滤器。现在，当我们想要找到一个层的激活映射时，我们将加和所有的过滤器而不进行缩放，也就是说所用的过滤器同等重要。

卷积层1 卷积层2 卷积层3

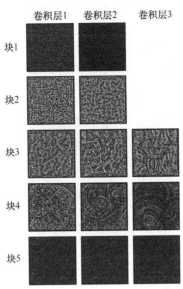

块1

块2

块3

块4

块5

图 28.7 可视化整个层。这些图像是 VGG16 中的每个层使用图 28.6 的结构运行得到的结果。因为它们是从随机噪声开始，每次我们生成这些图像，都将得到一个不同但类似的结果

## 28.3 deep dreaming

既然我们可以调整像素以更好地激励一个层，那么让我们调整它们来激励多个层。这让我们可以创建一些看起来很酷炫的图像。

为了制作这些图像，我们将对图 28.6 进行两个更改。

首先，我们将加和多个层的结果，而不仅仅是单层。我们将按关联的缩放因子缩放每个层的输出，然后将这些缩放的响应相加。这些缩放因子是我们在生成图像之前设置的超参数。

我们对图 28.6 的第二个更改是用所选择的图像替换噪声输入。运行示例如图 28.8 所示。

图 28.8 一张青蛙照片

要找到对于这只青蛙的**多层损失**，我们只需选择一些层和权重，并运行我们刚刚讲述的过程。图 28.9 展示了对于选择 3 层的想法。

此技术的原始名称是**开始主义**（inceptionism）[Mordvintsev15]，但现在它更常称为 deep dreaming。这个名字诗意地表明 CNN 正在 "dreaming" 原始图像，返回的图像显示我们的网络 "梦到了" 什么。

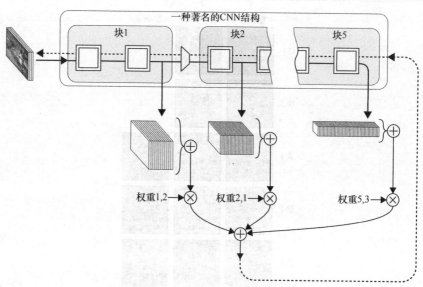

图 28.9　deep dreaming 算法使用了从多层得到的损失。我们找到选定层所有过滤器的激
活映射，使用我们选定的值加权求和所有层的值，来得到我们的损失。图像将被修改来
激励我们选择的所有过滤器，并且优先于激励那些具有最大权重的过滤器

　　与我们用于可视化过滤器和层的噪声图像一样，如果初始图像中的任何像素块碰巧在我们选
择使用的层中引起了响应，它们将被调整以增加响应。所以像素值将逐渐更改，来进一步激励我
们所选层上的过滤器。对初始图像的修改通常看起来很梦幻。

　　图 28.10 展示了对我们的网络因为青蛙图像做的一些"梦"。

图 28.10　对应最初青蛙图像（左上角图像）的一些 deep dreaming 结果。这些图像完全是由算法得出的，
应用了图 28.9 所示的结构，并且使用 VGG16 不同层和权重的组合

有时该网络的"梦"以一种清晰的方式增强了原始图像。图 28.11 展示了一条狗的图像的 deep dreaming 结果。

图 28.11 从左上角狗的图像开始的 deep dreaming 结果

有时，结果可能是超现实主义的，如图 28.12 所示。

图 28.12 从左上角猫的图像开始的 deep dreaming 结果

如果我们增加了权重，或者让系统运行了很长时间，就可以得到一些极端的结果，如图 28.13 所示。

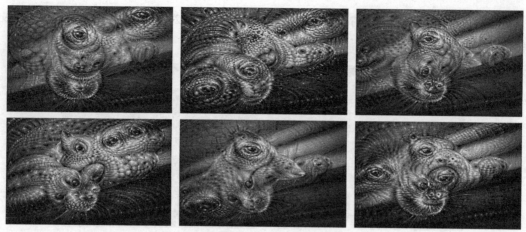

图 28.13　从图 28.12 左上角的猫的图像开始的 deep dreaming 结果。这些图像不太像原来的猫，而是有它们自己的特点

许多由上面描述的基本算法的变体已经被实现[Tyka15]，但是仅仅触及了表面。我们可以想象出新的方法，自动确定每层的权重，甚至对在每一层上的过滤器应用不同的权重。我们可以"掩盖"激活映射，然后再将它们加起来，这样某些区域（如背景）就可以被忽略。或者我们可以"掩盖"像素的更新，这样原始图像中的某些像素就不会因为响应一组层输出而改变，但是允许在响应其他组层输出时改变很多。我们甚至可以将不同的层和权重组合应用到输入图像的不同区域。

实现 deep dreaming 没有"正确"或"最好"的方法。这是一个创造性的过程，我们遵循我们的美学、预感，或炫酷的构想，以寻觅我们为之动容的图像。预测从任何特殊组合的层和权重能够产生的输出是十分困难的，所以这个过程需要耐心和大量的试验。在这个意义上，它很像是寻找漂亮分形的过程[Beddard11][Ragets15]。

使用预训练网络的一个结果是，我们将看到训练数据在我们的做梦图像中产生的回声。例如，图 28.7 中的同心圆和管片很容易在我们的做梦结果中看到，就像完整的眼睛（大概是因为很多 VGG16 的训练图像都是有眼睛的动物）。如果我们训练一个新的网络，使用一些办公用品的图像，那么我们应该会在我们的增强图像中看到订书机和磁带分配器的片段。

制作艺术的 deep dreaming 的方法仍有许多空间值得挖掘。

本节中用于创建生成的图像的代码来自[Bonaccorso17]。

## 28.4　神经风格迁移

我们可以用另一种方式使用过滤器和层响应来做一些了不起的事情：把一个艺术家的绘画风格转移到另一张图像上。此过程称为**神经风格迁移**（nerual style transfer）。

艺术家独特的视觉风格往往是不同文化所崇尚的。那么让我们专注于绘画。是什么铸就了画作的风格？

这是一个很大的问题，因为"风格"可以涵盖某人的世界观，它影响着他们的选择，如题材、构图、材料和工具。这里我们只关注视觉外观。即使以这种方式缩小范围，也很难准确地确定"风格"对于一幅画意味着什么，但我们可以说，它是指如何使用颜色和形状来创建一些表现形式，以及这些表现形式在画布上的类型和分布[ArtStory17][Wikipedia17]。

让我们来看看我们是否能找到一些看起来类似的描述，而不是试图提炼这个描述。同时这也是一些我们可以用深度 CNN 的层和过滤器来形式化的内容。

本节的目标是拍摄一张我们想要修改的图片，称为**基本图像**，和另一张具有着我们想匹配的风格的图片，称为**参考风格**。例如，我们的青蛙图片可能是我们的基本图像，任何绘画都可以是参考风格。我们将使用这些创建一张新的图像，称为**生成图像**，它有基本图像的内容，但是以参考风格的风格来表达的。

开始之前，我们做一个可能听起来很疯狂的断言。我们认为，我们可以通过观察一幅画所产生的层激活来确定它的风格。

这个想法源于一篇在 2015 年发表的开创性论文[Gatys15]。它工作的原理是，我们不仅使用卷积层输出的激活映射，而是以一种特殊的方式处理它们，从每个输出生成一个二维表。这些表保存了绘画风格的表示。

因为这些表对算法来说非常关键，所以让我们看看如何得到它们。

## 28.4.1 在矩阵中捕获风格

让我们想象一个卷积层，它接收的输入值是 8 像素×8 像素。我们假设该层有 6 个过滤器，所以它的输出张量是 8 像素×8 像素×6 像素。

我们将搭建单一的二维网格或表，用来表示在这一层发生的事情。

为了搭建表，我们考虑每对激活映射（即输出张量中的每对通道）。首先我们来看激活映射 0 和 1，然后激活映射 0 和 2，以此类推，然后激活映射 1 和 2，然后激活映射 1 和 3，一直到激活映射 4 和 5。

我们将每对激活映射逐元素相乘后加在一起。这个步骤所产生的数字将进入我们的表中，坐标位置由过滤器编号给出。我们用这种方法搭建的表称为**格拉姆矩阵**。

让我们来看一个例子。图 28.14 展示了过滤器 1 和 2 的输出，以及将它们乘起来的结果。将所有这些相乘值加起来得到 10.90，所以这是进入表在位置(1,2)的值。因为映射的顺序在这个操作中无关紧要，同样的结果会来自过滤器 2 和过滤器 1，所以我们把刚刚计算得到的值复制到位置(2,1)。

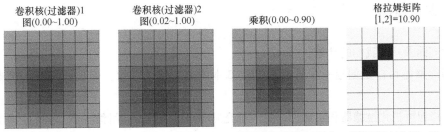

图 28.14　左边两幅图显示了在一个总共有 6 个过滤器的卷积层中，假想的过滤器 1 和 2 响应。在这两幅图中，响应值都是正的。在它们右边的是逐元素相乘得到的结果。将相乘的结果所有值加起来得到 10.90。这个值是放置在格拉姆矩阵中的(1,2)和(2,1)处。因为在这个图中的每一个网络都有不同的值范围（显示在每个网格的顶部）。为了显示，在图中左边 3 个网格的每个值（以及那些后续网格）已独立缩放，从蓝色的 0 到紫色的 1

在图 28.14 中，过滤器激活映射为 8 像素×8 像素，匹配层输入的宽度和高度。我们在最右边得到的表是 6 像素×6 像素，因为这一层有 6 个过滤器。

在图 28.14 中，过滤器 1 和 2 的响应重叠了很多，所以从它们的相乘像素图中我们得到了一个大的总和。让我们将过滤器 1 的激活映射与另一个假想过滤器 3 的激活映射进行比较。这一次，它们重叠得不多，所以它们相乘的总和只有 1.36，如图 28.15 所示。

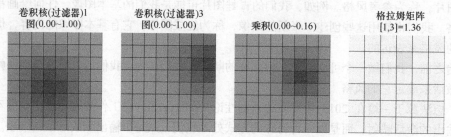

图 28.15　查找过滤器 1 和 3 的激活映射的格拉姆矩阵项。过滤器 1 具有与之前相同的响应。这些响应重叠不及过滤器 1 和 2 的，所以它们的求和值很小。这个值放到(1,3)和(3,1)处

我们再来看一对吧。过滤器 4 在输入中找到了 3 个不同的匹配项，而过滤器 5 在偏右下角处找到了一些。图 28.16 为这两个过滤器重复以上步骤。

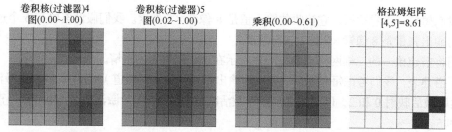

图 28.16　获得过滤器 4 和 5 响应的格拉姆矩阵项。由于两个激活映射都有很大的值，所以第 3 个网格中的相应值也很大。第 3 个网格中的值的总和保存在(4,5)和(5,4)处

这些格拉姆矩阵是我们前面提到的二维表，它保存了生成过滤器响应的图像的样式。

为什么会这样呢？为什么从激活映射创建二维表的这个方法与图像的样式有关？我们稍后再讨论这个问题。

## 28.4.2　宏观蓝图

让我们回顾一下我们的计划。

我们的整体目标是创建一张看起来像是基本图像的生成图像，但风格与我们的参考风格相同。

我们将像可视化过滤器和层那样，从一个充满噪声的图像开始继续探索。我们之所以使用噪声图像，是因为它不假定输出应该是什么样子。

噪声图像作为生成图像的初稿。我们会用反向传播逐渐细化这个有噪声的图像。每次通过网络运行生成图像时，我们都会计算一个损失，然后修改我们生成的图像，使它变得更像我们希望的那样。因此噪声图像将逐渐转化为我们的基本图像的版本，但是有着参考风格的样式。

在 deep dreaming 中，我们希望最大化测量的损失，因为我们想要激励选定层上的过滤器。

在神经风格迁移中，我们希望回到更常见的方法中，尽量减少网络的损失。那是因为现在的损失将告诉我们两件事。第一，**内容损失**告诉我们生成的图像有多不像内容中的基本图像。第二，**风格损失**告诉我们生成的图像有多不类似风格引用中的样式。损失将是这些值之和。我们希望生成的图像能够匹配内容和样式，所以将更改像素值以最小化此损失。

通过同时使用两种损失，我们希望生成图像中的像素将以一种方式改变，使它们看起来更像基本图像，而同时使它们具有更像参考风格的风格。

让我们看看这两种损失。

### 28.4.3 内容损失

为了计算内容损失，在开始制作生成图像之前，我们采取了预处理的步骤。我们只需要让基本图像通过网络，保存每个卷积层的输出张量，如图 28.17 所示。这里继续使用预先训练的VGG16 网络。

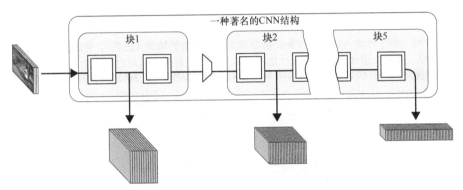

图 28.17 在开始风格迁移之前，我们让基本图像通过网络。我们为每个层保存激活映射，
这将用于图像重建过程。这里显示了任意 3 层的输出

现在想象一下，我们正在进行风格迁移。因为我们刚开始，生成图像充满了噪声。我们将把这个图像呈现给网络并收集每层生成的激活映射。

所以现在对于每一层，我们都有两个张量。第一，我们有在给网络提供基本图像时保存的激活映射。第二，我们有响应刚刚送入网络的生成图像产生的新的激活映射。我们会找到这两个张量中的每一个对应的值的差异（我们通常先将每个这样的差异平方，这样它就总是非负了，更大的差异代表着有更多的影响）。我们将所有这些差异加在一起，这就是该层的损失。我们将每个想要被包含的层的损失加在一起，就得到了输入图像的内容损失，如图 28.18 所示。

让我们通过查看这些保存的激活映射值来获得一种直观印象。我们将按照前面使用过的方法来可视化某一层，而不是从多个层汇总输出。我们将遵循图 28.18 的基本方法，只是在这里我们只查找由于单层而造成的损失。我们将生成图像的响应与从基本图像中保存的响应进行比较。它们越不同，就会产生越大的损失，最终引起像素的改变，从而降低损失。我们会不断运行这一过程，直到损失结果停止改变。

用青蛙的图像作为基本图像，则内容激活如图 28.19 所示。

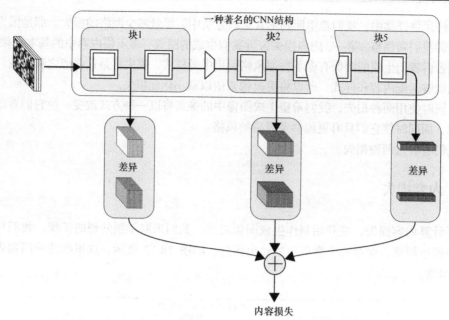

图 28.18　为了计算内容损失，我们需要求出当前图像的输出（白色），并逐元素地与基本图像（蓝色）中保存的输出进行比较。所有这些差异的总和是内容损失。在此图中，圆角矩形内有代表逐元素求出两个张量间差异的操作，最后将这些差异加在一起

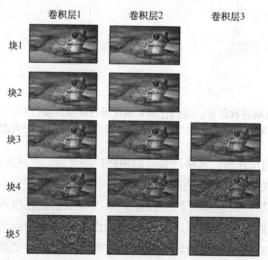

图 28.19　从噪声图像合成一个新图像的结果。分别属于尝试匹配 VGG16 不同层激活映射的结果

　　正如所期望的那样，早期激活会在输入图像中获取详细信息，所以在尝试匹配它们时，我们得到的东西很像产生这些激活的青蛙图像。随着我们进入网络的深层，这些层正在寻找更强大的特征，所以我们试图匹配每个层的输出，图像看起来也就越来越不像青蛙。

　　我们将保存基本图像的激活层输出，用于我们风格迁移时计算内容损失。

## 28.4.4　风格损失

　　风格损失还取决于在风格迁移之前所采取的预处理步骤。在这一步中，我们保存一些参考风

格通过网络产生的结果。

本节中的参考风格将是巴勃罗·毕加索 1907 年的自画像，如图 28.20 所示。

图 28.20 巴勃罗·毕加索 1907 年的自画像。这将是我们在下面图像中的参考风格

与内容损失一样，我们将让参考风格通过网络并保存一些值。但我们并不是保存每个层的激活映射，而是保存从这些激活映射输出生成的格拉姆矩阵，如图 28.21 所示。

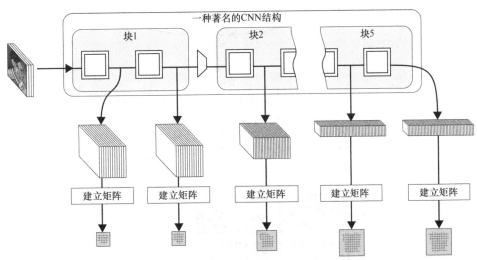

图 28.21 我们让参考风格通过网络，并为我们想要在重建过程中使用的每一层建立和保存一个格拉姆矩阵。每个矩阵的大小由所在层的过滤器的数量给出，所以当我们到 VGG16 更深层时表的大小也随之增大

为了计算风格损失，我们将采取类似计算内容损失的方法。我们将输入通过网络，并比较感兴趣的每一层的格拉姆矩阵与我们从参考风格中保存的矩阵，如图 28.22 所示。

此损失将导致输入图像的像素值被更改，使得根据结果的激活映射计算出的格拉姆矩阵，更接近我们从参考风格中保存的格拉姆矩阵。

让我们将噪声图像通过**网络**，并尝试使它匹配我们从参考风格保存的格拉姆矩阵。

我们按照对内容损失的做法，每次仅匹配一个层，即运行图 28.22，但每次只测量一个层的损失。使用与青蛙图像长宽比一致的噪声图像作为输入，我们得到图 28.23 所示的结果。

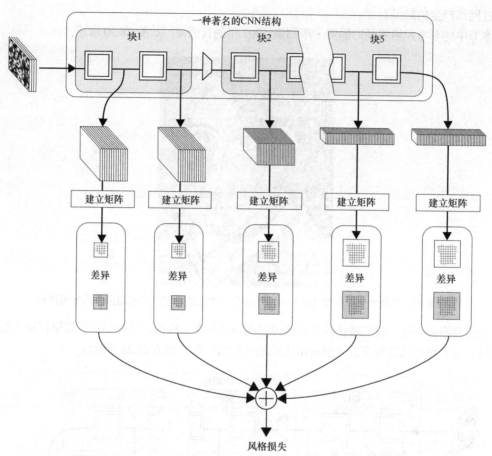

图 28.22 计算风格损失。让当前图像通过网络，并从每个层的输出张量计算一个格拉姆矩阵。然后，我们逐元素地计算出当前图像每个矩阵与在图 28.21 中从参考风格保存的格拉姆矩阵的差异。我们将所有这些差异相加，以获得风格损失。圆角矩形告诉我们要逐元素地计算矩阵的差异，最后把它们都加在一起

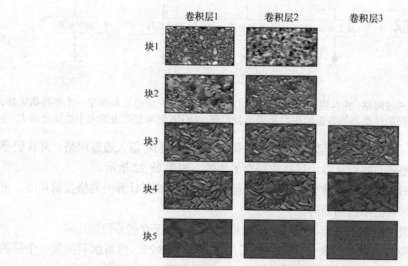

图 28.23 使噪声图像匹配 VGG16 每层的格拉姆矩阵的结果

这是了不起的。它表明，格拉姆矩阵似乎真的能够捕获绘画风格信息。尤其是，块 3 中各层表现十分不错。它们显示的是以黑线为边缘的色块，就像参考风格显示的那样。

让我们对算法尝试小的变化，即计算层的累积损失而不是逐层计算损失。所以对于每一层，我们将所有层的损失总和作为风格损失，如图 28.24 所示。

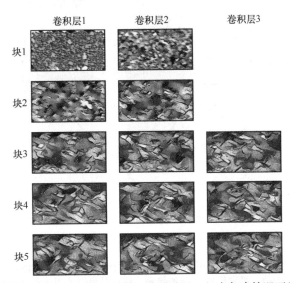

图 28.24　用噪声图像匹配 VGG16 中格拉姆矩阵的结果，但在每个情况下我们计算包括本层在内的所有之前层的损失作为该层的损失。例如，块 3 的卷积层 2 使用了块
1 中的两层、块 2 中的两层和块 3 中的前两层的损失和

图像变得更好了！当我们到达块 3 时，我们生成的简图与图 28.20 中的原始参考风格有很多相似之处。颜色斑点显示相似的渐进颜色变化，甚至还有看似粗糙的笔画纹理。块 4 和块 5 中的层没有提供其他太多的风格信息（见图 28.23）。

### 28.4.5　实现风格迁移

在前面小节里，我们已经得到了进行风格迁移所需的所有部分。

我们把一些随机噪声输入网络。我们从所关心的所有层收集激活映射。从一些层中，我们计算得到内容损失。从一些层中，我们计算得到风格损失。

我们再加一步：加权内容和风格损失。所以我们可以决定哪一个损失最有影响力。然后，我们添加这些值，求得总损失，运行反向传播，调整像素，并重复这一过程。渐渐地，像素将以同时减少两个损失的方式改变。最终，生成图像看起来像基本图像，但具有参考风格的样式，如图 28.25 所示。

让我们看看一些结果。图 28.26 展示了 9 种不同的绘画，每个都有不同的风格。下面我们将用这些图像作为参考风格。

让我们把这些风格应用到我们的青蛙图像。在将每张图像发送到 VGG16 之前，我们将其缩放到预期大小（224 像素×224 像素）。为了在这里显示结果，我们将每个输出都缩放回原始图像的大小。结果如图 28.27 所示。

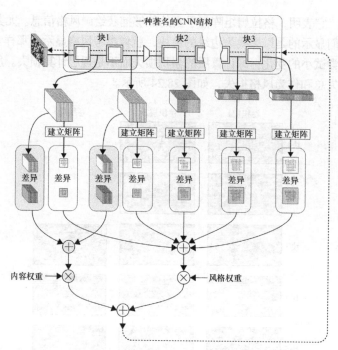

图 28.25 风格迁移。从一张噪声图像开始,我们比较选定层上过滤器的激活映射值与我们为内容保存的值。将它们的差异加起来,并根据我们希望这种风格对结果有多大影响进行缩放。我们从输入建立格拉姆矩阵,然后和那些我们在选定层保存的格拉姆矩阵进行比较。我们累加了所有损失,然后根据风格权重进行缩放。将内容损失和风格损失值相加,得到最终的损失。我们使用反向传播找出如何调整输入像素,使其更好地同时匹配内容和风格

图 28.26 9 张图像具有不同的风格,这将作为我们的参考风格。这 9 张图像从左至右、从上到下分别是凡·高的《星月夜》、J.M.W.特纳的《米诺陶洛斯的沉船》、爱德华·蒙克的《呐喊》、巴勃罗·毕加索的《坐着的女性裸体》、巴勃罗·毕加索的《自画像 1907》、爱德华·霍普的《夜游者》、佚名作品《Croce 中士》、克洛德·莫奈的《睡莲、黄色和淡紫色》以及瓦西里·康定斯基的《第七交响曲》

图 28.27 将图 28.26 中的 9 种风格应用于青蛙图像（顶部图）

哇！得到的图像效果很好。

这些图像经得起细致的检查，因为在上面有很多细节。乍一看，我们可以看到每种参考风格的调色板已经迁移到青蛙图像。但请注意纹理和边缘，以及颜色块如何重新成型的。这些图像不只是颜色变换的青蛙，也不只是对两张图像进行某种叠加或混合。相反，这些是高质量具有细节的不同风格的青蛙图像。为了更清楚地看到这一点，我们在图 28.28 中展示了每个青蛙图像相同的放大区域。

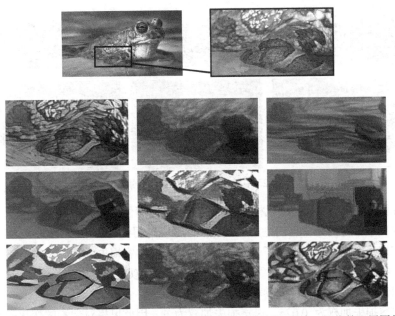

图 28.28 图 28.27 中 9 种风格的青蛙。在最上面的图中我们标记青蛙一部分前腿周围的区域。
下面的图展示了应用不同风格的上述区域

从左向右、从上到下观察，我们可以看到基于《星月夜》的青蛙是由许多短笔画组成的，每一个都涂上多种颜色。基于《米诺陶洛斯的沉船》的青蛙显示出平滑而有质感的区域。基于《呐喊》的青蛙由长而流畅的笔画组成，大部分相邻的笔画颜色相似。基于《坐着的女性裸体》的青蛙是有点令人失望的，因为它似乎没有显示出原作中强烈的边缘和线条，但相似颜色区域内的低对比度是匹配的。基于《自画像 1907》的青蛙展现了原作的粗糙笔触。基于《夜游者》的青蛙是用固定颜色块呈现的。基于《Crose 中士》的青蛙使用的大部分都是纯色，其中一些用了黑色的轮廓。基于《睡莲》的青蛙是用柔和的调色板上的颜色绘制的。而基于《第七交响曲》的青蛙则具有一种充满活力的彩色，高对比度的形状，这些都是绘画的特征。

我们似乎已经成功地迁移了风格！让我们看看如何将这些风格应用到另一个图像中。

在图 28.29 中，我们在一张山景观的图像上应用 9 种风格。

图 28.29　将图 28.26 中的 9 种风格应用于山景观图像（顶部图）

最后，在图 28.30 中，我们将风格应用到一个小镇的图像中。

这些图像更了不起的是，它们是用一幅**噪声**图像训练得到的。

为了制作这些图像，我们使用了 VGG16 网络。对于内容损失，我们只使用块 1 上第二个卷积层的输出（我们这样选择是因为，比起第一个卷积层它似乎产生更少的像素级斑点）。对于风格损失，我们使用了网络中所有的卷积层的输出。

我们将内容损失加权为 0.025，风格损失加权为 1，因此风格对像素的变化的影响比内容多 40 倍。在这些例子中，一点点内容的改变需要很长的时间训练。

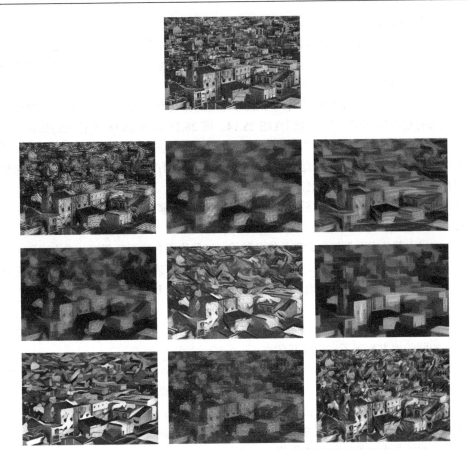

图 28.30 应用图 28.26 的 9 种风格到一个小镇的图像（顶部图）

我们还用了很小的第三种损失。这是通过在生成图像中添加相邻像素之间的差异来找到的。这个想法是，大多数像素应该接近邻域的颜色。所以通过最小化这一损失，我们抑制了在像素级别上还有的一点斑点。这个损失的权重大约为 0.0001，几乎是可以忽略的。

所有这些参数是通过试验和损失选择的。不同的内容和风格想要达到最好的迁移效果可能需要不同的参数。

我们用来在本节中创建生成图像的代码是从[Chollet17]和[Majumdar17]中改编而成的。

## 28.4.6 讨论

如图 28.30 所示，神经风格迁移的基本算法产生了很好的结果。该技术已经在许多方面被扩展修改，这提高了算法的灵活性。其产生的结果类型，以及可控制的范围，方便了艺术家的创作[Jing17]。它甚至被应用于视频以及完全环绕观看者的环视图像[Ruder17]。

整个算法的核心是我们如何计算损失。

我们度量内容损失的方式似乎是合理的。如果生成图像导致早期网络层上的过滤器响应的方式与对基本图像的响应相同，则生成图像中的详细信息可能会类似于基本图像。

不过，风格损失则有点神秘。我们之前说过要回答这个问题，现在我们来解决它。为什么这些格拉姆矩阵可以完成这样一个奇妙的工作，捕获我们对风格的看法？

不负责任的答案是没有人真正知道它的原理[Li17]。有不同的方法来写下格拉姆矩阵所度量的数学内容，但这并不能帮助我们理解为什么这个技巧能捕获我们称之为"风格"的难以捉摸的想法。关于神经风格迁移的论文[Gatys15]，以及更详细的后续论文[Gatys16]，都没有解释作者是如何想出这个想法或为什么它有如此好的效果。

考虑它的一种方法是，格拉姆矩阵对于成对的过滤器具有较大的值，这些过滤器对层输入中的相同位置都有很强的响应。正如我们在图28.14、图28.15和图28.16中看到的那样，如果被比较的两个过滤器的激活映射图有很多重叠，并且它们的值在重叠时很大，那么我们将得到格拉姆矩阵在相应位置具有很大的值。因此，每当格拉姆矩阵中具有较大值时，我们可以说它对应的两个过滤器都对层输入中的许多相似位置做出强烈响应。

这就是我们可以解释的了。事后看来，也许这种方法能够捕获风格是因为风格是一致使用两种或多种方式构造图像外观的结果。

例如，如果大部分表面都包含大部分纯色的块，这些块用直线相互邻接；或许这幅画有相同的颜色块，但它们之间通常有一条黑线，我们可以说一幅画具有某种风格。也许我们可以说画笔行笔是平滑的并且在它们的长度上缓慢地改变颜色，还以相同质量和几乎相同颜色的其他笔画为边界。

如果，这只是如果，上述这些事情是我们所谓的"风格"，那么格拉姆矩阵的方法是有意义的。毕竟，过滤器检测图像的质量（如颜色块或笔画流动），格拉姆矩阵告诉我们，两个或更多的过滤器在相同的地方找到了它们要找的东西。

如果是这样的话，那么当使用3种类型的外观品质，或4种，或更多的具体风格，我们或许也能分辨特定风格。这可能是建立一个三维表并填写3个过滤器之间的相似之处，或4个过滤器的四维表，然后看看我们能获取什么样的结果。

与deep dreaming一样，神经风格迁移是一种允许进行大量变体和探索的通用算法。肯定会有许多有趣而美丽的艺术效果等待你去发现。

## 28.5　为本书生成更多的内容

为了好玩，我们将本书（除了本节）的文本通过一个RNN，以生成新的文本单词，如第22章所述。全文包括代码清单和图片说明，但不包括参考资料，包含约42.7万个单词，这些单词来自包含约10300个单词的词汇表。为了学习这个文本，我们使用了由两层LSTM构建的网络，其中每层有128个单元。

该算法通过找到下一个最有可能的单词来生成它的输出，这样就产生了文本。然后又是下一个最有可能的词，然后是再下一个，等等，直到我们停止它。通过这种方式生成文本就像根据我们迄今为止使用过的词从手机建议的词中选择来创建消息一样[Lowensohn14]。当然，这并非巧合，因为大多数手机可能都在使用类似算法选择它们提供的单词。唯一的区别是我们自动选择单词。

一旦我们度过了新奇阶段，阅读逐字逐句生成的大块文本变得并不那么有趣，因为这些松散的文本没有意义。

因此，这里是250次迭代后从输出中手动选择的几个句子。它们完全包含在生成的文本中，包括标点符号。

The responses of the samples in all the red circles share two numbers, like the bottom of the last step, when their numbers would influence the input with respect to its category.

The gradient depends on the loss are little pixels on the wall.

We know how to measure the error as a sequence of layers blended in the transformation being selected until we see some negative values.

But before that's finding an action that accepts the probability that the cars have been correctly dependent on the GPU that was looking at those bills.

Let's look at the code for different dogs in this syllogism.

让人惊讶的是，这些句子都十分接近现实有意义的句子！

整个句子都很有趣，但是我们发现在训练开始后不久只能得到碎片的时候，会得到最有趣的片段。以下是一些仅 10 个训练周期以后手工节选的碎片，没有经过修饰再次逐字呈现。

Set of of apply, we + the information.

Because to # function with only 4 is the because which training.

Suppose us only parametric.

This by this know we on value autoencoder.

The usually quirk (alpha train had we than that to use them way up).

这些碎片大多是"语无伦次"的，但从这些合成词组可以得到一个结论：本书的主要目标之一就是"+信息"。

# 参考资料

[ArtStory17]　　　The Art Story Foundation, *Modern Movements and Styles-Full List*, Art Story site, 2018.

[Beddard11]　　　Tom Beddard, *FractalLab: Interactive WebGL Fractal Explorer, Sub-Blue blog*, 2011.

[Bonaccorso17]　　Giuseppe Bonaccorso, *Neural_Artistic_ Style_Transfer*,GitHub, 2018.

[Chollet17]　　　François Chollet, *Deep Learning with Python*, Manning Publications, 2017.

[Gatys15]　　　Leon A Gatys, Alexander S Ecker, Matthias Bethge, *Neural Algorithm of Artistic Style*, arXiv: 1508.06576, 2015.

[Gatys16]　　　Leon A Gatys, Alexander S Ecker, Matthias Bethge, *Image Style Transfer Using Convolutional Neural Networks*, Proceedings of the IEEE Conference on Computer Vision and Pattern Recognition, 2016.

[ImageNet14]　　ImageNet authors, *ImageNet Large Scale Visual Recognition Challenge 2014* (ILSVRC2014), ImageNet web site, 2014.

[Jing17]　　　Yongcheng Jing, Yezhou Yang, Zunlei Feng, Jingwen Ye, Mingli Song, *Neural Style Transfer: A Review*, arXiv: 1705.04058v1, 2017.

[Li17]　　　Yanghao Li, Naiyan Wang, Jiaying Liu, Xiaodi Hou, *Demystifying Neural Style Transfer*, arXiv: 1701.01036, 2017.

[Lowensohn14]　　Josh Lowensohn, *I Let Apple's QuickType Keyboard Take Over My iPhone*, The Verge blog, 2014.

[Majumdar17]　　　Somshubra Majumdar (Titu1994), *Neural-Style-Transfer*, GitHub, 2017.

[Mordvintsev15]　Alexander Mordvintsev, Christopher Olah, Mike Tyka, *Inceptionism: Going Deeper into Neural Networks*, Google Research Blog, 2015.

[Ragets15]　　　　Stan Ragets, *Fractal Art：How to Create Grand Julians in Apophysis*, Envato Tuts+, 2015.

[Ruder17]　　　　Manuel Ruder, Alexey Dosovitskiy, Thomas Brox, *Artistic Style Transfer for Videos and Spherical Images*, arXiv: 1708.04538, 2017.

[Simonyan14]　　Karen Simonyan and Andrew Zisserman, *Very Deep Convolutional Networks for Large-Scale Visual Recognition*, Visual Geometry Group blog, University of Oxford, 2014.

[Tyka15]　　　　Mike Tyka, *Deepdream/Inceptionism-recap*, Mike Tyka's blog, 2015.

[Wikipedia17]　　Wikipedia authors, *Style (visual arts)*, Wikipedia, 2018.

# 第 29 章

## 数据集

寻找好的、丰富的数据是训练新的学习器的第一步。在这里，我们会看到一些流行的数据集，以及可以链接到更多数据的流行存储库。

## 29.1 公共数据集

训练学习器可能会花费大量的时间、精力和计算能力。使用大数据集训练深度学习网络则需要花费更大量的时间和计算资源。在可能的情况下，最好建立一个可以由他人创建并公开发布的现有系统。

但有时候这个系统并不是我们想要的。这时，我们就可以使用迁移学习来调整它以满足我们的需求，方法是使用我们更想要的数据去训练它或者训练一些新的层。如果结果还是不对，那么我们就可以使用我们选择的数据集从头开始训练新系统。

网上有许多可用的数据集，但有些数据集是有使用限制的。例如，许多数据集是仅用于研究或教育用途的，且必须征得作者的许可，而有的数据集则包含受版权保护的数据或私有数据，同样也是只能在获得许可的情况下使用。在投入太多时间或精力之前，检查数据集的使用规则是非常重要的。

手动检查我们在线查找的数据集也很重要，这是为了确保数据足够干净以满足我们的需要。因为空白字段、一次性标签、拼写错误、丢失图像、丢失帧以及一些其他问题都很常见。

如果网络没有保持更新的话，它就没有意义了。新的数据集应该不断在产生，而旧的数据集在没有警示的情况下应该被弃用。

以下是截至 2018 年初的一些很好的初学数据集。

## 29.2 MNIST 和 Fashion-MNIST

本书的大量示例使用了 MNIST 数据集。MNIST 很棒，因为它简单而干净，但是品质同样限制了它代表真实数据的程度。

MNIST 和更大、更复杂的数据集之间的桥梁是 Fashion-MNIST 数据集。

这是由 10 种不同类别的时尚物品（如衬衫、鞋子和包）组成的 70000 张图像的集合。顾名思义，这个数据集是 MNIST 的不同版本，但具有相同的结构。这些图像仍然是 10 个类别的灰度图像，预先分成 60000 张训练图像和 10000 张测试图像。

如果一个学习器能够很好地使用 MNIST，那么下一步自然就是稍微提高难度并在 Fashion-MNIST 上尝试。如果它失败了，且当前的数据集也很简单，我们仍旧可以直观地检查结果并找出出错的地方。

## 29.3 库的内建数据集

许多数据集是由机器学习库直接提供。

### 29.3.1 scikit-learn

我们在第 15 章中讨论过 scikit-learn 库。它可以帮助我们对合成的数据集以及真实的数据集进行访问。

**20 newgroups 数据集**

包含 20 个主题下的 18000 个新闻组，都是文本文件。

**波士顿房价数据集**

20 世纪 70 年代波士顿的 500 栋不同房屋的数值数据，每栋房屋包含 13 个属性。

**糖尿病数据集**

包含 442 个糖尿病患者样本的文本，每个样本有 10 个属性。

**数字数据集**

包含 5620 张 8 像素 × 8 像素的灰度图像，内容是手写数字，带标签。

**森林隐蔽型数据集**

包含 54 个描述森林斑块的特征的文本样本。

**鸢尾花数据集**（Iris dataset）

包含 150 个文本样本，每个样本有 3 种不同类型的鸢尾花的 4 个属性。

**野外面孔标记数据集**

包含 13000 张 50 像素 × 37 像素的彩色图像，内容是带标签的人物。

**Linnerrud 数据集**

包含 20 个文本样本，它们描述了对执行 3 种不同类型运动的人的观察结果。

**Olivetti faces 数据集**

包含 10 张 64 像素 × 64 像素的灰度图像，每个包括 40 个人的脸。

**RCV1 数据集**

包含 80 万个手动分类的新闻专题报道的文本。

**威斯康星州乳腺癌数据集**

包含从乳腺癌扫描结果中得到的 569 个样本，每个样本具有 30 个属性以及它们各自的分类结果（恶性或良性），这是一个文本文件。

### 29.3.2 Keras

Keras 库（见第 23 章）提供了可以由它自己轻松加载的数据集。

**波士顿房价数据集**

包含 20 世纪 70 年代波士顿 500 栋不同房屋的数值数据，每栋房屋包含 13 个属性（与 scikit-learn 版本相同）。

**CIFAR10 数据集**

包含 10 个类别的 50000 张 32 像素 × 32 像素的彩色图像。

**CIFAR100 数据集**

包含 100 个类别中的 50000 张 32 像素×32 像素的彩色图像。

**Fashion MNIST 数据集**

包含 60000 张 28 像素×28 像素的灰度图像，内容为 10 个类别的服装和配件。

**IMDB 电影评论数据集**

包含 25000 部电影的评论，以文字形式呈现，标注有情绪（正面或负面）。

**MNIST 数字数据集**

包含 60000 张 28 像素×28 像素的灰度手写数字图像，带数字标签。

**路透社新闻专题分类数据集**

包含来自路透社的 11000 篇文章，分别标记为 46 个不同主题。

# 深度学习：
# 从基础到实践

## Deep Learning:
## From Basics to Practice
### （上册）

[美] 安德鲁·格拉斯纳（Andrew Glassner） 著

罗家佳 译

人民邮电出版社

北　京

图书在版编目（CIP）数据

深度学习：从基础到实践：上、下册 ／（美）安德
鲁·格拉斯纳（Andrew Glassner）著；罗家佳译. --
北京：人民邮电出版社，2022.12
　（深度学习系列）
　ISBN 978-7-115-55451-2

　Ⅰ. ①深… Ⅱ. ①安… ②罗… Ⅲ. ①机器学习
Ⅳ. ①TP181

中国版本图书馆CIP数据核字(2020)第236245号

◆ 著　　　　[美] 安德鲁·格拉斯纳（Andrew Glassner）
　 译　　　　罗家佳
　 责任编辑　吴晋瑜
　 责任印制　王　郁　焦志炜

◆ 人民邮电出版社出版发行　　北京市丰台区成寿寺路 11 号
　 邮编　100164　电子邮件　315@ptpress.com.cn
　 网址　https://www.ptpress.com.cn
　 北京七彩京通数码快印有限公司印刷

◆ 开本：787×1092　1/16
　 印张：51.5　　　　　　　　2022 年 12 月第 1 版
　 字数：1317 千字　　　　　　2025 年 2 月北京第 10 次印刷
　 著作权合同登记号　图字：01-2018 -5227 号

定价：199.80 元（上、下册）
读者服务热线：(010)81055410　印装质量热线：(010)81055316
反盗版热线：(010)81055315

# 内容提要

本书从基本概念和理论入手，通过近千张图和简单的例子由浅入深地讲解深度学习的相关知识，且不涉及复杂的数学内容。

本书分为上下两册。上册着重介绍深度学习的基础知识，旨在帮助读者建立扎实的知识储备，主要介绍随机性与基础统计学、训练与测试、过拟合与欠拟合、神经元、学习与推理、数据准备、分类器、集成算法、前馈网络、激活函数、反向传播等内容。下册介绍机器学习的 scikit-learn 库和深度学习的 Keras 库（这两种库均基于 Python 语言），以及卷积神经网络、循环神经网络、自编码器、强化学习、生成对抗网络等内容，还介绍了一些创造性应用，并给出了一些典型的数据集，以帮助读者更好地了解学习。

本书适合想要了解和使用深度学习的人阅读，也可作为深度学习教学培训领域的入门级参考用书。

# 译者序

深度学习（或称深度神经网络）是一种使用了特殊分层计算结构的机器学习方法。近年来，深度学习在计算机视觉、语音识别、自然语言处理和机器人等应用领域取得了惊人的突破。2019年3月27日，美国计算机协会（ACM）将"计算机界的诺贝尔奖"图灵奖授予了3位深度学习之父（Yoshua Bengio、Geoffrey Hinton和Yann LeCun），以表彰他们给人工智能带来的重大突破——这些突破使深度神经网络成为计算的关键组成部分。这也意味着深度学习的神秘面纱至此已被揭开。

本书由计算机图形学专家Andrew Glassner撰写，介绍了深度学习的基础知识和实践深度学习的方法。全书分为上下两册：上册介绍深度学习的预备知识，涵盖基本的数学知识和机器学习的基本概念以及通用机器学习库scikit-learn的相关内容；下册深入介绍了各种成熟的深度学习方法和技术以及深度学习库Keras。

正如Andrew Glassner所描述的那样，在本书英文版出版之前，市面上其实已出现了较多的深度学习相关的图书。例如，由Ian Goodfellow等撰写的*Deep Learning*一书，对算法进行了非常详细的分析，并给出了大量的数学运算；还有一类风格截然不同的书，例如由François Chollet撰写的*Deep Learning with Python*，主要是针对只想知道如何利用各种机器学习库快速完成某些特定任务的读者。本书介于这二者之间，主要介绍深度学习的基础知识，以帮助读者建立扎实的知识储备，进而了解深度学习实践的进展。Andrew Glassner擅长以类比和图示的方法讲解复杂的理论知识，因此本书对不具备相关理论知识的读者也会非常有帮助。

非常感谢人民邮电出版社的杨海玲编辑邀请我来负责本书的翻译工作。回想自己首次接触神经网络，已是10余年前的事情了。在我学习神经网络时，市面上几乎没有类似的书，导致我走了不少弯路，也由此深刻感受到一本好书的重要性。在读过本书英文版之后，我认为本书的出现正好填补了深度学习从入门到实践的部分空白，于是欣然接受了本书中文版的翻译邀约。

还要感谢参与本书翻译的诸位同学：他们是上海交通大学密西根学院的王馨怡、付勇、何达、冯飞、梁子云、李鑫路、骆昶旭和卢佳安。其中，何达和冯飞是我指导的直博生，王馨怡、付勇和梁子云是我指导的硕士生，李鑫路、骆昶旭和卢佳安是我指导的高年级本科生。其中，王馨怡同学不仅参与了翻译工作，还负责了翻译协调的工作。在翻译过程中，大家表现出的团队合作与奉献精神以及认真负责的态度都值得高度赞赏。可以说，本书是我们共同努力取得的成果，没有他们的参与，本书的翻译是不可能顺利完成的。

我们将本书的翻译分成了初稿翻译、交叉验证和审校3个步骤，以确保译著的正确性和一致性。全书由我负责统稿和审校。但由于我们的中英文能力水平均有限，难免有翻译不当之处，敬请广大读者批评指正。

最后，再次感谢人民邮电出版社给予的支持！

罗家佳

# 前言

欢迎阅读此书。首先，请允许我简单介绍一下这本书，并向那些帮助过我的人们致谢。

## 本书内容

如果你对深度学习（DL）和机器学习（ML）感兴趣，那么可以在本书里找到一些适合你阅读的内容。

之所以编写本书，是为了帮助你了解足够多的深度学习方面的技能，进而让你成为机器学习和深度学习的高效实践者。

读完本书，你可以：

- 设计和构建属于自己的深度学习网络体系；
- 使用上述网络体系来理解或生成数据；
- 针对文本、图像和其他类型的数据进行描述性分类；
- 预测数据序列的下一个值；
- 研究数据结构；
- 处理数据，以实现最高效率；
- 使用你喜欢的任何编程语言和 DL 库；
- 了解新论文和新理念，并将其付诸实践；
- 享受与他人进行深度学习讨论的过程。

本书会采用一种严肃而不失友好的讲解方式，并通过大量图示来帮助你加深理解。同时，我们不会在书中堆砌过多的代码，甚至不会使用任何比乘法更复杂的运算。

如果你觉得还不错，欢迎阅读此书！

## 为什么写这本书

本书的读者对象是那些渴望在工作中应用机器学习和深度学习的人们，包括程序员、艺术工作者、工程师、科学家、管理人员、音乐家、医生，以及任何希望通过处理大量信息来获得洞见或生成新数据的人。

你可以在许多开源库中找到许多机器学习工具（特别是深度学习）。每个人都可以立即下载和使用这些工具。

尽管这些免费工具安装简单，但是你仍然需要掌握大量的技术和知识才能正确使用这些工具。让计算机做一些无意义的事情很容易：它会严格照做，然后输出更多无意义的结果。

这种情况时有发生。虽然机器学习和深度学习库功能强大，但它们对用户来说并不友好。你不仅需要选择正确的算法，还要能够正确地应用这些算法。从技术角度讲，你仍然需要做出一系列明智的决策。当工作偏离预期时，你需要利用自己对系统内部的了解令其回归正轨。

　　学习和掌握这些基本信息的方法多种多样，这取决于你喜欢怎样的学习方式。有些人喜欢详细的硬核式算法分析，并辅以大量数学运算。如果这是你的学习方式，那么你可以阅读一些有关这方面的书籍，比如[Bishop06]和[Goodfellow17]。为此，你需要付出大量努力。不过，你获得的回报也会很丰厚，即全面了解机器学习的工作方式及原理。如果以这种方式学习，那么你必须额外投入大量的精力来将理论知识付诸实践。

　　另外一种截然不同的情形是：有些人只想知道完成某些特定任务的方法。有关这方面的速成图书也有很多，你可以从中找到各种机器学习库，比如 [Chollet17]、[Müller-Guido16]、[Raschka15]和[VanderPlas16]。与需要大量运算的方法相比，这种方法难度较低。但是，你会觉得自己缺少对结构信息的掌握——这些信息有助于你理解算法的工作原理。如果未能掌握这些信息及相关词汇，一些你原以为可行的算法可能变得不可行，或者某种算法的结果可能不如预期，而你很难对此找到问题的根源所在。另外，你将无法理解涵盖新理念和新研究成果的文献，因为这些研究往往假设读者拥有相同的知识储备，而只掌握一种库或语言的读者是不具备这种知识储备的。

　　鉴于上述情况，本书采取了一种折中的方式。我们的目的很实际：给你工具，让你有信心去实践深度学习。希望你在工作的时候不仅可以做出明智的选择，并且能够理解日新月异的新理念。

　　本书致力于介绍深度学习的基础知识，以帮助读者建立扎实的知识储备。随着深度学习实践的推进，你不仅需要对本书课题的背景有充分了解，还需要充分知悉可能需要查阅的资料。

　　这不是一本关于编程的书。编程很重要，但是会不可避免地涉及各个细节，而这些细节与本书的主旨并无关联。此外，编程会让你的思考局限于某一个库或者某种语言。尽管这些细节是构建最终学习网络体系的必要条件，但是当你想要专注于某一重要理念时，这些细节可能会让你分心。与其就循环和目录以及数据结构泛泛而谈，倒不如以一种独立的方式讨论某种语言和库相关的所有知识。只要扎实理解了对这些理念，阅读任何库文件都将变得轻而易举。

　　在第 15 章、第 23 章和第 24 章中，我们将详细讨论机器学习的 scikit-learn 库以及深度学习的 Keras 库。这两种库均基于 Python 语言。我们结合示例代码进行讲解，以期让你对 Python 库有深度的了解。即使你不喜欢 Python，这些程序也会让你对典型的工作流和程序结构有所了解。这些章节中的代码可以在 Python 手册中找到，并且可用于基于浏览器的 Jupyter 编程环境[Jupyter16]。你也可以将其应用于更经典的 Python 开发环境，如 PyCharm [JetBrains17]。

　　本书的其他大部分章节也有配套的可选 Python 手册。这些章节针对书中每个计算机生成的数字给出代码，而且通常使用其中所涉及的技术来生成代码。由于本书的焦点并非在于 Python 语言和编程（上述章节除外），因此这些手册仅作参考，不再赘述。

　　机器学习、深度学习和大数据正在世界范围内产生令人意想不到的、快速而深刻的影响。对人类以及人类文化而言，这是一个既复杂又重要的课题。与此相关的讨论也在一些有趣的图书和文章中得以体现，不过结论大多是喜忧参半。相关的图书和文章参见"参考资料"部分的[Agüera y Arcas 17]、[Barrat15]、[Domingos15]和[Kaplan16]。

## 本书几乎不涉及数学问题

　　很多人不喜欢复杂的方程式。如果你也是这样，那么本书非常适合你！

　　本书几乎不涉及复杂的数学运算。如果你不讨厌乘法，那么本书简直太适合你了，因为书中除了乘法，并无任何复杂的运算。

本书所讨论的许多算法都有丰富的理论依据，并且是经过仔细分析和研究得出的。如果你正打算变换一种算法以实现新目的，或者需要独立编写一个新程序，就必须了解这一点。不过，在实践中，大多数人会用由专家编写的程序。这些程序是经过高度优化的，并且可以从免费的开源库中获取。

我们希望能帮助你理解这些技术的原理，掌握其正确应用，并懂得如何解读结果，但无须深入了解技术背后的数学结构。

如果你喜欢数学或者想了解理论，那么请阅读每一章的"参考资料"部分给出的相关内容。大部分资料是简洁且能够激发灵感的，并且给出了作者在本书中刻意省略的细节。如果你不喜欢数学，可以略过此部分的内容。

## 本书分上下两册

本书涵盖的内容非常多，因此我们将其分成了上下两册。其中下册是上册内容的拓展和补充。本书内容是以循序渐进的模式组织的，因此建议你先读上册，再去学习下册的内容。如果你有信心，也可以直接从下册开始阅读。

## 致谢

如果没有众多朋友的支持，本书是无法写就的。这是千真万确的！

非常感谢 Eric Braun、Eric Haines、Steven Drucker 和 Tom Reike 对本项目始终如一的大力支持。谢谢你们！

非常感谢为本书提出诸多富有见地的评论的审稿人，他们是 Adam Finkelstein、Alex Colburn、Alexander Keller、Alyn Rockwood、Angelo Pesce、Barbara Mones、Brian Wyvill、Craig Kaplan、Doug Roble、Eric Braun、Eric Haines、Greg Turk、Jeff Hultquist、Jessica Hodgins、Kristi Morton、Lesley Istead、Luis Avarado、Matt Pharr、Mike Tyka、Morgan McGuire、Paul Beardsley、Paul Strauss、Peter Shirley、Philipp Slusallek、Serban Porumbescu、Stefanus Du Toit、Steven Drucker、Wenhao Yu 和 Zackory Erickson。

特别感谢 Alexander Keller、Eric Haines、Jessica Hodgins 和 Luis Avarado，他们阅读了本书所有或大部分手稿内容，并在内容呈现和内容结构方面提出了建设性意见。

感谢 Morgan McGuire 开发了 Markdeep，让我能够专注于本书内容，而无须顾及格式。有了 Markdeep 的助力，本书的创作出奇地顺利和流畅。

感谢 Todd Szymanski 就本书内容、封面的设计和布局提出的深刻见解，同时感谢他指出了相关排版错误。

感谢以下读者在出版早期发现的拼写错误等问题：Christian Forfang、David Pol、Eric Haines、Gopi Meenakshisundaram、Kostya Smolenskiy、Mauricio Vives、Mike Wong 和 Mrinal Mohit。

## 参考资料

这部分内容在各章均有出现，其中列出了供参考阅读的所有文档。你还可以参阅正文涉及的其他有价值的论文、网站、文件、博客等资源。

[Agüera y Arcas 17]　Blaise Agüera y Arcas, Margaret Mitchell and Alexander Todorov, *Physiognomy's New Clothes*, Medium, 2017.

[Barrat15]　James Barrat, *Our Final Invention: Artificial Intelligence and the End of the Human Era*, St. Martin's Griffin, 2015.

[Bishop06]　Christopher M. Bishop, *Pattern Recognition and Machine Learning*, Springer-Verlag, pp. 149-152, 2006.

[Chollet17]　François Chollet, *Deep Learning with Python*, Manning Publications, 2017.

[Domingos15]　Pedro Domingos, *The Master Algorithm*, Basic Books, 2015.

[Goodfellow17]　Ian Goodfellow, Yoshua Bengio, Aaron Courville, *Deep Learning*, MIT Press, 2017.

[JetBrains17]　JetBrains Pycharm Community Edition IDE, 2017.

[Jupyter16]　The Jupyter team, Jupyter 官方网站，2016.

[Kaplan16]　Jerry Kaplan, *Artifical Intelligence: What Everyone Needs to Know*, Oxford University Press, 2016.

[Müller-Guido16]　Andreas C. Müller and Sarah Guido, *Introduction to Machine Leaming with Python*, O'Reilly Press, 2016.

[Raschka15]　Sebastian Raschka, *Python Machine Learning*, Packt Publishing, 2015.

[VanderPlas16]　Jake VanderPlas, *Python Data Science Handbook*, O'Reilly Media, 2016.

# 资源与支持

本书由异步社区出品，社区（https://www.epubit.com）为您提供相关资源和后续服务。

## 配套资源

本书为读者提供书中彩图文件。

要获得以上配套资源，请在异步社区本书页面中单击 配套资源 ，跳转到下载界面，按提示进行操作即可。注意：为保证购书读者的权益，该操作会给出相关提示，要求输入提取码进行验证。

如果您是教师，希望获得教学配套资源，请在社区本书页面中直接联系本书的责任编辑。

## 扫码关注本书

扫描下方二维码，读者会在异步社区微信服务号中看到本书信息及相关的服务提示。

## 与我们联系

我们的联系邮箱是 contact@epubit.com.cn。

如果读者对本书有任何疑问或建议，请发邮件给我们，并请在邮件标题中注明本书书名，以便我们更高效地做出反馈。

如果读者有兴趣出版图书、录制教学视频，或者参与图书翻译、技术审校等工作，可以发邮件给我们；有意出版图书的作者也可以到异步社区在线投稿（直接访问 www.epubit.com/selfpublish/submission 即可）。

如果读者来自学校、培训机构或企业，想批量购买本书或异步社区出版的其他图书，也可以发邮件给我们。

如果读者在网上发现有针对异步社区出品图书的各种形式的盗版行为，包括对图书全部或部分内容的非授权传播，请将怀疑有侵权行为的链接发邮件给我们。这一举动是对作者权益的保护，也是我们持续为广大读者提供有价值的内容的动力之源。

## 关于异步社区和异步图书

  **"异步社区"**是人民邮电出版社旗下 IT 专业图书社区，致力于出版精品 IT 图书和相关学习产品，为作译者提供优质出版服务。异步社区创办于 2015 年 8 月，提供大量精品 IT 图书和电子书，以及高品质技术文章和视频课程。更多详情请访问异步社区官网 https://www.epubit.com。

  **"异步图书"**是由异步社区编辑团队策划出版的精品 IT 专业图书的品牌，依托于人民邮电出版社近 40 年的计算机图书出版积累和专业编辑团队，相关图书在封面上印有异步图书的 LOGO。异步图书的出版领域包括软件开发、大数据、人工智能、测试、前端、网络技术等。

异步社区

微信服务号

# 目录

# 第1章　机器学习与深度学习入门

本章简要介绍贯穿本书的概念、语言和技术。

## 1.1　为什么这一章出现在这里

本章旨在帮助你熟悉机器学习的重要理念和基本术语。

**机器学习**（machine learning）这一术语涉及越来越多的技术，这些技术都有一个共同目标，那就是从数据中发现有意义的信息。

其中，"数据"是指任何可以被记录和测量的东西。它可以是原始数据（如连续几天的股票价格、不同行星的质量、小城集市里人们的身高），也可以是声音（如某人的手机录音）、图（如鲜花或猫的照片）、单词（如报纸文章或小说的文本），抑或是我们想要研究的其他任何东西。

"有意义的信息"是指我们可以从数据中提取到的任何信息，在某种程度上，这些信息对我们而言是有用的。我们可以判断哪些信息是有意义的，然后设计一个算法，从数据中找到尽可能多的这样的信息。

"机器学习"一词涵盖了广泛范围内的各种算法和技术，虽然明确定义这个词的精准含义是好的，但由于它对于不同的人来说有不同的用途，因此我们最好把它理解成一个涵盖了越来越多的各种算法和原理的统称，这些算法和原理的目的是对海量训练数据进行分析，并从中提取含义。

近来，有人创造了**深度学习**（deep learning），用来指代那些使用特殊分层计算结构的机器学习方法（这些分层依次堆叠），这样就形成了一个像堆叠的煎饼一样的"深度"结构。由于"深度学习"指的是所创建的系统的本质，而不是任何特定算法，因此它实际上指的是一种特定的机器学习方式或方法。近几年，人们通过该方法取得了大量研究成果。

现在，让我们来看一下使用机器学习从数据中提取含义的几个典型应用。

### 1.1.1　从数据中提取含义

邮局每天都需要根据手写的邮政编码整理大量的信件和包裹，目前他们已经开始借助计算机读取这些编码并自动分拣邮件，如图 1.1a 所示。

银行需要处理大量的手写支票：查看总金额栏内手写的数字金额（如 25.10 美元）与大写金额栏内的金额是否一致（如贰拾伍美元拾美分），以判断支票是否有效。计算机可以同时读取数字金额和大写金额，并确认两者是否相匹配，如图 1.1b 所示。

社交媒体网站想要通过照片识别出他们的用户，这意味着不仅要检测给定照片中是否有人脸，还要识别人脸的位置，然后将每张脸与之前看到的人脸进行匹配，由于灯光、角度、表情、衣着和许多其他特质都与先前的照片存在差异，并且同一个人的每一张照片都是独一无二的，因此人脸识别的难度加大了。而社交媒体网站想要的是为任何一个人拍摄一张照片后就可以识别出他的身份，如图 1.1c 所示。

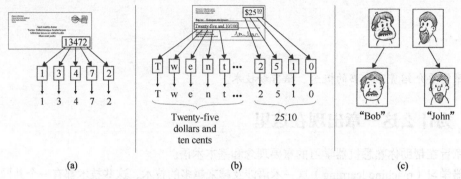

图 1.1　从数据集中提取含义。(a)从信封中获取邮政编码；
(b)读取支票上的数字和字母；(c)从照片中识别人脸

数字助手的供应商会聆听人们对其小工具的反馈，以便智能地做出回应。来自麦克风的信号是一系列数字，这些数字用于描述声音撞击麦克风膜时造成的压力，供应商想要分析它们，以便理解产生它们的声音，理解这些声音所属的词语以及词语所属的句子，最终得到这些句子的含义，如图 1.2a 所示。

科学家从无人机、高能物理实验和深空观测中获得大量数据后，往往需要从这些洪流般的数据中挑选出几个项目实例。这些实例与所有其他的项目都相似，但略有不同。即使不乏许多训练有素的专家，但要人工查看所有数据也是一项不可能完成的任务，所以最好能够通过计算机使这个过程自动化。通过计算机实现数据的彻底梳理，不遗漏任何一个细节，如图 1.2b 所示。

自然资源保护主义者会随着时间的推移来追踪物种的数量，观察它们的表现，如果物种数量长期下降，那么他们可能就会采取行动进行干预。如果物种数量稳定或有所增长，那么他们可能保持观望。预测一系列值的下一个值也是我们可以训练计算机去做的事情，图 1.2c（改编自[Towers15]）记录了加拿大西海岸北部虎鲸种群每年的数量，以及对于这些数量的预测值。

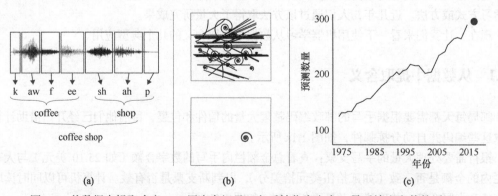

图 1.2　从数据中提取含义。(a)用声音记录，之后转化为文字，最后输出完整的话语；
(b)粒子加速器输出的痕迹大多是相似的，需要在其中发现一个不寻常的事件；
(c)预测加拿大西海岸北部的虎鲸数量

这 6 个例子展示了为许多人所熟悉的机器学习的应用，其实机器学习还有很多其他应用。由于机器学习算法能够快速提取有意义的信息，因此它的应用领域也在不断扩展。

在这里，共同的地方是所涉及的大量工作以及它的详细细节。我们可能有数百万条数据需要研究，并从每条数据中提取有用含义。人类会感到疲倦、无聊和心烦意乱，但是计算机可以一直稳定又可靠地完成工作。

## 1.1.2 专家系统

一种发现隐藏在数据中的含义的早期流行方法涉及**专家系统**（expert system）的构建。这个想法的本质是：在研究了解人类专家知道什么、做什么以及怎样做后，将这些行为自动化，从本质上说，我们要制造一个能够模仿人类专家的计算机系统。

这通常意味着构建一个**基于规则的**系统（rule-based system），在这个系统中，我们会为计算机制订大量的规则，使其能够模仿人类专家。例如，如果试图识别邮政编码中的手写数字 7，我们就可以设计一套这样的规则：7 的形状是在图的顶部有一条近乎水平的线，然后有一条近乎对角线的斜线从水平线的右端点延伸到左下角，如图 1.3 所示。

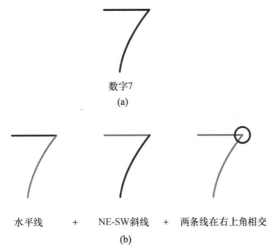

数字7
(a)

水平线　　　+　　　NE-SW斜线　　　+　　　两条线在右上角相交
(b)

图 1.3　设计一套识别手写数字 7 的规则

(a)我们想识别的一个典型的 7；(b)组成 7 的 3 条规则，如果有一个形状
满足这 3 条规则，那么它被归为 7

对每一个数字，我们都有相似的规则，通常情况下这些规则都可以实现要求，直至遇到图 1.4 所示的数字。

图 1.4　这个 7 也是一个 7 的有效写法，但是它不会被图 1.3 的规则识别，因为多了一条线

我们之前没有考虑到有人会在 7 的中间加一横，所以现在需要为这种特殊情况添加另一条规则。

手动调整规则来更好地理解数据的过程有时称为**特征工程**（feature engineering）。这个术语也用于描述使用计算机为我们寻找这些特征的过程，参见本章"参考资料"中的 [VanderPlas16]。

这个术语描述了我们的愿景，也就是想要构造（或设计）人类专家完成工作所需的全部特征（或品质）。总的来说，这是一项非常艰难的工作。正如所看到的那样，我们很容易忽略一个甚至多个规则，想象一下（以下场景有多困难），你试图找到一套规则去总结"放射科医生如何判断 X 射线图像上的斑点是否是良性的"，或者"空中交通管制员如何处理繁忙的空中交通"，抑或"一个人如何在极端天气条件下安全驾驶汽车"。

诚然，基于规则的专家系统能够胜任一些工作，但是人工设定一个正确的规则集以及确保专家系统在各种各样的数据面前都能正确工作是非常困难的，而这个问题也似乎已经注定了其无法作为一种通用解决方法。对于一个复杂的过程，要清晰地表达其每一个步骤已经是极其困难的了，而在有些情况下，我们还需要考虑人类判断时基于经验和预感所做的决定，那么，除非是最简单的情况，否则这几乎是不可能完成的事情。

机器学习系统的美妙之处在于（在概念层面上）：它们可以**自动地**学习数据集的相关特征。我们不需要告诉算法如何识别 2 或 7，因为系统自己就能够去总结理解，但要做到这一点，系统通常需要大量的数据，即超大的数据量。

这也是机器学习在过去几年大受欢迎并得到广泛应用的一个重要原因，互联网提供的大量原始数据可以让机器学习这一工具从大量数据中提取出更多信息。企业能够利用与每个客户的每次交互来积累更多的数据，然后将这些数据作为机器学习算法的输入，利用它们为客户提供更多的信息。

## 1.2 从标记数据中学习

机器学习的算法是多种多样的，我们也将在本书中学习许多机器学习算法。许多算法在概念上是很简单的（尽管它们本身的数学或编程基础可能很复杂），例如，假设我们想通过一组数据点找到最佳直线，如图 1.5 所示。

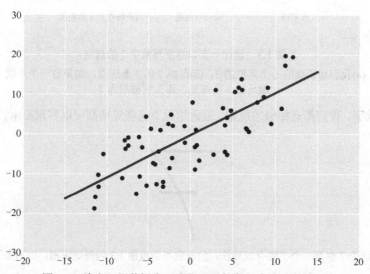

图 1.5　给定一组数据点，我们可以想象一个直线算法，
它通过这些点来计算出最佳直线

从概念上讲，我们可以想象一种算法，它可以仅用几个数字来表示任意直线，在给定输入数据点的情况下，它会用一些公式来计算出这些数字。这是一种常见的算法，它通过深入、仔细的分析来找到解决问题的最佳方法，然后将这一方法在执行该分析的程序中实现，这是许多机器学习算法使用的策略。

相比之下，许多深度学习算法使用的策略就不那么为人所熟知了，它们需要慢慢地从例子中学习，每次学习一点点，而后一遍又一遍地学习。每当程序看到要学习的新数据，它就会调节自己的参数，最终找到一组参数值——这组参数值便可以很好地帮助我们计算出我们想要的东西。虽然我们仍在执行一个算法，但它比用于拟合直线的算法更开放。这里运用到的思想是指：我们不知道如何直接计算出正确的答案，于是搭建了一个系统，这个系统可以自己搞明白如何去做。我们之所以要分析和编程，是为了创建一种能够自行求解出属于它自己的答案的算法，而不是去实现一个能够直接产生答案的已知的过程。

如果这听起来很疯狂，那就是它本身真的很疯狂，以这种方式找到它们自己的答案的程序，是深度学习算法取得巨大成功的关键。

在接下来的几节中，我们会进一步研究这种技术，去了解它，但它可能并不像传统的机器学习算法那样为我们所熟悉。最终，我们希望你可以用它来完成一些任务，例如，向系统展示一张照片，然后由系统返回其中每个人的名字。

这是一项艰巨的任务，所以让我们从一些比较简单的事情开始，来看看几个学习的示例。

## 1.2.1 一种学习策略

现在，让我们来思考一种对于教学生而言糟糕的方式，如图 1.6 所示。对于大多数学生来说，这并不是实际的教育方式，但这是我们教计算机的方式之一。

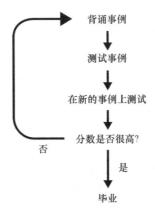

图 1.6 这是一种很糟糕的育人方式。首先，让学生背诵一组事例，然后测试每个学生的背诵情况，之后测试他们没有接触过的其他事例。虽然学生并没有接触过这些事例，但是如果他们能够较好地理解第一组事例，那么就能推导出新给出的事例。如果学生在测试中取得了好成绩（尤其是第二门），那么他就能毕业了；否则，就会再次重复这个循环，重新背诵相同的事例

在这种情景下（希望是虚构的），老师会站在教室前面，重复叙述一系列学生应该记住的事例，之后每个星期五下午学生们都要接受两次测试，第一次测试是根据这些特定的事例对他们进行盘问，以测试他们的记忆力；而第二个测试会在第一次测试之后马上进行，会问一些学生以前

从未见过的新问题，以测试他们对事例的整体理解。当然，如果他们只收到一些事例，那么任何人都不太可能"理解"这些事例，这也是这种方式糟糕的原因之一。

如果一个学生在第二次测试中表现出色，那么老师就会宣布他已经学会了这门课，之后他就可以顺利毕业了。

如果一个学生在第二次测试中表现得不好，那么下个星期他将再次重复同样的过程：老师以完全相同的方式讲述同一个事例，然后还是通过第一次测试来衡量学生的记忆力，再通过第二次新的测试来衡量他们的理解或概括能力。每个学生都在重复这个过程，直到他们在第二次测试中表现得足够好，才可以毕业。

对于学生来说，这种教育方式是糟糕的，但这确实是一种非常好的教计算机学习的方式。

在本书中，我们将看到许多其他的教计算机学习的方式，但是现在让我们先来深入了解一下这种方式。我们将看到，与大多数人不同的是，每当计算机接触完全相同的信息，它都会学到一点点新的东西。

## 1.2.2 一种计算机化的学习策略

从收集我们要教的知识开始：我们需要收集尽可能多的数据。每一项观测数据（如某一特定时刻的天气）称为一个**样本**（sample）；构成观测数据的名称（如温度、风速、湿度等）称为它的**特征**（feature）[Bishop06]，每个被命名的测量数据或特征都有一个关联的值，通常被存储为一个数字。

在为计算机准备数据的过程中，我们需要将每个样本（即每个数据片段，其中的每个特征都被赋予一个值）都交给人类专家，由人类专家检查其特征并为该样本注明一个**标签**（label）。例如，如果样本是一张照片，那么标签可能是照片中人的名字、照片中所显示的动物的类型、照片中的交通是否顺畅或拥堵等。

以测量山上的天气为例，专家的意见用0～100分表示，它的含义是专家多大程度上认为"这一天的天气有利于徒步旅行"，如图1.7所示。

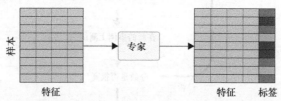

图1.7　我们从一组样本或数据项目开始对数据集进行标记，每个样本都由描述它的特征列表组成，我们将这个数据集交给一位人类专家，由他逐一检查每个样本的特征，并为该样本注明一个标签

我们通常会取一些带标签的样本并暂时把它们放在一边，并将在不久后用到它们。

一旦有了带标签的数据，我们就可以把它交给计算机，之后就可以让计算机找到一种方法来为每个输入匹配正确的标签。我们并没有告诉计算机如何去完成这个动作，而是给了它一个具有大量可调参数（甚至数百万个参数）的算法。不同的学习类型会使用不同的算法，本书的大部分内容都是致力于对它们的研究以及讲述如何更好地使用它们。一旦选择了一个算法，我们就需要通过它来运行一个输入，从而产生一个输出。这是计算机的**预测**（prediction），表达了计算机认为该样本是属于哪个专家标签。

当计算机的预测与专家标记的标签相符时，我们什么也不会做，但一旦计算机出错，我们就要求计算机修改它所使用的算法的内部参数，这样当我们再次给它相同的数据时，计算机就更有可能预测出正确的答案。

这基本上是一个反复试验的过程，计算机尽其所能给我们正确的答案，如果失败了，它就会遵循一个程序来改变和改进。

一旦做出预测，我们就只检查计算机的预测与专家的标签是否匹配，如果它们不匹配，我们会计算出一个**误差**（error），也称为**代价**（cost）或**损失**。这是一个数值，用于告知算法离正确结果还有多远。该系统会根据其内部参数的当前值、专家的预测结果（当前已知）以及自己的错误预测来调整算法中的参数，以便在再次看到这个样本时预测正确的标签。稍后我们将仔细研究这些步骤是如何执行的。图 1.8 展示了上述过程。

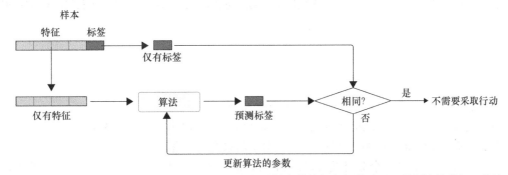

图 1.8　训练（或者说学习）过程的一个步骤。我们将样本的特征和标签分开，根据这些特征，算法会预测出一个标签。我们将预测值与实际标签进行比较，如果预测标签与我们想要的标签相匹配，我们就什么都不做，否则我们将告知算法去进行修改或更新，这样它就不会再犯同样的错误

我们是通过"（1）分析**训练数据集**中的样本；（2）针对不正确的预测对算法进行**更新**"来**训练**（train）系统**学习**如何**预测**数据的标签。

我们将在后续章节中详细讨论应该如何进行选择不同的算法和更新步骤，目前我们需要知道的是，每个算法都是通过改变内部参数来实现预测的。每当出现错误预测，算法就可以对其参数进行修改，但是如果修改太多，就会使得其他的预测变得糟糕起来。同样，算法也可以只对其参数做很小的修改，但是这样会导致学习速度较其他情况而言更加缓慢。我们必须通过对每种类型的算法和我们所训练的每一个数据集进行反复的试验，才能够在这两种极端之间找到正确的平衡。我们把对参数更新的多少称为**学习率**（learning rate），所以，如果我们采用一个小的学习率，就代表着谨慎和缓慢；而如果采用一个大的学习率，就可以加速整个过程，但也有可能会适得其反。

打个比方，假设我们在沙漠里，需要用金属探测器找到一个埋在地下的装满东西的金属盒子。我们会把金属探测器晃来晃去，如果在某个方向得到响应，我们就会朝那个方向移动。如果我们谨慎一点，每次只走出一小步，就不会错过盒子或是丢掉信号；但如果我们非常激进，每次迈出一大步，这样我们就能更快地接近盒子。也许我们可以从大步前进开始，但是随着离盒子越来越近，我们可以逐渐减小步幅，这也就是我们通常所说的"调整学习率"，通过调整学习率使得在刚开始训练时对系统的改动很大，但是会逐渐减小这个改动。

有一种有趣的方法可以让计算机在只记住输入而不进行学习的情况下获得高分，为了得到一个完美的分数，算法所要做的就是记住专家为每个样本标记的标签，然后返回那个标签的值。换

句话说，它不需要学习如何计算出给定样本的标签值，而只需要在表中查找到正确的答案即可，在前文假设的学习场景中，这就相当于学生在考试中记住了问题的答案。

有时这会是一个很好的策略，稍后我们就会看到，有些非常有效的算法就遵循了这种方法。但是，如果是让计算机从数据中学到一些东西，并能够将所学推广应用到新的数据中，那么使用这种有趣的方法往往会适得其反。这种方法的问题在于：系统已经记住了样本的标签，导致所有训练工作都不会给我们带来任何新的东西，且由于计算机对数据本身一无所知，而只是从表中得到答案，计算机就不知道如何为它从未见过和记住的新数据创建预测。整个问题的关键在于我们需要让系统能够预测以前从未见过的新数据的标签，这样就可以放心地将其应用于会不断出现新数据的实际场景中。

如果算法在训练集上执行得足够好，但是在新数据上执行得很差，就说该算法的**泛化能力**很差。现在让我们看看如何提高算法的泛化能力，或者说如何学习数据，使得它能够准确地预测新数据的标签。

## 1.2.3　泛化

我们会用到 1.2.2 节中提到的暂时搁置的标记数据。

我们通过向系统展示它之前从未见过的样本来评估系统对所学知识的**泛化**（generalization），而这个**测试集**（test set）也会向我们展示系统对于新数据的表现。

现在，让我们来看一个**分类器**（classifier），这种系统会为每个样本分配一个标签（标签描述了该样本所属的类别或类）。假如输入是一首歌，那么它的标签可能是歌曲的流派（如摇滚或古典）；假如输入是动物的照片，那么它的标签可能是照片上的动物（如老虎或大象）。而在运行的例子中，我们便可以将每天预期的"徒步旅行经历"归为三类：糟糕的、好的和很棒的。

我们会要求计算机预测测试集中每个样本的标签（这些都是计算机以前从未见过的样本），然后比较计算机的预测和专家的标签，如图 1.9 所示。

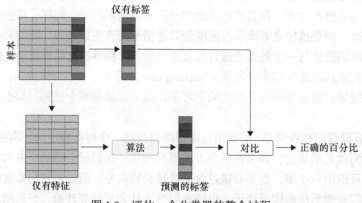

图 1.9　评估一个分类器的整个过程

在图 1.9 中，我们将测试数据拆分为特征和标签两部分，该算法为每一组特征分配（或者说预测）了一个标签。然后，我们通过比较预测的标签和真实标签来衡量预测的准确率。如果预测结果足够好，那么我们就可以部署系统；如果预测结果不够好，那么我们需要继续进行训练。注意，与训练不同，这个过程中没有反馈和学习，在我们回到明确的训练模式之前，算法并不会改变它的参数，不管它的预测结果是否准确。

如果计算机对这些全新的样本（对于算法来说是全新的）的预测与专家分配的标签不匹配，那么我们将回到图 1.8 所示的训练步骤。我们会把原先训练集中的每个样本再给计算机看一遍，让它继续进行学习。注意，给出的是相同的样本，所以我们要求计算机从相同的数据中反复学习。通常来说，我们会对数据进行**洗牌**，使得样本以不同的顺序到达，但是不会给算法任何新的信息。

然后我们会要求算法再次预测测试集的标签，如果表现不够好，我们将再次返回原先的训练集进行学习，然后再测试，一遍又一遍地重复这个过程。这个过程往往需要重复几百次，我们一遍又一遍地向计算机展示同样的数据，而计算机每次都多学习一点。

正如我们之前所说的那样，这是一种糟糕的教学方式，但是计算机不会因为一遍又一遍地看到相同的数据而感到厌烦或焦躁，它只是不断学习它能够学会的东西，之后在每次学习中一点点地变得更好。

## 1.2.4　让我们仔细看看学习过程

我们通常认为数据中存在某种关联，毕竟如果它是完全随机的，我们就不会试图从中提取信息。在 1.2.3 节中，我们所希望的过程是通过向计算机一遍又一遍地展示训练集，来让它从每个样本中一点点地学习，最终该算法将找到样本特征与专家分配的标签之间的关联，进而可以将这种关联应用到测试集的新数据上。如果预测大部分是正确的，那么我们就说它具有很高的准确率，或者说**泛化误差**（generalization error）很小。

但是，如果计算机一直无法改进它对测试集标签的预测，我们就会因无法取得进展而停止训练。通常我们会修改算法以期待得到更好的表现，再重新进行训练。但这只是我们的一种期待，无法保证对于每一组数据都有一个成功的学习算法，即便有，我们也无法确保一定能够找到它。好消息是，即使不通过数学运算，计算机也可以通过实践找到泛化的方法，有时得到的结果比人类专家做得更好。

其中一个导致算法学习失败的可能原因是：它没有足够的计算资源来找到样本与其标签之间的关联。有时，我们会认为计算机创建了一种底层数据的**模型**（model）。例如，如果我们测量到在每天的前 3 个小时里温度会上升，计算机就可能会构建一个"模型"来表达早上温度会上升。这只是数据的一个版本，就像小型塑料版本的跑车或飞机是大型交通工具的一种"模型"一样，我们在前文中所看到的分类器就是一种模型。

在计算机中，模型是由软件结构和它所用的参数值组成的，更庞大的程序和参数集可以引导模型从数据中学习更多内容，这时我们就说它有更大的**容量**（capacity），或者说**表征能力**。我们可以把这看作算法能够学习的东西的深度和广度，而更大的容量使我们有更大的能力从已知的数据中发现含义。

打个比方，假设我们在为一名汽车经销商工作，就需要为所销售的汽车写广告，而市场部已经给了我们一份可以用于描述汽车的"得到认可的词汇"，工作一段时间后，我们也许就可以学会用这个模型（得到认可的词汇表）来完美地描述每一辆车。

假设这时经销商买了一辆摩托车，那么我们现有的词汇（或者说现有的模型）就没有足够的

"容量"来描述这个交通工具——我们的容量只能描述之前描述过的那些交通工具。我们并没有足够多的词汇量来指代有两个轮子而不是 4 个轮子的东西，我们可以竭尽所能，但是结果可能并不理想。如果我们可以使用更强大的、有更大容量的模型（也就是说，更多用于描述交通工具的词汇），就能做得更好。

但是更庞大的模型也意味着更多的工作量，正如我们将在后续章节中看到的那样：相比小一点的模型，更庞大的模型往往会产生更好的结果，但代价是耗费更多的计算时间和计算机内存。

算法中会随着时间的推移自主进行修改的值称为**参数**（parameter），同时学习算法也会受设定的值所控制（如学习率），这些设定的值称为**超参数**（hyper parameter）。

参数和超参数的区别在于：计算机会在学习过程中自主调整它自己的参数值，而超参数值则是在我们编写和运行程序时设定的。

当算法学得足够好，能够在测试集上执行得足够好，足以令人满意时，我们就可以将它**部署**（deploy）（或者说**发布**）。一旦用户提交了数据，系统就会返回它预测的标签。

这就是人脸图如何变成名字、声音如何变成文字以及对天气的监测如何变为预报的过程。

现在让我们回过头来宏观地看看整个机器学习领域。如果要对机器学习这一广阔且持续发展的领域进行调查，那么需要占用一整本书的篇幅（参见"参考资料"中的[Bishopo6]和[Goodfellow17]）。接下来，我们介绍当今大多数学习工具的主要分类。在本书中，我们会反复提到这类算法。

## 1.3 监督学习

如果样本带有预先设定的标签（就像我们在前文的例子中看到的那样），就说我们正在进行**监督学习**（supervised learning），这种监督来自标签，它们控制着图 1.8 中的比较步骤，并告诉算法是否预测了正确的标签。

监督学习有两种类型——**分类**（classification）和**回归**（regression）。分类是指遍历一个给定的类别集合，之后找到最适合描述特定输入的类别；回归是指通过一组测量值来预测一些其他的值（通常是下一个值，但也可能是在集合开始之前或中间的某个地方的数值）。

下面让我们依次来看一下。

### 1.3.1 分类

假设有一组日常用品的照片，照片中有苹果削皮器、烤箱、钢琴等，我们想根据照片所展示的东西来对其进行分类，那么就把对这些照片进行**分类或归类**的过程称为**分类或归类**。

在这种方法中，我们通过向计算机提供一个列表开始训练，该列表列出了我们希望计算机学习的所有标签（或类、类别）。通常，这个列表只是简单组合了训练集中所有样本的所有标签，去掉了重复项。

然后我们用大量照片和它们的标签来训练系统，直到确定它能很好地预测出每张照片的正确标签。

至此，我们就可以给系统一些以前从未见过的新照片了。我们希望它能正确地标记它在训练过程中看到的物品的图像，如果出现无法识别的形状或者这个形状在训练集所包含的类别之外，系统就会尝试从它所知道的类别中选出最接近的类别，如图 1.10 所示。

| 蜂鸟 | 长柄勺 | 开瓶器 | 环形活页夹 |

图 1.10　在进行分类时，我们用一组图像训练一个分类器，每个图像都有一个相关的标签。当训练完成后，我们就可以给它一些新的图像，之后它会尝试再去为每个图像选择最好的标签。图中展示的这个分类器没有受过金属勺子或耳机类别的训练，所以它展示了所能找到的最接近的匹配类别

在图 1.10 中，我们使用一个经过训练的分类器来识别之前从未见过的 4 个图像[Simonyan14]，值得称赞的是，它发现了开瓶器，尽管这个物体被刻意做成一艘船的形状。然而，该系统并没有经过与金属勺或耳机相关的类别训练，因此在这两种情况下，它所找到的都只是最接近的匹配。为了正确地识别这些对象，我们就需要在训练过程中向系统展示更多的相关物品的示例。

另一种看待这种情况发生的方式是：系统只能理解它所学到的东西。传统的分类器总是尽力为每个输入找到最接近的匹配，但是它们只能从所知道的类别中选择。

## 1.3.2　回归

假设我们对测量值进行了收集，但是收集结果并不完整，而我们又希望能够估计缺失的值。例如，我们在持续跟踪当地体育馆举办的一系列音乐会的到场观众人数，以便根据音乐会的总门票收入，按照一定比例给乐队支付报酬。

然而，我们计算时漏掉了某个晚上的到场观众人数，为了制订预算，我们就要知道明天的观众到场率是多少。测量结果如图 1.11a 所示，而我们对缺失值的估计如图 1.11b 所示。

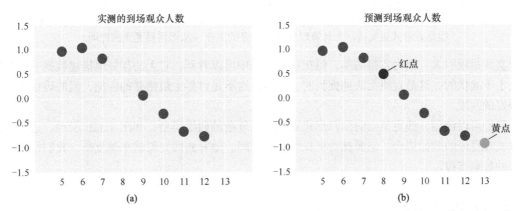

图 1.11　在回归中，我们需要使用一组输入和输出值，这里的输入值是 5 月 5 日到 13 日的音乐会日期，而输出值是到场观众人数。(a)实测数据，缺少 5 月 8 日的值；(b)红点是对 5 月 8 日缺失点的值的估计，而黄点是对 5 月 13 日到场观众人数的预测

我们把这种填充和预测数据的过程称为回归问题。"回归"这个名字可能会让人产生误解，因为"回归"的意思是回到以前的状态，但是在这里似乎没有任何回归的动作。

这一不常见的词来自发表于 1886 年的一篇论文，一位科学家在研究儿童的身高（参见"参

考资料"部分的[Galton86]）时发现，虽然有些孩子长得高，有些孩子长得矮，但随着时间的推移，人们的身高会趋于平均。他将此描述为"回归至平庸"，意思是测量趋向于从极端走向平均值。

虽然通常来说"回归至平庸"这个短语会被认为是来源于 Galton 的，但在发表得更早的一篇关于达尔文《物种起源》[Darwin59]的不太起眼的文章中，也有一个非常相似的评论。一位名叫Fleeming Jenkin 的评论家认为：物种多样性会被"让一切回归平庸的普适力量"所"湮灭"。

如今，"平庸"一词带有一些负面的含义，所以现在这个概念通常称为"趋均数回归"。其中"均数"是一种平均值，而"回归"一词仍然用来表示使用数据的统计属性来估计缺失值或预测未来值的概念。

因此，"回归"问题就是我们有一个取决于输入的值（如到场观众人数是某月某日的函数），之后需要为新的输入预测一个新的值。

最著名的回归是**线性回归**（linear regression）。"线性"指的是这种技术会尝试用直线匹配输入数据，如图 1.12 所示。

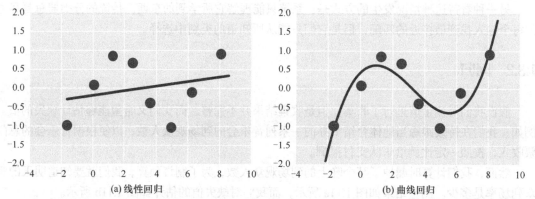

图 1.12　用数学形状表示数据点。(a)线性回归是将直线与数据相匹配，但只有一条线无法与数据很好地匹配，其优点是非常简单；(b)更复杂的线性回归将同一组数据与曲线相匹配，这样可以更好地匹配数据，但是其形式更复杂，在计算时需要做更多的工作（从而需要更多的时间）

直线很吸引人，因为它很简单，但在这个例子中可以看到，它无法很好地描述数据——数据是会上下起伏的，这是直线无法捕捉到的。诚然，这不是世界上最糟糕的匹配，但的确也不是一个很好的匹配。

我们可以使用一些更复杂的回归形式来创建更复杂的曲线类型，如图 1.12b 所示。这些方法可以实现更好的数据拟合，但要耗费更长的计算时间。随着曲线变得越来越复杂，我们往往需要更多的数据支撑。

## 1.4　无监督学习

当输入数据没有标签时，从这些数据中学习的算法均称为**无监督学习**（unsupervised learning）。这只是意味着我们没有提供标签来"监督"学习过程，在没有帮助的情况下，系统必须自行解决所有问题。

无监督学习通常用于解决我们称之为"聚类""降噪"和"降维"（dimension reduction）的问题。下面让我们来依次看一下。

### 1.4.1 聚类

假设我们正在为盖新房子挖地基，意外发现了很多旧陶罐和花瓶，于是打电话将情况告知给一位考古学家。她意识到我们发现的是一堆古代陶器，而且认为这些陶器显然来自不同的地方，也可能来自不同的时期。

这位考古学家无法认出其中的任何标记和饰纹，所以她不能确定每一个标记来自哪里——有些标记看起来像是某一相同主题的变体，有些看起来则像是不同的符号。

为了解决这个问题，她决定把这些标记拓印下来，然后试着把它们分类。但是她要处理的事情太多了，而她的研究生都在忙其他项目，因此她决定转用机器学习算法，希望能以一种合理的方式自动地将标记分类。

图 1.13 显示了所拓印的标记以及算法自动进行的分类，我们把这类问题称为**聚类**（clustering）问题，并将实现这一过程的算法称为**聚类算法**（clustering algorithm）。在实现这一过程时，有许多算法可供我们选择，稍后我们将看到各种各样的聚类算法。如果用我们刚刚提及的术语进行描述，那就是，因为输入是没有标签的，所以这位考古学家正在用无监督学习算法进行聚类。

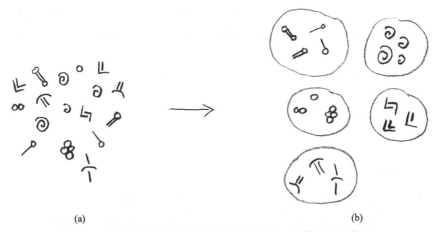

(a)       (b)

图 1.13 使用聚类算法来整理陶罐上的标记。(a)罐子上的标记；<br>(b)相似的标记被分到一个簇中

### 1.4.2 降噪

有时样本会被**噪声**（noise）污染，如果样本是某人对着手机讲话的音频剪辑，那么噪声可能是街道的嘈杂背景音，这会让人们很难分辨出这个人说了什么。如果样本是电子信号（可能是广播或电视节目），噪声就会以静电形式侵入（静电干扰），造成广播节目中引起注意力分散的声音或电视图像中的闪烁点。在合成的或计算机生成的图像中，我们可以通过省略一些像素来节省时间，这时被省略的部分看起来就是黑色的，对计算机来说，这就是一种"噪声"，尽管实际上它是数据缺失而不是损坏。

我们的眼睛对噪声和缺失的像素很敏感，但是数据往往会得到更多的信息（相比于我们的观察）。图 1.14 显示了一个噪声图的示例以及一个降噪算法对该示例的处理结果。

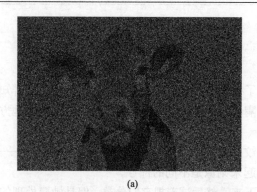

图 1.14　降噪（或称为去噪），减少了随机失真对样本的影响，甚至可以填补一些缺失的空白。
降噪算法可以在不同程度上成功地恢复图。(a)一张劣质的有大量噪声像素和
一些缺失像素的牛的图；(b)原始图

这种情况不仅适用于图，当我们使用任何来源的数据时，样本几乎都带有不准确性或其他失真，这些不准确和失真将掩盖我们想要提取的信息。

如果这里有缺失的值，就可以使用回归算法来填充它们，或者把它们当作另一种形式的噪声，用降噪算法来填充这些值。

数据是没有标签的（例如，在有噪声的照片中，我们有的只有像素），所以降噪在形式上是一种无监督学习。算法通过学习样本的统计数据来评估每个样本，找出噪声部分，然后将其去除，留下更容易学习和解释的纯净数据。

在使用算法学习数据之前，我们往往需要对数据应用降噪算法，来删除输入中的奇异值和缺失值，使得学习过程更快、更顺利。

## 1.4.3　降维

有时，样本会有一些额外的特征（本身不需要的）。例如，假设我们于盛夏时节在沙漠中采集天气的样本，每天记录风速、风向和降雨量，如果假定在该季节和地区，每个样本的降雨量值均为 0，那么在机器学习系统中使用这些样本时，计算机就需要处理和解释每一个样本中无用的、恒定的信息片段。这样做，轻则会降低分析的速度，重则会影响系统的准确性。因为计算机会投入其有限的时间和内存资源中的一部分，去试图从这个不变的特征中学习一些东西。

有时，特征会包含冗余的数据。例如，当一个人走进健康中心时，健康中心会记录下他的体重（单位：kg），然后护士会把他带到检查室，这时护士会再次测量他的体重，而这次是以磅为单位，之后将这个数据也放入图表中。那么这时，相同的信息就重复了两次，但是这很难被识别，因为它们的取值不同，就像无用的降雨量测量一样。当我们试图从这些数据中学习时，这种冗余是没有任何好处的。

下面讲述一个更抽象的例子，它涉及的数据要比实际需要的复杂得多。假设某个国家的森林正在遭受一种未知的传染病侵害，这种传染病会损害树木，林业部门曾试图将树干的一部分放在机器上，让机器转动木头将其刮掉，在此过程中测量木头的密度，并以此研究这种传染病在倒下的树上的扩散情况。这样做会生成一个三维的数据集，如图 1.15a 所示。树上的每个点都位于这个三维视图中，并且我们还需要一个值来告诉我们树被感染的情况。因此，我们需要 4 个数字来表示这些数据：3 个数字用于描述点在空间中的位置，一个数字用于描述它的值。

这里的立体信息是很重要的，但是如果我们只是想要顺着螺旋的路径获得数据，就可以通过扁平化数据来使工作变得更轻松，如图 1.15b 所示。现在，对于每个数据点来说，我们需要 3 个数字来描述它：两个数字用于描述每个点的位置，一个数字用于描述它的值。这将使得我们在不放弃任何对于特定分析来说很重要的数据的情况下，加快对数据的处理速度。

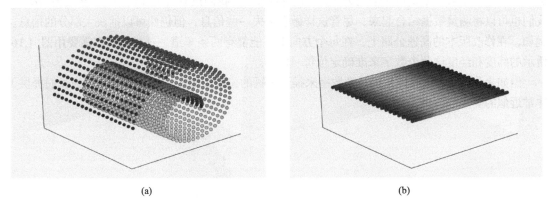

(a)                                    (b)

图 1.15　当树干转动和被刮光时，检测它被感染的情况。(a)原始数据为三维形式；
(b)我们可以通过将数据展开为二维来简化问题

起初，我们可能可以通过简化对数据的测量来使得工作更轻松，如果做不到，就可以在收集数据之后对它进行简化，去除与所要解决的问题无关的信息，这样计算机就不需要处理这些信息，这不仅节省了时间，甚至可能提高结果的质量。

例如，假设我们正在监测一条新建的、弯曲的、单向的而且单车道的山路上的交通情况，并且想要确保在所关心的特定路段的交通是安全的，所以我们设置了一些监控装置，之后就可以周期性地得到一些快照。图 1.16a 显示了每辆车的位置、运行的方向及其沿着我们想要监测的路段行驶的速度。

我们可能倾向于用纬度和经度来描述每辆车的位置，但是这里还有一种更简单的方法。由于道路只有一辆车宽，因此我们可以用一个数字来描述每辆车的位置，这个数字可以表明车离这段路的起点有多远，如图 1.16b 所示。

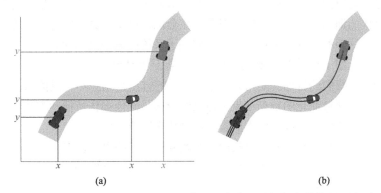

(a)                                    (b)

图 1.16　这条路上的车辆在哪里？(a)可以用纬度和经度来测量每辆车的位置，这需要两个数字
（用 $x$ 和 $y$ 进行标记）；(b)还可以测量每辆车沿着路的方向所行驶的距离，这只需要
一个数字，这种方法使得数据变得更加简单

在上述情况下，我们就可以使用无监督学习来分析样本，并删除对理解隐含信息没有帮助的特征。通过简化数据，学习系统可以通过更少的工作进行学习，从而使训练更快、更准确。

有时候，我们可以通过丢弃一小部分信息来简化数据。比如，当我们只是进行粗略的检查以确保一切正常运行时，如果它能大大简化运算并提高训练速度，放弃一些精度也是值得的。

下面让我们看看如何在监测路况的例子中做到这一点。我们可以在图1.16中看到如何用一个数字而不是两个数字来定位车辆的方法，在这种情况下，我们没有丢失任何信息。在其他情况下，我们也可以将测量数据结合起来，尽管这样做会丢失一些信息，但仍然可以捕获大部分的信息。例如，在修改版本的高速公路上，在每个方向上可能都有两条车道，这样就确实需要用图 1.16a所示的纬度和经度这两个数字来准确定位每一辆车。

但如果我们想，也可以使用一个数字来描述车辆的位置，如图1.17所示。这也为我们提供了非常近似的确定汽车位置的值。

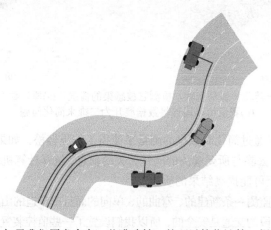

图1.17　如果我们愿意舍弃一些准确性，就可以简化计算。根据需要，
我们可以用不同的方式来表示这些车辆的位置

为了确定图1.17中车辆的位置，我们可以测量它们到左下方路段或道路起始处的距离，就像图1.16所示的那样。但是，这样做是假设每辆车都位于道路中心的情况，当车辆不再位于道路中心时，我们就可以切换到一个更详尽、更精确的表示方法。这样做的代价是：通常，更简单的版本会给出一个更快的训练和运行的系统，但是往往会包含错误。更精确的系统的训练和运行会更慢，但是更准确。这两种选择都是可行的，这取决于系统所需的准确性和速度。

某些情况下，从图1.17中所得到的近似位置已经足够精确。

在所有例子中，我们的目标都是简化数据，所用的方法是删除不提供信息的特征、组合冗余特征或是用准确性来交换简化的数据结果（通过组合或是其他操作特征的方法）。

在这些情况下，我们都可以使用无监督学习算法来完成工作。

用无监督学习算法来找到一种减少我们描述数据所需的值（或维度）的方法称为**降维**，这个名称直观反映了我们正在减少的每个样本的特征 （也称为维度）的数量。

## 1.5　生成器

假设我们正在拍摄一部电影，一个重要的场景发生在放着波斯地毯的仓库里，我们迫切需要仓库里有几十条甚至几百条的地毯，要地板上有地毯，墙壁上有地毯，中间的大架子上也有地毯，而我们希望每条地毯看起来真实但又与其他地毯有所不同。

但是预算远没有多到可以购买或者租借数百条独一无二的地毯，所以我们只买了几条地毯，然后交给道具部门并告诉他们"做一些类似于这几条的地毯，但是每一条都不一样"。他们可能只是用大而柔软的纸画一些地毯，但是不管怎样，我们只是想让他们做一些独特的东西，而且看起来像真的地毯，可以让我们挂在仓库里。图 1.18 显示了最初我们购买的地毯。

图 1.18　最初我们购买的波斯地毯

图 1.19 展示了一些根据图 1.18 "做"出来的地毯，但是与最初我们购买的地毯有所不同。

图 1.19　根据图 1.18 中的地毯制作的一些新地毯

我们可以用机器学习算法做同样的事情，这一过程称为**数据增强**（data amplification）或**数据生成**（data generation），由**生成器**（generator）算法实现。在这个小例子中，我们只从一条地毯开始，以此作为示例，而通常在实际中我们会用大量的例子来训练生成器，这样生成器就能生成拥有许多变体的新版本。

因为不需要使用标签来训练生成器，所以我们可以称之为无监督学习。但是在生成器的学习过程中，我们确实会给它们一些反馈，通过这些反馈来使它们知道是否为我们制造了足够逼真的"地毯"。基于此，我们也可能需要把生成器放到监督学习中。

生成器是处于中间地带的，它不需要标签，但是又从我们这里得到了一些反馈，因此我们把这一中间地带称为**半监督学习**（semi-supervised learning）。

## 1.6　强化学习

假设一个没有孩子的单身汉，临时受托去照顾朋友年仅 3 岁的女儿。他不知道这个小姑娘喜欢吃什么。

第一天晚上，他想给小姑娘做一些比较简单的食物，最终决定做黄油意大利面。小姑娘很喜欢！但是吃了一周的黄油意大利面之后，他们都吃腻了，于是男人往面里加了一些奶酪。小姑娘也很喜欢！最终，他们吃腻了黄油意大利面和奶酪意大利面，于是在某天晚上，他尝试做了香蒜沙司面，但小姑娘一口都不愿意吃。于是，他又重新做起了意大利面——这次使用了纯番茄酱，但小姑娘还是不吃。试过了各种各样的意大利面，他开始尝试用酸奶油来为她做一份烤土豆。

就这样，我们的"新厨师"尝试了各种各样的菜谱，一种又一种地加以改变，试图开发一份小姑娘会喜欢的菜单，他得到的唯一反馈是：要么小姑娘吃，要么小姑娘不吃。

这种学习方法称为强化学习（参见"参考资料"的[Champandard02]和[Sutton17]）。

我们可以将厨师重新命名为**智能体**（agent），将小姑娘重新命名为**环境**，这样我们就可以使用更加通用的术语来描述上述烹饪故事。智能体可以做决策和采取行动（是故事中的"厨师"），而环境则是宇宙中除智能体外的一切事物（是故事中的小姑娘）。环境在每次行动之后都会给智能体一个**反馈**（feedback）（或者一个**奖励信号**），用于描述这个行动产生的结果有多好。在对操作进行评估的同时，这一反馈还会告诉智能体环境是否发生了更改。如果发生了更改，那么环境现在是什么样子。这种抽象描述的价值在于，我们可以描绘出许多智能体和环境的组合，如图 1.20 所示。

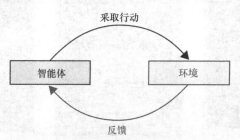

图 1.20　在强化学习中，我们想象一个智能体（可以做决策和采取行动）和一个环境（宇宙中除了智能体外的一切事物），智能体采取行动后，环境以奖励信号的形式发送反馈

强化学习不同于监督学习，因为数据没有标签，虽然从错误中学习这一总体思路是相同的，但是作用的机制不同。

相比之下，在监督学习中，由系统生成一个结果（通常是一个类别或一个预测值），然后我们将其与所提供的正确结果进行比较；而在强化学习中，**是没有正确结果的**，因为数据没有标签，而是通过反馈来告诉我们做得有多好。这种反馈可能只是少许信息，告诉我们刚刚完成的行动是"好"还是"坏"；也可能会深入、细致地用所有可能进行的描述方式来告诉我们刚刚完成的行动所导致的环境变化，包括任何后续的变化。如何用最有效的方式来利用反馈是强化学习算法的核心。

比如，自动驾驶的汽车可能是一个智能体，而环境则是由它行驶的街道上的其他人组成的。汽车通过观察行驶过程中发生的事情来进行学习，并且更倾向于学习那些遵守法律并保护每个人安全的行为。再如，舞蹈俱乐部的 DJ 就是智能体，而喜欢或不喜欢 DJ 播放的音乐的舞者就是环境。

本质上，对于任何给定的智能体，环境都是宇宙中除智能体外的其他一切事物。因此，每个智能体的环境都是独一无二的，就像在多人游戏（或其他活动）中，每个玩家所看到的世界都是由他们自己（智能体）、其他所有人和事物（环境）组成的，而每个玩家都是他们自己的智能体，同时也是其他人环境中的一部分。

在强化学习中，我们会在一个环境中创建智能体，然后让这个智能体通过尝试各种行动并从环境中得到反馈来学习要做什么。这里可能存在一个目标状态（如进球得分，抑或找到隐藏的宝藏），也可能我们的目标只是达到一个成功、稳定的状态（例如，俱乐部里开心的舞者或是车辆在城市街道上自动驾驶）。

总体思路是这样的：智能体先采取一个行动，环境接纳了这个行动并且通常会做出相应的改变来响应这个行动；然后环境会向智能体发送一个奖励信号，告诉它这个操作有多好或有多坏（或者没有影响）。

奖励信号通常只是一个数字，越大的正数代表这一行为越好，而越小的负数则可以被视为惩罚。

与监督学习算法不同的是，奖励信号不是一个标签，也不是一个指向特定"正确答案"的指针。我们不如说它只是一个测量值，用于度量行为如何利用某个标准来改变环境和智能体本身，这个标准才是我们所关心的。

## 1.7　深度学习

**深度学习**指的是用一种特定的方法来解决一些机器学习的问题。

这种方法的中心思想是：基于一系列的离散的**层**（layer）构建机器学习算法。如果将这些层垂直堆叠，就说这个结果是有**深度**（depth）的，或者说算法是有**深度**的。

构建深度网络的方法有很多种。在构建网络时，我们可以选择很多不同类型的层。在本书后续章节中，我们会用几个完整的章节来讨论不同类型的深度网络。

图 1.21 展示了一个简单的示例，这个网络有两层，每一层都用方框显示出来，在每一层中，都有一些称为**人工神经元**（artificial neuron）或**感知器**的计算块（见第 10 章）。这些人工神经元的基本操作是读取一串数字，以特定的方式将这些数字加以组合，然后再输出一个新的数字，并将输出传递到下一层。

这个示例只包含两个层，但神经网络是可以有几十层甚至更多的层的。同时，每一层也不是只有 2～3 个神经元，它可以包含成百上千个神经元，并以不同的方式排列。

深度学习架构的吸引力在于，我们可以通过调用深度学习库中的例程来构建完整的网络，这些例程将负责所有的构建工作。正如我们将在第 23 章和第 24 章中看到的那样，通常只需要短短的一行代码就可以实例化一个新的层，之后使它成为网络的一部分。深度学习库将为我们处理内部和外部的所有细节。

由于这种结构模式搭建方便，许多人将深度学习比作用乐高积木搭建东西。我们只是堆积想要的层，每个层由一些参数来标定，之后对一些选项进行命名，就可以开始训练了。

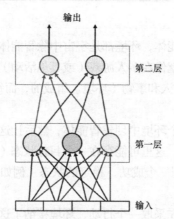

图 1.21　一个两层的深度网络。每一层都用方框表示,方框里的是人工神经元,每一层的
输出连接到下一层的输入。在本示例中,提供 4 个数字作为输入,而 2 个数字构成输出

当然,这并不容易,因为选择正确的层、选择它们的参数以及处理其他的选择都需要小心谨
慎。能够很容易地构建一个网络固然好,但这也意味着我们做的每一个决定都可能会带来很大的
影响。如果做错了,那么网络可能就无法运行。也有可能出现更常见的情况——网络不会学习,
我们给它输入数据,而它会返回给我们无用的结果。

为了减少这种令人沮丧的情况的发生,在讨论深度学习时,我们会充分详细地研究关键的算
法和技术,以便能以一种明智的方式做出所有决定。

我们已经在图 1.10 中看到了一个深度学习的例子,用了一个 16 层的深度网络来对这些照片
进行分类,下面让我们更仔细地看看这个系统返回了什么。

图 1.22 展示了 4 张照片以及深度学习分类器对它们类别的预测,包括它们的相对可信度。系
统非常完美地识别出了蜂鸟,但是对于那个船形的开瓶器不太确定;又因为它以前从来没有见过
长柄勺或者耳机,所以它得到了一个猜测的结果。

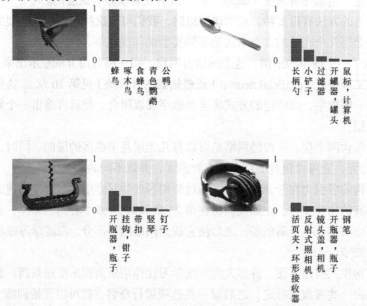

图 1.22　4 张照片以及深度学习分类器对它们类别的预测。这个系统没有经过长柄勺或耳机的训练,
所以它正在尽最大努力将这些照片与它所知道的东西相匹配

让我们尝试另一个图像分类任务，这次我们将用手写数字 0~9 来训练系统，然后输入一些新的图，让系统对其进行分类。这是一个非常著名的数据集，称为 MNIST，我们会在本书中多次提到它。图 1.23 展示了该系统对一些从未见过的新数字的预测。

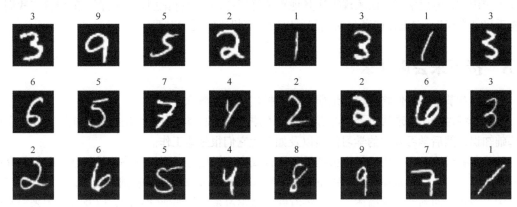

图 1.23　一个深度学习分类器对手写数字的分类

这个深度学习分类器做对了所有归类，就这些数据来说，现代分类器已经能够实现非常好的效果，并且能够达到 99% 的准确率。10000 张图中，我们构建的小系统也能够正确地分类 9905 张，即分类结果与人类专家提供的标签只有 95 次不一致。

深度学习系统的一个妙处在于，它们在实现特征工程上表现得很好。回想一下上面的内容，这是一项去寻找让我们做出判断的规则的任务。比如，一个数字是 1 还是 7，一张图是猫还是狗，或者一个演讲片段中的单词是"coffeeshop"还是"movie"。要为一项复杂的工作人工制订这样的规则，几乎是一项不可完成的任务，因为我们必须考虑到所有变化和特殊情况。

但是，深度学习系统可以隐式地学习如何独立自主地实现特征工程。它探索了大量可能的特征并对其进行评估，而后根据评估保留一些特征并丢弃其他特征。它完全是独立地进行这个过程的，没有我们的指导。系统的表征力越强（通常可以总结为拥有更多的层，每层都有更多的人工神经元），就越能发现好的特征，我们称之为**特征学习**。

我们每天都在使用这种类型的深度网络，将其应用于照片中的人脸识别、手机对语音命令的识别、股票交易、汽车驾驶、医学图像分析以及许许多多的其他任务。

只要系统是由一系列用于计算的某些类型层构成的（这些类型我们将在后面的章节中见到），它就可以被称为"深度学习"系统。因此，"深度学习"一词更多的是一种搭建机器学习程序的方法，而不是一种自主学习的技术。

当我们想要解决一些比较庞大的问题时（例如，在一张照片中识别 1000 个不同对象中的某一个），深度学习网络就会变得很庞大，涉及数千甚至数百万个参数。这样的系统就需要大量的数据进行训练，通常也需要更长的时间。**图形处理单元**（Graphics Processing Unit，GPU）的普及对这方面的工作起到了很好的辅助作用。

GPU 是一种特殊的芯片，它位于**中央处理单元**（Central Processing Unit，CPU）旁边。CPU 用于执行运行计算机所涉及的大多数任务，如与外围设备和网络的通信、内存管理、文件处理等。设计 GPU 的初衷是通过接管制作复杂图形（如三维游戏中渲染的场景）时的计算来减轻 CPU 的负担。训练深度学习系统所涉及的操作恰好与 GPU 执行的任务非常匹配，这也是这些训练操作可以快速执行的原因。此外，GPU 的自身设计允许并行计算，即可以同时执行多个计算，专为加速深度学习计算而设计的新芯片也开始出现在市场上。

深度学习理念并不适用于所有机器学习任务，但是恰当地使用它们可以产生非常好的结果。在许多应用中，深度学习方法表现得比其他算法优越得多，从标记照片到用直白的语言与我们的智能手机"交谈"，它正在彻底改变我们可以用计算机来实现的东西。

# 1.8 接下来会讲什么

在后续章节中，我们将更详细地研究前文描述的所有概念。

前几章将讨论所有现代机器学习算法的基本原理，我们将学习概率论与数理统计以及信息论的基础知识，然后学习基本的学习网络以及如何使它们很好地工作。

虽然所有讨论都将适用于任何机器学习语言或库，但是为了更加具体化的描述，我们将介绍如何使用流行的（并且是免费的）Python 语言的 scikit-learn 库来实现基础的技术。

接下来我们回到宏观的描述。我们将看到机器学习系统是如何学习的，以及人们用来控制这个过程的不同算法。随后我们会关注深度学习，并探究各种流行的深度学习网络。

在接近尾声的时候，我们将进一步应用算法，展示如何使用 Keras 库（也是 Python 的免费库）搭建和运行深度学习系统。最后，我们会介绍一些最近被广泛使用的、用于深度学习的强大架构。

这本书是层层推进的，有许多章节是建立在前几章的基础之上的。我们的目的是先呈现使用机器学习和深度学习实现目标所需的一切东西，之后让你能够使用库、理解相关的文档并看懂每天接踵而至的知识更新。

如果你很迫切地想要学习一些具体的东西，可以直接跳到相应的章节去深入学习。如果遇到不熟悉的术语或概念，你可以根据需要去翻看前面章节中的内容。

# 参考资料

[Bishop06]        Christopher M. Bishop, *Pattern Recognition and Machine Learning*, Springer-Verlag, 2006.

[Bryson04]        Bill Bryson, *A Short History of Nearly Everything*, Broadway Books, 2004.

[Champandard02]   Alex J. Champandard, *Reinforcement Learning*, Reinforcement Learning Warehouse, Artificial Intelligence Depot, 2002.

[Darwin59]        Charles Darwin, *On the Origin of Species by Means of Natural Selection*, November 1859.

[Galton86]        Francis Galton, *Regression Towards Mediocrity in Hereditary Stature*, The Journal of the Anthropological Institute of Great Britain and Ireland, Vol. 15, pgs 246-263, 1886.

[Goodfellow17]    Ian Goodfellow, Yoshua Bengio, Aaron Courville, *Deep Learning*, MIT Press, 2017.

[Simonyan14]      Karen Simonyan, Andrew Zisserman, *Very Deep Convolutional Networks for Large-Scale Image Recognition*, arXiv, 2014.

[Sutton17]        Richard S. Sutton and Andrew G. Baro, *Reinforcement Learning： An Introduction*,

A Bradford Book, MIT Press, 2017.

[Towers15]　Jared R. Towers, Graeme M. Ellis, John K.B. Ford, *Photo-identification catalogue and status of the northern resident killer whale population in 2014*, Canadian Technical Report of Fisheries and Aquatic Sciences 3139, 2015.

[VanderPlas16]　Jake VanderPlas, *Python Data Science Handbook*, O'Reilly Media, 2016.

# 第 2 章
# 随机性与基础统计学

本章介绍如何在算法中表达随机性，并回顾一些统计学的基本思想——这些都是我们会在本书中用到的。

## 2.1　为什么这一章出现在这里

我们经常想要讨论不同的数据段之间的关系，但不需要单独讨论每段数据。从某种意义上说，大部分数据是"相同的"的吗？还是它们的分布跨越了一个很广的范围而存在"差异"？是否有一些奇怪的数据看起来不太合群？数据间是否存在某种连接了部分或是所有数据段的模式？

这些问题在机器学习中是很重要的，因为我们对数据了解得越多，就能更好地去选择和设计用于研究和控制数据的工具。

打个比方，假设我们需要把两块木板和一小块给定的金属连接起来，如果给定的金属是钉子，我们就要选用锤子；如果给定的金属是螺丝，我们就要选用螺丝刀。通过分析得到的数据，我们就可以选择最合适的工具来从数据中获得最大的价值。

这些工具给出了语言和概念，让我们可以讨论大型数据集，但它们往往都是和**统计学**捆绑在一起的。

让我们来直面一个真相：你可能不会读一本机器学习的书，因为你想了解的是统计学。但是这些想法是如此重要，以至于你至少需要熟悉一些机器学习的内容。从论文和源代码注释到馆藏文献，统计的思想和语言在机器学习中无处不在，至少了解一个数据集的基本统计情况对于选择一个合适的用于学习数据的工具和算法来说是不可或缺的。

因此，我们将尽力精简本章的篇幅并突出重点，即涵盖核心思想，但不深入研究数学理论或细节。我们的目标是建立对于统计学的充分理解和直觉，以在进行机器学习时做出正确的决定。

与统计学思想有着紧密联系的是随机数，我们本章会介绍更多有关**随机数**（random number）的概念，而不仅是库中的一个例程。

即便你已经熟悉统计学和随机数的相关知识，或者确实不在意它们，也应快速浏览一下这部分内容，这样就会知道我们在本书中使用的一些语言，在书中遇到这些概念时，也知道到哪里去找。

## 2.2　随机变量

随机数在许多机器学习算法中都起着重要的作用，我们会使用各种工具来控制随机数的种类以及对它们的选择，而不是凭空挑选任意的数字。

这种思想是这样的，当有人跟我们说："从 1～10 选一个数字"，这时他就把我们的选择限制在这个范围内的 10 个**整数**（integer）中。当魔术师让我们"选择一张牌"时，他们通常会给我们一副有 52 张的牌，让我们从中任选一张。在这两个例子中，我们的选择都来自有限数量的选项（分别是 10 个和 52 张）。但是我们也可以有无数个选择。有人可能会让我们"从 1～10 中选出一个实数"，然后我们就可以选择 3.3724 或者 6.9858302，抑或是 1 和 10 之间无限多的**实数**（real number）中的任何一个。

在谈论数字的范围时，我们经常讨论的是它们的"平均值"，这里有 3 种不同的常见的平均值类型，让我们在此命名它们，以免日后混淆。

作为示例，我们列出了 5 个数字：1、3、4、4、13。

**均值**（mean）是我们日常用语中所说的"平均"，它是由所有条目之和除以列表中的条目数得到的。在上述示例中，我们将所有列表元素相加得到 25，有 5 个元素，那么均值是 25/5，也即 5。

**众数**是列表中出现频率最高的值。在上述示例中，4 出现了两次，其他 3 个值都只出现了一次，因此 4 是众数。如果没有值出现的频率比其他任何值都高，就说列表没有众数。

把列表数字按照从小到大的顺序排列时，中间的数字是**中位数**（median）。在已经排好序的列表中，左边 1 和 3，右边是 4 和 13，中间是 4，所以 4 是中位数。如果一个列表包含偶数个条目，中位数就是两个中间条目的平均值，对于列表 1、3、4、8，中位数是 3 和 4 的平均值，也就是 3.5。

让我们用一个类比来进一步研究这些问题。假设我们是摄影师，要给一篇关于汽车垃圾场的文章配上很多报废汽车的照片，为此我们去了一个汽车垃圾场，那里有数百辆报废的车辆，很有冒险的感觉。

我们与汽车垃圾场场主沟通，并谈妥了她为我们寻找每一辆可拍摄汽车的价格。为了让这件事更有趣，她在办公室里放置了一个老式的嘉年华轮盘，每辆车都对应着一个条框，各个条框的大小是相同的，如图 2.1 所示。

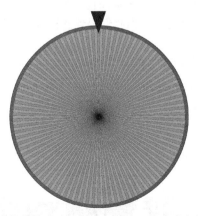

图 2.1 汽车垃圾场场主的嘉年华轮盘。每辆车都对应一个大小相同的条框，每个条框都对应一个数字，当轮盘停下来时，她就会带我们去拍指针所指的车

我们一付钱，她就转动轮盘，当轮盘停下来时，她会记下车号，然后出去用拖车把相应的车辆拖到我们面前。

我们拍了几张照片，她就会把车还到停车场。如果我们想再拍一辆车，就需要再付钱，她会再次转动轮盘,重复上述过程。

对于我们而言,她带给我们的每一辆车都是**随机选择**的,因为我们事先不知道是哪一辆。但汽车也不是完全任意的,因为我们在开始之前就知道一些关于车辆的信息,例如,它不可能是未来的汽车,也不可能是一辆没有停在该停车场的汽车。所以汽车垃圾场场主并没有(通过她的嘉年华轮盘)选择所有可能的车辆,而选择的是她可以选择的特定选项。

假设我们的任务目标是拍摄 5 种不同类型汽车的照片:轿车、皮卡、面包车、SUV 和货车。我们想知道当她每次转动轮盘并从停车场里随机取出一辆车时,该车是其中一种的概率。

为了解决这个问题,假设我们进入汽车垃圾场检查了每一辆车,并把每一辆车归到这 5 种类型中的一种,结果如图 2.2 所示。

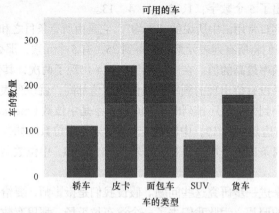

图 2.2　该汽车垃圾场中有 5 种不同类型的汽车,每种类型的车的数量用条形图加以表示

在这个汽车垃圾场中,有近 950 辆汽车,其中面包车最多,其次是皮卡、货车、轿车和SUV。因为这里的每一辆车被选中的概率相等,那么旋转一次轮盘后,我们最有可能得到一辆面包车。

但是具体而言,我们有多大可能得到一辆面包车呢?为了回答这个问题,我们可以用每一个条形块的高度除以汽车的总数,就可以得出我们得到选择给定类型的汽车的概率,如图 2.3 所示。

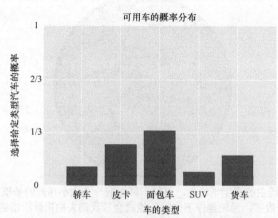

图 2.3　如果我们进入汽车垃圾场,并且随机选择一辆车,那么得到每种类型的车的概率取决于有多少辆这种类型的车,并且与车的总数有关。最终我们一定会得到什么东西,因此所有概率加起来应该等于 1。如果将所有可能性包含进来而且所有概率加起来已经为 1,就可以称其为概率分布

为了将图 2.3 中的数字转换为百分比,我们将它们乘以 100%,例如,面包车在条形图中的高度是 0.34,就说有 34% 的机会得到一辆面包车。

如果我们把所有 5 根条形的高度加起来,就会发现其总和是 1。每个条形块的高度被称为我们得到这种类型的车的**概率**(probability)。只有所有条形块相加会得到 1,才能使用这个术语,这告诉我们得到某物的概率是 1(或 100%),或者说是必然的。如果这些条形块加起来不等于 1,那么我们可以把这些条形图称为各种各样的非正式名称(如"得到这种车的期望"),但是不能把它们称为概率。

我们将图 2.3 称为**概率分布**(probability distribution),因为它将 100% 的概率"分布"在 5 个可能选项中。我们有时也会说,图 2.3 是图 2.2 的**归一化**(normalized)版本。这里的"归一化"意味着这些值加起来等于 1,在这种情况下,"归一"的用法来自它在数学中的含义。

我们可以将概率分布表示为一个简化的嘉年华轮盘,如图 2.4 所示。指针指向给定区域的概率是通过占轮盘圆周的部分来表达的,我们在这里所画出的比例与图 2.3 中的相同。

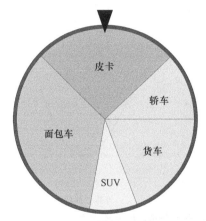

图 2.4　一个简化的嘉年华轮盘。这告诉我们如果汽车垃圾场场主旋转图 2.1 中的轮盘,我们会得到什么样的车。每种车型的圆周占比遵循图 2.3 中的概率分布

大多数情况下,在计算机上生成随机数时,我们并没有嘉年华轮盘,而是依赖软件去模拟这个过程。我们会给例程一个值列表,比如图 2.3 中的各个条形的高度,然后让它返回一个值。我们会设定希望能在 34% 的情况下得到"面包车",26% 的情况下得到"皮卡",以此类推。

要从选项列表中"随机"选择一个值(每个选项都有自己的概率),就需要做一些工作。为了方便起见,我们将这个选择的过程打包到一个称为**随机变量**(random variable)的概念中。这个术语可能会让程序员感到困惑,因为程序员认为"变量"是一种被命名的可以存储数据的存储空间。但是,我们在这里使用的术语是来自它在数学中的用法,有着不同的含义。

随机变量不是一个存储的空间,而是一个**函数**(function),意味着它将一些信息作为输入,并产出一些信息作为输出[Wikipedia17c]。在这种情况下,随机变量的输入是概率分布(或者说是它能产生的每个可能值的概率),而它的输出则是一个特定的根据概率选择的值,生成这个值的过程称为从随机变量中**抽取**(draw)值。

我们把图 2.3 称为概率分布,但也可以把它看作一个函数,也就是说,对于每个输入值(在本例中是车的类型),它会返回一个输出值(得到那种类型的车的概率)。这样想,我们就得到了一个更加完整和正式的名字:**概率分布函数**(probability distribution function)或者 **pdf**(通常小写)。有时人们也会用更加隐晦的名字来指代这种分布:**概率质量函数**(probability mass function）或 **pmf**。

我们的概率分布函数有着有限数量的选项，每个选项都有一个概率，因此我们也可以进一步专门化它的名称，将其称为**离散概率分布**（discrete probability distribution）（末尾加不加"函数"都可以）。这个名称表明它的选项是离散的（如整数），而不是连续的（如实数）。

我们可以很容易地创建连续的概率分布。假设我们想知道汽车垃圾场场主展示给我们的每辆车里还剩下多少油，油量就是一个连续的变量，因为它可以取任意的实数（当然，是测量仪器可测范围内的实数。这里假设测量是如此精确，以至于我们可以把它看作连续值）。

图 2.5 显示了汽油测量的连续图。这幅图展示了不同返回值的概率，不只是一些特定值，而是任意实数，这里这个实数是在 0（油箱是空的）和 1（油箱是满的）之间的。

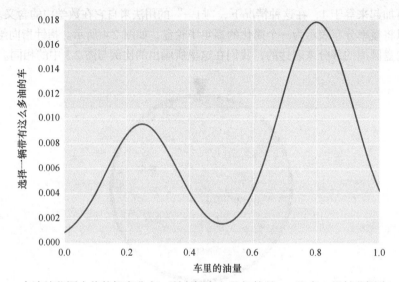

图 2.5　一个连续范围内值的概率分布，所有概率之和仍然是 1。注意，纵轴范围为 0～0.018

像图 2.5 这样的分布称为**连续概率分布**（continuous probability distribution，cpd）或**概率密度函数**，后一个术语也被缩写为 pdf，但是上下文通常会清楚地表明缩写所指代的内容。

图 2.5 显示了从 0 到约 0.02 的输入值，但输入是可以跨越任何范围的，唯一的条件与之前一样，即图表必须进行归一化，这意味着所有值加起来必须等于 1。当曲线连续时，曲线下方面积为 1。

大多数情况下，我们是通过选择一个符合自身要求的分布来使用随机数的，然后调用库函数来从这一分布中产生一个值（也就是说，我们从给定分布的随机变量中抽取了一个值）。

我们可以在需要的时候创建自己的分布，但是大多数库会提供一些分布。这些分布基本上可以涵盖大多数情况。这样我们就可以使用这些预先构建的、预先归一化的分布来控制随机数。

## 实践中的随机数

我们一直在讨论通过一个分布来构建一个随机数，这里有必要暂停一下，来看看这个概念在理论与实践表现中有什么不同。

这里的"随机"指的是"不可预测的"，不仅是说这个数字很难预测，比如一个灯泡能用多久。因为如果有足够的信息，我们就能算出灯泡的使用寿命。但是相比之下，随机数从根本上来说就是不可预测的（要得出一个数字或一串数字何时从"难以预测"转变为"不可预测"是一个很大的挑战，远远超出了本书[Marsaglia02]的范畴）。

使用计算机很难得到不可预测的随机数[Wikipedia17b]，问题在于正常运行的计算机程序是具有**确定性的**（deterministic），这意味着给定的输入总是会产生相同的输出。所以从根本上说，如果我们能够访问源代码，那么一个计算机程序永远不会出乎我们的意料。给我们"随机数"的库的例程也只是一些程序。和其他程序一样，每当我们调用这些例程时，如果足够仔细地观察它在做什么，就能够预测它的返回值，换句话说，这并不是随机的。为了强调这一点，我们有时把这些算法称为**伪随机数生成器**，称它们产生的是**伪随机数**（pseudo-random number）。

假设我们正在编写一个使用伪随机数的程序，随后出现了一些问题。为了调试这个问题，我们希望它再次按照相同的操作形式运行，换句话说，我们希望它返回错误发生时使用的伪随机数流。

我们之所以能做到这一点，是因为伪随机数生成器以序列的形式生成它们的输出，每个新的值都建立在对以前的值的计算之上。为此，我们会给这个例程一个名为**种子**的数字。许多库的程序都是从一个种子开始的，这个种子来自当前的时间，或者是从鼠标指针移动那一刻起的毫秒数，抑或是其他我们无法预先预测的值，这使得第一个输出变得不可预测，并为下一个输出奠定了基础。

因此，在开始要求产生输出之前，我们可以手动设置种子，这样在每次运行程序时，都会得到相同的伪随机数序列。

如果我们不想的话，就不需要设定种子。随机数字可以通过不断变化、不可预知的场景照片来生成，就像熔岩灯墙[Schwab17]那样。真实的随机数也可以通过真实的物理数据来在线获取，例如大气噪声导致的天线上的静电干扰[Random17]。通常，以这种形式获取值要比使用内置的伪随机数生成器慢得多，但是当我们需要真正的随机数时，这就是一种选择。

一种可能的折中方法是从物理数据中收集一组真正的随机数，然后将它们存储在文件中。之后，就像使用只有一个种子的某个伪随机数生成器一样，每次都会得到相同的值，但我们知道这些值是随机的。当然，每次使用相同的数字序列意味着它们不再是不可预测的，因此这种技术在系统的设计和调试阶段可能会显得尤为有用。

在实践中，我们很少使用前缀"伪"来表示软件生成的随机数，但要记住是有这么一个东西存在的，因为每个伪随机数生成器都存在一些风险，它们创建的数字可能具有一些可辨别的模式[Austin17]，而这些模式可能会对学习算法产生影响。幸运的是，一个不可预测的种子和一个精心设计的伪随机算法的结合就可以为我们提供一系列值来很好地模拟所需的真正随机数。也许随着机器学习的发展，一些算法将会出现，它们会对"接近"随机的数字序列和真正随机的数字序列之间的差异表现得很敏感，这可能会迫使我们采取新的策略来生成这些值，而现在似乎还没到那个时候。

## 2.3  一些常见的分布

目前，我们已经了解了随机数的来源，以及如何使用随机变量从分布中选择值。现在让我们来看看一些流行的分布，这些分布通常用于生成机器学习算法中使用的随机数。

大部分的这些分布都是作为内置例程由主要的库提供的，因此可以很容易加以指定和使用。

　　我们用**连续**（continuous）的形式来展示这些分布，而大多数库会提供分布的连续和离散两个版本，或者可能会提供一个通用的例程，让我们可以根据需要将任何连续的分布转换为离散版本。

## 2.3.1　均匀分布

　　图 2.6 所示为**均匀分布**（uniform distribution）的例子。基本的均匀分布是：除了 0 和 1 之间，其他区间的值都是 0，0～1 的值是 1。0 和 1 这两个数字正好在两个定义交界的地方，这里我们把 0 和 1 处的值都设为 1。

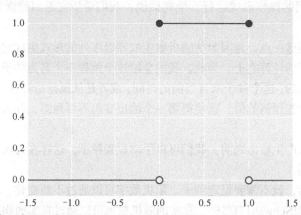

图 2.6　一个均匀分布的例子。在这个版本中，0～1 的输入（包括 0 和 1）所产生的输出都是 1，
而其他输入产生的输出都是 0。按照惯例，图中不可见的部分被假定为图两端的输入所显示的值，
因此图中所示区域的右侧和左侧的输入处处为 0

　　在这个图中，看起来 0 处有两个值，1 处也有两个值，但其实不是这样的，我们的惯例是：非实心的圈（如下方线上的圈）表示"这一点不是直线的一部分"，而实心圈（如上方线上的圈）表示"这一点是直线的一部分"。因此，在输入值 0 和 1 处，图形的输出是 1。

　　这是一个常见的定义，但是有些方式会使得其中一个或者两个输出为 0。这通常需要做一些检查。

　　这种分布有两个基本特性：首先，我们只能得到 0～1 的值，因为所有其他值的概率都是 0；其次，0～1 的每个值都是等可能的，我们得到 0.25、0.33 或 0.793718 的概率是一样的。

　　我们说图 2.6 所示的值在 0～1 的范围内是分布**均匀**的，或者说它们是**常数**（constant），抑或说是**平面**（flat）的。这告诉我们，这个范围内的所有值是等概率的。我们也说它们**有限的**（finite），意思是所有非零值在某个特定的范围内（即可以肯定地说 0 和 1 是它能返回的最小值和最大值）。

　　通常，创建均匀分布的库函数会允许我们去选择非零区域开始和结束的地方，而不是固定在 0 和 1。除了默认的 0～1 的选项，最受欢迎的应该是 -1～1，库会对一些细节进行处理，比如调整函数的高度来使其下方的面积始终为 1（这是将任何图表转换为概率分布的条件）。

## 2.3.2 正态分布

在均匀分布之后，下一个最流行的分布可能是**正态分布**（normal distribution），也叫作**高斯分布**（Gaussian distribution），或者简单地称其为**钟形曲线**（bell curve）。与均匀分布不同，正态分布的曲线是平滑的，没有尖锐的拐角或者突然的跳跃。图 2.7 显示了一些典型的正态分布。

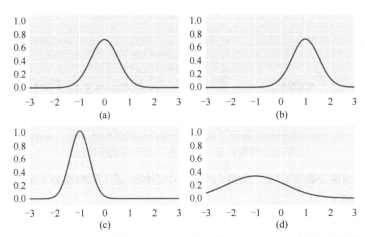

图 2.7　一些典型的正态分布。其基本形状可以向左或向右移动，也可以在高低间进行缩放，抑或将其进行拉伸或压缩。总之，经过这些变换后，它也仍然是正态分布的。(a)典型正态分布；(b)正态分布的中心移动到 1；(c)正态分布的中心移动到-1，同时形状变得更加狭窄，为了使曲线下方的面积保持在 1，库会自动调整图形的垂直比例；(d)正态分布的中心移动到-1，同时形状变得更加宽大，同样，为了使曲线下方的面积保持在 1，库会自动调整图形的垂直比例，因为图形更宽了，所以高度降低

图 2.7 中的 4 条曲线形状基本相同，形状的变化只是由曲线的水平移动或是水平缩放（即拉伸或压缩）引起的。这种水平缩放使得库自动地在垂直方向缩放曲线，因此曲线下方的面积加起来始终是 1。

其实垂直缩放对我们来说并不重要，因为我们只关心样本的输出。图 2.8 显示了我们从每个分布中提取到的一些有代表性的样本。可以看到，它们聚集在分布的值比较高的地方（也就是说，得到一个有着这些值的样本的概率比较高）较多，而在分布的值比较低的地方（得到一个有着这些值的样本的概率比较低）较少。这些点（代表样本值）在垂直方向的上下起伏是没有意义的，只是为了便于观察。

对于正态分布来说，除了平滑隆起的区域，其他位置都近乎为 0。不过，当接近凸起的两端时，其值会越来越接近于 0，但从未达到 0。所以我们说，这个分布的宽度是**无限的**（infinite）。在实际操作中，我们有时会将偏离中心点一定距离的值**夹断**（clamp），并假设超出该距离的部分为 0，从而得到一个有限的分布。

正态分布在很多领域（包括机器学习）都很流行，因为从生物学到天气的大量实际测量的观察，人们发现它们的返回值都遵循正态分布。同时，正态分布的数学性质在很广泛的领域都很容易使用。

使用符合正态分布的随机变量产生的值被称为**正态分布集**（normally distributed），有时也被称为**正态偏差**（normal deviation）。我们也说它们拟合（fit）或者遵循正态分布。

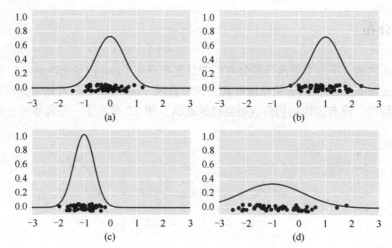

图2.8 每个点的水平位置展示了从各个分布中提取到的样本值,点的垂直位置
没有什么特殊含义,只是为了让它们更容易区分

每个正态分布由两个数字定义:**均值**(凸起的中心的位置)和**标准差**(standard deviation)(形状的水平拉伸或压缩)。

**均值**告诉我们凸起的中心的位置,图2.9显示了图2.7中的4个正态分布以及它们的平均值。正态分布一个很好的性质是:它的均值同时也是中位数和众数。

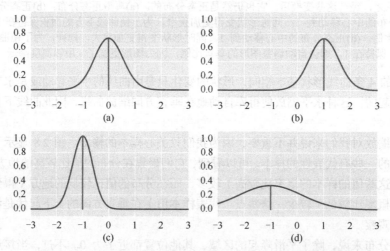

图2.9 正态分布的均值是凸起的中心的位置,这里用竖线表示

标准差则是一个数字,通常由小写希腊字母 $\sigma$(sigma)表示,用于表示凸起的宽度。想象一下从凸起的中心开始对称地向外移动,直到囊括曲线下方68%的面积,那么从凸起中心到该区域的任意一端的距离就是标准差,所以“标准差”只是一个距离。图2.10显示了4个正态分布,其中一个标准差是用中心到阴影区域的任意边的距离表示的。

如果再对称地从中心向外移动一个标准差,就会将曲线下约95%的面积封闭起来,再对称地从中心向外移动一个标准差,就会将曲线下约99.7%的面积封闭起来,如图2.11所示。因为是使用的标准差 $\sigma$,所以这个性质有时会被称为 **3σ 法则**,有时也被称为 **68-95-99.7 法则**。

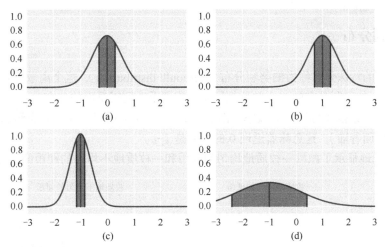

图 2.10 标准差是衡量一个正态分布的"拉伸"程度的指标，阴影区域显示的是曲线下方的面积。阴影部分约占总面积的 68%，从均值（或者说中心）到阴影区域任意边的距离就是正态分布的标准差

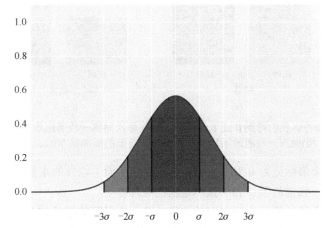

图 2.11 标准差可以帮助我们求出事件发生的概率。沿着横轴距离均值一个标准差的范围内的点（如果均值是 0，那么范围就是（$-\sigma$, $\sigma$））占所有值的 68%左右，而两个标准差范围内的点则占所有值的 95%左右，3 个标准差范围内的点占所有值的 99.7%左右

换句话说，如果由正态分布绘出了 1000 个样本，就有大约 680 个样本将分布在距离均值不超过一个标准差的范围内（或者是在$-\sigma$～$\sigma$的范围内），大约 950 个样本将分布在距离均值不超过两个标准差的内（或者是在$-2\sigma$～$2\sigma$的范围内），大约 997 个样本将分布在距离均值不超过 3 个标准差的内（或者是在$-3\sigma$～$3\sigma$的范围内）。

总之，均值显示了曲线的中心位置，而标准差显示了曲线的伸展情况。标准差越大，曲线就会越宽，因为 68%的截断距离会变得更远。

有时人们用一个不一样但与之相关的值来代替标准差，这个值称为**方差**（variance）。方差就是标准差自身的平方，有时在计算中这个值使用起来会更方便。

正态分布的吸引力不仅在于它的数学性质，还在于它自然地描述了许多真实世界的统计数据。如果我们测量一些地区成年男性的身高、向日葵的大小抑或果蝇的寿命，就会发现这些数据都趋于正态分布。

### 2.3.3 伯努利分布

另一个有用的特殊分布称为**伯努利分布**（Bernoulli distribution），这个离散分布只返回两个可能的值：0 和 1。伯努利分布的一个常见例子是抛掷硬币得到正反面的分布。

我们用字母 $p$ 来描述得到 1 的概率。由于两个概率相加必须得 1（忽略奇怪的着陆情况，硬币必须正面或反面着陆），这意味着返回 0 的概率是 $1-p$。

图 2.12 直观地显示了抛掷一枚质地均匀的硬币和一枚质地不均匀的硬币的情况。

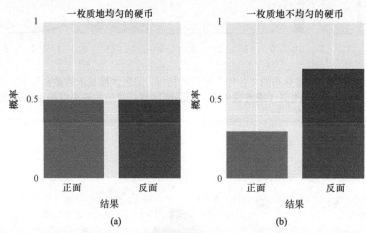

图 2.12　伯努利分布告诉我们得到 0 或 1 的概率。(a)在每次抛掷一枚质地均匀的硬币时，获得正面或反面的概率相等；(b)抛掷一枚质地不均匀的硬币出现反面的概率是 70%，出现正面的概率是 30%

我们可以把这两个值标记为 0 和 1（或者是正面和反面）以外的东西，例如，如果我们在看照片，它们就可能是一张猫的照片和一张不是猫的照片。

如果我们画出了大量的值并找到它们的均值，那么这很可能就是该分布的均值。伯努利分布的均值是 $p$。关于伯努利分布的众数和中位数的描述有点麻烦，此处不再赘述。

伯努利分布似乎有点过于简单了，因为它描述的是一种简单的情况。它的价值在于：它给了我们一种方法来表示得到一个分布的两个值中任意一个的概率，所以使用了与本节中其他分布相同的形式来表达。这意味着我们可以使用与处理复杂分布时相同的方程和代码来处理这种更简单的情况。

### 2.3.4 多项式分布

伯努利分布只返回两个可能值中的一个，但是假设我们正在做一个实验，需要从更多的数字（或者说更多的可能性）中返回一个呢？例如，我们不再进行只可能出现正面或反面的抛掷硬币，而是改为抛掷一个 20 面的骰子，就会得到 20 个值中的任意一个。

为了模拟抛掷骰子的结果，随机变量需要返回 1～20 中的一个数字。在这种情况下，构建一个列表是很有效的。列表中除了我们取出的那一项（它被设为 1），其他项都为 0。当我们构建机器学习系统来将输入分为不同的类别时，构建列表会非常有用，例如描述照片中出现的是 50 种不同动物中的哪一种。

下面我们来演示这个想法。假设我们要从 5 个值中进行选择，于是将它们标记为 1、2、3、4 和 5。如果要返回的是 4，就会返回一个包含 5 个数字的列表，除了第 4 个位置的 1，其他位置的数字都是 0，这个列表是 "0, 0, 0, 1, 0"。

每当要从这个随机变量中抽取一个值时，我们就会得到一个包含 4 个 0 和 1 个 1 的列表。每个位置是否为 1 的概率是由选项 1~5 中被选择的概率给出的。

这个分布的名称是一个合成词（或者说是两个词的混合），因为这是对两种输出的伯努利分布的推广，将其推广为多项输出。我们可以称之为"多项式伯努利分布"，但是若把这些词混在一起，就称之为**多项式分布**（multinoulli distribution），有时也简单地称之为**类别分布**（categorical distribution）。

我们可以使用多项式分布来猜测生日，奇怪的是，所有生日的概率并不都是一样的，至少在美国 2000 年前后的 10 年内是这样的[Stiles16]。我们可以用一个多项式分布表示 365 个可能的生日的概率。如果我们从这个分布中抽取一个随机变量，就会得到一个拥有 365 个值的列表，除了一个 1，其他的都是 0。如果我们一遍又一遍地这样做，1 就会更频繁地出现在更有可能的出生日期那里。

### 2.3.5 期望值

如果我们从任意的概率分布中选择一个值，然后选择另一个，之后再选择一个，随着时间的推移，我们就能构建一个包含很多值的列表。

如果这些值是数字，那么它们的平均值就称为**期望值**（expected value）。注意，期望值可能不是从分布中提取的值！例如，如果 1、3、5、7 都是等可能的，那么我们对于这些将要提取的随机变量的期望值就是（1+3+5+7）/4（即 4），这个值我们永远无法从分布中得到。

## 2.4 独立性

到目前为止，我们所看到的随机变量都是完全不相关的。我们从一个分布中抽取一个值的动作与我们之前抽取过其他任何的值都没关系，每次都是在一个全新的世界抽取一个新的随机变量。

我们称这些变量为**自变量**（independent），它们不依赖于任何其他的值。这种变量是最简单的随机变量，因为我们不用考虑两个或多个随机变量是如何相互影响的。

相反，有的随机变量是相互依赖的。例如，假设我们有几种不同动物的毛发长度的分布：狗、猫、仓鼠等。我们需要先从动物列表中随机选择一种动物，然后据此来选择适当的毛发长度分布，之后从这个分布中得到一个值并以此作为动物毛发的值。在这里，对动物种类的选择不依赖于其他因素，所以它是一个自变量。但是毛发长度取决于所选择的动物，所以它是一个**因变量**（dependent）。

### 独立同分布（i.i.d）变量

许多机器学习技术中的数学和算法都是被设计来处理从具有相同分布的随机变量中提取的

多个值的，并且这些值之间相互独立。

这种要求已经非常普遍了，以至于这些变量都有了一个特殊的名称 **i.i.d**，即独立同分布（independent and identically distributed）（这个首字母缩略词很不同寻常，因为它几乎都是用小写字母书写的，字母之间用句点隔开）。例如，我们可能会看到用这种方法描述的一种技术："当输入为 i.i.d 时，该算法会提供最好的结果。"

而短语"同分布"只是"从相同分布中选择"的一种简洁的表达方式。

## 2.5 抽样与放回

在机器学习中，我们经常通过随机选择现有数据集中的一些元素来构建新的数据集。我们将在 2.6 节中进行这种操作，并寻找样本集的均值。

让我们考虑两种不同的方法来通过现有数据集生成新数据集，其中关键的问题是：从数据集中选择一个元素时，我们是将它从数据集中移除，还是仅复制这个元素并使用它？

打个比方，假设我们去图书馆找几本短篇书，为了保持趣味性，我们把它们放在桌子上堆成一小堆，之后从中随机挑选。

一种方法是从书堆中随机选择一本书，之后把它带回并放到桌子上，然后再回到书堆进行挑选，这样我们就可以挑选出一堆随机选择的书了。注意，因为我们已经把挑选出的每一本书都放在桌子上，所以不可能选到同一本书两次（我们可以选择已经选过的书的另一印本，但已经不是同一本书了）。

另一种方法是从书堆里选择一本书，并将整本书复印（只是做一个比喻，我们暂时忽略法律和道德问题），然后把书放回它原来的地方，并把影印本放在桌子上。然后我们返回书堆，再一次随机拿起一本书、复印、归还之后把它放入书堆里，一遍又一遍，这样我们就拥有一堆复印的书了。注意，我们将在复印之后把每本书还回书堆，这种情况下，是有可能选到同一本书并把它复制两次的。

在机器学习中，构建新数据集时，我们可以遵循这两种方法中的任何一种。每从训练集中选择一个数据，我们可以从数据集中删除它（这样我们就不能再选择它了），也可以只是复制它并将它返回到数据集（这样我们就可以再次选择它）。

上述两种方法所得到的结果是全然不同的类型，无论是从明显的表面还是从不那么明显的统计数据上都可以看得出。一些机器学习算法被设计成只适用于这两种方法中的一种。那么现在就让我们更仔细地看一看这些备选方案。我们想要创建一个**选择列表**，而这个列表是从一个初始对象池中选择出来的。

### 2.5.1 有放回抽样

首先，让我们看一下对元素进行复制的方法，在这里，初始状态是保持原样的，如图 2.13 所示。我们把这种方法称为**有放回抽样**（或称为 **SWR**），因为我们可以认为是将元素取出，为其制作一个副本，用副本替换原来的元素。

有放回抽样最明显的一个含义是：我们可能会多次使用同一个元素。在极端情况下，整个新建立的数据集都是一个元素的多个副本。

第二个含义是，我们可以创建一个比原始数据小的、大小相同的抑或更大的新数据集。由于原始数据集并不发生改变，因此只要我们愿意，就可以不断地选择元素。

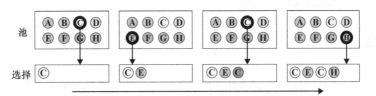

图 2.13　有放回抽样。每从池中移除一个元素，都会将它的一个副本放入选择区域中，然后再把原来的元素放回池中。通过这种技术，我们可以建立选择列表，但是原始的池是不会改变的，所以我们就有机会多次选择一个相同的项。在这个例子中，我们两次选择了元素 C

这一过程的统计学含义是：选择是相互**独立**的。没有任何过去的背景，选择完全不受之前的选择的影响，也不会影响未来的选择。

要明白这一点，让我们看看图 2.13 所示池中的 8 个元素，每个元素被选中的概率都是 1/8。可以看到，我们首先选择的是元素 C。

现在新数据集里有了元素 C，但是在选择之后，我们会把这个元素"重置"回原来的数据集中，再次查看原始数据集时，8 个元素仍然全部存在，如果再次进行选择，每个元素仍有 1/8 的概率被选中。

这种采样的一个日常例子是：在库存充足的咖啡店里点一杯咖啡，比如我们点了一杯香草拿铁之后，香草拿铁这个选项也不会从菜单上被删除，还可供其他顾客选择。

## 2.5.2　无放回抽样

另一种通过随机选择去构建新数据集的方法是：从原始数据集中删除所选择的元素，并将其放到新数据集中。因为没有进行复制，所以原始数据集丢失了一个元素。这种方法称为**无放回抽样**（又称为 **SWOR**），如图 2.14 所示。

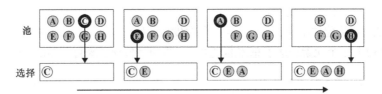

图 2.14　无放回抽样。每从池中移除一个元素，我们就会将其放入所选择的区域。因为没有把它重新放回池中，所以无法再次选择这一元素

让我们比较一下 SWR 与 SWOR 的含义。首先，在 SWOR 中，对任何元素的选择都不能超过一次，因为我们从原始数据集中删除了它。其次，在 SWOR 中，新数据集可以比原来的更小，或者是大小相同，但是不能变得更大。最后，在 SWOR 中，选择是相互依赖的。图 2.14 中，每个元素第一次被选中的概率为 1/8。但是当选择元素 C 后，我们没有用副本替换它，所以如果回到原始数据集，就只剩下 7 个元素可用，即每个元素有 1/7 的概率被选中。选择这些元素中的任何一个的概率都增加了，因为可供选择的元素变少了。

如果再选择另一个元素，剩下的每个元素就都有 1/6 的概率被选中，以此类推。在选择了 7 个元素后，最后一个元素被选中的概率就有 100%。

无放回抽样的一个常见示例是玩扑克牌游戏，每发一张牌，它就会从整副牌中"消失"，在重新收回牌或是洗牌之前是无法再发出的。

### 2.5.3　做选择

假设我们想通过从原始数据集中选择来构建一个比原始数据集小的新数据集，可以采用有放回抽样和无放回抽样两种方式。

与无放回抽样相比，有放回抽样可以产生更多可能的新数据集，让我们来看看这一点。假设原始数据集中只有 3 个对象（A、B 和 C），而我们需要一个包含两个对象的新数据集。采用无放回抽样只能得到 3 种可能的新数据集：（A，B）、（A，C）和（B，C）；而采用有放回抽样，不仅可以得到这 3 个，还可以得到（A，A）、（B，B）和（C，C）。

一般来说，有放回抽样总是可以为我们提供一组有更多可能性的新数据集。还有很多关于统计特性的有趣差异，但是我们不展开讨论。

要记住的重要一点是："是否放回"会对构建新数据集产生影响。

## 2.6　Bootstrapping 算法

有时我们想要知道某个数据集的一些统计数据，但是这个数据集太大了，对它进行操作并不可行。打个比方，假设我们想知道现在世界上所有活着的人的平均身高。对于这个问题，没有一种切实可行的方法去测量每个人的身高，所以我们需要另一种方法。

通常我们会选取数据集的一部分来解答这类问题，然后对这一部分进行测量。我们可以求出几千人的身高，然后通过计算这些测量值的均值来近似求出所有人的平均身高。

我们把世界上的所有人称为**总体**（population）。因为人数太多，所以我们会从中归纳出一个规模合理的群体。我们希望这个群体能代表总体，故将这个较小的群体称为**样本集**（sample set）。样本集是在无放回的情况下构建的，因此每从总体中选择一个值并将其放入样本集，这个值在总体中就会被删除，不能再次被选择。

通过仔细认真地构建样本集，我们希望就所要度量的属性而言，这个样本集可以成为总体的合理代表。图 2.15 用 21 个元素表达了总体的概念，样本集则包含了来自总体的 12 个元素。

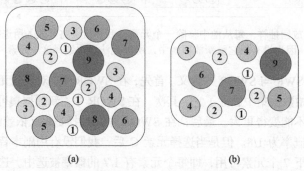

(a)　　　　　　　　　　　　　　(b)

图 2.15　从总体中创建了一个样本集。(a)总体，在本例中，总体包含 21 个元素；
(b)样本集，在本例中，样本集只包含 12 个元素

现在我们测量样本集的均值，以此作为总体均值的估计值。在这个小例子中，我们可以计算出总体的均值，大概是 4.3，而样本集的均值约为 3.8，这一匹配并不是很完美，但也不算是大错特错。

大多数情况下，我们无法测量总体的值（这是一开始我们构建样本集的原因），所以只能通过找到样本集的均值得到答案。但是，这个样本集表现得有多好呢？它是我们可以依赖的对总体的一个好的估计吗？很难说。

如果可以用**置信区间**（confidence interval）来表示结果，就更好了。虽然目前我们还没有深入讨论这个概念，但是可以对置信区间做一个表述："我们有 98%的概率确定总体的均值在 3.1 和 4.5 之间。"

要做出一个这样的表述，我们就需要知道区间的上界和下界（在这里是 3.1 和 4.5），并衡量我们对该值存在于该区间范围内信心的大小（这里是 98%）。通常，我们会为当前的任务设定一个所需的信心，然后再找到该信心所对应的范围的上下值。

**Bootstrapping** 算法可以帮助我们找到让我们表达信心的值[Efron93] [Ong14]。我们可以像之前说的身高的例子那样利用它来讨论均值。同时，我们也可以用 Bootstrapping 来表示对于标准差的信心，又或者用我们感兴趣的其他统计学度量。

这个过程包括两个基本步骤：第一步是我们在图 2.15 中看到的那样，根据原始的总体创建一个样本集；第二步则涉及对样本集进行**重采样**（resampling）以生成一些新数据集，而这些新数据集中的每一个都称为 **bootstrap**。

为了创建 bootstrap，我们先要确定需要从初始样本集中选择多少元素。尽管我们通常使用较少的元素，但是理论上可以选择小于样本集数据量的任意数量的元素。然后我们会从样本集中有放回地随机抽取多个元素（在这里，我们可能会多次选择相同的元素）。这个过程如图 2.16 所示。

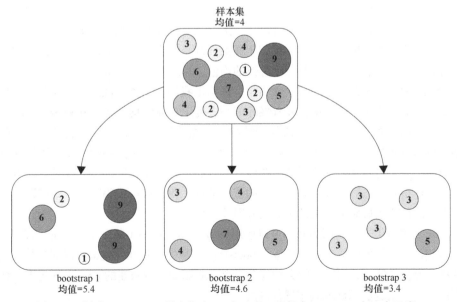

图 2.16 创建 bootstrap。样本集有 12 个元素，而每个 bootstrap 有 5 个元素，即每个 bootstrap 从样本集中有放回地随机选择了 5 个元素

抽取必须要是有放回的，因为我们可能想要构建与样本集大小相同的 bootstrap。在本例中，我们可能会设定每个 bootstrap 中包含 12 个值，如果不进行有放回的抽取，那么每个 bootstrap 都将与样本集相同。

有了这些 bootstrap，我们就可以测量它们每一个的均值。如果我们在直方图上画出这些平均值（图 2.17），就会发现，如之前讨论过的那样，它们倾向于形成一个高斯分布。这个结果是自然形成的，与选择的具体值无关。就这个图来说，总体是 0～1000 的 1000 个整数，之后我们从这个数据集中随机抽取 500 个值来创建一个样本集，然后又创建了 1000 个 bootstrap，每个 bootstrap 包含 20 个元素。

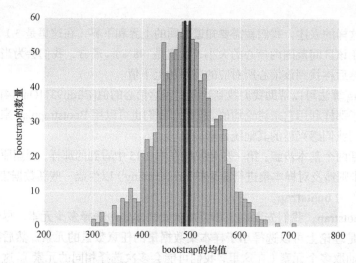

图 2.17　直方图展示了具有给定平均值的 bootstrap 的数量，在 490 左右的蓝色竖线是样本集的均值，在 500 左右的红色竖线是总体的均值

既然已经知道了总体，就可以计算它的均值，大约是 500。样本集的均值也非常接近总体的均值，大约是 490。bootstrap 则帮助我们确定：我们应该在多大程度上信任 490 这个值。

无须进行数学计算，bootstrap 均值近似于高斯曲线，它会告诉我们需要知道的一切。假设我们想找到有着 80% 的置信区间，它将包含总体的均值，就只需要去掉 bootstrap 值中最低的和最高的 10% [Brownlee17]。图 2.18 显示了一个方框，画出了我们认为置信区间有 80% 的值，其中包含已知的真实值 500。可以看到，我们有 80% 的信心去确定总体的均值在 410 和 560 之间。

回顾一下，我们想知道一些描述**总体**的**性质**（可能是其均值或方差），假设由于某种原因，我们不能对总体进行操作，因此不能直接测量这种性质。为了得到这些值，我们通过抽取总体中的一些值形成了一个**样本集**，然后再从中选出一些 bootstrap（每个 bootstrap 通过对样本集元素进行有放回的采样得到）。通过观察 bootstrap 的统计数据，我们就可以得到一个置信区间，从而知道我们有多大的信心去确定总体的均值是否在某个区间中。

bootstrap 是很吸引人的，因为我们可以使用小型的 bootstrap（每个 bootstrap 可能只包含 10 个或 20 个元素），这种小容量意味着对每个 bootstrap 程序的构建和处理都可以非常快地进行。为了弥补这种小容量的缺点，我们经常会构建数千个 bootstrap。所构建的 bootstrap 越多，结果就越接近高斯曲线，也就越能精确地确定置信区间。

在后续章节中，我们将再次使用 bootstrap 的思想来从更简单的工具集合中构建强大的机器学习工具。

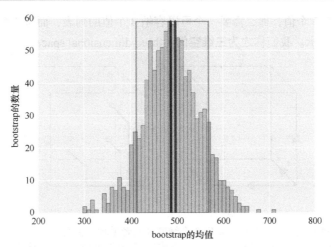

图 2.18　我们有 80%的信心去确定这个方框里包含总体的均值

## 2.7　高维空间

　　我们通常会认为各种各样的物体占据着（或者说"生活在"）一个或另一个想象的、抽象的空间。有些空间会有成百上千的维度，以至于我们无法绘制出。但是，因为我们将经常谈论这样的"空间"，所以需要对此类空间的含义有一个大致的了解，这很重要。

　　这一空间的基本含义是，空间的每个维度（或者轴）都指向一种单独的度量方式。如果我们有一段数据，这段数据中只有一个测量值（如温度），就可以用一个只有单个值的列表来表示它。从视觉上，我们仅用一条线就可以表示测量值的大小，如图 2.19 所示。我们将这条线称为**一维空间**（one-dimensional space）。

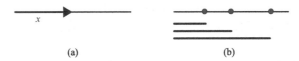

(a)　　　　　　　　　　　　　　(b)

图 2.19　具有单个值的数据段只需要一个轴（或者说维度）就可以绘制。(a)我们通常用
$x$ 表示横轴；(b)包含 3 段数据，其相对应的线表示它们的大小，从 $x$ 轴的左边开始测量

　　如果我们有两段信息，如温度和风速，那么需要两个维度（或者一个有两项的列表）来保存数据。我们可以通过两个轴进行表示，如图 2.20 所示。点的位置是这样确定的，沿 $x$ 轴移动测量得到第一个度量值，然后沿 $y$ 轴移动测量得到第二个度量值。我们称之为一个**二维空间**（two-dimensional space）。

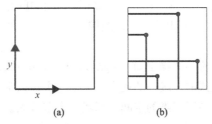

(a)　　　　　　　　　(b)

图 2.20　如果数据有两个值，我们就用两个维度（或者说轴）来绘制它。(a)我们通常用
$y$ 表示垂直方向；(b)包含 4 段数据，每段数据在二维空间中的位置都由两个
值确定，一个值代表 $x$，而另一个值代表 $y$

如果每段数据有 3 个值，那么需要一个可以容纳 3 个值的列表，而这 3 个维度可以用 3 个轴来表示，如图 2.21 所示。我们称之为**三维空间**（three-dimensional space）。

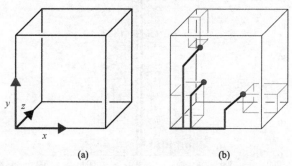

图 2.21　如果每段数据有 3 个值，就用 3 个维度（或者说轴）去绘制它。(a)一般第 3 个轴的
方向是垂直于纸面进出的，并标记为 $z$；(b)三维空间中的一些点，我们通过它们所在位置沿
$x$、$y$ 和 $z$ 轴的长度定位它们。其中的盒子只是为了帮助我们看到点在立方体中的位置

如果有 4 个值呢？尽管做出了很多大胆的尝试，但是仍然没有一种可以被广泛接受的方法来绘制四维空间，尤其是在二维空间上进行绘制（[Banchoff90]和[Norton14]）。当上升到五维、十维或是二十维的空间时，二维空间更是限制我们的一大原因。

这些高维度空间看起来似乎很深奥、很罕见，但实际上它们很常见，我们每天都可以见到。为了证实这一点，让我们考虑一下用什么样的空间来表示一张照片。

假设有一个灰度图像是 500 像素×500 像素的，那么该用多大的空间来表示这个图像呢？一条边上有 500 个像素，那么整个图像就是 500 像素×500 像素=250000 个像素。其中的每个像素都包含一个值，或者说它们都包含一个度量值。从整个空间的一个角落开始，向右移动（沿着 $x$ 轴）第一个像素值给定的距离，然后向上移动（沿着 $y$ 轴）第二个像素值给定的距离，再向后移动（沿着 $z$ 轴）第三个像素值给定的距离，之后沿着第四个轴移动由第四个像素给定的距离。以此类推，随后是第五个轴、第六个轴等，让每个像素都沿着它们相对应的轴移动，这些轴都是不同的。

因为有 250000 个像素，所以需要 250000 个维度。这是一个很大的维度！有时，每个像素也可能需要 3 个值，就需要 3 × 250000=750000 个维度。

我们画不出 750000 维的图像，甚至无法在脑海中描绘出一个维度如此多的图像。但是，机器学习算法可以像处理二维或三维空间那样轻松地处理这样的空间。数学和算法并不关心一个空间有多少个维度。

要记住的关键是：在这个庞大的空间中，每条数据都是**单独的点**，就像二维空间中的点用两个数字告诉我们它在平面上的位置一样，750000 维空间中的点只是用 750000 个数字告诉我们它在这个庞大空间中的位置。因此可以说，图像是由一个巨大的"图像空间"中的一个点表示的。

我们把有很多维度的空间称为**高维空间**（high-dimensional space），而对于多少维才算"高"维这一点，目前还没有一个正式的、统一的规定，但是这个短语常用于描述那些超出我们可以合理绘制的范围的空间，也就是高于三维的空间。当然，大多数人认为数十或数百个维度才称得上"高"维。

本书所用算法最大的优点之一就是：它们可以处理任意维度的数据，甚至可以处理近一百万维的图像。当涉及更多的数据时，算法的运行速度会变慢，但是它运行的流程不会发生任何更改。

本书频繁使用的数据可以被抽象成高维空间中的点。我们会侧重于对刚刚看到的概念进行直观的概括，而不是深入数学中。我们会把"空间"看作对直线、正方形和立方体的巨大（无法可视化的）类比，其中每段数据都由用一个点表示。

## 2.8 协方差和相关性

有时变量之间可能相互关联，例如，一个变量告知我们室外温度，另一个变量告知我们是否会下雪。如果温度很高，就不会下雪，所以通过对其中一个变量的了解可以知道另一个变量的一些信息。在这种情况下，这种关系是**负相关的**：随着温度的升高，下雪的可能性降低；反之，下雪的可能性升高。

而另一个变量也可能是在告诉我们在当地河里游泳的人的人数，温度和游泳人数之间的联系就是**正相关的**，因为在温暖的日子里我们会看到更多人游泳，反之，则没有那么多人游泳。

能够找到这些关系并确定两个变量之间的联系的紧密程度是很有用的。

### 2.8.1 协方差

假设有两个变量，我们注意到它们之间有一个特定的模式：当其中任意一个变量的值增加时，另一个变量的值就会以这个增加数量的固定倍数增加；而当任意一个变量减小时，同样的事情也会发生。例如，假设变量 $A$ 增加 3，变量 $B$ 就增加 6；之后，$B$ 增加 4，$A$ 会增加 2；然后 $A$ 减小 4，$B$ 会减小 8。在每一个例子中，$B$ 增加或减小的量都是 $A$ 增加或减小的量的 2 倍，所以固定倍数是 2。

如果我们在两个变量之间发现了这样的一种关系（任何倍数都可以，而不仅是 2），就称这两个变量是**共变的**，我们用**协方差**（covariance）来衡量两个变量之间的这种联系的强度。

如果我们发现一个值增加而另一个值也增加，那么协方差就是一个正数。这两个变量的步调越一致，协方差就越大。

讨论协方差的经典方法是绘制一个图，并在这个二维图形上绘制一些点，如图 2.22 所示。这种图称为**散点图**。坐标轴被标记为 $x$ 和 $y$，用于替代我们感兴趣的两个变量。

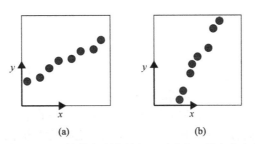

图 2.22 对协方差的阐述。(a)沿 $x$ 轴从左到右的每一对点在 $y$ 轴方向上的变化量大致相同，这是正的协方差；(b)$x$ 轴方向的值有一点多变，说明正协方差较弱

假设 $x$ 是第一个值，$y$ 是第二个值。如果 $x$ 增加时（在图 2.22 中是指点向右移动）$y$ 也增加（在图 2.22 中是指点向上移动），就说这两个变量有着**正协方差**（positive covariance）。$y$ 的变化与 $x$ 的变化越一致，协方差就越大。

　　一个非常大的正协方差表明这两个变量是一起变化的，所以每当它们中的一个改变了一个给定的量，那么另一个也会改变一个不完全相同但是又趋于一致的量。

　　此外，如果一个值随着另一个值的增加而减小，就说变量有**负协方差**（negative covariance），如图 2.23 所示。

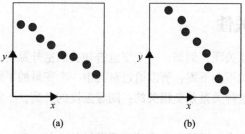

(a)　　　　　　　　(b)

图 2.23　x 轴方向上相邻两点在 y 轴方向上的变化总是大致相同的，但是当 x 变大时，
y 就会变小，这种形式的关联就称为负协方差

　　如果两个变量之间完全没有一致的、能够相互匹配的变化，就说它们之间的协方差为 0，如图 2.24 所示。

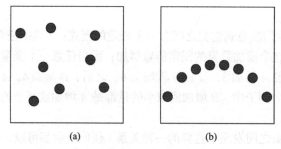

(a)　　　　　　　　(b)

图 2.24　这两组数据点的协方差都为 0。如果我们沿着 x 轴从一点移动到另一点，
y 值在大小和方向上的变化都没有一个统一的规律

　　我们所说的协方差思想只在变量之间的变化是彼此的倍数时才有效。如图 2.24b 所示，数据之间可能存在一个清晰的关系（这里的点构成了一个圆的一部分），但是协方差仍然为 0，因为它们之间的变化是不一致的。

## 2.8.2　相关性

　　协方差是一个有用的概念，但存在一个问题：由于它的定义方式，它没有考虑过两个变量的单位，这使得我们很难确定数据之间的相关性的强弱。

　　例如，假设我们需要测量一把吉他上的 12 个变量：木头的厚度、琴颈的长度、音符共鸣的时间、琴弦的张力等。我们有可能找到这些测量值两两之间的协方差，但无法通过比较它们来确定哪一对数据的关系最强（或是哪一对最弱），因为它们的单位不同——木材的厚度可能以毫米为单位，琴弦共振的时间可能以秒为单位，等等。我们会得到每对测量值的协方差，但是无法比较它们。

　　我们实际能够了解到的只有协方差的符号：正值表示正相关，负值表示负相关，0 表示不相关。

只有符号能为我们提供价值是有问题的，因为我们想要比较不同的变量集。那样我们才能从中找到有用的信息，如哪些变量之间有着最强的正相关和负相关，而哪些变量之间有着最弱的正相关和负相关。

为了得到一个可以进行上述比较的度量值，我们可以通过计算得到一个与之前稍稍不同的数字，称为**相关系数**（correlation coefficient），或者称**相关性**（correlation）。这个值只要在计算协方差时增加一个步骤就能得到。通过这步计算，我们会得到一个不依赖于变量单位的数字。我们可以把相关系数看作缩小版的协方差，其值在-1～1。

由于相关系数很好地避免了单位的问题，因此要比较不同变量集合的关系的强度时，相关系数就是一个很好的工具。

因为相关系数永远不能超出-1～1这个范围，所以我们只需要关心1、-1和它们之间的值。"1"说明数据**完全正相关**（perfect positive correlation），而"-1"说明数据**完全负相关**（perfect negative correlation）。

完全正相关的数据很容易看出来：所有点都沿着一条直线下降，从东北角到西南角，如图2.25所示。

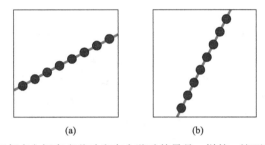

(a)　　　　　　　　(b)

图 2.25　两相邻点之间向右移动和向上移动的量是一样的，这两个图都展现了
完全正相关关系（或者说相关系数为1）

那么，点与点之间什么样的关系会得到正相关关系，即相关系数在0和1之间呢？这种情况是：$y$值会随着$x$的增加而增加，但是增加的比例不会是常数，我们甚至无法预测这个增加比例会发生多大的变化，但是知道$x$的增加会导致$y$的增加，而$x$的减小也会导致$y$的减小。图2.26为一些相关系数在 0～1 的正相关的点的点图，这些点越接近直线，那么它们的相关系数就越接近 1。如果这个值接近于 0，相关性就很弱（或者说是很低）；如果它在 0.5 附近，相关性就是中等的；如果它在 1 附近，相关性就很强（或者说是很高）。

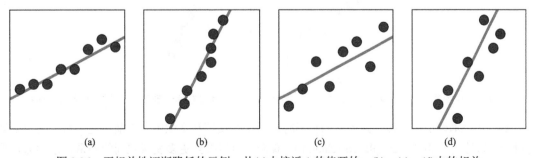

(a)　　　　(b)　　　　(c)　　　　(d)

图 2.26　正相关性逐渐降低的示例。从(a)中接近 1 的值开始，(b)、(c)、(d)中的相关
性相继变低。一般来说，点离直线越近，相关性越高

现在我们看看相关系数为 0 时的情况。不相关意味着一个变量的变化与另一个变量的变化没有关系，我们无法预测接下来会发生什么（或者说下一个点的位置）。回顾一下就会发现，相关性只是协方差的缩小版，当协方差为 0 时，相关性也为 0。图 2.27 展示了一些相关性为 0 的点。

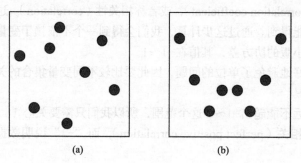

图 2.27    这些点的相关性为 0。这些点向右移动时，垂直方向上并没有出现一致的运动

负相关和正相关一样，只是变量是反向变化的：当 $x$ 增加时，$y$ 减小。一些负相关的例子如图 2.28 所示。

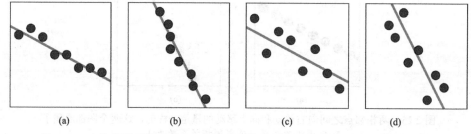

图 2.28    (a)为相关系数接近 $-1$ 的情况。从(b)到(d)，负相关系数逐渐向 0 靠近

与正相关类似，如果相关系数接近于 0，相关性就很弱（或者说是很低）；如果它在-0.5 附近，相关性就是中等的；如果它在-1 附近，相关性就很强（或者说是很高）。

最后，图 2.29 展示了数据集完全负相关的（或者说相关系数为 $-1$）的情况。

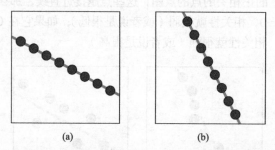

图 2.29    这些图均为完全负相关（或者说相关系数为 $-1$）。每向右移动到下一个点，下降的量均相同

还有几个术语值得一提，因为它们会不时地出现在文档和文献中。如前所述，对于两个变量的讨论通常称为**单相关**（simple correlation）。我们也可以找到更多变量之间的关系，这称为**多重相关**（multiple correlation）。如果我们有一堆变量，但是只研究其中两个变量是如何相互影响的，就称为**偏相关**。

如果两个变量呈现完全正相关或是完全负相关关系（即相关系数的值为+1 和-1），就称这两个变量是**线性相关**（linear correlation）的，因为（正如我们所看到的那样）所有点位于一条线上。其他任何相关系数描述的变量则称为**非线性相关**（non-linear correlation）的。

图 2.30 总结了线性相关中不同值的含义。

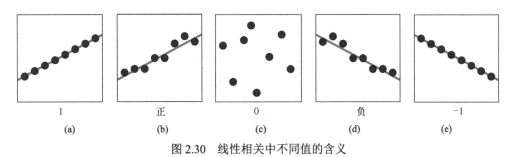

图 2.30　线性相关中不同值的含义

# 2.9　Anscombe 四重奏

本章的统计数据告诉了我们关于数据的很多信息，但并不意味着统计数据告诉了我们一切。

有一个我们被统计数据愚弄的著名例子：有 4 个不同的二维数据集合，它们看起来一点都不像，但都有相同的均值、方差、相关系数和拟合直线。这些数据以发明这 4 个数据集的数学家命名（[Anscombe73]），称为 Anscombe **四重奏**（Anscombe's quartet）——它们的值可以在网上很轻松地获得（[Wikipedia17a]）。

图 2.31 展示了这 4 个数据集以及它们的最佳拟合直线。

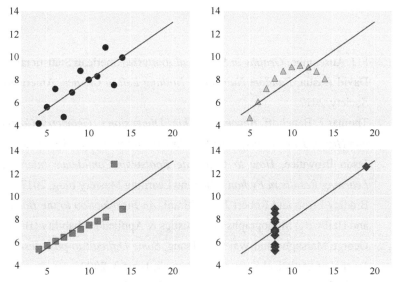

图 2.31　Anscombe 四重奏中的 4 个数据集以及它们的最佳拟合直线

这 4 个数据集的惊人之处在于每个数据集中 $x$ 值的均值均为 9.0，$y$ 值的均值均为 7.5，每组 $x$ 值的标准差均为 3.16，每组 $y$ 值的标准差均为 1.94。每个数据集中 $x$ 和 $y$ 之间的相关系数均为 0.82，而每个数据集的最佳拟合直线在 $y$ 轴的截距均为 3，斜率均为 0.5。

换句话说，4 个数据集的 7 个统计度量都具有相同的值。实际上，如果我们在这 4 幅图上延伸出更多数据，有的统计度量值就会产生不同，但是它们依然非常接近，所以几乎可以认为它们是一样的。

图 2.32 叠加了 4 个数据集中的所有点以及它们的最佳拟合直线。因为 4 条最佳拟合直线是一样的，所以我们在图中只能看到 1 条。

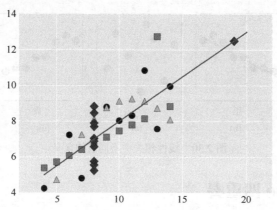

图 2.32　Anscombe 四重奏的 4 个数据集以及其最佳拟合直线的叠加

Anscombe 四重奏的寓意是：不要认为统计数据透露了关于任何一组数据的全部情况。得到了一组数据的统计信息是一个很好的起点，但是统计数据不能告诉我们需要知道的一切。要想很好地利用数据，我们还需要仔细观察并且深入理解它。

这 4 个数据集虽然有名，但并不特别。如果我们想，就可以制作出更多具有相同（或近乎相同）统计数据的不同数据集（[Matejka17]）。

# 参考资料

[Anscombe73]　　F. J. Anscombe, *Graphs in Statistical Analysis*, American Statistician, 27. 1973.

[Austin17]　　David Austin, *Random Numbers：Nothing Left to Chance*, American Mathematical Society, 2017.

[Banchoff90]　　Thomas F. Banchoff, *Beyond the Third Dimension： Geometry, Computer Graphics, and Higher Dimensions*, Scientific American Library, W H Freeman, 1990.

[Brownlee17]　　Jason Brownlee, *How to Calculate Bootstrap Confidence Intervals for Machine Learning Results in Python*, Machine Learning Mastery blog, 2017.

[Efron93]　　Bradley Efron and Robert J. Tibshirani, *An Introduction to the Bootstrap*, Chapman and Hall/CRC Monographs on Statistics & Applied Probability (Book 57), 1993.

[Marsaglia02]　　George Marsaglia and Wai Wan Tsang, *Some Difficult-to-pass Tests of Randomness*, Journal of Statistical Software, Volume 7, Issue 3, 2002.

[Matejka17]　　Justin Matejka, George Fitzmaurice, *Same Stats, Different Graphs： Generating Datasets with Varied Appearance and Identical Statistics through Simulated Annealing*, Proceedings of the 2017 CHI Conference on Human Factors in Computing Systems, pgs 1290–1294, 2017.

[Norton14]　　John D. Norton, *What is A Four Dimensional Space Like?*, Department of History and Philosophy of Science, University of Pittsburgh, 2014.

[Ong14]　　　　Desmond C. Ong, *A Primer to Bootstrapping*, Department of Psychology, Stanford University, 2014.

[Random17]　　Random.org, *Random Integer Generator*, 2017.

[Schwab17]　　Katharine Schwab, *The Hardest Working Office Design in America Encrypts Your Data-With Lava Lamps*, Co.Design blob, 2017.

[Stiles16]　　　Matt Stiles, *How Common is Your Birthday? This Visualization Might Surprise You*, The Daily Viz, 2016.

[Wikipedia17a]　Wikipedia authors, *Anscombe's Quartet*, 2017.

[Wikipedia17b]　Wikipedia authors, *Random Number Generation*, 2017.

[Wikipedia17c]　Wikipedia authors, *Random Variable*, 2016.

# 第3章

# 概率

*概率用于描述我们对数据有多大的信心,以据此得出可以多大程度上信任系统所产生的结论。*

## 3.1 为什么这一章出现在这里

**概率**是一种工具,用来帮助我们确定事件发生的可能性。零概率意味着事件不会发生,而100%的概率意味着事件肯定会发生。我们也可以用概率来表达信心,例如相信某个水果有 80% 的概率熟了,或者某支球队会赢得一场比赛。

概率是机器学习的支柱之一,许多论文会使用概率论的语言去描述技术,许多文档也会采用这种方式,例如,一些库函数会要求其输入数据具有一些基本的概率属性。为了正确地使用库以获得优质的结果,我们需要先对概率有足够的了解,然后再去阅读和理解这些描述。

概率是一门庞大的学科,有许多深奥的门类。像所有深奥的科目一样,学习概率中的新技巧意味着掌握新的知识,然而学得越多,就越能够意识到还有很多东西要去学习!

我们的重点是明智且良好地使用机器学习工具,因此只需要掌握一些基本术语和概念。本章涵盖了所有这些内容。换句话说,本章介绍的不是我们计算自己的统计数据可能用到的工具,而是一些概念——这些概念帮助我们更好地理解如何基于数据去使用工具,以达到预期。

本章将重点介绍概率的一些基本概念、我们经常使用的度量方法以及一个称为混淆矩阵的特殊应用。关于本章讨论的所有内容以及概率这一领域诸多其他内容的更广泛、更深入的讨论,读者可以参考专门研究概率的书([Jaynes03]和[Walpole11])。

## 3.2 飞镖游戏

**飞镖游戏**(dart throwing)是讨论基本概率时的经典示例。

这个例子最基本的想法是:我们在一个房间里,面对一堵墙站着,手里拿着若干枚飞镖。我们没有在墙上挂软木靶子,而是画了一些不同颜色和大小的区域。我们会把飞镖投掷到墙上,然后记下飞镖击中的颜色区域(背景也算是一个区域),如图 3.1 所示。

在这个场景下,假设飞镖总是会落到墙上的某个地方(而不是落到地板或天花板上),所以飞镖击中墙壁**某处**的概率是 100%,这是一个确定的事情。

本章用数字和百分比来描述概率,1.0 的概率对应 100%,0.75 的概率对应 75%,以此类推。

现在,让我们更仔细地看一下投掷飞镖的场景。在现实场景中,飞镖更有可能投掷到正对着我们的那部分墙,而不是投掷到离我们很远的地方。但是为了当前的讨论,我们假设投掷到墙上的任何点的概率都是一样的。也就是说,墙上的每一个点都有同样的机会被飞镖击中。换言之,正如我们在第 2 章中讨论的,任何点被击中的概率都是由均匀分布给出的。这并不是很符合现实情况,但我们只是用飞镖游戏作为一个比喻,所以也不需要它和现实情况一样精确。如果我们考虑从很远的距离向一面很小的墙投掷飞镖,那么这种约束(假设)可能更容易被接受。

图 3.1    向墙上投掷飞镖。墙上是各种颜色的颜料

接下来讨论的核心将以"对不同区域的比较"和"击中不同区域的概率"为基础。记住,背景也是作为一个区域存在的(在图 3.1 中,它是白色的墙)。

这里有一个例子,图 3.2 中的墙上有一个圆,当我们投掷飞镖时,已知击中墙的概率是 1,那么击中圆的概率是多少?

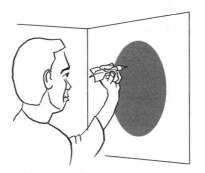

图 3.2    一定可以击中墙壁的前提下,击中圆的概率是多少

假设墙的面积是 2m²,而圆的面积是 1m²,即圆覆盖了墙的面积的一半。我们的规则是击中墙上每个点的可能性都相同,那么投掷飞镖时,就会有 50% 的机会(或者说 0.5 的概率)让飞镖落在圆内。这个值是通过面积的比值得到的。圆越大,它所包围的点就越多,被击中的可能性也就越大。

我们可以用一张已经绘制出面积比的图来说明这一点:如果将一个图画在另一个上面,那么击中上面圆形的概率就是圆的面积与墙的面积的比值。

举个例子,图 3.3 展示了圆的面积相对于墙的面积的比值,圆的面积是 1,而墙的面积是 2,所以比值是 1/2(或者说 0.5)。其实在这里,准确的数字并没有那么重要。这些图只是提供一种可视的方式来帮助我们找到所讨论的区域,让我们对它们的相对大小有一个直观的感受。

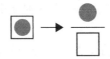

图 3.3    飞镖击中图 3.2 中的圆的概率是由圆的面积与墙的面积之比给出的,这里用"分数"符号表示

图 3.3 准确地展示了相关区域，上方圆的面积是下方方框的面积的 1/2。当其中一个图比另一个大得多时，使用完整尺寸的图就可能会使图解很尴尬，因此我们有时可能会缩小区域以使结果图更适合页面。因为面积比不会改变，所以这样做是可行的。需要记住的是：设置这些概率是为了阐明一种图形的面积与另一种图形的面积的对比关系。

## 3.3 初级概率学

在谈论概率时，我们经常会用大写字母来命名抽象事件，如 $A$、$B$、$C$ 等。"$A$ 的概率"就是指事件 $A$ 发生的概率。我们可以通过"在墙上画圆"来代表这个概率。这时，圆的面积与墙的面积的比值就是事件 $A$ 发生的概率。

回想一下，当我们向墙上投掷飞镖时，它总是会击中墙上的**某处**，而且它击中墙上的任何位置的**机会都是相同的**。所以如果事件 $A$ 是"飞镖落在圆里"，那么"$A$ 发生的概率"就是另一种表达"把飞镖投掷向墙壁后，它会落在圆里"的概率的方式。图 3.4 以图形的方式展示了这一点。

图 3.4　我们把"飞镖落在圆里"称为"事件 $A$"，那么事件 $A$ 发生的概率就由图 3.3 中面积的比值给出，我们把这个概率写成 $P(A)$

为了节省空间，我们通常只说"事件 $A$ 的概率"而不说"事件 $A$ 发生的概率"。进一步简化，我们通常将"事件 $A$ 的概率"写成 $P(A)$[一些作者会使用小写的 $p$，写作 $p(A)$]。

在本例中，$P(A)$ 是圆的面积除以墙的面积。这一概率是指，当投掷飞镖时，飞镖落在圆里而不是墙的其他部分的概率。

我们把 $P(A)$ 称为简单概率（simple probability），有时也称其为 $A$ 的**边际概率**。稍后我们会看到"边际"这个词的来源。

## 3.4 条件概率

现在我们讨论的事件不是一个而是两个。这两个事件中的任何一个都可能发生，也可能同时都发生，抑或两者都不发生。

例如，我们可能想要知道若某人正在喝水，他出于口渴喝水的概率。这两件事是相关的，但它们不一定同时发生。有的人可能会出于多种多样的原因喝水，比如为了缓解咳嗽，或者为了吞下一颗药丸。毋庸置疑，出于以上原因喝水时，他们不一定口渴。我们称两个不以任何方式相互依存的事件是独立的。

我们的目标是在假设某一事件已经发生（或正在发生）的情况下，找到另一事件发生的概率。我们可能会问"假设有人在喝水，那么他口渴的概率是多少?"或者"假设有人渴了，那么他喝水的概率是多少? "。

换句话说，我们知道一个事件发生了，想知道另一个事件发生的概率。

为了尽可能简略，我们把两个事件写成"$A$"和"$B$"。$A$ 代表"渴"，如果 $A$ 是真的，那么这个人就是口渴的；如果 $A$ 是假的，那么这个人就不口渴。$B$ 代表"喝水"，如果 $B$ 是真的，那么这个人就是在喝水；如果 $B$ 是假的，那么这个人就没有喝水。与之前类似，我们可以讨论 $P(A)$ 的大小，它在这种情况下简洁地表达了一个人口渴的概率，也可以讨论 $P(B)$ 的大小，即指一个人喝水的概率。

在已知 $B$ 为真的前提下，求 $A$ 为真的概率，我们把它写成 $P(A|B)$，这称为给定 $B$ 的条件下 $A$ 的**条件概率**（conditional probability）。换句话说，是"在已知 $B$ 为真的条件下，$A$ 为真的概率"，或者更简单地表达为"在给定 $B$ 的条件下，$A$ 为真的概率"。如果我们对另一种情况感兴趣，也可以讨论 $P(B|A)$，即已知 $A$ 为真的条件下，$B$ 为真的概率。

我们可以用图示来说明这一点。图 3.5a 是墙，上面有两个重叠的斑点，被标记为 $A$ 和 $B$。$P(A|B)$ 是指已知飞镖落在 $B$ 上，它也落在 $A$ 上的概率。图 3.5b 形象地展示了这一比例，比例上方的形状是 $A$ 和 $B$ 的共有部分，也就是它们重叠的部分。

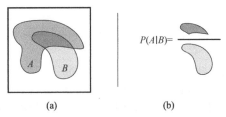

图 3.5　条件概率告诉我们在假设一件事已经发生的情况下另一件事发生的概率。在这个场景中我们想知道，当已知飞镖落在 $B$ 上时，它也落在 $A$ 上的概率。(a)被画上了两个斑点的墙面；(b)已知事件 $B$ 发生的情况下，事件 $A$ 发生的概率是 $A$、$B$ 重叠的面积除以 $B$ 的面积

图 3.5 告诉我们如何在已知飞镖落入 $B$ 区域的情况下，求它落在 $A$ 区域的概率，即用 $A$ 和 $B$ 重叠的面积除以 $B$ 的面积。

$P(A|B)$ 是一个可以通过使用飞镖对其进行估计的正数。想法如下：每一个飞镖都会落在墙上的某个区域（在本例中，有 4 个区域："$A$""$B$""$A$ 和 $B$ 的重叠区域"以及"$A$ 和 $B$ 之外的墙面"）中。通过计算所有落在 $A$ 和 $B$ 的重叠区域以及 $B$ 区域的飞镖，我们可以得到一个关于 $P(A|B)$ 的粗略的值。落在重叠区域的飞镖数量与落在 $B$ 区域的飞镖数量的比值可以告诉我们：飞镖落在 $B$ 区域的前提下也落在 $A$ 区域的概率。

让我们来看看这是怎么回事。在图 3.6 中，我们向图 3.5a 中的墙上投掷一些飞镖，投掷点遍及整个区域，且没有哪两个点距离非常近。飞镖尖是如此小，以至于我们可以把它们近似看作一个不容易看到的点。为了便于观察，我们用一个黑色的圆圈代替它，圆圈的中心表示飞镖投掷到的位置。

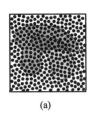 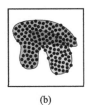 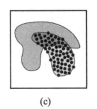 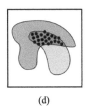

图 3.6　通过向墙上投掷飞镖来找到 $P(A|B)$。(a)飞镖被投掷到墙上；(b)落在 $A$ 区域或 $B$ 区域的所有飞镖；(c)落在 $B$ 区域的所有飞镖；(d)落在 $A$ 和 $B$ 重叠区域的所有飞镖

在图 3.6a 中，我们看到了被投掷到墙上的全部飞镖；在图 3.6b 中，我们分离出了落在 $A$ 区域或 $B$ 区域的飞镖（记住，只有每个黑圈的中心才算数）；在图 3.6c 中，我们可以看到有 66 个飞

镖落在了 B 区域；在图 3.6d 中，我们可以看到有 23 个飞镖落在 A 和 B 的重叠区域。至此，我们可以求出所需要的比值为 23/66（约 0.35）——这个比值估算了飞镖落在 B 区域的情况下也落在 A 区域的概率。

现在我们就可以知道为什么之前说"墙上的每个点都有相同的被击中的可能性"：这样就可以根据落在某个区域的飞镖数量去估计该区域的相对大小。

注意，这并没有告诉我们彩色区域的绝对面积（如带平方厘米这样的单位的数字）。它只是告诉我们一个区域对于另一个区域的相对大小，这也是我们唯一真正关心的度量值（如果墙的尺寸翻倍，那么带颜色区域的面积也会翻倍，飞镖落在每个区域的概率不会改变）。

A 和 B 重叠的面积越大，飞镖同时落在两个区域中的可能性就越大。如果 A 区域涵盖了 B 区域，如图 3.7 所示。那么当飞镖落在 B 区域的时候，它就**一定**也落在 A 区域上，这时飞镖同时落在两个区域中的概率就是 100%，或者说 $P(A|B)=1$。

(a)          (b)

图 3.7　(a)墙上有两个新的斑点；(b)因为 A 区域涵盖 B 区域，所以已知飞镖落在 B 区域的情况下，
其落在 A 区域的概率为 1。A 和 B 的重叠区域的面积等于 B 区域的面积

此外，如果 A 和 B 区域完全不重叠，如图 3.8 所示。那么在已知飞镖落在 B 区域中的情况下，它也落在 A 区域中的概率就是 0，或者说 $P(A|B)=0$。

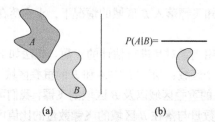

(a)          (b)

图 3.8　(a)墙上又有两个新的斑点；(b)已知飞镖落在 B 区域的情况下，它也落在 A 区域的概率为 0，
因为 A 区域和 B 区域并不重叠。形象化的比例显示重叠区域为 0，0 除以任何东西都仍旧得 0

为了好玩，让我们换一种方式，求解一下 $P(B|A)$，即**已知飞镖落在 A 区域中**，求它落在 B 区域中的概率。使用与图 3.5 的墙上相同的斑点分布，结果如图 3.9 所示。

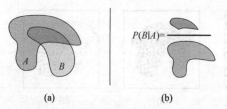

(a)          (b)

图 3.9　条件概率 $P(B|A)$是在已知飞镖落在 A 区域的前提下，求出它落在 B 区域中的概率。
所以我们需要找到重叠的面积，然后除以 A 区域的面积

这种方式的求解逻辑是不变的，使用重叠区域的面积除以 A 区域的面积。得到的比值可以告诉我们 B 区域与 A 区域重叠面积的相对大小。重叠的面积越大，飞镖同时落在 A 区域和 B 区域中

的可能性就越大。

注意，区域命名的顺序很重要。从图 3.5 和图 3.9 可以看出，$P(A|B)$ 不等于 $P(B|A)$。已知 $A$ 区域、$B$ 区域和它们重叠面积的大小的情况下，$P(A|B)$ 要大于 $P(B|A)$。

在不知道具体值是多少的情况下，我们也可以使用诸如 $P(A|B)$ 这样的表达式。甚至我们可能不知道 $A$ 和 $B$ 的形状是什么，更不知道 $A$ 和 $B$ 的面积是多大。当我们说诸如 $P(A|B)$ 这样的表达式（在没有明确给出 $A$ 和 $B$ 的值的情况下）"告诉我们"或是"给了我们"已知 $B$ 发生的情况下 $A$ 发生的概率时，所指的是：如果弄清楚 $A$ 和 $B$ 是什么，我们就可以通过 $A$ 和 $B$ 的区域大小去计算 $P(A|B)$。

换句话说，表达式 $P(A|B)$ 是一种简写（或者说规范），以供输入为 $A$ 和 $B$ 并且返回概率的算法使用。

同样的说法也适用于 $P(A)$、$P(B)$ 以及我们会在这一章中看到的其他类似的表达式。它们是对产生数值的算法的引用，这些数值是当我们得到输入值时计算出来的。

## 3.5　联合概率

在 3.4 节中，我们学习了一种方法，可以在已知一个事件已经发生的情况下，求得另一个事件发生的概率，那么如果我们不知道这两个事件是否已经发生了呢？

在事先不知道其中任何一个事件发生概率的情况下，知道两个事件同时发生的概率会很有帮助。

回到我们的饮水的例子，一个人既口渴**又**在喝水的概率是多少呢？或者回到我们投掷飞镖的例子，落在墙上的飞镖有多大概率同时落在 $A$ 区域和 $B$ 区域中呢？

我们把 $A$ 和 $B$ 同时发生的概率写为 $P(A,B)$，在这里，我们可以把逗号看作"和"的意思。$P(A,B)$ 代表着"$A$ 和 $B$ 都为真的概率"，让我们大声读出它的名字"$A$ 和 $B$ 的概率"。

我们把它称为 $A$ 和 $B$ 的**联合概率**（joint probability）。

回到投掷飞镖的例子，在这里，通过找到 $A$ 区域和 $B$ 区域重叠的面积与墙的面积的比值，我们就可以得到联合概率 $P(A,B)$。我们要求的是飞镖同时落在 $A$ 区域和 $B$ 区域的概率，也就是"落在两个区域重叠的地方的概率"与"落在任何地方的概率"的比较，如图 3.10 所示。

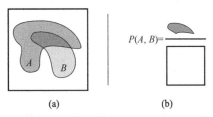

$$P(A, B) =$$

(a)　　　　　　　(b)

图 3.10　$A$ 和 $B$ 同时发生的概率称为它们的联合概率，写作 $P(A,B)$。这个值可以通过用 $A$ 和 $B$ 重叠的面积除以整个墙的面积得到。$P(A,B)$ 指的是随机投掷飞镖时飞镖同时落在 $A$ 区域和 $B$ 区域的概率

还可以从另一种方式来看待这个问题，这个方式有点微妙，但是很有趣也很实用。它是基于我们在 3.4 节所说的条件概率。

条件概率 $P(A|B)$ 指的是在已知飞镖击中 $B$ 区域的情况下击中 $A$ 区域的概率。但从概念的另一个角度看，如果**知道**击中了 $B$ 区域，那么条件概率就给出了这种情况下我们同时也击中 $A$ 区域的概率，并且假设我们可以知道随机击中 $B$ 区域的概率是 $P(B)$，那么我们是否可以据此得到同时击

中 $A$ 区域和 $B$ 区域的联合概率呢?

让我们仔细思考一下这个问题,假设 $B$ 区域的面积覆盖了一半的墙面[即 $P(B)$=1/2],而 $A$ 区域的面积可以覆盖 1/3 的 $B$ 区域[即 $P(A|B)$=1/3]。那么一半的飞镖都会落在 $B$ 区域上,而这一半中的 1/3 又会落在 $A$ 区域中。假设我们投掷了 60 支飞镖,就有一半(或者说 30 支飞镖)落在 $B$ 区域中,然后这一半中的 1/3(或者说 10 支飞镖)会落在 $A$ 区域中,所以同时落在 $A$ 和 $B$ 区域[即 $P(A,B)$]]的概率就是 10/60(或者说 1/6)。

这个例子向我们展示了一条一般规律:我们可以通过找到 $P(A|B)$,然后乘以 $P(B)$ 来发现 $P(A,B)$。这里有非常值得我们注意的一点:仅使用 $P(A|B)$ 和 $P(B)$,就可以求出 $P(A,B)$!我们把它写成 $P(A,B)=P(A|B)\times P(B)$。而在实践中,我们通常不会写出乘法符号,而是写为 $P(A,B)=P(A|B)P(B)$,在这样的表达式中,乘法符号是隐含的。

图 3.11 展示了我们刚才通过面积图来完成的工作。

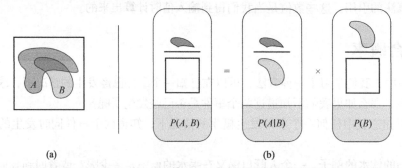

图 3.11  另一种考虑联合概率 $P(A,B)$ 的方法。$P(A,B)$ 就是飞镖同时落在 $A$ 区域和 $B$ 区域的概率(或者说 $A$ 和 $B$ 事件同时发生的概率),如图 3.10 所示

图 3.11 中使用的小技巧是把这些符号的概率当作实际的分数,这样我们就可以消去 $B$ 区域。为了更清楚地看到这一点,在图 3.12 的第三行中,我们对等号右边的项进行了重新排列。第三行最右边的部分是"$B$ 区域的面积"除以"$B$ 区域的面积",也就是 1,所以这一项可以被忽略,从而等号左右相等。

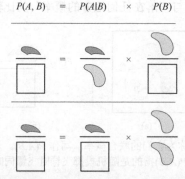

图 3.12  我们可以重新排列图 3.11 中的各项,以便更好地看到 $B$ 区域的面积是如何被抵消的。第一行是原始公式;第二行是我们在图 3.11 中看到的符号版本;在第三行,我们将两个绿色区域重新排列到了右边(在这里我们把它们当作真正的分数)。这样,最右边的项就是 1,等号左右是一样的

我们也可以用另一种方式来做:通过求解 $P(B|A)$ 来求出已知飞镖落在 $A$ 区域的情况下落在 $B$ 区域的概率,然后乘以落在 $A$ 区域的概率[或者说 $P(A)$],即 $P(A,B)=P(B|A)P(A)$。图 3.13 直观地展示

了这一点。结果和以前一样,是我们所期望的。在符号表示上,$P(B,A)=P(A,B)$,因为它们都表示同时落在 $A$ 区域和 $B$ 区域中的概率,在这个表达式中,$A$ 和 $B$ 的顺序是无关紧要的。

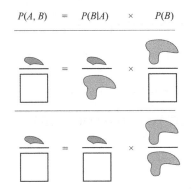

$$P(A, B) = P(B|A) \times P(B)$$

图 3.13　就像我们在图 3.12 中所做的那样,这幅图也求解了 $P(A,B)$ 的联合概率。这次是从飞镖落在 $A$ 区域的概率开始,然后乘以(假设已经落在 $A$ 区域)落在 $B$ 区域的概率[$P(B|A)$]。第一行是原始公式;第二行是公式的形象表达;第三行与图 3.12 中相同,对公式的项进行了重新排列,表明公式的正确性

这些想法可能有点难以接受,通常需要编造一些小场景应用来辅助理解。想象一下不同的区域以及它们之间如何进行重叠,或者甚至可以把 $A$ 和 $B$ 想象成实际情况。

例如,让我们想象一个冰淇淋店的场景,人们可以在那里买到各种口味的冰淇淋,蛋筒装冰淇淋或是杯装的冰淇淋都可以。我们可以这样假设:如果有人订购香草冰淇淋,我们就说 $V$ 事件为真;如果有人订购蛋筒装冰淇淋,我们就说 $C$ 事件为真。至此,$P(V)$ 代表任意一位顾客订购香草冰淇淋的可能性,而 $P(C)$ 代表任意一位顾客订购蛋筒装冰淇淋的可能性。$P(V|C)$ 则告诉我们一位订购蛋筒装冰淇淋的顾客选择香草口味的可能性有多大,而 $P(C|V)$ 则告诉我们一位订购香草冰淇淋的顾客选择蛋筒装的可能性有多大。$P(V,C)$ 则告诉我们任意一位顾客订购香草蛋筒装冰淇淋的可能性有多大。

## 3.6　边际概率

到这里,我们遇到了本节标题所说的**边际概率**(marginal probability)。这似乎是一个奇怪的搭配:"边际"与概率有什么关系?"边际"一词来自包含预计算概率表格的书,其思想是:我们(或者打印机)需要去汇总概率表的每一行,并将汇总后的总数写在页面的边缘处([Andale17])。

让我们回到冰淇淋店这个例子来阐述这个想法。在图 3.14 中,我们展示了一些顾客最近的订购行为。需要说明的是:冰淇淋店刚刚开张,只供应香草和巧克力两种口味的冰淇淋,有蛋筒装和杯装两种样式可选。根据昨天来的 150 人的订购情况,通过将每行或每列中的数字相加(相加后的数字在"边缘"处给出)并除以总顾客数量,我们就可以知道某位顾客购买杯装或蛋筒装冰淇淋的概率,也可以知道他购买香草或巧克力口味的冰淇淋的概率。

注意,某位顾客买杯装**或**蛋筒装冰淇淋的概率加起来是 1,因为每位顾客都会选择一种样式。同样,每位顾客都会选择一种口味的冰淇淋(香草或巧克力),所以购买香草冰淇淋和巧克力冰淇淋的概率加起来也是 1。总的来说,任何一个事件的各种结果的概率加起来都会是 1,因为我们可以百分之百地确定其中一个选项会发生。

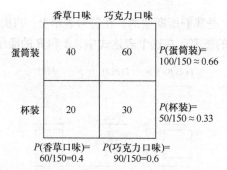

图 3.14　统计最近前来冰淇淋店的 150 位顾客的订购行为的边际概率

## 3.7　测量的正确性

在后续章节中，我们经常需要对数据进行分类。本节将关注最简单的情况，即探寻一段数据是否属于某个特定类别。

例如，我们可能会想要知道"一张照片中是否有狗""飓风是否会袭击陆地""股票是否会发生重大变化"抑或"我们的高科技围场是否牢固到可以容纳基因工程创造的超级恐龙"（提示：它们不能）。

理所当然地，我们会尽最大努力做出最准确的决定，而"如何定义我们所说的'准确'"就成为至关重要的一环。

衡量"准确"最简单的方法就是计算"判断错误的结果"的数量，但这个方法不是很有启发性。如果我们想要通过错误来改进表现，就需要去明确做出错误预测的原因。

这种讨论的应用范围远远不止于机器学习范畴。下面所说的内容可以帮助我们去诊断和解决各种各样的问题，不管这些问题是来自特定的任务还是日常生活（在那里，我们根据自己为事物分配的标签做出判断）。

在深入讨论之前，我们需要注意这里所使用的两个术语：**精度**（precision）和**准确率**（accuracy）。它们在不同的领域有着不同的含义。在本书中，我们会坚持用它们在概率和机器学习领域通常使用的含义，并会对它们进行详细的定义（在本章中）。要注意的是，这些术语在很多地方都有着不同的含义（或者只是作为模糊的概念出现）。

### 3.7.1　样本分类

让我们来具体看看手头的任务。我们想要知道一段给定的数据片段（或者说**样本**）是否在给定的类别中。以问题的形式叙述，那就是："这个样本属于这个类别吗？"。你只能回答"是"或"否"，不能回答"可能是"。

如果答案是"是"，我们就称样本为**真**或**阳性**；如果答案是"否"，我们就称样本为**假**或**阴性**。

我们对从分类器中得到的结果与观察到的真实（或者说正确）结果进行比较，借此来讨论准确率。我们把手动赋予样本的阳性或阴性称为它的**真值**（ground truth）或**实际值**（actual value），而将分类器（无论是人还是计算机）返回的值称为**预测值**（predicted value）。在完美的情况下，预测值总是与基础真值相匹配，然而在现实世界中，经常会有错误发生，我们的目标就是描述这些错误。

我们用二维数据进行说明。也就是说，我们所用的每个**样本**或**数据点**（data point）都有两个值。这两个值可能是一个人的身高和体重，也可能是天气测量中的湿度和风速，还有可能是音符的频率和音量。然后，我们会在二维网格上绘制每一个数据，其中 $x$ 轴对应一个测量值，$y$ 轴对应另一个测量值。

每个样本都将属于两个**类别**（或者说类）中的一个，我们称之为**类别 0** 和**类别 1**（或 **0 类**和 **1 类**）。为了表明样本类别，我们用了不同的颜色和形状标注。图 3.15 显示了两个类别的二维数据示例。

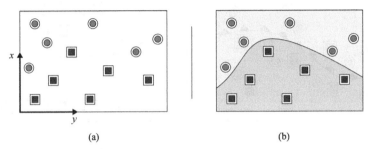

(a)                     (b)

图 3.15 来自两个不同类别的二维数据。(a)每个样本都有 $x$ 值和 $y$ 值，可以将它们放在同一个平面上，我们用不同的颜色和形状标注了两组不同类别的样本；(b)我们可以通过在两组数据之间划一条界线来把它们分开。图中绘制的只是无数可能边界中的一个

无论是通过人工还是计算机，我们最终都会展示分类结果：绘制一条**边界**（或者说曲线）去区分这些数据点的集合。边界可能是平滑的，也可能是曲折的，但绘制它都是为了代表分类器。我们可以把它看作对分类器决策过程的一种总结，曲线一侧的所有点将被预测为一个类别，而另一侧的所有点将被预测为另一个类别。

有时，我们说边界有"阳性"的一面和"阴性"的一面。当我们认为分类器在回答问题时，这样对边界进行说明就是与分类相匹配的，"这个样本属于给定的分类吗？"，如果回答是"真"，或者说阳性，那么预测值就是"是"，反之就是"否"。

边界的性质可以通过一个指向"阳性"一侧的箭头来表示，如图 3.16a 所示。但如果把样本也绘制进去，标记箭头就会使得图表很混乱。因此，我们可以借用天气图中的一些符号来进行表示（见[MetService16]）。在天气图中，我们用**等压线**表示冷热锋面的交界处，并用一些小符号来指向感兴趣的温度区域。在图 3.16b 中，我们用暖锋等压线替换箭头，小三角形指向边界的"阳性"的一侧。

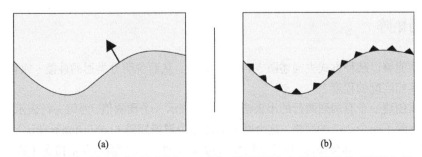

(a)                     (b)

图 3.16 这条曲线把空间分成两个区域。(a)我们可以用箭头来指出边界的"阳性"的一侧；(b)我们也可以用暖锋等压线符号来指出边界的"阳性"的一侧

这里用来进行说明的原始数据集包含 20 个样本，如图 3.17 所示。我们将一个类别的样本手动标记为绿色圆圈，将另一个类别的样本标记为红色方块。所以这里的颜色或形状都是对应于它们的基础真值的，而不是分类器为它们划分的值。

分类器的边界将图分割成两个区域，我们用浅色阴影表示"阳性"区域，用深色阴影表示"阴性"区域。浅色区域内的每个点都被归类为"阳性"，而深色区域内的每个点都被归类为"阴性"。

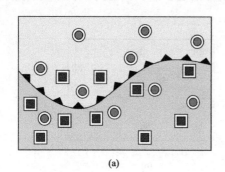 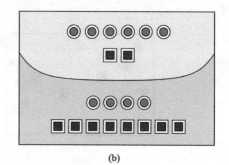

(a)　　　　　　　　　　　　　　　　　　(b)

图 3.17　原始数据集包含 20 个样本，用暖锋等压线符号指向"阳性"方向。我们已经给绿色圆圈贴上了"阳性"标签，给红色方块贴上了"阴性"标签。(a)分类器的曲线可以很好地对样本进行分类，但也会出错；(b)同一个图表的示意图

完美的情况应该是所有绿色圆圈都在浅色区域内，而所有红色方块都在深色区域内。但从图 3.17 可以看到，这个分类器也犯了一些错误。

图 3.17a 展示了我们测量过的数据。但是现在，我们不关心点的位置或者曲线的形状，而是关心有多少点被正确地分类，又有多少点被错误地分类，导致它们落在了边界的正确的一边和错误的一边。因此，在图 3.17b 中，我们对图形进行了整理，这样可以更容易对样本进行计数。

在图 3.17b 中，10 个圆圈中有 6 个被正确识别为"阳性"，而 10 个方块中有 8 个被正确识别为"阴性"，分别有两个方块和 4 个圆圈被分到了错误的一侧。

图 3.17 指出了我们在真实数据集上运行分类器时常常会发生的情况：一些数据被正确分类，而另一些数据没有。如果分类器（对于我们来说）不能足够准确地对数据进行分类，我们就需要采取一些行动去修改分类器（甚至是放弃它，再创建一个新的）。所以，能够有效地去衡量一个分类器的表现是很重要的。

接下来，让我们探索一些解决这件事情的方法。

### 3.7.2　混淆矩阵

我们希望能够以某种方式去描述图 3.17 中的错误，从而说明分类器的性能（或者说它的预测与给定的标签相匹配的程度）。

我们可以创建一个有两列两行的小表格，每一列表示一个预测值，而每一行表示一个实际值。这样我们就得到了一个 2×2 的网格，这个网格通常称为**混淆矩阵**（confusion matrix）。这是个有点奇怪的名字，指的是矩阵会如何向我们展示分类器对某些数据的预测发生错误（或者说混淆）。图 3.18 复现了分类器的输出结果，并生成了它的混淆矩阵。

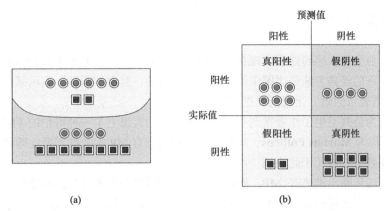

图 3.18    (a)复现了图 3.17b 中的内容,并由此总结出了一个混淆矩阵;
(b)这个混淆矩阵可以说明这 4 个类别各有多少个样本

图 3.18b 中共有 4 个单元格,每个单元格都有一个惯用名称——这个名称描述了预测值和实际值的特定组合。6 个被正确地标记(或者说预测)为"阳性"的圆圈被归类到**真阳性**( true positive )类别。换句话说,它们的预测值为"阳性",而它们本身的值也为"阳性",对于"阳性"的预测是正确(或者说真)的。

4 个被错误地标记为"阴性"的圆圈被归类到**假阴性**( false negative )类别。换句话说,它们被错误(或者说假)地贴上了"阴性"的标签。8 个红色方块被正确地分类为"阴性",所以它们都属于**真阴性**( true negative )类别。

那两个被错误预测为"阳性"的红色方块就属于**假阳性**( false positive )类别,因为它们被错误(或者说假)地标记为"阳性"。

我们可以将这 4 个类别全部用两个字母的缩写来代表,这样可以更简洁地进行表达,并用一个数字来表述每个类别中有多少样本。图 3.19 展示了混淆矩阵的常规表达形式。然而需要注意的是,人们对于标签放置的顺序并没有普遍的共识。有些人把预测值放在左边,而把实际值放在上面;有些人则会将"阳性"和"阴性"两种类别放在明显相反的位置。遇到混淆矩阵时,最重要的就是去查看标签以确保我们知道每个框代表什么。

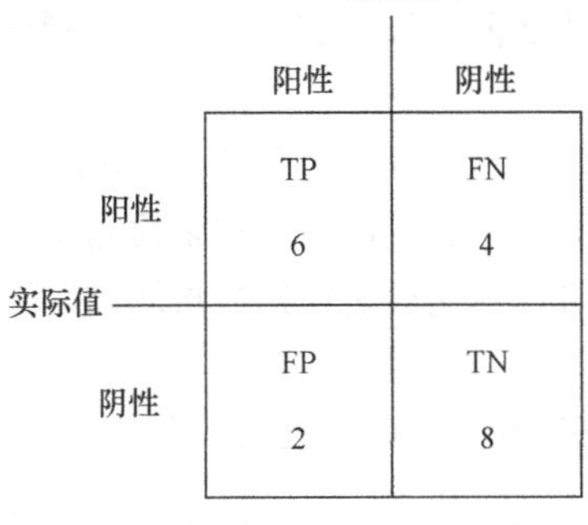

图 3.19    用常规形式展现了图 3.18 中的混淆矩阵。注意,并不是所有人都将各个标签如图中所示的位置放置,所以遇到一个混淆矩阵后,检验标签位置是很重要的

### 3.7.3　混淆矩阵的解释

混淆矩阵可能会让人感到迷惑。现在我们用一个全新的、具体的例子来介绍它的各个类别。

讨论混淆矩阵的经典方法是用医学诊断的方式进行的，其中"阳性"表示某人处在某种特定状态，"阴性"则表示健康。让我们设想以下场景。

假设我们作为公共卫生工作者来到一个小镇，这里的人患上了一种可怕的（但是完全是想象出来的）疾病（称为 **Morbus Pollicus**，又名 MP）。任何患有 MP 的人都需要立即进行切除拇指的手术，否则会在数小时内死于此疾病。

我们必须正确诊断出谁患有 MP，而谁并未患病。拇指对人很重要，但如果要活下来的唯一方法是失去拇指，那么可能有大多数人愿意接受手术。但是，如果一个人的生命**没有**受到威胁，那么我们绝对不会想要去做出任何导致其拇指被切除的错误诊断。

假设有一个检测 MP 的测试，这个测试缓慢且昂贵，但是我们知道这种测试方法是完全值得信赖的。"阳性"的诊断结果代表这个人患有 MP，"阴性"的诊断结果则代表他们并未患病。

通过这个测试，我们对镇上的每个人进行了检查，然后知道他们是否患有 MP。但是这个可靠测试是缓慢且昂贵的，并且需要一个有专门设备的实验室才能进行，不够便捷。我们担心未来这种疾病暴发，于是根据刚刚得到的数据开发了一种快速、便宜、便携的新血液测试设备，这样就可以立即预测受试者是否患有 MP。

我们的目标是尽可能地使用便宜且快速的血液测试方法，而只在必要的时候使用昂贵而缓慢的测试。理想的情况是：如果血液测试结果为"真"，受试者就真的得了这种病，需要马上进行切除拇指的手术；如果血液测试结果为"假"，受试者就没有得这种病，不用采取任何治疗措施，可以回家。由此可以看出，血液测试的结果是非常重要的！

实际上，我们还需要对血液测试进行完善，因为这个测试结果并不完全可靠。这个便宜且快速的测试存在两个问题：首先，它可能会漏诊患病者，当受试者患有 MP 时，测试也可能呈现为"阴性"；其次，它可能在受试者未患病的情况下给出"阳性"结果，例如这个受试者最近吃了（或喝了）一些东西，导致血液测试出现了错误的诊断。

我们知道血液测试尚有缺陷，但是在疫情现场，这是我们检测受试者是否患上 MP 的唯一手段。所以，在找到更好的测试方法之前，我们需要确定这个测试的正确率、错误率、错误发生的时间以及错误发生的方式。

综上所述，我们去到一个小镇（那里有一些人患有 MP），并特意为昂贵、缓慢但准确的测试建立了一个实验室，然后用昂贵的和便宜的两种方法来检测每一个人。通过将所有测试结果放入混淆矩阵的 4 个类别中，我们就可以对比通过快速血液测试得到的结果和（通过缓慢且昂贵的测试得到的）真实结果的差别。

（1）**真阳性**意味着受试者患有 MP，快速血液测试也表明他们患有 MP，那么我们就需要采取行动来挽救他们的生命。

（2）**真阴性**意味着受试者并未患有 MP，快速血液测试也表明他们未患有 MP，那么这个人没有生命危险，不需要救治。

（3）**假阳性**意味着受试者未患有 MP，但快速血液测试表明他们患有 MP。这会导致我们切除了健康人的拇指——这是一个很严重的错误。

（4）**假阴性**意味着受试者患有 MP，但快速血液测试表明他们未患有 MP。这会导致我们不会采取行动，而这个患者将死亡——这是一个更严重的错误。

真阳性和真阴性都是"正确"的预测，而假阴性和假阳性都是"不正确"的预测。假阳性意味着我们对未患病者采取治疗措施，而假阴性则意味着某人有死亡的危险。快速血液测试越精确，它所返回的真阳性和真阴性类别的预测就会更多，其他选项会更少。

虽然我们喜欢使用缓慢且昂贵的测试，但这是不实际的，所以需要了解快速血液测试。

图 3.20 展示了一个关于 MP 测试的定性的混淆矩阵。

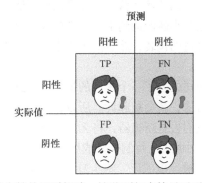

图 3.20　一个关于 MP 测试的定性的混淆矩阵。这些面部表情显示了一个人对于测试结果的反应。
图中的点表示这个人是否真的患有 MP。其中，真阳性和真阴性都是正确的诊断结果，
但是假阴性意味着我们没能检测出一个患病的人，他将面对死亡，而假阳性意味着
我们会给一个健康的人做手术。后面我们会统计每个类别的样本数量

我们可以把每个类别的数量加到混淆矩阵的各个单元格中，之后利用这些值来回答关于群体和测试的问题。最后的结果以数值形式给出，来告知我们做得怎么样。这一部分我们会在后续章节中讲解。

但在深入研究这些数字和得分之前，我们看一个与混淆矩阵相关的很重要的问题。这个问题常常被忽视，由此可能会带来可怕的现实后果，因此我们必须密切关注这个问题。

看上去，有些问题提出得非常合理，但是如果我们不小心，这些问题就可能会导致一些非常错误的结论。

假设我们现在问这样一个问题："有多少患有 MP 的人做了测试并且被正确地分类？"从表面上看，这是一种很有用的衡量准确率的方法，但它可能是非常具有误导性的。

先假设测试总是返回"真"，那么上述问题的答案就是：测试正确地预测出了所有（100%）患有 MP 的人。换句话说，对于上述问题来说，测试做得简直**完美**。但是，在这个测试中，我们可能会得出很多错误的答案，因为一部分未患有 MP 的人也会被诊断为阳性，这些错误的结果将导致许多不必要的操作。

这种情况下，我们根本不需要测试。"测试"可能只是一张印着"真"的纸。听起来我们有一个很棒的测试，因为它排除了其他可能的诊断结果。如果我们只是想要对某种特定的诊断结果进行完美的记录，只需要对每个进门的人都做出这样的诊断就可以了，这是一个很可怕的过程。

或者，我们也可能会问："测试将多少人正确地分类为健康？"与之前一样，我们也只看一个诊断结果，所以可以简单地给每个受试者诊断为"假"，那么测试在这个问题上就是 100% 准确的。毕竟，每个健康的人都被判断为未患病，但是那些真正患病的人都会死。

我们非常容易犯"问错问题"这样的错误，特别是当情况变得复杂的时候。为此，人们开发出了另一套术语，使得我们不容易偶然提出错误的问题。

### 3.7.4　允许错误分类

在学习如何对系统的性能进行正确的衡量之前，请注意，我们有时也需要假阳性或假阴性。

例如，假设我们在一家公司工作，这家公司的业务是生产几十个流行电视角色的玩具雕像。这种产品很畅销，所以生产线都是满负荷运营，这样可以尽可能多地去生产雕像。我们负责包装雕像，并将其运送给零售商。这些小雕像运到工厂时都被混杂放置在运输箱里，所以我们需要先把它们分类，并为每一组找到合适的包装，然后把每个小雕像放进正确的包装里，把包装放进对应的运输箱，并运送到零售商店。

突然有一天，我们被告知公司失去了一个角色的销售权，这个角色叫 Glasses McGlassface。如果我们不小心运出了这种小雕像，就会被起诉。所以，防止这种雕像被运出工厂是很重要的。然而，生产线仍在运转，如果我们去更新机器，将无法完成其他订单。我们能想出的首选办法是继续制作这些已经被禁止销售的小雕像，待制作完成后，我们会找出它们并将其扔进一个箱子中，以确保没有 Glasses McGlassface 被运出工厂。图 3.21 展示了这种情况。

图 3.21　Glasses McGlassface 是第一行的第一个人物。我们需要移除任何有可能是这个角色的雕像。第一行：所有雕像。第二行：因为可能是 Glasses McGlassface 而被我们移除的雕像。第三行：将要运出去的雕像。在中间一行中，有一个假阳性，或者说有一个不是 Glasses McGlassface 的雕像被移除了

为了使检测这些雕像的过程更有效率，我们安装了一个摄像头，去检测每一个传送带上的雕像。每当它看到一个被禁止的角色，就会有一只机器手臂把它捡起来，并放到箱子里。

我们应该如何为这个摄像头编程呢？只要运出一个已经被禁止的角色，我们就会被起诉，需要赔偿一大笔钱，所以最好谨慎行事。如果摄像头认为一个雕像可能是被禁止的角色，就应该把它移除。我们可以在后期将被错误移除的雕像重新装箱售卖。

在这种情况下，假阳性（被错误归类为禁止类别的玩具雕像）只是一个小小的插曲，但假阴性（意外运送违禁玩具雕像）是要付出巨大代价的。因此，在这种情况下，我们可以采取这样的策略：在一定程度上允许假阳性的存在（只要没有太多的假阳性）。

假设下一步是质量控制，在这一步中，我们要确保正确绘制每个雕像。我们刚刚收到来自工厂的备注，说画眼睛的机器人可能出问题了，所以我们需要特别注意眼睛，只有眼睛被正确绘制的雕像才能够通过这一步。如果雕像**没有眼睛**，就要把这个雕像从生产线上拿下来。所以我们需要去寻找眼睛的部分，如果找不到雕像的眼睛，就会有另一只机器手臂把雕像从生产线上拿下来，并放到另一个箱子里，如图 3.22 所示。

图 3.22 一组新的雕像。我们正在寻找眼睛被漏画的雕像，想要避免将这类雕像
运送出去。我们在寻找眼睛，而"阳性"的结果是雕像有眼睛。第一行：被扫描的
雕像。第二行：有眼睛的雕像。第三行：分类为缺少眼睛的雕像。其中有
一个雕像有眼睛，但被认为是缺少眼睛的，所以他是假阴性

在这种情况下，我们是要找出肯定有眼睛的雕像——它们将被判别为"阳性"。这意味着我们要移除任何没有眼睛的雕像。因为如果出售了一个没有眼睛的雕像，那么情况将变得很糟糕。

所以我们只会使那些肯定为"阳性"的雕像通过，我们会非常小心，以杜绝"假阳性"（或者说一个没有眼睛的雕像）。在这个例子中，我们错误地将一个有眼睛的雕像归类为没有眼睛，这是一个假阴性。但在这里，假阴性是允许的，因为此后我们可以再把它重新装箱售卖。

所以在这种情况下，我们的规则是：假阳性是非常可怕的，但假阴性只是一个小烦恼。这是与上一次相反的政策。

总而言之，真阳性和真阴性的情况是很容易处理的。我们应该如何应对假阳性和假阴性的情况则取决于实际场景和我们的目标。正确认识"我们的问题是什么"以及"我们的规则是什么"是非常重要的，知道了这两点，我们就能知道如何应对这些错误的分类。

接下来，让我们回到前面说过的术语。这些术语可以帮助我们很好地描述分类器的性能表现。

### 3.7.5 准确率

我们在本节中讨论的每个术语都是由混淆矩阵中的 4 个值构建的。为了便于讨论，我们将使用常见的缩写：TP 表示真阳性，FP 表示假阳性，TN 表示真阴性，FN 表示假阴性。

描述分类器质量的第一个术语称为**准确率**（accuracy）。准确率是一个 0 和 1 之间的数字，是对于正确预测频率的一般衡量标准。所以它就是两个"正确"的值（即 TP 与 TN 的和）除以测量的样本总数，如图 3.23 所示。与接下来的所有图一样，在这个图中，每一个步骤中涉及的点数都会被展现出来，没有涉及的会被省略。

我们希望准确率是 1.0，但通常会低于 1.0。在图 3.23 中，准确率为 0.7（或者说 70%），这并不是很好。虽然准确率并不能告诉我们预测错误的方式，但是它确实给了我们一个大概的感觉，告诉我们大概有多大程度得到了正确的结果，所以准确率是一个粗略的衡量标准。

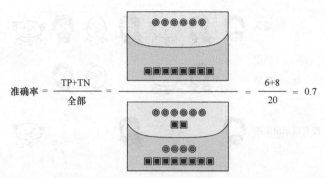

图 3.23  准确率是一个 0 和 1 之间的数字，用于表示正确预测的频率。我们可以通过创建一个
分数来找到它。分子是被正确分类的点的个数，而分母则是点的总数。在这里，20 个点中
有 6 个圆圈和 8 个方块被正确地分类，所以准确率是 14/20（或者说 0.7）

为了更好地控制预测的质量，让我们来看一看另外两种方法。

### 3.7.6  精度

精度（也称为阳性预测值，或 PPV）可以告诉我们：样本中被正确地标记为"阳性"的样本
数量占总的"阳性"的样本数量的百分比。从数字上看，它是 TP 相对于 TP+FP 的值。换句话说，
**精度告诉我们有多少被预测为"阳性"的样本真的是"阳性"的。**

如果精度为 1.0，那么由我们预测标记为"阳性"的每个样本实际都为"阳性"。随着百分比
的下降，我们对预测的信心也随之下降。例如，如果精度是 0.8，我们就只能有 80%的信心确定
被预测为"阳性"的样本实际上为"阳性"。图 3.24 直观地展示了这个想法。

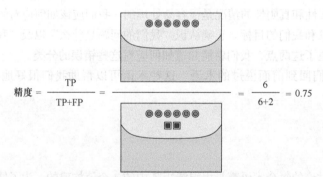

图 3.24  精度的值是指"真阳性"的样本总数与我们标记为"阳性"的样本总数的商。在这里，
我们有 6 个圆圈被正确地标记为"阳性"，而两个方块被错误地标记为"阳性"，
因此精度为 0.75（或者说 6/8）

精度小于 1.0 意味着我们将一些样品错误地标记为"阳性"。如果回到之前的医疗案例中，精
度小于 1.0 就意味着我们要去做一些不必要的手术。

精度的一个重要的特点就是：它不能告诉我们是否真的找到了所有"阳性"的对象，即所有
患有 MP 的人。精度忽略了被标记为"阴性"的"阳性"的对象。

我们可以用 A 类和 B 类这样更加通用的术语来表述。那么精度小于 1.0 则告诉我们那些被预
测为 A 类但实际上是 B 类样本的比例。如图 3.25 所示，标记为 A 和 B 的两个团是由真正在这两

类中的样本组成的,而对角分割线表示了我们将样本预测为 A 类还是 B 类。

图 3.25 精度是指"被正确标记为属于 A 类的元素数量"
与"被标记为 A 类的元素总数"的比值

### 3.7.7 召回率

第三个衡量标准是**召回率**(recall),也称为**灵敏度**(sensitivity)、**命中率**或**真阳性率**(true positive rate),它告诉我们被正确预测为"阳性"的样本的百分比。

召回率是 1.0 表示我们发现了所有"阳性"的样本。召回率越小,表示我们错过的"阳性"样本越多,如图 3.26 所示。

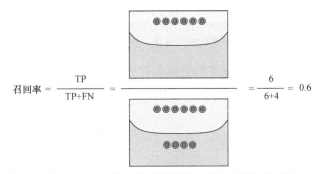

$$\text{召回率} = \frac{\text{TP}}{\text{TP+FN}} = \frac{6}{6+4} = 0.6$$

图 3.26 召回率是指被正确标记为"阳性"样本的总数与应该被标记为"阳性"的样本总数的商。
这里有 6 个正确标记的圆圈,但我们错误地把 4 个"阳性"样本标记为
"阴性",所以召回率为 0.6(或者说 6/10)

我们也可以用 A、B 类的方式来考虑这个问题,如图 3.27 所示。

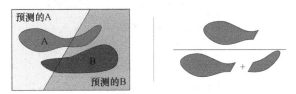

图 3.27 召回率表明了我们对 A 类样本进行预测的结果好坏。它是一个比值,
是由被我们标记为 A 类的元素数量除以实际为 A 类的元素数量得到的

当召回率小于 1.0 时,就意味着我们漏掉了一些实际为"阳性"的样本。如果是前面所述的医疗案例,这就意味着我们会将一些已经被感染的 MP 患者误诊为未患病,导致即使那些人正处于危险之中,我们也不会给这些人做手术。

### 3.7.8　关于精度和召回率

让我们用一个具体的例子来看看精度和召回率。假设我们有一个包含 500 个页面的内测版维基百科，然后对短语"犬只训练"进行搜索。

假设搜索引擎返回的每一个关于"犬只训练"的页面都是真的与"犬只训练"相关的，就称这个结果是"阳性"的。从某种意义上来说，这是我们想看到的。而每个不应该返回的页面都是"阴性"的，因为我们不想看到它。图 3.28 为按页面相关度划分的 4 类结果，以及我们给出的"真/假"与"阳性/阴性"组合的 4 类结果。

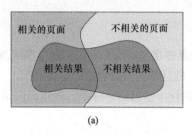
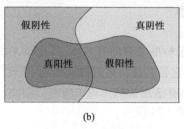

图 3.28　用返回的网页搜索结果来描述我们的 4 个类别。中间圈出的区域是搜索的结果。(a)可以看到，在维基百科中有与"犬只训练"相关的和不相关的页面，并会在搜索中得到每种页面中的一些结果，其他的则被遗漏。(b)展示了这 4 个类别是如何与真、假、阳性和阴性的组合相对应的

先介绍准确率，它是有着正确标签的页面相对于维基百科中页面总数的比值。系统判定每个页面是否相关越精准，准确率就越能够接近 1.0，如图 3.29 所示。

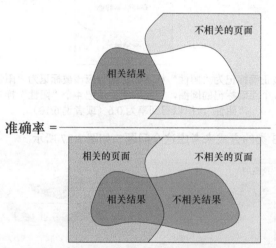

图 3.29　准确率是指系统正确判断出的与搜索词相关或不相关的
页面数量与维基百科中页面总数的比值

接下来介绍精度。在这种情况下，精度是指搜索结果中与"犬只训练"相关的结果数量与总的搜索结果数量的比值，如图 3.30 所示。搜索引擎的精度越高，得到的相关搜索（真阳性）就越多。如果搜索引擎的精度低，就会得到很多不相关的结果（假阳性）。

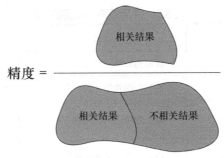

图 3.30 精度是"得到的相关的结果的数量"与"得到的所有结果的数量"的比值

最后来看召回率,看完我们就会明白这个看似奇怪的名字的意义。在这种情况下,召回率是"返回的相关结果的数量"与"整个数据库中**应该返回**的全部结果的数量"的比值。也就是说,如果召回率是 1.0,那么系统将 100%召回(或者说检索出)它应该获得的全部页面。如果召回率是 0.8,那么系统将丢失 20%它应有的页面。那些被遗漏的页面就是"假阴性":系统将它们标记为"阴性",并且没有召回(或者说检索出)它们,但这些页面是应该被召回的,如图 3.31 所示。

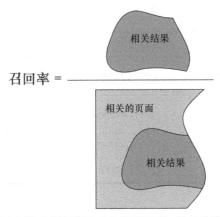

图 3.31 召回率是"系统召回(或者说返回)的相关结果的数量"
与"系统应该召回的结果总数量"之比

### 3.7.9 其他方法

我们已经知道了准确率、召回率和精度的衡量标准,而在讨论概率和机器学习时,还会用到许多其他术语(见[Wikipedia16])。除了接下来会讨论的 f1 **分数**,其余大多数术语在本书的其他地方都不会出现,但我们会对它们加以总结并给出一个"一站式"的参考,如表 3.1 所示。

不需要费心去记忆任何不熟悉的术语及其含义,这张表的目的只是在你需要的时候提供一个能够方便查找这些东西的途径。

这张表理解起来有些复杂,我们提供了另一种图形化的展示方法,使用的是我们在图 3.17 中的样本分布,如图 3.32 所示。

表 3.1 混淆矩阵中常见的术语

| 名称 | 别名 | 简写 | 定义 | 解释 |
|---|---|---|---|---|
| 真阳性 | 击中 | TP | 标记为阳性的"阳性"样本 | 被正确标记的"阳性"样本 |
| 真阴性 | 拒绝 | TN | 标记为阴性的"阴性"样本 | 被正确标记的"阴性"样本 |
| 假阳性 | 假警报,错误类型 I | FP | 标记为阳性的"阴性"样本 | 被错误标记的"阴性"样本 |
| 假阴性 | 漏掉,错误类型 II | FN | 标记为阴性的"阳性"样本 | 被错误标记的"阳性"样本 |
| 召回率 | 灵敏度,真阳性率 | TPR | TP/(TP+FN) | 被正确标记的"阳性"样本的百分比 |
| 特异性 | 真阴性率 | SPC, TNR | TN/(TN+FP) | 被正确标记的"阴性"样本的百分比 |
| 精度 | 阳性预测值 | PPV | TP/(TP+FP) | 被标记为"阳性"实际也为"阳性"的样本的百分比 |
| 阴性预测值 | | NPV | TN/(TN+FN) | 被标记为"阴性"实际也为"阴性"的样本的百分比 |
| 假阴性率 | | FNR | FN/(TP+FN) =1-TPR | 被错误标记的"阳性"样本的百分比 |
| 假阳性率 | 误检率 | FPR | FP/(FP+TN) =1-SPC | 被错误标记的"阴性"样本的百分比 |
| 错误发现率 | | FDR | FP/(TP+FP) =1-PPV | 实际为"阴性"但是被标记为"阳性"的样本的百分比 |
| 正确发现率 | | TDR | FN/(TN+FN) =1-NPV | 实际为"阳性"但是被标记为"阴性"的样本的百分比 |
| 准确率 | | ACC | (TP+TN)/(TP+TN+FP+FN) | 被正确标记的样本百分比 |
| f1 分数 | | f1 | (2*TP)/((2*TP) +FP+FN) | 当错误减少时,f1 会接近 1 |

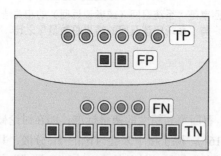

图 3.32 图 3.17 中的数据分为真阳性(TP)、假阳性(FP)、假阴性(FN)和真阴性(TN)4 个类别

从上至下看图 3.32,有 6 个"阳性"样本被标记正确(TP=6),2 个"阴性"样本被标记错误(FP=2),4 个"阳性"样本被标记错误(FN=4),8 个"阴性"样本被标记正确(TN=8)。

有了这些点,我们就可以用不同的方式去组合这 4 个数字(或者说它们的图)来解释表 3.1 中的各种度量方法。图 3.33 展示了我们是如何使用相关的数据片段来计算出各种度量的。

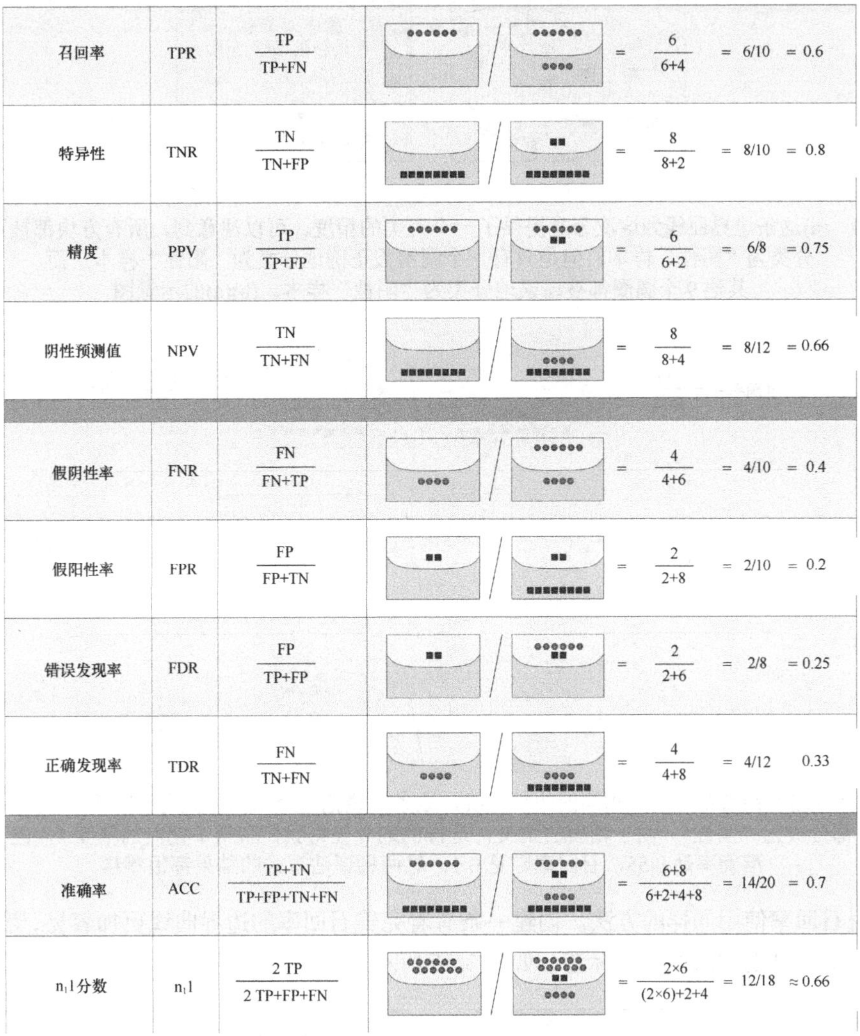

| 召回率 | TPR | $\dfrac{TP}{TP+FN}$ | | | = | $\dfrac{6}{6+4}$ | = 6/10 | = 0.6 |
|---|---|---|---|---|---|---|---|---|
| 特异性 | TNR | $\dfrac{TN}{TN+FP}$ | | | = | $\dfrac{8}{8+2}$ | = 8/10 | = 0.8 |
| 精度 | PPV | $\dfrac{TP}{TP+FP}$ | | | = | $\dfrac{6}{6+2}$ | = 6/8 | = 0.75 |
| 阴性预测值 | NPV | $\dfrac{TN}{TN+FN}$ | | | = | $\dfrac{8}{8+4}$ | = 8/12 | = 0.66 |
| 假阴性率 | FNR | $\dfrac{FN}{FN+TP}$ | | | = | $\dfrac{4}{4+6}$ | = 4/10 | = 0.4 |
| 假阳性率 | FPR | $\dfrac{FP}{FP+TN}$ | | | = | $\dfrac{2}{2+8}$ | = 2/10 | = 0.2 |
| 错误发现率 | FDR | $\dfrac{FP}{TP+FP}$ | | | = | $\dfrac{2}{2+6}$ | = 2/8 | = 0.25 |
| 正确发现率 | TDR | $\dfrac{FN}{TN+FN}$ | | | = | $\dfrac{4}{4+8}$ | = 4/12 | 0.33 |
| 准确率 | ACC | $\dfrac{TP+TN}{TP+FP+TN+FN}$ | | | = | $\dfrac{6+8}{6+2+4+8}$ | = 14/20 | = 0.7 |
| $n_1$ 分数 | $n_1$ | $\dfrac{2\,TP}{2\,TP+FP+FN}$ | | | = | $\dfrac{2\times6}{(2\times6)+2+4}$ | = 12/18 | ≈ 0.66 |

图 3.33　我们用图 3.32 中的数据将表 3.1 中的统计度量方法以可视化的形式展现出来

## 3.7.10　同时使用精度和召回率

准确率是一种常见的度量方法，但在机器学习中，精度和召回率出现得更频繁，因为它们更有助于描述分类器的性能，并以此去与其他分类器进行比较。但是，如果单独考虑它们其中的一个，精度和召回率就都可能会产生误导，因为极端条件可以单独给予精度或召回率一个完美的值，但整体表现非常糟糕。

为了了解这一点，我们重新讨论一下两种极端情况：**完美精度**和**完美召回率**。

有一种方法可以创建具有完美精度的边界曲线，那就是检查所有样本，然后找到最肯定为"真"的那一个并画出曲线，这样所选择的点就是唯一的"阳性"样本，而其他的都是"阴性"样本，如图 3.34 所示。

这样的分类是怎么提供完美精度的呢？记住，精度是指真阳性样本的数量（这里只有 1 个）除以被标记为"阳性"的样本的数量（同样是 1 个），所以得到的分数是 1/1（或者说是 1），这是一个"完美"的结果。但是它的准确率和召回率都很糟糕，如图 3.35 所示。

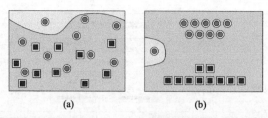

(a)         (b)

图3.34 (a)这条边界曲线为这次分类提供了一个完美的精度。可以注意到,所有方块都被正确地
分类为"阴性"样本,但是只有一个圆圈被正确地分类为"阳性"样本,而
其他9个圆圈都被错误地分类为"阴性"样本。(b)(a)的示意图

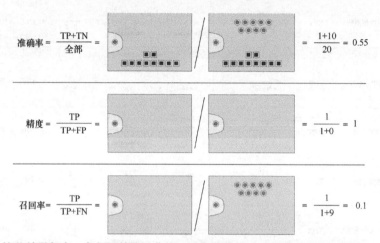

图3.35 这些结果都有一条相同的边界曲线,这条曲线把一个圆圈分类为"阳性",把其他的
都分类为"阴性"。由于精度的定义,这样的划分使得我们获得了完美的精度1,但
准确率是0.55,召回率则是0.1,这两种评估方式的结果都很糟糕

我们对召回率使用同样的方法。创建一条有着完美召回率的边界曲线更加容易,我们要做的就是给每件事都贴上"阳性"的标签,如图3.36所示。

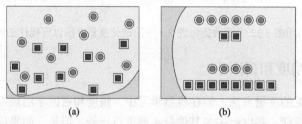

(a)         (b)

图3.36 (a)这条边界曲线为这次分类提供了一个完美召回率。需要注意的是,10个圆圈全部被正确地
分类为"阳性",但10个方块也全部被错误地分类为"阳性"。(b)(a)的示意图

这样做让我们获得了完美的召回率。因为召回率是指被正确分类为"阳性"样本的数量(这里是10个)除以"阳性"样本总数(同样也是10个),所以10/10是1,得到了完美的召回率。而这种情况下的准确率和精度都很差,如图3.37所示。

## 3.7.11 f1分数

同时观察精度和召回率是很有帮助的,但在结合一些数学知识后,我们可以形成单一的衡量标准,即 **f1分数**(f1 score)。这是一种特殊类型的"平均",我们称之为**调和平均数**。它为我们展示了一个结合精度和召回率的单一数字（公式出现在图 3.32 和图 3.34 的最后几行）。

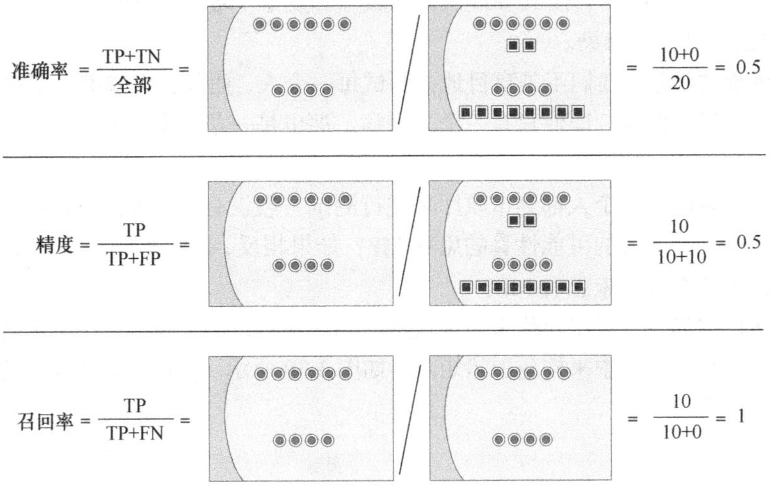

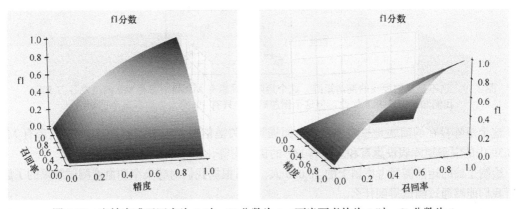

图 3.37　这些结果都有一个相同的边界曲线，这个曲线将所有样本都分类为"阳性"。因为每个"阳性"样本都被正确分类了，所以我们获得了完美的召回率。然而，最终得到的准确率和精度都非常差

一般来说，当精度或召回率较低时，f1 分数也会较低，而当两项指标都接近 1 时，f1 分数才会接近 1，如图 3.38 所示。

![f1分数图表](图3.38)

图 3.38　当精度或召回率为 0 时，f1 分数为 0；而当两者均为 1 时，f1 分数为 1。
在这两个状态之间，随着两种衡量标准的值的增加，f1 分数会慢慢上升

## 3.8　混淆矩阵的应用

回到 MP 疾病的例子，在混淆矩阵中加入一些数字，并就这些数字对快速但不准确的血液测试的质量水平提出一些问题。回想之前说过的，我们会同时用缓慢但准确的测试（可以为我们提供**基础真值**）和快速但不准确的血液测试来为镇上的每个人做检测。

检测结果显示血液测试似乎有很高的召回率。我们发现 99% 的情况下，MP 患者都可以被正确诊断。因为召回率（TPR）是 0.99，所以假阴性率（FNR）是 0.01，其中包含了我们**没有**正确诊断出的 MP 患者。

对于那些未患有 MP 的人来说，这个测试的效果有一点差。特异性（TNR）是 0.98，也就是说，如果我们诊断出 100 个人未患有 MP，那么其中就有 98 个人真的未患病，这意味着假阳性率

（FPR）是 0.02，也就是说，其中会有 2 人被误诊为患有 MP。

假设我们刚刚听说，在一个有 10 000 人的新城镇暴发了一场疑似 MP 的疫情。根据以往数据，我们预计有 1% 的人已经被感染。

**这是至关重要的信息。** 我们不是盲目地去测试每一个人，而是**已经知道**大多数人未患有 MP，只有 1/100 的人患病。但是，即使只有一个人患病，那也是一条生命，所以我们要以最快的速度到达那里。

到达镇上后，我们让每个人都到市政厅来进行测试。假设有一个人的测试结果出现"阳性"，他应该怎么想？他又有多大的可能性真的患有 MP？如果相反，有一个人的测试结果出现"阴性"，那他又有多大的可能性真的未患有 MP？

我们可以通过构建一个混淆矩阵来回答这些问题。这时，如果我们掉进了陷阱，就可能会将上述的值直接放入相应的框中来构建混淆矩阵，如图 3.39 所示。但这个矩阵是**不完整的**，这会使我们得到**错误的**答案。

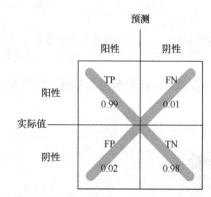

图 3.39　这**不是**我们要找的混淆矩阵，这个矩阵假设患有 MP 和未患有 MP 的概率各占 50%。我们知道事实并非如此，但这个图忽略了"只有 1% 的人患病"这个已知信息

这个矩阵存在的问题是忽略了我们上面提到的关键信息：现在镇上只有 1% 的人患有 MP。图 3.39 中的混淆矩阵假设患有和未患有 MP 的机会均等，而事实并非如此。

绘制正确的矩阵需要考虑镇上的 10 000 人，然后根据我们对感染率和血液测试结果的了解来分析我们能够通过测试得到什么。

先粗略看一下图 3.40。我们从左边开始，镇上有 10 000 个人。最基本的已知信息是：根据以往的经验，每 100 个人中就有 1 个人（或者说 1% 的人）患有 MP。这一点体现在图上方的那条路径上。我们划分出了 10 000 人中的 1%（或者说 100 人）患有 MP，而血液测试会正确地诊断出其中的 99 个人患病、1 个人未患病。看完这条路径后，让我们回到初始的人群，在下方的路径上跟踪另外 99% 的**没有**被感染的人。通过血液测试将正确诊断出这 9900 人中的 98%（即 9702 人）为阴性，而这 9900 人中将有 2% 的人（即 198 人）得到不正确的诊断结果——他们将被诊断为患有 MP。

图 3.40 告诉我们应该使用哪些值来填充混淆矩阵，因为这些值的计算是包含了我们已知的 1% 的感染率的。我们预计（平均）有 99 个真阳性、1 个假阴性、9702 个真阴性以及 198 个假阳性。通过这些值我们可以绘制出如图 3.41 所示的正确的混淆矩阵。

现在我们有了正确的表格，可以回答下面的问题了。

假设某人的测试结果呈"阳性"，那么他真的患有 MP 的概率是多少？也就是在已知测试结果呈"阳性"的情况下，一个人真的患有 MP 的条件概率是多少？

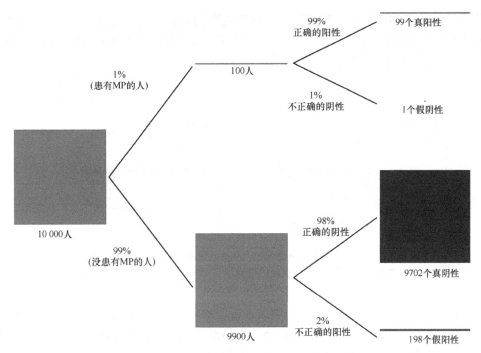

图 3.40　通过对感染率和测试结果的了解来计算得到我们预期的结果分布

|  | 预测 | |
|---|---|---|
|  | 阳性 | 阴性 |
| 实际值　阳性 | TP<br>99 | FN<br>1 |
| 阴性 | FP<br>198 | TN<br>9702 |

图 3.41　结合已知的 1%的感染率，为血液测试绘制的正确的混淆矩阵。混淆矩阵中的值均来自图 3.40

　　换句话说，得到的阳性结果中有多少人是真正的患者？也就是 TP/（TP+FP）的比值，我们看到的这个式子是精度的定义。

　　这种情况下，是 99/（99+198）（或者说 0.33、33%）。这说明测试有 99%的概率正确诊断人们的患病情况。但是，当得出一个阳性结果时，这个人有 2/3 的概率未患病。换句话说，**大多数的阳性诊断结果都是错误的**。

　　之所以会得出这一令人惊讶的结果，是因为健康人口基数太大，而每个人都有一定的概率（很小的）被误诊为患病。这两者合起来的结果就很惊人。

　　由此我们得到这样的结论：如果有人的诊断结果为阳性，我们不应该立即采取行动。换言之，我们应该将这个结果看作一个做缓慢但准确的测试的信号。

　　让我们用区域图来看看这些数字。我们不得不改变区域的大小，以便能够看清它们，并在图 3.42 中对它们进行标记。

　　之前讨论过，精度告诉我们诊断结果为"阳性"的人实际上真的患有 MP 的概率。图 3.42

也说明了这一点。我们可以从精度中看到，血液测试错误地将 198 名未患有 MP 的人标记为阳性。虽然这只是镇上 10 000 人中很小的一部分，但与仅有 100 人患了 MP 相比，这足以引起我们的重视，我们应该更加仔细地审视每一个阳性诊断。

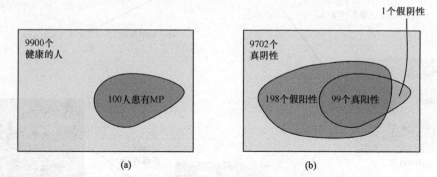

图 3.42　(a)所有人中有 100 人患有 MP，9900 人未患有 MP。(b)测试结果。它几乎正确地诊断了所有患有 MP 的人，但是也错误地将 198 个没有患病的人诊断为"阳性"。注意：图中的区域并没有按照实际比例绘制

　　如果有人得到一个阴性结果，会发生什么？能说明他们真的未患病吗？TN/（TN+FN）的值可以说明这一点，我们称之为阴性预测值。在这种情况下，阴性预测值的大小是 9702/（9702+1），它大于 0.999（或者说 99.9%）。所以如果有人的诊断结果是"阴性"，血液测试就只有 1/10 000 的概率出错（这个人患有 MP）。

　　总而言之，一个阳性的诊断结果意味着某人确实患有 MP 的概率是 33%，而阴性的诊断结果则意味着 99.9% 的概率某人未患有 MP。

　　图 3.43 还展示了一些其他的度量方法。召回率告诉我们被正确诊断为阳性的人占实际为阳性的人的百分比。因为我们只漏掉了一个人，所以这个值是 99%。而特异性告诉我们被正确诊断为阴性的人占实际为阴性的人的百分比。因为我们只将 1 个人误诊为阴性，所以这个结果也非常接近 1。

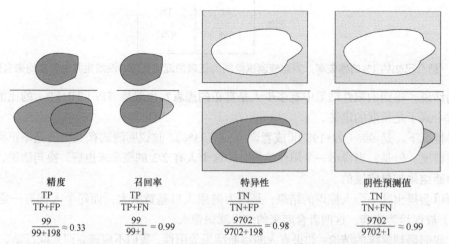

| 精度 | 召回率 | 特异性 | 阴性预测值 |
|---|---|---|---|
| $\dfrac{TP}{TP+FP}$ | $\dfrac{TP}{TP+FN}$ | $\dfrac{TN}{TN+FP}$ | $\dfrac{TN}{TN+FN}$ |
| $\dfrac{99}{99+198} \approx 0.33$ | $\dfrac{99}{99+1} = 0.99$ | $\dfrac{9702}{9702+198} = 0.98$ | $\dfrac{9702}{9702+1} \approx 0.99$ |

图 3.43　根据图 3.42 的结果，描绘出了 4 个与我们的血液测试相关的统计数据

　　因此，在 10 000 人中，我们只会漏掉 1 个 MP 病例，但会得到近 200 个误诊为阳性（即假阳性）的病例，这可能会让人们陷入过度的恐慌和担忧。有些人甚至可能立即去进行手术，而不去等待另一个更加漫长的测试。

　　MP 疾病的例子是虚构的，但现实世界中充满了人们基于错误的混淆矩阵或错误的问题来做出的决定，并且很多决定都与非常严重的健康问题有关。例如，因为外科医生错误地理解了乳房检查的结果，向病人提出了糟糕的咨询建议（见[Levitin16]），导致许多女性做了不必要的乳房切除手术。男性也有类似的问题，许多医生会因为对不断升高的 PSA 水平（诊断前列腺癌的证据，见[Kirby11]）的统计数据存在误解，而提出一些不好的建议。概率和统计学是微妙的，从始至终，我们都需要确保使用了正确的数据并合理地对这些数据进行解释。

　　现在我们意识到，不应该被一些"99%准确率"甚至是"正确识别出 99%的阳性病例"的测试所欺骗。在这个只有 1%的人被感染的小镇上，任何一个被诊断为阳性的人都很可能没有真正感染这种疾病。

　　这意味着，从广告到科学，任何情况下，统计数据都需要被密切关注，并且需要被放到应用环境中去理解。通常，像"精密"和"准确"这样的术语的应用是非常口语化（或者说很随意）的，这使得它们更难被理解。即使这些术语在技术场景中被使用，对准确率和其他相关度量方法的无力的解释很容易误导人们做出错误的决定。正如我们之前看到的那样，可以通过测试只找到一个明显患有 MP 的人，然后宣布他是阳性的，而其他人都是阴性的，这样我们就可以非常诚实地说测试有着 100%的精度。图 3.44 再次展示了这个想法。

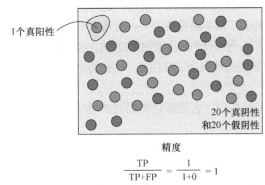

$$\frac{TP}{TP+FP} = \frac{1}{1+0} = 1$$

图 3.44　测试仅识别了一个明显的患有 MP 的病例（左上角的绿色圆圈）并判断它为阳性。而其他所有人都被归为阴性，不管他们是患有 MP（绿色圆圈）还是未患有 MP（红色圆圈）。这时，我们仍然可以诚实地说，测试有着 100%的精度

# 参考资料

[Andale17]　　　　Andale, *Marginal Distribution*, Statistics How To Blog, 2017.

[Jaynes03]　　　　E. T. Jaynes, *Probability Theory: The Logic of Science*, Cambridge University Press, 2003.

[Kirby11]　　　　Roger Kirby, *Small Gland, Big Problem*, Health Press, 2011

[Levitin16]　　　　Daniel J. Levitin, *A Field Guide to Lies: Critical Thinking in the Information Age*, Dutton, 2016.

[MetService16]　　Meteorological Service of New Zealand Ltd., *How to Read Weather Maps*, 2016.

[Walpole11]　　　Ronald E. Walpole, Raymond H. Myers, Sharon L. Myers, Keying E. Ye, *Probability and Statistics for Engineers and Scientists (9th Edition)*, Pearson, 2011.

[Wikipedia16]　　Wikipedia, *Sensitivity and Specificity*, 2016.

# 第4章

# 贝叶斯定理

这是一种让我们能快速、准确地结合真实发生的事件和对事件的期望来思考概率的方法。

## 4.1 为什么这一章出现在这里

在第 3 章中，我们提到了一些有关概率的知识。在更深入地了解概率时，我们发现，涉及如何思考概率这一课题，有两种最基本的思想派系。

一种是学校里经常提到的方法，即**频率论者**（frequentist）法则，这种方法有很多能凭借常识理解的地方。另一种方法称为**贝叶斯**（Bayesian）法则，这种方法虽然比较少见，但在机器学习领域中的应用范围很广。这有很多原因，其中最重要的一点就是它不仅能让我们明确地判断出应该如何思考正在研究的情境，也给了我们一种明确判断出期望的方法。这意味着如果我们有理由相信一些关于过程或者结果的事情，就可以最大化地利用这些信息，比我们原本更快地得到答案，或者得到更好的质量，甚至两者皆可。

本章介绍贝叶斯概率论的基础。它能够让我们对机器学习的论文以及关于贝叶斯理论的文献有一个初步的认识。

这一领域的名字来源于一个重要的公式，称为**贝叶斯规则**（Bayes' Rule）或**贝叶斯定理**（Bayes' Theorem）。这个定理最早是在 20 世纪 70 年代由托马斯·贝叶斯（Thomas Bayes）提出的。这是一个范围很广的话题，我们只会涉及它的广义形式（见[Kruschke14]）。

人们在日常生活中经常会用到贝叶斯概率论（或者是贝叶斯定理）。每当我们想要知道在基于一些特定信息的情况下，对于确定某个感兴趣的问题的答案有多少把握时，贝叶斯定理就是首选工具。

## 4.2 频率论者法则以及贝叶斯法则

很多数学系统都只有一种常规的方法，例如，两数相加只有一种方法。概率论则有所不同，因为它至少有两种解决方法，这两种方法各有优缺点。

很多人都比较熟悉**频率论者**法则，因为我们一般学习的就是这种方法，而且也会在日常讨论中用到。在本章中，我们会接触**贝叶斯**法则。这种方法在机器学习领域应用比较广泛，但一般不为人们所熟知。

频率论者法则和贝叶斯法则的区别有很深的哲学根基，通常体现在用于建立各自概率理论的数学公式和逻辑上的细微不同（见[VanderPlas14]）。所以想要很详细地概括它们的不同是一件很困难的事情。除此之外，描述这两种概率论方法不同点的挑战也被称作"难以取舍"（见[Genovese04]）。

让我们来看看这些哲学思想的大体区别，具体细节就不深究了。这可以帮助我们建立贝叶斯理论的基本框架，也是贝叶斯方法的基石。

### 4.2.1 频率论者法则

一般来说，一个持有频率论观点的人（被称作**频率论者**）是不相信任何具体的测量或观测的，因为它们只是真实、潜在数值的一种估计。例如，如果我们想要知道一座山的高度，频率论者会假设每次测量都至少比真实值偏高或者偏低一点。这种态度的核心是相信真相永远存在，并且任务就是找到真相。也就是说，山有一个确切的、完全真实的高度，如果我们做了足够多的观测且每次观测都很认真，就能找到那个真实高度的数值。

想要找到这个真实高度的数值，频率论者会结合很多次观测的结果。虽然频率论者会认为每次观测结果都是不准确的，但他们也会将每次观测的结果视为在真实值的附近，并且很接近真实值。所以如果观测的次数很多，那么出现最频繁的数值最有可能是真实值。这种对于最常出现的数值的关注就是**频率论**（frequentism）这个名字的由来。真实值是由很多次测量共同发现的，出现最频繁的数值有最大的影响力。

### 4.2.2 贝叶斯法则

虽然大致的思路与频率论者法则相似，但是贝叶斯法则相信测量的结果。相应地，遵循这种方法的人[被称作**贝叶斯论者**]相信每一次观测都是某样事物准确测量的结果，虽然每一次都会有些不同。贝叶斯论者的观点是，在过程的最后不存在一个等待去被发现的"真实的"数值。例如，每一次对于一座山高度的测量都描述了从地面上某一点到某个靠近山顶的点的距离，但每一次它们都不会是完全相同的点。所以即使每一次测量都和其他测量结果不一样，每一个测量值也在某种程度上都是精确的。一座山有"真实"高度的观点是毫无意义的。

相反，对于一件事情来说只有固定的几种可能性，每种都有自己可能发生的概率。当观测的次数越来越多时，这些可能性的范围就会越来越小，但它们永远不会消失。"真相"被认为是一种只能用概率来描述的模糊概念。这种方法的一个特点就是没有"真实值"，如果测量出来的值一直都在变化，那么贝叶斯方法的结果会自然地去适应这种变化。

### 4.2.3 讨论

这两种有关概率的方法引发了一个有趣的社会现象。一些严肃的概率学家相信只有频率论方法才有可取之处，而认为贝叶斯方法完全是谬论；另一些人的想法则恰恰与此相反。很多人没有这么极端，但依旧有自己的偏好，会认为某种方法在思考概率学问题上相对来说更加"正确"一些。当然，很多人也会认为两种方法在不同情况下都会有各自的优势。

让我们借助一个例子用相对简单的方式来比较两个方法。

假设我们想要知道一支钝铅笔的长度，这支铅笔末端还有一块用过的橡皮擦，那么我们会小心翼翼地将铅笔与一把精确的直尺对齐，然后测量它的长度。当然，我们会重复很多次，可能最后会得到很多不同但很接近的数值。

对于频率论者来说，铅笔的长度只有一个确定的数值，任务就是找到这个数值。每一次测量都被认为是不可靠且有误差的，可能由于读数方法不合适或者对笔头和笔末端的位置定义不同而产生一些偏差。结合所有测量值，我们就可以将误差消除，使得某个数值中没有误差。最终，仔细地观测这些测量值，出现最多的数值就最有可能是正确答案。

贝叶斯论者不会认为铅笔的长度有一个完全精确的数值，而是认为可能会有几个可能的数值，每个数值都有各自的概率。我们一开始相信测量值是唯一的，然后将测量出不同结果的现象解释为在铅笔的长度这一数据上始终存在不确定性。铅笔头的钝角以及末端易脱落的橡皮擦都意味着铅笔的长度并没有一个确切的答案，只存在一个范围，范围中的每一个值都有自己的可信度。我们要做的就是用测量值来逐渐地改善每一个铅笔长度值的概率。

频率论方法和贝叶斯方法的区别大部分时候都很微妙，但它们确实引导了两种不同的处理数据和得出信息的方式。在处理现实生活中的数据时，我们对于如何思考概率的选择很大程度上影响着我们可以问出或者回答哪种问题（见[Stark16]）。

## 4.3　抛硬币

在讨论概率时，人们喜欢以抛硬币作为例子（见[Cthaeh16a]和[Cthaeh16b]）。这是一种常用的方法，因为它为所有人所熟知，而且每次抛硬币只有两种结果：正面或者反面。这就让数学计算变得简单，以至于我们一般都可以手动计算最后的结果。虽然我们不会在举一些小例子前做任何数学计算，但抛硬币依旧是一种观察背后原理的极佳方法，所以我们会用它作为例子。

所谓"一枚公平（fair）的硬币"，是指一枚抛出后正面朝上和背面朝上概率相等的硬币，反之，则称为"一枚不公平的硬币"（即使它看起来、感觉上是公平的）。要描述一枚不公平硬币，我们需要知道它正面朝上的概率，即它的**偏置**（bias）。一枚偏置为 0.1 的硬币会有 10% 的概率正面朝上，一枚偏置为 0.8 的硬币会有 80% 的概率正面朝上。如果一枚硬币的偏置为 0.5，那么正面朝上和背面朝上的概率就是相等的，这样它就是公平硬币了。我们一般会将偏置为 0.5 的硬币定义为公平硬币。

图 4.1 所示的就是 3 枚不同的硬币，每一行表示一枚硬币。每行中左侧的图代表连续抛 100 次硬币后正面朝上的情况，每行中右侧的图是每次抛完硬币后我们估计的硬币的偏置，这个偏置是通过计算正面朝上的次数除以当前总抛掷次数得出的。

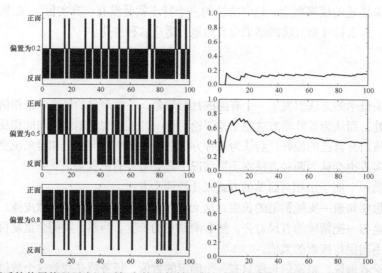

图 4.1　一枚硬币的偏置体现了它正面朝上的可能性。每行的图都是一枚硬币的实验结果。左侧图显示了连续抛 100 次硬币后正面朝上的情况，右侧图是偏置的估计值。第一行：一枚偏置为 0.2 的硬币。第二行：一枚偏置为 0.5 的硬币。第三行：一枚偏置为 0.8 的硬币

其中右侧图显示的是频率论者找到偏置的方法。让我们再来看看贝叶斯论者会怎么估算一枚硬币的偏置。

## 4.4 这枚硬币公平吗

假设我们有一个朋友，她是一名深海考古学家。她的最新发现是一艘古代沉船。这艘沉船上有一个箱子，箱子中有一块带标记的板和两枚看上去完全相同的硬币。她认为这是一个游戏，甚至和同事重新制订了这个游戏的一些规则。

游戏的关键在于两枚看上去相同的硬币中只有一枚是公平硬币。另一枚硬币是不公平的且有 2/3 的概率会正面朝上（也就是偏置为 2/3）。偏置为 2/3 和偏置为 1/2 的差距并不是很大，但足够以此来构建一个游戏。这枚不公平硬币的设计十分巧妙，以至于仅看外表甚至拿起来触摸它，都分辨不出哪枚硬币是不公平的，哪枚是公平的。

这个游戏需要玩家试着找到哪枚硬币是不公平的，哪枚硬币是公平的，期间可以用到虚张声势和打赌等方法。当游戏结束时，玩家通过旋转硬币的方法找到答案。因为不公平硬币的质量分布不均匀，它会比公平硬币更快地倒下。

考古学家想要更深入地探索这个游戏，但需要知道硬币的"真实身份"。她请我们帮忙分类。她给了我们两个信封，上面标记有"公平"和"不公平"，我们的任务就是将对应的硬币放到对应的信封里去。

我们可以用刚刚提到的旋转测试法来辨别两枚硬币，但我们打算用概率学的方法来做，这样就可以得到一些用这种方法思考的经验。

让我们继续第 3 章中提到的投掷飞镖的例子。当时我们谈到了利用向一片涂满了各种颜色的墙投掷飞镖的方法来估计每种颜色在墙上所占面积的比例。

最简单的方法就是先拿一枚硬币，掷一次，看它是正面朝上还是反面朝上，然后思考可以从这个信息中知道什么。所以我们先选择一枚硬币。因为从外形上无法看出两枚硬币的区别，所以我们有 50% 的概率拿到一枚公平硬币，也有 50% 的概率拿到一枚不公平硬币。

这个选择带来了一个巨大的问题：我们现在拿到的是哪枚硬币？一旦知道手上拿到的硬币的类型，我们就可以将其放入对应的信封中，将另一枚硬币放入另一个信封中。让我们将问题用概率论的方式重新表达一下：我们拿到公平硬币的可能性有多大？如果能确定拿到的是公平硬币，或者确定拿到的是不公平硬币，就能知道我们需要知道的所有事情。

所以我们有了这样一个问题，也有了一枚硬币，抛掷它。

结果是正面朝上。

用概率进行推理的好处在于，我们可以对我们所拥有的硬币得出有效、量化的结论。

借助之前向墙上投掷飞镖的例子来列举一下至今为止我们所做的事情。首先是挑选一枚硬币，选到两枚硬币的概率都是 50%，所以我们可以想象要在一面涂了两种颜色且这两种颜色面积相同的墙上投掷飞镖（两种颜色的区域之和必须全覆盖墙，因为飞镖总是能够命中一个颜色的区域，这对应于我们总能选到一枚硬币）。我们将用亚麻色（与褐色接近）来填充公平硬币对应的区域，用红色填充不公平硬币对应的区域，如图 4.2 所示。所以从两枚硬币中挑选一枚就对应着向墙上投掷一枚飞镖并且落在了两种颜色的区域中的一个。

图 4.2　如果我们从两枚硬币中任意选择一枚，这就和向一面涂了两种颜色且两种颜色面积相同的墙投掷
　　　　飞镖一样，其中一种颜色的区域对应的是公平硬币，另一种颜色的区域对应的是不公平硬币

我们也可以用一种更具体的方法来给这面墙涂色。我们知道公平硬币抛掷后正面和背面朝上的概率都是 50%，所以我们可以将公平硬币的区域再划分为两个面积相同的区域，一个代表正面朝上，一个代表背面朝上，如图 4.3 所示。

图 4.3　我们可以将公平硬币和不公平硬币的区域细分为正面朝上和背面朝上，用已知的
关于各自有多大可能性会是正面朝上的概率这一信息

在图 4.3 中，我们也划分了不公平硬币对应的区域。因为我们从考古学家那里知道了这枚不公平硬币有 2/3 的概率会是正面朝上，所以就给正面朝上划分 2/3 的面积，而给背面朝上划分 1/3 的面积。

图 4.3 概括了我们知道的所有关于这个系统的信息。我们可以得知选到每种硬币的概率，也可以得知在每种情况下正面朝上和背面朝上的概率（对应于每片大区域里正面朝上区域和背面朝上区域的相对大小）。

如果我们向图 4.3 所示的墙投掷飞镖来模拟第一次抛硬币，因为已经知道第一次抛硬币的结果是正面朝上，所以我们知道硬币要么落在"公平，正面朝上"区域内，要么落在"不公平，正面朝上"区域内。引号内的逗号表示两种情况都发生。

我们的问题是：选到公平硬币的概率是多少？我们可以用抛硬币的结果是正面朝上这一信息将这个问题变得更具体。我们一会儿就会知道这个问题的最佳表达方式是"事件 1 在事件 2 发生的情况下发生的概率是多少"这种形式。在这里，问题就成了"如果一枚硬币抛一次的结果是正面朝上，那么这枚硬币是公平硬币的概率是多少"。

我们可以用图示法来表达。其中这个概率是"公平，正面朝上"这一区域的面积与所有正面朝上的面积（即"公平，正面朝上""不公平，正面朝上"这两个区域的面积和）的比值，如图 4.4 所示。

让我们思考一下，因为"不公平，正面朝上"区域的面积大于"公平，正面朝上"区域的面积，所以如果硬币正面朝上，那么它更有可能是落在不公平硬币所对应的区域内。换句话说，现在我们看到了硬币抛一次的结果是正面朝上，它就更有可能是不公平的。就像向墙上投掷飞镖，相对于"公平，正面朝上"区域，飞镖更有可能落在"不公平，正面朝上"区域。

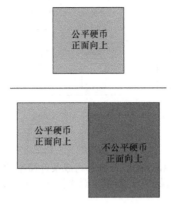

图 4.4　如果一枚硬币抛一次的结果是正面朝上，那么它是公平硬币的概率有多少？这个概率
应该是"公平，正面朝上"区域的面积除以"正面朝上"区域的所有面积得到的商

接下来我们讨论"事件发生的方式"或者"所有会发生的可能性"。这意味着如果我们在研究某个性质是否正确，就需要考虑所有可以得到这个结果的可能发生的事件。应用到例子中，图4.4 中下面两片区域就是得到正面朝上结果的所有可能性。换句话说，我们可能在公平硬币上得到正面朝上的结果，也可能在不公平硬币上得到，所以"所有得到正面朝上结果的可能性"就是将这两种可能性结合起来。

让我们用概率学术语重新解读一下这幅图。选到公平硬币并且抛掷后正面朝上的概率是 $P(H,F)$[或者 $P(F,H)$]，选到不公平硬币并且抛掷后正面朝上的概率是 $P(H,R)$。

现在我们可以将图 4.4 中的比例用概率的形式表示出来。这幅图展示了在知道是正面朝上的情况下硬币是公平硬币的概率。这个概率就是 $P(F|H)$，意思是"已知硬币被抛掷一次后正面朝上的情况下，我们选到的是公平硬币的概率"。这就是之前所提出的问题的答案，所以这个概率的数值也就是我们想要知道的东西，如图 4.5 所示。

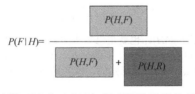

图 4.5　将图 4.4 中的比例用概率的形式表示出来。这个概率的数值就是 $P(F|H)$，即已知硬币被抛掷一次后正面朝上的情况下，硬币是公平硬币的概率。为了节省空间，我们将图缩小了一点

那我们可以通过代入数值得到一个具体的概率值吗？当然可以，至少在这个例子中可以，因为这个例子的背景很简单。但一般来说，我们并不知道任何联合概率，想要知道它们的具体数值也很难。

但也不需要担心，如第 3 章中所述的，我们可以将任意一个联合概率用两种不同但等价的方式写出来。而另一个版本的表达式中的项一般会更容易代入数值。这里重复一遍这两种表示方法，如图 4.6 和图 4.7 所示。

将图 4.5 中有颜色的方框去掉，仅将公式提取出来，再把 $P(H,F)$ 替换成图 4.7 中的表示方法。这样我们就能通过计算得到 $P(H,F)$ 这一联合概率，也就是挑选到公平硬币且正面朝上的概率。这个概率就是 $P(H|F)$（挑选到公平硬币的情况下得到正面朝上的结果的概率）和 $P(F)$（挑选到公平

硬币的概率）的乘积，如图 4.8 所示。

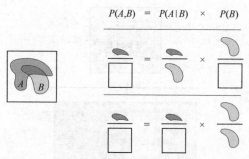

$$P(A,B) \ = \ P(A|B) \ \times \ P(B)$$

图 4.6　可以将两个事件 $A$ 和 $B$ 的联合概率写成条件概率 $P(A|B)$ 和事件 $B$ 发生的概率
即 $P(B)$ 的乘积。这是第 3 章中图 3.11 的另一个版本

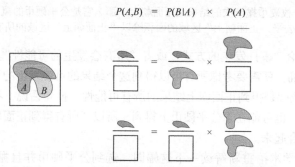

$$P(A,B) \ = \ P(B|A) \ \times \ P(A)$$

图 4.7　可以将两个事件 $A$ 和 $B$ 的联合概率写成条件概率 $P(B|A)$ 和事件 $A$ 发生的概率
即 $P(A)$ 的乘积。这是第 3 章中图 3.11 的另一个版本

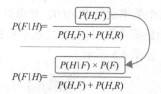

$$P(F|H)= \frac{P(H,F)}{P(H,F) + P(H,R)}$$

$$P(F|H)= \frac{P(H|F) \times P(F)}{P(H,F) + P(H,R)}$$

图 4.8　图 4.5 中的比例代表了 $P(F|H)$，也就是已知正面朝上时硬币是公平硬币的概率。因为我们
不知道 $P(H,F)$ 的值，所以可以用图 4.7 中的公式，即用 $P(H|F) \times P(F)$ 来代替 $P(H,F)$。
这些数值一般都是已知的，或者是可以计算出来的

接下来再对分母上两个联合概率做相同的替换[其中一个又是 $P(H,F)$]，如图 4.9 所示。

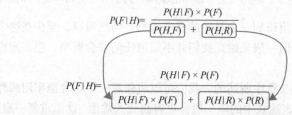

$$P(F|H)= \frac{P(H|F) \times P(F)}{P(H,F) + P(H,R)}$$

$$P(F|H)= \frac{P(H|F) \times P(F)}{P(H|F) \times P(F) + P(H|R) \times P(R)}$$

图 4.9　可以对图 4.8 中分母上的两个联合概率也做相同的替换。$P(H,F)$ 替换的结果与
之前相同，$P(H,R)$ 用相同的方法替换也不难得到结果

在这个 $P(F|H)$ 的表达式中，对于所有项，我们都可以通过计算得到具体的数值，所以用这种
方法计算 $P(F|H)$ 是很有效的。

用这个公式算出挑选到的是一枚公平硬币的概率，需要用到图 4.9 所示公式中所有项的数值。

$P(F)$ 是游戏开始时我们挑选到公平硬币的概率。因为我们是在两枚硬币中随机挑选，所以 $P(F)=1/2$。同理，$P(R)$ 的值也是 1/2。

$P(H|F)$ 是由公平硬币得到正面朝上的概率，$P(H|R)$ 则是由不公平硬币得到正面朝上的概率。换句话说，这些数值也就是硬币的偏置。$P(H|F)$ 是已知挑选到公平硬币的情况下硬币正面朝上的概率。根据定义，该值就是 1/2。$P(H|R)$ 是由不公平硬币得到正面朝上的概率，考古学家告诉我们这个概率就是 2/3。

所以现在我们已经得到了所有需要用来计算 $P(F|H)$ 这一概率的数值。图 4.10 所示的就是将数值代入并计算出结果的过程。

$$P(F|H)= \frac{P(H|F) \times P(F)}{P(H|F) \times P(F) + P(H|R) \times P(R)}$$

$$= \frac{\frac{1}{2} \times \frac{1}{2}}{\left(\frac{1}{2} \times \frac{1}{2}\right) + \left(\frac{2}{3} \times \frac{1}{2}\right)}$$

$$= \frac{\frac{1}{4}}{\frac{1}{4} + \frac{1}{3}} = \frac{\frac{3}{12}}{\frac{3}{12} + \frac{4}{12}} = \frac{3}{7} \approx 0.43$$

图 4.10 计算已知正面朝上的情况下硬币是公平硬币的概率。选到公平硬币的概率 $P(F)$ 是 1/2，选到不公平硬币的概率 $P(R)$ 也是 1/2。从公平硬币上得到正面朝上的概率 $P(H|F)$，也就是它的偏置，是 1/2。从考古学家那里得知，不公平硬币正面朝上的概率 $P(H|R)$ 是 2/3。所以将这些数值代入图 4.9 中最后一行的公式中，就可以计算出选到一枚公平硬币的概率大约是 43%

计算结果是 3/7，也就是大约 43%。

这个结果有一点让人惊讶。它告诉我们，在只抛了一次硬币以后，我们就已经可以准确地知道只有 43% 的概率挑选到一枚公平硬币，因此也就有 57% 的概率挑选到一枚不公平硬币。仅从一次抛掷中就可以得到 14% 的差距。

那么，假设第一次抛掷硬币得到的结果是反面朝上呢？现在我们就想要知道 $P(F|T)$，或者说是已知反面朝上的情况下挑选到公平硬币的概率。

图 4.11 所示的就是"公平，反面朝上"区域的面积和所有对应的"反面朝上"区域的面积（即"公平，反面朝上""不公平，反面朝上"区域的面积和）的比值。

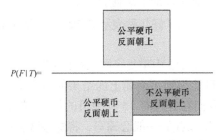

图 4.11 如果第一区域次抛硬币的结果是反面朝上，那么选到公平硬币的概率是多少呢？答案是："公平，反面朝上"区域对应的面积除以所有对应的"反面朝上"区域的面积（即"公平，反面朝上""不公平，反面朝上"区域的面积和）。因为如果选到的是公平硬币，那么更可能得到的结果是反面朝上，所以我们猜测得到公平硬币的概率会大于 50%

因为一枚硬币的偏置就是它被抛一次得到正面朝上的概率，（1-偏置）得到的值就是抛一次硬币得到反面朝上的概率（因为硬币只可能正面朝上或者反面朝上）。

对于公平硬币来说，反面朝上的概率 $P(T|F)$ 是 1-(1/2)=1/2。对于不公平硬币来说，我们知道它的偏置是 2/3，所以 $P(T|R)$ 就是 1-(2/3)=1/3。挑选到公平硬币和不公平硬币的概率，分别对应 $P(F)$ 和 $P(R)$，和之前一样，都是 1/2。所以我们就将这些数值代入，来计算 $P(F|T)$，也就是已知反面朝上的情况下这枚硬币是公平硬币的概率。图 4.12 为计算过程。

$$P(F|T) = \frac{P(T|F) \times P(F)}{P(T|F) \times P(F) + P(T|R) \times P(R)}$$

$$= \frac{\frac{1}{2} \times \frac{1}{2}}{\left(\frac{1}{2} \times \frac{1}{2}\right) + \left(\frac{1}{3} \times \frac{1}{2}\right)}$$

$$= \frac{\frac{1}{4}}{\frac{1}{4} + \frac{1}{6}} = \frac{\frac{3}{12}}{\frac{3}{12} + \frac{2}{12}} = \frac{3}{5} = 0.6$$

图 4.12 如果抛硬币的结果是反面朝上呢？我们可以再用图 4.9 中最后一行的公式，只是将 $P(H|F)$ 和 $P(H|R)$ 替换成反面朝上的"版本"。$P(T|F)$ 表示在公平硬币上得到反面朝上的概率，即 1/2。 $P(T|R)$ 表示在不公平硬币上得到反面朝上的概率，即 1/3。最后的结果是 $P(F|T)$， 也就是已知反面朝上的情况下硬币是公平硬币的概率，即 60%

这是一个更加戏剧化的答案，它告诉我们抛一次硬币得到反面朝上这种结果可以推导出有 60%的可能性挑选到一枚公平硬币（因此 40%的可能是不公平硬币）。仅抛了一次硬币就能有如此巨大的可信度！

注意到结果并不是对称的。如果我们得到的结果是正面朝上，就有 43%的概率挑选到公平硬币；如果得到的结果是反面朝上，就有 60%的概率挑选到公平硬币。

可以看出，从一次抛掷的结果可以得到很多信息，但即使是 60%也和确定最后的结果相差很远。再多做几次抛掷能够给我们更多的限制条件，在本章的后面我们会学习应该怎么做。

### 4.4.1 贝叶斯定理

回到之前从第一次抛硬币得到正面朝上的地方。

从图 4.5 到图 4.10 中，我们看到了好几种表示 $P(F|H)$ 即已知正面朝上的情况下挑选到公平硬币的概率的方法。

回到图 4.8 中的表示方式（图 4.13 中重复了图 4.8 中的第一行），我们注意到该式的分母［也就是 $P(H,F)+P(H,R)$］是所有可能得到正面朝上的结果的概率（也就是挑选到公平硬币或者不公平硬币两种情况下）。如果我们在处理有 15 种硬币的情况，就需要写出 15 个联合概率的和，这会让表达式变得非常复杂。所以我们一般会缩写，将这些联合概率的和简写成 $P(H)$，也就是得到正面朝上的概率。这依旧意味着所有能得到正面朝上的情况的概率的和。所以如果我们有 20 种硬币，$P(H)$ 就应该是每种硬币得到正面朝上的概率的和。图 4.13 所示的就是这种简写方式。

$$P(F|H) = \frac{P(H|F) \times P(F)}{\boxed{P(H,F) + P(H,R)}}$$

$$P(F|H) = \frac{P(H|F) \times P(F)}{\boxed{P(H)}}$$

图 4.13 根据图 4.8 中的最后一行，我们将分母上两个项的和用 $P(H)$ 代替了。这表示在任意一种硬币上
得到正面朝上的概率，也就是每种硬币得到正面朝上的概率的和。当有多重可能性的
时候，这种写法就会变得更加简洁

图 4.14 所示的就是最终推导出来的公式，这就是著名的贝叶斯定理。

$$P(F|H) = \frac{P(H|F)P(F)}{P(H)}$$

图 4.14 贝叶斯定理，即图 4.13 中的最后一行。根据惯例，我们省略了分子上
两项中间的乘号，让公式看起来更简洁

换句话说，我们想要找到 $P(F|H)$ 的值，即在已知第一次抛硬币时看到正面朝上的情况下这枚
硬币是公平硬币的概率。为了确定这个值，我们需要结合 3 个信息。首先是 $P(H|F)$，也就是已知
得到的是公平硬币且正面朝上的概率。将这个值乘以 $P(F)$，也就是挑选到公平硬币的概率。正如
我们所看到的，这只是估计 $P(H,F)$ 即硬币是公平硬币且正面朝上的概率的一种更方便的方式。我
们在这里展示的是贝叶斯定理的一种常规写法，其中省略了乘号并且默认两个连续写在一起的项
的意思就是将它们相乘。

接下来再将乘积除以 $P(H)$（即硬币正面朝上的概率）。其中需要考虑公平硬币和不公平硬币
两种情况，也就是在任意一种硬币上得到正面朝上的结果的概率。

贝叶斯定理通常写成图 4.14 中的形式，因为它将需要计算的结果拆分成了几个可以测量出来
的部分（符号经常用更一般的 $A$ 和 $B$，而不是 $F$ 和 $H$）。我们所需要的就是每种选项发生的概率[这
个例子中就是 $P(F)$ 和 $P(H)$]，以及每种选项的条件概率［即 $P(H|F)$ 和 $P(F|H)$］。我们只需要代入数
值，就可以得到最后需要计算的结果，也就是已知正面朝上、挑选到公平硬币的概率。记住 $P(H)$
代表的是联合概率的和，如我们在图 4.13 中所看到的那样。

现在在能够知道为什么我们在讨论开始的时候说关于贝叶斯定理的问题（已知事件 2 发生了，
那么事件 1 发生的概率是多少？）需要用条件概率来表示了。因为贝叶斯定理计算出来的就是一
个条件概率的值，这个问题也就是条件概率的定义。如果我们不能以这种形式来表达问题，那么
贝叶斯定理就不是用来回答这个问题的一个正确的工具。

## 4.4.2 贝叶斯定理的注意事项

贝叶斯定理看起来很难记住，因为里面有很多字母，而且每个字母都需要在正确的位置。但
其优势是我们可以在任何时候重新推导出这个公式。

让我们用两种形式写出 $F$ 和 $H$ 的联合概率，也就是 $P(F,H)$ 和 $P(H,F)$。我们知道它们表示的
意义是相同的：表示挑选到公平硬币且正面朝上的概率。像之前一样用展开形式进行替换，就会
得到如图 4.15 所示的公式。

$$P(F,H) = P(H,F)$$

$$P(F|H)P(H) = P(H|F)P(F)$$

$$\frac{P(F|H)P(H)}{P(H)} = \frac{P(H|F)P(F)}{P(H)}$$

$$P(F|H) = \frac{P(H|F)P(F)}{P(H)}$$

图 4.15 如果忘记了贝叶斯定理，这就是重新推导或者快速验证它是否正确的方法。在第一行的
等号两边写上 $F$ 和 $H$ 联合概率的两种形式，然后用展开形式替换，得到第二行。在
第三行，等号两边同时除以 $P(H)$，也就得到了最后一行的贝叶斯定理

要得到贝叶斯定理，只需要两边同时除以 $P(H)$。如果我们需要用到这个公式但忘记了它，可以用这个方法快速手动推导出来。

贝叶斯定理中的 4 项都有各自的惯用名，如图 4.16 所示。

$$\underset{\text{后验}}{P(A|B)} = \frac{\overset{\text{似然}}{P(B|A)} \times \overset{\text{先验}}{P(A)}}{\underset{\text{证据}}{P(B)}}$$

图 4.16 贝叶斯定理中的 4 项以及它们各自的名字。这里用字母 $A$ 和 $B$ 来表示不同的事件

在图 4.16 中，我们以常用的字母 $A$ 和 $B$ 来表示各种事件。在这些字母的表示环境下，$P(A)$ 是初始对于我们是否挑选到公平硬币的预测。因为这是在抛完硬币并观测结果这一动作之前用来判断"是否挑选到公平硬币"的概率，所以我们将 $P(A)$ 称为**先验概率**（prior probability or prior）。

$P(B)$ 表示的是得到所得到的结果的概率，在本例中就是硬币正面朝上的概率。我们将 $P(B)$ 称为**证据**（evidence）。这个词可能会有误导性，因为有时候"证据"指的是在犯罪现场像指纹一类的东西。在本例的背景下，"证据"是指事件 $B$ 以任何方式发生的概率。记住"证据"是我们可能挑选的每个硬币正面朝上的概率的和。

条件概率 $P(B|A)$ 表示的是假设挑选到公平硬币，得到正面朝上的可能性。自然地，我们将 $P(B|A)$ 称为**似然**（likelihood）。

最后，贝叶斯定理的结果表示的是观测到正面朝上的情况下挑选到公平硬币的概率。因为 $P(A|B)$ 是计算后得到的结果，所以它称为**后验概率**（posterior probability or posterior）。

在这里，我们很轻易地得到了先验概率的值，但是在更加复杂的情况下，挑选一个好的先验可能会更加复杂。有时，它会结合经验、数据、知识甚至对于先验应该是什么的直觉。因为我们的选择会有一些个人的主观因素，所以选出来的先验称为**主观贝叶斯**（subjective Bayes）。有时，我们可以用一些规则或者算法来选择先验，这样就称为**自动贝叶斯**（automatic Bayes）（见 [Genovese04]）。

前文提到，贝叶斯方法的一个优点就是它可以明确地判断出我们的预想和期望。这些都跟我们如何选取先验有关。

# 4.5 生活中的贝叶斯定理

第 3 章介绍了用混淆矩阵来帮助我们更好地理解一个测试的结果。现在再来重新看一下这个概念，不过这一次是用贝叶斯定理。

假设你是特修斯星际飞船的舰长，正在执行一项"在浩瀚宇宙中寻找岩石资源丰富、无人栖息的星球，以采集稀有材料"的任务。你刚刚经过了一个有前景的、岩石资源丰富的星球。在该星球上采矿是很好的选择，但你收到的任务是"永远不能在有生命的星球上采矿"。所以一个很大的问题就是：这个星球上有没有生命？

你的经验是，这种星球上 10% 会有某种生命，虽然一般都只是一些细菌，但生命终究是生命。

如协议中规定的那样，你发送了一个探测器。探测器着陆后，返回的报告是"没有生命"。

现在我们又有一个问题：已知探测器没有探测到生命，但星球上依旧存在生命的概率是多少。

这个问题就最适合使用贝叶斯定理来解决。一个条件是（称作 $L$）"有生命存在"，正值表示星球上有生命，负值表示星球上没有生命（这样就可以开始采矿）。另一个条件是"是否探测到生命"，正值（返回阳性）表示探测器探测到了生命，负值则相反。

我们希望避免的情况是在一个有生命的星球上采矿。这是假阴性：探测器返回了阴性，但它不应该返回这个结果。这种情况就很糟糕，因为我们不想破坏或者影响任何非地球的生命体。

假阳性就没有这么糟糕。它的意思是我们会在一个什么都没有的星球上探测出生命并返回正值。唯一的后果就是我们无法在一个本可以采矿的星球上采矿了，最后造成的只有经济损失，并不会影响其他星球的生命。

制造探测器的科学家也有同样的担忧，所以他们尽量最小化得到假阴性的概率。他们同时也尽量控制假阳性的概率，但没有假阴性那么严格。

探测器的测试表现如图 4.17 所示。为了得到这个结果，科学家们将探测器发送到 1000 个已知的星球上，其中 101 个是有生命迹象的。探测器在 1000 次探测中正确地探测出了 100 个星球上的生命（也就是真阳性）。

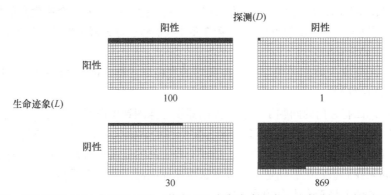

图 4.17　探测器在 1000 个测试星球（其中 101 个有生命迹象）上的表现。探测器正确地探测出了 100 个星球上的生命，但有 1 次忽略了生命的存在。在 899 个无生命的星球上，它正确地探测出了有 869 个星球上没有生命，但错误地探测出了其中 30 个星球上有生命迹象

在 101 个有生命的星球中，探测器仅有 1 次忽略了生命迹象（假阴性）。在 899 个没有生命

的星球中，探测器正确地探测出了 869 个无生命迹象（真阴性）的星球。最后，它错误地在 30 个无生命的星球上探测出了有生命迹象（假阳性）。这些结果不算特别差。

用字母"*D*"来表示"探测到生命迹象"（探测器的结果），用字母"*L*"来表示"有生命存在"（星球上的真实情况），我们就可以对图 4.17 中的结果进行总结，得到图 4.18 中的混淆矩阵。对于边际的概率值，"not-*D*"表示探测器"没有生命迹象"的结果（也就是探测器没有探测到生命迹象），"not-*L*"表示"没有生命存在"（也就是星球上确实没有生命）。

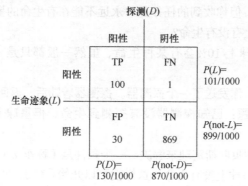

图 4.18　总结了图 4.17 中的结果的混淆矩阵，展示了探测器的表现。
4 个边际概率值标在了右侧和下侧

图 4.19 总结了 4 个边际概率以及两个我们将用到的条件概率。

$$P(D) = 130/1000 \qquad P(\text{not-}D) = 870/1000$$

$$P(L) = 101/1000 \qquad P(\text{not-}L) = 899/1000$$

$$P(D|L) = 100/101 \qquad P(\text{not-}D|L) = 1/101$$

图 4.19　基于图 4.18，4 个边际概率以及两个我们将用到的条件概率的总结

想要知道 $P(D|L)$，也就是已知星球上确实存在生命时，探测器探测到生命的概率。我们用探测器正确探测到生命的次数（100），除以存在生命的星球的数量（101），也就是 TP/(TP+FN)，由此得到 $P(D/L)$ 的值。在第 3 章中，这个值称为召回率。结果是 100/101，大约为 0.99。

想要知道 $P(\text{not-}D|L)$，我们用另一种方法进行计算。探测器在 101 个有生命的星球中忽略了一个，所以我们用 FN/(TP+FN) 进行计算。在第 3 章中我们将这称为假阴性率（false negative rate）。结果是 1/101，大约为 0.01。

用第 3 章中的定义，我们还可以知道探测器的准确率（即 969/1000=0.969）以及精度（即 100/130，大约为 0.77）。

现在我们可以回答之前的问题了。已知探测器没有探测到生命时，星球上有生命的概率可以用 $P(L|\text{not-}D)$ 来表示。可以用贝叶斯定理计算，将上述的数值代入并计算，如图 4.20 所示。

因此，已知探测器没有探测到生命时，星球上有生命的概率大概是 1/1000。这已经有比较大的保证了，但如果我们想要更加确定，可以发送更多探测器。我们之后会看到，连续发送探测器会增加我们对于星球上是否有生命的确信度。

假设探测器返回了正值，也就是它探测到了生命。这对于我们将是一笔经济损失，所以我们想要更加确信。那么星球上确实存在生命的概率有多大呢？

$$P(L \mid \text{not-}D) = \frac{P(\text{not-}D \mid L) \times P(L)}{P(\text{not-}D)}$$

$$= \frac{\dfrac{1}{101} \times \dfrac{101}{1000}}{\dfrac{870}{1000}}$$

$$= \frac{\dfrac{1}{1000}}{\dfrac{870}{1000}} = \frac{1}{870} \approx 0.001$$

图 4.20 计算 $P(L \mid \text{not-}D)$，也就是已知探测器没有探测到生命时星球上有生命的概率。仅将图 4.19 中的数值代入贝叶斯定理

为了知道这个，我们再次使用贝叶斯定理，但这次要计算的是 $P(L \mid D)$，即已知探测器探测到生命时星球上确实有生命的概率。计算过程如图 4.21 所示。

$$P(L \mid D) = \frac{P(D \mid L) \times P(L)}{P(D)}$$

$$= \frac{\dfrac{100}{101} \times \dfrac{101}{1000}}{\dfrac{130}{1000}}$$

$$= \frac{\dfrac{100}{1000}}{\dfrac{130}{1000}} = \frac{100}{130} \approx 0.77$$

图 4.21 计算 $P(L \mid D)$，即已知探测器探测到生命时星球上确实有生命的概率。和之前一样，就是将图 4.19 中的数值代入贝叶斯定理

仅通过这一次探测，我们就有 77% 的信心相信星球上确实有生命。虽然这远远不及之前对于假阴性的确信度，但这只是因为探测器得到假阳性的概率比得到假阴性的概率要大。

就像之前提到的那样，我们可以发送更多的探测器来增加某个结果的确信度。但不论用什么方法，我们永远无法有 100% 的确信度。我们可能会得到很接近 0.0 或者 1.0 的概率，但永远无法到达这两个数值。在某些时候，无论是第 1 个探测器的报告，或者是第 10 个、第 10000 个，我们需要做出一个决断，是否需要继续发送探测器。

下面来看发送更多探测器是如何帮助我们提高确信度的。

# 4.6 重复贝叶斯定理

在本章前面的部分中，我们知道了如何用贝叶斯定理来回答形如"已知事件 2 为真，那么事件 1 为真的概率是多少"这样的问题。我们将它作为一次性的时间来处理，将我们知道的关于这个系统的信息代入，并返回一个概率。

但一次性事件远远不够。回到一开始的两枚硬币的例子，其中一枚是公平硬币，一枚是正面朝上的概率更大的不公平硬币。我们抛掷硬币，它正面朝上，通过这个结果计算出我们挑选到的是一枚公平硬币的概率，然后结束预测。

事实上，我们可以继续下去。在本节中，我们会将贝叶斯定理放到循环的中心部分。每一次新的数据都会给我们一个新的后验概率，我们也就将它作为下一次观测的先验概率。随着时间的推移，如果数据基本保持一致，那么先验就应该在我们想要的真实概率上慢慢改进。

## 4.6.1　后验-先验循环

在图 4.16 中，我们给出了贝叶斯定理中 4 个表达式的惯用名。这些不是它们唯一的名字。我们有时候也用与**假设**（hypothesis）和观测（observation）相关的语言来表示贝叶斯定理中的元素。假设就是某个事件是真的（例如，我们有一枚公平硬币），观测就是我们看到的关于系统的现象（例如，我们看到了硬币正面朝上）。图 4.22 所示的就是贝叶斯定理用这类语言的表示方式。

$$P(\text{假设} \mid \text{观测}) = \frac{P(\text{观测} \mid \text{假设}) \times P(\text{假设})}{P(\text{观测})}$$

图 4.22　用更具有信息的标签来表示贝叶斯定理

在抛掷硬币的例子中，假设"我们挑选到了一枚公平硬币"。我们做一次实验并得到观测结果，也就是"硬币正面朝上"。结合先验概率和已知假设情况下观测结果的可能性，可以得到观测和假设都正确的联合概率。接下来，我们用事实（即观测概率）来继续调整它。得到的结果就是后验概率，即告诉我们已知观测的结果，假设为真的概率。

接下来就是重复使用贝叶斯定理的关键因素。我们知道后验概率是已知观测为真的情况下假设为真的概率。但我们已知观测确实为真，由此才会计算这个后验概率。所以这个后验概率就是假设为真的概率。将这个变量与先验进行比较，先验是我们预估假设为真的概率。

简单来说，基于我们的观测，后验是先验的一个提升的版本。

假设现在有了另一个观测（例如，我们再次抛掷了硬币）。在这种情况下，我们会用前一次的后验作为预测假设为真的概率，而不是用原始的先验。

用基本的循环结构来概括，就是图 4.23 所示的样子。

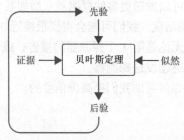

图 4.23　每次有新的观测值时，我们会结合证据，通过该观测的先验和似然来计算后验。这个后验在有新的观测时就会被当作新的先验进入循环

我们开始时有一个先验。这个先验源于分析、经验、数据、算法或者猜测。然后我们做一次观测并开始循环。结合证据、该观测的先验和似然，代入贝叶斯定理，来计算后验。这个后验就会成为新的先验。现在我们做了另一个观测，重复该过程，只不过将先验替换为前一个循环的后验。

重点是每一次经过循环时，观测是用来帮助我们计算后验的，因为观测的结果是真实发生的。

这个后验是先验经过提升后的版本。它的信息量更大,因为它将之前所有的观测结果与最新的一次观测结果相结合了。

让我们看看这种循环在抛硬币的例子上是如何运作的。

## 4.6.2 例子:挑到的是哪种硬币

回忆一下我们的考古学家朋友以及她的两枚硬币的问题。让我们先来概括一下,然后尝试一些变形。

假设有一枚公平硬币,这枚硬币正面朝上和背面朝上的概率相等。与之前只有一枚不公平硬币不同,现在我们假设有一组不公平硬币。每一枚硬币的**偏置**就是它正面朝上的概率,一般用小写的希腊字母 $\theta$ 来表示。在每枚硬币上面都用很小的标签写着硬币的偏置,所以没有未知性。

一枚偏置接近 0 的硬币几乎永远不会正面朝上,一枚偏置接近 1 的硬币几乎每次都会正面朝上。

具体的操作过程是:挑选一枚不公平硬币,识别出硬币上标记的偏置(我们会记住这个偏置值),然后将标签取下来。我们会将这枚硬币放到一个包里,再将另一枚外形一样的公平硬币放进去。然后我们会随机从包里取出一枚硬币,取到每一枚硬币的概率相等。

现在我们又回到了硬币问题,只是对于不公平硬币,现在可以挑选我们想要的合适的偏置了。

现在我们挑选出了一枚硬币,我们想要知道这枚硬币是不是公平硬币。我们将用贝叶斯定理的重复形式,抛掷硬币 30 次,记录每次是正面朝上还是背面朝上,并记录每次用贝叶斯定理计算得到的结果。

注意,因为只有 30 次抛掷,我们可以看到很异常的情况。例如,我们可能会在公平硬币上得到 25 次正面朝上和 5 次背面朝上。虽然概率很低,但还是有可能发生。我们也可能在一枚偏置很大的硬币上得到相同的结果。我们看看贝叶斯定理会如何处理这样的观测。

一开始,我们在公平硬币和一枚偏置为 0.2 的不公平硬币(预测 10 次抛掷中会有两次正面朝上)中进行随机挑选。假设在 30 次抛掷中,只有 20%的概率(也就是 6 次)是正面朝上,另外 24 次都是背面朝上,那么我们挑选到的是公平硬币,还是不公平硬币呢?

对于公平硬币,我们期望在 30 次抛掷中有 15 次正面朝上;对于不公平硬币,我们期望有 6 次正面朝上。如果得到 6 次正面朝上的结果,看起来就是我们挑选到了不公平硬币。

图 4.24 是每次抛掷后贝叶斯定理的计算结果。挑选到公平硬币的概率用浅色表示,挑选到不公平硬币的概率则用深色表示。两个概率之和永远为 1。

要理解这幅图告诉了我们什么信息,先看底部的标注。它们不是 H 就是 T,表示每次抛掷得到的是正面朝上还是背面朝上。这里有 24 次背面朝上(T),6 次正面朝上(H)。

再看条块,从最左侧开始。这一列表示在还没有抛硬币时,我们觉得挑选到每一种硬币的概率,因此都是 0.5。因为挑选到两种硬币的可能性相同,所以没有通过抛硬币来得到任何信息。

右边的一列表示在抛掷一次硬币并观测到背面朝上后的结果。因为在公平硬币上得到背面朝上的概率是 0.5,而在不公平硬币上得到背面朝上的概率是 0.8,所以以得到背面朝上的结果就相当于告诉我们更有可能挑选到一枚不公平硬币。

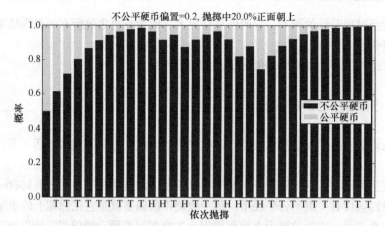

图 4.24　挑选到公平硬币的概率是多少？这个概率在图中用浅色表示，而挑选到不公平硬币的概率用深色表示。30 次抛掷的结果标注在图的底部

继续往右看，大约有 80% 的抛掷结果都是背面朝上。这是我们期望不公平硬币所得到的结果，所以它的概率迅速地越来越接近 1。注意，在 2/3 的抛掷过程中，选到不公平硬币的概率都在上下摆动，因为有几次我们连续得到了正面朝上的结果，而在连续得到背面朝上的结果后，概率再次升高。

在这个例子中，得到的数据与不公平硬币的性质非常匹配。我们保留这枚硬币，但假设在下一组抛掷中得到的正面朝上次数更少，总共只有 3 次，结果如图 4.25 所示。

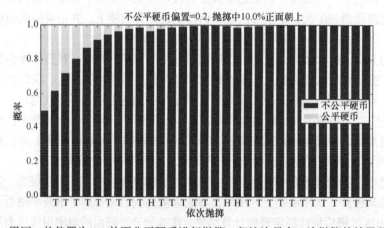

图 4.25　用同一枚偏置为 0.2 的不公平硬币进行抛掷，但这次只有 3 次抛掷的结果是正面朝上

仅在 4 次抛掷后，对于选到不公平硬币，我们就有 90% 的确信度。

假设我们又抛掷了 30 次，但这次有 24 次正面朝上。对于两枚硬币来说，这个数据都不是很匹配。我们期望公平硬币得到 15 次正面朝上但仅期望不公平硬币得到 6 次正面朝上，所以看起来挑选到公平硬币更有可能。贝叶斯定理的结果如图 4.26 所示。

即使公平硬币仅会有一半的次数是正面朝上，但不公平硬币应该只有 20% 的次数是正面朝上。所以得到这么多正面朝上的情况与任意一枚硬币都不匹配，但与不公平硬币更加不匹配，这增加了我们挑选到公平硬币的确信度。

对于偏置为 0.2 的不公平硬币，我们看到了 3 种正面朝上–背面朝上次数的组合，从几乎全是背面朝上到几乎全是正面朝上。我们再做一遍，不过这次我们会对 10 种不同偏置的硬币用 10 种不同的组合做一遍。

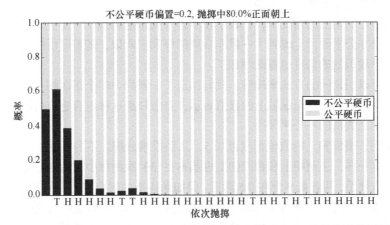

图 4.26　用同一枚偏置为 0.2 的不公平硬币进行抛掷，但这次有 24 次抛掷的结果是正面朝上

　　结果如图 4.27 所示。从左下角开始看，其中横轴（标记为"不公平硬币的偏置值"）上的值大约是 0.05。这意味着我们期望抛掷 20 次只得到一次正面朝上。纵轴（标记为"抛掷序列偏置"）上的值大约也是 0.05。这意味着我们将像之前一样人工构造一系列观测结果，每次观测都有 1/20 的概率是正面朝上。这里，我们构造的 30 次抛掷硬币的结果与不公平硬币的期望值完全匹配，所以对于该枚硬币是不公平硬币的确信度（深色）上升得很快。

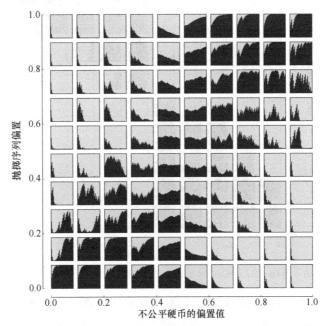

图 4.27　抛掷一枚硬币 30 次，用重复贝叶斯定理来判断手中的硬币是否为公平硬币。每一个方框都表示一组 30 次抛掷。硬币是公平硬币的概率用浅色表示，是不公平硬币的概率则用深色表示。不公平硬币的内在偏置从左到右从大约为 0 增加到大约为 1。30 次抛掷中正面朝上所占的比例从下到上从大约为 0 增加到大约为 1

　　让我们往上移动 3 个单元。因为我们不是水平方向移动，横轴的数值依旧是 0.05，所以抛掷的有可能是一枚应该在 20 次抛掷中有 1 次正面朝上的硬币。但现在纵轴上的数值大约是 0.35，

所以正面朝上的概率比之前增加了很多。

在得到这么多正面朝上的情况下，相较于在不公平硬币上得到了一组更加异常的序列而言，看起来更有可能是在公平硬币上得到了一组非常规的序列。所以，随着硬币抛掷过程的继续，我们对于硬币是公平硬币的确信度也逐渐增加了。

每个单元都可以用相同的方式来理解。我们构造了一系列 30 个正面朝上或者背面朝上的情况，其中这些情况的相对比例用纵轴上的数值表示，并想知道这种组合更有可能是公平硬币，还是一枚偏置为横轴上数值的不公平硬币。

在网格的中间，横纵轴上的数值都接近 0.5，几乎很难分辨。不公平硬币和公平硬币正面朝上的理论次数基本一样，正面朝上和背面朝上也基本在 30 次抛掷中被均匀分配，所以我们有可能挑选到任意一枚硬币，两者概率都在 0.5 附近。但如果构造的组合有更少的正面朝上的情况（图的下半部分）或者有更多的背面朝上的情况（图的上半部分），我们就可以说这种组合与这枚硬币偏置较低（图的左半部分）或者偏置较高（图的右半部分）匹配得很好。

30 次抛掷已经比较能揭露事实了，但依旧有可能得到异常的序列（例如，在公平硬币上得到 25 次正面朝上）。如果我们将每幅图中的抛掷次数增加至 1000 次，那么这种异常序列产生的概率就很低，规律也变得更加清晰，如图 4.28 所示。

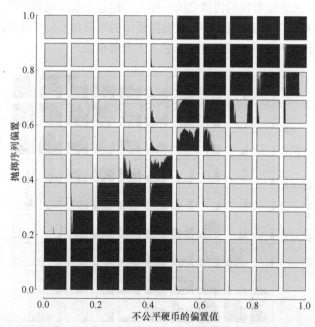

图 4.28　与图 4.27 类似，只是每个方框都表示要将硬币抛掷 1000 次

由图 4.27 和图 4.28 可知，观测得越多，对于假设的确信度也就越高。每次观测都会增加或者降低确信度。当观测结果与先验（"我们挑选到的是公平硬币"）匹配时，对于这个先验的确信度就增加了。当观测结果与这个先验相悖时，确信度就会降低。因为在这个例子中其他选项只有一个，即"挑选到不公平硬币"，所以这个事件的可能性就越来越高。即使只有几个观测，通过贝叶斯定理，结合观测结果与假设是否相匹配，我们通常也可以很早得到较高的确信度。

## 4.7 多个假设

我们已经知道如何用贝叶斯定理结合观测的结果来判断假设是否为真，但并没有规定我们只能有一个假设。

其实我们一直在做多个假设。例如，在上一部分中，我们的两个假设就是"我们挑选到了公平硬币"和"我们挑选到了不公平硬币"，这两个假设的确信度在抛硬币的过程中同时都在更新。只是因为我们知道这两个概率相加为 1，所以只要知道其中一个，也就知道了另外一个。

但如果我们想，也可以明确地将两个概率都用贝叶斯定理计算出来。这样我们就会对"这是一枚公平硬币"的概率有一个先验，对"这是一枚不公平硬币"的概率也有一个先验。每次观测的结果告诉我们是正面朝上还是背面朝上时，先计算"这是一枚公平硬币"的后验，然后将这个后验作为该假设的新的先验，再计算"这是一枚不公平硬币"的后验，然后也将这个后验作为该假设的新的先验。这一过程如图 4.29 所示。

$$(a) \quad P(F|H) = \frac{P(H|F) \times P(F)}{P(H)}$$

$$(b) \quad P(R|H) = \frac{P(H|R) \times P(R)}{P(H)}$$

$$(c) \quad P(H) = P(H|F) \times P(F) + P(H|R) \times P(R)$$

图 4.29　计算两个假设的概率。(a)已知正面朝上，挑选到公平硬币的概率；(b)已知正面朝上，挑选到不公平硬币的概率；(c)得到正面朝上的概率（不论是哪种硬币），也就是在每种硬币上得到正面朝上的概率的和

由图 4.29 可知，选到公平硬币和选到不公平硬币的概率就是硬币正面朝上中的两种情况。

通过这种方式，我们可以同时进行多个假设，对于每一次新的信息都将所有假设更新一遍。

我们可以用这种方法再次帮助我们的考古学家朋友。她刚刚又找到了一个装着游戏盘和很多对硬币的箱子。她知道每对硬币中的一枚是公平的，另一枚是不公平的，但她怀疑这个箱子里每对硬币中的不公平硬币的偏置都不相同。

因为一枚偏置很极端的硬币（也就是正面朝上的概率比背面朝上的概率大很多，或者相反）比较容易分辨出来，所以考古学家朋友觉得可能有不同等级的玩家。新手会玩那些偏置比较极端的硬币，但当他们越来越熟练了以后，就会换成偏置越来越接近 0.5 的硬币。

她将所有找到的硬币都给了我们，希望我们能算出每枚硬币的偏置。我们假设这些硬币中只有 5 种可能的偏置值：0、0.25、0.5、0.75 和 1。

为此我们会建立 5 个假设，用 0~4 标记这 5 个假设，以对应不同的偏置值。所以，假设 0 认为"这枚硬币偏置是 0"，假设 1 认为"这枚硬币偏置是 0.25"，以此类推，直到假设 4 认为"这枚硬币偏置是 1"。

现在我们需要对每个假设设置一个先验概率。之前提到，这个先验概率在每次经过循环时都会更新，所以我们只需要一个起始的猜测。因为我们不知道选到的是哪一枚硬币，就认为选到每枚硬币的概率相同，所以 5 个先验概率都是 1/5，也就是 0.2。

当得到后验概率时，我们需要以这个后验概率作为新一轮的先验概率。保证这些值不要成为极大或者极小值的优选方法是确保它们一直都能成为一个概率质量函数或者 pmf（见第 3 章）。在我们的假设下，所有先验概率之和应该是 1。基于贝叶斯定理，如果先验概率都是概率质量函数，那么后验概率也都会是概率质量函数，所以循环一旦正常开始，系统就会自我维持。因为我们一开始的 5 个先验概率都是 1/5，而 1/5×5=1，所以已经可以保证循环正常运行。

剩下的唯一一件事就是找到每枚硬币的似然。但我们其实已经得到这些值，因为它们就是硬币的偏置。也就是说，如果一枚硬币的偏置是 0.2，那么它正面朝上的概率就是 0.2，背面朝上的概率是 0.8。

所以假设 0（这枚硬币偏置是 0）认为得到正面朝上的概率是 0，而得到背面朝上的概率是 1。假设 1（这枚硬币偏置是 0.25）认为得到正面朝上的概率是 0.25，而得到背面朝上的概率是 0.75，以此类推，如图 4.30 所示。注意，似然不是概率质量函数，所以它们相加的结果不需要是 1。

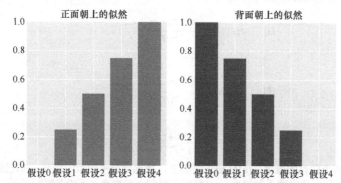

图 4.30　5 个假设中得到正面朝上和背面朝上的似然。得到正面朝上的似然是 0~1，相应地，得到背面朝上的似然就是 1~0

因为在我们抛掷硬币、记录观测结果时，硬币自身不会改变，似然也不会改变。所以我们会重复使用这些似然，每次都在得到新的观测结果后用贝叶斯定理计算新的结果。

我们的目标是重复抛掷硬币，观察先验概率的变化。为了知道在每次抛掷时发生了什么，我们用浅色画了 5 个先验概率，用深色画了 5 个后验概率，如图 4.31 所示。

在图 4.31 中，我们画出了在第一次抛掷硬币后的结果，假设我们第一次观测的结果是正面朝上。这 5 个浅色条块（每个都代表了各自假设的先验概率）都是 0.2。因为硬币正面朝上，我们将各自的先验概率从左至右乘以图 4.30 中对应的似然值，再除以 5 个得到正面朝上的概率的和，就得到了后验概率（即贝叶斯定理的输出，用深色条块画出）。

在图 4.31 中，每一对条块都表示了某个假设的先验概率和后验概率。现在我们已经排除了假设 0，因为它认为硬币永远不可能正面朝上，而我们现在已经得到了一次正面朝上。

再多抛掷几次，我们会生成一系列正面朝上和反面朝上的组合（大约有 30% 是正面朝上），即这个抛掷序列对应的应该是偏置为 0.3 的硬币。这 5 个假设中没有一个完全与之匹配，但假设 1 与之最接近，它认为硬币的偏置是 0.25。让我们看看贝叶斯定理的结果。

图 4.32 中的前两行是前 10 次抛掷后的结果，最后一行，每两幅图之间的步长较大。

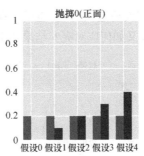

图 4.31　测试 5 个假设，每个假设分别认为硬币的偏置是 0、0.25、0.5、0.75 和 1。从先验概率为 0.2（浅色条块）开始。经过一次抛掷硬币，结果是正面朝上，我们计算出了各自的后验概率（深色条块）

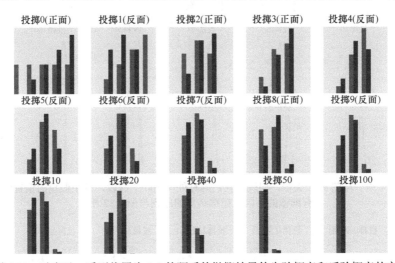

图 4.32　对应于一系列偏置为 0.3 的硬币的抛掷结果的先验概率和后验概率的变化

可以看到，每次抛掷后，旧的后验概率（深色条块）成了新的先验概率（浅色条块）。还可以看到，在经过第一次抛掷后，最左侧的假设 0 的可能性已经降低到了 0，第二次抛掷（结果是背面朝上）后，最右侧的假设 4 的可能性已经降低到了 0，因为这个假设认为硬币永远都会正面朝上。这样就只剩下 3 个假设。

我们可以看看剩下的 3 个假设在每次抛掷后概率的变化。在抛掷硬币的次数越来越多以后，正面朝上的次数越来越接近总次数的 30%，并且假设 1 慢慢占据了主导。

当抛掷了 100 次以后，系统基本已经确定了假设 1 是正确的，这意味着相较于其他偏置值，这枚硬币的偏置值更应该是 0.25。

如果我们可以测试 5 个假设，那么同样也能测试 500 个假设。图 4.33 所示的就是 500 个假设，每个假设对应于均匀分配在 0～1 的偏置值。我们通过添加第 4 行显示更多抛掷次数。在这里，我们去除了数值的条块，这样可以更清楚地看到所有 500 个假设的情况。

在图 4.33 中，我们重复使用了图 4.32 中抛掷结果的序列。如同之前预测的那样，获胜的是预测偏置为 0.3 的假设。但有趣的是，后验假设的分布有点像高斯分布。前文提到，高斯曲线是一条著名的"贝尔曲线"，除去一个对称的凸起，其余地方都是平坦的。

那么，如果将起始的先验概率设置成高斯分布的形式呢？为了增加难度，我们将高斯分布中最大值点对应的横轴设置在 0.8，也就是说，预测硬币的偏置接近 0.8，偏置值离 0.8 越远，是这枚硬币的可能性就越小。远离中心凸起的地方的值会变得越来越小，但永远不会成为 0。0.3（硬币的真实偏置值）处的初始先验概率大约是 0.004。也就是在我们的先验概率中，硬币的偏置是 0.3 的概率仅为 0.4%。那么这样系统又如何应对呢？结果如图 4.34 所示。

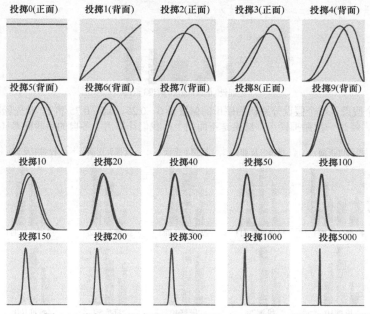

图 4.33　与图 4.32 类似，但现在我们同时处理 500 个假设，每个假设的偏置值都有细微的不同。抛掷结果的序列与图 4.32 相同

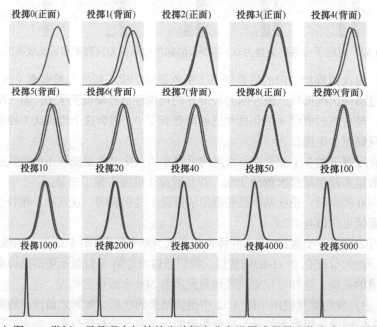

图 4.34　与图 4.33 类似，只是现在初始的先验概率分布设置成了最大值点在 0.8 的高斯分布

结果很好，即使有误导性很强的先验概率，系统最后依然将偏置值改善到了 0.3。虽然比之前花的时间多，但最终也达到了目的。图 4.35 所示的是这个过程中一组画在同一幅图上的曲线。

我们不会深入解释，但用数学极限的思想，可以逐渐增加假设偏置的密度直到无限密集，此时就可以用连续的曲线替代离散点，如图 4.35 所示。这样做可以让得到的结果更加精确，可以找到任意数值的偏置，而不是只能在列表中固定的几个偏置中寻找近似值。

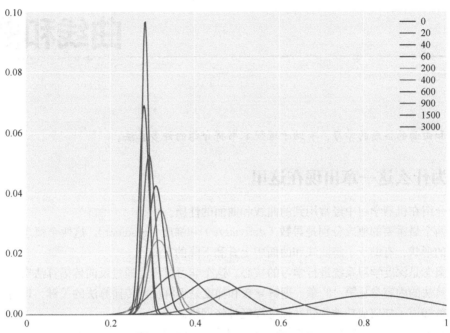

图 4.35　将图 4.34 中前 3000 次抛掷的某些后验概率曲线画在一张图上。可以看到系统给 0.3 附近的权重越来越大，而其他地方的权重不断减小

# 参考资料

[Cthaeh16a]　　　The Cthaeh, *The Anatomy of Bayes'Theorem*, Probabilistic World, 2016.

[Cthaeh16b]　　　The Cthaeh, *Calculating Coin Bias With Bayes'Theorem*, Probabilistic World, 2016.

[Genovese04]　　　Christopher R. Genovese, *Tutorial on Bayesian Analysis* (*in Neuroimaging*), Institute for Pure & Applied Mathematics Conference, 2004.

[Kruschke14]　　　John K. Kruschke, *Doing Bayesian Data Analysis, Second Edition: A Tutorial with R, JAGS, and Stan 2<sup>nd</sup> Edition*, Academic Press, 2014.

[Stark16]　　　P B. Stark and D. A. Freedman, *What Is the Chance of an Earthquake?*, UC Berkeley Department of Statistics, Technical Report 611, 2016.

[VanderPlas14]　　　Jake Vanderplas, *Frequentism and Bayesianism: A Python-driven Primer*, 2014.

# 第 5 章

# 曲线和曲面

曲线和曲面的性质的学习，有助于理解本书将介绍的许多算法。

## 5.1 为什么这一章出现在这里

本章介绍在机器学习中经常用到的曲线和曲面的性质。

其中两个最重要的概念分别是**导数**（derivative）和**梯度**（gradient）。这两个概念用于描述曲线和曲面的形状，有助于了解曲线和曲面中上升和下降的方向。

这些概念是深度学习系统进行学习的核心。这个学习过程是通过反向传播算法实现的。有关反向传播算法的内容参见第 18 章。理解导数和梯度是理解反向传播算法的关键，理解了这两个概念，也就知道了如何成功地构建并训练深度神经网络。

在本章中，我们依旧会略过一些公式，把焦点放在直观地理解导数和梯度描述的性质上。其中涉及的数学层面的知识和概念在大多数现代微积分的书中都有涵盖（见[Apostol91]和[Berkey92]）。

## 5.2 引言

在机器学习中，我们经常会遇到各式各样的曲线。大部分情况下，它们都是**数学函数图**。

我们经常会从函数的输入和输出的角度理解这些曲线：在处理一段二维曲线时，输入是横坐标轴上选择的连续或离散的值，输出是曲线上在每个输入值正上方的点投影到纵坐标轴上的值。所以对于一个函数/一段曲线，给定一个输入值，就可以得到一个数值作为输出。

如果函数是一个曲面，例如一张在风中飘动的纸张，输入是纸张上某一点投影到地面上的点，输出则是地面上的该点投影至纸张上的点的高度。在这种情况下，我们给定两个点作为输入（用以确定地面上某点的位置），输出则依旧是一个点。

这些想法可以普遍化，所以函数的输入可以是多个数值（也称为**参数**），输出也可以是多个数值（有时称为**返回值**）。更直观点，我们可以把函数看作一个无限大的查找表。输入一个或多个数，输出一个或多个数，只要不刻意引入随机数，那么对于特定的函数而言，给定相同的输入，得到的输出也是相同的。

在本书中，我们将在某些方面用到曲线和曲面。其中一个最重要的，也是本章的重点，就是判断如何从一个特定的点沿着曲线/曲面移动，并得到一个更大/更小的输出。完成这个过程需要曲线或者曲面的函数满足一些条件。接下来，我们会以曲线为例详细阐述这些条件，但这些概念完全可以拓展至更多更复杂的图形。

首先，我们需要曲线具有**连续性**。这意味着我们可以在纸上一笔画出这条曲线，中途笔不会从纸上离开。其次，我们需要曲线是**平滑**（smooth）的。这意味着曲线上没有尖锐的点[**尖点**（cusp）]。图 5.1 所示的曲线有这两个不应该有的特点。

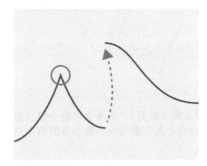

图 5.1　圆圈部分包含了一个尖点，也就是在该点曲线突然改变了原有的方向。虚线的箭头展示了不连续性，也称为跳跃，要画出这样的曲线，我们需要把笔从纸上拿起来移动一段距离再放下继续作图

最后，我们还希望曲线是单值的。这意味着对平面上每一个水平的位置，如果我们在该点作一条垂线，那么这条线只会与曲线交于一个点，所以只有一个点对应那个水平的位置。换句话说，视线从左往右或者从右往左跟随着这条曲线，它不会改变方向。图 5.2 展示了一条不满足该条件的曲线。

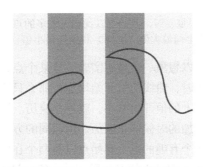

图 5.2　在深色条状区域内，这条曲线在垂直方向上有多个数值

从现在开始，假设所有曲线都满足这 3 个条件（连续、光滑和单值）。这是一个安全的假设，因为我们经常会刻意选择有这些性质的曲线。

## 5.3　导数

在机器学习中，我们经常需要寻找一条曲线（函数）的最大值或最小值。

有时，我们需要寻找一条曲线在完整定义域内的最大值或者最小值，如图 5.3 所示。把整条曲线看作一个完整的集合，则这些点称作**全局最大值**（global maximum）和**全局最小值**（global minimum）。

有些时候我们只想知道曲线上最大值和最小值的具体值，但也有些时候我们想要知道这些具有最大值和最小值的点的**位置**。

然而有时想要找到这些值很困难。例如，如果一条曲线向两个方向无限延伸，怎样才能确定所找到的就一定是最大值或者最小值呢？又如，如果一条曲线有重复的部分（见图 5.4），我们应该选择哪个高点（低点）作为最大值（最小值）呢?

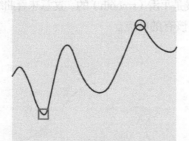

图5.3　全局最大值（圆圈），以及全局最小值（方框）是在整条
曲线上具有最大值和最小值的两个点

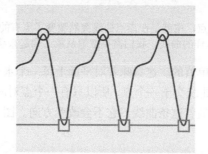

图5.4　当一条曲线无限重复时，我们可以找到无限多的点，这些点都能用来作为
曲线的全局最大值（圆圈）和全局最小值（方框）

为了解决这些问题，我们可以想象一个理想实验。从某个点开始，我们向左遍历所有点，直到曲线改变方向。如果向左遍历时，曲线的值开始增加，那么只要接下来曲线上的值还在继续增加，就继续向左遍历，一旦曲线上的值开始减小，就停止遍历。同理，如果开始向左遍历时曲线上的值是减小的，就在它开始增加的时候停止遍历。用相同的方式再进行一次实验，只不过这次是向右遍历曲线。这就得到了3个有趣的点：起始点以及两个在向左或者向右遍历时的终止点。

对于这个起始点而言，3个点中最小的点是局部最小值，最大的点是局部最大值，如图 5.5 所示。

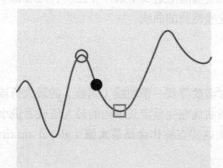

图5.5　局部最大值和局部最小值是一个点领域内的最大值和最小值。就黑色实心点而言，圆圈内的点和方框内的点分别是该点的局部最大值和局部最小值。注意：这两个点不是全局最大值和全局最小值

在图 5.5 中，我们从黑色实心点开始向左遍历，直至遍历到圆圈内的点；向右开始遍历，直

至遍历到方框内的点。考虑这 3 个点：起始点、圆圈内的中心点和方框内的中心点。此时，局部最大值是这 3 个点中的最大值，圆圈的中心点。局部最小值是这 3 个点中的最小值，即方框的中心点。

如果这个曲线向正方向或者负方向无限延伸，情况就会变得更加复杂。我们无法找到像这样的曲线的最大值或者最小值，所以通常假设对于任意曲线的任意点，都能找到局部最大值和局部最小值。

注意：对于一条曲线，只有一个全局最大值和一个全局最小值，但可以有许多局部最大值和局部最小值，因为它们可以根据我们考虑的每个点而变化，如图 5.6 所示。

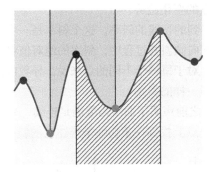

图 5.6　对于不同颜色的区域，它们的局部最大值和局部最小值都不一样。例如，从左往右的深色点是其所处区域中所有点的局部最大值；从左往右的第二个浅色点是其所处阴影区域中所有点的局部最小值

我们可以通过眼睛直接找到局部最小值和最大值，但计算机需要用算法来计算。我们通过创建一个称为**切线**（tangent）的辅助对象实现这一目标。

为了阐述这个概念，我们在图 5.7 中标注了一条二维曲线。

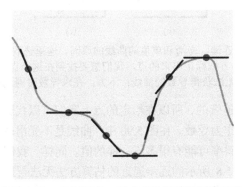

图 5.7　曲线上的一些标记点。每个点的切线用黑色实线标记，这些切线代表曲线在该点的斜率

在曲线中的每个点上，我们都可以画出一条直线，这条直线的斜率受曲线在该点的形状影响。这就是**切线**。我们可以把切线看作一条在该点和曲线"擦肩而过"的直线。

下面是一种找到切线的办法。选取一个点，将其称为目标点。我们可以从目标点开始沿着曲线向左和向右移动相同的距离，在移动的终点处标记两个点，将这两个点连起来，如图 5.8 所示。

现在我们开始将这两个点以相同的速度向目标点靠近，并始终保持这两个点在曲线上。在它们即将恰好重合时，经过这两个点的直线就是我们所要找的切线。

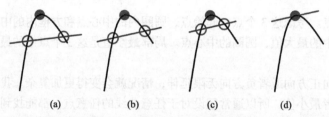

(a)      (b)      (c)      (d)

图 5.8 为了找到一个目标点的切线，我们可以找一组在曲线上的点，这组点到目标点的
距离相同。不断将这组点向目标点靠近，最终就能找到切线

我们说这条直线与所给曲线相切，这意味着这条直线恰好与曲线"碰到"。曲线上给定某一点的切线显示了这条曲线在该点的变化趋势。

我们可以测量在图 5.8 中得到的切线的斜率。这个斜率是一个数值，当直线在水平方向时，斜率为 0，在直线慢慢向垂直方向倾斜的过程中，斜率的绝对值将慢慢变大。在数学上，我们将这个数值称作导数。在曲线上，对于每一个不同的点来说，导数的数值都有可能不一样，因为曲线上的每一个点都有可能会有不一样的斜率。

图 5.9 解释了为什么我们在之前声明了曲线需要满足连续、光滑和单值这 3 个条件。这些条件保证了我们始终可以在每一个点上找到一条切线来描述它的斜率（导数）。

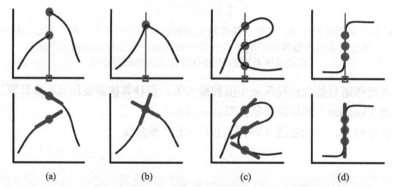

(a)      (b)      (c)      (d)

图 5.9 我们倾向于连续、光滑和单值的曲线的原因。这里选取了横轴上的一个点，
也就是图中用小方框标记出来的点，我们想要找到在这个点上曲线的导数。
上方：无法获得导数的曲线；下方：在求导数时遇到的问题

在图 5.9a 中，曲线是不连续的，所以在给定的点上我们可以找到很多不同的斜率值。但是我们不知道到底应该选择哪个作为导数。在图 5.9b 中，曲线是不光滑的，所以当我们从左往右遍历曲线上的点并到达尖点时，斜率可能有很多不一样的值。同样，我们不知道在这些不同的值中应该选取哪个作为导数。用图 5.8 所示的逐步逼近的估算方法无法帮助我们找到导数，因为用该方法得到的导数并不接近曲线本身的性质。在图 5.9c 中，曲线不是单值的，所选的横轴的点在曲线上对应着多个点，每个点都有不同的导数。同样，我们也不知道应该选取哪个作为曲线在该点（横轴上选取的点）的导数。图 5.9d 展示了一条有一部分完全垂直的曲线，这条曲线同样违反了单值这一条件。更糟糕的是，这段曲线上垂直部分的点的切线也是完全垂直的，这意味着斜率是无穷大的，也就是导数无限大。处理无限大的数值是复杂且困难的，所以我们一般声明曲线不会有垂直部分，这样就不需要担心导数可能会无限大这一问题了。

让我们将曲线设想成一种把变量 $x$ 转换为变量 $y$ 的方式。默认随着变量 $x$ 数值的增大，$x$ 会向右移动；随着变量 $y$ 数值的增大，$y$ 会向上移动，如图 5.10 所示。

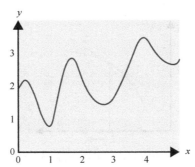

图 5.10　一条二维曲线。当曲线向右移动时，$x$ 的值增大；当曲线向上移动时，$y$ 的值增大

从某一特定点 $P$ 开始向右移动时（即 $x$ 的值增大），我们可以观察曲线上与这个 $x$ 值对应的 $y$ 值是否在增大，或者减小，或者是没有变化。如果 $y$ 的值随着 $x$ 的增大而增大，就说这条曲线在 $P$ 点上有正斜率；如果 $y$ 的值随着 $x$ 的增大而减小，就说曲线在 $P$ 点上有负斜率。切线越倾斜（即切线越靠近垂直方向），斜率的绝对值就越大，如图 5.11 所示。

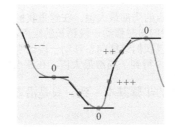

图 5.11　将图 5.7 中的切线用正斜率（+）、负斜率（−）或者斜率为 0（水平切线）（0）进行标记。为了显示斜率的大小，对于每条切线，斜率的绝对值越大，标记的加号或者减号就越多

可以看到，图 5.11 中有一个靠近左侧的点，这个点既不是曲线的峰顶也不是谷底，但斜率依旧为 0 。我们只会在曲线的峰顶、谷底或者像这样的地方找到斜率为 0 的点。

数字前的**符号**（sign）告诉我们这个数字是正数、负数还是 0。所有正数的符号都是+，所有负数的符号都是−，0 的符号是 0。

事实证明，要计算出一条曲线上某点的导数一般不是一件难事。我们可以用导数作为工具来找一条曲线上某点的局部最大值或者局部最小值。

给定一条曲线上的一个点，我们可以找到该点的导数。如果我们想要沿着曲线移动时 $y$ 的值一直增加，那么应该沿着导数符号的方向在曲线上移动。也就是说，如果导数是正的，那么沿着 $x$ 轴正方向移动才会得到更大的 $y$ 值。同理，想要得到更小的 $y$ 值，则需要向反方向移动，如图 5.12 所示。

为了找到某一点附近的局部最大值，我们会先找到曲线在该点的导数，然后在 $x$ 轴上沿着该点导数的符号的方向移动一小步。然后我们在移动过后得到的点处再求曲线在这一点上的导数，再次依照刚才的方式移动一小步。如此重复该过程，直到导数值变成 0。这一过程如图 5.13 所示。

为了让这个过程更加实用，我们需要声明一些细节，例如，我们每一次移动的步长以及如何避免移动距离过大而错过局部最大值，但现在我们只是使用理想化的过程让大家易于理解求值的步骤。

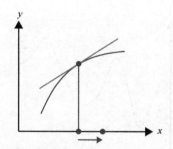

图 5.12　某点的导数说明在该点我们朝某个方向移动可以使得 $y$ 轴上的对应值（简称 $y$ 值）更大或者更小。
图中标记的点的导数是正数，所以如果我们向右移动一个单位（沿着 $x$ 轴正方向），就会得到一个更大的 $y$ 值

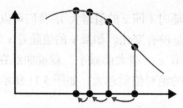

图 5.13　可以用导数来找到某一点的局部最大值。在这里我们从图中标记的最右边的点开始。
该点的导数是较大的负数，因此我们向左移动一段稍长的距离。在得到的点上导数依旧是负数，
然而数值稍微小了一点，所以我们继续向左移动一段比刚才短的距离。接下来，移动
一段更短的距离，得到了局部最大值，在该点导数的数值为 0

求局部最小值与求局部最大值的步骤基本一致，只是沿着 $x$ 轴移动的方向与每一点导数的符号相反，如图 5.14 所示。

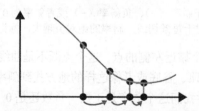

图 5.14　为了寻找局部最小值，我们遵循图 5.13 中的步骤。因为导数为负数，我们沿着 $x$ 轴向右移动。
我们从图中标记的最左边的点开始。一开始的导数是负数并且数值较大，所以我们向右移动
一段稍长的距离。我们会发现导数的数值在随着每一次移动增大（也就是导数在一步步
向 0 靠近），直到这一过程让我们移动到局部最小值，曲线在该点的导数为 0

求局部最大值和局部最小值是机器学习过程中一个很重要的步骤，这取决于我们在曲线上对于每一点都能求得导数的能力。我们要求曲线满足光滑、连续和单值这 3 个条件，就是为了可以在曲线上每一点都能找到唯一的、有限大的导数，这也意味着我们可以用前面提到的方法找到局部最大值和局部最小值。

在机器学习中，多数曲线在大部分时候都满足光滑、连续和单值这 3 个条件。如果我们碰巧遇到了一条不满足某一个条件的曲线，就无法计算某些点上的导数——有些数学方法有时（但并非总是）可以让我们巧妙地处理这些问题。

# 5.4　梯度

梯度是导数在三维、四维或者更高维度的一般化形式。本节会介绍梯度的概念以及用法。

假设我们身处一个大房间里，在头顶上方有一块表面有起伏但没有折痕或者破洞的光滑的布，如图 5.15 所示。

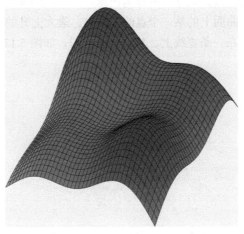

图 5.15　一块没有折痕或破洞的光滑的布

这块布的表面自然满足我们之前对曲线提出的几个理想条件：它既是光滑的，也是连续的，又因为它是一块布，不会卷到自己的上方（像凶猛的波浪那样），所以它也是单值的。换句话说，从地面上任意一点往上看，布上只会有一个点在地面上这点的正上方，而且从地面上的点到布在该点正上方的点的距离是可以测量的。

现在我们想象自己可以在某一瞬间定住这块布。如果我们能移动上去，绕着这块布走，甚至在布的表面走动，好比在山峰、平原或者峡谷这样的地形表面上一样。

假设这块布足够厚，以至于水无法穿过它。如果我们向布上的任意一点滴一些水，这些水就会自然地向"地势"低的地方流去。事实上，这些水会顺着能让它最快速地往下流的路径流下去。

我们滴出去的水是受到重力作用而往下流的。在任意一点，它能快速地在邻域（field）找到能让它往下流的方向，并且找到流速最快的路径，如图 5.16 所示。

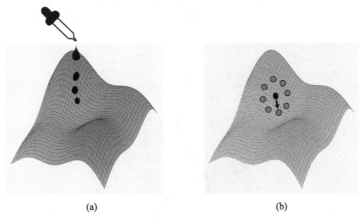

(a)　　　　　　　　　　　　　(b)

图 5.16　如果我们向布上滴一些水，它会尽可能快地往低处流去。我们称这条路径为最大下降。(a)向布上滴水；(b)一滴水在寻找附近几个点中"地势"最低的方向，这个方向就是水将流动的方向

在所有能移动的路径中，水永远会选择那条最陡峭的"下坡路"。水流动的方向被我们称为
**最大下降**（maximum descent）的方向。

假设我们现在希望水向上流，同样，流得越快越好，并找到**最大上升**（maximum ascent）的
方向，该怎么做呢？在一个曲面上的某一个点的邻域内，最大上升的方向就是最大下降方向的相
反方向。这两条路径往往都在一条直线上，只是方向不同，如图 5.17 所示。

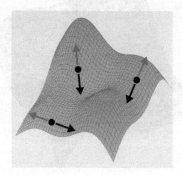

图 5.17　最大上升的方向（浅色箭头方向）往往和最大下降的方向（黑色箭头方向）正好相反

最大上升的方向，也就是图 5.17 中浅色箭头标注的方向，称作**梯度**。我们可以通过翻转它找
到最大下降的方向，也就是黑色箭头标注的方向，称作**负梯度**（negative gradient）。所以梯度指向
上升的最陡峭方向，而负梯度指向下降的最陡峭方向。想要尽快登上山顶的登山者会沿着梯度的
方向走，往山下流的水流则会沿着负梯度的方向流动。

如图 5.17 所示，我们可以在一个曲面的任意一点（准确来说不是任意一点，而是任意一个能
在该点找到"上坡"或者"下坡"的点，稍后我们会涉及）找到梯度和负梯度。

现在我们知道了最大上升的方向，也可以找到梯度的**大小**（magnitude）。梯度的大小表示
向上走的速度。如果向上走得很慢，梯度的大小就比较小；如果向上走得比较快，梯度的大小
就比较大。

我们可以用梯度来找到局部最大值，就像在 5.3 节中用导数求局部最大值一样。换句话说，
如果我们在一种地势上，想爬到最高的地方，只需要沿着梯度的方向走，即每当处于一个点时，
下一步要移动的方向就是该点的梯度的方向。如果我们想去附近地势最低的点，就应该沿着负梯
度的方向走，即每当处于一个点时，下一步要移动的方向就是该点梯度的反方向。逐步移动的过
程如图 5.18 所示。

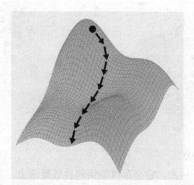

图 5.18　要往地势低的方向移动，我们可以找到所在点的负梯度（即最大下降的方向），然后沿着该方向
移动一小步。接着我们在新位置再找到该点的负梯度，再沿着新的方向移动一小步，以此类推

假设我们在一座山的最高点，如图 5.19 所示。这个最高点就是局部最大值（也有可能是全局最大值）。在这里，没有可以继续上升的方向。如 5.3 节提到的，当我们位于一个曲线的平坦区域时，该区域上的点的导数为 0。现在图 5.19 所示的曲面上也有类似的一块平坦区域。因为没有可以继续上升的方向，所以从这个点上升的最大速率为 0，即梯度的大小为 0。我们一般将这种情况称为**梯度消失**（vanishing gradient）。

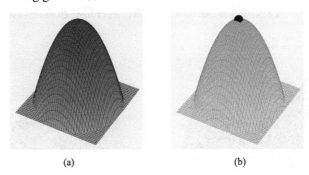

(a)　　　　　　　　(b)

图 5.19　在山的最高点，没有可以继续上升的方向。(a)山；(b)山的最高点，该点没有
梯度，因为没有能上升的路径。这是一个局部最大值或者全局最大值

**梯度消失**就像在山的最高点，负梯度同时也会消失。

如果我们在一个碗的最底部（见图 5.20），那会怎样呢？碗的最底部的这个点就是局部最小值（也有可能是全局最小值）。

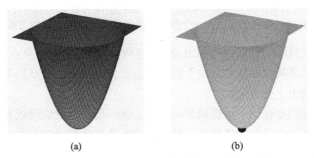

(a)　　　　　　　　(b)

图 5.20　在一个碗的最底部，往每一个方向移动都会让我们上升。(a)碗；(b)碗的最底部的一点。
因为这个点在碗底，就像在山的顶端一样，其局部的曲面是平坦的，所以该点也没有梯度。
这是一个局部最小值或者全局最小值

在一个碗的最底部，就好比位于一座山的最高处，局部的曲面是平坦的，因此该点没有梯度或者负梯度。换句话说，在该点没有方向能让我们上升（或者下降），简言之就是没有"最好的"方向。

如果我们既不在山顶也不在碗底，就在一个平坦的平面上（见图 5.21）呢？

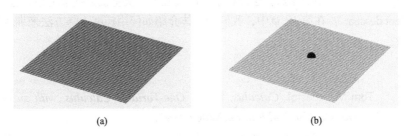

(a)　　　　　　　　(b)

图 5.21　在一个平坦的平面上。（a）平面；（b）平面上的某点，在该点没有梯度

如同山顶的点一样，平面上的点也没有可以上升的方向。当处在一个平面上时，梯度同样不存在。

到目前为止，就像在二维曲线中见到的一样，我们见到了局部最大值、局部最小值以及平坦的区域。但在三维曲面中，有一种全新的特征。

三维曲面中有些点的邻域的形状，看起来就像骑马者坐的马鞍一样。在一个方向上，我们处在谷底，然而在另一个方向上，我们处在山顶。自然，这种形状被称为**鞍部**（saddle）。图 5.22 为鞍部的一个实例。

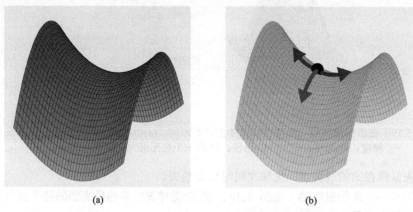

(a)                                    (b)

图 5.22    鞍部在一个方向上会上升，但在另一个方向上会下降。(a)鞍部；(b)鞍部上的一个点。颜色稍浅的箭头所示的方向是下降的方向，颜色稍深的箭头所示的方向是上升的方向。在另一端还有一个颜色稍浅的箭头也指着下降的方向

位于鞍部的中央就像同时处在谷底和山顶。与这两者相同，鞍部中央点的邻域也像一个平面，所以也没有梯度。但如果我们在某个方向上移动一点点，会发现一点点斜率，梯度就会重新出现并为我们指明该点的最大上升方向。

总体来说，如果我们处在一个地势的某一部分，这一部分在我们附近有上升和下降的变化，就会存在一个指向最大上升的方向的梯度。梯度的大小告诉我们沿该方向上升有多快。指向相反方向并有着同样大小的向量则代表着最大下降。

如果我们处在一个局部平坦的区域（平面、山顶、谷底或者鞍部的中央），梯度就不存在了。我们可以将这想象为一个既没有大小也没有方向的向量，但因为这很难画出来，所以我们一般将这一现象称为梯度消失（有时候也会说在该点有零梯度）。当梯度不存在时，我们不知道在哪个方向上可以上升或者下降得最快，有时甚至根本没有可以上升或者下降的方向。

在后续章节中，我们将学习神经网络。它是通过误差的梯度来学习的。神经网络通过沿着负梯度的方向前进来调整网络中的参数，这样在学习的过程中，误差就会越来越小。这一操作称为**梯度下降**（gradient descent）。在第 18 章中，我们会具体介绍如何用梯度下降方法来训练深度网络。

# 参考资料

[Apostol91]    Tom M. Apostol, *Calculus, Vol. 1: One-Variable Calculus, with an Introduction to Linear Algebra, 2nd Edition*, Wiley, 1991.

[Berkey92]    Dennis D. Berkey and Paul Blanchard, *Calculus*, Harcourt School, 1992.

# 第6章

# 信息论

本章介绍如何考虑并测量存在于数据、计算过程以及结果中的信息量，如何比较不同的数据表示方法的效率。

## 6.1 为什么这一章出现在这里

本章介绍信息论（information theory）的基础。信息论首次出现在 1948 年的一篇具有开创性的论文中，并由此为人们所知。这是一个相对较新的概念，但是它为现今的一切（现代计算机、卫星、手机乃至互联网）奠定了基础（见[Shannon48]）。

起初，人们研究信息论的目的是希望可以找到最有效的电子通信方法。然而，那篇论文中的思想远比这一目的要深刻，即将知识转换成我们可以学习并操控的数字形式。信息论的思想赋予我们一种可以用来测量自己对事物了解程度的工具。

本章将简要介绍一些信息论中的基础知识。同样，我们不会拘泥于抽象的数学公式。信息论中的术语和思想会相当频繁地出现在与机器学习有关的文献中，因此适当了解该领域是非常重要的。具体而言，当我们希望衡量类似深度网络的神经网络的效果时，信息论提供给我们的评估方法就会十分有用。

### 信息：一词双义

本章的内容都是关于**信息论**的，所以在对它做详细解释之前，我们先统一一下"信息"一词的含义。

"信息"（information）一词既有日常生活语境下的含义，又有科学语境下的特定含义。虽然两种含义间有很多的概念重合，但为大众所熟悉的含义较为宽泛，人们也可以对此有自己的解释；科学语境下的含义则要更加精确，并在数学上被严格定义。

让我们从构建科学语境下的"信息"的含义开始。

## 6.2 意外程度与语境

我们接收到任意形式的消息，无论是一个词语、一个小故事还是一段诗词，都是由世界上的某些变化导致的。某些东西从一个地方被移动到另一个地方，这些东西可以是电脉冲，可以是一些光子，也可以是某人的声音。

宽泛地说，我们可以将这一过程描述为一名"发送者"通过某种方式向"接收者"提供了某种形式的消息。

在本节中，我们有时会用术语"意外程度"来表示这则消息为接收者提供了多少新信息。这是一个非正式术语，用来指代我们对某些事件的期望与实际从中得到的信息之间的差距。举个例子，假设现在我们听到门铃响了，如果我们最近从网上订购了东西，那么发现门外站着的确实是送货员，这可能让我们有一点点惊喜，但不会是完全出乎意料的。但是，如果在门铃响了以后，门外出现了一只大猩猩或者是背上驮着 25 只兔子的乌龟，那这一事件的意外程度可就高多了！在本节中，我们的目标之一便是找到一些更为正式的术语来代替"意外程度"，并给它们附上特定的含义及衡量方法。

假设我们正在接收一则消息，希望可以描述出这次通信可以给我们带来多大的意外程度。这种描述很有用，因为后面我们会看到，意外程度越大，接收到的信息也就越多。

## 6.2.1    意外程度

更具体地说，假设我们从一个未知的号码那里收到了一条意外短信。我们打开短信并且看到它的第一个词是"谢谢"。这时我们的意外程度会是多少？当然了，我们至少会感到一点点意外，因为直到目前为止，我们依旧不知道这条短信是谁发来的，也不知道他想要感谢的是什么事情。但因为过去发生的某些事情而收到表达感谢的短信确实会发生，所以这种事并非闻所未闻。

现在让我们建立一个虚构且完全主观的"意外程度量表"，其中 0 表示某件事完全符合预期，而 100 表示某件事完全是个意外，如图 6.1 所示。

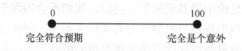

图 6.1    意外程度量表，表示范围是 0～100 的值

在这个量表下，我们兴许可以将出现在一条意外短信的开头的单词"谢谢"标注为 20。

现在假设这条短信中的第一个单词不是"谢谢"，而是"河马"，那么除非我们的工作和动物有些关系，否则这个单词很可能是出乎意料的。例如，我们给它在意外程度量表里标注为 80，如图 6.2 所示。

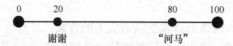

图 6.2    假如一条意外短信的第一个单词是"谢谢"，我们可以给它的意外程度打上 20 分。
而"河马"一词就要意外得多，所以我们可以给它的意外程度打上 80 分

虽然"河马"对于一条短信的开头而言可以是个大意外，但是如果它再出现，就没那么意外了。这其中的差别就在于"**语境**"。

## 6.2.2    语境

我们可以将语境看作一则消息所处的环境。由于我们关心的是每则消息的含义，而非它们用以通信的物理方法，因此语境可以表示发送者与接收者之间所共享的知识，这些知识使消息有了意义。

如果这则消息是一小段句子，这些共享的知识就必须包括这段语言里所用的词语，因为诸如"Kxnfq rnggw"这样的英语单词毫无意义。我们基于此可以进一步推断出：共享的知识也应该包括语法、对表情符号和缩写的现有解释、共享文化的影响，等等。

以上这些知识称为"全局语境（global context）"。这是我们面对任何消息时都会拥有的，即便在我们阅读它们之前。我们在第 4 章中有过关于贝叶斯定理的讨论，套用其中的概念，那么一些全局语境是在**先验**中被获取的，因为那就是如何获取我们对于环境的理解，以及我们对于可以从中学到些什么的预期。

另一个情况是"**局部语境**"（local context）。在一则消息里，某个单词的局部语境可以是该短信里的其他单词。想象一下，假如我们正在第一次阅读这则消息，那么每个单词的局部语境就仅由它们之前的所有单词组成。

语境会影响一则消息对于我们的意外程度。

如果"河马"是消息中的第一个单词，那么我们只有全局语境，还没有任何局部语境。如果我们不是在工作中时常碰到河马，那么这个单词的意外程度就会很高。

但是，如果这则消息的第一句话是"让我们去动物园的河那边，也许这样我们能看见一头很大的灰色的……"，那么在这个背景下，"河马"一词就显得不那么意外了。

全局语境和局部语境的差别就在于**依赖程度**。一个单词在它的局部语境中意外与否就在于它的含义是否依赖于它周围的其他单词。

当我们运用全局语境来解释消息中单词的含义时，这种依赖就不会发生。每个单词都有其本身的含义。

全局语境依旧会影响我们能感受到的意外程度。如果我们在一个漂流旅游景区工作，并且从河马身边经过是一件很平常的事情，那么"河马"一词就会是我们日常生活中所使用的词汇，听到"河马"就不那么意外了。但在这样一种环境下，单词"制动火箭"也许就会是完全出乎意料的。如果我们的职业是飞行器工程师，在这样的环境下，"制动火箭"一词也会变得很常见，而单词"河马"会变得意外得多。

我们可以通过为每个单词评估它的意外程度值来描述一个单词在全局语境下的意外程度，如图 6.1 所示。假设我们为词典里的每个单词都设了一个值（这是一件乏味的工作，但它的确是可行的）。如果调整这些值的尺度直到它们的和为 1，我们就创造出了一个**概率密度函数**（probability density function，pdf），正如我们在第 3 章中看到的那样。

这意味着我们可以从 pdf 中抽取一个随机变量来取得一个单词，那些意外程度较高的单词会比那些意外程度较低的单词更加频繁地单独出现。

一种更加常见的方法是通过建立一个 pmf 表示一个单词的常见程度。所谓常见程度，简单来说就是意外程度的对立面。有了这一设定，相较于常见程度较低的单词，我们预计会更加频繁地抽取到那些意外程度较低的单词。

## 6.3　用比特作为单位

我们用一个单词的出现概率确定发送这一单词时所传达的信息量，但先要谈论一下后面用来讨论信息的单位。

众所周知，"比特"是信息的最小单位，取值有 0 和 1。比特也可以用电子电路来存储，因此我们可以说，一块芯片的容量为 1000 比特。

虽然在上一段中我们用日常生活中的语言进行了通俗易懂的解释，但是这有些不太准确。将"比特"比较通俗的使用方法与其技术上的定义进行区分是很有帮助的，因为这样可以帮助我们更加准确地讨论信息。

**比特**（bit）是一个单位，类似于千米、秒这样的单位。相较于"这个存储器有 1000 比特那么大"，我们应该更加谨慎地表述为："这个存储器可以容纳 1000 比特的信息"。

这个差别是很重要的，因为我们希望牢记比特是一个单位，而不是一个电荷容量、量子态或者其他任何特定的机制。我们可以用一个电路或者设备来表现一个比特的信息量，但这些东西并不是比特本身。

## 6.4　衡量信息

通过一个公式，我们可以衡量出一则文本消息中的正式信息量。我们不会过多地牵扯数学问题，但会解释它的基本思想。

这个公式有两个输入。第一个输入就是这则消息的文本，第二个则是用来描述每个单词本身所含意外程度的概率质量函数。将它们输入这个公式，就能产生一个数值，从而告诉我们这则消息的意外程度，或者说信息量有多少。这个数值的单位通常就是比特。

这个公式被设计成对每个单词的输出值——或者更一般地说，每个**事件**（event）——有 4 个关键的性质。现在假设背景为我们在办公室里而非河边工作，然后进行下一步的阐释。

（1）比较可能的事件信息量较少，例如，"订书机"一词的信息量较少。

（2）比较不可能的事件信息量较多，例如，"鳄鱼"一词的信息量较多。

（3）比较可能的事件相较于比较不可能的事件来说信息量较少。例如，"订书机"比"鳄鱼"传达了更少的信息量。

（4）两个**不相关**事件的总信息量是它们各自信息量之和。虽然在日常交流中，很少会有两个连续的单词是完全不相关的，但是假设我们的办公室里有一张桌子，上面有许许多多办公工具，并且每种工具都有很多种颜色。如果某人想要借一个"绿色的订书机"，我们就可以认为这两个单词几乎是完全不相关的，因为即使我们听到了"绿色的"一词，它后面还是可以接上一大堆可能的物件。如果我们假定了这两个单词是完全不相关的，就能通过把"绿色的"和"订书机"两个单词所传达出的信息量相加找到短语"绿色的订书机"所拥有的信息量。

在日常的交流中，一个单词的出现通常会缩小它后面可能出现的词的范围。就像如果某人说："今天我吃了一个很大的……"，那么诸如"三明治"或者"比萨"这样的单词就会比"浴缸"或者"帆船"这样的单词拥有更低的意外程度。因此，把每个单词本身单独的意外程度相加，通常会比整个消息的意外程度要高。相比之下，假设我们正在发送一个设备的序列号，并且这串数字本质上是一串随机字母或者数字，如"K0GNNP4R"，如果每个字符确实和其他字符没有关系，那么把它们各自的意外程度相加就能得到这则消息中整个序列号的意外程度。

公式中的前 3 个性质符合我们的常识。它们可以被解释为：常见的事件不太令人意外、不常见的事件令人意外，以及不常见的事件比常见的事件更加令人意外。

第 4 个性质使我们将关注点从单个事件放到了事件集上。两个不相关单词的组合所拥有的意外程度就是它们各自的意外程度之和，因此这就是我们如何从测量单个单词的意外程度到整条文本信息的意外程度。

虽然我们并没有怎么讨论数学，但还是有了一个正式的信息的定义，那就是："信息是一个小的公式或一种算法，它将一个/多个事件以及一个概率密度函数作为输入，其中概率密度函数表示了每个事件对于我们的意外程度。通过这两个输入，信息可以为每个事件提供一个数值，并且保证这些数值符合前文提到的那4个性质"。

这个公式的输出就是信息量，正如我们在 6.3 节中讨论过的那样，信息量通常用比特作为单位来表示。

## 6.5 事件的大小

每个事件所携带的信息量同样也受输入公式的那个概率密度函数的大小所影响。换句话说，我们在交流中可能使用的单词的数量影响了我们发送出去的每个单词所携带的信息量。

假设我们想把一本书的内容从一个地方发送到另一个地方。我们也许会先把那本书里所有不同的单词都列出来，然后给每个单词都分配一个序号，比如，给单词"这个"分配 0，再给单词"以及"分配 1，以此类推。之后，如果接收者也有同样的单词序号对应表，我们就可以把这本书用发送序号的方式从第一个单词对应的序号开始发送整本书。

苏斯（Seuss）博士的书《绿鸡蛋和火腿》只包含了 50 个不同的单词（见[Seuss60]）。如果用 0~49 的数字来表示这本书，那么对于每个单词，我们需要 6 比特的信息。罗伯特·路易斯·史蒂文森（Robert Louis Stevenson）的书《金银岛》包含了 10700 个不同的单词（见[Stevenson83]）。对这本书里的每个单词，我们需要用 14 比特的信息来表示。

总而言之，虽然我们可以用一个包含所有单词的巨大词汇表来发送这些书的内容，但如果为每本书单独分配一个对应的词汇表，且词汇表中的单词是每本书中真正用到的，那样效率会更高。换句话说，我们可以通过将传输的信息调整成发送者与接收者都共享的全局语境来提升效率。

就让我们采用这个想法，并试着将其应用于实践中。

## 6.6 自适应编码

我们在 6.5 节中看到了，将传输的信息调整成发送者与接收者都共享的全局语境是合理的。举例而言，如果我们正在讨论有关管弦乐的内容，那么诸如"大号"或者"小提琴"这样的单词会比诸如 "海星"以及"章鱼"等单词更常见一些（也就是说，出现概率更大）；但是，如果我们正在讨论的内容与水下展览相关，那么与此相反的结论则会变得正确。

我们发现可以利用这个观察的结果提升发送消息的效率。一个著名的例子就是莫尔斯电码（morse code）。在莫尔斯电码中，每个印刷字符都对应着一些由点与横线组成的编码，它们之间由空白停顿分开，如图 6.3 所示。

莫尔斯电码通常用电报键来发送，以此来启用或者禁用单个清晰字符组合的传输。

点是一个短促的声音。我们按住电报键以发送点的时间可以用称作滴（dit）的单位来表示。一个横线持续 3 滴的时间。我们在两个符号中间留下 1 滴的空余时间，两个字母中间留下 3 滴的空余时间，两个单词之间留下 7 滴的空余时间。这当然是理想的措施。在实际运用中，许多人可以识别出他们朋友与同事的个人节奏，我们称之为 fist（见[Longden87]）。

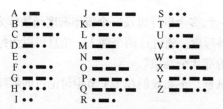

图6.3　莫尔斯电码中，每个字符都对应着一些点、横线与空格的组合

因此，莫尔斯电码包含着3种形式的符号：点、横线以及点时长的空白停顿。假设我们希望通过莫尔斯电码发送消息"nice dog"。这则信息所对应的由短音（点）、长音（横线）以及点时长的空白停顿组成的序列如图6.4所示。

图6.4　莫尔斯电码的3种符号：点（实心圆圈）、横线（实心方块）以及空白停顿（空心圆圈）

这是一个通过噪声较大的电报线来传输消息的好方法，因为声音可以在噪声以及其他影响存在的情况下被识别出来。在干扰很大的情况下，莫尔斯电码依旧是通过无线电发送消息的好方法。

我们一般通过名为符号（symbol）的点和横线来讨论莫尔斯电码。为任何字母所分配的符号的组合称为编码。

发送一则消息所需要的时间取决于具体分配到组成这则消息内容的每个字母的编码。举例而言，虽然字母Q与字母H同样由4个符号组成，Q却需要花费长得多的时间来发送。字母Q需要13滴来发送（3个横线各需要3滴，1点需要1滴，以及3个空白停顿各需要1滴），但我们则仅需要7滴的时间来发送字母H（4点需要4滴，以及3个空白停顿各需要1滴）。

莫尔斯电码通过符号的不同持续时间来区分它们。如果我们给每个符号都分配相同的时长，识别可以更容易些。为了实现这个目标，我们可以给"点"分配一个音（比如一个频率较低的音），给"横线"分配另一个音（比如一个频率较高的音）。

这样，在发送任何字符时，我们只需要发送一些短音的序列，每个短音的时长都是1滴。比如，发送字符R时，我们发送"低，高，低"而不是"点，横线，点"。同样，两个符号中间也不需要空白停顿，但两个字符中间依旧需要1滴的空白停顿。

现在每个由4个符号组成的字符都需要花费4滴来发送，不论其编码是由怎样的点与横线进行组合的。

让我们再来看看不同字符的编码。从图6.3中，我们可能不太能清楚地看出任何分配编码的原则，但在它背后有一个奇妙的思想等着我们去挖掘。

图6.5显示了包含26个罗马字母的列表，按照它们各自在英语中的使用频率排列（见[Wikipedia17]）。

**E T A O I N S H R D L C U M W F G Y P B V K J X Q Z**

图6.5　罗马字母，按照它们在英语中的使用频率排序

现在我们再来看看图6.3中的编码。出现最频繁的字母E，它的编码仅由一个点组成。出现第二频繁的是字母T，它的编码也仅是一条横线。它们是仅有的两个可以由一个符号组成的编码加以表示的字母，所以接下来我们来看看那些编码由两个符号组成的字母。字母A的编码由一个点和一条横线组成。出现第四频繁的是字母O，然而它打破了我们前面看到的规律，因为它的编

码——3 条横线，太长了。我们等会儿再解释它。剩下的双符号编码的字母是 M，它的编码是两条横线，然而它又与我们前面在字母列表里讨论的那些字母相差得很远。

为什么字母 O 的编码那么长，而字母 M 的编码那么短呢？莫尔斯电码显然遵循着我们的字母频率表，但看上去它还是有些不准确。

要解释这个现象，我们需要从塞缪尔·摩尔斯（Samuel Morse）说起。在最初的设计中，他仅为数字 0～9 设计了编码。字母以及标点符号则由阿尔弗莱德·维尔（Alfred Vail）在大约 1844 年设计并在后来加入电码（见[Bellizzi11]）。

据维尔的助手威廉·巴克斯特（William Baxter）所言，维尔并没有用来计算字母使用频率的简便方法，但他知道自己应该遵循它们出现的频率来设计。

巴克斯特这样说道："他的大致计划是采用最简单也是最短的符号组合来表示那些在英文字母表中出现频率最高的单词，用其他的组合表示那些相对不太常见的单词。比方说，他通过调查发现字母 E 比其他任何字母出现的频率都要高，就给它分配了一个最短的符号，即一个点。相对而言，出现频率不那么高的字母 J 就由编码'点-横线-横线'来表示。"（见[Pope88]）

维尔认为他可以通过查看新泽西州莫里斯敦的当地报纸估计英语文本的字母出现频率。在那里，人们依然用铅字印刷术来印刷报纸。当时，排版员每次通过为每一个字符在一个大托盘里放置一个单独的金属"块"来一次性设置一整个页面。维尔认为那些最常用的字符应该有最多的备用金属块，所以他统计了每个字母箱中金属块的数量。这一常见度统计就代表了他对于英文中字母出现频率的统计（见[McEwen97]）。

鉴于这个样本很小，事实上他做了相当出色的工作，尽管有些小缺陷，比如，想当然地认为字母 M 比字母 O 出现得更加频繁。

为了确定我们的字母频率表（以及莫尔斯电码）和实际的文本是否符合，图 6.6 展示了由罗伯特·路易斯·史蒂文森所著的《金银岛》一书中每个字母的使用频率。就这个表格而言，我们仅统计了字母数量，并且每个字母在被统计之前都转换成了小写。我们同样也将数字、空格以及标点符号纳入了统计。

图 6.6 中的字母顺序并非完美地契合图 6.5 中的字母出现频率表，但它们二者足够接近了。

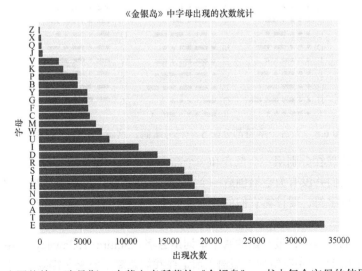

图 6.6 由罗伯特·路易斯·史蒂文森所著的《金银岛》一书中每个字母的使用频率。
一个字母的大小写都被统一记录

图 6.6 看上去像一个从字母 A 到字母 Z 的概率分布。为了将它做成一个**真正的**概率分布，我们必须调整尺度，使得所有项的和为 1。为此，我们需要做的仅是将图像的横坐标都调整到正确的值上。结果如图 6.7 所示。

现在让我们用字母的概率分布来改进通过莫尔斯电码发送《金银岛》一书的效率。我们将通过一些不同的方法完成这一目标。当然，我们会沿用双音版本，即点对应着高音，横线对应着低音，且两者都持续 1 滴的时长。

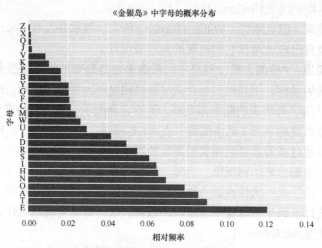

图 6.7 《金银岛》中字母的概率分布

让我们从一个假想版本的莫尔斯电码开始。在这个版本中，维尔先生没有抽空去那个报纸办公室。相反，不妨先说他希望为每个字符分配相同数量的点和横线符号。如果用 4 个符号，那么他仅可以标注 16 个字符，但如果用 5 个符号，他就能标注 32 个字符。

图 6.8 展示了我们如何为每个字符随机分配 5 个符号编码。这是一组**定长编码**( constant-length code/fixed-length code )的例子。

图 6.8 为每个字符都分配 5 个符号编码，这就是一组定长编码

记住，点和横线现在分别用一个低音和一个高音来发送，每个音持续 1 滴的时长。

在图 6.8 中，我们并没有为空格创造一个字符，这是遵循了原始莫尔斯电码的做法。因为空格并没有一个明确的字符，要计算它们的数量就会有些麻烦，所以我们在后面的讨论中都忽略字母与单词中间的空格。

在《金银岛》的文本中，最开始的两个单词是名字 "Squire Trelawney"。由于每个字符都需要 5 个符号，这个由 15 个字符组成的短语（请记住我们忽略了空格）需要 5 × 15=75 个符号，如图 6.9 所示。其中展现了所有 75 个点与横线。

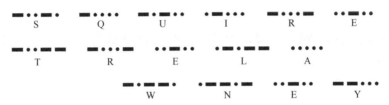

图 6.9　用定长编码来表示《金银岛》里的前两个单词

现在我们将它和实际的莫尔斯电码做个比较。在实际的莫尔斯电码中，通常来说，最常见的字母比不太常见的字母需要的符号要少，如图 6.10 所示。

图 6.10　用莫尔斯电码来表示《金银岛》里的前两个单词

如果我们统计一下符号数量，就会发现这里仅用了 37 个符号。由于每个符号（点或横线）在双音修改版本中都持续相同的时长，因此这个由 37 个符号组成的莫尔斯电码版本只花了定长编码版本所需时间的一半（37/75≈0.5）。这一时间的节省就来自编码对于发送内容的适应。

我们将任何试图通过匹配短编码模式与高概率时间的方法称为**可变比特率编码**（variable bit rate code），或者更简单地，称为**自适应编码**（adaptive code）。即使在这个简单的例子中，自适应编码的效率几乎比定长编码高了一倍，从而将通信时间缩短了几乎一半。

让我们再来看看《金银岛》的完整文本，其中包含了约 33.8 万个字符（包括空格、标点符号等）。如果用 5 个符号的定长编码，则需要约 170 万个符号来传输整本书；如果用标准莫尔斯电码，则需要约 70.7 万个符号，即仅需要定长编码符号数量的约 42%！我们可以用远少于非自适应编码所需时间的一半来发送这本书。

我们甚至可以做得更好。除了应用标准莫尔斯电码，我们还可以将字母分布更加精准地与它们在书中的实际占比相匹配。当然，我们需要与接收者分享我们精妙的编码，但如果我们发送的是一个很长的消息，那么相较于消息本身，这点额外的通信可以忽略不计。

将编码调整至与消息内容相匹配的思想是我们讨论内容的核心，所以我们就直奔主题。莫尔斯电码根据英语中字母出现的平均频率做出了适应调整，因此我们可以用它来消除消息中的许多符号，加快通信速度。但如果我们进一步采取措施，不用莫尔斯电码，而是完全根据《金银岛》的内容另外建立一个"金银岛编码"，甚至可以节约更多时间。这一思想引出了著名的**哈夫曼编码**，并极大地缩短了发送一则消息所需的时间（见[Huffman52]）。

让我们用概率论的语言来复述一遍。

自适应编码为一个概率分布中的每个值都创造了一种编码模式。拥有最高概率的值可以得到最短的编码。然后我们就遵循这一原则为其他所有值分配尽可能短但又不重复的编码，从概率最高的值直到概率最低的值。这意味着新分配的编码的长度总是大于或等于先前分配的编码。

这就是维尔先生在 1844 年所做的，他根据自己在当地报纸的排版员使用的字母箱中统计的字母数量完成了这一工作。

现在我们可以查看任何接收到的消息，识别每个字符，并将它与其概率分布加以比较，而该分布会先告诉我们这个字符的符号有多大。这告诉我们该字符携带了多少比特的信息。根据我们在讨论计算信息量的公式时提到的第 4 条性质，用来表示消息所需的比特数就是每个字符需要的比特数之和。

我们同样可以在发送一则消息以前完成这一过程。这将告诉我们有多少信息是需要和接收者进行通信的。

## 6.7 熵

回顾一下，图 6.7 为我们提供了《金银岛》一书中所有字母的概率分布。

现在假设有人给我们发了一封信，并且信中的内容是从《金银岛》中随机抽取的字母。也就是说，可以看作某人完全是从这一字母的概率分布中抽取字符的。

在不知道他们选择了哪些特定字母的情况下，我们可能会接收到多少信息呢？换句话说，在给予了图 6.7 所示的概率分布的情况下，假如我们接收到了一定量的从中抽取的字符，那我们每接收到一个字符，平均有多少信息可以被接收到呢？

有一个公式能够帮助我们以比特为单位确定这一个量的值。这个量被称为熵（entropy），或者有时也称为**香农熵**（Shannon entropy），以此纪念第一位提出这一思想的科学家（见[Serrano17]）。

熵同时取决于消息内容和概率分布函数。如果我们用一个概率分布函数来计算一则消息的熵，然后用另外一个概率分布函数来计算同一则消息的熵，通常会得到两个不同的结果。

让我们把关注点从字母转移到完整的单词上。这给了我们一个可以确确实实地深入了解不同稿件间差别的机会，因为虽然作者都使用相同的 26 个字母（加上大小写字母、标点符号等），但是他们一定不会完全使用一模一样的单词。

先从考虑单词的集合的熵开始。假设我们有了一个编码模式，这种编码可以用不同的数字（序号）来表示每一个单词。比如，7 也许表示"快乐"，38042 也许表示"石榴"，诸如此类。如果我们采用的是自适应编码，那么更短的数字比起更长的数字在发送时所需要的比特数更少。因此我们发送 38042 来代表一次"石榴"的比特数，也许可以抵得上我们发送多次代表"快乐"的数字 7。这个想法有点像我们在本章之前讨论过的意外程度量表。

现在假设我们有两种不同的编码，它们都包含了绝大部分英语单词，但它们为单词分配数字的方式不同。

比如，假设第一种编码是为单词"记住"出现的次数很多的文本所设计的，那么表示这个单词的数字就比较小；第二种编码则是为那些"记住"一词出现频率不那么高的文本设计的，那这个单词就会被分配到一个更大的数字。当我们用这两种编码来发送消息时，每种编码所需要的比特数取决于那则消息中的单词出现频率与这个编码所假设的单词出现频率的匹配度。比如，如果单词"记住"在一则消息里出现得比较频繁，那么采用第二种编码就会比采用第一种编码需要更多的比特数来发送这则消息。

图 6.11 展示了《金银岛》开头第二段的第一句话，我们给每个单词用两种虚构的编码分配了数字，并展示了发送它们所需要的比特数。

I remember him as if it were yesterday

| | | | | | | | | |
|---|---|---|---|---|---|---|---|---|
| 第一种编码 | 3 | 14 | | 7 | 9 8 7 | 11 | 113 | 总计 = 172 bit |
| 第二种编码 | 4 | 64 | | 21 | 2 4 8 | 32 | 86 | 总计 = 221 bit |

图 6.11 《金银岛》开头第二段的第一句话。每个单词都由一种特定的编码分配了一个数字。这里展示了用两种不同的编码发送这些单词所对应的数字所需要的比特数。例如，采用编码 1，需要 14 比特来发送单词"记住"；而采用编码 2，则需要 64 比特来发送这一版本的"记住"

图 6.11 中的第一种编码比第二种编码更好地匹配了文本，虽然对于某些单词来说，第二种编码为它们分配了更小的数字。总的来说，如果采用第一种编码，我们会比采用第二种编码需要更少的比特数来发送这则消息分别对应的数字。

由于熵告诉我们平均来看一则消息中的每个字符传递了多少信息，我们同样可以进行反推。给定一则任意的消息以及一个概率分布函数，我们就能估算出发送这则消息所需要的比特数。

让我们这样来看待这个问题。假设有一个概率分布函数，从中随机地取出一些字符，是否可以描述出自己有多确定，或者多不确定地选择了哪个字符呢？我们正好可以用熵来回答这个问题（见[Hopper17]）。

假设概率分布函数是由单词组成的。事实上，它仅包含一个单词"大黄"。这样我们就能完全确定我们从这个分布函数中所取出的任意一个单词都会是"大黄"。

现在假设这个概率分布函数由两个单词组成，其中取到"大黄"的概率是 0.25，而取到"檫树"的概率是 0.75。那我们就可以 75% 确定地说从中随机取到的单词将是"檫树"。

我们可以将这个想法推广到由更多的单词组成的更大的概率分布函数（或者其他任何类型的数据）。通过将不同的概率以香农的公式相结合（见[Shannon48]），我们可以得到一个代表这个分布的熵的值。如果分布中只有一个事件，熵就是 0；如果有许多的事件且它们的发生概率都是 0，而仅有一个事件的概率是 1，熵也会是 0；当分布中的所有事件都拥有相同的概率时，熵会最大。

因此我们可以为整个分布确定一个熵值，方法就是通过某种方式对其中每个事件的概率进行组合。这个熵能告诉我们收到一个来自该分布的字符时，我们应该期待收到的信息量。

换句话说，一个概率分布函数的熵是该分布中信息量的预期值。因此熵可以告诉我们对于从该分布中抽取的事件，平均来看我们应该预期接收到多少信息量。

"熵"这个词在其他领域中以类似但不同的方法被使用，它通常用于表示一个系统中的有序度（或者无序度）。我们可以将这两种对于熵的常见解释进行联系，通过将一个系统的有序度和这个系统所蕴含的信息量相关联。通常来说，我们将组织某个事物看作需要信息，因此一个东西（比如一家公司、一座大楼或者一个分子）里的结构越多，那它就蕴含着越多的信息。

# 6.8　交叉熵

我们将定义一个名为"**交叉熵**"（cross-entropy）的关键思想。它和我们刚才讨论的熵的思想有关。当我们要测量一些神经网络中的误差时，它将起到一些作用。

为了在正式讨论它之前获得关于这一思想的一些直观感受，我们看看另外两本小说，并为它们分别建立一个基于单词的自适应编码。

## 6.8.1　两种自适应编码

《金银岛》与《哈克贝利·费恩历险记》都是用英文写成的（见[Stevenson83]和[Twain85]）。也就是说，它们由同一个集合里的单词写成。虽然在每本书里，特别是在对话里，都会有一些也许不存在于任何词典中的单词，但是我们先暂且忽略它们，并且假设两本书都基于同一核心单词的集合写成。

两本书都有大约相同的词汇量：《金银岛》用了大约 10700 个不同的单词，而《哈克贝利·费恩历险记》则用了大约 7400 个不同的单词。当然，它们用的是不同的单词集合，但是有着相当大的重合度。

我们看看在《金银岛》中最常出现的 25 个单词，如图 6.12 所示。为了统计这些单词，我们把所有大写字母都转换成小写字母（因此"With"和"with"将被视作同一个单词）。由一个字母组成的单词"I"也因此在表格中以小写的"i"呈现。

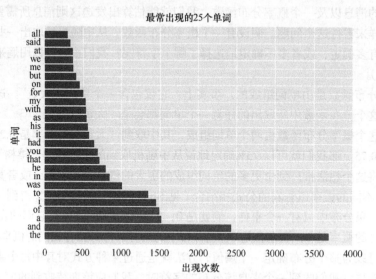

图 6.12 《金银岛》中最常出现的 25 个单词，以出现次数排序

让我们把它们与《哈克贝利·费恩历险记》中最常出现的 25 个单词（见图 6.13）做个比较。

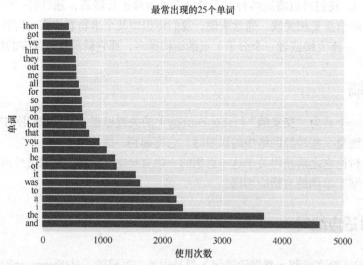

图 6.13 《哈克贝利·费恩历险记》中最常出现的 25 个单词，以出现次数排序

"but"在第一本书里不是最常见的 17 个单词之一，但在第二本是最常见的 17 个单词之一，所以我们没有看懂这句话的意思。

假设我们想要一个单词接着一个单词地传输两本书的文本内容，那么可以给两本书中的所有单词都按字母表顺序排列，然后给每个单词分配一个数字，从 1 开始，然后是 2、3……以此类推。

但是我们从莫尔斯电码的例子中知道，通过采用针对发送内容改编过的编码，可以大大提高发送信息的效率。因此让我们来创造这样一种编码，其中出现频率越高的单词将被分配一个越小的编码。这样，出现频率高的单词如"the"和"and"就可以用一些短编码来发送，而比较稀有的单词就会拥有较长的编码，并且需要更多的比特数来发送（在《金银岛》里大约有 2780 个单词仅出现了一次；在《哈克贝利·费恩历险记》里则大约有 2280 个单词仅出现了一次）。

让我们从《金银岛》开始。我们将为这个文本设计一种自适应编码，从编码很短的单词"the"开始，逐步扩展到那些编码很长的、仅出现过一次的单词，比如"wretchedness"。现在我们可以用这种编码来发送一整本书，并且比起用字母表顺序创造的编码或者定长编码而言，要节约不少的时间。为了给之后的讨论做准备，我们同样会把那些出现在《哈克贝利·费恩历险记》中而没有出现在《金银岛》中的单词也包括进来，这样也可以用这种编码发送那本书。

现在我们对《哈克贝利·费恩历险记》做同样的工作。我们将设计一种特别为这个文本准备的编码，把最短的编码分配给单词"and"，并且把比较长的编码分配给那些只出现过一次的单词，比如"dangerous"（这确实令人感到惊讶——"dangerous"仅在《哈克贝利·费恩历险记》里出现过一次！）。与其他先前讨论过的编码相比，这种编码可以让我们更快速地发送整本书的内容。如先前做的那样，我们同样会在这种编码中将那些出现在《金银岛》中但是没有出现在《哈克贝利·费恩历险记》里的单词包括进来。

我们可以注意到两种编码都是通过两本书中的单词出现频率来设计的。对这两种编码我们有两个很重要的结论。

首先，我们的两种编码是不同的。我们可以看到最开始编码的那些单词是相同的，但那之后，两本书中的单词出现频率就变得不同了。这是在意料之中的，因为两本书讲的内容主题很不一样，所以它们使用单词的频率也不一样。

其次，两种编码都是从相同的词汇表中被选取出来的。这也就是说，除去在某些古怪对话中的单词，它们用的都是能在词典中找到的英语单词。请记住我们假设两本书中的所有单词都包括在了两种编码中，因此我们可以用任意一种编码来发送任意一本书。

虽然两本书用的都是英语单词，但它们的单词顺序却不一样：大多数同时被两本书使用的单词都以不同的频率出现在两本书中，并且有些单词仅出现在一本书中。比如，单词"yonder"在《哈克贝利·费恩历险记》里出现了 20 次，在《金银岛》里却一次都没出现过；而单词"schooner"在《金银岛》里出现了 28 次，在《哈克贝利·费恩历险记》里却没有出现过。

## 6.8.2 混合编码

现在我们有了两种编码，每一种都能用来传输所有英语单词。《金银岛》编码是适应了每个单词在该书中出现的次数的，同样，《哈克贝利·费恩历险记》编码也根据该书的内容进行了调整。

压缩比（compression ratio）可以告诉我们一种自适应编码能节省多少比特数。如果这个比例是 1，那自适应编码就和非自适应编码需要的比特数一样；如果比例是 0.75，那么自适应编码只需要非自适应编码 3/4 的比特数。压缩比越小，节省比特数就越多（有些作者对这个比值使用了相反的定义，所以会导致比值越大，压缩的效果就越好）。

让我们尝试一个单词接一个单词地发送这两本书。图 6.14 中上方的横条显示了我们用为《哈克贝利·费恩历险记》专门设计的编码编译该书所得到的压缩比。我们用的是之前提到的哈夫曼编码，不过结果与大部分的自适应编码基本相似（见[Wiseman17]）。

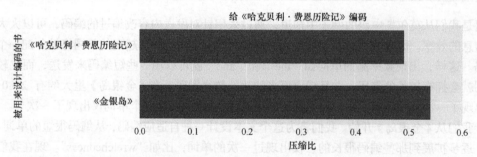

图 6.14　用自适应编码来编译《哈克贝利·费恩历险记》编译。上方：用为该文本设计的编码编译该书所得到的压缩比。下方：用为《金银岛》设计的编码编译该书所得到的压缩比

这个结果相当不错。自适应编码取得了比 0.5 还略小一些的压缩比。这意味着用这种编码发送《哈克贝利·费恩历险记》，会比使用定长编码需要的比特数少一半还多。

现在让我们试试新方法，用为《金银岛》设计的编码来编译《哈克贝利·费恩历险记》。与所预料的一样，这种编码方式的压缩比就没有这么小了，因为这样编码中的数字就不会完美地与要编译的内容匹配了。图 6.14 中下方的横条显示了这样一种结果，它的压缩比大约是 0.54。与我们的预期一致，这确实没有前面那种方法好。

现在让我们把条件转换一下，来看看用为《金银岛》设计的编码编译这本书的时候表现怎么样。我们也同样用为《哈克贝利·费恩历险记》设计的编码来编译《金银岛》，结果如图 6.15 所示。

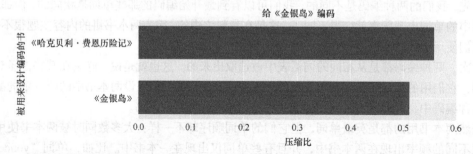

图 6.15　用自适应编码来编译《金银岛》。上方：用为《哈克贝利·费恩历险记》设计的编码编译该书所得到的压缩比。下方：用为该文本设计的编码编译该书所得到的压缩比

这次我们发现《金银岛》编码比《哈克贝利·费恩历险记》编码的压缩效果更好。这很容易理解，因为我们用了一种适应了该文本单词使用规律的编码。

通常来说，发送任意消息最快的方式是用一种为该消息的内容专门设计的编码。没有任何其他的编码能够表现得更好，且它们中的大多数都会表现得很糟。

有一个公式可以告诉我们一种编码与文本匹配的质量。这个公式计算了发送这则消息时每个单词所需要的平均比特数。这个数值就是所谓的"交叉熵"。

交叉熵越大，发送每个单词所需要的比特数就越多。我们可以通过计算交叉熵来检验一种编码是否适合被用来发送一则已知文本。如果我们需要比较两种编码发送消息的效率，那么效率更高的那个，就是具有更小交叉熵的编码。

我们将在第 20 章中训练神经网络时看到交叉熵的应用。我们通常会用交叉熵的方式计算误差。

让我们再从另外一些书里看看交叉熵的内容。在图 6.16 中，我们用了 4 种自适应编码来编译

《金银岛》。其一是为《金银岛》所设计的编码，其二是为《哈克贝利·费恩历险记》所设计的编码，还有分别为《双城记》（见[Dickens59]）以及《堂吉诃德》（见[Cervantes05]）的英文翻译版所设计的编码。我们能在古腾堡项目中找到它们（见[ProjectGutenberg18]）。

正如我们所看到的那样，发送《金银岛》最有效率的方式就是用为这本书中的单词所设计的自适应编码，而不是为其他书中的单词所设计的编码。

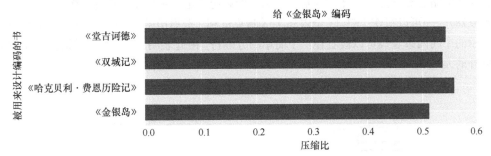

图 6.16　用取自 4 本不同图书的编码来编译《金银岛》所取得的压缩比。为《金银岛》该书所设计的编码效率最高

## 6.9　KL 散度

交叉熵告诉我们用一种特定编码来发送一则消息的每个单词所需要的平均比特数。这个平均值在我们采用最佳的编码时最小，而最佳的编码就是我们特别地为这则消息所设计的编码。

但是设计一种编码会相当耗费时间。也许我们可以用一些已经建立好并且可用的编码，而且它们中的一种已经足够好了。为此我们将探讨一下编码的**代价**（expense）。可以想象，有些代价会在发送任意一个比特时产生，因此发送的比特数越多，这个传输所需要的代价就越大。如果有一种编码对于发送一则消息需要的代价比另一种编码更小，它就对那则消息有更好的压缩效果，也就会需要更少的比特数。

为了确定用特定编码发送特定消息的压缩质量，我们需要知道为了用这种编码发送那则消息所需要付出的增加代价。总之，如果增加代价为 0，就意味着我们取得了一个与最佳编码表现同样好的编码，也就说明我们找到了一个完美的编码。

对于任意一种编码所需要的平均比特数与最佳编码所需要的平均比特数的差别，我们可以用使用那一种编码的熵（或者说代价）减去使用最佳编码的熵来表示。

这个差别有着各种各样的名字。最常被使用的是 Kullback–Leibler **散度**（Kullback–Leibler divergence），或者简称为 KL **散度**（KL divergence）。这个名字是由发表了计算该差值的公式的科学家名字组成的。还有一些叫法不太常用的名字，如**鉴别信息**、**信息散度**、**有向散度**（directed divergence）、**信息增益**（information gain）、**相对熵**（relative entropy）以及 KLIC（也就是 Kullback-Leibler 信息准则的缩写）。

另一种解释方式是，KL 散度告诉我们获取通过一种概率分布函数来产生的信息的代价是什么。它会通过一种为另一个不同的概率分布函数所设计的编码表示。

为了计算使用《哈克贝利·费恩历险记》编码来发送《金银岛》所产生的 KL 散度，我们将调整《金银岛》中单词使用次数的尺度，来使它们符合图 6.17 所示的概率质量函数。

我们同样展示了在《哈克贝利·费恩历险记》中相同单词的出现频率。可以发现，在《金银岛》中最常出现的单词"the"比起《哈克贝利·费恩历险记》中要出现得更加频繁。因此，使用《哈克贝利·费恩历险记》编码来发送"the"所需要的比特数就会渐渐地比使用《金银岛》编码来发送该单词的比特数要更多。

为了定义 KL 散度，我们通过一个公式来找出这些不一致的大小，然后将它们加在一起，对那些较常见单词与较不常见单词的惩罚进行加权。

如果我们略过数学推导，使用《哈克贝利·费恩历险记》编码来发送《金银岛》的 KL 散度大约是 0.287——可以写作"KL（《金银岛》‖《哈克贝利·费恩历险记》)"。与其他常见符号一样，这一表示的中间两条竖线可以被看作一个简单的分隔符。由此表明：对于每个单词，我们需要"付出"额外的大约 0.3 比特。因为我们用了错误的编码（见[Kurt17]）。

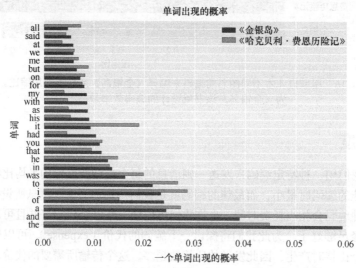

图 6.17　《金银岛》中常见单词的出现概率以及这些单词在《哈克贝利·费恩历险记》中的出现概率

可以看到，KL 散度并不是对称的，因为在两本书中的单词出现概率是不一样的，且这些概率被用来为不匹配性做权重的衡量。用《金银岛》编码来发送《哈克贝利·费恩历险记》所产生的 KL 散度，或者说"KL（《哈克贝利·费恩历险记》‖《金银岛》)"要大得多，大约为 0.5。

KL 散度足以说明用一种并非是最佳编码的编码时所产生的代价。有时候我们也许希望采用一种已有的并非最佳的编码，而不是建立一种全新的编码。

## 参考资料

[Bellizzi11]　Courtney Bellizzi, *A Forgotten History： Alfred Vail and Samuel Morse*, Smithsonian Institution Archives, May 24, 2011.

[Cervantes05]　Miguel de Cervantes, *The Ingenious Nobleman Mister Quixote of La Mancha*, published by Francisco de Robles, 1605.

[Dickens59]　Charles Dickens, *A Tale of Two Cities*, Chapman & Hall, 1859.

[Hopper17]　Tim Hopper, *Entropy of a Discrete Probability Distribution*, tdhopper.com, 2017.

[Huffman52]　David A. Huffman, *A Method for the Construction of Minimum-Redundancy Codes*, Proceedings of the IRE, volume 40, number 9, 1952.

[Kim16]          Wonjoo Kim, Anupam Chattopadhyay, Anne Siemon, Eike Linn, Rainer Waser, and Vikas Rana, *Multistate Memristive Tantalum Oxide Devices for Ternary Arithmetic*, Nature Scientific Reports, Article 36652, 2016.

[Kurt17]         Will Kurt, *Kullback-Leibler Divergence Explained*, Count Bayesie blog, 2017.

[Wikipedia17]    Wikipedia authors, *Letter Frequency*, Wikipedia, 2017.

[McEwen97]       Neal McEwen, *Morse Code or Vail Code?*, 1997.

[Pope88]         Alfred Pope, *The American Inventors of the Telegraph, which Special References to the Services of Alfred Vail*, The Century Illustrated Monthly Magazine, April, 1888.

[ProjectGutenberg18]  Project Gutenberg creators, Project Gutenberg main site, 2018.

[Longden87]      George Longden, *G3ZQS' Explanation of how FISTS got its name*, FISTS CW Club, 1987.

[Serrano17]      Luis Serrano, *Shannon Entropy, Information Gain, and Picking Balls from Buckets*, Medium, 2017.

[Seuss60]        Dr. Seuss, *Green Eggs and Ham*, Beginner Books, 1960.

[Shannon48]      Claude E. Shannon, *A Mathematical Theory of Communication*, Bell Labs Technical Journal, July, 1948.

[Stevenson83]    Robert Louis Stevenson, *Treasure Island*, 1883.

[Twain85]        Mark Twain, *Adventures of Huckleberry Finn (Tom Sawyer's Comrade)*, Charles L. Webster and Company, 1885.

[Wikipedia17a]   Wikipedia, *shannon (unit)*, 2017.

[Wiseman17]      John Wiseman, *A Quick Tutorial on Generating a Huffman Tree*, SIGGRAPH Education Materials, 2017.

# 第 7 章

分类

我们通常希望可以将每个输入数据分配给一个或多个最能描述它的类别，比如识别照片中出现的人。本章将研究应对这种挑战的方法。

## 7.1　为什么这一章出现在这里

机器学习的一个重要应用包括查看一组输入，将每个输入与一组可能的类别进行比较，并为该输入选择最可能的类别。这个过程称为**分类**。

我们可以使用指定的类别或**类**（class）来识别某个人最可能对手机说的话、照片中可见的动物，或者是一块水果是否成熟。

有时合适的类或类别不止一个。例如，我们可能有一张老虎在树旁的照片，将这张照片分为"老虎"和"树"这两个类别似乎都是合理的。在本章中，我们假设每个输入都有一个主要的方面，因此将为其分配对应于那个方面的标签。我们将看到技术可以推广到在每段数据上应用多个类，如"老虎"和"树"（如果需要的话）。

我们将通过输入已确定的合适类别的数据来训练分类器。这个类别称为**实际值**、**基本事实**、**专家标签**（expert's label），或者简称**标签**。这既是我们手动分配样本的类，也是我们希望分类器分配数据的类。

分类器实际分配给每个输入的类别或类，称为输入的**预测值**。

训练的目标是尽可能多地获得与标签匹配的预测值，以推广到分类器以前从未见过的新输入。

在本章中，我们将看到分类背后的基本思想。我们不会考虑具体的分类算法（见第 13 章）只是熟悉这些原理，以使以后的算法细节更易理解。

我们还将研究**聚类**，它可以自动找到有用的方法，将没有标签的样本分组在一起。

## 7.2　二维分类

分类是一个大话题。让我们从尽可能简化的问题开始。

现在，假设输入数据只属于两个不同的类别或类，所以每个输入都会有一个指定的标签，该标签是这两个类中的一个。我们将去掉这个标签，让系统进行预测，或者为输入分配它自己的类；然后我们将比较开始时的标签和计算机提供的标签，看看它们是否匹配。

这个精简版的分类，让我们可以探索许多最重要的思想。因为每个输入只有两个可能的标签（或类），所以我们称之为**二元分类**（binary classification）。

另一种简化方法是使用二维数据。也就是说，每个输入样本都刚好用两个数字表示。这复杂得刚好很有趣，但很容易绘制，因为我们可以把每个样本都在平面上画为一点。在实际操作中，这意味着我们在页面上有一串点。

我们用颜色和形状编码显示每个样本带有哪两个标签。我们的目标是开发一种能够准确预测这些标签的算法。当它能够做到这一点时，我们可以将算法放宽到没有标签的新数据上，并依靠它来告诉我们哪些输入属于哪个类。

## 二维二元分类

我们将使用具有两个**特征**的样本，或属于两个类的两个数据片段，我们称之为**二维二元分类**（2D binary classification）系统。其中"二维"指的是点数据的两个维度，"二元"指的是两个类。

我们要学习的第一类技术是用来确定在二维二元分类中为每个样本分配哪个类的，这些技术统称为**边界方法**（boundary method）。

通过这些方法，我们可以查看在平面上绘制的输入样本，并找到划分空间的直线或曲线，这样所有带有某一标签的样本位于曲线（或边界）的一侧，所有那些带有另一个标签的样本都在另一侧。

我们会看到一个重要的目标是找出所能找到的最简单的边界形状，并且它仍然可以很好地分割样本。

让我们用鸡蛋的例子把事情具体化。

假设我们是农民，养了很多下蛋的母鸡。每一个鸡蛋都有可能**受精**，并孕育出新的小鸡，也可能**未受精**。

假设如果我们仔细测量每个鸡蛋的一些特征（如它的重量和长度），就能判断它是否受精。我们将把这些值放在一起制成一个样本，然后把样本交给分类器，分类器会把它分配成"受精"或"未受精"。

因为用于训练的每个鸡蛋都需要一个标签或者一个已知的正确答案，所以我们用一种称为**验蛋**（candling）的技术判断鸡蛋是否受精（见[Nebraska17]）。擅长验蛋的人称为**验蛋员**（candler）。这意味着验蛋员需要在明亮的光源前举起鸡蛋加以查看。光源可以是一支蜡烛，也可以是任何强光源。通过检视鸡蛋里的东西投射在蛋壳上的模糊阴影，有经验的验蛋员就能分辨出鸡蛋是否受精。我们的目标是让分类器给出与通过光源确定的标签相同的结果。

在继续操作之前，我们注意到，没有理由认为测量像重量和形状这样的鸡蛋的外部品质，可以准确地告诉我们它是否受精。我们只是假装这些数据可以完成任务，然后寻找使用这些数据的方法来做出正确的决定。

根据以上描述，我们希望**分类器**（计算机）考虑每个样本（每个鸡蛋），并用其**特征**（重量和长度）来分配**标签**（受精或未受精）。

上述问题称为**二元分类**问题，因为我们只有两个类别。

让我们从一堆**训练数据**开始——这些数据给出了每个鸡蛋的重量和长度。我们把这些数据绘制在一个网格上，其中一个轴是重量，另一个轴是长度。用圆圈表示受精的鸡蛋，用方框显示未受精的鸡蛋。图 7.1 显示了原始数据。

有了这些数据，我们可以在两组鸡蛋之间画一条直线。这条线的一侧是受精的鸡蛋，另一侧是未受精的鸡蛋。

我们完成了一个简单的分类器！将来得到新鸡蛋时（没有手动指定的标签），我们可以看看它们落在线的哪一边。"受精"一侧的鸡蛋被分为受精类别,"未受精"一侧则相反,如图 7.2 所示。

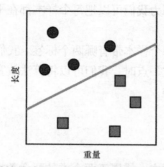

图 7.1 鸡蛋分类。圆圈是受精的鸡蛋。方框是未受精的鸡蛋。每个鸡蛋都被绘制成一个由其重量和长度两个维度给出的点。斜线把两个类分开

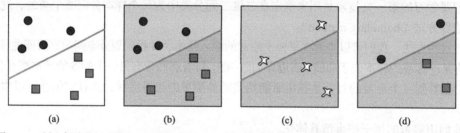

(a)       (b)       (c)       (d)

图 7.2 对新鸡蛋进行分类。(a)原始数据;(b)浅色区域和深色区域显示了如何决定分类受精和未受精的鸡蛋;(c)4 个待分类的新鸡蛋;(d)我们给每个新鸡蛋都分配了一个类别

假设这在几个季节里很有用,然后我们买了很多新品种的鸡。为了防止它们的鸡蛋和我们以前的不一样,我们用一天的时间手工验蛋测定它们是否受精,然后像以前一样绘制结果。新数据如图 7.3 所示。

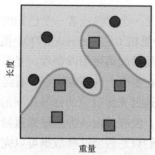

图 7.3 如果往鸡群中加入一些新品种的鸡,仅根据鸡蛋的重量和长度来决定哪个蛋是受精的可能会变得更加困难

这两组数据仍然区分得很明显,但现在它们是被一条曲线分开,而不是一条直线。

但这没关系,因为我们可以像使用之前的直线那样使用这条曲线。每个新鸡蛋都被放置在这个图上,如果它在浅色区域,则是受精的;如果它在深色区域,则是未受精的。

如果可以如此好地分割东西,我们把分割平面的区域称为**决策区域**(decision region),它们之间的直线或曲线称为**决策边界**(decision boundary)。

假设我们农场的鸡蛋很受欢迎,于是第二年我们又买了一群不同品种的鸡。和以前一样,我们通过手工验蛋测定了一堆鸡蛋并绘制了数据,如图 7.4 所示。

可以看到，区分还是很明显的，但是已经无法用直线或曲线明确地划分它们了。所以讨论哪个样本属于哪个类别的更好的方式是考虑**概率**而不是确定性。

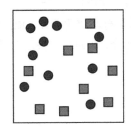

图 7.4　新购买的鸡加大了区分受精的鸡蛋和未受精的鸡蛋的难度

在图 7.5 中，我们用不同颜色表示网格中的某个点属于特定类的概率。对于每个点，如果它是亮红色的，我们就可以确定鸡蛋是受精的，而红色强度的减弱对应着受精概率的减小。同样的解释也适用于未受精的鸡蛋，如图 7.5c 所示。

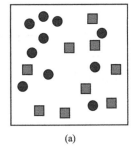

(a)　　　　　　　　(b)　　　　　　　　(c)

图 7.5　在图(a)显示的交叉结果中，我们可以给网格中的每个点对应一个受精的概率，如图(b)显示的
浅红色区域表示鸡蛋更有可能是未受精的。图(c)显示了鸡蛋未受精的概率

稳定落在深红色区域的鸡蛋可能是受精的，而落在深蓝色区域的鸡蛋可能是未受精的，而在其余区域，正确的类并不那么清晰。

接下来会有一些模棱两可的地方。我们如何继续进行取决于农场的策略。我们可以利用第 3 章中的准确率/精度和召回率来设计这个策略，并明确应该画什么样的曲线来区分不同的类。

例如，假设"受精"对应"阳性"。如果我们想确定是否捕获了所有受精的鸡蛋，并且不介意出现一些假阳性，那么我们可能会像图 7.6b 所示那样画一个边界。

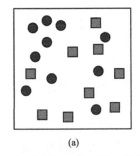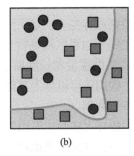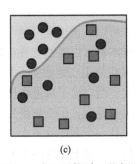

(a)　　　　　　　　(b)　　　　　　　　(c)

图 7.6　根据图(a)的结果，我们可以选择显示图(b)所示的策略——它可以接受一些假阳性
（未受精的被分类为受精的），以确保正确地将所有受精的鸡蛋分类。或者我们
可能更倾向于使用图(c)所示的策略正确地分类所有未受精的鸡蛋

如果我们想找到所有未受精的鸡蛋，不在意出现假阴性，就可能画出图 7.6c 所示的边界。

无论哪种情况，重叠部分的模糊性都不会改变基本原理。虽然我们在分析过程中可能会对每个类别使用概率，但最终必须将每个鸡蛋声明为"受精"或"未受精"，以决定如何处理它。

于是，我们创建了一个边界，将数据分割成两部分，根据每个新鸡蛋落在边界的哪一侧来分类。

如果概率是模糊的，就没有对错之分，因为我们决定在哪里设置边界不仅要基于数据和算法，还要基于人为与商业因素。

## 7.3　二维多分类

我们农场的鸡蛋卖得很好，但有个问题。我们只区分了受精和未受精的鸡蛋。

随着对鸡蛋的了解越来越多，我们发现有两种不同的方式可以使鸡蛋不受精。因为从未受精的鸡蛋称为 yolker；但在一些受精的鸡蛋中，发育中的胚胎由于某种原因停止生长并死亡，这样的鸡蛋称为 quitter。

我们可以出售 yolker，但 quitter 可能会意外破裂并传播有害细菌，所以我们想要识别出 quitter 并处理掉它们。

现在我们有 3 类鸡蛋：winner（存活且受精的）、yolker（未受精的）和 quitter（受精但死亡的）。和以前一样，假设我们可以根据这 3 类鸡蛋的重量和长度区分它们。图 7.7 显示了一组检测过的鸡蛋，以及我们通过对鸡蛋进行光影检测后手工分配给它们的对应类别。

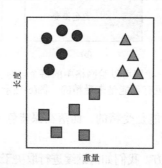

图 7.7　3 类鸡蛋。圆圈是受精的鸡蛋，方块是未受精但可食用的 yolker，
三角形是我们想要从孵化器中移除的 quitter

将这 3 类中的一个分配给新输入数据的工作称为**多分类**。这个名称通常用于有 3 个或更多类的问题。

这些想法可以从这里推广到许多类别或标签。一旦我们找到了与不同类相关的区域之间的边界，任何新样本都可以通过查看它属于哪个边界区域进行分类。

我们一直在使用二维数据（每个鸡蛋由重量和长度描述），但也可以将过程推广到任意数量的特征或维度。所以除了重量和长度，我们还可以加上其他观测数据，如颜色、平均周长以及下蛋的时间。也就是说，每个鸡蛋共有 5 个数据。

五维空间是一个奇怪的地方，我们势必无法画出有用的图。但是数学并不关心我们有多少维度，建立在数学基础上的算法也不会关心。这并不是说我们不在乎，而是因为通常随着维数的增加，算法的运行时间和内存消耗也会增加。有时我们想要修改算法，以使它们在高维空间中能够更有效地工作。

我们可以通过类比的方法推理所能描绘的情形。在二维中，数据点倾向于在某一处聚集在一起，这样我们就可以在它们之间画出边界直线（或曲线）。在更高的维度中，大部分情形都是一样的（我们将在本章的末尾更详细地讨论这个问题）。多维度的问题是我们不能很好地描绘它们。但是同样，通过类比推理，我们可以在不同的点群之间使用某种划分形状。就像把二维正方形分解成几个更小的二维形状，每个形状对应一个不同的类，我们可以把五维空间分解成多个更小的五维形状，这些五维区域也定义了不同的类。

当再接收到一个新鸡蛋的 5 个观测数据时，我们可以确定它落在哪个更小的五维空间中，进而就能预测出这个鸡蛋的类。

## 7.4 多维二元分类

也许令人惊讶的是，我们只需要一堆二元分类器，就可以进行多分类。当我们想要执行多分类时，有时这是一种有效的方法。

下面是使用二元分类器进行多分类的两种常用方法。

### 7.4.1 one-versus-rest

我们的第一种方法有几个名称：one-versus-rest（或 OvR）、one-versus-all（或 OvA）、one-against-all（或 OAA）或**二元关联法**。

假设数据有 5 个类别，我们用字母 A～E 命名它们。

我们将构建 5 个二元分类器，而不是构建一个将分配这 5 个标签中的一个的分类器。让我们给这些分类器编号为 1～5。

分类器 1 用于说明给定的数据是否属于 A 类，因为它是一个二元分类器，它只关心这个类，而不关心其他类。换句话说，这个二元分类器有一个决策边界，它将空间划分为两个区域：A 类和非 A 类。进入分类器的每一个数据都会被分配到两个区域中的一个，分别对应于"A 类"或"非 A 类"。

现在我们可以看到"one-versus-rest"这个名字的来源。在这个分类器中，A 类是"one"，B～E 类是"rest"。

分类器 2 是另一个二元分类器，用于说明样本是否在 B 类中。分类器 3 也用于说明样本是否在 C 类中，分类器 4 和分类器 5 对 D 类和 E 类做同样的事情。

图 7.8 总结了这个想法，其中用到了一个库例程，它在为每个分类器构建边界时考虑了所有数据。

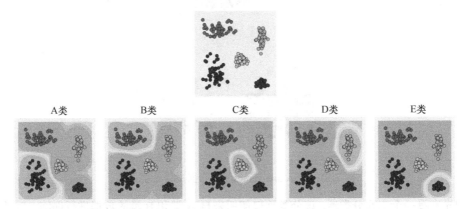

图 7.8 one-versus-rest 分类。上方：来自 5 个不同类别的样本。下方：5 个不同的二元分类器的决策区域。每个分类器只关心在单个类和所有其他类之间找到边界。

注意，有些位置可以属于多个类。例如，右上角的点具有来自 A、B 和 D 类的非零概率。

为了对样本进行分类，我们让每个点依次遍历 5 个二元分类器，以返回其属于每个类的概率。然后我们找到概率最大的类，这就是该点被分配的类。

图 7.9 分情节显示了以上分类。

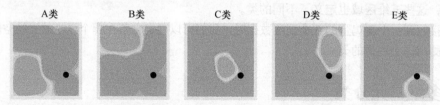

A类　　　　　B类　　　　　C类　　　　　D类　　　　　E类

图 7.9　使用 one-versus-rest 方法对样本进行分类。新的样本是黑点。前 4 个分类器都报告这个点不在它们的类中，所以它们返回的概率很低。E 类的分类器发现该点在其类的区域内，并赋予其比其他区域更高的概率，因此预测该点属于 E 类

这种方法的吸引力在于其概念上的简单性和快速性。可以通过编写来快速运行二元分类器。这种方法的缺陷是我们必须教 5 个分类器（也就是说，为 5 个分类器寻找边界），而不是只教 1 个，而且必须对样本进行 5 次分类，以找到它属于哪个类别。

如果我们有大量具有复杂边界的类别，运行样本所需的时间会累加起来。随着分类器的集合越来越大，速度越来越慢，转用单个复杂的多分类器可能会更有效。

## 7.4.2　one-versus-one

使用二元分类器执行多类优化的第二种方法称为 one-versus-one（或 OvO），这种方法所使用的二元分类器甚至比 one-versus-rest 还要多。

常见的思想是查看数据中的每一对类，并为这两个类构建一个分类器。

由于可能的对数随着类数量的增加而迅速增加，因此这种方法中的分类器数量也随着类数量的增加而迅速增加。为了便于处理，我们这次只使用 4 个类，如图 7.10 所示。

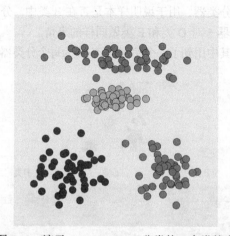

图 7.10　演示 one-versus-one 分类的 4 个类的点

我们先来看一个二元分类器。该分类器仅使用来自 A 类和 B 类的数据进行训练。为了训练这个分类器，我们简单地省略了所有没有标记为 A 或 B 类的样本，就好像它们根本不存在一样。这

个分类器会找到一条将 A 类和 B 类分开的边界曲线。现在每次给这个分类器输入一个新的样本，它会告诉我们样本是属于 A 类还是 B 类。

因为这是这个分类器唯一可用的两个选项，所以它会将数据集中的每个样本分类为 A 或 B，即使它哪个都不是。我们很快就会明白为什么这样是可行的。

接下来，我们只使用 A 类和 C 类的数据训练一个分类器，并使用 A 类和 D 类的数据训练另一个分类器，如图 7.11 的第 1 行所示。

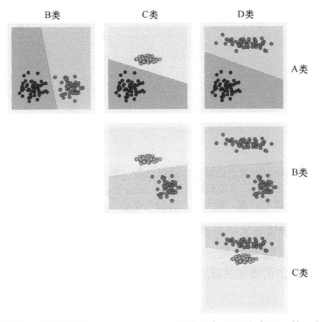

图 7.11　构建用于对 4 个类执行 one-versus-one 分类的 6 个二元分类器。第 1 行：从左到右，A 类和 B 类、A 类和 C 类，以及 A 类和 D 类的二元分类器。第 2 行：从左到右，B 类和 C 类，以及 B 类和 D 类的二元分类器。第 3 行：C 类和 D 类的二元分类器

图 7.11 所示的第 1 行包含 3 个分类器，分别用于 A 类和 B 类、A 类和 C 类以及 A 类和 D 类。

接下来，我们构建一个二元分类器。这个二元分类器只使用 B 类和 C 类中的数据进行训练，根据数据属于哪个"最佳"类别，它总是返回 B 类或 C 类。我们为 B 类和 D 类做了另一个分类器。

最后剩下的两个类是 C 类和 D 类。

结果是，构建了 6 个二元分类器，每个分类器会告诉我们数据最适合两个特定类中的哪一个。

为了对一个新样本进行分类，我们总是遍历所有分类器，然后选择出现频率最高的标签。换句话说，每个分类器为两个类中的一个投票，获胜者是票数最多的类，如图 7.12 所示。

one-versus-one 比 one-versus-rest 需要更多的分类器，但它有时很有吸引力，因为它提供了每个样本与所有类组合更深入的分析。当多个类之间有很多混乱的重叠时，我们就可以更容易地理解使用 one-versus-one 得到的最终结果。

这种清晰性的代价是巨大的。我们需要的 one-versus-one 分类器数量随着类数量的增加而快速增加（见[Wikipedia17]）。图 7.12 提供了一个告诉我们将有多少个分类器的线索。对于任意数量的类，我们可以在水平方向和垂直方向上绘制多个类的正方形网格，然后用图表填充网格的右上角部分，每个分类器对应一个图表。这意味着所需分类器的数量是比类别数减一的平方的一半多一点。

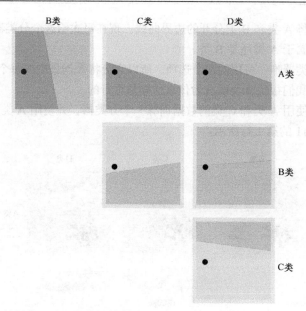

图 7.12　one-versus-one 的操作，对黑色的新样本进行分类。第 1 行：这 3 个二元分类器均报告样本是属于 A 类，而不是 B、C、D 类。第 2 行：从左到右，这些二元分类器报告样本在 C 类和 D 类，因为样本不在 B 类中。第 3 行：样本不属于 C 类，所以该二元分类器报告样本属于 D 类。得票最多的 A 类获胜

我们已经看到，4 个类需要 6 个分类器，5 个类需要 10 个，20 个类需要 190 个，30 个类需要 435 个分类器！若超过大概 46 个类，则需要 1000 多个分类器。图 7.13 显示了所需二元分类器的数量随着类的数量的增加而增加的剧烈程度。

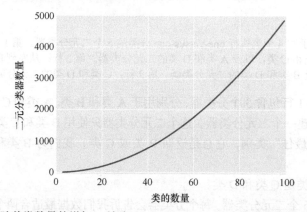

图 7.13　随着类数量的增加，所需 one-versus-one 二元分类器的数量会迅速增加

每一个二元分类器都需要经过训练，然后需要通过每一个分类器运行每一个新的样本，这将消耗大量的计算机内存和时间。在某种情况下，使用单个复杂的多分类器会更高效。

## 7.5　聚类

如前所述，对新样本进行分类的一种方法是将空间划分为不同的区域，然后针对每个区域测试一个点。

解决这个问题的另一种方法是将训练集数据本身分组到簇或类似的块中。

如果数据有标签（如 7.1 节所述），那么我们可以使用标签来创建聚类。

在图 7.14a 中，有 5 组不同标签的数据。我们可以通过在每一组点周围画一条曲线来形成簇，如图 7.14b 所示。如果把这些曲线向外扩展，直到它们互相碰撞，那么网格中的每个点都被它最接近的簇着色，如图 7.14c 所示。

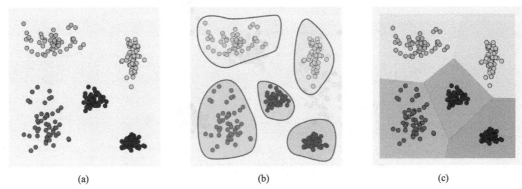

(a)　　　　　　　　　　　(b)　　　　　　　　　　　(c)

图 7.14　增长的簇。(a)5 个类别的原始数据；(b)识别为 5 组；
(c)向外扩大分组，使每一个点都被分配到一个类

这个方案要求输入数据有标签。如果没有标签呢？我们可能只有一个没有标签的点集合。如果能够自动将其分解成簇，我们就可以应用刚才描述的技术。这个方案不够巧妙且选择余地不大，但如果我们只有无序的、没有标签的点，那么暂时只能用这个方案。

涉及没有标签的数据的问题就属于前文中所说的**无监督学习**。

当使用一种算法从没有标签的数据中自动派生簇时，我们必须告诉它希望找到多少簇。这个“簇数”的值，通常用字母 $k$ 表示。我们说 $k$ 是一个**超参数**，即我们在训练系统之前选择的值。

我们选择的 $k$ 值会告诉算法要构建多少个区域（也就是说，要将数据分成多少个类）。因为该算法使用点组的均值或者平均数来开发它们的簇，所以称之为 $k$ **均值聚类**。

能够自由选择 $k$ 值可谓福祸相依。优点是，如果事先知道应该有多少个簇，就可以告诉算法，由此得到想要的结果。

记住，计算机不知道“我们认为的簇边界”应该在哪里，所以尽管它会把数据分割成 $k$ 块，但这可能不是我们期望的。但是如果数据分离得好，而且这些数据块之间有很大的空间，那么通常会得到我们想要的。聚类边界越模糊或重叠，可能会有越多的事情令人出乎意料。

预先指定 $k$ 值的缺点是，我们可能不知道多少个簇能够最好地描述数据。如果选择的簇太少，就不会将数据划分到最有用的不同类中；如果选择了太多的簇，那么我们最终会在不同的类中得到非常相似的数据片段。

为了查看实际操作，我们考虑一下图 7.15 所示的数据。其中有 200 个没有标签的点，故意被分成 5 组。

图 7.16 展示了一个聚类算法是如何将这些点分割成不同的 $k$ 值的。记住，在算法开始执行之前，我们会设定参数 $k$。

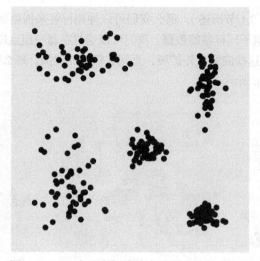

图 7.15　200 个没有标签的点，故意被分成 5 组

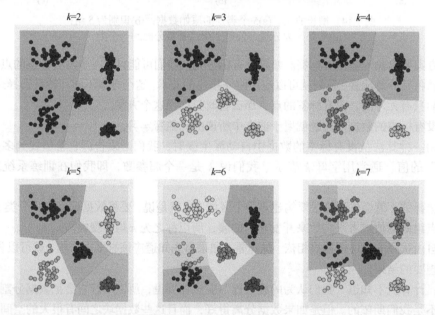

图 7.16　对图 7.15 中的数据进行自动聚类的结果，其中 $k$ 值为 2～7。不出所料，$k=5$ 时产生了最好的结果，但我们是故意这样让这些数据易于分离的。对于更复杂的数据，我们可能不知道要指定的 $k$ 的最佳值

毫不奇怪，$k=5$ 在这个数据上效果最好，但是我们使用了一个很容易看到边界的成熟例子。对于更复杂的数据，特别是如果它有超过 2 个或 3 个维度，那么仅通过观察原始数据，我们几乎不可能轻易地识别出正确的簇数。

不过，并非没有办法。一种颇受推崇的方法是对网络进行多次训练，每次都使用不同的 $k$ 值。这种**超参数调试**（hyperparameter tuning）允许计算机自动搜索一个好的 $k$ 值，评估每个选择的预测结果，并报告表现最好的 $k$ 值。

当然，这样做的缺点是需要时间，也许要花很多时间。相比从一开始就知道正确的值，测试 20 个不同的 $k$ 值至少需要 20 倍的时间。

这就是在聚类之前使用某种可视化工具**预览**数据非常有用的原因。如果我们可以立即选择

$k$ 的最佳值，甚至提出一系列可能的值，都可以为我们省下计算那些效果不好的 $k$ 值的时间和精力。

## 7.6 维度灾难

我们已经用了具有两个特征的数据样本，因为在页面上绘制两个维度很容易。但实际上，数据可以具有任意数量的特征或维度。

似乎拥有的特征越多，分类器就会越好。分类器使用的特征越多，就越能更好地找到数据中的边界（或簇），这是有一定道理的。

这在一定程度上是正确的，但过犹不及，向数据添加过多的特征实际上会使事情变得**更糟**。在鸡蛋分类示例中，我们可以为每个样本添加更多的特征，如下蛋时的温度、母鸡的年龄、当时窝里其他鸡蛋的数量、湿度等。所添加的前几个特征可能会带来更好的结果，但是在某个点之后，包含过多的特征将导致系统退化，并且将导致它的性能越来越差。

因此，描述具有过多特征或维度的样本会造成系统正确分类的能力下降。

这种反直觉的想法经常出现，并有一个特殊的名字：**维度灾难**（curse of dimensionality）（见[Bellman57]）。这个术语在不同的领域有不同的含义。本书在适用于机器学习的意义上使用它（见[Hughes68]）。

要理解为什么会发生这种情况，一种方法是考虑分类器是如何找到边界曲线或曲面的。如果只有几个点，分类器就可以创建大量的曲线或曲面来划分它们。为了选出能够在未来数据上做得最好的那个分类器，我们需要更多的训练样本。然后，分类器可以选择最能分割密集集合的边界，如图 7.17 所示。

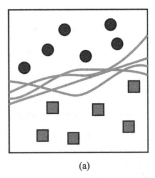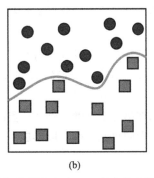

(a)　　　　　　　　　　　　(b)

图 7.17　为了找到最佳的边界曲线，我们需要一个好的样本密度。(a)只有很少的样本，所以可以构造很多不同的边界曲线。我们不知道这些曲线（如果有的话）中哪一个对未来的数据最有效；(b)在更大的样本密度下，我们可以找到一条好的边界曲线

如图 7.17 所示，找到一条好的曲线需要密集的样本集合。但在向样本中添加维度（或特征）时，保持样本空间中合理密度的样本数量就会"爆炸"。如果无法满足需求，分类器将尽力而为，但缺乏足够的信息来绘制一条好的边界线。它会陷入图 7.17a 所示的困境，猜测最好的边界。

让我们通过鸡蛋的例子来看看这种对特征数量或维度的依赖性。为简单起见，我们假设鸡蛋度量的所有特征（它们的重量、长度等）都在 0 和 1 之间。

我们从包含 10 个样本的数据集开始，每个样本都有一个特征（鸡蛋的重量）。因为我们有一个描述每个鸡蛋的维度，所以会画一条 0~1 的一维线段。我们还想知道样本覆盖这条线中每一

部分的程度，所以把它分成很多部分或者很多块，并看看每一块里有多少个样本。图 7.18 显示了数据如何落在区间[0,1]的 5 个块上。

图 7.18　10 个数据各有一个维度。我们可以把它们画在一条线上。这里把
这条线分成 5 等份，这样就能知道这些点覆盖这条线长度的程度

选择 10 个样本和选择 5 个块没有什么特别的。我们选择它们是因为这样画起来更容易。如果我们选择 300 个鸡蛋或 1700 个块，那么讨论的核心将保持不变。

空间的**密度**是样本的数量除以块的数量。在图 7.18 所示的情况下，是 10/5，说明每个箱子（平均）有两个样本。我们会发现这对每块的平均样本数量来说是一个相当公平的估计，如图 7.18 所示。

让我们在每个鸡蛋的维度或特征列表中添加长度。现在有两个维度，把图 7.18 所示的线段向上拉，得到一个正方形，如图 7.19 所示。

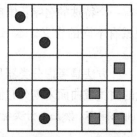

图 7.19　10 个样本现在由两个测量值或维度描述。我们把它们画在二维网格上。在图 7.18 中，
我们将网格的每一边分割成 5 等份，得到了 25 个更小的方块，或称为箱子。
现在的平均密度是 10 个样本除以 25 个箱子，也就是 0.4

和之前一样，把每条边分成 5 等份，正方形里就有 25 个箱子，但仍然只有 10 个样本。这意味着一些区域不会有任何数据。现在的密度是 10/(5×5)= 10/25=0.4。为了分割图 7.19 所示的数据，我们可以画很多不同的边界曲线。

现在我们将添加第三个维度，例如产蛋时的温度（缩放为一个 0～1 的值）。为了表示第三个维度，我们把正方形向页面后推，以形成一个立方体，如图 7.20 所示。

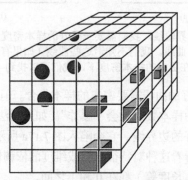

图 7.20　现在 10 个样本由 3 个测量值表示，所以我们在三维空间中绘制它们。一侧有 5 个块，
即有 5 × 5 × 5=125 个小方块。现在的密度是 10/125 或每立方 0.08 个样品

再一次把每个轴分成 5 块，即有 125 个小方块，但是仍然只有 10 个样本，此时密度下降到 10/(5×5×5)=10/125=0.08。换句话说，任何小立方体中有样本的概率只有 8%。

任何通过边界曲面把这个立方体分成两部分的分类器都需要做一个很大的猜测。问题不在于很难分离数据，而是不清楚**如何**分离数据。分类器必须将很多空箱子分类到两类中的一个，并且因为没有足够的信息，所以无法遵循任何原则。

换句话说，一旦系统部署完毕，这些空箱子里会有什么样本呢？对于这一点，没人知道。图 7.21 展示了对边界表面的一种猜测，但正如图 7.17 所示，我们可以通过两组样本之间很大的开放空间来拟合各种平面和曲面。它们中的大多数可能都不能很好地概括新样本的类别。

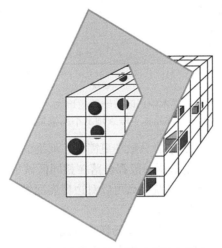

图 7.21　穿过立方体的边界表面，将两种样本分开。谁也说不准
这个表面是否能在新样本上做得很好

这个边界表面预期的低质量不是分类器的错，因为它已经对所拥有的数据做了最好的处理。问题是样本的密度很低，分类器没有足够的信息来做好分类。

密度随着每次增加的维度迅速下降，随着我们增加更多的特征，密度会继续下降。

我们无法画出三维以上的空间，但可以计算它们的密度。图 7.22 显示了随着维度数量的增加，10 个样本的空间密度图。每条曲线对应于每条轴的不同数量的细分。注意，随着维度数量的增加，无论使用多少个箱子，密度都会下降到 0。

如果箱子更少（也就是说，图 7.22 中曲线的数字更小），就有更大的机会装满它们，但是我们很快就会看到箱子的数量变得无关紧要。随着维数的增加，密度将趋近于 0。

这意味着分类器最终会“胡乱猜想”。

因此，在鸡蛋中加入更多的观测值就意味着在样本中加入更多的维度，从而导致预测器找到一个能够很好地处理新数据的边界的可能性越来越小。

维度灾难是一个严重的问题，它可能使所有机器学习的尝试都徒劳无功。能够拯救这种情况的是**非均匀性祝福**（blessing of non-uniformity，见[Domingos12]），我们更愿意把它称为**结构祝福**（blessing of structure）。

实际上，即使在非常高维的空间中，我们通常观测的特征也不是均匀分布在样本空间中的。也就是说，它们并不是均匀分布在我们见过的线、正方形和立方体上，或者在那些我们画不出来的高维形状上。

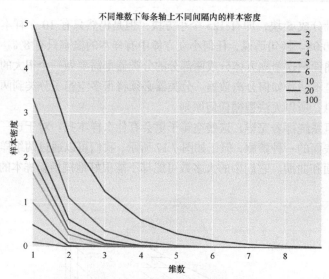

图 7.22 在固定数量的样本中，随着维数的增加，样本的密度不断下降。
每条曲线都显示了每条轴上不同数量的箱子

相反，它们通常聚集在小区域，或者分散在更简单、低维的表面上（如凹凸不平的薄片或曲线）。这意味着训练数据和所有其他数据一般都会落在相同区域里。结果是：样本最有可能在的那些区域的密度通常足够高，以至于系统要么可以对边界表面做出很好的猜测，要么该表面的确切位置无关紧要，任意边界表面都能做好。

例如，在图 7.20 所示的立方体中，每个类的样本可能位于同一水平面上，而不是均匀地分布在整个立方体中。这意味着，只要新数据也趋向于落在这些水平面上，任何大致水平的分组边界表面也可能将这些新数据分得很好，如图 7.23 所示。

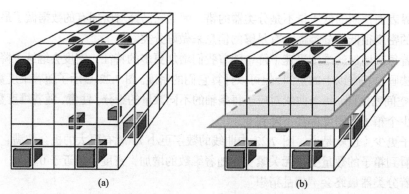

图 7.23 实际上，数据在样本空间中通常有一些结构。(a)每组样本大多在立方体的
同一水平切片中；(b)两组样本之间的边界平面

虽然图 7.23 中的大部分立方体是空的，密度很低，但是我们感兴趣的部分密度很高，因此我们可以找到一个合理的边界。

因此，尽管维度灾难注定会出现"即使有大量的数据，空间也是低密度的"这种情况，但结构祝福表明"我们通常会在需要的地方获得相当高的密度"。注意，这种"灾难"和"祝福"都是经验观察，并非我们可以一直依赖的铁一般的事实。即便如此，对于这个重要的实际问题，最好的解决方案通常是用尽可能多的数据填充样本空间。

维度灾难是导致机器学习系统在训练时需要大量数据的原因之一。如果样本具有大量的观测值（或维度），就需要超大量的样本来获得足够的密度，以形成良好的边界表面。

假设我们需要足够多的样本来得到特定密度（如 0.1 或 0.5），随着维数的增加，我们需要多少个样本？图 7.24 显示了所需样本数的暴增。

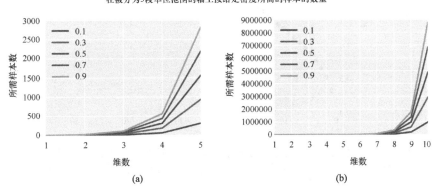

图 7.24　假设每个轴上有 5 个分区，我们需要达到不同密度的样本数。注意这些值是如何在大小上暴增的。(a)维度 1～5 的结果；(b)维度 1～10 的结果。要在五维中获得 0.5 的密度，需要大约 1500 个样本；在十维中，我们需要大约 500 万个样本

一般来说，如果维数很低，并且有很多样本，那么我们可能会有足够的密度，让分类器找到一个能够很好地推广到新数据的分界表面的机会。这句话中"低"和"多"的值取决于使用的算法和数据。预测这些值没有硬性规定，我们通常会猜测，然后看看得到了什么表现，再进行调整。

## 高维奇异性

在结束高维空间的讨论之前，值得注意的是，这些空间经常扰乱我们的直觉。例如，假设在高维空间中有一个均匀分布的点集合，然后我们删除了一些点——这会导致密度下降。然后我们让这些点在必要的时候移动，这样它们就可以再一次大致均匀地分布在空间中。我们可能会认为，随着密度的降低以及剩下的点彼此之间的距离越来越远，点之间的距离会以大致相同的速度增长。结果证明不是这样的。

我们取一些固定数量的点，然后把它们均匀地放在一条直线上。对于每个点，我们会求出它到最近的点的距离，以及所有这些距离的平均值。现在，在二维网格中放置相同数量的点，再一次找到从任意点到最近点的平均距离。在三维空间中重复这个操作，然后是四维空间，以此类推。如上所述，我们可能会认为，由于这些固定数量的点分布在越来越高的维度空间中，任何点与其最近的点之间的平均距离都会迅速增加。

图 7.25 显示了任意两点之间的平均距离，且使用相同数量的点放置在不同维度的空间中。

点与点之间的距离确实增加了，这说明这些点在逐渐被分散，但是曲线增长很慢。

另一个著名的例子是盒子里球体的体积（见[Spruyt14]）。让我们考虑将一个球体装入一个不同维度的盒子中的体积，并考虑球体占了盒子的多少空间，如图 7.26 所示。

在一维空间中，"盒子"只是一条线段，而"球体"是一条覆盖了整个盒子的线段。"球体"的内容与"盒子"的内容之比为 1。

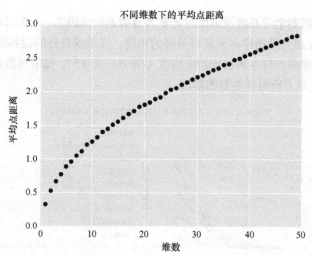

图 7.25　当进入更高维度时，直觉会欺骗我们。对于每个维度，我们均匀地
在空间中散布一定数量的点，并找到每个点与其最近的点之间的平均距离

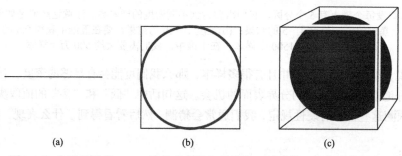

图 7.26　盒子里的球。(a)一维的"盒子"是线段，"球体"完全覆盖了它；
(b)内有一个圆圈的二维盒子；(c)内有一个球体的三维盒子

在二维空间中，盒子是一个正方形，而"球体"是一个圆，它刚好接触到 4 条边的中心。圆的面积除以盒子的面积大约是 0.8。

在三维空间中，盒子是一个立方体，球体被放入其中，刚好接触到 6 个面的中心。球体的体积除以立方体的体积大约是 0.5。

球体相对于包围它的盒子所占用的空间正在减少。如果计算出数值，并计算出更高维度上球体的体积与盒子的体积之比，就得到了图 7.27 所示的曲线。

这意味着球体的体积占比下降到 0。当到达 10 个维度时，我们能装进密封盒子里的最大球体几乎没有占据盒子的体积！

这没有什么技巧，也没有什么问题。在进行数学计算时，就是会发生这样的事情。高维的确很奇怪。思考在高维空间中工作的学习系统时，我们需要记住这个奇怪的事情，而不是依赖自己的直觉。

在对有大量特征的数据进行分类时，这个结果是很重要的，因为每个特征都对应一个维度。例如，如果样本有 7 个特征，那么其分类器就隐含地在七维空间中工作。依赖于足够的数据和结构，分类器就能很好地决定边界表面的走向。随着维数的增加，一旦不满足这些条件，分类器就会开始失效。在高维空间中，要确保有"足够"的数据和"足够"的密度是很困难的，因为我们的直觉常常无法做到这一点。

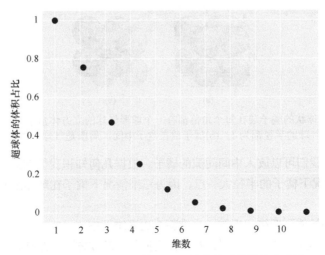

图 7.27 在不同维度的情况下，最大的球体的体积占比

在 4 个或更多维度的几何中有更多的奇异性。让我们做进一步探究，以更好地理解将二维和三维推广到更高维度的风险有多大。

随着维数的增加，我们发现越来越多属于球体的点位于其表面附近，而不是内部（见[Carpenter17]）。如果把球体想象成一个橘子，它就会变得全是果皮而没有果肉。

还有一件怪事。假设我们想运输一些特别别致的橘子，并确保它们不能有任何损坏。每个橘子的形状都很接近球形，所以我们决定用充气气球保护的立方体盒子运送它们。我们会在盒子的每个角落放一个气球，这样它们就会互相接触。在一个给定大小的盒子里，我们能放的最大的橘子是多大呢？

我们想针对任意维数的盒子（还有气球和橘子）解决这个问题，所以先从二维开始。我们还假设气球和橘子都是完美的圆。

为了制作橘子货物的二维版本，我们绘制一个大小为 4×4 的二维正方形，并在每个角放置一个半径为 1 的圆，如图 7.28a 所示。这些圆是二维的气球。

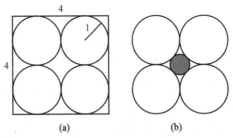

图 7.28 在一个正方形盒子里装一个二维的圆形橘子，每个角落都有圆形气球。
(a)4 个气球的半径都是 1，所以它们恰好能装进边长为 4 的正方形盒子里；
(b)橘子放在盒子中间，周围是气球。橘子的半径大约是 0.4

二维图中的橘子也是一个圆。图 7.28b 展示了盒子所能容纳的最大的橘子。根据几何知识我们知道这个圆的半径大约是 0.4。

现在回到原来的三维问题。我们将 4×4 的正方形从平面上提起来以增加它的深度，从而创建出一个 4×4×4 的立方体。现在，我们可以将 8 个半径为 1 的球形气球放到角落处，如图 7.29a 所示。

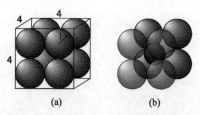

图 7.29 将一个球状的橘子装在每个角落都有一个球形气球的立方体盒子里。(a) 4×4×4 的立方体盒子，8 个气球的半径都为 1；(b)橘子放在盒子中间，周围是气球。橘子的半径大约是 0.7

图 7.29b 显示了我们可以放入中间间隙的橘子。根据几何知识我们知道这个球体的半径大约是 0.7。这比二维情况下橘子的半径大一点，因为三维情况下橘子在球体之间的中心间隙有更大的空间。

让我们把这个场景放到四维、五维、六维甚至更高维度中。

在讨论大于三维的立方体和球体时，我们把它们称为**超立方体**和**超球体**。通过类比，我们可以把高维的橘子称为**超级橘子**。对于任意维数，超立方体的每一条边永远都是 4 个单位长度，超立方体的每一个角也都有一个超球体气球，这些气球的半径永远都是 1。

我们可以写出一个公式，用于表示在任意维度下可以拟合的最大超级橘子的半径（见 [Numberphile17]）。图 7.30 绘制了不同维数下的超级橘子的半径。

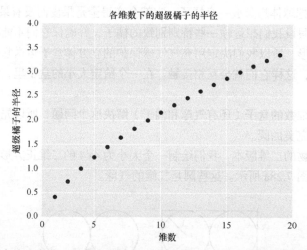

图 7.30 在边长为 4 的超立方体中，被立方体的每个角上的半径为 1 的超球体气球包围的超级橘子的半径

从图 7.30 可以看出，在四维空间中，我们可以运输的最大的超级橘子半径刚好为 1。这意味着它和周围的超球体气球一样大。这很难想象，但事情变得更奇怪了。

由图 7.30 可知，在 9 个维数下，超级橘子的半径是 2，所以它的直径是 4。这意味着超级橘子和盒子本身一样大。尽管周围有 512 个半径为 1 的超球体气球，每个超球体气球都位于这个九维超立方体的 512 个角之一。

接下来，事情会变得更疯狂。在十维以上，超级橘子的半径大于 2。超级橘子现在比原本用来保护它的超级盒子**更大**，尽管每个角都有一个保护气球。

怎么会这样呢？我们很难对正在发生的事情有一个很好的直观理解。一种流行的解释是，超级橘子是一个"尖尖的球体"，不知怎的（尽管没有人确切知道缘故），它设法发出的尖刺与围绕它的超球体气球之间相适应（见[Strohmer17]），如图 7.31 所示。

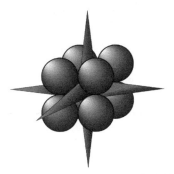

图 7.31　超过十维的超级橘子的半径大于 2。一种形象化的方法是将橘子想象成一个"尖尖的球体"，尽管它不太像常见的球体

　　虽然这是一种想象超级橘子为何如此之大的常见方法，但这些尖刺似乎很难与我们通常理解的任何一种形状是"球体"的概念相一致。我们可以更容易地把这个"尖尖的球体"想象成一个被拳头挤压着的水气球，气球会在每一对手指间向外挤出。这仍然感觉不太符合球形，但至少没有任何尖刺。

　　这里的寓意是：进入多维空间时，直觉可能会让我们失望（见[Aggarwal01]）。任何时候，处理超过 3 个特征的数据时，我们就进入了更高维度的世界，不应该通过类比从二维和三维的经验中所知道的东西加以推理。

　　我们需要睁大眼睛，依靠数学和逻辑，而不是直觉和类比。

## 参考资料

[Aggarwal01]　Charu C. Aggarwal, Alexander Hinneburg, and Daniel A. Keim, *On the Surprising Behavior of Distance Metrics in High Dimensional Space*, ICDT 2001.

[Arcuri16]　Lauren Arcuri, *Definition of Candling-How to Candle an Egg*, The Spruce Blog, 2016.

[Bellman57]　Richard Ernest Bellman, *Dynamic Programming*, Princeton University Press, 1957 (republished 2003 by Courier Dover Publications).

[Carpenter17]　Bob Carpenter, *Typical Sets and the Curse of Dimensionality*, Stan blog, 2017.

[Domingos12]　Pedro Domingos, *A Few Useful Things to Know About Machine Learning*, Communications of the ACM, Volume 55 Issue 10, October 2012.

[Hughes68]　G.F. Hughes, *On the mean accuracy of statistical pattern recognizers*, IEEE Transactions on Information Theory. 14 (1)：55–63, 1968.

[Nebraska17]　Nebraska Extension, *Candling Eggs*, Nebraska Extension in Lancaster County, University of Nebraska-Lincoln, 2017.

[Numberphile17]　Numberphile, *Strange Spheres in Higher Dimensions,* YouTube, 2017.

[Spruyt14]　Vincent Spruyt, *The Curse of Dimensionality*, Computer Vision for Dummies blog post*, 2014.

[Strohmer17]　Thomas Strohmer, *Surprises in High Dimensions*, Mathematical Algorithms for Artificial Intelligence and Big Data Analysis, UC Davis 180B Lecture Notes, 2017.

[Wikipedia17]　Wikipedia authors, *Combination*, 2017.

# 第 8 章

## 训练与测试

本章介绍如何训练系统从数据中学习、如何衡量它的学习效果，以及如何衡量我们对它在全新数据上表现的期望。

## 8.1 为什么这一章出现在这里

建立学习系统的目的是从数据中提取有效含义，有时我们想要了解的是已经拥有的数据集，有时想要了解的则是尚未获得的数据。

本章将讨论**训练**（training）这一概念。训练是一个过程，使用默认值或随机值进行系统的初始化，然后重新配置它，使参数经过调整后与我们想要了解的数据相协调。

有效的训练过程要求能够对系统的学习效果进行评估，即所谓的**验证系统**——通过向系统展示从未见过的新数据对其进行验证，以此衡量系统从这些新数据中提取含义的准确性。

本章还会介绍一个名为**交叉验证**的验证工具，用于引导训练，以获取训练数据中每一点能够学习的东西。当数据集很小且难以收集更多样本数据时，交叉验证更为有效。

对于应用来说，如果系统对验证数据集的预测效果已经足够好，我们就可以开始实际使用这个系统；如果效果不够好，就需要再进行训练。

本章会用到监督分类器，这一分类器学习的是带标签的数据。特殊之处在于，我们将使用一种神经网络类型的分类器，通过重复将它暴露于一组训练数据前进行学习。本章讨论的大多数技巧都是通用的，几乎可以应用于所有类型的学习器。

## 8.2 训练

在用分类器进行监督学习时，每个样本都有一个对应的**标签**，这一标签是经人工确定的正确类别。所有待学习的样本连同它们的标签一起，被称为**训练集**。

我们把训练集中的每个样本都展示给分类器，一次展示一个。我们会把每一个样本的特征都告知系统，然后要求系统**预测**样本的类别。

如果预测正确（也就是说，它与已知正确的标签相匹配），那么我们继续为其展示下一个样本。如果预测错误，那么我们将把分类器的输出和正确的标签返回给分类器，之后更新分类器，通过正确的标签、预测标签和分类器的当前状态来修改分类器的内部参数，以使分类器再次看到这个样本时更有可能预测出正确的标签。图 8.1 直观展示了训练一个分类器的实质。

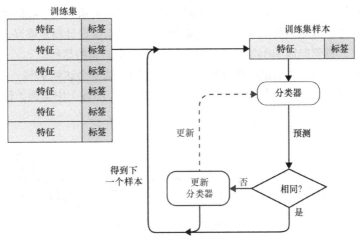

图 8.1 训练一个分类器的实质

前文介绍的是整个训练过程的简化版本。正如我们将在后续章节中看到的那样，测试可能会涉及其他因素，而这些因素会促使我们更新分类器的变量。同时我们还将发现，用更低的频率去更新每个样本会更加有效。通过这样一次一个样本地执行循环，分类器的内部变量将能够越来越好地预测标签。

每将整个训练集完整运行一次，我们就说训练了一个 epoch，通常需要对同一个系统训练许多个 epoch。通常，只要系统还在学习和改进其对于测试数据的表现，我们就会继续进行训练。但是，如果时间不够了，或者系统的性能已经足以胜任我们想要它完成的任务，我们也可能会停止训练。

现在，让我们来看看应该如何去评估分类器预测正确标签的能力。

## 测试性能

用来训练系统的数据称为**训练数据**（training data）或**训练集**。训练数据是我们最开始使用的数据，所以它不是当分类器被**发布**（或**部署**）后在实际应用中见到的数据，而**实际数据**（也可以称为**发布数据**、**部署数据**或**用户数据**），只有在运行的系统被发布之后才会出现。

我们想要在分类器被投入使用之前知道它在实际数据上的性能，但并不需要非常完美的准确性，只需要在心中大致有一个希望系统达到或超过的性能阈值。那么，在系统投入使用之前，我们应该如何评估系统预测的性能呢？

我们需要系统在训练数据上做得足够好，但这还不够。如果我们仅通过分类器由训练数据得到的结果加以判断，就会被误导。

下面，让我们来看看原因。假设用监督分类器查看狗的图片，并为每张图片分配一个标识了狗的品种的标签。这样做的目的是可以把这个系统发布到互联网上，于是人们可以把狗的图片拖到他们的浏览器里，之后由系统返回狗的品种，如"混血品种"。

为了训练系统，我们将收集 1000 张不同的纯种狗的图片，每一张都由一位专家进行标记。现在我们将每张图展示给分类器，让它预测狗的品种。如果答案是错误的，那么我们会告诉它正确的答案，系统就会据此来调整分类器的内部参数，使它在下次看到这张图时更有可能预测出正确的答案（同样，我们也将在后面讨论这个操作的细节）。

我们会给系统展示所有 1000 张图片，随后一次又一次地展示它们。我们通常会打乱顺序，所以这些图片不会总是以相同的顺序被输送到系统中。如果系统设计得足够好，那么将逐渐产生越来越精确的结果，直到能以 99% 的精度识别出训练图片中的狗的品种。

但是，这并不意味着当我们把系统放到网上时，它的准确率会达到 99%。

问题在于我们不知道系统从图片（见图 8.2 所示的贵宾犬图像）中学到了什么。

图 8.2　系统可能会通过狗尾巴上的波波头识别贵宾犬。第一行：输入的贵宾犬图像。
第二行：标出了系统学习识别的特征，并通过这些特征来识别贵宾犬

在准备训练集时，我们并没有注意到所有贵宾犬尾巴末端都有一个小波波头，而其他的狗都没有。那么，这个系统就可能发现这一规则，即尾巴末端有白色波波头意味着这是一只贵宾犬。利用这个规则，系统就可以正确地对所有图像进行分类。

也许所有约克郡犬的图像都是狗狗坐在沙发上的时候拍摄的，如图 8.3 所示。而我们没有注意到这一点，也没有注意到其他的图里面都没有沙发。然而系统可能会发现这一规则，因此，如果图中有一个沙发，那么系统就会给它贴上约克郡犬的标签，而这条规则同样适用于其他的训练数据。

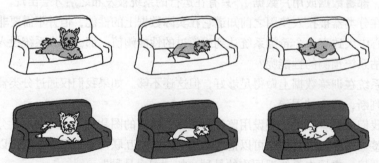

图 8.3　第一行：3 只约克郡犬躺在沙发上；第二行：标出了系统学习识别的特征——沙发

假设我们已经发布了这一系统，有人提交了一张大丹犬站在节日装饰前的图（这个节日装饰是一根绳子上系满了小白球），或者是一张躺在沙发上的哈士奇的图，如图 8.4 所示。那么系统注意到大丹犬尾巴末端的白色球，会认为这是只贵宾犬；或是它会看到沙发而忽略狗，然后将哈

士奇误认为一只约克郡犬。

图 8.4 第一行：一只大丹犬站在作为节日装饰的白色小球前，以及一只躺在沙发上的哈士奇。第二行：系统看到大丹犬尾巴末端的白色球，就会误认为这是一只贵宾犬；看到沙发，就将哈士奇误认为约克郡犬

这不仅是理论上的担忧，这种现象的一个著名例子源自 20 世纪 60 年代的一次讲座，一位研究人员展示了一种早期的机器学习系统（见[Muehlhauser11]）。他们对训练数据的细节并不是非常清楚，但似乎是有一组照片，其中包含了多张匹配图像：一排树，中间还有一辆伪装的陆军坦克。研究人员给出了最终的结果：该系统每次都能识别出包含坦克的图像。这意味着该系统知道如何识别伪装的坦克，它的能力达到了一个惊人的水平。

在讲座结束时，观众中有人站起来，他发现里面有坦克的照片都是在晴天拍摄的，而没有坦克的照片都是在阴天拍摄的。这看起来似乎是这个系统仅区分了明亮的图和暗淡的图，其结果与树或坦克一点关系都没有。

所以仅看系统对于训练数据集的表现并不足以预测其在真实世界中的表现，系统可能会在训练数据中学到一些稀奇古怪的属性，然后将其作为真理使用，而遇到没有这些特征的新数据时就会发生错误。

因此，除了系统对于训练数据集的表现，我们还需要一些其他的度量方法来预测正式部署时系统会做得多好。

如果有一种算法或公式能由训练过的分类器告诉我们它表现得有多"好"，那就太好了，但是没有。如果我们不去尝试和观察，就无法知道系统有多好，就像自然科学家必须通过实验来观察现实世界中实际发生的事情一样，我们也必须通过实验来观察系统表现得如何。

## 8.3 测试数据

谁都知道，想要知道一个系统在新的、未知的数据上能做得多好，首选的方法就是给它新的、未知的数据，之后看看它能做得多好。对于这种实验验证来说，是没有捷径可走的。

我们称这些新的数据点或样本为测试数据（test data）或测试集。

与训练数据一样，我们希望测试数据能够代表系统实际使用后所要接触到的数据。

这一典型过程是使用训练数据来训练系统，直至达到我们认为可以达到的效果。然后我们在测试数据上评估系统，以获悉它在现实世界中的表现。

如果系统在测试数据上表现得不够好，那么无论在训练数据上做得多么好，都需要进行更多的训练。用更多的数据去训练系统几乎总是一个提高性能的好方式，所以我们会去收集更多的各个品种的狗的图像，来将这些图像加入训练集。我们可能会从头开始使用全部训练集重新训练分类器，也可能只用新数据进行训练，然后再次尝试使用测试数据来评估分类器。

获得更多图的另一个好处是：我们可能会得到一些样本，从而避免系统在训练中发现的奇怪特征。例如，我们可能会发现尾巴上长着波波头的狗，但它不是贵宾犬，抑或发现躺在沙发上的狗，但它不是约克郡犬。这样系统就必须找到其他的方法来对这些狗进行归类，那么最初的训练集里的那些奇怪特征可能就不再重要了。

训练过程和测试过程的一个必需的规则就是**我们决不从测试数据中学习**。将测试数据放入训练集是很诱人的，因为那样就会有更多的样本可以供系统学习，但是这会破坏我们对系统总体能力进行评估的可靠性。

从测试数据中进行学习的问题是：它仅会成为训练集的一部分。这意味着我们回到了原点，系统可以非常容易地找出训练数据中的某些特征（现在包含了测试数据）。这时，再用测试数据来查看分类器的工作情况，它就会对每个图像标记正确的标签，但这是"作弊"行为，因为它已经学习过测试数据了。

如果我们对测试数据进行学习，那么就失去了它作为新数据对系统性能进行衡量的特殊性和价值。

系统用测试数据进行学习这个问题非常重要，以至于它有自己的名称：**数据泄露**（data leakage），也称为**数据污染**（data contamination）或**处理受污染数据**。我们必须持续关注这一问题，因为随着训练程序和分类器变得越来越复杂，数据泄露可能在不知不觉中发生（也很难察觉）。

如果我们不小心翼翼地将这些数据集分开，系统可能会学到一些很微妙的东西，比如对测试数据的统计结果，其中可能包括值的范围、平均值或标准差。而更复杂精细的算法可能会学习一些更加细致微妙的统计数据，这些数据甚至是我们从未关注过的，但是它可以使程序的性能看起来比实际更好。

很多领域的一些想法都会以不同的微妙方式反复出现，而数据泄露就是机器学习中的一个这样的概念。我们也将在第 12 章中再次讨论它，并将了解到：必须在预处理期间采取一些非常明确的步骤，以防训练数据和测试数据相互影响。

图 8.5a 是训练时的信息流，其结果用于帮助分类器从错误判断中学习；图 8.5b 是测试时的信息流，其结果用于度量分类器的性能，而**不会**通过反馈帮助分类器进行学习。

如图 8.5 所示，评估测试数据时，反馈再进行学习的机制是断开的，分类器即使预测到错误的标签也不会进行改变。学习阶段已经结束了，现在只是评估所创建的系统。

另一种看待数据泄露的方法是把训练数据看作一堆多选题测试，每当我们答错了问题，就会被告知正确答案。

假设随着时间的推移我们越来越擅长回答这些选择题，但是并不知道是因为学会了这些科目，还是因为记住了所有答案。为了明白这一点，我们需要参加一场题目全新的测试，所有问题对于我们来说都必须是全新的，这一点非常重要，因为如果我们以前见过这些问题，就可以用记忆中的正确答案来回答它们，就无法对所掌握的知识进行测试。

所以我们必须对系统隐藏测试集，直到训练结束，然后一次性地用它来评估系统的性能。

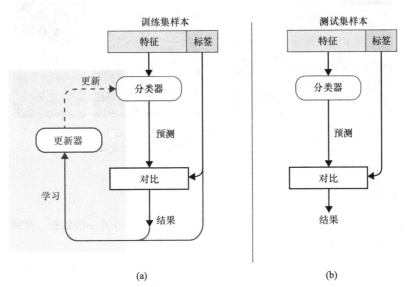

图 8.5 训练和测试的区别。(a)训练是将预测的结果与实际标签进行比较,利用两者之间的误差来帮助分类器更好地学习;(b)如果让测试数据在系统中运行,就会删除学习和更新的步骤

我们经常通过分裂原始数据集的方式创建测试数据,即将原始数据分为两组:训练集和测试集,通常我们分出大约 75% 的样本给训练集。两组的样本是随机分配的,但使用更复杂的算法可以确保这两组的样本都有足够广泛的涵盖。也就是说,这两组数据都能充分逼近全部输入数据,大多数的机器学习库都为我们提供了执行这种分割的例程,如图 8.6 所示。

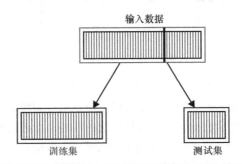

图 8.6 将输入样本分割为训练集和测试集,分割比例通常是"75%和25%"或"70%和30%"

通常,用测试集来评估分类器的品质是应用分类器前所要做的最后一件事。如果系统表现得足够好,我们就可以开始使用它;如果系统表现得不够好,我们就需要返回训练这一步,再次进行训练。

即使测试数据可以代表整个输入数据,我们也仍然希望有更多的情景可以使用。回到我们对狗进行分类的那个例子,输入数据可能只包含标准的贵宾犬的图像,但是现在有非常多的混血狗。它们的基因一部分属于贵宾犬,而另一部分属于其他品种的狗,如可卡贵宾犬(可卡犬和贵宾犬)(见[VetStreet17a])、拉布拉多贵宾犬(拉布拉多猎犬和贵宾犬)(见[VetStreet17b]),以及雪纳瑞贵宾犬(小型雪纳瑞犬和贵宾犬)(见[VetStreet17c])——这些品种的狗看起来都有点像标准的贵宾犬,但是仍然有区别,如图 8.7 所示。如果我们想让系统识别出这些不同类型的、与贵宾犬类似的狗,就需要用带有这些品种标记的图像来训练它。

图 8.7    带有贵宾犬基因的不同种类的狗，从左到右分别为贵宾犬、
可卡贵宾犬、拉布拉多贵宾犬和雪纳瑞贵宾犬

# 8.4    验证数据

除了训练集和测试集，我们通常还会从原始输入数据中获得另一组数据，并将其称为**验证数据**或**验证集**（validation set）。

这又是另一个数据块，用于表示部署系统时将看到的真实数据。我们通常通过将输入数据分成三部分创建这个集合，将原始数据的 60%分配给训练集，20%分配给验证集，其余 20%分配给测试集，如图 8.8 所示。

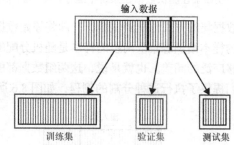

图 8.8    将输入数据分割为训练集、验证集和测试集

在用自动搜索技术尝试超参数的多个值时，这种分离数据的方法就变得非常有用。回想一下第 1 章，超参数是在运行系统之前设置的变量，以便控制系统如何运行。对于超参数的每一次变化，我们都会训练训练集，而后在验证集上评估系统的性能，之后会选择一组实现效果最好的超参数，并通过在从未见过的测试集上运行系统来评估系统的性能。

换句话说，我们把验证集用作学习过程的一部分，而测试集仍旧放在一边，以便进行一次性的最终评估。

测试不同超参数集的方法是通过不断循环进行的，让我们来看看现有循环的简化版本，在这里，我们将一个训练集分割成更小的训练集、验证集和测试集。而不久之后，我们会看到一种更复杂的方法称为**交叉验证**，交叉验证是不重复使用相同的验证集的。

要运行循环，我们就需要选择一组超参数，并通过它们对系统进行训练，然后使用验证集对其进行测试。对验证集的测试将告诉我们，这些超参数训练的系统在预测新数据方面的表现如何。之后我们会把这个已经经过验证集测试的系统放在一边，取出下一组超参数来训练一个新系统，并再次使用验证集来评估其性能。我们将对每一组超参数都执行这一过程。

在遍历了所有超参数集后，我们只会选取一组超参数值（这些值使得系统能够获得最佳的性能）。然后我们就会选用这个系统并运行测试集，以查看预测情况（可由此得知系统在遇到新数据时的表现），如图 8.9 所示。

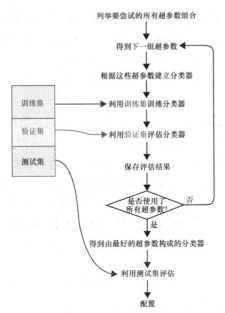

图 8.9　在需要尝试许多不同的超参数组合时，我们会使用验证集。注意，我们仍然需要
保留一个单独的测试集，在正式应用系统之前使用它

当循环完成后，我们可能会想到使用验证数据的结果作为系统的最终评估结果，毕竟，分类器并没有学习这些数据，它只用于测试。看上去我们可以省去单独制作测试集的麻烦，然后在系统中运行验证数据以评估系统的性能。

但是，这样做会导致数据泄露，从而歪曲结论。和许多数据泄露问题一样，这种泄露的来源有些狡猾和微妙。

问题在于虽然分类器没有从验证数据中学习，但是整个训练和评估体系却使用了验证数据，因为它们利用这些数据为分类器选择最好的超参数。换句话说，尽管分类器没有直接地从验证数据中学习，但是验证数据影响了我们对分类器的选择。我们选择了一个在验证数据上表现最好的分类器，所以**已经知道**分类器在验证数据上会有好的表现。换句话说，验证数据中的一些内容对最终分类器的形成是有贡献的。因此，在正式应用前，我们对分类器在验证数据上的表现的了解将"泄露"到最终的评估情况中。

这确实很微妙，这类事情很容易被忽视或遗漏。因此我们必须对数据泄露时刻保持警惕，否则可能会发布一个不满足预期使用想法的系统。

为了更好地评估系统在全新数据上的表现，我们需要用以前从未见过的新数据测试它。

验证集在图 8.9 所示的循环中是必要的，但是它占据了宝贵的训练数据的 20%。好在已经出现了一些非常聪明的技术，可避免单独设置验证集。下面让我们来看看它们。

## 8.5　交叉验证

我们在上面的讨论中假设将原始数据分割成小块时训练集仍然足够大，大到可以很好地训练系统。

但如果不是这样呢？有时我们只有少量的标记数据，获取更多数据是不切实际的，或者说不可能的。也许我们正在研究一颗彗星的图像，这颗彗星是由一艘宇宙飞船在一次短暂的飞近探测中拍摄到的。也许我们正在研究从已经消散的飓风中测量的数据。在这些情况下（以及许多其他情况下），获取更多数据要么不方便，要么成本高昂，要么根本不可能。

因为样本数量有限，所以我们需要充分利用每一个样本。在 8.4 节中我们看到，如果想尝试有多个分类器，就需要将原始数据分成三部分，可能只剩下 60% 的数据用于实际训练。

我们可以做得更好，诀窍在于，虽然还需要从原始数据中删除一些样本来创建一个测试集，但是可以巧妙地避免创建一个独立的、永久的验证集。

实现这一点的技术称为**交叉验证**（cross-validation）或**轮换验证**（rotation validation）。交叉验证算法有不同的类型，但都有着相同的基本结构（见[Schneider97]）。

交叉验证算法的核心思想是通过运行一个循环多次训练和测试系统，如图 8.9 所示。

但是，我们将把注意力从尝试不同的超参数集转移到对一个系统的评估上，旨在用图 8.9 所示的基本循环来评估系统如何应对新数据，但是不单独设立一个明确的验证集，这样就能用全部的数据进行训练（虽然如我们所看到的那样，所有数据不是同时被利用）。

在开始之前，我们取出测试数据并将其放在一边，像以前一样，只在系统正式应用前使用这些数据。

现在我们已经为这一小技巧做好了准备，每当进行循环时，都会把剩余的全部原始数据（称为训练数据）分割成临时训练集和临时验证集。这一分割是暂时的，只在这一循环执行期间有效。

因此，我们现在的目标是，在给定一组超参数的情况下，如何确定系统的性能，同时又不牺牲 20% 的宝贵训练数据，避免将它们用作无法训练的专用验证集。我们会在图 8.9 所示的循环中创建一个更小的新循环，以评估当前分类器的性能。

我们首先构建一个新的分类器实例，而后在临时训练集上训练分类器，并使用临时验证集对其进行评估，这会获得分类器性能的**分数**（score）。

现在，让我们再次运行这个循环，这次把训练数据分割为临时训练集和临时验证集时，这些数据被分割为**新的**集，与我们之前尝试过的任何一次分割都不同。

通过这种方式，我们一遍又一遍地运行循环，把训练数据分割成新的集合，进行训练和验证，并获得分类器性能的分数。当这一过程全部完成后，所有分数的平均值就是我们对分类器总体分数的评估。交叉验证的可视化概况如图 8.10 所示。

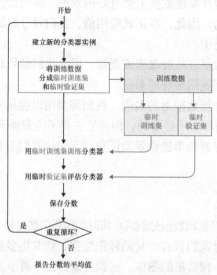

图 8.10    使用交叉验证评估系统的性能

通过使用交叉验证，我们可以对全部的训练数据进行训练，虽然不是所有数据的训练都在一次循环中完成，但是我们仍然可以从一个留存出的验证集中得到对系统性能的客观衡量。

这个算法不存在数据泄露问题，因为每次运行循环时，我们都会创建一个新的分类器，而这个分类器的临时验证集对于特定的分类器来说是未曾见过的全新数据，所以用它来评估分类器的性能是公平的。

构建临时训练集和临时验证集的算法有很多，下面让我们来看一种流行的方法。

## $k$ 折叠交叉验证

构建用于交叉验证的临时数据集的一种流行的方法就是 $k$ **折叠交叉验证**（$k$ fold cross-validation）。

这里的字母 $k$ 不是单词的第一个字母，而是代表一个整数（例如，我们可能进行"2 次折叠交叉验证"或"5 次折叠交叉验证"）。通常，$k$ 的值是我们想要进行循环的次数。

这一算法的实现在图 8.10 所示的交叉验证循环开始之前就开始了。我们将训练数据分成一系列大小相等的块，并将每块称为一个**折叠**（fold）。与以往不同，这里的"折叠"用来表示折痕（或结束）之间的部分。试想一下，把训练集的所有样本都写在一张长长的纸上，然后把它折叠成固定数量的等份，每把纸折弯一次，都会得到一条"折痕"，而折痕之间的部分就称为"折叠"，如图 8.11 所示。

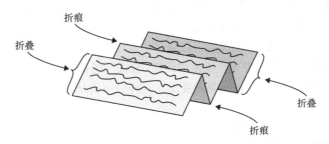

图 8.11　为 $k$ 折叠交叉验证创建"折叠"，这里有 4 条折痕和 5 个折叠

我们会在训练数据中创建大小相同的折叠，而每个折叠都包含两条折痕（或者一条折痕与列表顶部或底部）之间的信息。将图 8.11 所示的纸拉平，我们可以创建更典型的 5 折叠图，如图 8.12 所示。

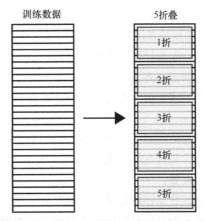

图 8.12　把训练数据分成 5 个大小相等的折叠，命名为"1 折"到"5 折"

让我们通过这 5 个折叠来看看循环是如何进行的。第一次通过循环，我们将 2～5 折中的样本作为临时训练集，而将 1 折中的样本作为临时验证集。也就是说，我们将使用 2～5 折中的样本训练分类器，然后用 1 折中的样本对其进行评估。

下一次执行循环时，我们将使用 2 折中的样本作为临时验证集，用 1、3、4 和 5 折中的样本作为训练集。我们如往常一样地用这两个集进行训练和评估，再对剩下的折叠重复前述操作，如图 8.13 所示。

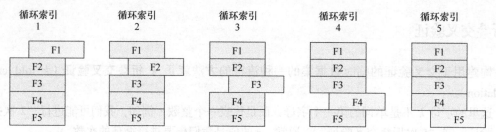

图 8.13　每次通过循环时，我们都选择其中一个折叠作为验证集，并将其他的折叠作为训练集。当循环次数超过 5 次时，我们就再重复这种划分

通常我们将折叠次数与循环次数设置为相同。但是因为训练过程中经常涉及一些随机数，所以也可以尽可能多地重复这一循环，只需要重复进行选择折叠的循环。

这个方案的美妙之处在于，我们可以使用所有训练数据进行训练，不需要将其分割成永久固定的训练集和验证集，而是在每次循环中都进行新的训练集/验证集的划分。利用这些不同划分打出的测试分数的平均值才是系统的最终分数。

当没有太多数据可以使用时，交叉验证就是一个很好的选择。然而如果我们真的想对系统的性能进行一个很好的评估，就需要多次重复"训练-验证"的循环，这是一个缺点。但是我们所做的是用时间换取将所有数据都用于训练的能力，这样做可以从输入集中摄取每一点信息，应用它们使得分类器变得更好。

如上所述，我们已经用分类器展示了 $k$ 折叠交叉验证，而该算法几乎适用于所有类型的学习器。

## 8.6　对测试结果的利用

我们一直在讨论的不同类型的"测试"有两个主要的应用。

第一，通常我们会用测试数据预测系统在正式应用时的表现。如果对于应用来说性能足够好，我们就可以发布它并让人们使用；如果性能还不够好，我们就必须考虑一些其他的选项（例如改变算法，收集更多的数据或者选择新的超参数），之后再一次尝试构建分类器。同时，我们还可以使用测试结果来量化系统性能，这在撰写论文或参与某些竞赛时对不同的算法进行评估是非常有用的。

第二，在训练期间，如果想为特定的系统选择最好的超参数，就会用到测试结果。我们使用的是（至少在那一刻是这样）一个特定的学习器及训练方案（包含训练数据），并且只是试图找到用于控制系统的超参数的最佳设置。

结束之后，我们就可以用测试数据评估结果了。和以前一样，如果结果不够好，我们就需要重新考虑整个系统，又或者决定是否值得花费更多的时间去寻找更好的超参数。在这种情况下，我们将继续使用同一算法，再次进行更多的交叉验证。

这一过程没有硬性规定，是我们在经验和直觉的基础上进行的工作，而经验和直觉通常都会随着我们对特定系统和数据集的使用而不断完善提升。

## 参考资料

[Muehlhauser11]　Luke Muehlhauser, *Machine learning and unintended consequences*, LessWrong blog, 2011. Note the comment from 2016 in which Ed Fredkin reports that he was the person in the audience who spotted the sunny or cloudy "tell" in the pictures.

[Schneider97]　Jeff Schneider and Andrew W. Moore, *Cross Validation*, in *A Locally Weighted Learning Tutorial using Vizier 1.0*, Department of Computer Science, Carnegie Mellon University, 1997.

[VetStreet17a]　VetStreet, *Cockapoo*, 2017.

[VetStreet17b]　VetStreet, *Labradoodle*, 2017.

[VetStreet17c]　VetStreet, *Schnoodle*, 2017.

# 第 9 章

# 过拟合与欠拟合

本章将判断系统是否还未从训练数据中学到足够多的信息，或者是否学得过多，以及如何在两者之间保持平衡。

## 9.1 为什么这一章出现在这里

我们构建了机器学习的系统，用来从数据中提取信息。为此，我们通常从一个有限大小的样本集开始，尝试从中学到一些通用规则。当系统学习了这些规则后，我们可以把它对外公布，这样一来我们（或者其他人）就能为它提供新的数据。通过将系统所学到的规则应用在那些新数据上，它就能为我们反馈一些关于数据的有用信息。

但无论是人还是计算机，要想从有限的样本集中学到有关某一主题的通用规则，都是个相当大的挑战。

如果我们未能对这些样本的细节给予足够的关注，所得到的规则将太过通用，那么系统在尝试处理全新的数据时，很可能会得到错误的结论；如果对样本的细节关注得太多，所得到的规则将太过具体，那么结论也很可能出现问题。

上述两种现象分别称为欠拟合（underfitting）与过拟合（overfitting）。其中更常见且难的问题是过拟合。如果我们不仔细检查，过拟合可能会给我们一个包含所有数据的信息却又毫无用处的系统。我们可以通过一系列名为正则化（regularization）的方法来控制甚至消除过拟合的问题。

这些想法通常会与我们在第 2 章中所提及的偏差与方差（variance）这两个概念一起进行讨论，给了我们看待同一现象的不同角度。

在本章中，我们将看到导致过拟合与欠拟合的原因，以及处理它们的方法。

## 9.2 过拟合与欠拟合

如果系统在训练数据中学习得很多且表现很好，但在面对新数据时表现得很糟糕，我们就可以说系统是过拟合的；如果系统在训练数据中并未学习充分，且在新数据上表现糟糕，我们就可以说系统是欠拟合的。接下来我们依次讨论这两种现象。

### 9.2.1 过拟合

我们借一个比喻开始关于过拟合的讨论。假设我们受邀去参加一个大型的露天婚礼，但是并不认识婚礼上的大部分宾客。整个下午，我们都与婚礼上的宾客们一起待在公园里，互相介绍并交流。我们努力去记住人们的名字，因此每当我们遇到一个人，就会在脑海中建立起某种关于此人的外表与名字间的联系（见[Foer12]和[Proctor78]）。

假设我们遇到了一个名为 Walter 的人，他蓄着一把大胡子，看上去和海象的差不多。于是我们在脑海里给 Walter 配了张海象的图，并试图把这张图牢记在心。过了一会儿，我们又碰见了一位叫 Erin 的女士，注意到她戴着一对美丽的绿松石耳环，于是我们在脑海中为她配了一张她耳环的图（英文中"Erin"与耳环的单词"Earing"相近）。我们就这样在脑海里为婚礼上的所有人都配了一张类似的图。

婚礼进行得很顺利。随后在接待处我们正好碰见一位长着海象胡子的人。我们微笑着对他说："我们又见面了，Walter!"，对方却露出了一副疑惑的表情。原来这位是 Bob，我们之前还从未和他见过面。

相同的事情可能还会不断发生。我们也许被引荐给某位戴有漂亮耳环的人，然而她是 Susan 而非 Erin。

此处的问题在于，我们脑海中的图误导了我们。这并不是说我们没能正确地"学习"人们的名字，我们确实这么做了，只是用了一种无法推广到其他人身上去的方法来记住他们的名字。

为了把某人的外表和他的名字联系起来，我们需要某种能联系这两者的东西。这种联系越强，我们在一个新背景下认出某人的成功率就会越高，甚至无论他们是否正穿戴着一些会改变他们外表的东西，如帽子或眼镜。在这个婚礼示例中，我们通过把人们的名字和一些独有的特征联系起来以记住他们。问题在于，当遇到另一些拥有相同特征的人时，我们无法分辨出来这些人我们是否遇到过。

我们在第 8 章中见过相同的问题。当时我们把狗尾巴末端有波波点和这只狗是贵宾犬联系起来，并且断言任何一个躺在沙发上的狗都是约克郡犬。这些联系之所以在我们的脑海中形成，是因为在训练数据中，这些特征对于那些狗来说都是独一无二的。

我们觉得这两个例子的结果都挺不错的，因为对于**训练数据**而言，评估的结果大多都是正确的。如果关注点在正确率上，我们可以说得到了一个很高的**训练准确率**。如果我们更多关注的是**误差**，那么可以说得到了一个很低的**训练误差**，或者称为**训练损失**（training loss）。

但是当我们去评估那些新的、更加普遍的数据，**泛化精度**（generalization accuracy）则会比较低，而**泛化误差**，或者说**泛化损失**（generalization loss）则会比较高。

我们在上面提到的人和狗的例子中的错误都是由于**过拟合**而产生的。我们"过多地学习了"或者说"过多地适应了"输入的数据。换句话说，我们从它们中学习得太多了。对于在那个婚礼上所遇见的个人的细节，我们给予了太多的关注，并且用这些个人的细节代替了普遍规则。

机器学习系统很容易产生过拟合的问题。有时我们会说它们擅长"欺骗"。如果在输入的数据中有些巧合可以帮助系统做出正确的预测，它最终会发现并运用这一巧合，正如我们在第 8 章中所说的那个例子。当时系统被用来解决一个困难的问题——从满是树的图中找出伪装成树的坦克，但事实上系统却只是很简单地通过观察天空是阳光明媚还是乌云密布来给出判断。

有两种方法可以用来控制过拟合问题：第一，通过**正则化**的方法，我们可以鼓励系统尽可能长时间地学习普遍的规则，而不是去拼命地记住细节；第二，我们可以在捕捉到系统开始记忆这些细节的时候，停止它的学习过程。

## 9.2.2　欠拟合

过拟合的对立面是欠拟合。

与过拟合相反，由使用那些太过简略的规则而产生的欠拟合描述了一种规则太过模糊或者普遍的情况。相对过拟合而言，这通常不是什么大问题。通常，我们可以简单地通过增加训练数据来解决欠拟合问题。在有了更多的样本之后，系统就可以找出一个更棒的规则来理解每一个数据。

# 9.3　过拟合数据

让我们更仔细地来看看过拟合问题。

还记得在第 1 章中，我们从**训练集**（training set）中的**样本**进行学习，并且会周期性地用**验证集**中的样本来检测系统的表现。我们从验证集中得到的效果是**泛化误差**。如果这一误差的变化开始不太明显，或者在训练误差持续保持减小的同时变得更糟，我们就遇到了过拟合问题。这是我们应该停止训练的提示。图 9.1 可视化地展现了这一想法。

可以注意到，图 9.1 展示的是**验证误差**而不是**泛化误差**。还记得在第 1 章里讨论训练的时候，我们通常会把泛化误差和验证集放在一起来和训练数据做区分。当验证集是新数据或者那些未知数据的良好替代品时，这两种类型的误差应该很接近。

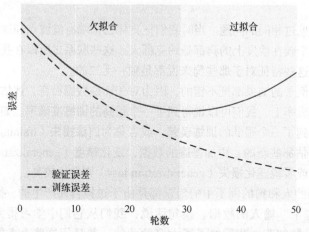

图 9.1　理想误差曲线。其中，一轮表示所有训练数据被系统使用一次。训练误差和
验证误差在训练开始时一起稳定地下降，但是在某个点之后，验证误差开始上升。这就是
我们进入过拟合范围的地方。我们希望在这种情况发生之前停止训练（[Duncan15]）

同样在这一过程中我们可以注意到一些关键的东西：在**训练集上的误差**随着我们进入过拟合的区域而**持续减小**，然而验证集上的误差却增加了。这是因为我们仍然在从训练数据中学习，但是已经对于某些特定的细节学习得太过深入（比如，学习到了有着海象胡子的人都称为 Walter）。正是在验证集上的表现让我们能知道什么时候越过了那个界限。在那个界限往后，虽然我们继续在训练集上获取了更好的表现，但是无法在新数据上取得进步。事实上，我们甚至会在那上面得到更糟糕的结果。

　　让我们在实际操作中观察这个现象。假设某家店的店主订购了一项为店铺提供背景音乐的服务。服务供应商提供了各种不同节奏的音乐，而且让店主能够在任何时候选择音乐的节奏。

　　店主发现自己整天都在频繁地改变音乐的节奏，而不是在一天的开始就设置好并不再改变它。这耗费了她很多的精力，于是她请我们为她构建一个可以按照她想要的方式来自动调整音乐的系统。

　　我们先从收集数据开始。第二天早上，我们坐在控制台那边观察。每当她调整节奏时，我们会记录下时间以及设置。所收集到的数据如图 9.2 所示。

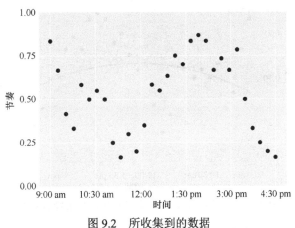

图 9.2　所收集到的数据

　　那天晚上，我们回到实验室，为这些数据拟合了一条曲线，如图 9.3 所示。

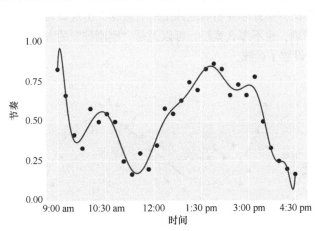

图 9.3　根据图 9.2 中的数据拟合的曲线

　　这条曲线的波动程度很大，但是我们认为这是一个不错的解决方案，因为它很好地拟合了我们所记录的数据。

　　第三天早上，我们按照这个模式对系统进行编程。但是到了中午，店主开始抱怨，因为音乐的节奏变得太频繁、太剧烈，分散了顾客的注意力。

　　我们太过精确地匹配了观察到的结果，从而导致这条曲线过度拟合了。店主在我们收集数据那天选择是依据那天所播放的特定音乐做出的。由于店主所订阅的服务并不是在每天的同一时刻播放相同的曲子，她可能并不希望再现一个和我们在那天观测到的数据太过接近的选择。

通过对曲线上的每一处颠簸和波动进行适应，我们对训练数据的特异性给予了太多的关注。也许如果我们多花几天时间来观察她的选择，并用那些数据制定一个更全面的计划，那会更好。但店主坚持让我们尽快完成这个项目，所以我们现在拥有的数据就是我们最终所能得到的数据。

因此，我们降低了对于数据拟合程度的准确性。我们希望得到的结果不要像之前那样浮动那么大，于是得到了图 9.4 所示的更柔和的拟合曲线。

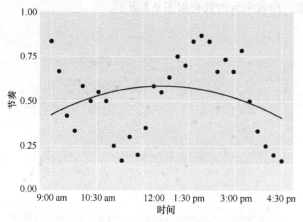

图 9.4　一个根据我们的节奏数据更泛化的拟合曲线

结果店主对这种选择也不满意。因为它太粗糙了，并且忽略了一些在她看来重要的特征，比如，早上的音乐节奏应该比下午的更加舒缓一些。这条曲线欠拟合了数据。

我们希望得到的解决方案并非要精确地匹配所有数据，但应该较好地匹配总体趋势。我们想要一些匹配得不那么精确，也不那么宽松，可以说是"刚刚好"的方案。于是又过了一天，我们按照图 9.5 所示的曲线设置了系统。

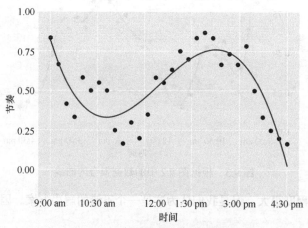

图 9.5　一条恰当地匹配了节奏数据的曲线

店主对于这条曲线以及据此在一天中选择的音乐节奏很满意。我们终于找到了位于欠拟合和过拟合中间的合适位置。在这个例子里，要想找到最佳的曲线，很大程度上需要依赖个人的偏好。我们将在后面看到在训练中运用这些想法的例子，并给出一些特定的规则，以便知道什么时候从欠拟合的区域进入过拟合的区域。

图 9.6 展示了过拟合的另一个例子，这次是对二维平面中的两类点进行分类。

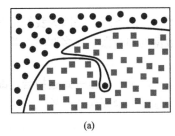 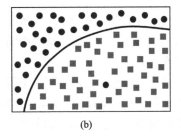

(a)　　　　　　　　　　　　　　　(b)

图 9.6　一个过拟合的类似例子。(a)输入的数据以及一条用以区分两组不同数据点的边界曲线。这条曲线用一个古怪的凹陷把一个单独的怪点纳入进去；(b)可能是一条更好的边界曲线（[Bullinaria15]）

这里有一个位于正方形区域深处的圆点。我们把这种孤立的点称为**异常值**，并且通常在处理它时我们都会持怀疑的心态。这个点可能是测量错误或者记录错误的结果，也可能确实是一个非常特别的数据。

获取更多的数据可以让我们在分辨哪些例子是异常的时候拥有更好的直觉，但如果这是我们能获取的所有数据，把这一孤立的圆点看作异常值也许更加合理一些，并且它看上去不太会在未来的测量中再出现了。换句话说，我们希望未来落在这个孤立圆点附近的点应该属于正方形数据点的范畴。

我们可以据此推断图 9.6a 很可能是过拟合了。如果是这样的话，采用图 9.6b 中更为简单的边界曲线也许会更好。

## 9.4　及早停止

通常来说，在一开始训练模型时，我们会处于欠拟合的区域。此时，模型还没能通过学习足够多的样本找到处理它们的正确做法，因此采用初始假想规则（first-guess rule）会太过普遍且模糊。

随着我们用更多的数据来训练，并且模型开始明确它的边界曲线，训练误差和验证误差通常都会降低。为了便于讨论这一现象，我们重新采用图 9.1 所示的例子，如图 9.7 所示。

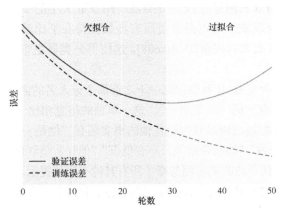

图 9.7　为了方便起见，我们重新采用图 9.1 所示的例子。在这些理想化的曲线里，当验证误差下降时，我们处于欠拟合的区域；而当它开始上升时，我们就处于过拟合的区域

在某个时间点，我们将发现虽然训练误差在持续下降，验证误差却开始上升（可能一开始它会变得平缓）。

这时我们就处于过拟合的区域了。训练误差之所以持续下降，是因为我们正在让模型学习到越来越多的细节。但是现在，我们在结果中为训练数据的细节做了太多调整，并且泛化误差（或者验证误差）正在上升。

通过这样一种分析，我们可以得到一个很好的指导原则：**一旦开始过拟合，即停止训练**。也就是说，当我们在第 28 轮训练附近跨越了边界，并且发现验证误差开始上升时，即使训练误差依然在下降，我们也应该停止训练，如图 9.7 所示。

这种在验证误差开始上升时停止训练的技术称为**及早停止**（early stopping），因为我们在训练误差低至 0 之前停止了训练过程。可能把这一思想看作**合理停止**会更简单一些。因为在这一界限下，我们既没有过早停止，也没有太晚停止训练，而是恰好在模型的验证误差开始上升的时间点停止训练。

在实际操作中，误差测量并不会像图 9.7 中的理想曲线那样平滑。它们通常会充满噪声，甚至可能会在一个短暂的时间段内趋向 "错误" 的方向，因此要找到一个准确的停止训练的时机会相当困难。通常我们会采用许多不同的工具来缓和误差的改变，以探查验证误差是否真的在上升，而不仅是暂时性的上升。我们将在第 23 章和第 24 章中看到把及早停止纳入训练过程里是一件多么简单的事情。

## 9.5　正则化

我们总是希望对训练数据做尽可能多的信息压缩，在刚开始出现过拟合的时候就停止训练。及早停止是一种解决方案，但还有一些其他技术可以减缓过拟合的趋势，使我们可以训练更久的同时降低训练误差以及验证误差。

这些控制过拟合的技术统称**正则化方法**，或者简单地称为**正则化**。我们说过，计算机本身并不会知道它已经过拟合了：当我们要求它从训练数据中学习时，它会尽可能多地从中学习。它并不会知道自己何时跨越了 "对输入数据的良好认知" 和 "过于详细地学习了特定数据中的信息" 间的界限。因此任何控制过拟合的方法都需要我们在基础的学习算法上添加一些新的信息。

一种常见的、需要增加的信息是限制分类器所用参数大小的步骤。从概念上讲，这种方法之所以可以改善过拟合现象，重点是它使所有参数保持在了比较小的数字上，也就是避免了它们中的任何一个拥有太大的权重[Domke08]。这使得分类器更难去依赖那些特别且狭隘的异常值。

为了看看这种技术是否有用，让我们回忆一下之前那个记人名的例子。当我们试图记住 Walter 的名字时，我们注意到他有一把 "海象胡子"。这一单独的信息相比于我们所记住的其他东西拥有了太大的权重。能让我们通过肉眼观察记住他的事实还有 "他是一个男人" "他的身高大约是 1.82 米" "他有着灰色的长发" "他面带微笑且声音低沉" "他穿着暗红色且带有棕色纽扣的衬衫"，如此种种。但我们独独关注了他的胡子而忽略了所有其他有用的提示。于是不久以后，当我们再看到另一个有着海象胡子的人时，这个特征相比其他特征就占有了太多的优势，使我们误认为这个人就是 Walter。

如果可以让所有我们观察到的特征具有大致相同的重要性，"海象胡子" 就不会有机会成为最重要的特征，而且其他特征对于我们记住一个新认识的人将持续发挥作用。

我们可以说每个参数都有其对应的**权重**或者说强度。这只是一个用来衡量这个参数重要性的数字。基本的想法与我们在从一张列表中做出决定所采取的分配权重的方法很像。例如，为了决定是否搬去一间新公寓，我们可能会对新街区的步行便利程度分配一个很大的权重，而为走道上橱柜的大小分配一个比较小的权重。正则化就是一种可以确保没有任何一个参数的权重或者任意一组参数的权重比其他参数拥有太大优势的方法。

注意，我们并没有试图让所有权重拥有**相同的值**，因为这会让它们变得毫无意义。我们只是想保证它们基本在同一个范围内，其中没有任何一个权重会远远超过其他的权重。

把权重压缩至比较小的数值让我们在避免过拟合的问题上迈出了一大步，并让我们得以从训练数据中学到更多的信息。

我们所希望应用的正则化量会随着分类器以及数据集的改变而改变，因此通常必须去尝试一些不同的值来看看哪个发挥的作用最佳。我们用一个被通常写作小写希腊字母的参数 $\lambda$（lambda）来表示正则化量，有些时候也会使用别的字母。这是**超参数**的另一个例子，或者说是为学习算法在外部设置的一个参数。一般来说，$\lambda$ 越大说明正则化程度越高。

将权重的值保持在较低的水平意味着分类器的边界曲线不会变得像以前那样复杂而起伏不定，这也就是我们希望得到的结果。所以，我们可以用正则化参数 $\lambda$ 来选择我们对于边界复杂度的期望。较大的值将使边界平滑，而较小的值将使边界更精确地适应数据。换句话说，较小的正则化值会带来我们之前看到的充满波动的过拟合曲线，而较大的正则化值会使那些曲线变得平滑。我们将在之后对一个充满噪声的数据集尝试不同的 $\lambda$ 值时看到这一作用。

在后续章节中，我们将使用那些有多个处理层的学习结构。这样的系统可以使用额外的、专门的正则化技术［dropout 以及**批归一化**（batchnorm）］，以帮助控制此类学习架构上的过拟合问题。这两种方法都是被设计用于防止网络中的任何元素对于结果的影响过大。dropout 让我们暂时性地断开网络中的某些元素，迫使其他元素对结果产生影响[Srivastava14]。批归一化则会调整每层的输出，以防采用这些值计算的网络元素对结果产生过大的影响[Ioffe15]。

# 9.6 偏差与方差

我们在第 2 章中讨论过统计学的概念——**偏差**与**方差**。这些概念本身与欠拟合以及过拟合有很大的关系，并且通常会在讨论这两个话题的时候出现。

我们有许多的方法来思考偏差与方差的概念。如果从本章的背景来看，我们可以说偏差衡量了系统持续学习错误的东西的趋势，而方差则衡量了系统学习无关紧要的细节的趋势[Domingos15]。

我们将采用图形化的手段，用二维曲线的方式来讨论这两个概念。这些曲线可能是一个回归问题的解决方案，正如我们先前所讨论的随时间推移设置店铺背景音乐节奏的问题；也可以是分类问题里平面上两个区域之间的边界曲线。偏差与方差的概念绝对不局限于任意一种算法或者二维的数据。但是我们将继续采用二维曲线，因为这会使讨论更符合我们的认知，而且我们能把它们画出来并予以解释。

我们重点关注**找到一个能适应潜在噪声的曲线的拟合**，并且将看到如何用偏差与方差的概念来描述算法的表现。

### 9.6.1 匹配潜在数据

假设我们有一位研究大气的朋友，某一天，她来找我们寻求帮助。她测得了一些数据，比如每天同一时间，持续一年在一座山山顶的特定点测得的风速数据，数据曲线如图 9.8 所示。

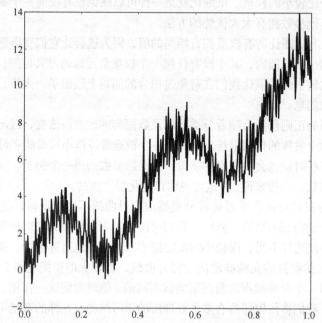

图 9.8 所测得的风速与时间的关系。我们可以看到一条清晰的潜在曲线，
但它也有很多噪声（[Macskassy08]的基准曲线）

她相信自己所测得的数据是一条**理想曲线**与噪声的叠加。理想曲线应该是每年都一样的，而噪声应该是由每天不可预测的波动而引起的。她所测得的数据被称作**噪声曲线**，因为这是理想曲线与噪声的叠加。组成图 9.8 中噪声曲线的理想曲线与噪声如图 9.9 所示。

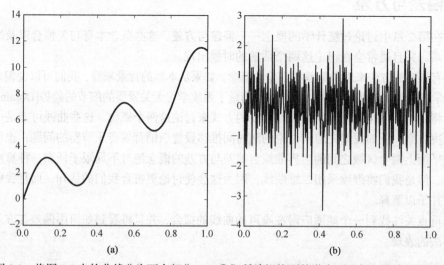

(a)                                  (b)

图 9.9 将图 9.8 中的曲线分为两个部分。(a)我们所希望找到的潜在"理想"曲线；(b)自然
所赋予的、加在理想曲线上的噪声。它使得所测得的数据充满了噪声

她相信自己有一个可以用于描述噪声的良好模型（也许它遵循了我们在第 2 章中看到的均匀分布或者高斯分布）。然而她对于噪声的描述是基于统计学的，因此无法用它来修复自己每天的测量值。换句话说，她相信有一种类似于图 9.9 这样的区分可以用来描述她的数据，但是她不知道自己数据中噪声值的准确大小，也就无法将它们从数据中减去以得到理想曲线。

我们可以尝试为图 9.8 中的噪声曲线做一次拟合[Bishop06]。通过选择一条复杂度足够表现数据趋势而又不过分波动去精确地匹配每一个点的曲线，我们希望可以得到一个对于曲线大致形状的不错匹配。这将是我们找到潜在平滑曲线的一个不错的开始。

图 9.10 就展示了这样一条典型的曲线。所采用的曲线里通常都会有类似该图右边末端那样的小波动，它会在数据快结束时出现一些跳跃。

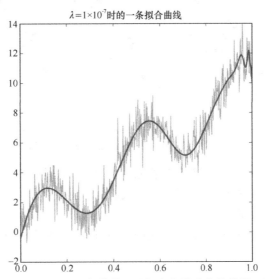

图 9.10 采用曲线拟合算法得到一条曲线，以拟合充满噪声的数据。我们采用岭回归，正则化参数的值为 0.0000001（可以用科学记数法写作 $1 \times 10^{-7}$）

为了阐释偏差与方差的概念，让我们采用一种不同的方法。这种方法的灵感来自我们在第 2 章中讨论过的 bootstrapping 算法，但实际上我们并不采用 bootstrapping 这一技术。

我们将基于原始噪声数据制作 50 个版本，并使每个版本仅随机不重复地挑选 30 个不同的样本。为了生成这些数据，我们可以在每个噪声版本下对噪声数据从左到右随机取出 30 个不同的样本。前 5 个**子样本**曲线如图 9.11 所示。

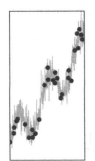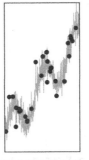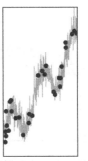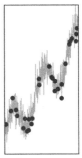

图 9.11 我们将为原始噪声数据制作 50 个不同的版本。每个版本都包含了从原始数据中随机抽取的 30 个样本。这些是前 5 组数据，其中被选出的样本用圆点表示

让我们尝试用简单曲线和复杂曲线来拟合这些点，并根据偏差和方差比较结果。

## 9.6.2 高偏差，低方差

我们先用简单的平滑曲线来拟合数据。我们将选择那些平缓向上弯曲的曲线。因为我们并没有在选择曲线形状时考虑时间因素，所以期望所有结果曲线应该看上去差不多。与图 9.11 中 5 组数据拟合的曲线如图 9.12 所示。

图 9.12 与图 9.11 中 5 组数据拟合的曲线

正如我们预料的那样，这些曲线简单且相似。由于它们太过简单，这样一组曲线表现出了**高偏差**。换句话说，它们仅通过了很少的数据点。我们所选择的形状并不能给予曲线足够的灵活程度，使得它能通过更多的数据点。

为了观察这些曲线的方差，或者说观察它们之间的差别有多大，我们将所有 50 条曲线画在了一起，如图 9.13 所示。

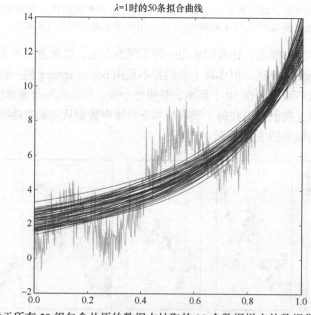

图 9.13 对于所有 50 组包含从原始数据中抽取的 30 个数据样本的数据集的拟合曲线。
我们将 50 条曲线画在了一起

正如我们预料的那样，这些曲线基本上是一致的。也就是说，这样一组曲线是**低方差**的。

### 9.6.3 低偏差，高方差

现在让我们尝试着用一些复杂曲线来拟合数据，让它们更好地拟合数据。

图 9.14 展示了用复杂曲线拟合前 5 组数据的结果。与图 9.12 相比，这些曲线的波动更大，有着多个"脊"与"谷"。虽然它们还是没有直接穿过太多的点，但这些曲线和数据点显得更接近。

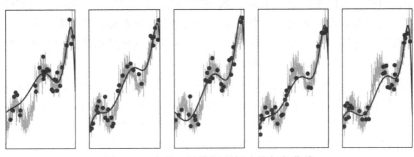

图 9.14　由前 5 组数据所创建的复杂曲线

由于这些曲线的形状更加复杂且灵活，它们更多地被数据影响而非任何初始设置。也就是说，这些拟合是**低偏差的**。换句话说，它们互相之间显得很不一样。我们可以通过把所有 50 条曲线画在一起来观察这种现象，如图 9.15 所示。因为这些曲线会在开始与结束突然偏离原来的方向，所以我们还展示了拓展了纵向尺度以把这些大幅变动包括进来的版本。

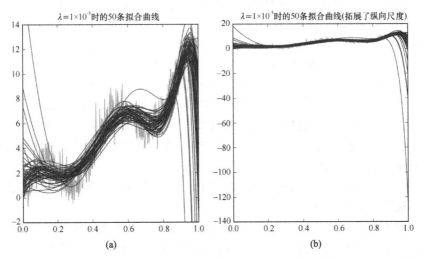

图 9.15　(a)拟合 50 组数据的复杂曲线；(b)展示了这些曲线的完整纵向尺度。为了得到这些曲线，我们采用的正则化值为 0.00001（用科学记数法写作 $1 \times 10^{-5}$）

这些曲线互相之间差别很大，换句话说，它们有着**高方差**。

### 9.6.4 比较这些曲线

大气科学家希望我们可以得到一条可以匹配数据中潜在理想曲线的曲线。从我们已经看到的内容来说，图 9.10 所示的曲线会是一个不错的猜测（虽然更多的数据可以帮助我们去除结尾处的波动）。

然而为了探索偏差与方差，我们构造了 50 组小数据点。它们都是从原始噪声数据里被随机抽取的。

当我们用简单且平滑的曲线拟合这些数据点集时，这些曲线总是会漏掉大部分数据点。不管拟合的数据是什么，这样一组曲线都有着高偏差，或者说倾向于特定的结果（平滑且简单）。这些曲线之间十分接近，就说这样一组曲线有着低方差。

另一方面，当我们尝试用复杂且充满波动的曲线来拟合这些数据点集时，这些曲线有能力根据数据调整，且与大多数点距离更近。由于这些曲线更多地被数据而非是某一种特定结果的倾向而影响，我们可以说这样一组曲线是低偏差的。然而这些曲线的适应能力也意味着它们之间有着明显不同。换句话说，这样一组曲线是高方差的。

可以注意到这些是曲线的族，或者说集合的性质。对于一条单独的曲线，我们无法对它的偏差或者方差有太多描述。我们必须在尝试为许多数据拟合许多曲线之后才能看到偏差与方差的影响。

偏差与方差是真实存在的现象。在将对机器学习的讨论作为一个概念工具来理解一个模型或者一种算法的复杂度（complexity）或有效程度时，我们通常会引用"偏差"与"方差"的概念。

例如，假设我们正在尝试用一个只有少量参数的简单模型来匹配那些噪声数据。这些参数被用来描述模型所创建的曲线，并且我们希望这条曲线能匹配噪声数据的平滑的潜在曲线。由于模型很简单，它只能创建一些简单的曲线，因为它并没有足够的参数来表征一些更为复杂的东西。

如果我们用多个类似的数据集多次训练系统，那么这个系统将不断生成一些相似的简单曲线，因此这样一组曲线将展现出低方差的特征。这些曲线也将忽略许多的数据点，因此它们会展现出高偏差的特征。由这个系统生成的这些曲线将是高偏差且低方差的，我们有时会简要地说这个系统本身是高偏差且低方差的。

我们也可以在一个复杂模型训练的早期阶段得到这些结果。早期阶段指模型刚开始匹配数据的时候。我们可以说这个模型是用一些过于简单的曲线欠拟合了这些数据。

假设模型十分复杂，并且能够生成一些复杂的曲线。当用这个模型在多个数据集上进行训练时，由它所产生的曲线之间会十分不同，因为它们都适应了特定的数据（也就是说，它们会是高方差的），但是它们对于大多数数据点来说会更加接近（也就是说，它们会是低偏差的）。正如之前说的那样，我们通常会说这些应该属于由系统产生的曲线的性质是这个系统本身的，因此会说这个模型是低偏差且高方差的。

当一个复杂的模型训练得过久时，我们就可以得到上述结果。这些曲线将过拟合输入数据，或者说过于好地匹配了训练数据。

我们乐意用那些同时具有低偏差（因此数据集中的数据点都能被正确匹配）与低方差（因此曲线不会在一个数据集上被过分训练，也可以泛化得更好）的曲线来描述数据。

然而，在大多数现实世界的例子中，我们无法做到二者兼得。正如我们在第 2 章中看到的那样，偏差与方差是呈反向相关的：当其中的任意一个上升，另一个就会下降，反之亦如此。

这是因为当简单的曲线变得更加波动也因此可以更好地匹配数据时，偏差减小，方差就会上升，因为匹配良好的曲线通常会相差很大。如果我们把那些复杂曲线的波动减小，那么它们的方差也会减小，因为它们将更加相似，然而偏差将上升，因为它们匹配数据的能力将下降。我们无法同时拥有低偏差与低方差。

通常，我们不能说偏差或者方差中的一个比另一个更重要，因此我们不应该总是想着找到一个有着最低的偏差或者方差的解决方案。在某些应用中，高偏差或者高方差都是可以接受的。

一方面，如果我们知道自己的训练集肯定可以完美地表征所有未来数据的特征，就不会关心方差，而是希望找到有最低偏差的解，因为匹配这样一个训练集就能完美地得到我们想要的结果。

另一方面，如果我们知道自己的训练集不能很好地表征未来数据的特征（但这是我们目前能获取的最好数据），也许不会对偏差关注得太多，因为匹配这样一个糟糕的数据集并不是特别重要，而且我们会希望得到有最低方差的解，因为这样一来就有机会对未来数据进行合理的操作。

通常来说，我们希望在这两种度量方法之间寻求适当的平衡。我们通常会采用一种对任何特定的项目的特定目标都运作良好的方法。当然前提是，我们已经知道自己所选择的特定学习器以及所拥有的数据。

## 9.7 用贝叶斯法则进行线拟合

偏差与方差都是用来描述一族曲线拟合数据的良好程度的有用方法。我们在第 4 章中有过对于频率论者与贝叶斯论者的讨论，我们可以说偏差与方差本身体现了频率论者的思想。

这是因为偏差与方差的概念依赖于从数据源抽取的多个值。我们并不过多依赖任何单一的值，而是用所有值的平均值来找出每个值近似的"真实"答案。这些想法非常符合频率论者的思想。

相反，如果用贝叶斯法则来拟合这些数据，我们认为结果只能用概率方法描述。我们会列出所有有可能匹配那些数据的方法，并且为其中的每一个附上一个概率。一旦收集到更多的数据，我们会渐渐淘汰其中的某些描述，从而使其余的描述更有可能，但我们永远都无法得到一个绝对的答案。

让我们从实际操作中观察这个现象。我们的讨论是基于 Bishop 的一个"可爱"的可视化[Bishop06]。我们将用贝叶斯法则找到一个对于 9.6 节用到的充满噪声的大气数据的良好近似。

我们将为数据拟合一条直线，而不是一条很复杂的曲线。这仅是因为它可以允许我们用二维的图和表表示所有东西。为了展现用曲线拟合数据的图，我们需要做出三维、四维、五维甚至更多维度的图。为了清晰起见，我们还是选择使用直线。

事实上，我们将一直使用那些**几乎是水平的**直线。同样，这仅是因为这样一来我们可以画出一些不错的图。处理其他任何的线型都会需要三维图，也更难去解释。

我们用两个数字来描述直线：**斜率和截距**。它们通常分别用字母 $m$ 和 $b$ 来表示，不过这里我们将直接称呼它们的名字[MathForum03][MathForum94]。

一条完全水平的直线的斜率为 0。当这条直线逆时针旋转时，斜率将一直增长至 1，此时它可以说是东北-西南朝向的。当直线从水平顺时针旋转时，它的斜率会减小至-1，此时这条线可以说是西北-东南朝向的。

当一条直线越来越接近垂直时，它的斜率会越来越大，不过这里我们限定斜率的范围仅在[−2,2]中。

截距是一条直线与 $y$ 轴相交的位置。我们也将截距的范围限定在[−2,2]中。

限定这些范围使我们可以表示任何一条斜率和截距为-2～2 的直线。图 9.16 展现了其中的一些直线。

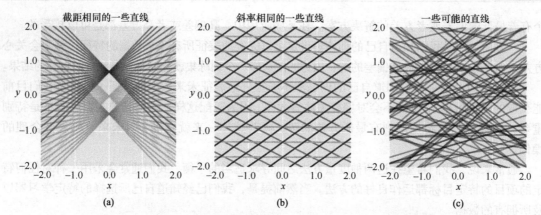

图 9.16 我们在这个讨论中所需要用到的直线。(a)相同颜色的直线的截距相同（也就是
这些线与 $y$ 轴相交的点），但其中每条线的斜率不同。(b)相同颜色的直线的截距
不同，但是它们的斜率相同。(c)一些斜率和截距在-2 和 2 之间的随机直线

　　根据对可用直线的范围限定，我们可以稍许垂直压缩原始噪声数据，这样曲线就不会以一个
陡峭的角度上升。再次声明，这仅是为了使我们可以更简单地画出并解释图像。

　　我们将同时在多条直线上进行工作，但是把许多的直线逐条叠加起来可能会令人感到疑惑。
因此我们选择了另外一种展现所有可能直线的方法。我们做一个从左到右有着斜率范围为-1～1
的格子，并且截距范围从下到上是-1～1。这样一来在这个二维方形区域中的任何一个点都表示
了在我们思考范围内的一条特别的直线。图 9.17 展示了这个想法。

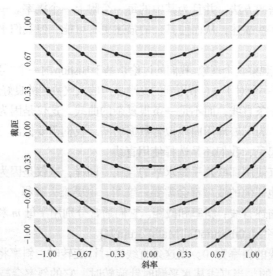

图 9.17 我们可以通过格子中一个点的位置来描述直线。这个格子从左到右横向代表了-1～1 的
斜率范围，而从下到上纵向代表了-1～1 的截距范围。在这样一种设定下，每一行代表的
直线都像是它下面的所有直线向上平移所得到的，而每一列代表的直线，就像是
它左边的所有直线围绕它与 $y$ 轴的交点逆时针旋转所得到的

　　这样我们就完成了所有工具的准备。让我们考虑一下对它们做的事。

　　我们想要找到一条可以通过许多噪声数据的直线。这意味着我们明确地知道它无法通过所有
数据点。但我们依旧希望它能通过尽可能多的点，并且尽可能地接近其他的点。

　　让我们从噪声数据中的一个点开始。哪条直线会被我们认为是这个点的良好拟合？当然，所

有通过这个点的直线都是不错的选择。由于我们知道最终的直线会靠近许多（如果不是大多数的话）数据点，因此也同样会把那些离这个点很近的直线给包括进来。

让我们给每条直线分配一个概率。直接通过数据点的直线将有最大的可能性，但是我们同样也会包括附近许多有着较低概率的直线。如果之后我们发现自己仅希望直线靠近这第一个点，这些选项就有用了。

现在我们就可以运用贝叶斯法则的技巧来找到穿过这些数据的最佳直线。

通过图 9.17 所示的灰阶版本，我们可以同时展示所有可以从系统中抽取的可能的直线。这称为**斜截图**。白色代表直线有着很高的可能性，而越是深的灰色表示了越低的可能性，如图 9.18 所示。

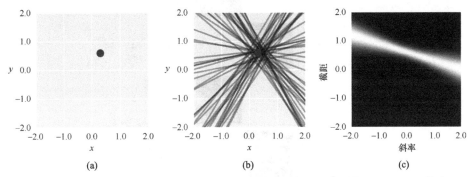

(a)　　　　　　　　(b)　　　　　　　　(c)

图 9.18　找到通过一个点的直线的贝叶斯似然。(a)位于一个典型的$(x,y)$平面的处于$(0.3,0.6)$的点；(b)一些随机选择的通过或者很接近这个点点的直线；(c)一张斜截图，其中每个位置（或者说像素）表示了一条直线，如图 9.17 所示的那样。这里，我们为所有直线通过 0（黑色）到 1（白色）中的值标记了概率。每条线越接近这个点，它的概率就越高

图 9.18c 展示了所有也许会用来匹配图 9.18a 中原始点的直线的贝叶斯似然。一条直线越是靠近或穿过这个点，它的似然率就越大，但是那些靠近点的直线同样也拥有一些可能性。

哪些直线被图 9.18c 所表示了？其中一些如图 9.19 所示。我们从图 9.18c 的斜截图中的非黑色区域选取了 5 个点。我们为每个点做了一幅对应的直线的图，图上也包含了图 9.18a 中的原始点。可以看到，一条直线的概率越高，它就越靠近原始点。

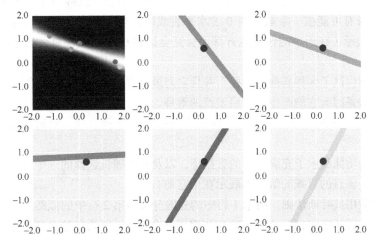

图 9.19　图 9.18c 告诉我们所有截距与斜率为−2～2 的直线的可能性。我们在左上图中重复了这个展示，同时从它的非黑色区域里选出了 5 个点。与这 5 个点相关的直线分别画在了剩余的图中，点的颜色与直线一一对应。可以注意到，有着更高可能性的直线与原始的位于$(0.3,0.6)$的原始点更加接近

现在我们已经准备好用贝叶斯法则来匹配数据了！过程如图 9.20 所示。

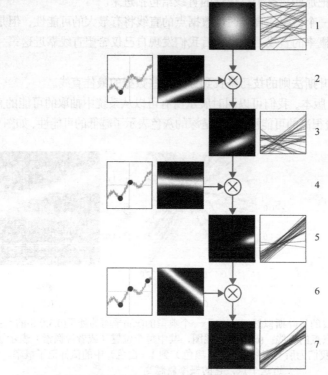

图 9.20　通过贝叶斯法则为数据拟合一条直线（图像灵感来自[Bishop06]）

在图 9.20 中，第 1 列为噪声数据集，其中的每个新数据点用点表示。第 2 列展示了该点的似然。第 3 列的顶部展示了先验，然后下面的每张图展示了演化后验（或者先验）。每个后验概率都是后面一步的先验概率。第 4 列展示了从它们左边的直线分布中随机抽取的一些直线。

在第 1 行中，我们给出了自己的先验概率，或者说是对于拟合直线分布的一个初始猜测。这里我们用了一个高斯环境，它的中心正处于直线分布的中心。这样一个先验概率意味着我们猜测自己的数据最有可能被一条截距为 0 的水平直线所拟合，也就是 $x$ 轴本身。不过这个高斯环境一直延伸至边缘（在图中的任意地方都不会完全达到 0），因此任意一条范围内的直线都是有可能的。

我们为这幅图尝试了多种其他的先验，并且它们最终都会呈现出一个相同的结果。我们在这里只使用高斯先验是因为它能产生最富启发性的解释。

第 1 行右边的图像展示了从该先验分布中随机抽取的 25 条直线，有着更大概率的直线会更有可能被抽到。

第 2 行左边的图像展示了充满噪声的数据集，以及从中随机选择的一个点，用点表示。所有穿过（或者接近）该点的直线的似然图展示在了它的右边。

现在让我们应用贝叶斯法则，将第 1 行中的先验分布与第 2 行中的似然分布相乘。我们同样需要一定的证据来区分它们，不过图 9.20 中省略了这个步骤，因为在这个例子里，我们只是为了将它记录下来。

我们得到的结果是第 3 行左边的图像。这就是后验分布，或者说是先验中的每个点（我们认为这条直线的可能性是多少）与第 3 行在新点的似然分布（这条线有多拟合这一部分数据）中的对应点的乘积。注意到后验分布是一个新的白点。在第 3 行的右边我们可以看到从该分布中随机抽取的另外 25 条线。我们可以看到在图的上方有着大片在第 1 行的图中未曾出现的空白。这个系统已经从这个数据点中学习到，靠近上方区域的直线可能不是我们想要的结果。

从第 3 行中得到的后验分布将成为下一个数据点的新先验分布。

在第 4 行中我们又引入了一个从数据集中抽取的随机点，同样用点表示。在它的右边是对该点的拟合直线的似然图。

在第 5 行中，我们再次采用贝叶斯法则，使我们的先验分布（从第 3 行中得到的后验分布）与从第 4 行中得到的似然分布相乘，以得到一个全新的后验分布。可以注意到，这个后验分布在大小上有所减小，这告诉我们适合前两个点的拟合直线的可能范围比仅需要拟合一个点的直线的可能范围要小。在右边我们同样展示了从该分布中抽取的直线。可以注意到，在我们学习了两个点的数据之后，它们更加聚集，虽然同样有一些低概率的直线被展示了出来。

我们在第 6 行中假设了第 3 个新的点，它的后验分布结果在第 7 行中展示。这个后验分布中所展示的直线看上去都十分相似，并且这个趋势看上去正向我们数据的一个良好拟合接近着。

通过采用更多的数据点，我们将得到一个越来越小的后验分布（或者说先验分布），并因此得到一个更紧密的对通过所有数据的直线的限定范围。

第 7 行右边图中的那些直线，以及将我们关于偏差以及方差的概念应用于其上是十分吸引人的，不过这就不是一个贝叶斯论者的思考方式了。在贝叶斯信念网络中，并不存在一个曲线族可以被近似看作某些我们可以用不同形式的平均来讨论的"真实"答案。与之不同，贝叶斯论者将所有这些看作潜在准确或者正确的，只是每个的可能性不同。用平均及距离来衡量从这一集合中抽取的直线的偏差及方差是可行的，但却是没有意义的。

频率论者与贝叶斯论者的方法都让我们可以将数据拟合为直线（或者曲线）。他们只是采取了十分不同的态度与途径，因此我们不能总是使用同样的工具来衡量两种方法的结果。

# 参考资料

[Bishop06]　　　Christopher M. Bishop, *Pattern Recognition and Machine Learning*, Springer-Verlag, 2006, pp. 149-152.

[Bullinaria15]　　John A Bullinaria, *Bias and Variance, Under-Fitting and Over-Fitting*, Neural Computation lecture notes, University of Birmingham, 2015.

[Domke08]　　　Justin Domke, *Why does regularization work?*, Justin Domke's Weblog, 2008.

[Domingos15]　　Pedro Domingos, *The Master Algorithm*, Basic Books, 2015.

[Duncan15]　　　Brendan Duncan, *Bias, Variance, and Overfitting*, Machine Learning Overview part 4 of 4, 2015.

[Foer12]　　　　Joshua Foer, *Moonwalking with Einstein：The Art and Science of Remembering Everything*, Penguin Books, 2012.

[Ioffe15]　　　　Sergey Ioffe, Christian Szegedy, *Batch Normalization：Accelerating Deep Network Training by Reducing Internal Covariate Shift*, arXiv 1502.03167, 2015.

[Macskassy08]　　Sofus A. Macskassy, *Machine Learning (CS 567) Notes*, 2008.

[MathForum03]    Math Forum, *Why b for Intercept ?*, 2003.

[MathForum94]    Math Forum, *Why m for Slope?*, 1994.

[Proctor78]    Philip Proctor and Peter Bergman, *Brainduster Memory School*, from *Give Us A Break*, Mercury Records, 1978.

[Srivastava14]    Nitish Srivastava, Geoffrey Hinton, Alex Krizhevsky, Ilya Sutskever, and Ruslan Salakhutdinov, *Dropout: A Simple Way to Prevent Neural Networks from Overfitting*, JMLR, 15(Jun), pgs. 1929-1958, 2014.

# 第 10 章

# 神经元

本章将介绍真实的生物神经元是如何启发我们在机器学习中使用人工神经元的，以及这些处理过程中的小单元是如何单独及协同工作的。

## 10.1 为什么这一章出现在这里

深度学习算法是用相互连接的计算元素组建一个**网络**。这个网络的基础是称为人工神经元的一套计算，或简单地称为**神经元**（neuron）。人工神经元是受人类的神经元所启发而来，即组成人类大脑并且很大程度上决定我们认知能力的神经细胞。

在本章中，我们会简单地回顾真实神经元，然后在此基础上看看高度简化的人工神经元的结构。

我们应当注意，不是所有的机器学习算法都依赖这种人工神经元。许多重要且有效的技术是基于传统形式的分析并使用直接的机制（如显式方程）来为我们找到解决方案。这个过程是不需要也没有使用神经元的。

当我们研究更加泛化的学习系统时人工神经元才出现，比如，从第 20 章开始我们将看到由**神经网络**（neural network）组成的**深度学习**系统。在那些系统中，人工神经元是不可或缺的。

正因为人工神经元在那些算法中的关键作用，了解它对理解如何设计、搭建、讲授和使用现代深度学习系统是很重要的。

## 10.2 真实神经元

人类思维器官的核心元素是一种名为**神经元**的特殊神经细胞。

"神经元"这个词在生物学中是指分布在人体各处的各种大量而复杂的细胞。这些细胞有着相似的结构和行为，但它们是专门用于不同的任务的。它们是复杂而精密的生物组织，通常使用化学、电、时间、距离以及其他各种方式来控制它们自己的行为和通信[Julien11] [Lodish00] [Mangels03] [Purves01]。图 10.1 所示的是一个生物神经元及其几个主要结构的草图。

神经元是处理信息的机器。信息以名为**神经递质**的化学物质的形式暂时**结合**（binding）或附着于神经元自身的**受体部位**[Goldberg15]。这类附着物导致电信号传导进神经元细胞体。每一个电信号可以是正的或者负的——这取决于很多因素。所有电信号在很短的时间间隔内到达神经元细胞体，然后累加并与**阈值**（threshold）做比较。如果电信号总和超过了阈值，那么新的电信号就会被发送给神经元的另一部分。在那里，新的神经递质被释放到环境中，这些分子再与别的神经元结合，然后不断重复该过程。

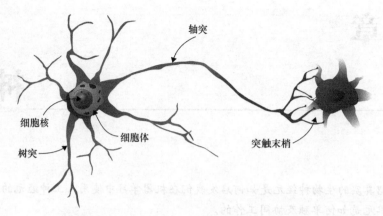

图 10.1　一个生物神经元及其几个主要结构的草图。该神经元输出被传递给了
另一个仅部分显示的神经元（图像来自[Wikipedia17b]）

通过这种方式，信息在流经中枢神经系统中紧密相连的神经元网络时得到了传播和修改。

如果两个神经元在物理上的距离足够靠近，以至于一个神经元可以接收到另一个神经元释放的神经递质，我们就说这两个神经元是连接着的，即使通常它们并没有物理上的重叠。有证据表明，每个人神经元连接的特定模式对于认知和身份确定来说是与神经元本身同样重要的[Sporns05] [Seung13]。人的神经元连接图被称作**连接体**（connectome）。与指纹或虹膜特征一样，连接体也是独一无二的。

在数十亿神经元间不断流动的电信号和化学信号是我们整个精神世界的重要组成部分，它使得诸如意识、智慧、情感、思维、自我意识、群体意识以及语言等现象成为可能。许多人相信部分或全部的这些能力也需要一个有感官的物理身躯来呈现[Wilson16]。

尽管神经元及它们的周边环境在电化学方面是复杂而精密的，但如上描述的基本机制却有着诱人的简洁性。对此，一些科学家尝试在硬件或软件上创造大量的简化神经元来仿真或复制大脑，并希望能呈现出有趣的反应[Furber12][Timmer14]。迄今为止，能被大多数人称为智能的结果还未产生。

但已被证明的是，在很多问题上我们可以用一些特定的方法连接神经元，进而产生很好的结果。这些就是我们将在本书中讨论的结构类型。

## 10.3　人工神经元

在机器学习中，我们所用的"神经元"是受真实神经元启发而来，就像人物简笔画是受人体启发而来一样。它们之间有相似之处，但只是在最普遍的意义上有所类似，其中几乎所有的细节都失去了。

这种情况导致了一些混淆，特别是在大众媒体中。有时"神经网络"被用作"电子大脑"的同义词，并且在这种语境下，似乎它们马上就可以产生智慧、意识、情感甚至统治世界和消除人类生命。事实上，我们所用的"神经元"是由真实神经元极度抽象和简化而来的，以至于很多人更喜欢称它们为"单元"（unit）。但无论如何，"神经元"这个词、"神经网络"这个短语以及所有相关的语言显而易见地存在了，因此我们在本书中也将使用它们。

### 10.3.1　感知机

人工神经网络的历史或许可以追溯到两位具有数学天赋的精神病学家发表于 1943 年的开创性论文。受启发于真实神经元，他们给出了神经元基本函数的简易数学抽象，并描述了这些模型如何被连接到一个**网络**中。这项工作最大的贡献是他们从数学上证明了"对于任何满足特定条件的逻辑表达，你都能找到一个按照它描述的方式运行的网络"[McCulloch43]。

换句话说，神经元可以执行数学逻辑；而数学逻辑是机器计算的基础，也就意味着神经元可以执行数学运算。

这是一件了不起的事，因为它在数学、逻辑、神经元生物学和大脑之间搭建了桥梁。

基于上述观点，1957 年，**感知机**（perceptron）作为神经元的一个简化数学模型被提出[Rosenblatt62]。图 10.2 所示的是一个具有 4 个输入的单个感知机框图。

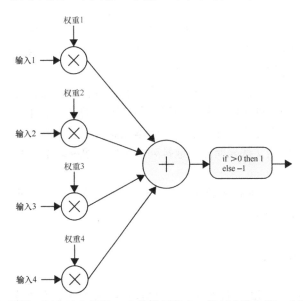

图 10.2　单个感知机框图。每个输入都是一个单独的数字。把每个输入和一个称为权重的对应实数相乘，再把所有结果加到一起进行测试。如果最终结果为正，那么感知机输出 1；否则，输出-1

单个感知机的工作模拟了神经元的功能行为。感知机有许多输入，每个输入都是一个浮点数。每个输入都会与一个对应的称为**权重**（weight）的浮点数相乘，这些乘法运算的结果都要进行求和。最终，我们将求和结果与一个**阈值**进行比较。如果求和结果大于这个阈值，那么感知机输出为 1；否则，为-1（在某些版本里，该输出是 1 和 0，而非 1 和-1）。

尽管感知机是真实神经元的极度简化版本，但它已被证明是机器学习系统一个很好的组建模块。尽管我们现在通常会用一些更复杂的方法来替换最终的阈值，但基本的机制是一直不变的。我们将在第 17 章介绍那些替换方法。

### 10.3.2　感知机的历史

感知机的历史是机器学习文化中很有趣的部分。我们来回顾几个关键事件吧！（更完整的版本可以在网上获取[Estebon97] [Wikipedia17a]。)

当感知机的原理在软件上得到验证后，康奈尔大学搭建了一台基于感知机的计算机。这是一个像冰箱一样大小的、遍布金属丝板的机架，被称为马克 I 号感知机[Wikipedia17c]。

这个设备是用来处理图像的。它有 400 个光敏电阻器，可以数字化一张分辨率为 $20 \times 20$ 的图像。通过旋转旋钮可以控制电位器，进而设置感知机每个输入的权重。为了使学习过程自动化，电位器上装有电动马达，这样该设备便可以"旋转它自己的旋钮"来调整权重，从而改变它的计算结果，进而改变输出结果。该理论保证了只要有正确的数据，这套系统便可以学会用直线分割两种不同类型的图像。

然而，大部分有趣的问题包含的都不是可线性分离的数据集，而且该技术很难被推广到更复杂的数据安排上。经过几年的止步不前，一本证明"初始的感知机技术本质上存在不足"的书出版了。这表明缺乏研究进展不是因为缺乏想象力，而是因为内置的感知机结构的理论限制。许多有趣的问题，甚至一些非常简单的问题，都被证明超出了感知机的能力范围[Minsky69]。

在很多人看来，这个结果意味着关闭了感知机的大门，而后关于"感知机方法就是一个死胡同"的舆论甚嚣尘上。热情、兴趣以及经费都逐渐干涸，大多数人转去研究别的问题。

但本书只是想说明按照原来通常的方式使用时，感知机有严重的限制。一些人认为完全否定整个想法是一种过激反应，或许换一种方法应用感知机，它仍然会是一种有用的工具。当研究者们花费了大约 10 年半的时间，将感知机组装到更大的结构上并且展示了如何训练它们后[Rumelhart86]，这种观点最终被认可。这些组合体轻而易举地超越了单个单元的限制。之后一系列的论文发表了，这些论文都表明谨慎地排列多个感知机并增加一些小幅改变就可以解决复杂且有趣的问题。

上述发现重新点燃了人们对该领域的兴趣，不久之后，对感知机的研究重新变成了人们的话题，并产生了源源不断的有趣结果。

### 10.3.3 现代人工神经元

我们在现代神经网络中用的"神经元"是由初始感知机略微泛化而来的。它有两个变化，一个在输入，一个在输出。这些修改后的结构通常仍被称作"感知机"，但很少造成误解，因为几乎仅有新版本在使用了。更常见地，它们被称作神经元。

对原始感知机的第一个改变是我们给每个神经元多提供了一个称为"偏置"的输入。这不是一个来自之前神经元输出的数，而是一个直接加到加权输入之和上的数。每个神经元有它自己的偏置。带有偏置项的原始感知机如图 10.3 所示。

我们对感知机的另一个改变是在输出处。原始感知机会用阈值检测和值，然后产生-1 或 1（或者 0 或 1）。为了泛化这种方式，我们用一个数学函数替代了整个检测再输出的步骤——它将和值（包括偏置）作为输入，然后返回一个新的浮点数作为输出。我们称之为激活函数（activation function）。激活函数的输出可以是任何值。有许多流行的激活函数，它们各有其优缺点（见第 17 章）。

来看看我们是如何绘制那些神经元的，并找出大多数这些图所使用的惯例。在图 10.3 中，我们显式地展现了权重，也包括小的乘法节点，以便表示权重是如何乘以输入的。这占用了很大的空间。当我们要画包含大量神经元的图时，这些细节会使图变得杂乱而密集。因此，在所有神经网络图中，权重实际上都是隐含的。

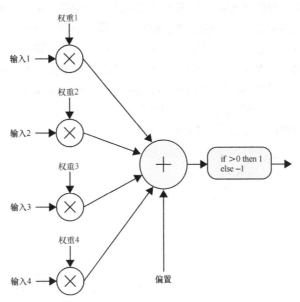

图 10.3　基于图 10.2 并带有偏置项的感知机。偏置项是加在加权输入之和结果上的单个数字

这很重要，并且值得重复。

在神经网络图中，权重以及它们与输入相乘的节点是不显示出来的，但我们应当知道它们就在那里，并在脑海中把它们添加到图中。**权重一直在那儿，并且它们一直在修改输入。**它们只是没有被画出来。

如果我们要展示权重，通常会在从输入到求和节点的直线上标注权重的名称，如图 10.4 所示。

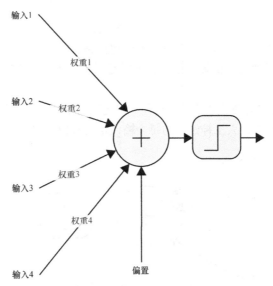

图 10.4　绘制神经元时，常常把权重标在从输入到求和节点的直线上。这种"隐式乘法"在机器学习图形中是很常见的。我们还用一个步骤替换了阈值函数，以提醒我们任何激活函数都可以跟在求和步骤后

可以看到，我们在末端将阈值函数改为了一个小图。这是一个称为**阶跃函数**的图，它旨在给我们一个可视化的提醒，即任何激活函数都可以跟在求和步骤后。基本上来说就是一个数字进入那个框，然后一个新的数字出来，而这取决于我们选择哪个函数来承担这项工作。

我们可以再简化一下。这次我们通过假设偏置是一项输入来省略它。这不但可以让图变得更简单，而且使得它在数学上更简单，能产生更有效的算法。由于将偏置重新标记为输入的做法似乎有点耍小聪明（尽管这样做是完全没问题的），这一步被称为**偏置技巧**（bias trick）（"技巧"这个词来自数学领域，是用于称赞巧妙简化问题的词）。偏置由此被视为另一项输入，和其他的输入一样，并且它也会乘以一个权重，如图 10.5 所示。

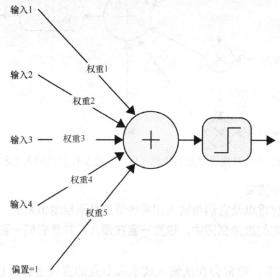

图 10.5　实际中的"偏置技巧"。不同于图 10.4 中显式地表示偏置，这里假设它是带有自己的权重的另一个输入

我们想让人工神经元图尽可能简单。因为开始构建网络时，我们会一次性地罗列非常多的神经元，所以这样的图大多采用了如下两个额外的简化步骤。

第一，它们没有显式地表示偏置。记住，偏置是被包括了的（连同它的权重），只是没有显示出来。

第二，如前所述，权重也常常被省略。记住，即便我们没有罗列权重的名字，它也是存在的。即使我们没有显示那些权重，人工神经元的每个输入也会乘以它对应的权重，如图 10.6 所示。

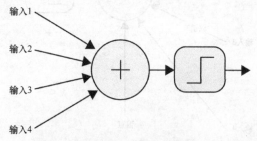

图 10.6　人工神经元的一种经典画法。偏置和权重没有显示，但偏置和权重均实际存在。我们应当在脑海里把它们加进去

把神经元连入网络时，我们会画"线"来连接一个神经元的输出和一个或多个其他神经元的输入。

就像真实的神经元一样，人工神经元可以在密集的网络中连接起来，每个输入都来自其他神经元的输出，如图 10.7 所示。

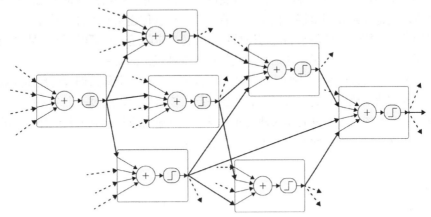

图 10.7　更大的人工神经网络的一部分。每个神经元都从其他神经元那里得到它的输入。
虚线表示来自这个小集群外部的连接

通常，像图 10.7 所示的神经网络的目标是产生一个或多个值作为输出。稍后我们会看到如何以有意义的方式解释输出中的数。

即使我们通常像图 10.7 所示的这样不在图解中画出权重，有时在讨论中提到个别的权重也是有用的。为方便起见，我们约定，给每个权重设定一个由两个字母组成的名字。

例如，图 10.8 展示了 6 个神经元。为方便起见，我们给每个神经元标记了一个字母。我们仅需结合输出神经元的名字和输入神经元的名字，就能给它们之间连线对应的权重命名。例如，将 A 在被 D 使用前的输出所乘的权重称为 AD。

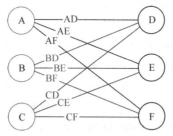

图 10.8　权重在这幅图中是显式表示的。按照惯例，每个权重都有一个由两个字母组成的名字，
该名字是通过结合权重对应的连线两端的神经元的名字而来的。
例如，BF 指的是乘以 B 的输出后被 F 使用的权重

从结构的角度来看，无论我们把权重放在神经元中还是放到连线上，都没有区别。不同的作者为了让他们的讨论更容易理解，会假设一种又一种案例。如果愿意，我们也可以采取其他的方式。

在图 10.8 中，我们把从神经元 A 到神经元 D 的权重称为 AD。一些作者称之为 DA，因为这样能更直接地匹配我们写方程的方式。花些时间检查一下此类图中所用的顺序总是值得的。

## 10.4 小结

真实的神经元是复杂的电化学神经细胞。它们接收化学信号输入，将其转化为电荷，然后累加电荷。如果电荷超过了阈值，神经元会释放新的化学物质并传播给其他神经元。这样一来，神经元可以从许多其他神经元那里接收信息，并将它们的信息传递给其他许多神经元。

研究者们发现，神经元的基本功能可以被用来表达逻辑陈述。从那时开始，距离用神经元来执行数学运算就只有一步之遥了。这启发了我们对人工神经元的研究。

如今的人工神经元接收来自其他神经元的一组数字，并将一个称为偏置的数作为输入，然后用一个对应的权重值来放缩它们，再把它们加在一起。该结果会再通过一个名为激活函数的数学表达式计算出一个新的值，并以此作为神经元的输出。该输出通常会成为其他神经元的输入。综上所述，这些相互连接的神经元就形成了一个神经网络。

## 参考资料

[Estebon97]    Michele D Estebon, *Perceptrons：An Associative Learning Network*, Virginia Institute of Technology, 1997.

[Furber12]    Steve Furber, *Low-Power Chips to Model a Billion Neurons*, IEEE Spectrum, July 2012.

[Goldberg15]    Joseph Goldberg, *How Different Antidepressants Work*, August 2015.

[Julien11]    Robert M Julien, *A Primer of Drug Action*, 12th Edition, Worth Publishers, 2011.

[Lodish00]    Harvey Lodish, Arnold Berk, S Lawrence Zipursky, Paul Matsudaira, David Baltimore, and James Darnell, *Molecular Cell Biology, 4th edition*, Section 21.1：Overview of Neuron Structure and Function, New York: W. H. Freeman; 2000.

[Mangels03]    Jennifer Mangels, *Cells of the Nervous System*, Columbia University, Department of Psychology.

[McCulloch43]    Warren S McCulloch and Walter Pitts, *A Logical Calculus of the Ideas Immanent in Nervous Activity*, Bulletin of Mathematical Biophysics, Vol. 5, pp. 115-133, 1943.

[Minsky69]    Martin Minsky and Seymour Papert, *Perceptrons：an introduction to computational geometry*, The MIT Press, Cambridge, MA. 1969.

[Purves01]    D Purves, G J Augustine, D Fitzpatrick, et al., *Neuroscience, 2nd edition*, Sinauer Associates; 2001.

[Rosenblatt62]    F Rosenblatt, *Principles of Neurodynamics：Perceptrons and the Theory of Brain Mechanisms*, Spartan, 1962.

[Rumelhart86]    David E Rumelhart, Geoffrey E Hinton, Ronald J Williams, *Learning Representations by Back-propagating Errors*, Letters to Nature, Nature, vol. 223, no. 9, 1986.

[Seung13]    Sebastian Seung, *Connectome：How the Brain's Wiring Makes Us Who We Are*, Mariner Books, 2013.

[Sporns05]    Olaf Sporns, Giulio Tononi, Rolf Kötter, *The Human Connectome：A Structural*

　　　　　　　　　*Description of the Human Brain*", PLoS Computational Biology, Volume 1 Issue 4, 2005.

[Timmer14]　　John Timmer, *IBM Researchers Make A Chip Full of Artificial Neurons*, Ars Technica, August 2014.

[Wikipedia17a]　Wikipedia, *History of Artificial Intelligence*, 2017.

[Wikipedia17b]　Wikipedia, *Neuron*, 2017.

[Wikipedia17c]　Wikipedia, *Perceptron*, 2017.

[Wilson16]　　Robert A Wilson and Lucia Foglia, *Embodied Cognition*, The Stanford Encyclopedia of Philosophy, Edward N. Zalta, editor 2016.

# 第 11 章

# 学习与推理

本章介绍如何表示我们判断为真的陈述，以及如何通过它们来推断出新的陈述，并判断这些新陈述的真实性。

## 11.1 为什么这一章出现在这里

在获得新的信息时，人们都会做出一个判断，去判定多大程度上可以信任这条新的信息。基于各种各样的标准和流程，我们会判定新信息的可靠性并选择相信它的程度。如果你觉得这听起来很熟悉，那是因为基于新信息更新我们对某事物的当前看法正是贝叶斯推理的全部意义所在（见第 4 章）。

这并不是一个容易做出的决定。我们一直被事实、部分事实、确实存在的误解、刻意的歪曲甚至彻头彻尾的谎言所包围，那么，我们怎样才能做出有关相信什么的正确决定？

从古希腊开始，哲学家和逻辑学家就一直在建立和发展一种知识体系，试图为如何判断新信息提供可靠的、正式的框架结构[Graham16]。

会学习的计算机程序深受这些想法的影响。逻辑思维的工具构成了计算机"如何从我们提供给它们的信息中学习"以及"如何将新知识与它们已知的知识相结合"的概念基础。既然计算机不能使用常识、直觉或者生活经验进行判断，那么它就必须使用一些明确的、正式的规则来处理信息并从中得出结论。

在本章中，我们将快速地学习逻辑思维中的一些重点问题。

## 11.2 学习的步骤

学习是一个大而复杂的主题，即使我们讨论的只是学习的算法。

为了尽快了解事物，我们可以将任意的机器学习系统的学习过程分为 3 个部分：**表示**（representation）、**评估**和**优化** [Domingos12]。

下面让我们依次看看这 3 个部分。

### 11.2.1 表示

系统的**表示**描述了它能够"了解"一些什么样的事情，其中包括保存和解释信息的结构。我们使用的"表示"限制了哪些事物是可以被存储、学习和记忆的。

"表示"既是学习器内部的抽象结构，也是进入该结构的数据。在机器学习中，"表示"是一种用于组织数值参数的架构，也是修改和解释这些参数的算法。

例如第 10 章中的感知机，它是通过调整权重在两组数据之间找到一条直线。在这种情况下，"感知机的权重"以及"对这些权重的使用规则"就是感知机对于（划分两组数据的）这条直线的"表示"。

由于结构简单，单个感知机无法表示弯曲的分界线。这时，我们就说它没有足够的**表示能力**（representational power）（或者简单称之为**能力**）去描述比一条直线更复杂的东西。即使我们以某种方式"告诉"感知机一条完美地划分两组数据的曲线，感知机有限的表示能力也会让它无法学习或记住这条曲线。

系统是不能"学习"它无法"表示"的东西的。

如果我们想要找到并且记住一条能分割两组数据的曲线，就需要一个具有**更强大的表示能力**（或者简单地说有**更强大的能力**）的算法。

我们有时会说："算法表示信息的方式"和"一组特定的值"共同构成一个**模型**。

强大并不总是对我们有利，正如我们在第 9 章中看到的那样，如果系统可以"表示"非常弯曲的边界，就可能使得曲线非常紧密地跟踪数据，进而导致过拟合问题。想要训练出一个具有强大能力的系统，需要慢慢进行，模型的构建也要由简单到复杂不断演变。

这就是"需要人为地去为任务选择正确的算法"的原因。我们需要利用自身对数据和应用的了解，选择一种表示能力足够强大的算法来学习我们想要训练的东西，但又不至于强大到过度学习（从而导致过拟合）。我们也希望这种"表示"能够根据正在学习的内容进行完美的调参，使得训练可以更加高效。

例如，如果我们要在两个二维数据集之间绘制曲线，就需要一个擅长描述曲线的形状的"表示"。在这种情况下，"表示"就可能是一个数字列表——它可以给出该曲线的参数，使得我们能够将它绘制出来。

但是，如果我们要识别对手机说的话，就需要一个擅长描述单词和单词发音的"表示"——它可能对应于所说内容的音频波形和单词列表。

对于任何给定的"表示"，我们可以根据一个嵌套结构去考虑它可以学什么。这个嵌套结构包含从理论可行性到对特定资源的高效性的全部内容，层次结构如图 11.1 所示。

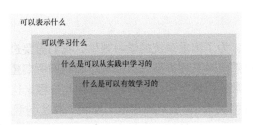

图 11.1　组织算法可以表示和学习的信息的层次结构

在最外层，系统的"表示"告诉我们它能描述并记住什么，因此这一层就包含了一切它可以从理论中学到的东西。我们可以想到其中还有一些虽然能够被表示却无法被学习的东西。

回想一下我们在第 6 章中对信息理论的讨论，我们想要描述的每条数据都需要一定数量的信息，通常以比特为单位。在实践中，我们通常只会用一个固定的、有限的位数对每条数据进行存储。例如，如果我们使用 8 位存储整数，就可以表示 0～255 的任意数字，但不能表示负数或任何比 255 更大的数字。不过，我们可以有更多的办法。例如，$\pi$ 值是无限不循环小数，无法被完整地表达，但即使利用有限的内存，我们也可以存储一个可以根据需求计算出想要的 $\pi$ 值的程序。

还有另一个例子，如果我们想要表示未来一年中将形成的每一场飓风，那么只需要分配内存来保存它将形成的日期、将消散的日期、最大风速等。但目前我们无法得知这些东西，现在能做的就是为所知道的那些飓风特质分配标签，并将它们的数值留白。

一个更抽象的例子来自计算机科学。**停机问题**（halting problem）需要特定的计算机程序和特定的输入，并询问该程序是否最终会停止并输出，或者是否会永远运行[Kaplan99]。这个结果很容易用"是"或"否"来表示，但事实证明，理论上我们是不可能预测到答案的。找答案的过程不仅是困难的，也是非常耗时的，而且确实不可能完成。即使我们可以查看程序本身，并使用所有存在或可能存在的工具，这个问题也是根本无法回答的（这一点可以被证明）。

我们可以采取实践的方法去运行这个程序，如果它停止，那么我们知道对于该程序来说，"这个程序是否会停止？"的答案是："是的，最终它会停止"。但这个程序可能会运行几十年，而这期间我们不能说："不，它永远不会停止"，因为可能我们刚决定放弃，它就停止了。所以，我们是无法预测结果的，我们可以"表示"一个程序在处理特定输入时是否会停止，却无法得到答案。

因此，我们希望将注意力集中在那些理论上可以学习的事情上。除此之外，有些事情可能需要一些不切实际的资源量（如无限时间或计算能力），所以我们想进一步将关注限制在那些可以在实践中学到的东西上。最后，考虑到可以利用的时间和资源，我们想再次缩小范围，将注意力限制在那些可以进行高效学习的东西上。

我们通常使用那些可以通过设置参数进行调整的"表示"，使得"表示"可以匹配我们的问题和数据。这样做可以将"表示"限制在对我们有用的范围内（例如，弯曲的二维边界），并为我们节省学习不关心的信息的时间。

通常我们会根据自己为系统选择的架构做出这些选择（或者进行这些参数的设置），但是一定要记住，算法只能发现和学习它们能够以某种方式描述（或者"表示"）的信息。所以，我们不能"学习"自己无法"表示"的东西。

## 11.2.2　评估

学习是一个连续的过程，为了衡量系统的学习效果，我们需要进行**评估**（evaluation）。

评估时，我们需要对比系统对某种类型刺激的响应和我们所期望的反应。

在机器学习中，我们通常使用数字形式的分数来量化此过程。这一分数被称为**误差分数**或**损失分数**（或者仅称为**误差**或**损失**），它从某种程度上反映了算法与我们想要的结果有多接近。损失越小，系统性能越好。我们可以用任何方式衡量误差，只要能帮助系统学习我们想要训练它的东西。

例如，我们可以用第 3 章中的准确率、精度、召回率等概念衡量误差。当我们试图训练系统识别猫时，如果想确保只将我们确定为猫的东西标记为猫，那么我们可以设定一个高的准确率。相反，如果我们想确保大多数猫的图被正确标记，那么可能会在精度较低时指定高误差。

大多数库提供了大量的误差函数，以辅助我们去编写自己的程序。

### 11.2.3 优化

如果系统的学习过程不够完美,我们就希望去改进它。这一过程称为**优化**(optimization),或者说我们正在**优化**系统。

注意,这与此系统**最优**(optimal),或者说处于**最佳状态**(optimum)是不同的。这些术语(最优或最佳状态)指的是在某些情况下已达到理想状态的系统。换句话说,处于最佳状态的东西都是无法改善的。优化过程可以看作使系统越来越接近最佳状态的过程,但它(也许)永远不会达到最佳状态。

当我们考虑算法及其最佳性能时,事情会变得微妙起来。

打比方说,假设我们想通过把衣服挂在晾衣绳上来晒干一些衣服。我们可以只是把它们随意搭在绳子上,但更愿意把它们挂起来。最佳解决方案是使用一个或多个衣架,因为这样既简单又便宜,还不会对衣服造成伤害。但现在假设我们用了一个糟糕的解决方案:用胶带把衣服粘到绳子上。这就会导致很多问题,所以我们要开始优化。也许我们会发现一种品牌的胶带黏度稍微弱一些,当我们将衣服从胶带上撕离时,不会扯坏衣服,于是便选择了这一品牌的胶带。之后,也许我们会纵向切割胶带条,这样就不至于拖下绳子。我们通过这种方式优化糟糕的解决方案,使它变得更好,但是并没有朝着全局最佳状态发展,因为我们还没有把胶带变成一组衣架。

从概念上讲,这类似于我们在第 5 章中讨论过的寻找曲线或曲面的全局最小值问题。优化是通过接近局部最小值来进行改进的,而达到最优通常意味着找到全局最小值。

优化学习器的过程由名为**优化器**的专用算法执行。机器学习中有许多不同的可用的优化器,并且还在不断更新。在第 19 章中,我们将见到一些最受欢迎的优化器。但是为什么需要这么多优化器呢?毕竟我们总是希望以最有效的方式学习,难道就没有一个我们可以一直使用的最佳优化器吗?

答案肯定是"没有"。不仅没有已知的优化器能在我们可能想要解决的所有问题上都表现得最好,我们还可以证明不存在这样一种优化器,即能够在任何情况下表现得比所有其他优化器好。这个著名的结论被生动地命名为"无免费午餐定理"[Wolpert97]。

因此,正如我们为每个学习器选择正确的表示一样,我们也会通过经验、预感以及研究来选择一个优化器,以期最大程度地优化我们的具有特定表示、算法和数据的学习过程。

## 11.3 演绎和归纳

学习的核心是将数据转化为知识的能力。也就是说,我们希望把用数字、标签、字符串等形式表示的原始数据转换为对我们有意义的模式和描述,以帮助我们理解数据,抑或理解我们和数据共享的更广阔的世界。

人们花了几千年研究我们的学习方式。哲学家、教育学家、神经心理学家等对学习进行了深入的研究,提出并讨论了大量的观点。不过,我们不会调查这个主题。

幸运的是,到目前为止,大多数机器学习算法仅基于两种通用的学习方法。

这两种方法是**演绎**(deduction)和**归纳**(induction)。当我们从事科学研究时,这两种方法通常是并用的。

一般来说，演绎的过程从一个理论或者**假设**开始。然后，我们收集证据，来看这些理论是否准确。如果有证据支持我们的理论，我们就可以从中学习，以改进理论；如果有证据驳斥了我们的理论，我们通常就会缩小预测的范围，以排除那些不正确的情况。这样一来，理论就变得更加强大、更精确。

如果最终有足够的数据支持，我们就会宣布理论是对正在讨论的主题的潜在解释。提出一条理论的目标是：可以肯定地说，如果满足某些条件，将产生某些结果。

如果没有足够的数据支持，我们就会放弃或者完善理论，并开始寻找新的数据，以证实或反驳理论。

相比之下，归纳则开始于观察，然后我们会在任务中进行检索以寻找规律。新观察越支持这些规律，我们就越有可能认可这些规律。随着时间的推移，我们开始对"什么是可能的""什么是或许的"以及"什么是不可能的"提出试探性的想法。当其中一个想法变得具体并且似乎得到了大量数据的支持时，我们可以将其表达为假设，并将其作为演绎的起点。

在归纳推理时，我们从不会断言某些观察结果一定意味着某些结论是正确的，因为我们总是认为可能出现一些新的观察结果，并完全破坏我们的规律。相反，我们会说某些东西通常或者可能是正确的，其确定性程度取决于我们所见过的例子的性质和数量。

我们有时会说演绎是自上而下（top-down）的：从一般假设开始，然后收集特定的数据去支持和改进这一假设。而归纳则是自下而上（bottom-up）的：从观察开始，然后根据我们在数据中发现的规律逐渐形成假设。

让我们依次深入研究这两种方法。我们将看到它们都为机器学习算法的顺利工作做出了贡献。

## 11.4　演绎

演绎，也称为**演绎推理**（deductive reasoning）、**演绎逻辑**和**逻辑演绎**，是从一般到特定的过程。

在接触抽象的概念前，让我们先看一个演绎的例子：以经典悬疑小说的方式破解一起谋杀案。

案发现场在罗林森庄园。这座豪宅位于 Forlorn 岛的最高的山顶上。一天晚上，庄园里没有客人，码头也没有船只，Vivian 夫人像往常一样上床休息，她周围的墙上挂满了已故丈夫狩猎的战利品、枪支和剑。早上，女仆带着早餐进入她的卧室，随后发出了一声尖叫，托盘滑落到了地上。Vivian 夫人已经死了，她丈夫的剑深深地插在她的胸前。

几个小时后，侦探 Stanshall 到达现场。他在客厅里召集了所有仆人，并使用演绎法进行断案。

他开始说出自己的推论："昨天晚上有人杀了 Vivian 夫人，这个房间里的每个人都是嫌疑人。她没有办法用这么长的弯刀刺伤自己，是其他人刺伤了她，任何一个可能做这件事的人都在这个房间里，你们中的任何一个都可能是凶手。"

之后，他开始检验这一推论。Stanshall 观察到女仆已经 80 岁了，且身体孱弱，于是他做出假设：女仆没有力气举起沉重的剑。

他用角落里一套盔甲上的头盔对该假设进行了检验。他让这个女仆过来并把头盔递给她——头盔的重量比杀死 Vivian 夫人的剑要轻。女仆一拿起头盔，就气喘吁吁、跌跌撞撞，差点把头盔扔到自己的脚上。现在已经可以确认他的假设了，女仆没有力气举起谋杀 Vivian 夫人的武器。于是，Stanshall 推断（演绎得出）女仆不可能成为凶手。

随后，Stanshall 将他的推论进行了完善。"昨晚有人杀了 Vivian 夫人"，他说，"可能杀了她的人都在这个房间里。除了女仆，你们中的任何一个都可能是凶手。"

通过重复假设和观察，Stanshall 不断完善他的推论。他的一些假设旨在排除嫌疑人，而另一些假设要确认一个做出这件事的嫌疑犯。Stanshall 每次观察一个人，不断地使他的推论变得更加强大、范围更小，最后只剩下厨师和管家。由此，他推断出谋杀是由这两个人共同完成的。

图 11.2 展示了这一排除过程。

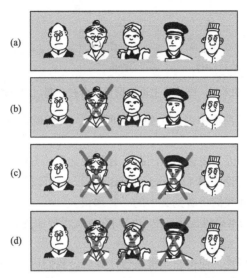

图 11.2　通过演绎来破解一起谋杀案。(a)5 名嫌疑人；(b)排除老年女仆；(c)排除男仆；
(d)排除年轻女仆。只有管家和厨师不能排除

我们说演绎过程始于**论域**，或者说始于假设所涉及的对象。在这个例子中，论域始于房间中的所有仆人。通过假设、预测和观察，Stanshall 降低了该范围中的**潜在可能**，直到他的推论适用于所有剩余的仆人——剩余的仆人也就是厨师和管家。

最精简的演绎推理形式是**三段论**（syllogism），这是一个由一般概念推理到特定概念的 3 个连续语句组成的列表[Kemerling97]。

三段论有几种常见的形式。我们首先介绍最著名的**直言三段论**（categorical syllogism）。以下是直言三段论的**标准形式**。

（1）没有鱼生活在月球上。

（2）弗兰克是一条鱼。

（3）因此，弗兰克并不住在月球上。

最后的陈述称为**结论**（conclusion）。在句子结构方面，它表达了句子**主语**（subject）（在这个例子里是"弗兰克"）与其**谓语**（predicate）（在这个例子里是"生活在月球上"）之间的关系。

图 11.3 说明了这个三段论中的术语。

第一个陈述被称为（三段论的）**大前提**（major premise），它告诉我们关于结论的谓语（"生活在月球上"）的一些事情。第二个陈述被称为**小前提**（minor premise），它告诉我们关于结论的主语（"弗兰克"）的一些事情。大小前提共享一个用于连接它们的**中间项**（middle term），但是这个中间项（"鱼"）不会出现在结论中。

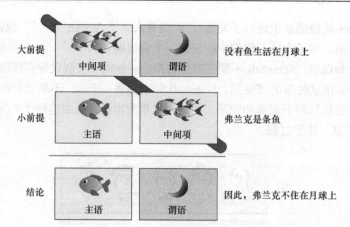

大前提 [中间项] [谓语] 没有鱼生活在月球上

小前提 [主语] [中间项] 弗兰克是条鱼

结论 [主语] [谓语] 因此，弗兰克不住在月球上

图 11.3 直言三段论中的术语。结论将主语和谓语结合在一起。如竖条所示，中间项被省略了

如果结论能够正确地从前提中得出（如本例所示），我们就说三段论是**有效**（valid）的；否则，它是**无效的**（invalid）。

如果三段论无效，那是因为逻辑出了问题。有几种常见的方法可以使逻辑混乱。每种方法都会产生一种不同形式的**三段论谬误**（syllogistic fallacy），也可以简单地说是一种**谬误**，其中许多谬误都有自己的名称。下面我们将看到其中的一些谬误。

注意，有效性与前提的**准确性**无关，也与它们在现实世界中是否有意义无关。只要逻辑成立，三段论就是有效的。

正是三段论的这种机械性，使得它非常适合计算机。我们可以用软件对步骤进行编码，只要程序没有错误，我们就可以保证该过程将基于前提产生一个结论。我们不必解释或思考这些陈述指的是什么，也不必解释或思考它们的意义。

考虑准确性（或者与现实世界的相关性）时，它会被**合理**（sound）这一概念所涵盖。如果三段论本身是有效的，并且它的前提都是真的，那么它不仅是有效的，而且是**合理的**。如果三段论有效但前提不正确，那么它就是**不合理**（unsound）的。

有这样一个示例：

（1）长颈鹿都喜欢放风筝；

（2）保龄球都是长颈鹿；

（3）因此，保龄球都喜欢放风筝。

这个三段论是有效的，因为结论从前提正确得出。但它是不合理的，因为这些前提本身并不是现实世界中的真实陈述。

从 13 世纪开始，直言三段论可能就已经开始以这样或那样的形式出现在逻辑著作中[Allegranza16]。它看起来是这样的：

（1）人都是凡人；

（2）苏格拉底是个人；

（3）因此，苏格拉底是凡人。

让我们通过绘制框图来表示对象类别，以说明这个直言三段论中的步骤，如图 11.4 所示。

三段论有多种类型，它们各有自己的结构。以下是其他一些形式的三段论[Fiboni17]。

**条件三段论**（conditional syllogism）会在第一行表明一个一般关系或条件为真，而在第二行给出关于特定关系实例中的元素的一些信息，在第三行显示结论。

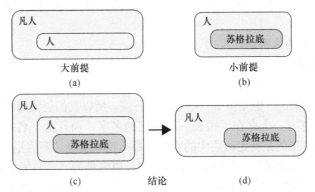

图 11.4 用图表示的直言三段论。(a)大前提是"所有人都是凡人";(b)小前提是"苏格拉底是个人";
(c)结合以上前提的结果;(d)通过消除中间项,我们得到逻辑上有效的结论

例如:

(1)如果下雨,那么约翰穿着雨衣;

(2)现在在下雨;

(3)因此,约翰穿着雨衣。

这是有效的(其合理性取决于当天的天气和约翰的习惯)。如果是如下这样一个三段论:

(1)如果下雨,那么约翰穿着雨衣;

(2)约翰穿着雨衣;

(3)因此,下雨了。

这就是无效的,因为结论不是正确推出的。即使没有下雨,约翰也可能穿着他的雨衣,因为穿着雨衣很舒服或是可以保暖。

**析取三段论**(disjunctive syllogism)是在第一行断言一种情况或另一种情况是正确的,但是不能两种情况同时正确,然后在第二给出进行决定所需的信息。

例如:

(1)房间被涂成红色或蓝色;

(2)这个房间没有被涂成红色;

(3)因此,房间被涂成了蓝色。

这是一个有效的三段论,因为第二行中添加的信息迫使其得出结论。再来看下面这个三段论:

(1)今晚天空是晴朗的/多云的;

(2)鲍勃喜欢看星星;

(3)因此,天空是晴朗的。

这个三段论是无效的,因为没有合理的理由可以说明鲍勃喜欢观看星星就意味着天空是晴朗的。

## 直言三段论谬误

在三段论中,我们很可能会犯逻辑错误,特别是在各个部分中使用非常复杂的语言的时候。现在,我们讨论一些典型的错误,在本节中称其为**谬误**(fallacy)。

逻辑学家通常使用字母而不是描述来简化语言。例如，关于苏格拉底的三段论通常以这种方式呈现[Hurley15]。

（1）A 都是 B。（所有人都是凡人。）

（2）C 是 A。（苏格拉底是个人。）

（3）因此，C 是 B。（苏格拉底是凡人。）

这种表达是很有帮助的，但是需要一些时间去适应，所以我们仍使用原来的语句。

这里讨论的谬误都有一个存在了很长一段时间的名字，而且这个名字往往不够简洁。

假设我们的三段论指的是特定商店中的水果，那么论域就是"商店里的水果"。我们通常会对一些类别如"是苹果的水果""是香蕉的水果"以及更常见的"成熟的水果"特别感兴趣。碰巧今天我们刚刚进货，苹果、香蕉和杏子都已成熟，但是交付时出现了混乱，商店的其他水果还都是青的，尚未成熟。

先讨论第一种逻辑谬误，即**肯定后项**（affirming the consequent）：

（1）苹果都成熟了；

（2）这个水果成熟了；

（3）因此，这个水果是苹果。

这个问题在于，还有很多其他成熟的水果不是苹果，如图 11.5a 所示。

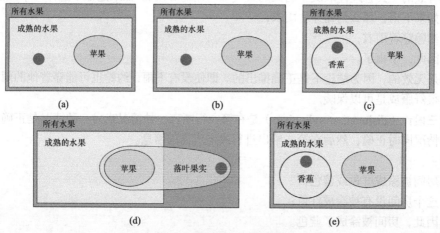

图 11.5　一些常见的三段论谬误。(a)肯定后项；(b)否定前件；
(c)大词不当；(d)小词不当；(e)中词不周延

在图 11.5 中，"所有苹果都成熟了"的条件是由完全在框内（"成熟的水果"）的椭圆（"苹果"）表示的。椭圆中的任何一个点都是一个苹果。由于整个椭圆都在框内，因此苹果也都是成熟的。框内的其他点也都是成熟的水果，但不是苹果。框外的点可能是不成熟的水果，也可能不是水果，或者既不成熟又不是水果。与每个谬误结论相矛盾的例子表示为小圆点。

肯定后项这种谬误是说，因为所有苹果都成熟了，而这个水果成熟了，所以它就是一个苹果。但是，可以看到小圆点是成熟的水果，但不是苹果。

**否定前件**（denying the antecedent）的谬误与肯定后项非常类似，只是它是从相反方向推理的：

（1）苹果都成熟了；

（2）这个水果不是苹果；

（3）因此，这个水果还不成熟。

问题是除了苹果，还有很多水果是成熟的，如图 11.5b 所示。这里的小圆点不是苹果，但它已经成熟了。

**大词不当**（illicit major）的谬误如下所示：

（1）苹果都成熟了；

（2）没有香蕉是苹果；

（3）因此，没有香蕉成熟。

结论并不成立，因为苹果不是唯一成熟的东西，如图 11.5c 所示。在这个例子中，小圆点是成熟的香蕉。

**小词不当**（illicit minor）的谬误如下所示：

（1）苹果都成熟了；

（2）苹果都是落叶果实；

（3）因此，所有落叶果实都是成熟的。

问题是还有很多其他的落叶果实，如杏子和桃子，也许其中的一些果实是不成熟的，如图 11.5d 所示。小圆点表示另一种未成熟的落叶果实（可能是梨或李子）。

最后，**中词不周延**（undistributed middle）的谬误如下所示：

（1）苹果都成熟了；

（2）香蕉都成熟了；

（3）因此，香蕉都是苹果。

这个谬误来自一个事实，香蕉和苹果是不同的水果，但都是成熟的，如图 11.5e 所示。小圆点表示的是香蕉而不是苹果。

上述这些只是三段论中的一些常见谬误。

批判式地听取当代媒体中的主流论点，你会发现，谬误都是活生生的、真实存在的，并且经常发生。如果人们说话语速很快且充满激情，很容易忽略谬误，特别是当前提本身是由复合论点构成的时候。无论谬误是故意欺骗所导致的，还是不经意的推理错误，结果都会使我们对某些不准确的事情深信不疑。一般来说，发现推理中的这些谬误是需要观察和实践的，这样才能知道结论的不正确性[Garvey16]。

记住，通过错误推理得出的结论并不一定是错误的，基于其他原因，结论可能是正确的。我们所知道的只是：作为这个推理的结论，它是不正确的。

演绎方法的清晰逻辑是它在科学领域颇受欢迎的原因——没有解释或猜测的余地。根据逻辑规则，要么结论可以通过前提得出，要么结论无法通过前提得出。

这样做的结果是，我们能够非常确信地给出一个答案：如果前提是正确的，那么结论要么成立要么不成立，没有灰色区域。

## 11.5 归纳

归纳推理，也称为**假设测试**，是一个从特定到一般的过程。

归纳始于观察，随着观察的不断积累，我们发现一种模式，并将其作为一种假设提出来，但是我们始终认为假设可能是错误的。越多找到一些与假设一致的观察，我们就越有信心。但是我们永远不会说确定了某个结论——总是有出错的可能。

例如，我们可能会发现所见过的乌鸦都是黑色的，然后就可以说："很可能所有乌鸦都是黑色的"。但是我们并不会完全确定，因为也许明天我们就会看到一只橙色的乌鸦。我们可以非常肯定这件事不会发生，但是不能绝对肯定。这其中的重点在于我们是从观察中概括出结论的，总有可能有新的观察与我们得到的规律相矛盾。正如我们在第 4 章中看到的那样，这个过程可以使用贝叶斯法则进行形式化。

在归纳推理中，从真的前提开始，在逻辑没有错误的情况下，是有可能得出错误结论的。

例如，我们可能会观察 1000 个苹果，它们都长在一棵树上。基于此，我们可能会说："极有可能所有苹果都是长在树上的"。尽管我们正确地进行了 1000 次观察，但明天就可能会发现一种水培生长的苹果，并没有长在树上。这一反例将破坏我们的结论，也会破坏以此作为证据的任何其他结论。

在这种情况下，我们可以通过改变措辞来恢复一些结论的正确性，也许可以改为"大多数苹果长在树上"。如果看到更多的水培生长苹果的例子，我们就可能会进一步削弱这个结论，也许结论就变成"一些苹果长在树上"甚至是"很少的苹果长在树上"。

现在，让我们来看一下归纳的一些规则[Fieser11]。用于描述机器学习的一些术语（如**泛化**和**预测**）都将直接取自这些规则。

我们将讨论**总体**，这是我们可以观察到的一些群体或一些类别。**样本集**则是从总体中随机抽取的一些事物（或者可能只是对这些事物进行观察），**单个样本**是群体中的单个对象（或者对该对象的观察）。一定比例的群体具有一种**特征**（例如，它们超过一定的重量，具有一定的颜色，或者在秋天落叶），如图 11.6 所示。

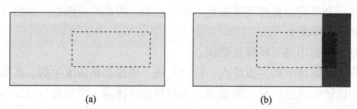

(a)               (b)

图 11.6 　如何看待归纳的规则。(a)总体是较大的矩形，样本集是用虚线绘制的较小的矩形；(b)假设 15%的总体是深色的。因为样本集可以很好地代表总体，所以样本集中也有 15%的成员是深色的

回到水果店的例子，总体可能是商店的苹果库存。样本集可以是里面有随机选出的几个苹果的购物车。单个样本是从样本集或总体中选出的一个苹果，特征可能是苹果的重量。

**泛化**（generalization）规则是说，我们从样本集中学到的东西，对于总体来说同样适用。例如：

（1）购物车中 15%的苹果**重量超过 85 克**；

（2）因此，商店里有 15%的苹果重量超过 85 克。

我们可以在形式上对第二个陈述进行限定，比如，"因此，商店里很可能有 15%的苹果……"。但是在实践中，我们通常将这些额外的限定词视为隐含的，因此不必反复重复它们，如图 11.7 所示。

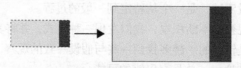

图 11.7 　泛化规则，即样本集的属性也适用于总体。其中，15%的样本集是深色的，这告诉我们 15%的总体也是深色的

在用训练集训练学习器时，我们所依赖的正是这个规则。因为我们认为训练集代表了系统将要接触的更普遍的数据，并且相信系统学习训练数据的属性也将适用于它在部署后接收到的数据。

**统计三段论**（statistical syllogism）的规则让我们可以从对总体的认识推广到从总体中得出的对个体的认识。

例如：

（1）商店里有15%的苹果成熟；

（2）这个苹果是从商店随机挑选出来的；

（3）因此，这个苹果成熟的可能性为15%。

图11.8展示了这个想法。

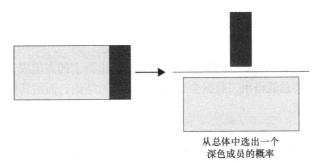

图 11.8　统计三段论规则。使用第3章中投掷飞镖的例子所用的绘图方法来表示。总体的15%是深色的，如果我们随机选择总体中的一个成员，那么它也有15%的可能性是深色的

最后，**预测**（prediction）使得样本集的特征被从总体中选出的个体所共享。

例如：

（1）购物车中15%的苹果已经成熟；

（2）因此，我们从商店中选择的下一个苹果有15%的可能性也是成熟的。

图11.9直观地展示了这个想法。

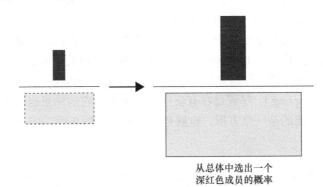

图 11.9　预测原理。样本集的15%是深色的，因为样本集与总体是匹配的，所以，如果从总体中随机选择成员，我们就有15%的机会获得深色的成员

## 11.5.1　机器学习中的归纳术语

可以看到，我们在机器学习中经常使用的术语**泛化**和**预测**不是凭空产生的，它们来自归纳推

理理论。

正如我们所看到的，归纳中的**泛化**告诉我们，如果已经了解了样本集的某些特征，那么我们应该期望总体的特征是相似的。在机器学习方面，我们说算法的**泛化**能力描述了它将从训练集中学到的知识应用到真实数据的能力如何。

在归纳中，**预测**告诉我们，如果我们了解了样本集的某些特征，那么从总体中选择的单个样本也会共享该性质。在机器学习方面，一旦从训练集中学习到了某些知识，我们就说可以通过它为总体中的每个样本**预测**一个值（如标签或数字）。

## 11.5.2　归纳谬误

因为归纳非常灵活，所以我们有可能犯各种各样的错误。现在，让我们来看看其中的一些问题。

图 11.10 展示了一组归纳谬误（共有 4 个）。假设总体由圆上的点组成，那么样本集将始终是这些点的集合。我们希望总能得出"数据会形成一个圆"的结论，而用其他线标出的就是能够使推断变为谬误的非圆形状。

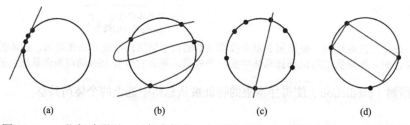

图 11.10　一些归纳谬误。(a)轻率概化；(b)不当概化；(c)懒于归纳；(d)偏性抽样

造成图 11.10 a 的原因是**轻率概化**（hasty generalization），它的产生是由于使用了一个小的、不具有代表性的样本集。其中，数据点近乎形成一条线。避免这种误差，应使用更多的数据。造成图 11.10b 的原因是**不当概化**（faulty generalization），它的产生是因为使用的样本过少。对于给定的 4 个点来说，S 形似乎是合理的，但是，如果添加更多的点，就可以排除它。造成图 11.10c 的原因则是**懒于归纳**（slothful induction），我们忽略了最简单的、最合理的或者说最明显的结论，而选择了其他的东西。这组点最明显的形状是圆形，而不是直线。图 11.10d 中发生的是**偏性抽样**（biased sampling）。尽管是在有证据的情况下，它的结果也会来自我们想要看到的东西。在图中，我们想要的是一个方形，也就是我们所看到的东西。图 11.11 显示了另一组归纳谬误。

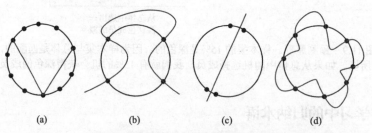

图 11.11　另一组归纳谬误。(a)压倒性例外；(b)以偏概全；
(c)误导性鲜活个案；(d)片面辩护

图 11.11a 中的**压倒性例外**（overwhelming exception）与轻率或不当概化类似，但是我们明确地移除了不符合结论的数据，这也被称为**排除证据谬误**（fallacy of exclusion）。在这里，我们提出了一个不太可能的论点：我们没有使用的 8 个点是实验误差，因此应该被忽略。图 11.11b 中的**以偏概全**（appeal to coincidence）意味着我们忽略了最明显的解释并选择了其他的东西。这 4 个点更可能是矩形、圆形或是其他简单的形状，而不是这个复杂的曲线。图 11.11c 中的**误导性鲜活个案**（misleading vividness）是指我们的感官被一种无法忘记的感觉所控制，致使我们可能只能"看到"一条直线而无法想象出另一种选择。图 11.11d 中的**片面辩护**（special pleading）涉及有选择地重新解释结果，通常需要向权威机构求助。我们的团队中可能有经验丰富的人，他们坚持认为这 8 个点构成了一朵花，因此我们遵从他们的判断，做出决定所用的不是数据而是他们的经验。

## 11.6　组合推理

正如我们在前面提到的，科学经常被称为演绎学科。这是一个吸引人的特征，因为演绎受到逻辑的严格约束，而归纳是灵活的，并且永远不能完全确定其结论。

但演绎很少独自出现。考虑我们给出的直言三段论的经典例子：

（1）人都是凡人；

（2）苏格拉底是一个人；

（3）因此，苏格拉底是凡人。

小前提是"苏格拉底是一个人"，这是我们可以直接观察的事物（虽然现在不再是了，但让我们假装它为了这次讨论还在）。

但是大前提"人都是凡人"（也就是说，人最终都会死）是一个我们无法当场确认的想法。它来自于观察，是从这些观察中发展出的一般原则或假设。

让我们回到直言三段论的大前提"人都是凡人"，并以归纳的方式描述它：

（1）我们见过的生物都终有一死；

（2）人都是生物；

（3）因此，人都终有一死。

第一个陈述仍然没有事物支持，因为也许有的生物不会死。它们可能已经被发现，这取决于我们如何定义像"死亡"这样的术语[Wikipedia17]。

当从结论中删除限定符（因为这个结论的证据看起来非常强大）时，我们可以说"人都是凡人"。它现在成为关于苏格拉底的三段论的主要前提。

因此，虽然关于苏格拉底的三段论的内在逻辑是纯粹的演绎，但建立大前提的过程是需要归纳的，且大前提是必不可少的。

这时，我们需要知道在演绎三段论中会出现什么样的前提。我们可以将前提分为两类：**理性**和**经验**。

**理性**前提强调纯智力的产物，如数学和逻辑。理性前提包括"2 + 3=5"和"如果 $A=B$ 且 $B=C$，则 $A=C$"；而**经验**前提则强调通过感官体验和理解世界上的事物。经验前提包括"成熟的红杉树比大多数鸟类高"和"人都是凡人"。

捕捉到这种区别的哲学工具称为**休谟之叉**（Hume's fork）[DeMichele16]。从广义上讲，这就是说休谟断言人的理性思想比其不可靠的经验观察更为可取[Hume77]。在一场伟大的哲学辩论中，康德"否定了休谟之叉"，他认为现实世界的经验观察为我们的理性主义思想提供了信息，反之亦然[Kant81]。

涉及我们感官观察累积的前提（例如，"人都是凡人""鱼生活在水中"或者"市场在星期二和星期四开放"）都是归纳过程的结果。当这样的前提被用作演绎三段论的一部分时，演绎结论与形成它的归纳结论一样可靠。

### 夏洛克·福尔摩斯——"演绎大师"

在结束"演绎和归纳"这部分内容之前，我们来看一下史上最著名的虚构的逻辑学家夏洛克·福尔摩斯（Sherlock Holmes）。

人们常说夏洛克·福尔摩斯是"推理大师"[Doyle01]。确实，福尔摩斯经常跟他的同事华生（Watson）讲演绎推理的价值。

而他所解释的缩小论域的必要性，与我们在神秘谋杀案例子中所讨论的是一样的：

"……当你排除了所有的不可能，无论剩下什么，**无论多么不可能，都一定是真理**" [Doyle90]。

但福尔摩斯的许多更加出名的声明完全是归纳的（而且它们往往基于非常少的证据，结论的得出是非常幸运的）。回想一下他认为华生兄弟粗心大意的解释。在这篇文章中，福尔摩斯指出了华生兄弟所戴手动怀表上的特征。

"……你的兄弟粗心大意。当你观察到表壳的下半部分时，你会注意到它不仅在两个地方有凹痕，而且还被同一个口袋中保留的其他硬物（如硬币或钥匙）划坏，从而留下印记。判定一个如此粗糙地对待一只价值50基尼的手表的男人粗心大意并不是难事。" [Doyle90]

福尔摩斯是从一系列观察中得出结论的，这是一种纯粹的归纳解释，至少福尔摩斯并没说这是别的什么。

他在另一个故事中也是这样做的。在这个故事中，华生静静地在家里欣赏几幅画作。当福尔摩斯说华生同意战争是"荒谬的"的时候，他正在思考战争的荒谬。福尔摩斯是怎么知道他在想什么呢？

福尔摩斯解释说他只是在观察华生：

"……你全神贯注地凝视着，似乎正从画中人物五官上研究他的性格。然后你不再皱眉，但依旧凝视着，你的脸上现出沉思的样子……片刻之后我看到你的眼睛离开了画面，我怀疑你的思绪转向了内战，你的嘴唇一动不动，眼睛闪闪发光，双手紧握。我很确定……我同意你的说法，这是非常荒谬的，我很高兴地发现我所有的推论是正确的。" [Doyle92]

虽然福尔摩斯提到"我所有的推论（演绎）"，但唯一接近推论的是他猜测（我们可以称之为假设）华生正在思考内战。他的其他结论都是从一系列观察中得出的，因此它们是应用归纳推理的结果。

通过观察线索得出结论的侦探，无论是真实存在的还是虚构的，都或多或少用了一些归纳逻辑。

## 11.7 操作条件

当我们学习时，它通常是不完美的，也不是立即完成的。在早期阶段，我们往往是在猜答案。所收到的反馈告诉我们，我们的学习是否在正确的轨道上。

在机器学习中，我们需要通过相同的过程来帮助我们的算法：我们训练算法，算法进行猜测，我们给予反馈。那么，最好的反馈形式是什么呢？

与学习本身一样，人们对教学时的反馈问题已经探索了数千年。让我们看一下在**行为主义**〔behaviorism，也称为**行为心理学**（behavioral psychology）〕领域工作的人所开发的方法。该学科研究生物如何仅根据自己的动作或行为学习和应对刺激（与关于其精神或情绪状态的理论相反）[Skinner51]。

我们说某人的行为是在环境中**进行**的，环境对每个行为进行响应，给出反馈、**强化**（reinforce）或**惩罚**（punish）。这种研究动作和反馈的方法被称为**操作性条件反射**（operant conditioning）或**工具性条件反射**（instrumental conditioning）。我们将在第 26 章中看到，这种方法可以直接应用于机器学习——我们称之为**强化学习**（reinforcement learning）。

看待这种方法的一种常见方式是，我们试图**塑造**学习者的行为（例如，人、狗或计算机算法），并将学习者的行为区分为**令人满意的行为**和**令人不满意的行为**。我们的目标是提高令人满意的行为出现的**频率**，并降低令人不满意的行为出现的频率。在机器学习中，令人满意的行为是在提取数据正确含义方面做得很好的行为，而令人不满意的行为则是完成得很糟糕的行为。

除了最冷静的情况（例如训练计算机时），学习都是双向的。虽然我们通常认为"教练"在教"学习者"，但有孩子或宠物的人都知道：双方都在不断地教对方。

为了教学习者，我们为学习者的环境添加了**刺激**（或者**移除刺激**），希望以此来提供反馈。这一反馈可以**提高**（或者**降低**）行为的频率。这为我们提供了 4 种可能性，我们可以在网格中进行总结，如图 11.12 所示。

图 11.12　操作性条件反射的 4 个类别。当想要提高行为的频率时，我们选择第一行中的一个动作。如果要降低行为的频率，我们就可以在第二行中选择一个动作。左列为向环境添加刺激的操作，右列为从环境中移除刺激的操作（[DesMaisons12]）

让我们看一下这 4 种情况下的一些亲子互动。

当一位母亲给主动整理房间的女儿一块饼干时，她就增加了刺激，以激励女儿更主动地整理房间。这种**奖励**（reward）也称为**积极强化**（positive reinforcement）。许多动物训练师主张仅使用积极强化进行训练，认为这是最有效和最人性化的学习方法[Dahl07] [Pryor99]。

当一个想要冰淇淋的男孩不断地喊"拜托？拜托？拜托？"的时候，他一遍又一遍地喊叫，只有当他的父亲同意给他一些时才停止，那么停止喊叫这一行为就是孩子取消刺激的措施，以便从父亲那里得到更多的冰淇淋。孩子给他父亲的**安慰**（relief）构成了**负强化**（negative reinforcement），因为一些不愉快的事情已被消除。

当一个女孩拒绝吃晚餐，而她的父亲说她也不能吃甜点时，父亲就是在取消刺激，以避免女孩有更多的拒绝吃饭的行为。这种惩罚构成了**负惩罚**（negative punishment），这是由于渴望的东西被取消而带来的惩罚。

当一位母亲和她的儿子逛商店时，母亲拒绝给儿子买他想要的东西，儿子便闹脾气了。儿子知道这会让母亲感到不安，这时，儿子就在施加一种刺激，希望以此来"顽抗"更多的拒绝行为。他向母亲施加的惩罚就是**积极惩罚**（positive punishment），这是由于引入了一些令人不满意的行为而带来的惩罚。

为了了解这些概念是如何用于机器学习的，让我们考虑只教一个感知机，如第 10 章中所讨论的那样。在训练单个人工神经元时，我们只在出错时提供反馈，因为我们试图降低这种提供错误答案的行为的频率。具体的做法是调整神经元中的权重。我们引入了变化，所以就是在向系统中添加一些东西。

我们是通过添加刺激来降低提供错误答案的行为的频率的，所以这种技术属于积极惩罚。

许多机器学习训练方法使用了积极惩罚，但不是所有方法是这样的。例如，我们将在第 26 章中看到，强化学习总是为每个动作提供一个反馈信号，因此它使用的是积极强化和积极惩罚。

# 参考资料

[Allegranza16]    Mauro Allegranza, *All men are mortal, Socrates is a man, therefore Socrates is mortal, original quote*, Philosophy Stack Exchange, 2016.

[Dahl07]    Cristine Dahl, *Good Dog 101： Easy Lessons to Train Your Dog the Happy, Healthy Way*, Sasquatch Books, 2007.

[DeMichele16]    Thomas DeMichele, *Hume's Fork Explained*, Fact/ Myth, 2016.

[DesMaisons12]    Ted DesMaisons, *A Positive-Minded Primer on Punishment and Reinforcement-with a Buddhist Twist (Part 1 of 2)*, ANIMA Blob, 2012.

[Domingos12]    Pedro Domingos, *A Few Useful Things to Know About Machine Learning*, Communications of the ACM, Volume 55 Issue 10, October 2012.

[Doyle01]    Arthur Conan Doyle, *A Study in Scarlet*, section *About the Author*, House of Stratus, 2001.

[Doyle90]    Arthur Conan Doyle, *The Sign of the Four*, 1890.

[Doyle92]    Arthur Conan Doyle, *The Adventure of the Cardboard Box*, Strand Magazine, 1892.

[Fiboni17]    Fiboni V.O.F, *Overview of Examples & Types of Syllogisms*, 2017.

[Fieser11]    Jim Fieser, *Philosophy 210： Logic*, 2011.

[Garvey16]    James Garvey, *The Persuaders： The Hidden Industry That Wants To Change Your Mind*, Icon Books, 2016.

[Graham16]    Jacob N. Graham, *Ancient Greek Philosophy*, The Internet Encyclopedia of Philosophy, 2016.

[Hume77]    David Hume, *An Enquiry Concerning Human Understanding*, A. Millar, 1777.

[Hurley15]    Patrick Hurley, *A Concise Introduction to Logic*, 12th edition, 2015.

[Kant81]    Immanuel Kant, *Critique of Pure Reason*, 1781.

[Kaplan99]    Craig Kaplan, *The Halting Problem*, The Craig Web Experience, 1999.

[Kemerling97]    Garth Kemerling, *Categorical Syllogisms*, The Philosophy Pages, 1997-2011.

[Pryor99]　　　　Karen Pryor, *Don't Shoot the Dog: The New Art of Teaching and Training Revised Edition*, Bantam, 1999.

[Skinner51]　　　B F Skinner, *How to Teach Animals*, Freeman, 1951.

[Wikipedia17]　　Wikipedia authors, Biological Immortality, 2017.

[Wolpert97]　　　D H Wolpert and W G Macready, *No Free Lunch Theorems for Optimization*, IEEE Transactions on Evolutionary Computation, 1(1), 1997.

# 第 12 章

# 数据准备

当用数据训练系统时，结果只会和我们所学习的数据一样准确。下面我们来看看如何处理数据才能使得训练变得高效且准确。

## 12.1 为什么这一章出现在这里

机器学习算法的效果不会好于它作用在训练数据上的效果。在现实世界中，数据可能会来自有噪声的传感器、有损坏的硬件、有故障的模拟程序甚至是不完整的纸质手稿。我们往往需要观察、**修复**这些数据，或者说解决这些数据中的问题。

有很多已经研究出来的方法可以用来处理这类问题。这些方法被称为**数据准备**（data preparation）技术，有时也被称为**数据清理**（data cleaning）。我们的想法就是在从数据中学习之前先对它们进行预处理，这样学习器就能更高效地利用这些数据。

数据准备非常重要，因为大部分学习器是用数字表示的，所以数据的结构会对算法提取出来的信息产生非常大的影响。

## 12.2 数据变换

在进行数据准备的过程中，我们常常会对正在处理的数据进行一些修改。这可能包括将所有数值调节到一个给定的范围，或者移动数据使得它们的平均值为 0，甚至是抛弃一些夸张的数据点，这样学习器需要做的工作就减少了。

在做这些事情时，我们只要遵循一个最重要的原则：在用某种方式修改训练数据时，我们必须也得对未来需要预测的数据进行同样的修改。

让我们看看为什么这个原则如此重要。

在处理训练数据时，我们一般会按照某种方式修改或者合并数据值，以提高学习的效率或者准确率。一般来说，我们会先观察所有训练数据，再决定如何修改它们，然后再修改数据，最后用这些修改过的数据训练学习器。如果之后接到了新的需要预测的数据，在将这些新数据输入给算法之前，我们必须对这些新数据进行相同的修改。这一步不可忽略，如图 12.1 所示。

对所有数据进行相同预处理的必要性会不断地在机器学习中体现出来，通常出现的方式都很微妙。

先通过一个直观的例子来看看通常会出现的问题。假设我们想要让一个学习器学习如何分辨奶牛和斑马的图。我们将收集大量的这两种动物的图作为训练数据。这两种动物都有 4 条腿、一个头、一条尾巴，以及其他相同特征。能够区分它们的只有不同的黑白相间的标志。为了保证学习器能够注意到这些元素，我们会将每张图中的这些标志提取出来，并且仅用这些提取出的纹理训练学习器。换句话说,这些纹理就是学习器所能看到的全部东西。图 12.2 展示了一对输入样本。

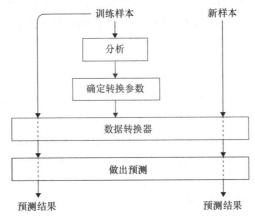

图 12.1 数据预处理的流程。先对训练数据进行分析,以决定需要修改的参数。接下来,输入该系统的样本都要以同样的修改方式进行预处理

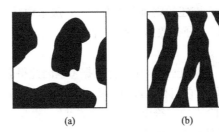

图 12.2 (a)奶牛身上的纹理;(b)斑马身上的纹理

假设我们已经训练好了一个系统,但是忘记告诉人们这一预处理步骤。用户可能会将一张完整的奶牛或者斑马的图(见图 12.3)输入系统,然后让系统来分辨每只动物的类别。

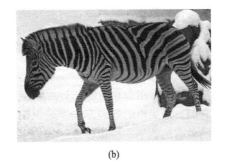

图 12.3 (a)奶牛的图;(b)斑马的图。如果我们用图 12.2 所示的图对系统进行训练,再用这个系统来对这些图进行预测,那么系统可能会被图中多余的细节误导

人们可以从这些图中找到所需要的信息,但计算机可能会被腿、头、地面以及其他细节所误导,从而无法给出很好的预测结果。

像图 12.2 这样处理过的数据和图 12.3 这样未处理过的数据间的不同可能会导致系统出现问题,即对于训练数据会有很好的预测效果,但是对于(现实世界中的)真实数据的预测却没有那么完美。为了避免这种情况,图 12.3 所示的新数据都要变换成图 12.2 所示的样式。

忘记对新数据进行变换是一个很容易犯的错误，这会导致算法达不到预期的效果甚至变得完全无用。

需要记住的规则就是：我们决定如何修改训练数据之后，一定要**记住修改数据的方式**。如果需要更多的数据，我们必须先按照与之前处理训练数据相同的方式来处理新数据。

## 12.3　数据类型

在学习特定的数据变换方式之前，让我们先来看一下能够使用的数据类型，以及描述某一类型的数据的常用形式。

我们可以看到一个共同的主题，即是否可以对给定类型的数据进行**排序**。排序是非常有用的，如果某种类型的数据没有自然的排序方式，我们就会想要创造一种方法去对它进行排序。

回想一下，每个**样本**就是由一些数值构成的列表，其中的每个数值被称为一个**特征值**。样本中的每个特征值都可以是两种常规变量中的一个：**数值**或者**分类**。

**数值数据**就是一个简单的数字，可以是浮点数或者整数，我们也称它为**定量数据**。数值数据（或者定量数据）可以根据其数值的大小进行排序。

而**分类数据**（categorical data）描述的则是其他东西，一般来说是一串描述分类或者标签的字符串，例如"奶牛"或者"斑马"。分类数据共有两种类型，分别对应的是可以被自然排序的数据和不能被自然排序的数据。

**有序数据**（ordinal data）是一种有已知顺序的分数据（也因此得名），它是能够被排序的。彩虹的颜色可以被当作有序数据，因为它们有已经排列好的自然顺序，从"红"到"橙"一直到"紫"。又如，用于描述一个人不同年龄阶段的字符串，比如"婴儿""青少年"和"老人"。这些字符串有一个自然的排列顺序，所以它们是可以被排序的。

**标定数据**（nominal data）是一种没有自然顺序的分类数据。例如，一系列桌面用品，"回形针""订书机"和"卷笔刀"，它们并没有自然的、内在的顺序。服饰的种类也一样，例如"袜子""衬衫""手套"和"帽子"，它们也没有自然的顺序。

我们只要为标定数据（也就是没有顺序的字符串）定义顺序，就可以将其变换成有序数据。例如，我们可以规定服饰的顺序是从上往下，所以顺序就会是"帽子""衬衫""手套"和"袜子"，这样它们就成了有序数据。为标定数据定义的顺序不一定要符合某种常识，只需要定义它并根据定义使用就可以了。

我们常常会将字符串数据（包括标定数据和有序数据）变换成数字，这样就能更容易地在计算机上处理它们。最简单的处理方法就是识别出数据库中的所有字符串，并给每个字符串分配一个从 0 开始的独有的数字——很多库都提供了用于实现这种转换的内置程序。

### 独热编码

在机器学习中，处理数据列表有时比处理单独的数值更加方便。例如，我们可以构建一个分类器，使其能接收一张图，然后告诉我们这张图归属于 10 个不同类别中的哪一个。这个分类器的输出可以只是一个数值，这个数值告诉我们它觉得输入最有可能属于哪个类别。

但我们常常也想知道输入属于其他类别的可能性，这样我们就希望分类器返回一个列表，每个类别对应一个数值，数值的大小代表了分类器觉得这张图属于该类别的可能性。列表中的第一

个数值对应第一个类别，第二个数值对应第二个类别，以此类推。所以，如果该图的类别是第 5
类，那么列表中的第 5 个数值就应该是最大的，而其他数值就会比较小，这意味着分类器不能完
全排除图是其他类别的可能性。

如果分类器的输出以及我们分配给样本的标签都是列表的形式，那么分类过程中的一些步骤
就会变得更方便。

将 3 或者 7 这样的标签转换成对应的列表的过程被称为**独热编码**（one-hot encoding），意思
是只有列表中的某一项"变热"，或者说被标记出来。有时候，我们说将单独的数值转换成了一个
个**虚拟变量**（dummy variable），这个虚拟变量指的就是整个列表。所以，在给系统提供分类标签
的时候（训练过程中），我们会更倾向于提供这种独热编码，也就是虚拟变量（相较于单独的数
值而言）。

首先，如果有的是分类数据，那么我们需要先将它们转换成数值数据，即给每个数值分配一
个从 0 开始的不同的整数。

现在我们先将每个数值替换成一个全是 0 的列表——这个列表的长度等于所有可能分类的数
量，然后再将数值在列表中对应的项替换为 1。

下面让我们具体来看看独热编码的步骤。图 12.4a 所示的是原始的一盒蜡笔中的 8 种颜色
[Crayola16]。让我们假设这 8 种颜色在数据中以字符串的方式表示。

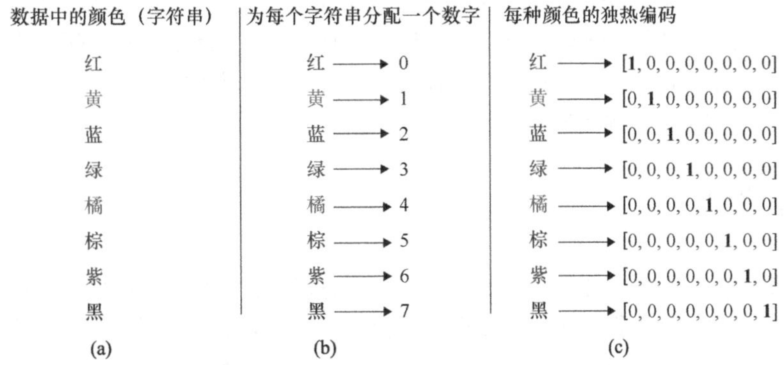

| 数据中的颜色（字符串） | 为每个字符串分配一个数字 | 每种颜色的独热编码 |
| --- | --- | --- |
| 红 | 红 ⟶ 0 | 红 ⟶ [**1**, 0, 0, 0, 0, 0, 0, 0] |
| 黄 | 黄 ⟶ 1 | 黄 ⟶ [0, **1**, 0, 0, 0, 0, 0, 0] |
| 蓝 | 蓝 ⟶ 2 | 蓝 ⟶ [0, 0, **1**, 0, 0, 0, 0, 0] |
| 绿 | 绿 ⟶ 3 | 绿 ⟶ [0, 0, 0, **1**, 0, 0, 0, 0] |
| 橘 | 橘 ⟶ 4 | 橘 ⟶ [0, 0, 0, 0, **1**, 0, 0, 0] |
| 棕 | 棕 ⟶ 5 | 棕 ⟶ [0, 0, 0, 0, 0, **1**, 0, 0] |
| 紫 | 紫 ⟶ 6 | 紫 ⟶ [0, 0, 0, 0, 0, 0, **1**, 0] |
| 黑 | 黑 ⟶ 7 | 黑 ⟶ [0, 0, 0, 0, 0, 0, 0, **1**] |
| (a) | (b) | (c) |

图 12.4 对 8 种颜色进行独热编码。假设它们在输入数据中都以字符串的方式表示。(a)原始的 8 个字符串；
(b)每个字符串被分配了一个 0~7 的数值；(c)每当一个字符串在数据中出现时，我们将它替换为一个含有 8
个数值的列表。除了对应于该字符串的分配数值的那一项是 1，其他全是 0

我们会为这 8 个字符串分配一个 0~7 的数值（一般来说，我们会用库中的程序实现这一
效果），如图 12.4b 所示。现在开始，每在数据中看到一个字符串，我们都会将它替换为一个
含有 8 个数值的列表，如图 12.4c 所示。除了对应于该字符串的分配数值的那一项是 1，其他
全是 0。

图 12.5 是对一组具有多个特征值的样本进行独热编码的过程。每个样本有两个数字和一个字
符串，所以我们只对字符串进行独热编码，保留前两个数字。

虽然独热编码的表示方式对计算机而言更容易处理，但是对于我们来说没有那么方便，
所以我们一般在数据准备的最后阶段才会进行独热编码，这样就不需要一直"翻译"这些 0
和 1 了。

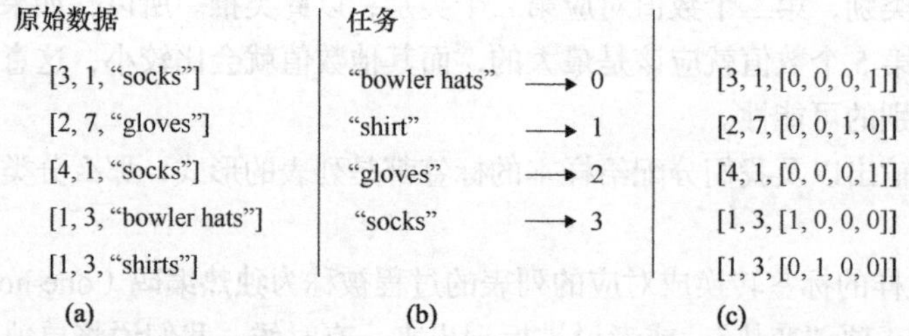

| 原始数据 | 任务 | |
|---|---|---|
| [3, 1, "socks"] | "bowler hats" ⟶ 0 | [3, 1, [0, 0, 0, 1]] |
| [2, 7, "gloves"] | "shirt" ⟶ 1 | [2, 7, [0, 0, 1, 0]] |
| [4, 1, "socks"] | "gloves" ⟶ 2 | [4, 1, [0, 0, 0, 1]] |
| [1, 3, "bowler hats"] | "socks" ⟶ 3 | [1, 3, [1, 0, 0, 0]] |
| [1, 3, "shirts"] | | [1, 3, [0, 1, 0, 0]] |
| (a) | (b) | (c) |

图 12.5 当一个样本含有多个特征时，我们可以对某一个特征进行独热编码并保留其他特征。
(a)输入数据含有 3 个特征，我们会对其中的字符串特征进行独热编码；(b)库会为
每个字符串分配一个单独的数字，从 0 开始；(c)进行独热编码后的字符串

## 12.4 数据清理基础

在真正开始应用任何类型的大规模数据改动之前，我们先回顾一些最基本的常识，以确保数据得到了很好的清理（或良好的准备）。

如果数据是文本形式的，我们就希望确保它没有排版错误、拼写错误、不可印刷的字符或者一些明显有碍于清楚翻译的其他错误。例如，如果有一些动物图和一些描述这些图的文本文件，我们希望确保每只长颈鹿都被标记为"giraffe"，而不是"girafe"或者其他的文本。同时，我们还希望能够修正大小写错误，例如想要所有字母小写时，就需要修正"Giraffe"。因为计算机会为每个字符串分配数字，而每张长颈鹿的图都需要被分配到同一个数字。

还有一些我们应该了解的其他常识。

### 12.4.1 数据清理

我们希望删除训练数据中任何意外的重复，因为它们会歪曲我们对所使用的数据的看法。如果某个数据意外地被重复了很多次，那么学习器会将其解释为多个不同样本，而这些样本恰好具有相同的值，这样就会对输出造成更多的影响，而这个影响是本不该有的。

我们还想要确保没有任何荒谬的错误。例如，忽略了小数点，使用 1000 而不是 1.000，又或者将两个减号放在同一个数字前面（应该只有一个减号）。在一些手动输入的数据库中，当没有任何输入数据时，常常会出现一些空格或者问号。一些计算机生成的数据库则会包含像 NaN（不是一个数字）这样的代码，这表示计算机需要接收一个数字但却接收了其他类型的数据。

我们还需要确保数据的格式能够被我们使用的软件正确理解并执行。例如，使用科学记数法表示数字就有很多不同的形式，程序很容易误读它们不习惯的形式。数值 0.007 通常以科学记数法形式输出为 $7 \times 10^{-3}$，但是当我们将其用作另一个程序的输入时，它可能会被解释为 $(7 \times e) - 3$，其中 e 是欧拉常数（约 2.7）。这样计算机会认为我们提供的数值是一个超过 16 的数字，而不是 0.007。我们需要在把它们提供给软件之前找出这些错误。

我们还想查找缺失的数据。如果样本缺少数据的一个或多个特征，我们是可以通过算法来修补漏洞的。但是有些情况下，简单地删除样本是一个更好的选择。我们通常会根据具体情况进行判断。

我们还希望识别出与所有其他数据截然不同的数据。明显超出常规数据点的数据被称为**异常**

值（outlier）。其中一些可能只是拼写错误，比如前文提到的忽略了小数点；而其他则可能是人为错误，比如意外地将一个数据集的一部分复制到另一个数据集中，又或者忘记从电子表格中删除某些条目。如果不知道一个异常值是真实的数据还是某种错误，我们就必须通过自己的判断来决定是将其留下还是手动删除。这是一个主观的决定，完全取决于数据的含义、我们对它的理解程度以及我们想要用它进行什么操作。

### 12.4.2 现实中的数据清理

虽然上面的步骤看起来很简单，但是在实践中这些操作可能没有看上去那么轻松，具体取决于数据的规模、复杂程度以及当我们第一次得到数据时它的混乱程度。

有许多工具可以帮助我们快速清理数据，有些是独立的，有些则是内置于机器学习库中的，也有些是商业服务——在清理数据后会收取一定的费用。

记住一句经典的计算机座右铭"garbage in, garbage out"（无用输入，无用输出）。换句话说，结果最好也只会与原始数据一样好，所以从最好的数据开始学习是至关重要的，这也就意味着我们要努力使原始数据尽可能干净。

在本节中提到的话题通常被称为**数据预处理**，涉及对各个元素的本地修复。

在考虑过之前的简单情况后，现在我们可以把注意力转向大规模的数据修改。通过数据修改，我们可以提高从这些数据中学习的效果。

## 12.5  归一化和标准化

我们经常会处理那些特征值跨度非常大的样本数据。

例如，假设我们收集了一群南美大象的数据，其中用 4 个数值来描述每只大象：

（1）以小时为单位的年龄(0,420000)；

（2）以吨为单位的重量(0,7)；

（3）以厘米为单位的尾巴长度(120,155)；

（4）相较于历史平均年龄的年龄，以小时为单位(-21000,21000)。

这些是非常不同的数字范围。简单来讲，因为所用算法的数值属性，计算机将认为较大的数字比较小的数字更加重要。但是那些较大的数字只不过是偶然得到的。例如，如果我们选择用 10 年作为单位来衡量年龄（而不是以小时作为单位），该特征的范围将是 0～5 而不是 0～420000。

在此列表中，某个特征可以为负值，但是仅有这一个特征可以采用负值表示，这种异常也会影响计算机对数值的处理。

我们希望所有数据具有可比性，以便我们选择单位或者进行其他决定时不影响系统对数据的学习。

### 12.5.1  归一化

常见的转换数据的第一步是对每个特征进行**归一化**（normalization）。"正常"（normal）这个词在日常生活中用来表示"典型"，但它在不同的地方也有专门的技术含义。

我们将在统计意义上使用这个词，它意味着缩放数据，使其处于某个特定范围内。我们通常选择范围为[-1,1]或[0,1]，具体取决于数据及其含义（例如，对于苹果数量和年龄而言，负值没有任何意义）。

　　每个机器学习库提供了相应的例程，但我们要记得调用它们。我们将在第 15 章和第 23 章中看到更多这方面的例子。

　　图 12.6 是用于演示的二维数据集。我们选择了一把吉他，因为它的形状可以帮助我们看到：当我们移动它时，数据点上发生了什么。我们还严格添加了颜色作为视觉辅助，同样是为了帮助我们看到数据点的移动。这些颜色并没有其他含义。

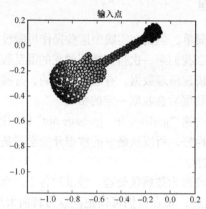

图 12.6　这个吉他形状由 232 个点组成。每个点是一个样本，每个样本由两个特征值描述，分别为 $x$ 和 $y$。颜色只是帮助我们跟踪从一张图变换到下一张图时对应点的位置，没有其他含义

　　通常，这些点是测量的结果，比如说某些人的年龄和体重，或歌曲的节奏和音量。为了更一般化，我们将它们称为 $x$ 和 $y$ 两个特征。

　　图 12.7 展示了将吉他的形状数据的每个特征正则化到轴的[-1,1]范围的结果。也就是说，$x$ 值缩放至[-1,1]，$y$ 值也同样缩放至[-1,1]。这个操作形成的形状有点偏斜，因为它更多的是进行了垂直拉伸而不是水平拉伸。

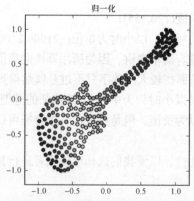

图 12.7　将图 12.6 所示的数据点在每个轴上进行归一化，缩放至范围[-1,1]。形状的偏斜是由于它沿 $y$ 轴方向的拉伸更多（相比于 $x$ 轴）

## 12.5.2　标准化

　　另一个常见的操作是将每个特征标准化，这一过程需要两个步骤。

　　首先，我们将每个特征都加上（或减去）一个固定的数值，使得该特征的平均值为 0。此步骤也称为**平均归一化**或**平均减法**。在二维数据中，这一步会使整个数据集左右移动和上下移动，结果是使其平均值落在(0,0)上。

　　然后我们不进行归一化，也不将每个特征缩放到[-1,1]，而是将它缩放到标准差为 1。此步骤也称为**方差归一化**（variance normalization）。回想一下第 2 章学过的内容，这意味着该特征中大约 68%的值位于[-1,1]的范围内。在二维示例中，$x$ 值被水平拉伸或压缩，直到 $x$ 轴上大约68%的数据在[-1,1]，然后垂直拉伸或压缩 $y$ 值，直到 $y$ 轴上的数值分布与 $x$ 轴上相同为止。这必然意味着也会存在[-1,1]范围之外的点，所以我们的结果与归一化得到的结果会有所不同。

　　与归一化一样，大多数库会提供一个例程来标准化调用其中的某个或所有特征。将图 12.6 中的数据进行标准化处理后的结果如图 12.8 所示。

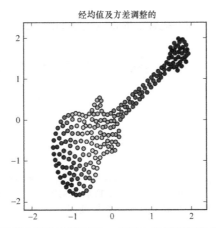

图 12.8　在标准化数据时，我们将其水平和垂直移动，使每个特征的平均值为 0。然后在水平和垂直方向上
　　　　伸展压缩它，以便使得每个特征的标准差为 1，即大约 68%的数据位于每个轴的[-1,1]范围内

### 12.5.3　保存数据的转换方式

　　归一化和标准化的例程都是由处理数据的参数控制的——这些参数告诉它们应该如何处理数据。这些参数是由库例程在应用转换之前就通过分析数据而得到的。

　　使用相同的操作来转换未来会接收的数据是非常重要的，所以这些库将始终保存着这些参数，以便我们稍后可以再次应用相同的转换。

　　换句话说，收到要预测的新数据时，我们会直接评估系统的准确性或者做出真实的预测，而**不会**再次分析该数据，不会进行新的归一化或标准化转换，而是会对新数据应用与训练数据相同的归一化或标准化步骤。

　　这一步的结果是新转换的数据几乎不会对它自己进行归一化或标准化。也就是说，它两个轴上的数据不一定在[-1,1]内（归一化），或者它的平均值不在(0,0)且在每个轴的[-1,1]内不会包含68%的数据（标准化），这是正常的。

　　重要的是我们需要使用相同的转换方式，如果新数据没有被完全地归一化或者标准化，那就顺其自然吧！

### 12.5.4　转换方式

一些转换是**单变量**（univariate）的，这意味着它们一次只处理一个特征，每个特征独立于其他特征（该名称来源于 uni，意思是单独的，与 variate 结合，意味着相同变量或特征）。其他转换则是**多变量**（multivariate）的，这意味着它们可以同时处理很多特征。如前所述，该名称来源于 multi，意思是多个，与 variate 结合。

举个简单的例子，考虑一个归一化转换，如我们之前看到的那样。这是一个单变量转换，因为它将每个特征当作一组独立的数据进行操作。这就是说，它将所有 $x$ 值缩放至[0,1]内，也将所有 $y$ 值缩放至[0,1]内。但是这两组特征不会以任何方式进行交互，换句话说，$x$ 轴如何缩放并不取决于 $y$ 值，反之亦然。

应用于有 3 个特征的数据的归一化转换的视觉实现如图 12.9 所示。

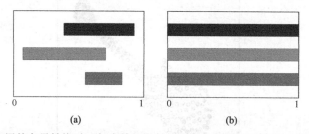

图 12.9　当应用单变量转换时，每个特征的转换与其他特征相互独立。在这里我们要将特征值归一化到[0,1]内。(a)3 个特征的初始范围；(b)每个特征都被独立地平移并扩展到了[0,1]内

相比之下，多变量转换算法会同时处理多个特征，而且是将它们一起处理。最极端（也是最常见）的处理方法就是同时处理所有特征。如果我们将上述 3 个特征的数据用多变量转换进行处理，就会将它们同时平移并伸缩，直到它们的并集充满[0,1]这个区间，如图 12.10 所示。

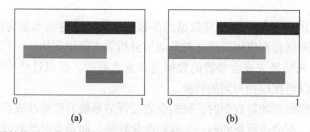

图 12.10　当应用多变量转换时，我们会同时处理多个特征。我们再次将特征归一化到[0,1]内。(a)3 个特征的初始范围；(b)3 个特征同时平移并伸缩，直到其集合的最小值和最大值的范围为[0,1]

很多转换方式既能以单变量的方式进行，也能以多变量的方式进行。我们会基于数据进行选择。

例如，当我们对 $x$ 和 $y$ 样本进行缩放时，单变量转换比较合理，因为它们是相互独立的。但假设特征是用不同的方式测量出的不同时间段的温度，那么我们可能会希望把这些特征放在一起处理，这样它们作为一个整体就可以充满我们正在处理的温度范围。

## 12.6 特征选择

按理说，我们在训练期间需要处理的数据越少，训练就会越快。所以，如果有办法减少计算机的工作量，同时又可以保持相同的效率和学习的准确性（或类似的指标），那是一件非常好的事情。

如果我们在数据中收集了冗余的、不相关的、没有帮助的特征，那么应该删除它们，这样就不用在它们身上浪费太多时间。这个过程称为**特征选择**（feature selection），有时也称为**特征过滤**。

让我们考虑一些例子，其中的一些数据实际上是**多余的**，或者说是不必要的。假设我们手工标记大象的图像，将其大小、种类和其他特征输入数据库。出于某种原因，没有人能够记得我们有一栏用来记录大象的脑袋的数量。因为大象只有一个头，所以这一栏只会是"1"。包含这一数据对计算机识别一头大象并无裨益，反而会让它的运行速度变得更慢。因此，我们应该从数据中删除这个无用的特征数据。

我们可以将这一想法概括为删除无用特征，或者删除贡献很少的特征，抑或删除对于得到正确的答案做出最少贡献的特征。

再来看大象图像的例子。我们可能会创建电子表格来记录每只动物的身高、体重、最新的所在地的纬度和经度、躯干长度、耳朵大小等条目。但很有可能这种生物的躯干长度和耳朵大小密切相关，这样我们就可以删除（或过滤）其中任意一个，并且仍旧可以得到它们共同表示的信息。

许多库会自动估算数据库中每种数据带来的影响，然后我们可以将其作为简化数据库的指南，并用来加速学习过程，同时不会牺牲一些我们不愿意舍弃的特征。

因为移除一个特征也是一种数据转换，所以我们从训练集中移除的任何特征也必须在未来的数据中移除。

## 12.7 降维

减少数据集大小的另一种方法是将特征加以组合，这样一个特征可以完成两个或更多个特征的工作。这就是所谓的**降维**（dimensionality reduction），其中的"维度"指的是特征的数量。

直观来看，数据中的一些功能可能在某些方面有点多余，通过压缩数据集来去除这种重复性，就可以提高学习的表现且不会损失信息。

正如前面提到的，我们可能正在研究大象这一物种，其躯干长度和耳朵大小是**相关的**：当一个数值增大时，另一个数值也会增大。所以，如果我们知道这两个值中的一个，就可以很好地猜测另一个。这种情况的结果就是，我们可以通过一个数值来替换这两个数值，这样就可以压缩数据库。这个数值只包含其中一个值，也可能是它们的某种组合。这在人体生理学中很常见，其中体重指数（BMI）就是结合了身高和体重的单个数字[CDC17]。

让我们来看一个工具，它能自动确定如何选择和组合特征，从而对结果产生最小的影响。

### 12.7.1 主成分分析

**主成分分析**（Principal Component Analgsis，PCA）是一种用于降低数据维度的数学技术。让我们通过观察 PCA 对吉他数据的作用来获得对于 PCA 的直观感受，详细描述参见[Dulchi16]。

图 12.11 再次展示了原始吉他数据。和之前一样，这些点的颜色只是为了在数据被控制时进行跟踪，并无其他含义。

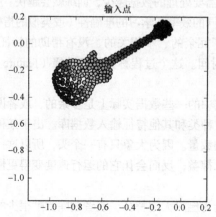

图 12.11　我们用来讨论 PCA 的原始数据，和之前一样，颜色只是为了帮助我们
看清楚在对每个数据点进行处理时发生了什么，并无其他含义

我们的目标是将这个二维数据压缩为一维数据，也就是说，我们将用一个数字替换每对 $x$ 和 $y$，就像 BMI 是单个数字却可以结合一个人的身高和体重一样。在对一个真实的数据集使用 PCA 时，我们可以同时组合多组特征。

我们将从数据的标准化开始。图 12.12 是先均值归一化再方差归一化的组合，和我们之前见过的一样。

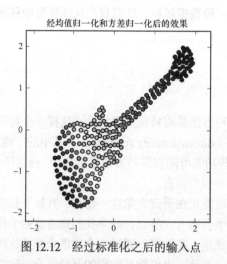

图 12.12　经过标准化之后的输入点

由上文可知，我们将尝试将此二维数据简化为一维数据，所以为了在实际应用前了解这个想法，让我们先来看看缺少一个关键步骤的过程，然后再退回到该步骤。

首先，我们在 $x$ 轴上绘制一条水平线（称为**投影线**），然后将每个数据点移动到它在投影线上的最近点——这一过程称为**投影**（projection）。因为线是水平的，所以我们只需要向上或向下移动点，以找到它们在投影线上距离最近的点。

将图 12.12 中的数据点投影到水平投影线上的结果如图 12.13 所示。

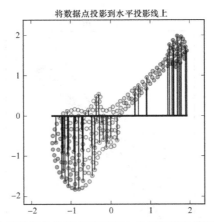

图 12.13　我们通过将吉他的每个数据点移动到它在投影线上最近点的位置来进行投影。
为清楚起见，我们仅展示了（约）25%的数据点

所有经过处理的数据点如图 12.14 所示。

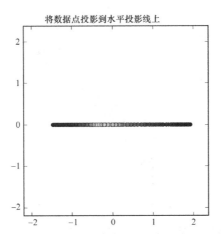

图 12.14　将图 12.13 所示的数据点进行投影的结果。数据点都被移动到了投影线上。现在每个点仅
由其 $x$ 坐标描述，所以我们现在有了一个一维数据集

这是我们想要的一维数据集，因为这些点只有 $x$ 值有区别（$y$ 值总是 0，所以它是无关紧要的）。但是这种组合特征的方式无疑是糟糕的，因为我们做的所有事情就是扔掉 $y$ 值。这就像计算体重指数时，我们只是简单地使用了体重，却忽略了用身高来进行估计。

为了改善这种情况，我们将跳过的步骤包含进去：不再使用水平投影线，而是旋转直线，直到它通过**最大方差**的方向。想象一下，这条直线投影之后，将具有最大范围的点。

任何实现 PCA 的库的例程都会自动地为我们提供这条直线。图 12.15 显示了吉他数据的这条直线。

现在我们像之前一样进行投影，将每个点移动到线上距离它最近的点来进行投影。与之前一样，我们将点垂直于直线移动，直到与直线相交，如图 12.16 所示。

投影点如图 12.17 所示。注意，它们都位于我们在图 12.15 中找到的最大方差线上。

这些点在一条线上，但它们仍然是二维数据。要完全将它们降低至一维，我们可以旋转它们直到它们位于 $x$ 轴上，如图 12.18 所示。现在 $y$ 轴再次变得无关紧要起来，于是我们就有了一个一维数据集，其中包含每个点的原始 $x$ 值和 $y$ 值的信息。

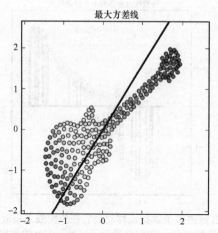

图 12.15　粗黑线是原始数据的最大方差线，这将是投影线

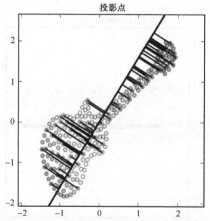

图 12.16　通过将吉他的每个数据点移动到它在投影线上最近的点的位置来进行投影。
为清楚起见，我们仅展示了（约）25%的点

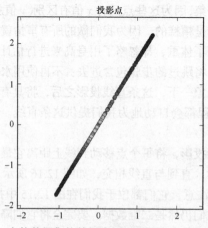

图 12.17　吉他数据集的数据点投影到最大方差线上的结果

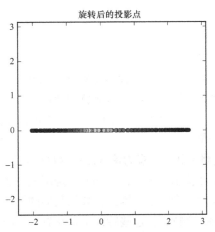

图 12.18 将图 12.17 中的点旋转到水平位置。现在每个点只用它的 $x$ 值来描述，
所以我们将二维数据转换为了一维数据。请注意，我们并没有简单地消除
一个维度，因为原始的 $x$ 和 $y$ 值都对这一维的数据有所贡献

虽然图 12.18 中的直线看起来很像图 12.14 中的直线，但它们是不同的，因为这些点沿着 $x$ 轴的分布不同。换句话说，它们有着不同的数值，因为它们是通过投影到倾斜直线而不是水平直线上计算的。

这些步骤都是由机器学习库自动完成的，我们称之为**库的 PCA 例程**。

新数据的优点在于每个点的单个值（其 $x$ 坐标）是它原始的二维数据的组合。我们降低了数据集的维度，使它成了一维数据，同时还保留了尽可能多的信息。学习算法现在只需要处理一维数据而不是二维，所以它们会学习得更快。

当然，我们抛弃了一些信息，所以可能会遭遇类似于降低学习效率或准确性这样的问题。有效使用 PCA 的诀窍是选出那些在组合后学习效果还能在我们目标范围内的维度。

如果我们有三维数据，就可以想象在样本云的中间放置了一个平面，并将数据投射到平面上。而库的工作是找到该平面的最佳方向，这将把数据从三维转换为二维。如果我们想，就可以使用与上面相同的技术，想象一条穿过样本云空间的直线，它能使数据维度从三维降低到一维。

在实践中，我们可以在任何数量维度的问题中使用这种技术，可以减少几十个甚至更多数据维度的数量。

这种算法的关键问题在于我们应该尝试去压缩多少个维度、哪些维度应该合并，以及如何把它们组合起来。我们通常用字母 $k$ 代表 PCA 完成工作后数据中的维度数量。所以，在吉他示例中，$k$ 是 1。

从这个意义上讲，我们可以将 $k$ 作为算法的参数，并通常将其称为整个学习系统的**超参数**。正如我们所见，$k$ 会被用于许多不同的机器学习算法，这非常不方便，因此当我们看到参数 $k$ 时，一定要注意它在上下文中所代表的含义。

压缩太少意味着训练和评估步骤将是效率低下的，但压缩太多意味着我们会冒着消除应该保留的重要信息的风险。选择超参数 $k$ 的最佳数值时，我们通常会尝试一些不同的值，然后看一下效果，选择一个效果最好的。我们也可以使用**超参数技术**自动执行此搜索，详细内容参见第 15 章。

与往常一样，我们用于压缩训练数据的任何 PCA 转换方式，都必须用于所有未来的数据。

## 12.7.2　图像的标准化和 PCA

图像是一种重要且特殊的数据。下面让我们将标准化和 PCA 应用于一组图像。

彩色图像在每个点有 5 个值：$x$、$y$、红色、绿色和蓝色，所以我们说彩色图像的数据集是五维或 5D 的。为简单起见，我们在这里使用单色图像，其中每个像素只有 3 个值：$x$、$y$ 和灰度值。这也就给了我们一个三维数据集。

在这种情况下，我们不会将 $x$ 和 $y$ 值视为像灰度值这样的特征，因为我们不想更改图像尺寸。因此我们将像素视为具有一个数值的特征，而 $x$ 和 $y$ 只是用来命名样本的索引。

我们将每个像素的数值视为一个特征。因此，如果我们的图像宽是 100 像素，高是 50 像素，则每张图像具有 $100 \times 50 = 5000$ 个特征。这些特征中存在着大量的空间信息，这意味着在任何方向上彼此靠近的像素通常共享着某种关系。但为了简单起见，现在我们会忽略这个空间信息，只需将二维图像转换为新的一维数据。我们将从图像的第 1 行开始，追加第 2 行，然后是第 3 行，以此类推，如图 12.19 所示。这个过程完成后，我们将得到一个列表，其中的每一项包含图像中一个像素。

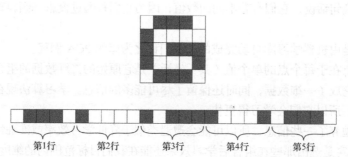

图 12.19　将图像转换为列表。第 1 行：输入图。第 2 行：将图像从顶部到底部一行行排列而形成的列表

如上所述，在使用 PCA 这样的工具时，我们需要特征的均值为 0，标准差为 1。所以现在，让我们以这种方式处理像素[Turk91]。图 12.20 上方显示的是 5 个被压扁的图像，每张图像尺寸都是 $5 \times 5$；下方显示的是相同的图像经过处理之后的结果。实际上，我们每次考虑一个列，并用这种方式来处理该列中的像素，然后保存这些新值。

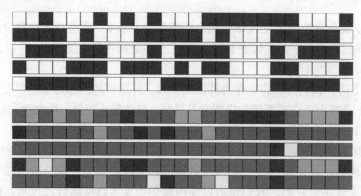

图 12.20　在每个特征（或者说每个像素）上处理图像列表。上方的 5 行显示了 A、B、G、M 和 S 这 5 个字母的二进制图像经压扁后的结果。我们一次处理一列，然后将它们的均值调整为 0，标准差调整为 1。最后的结果显示在下方的 5 行中，缩放后的最小值为浅蓝色，最大值为深蓝色

独立处理每个像素看起来可能很奇怪，这意味着忽略了像素之间的所有空间信息（在后续章节中，我们将看到其他使用空间信息的方法）。但就目前而言，模型的每张图像都只是一个拥有许多独立特征值的大列表，就好像它们是测量温度、风速、湿度等数值一样。

现在将上面的讨论付诸实践，我们从图 12.21 所示的 6 张哈士奇的图像开始。这些图像经过了手工对齐，所以眼睛和鼻子在每张图像中的位置大致相同。这样，每张图像中的每个像素都有很大概率能表示一只哈士奇的相同部位。例如，中心下方的像素很可能是鼻子的一部分，靠近上角的一个可能是耳朵，以此类推。

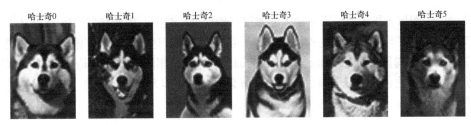

图 12.21　最初的哈士奇图集

6 只哈士奇的数据库并没有包含很多的训练数据，所以我们通过一遍又一遍以随机顺序运行6 张图像来扩大数据库。每次运行，我们都会先复制这张图，然后在水平或垂直轴上进行随机的移动（最多 10%），之后以顺时针或逆时针的方向进行旋转（最多 5°），也可以左右翻转。然后我们将变换后的图像添加到训练集。图 12.22 展示了 6 只哈士奇进行前两次变换的结果。用这种技术，我们可以创建包含 4000 张哈士奇的图像的训练集。

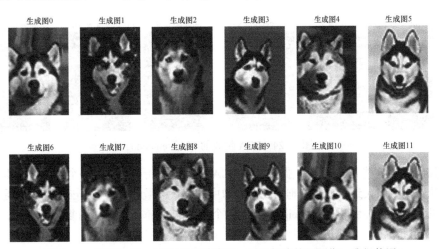

图 12.22　每行表示一组经过平移旋转、翻转创建的新图像。我们使用
这个过程来创建包含 4000 张哈士奇的图像的训练集

我们想在这些图像上运行 PCA，因此首先要标准化它们。这意味着我们将分析 4000 个图像中相同的位置的像素点，并通过调整使得它们具有零均值和单位标准差，如图 12.20 所示。我们将标准化 4000 个图像。在图 12.23 中，我们仅展示 6 张哈士奇的图像标准化后的结果。

在之前对 PCA 的讨论中，我们将二维数据投影到了一条一维的线上。哈士奇图像的尺寸是64 像素×45 像素，所以每张图都有 64 像素×45 像素=2880 个特征。PCA 会将这些特征投射到我们要求的方向上，每次投影都会生成新的投影图像。

图 12.23 将前 6 张哈士奇的图像经过标准化后的结果

由于 12 张图像（指图的特征图像）能够很好地拟合一张图，因此我们从用 PCA 任意找 12 张图像开始。这些图像在以不同的权重组合在一起时，能最好地重建输入图像。PCA 发现的每个投影都被称为**特征向量**（eigenvector），eigen 的德语意义是"相同"，vector 是数学中向量的名称。在为特定类型的事物创建特征向量时，我们一般会以 eigen 作为前缀，创建一个有趣的名字，图 12.24 展示了 12 个 eigendog（eigen 狗）。

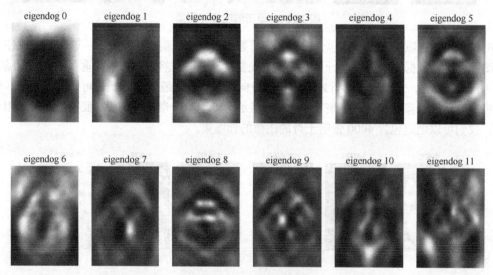

图 12.24 PCA 生成的 12 个 eigendog

我们需要观察这些 eigendog，据此了解 PCA 是如何分析图的。第一个 eigendog 是一大块黑色污迹，让我们可以大致知道这些狗出现在图像中的那块区域。第二个 eigendog 似乎是捕捉到了一些左右的阴影差异。纵观 12 个 eigendog，每个 eigendog 都似乎比以前复杂了一点，捕捉了图像之间的不同细节。

现在让我们看看如何通过将 eigendog 与不同的权重相结合来恢复原始图像。图 12.25 展示了 PCA 可以为每个输入图像找到的最佳权重。我们通过对应的权重来缩放图 12.24 中的每一个 eigendog，从而创造重建的狗的图像，最后将结果加在一起。

图 12.25 并不是很好。我们让 PCA 仅用 12 张图像来表示所有 4000 张训练集中的图像。它尽力做到了最好，但这些重建的图像里面，有些看起来并不像狗。

让我们尝试使用 100 个 eigendog，前 12 个 eigendog 图像看起来就像图 12.24 中的那样，但随后它们变得更复杂，也更详细了。图 12.26 是重建了我们的第一组的 6 只狗的结果。

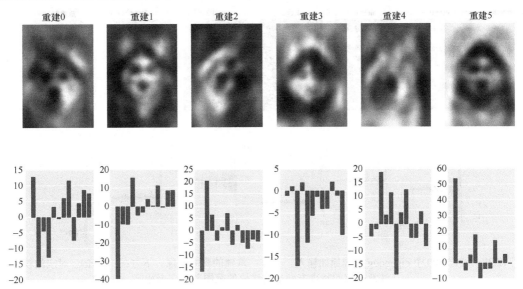

图 12.25　通过 12 个 eigendog 重建原始输入。上方：重建的狗的图像。下方：图 12.24 中的
eigendog 直接对应的权重。注意权重的垂直方向上的数值的范围并不完全相同

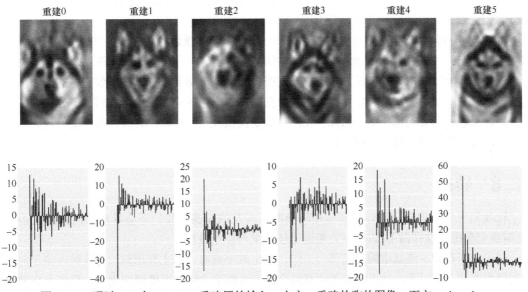

图 12.26　通过 100 个 eigendog 重建原始输入。上方：重建的狗的图像。下方：eigendog
对应的权重。注意权重的垂直方向上的数值的范围并不完全相同

　　这看起来好多了！它们开始像狗了，虽然在其中几张图像中，它们并没有明显的耳朵——这
是狗脸中一个相当重要的部分。

　　我们将 eigendog 的数量增加到 500 个再试一下，结果如图 12.27 所示。

　　这样效果就很好了，从这些图中我们可以很容易地认出图 12.23 中 6 只标准化的狗。虽然有
一点噪声，但通过这 500 张图像和每张图像对应的权重，我们已经可以很好地匹配这些图像了。
前 6 张图像都没有什么特别之处，如果我们查看数据库中的其他 4000 张图像，会发现它们看起
来效果都不错。我们可以继续增加 eigendog 的数量，效果会越来越好，图像的边界会变得越来越
明显，噪声也会越来越少。

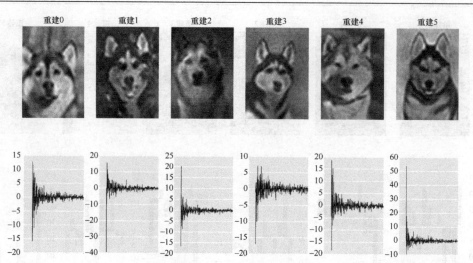

图 12.27    通过 500 个 eigendog 重建原始输入。上方：重建的狗的图像。下方：eigendogs 对应的权重。
注意权重的竖直方向上的数值的范围并不完全相同

注意，在每次重建中，获得权重最大的 eigendog 图像都是一开始的图像，因为它们能够捕捉到大致的特征结构。在我们慢慢进行学习的过程中，每个新的 eigendog 都会比之前的权重小一点，所以它们对总体结果的贡献会慢慢变少。

PCA 对于我们的价值并不在于那些可以制作出的看起来像原始数据集的图像，而是让我们可以使用 eigendog 帮助分类器对狗进行分类。例如，相较于在每张图像上用所有 2880 像素去训练分类器，我们可以仅用 100 个或 500 个权重进行训练。该分类器永远不会看到完整的图像，它甚至从未见过 eigendog，只是获取了每张图像的权重列表，这就是它在训练期间用于分析和预测的数据。如果想要分类的是一个新图像，我们只需要提供权重，计算机就会根据这些值返回一个类别。这可以节省大量计算，从而节省时间。

# 12.8    转换

让我们更仔细地看一下计算和应用转换时所涉及的步骤，我们还会看到如何撤销这些步骤（有时我们会想要这样做），以便更方便地比较结果与原始数据。

假设我们在为一座城市的交通部门工作，这个城市只有一条主高速路。这座城市位于北方，温度经常降到 0℃以下。城市管理者注意到交通密度似乎会随着温度而变化——很多人在最寒冷的日子会选择待在家里。

为了规划道路工程和其他建筑，管理人员想知道每天早上的高峰时间段的车辆数（可以根据温度来预测得到）。因为测量和处理数据需要一些时间，所以我们决定每晚午夜测量温度，然后预测将有多少辆车在第二天早上 7 点到 8 点之间会行驶在路上。

我们将在冬季中期开始使用系统，所以期望同时得到高于和低于冰点（0℃）的温度。

所以几个月以来，我们测量每个午夜的温度，并在第二天早上的 7 点到 8 点之间记录经过路上特定标志的车辆数量，原始数据如图 12.28 所示。

我们想把这些数据提供给机器学习系统以了解温度和交通密度之间的关系。这是一个回归问题，我们将提供一个由单个特征组成的样本，该特征以摄氏度（℃）为单位，描述了测得的温度，然后返回一个实数来告诉我们路上的车辆数量。

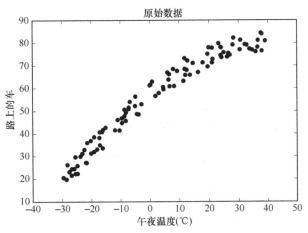

图 12.28 我们在每个午夜测量温度，然后第二天早上统计在 7 点到 8 点之间经过路上特定标志的车辆数量

假设输入数据在缩放到范围[0,1]时，所使用的回归算法的效果最好。所以我们将两个轴上的数据归一化至[0,1]的范围内，如图 12.29 所示。

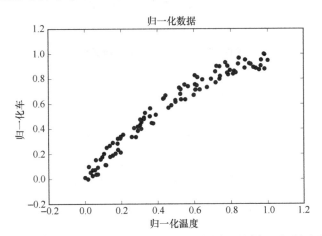

图 12.29 将两个维度上的数据都归一化到[0,1]的范围内，这样可以更方便地进行训练

这幅图看上去和图 12.28 一样，只是两个坐标的数值范围缩放到了[0,1]。

再次强调一下保存这种转换方式的重要性，我们需要将它应用到未来的数据上。下面让我们分 3 步来看一看这其中的内在机制。为方便起见，我们将使用一种面向对象的哲学，转换是由对象执行的，它们会记住自己的参数。

第一步，为每个坐标轴创建一个转换对象，也称为**映射**（mapping），这是一个能够实现转换的对象。

第二步，将输入数据传输给该对象以分析这些数据。对象会找到它们的最小值和最大值，并使用这两个值来建立转换方式，该转换方式能够将输入数据移动并缩放到[0,1]的范围内。因为我们想要缩放车辆数量和温度两个特征，所以每个轴都需要一个转换对象。到目前为止，我们并没有改变数据，该想法如图 12.30 所示。

第三步，再次将数据提供给转换对象。但是这次我们对它应用已经计算出的转换方式，完成后，它将返回一组已转换到范围[0,1]的新数据，如图 12.31 所示。

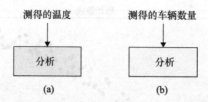

图12.30 创建转换对象。(a)温度数据被送到转换对象，该对象通过分析数据来找到它的最小值和最大值，并在内部保存它们，数据不变；(b)我们也为车辆数量创建了一个转换对象

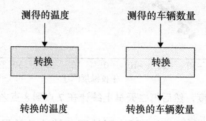

图12.31 每个特征都进行了之前所计算出的转换，转换的输出进入学习系统

现在我们已经准备好开始学习了。我们将转换后的数据提供给学习算法，并希望它弄清楚输入和输出之间的关系，如图12.32所示。

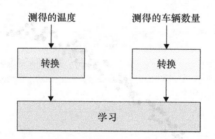

图12.32 从经过转换的特征和目标中学习的过程

假设我们已经对系统进行了训练，而且它在根据温度数据预测车辆数量这一工作上做得很好。

第二天，我们将系统部署到城市管理者的计算机上。第一天晚上，值班经理测得的午夜温度为-10℃。她打开系统，找到温度的输入框，输入-10，并单击"预测交通情况"按钮。

会发生什么呢？我们不能只将-10输入系统的，因为系统希望得到的是一个[0,1]范围内的数，所以我们需要用某种方式将数据加以转换。

唯一合理的方法是应用之前训练系统时应用的转换方式。例如，如果我们将原始数据集中的-10转换为0.29，那么假设今晚的温度又是-10，最好再次被转换为0.29。如果它被转换为其他的数值，系统就会以为它比实际的温度要更冷或者更热。

在这里，我们可以看到将转换方式保存为对象的价值。这样我们就可以简单地告诉该对象采取与训练数据相同的转换方式，并将其应用于新的数据。所以如果-10在训练期间被转换为0.29，那么任何新输入的-10也将被转换为0.29。

假设系统确定了交通密度是0.32，这对应于某个车辆数量经过转换后的数值。但是该数值介于0和1之间，这是训练时代表车辆数量的数据范围，我们应该如何撤销这种转换并将其还原成车辆数量呢？

在很多机器学习的库中，每个转换对象都会有一种例程被称为**逆转**或者**撤销转换**的方法。这种方法会为我们提供一种**逆变换**（inverse transformation）。在这种情况下，它会逆转我们构建它时应用的归一化转换。在训练时，转换对象将车辆数量 39 归一化为 0.32，那么逆转换就会将归一化值 0.32 转换为 39，这就是我们输出给城市经理的值。步骤如图 12.33 所示。

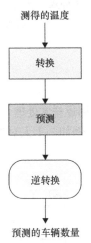

图 12.33　向系统输入新温度时，我们用训练数据的转换方式对其进行转换，
将其转换为 0～1 的数字。对于运行得出的数值，我们进行车辆数据
转换的逆转换，将它从一个经过缩放的数字转换为车辆数量

再强调一下，我们必须通过用于训练数据的原始转换方式来转换输入数据。

这里有一种明显会出错的情况：如果我们得到了一个新样本，而该样本的数值在原始输入数值范围之外。比如，我们有一个晚上得到一个惊人的低温读数−50，远远低于原始数据中的最小值。那么转换后的数值将是负数，超出[0,1]的范围。同样，如果我们遇到了一个非常炎热的夜晚，得到一个很高的温度，那么它将被转换为大于 1 的值，这也位于[0,1]的范围之外。

两种情况都很正常。我们期望得到[0,1]的范围是希望训练过程能够更加高效，同时也是为了能够随时方便查看数值。一旦完成对系统的训练，我们就可以以任意数值作为输入，系统也会竭尽所能地计算出一个最好的对应输出。

## 12.9　切片处理

在前文提到的交通示例中，每个样本有两个特征（温度和交通密度）。我们可以想象一个更丰富的数据集，其中每个样本都有数十或数千个特征。

那么，如何预处理这些复杂的数据集呢？我们要提取什么样的数据，以及要以何种形式来构建和应用数据转换方式呢？

有 3 种方法，取决于我们是按样本、按特征还是按元素切片或提取数据。这些方法分别称为**逐样本**、**逐特征**和**逐元素**处理。

让我们按顺序来看看这 3 种方法。

对于每种方法，我们都假设数据是排列在二维网格中的。每行都是一个单独的样本，该行中的每个元素都是一个特征。因此，如果我们查看网格的一列，就是在查看某一特征的所有数值，如图 12.34 所示。

图 12.34 我们即将讨论的数据集是二维网格，其中每一行都是一个包含很多特征的样本，每个特征的所有数值构成一列

## 12.9.1 逐样本处理

当所有特征都表示同一个事物时，使用**逐样本处理**（samplewise processing）的方法是比较恰当的。假设输入数据包含很少的音频片段，例如一个人对着手机说的话，那么每个样本的特征就是每一时刻音频的音量，如图 12.35 所示。

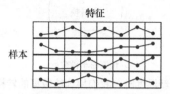

图 12.35 每个样本由一系列短音频波形的测量值组成，每个特征都为我们提供了该特征对应时刻的瞬时音量

如果我们想将这些数据缩放到[0,1]的范围，那么对单个样本中的所有特征进行缩放是合理的，这样音量最大的部分会被设置为 1，而音量最小的部分则为 0。

因此，我们每次处理一个样本，而每个样本都独立于其他样本。单个样本的处理过程如图 12.36 所示。

图 12.36 以逐样本的方法处理数据时，每个样本（或数据库的每一行）都独立于其他样本。在这里，我们沿着原始数据集的顶部向下处理，每次对一行进行转换，再将结果添加到新数据集中

以逐样本的方法处理数据时，我们会将每一行（或者每个样本）当作想要调整的事物。之后选择一行，分析并转换它。得到的结果会覆盖原始数据，或者被保存在新数据集中。

这种处理对于图像和音频之类的文件是合理的，因为这类文件中的每个样本的所有特征都互相关联，都可以使用相同的尺度来表示。

## 12.9.2 逐特征处理

当样本表示的是完全不同的事物时，**逐特征处理**（featurewise processing）就比较合理了。假设我们每天晚上都会测量不同种类的气候特征，如温度、风速、湿度以及云量。这样就会给每个样本赋予 4 个特征，如图 12.37 所示。

|  | 温度 | 降雨 | 风速 | 湿度 |
|---|---|---|---|---|
| 6月3日 | 60 | 0.2 | 4 | 0.1 |
| 6月6日 | 75 | 0 | 8 | 0.05 |
| 6月9日 | 70 | 0.1 | 12 | 0.2 |

| [60, 75] | [0, 0.2] | [4, 12] | [0.05, 0.2] |
|---|---|---|---|
| 0 | 1 | 0 | 0.33 |
| 1 | 0 | 0.5 | 0 |
| 0.66 | 0.5 | 1 | 1 |

图 12.37　我们每天晚上都会测量 4 个不同的气候特征。以逐特征的方法处理这些数据时，我们会独立地分析每一列。在这里，我们找出每列的最小值和最大值（记录在方括号中），并使用这些值来将这一列转换成 0~1 的一组新值

以逐样本的方法缩放这些数据是没有意义的，因为它们的单位和尺寸都不一样。我们无法比较风速和湿度，但可以分析所有的湿度值、风速值以及温度值等。换句话说，我们将依次修改每个特征的值，如图 12.38 所示。

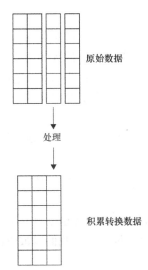

原始数据

处理

积累转换数据

图 12.38　以逐特征的方法处理数据时，每个特征（或数据集中的每一列）都是独立于其他特征的。在这里，我们从左到右地对原始数据集进行处理，每次转换一个特征，并将结果添加到新的数据集中

以逐特征的方法处理数据时，我们将每一列（或者说每个特征）视为想要调整的事物。所以我们选择每一列，分析并转换它。逐特征处理数据时，代表每个特征值的每一列有时被称为一条纤维。

### 12.9.3　逐元素处理

**逐元素处理**（elementwise processing）会将图 12.34 所示网格中的每一个元素都视为一个独立的个体，然后对每个网格中的元素进行相同的转换。

这种方法在所有数据都表示相同的事物，但我们又想改变它的每个单元时是很有用的。假设

每个样本都对应一个有 4 个成员的家庭，它的特征包含 4 个家庭成员的身高。测量小组测量时获得的是以英寸为单位的数据，但我们想要以厘米为单位的数据。

我们只需要对网格中的每个元素乘以 2.54 就能将英寸转换成厘米。这样我们是将它想象成逐行处理还是逐列处理就无关紧要了，因为每个元素都用了同样的处理方式。

我们在处理图像时也会经常用到这种方法。图像数据的每个像素值往往在[0,255]内，所以我们只要对图像进行逐元素处理，将每个像素点的数值都除以 255，就能得到[0,1]内的数值。

## 12.10 交叉验证转换

我们已经看到，处理数据的正确方法是在训练集中构建转换，然后保留转换形式并应用于其他数据。

如果我们不仔细遵循上述原则，就可能发生信息泄露（information leakage），即那些本不属于我们转换方式的信息会被偶然植入，从而改变转换方式。这意味着我们将不能按照自己的意图转换数据。更糟糕的是，我们会看到这种泄露会导致系统在评估测试数据时拥有不公平的优势，减少了明显的错误。我们可能会得出一个结论：系统运行良好，可以投入应用。然而，当它真正被使用的时候，我们会发现效果很差，这时候就会感到失望。

信息泄露是一个很有挑战性的问题，因为它可能会以不同的形式发生，很多时候都很微妙。接下来让我们看看信息泄露如何影响在第 8 章中提到的交叉验证过程。

现代的库为我们提供了许多方便的例程，让我们可以进行快速、正确的交叉验证，而不必自己编写代码。接下来，我们将深入了解为何看似合理的方法会导致信息泄露，然后再看看怎样修复这一问题。

在实例中观察这一问题有助于我们更好地防止、发现以及修复系统或者代码中的信息泄露。

这里的新元素是由交叉验证在每个步骤产生的，每个新元素只包含整体数据集的一部分。与以前的例子不同，我们不会分析整个数据集然后对它进行转换，而是只分析一部分数据集。注意，这种变化要求我们格外小心。

回想一下，在交叉验证中，我们取出一折（也就是一部分）训练集，然后构建一个新的学习器并用剩下的数据集训练它。当完成训练时，我们以被取出的这一折作为验证集来评估这一学习器。

这意味着每次循环我们都会有一个新的训练集（从原始数据中除去选中的那一折样本），如果我们要对数据进行转换，就需要基于这个特定的数据集来构建转换方式，然后将该转换应用于当前的训练集，同时对当前的验证集也进行相同的转换。关键要记住，因为在交叉验证的每次循环时都会创建一个新的训练集和验证集，所以在每次循环的时候我们也需要建立一个新的转换方式。

让我们看看上述过程中会有什么错误发生。图 12.39 左侧是原始数据集。经过分析，我们生成了一种转换方式（由圆圈表示），这种转换方式被应用到样本上（将它们转换成了深色）。然后我们进入交叉验证的部分。这里的循环没有被展开，所以我们只展示了几个训练的例子，每个例子都与一个不同的折有关。每次循环，我们都需要移除一折的数据，并对剩下的样本进行训练，然后在验证集上进行测试，得出一个分数。

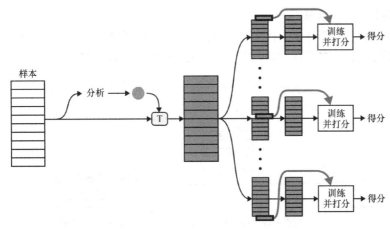

图 12.39　一种错误的交叉验证的方式。我们不想在进行交叉验证之前得到转换的方式。
图中红色的圆圈表示转换方式，它被用红 T 标记的方框应用到数据上

这里的问题在于，当我们分析输入数据并建立转换方式时，分析中包含了所有折的数据。

想知道为什么这样做会出现问题，让我们到一个更简单的场景中看看到底发生了什么。

假设在应用转换时，我们将所有训练集中的数据作为一个整体缩放到了[0,1]的范围内。用之前提到过的概念来说，我们将进行多变量的逐特征转换来将数据缩放到[0,1]的范围内。假设在第一折里，最小值和最大值是 0.01 和 0.99，而在另一折中，最小值和最大值占据的范围要更小些。图 12.40 是 5 折数据中每一折包含数据的范围，我们将分析所有折的数据来建立转换方式。

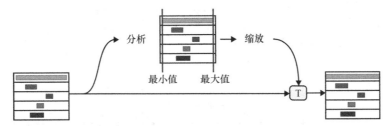

图 12.40　一种错误的对交叉验证进行转换的方式，它是在循环开始之前对所有数据进行转换

在图 12.40 中，数据集显示在左侧，它被划分为 5 折。在每个框里面显示的是每一折的数据范围，最左侧代表 0，最右侧代表 1。最上面的折的特征的数值范围是 0.01～0.99，其他折的数据范围都在此范围之内。当我们将所有折作为一个整体的时候，第一折的数据范围就占据了主导地位，所以我们只是将整个数据集缩放了一点点。

如果我们不是在进行交叉验证，那么图 12.40 所示的过程是完全合理的，因为它确实在分析并缩放所有数据。那么问题出现在哪里呢？让我们看看对交叉验证的过程应用这种转换方式的结果。

输入数据是图 12.40 最右边图中的每一个经过转换的折。我们首先提取第一折，将其放在一边，然后使用其余数据进行训练，并用该折进行验证。实际上，到这一步我们就已经做错了，因为训练数据的转换也受到了那一折的数据的影响。

这违反了我们建立转换的基本原则，也就是仅使用训练数据建立转换方式。我们在建立转换时使用了现在的验证数据，也就是说有些信息已经从验证集**泄露**到了建立转换方式的参数中，而

这些信息不应该包含在参数里。

正确的做法是：从所有样本中移除选中的、要被当作验证集的那一折的数据，然后根据剩下的数据来建立转换方式，最后再对训练集和验证集进行转换，如图 12.41 所示。

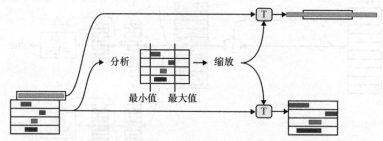

图 12.41　对交叉验证进行数据转换的正确做法是，先移除作为验证集的那一折的数据，然后根据剩下的数据来建立转换方式。之后我们就可以对训练集和验证集数据应用转换了。需要注意的是，验证集数据可能会超过[0,1]的范围，这是没有问题的，因为验证集的数据确实比训练集中的数据要极端一些

想要修复交叉验证中产生的问题，我们就需要将这种思路应用到所有循环中，并为每一个训练集都建立一个新的转换方式，如图 12.42 所示。

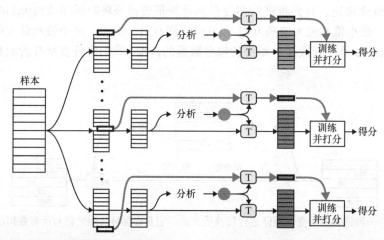

图 12.42　对交叉验证进行数据转换的正确做法。对每一个我们想要选择成为验证集的折来说，都需要先将该折中的数据从原始数据中移除，然后分析剩下的数据来得到转换方式，再对训练集和验证集应用这种转换。图中不同的颜色代表每次循环都会建立一个不同的转换方式

我们以交叉验证为例讨论了信息泄露的问题，因为这是一个很好的例子。幸运的是，现在的库提供的算法都是正确的，所以在使用库中的例程时，我们不需要担心这个问题。

但是我们在自己写代码时，这个问题就可能会出现。信息泄露有时候会很微妙，可能会以某种意想不到的方式发生在程序中。所以在建立和应用转换时，我们需要时刻提防信息泄露的发生。

# 参考资料

[CDC17]　　　　Centers for Disease Control and Prevention, *Body MassIndex (BMI)*, 2017.

[Crayola16]　　*What were the original eight (8) colors in the 1903box of Crayola Crayons*, 2016.

[Dulchi16]　　　　Paul Dulchi, *Principal Component Analysis*, CS229 Machine Learning Course Notes #10.

[Krizhevsky09]　　Alex Krizhevsky, *Learning Multiple Layers of Features from Tiny Images*, University of Toronto, 2009.

[McCormick14]　　Chris McCormick, *Deep Learning Tutorial-PCA and Whitening*, Blog post, 2014.

[Turk91]　　　　　Matthew Turk and Alex Pentland, *Eigenfaces for Recognition*, Journal of Cognitive Neuroscience, Volume 3, Number 1, 1991.

# 第 13 章

## 分类器

一些常用的将数据分类至不同类别的监督学习或非监督学习算法集合。

## 13.1 为什么这一章出现在这里

对图像、声音或者其他数据进行分类是机器学习的一个重要的应用。在第 7 章中，我们讲述了让分类能正常运行的基础。但数据分类远远不止构建和训练泛型算法那么简单。

就如我们所看到的，理解数据是设计并训练一个良好的机器学习系统的关键。花时间研究数据并且培养一种对数据的直觉总是值得的，只有这样我们才能设计出匹配我们要完成的任务的系统。

例如，假设有人给了我们不同农场的空中俯视图，然后他希望我们能根据农场上种植的农作物对农场进行分类。

那么分类器能够识别多少种不同的农作物呢？5 种？25 种？在看到数据前，我们无法将这个数值确定下来。类别太少会限制分类准确率，但类别太多会使分类的速度降低，甚至还可能做一些无用的区分（例如，同一种农作物是否成熟）。在开始构建系统前，我们需要浏览一下数据，对于我们需要建立多少个类别进行检测和分类有一个大致的概念。

研究数据一个很好的办法是运用一种可以运行特定分类算法的工具。在一些案例中，我们甚至只需要这些工具就能完成一个分类系统。在另一些案例中，我们可以用这些工具来进行一些简单快速的测试，然后再用深度学习分类器来针对问题进行调整。

因为运用这些工具是深入理解数据的第一步，所以这里我们会提及一些常用的工具。这些工具一般不会被当作深度学习算法，但却是建立特定问题解决方法的重要部分。

我们会用二维的数据即一般只有两个类别的数据来展示，因为它们比较容易绘制和理解，但现代的分类器能够处理任意维度以及庞大类别数的数据集。

用一些库文件，大部分算法可以仅用一两行就运用到我们想要处理的数据上。

## 13.2 分类器的种类

在继续介绍分类器之前，我们先将所有分类器的分类方法分成两大类。

第一种分类器试着通过拟合一系列**参数**来找到数据的特征，就像我们可以用一条直线的一些参数来拟合这条直线一样。这种方法自然地被称为**参数法**。

参数法一开始需要一种对于分类方法的描述。换句话说，它需要假设一种要去寻找的临界条件。它可能会假设这个边界是一条直线，或者是一个十维的软盘，或者是一个一端有凸起的球面，然后再寻找那些能够让边界更好地与数据匹配的参数。

可以说，参数法从一个假设开始，即可以使用特定类型的结构对数据进行分类，它的任务就是通过学习找到结构的最佳参数。用第 4 章中的术语来说，这个假设是一种贝叶斯先验。

另一种分类器是**非参数的**，有些难以想象但依旧可以描述。非参数法不需要之前提到的假设。相反，它只采集数据，然后在分类的过程中建立一种算法。这个算法有已知的形式，但它的结构以及需要运用什么变量都由训练数据来决定。

一个非参数法分类器（non-parametric classifier）常常可以在数据输入时保存大部分或者全部数据，然后试着找到一种规律，在新数据输入时进行分类。

用第 11 章中的思路，我们可以说参数法分类器是演绎的，因为它由假设开始，再寻找满足假设的数据。同样地，非参数法分类器是归纳的，因为它由收集数据开始，再根据数据来找出分类的规律。

两种方法在时间和空间上的优劣是互补的。

一方面，参数法分类器不需要太多空间，因为它只是保存了描述模型的参数。计算这些参数可能比较困难，所以训练相对来说会慢一些。当模型训练完毕后，再对新的数据进行分类就很快，因为我们只需要用训练好的参数来计算一些函数。

另一方面，因为非参数法分类器常常需要保存大量的样本数据，所以它们占用的空间会随着训练的进行而增加。训练的样本越多，它存储的数据也越多，分类器占用的空间也就越大。但因为它对每个样本进行的操作很少，所以训练速度很快。当模型训练完毕后，对新的数据分类很慢，因为算法需要结合庞大的数据库来找到最合适的分类。

总体来说，当训练集比较小时，非参数法分类器比较吸引人，因为我们想要训练进行得更快且不需要分析太多的样本。当训练集很大时，参数法分类器更有优势，因为我们不介意为长时间训练付出代价以换取对新数据更快的分类。

当研究一个数据集时，在两种分类器之间来回切换并不少见，这有助于改进我们对于数据的理解。

接下来我们会先学习一些非参数法分类器，然后再看一些参数法分类器的算法。

## 13.3　*k* 近邻法

我们先看一种非参数法的算法，称为 *k* 近邻（*k*-nearest neighbors）或者 *k*NN。其中，*k* 指的不是一个单词而是一个数字。我们可以选取 1 或者任意一个比 1 大的整数。

因为这个数值是在算法运行前设置好的，所以通常被称为**超参数**。

我们在第 7 章中学过一个名为 *k* 均值簇的算法。尽管名字相似，但这个算法和 *k* 近邻法在机制上有很大的不同。最关键的不同点在于 *k* 均值簇是从无标签数据中学习，而 *k*NN 则是从有标签数据中学习。换句话说，它们分别是无监督学习和监督学习。

*k*NN 训练起来很快，因为它做的所有事就是将每个输入的数据保存在数据库中。当训练完成之后，新输入的样本就会被分类。

*k*NN 对新样本分类的中心思想是几何吸附，如图 13.1 所示。

在图 13.1a 中，我们有一个样本点（五角星）和一些其他的样本。这些样本代表了 3 个类别（圆形、正方形和三角形）。想要确定新样本的类别，我们就观察 *k* 个最近的样本[近邻（neighbor）]，然后给它们“投票”。哪种类别的样本数量最多，新样本的类别就是哪个。我们将 *k* 个最近的样本的周围用黑色加粗。在图 13.1b 中，将 $k$ 设置为 1，意思是我们想要用最近的样本的类别，这个例子中就是圆形，所以新样本就被分类为圆形。在图 13.1c 中，我们将 $k$ 设置为 9，所以看 9 个最近的样本，这里找到了 3 个圆形、4 个正方形和 2 个三角形。因为正方形的数量最多，所以新样本就被分类为正方形。在图 13.1d 中，我们将 $k$ 设置为 25，这里找到了 6 个圆形、13 个正方形和 6 个三角形，所以新样本再次被分类为正方形。

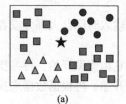 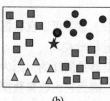 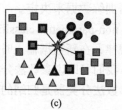 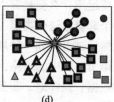

(a)                (b)                (c)                (d)

图 13.1    想要对新样本分类，我们找到它的 $k$ 个近邻中数量最多的那一类。(a)一个新样本（五角星），周围环绕着 3 个分类；(b)当 $k$=1 时，最近的 1 个近邻是圆形，所以新样本的分类就是圆形；(c)当 $k$=9 时，我们找到了 3 个圆形、4 个正方形和 2 个三角形，所以新样本就被分到了正方形的类别中；(d)当 $k$=25 时，我们找到了 6 个圆形、13 个正方形和 6 个三角形，所以新样本被分到了正方形的类别中

综上所述，$k$NN 接收一个需要分类的新样本和一个 $k$ 的值。然后它找到距离新样本最近的 $k$ 个样本，让它们进行"投票"来决定新样本的类别。哪种类别的"得票数"最多，新样本就被分至哪种类别。

有很多不同的方法来处理特殊情况，但上述方法是最基本的思路。

注意到 $k$ 近邻并没有在点与点之间建立一个明确的边界，图中并没有为某一类别所属的区域进行标记。

我们说 $k$NN 是一个按需算法或者**懒惰算法**，因为它在学习过程中没有对样本进行任何处理。在学习过程中，$k$NN 只是将样本保存在内存中，然后学习过程就结束了。

$k$NN 很吸引人，因为它很简单，训练过程也很快。但是，$k$NN 可能需要很大的内存，因为（一般来说）它需要保存所有输入样本。在某些时候，占用很大的内存本身也会降低算法运行的速度。对于新样本的分类，一般来说也比较慢（相较于其他算法而言），因为它需要花费时间找近邻。每次想要对新样本进行分类的时候，我们都需要找到 $k$ 个近邻，而这需要进行很多运算。当然，有办法对速度进行优化，但总体来说这还是一个比较慢的算法。对于那些要求分类速度的应用，例如实时系统和网站应用，$k$NN 分类所需要花费的时间远远超出了要求的时间。

这个方法的另一个问题是它需要在新样本的周围有很多近邻（毕竟，如果所有近邻都距离样本很远，它们就无法为新样本的分类提供很好的参考价值）。这意味着我们需要大量的训练数据。

如果我们有很多特征（即数据有很多维度），那么 $k$NN 会很快遭遇**维度灾难**（见第 7 章）。当空间的维度上升时，如果我们不同时显著地增加训练数据，那么在任意一个局部近邻中的样本数量就会下降，也就会让 $k$NN 更难在邻近的点收集到数据点。

让我们测试一下 $k$NN 的效果。在图 13.2 中，我们展示了一组看起来像"微笑"的二维数据集，并将它们分成了两类。

用不同的 $k$ 值来运行 $k$NN，结果如图 13.3 所示。

当选取的近邻数较少时，边界比较粗糙。如果选取了更多的近邻，边界就会变得越来越光滑，因为对于输入的新样本，我们有了一个更完美的分类规则。

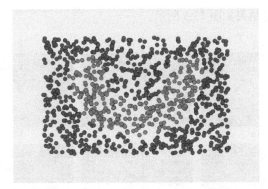

图 13.2 "微笑"的二维数据集。这些数据点被分成了两类

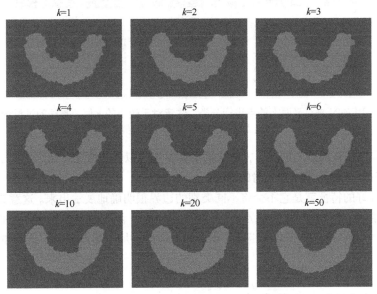

图 13.3 用不同 *k* 值训练的 *k*NN 来对长方形内的所有点进行分类。注意，*k* 值较小时，结果的边界比较粗糙，而 *k* 值较大时，边界则比较光滑。前两行中的 *k* 值增加的步长为 1，最后一行的步长较大

为了增添趣味，我们在数据中增加一些噪点，这样边界就没有那么容易找到了，如图 13.4 所示。

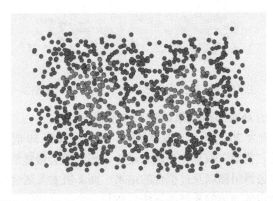

图 13.4 "微笑"数据集的有噪点版本。该图中点的数量与图 13.2 中的相同，只是移动了一些分类之后的点的位置来增加噪点

不同 $k$ 值的 $k$NN 训练结果如图 13.5 所示。

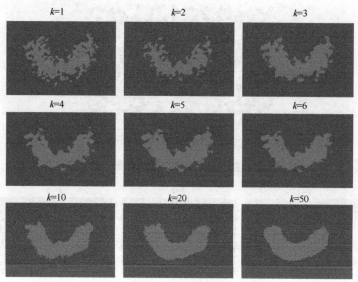

图 13.5 用 $k$NN 来对平面上的点进行分类。注意对于较小的 $k$ 值，算法的过拟合程度。
当 $k$ 值增加时，边界更加光滑

我们可以看到在有噪点的情况下，$k$ 值较小会出现过拟合的情况。在这个例子中，我们需要将 $k$ 值增加到 50，才能得到比较光滑的边界。

$k$NN 一个很好的特征就是它不会将不同类别的边界很明确地展示出来。这意味着它可以处理各种形状的边界，或者任意形状的点的分布。为了证明这一点，我们在"微笑"数据集中添加"眼睛"，这样同一个类别就有了 3 个不相连的集合。对应地添加了噪点之后的结果如图 13.6 所示。

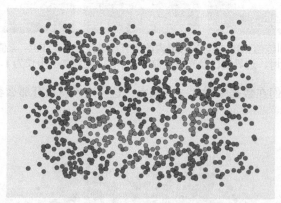

图 13.6 在"微笑"数据集中添加两个"眼睛"，再添加一些噪点

对应的不同 $k$ 值训练的 $k$NN 训练结果如图 13.7 所示。

在这个例子中，$k$ 的值为 20 时看起来效果最好。当 $k$ 增加到 50 时，因为表示"眼睛"的样本数量较少，所以它们的"投票"权重也会越来越小，眼睛就会慢慢消失。

所以 $k$ 值太小会造成边界粗糙以及过拟合的结果，而 $k$ 值太大则会使一些微小的特征消失。一般来说，找到适用于给定数据集的最好的算法参数是一个重复试验的过程。我们可以用交叉验证来自动给每个结果进行评分，这一方法在维度很多的时候特别有用。

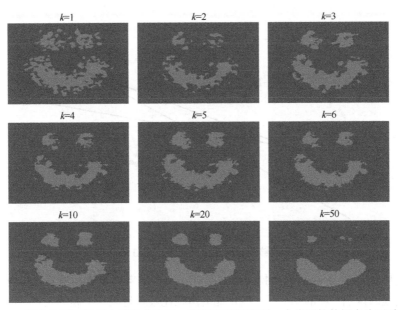

图 13.7 kNN 不会为不同的样本簇建立边界，所以它甚至在同一个类别的数据点分开时也适用。
如同预期，当 k 值较小时，算法会过拟合。但当 k 值为 50 时，眼睛慢慢消失了。这是
因为当我们选取的近邻数量很大时，眼睛周围蓝色点的数量与橙色
点的数量相比，会慢慢地越来越多。所以当 k 值更大时，眼睛会完全消失

# 13.4 支持向量机

我们要讲的下一个分类器采用了不同的方法。如同我们之前见过的一些分类器，这个方法会
尝试在不同种类的样本之间找到一条明确的边界。像之前一样，我们会用二维的、只有两类的数据
集来举例，但这个方法也可以轻易地应用到更多特征和类别中去。我们的讨论是受[VanderPlas16]
中演示的启发。

让我们从两簇点开始，每簇点都属于同一类别，如图 13.8 所示。

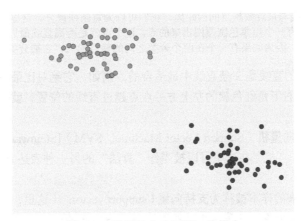

图 13.8 数据集包含两簇二维样本

我们希望找到这两簇点之间的边界。为了让工作简单些，我们就用直线作为边界。有很多直
线可以划分这两簇点集，图 13.9 展示的就是其中的 3 条直线。

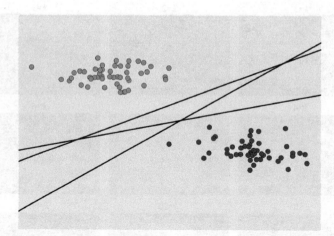

图 13.9　无数条能够划分两簇点的直线中的 3 条。哪条线最好呢

　　那么我们应该从这 3 条直线中挑选哪一条呢？一种思考方法就是想象可能会输入的新数据点。已知这些簇的区别，新的点有很大的可能会落在比较靠近某一个簇的地方。但这些新点也有可能落在边缘或者稍微远离这些簇的地方。

　　这就会让我们觉得应该选一条离两个簇都越远越好的直线。这样所有新点属于某一类别的划分是最有说服力的。

　　为了知道每条线距离簇有多远，我们可以找到距离每条线最近的样本，然后再在直线周围画一个对称的边界，如图 13.10 所示。

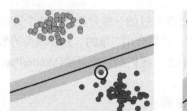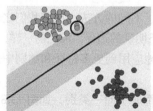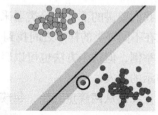

图 13.10　通过找到每条线与最近数据点间的距离，我们可以为每条线评分。这里我们在每条线周围画了灰色的区域，在这个距离上有一个用黑色圆圈圈出来的点，这个点就是距离直线最近的点。这 3 条直线中最好的是中间这条直线，因为如果有一个在两个聚类之间的新点输入，它被分类错误的可能性最小

　　图 13.10 中，中间的直线是 3 条直线中最适合的。例如，它绝对比最右边的那条直线好，因为如果有一个点出现在右下角红色簇的左上方一点点越过直线的位置，就会被划分成蓝色，即使它明显离红色簇更近。

　　这种算法称为**支持向量机**（Support Vector Machine，SVM）[Steinwart08]。SVM 会找到一条离两个簇都最远的直线（"机"在这里可以被当作"算法"的另一种表达方式）。这条最好的直线如图 13.11 所示。

　　图 13.11 中被圈出来的样本被称为**支持向量**（support vectors）（这里，"向量"可以当作是"样本"的另一种说法）。这个算法的第一步是找到这些被圈出来的点。一旦找到这些点，算法就可以找到图中中间部分的实线。这条线距离每个簇中的每个点都是最远的。

　　从实线到经过支持向量的虚线的距离被称为**边缘距离**（margin）。所以我们可以将 SVM 的定义重新理解成，它能找到有最大边缘距离的直线。

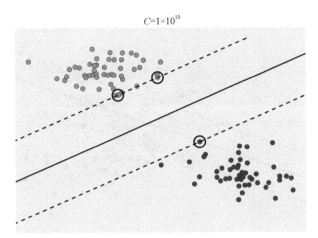

图 13.11 SVM 找到了一条距离所有样本都最远的直线。这条直线用黑线画了出来。
用黑色圆圈圈出来的点被称为支持向量，它们定义了直线和直线周围的区域，
这里用虚线表示。图中上方 $C$ 的值会在下文解释

如果数据噪声较大，且有重叠在一起的部分，像图 13.12 那样呢？现在我们不能画出一条被空白区域包围的直线。那么在这种有重叠部分的例子中，最佳的那条直线是什么呢？

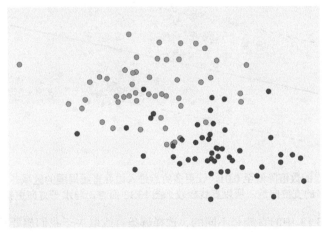

图 13.12 一组新的点，它有重叠的部分。那么这个例子中最佳的边界直线是什么呢

SVM 中有一个可变的参数，方便起见称它为 $C$。这个参数控制了让点进入边缘距离之间区域的严格程度。我们可以将 $C$ 想象成"干净程度"。干净程度越高，算法就会要求直线周围有更大的空白区域。干净程度越低，就有更多的点可以出现在直线周围的区域。

算法对于 $C$ 的数值和所用的数据很敏感。为此，我们经常需要通过实验来找出最好的参数设置。在实际应用中，这就意味着需要用交叉验证来对很多数值进行测试评估。

图 13.13 是将 $C$ 值设置为 100000（科学记数法中用 $1 \times 10^5$ 表示）后，用 SVM 处理有重叠部分的数据集的结果。

让我们将 $C$ 的值降低至 0.01，结果如图 13.14 所示。在这幅图中，有更多的点进入了边界直线周围的区域。

$C = 1 \times 10^5$

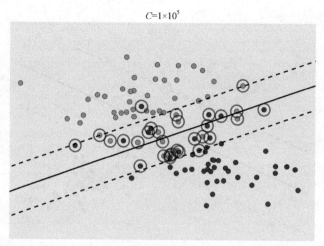

图 13.13 $C$ 的数值告诉我们有多少点可以被允许进入边界直线周围的区域。$C$ 的数值越小，
就有越多的点可以进入。这里我们将 $C$ 设置成 100000（或者 $1 \times 10^5$）

$C = 0.01$

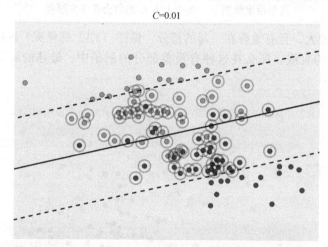

图 13.14 将 $C$ 的数值降低至 0.01，让更多的点进入边界直线周围的区域。因为需要考虑
更多的支持向量，所以直线相较于图 13.13 而言，与水平方向更接近

图 13.14 和图 13.13 中的直线是不同的，选择哪条直线取决于我们想要从分类中得到什么结果。如果我们认为最好的边界更在意重叠区域附近的细节，就可以选择一个较大的 $C$ 值。如果我们认为两个分类总体的形状更重要，就可以选择一个较小的 $C$ 值。

有一种情况对于 SVM 来说需要技巧才能解决。假设我们有图 13.15 所示的数据集，该图中有一类数据将另一类数据围了起来。对于这样的数据集，我们无法找到一条能将两个簇分开的直线。

接下来就是运用技巧的部分了。如果我们在每个点上再加一个维度来测量每个点到中心的距离呢？结果如图 13.16 所示。

正如在图 13.16 中看到的，我们现在就可以在两组数据中画一个平面（直线的二维版本）来分隔它们。

事实上，我们可以用之前 SVM 的方法来找到这个平面。图 13.17 中标记出了两簇点集中间平面的支持向量。

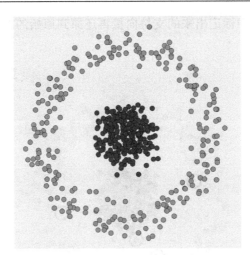

图 13.15　这个数据集对于 SVM 来说很有挑战性，因为没有一条直线能将这两类数据分隔开

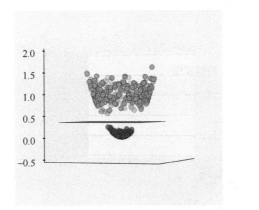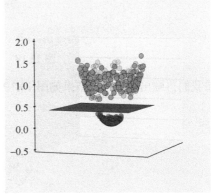

图 13.16　如果我们将图 13.15 中的点都基于它们与中心的距离往上移动，就能得到两块
　　　　分开的点云。现在就可以轻松地用一个平面将它们分隔开了。正如直线是平面上的
　　　　线性元素，平面是空间里的线性元素，所以这是 SVM 可以找到的。这两幅图是
　　　　同一组数据从不同角度看过去的图，中间的平面将两组数据分隔开了

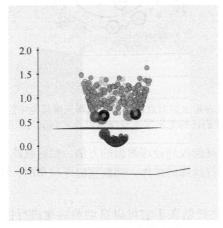

图 13.17　平面的支持向量

现在所有平面上方的点可以被归为一类，平面下方的点可以被归为另一类。

如果我们将图 13.17 中标记出来的支持向量再还原到原始的二维图中，结果如图 13.18 所示。

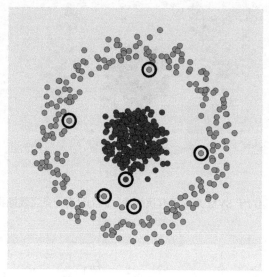

图 13.18 图 13.17 的俯视图

如果我们再画出边界线，结果如图 13.19 所示。

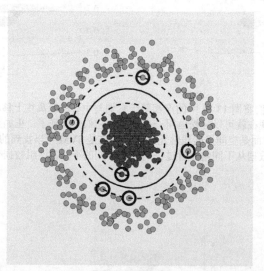

图 13.19 实线标记的是由数据点建立的形状和三维模型中的平面之间的交界。
这里我们还标记出了支持向量以及它们所对应的边界

这样我们只要肉眼观察，就能找到处理数据的方法，然后就能想到将它们分开的三维转换方式。我们并不想每次都手动进行这样的操作。当数据维度较多时，我们甚至没有办法从视觉角度猜出一个很好的转换方式。

这里讲到的算法的美妙之处就在于它可以自动灵活地进行搜索。SVM 可以有效率地尝试很多不同的转换方式并找到每种方式中的分隔线或者分隔平面，最终挑选出一个效果最好的。

但即使这样，它也不是那么吸引人，因为给数据加维度，再在已经加了维度的数据上进行分类这种操作太耗费时间，而且数据集越大，耗费的时间就越长。

能将这种搜索方法变得实用的地方在于有一种能够使运行速度极大加快的数学表达方式。

这种方法需要修改名为**核**（kernel）的数学运算，这种运算构成了算法的核心部分。数学家有时会用一种赞扬性的术语"技巧"来称赞一种特别简洁或聪明的想法。在这里，将 SVM 的数学形式进行重写以有效地处理这些附加工作就称为**核技巧**（kernel trick）[Bishop06]。这种核技巧让算法能够不需要真正转换数据就能找到不同类型的点之间的距离，这是一种简洁的技巧，也是最主要的加速方式。

这种核技巧一般都会包含在大部分的库里面，所以我们不需要完全掌握它们的内容[Raschka15]。

# 13.5　决策树

让我们考虑另一种非参数法分类方法。像 *k*NN 一样，这种方法将输入的数据保存起来，但它建立了一种结构。当需要对新数据进行分类的时候，我们就用这种结构来迅速找到答案。

我们可以用所熟悉的称为"20 Questions"的猜谜游戏来阐述这个方法。在这个游戏中，有一个玩家（挑选者）会想出一个特定的目标，一般会是"一个人、一个地点或者一个东西"。另一个玩家（猜测者）会问一系列答案为是或否的问题。

如果猜测者可以在 20 个问题之内猜到目标，他就获胜了。这个游戏好玩的地方就在于要用几个简单的问题缩小无数可能的人、地点、东西的范围直至几个特定的事物。

图 13.20 所示的就是一个典型的结构。

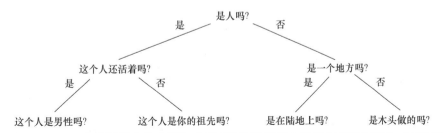

图 13.20　"20 Questions"猜谜游戏的"树"。注意到在每次决定之后都会有两个选项："是"和"否"

我们将图 13.20 所示的结构称为"**树**"，因为它长得就像一棵倒立的树。这种树上有一些值得关注的问题。

我们说树上的每个分叉的点是一个**节点**（node），每条连接着节点的线都是一个**分支**（branch）。与树的专业术语相同，最顶端的节点称为**根**（root），底部的节点称为**叶**（leaf）或者**终端节点**（terminal node）。根和叶之间的节点称为**内部节点**或者**决策点**。

如果一棵树有完美对称的形状，那么我们称这棵树是**平衡**（balanced）的；否则，就是**不平衡**（unbalanced）的。事实上，几乎所有树在建立的时候都是不平衡的，但如果需要，我们可以通过运行算法来让它们慢慢接近平衡。

我们说每个节点都有一个**深度**（depth），也就是从该点到根需要经过的最少节点数。根的深度是 0，根下面的节点深度是 1，以此类推。

图 13.21 就是一棵标记了这些术语的树。

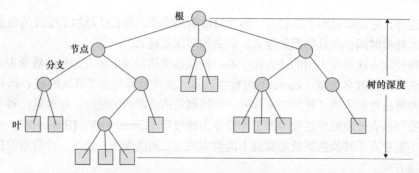

图 13.21　一棵树的一些术语。每个圆圈都是节点。顶部的节点有一个特别的名称：根。每条将节点连接起来的线称为分支。一棵树的深度是指从根到距离它最远的节点的距离，在这里，这棵树的深度是 4

用与树家族相关的术语也很常见，虽然这些抽象的树不需要两个节点就能生成子节点。

每个节点（除了根节点）的上方都有一个点，我们称这个上方的节点为该节点的**父节点**（parent）。父节点下方的节点称为这个父节点的**子节点**（children）。我们有时候会将直接与父节点相连的节点称为**近子节点**，将非直接相连的节点称为**远子节点**。

如果我们聚焦于某一个特定的节点，那么这个节点和该节点的所有子节点一起称为一个分支，或者**子树**（sub-tree）。共享同一个近父节点的两个节点称为**兄弟姐妹**（sibling）。

树家族的术语一般不会比这个更复杂，所以我们一般不会看到有"曾曾侄女"节点这样的说法。

图 13.22 展示了这些术语表达的意思。

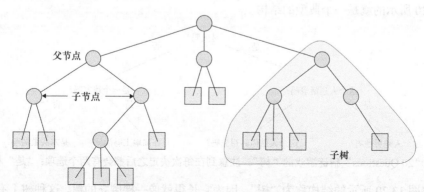

图 13.22　一些应用在树上的术语。如果有节点与某节点相连且在该节点的下方，那么该节点就称为父节点。那些在下方的节点就被称为该节点的子节点。一个子树是我们想要关注的树上的某一部分

"20 Questions" 树的一个有趣的特点就是它是**二叉树**（binary）：每一个父节点都正好有两个子节点。对于计算机来说，这是一种最容易建立和使用的树。如果有一些节点有多于两个的子节点，我们就说这棵树总体很**茂密**（bushy）。如果想的话，我们总可以将一棵茂密树转换成一棵二叉树。茂密树的一个例子就是猜某人生日的月份，如图 13.23a 所示。对应的二叉树如图 13.23b 所示。因为我们可以轻松地在不同树之间转换，所以一般可以画出表达最清晰的树。

当然，为了使用，我们已经建立了所有树的概念和术语。**决策树**（decision tree）就是用这种方法来对数据进行分类。这种方法的全名为**分类变量决策树**（categorical variable decision tree）。这是为了区分那些用来处理连续变量的决策树，这些决策树也被称为**连续变量决策树**（continuous variable decision tree）。

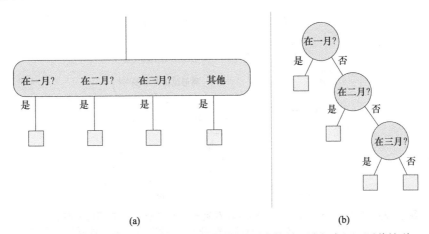

(a)                                      (b)

图 13.23　可以想象一棵在某个节点有很多子节点的树。我们永远可以将这种
茂密树转换成一棵在每个节点都只有是或否两个选项的二叉树

我们会着重于分类变量决策树。图 13.24 就是一个例子。

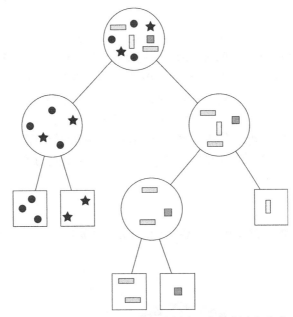

图 13.24　一个分类变量决策树。在顶部的很多样本（每个样本都有自己的类别）中，
我们对每个样本进行测试，直到每个样本被分到了属于自己的类别中

这种分类法的基本思路是在训练的过程中构建了一棵树。让我们来看看更一般化的构建树并
分类的过程。

根节点和所有父节点包含一个基于样本特征的测试。叶节点包含训练样本本身。当一些新的样本
到来时，我们从根节点开始往下层层递进，途中在每个分支对样本的特征进行测试，如图 13.24 所示。

当到达一个叶节点时，我们要看新的训练样本是否和该叶节点中其他样本的类别相同。如果
相同，我们就将该样本加到这个叶节点中，分类结束；否则，将该节点分离出来，并基于能区分
这两个类别的样本的特征建立一个测试标准。这个测试标准与节点一起保存，并建立两个子节点，
将每个样本移动到对应的子节点中，如图 13.25 所示。

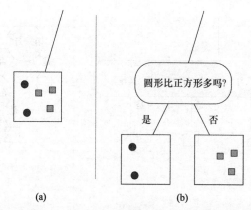

图 13.25 分离一个节点。(a)我们可以看到一个叶节点中又有圆形又有正方形；
(b)我们决定将这个叶节点用带有测试标准的普通节点代替，这样就建立了
两个叶节点，每个节点中的内容比没有分离前更统一

当训练完成时，对新样本的分类就很容易了。我们只要从根节点开始，顺着树一步步往下走，过程中用沿途每一个节点中的测试标准对样本进行判断。最终到达叶节点时，该样本所属节点的类别就是分类的结果。

这是一个理想化的过程。在现实中，我们的测试标准可能不够完善，可能会让叶节点包含不同类别的样本，而基于效率或者空间等原因，我们没有选择再对该节点进行分离。例如，如果到达了一个节点，里面包含 80%类别 A 的样本和 20%类别 B 的样本，我们可能会说该新样本有 80%的概率是类别 A，20%的概率是类别 B。如果我们只能给出一个类别作为分类结果，则可能会在 80%的时间内判断它为类别 A，在另外 20%的时间内判断它为类别 B。

我们将它称为贪心（greedy）算法。没有一种普遍的策略能帮助我们找到最小或者最有效率的决策树。相反，我们在训练的过程中仅用现有的信息对节点进行分离。

### 13.5.1 构建决策树

让我们看看几个构建决策树的例子。图 13.26 所示的是被明确分为两类的数据。

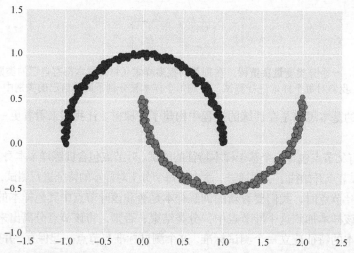

图 13.26 构建决策树的 600 个原始数据点。这些二维的数据点明确分为两类

构建决策树的每一步都包括分离一个叶节点，也就是用一个节点和两个叶节点来代替它，对于整棵树来说，净增加了一个内部节点和一个树叶节点。所以我们一般会用树所包含的树叶节点的数量来表示树的大小。图 13.27 就是构建一棵决策树的过程，其中叶节点的数量逐渐增多。

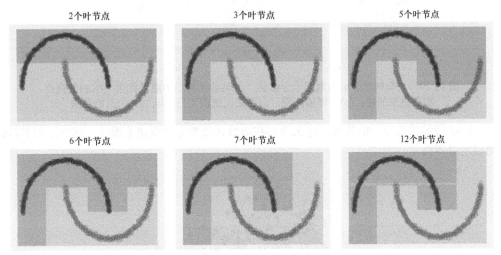

图 13.27　为图 13.26 中的数据构建决策树。可以看到，起初树划分很粗糙，之后分类越来越细致

在这里，单元是长方形的，分离方式是用竖直或水平的线将一个长方形划分成两个。可以注意到两个类别的区域在逐渐适应数据。

这棵决策树只需要 12 个叶节点。最终的树和原始数据如图 13.28 所示。这棵树完美地与数据相匹配。

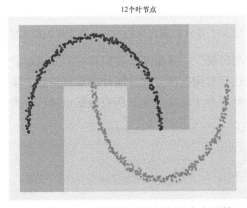

图 13.28　最终的决策树有 12 个叶节点。可以看到，图中有两个水平的、很细的长方形。它们包含了在弧形左上方 3 个蓝色样本的中心点，同时穿过了橙色点。可知，所有点被正确地分类了

因为决策树对于每个输入数据都极其敏感，所以很有可能过拟合。事实上，决策树一般都会过拟合，因为每个训练样本都会影响树的形状。为了说明这一点，我们在图 13.29 中用与得到图 13.28同样的算法又运行了一次，只是这次我们用了两组不同但都只选了原始数据中 70% 的数据点。

这两棵决策树很相似，但是不完全一样。这个问题会在数据没有那么容易被区分出来的时候更加明显，所以让我们再看一个例子。

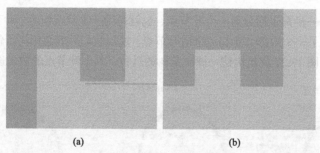

图 13.29　决策树对于输入数据十分敏感。(a)从原始数据中随机挑选 70%的数据点
拟合出来的树；(b)同样的流程，只是随机选取了另一组 70%的原始数据

　　图 13.30 展示的是另一组数据，这次我们在给数据分类之后添加了噪声，这样这两类数据就没有明确的分界线了。

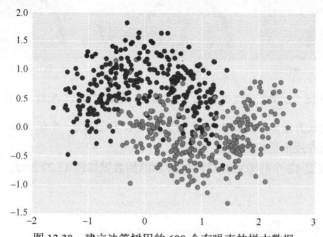

图 13.30　建立决策树用的 600 个有噪声的样本数据

　　对这组数据拟合决策树的时候，一开始两个类别对应的区域都很大，但它们很快变成了一组组很复杂的小方形，因为算法只有用这种方式才能分离节点并适应噪声。结果如图 13.31 所示。在这个例子中，需要 100 个叶节点才能准确地对所有数据点进行分类。

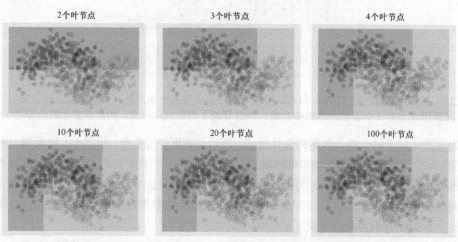

图 13.31　构建决策树的过程。可以看到第二行所用的叶节点的数量十分巨大

最终的决策树和原始数据点如图 13.32 所示。

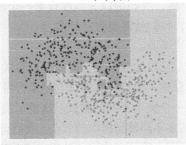

图 13.32 有噪声的数据需要用有 100 个叶节点的决策树来拟合。图中有很多小方形用来对一些零星的数据点进行分类

这里有很多过拟合。虽然图 13.32 中右下角大部分被识别为橙色，左上角大部分被识别为蓝色，但这棵树由于该数据集的噪声产生了一些例外。如果之后需要识别的数据点落在了那些细长的方形区域中，就可能会被错误分类。

现在再用 70% 的原始数据来重复拟合决策树，结果如图 13.33 所示。

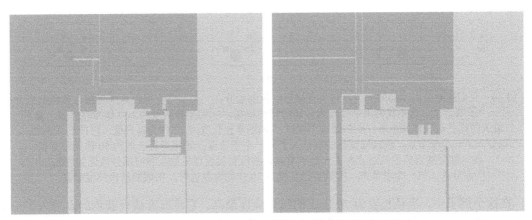

图 13.33 用 70% 的原始数据点构建的两棵不同的决策树

它们有相似点，但这两棵树有很大的区别，也有很多小块仅用来对几个样本进行分类。这就是过拟合的表现。

虽然这样看起来决策树的效果很差，但在第 14 章中我们会将很多决策树结合起来，抑或说**集成**（ensemble）起来，以构建效果很好的分类器。

## 13.5.2 分离节点

在终止决策树这个话题之前，让我们快速回顾一下分离节点的过程，因为很多库会给我们提供一系列分离节点算法的选择。

当我们考虑一个节点时，有两个问题要思考。第一个问题是，这个节点需要分离吗？第二个问题是，怎么样分离它？让我们按顺序来思考这两个问题。

在思考一个节点是否需要分离时，我们一般会考虑它的纯度（purity），据此来了解这个节点中样本分布的一致程度。如果它们来自同一个类别，那么这个节点就是完全纯净的。来自其他类别的样本越多，这个节点的纯度就越低。

要知道一个节点是否需要分离，我们可以为纯度设置一个临界值。如果一个节点过于**不纯**（impure），即其纯度低于临界值，我们就需要将它分离。

现在我们再看看如何分离一个节点。

如果样本有很多特征，我们就可以发掘很多不同的分离测试标准。我们可以只测试一个特征而忽略其他所有特征。我们可以观察一组特征并测试它们是否满足一系列要求。我们可以随意在每个节点上基于不同的特征选取一个完全不同的测试。这给了我们一个数量巨大的测试库。

图 13.34 所示的是一个包含很多不同种类样本的节点。我们想要将所有接近红色的点分入一个子节点，将所有接近蓝色的点分入另一个子节点。相较于直接对颜色进行区分，我们试着对半径进行区分，因为这种区分方法显然更简单。图中给出了用 3 种不同的半径长度作为临界值的分离结果。

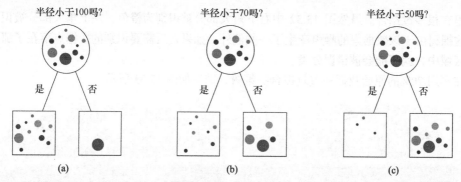

图 13.34　我们想要分离顶部的节点，将所有接近红色的点分在一个子节点里，将所有接近蓝色的点分在另一个子节点里。这里我们用半径作为分离的特征依据。(a)用半径长度为 100 作为临界值，除了最大的红色点以外其余所有点都通过了测试；(b)用半径长度为 70 作为临界值，将接近红色的点分入了一个子节点，将接近蓝色的点分入了另一个子节点；(c)用半径长度为 50 作为临界值，将一部分接近蓝色的点分入了一个子节点，将所有接近红色的点和一部分接近蓝色的点分入了另一个子节点。所以半径长度为 70 作为临界值时，生成的结果纯度最高

在这个例子中，半径长度为 70 生成的结果纯度最高，它将所有接近蓝色的点分入了一个子节点，将所有接近红色的点分入了另一个子节点。所以如果我们要用半径作为特征，70 是最佳选择。如果我们对于该节点用这个测试标准，则需要记住分离的特征依据（半径长度）以及临界值（70）。

因为我们可以用所有样本的任意一个特征，所以需要一些评估这些测试标准的方法来找到最好的结果，这里意味着能得到纯度最高的子节点。

让我们来看看两种最普遍的测试分离质量的方法。每种方法都需要测试一些由该分离方法所产生的子节点的特点。

信息增益（Information Gain, IG）方法：计算所有子节点单元的熵，将它们加在一起，并将这个结果与父节点单元中的熵进行比较。记得第 6 章中我们提到，熵是用来测量复杂度的，或者说需要多少比特来传递一些信息。当某一单元是纯净的时候，它的熵值非常低。当某一单元包含了更多不同种类的样本时，它的纯度下降，熵值上升。

所以如果一个节点的子节点比父节点的纯度要高，它们就会有更低的总熵值。在尝试了不同的分离一个节点的方法以后，我们选择那个能使熵值降低最多的分离方法（也就是能获得最大的

信息增益）。

另一种普遍的评估分离的方法是**基尼不纯度**（Gini Impurity）。这种方法所使用的数学原理是要最小化错误分类一个样本的概率。例如，假设一个叶节点有 10 个类别 A 的样本和 90 个类别 B 的样本。如果一个新的样本最终落到了这个叶节点里而需要给出一个分类判断，我们选择判断它为类别 A，有 10%的可能我们是错的。基尼不纯度计算每个叶节点的误差，在尝试多种分离方法以后，它会选出那个错误分类概率最低的分离方法。

有些库还提供了其他评估分离节点质量的方法。面对这么多选择，我们一般会每个都试一遍，进而选出效果最好的分离方法。

### 13.5.3　控制过拟合

正如之前提到的，决策树希望能正确地对每个样本进行分类，所以很有可能过拟合。

如我们在图 13.27 和图 13.31 中所看到的，训练决策树的前几步都会生成很大的、通用的形状。只有当树很深的时候，我们才会看到很细小的方形——过拟合的“症状”。

所以一种普遍的策略是在训练的过程中限制决策树的深度。对于那些深度即将超出给定限制的节点，我们就不再分离它们。

另一种不同但是相关的策略是，我们永远不分离那些包含样本数少于某一特定数值的节点，不论它们的纯度有多低。

在构建决策树后缩小它的尺寸——用一种名为**修剪**（pruning）的方法。这种方法通过调整叶节点来达到预期效果。我们观察每一个叶节点并评估如果移除了这个节点，树的总体误差会有多大的变化。如果误差在可接受范围内，那么我们将这个叶节点移除并把它内部的样本放回它的父节点中。如果我们将一个节点的所有子节点全部移除，那么它就成了一个叶节点，也就成了下一个可能会被修剪的对象。修剪一棵树会让树变得更浅，也会让分类数据的过程变得更快。

因为限制深度和修剪用不同的方法简化了决策树，所以它们常常会得到不同的结果。

## 13.6　朴素贝叶斯

让我们看看一个当我们需要快速分类结果时经常使用的参数法分类器，虽然它的分类结果可能不是最准确的。

这个分类器运行得非常快，因为它开始时有对于数据的假设。这个分类器是基于贝叶斯定理的（见第 4 章）。

记得贝叶斯定理需要一个先验，或者对于结果可能会是什么的预先猜测。一般来说，当我们用贝叶斯定理的时候，会用通过分析看到的现象来限制先验，再用得到的后验成为新的先验。

但如果我们仅关注先验，然后尽力使获得的先验准确，该怎么办？

**朴素贝叶斯**（Naive Bayes）分类器就使用了这个方法。它之所以以“朴素”命名，是因为我们在先验中的假设不是基于数据的内容，而是对数据做了一个信息量不足的或者说“朴素的”特征概括。我们仅假设数据有一个特定的结构。

如果假设正确，那么很好，我们会得到效果不错的结果。数据和假设匹配程度越差，效果也就会越差。朴素贝叶斯很常用，因为这个假设一般都会被证明是正确的，所以值得一试。

　　有趣的是，我们从来不会去检查假设是否正确，而是继续训练，似乎我们对这个假设把握十足。

　　在一种很普遍的朴素贝叶斯方法中，我们假设样本的每个特征都遵循高斯分布。记得我们在第2章说过，这是一个著名的钟形曲线：一条光滑的、对称的、中间部分有凸起的曲线。这就是先验。当分析所有样本的某一个特定的特征时，我们就确信它会像高斯曲线那样。

　　如果特征确实遵循高斯分布，那么这个假设会有一个很好的拟合结果。关于朴素贝叶斯，一件很神奇的事情就是这个假设的正确率似乎比我们预计的高很多。

　　让我们在实例中看看效果。我们从确实满足先验的数据开始。图13.35所示的是一组数据，这组数据是通过从两组高斯分布中提取样本得来的。

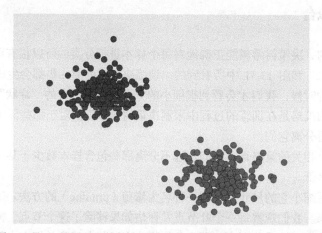

图13.35　一组用于训练朴素贝叶斯的二维数据，其中有两个类别

　　我们将这组数据传递给朴素贝叶斯分类器时，假设每组数据都来自高斯分布。也就是说，它假设红色点的 $x$ 坐标值遵循高斯分布，红色点的 $y$ 坐标值也遵循高斯分布。对于蓝色点也有同样的假设。然后它试着对数据做最好的4个高斯拟合，构建两个二维的"山峰"，结果如图13.36所示。

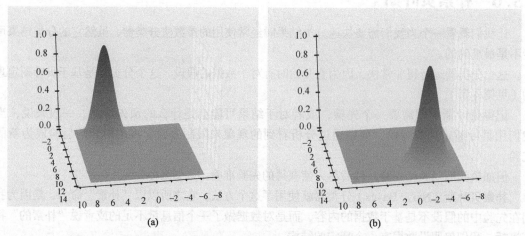

图13.36　朴素贝叶斯分类器对每个类别的 $x$ 和 $y$ 特征进行高斯拟合。(a)红色类别的高斯分布；(b)蓝色类别的高斯分布

如果我们将高斯分布的结果和数据点重叠在一起，从上往下俯视，结果如图 13.37 所示。可以看到，它们非常匹配。这不奇怪，因为原始数据本身就是完全按照朴素贝叶斯分类器预期的那样生成的。

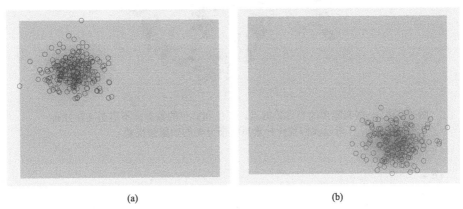

(a)                                (b)

图 13.37　整个训练集与图 13.36 中的高斯分布图重叠的结果。朴素贝叶斯分类器
得到的结果与数据点原先的分布完美匹配

要知道分类器在实际应用中的效果，让我们将训练数据进行分离，将 70% 的数据点放入训练集，剩下的放入测试集。我们将用这个新的训练集进行训练，然后再画出测试集与高斯分布图重叠的结果，如图 13.38 所示。

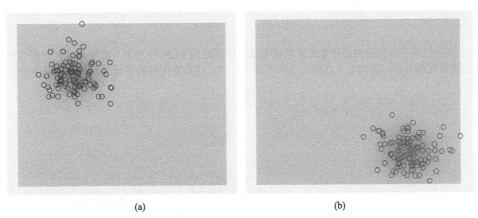

(a)                                (b)

图 13.38　用 70% 的原始数据进行训练之后的数据测试，预测结果非常好

在图 13.38 中，我们将所有被分类至第一个类别的点画在左边，所有被分类至第二个类别的点画在右边，维持原有的颜色。可以看到，所有测试样本被正确地分类了。

现在我们再试一下不是所有样本的特征都满足高斯分布这个先验的数据集。图 13.39 所示是新的原始数据，它是两个有噪声的半月图形。

在将这些数据传递给朴素贝叶斯分类器时，它依旧假设红色点的 $x$ 值、红色点的 $y$ 值、蓝色点的 $x$ 值和蓝色点的 $y$ 值都遵循高斯分布。它竭尽所能地找到了最匹配的高斯分布，如图 13.40 所示。

当然，这些并不能很好地与数据相匹配，因为原始数据并不满足假设。将数据与高斯分布图重叠在一起，我们可以看到匹配得并不好，与有些点还离得很远，如图 13.41 所示。

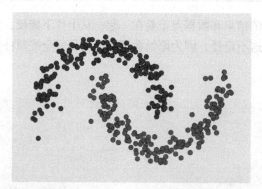

图 13.39　一些有噪声的半月数据点。红色和蓝色的数据点不遵循高斯分布，
所以我们预计朴素贝叶斯分类的效果会很差

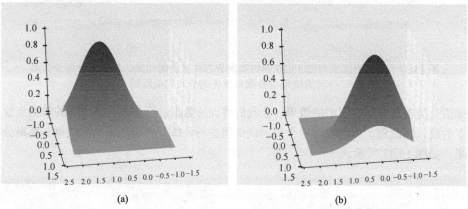

(a)　　　　　　　　　　　　　　(b)

图 13.40　当我们基于高斯分布的朴素贝叶斯分类器试图匹配图 13.39 中的半月数据点时，它假设所有数值都遵循高斯分布，因为它永远用这个条件作为先验。这是它能找到的最匹配数据的高斯分布

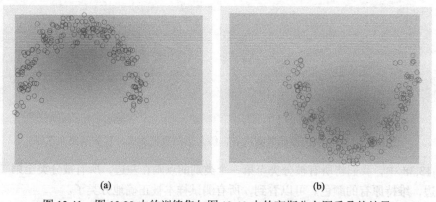

(a)　　　　　　　　　　　　　　(b)

图 13.41　图 13.39 中的训练集与图 13.40 中的高斯分布图重叠的结果

　　像之前一样，我们将半月数据集分成训练集和测试集，70%是训练集，30%是测试集。在图 13.42a 中，我们可以看到所有被分类至红色类别的点。正如所预期的那样，这里大部分点是红色点，但忽略了一部分红色的点，且有一部分蓝色的点掺杂了进去，因为它们从第一个高斯分布得到的数值比第二个高。在图 13.42b 中，我们可以看到大部分蓝色点被分类到了蓝色类别，但有一些红色点掺杂了进去。

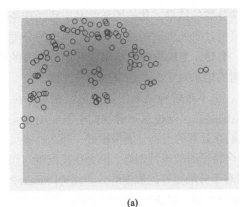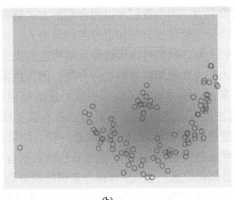

(a)　　　　　　　　　　　　　　　　　(b)

图 13.42　在用有噪声的半月数据的子集训练之后，这些是测试集的分类结果。(a)大部分红色点都被分到了红色类别，但有一些红色点遗漏了出去，也有一些蓝色点被错误地分到了红色类别；(b)大部分蓝色点都被分到了蓝色类别，但有一些蓝色点遗漏了出去，也有一些红色点被错误地分到了蓝色类别

我们不应该对这些错误分类感到太惊讶，因为数据并没有满足朴素贝叶斯先验的假设。

令人惊讶的点在于它的效果有多好。一般来说，朴素贝叶斯分类器对所有数据来说都能达到一个不错的分类效果。这可能是因为很多现实世界的数据都能用高斯分布很好地描述。

因为朴素贝叶斯速度很快，一般在我们最开始试图找到数据的分布时，都会用它作为分类器。如果它的分类效果很好，那么我们可能就不需要用更复杂的算法了。

## 13.7　讨论

我们已经学习了 4 种普遍的分类算法。大多数机器学习库会提供这些算法，也会提供一些其他的算法。

如果只想探索数据，那么尝试一些看起来能够使我们对数据的分布产生更深理解的算法是十分可取的。

让我们简单地看一下 4 种分类器的优缺点。

一方面，$k$NN 算法很灵活。它不会很明确地划分边界线，所以它能够处理任何种类的复杂数据。$k$NN 算法的训练速度很快，因为它只需要保存每一个训练样本。另一方面，$k$NN 算法的预测过程很慢，因为它需要对每一个想要分类的样本都找到距离最近的样本（虽然有很多有效的方法能够加速这种搜索，但它依旧很花时间）。而且算法也会占用大量空间，因为它保存了每个训练样本。如果训练集的大小大于可用空间，那么操作系统就会需要虚拟内存来保存样本，这样算法的速度可能会进一步下降。

支持向量机（SVM）的训练过程比 $k$NN 算法要慢，但是在预测时，它的速度要快很多。一旦训练完成，它就不需要很多空间，因为它只需要保存边界。它也可以用内核技巧来找到比直线更复杂的分类边界（或者平面，甚至更高维度的平面）。此外，SVM 的训练时间随着训练集规模的增长而增长。结果对于参数 $C$ 很敏感，该参数表明了有多少样本被允许出现在边界周围。我们可以用交叉验证法来尝试不同 $C$ 的数值，并挑选一个效果最好的，但因为 SVM 的训练速度太慢，这个过程可能需要耗费很长时间。

决策树的训练速度很快，在分类时的预测速度也很快。虽然需要使决策树的深度很深，但它可以处理类别之间很奇怪的边界。它也有很大的缺点，即过拟合会很严重。决策树在实践中具有很大的吸引力，因为我们可以用合理的方式解释其分类的结果。其他的那些基于数学理论的分类算法很难分享给那些只想知道分类结果的人。决策树具有条理清晰的优势：所得到的分类结果源自一系列决策，我们可以很清楚地阐明这些决策。有时，当决策树的结果比其他分类器的结果要差时，人们也会使用决策树进行分类，因为决策树的结果对于人类而言更易于理解。

朴素贝叶斯分类器的训练和预测速度都很快，也不难解释结果（虽然它们相对于决策树和 $k$NN 算法而言有些抽象）。这种方法没有需要调整的参数，这也意味着我们不需要用交叉验证来进行深度搜索，就像 SVM 的参数 $C$ 一样。如果我们在处理的类别分隔得很好，那么朴素贝叶斯分类器通常能得到很好的结果。这个算法在数据有很多特征时效果特别好，因为在高维度空间中，样本一般分隔得很远，也就能体现朴素贝叶斯分类器对于分隔很好的数据的分类优势[VanderPlas16]。

在实际应用中，我们常常会先尝试朴素贝叶斯分类器，因为它训练和预测得都很快，所以它能给我们一个对数据结构的大致感觉。如果预测结果很差，我们就可以尝试用其他分类器。

我们在之后学习的深度神经网络也可以进行分类。不论怎样，我们在这里学到的算法常用于日常生活中，因为它们很好理解，我们也能够理解（虽然有时候可能要花些精力）为什么它们能得到这些结果。

## 参考资料

[Bishop06]　　Christopher M. Bishop, *Pattern Recognition and Machine Learning*, Springer, 2006.

[Raschka15]　　Sebastian Raschka, *Python Machine Learning*, Packt Publishing, 2015.

[Steinwart08]　Ingo Steinwart and Andreas Christmann, *Support Vector Machines*, Springer, 2008.

[VanderPlas16]　Jake VanderPlas, *Python Data Science Handbook*, O'Reilly, 2016.

# 第 14 章

# 集成算法

单独一个学习器常常不够完美，有时候也会给我们错误的结果。然而将很多学习器结合起来，就可以超出预期的效果。

## 14.1 为什么这一章出现在这里

任何人都可能犯错误，其中也包括学习算法。有时我们可能非常确定算法给了我们很好的答案，但由于种种原因，我们可能同时也会有一点点怀疑。在这种情况下，我们可以通过多个学习器运行数据，每个学习器都训练一点，并让它们"投票"决定最后的结果。

这不是一个新想法。20 世纪 60 年代的阿波罗号太空船的控制舱载有一台计算机，它绕着月球转动。登月舱里则有另一台计算机，它在月球上登陆。两个飞行器中都没有备用计算机。这些计算机中的每一台都是用集成电路制成的，当时相对较新。为了预防由这种新技术导致的故障，每块电路板重复复制了两次，共生成 3 份。所有 3 个系统总是同步运行，这是一种称为"三模冗余"的技术。每个模块的输出由多数投票决定[Ceruzzi15]。

在机器学习中，学习器的组合称为**集成方法**（ensembles）。就像阿波罗号太空船上的计算机那样，通常的想法是，如果我们可以从独立算法得到多个预测，那么最常见的预测比较可能是正确的那个。

集成算法有时可以很大地提高效率。在某些情况下，我们可以从许多小而快的学习器中构建一个集成算法，并获得与更庞大、更复杂的学习器效果同样好的结果，同时所用的时间更短。

## 14.2 集成方法

无论工作是由人还是计算机完成，做出决策都很困难。在人类社会中，我们一般通过汇总许多人的意见来弥补个人决策中的不完善，旨在可以听取众多个体的意见，以避免由个人产生的错误判断。

虽然这样并不一定能保证得到好的决策，但确实能帮助我们避免一些因个人的偏见而导致的问题。

在用学习算法来做出决策时，预测是基于所训练的数据进行的。如果该数据包含偏置、遗漏、过度陈述或任何其他类型的系统性错误，这些错误也将被学习器所包含。如果我们用有某个倾向的数据来训练一个学习器，那么训练出来的结果也会有这个倾向。

这对现实世界产生了深远的影响。当我们使用机器学习评估家庭或企业的贷款、确定大学是否录取某人或预先筛选求职者时，任何训练数据的不公平或偏置都会导致系统做出类似的不公平和带有偏见的决定。即使是善意的偏见，也会影响结果。

避免这个问题的一种方法是使用来源不同的不同训练集训练多个学习器。当然，任何存在于所有训练集中系统的偏置仍将影响结果，但如果所用的训练集能真正代表我们所寻求的决定的类型，就有可能避免输出的意外倾向。

在这些不同的数据集上训练一大批学习器时，我们通常会要求每个学习器评估每个新的输入，然后让学习器投票决定最终结果。

这种方法在运行模拟自然现象的复杂模型的科学家中很受欢迎，如天气、气候或太阳系的形成模型。设计和运行任何一项任务时的关键是意识到不同的分析模型各自内建的假设，以及这些假设如何影响其结果。通过结合大量的模拟，每个模拟建立在有着不同假设的不同模型上，我们希望这些偏置会相互抵消，使最正确的结果出现。这就是为什么许多气候预测是多个独立运行的结果预测模型（有时在不同的尺度上）经汇总结果而得到的[NRC98]。天气预报也常常来源于多次运行相同的模型，只是每次都有稍微不同的起始条件，并选择预测出的最频繁的结果。后一种技术称为**集成预测**（ensemble forecasting）[Met17]。

# 14.3　投票

我们在多个学习器中得到了多个不同的结果时，需要得出一个最终的答案。

执行此操作的典型方法是使用**相对多数投票法**（plurality voting）[VotingTerms16]。简而言之，每个学习器为其预测投了一票，并且无论预测得到什么，得票最多的都是"赢家"（如果有两者票数相同，则通过随机选择其中一个，或者重新投票）。

多数投票很容易理解，也很容易实现，通常能给出合理的结果。

但相对多数投票法也不是完美的。如果我们在真实社会中使用该方法，可能会有很大的问题，也可能会造成一些令人吃惊的或者不受欢迎的结果。

但是当考虑到多个学习器时，相对多数投票法是迄今为止最常用的确定输出的方法，因为它简单、快速，且通常可以产生可接受的结果。

在本章中，我们会用到**加权多数投票**（weighted plurality voting）法。在这种相对多数投票法的变体中，每一票都获得一定的**权重**，也就是一个数字。假设所有选项以 0 分开始，并且有学习器为 A 类投票，权重为+4，那么 A 的分数现在是 4。我们也可以投下权重为负的选票，所以现在如果有学习器为 A 类投票，权重为−1.5，那么 A 的最终得分就是 2.5。在将所有选票加起来之后，拥有最大分数的类别才是赢家。

# 14.4　套袋算法

一种流行的集成算法类型完全是由决策树构建的。这些决策树的训练和预测速度都很快，所以使用很多决策树并不是一个很大的负担。决策树在分类和回归模型中都很受欢迎。为了具体讨论这个问题，我们将重点关注多样分类。

有两种流行的方法可以将决策树结合成一个较大的群体。每种方法都产生了一个决策树集合，且它们的表现明显优于构成它们的各个决策树。

核心思想是构建一系列训练时训练集略有不同的决策树。这意味着它们彼此相似但不完全相同。如果想预测新样本，我们将该样本提供给集合中的每个决策树。我们收集所有决策树的预测，数量最多的预测就是集合的最终输出。

集成构造的方法称为**套袋算法**(bagging),这是**引导聚集算法**(bootstrap aggregating)的简称。和猜测的一样,它使用了我们在第 2 章中介绍的引导思想。在那里,我们看到了如何通过引导来评估数据的质量,这些数据是从我们所感兴趣的全体样本中产生的多个子集。

从原始的训练样本集开始,我们通过从原始数据中使用取样替换选择几项来构建多个新集(也就是 bootstraps)。这意味着我们可能会不止一次地选择相同的样本,如图 14.1 所示。记住,每个样本都带有类别标签,所以我们可以用它进行训练。

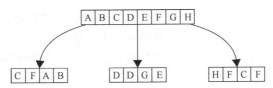

图 14.1 从一组样本创建多个 bootstrap。顶部是一组 8 个样本的集合。这些字母是为了帮助我们确定有哪些样本,而不是标签(假设每个样本都有一个相关的标签,我们没有在这里明确显示)。通过从中提取样本设置,我们可以制作许多新的包含 4 个样本的集合。这是套袋算法的第一步。由于我们正在替换采样,因此任何替代品给定的样本都可能会出现多次

我们为每个 bootstrap 创建一个决策树,然后用 bootstrap 中的样本进行训练。最后将这些决策树结合起来,就构成了集成。

当训练完成并且评估一个新样本时,我们将它传给所有集成中的决策树,从每个决策树中得到一个分类的预测。

对于回归问题,最终的结果是所有预测的平均值。对于分类问题,我们用相对多数投票法确定最后的结果,如图 14.2 所示。

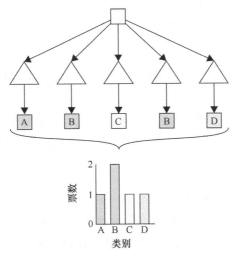

图 14.2 一个新的数据(顶部)被集成接收。因为它是通过套袋算法训练的,所以每个决策树都不一样。数据传递给每个决策树(显示为三角形),每个决策树产生一个预测类别(A、B、C 或 D)。我们通过相对多数投票法对那些类别(第 4 行)进行投票,其中最受欢迎的类别是 B,因此该类别获胜并且成为该集成的输出

我们只需要指定两个参数来运行该算法。第一个是选择每次 bootstrap 应使用多少样本。第二个是选择建立多少棵决策树。

分析显示,增加一个分类器会使得系统有更好的预测结果,但经过一段时间,更多的分类

器会使得系统变慢且效果变好的趋势不再那么明显。这称为**集合构造中的收益递减规律**。一个不错的经验之法是使用与数据类别相同数量的分类器[Bonab16]，虽然我们也可以使用交叉验证来搜索对于任何给定数据集的最佳决策树的数量。

## 14.5　随机森林

我们可以改进套袋算法并构建更好的决策树集成。秘诀在于改变我们在训练期间构建决策树的方式。

如第 13 章中所述，当需要将一个决策树的节点分割成两个时，我们可以选择任意特征（或一组特征）来创建测试，并将元素引至对应的子节点。如果我们坚持仅在一个特征上进行分割，问题就变成了如何选择我们想要使用的特征以及该特征的检测值大小。我们可以使用在第 13 章中看到的测量方法来比较不同的特征选择和不同的分叉点，例如信息增益量或基尼杂质系数。

让我们从导致我们使用上述 bootstrapping 和套袋算法的相同观点来看待这个过程。这将为我们提供从一个决策树到下一个决策树的另一个层次的变化，帮助我们在投票决定分配给新样本的最佳类别时获得更多不同的意见。

在每个节点上，当需要找到一个分割测试时，我们通常会查看所有特征，以确定哪一个是最好的分割。但是，与其查看所有特征，不如只考虑其中的一些随机子集，我们将不加替换地选择这些子集。我们甚至不考虑基于我们所忽略的特征的分割。

之后，分割另一个节点时，我们再次选择一个全新的特征子集，并再次仅使用这些来决定新的分割。这种技术称为**特征 bagging**（feature bagging），如图 14.3 所示。

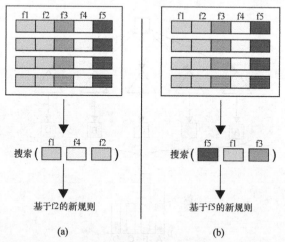

图 14.3　用特征 bagging 来确定分割节点时要使用的特征。(a)顶部是 4 个样本，每个样本有 5 个特征。中间一行显示随机选择的 3 个特征，我们搜索这 3 个特征中最好的一个以确定如何分割此节点，最好的选择是 f2；(b)在另一个节点上的相同进程。在这里，我们随机选择另一组 3 个特征，并搜索最适合分割的特征

在以这种方式构建集合时，我们将结果称为**随机森林**（random forest）。其中"随机"一词是指我们随机选择的每个节点的特征，"森林"一词指的是决策树的结果集合。

要构建随机森林，我们需要提供与套袋算法相同的两个参数：对每次 bootstrap 提取的随机选

择样本的大小，以及要构建的决策树的数量。我们还必须指定在每个节点有多少比例的特征需要被考虑。这通常以百分比表示，但不同的库会提供许多不同的数学公式来决定这个量的值。

## 14.6 极端随机树

我们可以在决策集成过程中添加一个随机步骤。

在正常分割节点时，我们会考虑它包含的每个特征（如果我们正在构建一个随机森林，则是它们的随机子集），并找到最能将样本拆分的特征值节点来分成两个子节点。正如我们提到的，可以使用计算信息增益等措施评估哪个值是"最好的"。

但现在，我们不为每个特征分配最佳分割节点，而是根据所在的值随机选择分割节点。

这种变化产生的结果称为**极端随机树**（extratrees）。

虽然看起来这似乎注定会给我们带来那棵决策树里更糟糕的结果，但我们应该记得，决策树很容易过拟合。这个随机选择分割点的过程让我们牺牲了一点准确率而减少了过拟合的程度。

## 14.7 增强算法

现在让我们来看一种称为**增强算法**（boosting）的技术。这种技术不仅适用于决策树，而且适用于任何一种学习系统[Schapire12]。我们将针对二元分类器讨论增强算法，也就是将输入分类为两个类别中的一个的分类器。

增强算法让我们将很多小而快但准确率不是很高的学习器结合成一个单独的、更准确的学习器。

假设数据只包含两个类别的样本。一个完全随机的二元分类器会随机给每个样本进行分类，所以如果训练集中的样本是平均分配的，那么我们就有 50% 的概率能正确地为一个样本分类。我们将这个称为**随机标记**（random labeling）。

如果一个二元分类器的表现比随机分类器稍微好一点呢？也许它只有一个很不明晰的边界。图 14.4 展示了一组有两个类别的数据，一个二元分类器和随机分类器没什么区别，另一个二元分类器的效果比随机分类器效果好一点点。

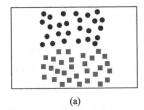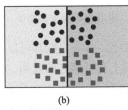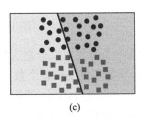

(a)  (b)  (c)

图 14.4　几个效果很差的二元分类器。(a)训练数据。最佳的分类依据应该是一条穿过中间的水平直线；(b)一个很差的二元分类器，它的效果不比随机分类器好；(c)一个效果比随机分类器好一点点的二元分类器，但还是一个很差的二元分类器，因为边界稍微向正确边界倾斜了一点，所以它比图(b)中的分类器效果好一点点

图 14.4b 中分类器的效果不比随机分类器好，因为其中仅有一半的样本被正确分类。这是一个毫无用处的分类器。图 14.4c 中的分类器仅比图 14.4b 中的分类器要好一点点，因为边界的略微倾斜意味着它会比随机分类器能正确分类稍微多一点样本。

我们将图 14.4c 中的分类器称为**弱学习器**（weak learner）。在这种情况下，一个弱学习器是任意一个仅有一点点准确率的学习器。换句话说，它只需要比随机分类器的效果好一点点。

即使它的分类结果比随机分类器的**效果更差**，弱学习器对我们来说同样有用。那是因为我们只有两个类别。所以有一个分类器效果比随机分类器更差（也就是说，它错误分类的频率比正确分类更高），这样我们可以交换两个输出的类别，结果就会比随机分类器要好。

与弱学习器相比，**强学习器**（strong learner）是一个很好的分类器，大多数时候都能获得正确的分类。学习器越强，它得到正确分类的概率越高。

弱学习器通常很容易找到，最常用的弱分类器是只有一个测试深度的决策树。也就是说，整棵树只包含一个根节点及其两个子节点。这个荒谬的小决策树经常被称为**决策树桩**（decision stump）。但因为它几乎总是做得比为每个样本随机分配一个类更好，所以成了一个很好的弱分类器的例子。它比较小、快，而且比随机分类器效果好一点。

增强算法背后的想法是将多个弱分类器组合成一个强分类器。注意，这里不是必须使用弱分类器。如果我们愿意，也可以将很多强分类器组合起来。弱分类器比较常见，且它们的速度通常更快。

让我们通过一个例子来看看增强算法是如何工作的。

图 14.5 所示的是一组有两个类别的数据集。什么样的分类器能较好地分类这些数据？一个快速且容易理解的分类器是一个单一的感知器，对此我们在第 10 章中讨论过。它会在此二维数据集中绘制一条直线。如果我们可以在样本中画一条直线，那么这个二维样本集就是**线性可分**（linearly separable）的。可以看到，没有一条直线能够完美地分割这些数据，圆形样本中间包含着几个正方形样本。

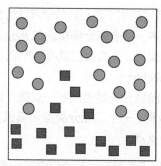

图 14.5　用增强算法来分类的一组样本

即使没有一条直线可以分割这些数据，多条直线却可以，只要让我们使用直线作为弱分类器。记住，这些分类器不需要在整个数据集上有特别好的效果，它们只需要比随机分类器做得好一些。图 14.6 展示了一条这样的线，我们称之为 A。直线 A 由箭头指向的一侧的数据都会被分类为正方形，另一侧的数据都会被分类为圆形。这条直线很好地将左上方的圆形样本和剩下的样本分割，但会错误分类一些左下方的正方形样本。

使用增强算法，我们就可以添加几条直线（即增加一些弱分类器），使得每个由直线划分的区域都包含一个单独类别的数据。在添加了两个这样的直线分类器之后，我们可能得到图 14.7 所示的结果。

虽然图 14.7 中只有 3 条直线（或者说 3 个分类器），但它们创造了 7 个没有重叠的区域。其中有 3 个区域只包含圆形样本，另外的 4 个只包含正方形样本。

A、B、C 中的每条直线都是一个弱分类器，它们中的任意一个都只能得到与完美结果相差甚远的结果。现在将它们结合起来，我们就可以得到效果更好的分类器。

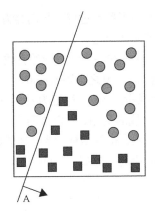

图 14.6　在样本中放置一条直线 A 来将两个类别分割开来。箭头指向直线的"正"侧，
我们将这一侧的点分类为正方形。然而，两侧都有一些被错误分类的样本

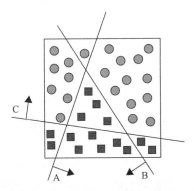

图 14.7　在图 14.6 中又增加了两条直线。现在每个由直线构成的区域都只包含一个类别的数据

为了使讨论变得更简单，我们用直线的名字来命名这 3 个分类器，也就是 A、B 和 C。图 14.7
的 7 个区域中的每一个都是在某条或某几条直线的"正"侧。我们也会简化图像，使得它是对称
的，因为我们现在关注的是如何结合这些区域而不是它们的具体形状。结果如图 14.8 所示。

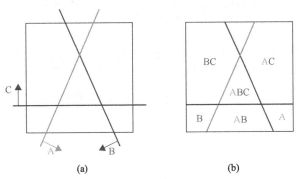

图 14.8　(a)有 3 条标记为 A、B 和 C 的直线。(b)每个区域都用对应学习器标记了出来，
区域中学习器的名字指的是该区域位于该学习器对应直线的正侧

相较于使每一个学习器都返回一个类别（圆形或者正方形），我们将返回一个与该学习器相
关联的数值。这样，如果一个样本在学习器的直线的正侧，学习器就返回它对应的数值，反之则
返回 0。

那么我们最后会用什么数值呢？为了展示过程，我们会为 3 个分类器都指定 1 作为数值。接下来我们会看到这些数值会自动被算法所决定。

综上所述，规则如下：如果一个样本在一个学习器的直线的正侧（也就是，图 14.8 中箭头所示方向的一侧），那么学习器就会返回 1；反之，则返回 0。

让我们看看最顶部的区域，也就是图 14.8 中标记为 C 的区域。它在学习器 C 的直线的正侧，因此得 1 分。但因为它在 A 和 B 的直线的负侧，所以这两个分类器都没有为该区域增加得分，所以该区域的总分为 1 分。最底部的区域，也就是标记为 AB 的区域，从分类器 A 和 B 上各得到 1 分，所以总分为 2 分。这 7 个区域对应的得分如图 14.9 所示。

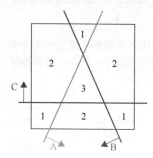

图 14.9　7 个区域各自对应的得分。图 14.8 中的每个字母为各自的区域得 1 分

想要将这些信息转化为一个有效的分类器，我们需要找到每个区域的合适的权重，以及分类的边界条件。之前我们对每个分类器都指定了数值 1，所以那些就是分类器在投票时所获得的权重，但很多其他的数值也可以得到有效结果。在图 14.10 中，我们展示了受每个学习器数值所影响的区域。深色的区域得到了该学习器的数值，而浅色的区域没有得到数值（即该学习器给该区域增添的得分为 0）。这里我们将为 A、B、C 分别使用 1.0、1.5、−2 的权重。

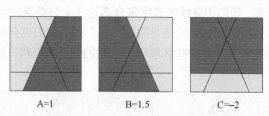

图 14.10　我们为被每个学习器分类为正的区域指定一个数值。
每张图中深色区域得到了对应的学习器的权重

这些得分之和如图 14.11 所示，可以看到，我们正确分类了数据！

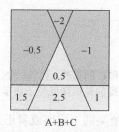

图 14.11　将图 14.10 中的分数累加起来。得分为正的区域
也就是我们想从图 14.7 中得到的结果

让我们再来看看另一个例子，即图 14.12 所示的这一组新的数据。

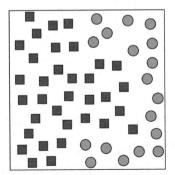

图 14.12 一组我们想要用增强算法分类的数据

对于这组数据，我们用 4 个学习器。图 14.13 所示的是增强算法找到的 4 个用来分类的弱学习器。

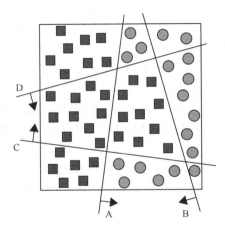

图 14.13 4 条能用来对图 14.12 中的数据进行分类的直线

像之前一样，我们手动地为每个学习器分配一个权重。这次我们为 A、B、C 和 D 分配的权重分别是-8、2、3 和 4。如图 14.14 所示，浅色区域的权重为 0，深色区域则代表了各个分类器的权重。我们关注的是如何结合这些区域而不是它们特定的形状，因此会再次将图像简化。

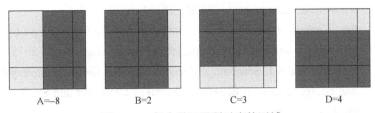

A=-8　　　　　B=2　　　　　C=3　　　　　D=4

图 14.14 每个学习器所对应的区域

图 14.15 所示的是每个区域的总分。我们找到了一种将 4 个分类器结合起来的方法，这种方法能正确将图 14.13 中的数据进行分类。

增强算法的美妙之处在于它将简单但错误率高的分类器结合成了一个强分类器。它甚至能找到要用的弱分类器以及它们在投票时所拥有的权重。

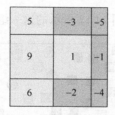

A+B+C+D

图 14.15　图 14.14 中每个区域的总分。得分为正的区域用蓝色表示，
它们将图 14.13 中的数据进行了正确的分类

我们唯一要考虑的就是想要多少个分类器。对于增强算法以及其他了解过的集成算法来说，一条黄金准则就是开始时使用与类别数量相同的分类器[Bonab16]。这意味着我们之前的例子用了过多的分类器。我们分别用了 3 个和 4 个分类器，但数据只有两个类别。但是在机器学习中有很多东西，它们最佳的数值都是经过反复试错而得到的，通常使用交叉验证评估每种可能性。

增强算法在一个称为 Adaboost 的算法中作为算法的一部分第一次出现[Freund97] [Schapire13]。虽然它可以适用于很多学习算法，但增强算法一般都用于决策树。

事实上，它对于之前提到的决策树桩而言效果非常好（这些决策树只有一个根节点和它对应的子节点）。这种分类器是很糟糕的分类器，但它们比随机分类器的效果要好，而这个条件也是所有我们需要的条件。事实上，之前例子中的直线都可以用决策树桩的形式来表示，所以我们已经知道了它们可以适用于不同的训练集。

增强算法所生成的每个弱学习器也经常称为一个假设。主要是弱学习器体现了一种猜想或假设，例如“所有 A 类别的样本处于这条线的正侧”。我们有时会说增强算法帮助我们将弱猜想变为强猜想。

值得注意的是，增强算法并不一定能改善所有分类算法的表现。增强算法理论仅涵盖二元分类器（如上面的例子）[Fumera08][Kak16]。这也是它在决策树中极受欢迎和能够如此成功的部分原因。

## 参考资料

[Bonab16]　　　R Bonab Hamed, Can, Fazli (2016). *A Theoretical Framework on the Ideal Number of Classifers for Online Ensembles in Data Streams*. Conference on Information and Knowledge Management (CIKM), 2016.

[Ceruzzi15]　　Paul Ceruzzi, *Apollo Guidance Computer and the First Silicon Chips*, Smithsonian National Air and Space Museum, Space History Department, 2015.

[Freund97]　　Y Freund and R E Schapire, *A Decision-theoretic Generalization of On-line Learning and an Application to Boosting*, Journal of Computer and System Sciences, 55 (1), pp. 119–139. 1997.

[Fumera08]　　Giorgio Fumera, Roli Fabio, Serrau Alessandra, *A Theoretical Analysis of Bagging as a Linear Combination of Classifiers*, IEEE Transactions on Pattern Analysis and Machine Intelligence, Vol. 30, Number 7, pp. 1293-9. 2008.

[Kak16]　　　　Avinash Kak, *Decision Trees： How to Construct Them and How to Use Them for Classifying New Data*, Purdue University, 2016.

[Met17]　　　　　United Kingdom Met Ofce, *What is an ensemble forecast?*, Met Ofce Research, Weather science blog, 2017.

[NRC98]　　　　　National Research Council, *The Atmospheric Sciences: Entering the Twenty-First Century*, The National Academies Press, 1998.

[Schapire12]　　　Robert E Schapire, Yoav Freund, *Boosting Foundations and Algorithms*, MIT Press, 2012.

[Schapire13]　　　Robert E Schapire, *Explaining Adaboost*, in *Empirical Inference: Festschrift in Honor of Vladimir N.Vapnik*, Springer-Verlag, 2013.

[VotingTerms16]　RangeVoting. org, *Glossary of Voting-Related Terms*, 2016.

# 第 15 章

# scikit-learn

scikit-learn 学习库是一个免费的开源项目，提供机器学习的工具和算法。我们将介绍它的一些最重要和有用的部分。

## 15.1　为什么这一章出现在这里

机器学习是一个实用的领域。虽然这本书的重点是概念，但没有什么比把东西付诸实践，把想法转化为自己的理解更令人心动了。

实现一个想法时，我们将面临那些平时自己可能不太重视的决定，并可以揭示我们的知识体系里错误的理解和漏洞。在像机器学习这样的领域里，有许多知识仍是未知的，需要我们基于直觉和在以前的错误中所学到的知识做出决定，这样经验就显得更加宝贵。

我们如何获得这种经验？一种由来已久的方法是从头开始编写代码，然后使用该代码构建和运行机器学习系统。编写我们自己的代码是有趣的和引人深省的，并且给人以成就感。但这样却有很大的工作量。当涉及大的算法时，工作量可以大到超乎想象，而其中大部分是关于编写好程序的内容，而不是关于机器学习的。

然而，我们可以在现有的库中使用例程。各种语言和系统都免费提供了大量的可用的库。这些库函数通常是由专家设计，经过数以千计的用户的压力测试，然后经过多年迭代、调试和优化过的。

如果从头编写底层的代码很吸引你，那么可以参考关于这方面的诸多资料[Müller-Guido16][Raschka15][VanderPlas16]。在本书中，我们采用了使用现有库的路径。我们仍然需要面对各种各样的决策，但应回避低级编程细节。虽然这些细节必不可少，但也可能会分散我们的注意力。

在本章中，我们用一种流行的基于 Python 的机器学习工具包（称为 scikit-learn，发音为 "sy'-kit-lern"）将想法付诸实践。之所以使用 scikit-learn，是因为它被广泛使用，支持良好，拥有完善的技术文档，稳定、开源且快速。

为了让不热衷于 Python 的人也可以使用本书，我们会尽量少用 scikit-learn。在第 23 章和第 24 章中，我们用 scikit-learn 与另一个开源库来构建深层学习系统。本书中的其他内容都不依赖于对此库或 Python 的熟悉程度。

即使你对 scikit-learn 没有兴趣，至少应该略读本章的内容，这有助于你理解一些我们一直在讨论的想法。

我们将使用 scikit-learn 版本 0.19（发布于 2017 年 8 月[scikit-learn17e]）。之后发布的版本基本会兼容我们将使用的代码。下载和安装库在大多数系统上通常是容易的。详细说明请参阅库主页上的下载说明[scikit-learn17f]。

使用 Python 的一种令人愉快的方式是使用 Python 解释器进行交互式工作。免费的 Jupyter 系统为在任何主要浏览器内运行的解释型 Python 提供了一个简单而灵活的界面[Jupyter17]。包含本章所有程序运行版本的 Jupyter 笔记本可以在 GitHub 上免费下载。

## 15.2 介绍

Python 库的 scikit-learn 是一个免费的通用机器学习算法库。

要很好地使用它,需要熟悉 Python 语言和 NumPy。NumPy(发音为 "num'-pie")是一个 Python 库,专门使用数字数据进行操作和计算。这种依赖关系的嵌套如图 15.1 所示。

图 15.1 scikit-learn 使用数值计算库 NumPy 中的例程,而 NumPy 依赖于 Python

Python 中还有其他一些科学"工具包",每个都称为"scikit-something"。例如,scikit-image 是一种流行的图像处理系统。这些工具包是由开发人员制作和维护的免费开源项目——他们主要在业余时间致力于这些工作。另一个广泛使用的库名为 SciPy(发音为 "sie'-pie"),它为科学和工程工作提供了丰富的例程。

深入了解 Python、NumPy 或 scikit-learn,不是一个下午就能搞定的。这些实体都很大,并且有很多例程可供选择。在任何一个库上花一个周末,就可以让你有一个良好的开端。

如果你对这些主题都不熟悉,可以阅读"参考资料"部分给出的一些入门资源。如果你看到一个似乎不熟悉的术语或例程,那么可以在互联网上搜索这些主题的文档。在本章中,我们的重点是 scikit-learn,因此我们假设你对 Python 和 NumPy 足够熟悉,至少可以跟得上本章的进度。

虽然本章主要关注 scikit-learn,但是不会深入到库函数。像其他软件一样,scikit-learn 有自己的约定、默认值、假设、限制、快捷方式、最佳实践、常见陷阱、容易出错的地方等。此外,库中的每个例程都有自己的特定细节,这些细节对于获得最佳结果非常重要。相关内容参见另一本书[Müller-Guido16]。

本章的目标是给出库的意义以及它的使用方式。关于任何常规或技术上的细节,请查阅在线文档、参考书,或者一些有用的网页和博客帖子。

## 15.3 Python 约定

scikit-learn 很重要。该库提供了大约 400 个例程,从小型实用程序到捆绑再到单个库调用的大型机器学习算法,这些例程在图书馆的网站[scikit-learn17b]上有详细记载。在撰写本书时,scikit-learn 当前版本(版本号为 0.19)的例程分组高达 35 个类别。

由于在这里进行了非常笼统的概述,我们将使用所有类别来组织讨论:**估算器**、**聚类**、**变换**、**数据精化**(data refinement)、**集成**、**自动化**、**数据集**和**实用工具**。

scikit-learn 的许多元素被安排成互补的，有些被设计成以特定的组合使用。稍后演示特定算法时，我们会看到这些组合的一些示例。

scikit-learn 不是针对神经网络的，虽然它是深度学习的标志。事实上，这些工具既可用于独立数据科学，也可用作神经网络的实用程序，帮助我们探索、理解和修改数据。许多深度学习项目是从用 scikit-learn 进行数据探索开始的。本章不可避免地出现清单，但我们会保持这些清单的精简。完整的清单是学习系统细节，以及如何管理结构化数据和按正确顺序调用正确操作等问题的重要资源，但过长的代码块很难阅读。在实际项目中，我们通常会花费大量时间和精力来处理特定程序特有的细节，但这对于我们理解一般原则并无裨益。

因此，虽然我们将构建真正的系统来完成实际工作，但是会将这些项目特定的步骤保持在最低限度。我们通常会逐步建立项目，展示和讨论每个步骤，但随后将其视为程序的一部分，并且不会在程序增长时每次重复该代码。在一些情况下，我们最后会将所有代码放在一个大的列表中，但通常会将完整的摘要留给本章附带的 Jupyter 程序。

这意味着本章中的大多数代码示例只是片段，而不是完整的程序。这种方法背后的一般思路是，人们总是可以在片段周围建立一个小测试程序来探索它的详细内容。

每当使用 scikit-learn 时，我们必须首先**导入**它，因为 Python 不会自动加载它。当我们导入 scikit-learn 时，它会以速记名称 sklearn 为准。此名称只是库的顶级名称。例程本身被组织成一组**模块**，我们还需要导入它们。

导入模块有两种常用方法。一种方法是导入整个模块。然后我们可以在代码中为该模块命名任何内容，方法是在其前面加上模块的名称，后跟一个句点。清单 15.1 显示了这种方法。我们创建了一个名为 Ridge 的对象，它来自名为 linear_model 的 scikit-learn 模块。

**清单 15.1** 我们可以导入整个 linear_model 模块，然后将其用作前缀来命名 Ridge 对象。这里我们创建一个没有参数的 Ridge 对象，并将其保存在变量 ridge_estimator 中。

```
form sklearn import linear_model

ridge_estimator = linear_model.Ridge()
```

另一种方法是只从模块中导入我们需要的内容，然后可以在不引用代码中的模块的情况下使用该对象，如清单 15.2 所示。

**清单 15.2** 我们可以从 linear_model 中导入 Ridge 对象，这样在使用对象时就不需要命名模块。此代码的结果与清单 15.1 的结果相同。

```
from sklearn.linear_model import Ridge

ridge_estimator = Ridge()
```

一般来说，在开发过程中导入整个模块通常更容易，因为那时我们可以从该模块中尝试不同的对象，而不必经常调整和更改 import 语句。完成所有工作后，我们经常会去清理东西，只导入我们实际使用的东西，这样会使代码更整洁。在实践中，导入整个模块和只导入特定的部分都是很常见的，甚至经常混合在同一个文件中。

我们经常使用 NumPy，因此也经常导入它。传统上，在导入 NumPy 时，我们使用缩写 np。这只是一个广泛使用的惯例，而不是一个规则。

我们还经常导入 math 模块来利用它提供的各种小的数学**函数**（function）。惯例是不重命名这个库，所以我们在代码中作为 math 引用它。另一个常见的库是 matplotlib 图形库。这也有一个常规名称。我们通常将这个库使用的模块称为 pyplot，传统是叫这个词 plt，或没有 o 的 "plot"。

最后，Seaborn 库提供了一些额外的图形例程，并且修改了 matplotlib 产生的视觉效果，使其看起来更具吸引力[Waskom17]。当我们导入 Seaborn 时，通常将其称为 sns。在本章中，我们对 Seaborn 的唯一用途是导入它并用它的一些绘图函数代替 matplotlib。我们通过调用 sns.set() 来做到这一点，通常将该调用放在与 import 语句相同的行上，用分号分隔。清单 15.3 显示了典型的导入其他库的语句。

**清单 15.3**　这组导入语句几乎是每个项目的起点。

```
import numpy as np
import math
import matplotlib.pyplot as plt
import seaborn as sns ; sns.set()
```

要为所要使用的每个 scikit-learn 例程导入正确的模块，我们可以参考 scikit-learn 的在线 API 参考文档[scikit-learn17a]。该参考文档还包含了 scikit-learn 中所有内容的完整细分表，但通常采用非常简洁的语言来表达。当我们将它视为我们想要记住所谓的内容或如何使用时的参考，API 文档是很好的。但由于其简洁性，它的解释可能没什么大用。这些信息最好从参考资料部分中列出的其中一本书或网站中找到。

管理 scikit-learn 的人对于添加新例程具有非常高的标准，因此该库中很少添加新例程。当存在重要的错误和其他改进时，库会更新，并且偶尔会采用新架构。因此，会有一些例程被标记为"已弃用"，这意味着它们计划被删除，但会保留一段时间，以便人们可以更新其代码。不常用的例程通常被包含在更一般的库特征中，或者简单地重新组织成不同的模块。

scikit-learn 中的许多例程都是在面向对象的意义上提供给我们的，例如，如果我们想以特定方式分析某些数据，那么通常会创建一个为这种分析而设计的对象实例，然后通过调用该对象的方法来完成工作，指示对象执行诸如分析一组数据、计算数据统计、以某种方式处理它以及预测新数据的值之类的事情。

多亏了 Python 的内置垃圾回收机制，我们不必担心对象的回收或处置。Python 将在安全情况下自动为我们回收内存。

在实践中使用这样的对象效果很好，因为它让我们把注意力集中在想做的事情上，而不是在语言规则上。

学习像 scikit-learn 这样的大型函数库的一个好方法是，通常当我们第一次见到某个例程或对象，从参考资料中输入代码或者研究别人的程序时，快速查看选项和默认值可以帮助我们了解通常情况下能够做什么。之后，在处理另一个项目时可能它会被回想起，或以其他方式吸引我们回到这个例程或对象。

然后，我们可以再次查看文档并更仔细地阅读它。这样当使用它时，就可以逐渐了解每个特性的广度和深度，这比我们第一次遇到它时要记住每个对象和例程的所有内容要容易得多。

Scikit-learn 中的对象和例程几乎都接收多个参数。其中许多是可选的，如果我们不引用它们，则它们会采用精心挑选的默认值。为简单起见，我们在本章中通常只传输强制参数，并将所有可选参数保留为默认值。

## 15.4 估算器

我们使用 scikit-learn 的**估算器**来进行监督学习。我们创建一个估算器对象,然后给它标记训练数据以供学习。我们以后可以给对象一个它以前从未见过的新数据,并且它会尽力预测正确的标签。

所有估算器都有一组核心的常用例程和使用模式。

正如我们在前面提到的,每个估算器都是面向对象编程意义上的单个对象。该对象知道如何接收数据,从中学习,然后描述它以前从未见过的新数据,在自己的实例变量中维护它需要记住的所有内容。因此,一般过程是首先创建对象,然后向其发送消息(即调用其内置例程或方法),使其采取操作。其中一些操作仅修改估算器对象的内部状态,而另一些操作则计算返回的结果。

我们在本节中的目标如图 15.2 所示。我们将从一堆积分开始,并使用 scikit-learn 例程来找到最佳的拟合直线。

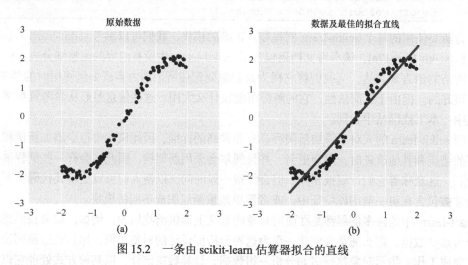

图 15.2 一条由 scikit-learn 估算器拟合的直线

### 15.4.1 创建

第一步是**创建**或**实例化估算器对象**(通常称为**估算器**)。例如,让我们从 linear_model 模块中实例化一个名为 Ridge 的估算器。Ridge 对象是用于执行此类回归任务的通用估算器,它内置了正则化运算。我们只需为对象命名(以其模块作为前缀),以及我们想要或需要提供的任何参数。我们坚持使用所有默认值,因此不需要提供任何参数。上述过程如清单 15.4 所示。

**清单 15.4** 创建一个 Ridge 估算器对象。

```
from sklearn import linear_model

ridge_estimator = linear_model.Ridge()
```

赋值之后,变量 ridge_estimator 指的是实现 Ridge 回归算法的对象。在对二维数据使用最简单的估算器时,正如我们在这里所做的那样,它会找到穿过数据点的最佳直线。所有估算器有两个例程,名为 fit() 和 predict()。我们分别用它们来教我们的估算器以及为我们评估新数据。

### 15.4.2 学习 fit()用法

我们看到的第一个例程称为 fit()，是每个估算器都会提供的。它需要两个强制参数，包含估算器将从中学习的样本以及与它们相关联的值(或目标)。样本通常被安排为一个大的数字 NumPy 网格[称为**数组**(array)，即使有很多维度]，其中每行包含一个样本。

让我们看一下以正确格式生成数据的一个例子，这样就可以了解这个过程。我们将创建图 15.2a 所示的数据。

在清单 15.5 中，我们首先设置 Numpy 的伪随机数生成器，因为这样每次都会返回相同的值。这使我们可以重新运行代码并仍然生成相同的数据。然后，我们在 num_pts 中设置我们想要的点数。我们将基于一条正弦波(数学库中内置的漂亮曲线)制作数据，但会为每个值添加一点噪声。之后我们运行一个循环，将 x 和 y 值附加到数组 x_vals 和 y_vals。数组 x_vals 包含我们的样本，y_vals 包含每个相应样本的目标值。

**清单 15.5** 训练数据生成。

```
np.random.seed(42)
num_pts = 100
noise_range = 0.2
x_vals = []
y_vals = []
(x_left, x_right) = (-2, 2)
for i in range(num_pts):
    x = np.random.uniform(x_left, x_right)
    y = np.random.uniform(-noise_range, noise_range) + \
                         (2*math.sin(x))
    x_vals.append(x)
    y_vals.append(y)
```

x_vals 变量包含一个列表。但是 Ridge 估算器(像许多其他估算器一样)希望以二维网格的形式看到它的输入数据，其中每个条目是其自己行上的特征列表。由于只有一个特征，我们可以使用 Numpy 的 reshape()例程将 x_vals 变换为列，如清单 15.6 所示。

**清单 15.6** 将 x_vals 数据重塑成一个列。

```
x_column = np.reshape(x_vals, [len(x_vals), 1])
```

现在数据以 Ridge 对象所期望的形式存在，我们将样本交给它并要求它在这些点之间找到一条直线。第一个参数给出样本，第二个参数给出与这些样本相关的标签。在这种情况下，第一个参数包含每个点的 x 坐标，第二个参数包含每个点的 y 坐标。如果我们想要的话，也可以将第二个参数变换为列，但 fit()更乐意将这个参数作为一维列表，如清单 15.7 所示。

**清单 15.7** 通过使用训练数据作为参数调用其 fit()的方法来训练一个估算器。

```
ridge_estimator.fit(x_column, y_vals)
```

fit()例程分析输入数据并将其结果保存在 Ridge 对象内部。我们可以将 fit()视为"分析这些数据，并保存结果，以便今后可以回答有关此数据和相关数据的问题"。

从概念上讲，我们可以认为 fit()就像一个从一卷布料开始的裁缝，然后接待并帮助顾客量尺寸，接着剪裁、缝制，为这个人定制一套衣服。以同样的方式，fit()计算为此特定输入数据定制的数据，并将其保存在估算器中。如果我们使用不同的训练样本集再次调用此对象的 fit()，它将重新开始并为新输入构建一组新的内部数据。这一切都发生在对象内部，因此 fit()例程不返回任何新内容，而是返回它所调用的对象的引用，在例子中，它只返回相同的 ridge_estimator——我们只是用来调用 fit()本身。

这意味着我们可以制作多个估算器对象并同时保留它们。我们可以在相同的数据上训练它们，然后比较它们的结果，或者可以制作相同估算器的许多实例并用不同的数据集进行训练。关键是每个对象都独立于其他对象，包含回答有关给定数据的问题所需的参数。

到目前为止，程序汇总了从清单 15.4 到清单 15.7 的所有内容。

### 15.4.3 用 predict()预测

一旦训练了估算器，我们就可以要求它用 predict()来评估新的样本。这至少需要一个参数，那就是新的样本，我们希望估算器为其赋值。例程会返回描述新数据的信息，通常这是一个 NumPy 数组，每个样本对应一个数字或一个类。如清单 15.8 所示，通过估算器拟合线的左端和右端。我们将给出估计数据的左端位置 （在上面设置为-2），返回相应的 y 值，并对数据的右端位置做同样的处理。

**清单 15.8** 得到的 y 值的直线在两值的 X。

```
y_left = ridge_estimator.predict(x_left)
y_right = ridge_estimator.predict(x_right)
```

归纳一下，我们将导入需要的内容，制作数据，制作估算器，拟合数据，并通过数据获得该行的左右 y 值。我们将清单 15.4 和清单 15.8 结合起来。为了简短起见，我们用注释替换清单 15.5 中的数据生成步骤。清单 15.9 显示了这些代码。

**清单 15.9** 使用 Ridge 对象拟合一些二维数据。

```
import numpy as np
import math
from sklearn.linear_model import Ridge

# In place of these comments, make the data.
# Save the samples in column form
# as x_column, and the target values as y_vals

# Make our estimator
ridge_estimator = Ridge()

# Call fit(), get best straight-line fit to our data
ridge_estimator.fit(x_column, y_vals)

# Find y values at left and right ends of the data
y_left = ridge_estimator.predict(x_left)
y_right = ridge_estimator.predict(x_right)
```

图 15.3 重复图 15.2，显示清单 15.9 的结果，之后我们添加几行代码来创建图。我们只绘制所有数据点，然后从点(x_left,y_left)到点(x_right,y_right)绘制一条红线，注意在制作数据时自己设

置 x_left 和 y_left。

我们将绘图细节留给笔记本中的代码。有关使用 matplotlib 的内容可以在库函数的在线文档中找到，也可以从在线版或印刷版参考资料中找到[VanderPlas16]。

现在有了这条直线的端点，我们可以通过将 $x$ 值插入线的等式来得出任何 $x$ 的估计 $y$ 值。

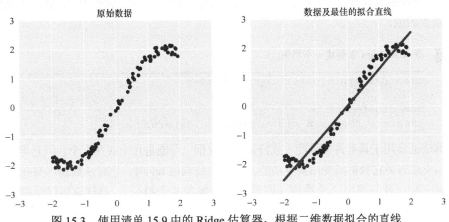

图 15.3　使用清单 15.9 中的 Ridge 估算器，根据二维数据拟合的直线

### 15.4.4　decision_function()，predict_proba()

我们刚刚看到如何使用估算器来解决一个回归问题。对于使用分类估算器的分类问题，该过程非常相似。

对于分类器，predict()函数为我们提供了一个类别。但有时我们想知道样本被分类到其他每个类中的可能性有多大。例如，一个分类者可能会认为给定的照片有 49%的概率是老虎，但有 48%的概率是豹子（其他 3%的概率是其他类型的猫）。在这种情况下，predict()函数会告诉我们这张照片是豹子，但我们可能想知道这张照片有多大可能是老虎。

对于我们关心所有可能类的输入概率的情况，许多分类器提供了一些额外的选项。例程 decision_function()将一组样本作为输入，并为每个类和每个输入返回"confidence"分数，其中较大的值表示更高的可信度。注意，多个类别同时具有较高的分数是有可能的。

相反，例程 predict_proba()返回的是每个类的概率。与 decision_function()的输出不同，每个样本的所有概率总是加起来为 1，这通常使得 predict_proba()的输出与 decision_function()相比更加一目了然。这也意味着我们可以使用 predict_proba()的输出作为概率分布函数，如果我们需要对结果进行额外的分析，有时会很方便。

虽然分类器都提供 fit()，但并不是说分类器都提供一个或两个其他例程。与往常一样，每个分类器的 API 文档会告诉我们它支持的内容。

## 15.5　聚类

聚类是一种无监督学习技术，即我们为算法提供一堆样本，并令算法尽力将相似的样本组合在一起。

输入数据将是二维点的大集合，没有其他信息。

　　scikit-learn 中有很多聚类选项。让我们在这里使用 $k$ 均值（$k$-means）算法，它与第 7 章中的聚类概述非常相似。$k$ 的值告诉算法要构建多少个簇（然而例程对于"簇数"使用了 n_clusters 参数，而不是更短、更隐秘的单字母"k"）。我们首先创建一个 KMeans 对象。要访问它，我们需要从其模块 sklearn.cluster 导入它。当创建对象时，我们可以告诉它需要在收到数据后构建多少个簇。这个名为 n_clusters 的参数，如果我们不给它设定值，则默认为 8。清单 15.10 展示了这些步骤，包括传递簇数的值。

**清单 15.10** 导入 KMeans 来创建一个实例。

```
from sklearn.cluster import KMeans

num_clusters = 5
kMeans = KMeans(n_clusters=num_clusters)
```

　　聚类算法通常用于具有许多维度（或特征）的数据，可能是几十或几百个。但是当创建聚类对象时，我们不必告诉它我们将使用多少功能，因为稍后调用 fit() 时，它将从数据本身获取该信息。

　　像往常一样，我们使用 2 个维度（即每个样本包含 2 个特征），这样就可以绘制数据和结果的图。为了创建数据集，我们将制作 7 个随机高斯斑点，并从每个斑点中随机选取点。结果如图 15.4 所示。我们还显示由生成每个样本的斑点进行颜色编码的数据，但这只适用于人眼，计算机只能看到 $X$ 值和 $Y$ 值的列表。

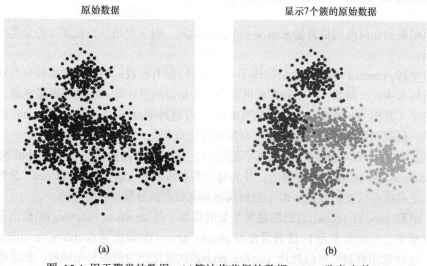

原始数据　　　　　　　　　　　　　　显示7个簇的原始数据

(a)　　　　　　　　　　　　　　(b)

图 15.4 用于聚类的数据。(a)算法将获得的数据；(b)一张备忘单，
向我们展示了 7 个高斯斑点中的哪一个用于生成每个样本

　　记住，我们只是将图 15.4 中的黑点提供给算法，因此除了位置，算法对这些点一无所知。和以前一样，我们将数据调整为一个大型的 NumPy 数组，其中每一行有两个维度或特征：该行的点的 $X$ 值和 $Y$ 值。我们将该数据称为 XY_points。要根据这些数据构建簇，我们只需将它交给对象的 fit() 例程，如清单 15.11 所示。

**清单 15.11** 如果将数据提供给 kMeans，它将计算出我们制作对象时请求的簇数。

```
kMeans.fit(XY_points)
```

fit()返回结果,表明聚类完成。为了可视化它是如何分解原始数据的,我们将再次运行相同的数据,并询问每个样本的预测簇。我们将使用 predict()方法和相同的数据来进行拟合,如清单 15.12 所示。

**清单 15.12** *我们可以通过将其处理为 predict() 来找到原始数据的预测聚类。*

```
predictions = kMeans.predict(XY_points)
```

变量预测是一个 NumPy 数组,其形状为一列。也就是说,输入中的每个点都有一行,每行都有一个值:一个整数,告诉我们例程分配给 XY_points 输入中的对应点的哪个簇。例如,XY_points 的第一行保存一个点的 X 值和 Y 值,第 5 行预测包含一个整数,告诉我们该点被分配到哪个簇。

让我们为一堆不同数量的簇运行这个过程,如清单 15.13 所示,清单中省略了绘图代码。

**清单 15.13** *用不同的簇数来进行尝试。*

```
for num_clusters in range(2, 10):
    kMeans = KMeans(n_clusters=num_clusters)
    kMeans.fit(XY_points)
    predictions = kMeans.predict(XY_points)
    # plot the XY_points and predictions
```

结果如图 15.5 所示。

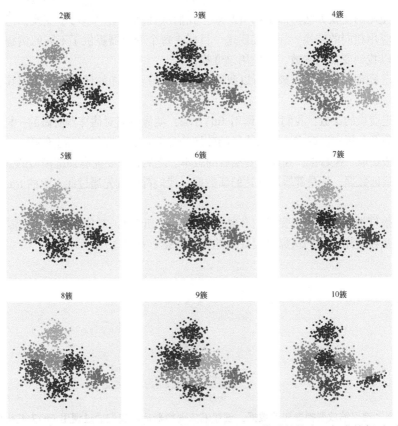

图 15.5 $k$ 均值算法将图 15.4 中的原始数据聚类到不同数量的簇中。每个簇都以不同的颜色显示。回想一下,我们使用 7 个斑点生成了数据

从视觉上看，从大约 5 簇开始，事情开始变得合理。因为我们使用重叠高斯来创建数据集，所以这些组并非完全不同。但是从大约 5 簇开始，我们可以看到最顶层和最右边的簇被很好地识别，主要质量被细分为更小的区域。从大约 9 簇开始，这些外部簇似乎正在分割。所以介于 5 和 8 之间似乎是一个不错的选择，这是一个令人满意的结果，但需已知我们是从 7 个重叠高斯数据集开始的。

scikit-learn 有多个聚类例程，因为它们以不同的方式处理问题，并产生不同类型的聚类。

聚类算法是了解数据空间分布的好方法。集群的缺点是我们必须选择簇的数量。有些算法试图为我们选择簇的最佳数量[Kassambara17]，但通常我们仍然需要查看结果并确定它们是否有意义。

## 15.6 变换

正如我们在第 12 章中讨论的那样，在使用数据之前，我们很多时候都希望对数据进行**变换**或修改。我们希望确保数据符合给出的算法的期望。例如，某些技术会在接收的每个要素都是以 0 为中心并且缩放到范围[−1,1]的数据时表现最佳。

scikit-learn 提供了各种各样的对象，称为**变换器**，它可以执行许多不同类型的数据变换。每个变换器接收一个包含样本数据的 NumPy 数组，并返回一个变换数组。

我们通常根据估算器选择应用哪个变换器，并将数据提供给它。每个需要以特定形式提供数据的估算器都会在其文档中提供该信息，但在它们建议或者需要某种形式的数据时，我们应当显式地指明希望使用的变换方法。回忆第 12 章，我们从训练数据中学习了变换，但是必须对所有进一步的数据应用相同的变换。为了实现这一目标，每个变换器提供了不同的例程来创建变换对象，分析数据以找到变换的参数，并应用该变换。

因为前文已经创建了一些对象，所以我们可以通过想要传递的任何参数调用其创建例程来创建变换对象。

要查找特定变换的参数，我们可以调用 fit()方法，就像我们对估算器所做的一样。我们用 fit()调用数据，对象会分析它以确定该对象执行的变换的参数。然后我们实际上使用 transform()方法变换数据。该方法获取一组数据，并返回变换后的版本。之后，只要拥有训练模型的数据，无论是原始训练数据、验证数据，还是部署后到达的新数据，我们都将首先通过此对象的 transform()方法运行它。

注意，这很好地说明了保留变换的必要性。在调用 fit()时，对象会先学习它需要做的事情，然后将相同的变换应用于我们从那时起处理的任何数据，如图 15.6 所示。

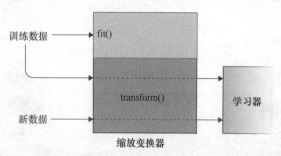

图 15.6　在训练之前用缩放变换器修改数据。创建缩放变换器后，我们通过调用 fit()为其提供训练数据。缩放变换器分析数据并确定缩放变换，然后用 transform()变换训练数据并用它训练估计量。从那时起，我们想要使用的所有新数据也应该通过缩放对象的 transform()例程进行处理

让我们看看真实情况下的例子。我们将使用具有明显视觉效果的变换器：每个特征都缩放到[0,1]内。像往常一样，我们将使用二维数据，因此有两个要缩放的值：$x$ 和 $y$。

我们将使用名为 MinMaxScaler 的 scikit-learn 变换器——它专为此类任务而设计。我们可以为它提供具有任意数量特征的数据。默认情况下，每个特征将被独立地变换到范围[0,1]。

让我们从图 15.7 中的数据开始。

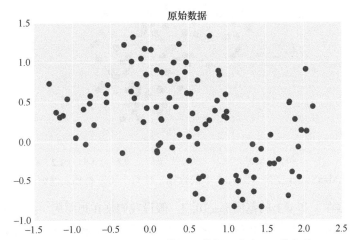

图 15.7　用于缩放的原始二维（或双特征）数据。注意，$x$ 值在约[-1.5,2.5]内，
$y$ 值在约[-1.0,1.5]内

要使用缩放变换器，像往常一样，我们必须先从 scikit-learn 导入适当的模块。在这种情况下，文档告诉我们它是 sklearn.preprocessing。首先创建缩放变换器，并将其保存在变量中，如清单15.14 所示。

**清单 15.14**　创建一个 MinMaxScaler 一次缩放所有特征。

```
from sklearn.preprocessing import MinMaxScaler
mm_scaler = MinMaxScaler()
```

现在我们有了自己的对象，然后开始分析训练数据，并通过调用 fit()和训练数据来计算变换。和以前一样，我们将以表格形式放置数据。其中每行包含一个样本的所有特征。因此，数据每行将有两个条目（点的 $x$ 值和 $y$ 值各一个）。清单 15.15 显示了该调用。

**清单 15.15**　调用 fit()时，MinMaxScaler 将计算出转换以将每个特征扩展到[0,1]范围内。

```
mm_scaler.fit(training_samples)
```

现在我们已准备好变换数据。我们只需对样本集调用 transform()，并保存变换后的值。然后就可以将它们交给估算器进行清单 15.16 中的训练。

**清单 15.16**　对任何数据集调用 transform()，以使用我们调用 fit()时确定的变换来缩放它。

```
transformed_training_samples = \
        mm_scaler.transform(training_samples)
```

变换训练数据的结果如图 15.8 所示。

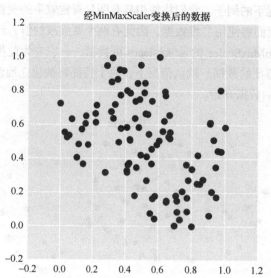

图 15.8　MinMaxScaler 变换了图 15.7 中的数据，使每个特征被独立地缩放到[0,1]的范围

可以看到，数据在 $x$ 和 $y$ 上的范围都是[0,1]。假设我们现在想要用一些测试或验证数据来评估估算器的质量，在将这些数据提交给估算器之前，我们必须先将其变换为与变换训练数据相同的形式，如清单 15.17 所示。

**清单 15.17**　在新数据上调用 transform() 以在使用之前对其进行变换。

```
transformed_test_samples = \
            mm_scaler.transform(test_samples)
```

图 15.9 显示了一些测试数据及其变换结果。

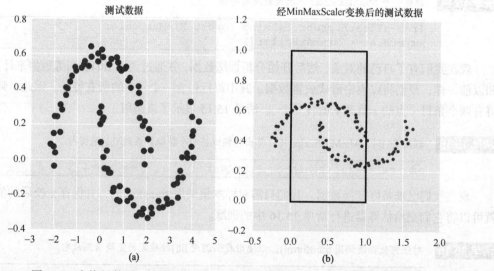

图 15.9　变换新数据。(a)测试数据；(b)用我们为图 15.7 中的训练数据创建的
MinMaxScaler 进行转换后的测试数据。黑色矩形显示从(0,0)到(1,1)的框

注意，转换后的数据不会被压缩并缩放到 $x$ 或 $y$ 中的[0,1]范围，正如我们从图 15.9 中的(0,0)

到(1,1)的框中可以看到的那样。这正是我们对测试数据的期望，这些新数据的值大于训练数据中的值。在这种情况下，测试数据的 $x$ 值在约[-3,4]范围内，这远大于训练数据的范围[-1.5,2.5]。因此，变换的 $x$ 值将落在[0,1]之外。测试数据的 $y$ 值的范围约为[-0.4,0.6]，这远小于训练数据约[-1.0,1.5]的范围。因此，$y$ 值仅占用了范围[0,1]的一小部分。

　　因此，虽然变换移动并压缩了 $x$ 值，但是对于这个较大的数据，它没有做到足够好，并且变换的 $x$ 值超出了范围[0,1]。以同样的方式，系统移动并压缩 $y$ 值，但这次对测试数据的压缩太多了，导致结果仅使用了范围[0,1]的一小部分。尽管估算器最适用于[-1,1]范围内的数据，但对于"接近"该范围的数据，它仍然可以正常工作。"接近"的确切含义因估算器而异，因此需要检查。但接近 1.5 的一些数据是值得怀疑的，因为这些值会导致估算器产生无意义的结果。

## 逆变换

　　我们可以用 predict()来获取某些数据的估算器输出。记住，这些结果是基于输入估算器的数据得到的，我们先将其变换。无论我们是在考虑训练数据、测试数据还是部署数据，都要经历变换。

　　在第 12 章中，我们研究了一个回归问题，该问题要求根据前一个午夜的温度预测街道上的车辆数量。输入数据变换了，估算器预测的值也要变换。我们必须加以**撤销**或**反转**变换，以便它代表车辆的数量，而不是 0～1 的值。

　　这个过程很典型。如果想比较估算器产生的结果与原始的未变换数据，我们必须以某种方式撤销变换。在上面使用 MinMaxScaler 的场景中，我们希望以与最初拉伸它们的完全相反的方式取消拉伸样本。

　　正是为了满足这个需求，每个 scikit-learn 变换器都提供了一个名为 inverse_transform()的方法，其中"inverse"意味着"相反"。所以这个例程适用于反向变换 transform()所做的任何变换。图 15.10 展示了一个通用的"学习器"，而不是一个特定的估算器。

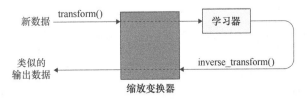

图 15.10　学习器的输出基于它接收的变换值。要将该数据转换为原始格式（在本例中为原始范围），
我们在该输出数据上调用变换器的 inverse_transform()方法。如果我们将学习器
从这个循环中取出，左下角的值将与左上角的值相同

　　例如，我们可以将图 15.9b 的数据提供给 inverse_transform()，然后返回图 15.9a 的数据，如清单 15.18 所示。

**清单 15.18**　利用 inverse_transform ()对 transform()的应用对象进行逆变换。

```
recovered_test_samples = \
    mm_scaler.inverse_transform(transformed_test_samples)
```

　　让我们看看例子。在图 15.11a 中，我们看到了原始数据，这与之前使用的数据类似。数据的 $x$ 值的范围约为[0,6]，$y$ 值的范围约为[-2,2]。设置一个新的 MinMaxScaler 并用这个数据调用 fit()，然后通过 transform() 运行它, 我们得到了图 15.11b 的版本, 其中两个范围现在都是[0,1]。

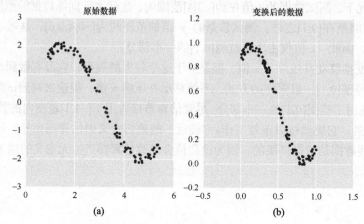

图 15.11　(a)原始数据; (b)在使用此数据设置新的 MinMaxScaler 对象,
并对其进行转换后, $x$ 值和 $y$ 值都在[0,1]范围内

现在为变换后的数据拟合一条直线, 我们将使用之前介绍的 Ridge 估算器。图 15.12a 展示了使用 Ridge 估算器得到的与变换数据一致的直线以及变换后的数据本身。图 15.12b 展示了该直线以及原始的非变换输入数据。这是一次很差的拟合! 那是因为该直线适合变换后的数据, 而不是原始数据。

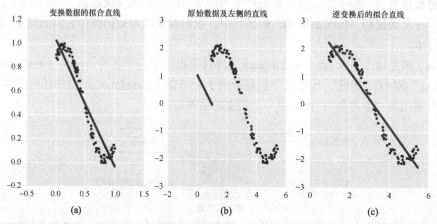

图 15.12　将线拟合到变换后的数据。(a)变换数据, 其中 $x$ 值和 $y$ 值都在[0,1]范围内, 并且 Ridge 对象适合该数据; (b)原始数据 (注意轴上的不同范围), 以及我们在左侧找到的直线, 该直线根本不匹配, 因为它适合变换后的数据; (c)对该直线的两个端点使用 inverse_transform()时, MinMaxScaler 对它们进行逆变换。现在, 逆变换后的拟合直线正确匹配了原始数据

要使该直线与输入数据匹配, 我们需要通过 MinMaxScaler 的 inverse_transform()方法运行它。为此, 我们将线的端点视为两个样本, 并对这两个样本进行逆变换。

原始数据以及经逆变换后的拟合直线如图 15.12c 所示。

## 15.7　数据精化

有时, 我们拥有过多的数据, 数据中的一些特征可能是多余的。例如, 如果数据记录了比萨

店的交货情况，那么可能会有一个字段，其中包含每个比萨饼的尺寸以及应该放入的盒子尺寸。可能的情况是，盒子尺寸可以根据比萨的尺寸预测，反之亦然。

执行数据精化的例程旨在通过完全删除某些特征或通过使用其他功能组合创建新特征来从数据中查找和删除此类冗余。另一类例程，例如第 12 章介绍的与主成分分析（PCA）方法相关的例程，也能够压缩相关但不完全冗余的数据。这些都是通过组合特征来折中简化数据和信息损失。

让我们看一下数据压缩的例子，即从三维压缩到二维。图 15.13 展示了根据形状类似于膨胀椭圆的三维斑点绘制的点的数据集。$x$ 值的范围在[−0.8,0.8]附近，$y$ 值的范围在[−0.3,0.3]附近，$z$ 值的范围在[−0.7,0.7]附近。

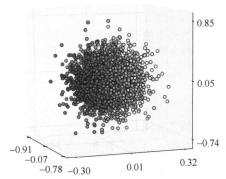

图 15.13　原始的三维散点图。其中 $y$ 上值的范围最小。
此处的颜色只是为了帮助我们确定点的位置

让我们将这个三维散点图的特征减少到只有 2 个（也就是说，将它压缩成二维数据）。我们将使用 PCA，如第 12 章所述。省略构建并绘制初始散点图的代码，其核心步骤只有 3 个：创建 PCA 对象（并告诉它我们想要多少维度），调用 fit()以便它可以确定要删除的要素，并调用 transform()来应用转换，如清单 15.19 所示。在这里，我们还要求 PCA“白化”数据，这可以帮助 PCA 产生最佳结果。

**清单 15.19**　要应用 PCA，需要先创建 PCA 对象。在这里，我们首先告诉它将数据特征减少到 2 个，并在整个过程中白化每个特征；然后用三维数据调用 fit()，这样 PCA 就可以确定如何减少它；最后，调用 transform()来应用转换并获取缩减的二维数据。

```
from sklearn.decomposition import PCA
# make blob_data, the 3D data forming the "blob"
pca = PCA(n_components=2, whiten=True)
pca.fit(blob_data)
reduced_blob = pca.transform(blob_data)
```

结果如图 15.14 所示。现在，每个数据点仅由两个值描述，而不是 3 个。换句话说，PCA 的结果显示我们的数据已经从三维降为了二维。

注意，它不是简单地沿着一个方向压扁。正如我们在第 12 章中讨论的那样，该算法在三维斑点中放置了一个平面，以便尽可能多地捕获数据中的方差，然后将每个点投影到该平面上。

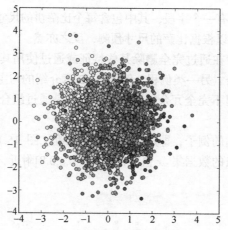

图 15.14 运行 PCA 后，图 15.13 中的原始散点被压缩的结果。我们要求 PCA 将原来的
3 个特征减少到 2 个，同时保留尽可能多的信息

## 15.8 集成器

有时创建一堆相似但略有不同的估算器是有用的——让它们都提出自己的预测。这样，就可以使用某种策略（通常是投票）来选择"最佳"预测，并将其作为组的最佳结果返回。

正如第 13 章中介绍的那样，这些估算器的集合称为**集成器**。让我们看看如何在 scikit-learn 中构建和使用集成器。

系统设置为我们可以像任何其他估算器一样处理整体。也就是说，我们将所有单个估算器包装成一个大的估算器，并直接使用它。scikit-learn 为我们处理所有内部细节。

就像任何其他估算器一样，我们使用整体的第一步是创建一个整体对象，然后调用 fit() 方法为它分析数据，最后，可以调用其 predict() 方法来评估新数据。我们不必关心"正在使用的估算器对象中隐藏着多个估算器"这一事实。

scikit-learn 中的一些集成器可以使用任何类型的估算器来制作，而另一些集成器仅限于分类器，或是仅采用了回归算法，也可能只是算法的特定实例。

让我们建立一个集成器进行分类。我们将使用包含 1000 个点的数据集，这些点构成 5 个螺旋臂，即每个点是 5 个类别中的一个。该原始数据如图 15.15 所示。

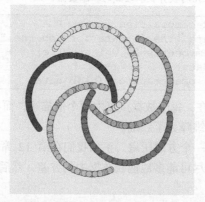

图 15.15 集成器分类的原始数据。5 个螺旋臂中的每一个包含 200 个不同的点

我们将从这些点中随机选择 2/3 作为训练数据，并将剩下的 1/3 作为测试数据。

我们将使用通用集成器创建函数——它可以构建包含几乎任何特定分类器算法的一组分类器。该集成器创建函数称为 AdaBoostClassifier()。之所以使用 Boost 这个词，是因为内部使用了增强算法（见第 13 章）。

在用这个函数创建集成器时，我们告诉它应该构建多个副本的算法。我们将使用 RidgeClassifier 分类器——它是前文使用的 Ridge 回归算法的分类器版本，如清单 15.20 所示。

**清单 15.20** 用集成器创建函数 AdaBoostClassifier()创建 Ridge 分类器对象的集成器。对于此分类器，算法参数需要设置为 SAMME（这不是"same"一词的拼写错误），如其文档中所述。

```
from sklearn.linear_model import RidgeClassifier
from sklearn.ensemble import AdaBoostClassifier
ridge_ensemble = \
        AdaBoostClassifier(RidgeClassifier(), \
        algorithm=' SAMME' )
```

AdaBoostClassifier()的文档解释了它有两种不同的模式，具体取决于它用来构建集成器的分类器所支持的方法。在 Ridge 分类器的情况下，我们需要指定 SAMME 算法（注意：有两个 M）。

我们可以使用可选的 n_estimators 参数控制有多少分类器进入集成器。对于这个例子，我们将保留其默认值，即 50 个估算器。我们还将所有其他参数（包括学习率）保留为默认值。

现在我们的集成器已经创建完成，可以像使用其中一个估算器一样使用它。我们用 fit()训练集成器（以及其中的所有估算器）和输入的样本。由于我们已经创建了这个集成器来监督类别的学习，因此 fit()例程会同时包含样本及其标签。对集成器的 fit()例程的调用如清单 15.21 所示。

**清单 15.21** 拟合集成器对象。

```
ridge_ensemble.fit(training_samples, training_labels)
```

最后，我们可以让集成器使用 predict()来预测新值，如清单 15.22 所示。

**清单 15.22** 使用集成器预测新值。

```
predicted_classes = ridge_ensemble.predict(new_samples)
```

集成器内部通常通过使用某种投票算法来选择最终输出，其中被预测次数最多的类别成为最终结果。

图 15.16 展示了 50 个分类器的测试数据的分类。这些结果并不十分令人满意。

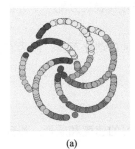

图 15.16　50 个分类器的测试数据的分类。(a)测试数据，按照每个点的类别进行颜色编码；(b)由集成器创建的区域；(c)在此区域上覆盖螺旋状的点

麻烦的是，我们试图以这样的方式将 50 条直线拟合到这些数据中，这样它们就可以正确地对旋转数据进行分类。

我们可以通过试验估算器的数量、学习率或估算器的参数来尝试改进这些结果。

还可以尝试另一个估算器。让我们使用决策树，所做的唯一更改是导入必要的模块，然后告诉 AdaBoostClassifier() 从这些分类器中创建集成器，如清单 15.23 所示。

**清单 15.23** 用决策树创建一个集成器。对于决策树，我们可以将算法参数保留为其默认值。

```
from sklearn.tree import DecisionTreeClassifier
tree_ensemble = \
        AdaBoostClassifier(DecisionTreeClassifier())
```

现在我们像以前一样使用 fit() 和 predict()。图 15.17 展示了使用 50 棵决策树进行分类的结果。对于这些数据，使用所有默认值，决策树的性能几乎完美！

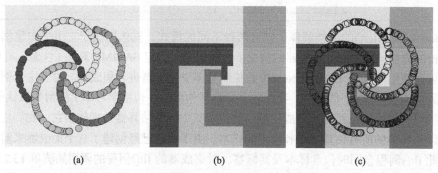

图 15.17　使用 50 棵决策树进行分类的结果。(a)测试数据，每个点的颜色编码根据其类别分配；
(b)由集成器创建的不同区域；(c)将螺旋状的点覆盖到该区域上

## 15.9　自动化

机器学习系统有很多参数，通常也有很多超参数。区别在于系统从数据中学习其参数，而超参数则由我们自己设置。典型的超参数包括学习速率、聚类算法中的聚类数、整体中估计量的数量以及要应用的正则化量。

我们经常想要尝试这些超参数的许多值来找到能够为给定系统和数据提供最佳性能的组合。如果找不到最好的结果，那么至少会尝试一些组合并使用效果最好的组合。

如果想要自动执行此搜索过程，我们需要两个基本阶段。第一个阶段是自动选择超参数，选择用于构建和训练学习器的值。第二个阶段是评估学习器并为其表现分配一个分数，然后可以选择产生最佳分数的组合。

scikit-learn 为这两个阶段都提供了工具。我们认为它们是**自动化**工具，因为它们帮助我们处理这个重复的过程。

### 15.9.1　交叉验证

大多数学习算法有多个参数和超参数，可以控制它们学习的速度和质量。找到这些值的最佳组合可能很困难，因为这取决于正在训练的数据的性质。

正如第 8 章所述，我们可以使用**交叉验证**来确定给定数据集上的模型的质量。当训练集不是太大时，这种技术特别有吸引力，因为它不需要我们从训练数据中删除永久验证集。相反，我们将训练分解为称为折的相等大小的片段，然后使用其中一个折的数据作为验证集，多次独立地训练和评估模型。通常将模型的性能报告作为这些多个版本的平均性能[scikit-learn17c]。

scikit-learn 可以帮助我们自动化这个过程。我们将常规估算器、数据和希望它使用的折的数量交给它，而它为我们执行整个过程，并报告完成后的平均分数。许多 scikit-learn 估算器都有专门的版本来执行交叉验证，并通过附加例程的通常名称以及最后的字母 CV 来命名。它们都列在 API 文档中[scikit-learn17a]。

例如，假设我们想要使用之前使用过的 Ridge 分类器来学习一组标记的训练数据中的类别。为了评估其性能，我们将使用交叉验证。

Ridge 分类器实现名为 RidgeClassifier 的对象。按照我们刚刚描述的约定，内置交叉方差的 RidgeClassifier 对象的版本称为 RidgeClassifierCV。所以，我们的第一步就是制作其中一个对象。

要在此估算器上执行交叉验证，我们只需要使用训练数据和标签调用其 score()方法。这一次调用从头到尾为我们完成整个交叉验证过程。score()例程负责将数据分割成折，为每个版本的训练数据构建和评估 RidgeClassifier，然后返回分数的平均值，如清单 15.24 所示。

**清单 15.24** 要通过交叉验证运行 RidgeClassifier 对象，我们先创建 RidgeClassifierCV 对象的实例，然后用训练数据和标签调用它的 score()例程。结果是对于每个折在训练及验证过程中的平均准确率。

```
from sklearn.linear_model import RidgeClassifierCV

ridge_classifier_cv = RidgeClassifierCV()
mean_accuracy = ridge_classifier_cv.score(
                training_samples, training_labels)
```

我们可以在创建时将各种可选参数传递给 RidgeClassifierCV 对象。也许最重要的参数是我们想要使用的折的数量（这里将其保留为默认值 8）。

RidgeClassifierCV 使用合理的折算法将数据分成相等的部分。这通常很有效，但是 scikit-learn 提供了几种替代方案，称为**交叉验证生成器**，有时可以做得更好。例如，StratifiedKFold 交叉验证生成器在创建折时会关注数据，并尝试为每个类别分配相同数量的实例。换句话说，它试图确保每个折与整个数据集具有大致相同的构成，这通常对分类器的训练有利。

要使用这种方法，我们首先创建一个 StratifiedKFold 对象，并告诉它要使用多少个折（这是对象名称中 K 的值）。遗憾的是，该对象的此参数的名称未命名为"折数"，而是 n_splits。

StratifiedKFold 对象在创建时不需要数据，因为当使用此对象构建折时，交叉验证生成器将为我们发送数据。我们只需提供交叉验证分层对象作为交叉验证对象 RidgeClassiferCV 的名为 cv 的参数的值，其余的操作自动进行，如清单 15.25 所示。

**清单 15.25** 要使用选择的分层，我们必须首先创建它，这意味着还必须导入它。在这里，我们导入 StratifiedKFold 对象并告诉它使用 10 折。我们通过参数 cv 将它传递给 RidgeClassifierCV 对象。

```
from sklearn.model_selection import StratifiedKFold

strat_fold = StratifiedKFold(n_splits=10)
ridge_classifier_cv = RidgeClassifierCV(cv=strat_fold)
```

让我们直观地看一下这个过程。图 15.18 总结了带分类器的交叉验证的 scikit-learn 模型。系统的输入包括标记的训练数据、折数模型构造函数（即创建分类器的例程）及其参数（在示例中将它们保留为默认值）。然后，例程循环遍历每个折，将其从数据中移除，对剩余的内容进行训练，并在提取的折上评估结果。得到的分数作为输出，或者生成平均值以仅呈现单个值。在图 15.18 以及随后的图中，带箭头的波浪框表示循环。在这种情况下，它是每个折经历一次上述过程的循环。

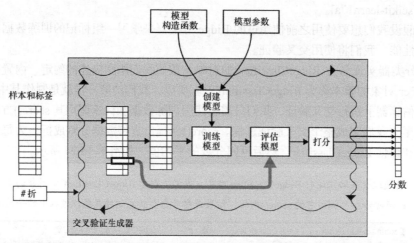

图 15.18　使用分类器进行交叉验证的可视化。这里用带箭头的波浪框表示 scikit-learn 中交叉验证例程运行一个循环。每次循环时，从训练数据中提取一个折。剩下的样本用于训练模型，然后我们在提取的折上评估结果，产生分数。结果是每个折一个分数。我们将这些分数或它们的平均值作为输出

图 15.18 缺少任何形式的变换。也就是说，我们并没有缩放或标准化数据，或者进行特征压缩，或者进行我们学过的可以帮助模型进行学习的任何其他变换。

要在交叉验证中包含这些变换，我们必须要小心。如果我们只是在缺乏考虑的情况下将变换放入图 15.18 的内部循环中，就会面临信息泄露的风险。如第 8 章所述，这可能会让我们对模型的性能产生错误结论。

要正确包含变换，我们可以使用另一个名为 pipeline 的 scikit-learn 工具。理解 pipeline 的一个好方法是看我们在搜索超参数时如何使用它们，而这本身就是一个重要的主题。

接下来我们研究搜索和 pipeline，然后回到交叉验证，看看如何用 pipeline 包含变换。

## 15.9.2　超参数搜索

我们经常需要区分**参数**和**超参数**，前者通常由算法本身根据数据进行调整，后者则通常由我们手动设置。

例如，假设我们要在数据集上运行聚类算法。簇的大小和中心是从数据中学习的参数，并保持在算法“内部”，而要使用的簇数量由我们在算法“外部”设置，通常这些值被称为超参数。

在学习系统中为所有超参数找到最佳值通常是一项具有挑战性的任务。可能有许多值要修补，且它们可能会相互影响。因此，使用自动化方法搜索它们可以为我们省去大量时间和麻烦。

我们甚至可以将搜索超参数值的想法推广到搜索算法的选择。例如，我们可能想要尝试几种不同的聚类算法，寻找能够最好地利用数据的聚类算法。

为了使这种搜索更容易，scikit-learn 提供了一系列例程，可以自动执行这些类型的参数、超参数和算法搜索。

我们确定了要搜索的内容类型、希望它们尝试的值，以及判断每个结果的标准。然后，搜索过程会遍历每个值的组合，最终报告产生最佳结果的集合。

注意，尽管 scikit-learn 可以轻松设置和运行此搜索，但它并不比手动完成（除了打字时间）更快。它只是有条不紊地研究要搜索的值，然后一遍又一遍地构建、训练和测试得到的算法。

有两种流行的方法来处理这种搜索：**常规网格**（regular grid）和**随机搜索**（random search）。

常规网格测试参数的每个组合。该方法的名称中包含"网格"这个词，是因为我们可以将它作为网格上的点所尝试的所有组合可视化。二维示例如图 15.19 所示。

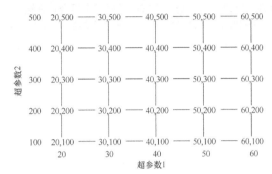

图 15.19　对两个超参数进行常规网格搜索，每个超参数有 5 个可能值。对于这两个值的每个组合，我们构建、训练并测试新系统。共有 25 种组合可供尝试

在这个例子中，两个超参数中的每一个都有 5 个值，即共有 5×5=25 种组合可供尝试。

由于我们要包含更多要搜索的参数或每个参数的更多值，因此该网格的大小以及必须执行的训练/测试步骤的数量将相应增加。这意味着整个过程需要越来越多的时间来运行。最终它的运行时间可能会超出我们的接受范围。例如，如果我们有 4 个超参数需要搜索，每个有 6 个值，则为 6×6×6×6=1296 个不同的组合。如果需要一小时来训练和测试每个模型，那么搜索将需要 54 天的不间断计算！

切掉部分网格并节省时间会很棒，但这是一个冒险的步骤，因为我们事先无法知道哪些参数组合可能会产生最佳结果。

网格搜索通常有条不紊地进行，以可预测的固定顺序（例如从左到右、从上到下）完成所有可能的组合。

更快但信息量更少的替代方案是**随机搜索**这些组合，而不是以某种固定顺序搜索。该算法选择尚未尝试的超参数值的随机组合，训练和测试得到的模型，然后选择另一个未尝试的随机组合，以此类推。我们可以考虑许多不同的条件来控制这个过程何时应该停止。例如，算法可以在搜索每个组合，或者尝试了指定的一定数量的组合，又或是它的运行时间超过了指定的时间时停止，也可以只是我们厌倦了等待于是手动停止。这之后它会返回找到的最佳组合。图 15.20 说明了这个想法。

这种方法优于常规网格的地方在于，我们可以在结果出现时观察它们。也许这样我们就可以了解应该在哪里集中搜索，然后可以在看起来很有希望的邻域中停下来再重新开始。例如，假设在图 15.20 中，组合(40,200)的表现比任何其他组合好得多，我们可能决定在该区域运行新的局部细致搜索，可能使用常规网格，如图 15.21 所示。

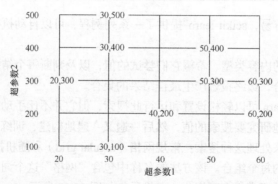

图 15.20　随机搜索不会按顺序测试每个组合，而是以随机顺序测试它们。这可以让我们总体
感觉到高分数的位置，而不是一上来就尝试每个组合。在这里，我们通过
8 个步骤选择随机组合，然后构建、训练和测试结果模型

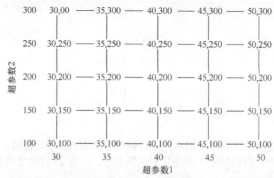

图 15.21　如果我们认为找到了最佳值的邻域，就可以运行一个新的搜索来放大该区域。
在这里，我们查看超参数 1 的值为 40，而超参数 2 的值为 200 的区域

　　首先，让我们看看如何使用 scikit-learn 运行规则的、有条理的网格搜索。随后，我们将以几
乎相同的方式设置和调用随机版本。

## 15.9.3　枚举型网格搜索

　　枚举型网格搜索由一个名为 GridSearchCV 的对象提供（最后的 CV 提醒我们算法将使用交叉
验证来评估它尝试的每个模型的性能）。

　　GridSearchCV 逐个生成每个参数组合，构建并训练模型，然后测试相应模型对数据的执行情
况，返回该模型的最终得分。

　　请注意，我们交给此例程的估算工具本身不应执行交叉验证（即，其名称不应以 CV 结尾），
因为网格搜索器会负责处理该步骤。图 15.22 展示了制作基本网格搜索对象的部分。

图 15.22　制作基本网格搜索对象的部分。我们提供在每次交叉验证期间使用的折数、想要
搜索的参数、希望它们采用的值，以及正在调查的模型构造函数

　　这个对象需要提供交叉验证步骤的折数（该值的默认值为 3 ）、一组应该被搜索的参数及其值，以及为学习器构建的例程作为输入。此外，还有许多这里不会涉及的可选参数。

　　从概念上讲，我们可以分两步考虑网格搜索过程。第一步是构建参数值的每个组合的列表。因此，如果只有两个参数，我们可以将此列表保存为二维网格。如果有 3 个参数，我们可以将其视为三维体积，以此类推。

　　第二步是一次一个地运行这些组合，构建模型，使用交叉验证对其进行评估，并保存分数。我们可以将该分数保存在与参数组合列表的形状和大小相同的另一个列表（或网格、体积或更大的结构）中，然后可以快速查看为每个组合分配的分数。

　　图 15.23 展示了整个过程的可视化摘要。在左边，我们看到了创建学习模型的例程（可能是决策树算法，或像 Ridge 这样的回归算法）。还有一组我们想要改变的参数，以及想要为每个参数尝试的值。现在假设我们对探索两个超参数感兴趣，并且想要为第一个超参数尝试 7 个可能的值，为另一个尝试 5 个可能的值。

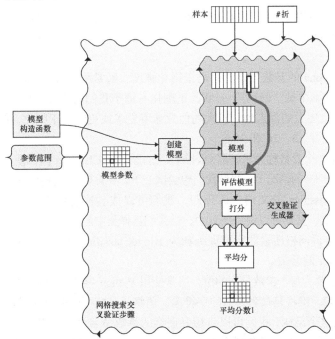

图 15.23　用交叉验证进行网格搜索

　　在处理的第一步中，我们找到这些参数和值的所有组合，并将它们保存在标记为"模型参数"的网格中。此网格大小为 7×5，即两个超参数的每个值的组合都是一个可选参数条目。现在我们开始运行循环。外部波浪框代表网格搜索器的主循环。每次循环时，它都使用模型构造函数和网格中的一组模型参数来创建模型。在顶部，我们可以看到构成训练集的样本。如果我们使用有监督的学习器，这些样本将有标签。此外，我们还将提供交叉验证时使用的折数。

　　所有这些都进入内部波浪框，其中包含我们在图 15.18 中看到的交叉验证步骤（尽管转向其侧面）。交叉验证步骤的分数将被保存并生成平均分，该结果被保存在网格中与模型参数相同的位置，因此很容易找到每个参数组合的分数。

　　搜索循环完成后，我们会查看搜索过程中保存的所有分数，并找到产生最佳结果的参数。我们使用这些参数创建一个新模型，训练并返回它，如图 15.24 所示。

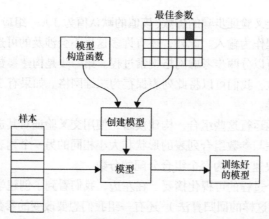

图 15.24　通过确定得到最佳分数的参数来完成网格搜索过程。我们根据这些参数构建
一个新模型，在所有数据上进行训练，然后返回该模型

让我们看看代码。我们将使用之前的 Ridge 分类器对一组数据进行分类。RidgeClassifier 对象需要很多参数，然而我们到目前为止一直在使用默认参数。让我们选择其中两个参数，并为特定数据集搜索最佳值。

我们将从名为 alpha 的参数开始，这是正则化强度，通常称为 lambda（$\lambda$），同一概念使用不同希腊字母的情况并不罕见。回忆第 9 章，正则化有助于我们防止过度拟合。在 RidgeClassifier 中，alpha 是 0 或一个更大的浮点值。较大的值意味着更多或更强的正则化。首先，我们将尝试这 6 个 alpha 值：1、2、3、5、10 和 20。

我们要搜索的第二个参数称为求解器（solver）。这是 RidgeClassifier 内部使用的完成工作的算法。在不详细介绍每一个细节的情况下，假设我们想尝试一下，看看是否有任何一个参数选择会表现得特别好。关于 RidgeClassifier 的文档告诉我们，我们可以按名称引用这些算法（即使用字符串）[scikit-learn17g]。再次，基本可以说是任意的，让我们选择其中的 3 个：'svd'、'lsqr'和'sag'。

现在我们需要告诉网格搜索器所要训练和为 RidgeClassifier 评分的多个版本，并用这些值作为名为 alpha 和 solver 的参数。

为了传达我们想要为每个参数分配的值，通常使用 Python 字典。简而言之，字典是用花括号括起来的键/值对的列表。键将是命名参数的字符串，值将是参数可以采用的列表。

鉴于 Python 的这个结构，我们可以将想要搜索的参数命名为字符串，并将它们用作字典中的键。我们希望每个参数采用的值在列表中被命名，并分配给该键的值，如清单 15.26 所示。

**清单 15.26**　构建一个字典，以保存所要搜索的值。

```
parameter_dictionary = {
    ' alpha' : (1, 2, 3, 5, 10, 20),
    ' solver' : (' svd' ,' lsqr' ,' sag' )
}
```

当网格搜索器构建一个新的 RidgeClassifier 时，它会将 alpha 条目中的一个值分配给 alpha 参数，并将一个值分配给 solver 参数的求解器条目。它通过匹配名称来实现，因此字典中的名称必须与 RidgeClassifier()使用的参数名称完全匹配。

网格搜索器将从该字典中构建并评估 6×3=18 个不同的模型。这些模型将通过清单 15.27 中的调用进行，尽管我们是看不见这一切的。由于 Python 的字典定义方式，算法可能无法按此顺序进行选择，但该细节通常对我们来说也是不可见的。

**清单 15.27** 基于清单 15.26 的字典，网格搜索器将构建和评估的 18 个模型。此处仅展示了前几个和最后几个。它们可能不按此顺序生成。

```
ridge_model = RidgeClassifier(alpha=1, solver=' svd' )
ridge_model = RidgeClassifier(alpha=1, solver=' lsqr' )
ridge_model = RidgeClassifier(alpha=1, solver=' sag' )

ridge_model = RidgeClassifier(alpha=2, solver=' svd' )
ridge_model = RidgeClassifier(alpha=2, solver=' lsqr' )
ridge_model = RidgeClassifier(alpha=2, solver=' sag' )

ridge_model = RidgeClassifier(alpha=3, solver=' svd' )
....

ridge_model = RidgeClassifier(alpha=20, solver=' lsqr' )
ridge_model = RidgeClassifier(alpha=20, solver=' sag' )
```

要运行搜索，我们使用图 15.22 所示的 3 个项创建一个 GridSearchCV 对象。这 3 个项是要使用的折数、参数范围的字典以及模型构造函数，如清单 15.28 所示。

**清单 15.28** 构建一个网格搜索器。我们为它提供了所要它使用的估算器（这里是一个 RidgeClassifier）、带有参数名称和值的参数字典，以及要使用的折数。如果我们想要搜索不同的值，那么可以在字典中放置折数。为了表明我们不需要，这里我们将它作为常量值传递。

```
from sklearn.model_selection import GridSearchCV
from sklearn.linear_model import RidgeClassifier

ridge_model = RidgeClassifier()
parameter_dictionary = {
    ' alpha' : (1, 2, 3, 5, 10, 20),
    ' solver' : (' svd' , ' lsqr' , ' sag' )
}
num_folds = 3

grid_searcher = GridSearchCV(estimator=ridge_model,
                    param_grid=parameter_dictionary,
                    cv=num_folds)
```

稍等一下！这里有点奇怪。我们在清单 15.27 中看到，网格搜索器将生成 18 个不同的 RidgeClassifier 对象，每个对象具有不同的参数。但是在清单 15.28 中，我们创建了一个 RidgeClassifier 对象并将其存储在变量 ridge_model 中，根本没有给它任何参数。网格搜索器如何获取这个对象并制作 18 个新版本，让每个版本都有不同的参数？

这个问题的答案也是基于 Python 语言的设置方式。让我们来看看在上层发生了什么。

我们为搜索者提供了使 RidgeClassifier 对象作为其估算器参数的例程。因此，网格搜索器能够使用新参数调用该例程来创建新模型。换句话说，它可以完全按照清单 15.27 所示，但使用参数估算。由于我们为此参数赋值的值本身就是一个过程，因此调用该过程与显式调用 RidgeClassifier() 相同。这个机制使我们以后可以轻松地使用完全不同的估算器调用 GridSearchCV()，只需改变提供给估算器的程序即可。如果新模型采用相同的 alpha 和 solver 参数,那么我们可以保留字典。如果它需要其他参数,我们可以使用不同的字典。

简而言之,网格搜索器生成参数的所有组合,并将每个组合传递给所提供的任何例程作为估算器的值,以便创建估算器对象的新实例。在这种情况下,它将创建一个新的 RidgeClassifier 对象。然后,它使用我们的数据通过交叉验证运行该对象并评估其性能。

创建 GridSearchCV 对象使其准备运行搜索,但实际上并不启动该过程。要运行搜索,我们需要调用 GridSearchCV 对象的 fit() 方法。因为在这个例子中我们正在训练分类器,所以将给它们提供样本和标签,如清单 15.29 所示。

**清单 15.29** 为了运行搜索,我们使用训练数据和样本调用搜索者的 fit() 方法。

```
grid_searcher.fit(training_samples, training_labels)
```

这就是参数网格搜索需要的全部内容。我们调用函数,然后一切都自动发生。当该行返回时,系统已经详尽地搜索了参数的所有组合。

在开始参数网格搜索之前,我们应该暂停一下,以确认我们真的想要进行搜索了,因为我们可能要等待很长的时间来完成参数网格搜索。正如之前看到的,如果我们需要搜索大量参数,并且每次运行需要一段时间,可能需要等待数小时甚至数周才能完成这项工作。

当 fit() 完成后,我们可以查询 grid_searcher 对象以发现它找到的内容。该对象将其结果保存在内部变量中。它的每个变量都以下画线结尾,以帮助我们避免使用我们自己的变量来混淆这些名称。

该文档提供了包含结果的所有内部变量的完整列表。让我们看看 3 个最有用的变量。best_estimator_(注意尾随下画线)告诉我们搜索者做出的显式构造调用,使得得出最佳值的估算器具有所有参数(包括未指定的所有默认参数)。最佳值本身由 best_score_ 给出。如果我们只想要最好的参数集,那么 best_parameters_ 包含一个字典,它对原始字典中的每个参数都具有最佳值。

让我们付诸行动吧!图 15.25 展示了一对半月形的数据点的集合。这是使用 scikit-learn 数据制作实用程序 make_moons() 生成的,我们将在下面看到。图 15.25b 展示了在清单 15.28 中运行网格搜索的结果,然后是拟合步骤。由于我们使用的是 RidgeClassifier,因此期望直线能够很好地分割这两个类,尽管没有直线可以完成这样一项完美的工作。

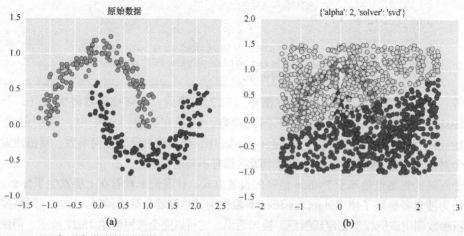

图 15.25 (a)有两个类别的原始数据;(b)网格搜索结果,在原始数据之上绘制了 500 个预测点。分类器找到了一条很好的直线近似来分割数据。更复杂的分类器可以找到更复杂和更准确的边界曲线

为了清晰起见，图 15.26 仅显示图 12.25 中的测试数据。每个点都由分类器分配的类别着色。

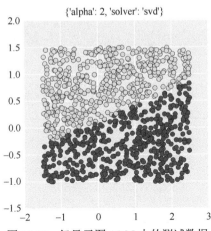

图 15.26 仅显示图 15.25 中的测试数据

清单 15.30 显示了我们刚才讨论的 3 个变量的结果值及其价值。

**清单 15.30** 描述图 15.25 中数据的最佳组合的变量。Python 生成的输出行以浅蓝色着色。请注意，最佳估算器为我们提供了对 RidgeClassifier 及其所有参数的完整调用，包括可选参数。参数 best_parameters_ 是一个字典，这里有 2 个键/值对。

```
grid_searcher.best_estimator_
    RidgeClassifier(alpha=2,
            class_weight=None, copy_X=True,
            fit_intercept=True, max_iter=None,
            normalize=False, random_state=None,
            solver=' svd' , tol=0.001)
grid_searcher.best_score_
    0.87
grid_searcher.best_parameters_
    { 'solver' : 'svd' , 'alpha' : 2}
```

输出显示 best_estimator_ 包含 best_parameters_ 中的所有内容，但后者仅限于我们搜索的参数。

如果我们深入了解 grid_searcher 对象中的变量，就可以查看 cv_results_ ，这是一个包含详细搜索结果的庞大字典。在图 15.27 中，我们绘制了来自该变量的两个条目的数据：mean_train_score 和 mean_test_score，它们为我们提供了 18 个参数组合中每个参数组合的训练和测试数据的分数（这些名称不以下画线结束，因为它们是 cv_results_ 字典的成员。cv_results 本身有一个下画线，这是 scikit-learn 命名策略的一个"怪癖"。可以看到，在这次运行中，参数的 3 种组合给了我们相同的最佳测试结果。也就是说，求解器的选择在这种情况下没有任何区别。

结果表明，无论 RidgeClassifier 内部使用何种算法， alpha 值为 2 时都会在测试集上产生最佳结果。由于测试数据是实际数据的替代品，那么我们在实际部署算法时就会把 alpha 设置为 2。系统从 3 个性能相同的组合中选择了"最佳"变量中的 svd 算法，因为它是第一个被搜索到的。

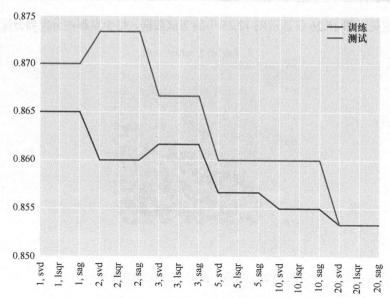

图 15.27 18 个参数组合中的每一个参数组合的训练和测试数据的分数。最好的训练结果来自 alpha 为 2 时，3 个求解器选择中的任何一个

## 15.9.4 随机型网格搜索

既然我们知道如何进行枚举型网格搜索，那么切换到随机型网格搜索不会太费功夫。

我们使用 RandomizedSearchCV 对象（它也来自 model_selection 模块），而不是使用 GridSearchCV 对象。

该对象采用与 GridSearchCV 相同的参数，但随机型网格搜索也采用名为 n_iter 的参数（对于"迭代次数"），告诉它应该尝试多少个随机选择的独特参数组合（默认为 10）。

## 15.9.5 pipeline

假设作为网格搜索的一部分，我们想要包含某种形式的数据预处理。我们可能希望对训练集进行规范化或标准化，或者执行更复杂的操作，例如在其上运行 PCA。

在搜索其他参数（如上所述）时，搜索该变换的最佳参数是很自然的。例如，我们可能希望尝试使用 PCA 将八维数据集压缩到五维、四维和三维，并查看哪些（如果有的话）选择可以为我们提供最佳性能。

但是现在我们在循环中有两个对象：预处理对象和分类对象。我们如何告诉搜索器，对于系统的和随机的搜索者，是否应该同时用它们两个；或者如何告诉它应该将某个参数传递给某个对象呢？

答案是将我们想要执行的整个操作序列打包到 pipeline 中。然后搜索器将按计划进行，而不是只调用一个估算器，它将调用 pipeline，并执行其中的所有步骤。

让我们使用在图 15.25 中展示的半月数据来证明这一点。

为了说明预处理步骤，让我们每次通过循环变换数据，使得 RidgeClassifier 对象能够将曲线拟合到数据，而不仅是一条直线。

为此，我们将使用预处理步骤为分类器生成更多数据。这是以前从未见过的技术，所以在我们进入代码创建和使用它之前，先看看它的作用。当 RidgeClassifier 对象找到边界曲线时，它会根据样本中的要素组合来构建它。如果给分类器的都是样本的两个特征（$x$ 值和 $y$ 值），就像之前所做的那样，那么从数学角度而言，我们就会看到分类器可以通过组合它们构建的最复杂的形状是一条直线。换句话说，我们从图 15.25 中的 RidgeClassifier 获得直线不是因为分类器，而是因为给它的数据只有 $x$ 值和 $y$ 值这的两个特征。

如果我们从原始数据中创建一些额外的特征，那么分类器将有更多的功能。我们将通过不同方式让 $x$ 值和 $y$ 值相乘来制作这些要素。

例如，我们可以将 $y$ 值与自身相乘多次。如 $y×y$、$y×y×y$ 或 $y×y×y×y$ 等。数学家称它们为**多项式**（polynomial）。这些小表达式中使用的要素数称为多项式的**次数**。图 15.28 展示了这些多项式曲线，这些多项式由 $x$ 本身重复乘以 $x$ 组成。

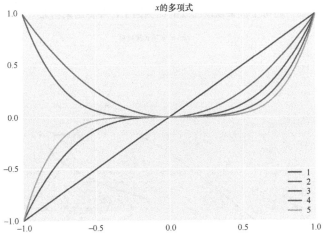

图 15.28　在从−1 到 1 范围内绘制的 $x$ 的多项式曲线。图例中的数字是度数，这告诉我们使用了多少变量来制作该曲线。因此 $x$ 本身是一阶多项式，$x×x$ 是二阶，$x×x×x$ 是三阶，以此类推。注意，奇数多项式既可以是负的也可以是正的，而偶数多项式严格地大于或等于 0

我们只显示了用 $x$ 构建的多项式，但其实也可以构建 $y$ 的版本通过乘以它自己的任意次数。我们也可以将 $x$ 和 $y$ 混合在一起。

例如，3 个可能的二阶多项式是 $x×x$、$y×y$ 和 $x×y$。当达到三次幂时，我们有 4 种类型的表达式：$x×x×x$ 和 $x×x×y$，以及 $x×y×y$ 和 $y×y×y$。三次幂时只有 4 种类型，因为我们将这些值相乘的顺序与最终结果无关。

正如我们所提到的，当 Ridge 分类器只获得 $x$ 和 $y$ 的一阶多项式时（也就是说，我们只给出 $x$ 和 $y$ 本身的值），它可以得到的最复杂的形状是一条直线。如果我们也给它二阶多项式（如上所述，它们是 $x×x$、$y×y$ 和 $x×y$），那么它可以将它们组合起来以产生更有趣的曲线。我们给 Ridge 算法提供的多项式的阶数越高，它可以创建的曲线越复杂。

图 15.29 展示了图 15.28 中曲线的少数几种组合（这些曲线仅包含 $x$ 的多项式）。这表明通过将这些曲线中的几条相加，每条曲线都有自己的强度，这样一来我们就可以制作一些相当复杂的曲线。

图 15.29 展示的是仅使用 $x$ 值的曲线。如果我们同时在 $x$ 和 $y$ 中使用多项式，事情会变得非常有趣。在细节不详细的情况下，我们可以按照图 15.28 中的方法创建各种二维曲线。图 15.30 展示了一些示例。

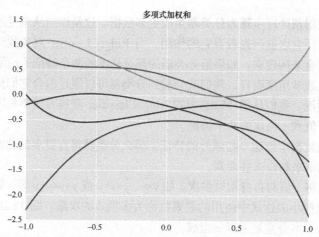

图 15.29 图 15.28 中 $x$ 的多项式的一些加权组合。在每个点，我们找到 5 条曲线的值，
将每个值乘以该曲线的比例因子，并将结果相加

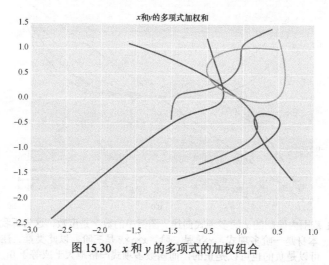

图 15.30 $x$ 和 $y$ 的多项式的加权组合

如果我们给 RidgeClassifier 的不仅是 $x$ 值和 $y$ 值，而是这些以不同方式将这些值相乘得到的多项式，它便可以创建这些类型的曲线。这比直线要好得多！

我们说通过创建这些附加功能，将扩展或增强（augmenting）原始特征列表，其中新的**多项式特征**由 $x$ 和 $y$ 的原始值组成。在 Numpy 数据数组中，它只意味着每行变长，从只有 2 个特征到拥有更多特征，通过乘以 $x$ 和 $y$ 的各种组合来计算。

pipeline 的第一步是为每个样本构建这些新的多项式特征，然后供 Ridge 分类器使用。现在我们已经准备好识别将要完成这项工作的新对象，名为 PolynomialFeatures。我们告诉它我们想要它构建的特征的程度，将它们分解并附加到每个样本。每个样本包含的多项式越多（即度数越高），Ridge 分类器的边界曲线就越复杂。

不过，当创建这些多项式特征时，我们不会在数据集中包含任何新信息。我们只是使用已有的值并将这些值相乘。但是如何给我们曲线而不是直线呢？

答案归结为如何实现这些算法的细节。确实，我们没有提供任何新信息。但 RidgeClassifier 旨在处理它获得的数据，而不是那些可能有助于它产生更好答案的数据的所有可能变化。因此，如果我们为 RidgeClassifier 提供简单的 2 个特征数据，它会找到一条线；如果为其提供多项式，它会使用这些多项式作为其计算的一部分来找到曲线。从概念上讲，我们可以用 RidgeClassifier 的一个参数来告诉它在内部创建这些额外的数据，但是在 scikit-learn 中我们有责任创建这些额外的数据。这样我们就可以完全控制为 RidgeClassifier 提供的内容，从而控制它所能找到的边界的复杂性和形状。

但是有多少额外数据最好？正如我们在第 8 章中看到的那样，在某一点上，这些日益复杂的曲线可能会开始过度拟合数据。因此，我们希望在此之前停止添加新特征。另外，我们在 Ridge 分类器中有正则化参数 alpha，这有助于控制过度拟合。也许通过增加 alpha 值，我们可以使用更多这些组合特征，从而使用更复杂（也许更合适）的曲线。

这变得非常复杂！曲线复杂度（由参数 degree 与 PolynomialFeatures 给出）和正则化强度（由参数 alpha 与 RidgeClassifier 给出）之间的最佳平衡会是什么？

没有必要尝试自己解决这个问题。让我们用这两个对象构建一个两步 pipeline，并为搜索者提供一堆值进行搜索。这个 pipeline 就可以完成工作以找到最佳组合。如果我们使用网格搜索器，它将尝试每个参数的每个组合。

图 15.31 展示了一个网格搜索器，它有一个两步 pipeline，取代了我们在图 15.23 中展示的单个模型。图中，步骤 1 是创建一个 PolynomialFeatures 对象，步骤 2 是创建一个 RidgeClassifier 对象，该对象使用步骤 1 出现的增强数据。这是一个简化的图表，因为我们用于验证的折正在经历一个似乎不是来自任何地方的变换（标记为 T）。我们将在 15.9.7 节回到这幅图并填补这个空白。

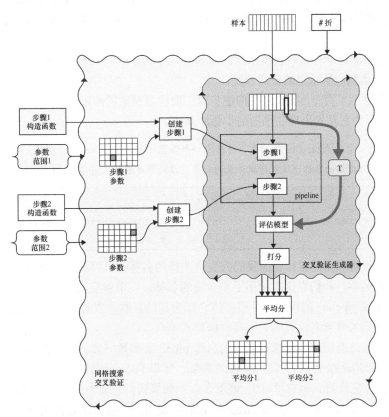

图 15.31　网格搜索对象的简化版本，其中 pipeline 替换了图 15.23 中的单个模型。请注意，这里没有显示数据变换的来源，对此我们将在后面再讨论。pipeline 中的每个步骤都可以有自己的一组参数进行搜索。和以前一样，每个波浪框代表一个循环

构建 pipeline 的第一步是创建一个 PolynomialFeatures 对象，该对象产生 x 和 y 的额外组合。对于这个对象，我们现在唯一关心的参数是 degree，这表示它会用原始特征构建多少个多项式。对于每个样本，degree 的值越大，生成并保存这些相乘的特征就越多，这将使 Ridge 分类器能够找到更复杂的边界曲线。

对于 Ridge 分类器，我们也只搜索一个参数，即正则化强度 alpha。我们将内部算法参数保留为其默认值（即字符串 auto，它会自动选择最佳算法）。

现在已经知道构成 pipeline 的两个步骤，让我们编写代码来构建它。

scikit-learn 提供了多种构建 pipeline 的方法。我们将采用最容易编程和使用的方法。

首先制作将进入 pipeline 的对象。在这种情况下，它是 PolynomialFeatures 对象和 RidgeClassifier 对象，如清单 15.31 所示。

**清单 15.31** 通过创建将进入它的对象开始创建 pipeline。

```
from sklearn.preprocessing import PolynomialFeatures
from sklearn.linear_model import RidgeClassifier

pipe_polynomial_features = PolynomialFeatures()
pipe_ridge_classifier = RidgeClassifier()
```

和以前一样，这些对象都没有任何参数，因为搜索者会在搜索时为我们填充这些参数。

既然我们有了对象，就可以构建 pipeline。为此，我们创建了一个名为 pipeline 的对象，并为它提供了一个步骤列表，其中每个步骤都是一个包含两个元素的列表：为该步骤选择的名称，以及执行它的对象。

pipeline 是根据这个对象列表按照我们命名的顺序构建的。只要每个步骤都有一个名称和对象，列表就可以是我们所希望的任意长度。

清单 15.32 展示了两步 pipeline 的构建步骤。请注意对象的顺序。我们首先命名 Polynomial-Features 对象，因为它首先出现在预期的步骤序列中。

**清单 15.32** 创建一个名为 pipeline 的对象，并给它一个步骤列表。每个步骤本身都是一个列表，包含我们为该步骤提供的名称以及执行该步骤的对象。该对象是我们在清单 15.31 中创建的对象。

```
from sklearn.pipeline import Pipeline

pipeline = Pipeline([('poly', pipe_polynomial_features),
                     ('ridge', pipe_ridge_classifier)])
```

创建 pipeline 时选择的名称就像我们为变量选择的名称：可以是我们喜欢的任何名称，但最好选择描述性的名称。我们在这里使用了非常短的名称，以节省空间。

我们已经完成 pipeline 的构建，并很快将它作为其估算器参数的值交给 GridSearchCV 对象。

最后要做的是为搜索者设置参数字典以构建其组合。

如果我们以与之前制作字典相同的方式制作 pipeline 参数字典，迟早会遇到问题。例如，我们知道 RidgeClassifier 接受一个名为 alpha 的参数。如果 PolynomialFeatures 对象也采用了一个名为 alpha 的参数（它没有，但它可以），该怎么办？如果我们想要为第一个 alpha 使用值(1,2,3)，以及为第二个 alpha 使用值('dog','cat','frog')？我们需要通过一些方法告诉网格搜索器哪个值集应该转到哪个对象的哪个参数。

坦率地说，scikit-learn 回答这个问题的方式非常奇怪。我们使用该参数的 pipeline 对象的名称命名每个参数（这就是我们在创建 pipeline 时给出对象名称的原因），然后是参数的名称。请注意，我们不使用 pipeline 对象的名称（在示例中，是 pipe_polynomial_feures 或 pipe_ridge_classifier），而是使用 pipeline 步骤的名称（在示例中，是 poly 或 ridge）。

奇怪的是，我们必须给 pipeline 对象的名称和参数的名称加入两个**下画线字符**。也就是说，一行里包含连续两个 _，即（_ _）。不幸的是，这很容易与一个下画线混淆，但却非常必要。

因此，为了引用名为 ridge 的 pipeline 步骤的 alpha 参数，我们将它在字典中命名为 ridge_ _ alpha，带有两个下画线。类似地，我们的 poly 的 pipeline 步骤的 degree 参数被命名为 poly_ _degree，再次使用两个下画线。

我们总是通过汇总 pipeline 步骤名称、两个下画线和参数名称来创建字典名称，即使没有混淆的可能性。

清单 15.33 展示了这两个参数的字典以及我们将尝试的一些值。

**清单 15.33** 一个为 pipeline 创建的字典。注意，每个参数都由 pipeline 步骤名以及参数名确定，它们中间由两个下画线字符连接。

```
pipe_parameter_dictionary = {
    'poly__degree' : (0, 1, 2, 3, 4, 5, 6),
    'ridge__alpha' : (0.25, 0.5, 1, 2 )
}
```

这将使循环运行 7×4=28 次，但对于这个小型数据集，在 2014 年的 iMac 上运行这个循环只需几秒，甚至没有使用 GPU。

现在我们已经确定像以前一样构建搜索对象，然后调用它的 fit() 例程，如清单 15.34 所示。

**清单 15.34** 为 pipeline 构建网格搜索对象，然后执行搜索。

```
pipe_searcher = GridSearchCV(estimator=pipeline,
            param_grid=pipe_parameter_dictionary,
            cv=num_folds)

pipe_searcher.fit(training_samples, training_labels)
```

半月数据的结果如图 15.32 所示。系统发现的最佳组合是 ridge_ _alpha=0.25 和 poly_ _ degree=5。由于我们提供给 RidgeClassifier 的附加功能，它能够找到一条曲线来分割数据。

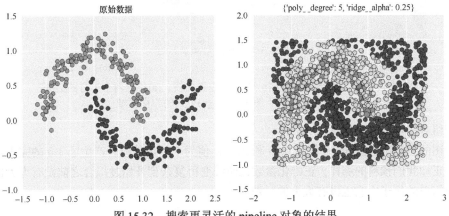

图 15.32 搜索更灵活的 pipeline 对象的结果

为了清晰起见，图 15.33 仅展示了图 15.32 中的测试数据本身。

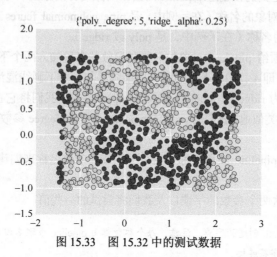

图 15.33　图 15.32 中的测试数据

值得注意的是，边界相当对称，考虑到输入的对称性，这是有意义的。我们也看到它们似乎四处弯曲并重新出现在角落里。这有点疯狂，但我们的数据完全允许这样。毕竟，只要正确地对所有数据进行分类（并且我们确实达成了这个目标），在其他地方发生的事情并不重要（尽管我们通常来说可能喜欢更简单一点的结果 [Domingos12]）。

由于这些点只给出了边界的轮廓，让我们在图 15.34 中以高分辨率来看它。只是为了看看在数据远处它会是什么样的，我们还会缩小并查看具有更大范围值的边界曲线。

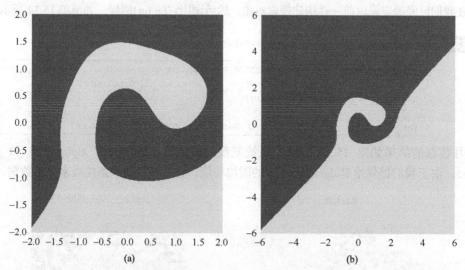

(a)　(b)

图 15.34　查看图 15.32 和图 15.33 中的边界曲线。(a)接近两个半月的数据，但范围略大于图 15.33。(b)更大的作图区域

不同组合的得分情况如图 15.35 所示。

位于图的右侧附近的 alpha 值为 0.25 和 degree 值为 5 的最佳组合产生了 1.0 的完美训练和测试分数。正如我们预料的那样，正则化参数在曲线变得复杂到开始过拟合之前没有太大影响，即使在这个简单的例子中它也没有太大的区别。

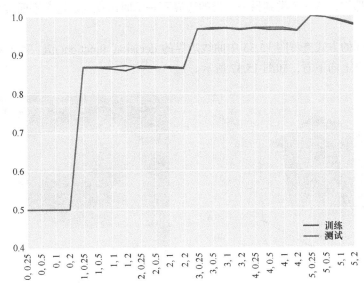

图 15.35  pipeline 搜索得分情况。直线版本显示在最左侧，degree 值为 0。最佳结果
来自将 degree 设置为 5，并将 alpha 设置为 0.25 的情况

## 15.9.6  决策边界

再来看看我们为半月数据找到的决策边界。

在图 15.25 和图 15.26 中，我们找到了一个线性边界。在这些图中，我们用 predict() 返回的类
的颜色绘制每个点。但正如之前提到的，我们可以从 decision_function() 和 predict_proba() 获得分
类器的相对置信度。因此，我们不是只获取一个整数来告诉我们为每个输入分配了哪个类，
而是获取每个类别的置信度值。由于我们只有两个类，这意味着将得到 2 个浮点值，每个类
别一个。

让我们绘制 decision_function() 的值，以便在三维空间进行直线拟合。图 15.36 显示了结果。

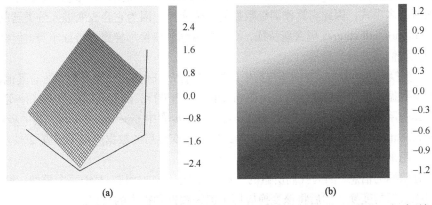

图 15.36  查看两个半月数据之间线性边界的置信度值，如图 15.25 和图 15.26 所示。当看到每个类别的
概率，而不是仅仅询问最可能的类别时，我们可以看到从一个类别转换到另一个类别。
(a)decision_function() 的输出；(b) 三维图的自上而下视图

正如预料的那样，从一个类到另一个类的边界不是瞬时出现的。这个平面实际上是一个没有折痕的平面。

让我们以相同的方式查看图 15.33 中曲线边界的 decision_function()值。我们将在三维空间绘制这些图，然后自上向下看，如图 15.37 所示。

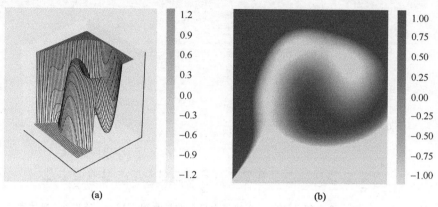

图 15.37　三维边界图。平坦区域是因为我们将值缩放到[-1,1]以更好地看到中间附近的结构。
(a)三维视图；(b)三维图的自上而下视图

我们可以看到两个类别之间存在平滑的过渡区域——我们手动将 decision_function()的输出缩放到[-1,1]，因此可以专注于该范围内发生的事情。在交叉区域中，一个点或另一个类中的概率平滑变化。

在某些情况下，从 predict()中获取最可能的类别正是我们想要的。在其他情况下，从 decision_function()或 predict_proba()获得更精确的置信度可能更有用。

## 15.9.7　流水线式变换

我们承诺将回到图 15.31 中未解决的问题，当时展示了对每个折使用变换，但没有讲述变换的来源。我们现在解决这个问题。这也将兑现我们早先的承诺，以展示如何在进行交叉验证时使用 pipeline 正确应用变换。

让我们继续之前使用 PolynomialFeatures 和 RidgeClassifier 的示例。pipeline 的第一步是为每个样本添加新的多项式，因此它算作训练数据的一个变换，因为它会改变进入分类器的样本。在此示例中，PolynomialFeatures 包含新特征，而不是像缩放变换那样更改特征本身。但样本正在发生变化，因此我们将其称为变换。

记住关于变换的基本规则：对训练数据中的样本所做的任何事情，也必须对所有其他数据进行。

由于训练数据（添加新功能）的变换在 pipeline 内部进行，因此我们必须将这种变换找出来，以便可以将其应用于验证折。图 15.38 展示了交叉验证步骤中 pipeline 的特写，其中步骤 1（我们的 PolynomialFeatures 对象）计算了一个变换，然后将变换后的数据应用于步骤 2 使用的训练数据和验证折，用来评估结果。

这里没有遗漏的信息，因为我们所做的一切都是对应书中所讲。对于每个模型，我们提取折，计算剩余训练数据的变换，然后将该变换应用于训练数据和折中的数据。

这种转换的应用程序是由常规和随机网格搜索对象自动执行的，因此我们不必多做什么，或以任何方式更改 15.9.6 节中的代码。换句话说，scikit-learn 会以正确的方式自动应用 pipeline 中的步骤。

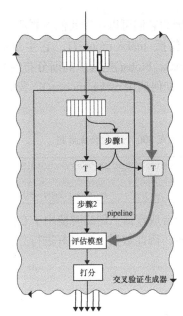

图 15.38　图 15.31 中交叉验证步骤的具体示例图，填补了转换到折的缺失来源。
它来自 plpeline 内的转换步骤，其中转换应用于训练数据和折

我们讨论了这个细节，因为它很好地说明了在接触样本数据时如何始终考虑信息遗漏。它还向我们展示了处理此问题的好方法。最后，这个例子展示了库函数如何自动为我们处理这些问题。

我们可以在 pipeline 中使用多个转换。例如，我们可以在 PolynomialFeatures 对象之后添加 MinMaxScaler，然后还可以包含一个 PCA 对象来减少数据的维数。我们可以根据需要使用尽可能多的数据转换步骤，并且它们将按顺序应用于训练和折的数据。

# 15.10　数据集

scikit-learn 提供了各种可立即使用的数据集[scikit-learn17h]。其中一些是代表领域研究的**真实**（real-world）数据，另一些是在我们要求时以程序方式生成的**合成数据**（synthetic data）。

例如，我们可以轻松导入著名的 Iris 数据集，该数据集描述了几种鸢尾花的不同花瓣的长度。这是一个经典的数据库，用于许多分类讨论。scikit-learn 还包括波士顿住房数据集，该数据集记录了波士顿地区多年的房屋价格以及其他地理信息。这通常用于回归的讨论。

还有其他著名的数据集。例如，20newsgroups 数据集提供来自在线讨论的文本数据，这些数据经常用于基于文本的学习器。数字数据集包含 0～9 的手写数字的小灰度图像。野外人脸标记（LFW）数据集提供了用于人脸检测和图像分类的标记照片。

大多数这些数据集是由可以立即使用的 NumPy 数组中返回的，但是请务必查看文档以了解特性或异常。

要加载数据集，我们通常只需调用其加载器并将该例程的输出保存在变量中。例如，我们可以加载波士顿住房数据集，如清单 15.35 所示。

**清单 15.35**　加载波士顿住房数据集。

```
from sklearn import datasets
house_data = datasets.load_boston()
```

合成数据集的参数很重要，因为它们可以帮助我们控制所生成数据的大小和形状。

一些最流行的合成数据集包括 make_moons()，它生成我们之前使用的两个互锁弧，make_circles()创建一对嵌套圆，make_blobs()生成从高斯分布绘制的点集。

例如，清单 15.36 展示了我们如何调用 make_moons()。我们告诉它要生成多少点，并可以选择添加噪声参数来打破均匀性。

**清单 15.36** 调用 make_moons()例程生成 800 个点的合成数据。

```
from sklearn.datasets import make_moons
(moons_xy, moons_labels) = make_moons(
                           n_samples=800, noise=.08)
```

图 15.39 展示了这 3 种类型的合成数据，创建时使用了它们的默认值并添加了噪声。注意，每个例程都提供标签以及点的位置，因此数据已准备好进行分类。

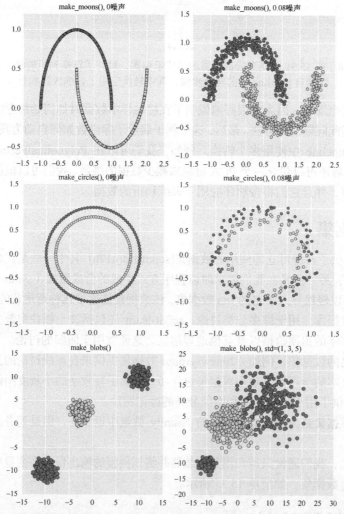

图 15.39 由 scikit-learn 提供的合成数据集。第一行：make_moons()有 800 个点，噪声参数设置为 0 和 0.08。第二行：make_circles()有 200 个点，噪声参数设置为 0 和 0.08。第三行：make_blobs()有 800 个点和 3 个斑点，使用了默认标准差（全为 1），更大的标准差使得点更加分散

## 15.11　实用工具

像任何函数库一样，scikit-learn 有它自己的适用工具，我们可以将它们一起归到一种类别中。

其中最受欢迎的一种工具用于将数据库拆分成不同的部分。例程 train_test_split() 就像它字面意思那样：给定一个数据库，这个函数可以将它分成两部分，通常用作训练集和测试集（或验证）集。在其他有用的参数中，test_size 是一个 0～1 的值，它指定要放入测试集的数据库的百分比。默认情况下，其值为 0.25。清单 15.37 展示了它如何在嵌套圆圈点数据集中工作。

**清单 15.37**　调用 train_test_split() 将嵌套圆圈点数据集分解为训练集和测试集。

```
from sklearn.model_selection import train_test_split

(circle_xy, circle_labels) = make_circles(
                                  n_samples=200, noise=.08)

samples_train, samples_test, labels_train, labels_test = \
    train_test_split(circle_xy, circle_labels,
    test_size=0.25)
```

这将生成图 15.40 所示的数据集。

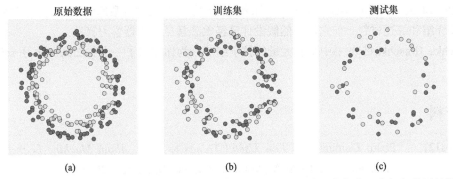

图 15.40　用 train_test_split() 将原始数据拆分为训练集和测试集。这两个集合没有任何共同的样本。
(a)200 个点的原始数据；(b)150 个点的训练集；(c)50 个点的测试集

我们将原始数据分成两组。我们在图中看不到的一点是，样本的顺序已被打乱，也就是说，它们在训练集和测试集中的顺序与原始数据中的顺序不同。

打乱数据集是有用的，假设圆形样本是从 3 点开始并沿顺时针方向生成的。其中，前 75% 的数据将是从 3 点到 12 点的样本，最后 25% 的数据将是 12 点到 3 点的样本，如图 15.41 所示。测试数据与训练数据完全不同。这是一个糟糕的训练–测试分割！

make_circles() 不会产生这个问题，因为它会更随机地生成它的样本，但是其他程序可能没那么小心，我们从其他来源获得的数据可能在它出现之前已经被置为某种顺序。为了减少这种数据集产生不良训练–测试分割的可能性，train_test_split() 在将样本分配给训练集和测试集之前对样本进行打乱。理想情况是这将导致每个集合都能代表原始数据的总体分布，如图 15.40 所示。

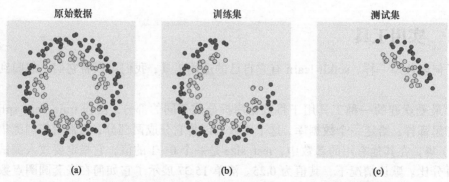

图 15.41　从 3 点钟开始并沿顺时针方向生成数据。(a)200 个点的原始数据；
(b)训练集的前 150 个点；(c)测试集的最后 50 个点

## 15.12　结束语

正如我们在开始时所承诺的那样，本章并不详细讲述 scikit-learn 提供的各种各样的对象和函数。

scikit-learn 在线文档是免费并且始终可用的，但它通常针对的是已经理解了概念并且仅需要语法或参数名称提醒的程序员。在线文档有一些解释、教程以及使用示例，但它们通常是十分简洁的。出于这些原因，库函数的文档可能最好只是用于参考，而不是用于研究学习，尽管对常见问题的解答有时可以帮助你理解清楚问题[scikit-learn17d]。

Müller 和 Guido [Müller-Guido16]的书深入地探讨了这个强大函数库的工作机制。虽然这些书中有一些介绍和综述材料，但它们仍然假设你已经熟悉常见的机器学习算法。

Raschka [Raschka15]的书中则有大量的教学细节，为你提供了一个更加深入学习 scikit-learn 的方法。

## 参考资料

[Domingos12]　　　Pedro Domingos, *A Few Useful Things to Know About Machine Learning*, Communications of the ACM, Volume 55 Issue 10, October 2012.

[Jupyter17]　　　　The Jupyter authors, *Jupyter*, 2017.

[Kassambara17]　　Alboukadel Kassambara, *Determining The Optimal Number Of Clusters: 3 Must Know Methods*, STHDA blog, Statistical tools for high-throughput data analysis, 2017.

[Müller-Guido16]　Andreas C Müller and Sarah Guido, *Introduction to Machine Learning with Python*, O'Reilly Press, 2016.

[Raschka15]　　　　Sebastian Raschka, *Python Machine Learning*, Packt Publishing, 2015.

[scikit-learn17a]　 Scikit-learn authors, *API Reference*, 2017.

[scikit-learn17b]　 Scikit-learn authors, *Documentation of scikit-learn 0.19*, 2017.

[scikit-learn17c]　 Scikit-learn authors, *3.3. Model evaluation: quan-tifying the quality of predictions*, 2017.

[scikit-learn17d]　 Scikit-learn authors, *scikit-learn FAQ*, 2017.

[scikit-learn17e]  Scikit-learn authors, *Home page of scikit-learn 0.19*, 2017.
[scikit-learn17f]  Scikit-learn authors, *Installing scikit-learn*, 2017.
[scikit-learn17g]  Scikit-learn authors, *RidgeClassifier*, 2017.
[scikit-learn17h]  Scikit-learn authors, *sklearn.datasets Datasets*, 2017.
[VanderPlas16]  Jake VanderPlas, *Python Data Science Handbook*, O'Reilly, 2016.
[Waskom17]  Michael Waskom, *seaborn: statistical data visualization*, Seaborn website, 2017.

# 第 16 章

# 前馈网络

深度学习系统是由神经元组成的网状结构。它们的大部分工作是在数据通过它们向前流动时执行的，从输入开始，直到它们到达输出。

## 16.1 为什么这一章出现在这里

在本章中，我们将从一般的机器学习概念和算法过渡到尤其适用于相对较新的深度学习领域的概念和算法。

正如我们在引言中所提到的，"深度学习"是一个包罗万象的短语，通常指的是包含一系列层结构的人工神经网络。通常，每层上的神经元从前一层获取其输入，并在稍后将其输出发送到下一层。在大多数类型的深层网络中，神经元不与同一层上的其他神经元通信。

这自然允许我们按顺序（sequentially）处理数据，每个阶段的神经元都建立在前一阶段完成的工作上。我们称这种类型的安排可以**分层处理数据**。有证据表明，人类大脑的结构是按层次处理某些任务，包括处理视觉和听觉等感官数据[Meunier09] [NVRI17]。

令人惊奇的是，像这样连接神经元会产生新奇的效果。正如我们在第 10 章中看到的那样，单个人工神经元几乎无法做任何事情。它需要一堆输入，权衡它们，将结果加在一起，然后通过一个小函数传递它。值得注意的是，这个过程可以设法在几个二维数据块之间画出一条直线，这就是它所能做到的。但如果我们将数千个这样的小单元组合在一起，以正确的方式连接它们，并使用一些聪明的想法来训练它们，然后协同工作，它们就能够识别语音、识别照片中的面孔，甚至在具有操作技巧的游戏中击败人类。

一切都归功于这些小神经元。

随着时间的推移，人们已经开发出许多不同的方法来组织神经元层，从而产生一系列通用的层结构。许多深度学习算法基于精心挑选的层的堆栈，具有精细调整的超参数。

设计深度学习系统的艺术在于选择正确的层序列和正确的超参数，以创建基本架构。有时我们会在第一次尝试时获得幸运，但通常需要尝试使用并改变系统以实现最终的目标。

在本章中，我们将了解神经元的集合如何进行通信，以及如何在学习开始之前设置初始权重。

最常见的网络结构是排列神经元，使信息仅朝一个方向流动。我们将其称为**前馈网络**（feed-forword network），因为数据是向前流动的，前面的神经元正在向后面的神经元**输送**或传递值。

在本章中，我们将介绍前馈网络的一些常见原理。我们将在后面的章节中研究基于网络的学习算法时，借鉴本章介绍的基础词汇和思想。

## 16.2 神经网络图

神经网络（或神经网）的大多数图看起来像图 16.1 中的图之一。这些图中的每一个都称为**图**。

该图由节点，也称为顶点（vertex）或元素组成，如圆圈所示。通常，这些节点用来表示神经元，在本书中，我们偶尔会将网络中的一个或多个神经元称为"节点"。节点通过称为边（也称为弧或简单线）的箭头连接。信息沿边流动，将一个节点的输出传送到其他节点的输入。

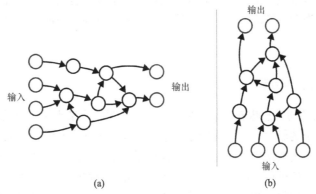

图 16.1　绘制为图的两个神经网络。数据沿着边跟随箭头，从一个节点流向另一个节点。当边未标
箭头时，数据通常从左到右或从下到上流动。数据一旦离开节点，就不会再返回。换句话说，
信息只向前流动，没有循环。(a)从左到右流动；(b)自下而上流动

图中的每条边都有一个指示方向的箭头，显示数据沿着该边流动的**方向**。通常输入位于左侧，数据流向右侧，或输入位于底部，数据向上流动。当信息流方向为默认方向时，箭头经常被省略。

一般地，我们通过将数据放入图中的一个或多个输入节点来开始，然后使它流过边，通过转换或更改相关节点，最终使数据到达一个或多个输出节点。

这种类型的图就像一个小工厂。原材料来自一端，并通过控制和组合工厂中的机器，最终生产一个或多个成品。

我们称图 16.1a 中输入附近的节点位于输出附近的节点**之前**，输出附近的节点位于输入附近的节点**之后**。在图 16.1b 中，我们假设输入附近的节点位于输出附近的节点**下方**，输出附近的节点位于输入附近的节点**上方**。有时，即使从左到右绘制图形，也会使用这种"上方/下方"语言，这可能会令人困惑。但它可以帮助我们将"下方"视为"更接近输入"，将"上方"视为"更接近输出"。

我们有时也会说，如果数据从一个节点流向另一个节点（假设它从 A 流向 B），则节点 A 是节点 B 的**祖先**（ancestor）或**父节点**（parent），节点 B 是节点 A 的**后代**（descendant）或**子节点**（child）。

图的理论是如此的丰富，以至于它本身被认为是一个数学领域，称为**图论**（graph theory）[Trudeau94]。在这里，我们将坚持图的基本思想，主要是将其作为帮助我们组织神经网络的概念工具。

神经网络中的一个普遍规则是没有**循环**（loop）。这意味着来自节点的数据永远不会回到同一个节点，无论它遵循的路径多么迂回。这种图形的正式名称是**有向无环图**（directed acyclic graph）（或 DAG，发音为单词"dag"，用"drag"押韵）。这里的"有向"一词意味着边有箭头（若为默认方向可以省略，如上所述）。"无环"这个词的意思是"没有循环"。这个规则的一个重要例外是一种称为**循环神经网络**或 RNN 的网络，我们将在第 22 章中介绍。但即使在那些网络中，我们通常也可以重绘网络，使它们形成 DAG。

DAG 在许多领域都很流行，包括机器学习，因为它们比任意具有循环的图更容易理解、分析和设计。包含循环可以引入**反馈**（feed-backward），其中节点的输出返回到其输入。任何听到过因将麦克风移得太靠近扬声器而产生音频反馈的人都会熟悉反馈失控的速度。DAG 的无环性质自然避免了反馈问题，使我们很好地避免处理这个复杂的问题。

由于数据仅从输入到输出"向前"流动，因此上述神经网络称为**前馈**（feed-forward）图或前馈网络。我们的想法是每个节点都将数据"馈送"到后面的节点。

我们将在第 18 章中看到，训练神经网络的关键步骤包括暂时翻转箭头，将特定类型的信息从输出节点发送回输入节点。虽然正常的数据流仍然是前馈，但当我们向后推送数据时，我们称之为反馈、反向流或逆向流算法。我们为上述情况保留"反馈"一词，图中的循环可以使节点接收自己的输出作为输入。

## 16.3 同步与异步流

解释图 16.1 中的图通常意味着在数据从一个节点到另一个节点沿边流动时描绘数据。但是，只有我们做出一些传统的假设，这种描绘才有意义。我们现在来看看这些假设。

虽然我们经常在引用数据如何通过图时以各种形式使用"流"这个词，但这不像通过管道的水流。水流是一个**连续的**过程：每时每刻都有新的水分子流过管道。而我们使用的图（以及它们代表的神经网络）是**离散的**：数据一次到达一个块，如文本消息或邮政服务的传递或投递。

这种类型的流动也称为**采样保持**（sample-and-hold）系统。当一条数据到达一个节点时，它停留在输入上（它已被"采样"或保留），其值保持不变，就像显示在屏幕上的文本消息一样。它就在那里，直到被一个新出现的数据取而代之。然后，新的数据就会保持不变，直到被替换为止，以此类推。

有些网络是围绕某个主时钟的想法而建立的，像一个"老爷钟"一样永远地嘀嗒作响。在时钟的每个节拍上，每个计算了一些数据的节点都会沿着边向其子节点发送数据。当信息到达子节点时，它不会改变，并且在嘀嗒之间的间隔中，所有节点处理位于其输入的数据。然后时钟再次嘀嗒，并且每个已创建输出的节点将其输出数据向下发送到其子节点作为输入。并非所有节点都以相同的速度计算其输出，执行更复杂工作的节点通常需要更多时间来生成其输出。为了确保新数据在时钟的每个时钟周期流动，我们通常选择时钟的时序，以便网络中最慢的节点有时间在下一个时钟到达之前完成其工作。我们称之为**同步**（synchronous）系统。

换句话说，在同步系统中，数据仅在时钟嘀嗒时移动。在嘀嗒之间，线上的数据保持不变，节点可以使用该数据并使用它来准备它们的输出，并在下一个嘀嗒时传递给它们的子节点。

这种类型的系统的一个例子是工厂中使用的多级传送带。这种传送带分步移动，将产品从一个工位传送到另一个工位，然后暂停，以便每个工位对收到的组件进行处理，暂停时间结束后，传送带继续向前移动一步，并重复该过程。

相反，**异步**（asynchronous）（意味着"非同步"）系统没有主时钟，而是数据一经计算就会移动。

例如，通过来回发送文本消息来制定计划的一组人是异步的，因为每个人在有机会时都会做出响应。异步系统没有主时钟或"心跳"。有些人可能会立即回复消息，而其他人可能很忙，而且很长时间都没有回复。在任何时候，每个人都使用他们从其他人那里获得的最新信息。如果某人很慢，以至于他们最近的消息已经过了一周，而且已经做出了决定，那就这样吧。

异步情况是更普遍的情况，因为每个单独的数据都保持其值，直到它发生变化。同步网络是异步网络的一种特殊情况，其中更新发生在锁步模式中。

因为异步网络是更通用的版本，所以了解它的工作原理可以让我们深入了解这两种系统的运行方式。

如果节点仅在所有数据都更新的情况下继续工作，异步网络就会出现问题。由于数据只是保持其值，该节点如何区分新值和现有值？例如，假设一个节点将其他 3 个节点给出的数字相加。在某一点上，这些值是 3、5 和 2，因此节点将值 10 发送出去。不久之后，3 变为 1，而 5 变为 4，但 2 不变。也许该节点的输出已经过重新计算，只是结果恰好再次为 2。那么，我们的节点是否应该将这些值相加并产生新的输出？

我们需要一种方法来确保节点只增加输入，然后在所有输入都是新输入时产生新输出，与上次计算总和相比。

了解新数据何时到达的有效方法是将数据视为具有记录发送时间的相关**时间戳**（time stamp）。这样的标记记录了计算和发送数据的时间，而不是使用它的时间。换句话说，时间戳由计算数据的节点进行分配，而不是接收数据的节点。

然后，每个节点还可以记住计算其最新结果的时间。

当所有输入的时间戳都晚于节点产生输出的最近时间时，那么它们都是新的，即使它们碰巧具有相同的值。这种情况下，节点可以计算新结果，并记住该计算的时间。

计算完成后，节点进入等待状态，直到一组全新的数据到达。这时，它可以产生一个新值，并记录这样做的时间，然后重新开始循环。

### 实践中的图

为每个数据附加时间戳是一个可供讨论的有用概念，但我们在计算机程序中通常不需要它。传统上，我们仅通过构造代码的方式来实施此规则。

现代计算机通常使用各种硬件和软件来加速计算。在这种情况下，上述基本方案变得更加复杂，但原则仍然适用。

## 16.4 权重初始化

之前提到，图能够代表神经元网络及其连接。

当我们以图的形式绘制神经网络时，节点代表神经元，边是它们之间的连接。一个神经元的输出沿着边传送到下一个神经元的输入，如图 16.2 所示。

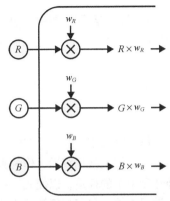

图 16.2　这里有 3 个名为 $R$、$G$ 和 $B$ 的值正在进入神经元。当每个值进入神经元时，它被加权或乘以与该输入相关联的数字，然后由神经元的其余部分使用得到的缩放值来计算其输出值

回忆一下第 10 章，人工神经元对输入做的第一件事是将它乘以一个称为**权重**的数字。我们有时称之为加权输入过程。

正如在第 10 章中看到的那样，我们可以从概念上将权重移出神经元并将它们放在携带数据的线上。在这个版本中，神经元输出一个值后，它沿着连接线向下乘以一个权重，然后到达已经加权的下一个神经元，如图 16.3 所示。

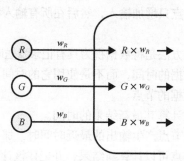

图 16.3　在这里，我们将权重从图 16.2 中的神经元中移出，并将它们放在带有值的线上进入
神经元。在这种形式的图中，隐含了每个值乘以已命名权重的乘积。进入神经元
其余部分的值与之前相同，因为我们只进行了外观修饰

如果一个神经元将其输出发送给 3 个子神经元，那么将有 3 条连接线，每条线都有自己的权重。这个想法如图 16.4 所示。

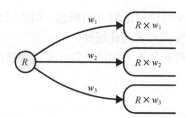

图 16.4　如果单个神经元（此处标记为 $R$）将其输出发送到 3 个不同的神经元，则 $R$ 的输出值
将由 3 个可能不同的值加权，每条线上都有一个

这种形式的图中，权重隐含地附着在线上，是目前最常见的，也就是我们在这里采用的那种。正如在第 10 章中提到的，我们通常甚至没有明确地写出权重，但是它们应该被默认是存在的。

这一点很重要，值得重复说明。在任何神经网络图中，如果没有明确显示权重，则默认**每条线上都有唯一的权重**，并且当一个值沿着该线从一个神经元移动到另一个神经元时，该值由权重修改。

## 初始化

到目前为止，我们已经看到数据作为输入流过线，并在到达神经元之前被加权。上述神经元基于输入计算新值，这些值在它们自己的线上被加权后，作为其他神经元的输入。

学习过程就是修改线上（或神经元中）的权重，以便我们在最后得到最好的结果。

但是，在进行任何数据操作或学习之前，我们如何初始化这些权重？

人们已经探索了许多不同的方法来初始化权重，并比较了结果。事实证明，一些选项可以始终如一地为学习提供最佳结果，大多数机器学习库都支持这些选项。其他初始化方案通常可用于特殊情况，或者只是为了想要尝试新的东西并查看它如何与我们的数据一起工作。

也许最简单的方案就是为每个权重分配相同的值。事实证明这是一个坏主意，因为我们稍后用于调整权重的算法将倾向于将相同值的所有权重改变相同的量，从而导致它们以锁步模式改变。我们非常希望权重从不同的值开始，以便它们更加适合单独调整。

也许为每个权重分配不同值的最简单方法为**均匀初始化**（uniform initialization）。在这里，"均匀"这个词指的是一个**均匀随机分布**（uniform random distribution），就像我们在第 2 章中看到的那样。这只意味着一个极端和另一个极端之间的所有值都是同等可能的。在机器学习中，我们经常使用 0 附近的小范围，例如[−0.05,0.05]。为权重分配随机值可能听起来很疯狂，但在学习过程中这些值很快就会得到改善，并且它们的初始影响会迅速消失。图 16.5 展示了这种想法。

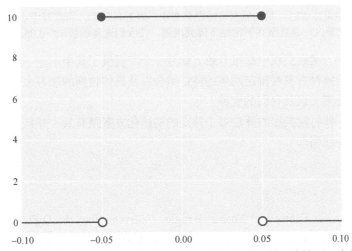

图 16.5　从均匀分布中采样值时，在非 0 范围内获得任何值的概率相等。在这里，上部区域的特定高度对于理解正在发生的事情并不重要。重要的是，[−0.05,0.05]的每个值都可能被选中

在用图 16.5 的均匀分布产生随机值时，我们"告诉"计算机不希望返回值大于 0.05，并且返回值不小于−0.05。此外，这些极端之间的每个值应该具有相同的被选择和返回的概率。

**正态初始化**（normal initialization）方案使用**正态分布**或随机数的**高斯分布**，如第 2 章所述。这种分布是著名的"钟形曲线"。当我们使用这种方法来选择初始权重时，它意味着接近 0 的值最有可能被使用，而两边的值则不太可能被使用。图 16.6 直观地展示了这一点。

与均匀初始化一样，开始学习时，我们最初使用的随机值很快就被更好的值替换。

我们很少直接使用均匀或正态初始化，因为需要选择它们的参数（如它们的最小值和最大值）。研究人员发现，选择这些参数有很好的经验法则，并且已经出现的各种算法都是以提出它们的主要作者命名的。

LeCun Uniform、Glorot Uniform（或 Xavier Uniform）和 He Uniform 算法都基于从均匀分布中选择初始值[Lecun98] [Glorot10] [He15]。

类似命名的 LeCun Normal、Glorot Normal（或 Xavier Normal）和 He Normal 初始化方法，都是从正态分布中绘制它们的值。

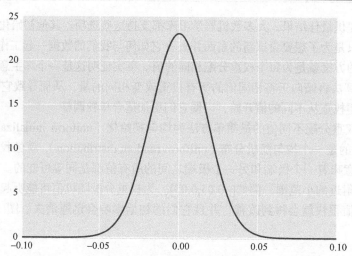

图 16.6 从正态分布中采样值时，我们更有可能在分布中心附近得到值，当离开中心时，概率降低。同样，0 产生的可能性最大，并且概率平滑地下降到两侧，在我们选择的极限[−0.05,0.05]处最接近 0

事实证明，这些方案在实践中都很有效。如果一个库提供了其中不止一种方案，那么通常需要多尝试一些，看看哪种方案对特定网络的特定组合以及具体数据的学习表现最佳。大多数库提供一种或多种类似方案，以及它们的变种。

我们已经发现一些特定类型的算法对于特定的初始化方案最有效，并且这些细节通常在所选择的库的算法文档中注明。

# 参考资料

[Glorot10]      Xavier Glorot and Yoshua Bengio, *Understanding the Difficulty of Training Deep Feedforward Neural Networks*, Proceedings of the 13th International Conference on Artificial Intelligence and Statistics (AISTATS), 2010.

[He15]          Kaiming He, Xiangyu Zhang, Shaoqing Ren, Jian Sun, *Delving Deep into Rectifiers: Surpassing Human-Level Performance on ImageNet Classification*, arXiv 1502. 01852, 2015.

[Lecun98]       Yann LeCun, Leon Bottou, Genevieve B. Orr, Klaus-Rober Müller, *Efficient BackProp*, in Neural Networks: Tricks of the Trade, editors Genevieve B. Orr and Klaus-Rober Müller, Lecture Notes in Computer Science volume 1524, Springer-Verlag, 1998.

[Meunier09]     David Meunier, Renaud Lambiotte, Alex Fornito, Karen D. Ersche and Edward T. Bullmore, *Hierarchical Modularity in Human Brain Functional Networks*, Frontiers in Neuroinformatics, 2009.

[NVRI17]        National Vision Research Institute of Australia, *Hierarchical Visual Processing*, NVRI Research Blog, 2017.

[Trudeau94]     Richard J. Trudeau, *Introduction to Graph Theory*, 2nd Edition. Dover Books on Mathematics, 1994.

# 第17章

## 激活函数

人工神经元计算的最后一步是将一个激活函数应用到它计算出的值上。本章将介绍当今各种流行的激活函数的使用情况。

## 17.1 为什么这一章出现在这里

人工神经元是神经网络的核心，在第 10 章中，我们已经研究了人工神经元的结构，但是并没有详细讨论它的计算过程中的最后一步，现在在我们所要讲的就是关于最后一步的内容。

正如我们在第 10 章中看到的那样，一个人工神经元需要 3 个步骤来产生它的输出项：首先，它将每个输入项与相应的权重值相乘，以此来对每个输入进行加权；其次，它将这些加权后的值相加；最后，相加后的值会经过一个数学函数变换后输出。

对于最后这个函数的选择有很多种，但它们被统称为**激活函数**，激活函数的输出就是神经元的输出。

在这一章中，我们将了解激活函数的用途，然后学习一些流行的激活函数。在后续章节中，我们会构建神经网络，那时就会使用一个或多个这样的函数。

## 17.2 激活函数可以做什么

虽然激活功能只是整个结构的一小部分，但是对于一个成功的神经网络来说，这一步骤是至关重要的。如果没有它，整个神经元的集合就只能被精确地组合成单个神经元，而正如我们在第10 章中所看到的那样，单个神经元的计算能力是非常弱小的。

打个比方，想象一下，由多节车厢组成的一列长长的货运列车。每节车厢与后一节车厢通过一对环环相扣的挂钩相连——这种结构被统称为**耦合**。这种耦合使得车厢彼此之间可以移动和旋转，这样它们就可以沿着轨道运行，但同时，这种结构又可以防止车厢之间断开连接。图 17.1 展示了耦合的结构。

如果没有这些耦合结构，车厢间就不能相对旋转，这相当于给了我们一节极长的车厢。这是不切实际的,原因包括但不限于这可能会对任何位于铁轨上的人或东西产生危险,如图 17.2所示。

我们相信耦合结构和激活函数之间的类比应该比文字更具有启发性，因为激活函数的数学目的要比耦合结构的机械目的更加抽象一些。但这两种想法拥有相似的目的，那就是让许多单元间既保持联系，彼此间的状态又截然不同。如果没有激活功能，神经网络在数学上就会变成一个大的神经元，就像许许多多的车厢变成一节大车厢一样。

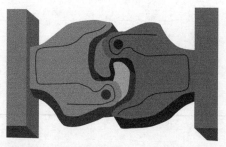

图 17.1  两节车厢之间的耦合，前后两部分通过一对铰链式的"手指"彼此连接。这使得
列车在行驶过程中可以彼此接近和分离，两节相邻的车厢在任一方向上可以相对旋转，
并且持续保持连接（出自[Stoltz16]）

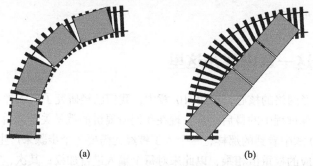

(a)                                    (b)

图 17.2  耦合结构所解决的问题。(a)有了这一结构，许多单独的车厢就可以沿着弯曲的轨道行驶，但始终保
持连接；(b)没有耦合结构，就好像所有车厢被合成了一节大车厢

让我们通过一个例子来说明这种**网络崩溃**是如何发生的。图 17.3 展示了一个包含 3 个输入的
网络，名为 A、B 和 C，它的内部有 6 个节点，名为 D、E、F、G、H、I，以及一个输出神经元，
名为 J。这是一个**全连接网络**，其中每个神经元输入来自上一层的所有神经元。

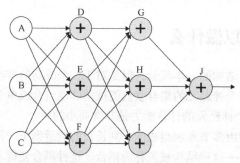

图 17.3  一个全连接网络，拥有 3 个输入、1 个输出和 2 个隐藏层（均由 3 个神经元组成），
每个箭头表示一个连接，隐含一个附加的权重

图 17.3 是我们经常在全连接网络中看到的一种复杂的图。没人喜欢这种乱七八糟又复杂的
图，所以让我们重新画一下。我们不会对网络或连接进行改变，只是将它分解成更容易看懂的小
图，还会给每条边标上它的权重，如图 17.4 所示。

在图 17.4 中，我们要注意的是，D、E 和 F 的输出只是对 A、B 和 C 进行相加相乘后的组合。
例如，D 的输出项是 A+2B+3C，而 F 的输出项是 2A+4B−2C（式子里隐含乘法，2B 就相当于 2×B）。
从 G、H 节点开始的输出也只是 A、B 和 C 一些组合，是一个缩放过的版本。最终，J 的输出结
合了 G、H 和 I，所以也可以看作 A、B 和 C 的组合。

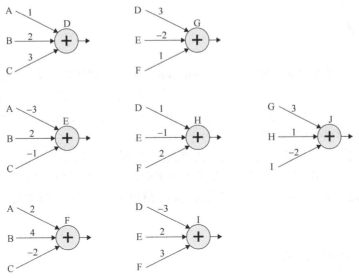

图 17.4　重绘后的图更便于理解。在这幅图中，我们明确地标记了每条边的权重。
注意，从 D 到 J 的每个神经元的输出都是输入项（A、B 和 C）的组合

如果我们将所有系数计算出来，就会发现图 17.4 可以被绘制（或者说"崩溃"）成拥有 3 个
输入（权重值是新的）的一个节点，如图 17.5 所示。

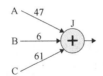

图 17.5　如果将图 17.4 中的数字都代入进行计算，我们就可以发现 J 的输出就是 A、B 和 C 的一个组合

图 17.5 中的单个神经元所产生的值与图 17.3（或图 17.4）的复杂网络中节点 J 的输出值相同。
而且结果出现得会更快，占用的计算机内存也更少。

这样，一个网络的表现可能不会优于一个神经元。如果发生这种崩溃，那么神经网络永远不
会比单个神经元所产生的结果好，这个网络也不会成为一个能够学习复杂问题的通用系统。

激活函数只是在每个神经元的末端进行的一个很小的处理，但是它阻止了这种崩溃。因为数
学知识告诉我们，如果一个网络只是进行乘法和加法的运算（也就是所谓的**线性函数**），它就会
出现这种形式的崩溃。相比之下，激活函数称为**非线性函数**，有时也只称为非线性（nonlinearity），
每个神经元中的非线性步骤（即除了加法和乘法外的步骤）的存在阻止了网络的崩溃。

使用这些函数的结果是：我们可以维持一个拥有许多神经元的神经网络，而不是让它退化成
一个神经元，这关系重大。

有许多不同类型的激活函数，每种激活函数都会产生不同的结果。一般来说，激活函数之所
以存在多种类型，是因为在某些情况下，其中一些函数会遇到数值问题，使得训练的运行速度减
慢，甚至完全停止。如果发生这种情况，我们就可以用另一个激活函数来避免这个问题（当然，
新函数也有自己的弱点）。

在这里，我们将研究各种激活函数，并考虑它们的优缺点，以帮助我们在构建自己的神经网
络时做出明智的选择。

## 激活函数的形式

激活函数有时也称为**传递函数**（transfer function），它是一种运算，将一个浮点数作为输入，并返回一个新的浮点数作为输出。"函数"一词来源于在数学意义上这种运算是如何构建的，但我们也可以把它看作一种编程意义上的函数（或者说是子程序），它接收一个浮点数作为输入，之后返回一个新的浮点数作为输出。

我们可以不使用任何方程或代码，完全用可视化的语言来描述这些函数。

理论上，我们可以将不同的激活函数应用到网络中的每个神经元上。但在实践中，对于神经网络中每一层来说，通常都有一个最佳的激活函数，所以我们会对同一层中的每个神经元使用同一个函数。

# 17.3 基本的激活函数

为了描绘一个激活函数，我们把它画在一个二维平面中，横轴（或者说 $x$ 轴）是输入值，纵轴（或者说 $y$ 轴）是输出值。因此，在寻找任何输入值的输出时，我们都可以先在 $x$ 轴上找到输入，然后向上移动直至接触到函数曲线，这时的 $y$ 值就是输出值。

## 17.3.1 线性函数

图 17.6 展示了一些"曲线"，它们都是直线。让我们看一下最左边的例子，如果我们在 $x$ 轴上任意选择一点，然后垂直向上移动直到接触到"曲线"，就会发现，交点处的 $y$ 轴的值与 $x$ 轴的值是一样的。这条"曲线"的输出（或者说 $y$ 值）总是等于输入（或者说 $x$ 值），因此我们称之为**恒等函数**（identity function）。

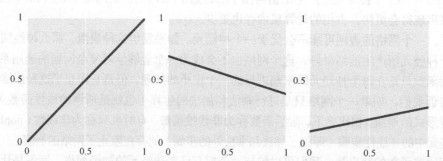

图 17.6　一些"曲线"其实就是直线，最左边的图中的 $y$ 值总是与 $x$ 值相等，我们称它为恒等函数

图 17.6 中的其他"曲线"也是直线，但它们的斜率不同，我们称任何呈一条直线的函数"曲线"为**线性函数**（linear function），或者称为（一个稍微有点混乱的叫法）**线性曲线**（linear curve）。

这些线性"曲线"是一种阻止激活功能发挥作用的形状。从数学上说，当激活函数是一条直线时，它只做乘法和加法，这意味着网络会崩溃。为了避免这种情况，我们需要通过各种各样的方式来改造这条直线，例如，给直线添加一个扭结或使其弯曲，再或者把它分成几个部分。我们要做的就是让它不再是一条直线。

不过，我们必须记住的一点是，曲线必须是**单值**（single-valued）**的**。正如我们在第 5 章中讨论的那样，单值意味着从 $x$ 轴上的任何值向上看，函数曲线都只对应于一个 $y$ 值。

先从一个简单的变化开始，我们可以把直线分成几个部分，这几个部分甚至不需要连接在一起，用第 5 章中的理论来说就是：它们不需要是**连续的**。

### 17.3.2　阶梯状函数

例如，图 17.7 展示了一个**阶梯状函数**（stair-step function），如果输入的范围是 0～0.2，那么输出就是 0；如果输入的范围是 0.2～0.4，那么输出就是 0.2，以此类推。这些突然的跳跃并不违反我们的规则（即"曲线"是单值的）。

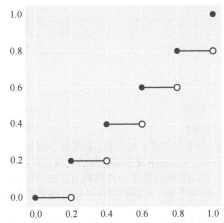

图 17.7　这个"曲线"是由多条直线组成的，它并不连续，这意味着我们在纸上绘制它的过程中必须抬起铅笔。在这里，实心圆表示这个点的 $y$ 值是有效的，而空心圆则表示在这个点上是"没有曲线"的

之前提到，任何一个只有一条直线的激活函数都被称为是线性的，而其他函数都是非线性的。即使函数是多条直线，这一点也成立：除非它是一条直线，否则函数是非线性的。除了特殊情况，在网络中所使用的都是非线性激活函数，而最常见的例外出现在最终的输出神经元中。在这里，使用线性函数是没有风险的，因为不会引发网络崩溃。

"线性"这个词有更加广泛的数学含义，在许多情况下，数学家们倾向于将问题转化为线性问题，因为它们通常比非线性的问题更容易解决。但是在构建神经网络时，非线性激活函数则更加适合。

因为激活函数通常是人工神经元处理过程中唯一的非线性部分，所以激活函数通常被称为非**线性环节**。

## 17.4　阶跃函数

最简单的激活函数就是恒等函数，但是使用它与不使用激活函数的效果是一样的。神经元求和阶段的输出变成了它的最终输出，并没有进一步的变化，正如我们刚刚所提到的那样，线性激活函数很少用于除输出神经元外的其他神经元。

激活函数能够接收任何实数作为输入。我们通常只显示 0 附近的区域，因为这是大多数变化发生的区域。大多数激活函数在除 0 之外的区域都有一个可预测的结构，这一部分是我们不需要很清晰地进行绘制的。

一个简单的非线性激活函数是**阶跃函数**（step function）。我们在第 10 章中所讨论的感知机就是用一个阶跃函数作为它的激活函数的。

阶跃函数通常如图 17.8a 所示。它保持为一个值，直到某个**阈值**后，会跳转为另一个值。那么，当输入为阈值时，函数的输出是什么呢？不同的人对此有不同的选择。在图 17.8a 中，阈值的值是阶跃右侧的值，用实心圆表示。

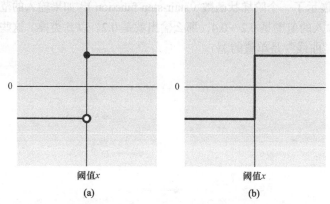

图 17.8　阶跃函数有两个固定的值，分布在阈值 $x$ 的左右。(a)用实心圆和空心圆来表示当 $x$ 值正好是阈值时，$y$ 选用更大的值；(b)通常来说，对在过渡过程中发生的事情的处理是很随意的，以这种方式画出图像，来强调函数的"阶跃"，这是绘制曲线的一种模糊的方法，但是很常见（通常我们不关心正好在阈值时，$y$ 选用哪个值，所以我们可以随意地把这个值想象成两者中的一个）

一些阶跃函数的流行版本有它们自己的名字，比如**单位阶跃**（unit step）**函数**在阈值的左边是 0，右边是 1，如图 17.9 所示。

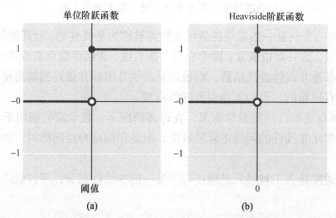

图 17.9　一些流行的阶跃函数。(a)阈值往左，单位阶跃函数的值为 0；阈值往右，单位阶跃函数的值为 1。(b)Heaviside 阶跃函数，一个阈值为 0 的单位阶跃函数

如果一个单位阶跃函数的阈值是 0，我们就给它一个更具体的名字——Heaviside 阶跃（Heaviside step）**函数**，同样如图 17.9 所示。

而如果我们有一个 Heaviside 阶跃函数（阈值为 0），但是阈值往左的值是–1 而不是 0，我们就称它为**符号函数**（sign function），如图 17.10 所示。符号函数有一个流行的变体，就是当输入

值正好为 0 时，输出值也为 0，这种变体也被称作"符号函数"。所以，对它们的区分是很重要的，人们必须更加关注应用的场合，以确定所采用的是哪一种符号函数。

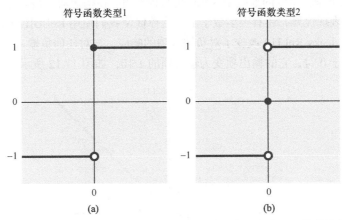

图 17.10 两种流行的符号函数类型，(a)当输入值小于 0 时，输出值为-1，其他的值都为 1。(b)当输入值小于 0 时，输出值为-1；当输入大于 0 时，输出值为 1；而当输入恰好为 0 时，输出值为 0

正如我们在第 10 章中所看到的那样，感知机就是使用图 17.9 所示的单位阶跃函数作为激活函数的。

## 17.5 分段线性函数

如果一个函数是由几个部分组成的，而每个部分都是一条直线，那么我们称它是**分段线性**（piecewise linear）的，只要这些片段不能形成一条直线，它就仍然是一个非线性函数。

分段线性函数也许是最流行的激活函数了，它称为**修正线性单元**（rectified linear unit），或者说**线性整流函数**，缩写为 ReLU（注意，e 是小写）。这个名字来自一个称为"整流器"的电子元件，它可以用来防止负电压顺利通过电路[Kuphaldt17]。当电压为负时，整流器会将其"设置"为 0，而 ReLU 则是对输入项进行同样的操作。

ReLU 如图 17.11 所示。它由两部分组成，这两部分都是直线，但是由于中间有弯折，因此，这不是一个线性函数。当输入值小于 0 时，输出值为 0，否则，输出就与输入相同。

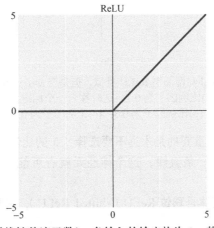

图 17.11 整流器（或者说线性整流函数），负输入的输出均为 0，其他情况下输出与输入相等

ReLU 很受欢迎，它是一种简单又快捷地在人工神经元中加入非线性步骤的方法。在第 18 章中，我们会看到它可能遇到的一些问题——这些问题也促成了 ReLU 变体的发展。但是总的来说，ReLU，或者我们接下来会看到的泄漏型 ReLU 的性能很好，在构建新网络时通常是激活函数的首选。除了在实践中表现优异，还有很多数学上的支撑促使我们使用 ReLU[Limmer17]。

**泄漏型 ReLU**（leaky ReLU）改变了对负输入项的响应，与对任何负输入项都输出 0 的 ReLU 不同，当输入值小于 0 时，它的输出项变为输入项的 1/10，如图 17.12 所示。

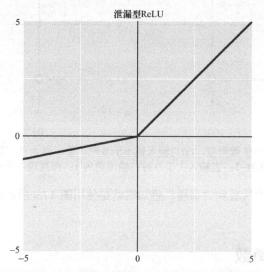

图 17.12　泄漏型 ReLU 与 ReLU 类似，但是当 $x$ 为负时，它返回一个成比例缩小的 $x$ 值

当然，也没有必要总是把负值缩小到原来的 1/10。**参数 ReLU**（parametric ReLU）可用于选择缩放的比例，如图 17.13 所示。

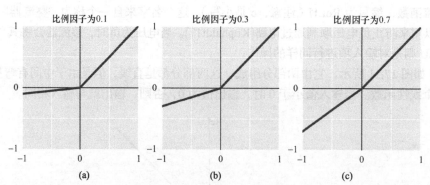

图 17.13　参数 ReLU 与泄漏型 ReLU 类似，但是当 $x$ 小于 0 时，函数的斜率是
可以调整的。(a)比例因子为 0.1，这时称为一个标准的泄漏型 ReLU；
(b)比例因子为 0.3；(c)比例因子为 0.7

当使用参数 ReLU 时，最重要的是永远不要选择 1.0 的比例因子，因为这样我们就失去了弯折（kink），整个函数就是一条直线，这个神经元就有可能会崩溃，或者与下一个神经元合并。

基本的 ReLU 的另一个变体是**移位 ReLU**（shifted ReLU），它只是将弯折处向左下方移动。示例如图 17.14 所示。

我们可以结合基本的 ReLU 和泄漏型 ReLU（或参数 ReLU）来创建一个名为 maxout[Goodfellow13] 的激活函数。maxout 允许我们定义一组直线，每个点的函数的输出是所有直线在那一点求值后最大的。换句话说，我们在 $x$ 轴上找到输入项，然后选择最大的 $y$ 值进行输出。可以这样想，想象把油漆从上往下倒在画好直线的纸上（直线可以阻隔油漆），之后被油漆覆盖的整个面就是 maxout 的输出。图 17.15 先展示了一个有两条直线的 maxout，它的形状近似于 ReLU，之后，图中增添了多条直线以创建更复杂的形状。

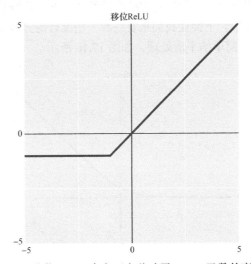

图 17.14 移位 ReLU 向左下方移动了 ReLU 函数的弯折处

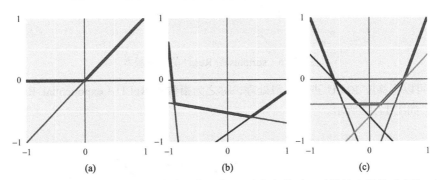

图 17.15 maxout 允许我们从多个直线中构建一个函数，$x$ 取任何值时，函数输出都是对应的 $y$ 的最大值，图中加深的红线是每一组线所产生的 maxout 的输出。(a)通过 maxout 形成了一个 ReLU；(b)通过 maxout 形成了一个不对称的碗形；(c)通过 maxout 形成了一个对称的碗形

基本 ReLU 的另一个变体是：在输入到 ReLU 之前，为输入项添加一个小的随机值，然后运行一个标准 ReLU。这个函数被称为噪声 ReLU（noisy ReLU），但在基本的神经网络中并不常使用。

# 17.6 光滑函数

正如我们将在第 18 章中看到的那样，在神经网络的学习过程中，有一个关键的步骤涉及计算神经元输出（包括激活函数）的导数。

我们在 17.5 节中看到了各种形式的 ReLU。它们通过多条直线来构建至少一个弯折（或者说扭曲），以此建立非线性的输出。我们在第 5 章中提到，从数学上说，在两条直线相交的弯折处是没有导数的。

如果这些弯折处阻止了求导的计算（要知道，求导对于神经网络的学习是必要的），那么为什么 ReLU 函数如此受欢迎呢？事实上，有一些标准的数学工具可以巧妙地处理类似于 ReLU 函数那样的尖角，处理后就可以得到导数[Oppenheim96]。这些数学工具并不是对所有函数都有效，但是对于上述的函数都适用。

另一种方法就是使用多个直线，然后对它们有问题的地方进行修补，也就是使用光滑函数，光滑函数在任何地方都有导数。下面让我们来看一看一些流行的光滑函数。

softplus 是将 ReLU 做了简单的平滑处理，如图 17.16 所示。

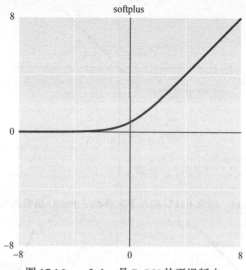

图 17.16　softplus 是 ReLU 的平滑版本

我们也可以将移位 ReLU 进行平滑处理，称之为**指数式 ReLU**（exponential ReLU）或 ELU [Clevert16]，如图 17.17 所示。

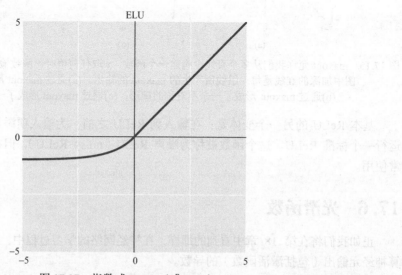

图 17.17　指数式 ReLU（或 ELU）

另一个流行的光滑激活函数称为 sigmoid 函数，也称为 logistic 函数（logistic function）或 logistic 曲线（logistic curve），"sigmoid 函数"这个名字来源于函数曲线与 S 形的相似，它的其他名字则是指其数学结构，如图 17.18 所示。

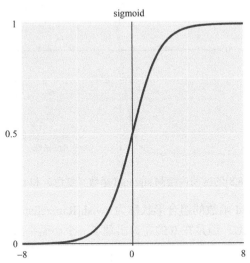

图 17.18　S 形的 sigmoid 函数也称为逻辑函数或逻辑曲线。对于极负的输入，它的输出
值为 0；而对于极正的输入，它的输出值为 1。如果输入值在[-6,6]的区间内，
输出值则会平稳地过渡在[-1,1]的区间内

与 sigmoid 函数关系密切的另一个数学函数称为**双曲正切**（hyperbolic tangent）**函数**，这个名字来自三角曲线，是一个很有名的名字，通常被简写为 tanh，如图 17.19 所示。

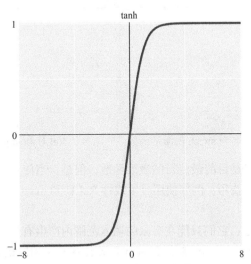

图 17.19　双曲正切函数（可简写成 tanh）与图 17.18 中的 sigmoid 函数一样也是 S 形的。
它们两个的关键区别在于：双曲正切函数为非常负的输入值返回-1 的
输出，而它的过渡区域也会稍微狭窄一点

我们说 sigmoid 函数和 tanh 函数都是将整个输入范围（从负无穷到正无穷）压缩（squashing）到一个小范围内（见图 17.20）：sigmoid 函数将所有输入压缩到[0,1]的区间上；tanh 函数则是将所有输入压缩到[-1,1]上。

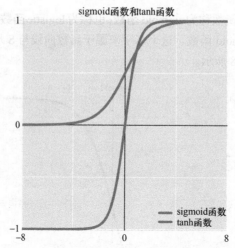

图 17.20　在[−8,8]的区间内绘制 sigmoid 函数（红色）和 tanh 函数（蓝色）

基本的 ReLU 与 sigmoid 函数的组合形状称为 swish[Ramachandran17]，如图 17.21 所示。从本质上说，它就是一个 ReLU，但是在 0 的左边出现了一个小而平滑的凹陷，之后函数变平了。

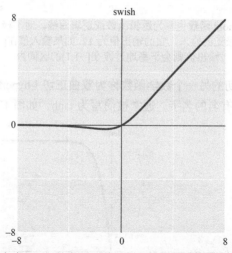

图 17.21　名为 swish 的激活函数，它结合了 ReLU 和 sigmoid 函数

之前提到，ReLU 可能是目前最流行的激活函数，但是，当使用的算法需要真正地对激活函数求导时（而不是运用一些技巧，例如使用分段线性 ReLU 和 maxout），我们通常会首选 sigmoid 函数和 tanh 函数。

光滑曲线的一个缺点是：它们只能在有限的输入范围内产生有用的结果。举个例子，当输入值大于 6（或者小于−6）时，sigmoid（或 tanh）函数将返回相同的值，这种现象被称为饱和（saturation）。当函数的输出持续为相同值时，导数会变成 0，我们将在第 18 章中看到：在训练神经网络时，导数的值是至关重要的信息，如果导数趋于 0，训练就趋于停止。

对于负值而言，ReLU 也会遇到同样的问题，因为当输入小于 0 时，ReLU 的输出总为 0，这一点和 sigmoid 相同（当 sigmoid 的输出非常负时）。但是 ReLU 不会出现正值饱和，当输入大于 0 时，它所返回的输出与输入相同。

激活函数之间的区别就可以解释为什么有多个流行的激活函数。在这里，并没有一个确切的理论来告诉我们在特定网络的特定层中哪个激活函数最有效，所以我们通常需要尝试多个激活函数，来确定哪种效果最好。

## 17.7 激活函数画廊

图 17.22 总结了我们讨论过的激活函数。

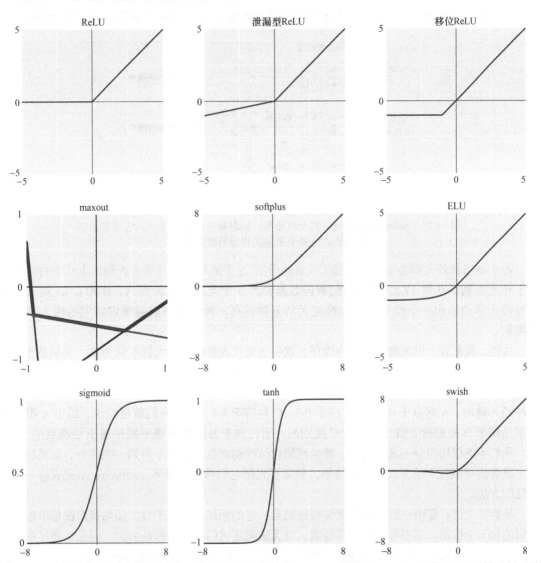

图 17.22　当前流行激活函数的汇总。第一行（从左到右）：ReLU、泄漏型 ReLU、移位 ReLU；第二行（从左到右）：maxout、softplus 和 ELU；第三行（从左到右）：sigmoid、tanh 和 swish

## 17.8 归一化指数函数

还有另一种函数，我们通常只将它用于分类器神经网络的输出神经元（即使有两个或更多的输出神经元）。它不是一直以来我们所讨论的激活函数，因为它可以在同一时间被应用到所有的输出神经元上，而不仅能应用到一个输出神经元上。我们之所以会在这里讨论它，是因为这是讨论这个重要工具的很合适的机会。

这种技术称为**归一化指数函数**（softmax function），常用作具有多个输出项的分类网络的最后一步。

它的名字和我们在上面看到的 softmax 激活函数是一样的，因为它们基于相似的数学理论，但这种技术不是一个激活函数。

这个版本的 softmax 是将网络中生成的原始数据变为每个类别的概率，如图 17.23 所示。

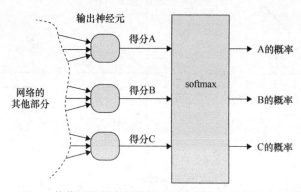

图 17.23  softmax 接收网络的全部输出，同时对它们进行修改，它所输出的
结果是：将每个类别的得分转变为概率

每个输出神经元都会输出一个值（或者得分），这个值对应于网络多大程度上认为特定输入属于相应类别。在图 17.23 中，我们假设数据分为 3 个类别（命名为 A、B 和 C），则 3 个输出神经元都会给出一个得分。输出神经元的分数越高，神经网络就越确定特定的输入项归于该类别。

这样，我们就可以根据分数进行排序，这一分数代表着网络多大程度认为某一类别是正确的类别。得分最高的类别是神经网络选出的首选项，这一点非常有用。

还有更有用的事情，那就是我们能从网络中获得**概率**。例如，有 3 个值从图 17.23 中的 3 个神经元输出，A 对应于 0.6，B 对应于 0.3，C 对应于 0.1，那么我们就可以说，属于 A 类别的概率是属于 B 类别的 2 倍、是属于 C 类别的 6 倍，属于 B 类别的概率则是属于 C 类别的 3 倍。

我们不能仅用得分去表达结果，神经网络设计的初衷也不是为了得到一些得分。如果想用概率（或者说可能性）的方式去陈述结果，就需要先把它们转换为概率，softmax 是完成这一步最常见的方法。

从数学上讲，任何一组概率的重要特征就是：它们相加之和等于 1。如果我们仅是单独修改网络的每一个输出，就不可能知道其他值，也无法确定它们相加之和是多少。但是，通过将所有输出传递给 softmax，就可以同时调整所有输出值，也就能够确定概率的总和为 1。

让我们来看看 softmax 起到了什么作用。

首先看图 17.24 的左上角，这里有一个具有 6 个输出神经元的分类器的输出，我们将其标记为 A～F。从中可以看到：B 类的值是 0.1，而 C 类的值是 0.8。正如之前所讨论的那样，如果由此断定输入是 C 类的可能性是 B 类的 8 倍，那么这便是一个错误的结论，因为这些值所标记的是得分而不是概率。为了比较它们，我们需要把它们变为概率。

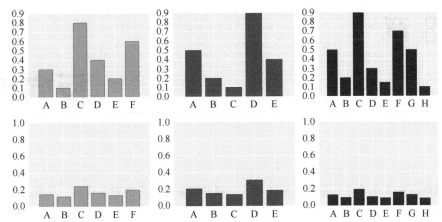

图 17.24 将 softmax 应用于不同的输出集。第一行：分类器的得分；第二行：在上方的输出值上应用 softmax 所得到的结果

我们对左上角的图的输出集应用了 softmax，结果展示在左下角的图中，这个图展示了输入项归属于 6 个类别的概率。值得注意的是：像 C 和 F 这样的大输出值被大量缩减，但是比较小的输出值（如 B）几乎没有被缩减。但按大小对各个条形进行排列，所得到的结果仍然与得分顺序相同（C 最大，然后是 F、D 等）。由此可以得出结论，输入项为 C 类的概率比输入项为 B 类的概率大几乎 2 倍。

图 17.24 的中间和右边为另外两个假设的神经网络的输出，上方和下方分别为应用 softmax 之前和之后的结果。

因为 softmax 可以把输出项的得分变成概率，所以它被广泛应用于分类器神经网络的末端。

# 参考资料

[Clevert16]　　　　Djork-Arné Clevert, Thomas Unterthiner, Sepp Hochreiter, *Fast and Accurate Deep Network Learning by Exponential Linear Units (ELUs)"*, ICLR 2016.

[Kuphaldt17]　　　Tony R Kuphaldt, *Introduction to Diodes And Rectifiers, Chapter 3-Diodes and Rectifiers*, in Lessons in Electric Circuits, 2017.

[Goodfellow13]　　Ian J Goodfellow, David Warde-Farley, Mehdi Mirza,Aaron Courville, Yoshua Bengio, *Maxout Networks*, ICML28(3), pp. 1319-1327, 2013.

[Limmer17]　　　　Steffen Limmer and Slawomir Stanczak, *Optimal deep neural networks for sparse recovery via Laplace techniques*, arXiv 1709.01112, 2017.

[Oppenheim96]　　Alan V Oppenheim and S Hamid Nawab, *Signals and Systems, Second edition*, Prentice Hall, 1996.

[Ramachandran17] Prajit Ramachandran, Barret Zoph, Quoc V. Le,*Swish: A Self-Gated Activation Function*, arXiv: 1710.05941, 2017.

[Stoltz16]　　　　　Stefan Stoltz, *Trains4Africa blog*, 2016.

# 第18章

## 反向传播

神经网络从误差中学习。每次系统进行不正确的预测时，我们都会使用一种称为反向传播的算法来改善其权重。

## 18.1 为什么这一章出现在这里

本章是关于训练神经网络的。这个基本的想法非常简单。假设我们正在训练分类程序，希望它告诉我们应该将哪些给定标签分配给给定的输入。它可能会告诉我们照片中的动物是什么，或者图像中的骨骼是否被破坏，抑或某个特定的音频是哪一首歌。

要训练这个神经网络，就需要给它一个样本，并要求它预测该样本的标签。如果预测与我们之前为其确定的标签匹配，就继续训练下一个样本。如果预测有错，我们会对网络加以修改，以帮助它下次做得更好。

这个概念虽然很容易表述，但实际操作并不是那么容易。本章是关于我们如何"改变网络"以使其**学习**或提高其做出准确预测的能力。这种方法不但适用于分类器，而且适用于几乎任何类型的神经网络。

我们对比一下神经元的前馈网络和第 13 章中的专用分类器。每个专用算法都有一个定制的内置学习方法，用于测量输入数据以提供分类器需要知道的信息。

但神经网络只是一个巨大的神经元的集合，每个神经元进行自己的小计算，然后把结果传递给其他神经元。即使我们将它们组织成层，也没有固有的学习算法。

如何训练一个这样的东西来产生我们想要的结果？怎样才能高效地做到这一点？

这个答案就是**反向传播**（backprop）。如果没有反向传播，我们今天就不会广泛使用深度学习，因为我们无法在合理的时间内训练模型。通过使用反向传播算法，深度学习算法变得既实用又丰富。

反向传播算法是一种底层算法。在用库来构建和训练深度学习系统时，精心调整的例程为我们提供了高速和精准实现这个目标的工具。所以通常除了作为一种教学练习或实现一些新的想法，我们可能永远不会编写代码来执行反向传播算法。

那么为什么这一章会出现在这里呢？我们为什么要花费心思来了解这个底层算法呢？这里至少有 4 个充分的理由。

首先，理解反向传播是很重要的，因为在任何领域，对自己所用工具的了解是成为行业专家的一部分。水手和飞行员需要了解自动驾驶仪的工作原理，以便正常使用它们。有自动对焦相机的摄影师需要知道该功能的工作原理、使用极限是什么以及如何操控它，以便使用自动系统捕捉想要的图像。在任何领域，核心技术的基本知识是提高熟练程度和掌控程度的过程中不可或缺的一部分。在这种情况下，了解有关反向传播的知识可以方便我们阅读文献，与其他人讨论有关深度学习的想法，并更好地理解所使用的算法和库。

其次，更实际的是，了解反向传播可以帮助我们设计可以学习的网络。如果神经网络学习缓慢或根本不学习，可能是因为有些东西阻止了反向传播的正常运行。反向传播是一种多功能且强大的算法，但它不是万能的。我们可以轻松搭建反向传播不会产生有用变化的网络，从而导致网络顽固地拒绝学习。当反向传播出错时，理解算法有助于我们解决问题[Karpathy16]。

再次，神经网络中的许多重要进展非常依赖反向传播。要了解这些新想法及其工作原理，了解它们背后的算法尤为重要。

最后，反向传播是一种简洁的算法。它有效地解决了需要大量时间和计算机资源的问题。它是该领域的概念宝藏之一。作为一个好奇和有思想的人，理解这个算法是非常值得的。

出于上述原因和其他原因，本章将介绍反向传播。一般来说，反向传播的介绍是以数学形式通过方程的集合呈现的 [Fullér10]。像往常一样，我们跳过数学并转而关注概念。这些机制的核心是常识性的，并且不需要除基本算术以及我们在第 5 章中讨论过的导数和梯度的概念之外的任何工具。

### 反向传播的微妙

反向传播算法并不复杂。事实上，它非常简单，这就是为什么它可以如此有效地实施。

但简单并不总是意味着容易。

反向传播算法很微妙。在下面的讨论中，算法将通过观察和推理过程形成，这些步骤可能需要一些思考。我们将尽力弄明白每一步，但从阅读到理解的飞跃可能需要一些努力。

这值得我们付出努力。

## 18.2 一种非常慢的学习方式

让我们以一种非常慢的学习方式来训练神经网络。这将为我们提供一个良好的起点，然后我们将改进这个神经网络。

假设我们已经获得了一个由数百甚至数万个互连神经元组成的全新神经网络。该网络旨在将每个输入分为 5 类中的一个。所以它有 5 个输出，我们将其编号为 1~5，无论哪个输出最大，都是网络对输入类别的预测，如图 18.1 所示。

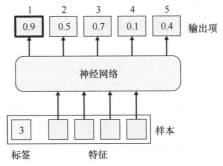

图 18.1　预测输入样本类别的神经网络

从图 18.1 的底部开始，我们有一个包含 4 个特征和一个标签的样本。标签告诉我们这个样本属于类别 3。这些特征进入神经网络，该网络被设计为提供 5 个输出，每个类别一个。在这个例子中，网络错误地确定输入属于第 1 类，因为最大输出 0.9 来自 1 号输出。

在网络有任何输入之前，请考虑神经网络的状态。正如我们从第 16 章所知的，每个神经元的每个输入都有一个相关的权重。我们的网络中很容易有数十万或数百万的权重。通常，所有这些权重都将使用小的随机数进行初始化。

现在让我们通过网络运行一个带标签的训练数据，如图 18.1 所示。样本的特征进入第一层神经元，这些神经元的输出进入更多的神经元，以此类推，直到它们最终到达输出神经元，成为网络的输出。具有最大值的输出神经元的索引是该样本的预测类。

由于我们从初始化的权重开始，这很可能得到随机的输出。因此，网络将有 1/5 的机会预测此样本的正确标签。但是有 4/5 的机会它会弄错，所以让我们假设网络预测了错误的类别。

当预测与标签不匹配时，可以用数字来衡量误差，得出一个数字来告诉我们这个答案是多么错误。我们将这个数字称为**误差分数**或**误差**，或者有时称为**损失**（loss）（如果"损失"这个词成为"误差"的同义词有点奇怪，那么将其视为当我们使用分类器的输出进行分类时，与标签相比有多少信息"丢失"会更有助于理解）。

误差（或损失）是一个可以取任何值的浮点数，但通常我们会设置它使其始终为正数。误差越大，该网络对此输入标签的预测就越"错误"。

误差为 0 表示网络正确预测了此样本的标签。理想情况下，我们会将训练集中的每个样本的误差降至 0。实际上，我们通常会尽可能地使其接近 0。

让我们简要回顾前几章中的一些术语。当谈到关于训练集的"网络误差"时，我们通常表示在考虑所有训练样本时网络状态的某种总体平均值。我们将此称为**训练误差**（training error），因为它是从训练集的预测结果中得到的总体误差。同样，测试集或验证集的误差称为**测试误差**（test error）或**验证误差**（validation error）。当系统被部署时，其预测新数据标签时可能产生的误差被称为**泛化误差**，因为它表示系统能够从其训练数据"推广"到新的真实数据的程度。

思考整个训练过程的一个好方法是将网络拟人化。我们可以说它"希望"将其误差降至 0，并且学习过程的重点是帮助它实现该目标。

这种思维方式的一个优点是可以让网络做任何我们想做的事情，只需设置误差来"惩罚"我们不想要的任何品质或行为。由于本章中的算法旨在最大限度地减小误差，因此我们知道任何导致网络误差的行为都将被最小化。

最自然的惩罚是获得错误的答案，因此误差几乎总是包含一项，用于衡量输出与正确标签的距离。预测与标签之间的匹配越差，这个值就越大。由于网络希望最小化误差，因此它自然会最小化这些误差。

这种通过误差分数"惩罚"网络的方法意味着我们可以选择在误差中包含可以测量和想要抑制的任何内容的误差项。例如，另一个加入误差的流行测量是**正则化项**（regularization term），我们在其中查看网络中所有权重的大小。正如将在本章后面看到的那样，我们通常希望这些权重"小"，这通常意味着在-1 和 1 之间。当权重超出此范围时，我们会为误差添加更大的数字。由于网络"想要"尽可能小的误差，它将尝试保持较小的权重，以使该项保持较小。

自然而然地，这些都提出了一个问题，即网络如何能够实现最小化误差的目标。这就是本章的重点。

让我们从一个基本的误差测量开始，它只会惩罚网络预测和标签之间的不匹配。

我们的第一个网络学习算法只是一个思想实验，因为它在今天的计算机上运行会非常慢。但这种算法的动机是正确的，它形成了我们将在本章后面看到的更有效技术的概念基础。

## 18.2.1 缓慢的学习方式

我们的示例还是分类器。我们会给网络提供一个样本，并将系统的预测与样本的标签进行比较。

如果网络正确并预测了正确的标签，我们将不会改变任何内容，然后继续预测下一个样本。正如智者所说，"如果没坏，就不要修"[Seung05]。

但是，如果特定样本的结果不正确（即具有最高值的类别与我们的标签不匹配），我们将尝试改进。也就是说，我们应从误差中吸取教训。

如何从这个误差中吸取教训？让我们继续使用这个样本一段时间，并尝试帮助网络做得更好。首先，我们选择一个小的随机数（可能是正数或负数）。我们从网络中的数千或数百万个权重中随机选择一个权重，将小的随机数添加到该权重。

图 18.2 展示了一个 5 层网络，每层有 3 个神经元。数据从左侧的输入流向右侧的输出。出于简单性，并非每个神经元都使用前一层上所有神经元的输出。在图 18.2a 中，我们随机选择一个权重，此处以红色显示并标记为 $w$。在图 18.2b 中，我们通过向其添加值 $m$ 来修改权重 $w$，因此权重现在为 $w + m$。当我们再次通过网络运行样本时，新的权重会导致其输入的神经元输出发生变化（红色），如图 18.2c 所示。结果，神经元的输出发生变化，从而导致向它输入数据的神经元改变它的输出，并且这些变化会一直级联到输出层。

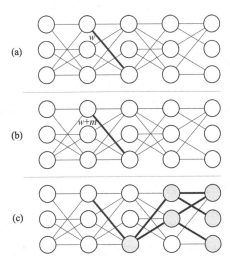

图 18.2　更新单个权重会导致连锁反应，最终可能会改变网络的输出

现在我们有了一个新的输出，可以将它与标签进行比较并测量新的误差。如果新误差小于先前的误差，那么我们已经做得更好了！我们将保留此更改，然后继续预测下一个样本。

但如果结果没有变好，那么我们撤销这一变化，让权重恢复为之前的值。然后，我们选择一个新的随机权重，将其更改为新选择的小的随机数，然后再次评估网络。

我们可以继续这个挑选和微调权重的过程，直到结果改善，或者我们已经尝试了足够的次数，或者出于任何其他原因我们决定停止。然后我们继续预测下一个样本。

如果在训练集中使用了所有样本，我们将一遍又一遍重复遍历它们（可能以不同的顺序）。我们的想法是，从每一个误差中稍微改进一点。

我们可以继续这个过程，直到网络正确地对每个输入进行分类，或者已经足够接近，或者我们的耐心已经用尽。

通过这种算法，我们可以期待网络慢慢改善，尽管可能会遇到挫折。例如，调整权重以改善一个样本的预测可能会破坏对一个或多个其他样本的预测。如果是这样，当这些样本出现时，它们将改变自己以改善表现。

采用这种思维的算法并不完美，因为事情可能会被卡住。例如，有时我们需要同时调整多个权重。为了解决这个问题，我们可以设想扩展算法，为多个随机权重分配多个随机变化值。但是现在让我们继续使用更简单的版本。

如果有足够的时间和资源，网络最终会找到每个权重的最佳值，该权重值可以正确预测每个样本的标签，或尽可能接近该标签。

其中的重要词汇是**最终**。就像"水将最终沸腾"或"仙女座星系最终将与银河系相撞"这种语境中的一样[NASA12]。

这种算法虽然是网络学习的有效方式，但绝对不实用。因为现代网络可以拥有数百万个权重。试图用这种算法找到所有这些权重的最佳值是不现实的。

但这是核心理念。为了训练网络，我们会观察它的输出，当它出错时，我们会调整权重以减小这些误差。在本章中，我们的目标是基于这个粗略的想法重新构建一个更加实用的算法。

在继续推进之前，值得注意的是，我们一直在谈论权重，而不是每个神经元的偏差。我们知道每个神经元的偏差都会与神经元的加权输入加在一起，因此改变偏差也会改变输出。这是否意味着我们也可以调整偏差？当然可以。但是由于**偏差技巧**（见第10章），我们不必明确地考虑偏差。正如所有其他输入一样，这一点改变会将偏差设置为具有自身权重的输入。这种安排的妙处在于它意味着就训练算法而言，偏差只是另一个需要调整的权重。换句话说，我们需要考虑的是调整权重，并且偏差权重将随着所有其他权重自动调整。

现在让我们考虑如何改进这种慢得令人难以置信的权重变化算法。

## 18.2.2　更快的学习方式

18.2.1节提到的算法可以改善神经网络，但速度很慢。

效率低下的一个重要原因是我们对权重的一半调整是在误差的方向：我们应该在降低它时添加一个值，反之，也应该在提高它时删除一个值。这就是为什么我们必须在误差发生时撤销更改。另一个原因是我们逐个调整每个权重，这就要求评估大量的样本。

现在让我们解决这些问题。如果我们事先知道是否想要沿着数轴向右移动（使其更加大）或向左移动（使其更小）每个权重，这样就可以避免犯错。

我们可以从误差的**梯度**中获得与该权重相关的信息。回想一下，我们在第5章中学习了梯度的知识，即曲面的高度会随着每个参数的变化而变化。让我们简化一下。在一维（其中梯度也称为**导数**）中，梯度是特定点上方的曲线的斜率。曲线描述了网络的误差，点是权重的值。如果权重上方的误差的斜率（梯度）为正（向右移动时线向上），那么将点向右移动会导致误差增加。对我们更有用的是，如果将点移动到左侧会导致误差减小。如果误差的斜率为负，则情况相反。图 18.3 展示了两个示例。

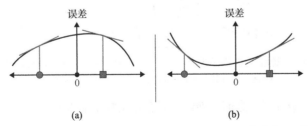

图 18.3 梯度告诉我们如果将权重向右移动，误差会发生什么（黑色曲线）。梯度由我们感兴趣的点正上方的曲线斜率给出。当我们向右移动时上升的线具有正斜率，否则为负斜率

从图 18.3a 可以看到，如果将圆点权重向右移动，则误差增加，因为误差的斜率为正。为了减小误差，我们需要向左移动圆点。方点的梯度是负的，因此我们通过向右移动该点来减小误差。从图 18.3b 可以看到，圆点的梯度为负，因此向右移动将减小误差。方点的梯度是正的，因此我们通过将该点向左移动来减小误差。

如果我们有一个权重的梯度，就总是可以根据需要进行精确调整，以使误差减小。

如果计算时间很长，使用梯度就不会有太大的优势，因此第二个改进就是让我们假设可以非常有效地计算权重的梯度。实际上，我们假设可以快速计算整个网络中每个权重的梯度，然后可以通过在每个权重由其自己的梯度给出的方向上添加一个小值（正或负）来同时更新所有权重。这可以节省大量时间。

结合上述思路，我们可以设计这样一种算法：通过网络运行样本，测量输出，计算每个权重的梯度，然后使用每个权重的梯度将该权重往右侧或左侧移动。这正是我们要做的。

该算法使得了解梯度成为一个重要问题。有效地找到梯度是本章的主要目标。

值得注意的是，该算法假设同时相对独立地调整所有权重可使误差减小。这是一个大胆的假设，因为我们已经看到改变一个权重会如何通过网络的其余部分引起连锁反应。这些反应可能会改变其他神经元的值，从而改变它们的梯度。我们现在不会介绍细节，但稍后会看到，如果我们对权重的变化足够小，那么这个假设通常都会成立，并且误差确实会减小。

## 18.3 现在没有激活函数

对于本章的后续内容，我们通过假设神经元没有激活函数来简化讨论。

正如我们在第 17 章中看到的那样，激活函数至关重要，它让整个神经网络比一个神经元更强大， 所以我们需要使用它们。

但是如果我们将它们包含在我们对反向传播的初步讨论中，事情会迅速变得复杂。如果我们暂时不包含激活函数，那么逻辑就更容易理解了。我们最后会把它们重新放回去。

由于我们暂时假设神经元中没有激活函数，因此以下讨论中的神经元只是将它们的权重输入相加，并将这个和作为它们的输出，如图 18.4 所示。和以前一样，每个权重都是用它来自的神经元和要进入的神经元的两个字母组合命名的。

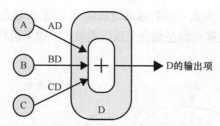

图 18.4　神经元 D 简单地将其输入值相加，并将该和作为其输出。
在这里，我们明确地将每个连接上的权重命名

在明确地将激活函数放回去之前，神经元只会输出权重输入的总和。

## 18.4　神经元输出和网络误差

我们的目标是通过调整网络权重来减小样本的总体误差。

我们将分两步完成。在第一步中，我们为每个神经元计算并存储一个名为"delta"的值。这个值与网络误差有关，我们将在下面看到。该步骤由**反向传播**算法执行。

第二步使用神经元上的 delta 值来更新权重。此步骤称为**更新**步骤。它通常不被认为是反向传播的一部分，但有时人们将这两个步骤放在一起并将整个事件称为"反向传播"。

现在的总体计划是通过网络运行样本，获得预测，并将该预测与标签进行比较以获得误差。如果它们的误差大于 0，则用它来计算并在每个神经元处存储一个我们都称之为"delta"的值。我们使用这些 delta 值和神经元输出来计算每个权重的更新值。最后一步是应用每个权重的单个更新，以便它具有新值。

然后我们继续预测下一个样本，并一遍又一遍地重复这个过程，直到预测完全正确或我们决定停止。

现在让我们看一下存储在每个神经元中的这个神秘的"delta"值。

### 误差按比例变化

有两个关键的观察结果可以理解要遵循的一切。这些都是基于我们忽略激活函数时网络的行为方式，这也是我们目前正在做的事。如上所述，我们将在本章后面会将它们放回去。

第一个观察结果是：**当网络中任何神经元的输出发生变化时，输出误差会按比例变化**。

让我们解释这个陈述。

由于我们忽略了激活函数，因此在系统中只关注两种类型的值：权重（可以随意设置和更改）和神经元输出（自动计算，超出我们直接控制的范围）。除了第一层，神经元的输入值都是上一层神经元的输出乘以该输出传送连接的权重。每个神经元的输出只是所有这些加权输入的总和。图 18.5 概述了这个想法。

我们将改变权重以改善神经网络。但有时候考虑观察神经元输出的变化会更容易。只要我们继续使用相同的输入，神经元输出可以改变的唯一原因是它的一个权重发生了变化。所以在本章的其余部分，每当我们谈到神经元输出变化的结果时，都是因为改变了其中一个神经元所依赖的权重。

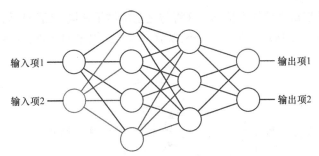

图 18.5　一个小型神经网络，有 11 个神经元，分为 4 层。数据从左侧的输入流向右侧的输出。
每个神经元的输入来自前一层神经元的输出。这种类型的图虽然很常见，但即便
按不同颜色编码，也很容易变得密集和混乱，所以应尽可能地避免它

让我们来看看这个观点，并想象我们正在研究一个输出刚刚被改变的神经元。导致网络误差的结果怎么变化？因为在网络中进行的唯一操作是乘法和加法，我们将看到这种变化的结果是误差的变化与神经元输出的变化**成比例**。

换句话说，为了找到误差的变化，我们先找出神经元输出的变化并将其乘以某个特定值。如果我们将神经元输出的变化量加倍，则也会将误差的变化量加倍。如果我们将神经元的输出变化减小 1/3，则也会将误差的变化减小 1/3。

神经元输出的任何**变化**与误差的最终**变化**之间的联系只是神经元的变化乘以一些数字。这些数字有不同的名称，但最常见的可能是小写的希腊字母 $\delta$（delta），尽管有时会使用大写字母 $\Delta$。数学家经常使用 delta 字符来表示某种类型的"更改"，因此这是一个自然而然（如果简洁的话）的名称选择。

因此每个神经元都有一个与其相关的 delta 或 $\delta$。这是一个可大可小、可正可负的实数。如果神经元的输出变化为特定量（上升或下降），则会将该变化乘以该神经元的 delta，这告诉我们整个网络的输出将如何变化。

让我们绘制几张图来显示输出变化的神经元的"之前"和"之后"的条件。我们将强制改变神经元的输出：在神经元输出该值之前，将其加上任意一个数字。我们将使用字母 $m$（用于"修改"）来表示此额外值，如图 18.6 所示。

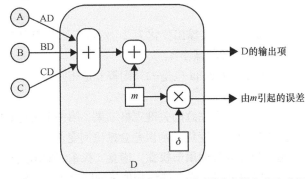

图 18.6　计算由神经元输出的变化引起的误差变化。我们通过在输入之和上添加任意量 $m$ 来强制改变神经元的输出。因为输出将被 $m$ 改变，所以我们可以知道误差的变化是这个变化量 $m$乘以属于这个神经元的 $\delta$ 得到的值

在图 18.6 中，我们将值 $m$ 放在神经元内。我们也可以通过改变其中一个输入来改变输出。让我们改变从神经元 B 输入的值。我们知道 B 的输出将在被神经元 D 使用之前乘以 BD 的权重。

所以让我们在应用该权重之后加上值 $m$。这将与之前的结果相同，因为我们只是将 $m$ 加到 D 中出现的总和中，如图 18.7 所示。我们可以像以前一样找到输出的变化，并将输出中的这个变化 $m$ 乘以 $\delta$。

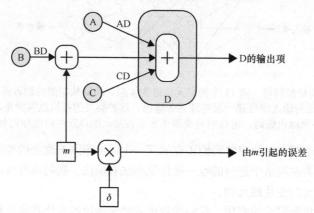

图 18.7 图 18.6 的变体，其中我们将 $m$ 加到 B 的输出（在它乘以权重 BD 之后）。
D 的输出又由 $m$ 改变，并且误差的变化又是该神经元的 $\delta$ 值的 $m$ 倍

回顾一下，如果我们知道神经元输出的变化，并且知道该神经元的 delta 值，就可以通过将输出中的变化乘以该神经元的 delta 来预测误差的变化。

这是一个值得注意的观察，因为它明确地向我们展示了误差是如何根据每个神经元的输出变化而变化的。delta 的值就像一个放大器，使神经元输出的任何变化对网络的误差产生更大或更小的影响。

将神经元的输出变化与其增量相乘的一个有趣结果是，如果输出的变化和 delta 值都具有相同的符号（两者都是正的或负的），那么误差的变化将是正的，这意味着误差会增加。如果输出和增量的变化具有相反的符号（一个是负的而另一个是正的），那么误差的变化将是负的，这意味着误差会减小。这就是我们想要的情况，因为我们的目标始终是尽可能地减小误差。

例如，假设神经元 A 的 delta 为 2，并且由于某种原因，其输出变化为-2（例如，从 5 变为 3）。由于增量为正且输出变化为负，因此误差的变化也将为负。由于 $2 \times (-2)=-4$，因此误差将减小 4。

另一方面，假设 A 的 delta 为-2，其输出变化为 2（例如，从 3 变为 5）。同样，符号不同，因此误差将改变 $(-2) \times 2=-4$，即误差将减小 4。

但是如果 A 输出的变化是-2，而 delta 也是-2，则符号是相同的。由于 $(-2) \times (-2)=4$，因此误差将增加 4。

在本节开始时，我们说有两个需要注意的关键观察结果。第一个关键观察是：正如我们一直在讨论的那样，如果神经元的输出发生变化，则误差会按比例变化。

第二个关键观察是：整个讨论同样适用于权重。毕竟，权重和输出是相乘的。在将两个任意数字（如 $a$ 和 $b$）相乘时，我们通过向 $a$ 或 $b$ 的值加值来使结果更大。就网络而言，我们可以说当网络中的任何权重发生变化时，误差会按比例变化。

如果需要，我们可以计算出每个权重的 delta。这是非常理想的情况。我们知道如何调整每个权重以使误差消失：我们只添加一个小数字，其符号与权重的 delta 相反。

反向传播的用途就是找到这些增量。我们首先通过找到每个神经元输出的 delta 来找到它们。

我们将在下面看到利用神经元的 delta 及其输出，可以找到权重增量。

我们已经知道每个神经元的输出，接下来把注意力转向寻找那些神经元的 delta。

反向传播的美妙之处在于找到这些值是非常高效的。

## 18.5 微小的神经网络

为了掌握反向传播，我们将使用一个将二维点分为两类（1 类和 2 类）的小型网络。如果点可以用直线分隔，那么我们可以只用一个感知器，但需要使用一个小网络，因为它让我们看到了一般原则。

在本节中，我们将了解网络，并为我们关心的所有内容添加标签。这将使以后的讨论更简单、更容易理解。

图 18.8 展示了一个简单的网络。输入是每个点的 $X$ 和 $Y$ 坐标，有 4 个神经元，最后两个的输出用作网络的输出。我们将其输出称为预测 $P_1$ 和 $P_2$。$P_1$ 的值是网络对样本（即输入中的 $X$ 和 $Y$）属于 1 类的可能性的预测，$P_2$ 的值是其对样本属于 2 类的可能性的预测。这些不是实际的概率，因为它们的和不一定等于 1，但较大的是网络对此输入的首选类别。我们可以将它们变成概率（通过添加 softmax 层，如第 17 章所述），但这只会使讨论更加复杂而不会添加任何有用的东西。

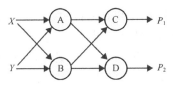

图 18.8　一个简单的网络。输入有两个特征，我们称之为 $X$ 和 $Y$。有 4 个神经元，以两个预测（$P_1$ 和 $P_2$）结束。这些预测分别预测样本属于 1 类或 2 类的可能性（而不是概率）

让我们标记权重。像往常一样，我们可以想象权重是在连接神经元的线上，而不是存储在神经元内部。每个权重的名称将是提供输出值的神经元及紧随其后使用该值的神经元的名称组合。图 18.9 展示了网络中所有 8 个权重的名称。

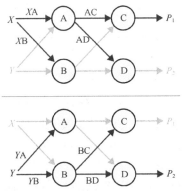

图 18.9　在我们的小网络中为 8 个权重中的每个权重赋予名称。每个权重用它所连接的两个神经元的名称命名，首先是起始神经元（在左侧），然后是第二个目标神经元（在右侧）。为了保持一致性，我们假设在命名权重时 $X$ 和 $Y$ 是"神经元"，因此 $XA$ 是权重的名称，它缩放 $X$ 的值进入神经元 A

这是一个有**两层**的小型**深度学习**网络。第一层包含神经元 A 和 B，第二层包含神经元 C 和 D，如图 18.10 所示。

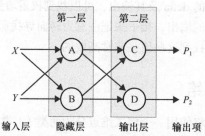

图 18.10 这个微小的神经网络有两层。输入层不进行任何计算，因此它通常不包含在图层计数中

拥有两层的网络不是一个非常深的网络，每层两个神经元并不是很有计算能力。我们通常使用具有多层的且每层上有更多神经元的系统。如何确定我们应该为给定任务使用多少层，以及每层应该有多少神经元，是一门艺术和实验科学。实质上，我们通常会猜测这些值，然后改变我们的选择以尝试改进结果。

在第 20 章中，我们将讨论深度学习及其术语。让我们在这里略微提前了解一部分术语，并将它们用于图 18.10 中的各个网络部分。**输入层**（input layer）只是输入 $X$ 和 $Y$ 的概念分组。这些与神经元不对应，因为这些只是用于存储已提供给网络的样本中特征的内存块。当计算网络中的网络层时，我们通常不会计算输入层。

**隐藏层**（hidden layer）是指神经元 A 和 B 所在的第一层，之所以叫作这个名字，是因为神经元 A 和 B 在网络"内部"，这对外部的观察者来说是"隐藏"的，他们只能看到输入和输出。**输出层**（output layer）是指提供**输出**的一组神经元，这里是 $P_1$ 和 $P_2$。这些层的名称有点不对称，因为输入层没有神经元，而输出层有，但这就是约定俗成的。

最后，我们想要表示每个神经元的输出和 delta。为此，我们通过将神经元的名称与我们想要表示的值组合来命名相应的输出和 delta。所以 $Ao$ 和 $Bo$ 是神经元 A 和 B 的输出的值，$A\delta$ 和 $B\delta$ 是这两个神经元的 delta 值。

图 18.11 展示了存储在神经元中的这些值。

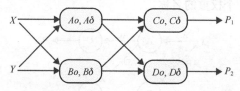

图 18.11 我们的小型网络，包含每个神经元的输出和 delta 值

当神经元输出发生变化从而导致误差发生变化时，我们将关注会发生什么。我们将神经元 A 的输出变化记为 $Am$。同时将误差记为 $E$，并将误差变化记为 $Em$。

如上所述，如果神经元 A 的输出中有一个变化 $Am$，那么我们将该变化乘以 $A\delta$ 就可以得出误差的变化。也就是说，变化 $Em$ 由 $Am \times A\delta$ 给出。我们会想到 $A\delta$ 的作用是乘以或缩放神经元 A 输出的变化，从而给出相应的误差变化。图 18.12 展示了我们通过缩放 delta 以产生误差变化的方式来可视化神经元输出的变化的原理。

在图 18.12 的左边，我们从神经元 A 开始。它以值 $Ao$ 开始，但是我们改变其输入上的一个权重，使输出增加 $Am$。$Am$ 框中的箭头表示此更改为正。这个变化乘以 $A\delta$ 将带给我们误差变化 $Em$。我们将 $A\delta$ 绘制为楔形，说明了 $Em$ 的放大情况。将此更改添加到起始误差 $E$，会为我们提

供新的误差 $E+Em$。在这种情况下，$Am$ 和 $A\delta$ 都是正的，所以误差 $Am\times A\delta$ 的变化也是正的，即增加了误差。

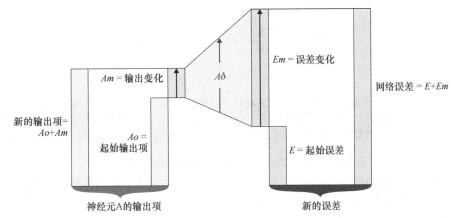

图 18.12　神经元输出的变化改变网络误差的可视化原理图。图大致从左向右阅读

　　记住，delta 值 $A\delta$ 将神经元输出的变化与误差的变化联系起来。这些不是相对变化或百分比变化，而是实际数值。因此，如果 A 的输出从 3 变为 5，那么变化为 2，因此误差的变化将是 $A\delta\times 2$。如果 A 的输出从 3000 变为 3002，那么变化仍然是 2，并且误差将改变相同的量 $A\delta\times 2$。

　　现在我们已经理解了所有基本内容，下面就可以了解反向传播算法。

## 18.6　第1步：输出神经元的 delta

　　反向传播就是找到每个神经元的 delta 值。为此，我们将在网络末端找到误差的梯度，然后将这些梯度传递或移动到开始。所以我们将从末端——输出层开始。

　　在我们的小型网络中，神经元 C 和 D 的输出分别给出了输入在 1 类或 2 类中的可能性。理想情况下，属于 1 类的样本将使 $P_1$=1.0，使 $P_2$=0.0，这意味着系统确定它属于 1 类并且同时确定它不属于 2 类。

　　如果系统不太确定，我们可能得到 $P_1$=0.8 和 $P_2$=0.1，这告诉我们样本更可能是 1 类（请记住这些不是概率，所以它们的总和可能不会为 1）。

　　我们想用一个数字来表示网络的误差。为此，我们将 $P_1$ 和 $P_2$ 的值与此样本的标签进行比较。

　　进行比较的最简单方法是，识别标签是否是独热编码的，正如我们在第 12 章中看到的那样。回想一下，独热编码使得一个数字列表与类的数量一样长，并在每个条目中放置一个 0。如果标签是独热编码的，则在对应于正确类的条目中放置 1。在例子中，我们只有两个类，所以编码器总是以两个 0 的列表开头，可以写成（0,0）。对于属于 1 类的样本，它会在其独热编码标签的第一个插槽中放置 1，得到（1,0）。同理，属于 2 类的样本的独热编码标签为（0,1）。有时这种标签也称为**目标**（target）。

　　让我们将预测 $P_1$ 和 $P_2$ 放入一个列表中：（$P_1$, $P_2$）。现在我们可以比较列表。有很多方法可以做到这一点。例如，一种简单的方法是找出列表相关元素之间的差异，然后将这些差异加起来，如图 18.13 所示。

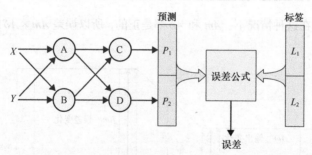

图 18.13　要从特定样本中查找误差，我们首先将样本的特征 $X$ 和 $Y$ 提供给网络。输出是预测 $P_1$ 和 $P_2$，分别告诉我们样本属于 1 类和 2 类的可能性。我们将这些预测与独热编码标签进行比较，并从中得出一个代表误差的数字。如果预测完全匹配标签，则误差为 0。匹配错误越严重，误差越大

如果预测列表与标签列表相同，则误差为 0。如果两个列表很接近，例如，（0.9,0.1）和（1,0），那么我们得到的误差值将大于 0，但可能不是很大。随着列表变得越来越不同，误差应该增加。如果网络绝对错误，则会出现最大误差。例如，当标签显示（0,1）而预测为（1,0）时，误差值最大。

计算网络误差的公式有许多，大多数库让我们在其中进行选择。我们将在第 23 章和第 24 章中看到，误差公式的选择是定义网络的关键之一。例如，如果构建一个网络来将输入分类为类别，我们将选择某种误差公式；如果网络用于预测序列中的下一个值，我们将选择另一种类型的误差公式；如果试图匹配其他网络的输出，则选择另一种类型的误差公式。这些公式可能在数学上很复杂，因此我们不会在这里详述这些细节。

如图 18.13 所示简单网络的误差公式包含 4 个数字（预测值有 2 个，标签值有 2 个），最后会产生一个数字组作为结果。

但是所有误差公式共享这个属性：当它们将分类器的输出与标签进行比较时，完美匹配将给出 0 值，并且越来越不正确的匹配将产生越来越大的误差。

对于每种类型的误差公式，库函数也将为我们提供其**梯度**。梯度告诉我们，如果我们改变 4 个输入中的任何一个，误差将如何变化。这看似是多余的，因为我们希望输出与标签匹配，所以可以通过只观察它们来告诉我们输出应该如何改变。但请记住，误差可能包括其他项，如我们上面讨论的正则化项，因此事情会变得更复杂。

在简单的情况下，我们可以使用梯度来告诉我们是否希望 C 的输出增加或减小，对 D 也同样。我们将选择引起误差减小的每个神经元的方向。

让我们考虑一下误差。我们也可以绘制梯度，但通常更难以解释。当我们绘制误差本身时，我们通常就通过查看误差的斜率来了解梯度。

然而，我们无法为小网络绘制一个很好的误差图，因为它需要 5 个维度（输入 4 个，输出 1 个）。但事情并没有那么糟糕。我们不关心标签更改时误差的变化，因为标签不能更改。对于给定的输入，标签是固定的，所以我们可以忽略标签的两个维度。这让我们只有 3 个维度。

我们可以绘制三维形状，也就可以绘制误差。记住，只要想象如果我们将一滴水放在任意位置上方的误差表面上，这滴水会流到哪个方向，我们就可以在该点看到梯度。

让我们绘制一个三维图，显示对给定标签任意 $P_1$ 和 $P_2$ 组合的误差。也就是说，我们将设置标签的值，并探索 $P_1$ 和 $P_2$ 的不同值误差。每个误差公式都会给我们一个略有不同的表面，但大多数看起来大致如图 18.14 所示。

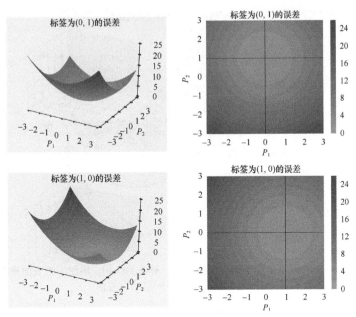

图 18.14　给定标签（或目标）和两个预测 $P_1$ 与 $P_2$，来可视化网络的误差。上方：标签为(0,1)，因此误差呈
碗形，其底部位于 $P_1=0$ 且 $P_2=1$。当 $P_1$ 和 $P_2$ 偏离这些值时，误差会增加。上方左图：
$P_1$ 和 $P_2$ 的每个值的误差。上方右图：左侧曲面的俯视图，使用彩色轮廓显示高度。
下方：标签是(1,0)，所以现在误差是一个底部在 $P_1=1$ 和 $P_2=0$ 的"碗"

对于两个标签的情况，误差表面的形状是相同的：底部为圆形的"碗"。唯一的区别是碗底部的位置，它直接位于标签上方。这是合乎道理的，因为我们的目的是让 $P_1$ 和 $P_2$ 与标签相匹配，这时网络没有误差，所以"碗"的底部的值为 0，它位于标签位置上。$P_1$ 和 $P_2$ 与标签的差异越大，误差越大。

这些图让我们在这个误差表面的梯度与输出层神经元 C 和 D 的 delta 值之间建立联系。这将有助于记住样本属于 1 类的可能性 $P_1$，它只是 C 的输出的另一个名称，我们也称为 $Co$。同样，$P_2$ 是 $Do$ 的另一个名字。因此，如果想要看到 $P_1$ 的值的特定变化，我们就说希望神经元 C 的输出以这种方式改变，对于 $P_2$ 和 D 也是如此。

让我们更仔细地看一下这些误差表面，这样就可以真正理解它。假设我们有一个(1,0)的标签，就像图 18.14 的底行一样。让我们假设对于一个特定的样本，$P_1$ 的值是-1，$P_2$ 的值是 0。在这个例子中，$P_2$ 匹配标签，但我们希望 $P_1$ 从-1 变为 1。

由于我们想要在保留 $P_2$ 的同时更改 $P_1$，所以看一下图的一部分，它告诉我们如何通过这样做来改变误差。我们将设置 $P_2=0$ 并查看"碗"的横截面以获得不同的 $P_1$ 值。我们可以看到它遵循整体碗状，如图 18.15 所示。

让我们看一下误差表面的这一切片，如图 18.16 所示。

在图 18.16 中，我们用橙色点标记了值 $P_1=-1$，并且在曲线直接位于 $P_1$ 值之上的位置绘制了导数。这告诉我们如果使 $P_1$ 更正（也就是说，我们从-1 向右移动），网络中的误差将减小。但是如果我们走得太远并且将 $P_1$ 增加到超过 1 的值，那么误差将再次开始增加。导数只是梯度中仅适用于 $P_1$ 的一部分，并告诉我们，**在 $P_2$ 和标签取这些值的时候，当 P1 的值发生变化时，误差如何变化**。从图中可以看出，如果我们距离-1 太远，则导数将不再与曲线匹配，但接近-1 则表现良好。

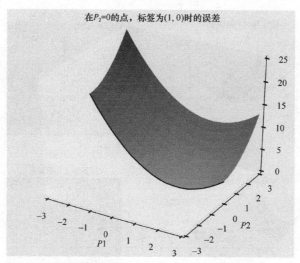

图 18.15    从图 18.14 左下角切下来的误差曲面，标签为(1,0)。展示出的表面横截面显示了
当 $P_2 = 0$ 时 $P_1$ 的不同值的误差值

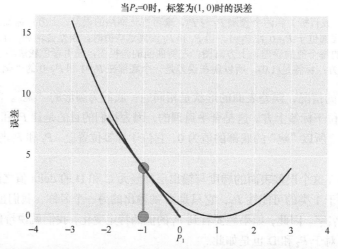

图 18.16    查看图 18.15 所示的误差函数的横截面，我们可以看到当 $P_2$ 固定为 0 时，
误差是如何取决于 $P_1$ 的不同值

我们稍后会再次回到这个想法：曲线的导数告诉我们如果从给定位置**非常微小地移动** $P_1$，误差会发生什么。移动越小，导数在预测新误差时就越准确。对于任何导数或任何梯度都是如此。

我们可以在图 18.16 中看到这个特性。如果将 $P_1$ 从-1 向右移动 1 个单位，导数（绿色）将带给我们 0 误差，尽管 $P_1 = 0$（黑色曲线的值）的误差大概到了 1。我们可以使用导数来预测 $P_1$ 中的大变化结果，但正如我们刚才看到的那样，准确率将随着移动而下降。为了让数字清晰易读，当导数将我们带到的位置与实际误差曲线告诉我们应该在哪里之间的差异足够接近时，我们有时会做出大的移动。

让我们使用导数来预测由 $P_1$ 的变化引起的误差变化。图 18.16 中绿线的斜率是多少？左端约为(-2,8)，右端约为(0,0)。因此，当我们向右移动时，每一个单位的线下降约 4 个单位，斜率约为-4/1 或-4。因此，如果 $P_1$ 改变 0.5（也就是说，它从-1 变为-0.5），我们预测误差会减小 0.5 × (-4)=-2。

就是这样！这是告诉我们 $C\delta$ 值的关键观察结果。

记住，$P_1$ 只是 $Co$ 的另一个名称，即 C 的输出。我们发现 $Co$ 中的 1 的变化导致误差中的-4 变化。正如我们所讨论的那样，在 $P_1$ 发生如此大的变化之后，我们不应该对这种预测有太多的信心。但对于小变化，这个比例是正确的。例如，如果将 $P_1$ 增加 0.01，那么我们预测误差会改变 (-4) × 0.01=-0.04，而对于 $P_1$ 的这么小的变化，预测的误差变化应该是非常准确的。如果将 $P1$ 增加 0.02，那么我们预测误差将改变 (-4) × 0.02=-0.08。如果将 $P_1$ 移到左边，那么它从-1 变为-1.1，我们预测误差变化 (-0.1) × (-4)=0.4，因此误差会增加 0.4。

我们发现，对于 $Co$ 的任何变化量，我们可以通过将 $Co$ 乘以-4 来预测误差的变化。

这正是我们一直在寻找的！$C\delta$ 的值为-4。请注意，这仅适用于此标签，以及 $Co$ 和 $Do$（或 $P_1$ 和 $P_2$）的这些值。

我们刚刚找到了第一个 delta 值，这告诉我们如果 C 的输出发生变化，误差会有多大变化。它只是在 $P_1$（或 $Co$）处测得的误差函数的导数。

图 18.17 展示了我们刚刚使用误差图描述的内容。

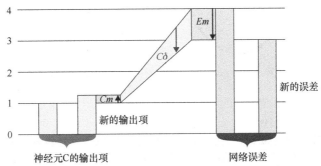

图 18.17　误差图说明了神经元 C 输出变化引起的误差变化。原始输出是最左边的绿色条。我们想象由于输入的变化，C 的输出增加了 $Cm$。这通过将其乘以 $C\delta$ 来放大，从而给出了误差的变化 $Em$，即 $Em=Cm×C\delta$。这里 $Cm$ 的值约为 1/4（$Cm$ 框中向上的箭头告诉我们变化为正），$C\delta$ 的值为-4（$C\delta$ 框中的箭头告诉我们值为负），所以 $Em=(-4)×1/4=-1$。最右边的新的误差是先前的误差加上 $Em$

记住，此时我们不会对此 delta 值执行任何操作。我们现在的目标只是找到神经元的 delta。我们稍后会用它们。

假设 $P_2$ 已经具有正确的值，我们只需要调整 $P_1$。但是如果它们都与其相应的标签值不同呢？

在这之后我们为 $P_2$ 重复这整个过程，得到 $D\delta$ 的值，或神经元 D 的 delta。让我们这样做。

在图 18.18 中，当 $P_1$=-0.5 且 $P_2$=1.5 时，我们可以看到具有相应标签或目标(1,0)的输入误差切片。

横截面曲线如图 18.19 所示。请注意，$P_1$ 的曲线与图 18.16 相比有所变化。这是因为 $P_2$ 的变化意味着我们在 $P_2$=1.5 而不是 $P_2$=0 时取 $P_1$ 横截面。

对于此图中的特定值，看起来 $P_1$ 中约 0.5 的变化将导致误差中约-1.5 的变化，因此 $C\delta$ 约为 (-1.5)/0.5=-3。如果我们改变了 $P_2$ 而不是 $P_1$ 呢？看右边的图，变化约为-0.5（此时向左移动，朝向"碗"的最小值），这将导致误差中约-1.25 的变化，因此 $D\delta$ 约为 1.25/(-0.5)=-2.5。这里的值为正告诉我们，向右移动 $P_2$ 会导致误差增加，所以我们想把 $P_2$ 移到左边。

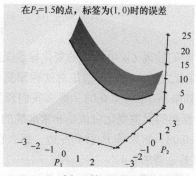
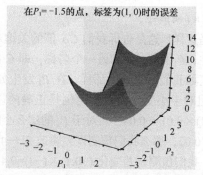

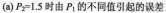

(a) $P_2$=1.5 时由 $P_1$ 的不同值引起的误差      (b) $P_1$=−0.5 时由 $P_2$ 的不同值引起的误差

图 18.18   $P_1$ 和 $P_2$ 都与标签不同时将我们的误差函数切片

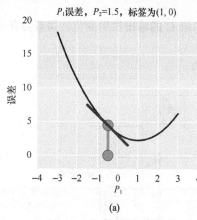
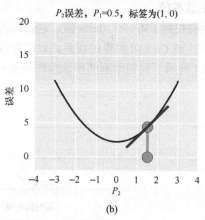

图 18.19   当 $P_1$ 或 $P_2$ 都不匹配标签时，我们可以尝试通过单独调整每个标签来减小误差。在此示例中，标签为(1,0)。(a)当 $P_2$ 为 1.5 时，$P_1$ 的不同值的误差。最小值略大于 2。导数告诉我们，通过使 $P_1$ 大于其当前值−0.5（即向右移动），我们可以达到较小的值。(b)$P_1$=−0.5 时，$P_2$ 的不同值的误差。$P_2$ 的当前值为 1.5。导数告诉我们，通过使 $P_2$ 更小（即向左移动），我们可以使误差更小

这里有一些有趣的现象需要观察。首先，虽然两条曲线都是碗形的，但"碗"的底部处于各自的标签值。其次，由于 $P_1$ 和 $P_2$ 的当前值位于各自"碗"底部的相对侧，因此它们的导数具有相反的符号（一个是正的，另一个是负的）。

最重要的观察是最小可到达的误差不是 0，曲线永远不会低于 2。这是因为每条曲线只改变两个值中的一个，而另一个被固定下来。所以即使 $P_1$ 达到理想值 1，结果中仍然会有误差，因为 $P_2$ 的理想值不是 0，反之亦然。

这意味着如果只改变这两个值中的一个，我们永远不会达到 0 的最小误差。为了将误差减小到 0，$P_1$ 和 $P_2$ 都必须下降到它们各自的曲线底部。

出现的皱褶可以这样理解：每当 $P_1$ 或 $P_2$ 发生变化时，我们会选择不同的误差表面横截面。这意味着我们得到误差的不同曲线。图 18.16 中当 $P_2$=0 时，与图 18.19 中当 $P_2$=1.5 时不同。由于误差曲线已更改，因此 delta 也会发生变化。

因此，如果更改任一值，我们必须从头开始重新启动整个过程，然后才知道如何更改其他值。

好吧，这也不完全是。我们稍后会看到，只要采取非常小的步长，我们实际上可以同时更新两个值。但是，在冒险再次将误差变大之前，我们可以取巧。一旦采取了小步长，我们必须再次评估误差表面，以便在再次调整 $P_1$ 和 $P_2$ 之前找到新的曲线，然后找到新的导数。

我们刚刚描述了计算输出神经元的 delta 值的一般方法（我们一会儿看隐藏的神经元）。实际上，我们经常使用特定的误差测量来使事情变得更容易，因为我们可以写下导数的超简单公式，这反过来又为我们提供了一种查找 delta 的简单方法。此误差测量称为**二次代价函数**，或**均方误差**（或 MSE）[Neilsen15a]。像往常一样，我们不会详细解释这个等式的数学意义。对我们来说最重要的是，这种对误差函数的选择意味着任何神经元值（即神经元的 delta 值）的导数特别容易计算。输出神经元的 delta 是神经元值与相应标签条目[Seung05]之间的差值。图 18.20 展现了这个想法。

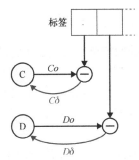

图 18.20　在使用二次代价函数时，任何输出神经元的 delta 只是标签中的值减去该神经元的输出。如曲线箭头所示，我们用其神经元保存该 delta 值

这个小小的计算与前面的碗形图非常吻合。请记住，$Co$ 和 $P_1$ 是相同值的两个名称，$Do$ 和 $P_2$ 也是如此。

当第一个标签为 1 时，让我们考虑 $Co$（或 $P_1$）。如果 $Co=1$，则 $1-Co=0$，因此 $Co$ 的微小变化对输出误差没有影响。这是有道理的，因为碗的底部是平的。

假设 $Co=2$，那么差值 $1-Co=-1$，这告诉我们 $Co$ 的变化会使误差改变相同的量，但是具有相反的符号（例如，$Co$ 中 0.2 的变化将导致 -0.2 的变化误差）。如果 $Co$ 很大，比如 $Co=5$，那么 $1-Co=-4$，这告诉我们对 $Co$ 的任何变化将在误差变化中放大 -4 倍。这也是有道理的，因为我们现在正处于"碗"非常陡峭的部分，输入（$Co$）的微小变化将导致输出的大的变化（误差的变化）。为方便起见，我们一直在使用大数字，但请记住，导数只告诉我们如果采取一小步会发生什么。

神经元 D 及其输出 $Do$（或 $P_2$）的思维过程也是相同的。

我们现在已经完成了反向传播的第一步：找到了输出层中所有神经元的 delta 值。

我们已经看到输出神经元的增量取决于标签中的值和神经元的输出。如果神经元的输出发生变化，则 delta 也会发生变化。

因此，delta 是一个临时值，随着每个新标签和神经元的每个新输出而变化。根据这一观察结果，每当更新网络中的权重时，我们都需要计算新的 delta。

记住，我们的目标是找到权重的 delta。一旦知道层中所有神经元的增量 delta，我们就可以更新进入该层的所有权重。

让我们看看它是如何做的。

## 18.7　第2步：使用 delta 改变权重

我们已经了解了如何为输出层中的每个神经元找到 delta 值。如果任何神经元的输出变化了一些，我们将该变化乘以神经元的 delta 来找到输出的变化。

我们知道神经元输出的变化可能来自输入的变化，而输入的变化又可能来自先前神经元输出的变化或连接先前输出与该神经元的权重的变化。我们来看看这些输入。

我们将关注输出神经元 C，以及它从前一层神经元 A 接收的值。让我们使用临时名称 $V$ 来指代从 A 到达 C 的值。它包含由 A 的输出 $Ao$，以及 A 和 C 之间的权重，即 $AC$。因此 $V=Ao \times AC$。此设置如图 18.21 所示。

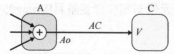

图 18.21　进入神经元 C 的值，我们暂时称之为 $V$，是 $Ao$（A 的输出）乘以权重 $AC$，即 $Ao \times AC$

如果 $V$ 由于任何原因发生变化，我们知道 C 的输出也将被 $V$ 改变（因为 C 只是将其输入相加并传递该总和）。由于 C 的变化是 $V$，网络的误差将改变 $V \times C\delta$，因为我们建立了 $C\delta$ 来做到这一点。

$V$ 的值只有两种方式可以在此设置中更改：A 的输出更改或权重值更改。

由于 A 的输出是由神经元自动计算的，因此我们无法直接调整该值。但我们可以改变权重，所以让我们来看看。

让我们通过添加一些新值来修改权重 $AC$。我们称之为新值 $ACm$，因此 $AC$ 的新值为 $AC + ACm$。然后到达 C 的值是 $Ao \times (AC + ACm)$。此设置如图 18.22 所示。

图 18.22　如果改变权重 $AC$，那么这将改变 $V$ 的值。这里，进入神经元 C 的 $V$ 值是 $Ao \times (AC + ACm)$

如果从新值 $Ao \times (AC + ACm)$ 中减去旧值 $Ao \times AC$，可以发现由于我们修改权重而进入 C 的值的变化是 $Ao \times ACm$。

由于此更改进入 C，因此更改将乘以 $C\delta$，这告诉我们由于修改权重而导致网络误差的变化。稍等一下。这就是我们一直想要的，找出权重的变化对误差的影响。我们是刚刚发现了它吗？是的，我们发现了。我们已经实现了目标！我们发现了权重的变化会如何影响网络的误差。让我们再来看一遍。

如果通过向其添加 $ACm$ 来改变权重 $AC$，那么我们知道网络误差的变化 $(Ao \times ACm)$ 由 C 乘以 C 的增量（$C\delta$）的变化给出。也就是说，误差的变化是 $(Ao \times Acm) \times C\delta$。

假设我们将权重增加 1，即 $ACm = 1$，则误差将改变 $Ao \times C\delta$。

因此，每次给权重 $AC$ 加 1 都会导致网络误差改变 $Ao \times C\delta$。如果将权重 $AC$ 增加 2，我们将得到这个误差变化的两倍，即 $2 \times (Ao \times C\delta)$。如果将权重增加 0.5，我们将得到前面数值的一半，即 $0.5 \times (Ao \times C\delta)$。

我们可以反过来，如果想要将误差增加 1，就应该在权重上增加 $1/(Ao \times C\delta)$。但我们想让误差变小。同样的逻辑表明，如果从权重中减去值 $1/(Ao \times C\delta)$，我们可以将误差减小 1。所以现在我们知道如何改变这个权重以减小整体误差。

我们已经找到了如何处理权重 $AC$ 以减小这个小型网络中的误差。要从误差中减去 1，我们只需从 $AC$ 中减去 $1/(Ao \times C\delta)$。

如图 18.23 所示，权重 $AC$ 每改变 $1/(Ao \times C\delta)$ 一次，都会导致网络中网络误差的相应变化为 1。减去该值会导致误差中的变化为 -1。

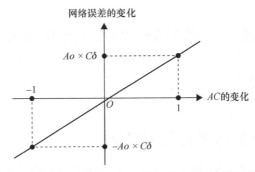

图 18.23　对于权重 $AC$ 值的每次变化，我们可以查找网络误差的相应变化。
当 $AC$ 按 $1/(Ao \times C\delta)$ 变化时，网络误差的变化为 1

我们可以使用图的新约定直观地总结这个过程。我们一直在绘制神经元的输出，如图 18.24 中右边的箭头所示；让我们使用从圆圈出来的左边的箭头来绘制增量，如图 18.24 所示。

图 18.24　神经元 C 有一个输出 $Co$，用右箭头绘制；还有一个 delta 值 $C\delta$，用左箭头绘制

通过此约定，更新权重值的整个过程如图 18.25 所示。在这样的图中显示减法很难，因为如果我们有一个带有两个输入箭头的"减号"节点，则不清楚哪一个是被减量（也就是说，如果输入是 $x$ 和 $y$，我们计算的是 $x-y$ 还是 $y-x$？）。我们计算 $AC-(Ao \times C\delta)$ 的方法是找到 $Ao \times C\delta$，乘以 $-1$，然后将该结果添加到 $AC$。

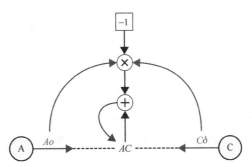

图 18.25　更新权重 $AC$ 的值。我们从神经元 A 的输出 $Ao$ 和神经元 C 的 delta 值 $C\delta$ 开始，并将它们相乘。
我们想从 $AC$ 的当前值中减去它。为了在图中清楚地显示，我们将 $Ao \times C\delta$ 乘以 $-1$，然后将其
加到 $AC$ 上。绿色箭头是更新步骤，此结果将成为 $AC$ 的新值

图 18.25 是本章的目标，也是我们计算 $C\delta$ 的原因。这就是我们的网络学习方式。

图 18.25 告诉我们如何更改权重 $AC$ 以减小误差。为了将误差减小 1，我们应该将 $-1/(Ao \times C\delta)$ 加到 $AC$ 的值上。成功了！

如果我们改变输出神经元 C 和 D 的权重，以将每个神经元的误差减小 1，那么预测误差会减小 $-2$。我们可以预测这一点，因为共享同一层的神经元不依赖于彼此的输出。由于 C 和 D 都在输出层，C 不依赖于 $Do$ 而 D 不依赖于 $Co$。它们确实依赖于前一层上神经元的输出，但是现在我们只关注改变 C 和 D 权重的效果。

很高兴我们知道如何调整网络中的最后两个权重，但如何调整所有其他权重呢？要使用这种技术，我们需要弄清楚其余层中所有神经元的 delta。然后我们可以使用图 18.25 来改善网络中的

所有权重。

这让我们看到了反向传播的显式技巧:我们可以在一层使用神经元的 delta 来找到其前一层的所有神经元的 delta。正如我们刚刚看到的,知道神经元的 delta 和神经元的输出就意味着知道如何更新进入神经元的所有权重。

让我们看看如何做到这一点。

## 18.8　第 3 步: 其他神经元的 delta

现在知道了输出神经元的 delta 值,我们将使用它们来计算输出层之前的其他层上的神经元的 delta。在我们的简单模型中,只有神经元 A 和神经元 C。我们只关注神经元 A 及其与神经元 C 的联系。

如果 A 的输出 $Ao$ 由于某种原因发生变化,会发生什么? 假设 $Ao$ 增加了 $Am$。图 18.26 展示了由于 $Ao$ 的这种变化到 $Co$ 的变化最后到误差变化的连续变化。

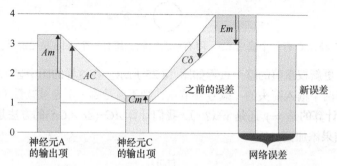

图 18.26　让我们看看改变神经元 A 的输出的结果。从左到右阅读图。A 的变化,标记为 $Am$ 乘以权重 $AC$,然后加到神经元 C 的输出上。这将导致 C 的输出增加 $Cm$。我们知道,C 中的这种变化可以通过乘以 $C\delta$ 来找出网络误差的变化。在该示例中,$Am=5/4$,并且 $AC=1/5$,因此 $Cm=5/4 \times 1/5=1/4$。$C\delta$ 的值为 $-4$,因此误差的变化为 $1/4 \times (-4)=-1$

我们知道神经元 C 将其输入加权相加在一起,然后将总和传递出去(因为我们现在忽略了激活函数)。因此,如果 C 中除了来自 A 的值之外没有其他任何变化,这就是 $Co$(即 C 的输出)的变化的唯一来源,我们将 $Co$ 的变化表示为值 $Cm$。如前所述,我们可以通过将 $Cm$ 乘以 $C\delta$ 来预测网络误差的变化。

所以现在我们有一系列的操作,从神经元 A 到神经元 C 再到误差。系列操作的第一步表明,如果将 $Ao$ 的变化(即 $Am$)乘以权重 $AC$,我们将得到 $Cm$,它是 C 的输出变化。从上面可以知道如果将 $Cm$ 乘以 $C\delta$,我们将得到误差的变化。

因此,将这些融合在一起,我们发现由 A 的输出变化 $Am$ 引起的误差是 $Am \times AC \times C\delta$。

换句话说,如果将 A 的变化(即 $Am$)乘以 $AC \times C\delta$,我们就会得到由神经元 A 的变化引起的误差变化。也就是说,$A\delta = AC \times C\delta$。

我们刚刚确定了 A 的 delta! 由于 delta 是将神经元的变化乘以得到误差变化的值,我们发现该值是 $AC \times C\delta$,然后找到了 $A\delta$,如图 18.27 所示。

这太神奇了! 神经元 C 消失了! 如图 18.27 所示,我们所需要的只是神经元 C 的 delta 值 $C\delta$,从中可以找到 $A\delta$,即 A 的 delta 值。现在我们知道了 $A\delta$,就可以更新进入神经元 A 的所有权重,然后……不,等一下!

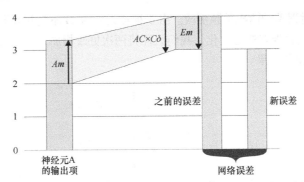

图 18.27 我们可以将图 18.26 中的操作组合成一个更简洁的图。在该图中，我们看到 $Am$，即 A 的
变化，乘以权重 $AC$，然后乘以值 $C\delta$。因此，我们可以将其表示为一个步骤，其中将 $Am$ 和
两个值 $AC$ 和 $C\delta$ 相乘。如前所述，$Am=5/4$，$AC=1/5$ 和 $C\delta=-4$，所以 $AC\times C\delta=-4/5$，
乘以 $Am=5/4$ 就给出了 $-1.0$ 的误差变化

我们还没有得到真正的 $A\delta$，只得到了它的一部分。

在讨论开始时，我们说过会关注于神经元 A 和神经元 C，这很好。但是如果我们现在注意网
络的其余部分，就可以看到神经元 D 也使用 A 的输出。如果 $Ao$ 由 $Am$ 而改变，那么 D 的输出也
会改变，这也会对误差产生影响。

为了找到神经元 D 因神经元 A 变化引起的误差变化，我们可以重复上面的过程，只需用神经
元 D 替换神经元 C。所以如果 $Ao$ 改变了 $Am$，没有其他变化，那么由 D 变化引起的误差由 $AD\times
D\delta$ 给出。

图 18.28 同时显示了这两条路径。该数字的设置与上述数字略有不同。这里，由于 C 的变化
引起的对 A 误差变化的影响由图的中心和向右延伸的路径表示。由于 D 的变化引起的对 A 的误
差变化的影响由图的中心和向左延伸的路径表示。

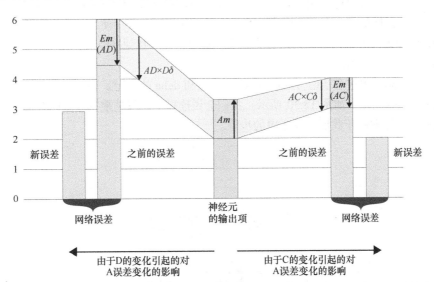

图 18.28　神经元 C 和神经元 D 都使用神经元 A 的输出。在这个图中，我们改变了从左到右的约定，以显示
由 $Am$ 给出的相同的 A 变化，以两条不同路径的方式影响最终的误差，一条向左，一条向右，每条从中间的
神经元 A 开始。通过神经元 C 的路径向右显示，其中 $Am$（A 的输出的变化）由 $AC\times C\delta$ 缩放以获得误差
的一个变化，标记为 $Em(AC)$。从中心向左延伸，$Am$ 由 $AD\times D\delta$ 缩放以获得误差的另一个变化，
标记为 $Em(AD)$。结果是对误差进行了两次单独的更改

图 18.28 展示了对误差的两次单独更改。由于神经元 C 和 D 不会相互影响，因此它们对误差的影响是独立的。要查找误差的总变化，我们只需将两次更改相加。图 18.29 展示了通过神经元 C 和 D 给误差添加变化的结果。

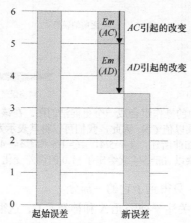

图 18.29　当神经元 C 和神经元 D 都使用神经元 A 的输出时，它们的变化在误差中加在一起

既然已经处理了从神经元 A 到输出的所有路径，我们最终可以写出 $A\delta$ 的值。由于误差加在一起（如图 18.29 所示），我们可以加上缩放 $Am$ 的因子。如果我们把它们写在一起，就是 $A\delta = (AC \times C\delta) + (AD \times D\delta)$。

现在我们找到了神经元 A 的 delta 值，就可以对神经元 B 重复一遍上述过程，以找到其 delta 值。

我们实际上已经完成了比仅为神经元 A 和 B 找到 delta 值更有意义的事情。我们已经发现如何在任何网络中获得每个神经元的 delta 值，无论它有多少层或者有多少个神经元！

这是因为我们所做的一切只不过都涉及一个神经元、下一层中使用其值作为输入的所有神经元的 delta，以及连接它们的权重。只需要这些，我们就可以找到神经元变化对网络误差的影响，即使输出层在数十层之后。

为了直观地总结出这个结论，让我们将绘制输出和 delta 的约定扩展为可以使用右指向和左指向箭头，并且包括权重，如图 18.30 所示。我们会说连接上的权重乘以输出向右移动，或者乘以 delta 向左移动，这取决于我们正在考虑的步骤。

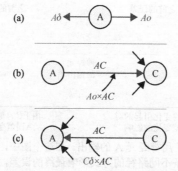

图 18.30　绘制与神经元 A 相关的值。(a)惯例是将输出 $Ao$ 绘制为从神经元右侧出来的箭头，将 delta 值 $A\delta$ 绘制为从左侧出来的箭头。(b)评估一个样本时，A 的输出在被 C 使用的途中乘以 $AC$。(c)在计算 delta 值时，C 的 delta 乘以 $AC$ 以供 A 使用

换句话说，有一个带有一个权重的连接，连接神经元 A 和 C。如果箭头指向右边，那么当权重进入神经元 C 时，权重乘以 $Ao$（A 的输出）指向神经元 C。如果箭头指向左边，那么权重乘以 $C\delta$（C 的 delta）指向神经元 A。

评估一个样本时，我们使用从左到右的绘图方式，其中从神经元 A 到神经元 C 的输出值通过权重 $AC$ 的连接传播。结果是值 $Ao \times AC$ 到达神经元 C，在那里它与其他输入值加在一起，如图 18.30b 所示。

当想要计算 $A\delta$ 时，我们从右到左绘制数据流。然后 delta 离开神经元 C 流经权重 $AC$ 的连接。计算得到的结果 $C\delta \times AC$ 到达神经元 A，并在这里与其他输入值加在一起，如图 18.30c 所示。

现在我们可以总结一下对样本输入的处理和 delta 的计算过程，如图 18.31 所示。

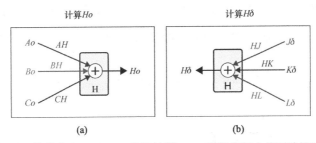

图 18.31　计算神经元 H 的输出和 delta。(a)为了计算 $Ho$，我们将每个前面神经元的输出按其连接的
权重进行缩放，并将结果加在一起；(b)为了计算 $H\delta$，我们通过连接的权重来缩放
每个相邻神经元的 delta，并将结果加在一起

这真是奇妙的对称。它还揭示了一个重要的实用结果：当神经元连接到相同数量的前后神经元时，计算神经元的 delta 需要与计算输出相同的工作量（因此需要相同的时间）。因此，计算 delta 值与计算输出值一样有效。即使输入和输出计数不同，所涉及的工作量在两个方向上仍然很接近。

请注意，图 18.31 不需要神经元 H 的任何内容，除了它具有来自前一层的在具有权重的连接进行了传播的输入，以及来自后一层的同样在具有权重的连接上进行了传播的 delta。因此，我们可以应用图 18.31a，并在上一层的输出可用时立即计算神经元 H 的输出；同时可以应用图 18.31b，并在下一层的 delta 可用时计算神经元 H 的 delta。

这也告诉我们为什么必须将输出层的神经元视为特殊情况：没有可供使用的"下一层" delta。

寻找网络中每个神经元的 delta 的过程就是反向传播算法。

## 18.9　实际应用中的反向传播

在 18.8 节中，我们介绍了反向传播算法。这种算法让我们可以计算网络中每个神经元的增量。

因为该计算取决于以下神经元中的 delta，并且输出层的神经元没有下一层神经元，所以我们不得不将输出层的神经元视为一种特殊情况。

一旦找到任何层（包括输出层）的所有神经元的 delta，我们就可以向前一层后退（朝向输入），找到该层上所有神经元的 delta，然后再退一层，计算全部 delta，再次后退，以此类推，直至我们达到输入层。

让我们来看看使用反向传播查找稍微大一点的网络中所有神经元的 delta 的过程。

在图 18.32 中，我们展示了一个有 4 层的新网络。这个网络中仍有 2 个输入和 2 个输出，但现在我们有 3 个隐藏层，分别有 2 个、4 个和 3 个神经元。

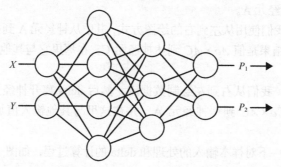

图 18.32　有 2 个输入、2 个输出和 3 个隐藏层的新分类器网络

我们通过评估样本来开始。我们为输入提供其 $X$ 和 $Y$ 坐标的值，最终网络输出预测 $P_1$ 和 $P_2$。

现在我们通过计算输出神经元的误差来开始反向传播，如图 18.33 所示。

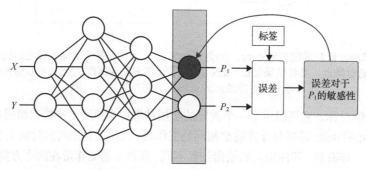

图 18.33　计算新网络中第一个输出神经元的 delta。使用一般的方法，我们获取输出层的输出（此处称为 $P_1$ 和 $P_2$）并将它们与标签进行比较以得出误差。由输出、标签和误差值，我们发现 $P_1$ 的改变能够引起误差变化。该值是存储在产生 $P_1$ 的神经元处的 delta

我们已经使用输出层中上侧的神经元开始反向传播，这给了我们标记为 $P_1$ 的预测（样本在 1 类中的可能性）。根据 $P_1$ 和 $P_2$ 的值以及标签，我们可以计算网络输出的误差。让我们假设网络没有完美预测这个样本，所以误差大于 0。

使用误差、标签以及 $P_1$ 和 $P_2$ 的值，我们可以计算这个神经元的 delta 值。如果使用二次代价函数，这个 delta 就是标签的值减去神经元的值，如图 18.20 所示。但是如果使用其他函数，它可能会更复杂，所以我们已经讲解了一般情况。

一旦计算了这个神经元的 delta 值，我们就把它与神经元存储在一起。至此，我们就完成了这个神经元的计算过程。

我们将对输出层中的所有其他神经元重复此过程（这里我们还剩下一个）。这样就完成了输出层的计算，因为层中的每个神经元都有一个 delta 了。图 18.34 总结了这两个神经元获得它们的delta 的过程。

此时我们可以开始调整进入输出层的权重，但通常先找到所有神经元的 delta，然后调整所有权重来解决问题。让我们遵循这个经典的顺序。

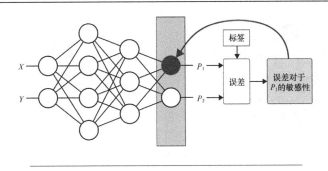

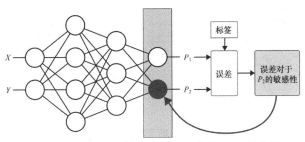

图 18.34 为输出层的两个神经元找到 delta 的步骤

因此，我们将向后移动一步至第三个隐藏层（具有 3 个神经元的层）。让我们考虑找到这 3 个神经元中最顶部的神经元的 delta 值，如图 18.35a 所示。

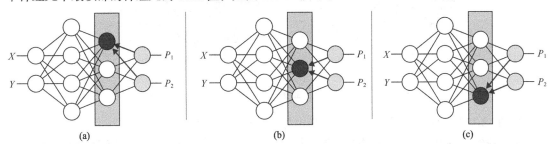

(a)       (b)       (c)

图 18.35　用反向传播来寻找第三个隐藏层到最后一层的神经元的 delta。为了找到每个神经元的 delta，我们找到使用该神经元输出的神经元的 delta，将这些增量乘以相应的权重，并将结果加在一起

为了找到这个神经元的 delta，我们按照图 18.28 所示的方法得到下一层各个神经元的贡献值，然后按图 18.29 所示的方法将它们加在一起，得到这个神经元的 delta。

现在我们只是在该层中计算，对每个神经元应用相同的过程。当完成这个隐藏层中所有神经元的计算时，我们向后退一层并开始计算有 4 个神经元的隐藏层开始。

从这里开始事情变得美妙起来。为了找到这一层中每个神经元的 delta，我们只需要使用这个神经元输出的每个神经元的权重，以及刚刚计算出的那些神经元的 delta。

其他层是与当前的计算无关的。我们现在不再关心输出层了。我们所需要的只是下一层神经元的增量，以及让我们进入神经元的权重。

图 18.36 展示了我们如何计算第二个隐藏层中 4 个神经元的 delta。

当 4 个神经元都有分配给它们的 delta 时，该层就完成计算了，我们会向后再退一层。

现在我们处于第一个带有两个神经元的隐藏层。每个都连接到下一层的 4 个神经元。再一次，我们现在关心的是下一层的 delta 和连接两层的权重。对于每个神经元，我们找到使用该神经元输出的所有神经元的 delta，乘以权重，并将结果相加，如图 18.37 所示。

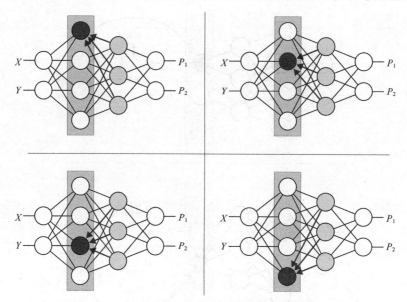

图 18.36　用反向传播计算第二个隐藏层的神经元的 delta 值

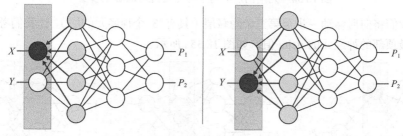

图 18.37　使用反向传播计算第一个隐藏层的神经元的 delta 值

当图 18.37 完成后，我们就找到了网络中每个神经元的 delta。

现在我们将调整权重。我们将更改所有神经元之间的连接，并使用在图 18.25 中看到的方法将每个权重更新为新的改进值。

图 18.34～图 18.37 展示了算法被称为**反向传播**的原因。我们从任一层获取 delta，一次向后**传播**或移动一层，并在反向传播结束的时候对其进行修改。

正如我们所见，计算每个 delta 值都很快。每次传出连接只需一次乘法，然后将这些部分加在一起。这几乎没有花费时间。

当我们使用像 GPU 这样的并行硬件时，反向传播变得非常高效。因为前馈网络层上的神经元不会相互作用，并且已经计算了相乘的权重和 delta，我们可以使用 GPU 一次性乘以**整个层**的**所有** delta 和权重。

同时计算整个层的 delta 值可以节省我们很多时间。如果每个层都有 100 个神经元，并且有足够的硬件，计算所有 400 个 delta 只需花费与计算 4 个 delta 相同的时间。

这种并行性带来的巨大效率是反向传播如此重要的一个关键原因。

现在我们拥有了所有 delta，并且知道如何更新权重。一旦更新了权重，我们应该重新计算所有 delta，因为它们是基于权重的。

我们就要完成了，但需要履行前面的承诺，将激活函数放回神经元。

## 18.10 使用激活函数

在反向传播中包含激活函数只是很小的一个步骤。但要理解这一步以及为什么这样做是正确的，我们需要思考一下。我们在之前的讨论中搁置了这个问题，是为了不分心，但现在我们重新加上激活函数。

我们首先考虑前馈阶段的神经元。当我们评估样本并且数据从左向右流动时，神经的元输出会同时产生。

当计算神经元的输出时，权重输入的总和在离开神经元之前要经过激活函数，如图 18.38 所示。

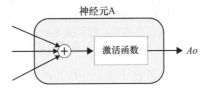

图 18.38 神经元 A 及其激活函数

为了使事情更具体一点，让我们选择一个激活函数。我们选择第 17 章中讨论的 sigmoid，因为它很平滑并且可以进行清晰的演示。我们不会使用 sigmoid 的任何特定性质，因此我们的讨论将适用于任何激活函数。

图 18.39 展示了 sigmoid 曲线。越来越大的正值越来越接近 1 却没有达到 1，越来越大的负值逼近 0，但也从未达到 0。为了简单起见，我们可以说大于 7 的输入值可以被认为其输出值为 1，而小于 −7 的输入值可以被认为其输出值为 0，而不是"非常接近 1"或"非常接近 0"。(−7,7)中的值将平滑地混合在 S 形函数中——sigmoid 也因此而得名。

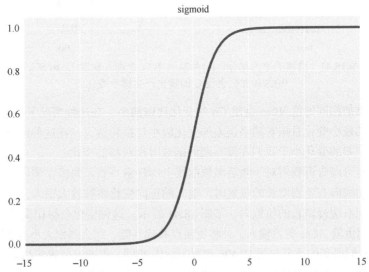

图 18.39 在范围 −15～15 中绘制的 sigmoid 曲线。大约大于 7 或小于 −7 的值分别非常接近 1 和 0

让我们看一下图 18.8 中的原始微小的神经元网络中的神经元 C。神经元 C 从神经元 A 获得一个输入，从神经元 B 获得一个输入。现在，让我们看一下 A 的输入，如图 18.40 所示。在与 C 中的所有其他输入相加之前，A 的输出值 $Ao$ 乘以权重 $AC$。由于只关注 A 和 C 这一对神经元，我们将忽略 C 的任何其他输入。然后将输入值 $Ao \times AC$ 用作激活函数的输入以找到输出值 $Co$。

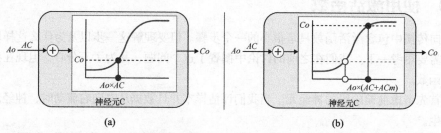

图 18.40 暂时忽略 A 的其他输入,激活函数的输入通过乘以 A 的输出和权重 $AC$ 给出。我们可以在那一点找到激活函数的值——它给出了输出的值 $Co$。(a)当 A 的输出是 $Ao$ 而权重是 $AC$ 时,激活函数的输入值是 $Ao \times AC$。(b):当 A 的输出为 $Ao$ 且权重为 $AC + ACm$ 时,激活函数的输入值为 $Ao \times (AC + ACm)$。在这里,我们将(a)中的值显示为中心为白色的点,将新值显示为实心点。请注意,输出的变化很大,因为我们处于曲线的陡峭部分

为了减小误差,我们将在权重 $AC$ 的值中加上一些正的或负的 $ACm$。图 18.40a 展示了添加 $ACm$ 为正值的结果。在这种情况下,输出值 $Co$ 会改变很多,因为我们处于曲线的陡峭部分。

也就是说,将 $ACm$ 添加到权重中,会对输出误差产生比没有激活函数时**更大**的影响,因为该函数已将 $ACm$ 改变为更大的值。

假设 $Ao \times AC$ 的起始值使我们接近曲线的底部,并且我们将相同的 $ACm$ 添加到 $AC$,如图 18.41 所示。

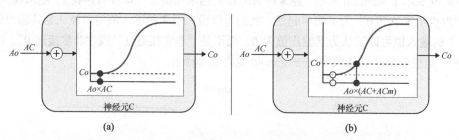

图 18.41 曲线的平坦部分。(a)在添加 $ACm$ 之前,如图 18.40 所示;(b)添加此值会使 C 的输出产生微小变化

现在向权重添加相同的值 $ACm$ 会使 $Co$ 的变化比以前小。在这种情况下,它甚至比 $ACm$ 本身还要小。输出的较小变化意味着网络误差的变化较小。换句话说,在这种情况下将 $ACm$ 添加到权重将使输出误差的变化小于我们在没有激活函数时所获得的变化。

我们想要一些可以告诉我们对于激活函数曲线上的任意一点,曲线在该点处是多么陡峭的东西。当我们处于曲线向右急剧增长的位置时,输入的正向变化将被放大很多,如图 18.40 所示。当我们处于曲线向右缓慢增长的位置时,如图 18.41 所示。这种变化会被稍微放大。

如果我们使用负值 $ACm$ 更改输入,并将更新点移到左侧,那么斜率大小会告诉我们误差的变化会减小多少。我们得到的情况与图 18.40b 和图 18.41b 相同,但起始位置和结束位置相反。

令人高兴的是,我们已经知道如何找到曲线的斜率:那就是导数。图 18.42 展示了 S 形曲线及其导数。

S 形在左右两端是平坦的。因此,如果我们处于平坦区域并且向左或向右移动一点,那么函数输出几乎没有变化。换句话说,曲线是平坦的,或者没有斜率,或者导数是 0。随着输入从大约 -7 移动到 0,导数会增加,因为曲线越来越陡峭。然后导数再次减小到 0,即使输入继续增加,

因为曲线变得越来越平坦，接近1，但从未完全达到。

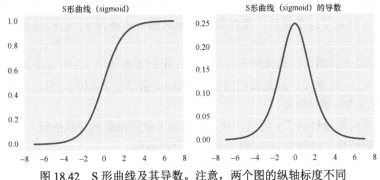

图 18.42　S 形曲线及其导数。注意，两个图的纵轴标度不同

如果我们进行数学计算，就会发现这个导数正是根据权重的变化来修正我们对错误变化的预测所需要的。当处于曲线的陡峭部分时，我们想要提高该神经元的 delta 值，因为其输入的改变将导致激活函数发生较大的变化，所以对网络误差有很大的改变。当处于曲线的平坦部位时，输入的变化对输出的变化几乎没有影响，因此我们希望使这个神经元的 delta 更小。

换句话说，考虑到激活函数，我们只取通常计算的 delta，然后乘以激活函数，对正向传播期间使用的值处的导数进行评估。现在，delta 考虑了激活函数如何增大或减小神经元输出的变化量，从而影响网络误差。

为了很好地联系在一起，我们可以像以前一样在计算 delta 后立即执行此步骤。

图 18.43 总结了一个神经元的整个工作过程。在这里，我们想象有一个神经元 H。当我们评估样本并计算这个神经元的输出时，顶部是正向通道。遵循一个共同的约定，我们给了求和步骤的结果名称 z。从 x 轴上的点 z 垂直向上看时，我们得到激活函数的值。图的底部是反向通道，我们在这里计算这个神经元的 delta。同样，我们使用 z 来找到激活函数的导数，并且在传播它之前将传入的和相乘。

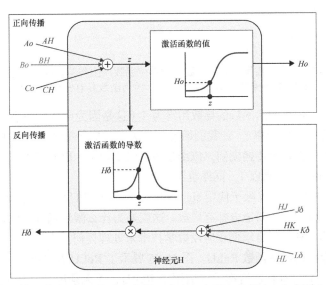

图 18.43　神经元 H 的网络评估和 delta 的反向传播。上方：在正向传播中，加权输入被加在一起，给出一个我们称之为 z 的值。z 的激活函数的值是我们的输出 Ho。下方：在反向传播中，加权增量被加在一起，我们使用之前的 z 来查找激活函数的导数。我们将加权 delta 的总和乘以该值，得到 Hδ

在这个图中，神经元 H 有 3 个输入，来自神经元 A、B 和 C，输出值为 $Ao$、$Bo$ 和 $Co$。在正向传播期间，当我们查找神经元的输出时，它们分别与权重 $AH$、$BH$ 和 $CH$ 相乘，然后加在一起。我们用字母 $z$ 标记了这个总和。现在我们在激活函数中查找 $z$，它的值是 $Ho$，即这个神经元的输出。

现在，当运行反向传播以找到神经元的 delta 时，我们发现使用 $Ho$ 作为输入的神经元的 delta。假设它们是神经元 J、K 和 L，因此我们用它们的 delta 值 $J\delta$、$K\delta$ 和 $L\delta$ 乘以其各自的权重 $HJ$、$HK$ 和 $HL$，并将这些结果加起来。

前面我们从正向传播得到了 $z$ 的值，并用它找到了激活函数的导数的值。现在，我们将刚刚找到的和与这个数相乘，结果是 $H\delta$，即这个神经元的 delta。

这一切也都适用于输出神经元，如果它们具有激活函数，在反向传播中我们将使用误差信息而不是来自下一层的 delta。

注意，一切都是那么紧凑且只发生在相邻的层之间。正向传播仅取决于前一层的输出值以及连接它们的权重。反向传播仅取决于来自下一层的 delta、连接它们的权重以及激活函数。

现在我们可以看到为什么能够在本章的大部分内容中忽略激活函数。我们可以假装确实一直都有激活函数——**恒等激活函数**（identity activation function），如图 18.44 所示。它的输出与输入相同。也就是说，它没有什么效果。

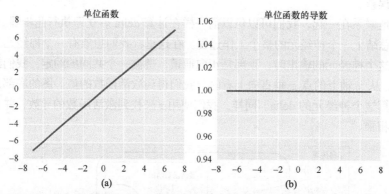

图 18.44　单位函数作为激活函数。(a)单位函数产生与输入相同的输出值；
(b)它的导数在任何地方都是 1，因为函数具有常数斜率 1

如图 18.44 所示，恒等激活函数的导数始终为 1（这是因为函数是一条斜率为 1 的直线，任意点的导数只是该点曲线的斜率）。让我们回想一下关于反向传播的讨论，并在每个神经元中包含这种单位激活函数。在正向传播期间，该函数不会改变输出，因此它不起作用。在反向传播期间，我们总是将求和的 delta 乘以 1，同样也没有效果。

之前说过，我们的结果不仅限于使用 sigmoid。那是因为我们在讨论中没有使用 sigmoid 的任何特殊属性，除了假设它在任何地方都有导数。这就是为什么激活函数的设计使它们具有每个值的导数（回忆一下第 5 章，库自动例程应用数学技术来处理任何没有导数的点）。

让我们来看看流行的激活函数 ReLU。图 18.45 展示了 ReLU 及其导数。

我们用 sigmoid 做的所有事情都可以应用于 ReLU，而无须改变。任何其他激活函数也是如此。

这就将所有事情连接在了一起。我们现在将激活函数放回神经元中。

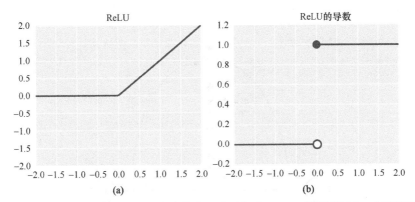

图 18.45　ReLU 用作激活函数。(a)当该值为 0 或更大时，ReLU 返回其输入，否则返回 0；
(b)其导数是阶梯函数，0 表示输入小于 0，1 表示输入大于 0。库会自动处理
在 0 处的突然跳转，以使我们在哪里都有一个平滑的导数

至此，我们就完成了对基本的反向传播算法的分析。

然而，在我们结束讨论之前，让我们看一下控制网络学习情况的一个关键因素：学习率。

## 18.11　学习率

在我们更新权重的描述中，我们将左神经元的输出值与右神经元的 delta 值相乘，并从权重中减去该值（参见图 18.25）。

但正如我们多次提到的那样，在一个步骤中大幅度改变权重通常会产生麻烦。该导数仅在一个值微小变化时是准确的。如果我们过多地改变一个权重，可能正好跳过误差的最小值，甚至发现我们自己增加了误差。

如果我们将权重改变得太少，可能只会看到很微小的学习，一切都进行得很慢。然而，效率低下通常比不断对误差过度反应的系统更好。

在实践中，我们使用称为**学习率**的超参数来控制每次更新期间权重的变化量，通常用小写的希腊字母 $\eta$（eta）表示。这是一个介于 0 和 1 之间的数字，它告诉权重在更新时使用的新计算值的多少来进行更新。

当我们将学习率设置为 0 时，权重根本不会改变。这样系统永远不会改变，永远不会学习。如果我们将学习率设置为 1，系统将对权重进行大的更改，并且可能会超出目标值。如果这种情况发生很多次，网络可能会耗费大量时间超调，然后进行补偿，权重跳来跳去并且永远不会达到最佳值。所以我们通常将学习率设置在这两个极端之间。

图 18.46 展示了如何应用学习率。我们只需将 $-(Ao \times C\delta)$ 的值乘以 $\eta$，然后再将其重新放入 $AC$。

学习率的最佳选择取决于我们构建的特定网络以及正在接受训练的数据。找到一个好的学习率对于网络正常学习至关重要。系统在学习后，更改此值可能会影响该过程是快速还是缓慢。通常我们必须使用反复试验来寻找 $\eta$ 的最佳值。令人高兴的是，有些算法可以自动搜索学习率的良好起始值，以及其他可以随着学习的进展微调学习率的算法。我们将在第 19 章中看到这样的算法。作为一般的经验法则，如果其他选择都没有指导我们达到特定的学习率，我们通常会以 0.01 左右的值开始，然后训练网络一段时间，观察它的学习效果。然后我们从那个值开始升高或降低它，并一遍又一遍地训练，寻找能够最有效学习的学习率。

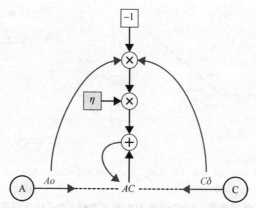

图 18.46 学习率通过控制权重在每次更新时的变化量来帮助我们控制网络学习的速度。我们看到，这里比图 18.25 多了一个步骤，即将值 $-(Ao \times C\delta)$ 乘以学习率 $\delta$，然后再将其加到 $AC$。当 $\delta$ 是一个小的正数（如 0.01）时，每次的变化都会很小，这通常有助于网络学习

## 探索学习率

让我们看看反向传播以不同的学习率学习的表现。我们将构建一个分类器来查找我们在第 15 章中使用的两个半月之间的边界。图 18.47 展示了大约 1500 个点的训练数据。我们对这些数据进行了预处理，使其均值为 0，每个特征的标准差为 1。

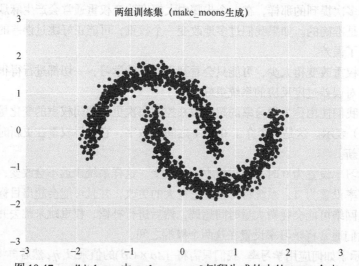

图 18.47 scikit-learn 中 make_moons() 例程生成的大约 1500 个点

因为只有两个类别，所以我们将构建一个二元分类器。这让我们不需要使用独热编码，而是通过一个输出神经元来处理多个（即两个）输出。如果该值接近 0，则输入在一个类中；如果该值接近 1，则输入在另一个类中。

我们的分类器将有两个隐藏层，每个层有 4 个神经元。这些本质上是任意选择，并提供一个足够复杂的网络供我们讨论。两个层都将完全连接，因此第一个隐藏层中的每个神经元都会将其输出发送到第二个隐藏层中的每个神经元，如图 18.48 所示。

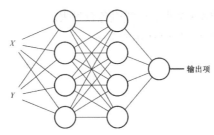

图 18.48 二元分类器以两个值作为输入（每个点的 $X$ 和 $Y$）。每个输入进入第一层的 4 个神经元。这 4 个神经元中的每一个都连接到下一个隐藏层的 4 个神经元中的每一个。然后，单个神经元获取第二个隐藏层的输出，并为输出提供单个值。在这个网络中，我们对隐藏层中的神经元使用了激活函数 ReLU，并在输出神经元上使用了激活函数 sigmoid

上述神经网络中有多少个权重？2 个输入层中的每一个神经元都有 4 个输出，然后隐藏层中共有 4×4 个，然后 4 个进入输出神经元。这给了我们（2×4）+（4×4）+4 = 28 个权重。9 个神经元中的每一个也有一个偏置项，因此我们的网络有 28 + 9 = 37 个权重。它们被初始化为小的随机数。我们的目标是使用反向传播调整这 37 个权重，以便从最终神经元输出的值始终与该样本的标签相匹配。

如上所述，我们将评估一个样本，计算误差，使用反向传播计算增量，然后使用学习率更新权重。然后我们将继续评估下一个样本。请注意，如果误差为 0，则权重根本不会更改。每次我们在训练集中处理完所有样本时，表示已经完成了一轮训练。

这里对反向传播的讨论提到了对权重进行"小改动"的程度的重要性。采用小学习率有两个原因。第一个是每个权重的变化方向由该权重处的误差的导数（或梯度）给出。但是正如我们看到的那样，梯度仅在我们评估的点附近准确。如果我们"走得太远"，可能会发现误差增加了而不是减小了。

采用小学习率的第二个原因是网络起点附近的权重变化将导致后来的神经元输出发生变化，我们已经看到这些神经元输出会被用来帮助计算后来的权重变化量。为了防止一切变成可怕的相互冲突，我们只改变了很小的权重。

但什么是"小"？对于每个网络和数据集，我们都需要经验才能找到答案。如上所述，步长的大小由**学习率**控制。这个值越大，每个权重将越接近其新值。

让我们以一个非常大的学习率 0.5 开始，如图 18.49 所示。

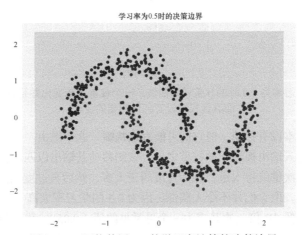

图 18.49 网络使用 0.5 的学习率计算的决策边界

这很糟糕。一切都被分配到一个类，由浅橙色背景表示。如果我们在每一轮训练之后查看准确率和误差（或损失），将得到图18.50所示的关系。

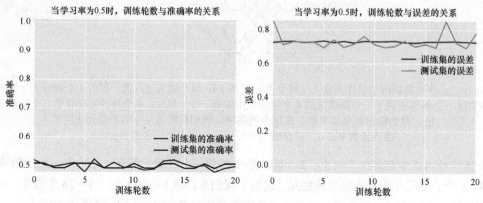

图18.50  我们的半月数据的准确率和误差，学习率为0.5

事情看起来很糟糕。正如我们所期望的那样，准确率只有0.5左右，这意味着有一半的点被错误分类。这是有道理的，因为红色点和蓝色点大致均匀分开。如果我们将它们全部分配到一个类别，正如我们在这里所做的那样，那些分配中的一半将是错误的。误差从高处开始并且不会下降。如果我们让网络运行数百次，它将以这种方式继续下去，永远不会改进。

权重在做什么？图18.51展示了训练期间所有37个权重的值。

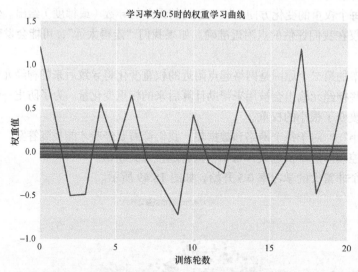

图18.51  学习率为0.5时的权重学习曲线。一个权重不断变化并超过其目标值，
而其他权重没有任何明显的变化

大多数权重似乎根本没有移动，但它们可能有点蜿蜒。这个图由一个突然占据主导地位的权重主导。这个权重是进入输出神经元的权重之一，试图移动其输出以匹配标签。这个权重上升，然后下降，再上升，每次都跳得太远，然后过度纠正太多，然后再过度纠正，如此往复。

这些结果令人失望，但它们并不令人震惊，因为0.5的学习率太高了。

让我们将学习率降低10倍，使其成为一个更常见的值（0.05）。我们绝对不会改变网络和数据，甚至会重复使用相同的伪随机数序列来初始化权重。新的边界如图18.52所示。

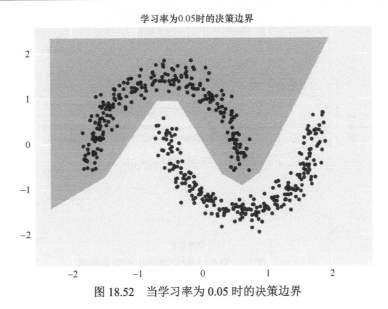

图 18.52 当学习率为 0.05 时的决策边界

这要好得多！这很棒！如图 18.53 所示，在进行大约 16 轮训练之后，我们在训练集和测试集上都达到了 100%的准确率。

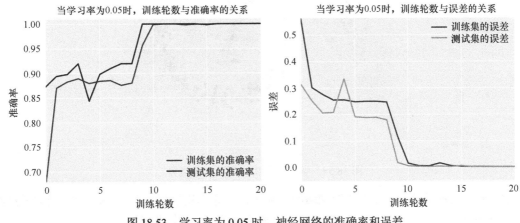

图 18.53 学习率为 0.05 时，神经网络的准确率和误差

权重在做什么？图 18.54 展示了它们的历史。总的来说，这样做更好，因为很多权重都在变化。一些权重变得非常大。在第 20 章中，我们将介绍正则化技术，以便在深层网络中保持较小的权重，以及本章的后续介绍中，我们将看到为什么保持权重较小（如-1 和 1 之间）会很好。现在权重各自都学到了很好的值。

所以，0.05 是成功的。神经网络已经学会了对数据进行完美分类，并且它只在大约 16 轮训练内完成，这很好而且快速。在没有 GPU 支持的 2014 年底推出的 iMac 上，整个训练过程花费不到 10 秒。

只是为了好玩，让我们将学习率降低到 0.01。现在权重将变化得更慢。这会产生更好的结果吗？

图 18.55 展示了这个微小学习率产生的决策边界。边界似乎比图 18.52 中的边界使用更多的直线，但两个边界都完美地区分了两侧的点。在某些情况下，我们可能更喜欢图 18.52 中的边界，因为它们似乎更好地遵循数据的形状。

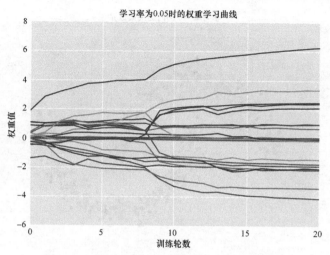

图 18.54　学习率为 0.05 时网络的权重学习曲线

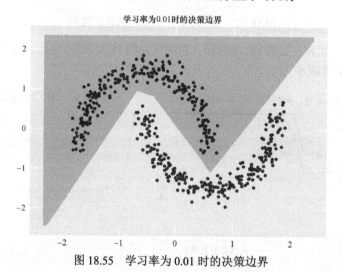

图 18.55　学习率为 0.01 时的决策边界

　　图 18.56 展示了学习率为 0.01 时网络的准确率和误差。因为学习速度要慢得多,所以神经网络大约需要 170 轮训练来达到 100% 的准确率,而不是图 18.54 中的 16 轮。

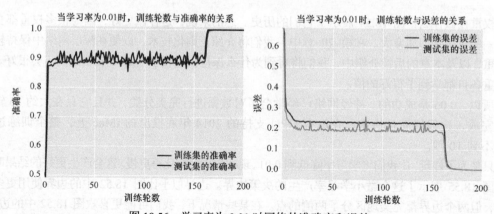

图 18.56　学习率为 0.01 时网络的准确率和误差

这些图展示了有趣的学习行为。在初始迭代之后，训练和测试的准确率都达到了大约 90%，并在那里达到稳定值。与此同时，误差约为 0.2（对于测试数据）和 0.25（对于训练集），并且它们也是平稳的。然后在第 170 轮左右，事情再次迅速变化，准确率攀升至 100%，误差降至 0。

这种交替改进和陷入平坦的模式并不罕见，我们甚至可以在图 18.53 中看到它的一些暗示，其中在第 3 轮和第 8 轮之间存在一个不明显的平坦区域。这是因为权重处在误差表面几乎平坦的区域，导致梯度接近 0，因此它们的更新量非常小。

虽然权重可能会陷入局部最小值，但是它们更常见于陷入鞍座的平坦区域，就像我们在第 5 章[Dauphin14]中看到的那样。有时，其中一个权重可能需要很长时间才能移动到一个合适的区域，从而获得一个足够大的梯度（或导数）让网络变得更好。当一个权重移动时，由于第一个权重的变化对网络其余部分的连锁反应，通常也可以看到其他权重也得到了有效的更新。

权重值随着时间的推移几乎遵循相同的模式，如图 18.57 所示。有趣的是，至少有一些权重不是平坦的，或是在一个平台上。它们一直在改变，但速度很慢。系统也正在变得越来越好，但是在微小步骤的学习下没有出现大的变化，直到第 170 轮左右变化才积累得足够大并在结果图中显现。

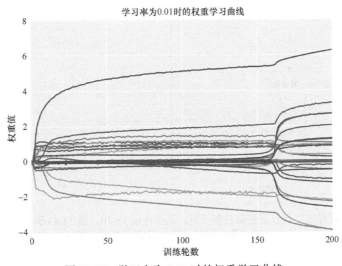

图 18.57　学习率为 0.01 时的权重学习曲线

即使在第 200 轮的时候，权重似乎也增长了一点。如果我们让系统继续运行，这些权重会随着时间的推移继续缓慢增长，对准确率或误差没有明显影响。

那么将学习率降低到 0.01 会有什么好处吗？并没有。即使在 0.05 的学习率下，在训练数据和测试数据上的分类结果也已经完美了。在这种情况下，较小的学习率意味着网络需要更长的学习时间。

这项调查向我们展示了网络对我们学习率的选择有多敏感。

当我们寻找学习率的最佳值时，感觉我们像是最近版本的寓言《金发姑娘》和《三只熊》[Wikipedia 17]中金发姑娘的角色。我们正在寻找的不是太大，也不是太小，而是"恰到好处"的东西。

如果学习率太高，权重采取的步长太大，网络无法稳定下来或改善性能。如果学习率太低，进展会非常缓慢，因为权重有时会以一种非常缓慢的速度从一个值上升到另一个值。

如果学习率恰到好处，网络训练就会快速有效，并产生很好的结果。在这种情况下，一切是完美的。

这种学习率的试验是开发几乎所有深度学习网络的一部分。需要调整反向传播更改权重的速度以匹配网络类型和数据类型。令人高兴的是，我们将在第 19 章中看到，有些自动工具能够以复杂的方式为我们找到合适的学习率。

## 18.12　讨论

回顾一下我们在本章学过的内容，然后再考虑反向传播算法的一些实现。

### 18.12.1　在一个地方的反向传播

为了快速回顾，我们首先通过网络训练一个样本并计算每个神经元的输出，如图 18.58a 所示。

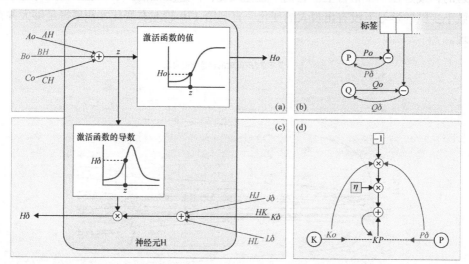

图 18.58　反向传播算法以及权重更新的概括图。该图将图 18.20、图 18.43 和图 18.46 汇总在一起。
(a)展示了正向传播步骤；(b)展示了计算输出神经元的 delta 的过程；
(c)向前一层反向传播 delta；(d)更新权重

然后我们开始图 18.58b 中的反向传播算法。我们找到每个输出神经元的 delta 值，这个值告诉我们如果神经元的输出变化一定量，则误差改变的大小为输出变化乘以神经元的 delta。

现在我们在图 18.58c 中向后退一步到网络的前一层，找到该层中所有神经元的 delta。我们只需要输出层的 delta 和两层之间的权重。

一旦分配了所有 delta，我们就会更新权重。使用 delta 和神经元输出，我们可以计算每个权重的调整量。我们通过学习率来调整该调整量，然后将其添加到权重的当前值，以获得权重的新的更新值，如图 18.58d 所示。

### 18.12.2　反向传播不做什么

在一些关于反向传播的讨论中有一个简写表达可能会很令人困惑。作者有时会说"反向传播将误差从输出层向后移动到输入层",或者"反向传播使用每层的误差来查找前一层的误差"。

这可能会产生误导,因为反向传播根本不会"移动误差"。实际上,我们唯一一次使用"误差"就是在反向传播过程的最开始,也就是当我们寻找输出神经元的 delta 值时。

真正传递的是误差的**变化**,这个变化由 delta 值表示。这些 delta 值充当神经元输出变化的放大器,并告诉我们如果输出值或权重变化给定量,如何预测误差的相应变化。

所以反向传播并没有向后"移动误差"。但有些东西正在反向传播。让我们看看到底是什么。

### 18.12.3  反向传播做什么

反向传播过程的第一步是找到输出神经元的 delta。这些是从误差的**梯度**中找到的。我们对梯度进行切片以查看每个预测的二维曲线,然后采用该曲线的导数,但这只是为了便于可视化和讨论。导数只是真正重要的内容,是梯度的一部分。

当我们讨论反向传播时,delta 代表梯度。每个 delta 值代表不同的梯度。例如,附加到神经元 C 的 delta 描述了误差相对于 C 输出变化的梯度,神经元 A 的 delta 描述了误差相对于 A 输出变化的梯度。

所以改变权重时,我们会改变它们以便遵循误差的梯度。这是**梯度下降**的一个例子,它模仿了水在不平坦地面上上下坡时所经过的路径。

我们可以说反向传播是一种算法,它允许我们使用梯度下降有效地更新权重,因为它所计算的 delta 描述了该梯度。

因此,总结反向传播的一个好方法是说它会向后传播误差的梯度,从而修改每个神经元对输出误差的贡献。

### 18.12.4  保持神经元活跃

将激活函数放回到反向传播算法时,我们将注意力集中在输入接近 0 的区域。

这并非偶然。让我们回到 sigmoid,看看当激活函数的值(即加权输入的总和)变成一个非常大的数字,比如 10 或更多时会发生什么。图 18.59 展示了-20 和 20 之间的 sigmoid,以及它在相同范围内的导数。

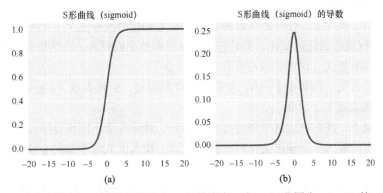

图 18.59  对于非常大的正值或负值,sigmoid 变得很平坦。(a)范围为-20~20 的 sigmoid;(b)sigmoid 在相同范围内的导数。注意,两个图的纵轴比例是不同的

sigmoid 在任何一端都不会完全达到 1 或 0，但它会非常接近。类似地，导数的值永远不会达到 0，但正如我们从图中可以看到的那样，它非常接近。

图 18.60 展示了具有激活函数 sigmoid 的神经元。进入函数的值（我们标记为 $z$）为 10，位于曲线的平坦区域之一。

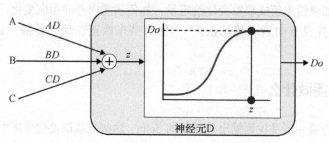

图 18.60　将一个较大的值（比如 10）应用于 sigmoid 时，我们发现该值处于曲线的一个平坦区域并返回值 1

从图 18.59 可以看到，输出基本上是 1。

现在假设我们改变了一个权重，如图 18.61 所示。值 $z$ 增加了，因此我们在激活函数曲线上向右移动，找到输出。假设 $z$ 的新值是 15，则输出基本上仍然是 1。

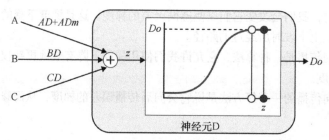

图 18.61　进入该神经元的权重 $AD$ 大幅增加对其输出没有影响，因为它只是沿着曲线的平坦区域将 $z$ 向右移动。在我们将 $ADm$ 添加到权重 $AD$ 之前，神经元的输出为 1，之后仍为 1

如果再次增加输入权重的值，即使是很多，我们仍然会得到 1 的输出。换句话说，改变输入权重对输出没有影响，并且因为输出没有改变，所以误差不会改变。

我们可以从图 18.59 中的导数预测出这一点。当输入为 15 时，导数为 0（实际上约为 0.0000003，但上面的约定表明我们可以将其称为 0）。因此，更改输入将不会导致输出发生变化。

对于任何类型的学习来说，这都是一种糟糕的情况，因为我们已经失去了通过调整这个权重来改善网络的能力。实际上，任何进入该神经元的权重都变得没有意义（如果我们保持的变化很小），因为输入的权重和的任何变化，无论它们使得总和更小或更大，仍然使 $z$ 值处于函数的平坦部分，所以输出没有变化，误差也没有变化。

如果输入值非常负，例如小于 -10，会发生同样的问题。S 形曲线（sigmoid）在该区域也是平坦的，并且导数也基本上为 0。

在这两种情况下，我们就说这个神经元已经饱和。就像海绵不能再容纳水一样，这个神经元也不能再容纳更多的输入。当输出为 1 时，除非权重、输入值或两者都向 0 移动，否则输出将保持为 1。

结果是这个神经元不再参与学习，这对系统是一个打击。如果这种情况发生在足够多的神经元上，那么系统可能会瘫痪，学习的速度会变得很慢，或者甚至根本不会学习。

防止此问题的一种流行方法是使用**正则化**。回忆一下第 9 章,正则化的目标是保持权重的大小很小或接近 0。此外,正则化还有保持每个神经元的加权输入之和也很小且接近于 0 的好处,这使得加权权重和总处于激活函数 sigmoid 的陡峭部分。这正是可以有效学习的地方。在第 23 章和第 24 章中,我们将看到深度学习网络中的正则化技术。

任何激活函数都会在其输出曲线变平的一段时间内(或永远)发生饱和。

其他激活函数可能也有其自身的问题。思考流行的 ReLU 曲线,图 18.62 展示了范围在-20~20 的 ReLU 曲线。

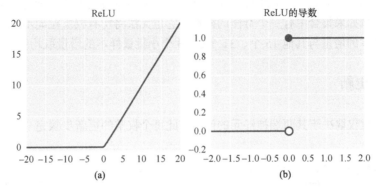

图 18.62　范围在-20~20 的 ReLU 曲线。正值不会使函数饱和,但负值会导致函数死亡

只要输入为正,此函数就不会饱和,因为输出与输入相同。正输入的导数为 1,因此加权输入的总和将直接传递给输出而不会发生变化。

但是当输入为负时,函数的输出为 0,导数也为 0。不仅改变对输出没有影响,而且输出本身也不再对误差做出任何贡献。神经元的输出会是 0,除非权重、输入或两者都改变了很多,否则它将保持为 0。

为了描述这种戏剧效果,我们说这个神经元已经**死亡**(dead),或者现在已经失效。

根据初始权重和第一个输入样本,一个或多个神经元可能在我们第一次执行更新步骤时死亡。然后随着训练的进行,更多的神经元会失效。

如果很多神经元在训练过程中失效,那么我们的网络会突然只在它拥有的神经元的一小部分起作用的状态下工作。这削弱了我们的网络。有时甚至 40%的神经元在训练期间都会死亡[Karpathy16]。

当构建神经网络时,我们会根据经验和期望为每一层选择激活函数。在许多情况下,sigmoid 或 ReLU 感觉像是激活函数的正确选择,并且在许多情况下它们工作得很好。但是当网络缓慢学习或者无法学习时,查看神经元并检查是否有一些或多个已经饱和,正在失效或已经失效是值得的。如果是这样,我们可以尝试不同的初始化权重和学习率,看看是否可以避免这个问题。如果这不起作用,我们可能需要重新构建网络,选择其他激活函数,或两者都做。

## 18.12.5　小批量

在上面的讨论中,每个样本的训练都遵循 3 个步骤:在网络中运行样本,计算所有 delta,然后调整所有权重。

事实证明,我们可以节省一些时间,有时甚至可以通过不那么频繁地调整权重来改善学习。

回顾第 8 章的内容，完整的样本训练集有时被称为一批（batch）样本。我们可以将这批样本分解成更小的小批量样本。通常小批量的大小的选择需要匹配我们可用的并行硬件。例如，如果硬件（如 GPU）可以同时评估 16 个样本，那么小批量的大小将是 16。常见的小批量的大小分别为 16、32 和 64，尽管它们可以更大。

我们的想法是，通过网络并行运行一小批样本，然后并行计算所有增量。我们求得所有增量的平均值，并使用这些平均值对权重进行一次更新。因此，我们不是在每个样本之后更新权重，而是在小批量的 16 个（或 32 个、64 个等）样本之后更新它们。

这使学习的速度大大提高。它还可以改善学习，因为通过对整个小批量的平均可以平滑权重的变化。这意味着如果集合中有一个奇怪的样本，它也无法将所有权重拉向不理想的方向。通过将这个奇怪的样本的增量与其他 15 个、31 个或 63 个小批量样本的增量取均值，减小其影响。

### 18.12.6　并行更新

由于每个权重仅取决于其两端神经元的值，因此每个权重的更新步骤完全独立于其他权重的更新步骤。

能对独立的数据片段执行相同的步骤，这通常是我们可以使用并行处理的提示。

事实上，如果并行硬件可用，大多数时候将同时更新网络中的所有权重。正如我们刚才所讨论的，这次更新通常会发生在每批小样本之后。

这节省了大量时间，但需要付出代价。正如我们所讨论的那样，改变网络中的任何权重都会改变该权重下游的每个神经元的输出值。因此，网络中任一输入附近的权重变化会对后面的神经元产生巨大的连锁反应，这导致它们的输出发生很大改变。

由于 delta 所代表的梯度取决于网络中的值，因此更改输入附近的权重意味着我们应该重新计算使用该权重修改值的所有神经元的所有 delta。这可能意味着要修改几乎网络中的每个神经元。

这会破坏我们执行并行更新的能力。它也会让反向传播极其缓慢，因为我们将花费时间重新评估梯度和计算 delta。

正如我们所看到的，防止混乱的方法是使用"足够小"的学习率。如果学习率太高，事情会变得混乱，不能解决。如果它太小，我们会因为采取太小的步骤而浪费过多时间。选取"恰到好处"的学习率可以保持反向传播的效率，以及我们执行并行计算的能力。

### 18.12.7　为什么反向传播很有吸引力

反向传播的很大一部分吸引力在于它非常有效。这是人们能想到的最快的方法，可以找出最有效地更新神经网络中的权重的方法。

正如我们之前看到，并在图 18.43 中进行了总结的那样，在现代库中运行一步反向传播通常所需要的时间与评估样本一样。即考虑从输入新值开始，数据流经整个网络并最终流向输出层所需的时间。运行一步反向传播与计算所有得到的增量需要大约相同的时间。

值得注意的事实是，反向传播已经成为机器学习的核心内容，尽管我们通常不得不处理诸如学习率高、饱和神经元和死亡神经元等问题。

### 18.12.8 反向传播并不是有保证的

值得注意的是，这个方案无法保证能够学到任何东西！它不像第 10 章的单一感知机，在那里我们有铁定的证明，经过足够的步骤后，感知机将找到它正在寻找的分界线。

当我们拥有数千个神经元，并且可能有数百万个权重时，这个问题太复杂了，无法提供严格的证据证明事情总会按照我们的意愿行事。

事实上，当我们第一次尝试训练新网络时，事情往往会出错。网络可能会学习得很慢，甚至根本不学习。它可能改善了一些，然后突然反弹回来，似乎忘记了学到的一切。各种各样的事情都可能发生，这就是为什么许多现代库提供可视化工具来观察网络学习时的表现。

当出现问题时，许多人尝试的第一件事就是将学习率变化到一个非常小的值。如果一切都稳定下来，这是一个好兆头。如果系统现在看起来正在学习，即使它几乎不可察觉，这也是另一个好兆头。然后我们可以慢慢提高学习率，直到它在不会制造混乱的情况下尽可能快地学习。

如果这还不起作用，那么网络设计可能存在问题。

这是一个需要处理的复杂问题。设计一个成功的网络意味着做出很多好的选择。例如，我们需要选择层数，每层神经元的数量，神经元应该如何连接，使用什么激活函数，使用什么学习率，等等。让一切都正确是具有挑战性的。我们通常需要结合经验，根据对数据的了解和试验来设计一个不仅可以学习，而且可以有效学习的神经网络。

在接下来的章节中，我们将看到一些已被证明是各种任务的良好开端的网络架构。但是，网络和数据的每个新组合都是一个新问题，需要你的思考和耐心。

### 18.12.9 一点历史

1986 年，当反向传播首次在神经网络的文献中被描述时，它完全改变了人们对神经网络的看法[Rumelhart86]。激增的研究和随之带来的实际利益都是通过这种令人惊讶的高效技术来计算梯度的。

但这并不是第一次发现或使用反向传播。这种算法被称为 30 种"伟大的数值算法"之一[Trefethen15]，至少从 20 世纪 60 年代开始，不同领域的不同人就已经发现或重新发现了这种算法。有许多学科使用了连接的数学运算网络，那么在每一步找到这些运算的导数和梯度是一个普遍而重要的问题。解决这个问题的聪明人一次又一次地重新发现了反向传播，通常每次都给它一个新的名字。

一些在线和纸质版文献优秀地概括了这些历史 [Griewank12] [Schmidhuber15] [Kurenkov15] [Werbos96]。我们将在这里总结一些常见的版本。但历史只能涵盖已发表的文献。目前还不知道有多少人发现或重新发现了反向传播，却没有发表它。

也许最早使用我们今天所知的形式的反向传播是在 1970 年发表的，当时它用于分析数值计算的准确性[Linnainmaa70]，尽管这对神经网络没有什么参考。寻找导数的过程有时被称为**微分**，因此该技术被称为**反向模式自动微分**（reverse-mode automatic differentiation）。

它在大约同一时间由另一位从事化学工程的研究员[Griewank12]独立发现。

也许它在神经网络中的第一次详细研究是在 1974 年[Werbos74]进行的，但由于这些想法已经过时，这项工作直到 1982 年才完成[Schmidhuber15]。

多年来，反向模式自动微分在很多科学领域都得到了应用。但是当经典的 1986 年的论文重新发现这一想法并证明其对神经网络的价值时，这个被命名为**反向传播**的想法立即成为该领域的主要内容[Rumelhart86]。

反向传播是深度学习的核心，它构成了我们将在本书其余部分详细思考的技术基础。

## 18.12.10　深入研究数学

在本节中，我们将给出一些处理反向传播中数学内容的建议。如果你对此不感兴趣，可以毫无顾忌地跳过本节。

反向传播就是对数字的操作，因此它被描述为"数值算法"。这使得它在数学内容中的呈现变得很自然。

即使方程式被简化了，它们也可能显得令人生畏[Neilsen15b]。这里有一些提示，可以帮助读者理解这些符号，进而理解问题的核心。

首先，掌握每个作者定义的符号含义是至关重要的。在反向传播中有很多对象：误差、权重、激活函数、梯度等。它们都有一个名字——通常只有一个字母。好的第一步是快速浏览整个讨论，并注意给什么对象起了什么名称。将这些记下来通常会很有帮助，这样你以后就不必再去搜索它们的含义。

下一步是弄清楚如何使用这些符号来引用不同的对象。例如，权重可能被写成像 $w^l_{jk}$ 这样的东西——指的是将层 $l$ 上的神经元数 $k$ 与层 $l+1$ 上的神经元 $j$ 相关联的权重。这对于一个符号来说太多了，当一个等式中有几个这样的符号时，我们很难弄清楚发生了什么。

消除复杂的一种方法是为所有下标选择值，然后简化方程式，这样每个高度索引的术语仅指一个特定的对象（例如单个权重）。如果你想从视觉的角度思考，请考虑绘制仅显示所涉及的对象以及如何使用它们的值的图。

反向传播算法的核心可以被认为并写成微积分中**链式法则**的应用[Karpathy15]。这是描述不同变化彼此之间关系的一种简洁方式，但前提是我们了解多维微积分的知识。幸运的是，有大量旨在帮助人们快速掌握这个主题的在线教程和资源 [MathCentre09] [Khan13]。

我们已经看到，在实践中，输出、增量和权重更新的计算可以并行执行。它们也可以使用矢量和矩阵的线性代数语言以并行形式写出。例如，通常使用矩阵表示两层之间的权重正向传播的核心（不包含每个神经元的激活函数），然后我们使用该矩阵乘以前一层中神经元输出的矢量。以同样的方式，我们可以写出反向传播的核心，就是该权重矩阵的转置乘以下一层 delta 的矢量。

这是一种自然的形式，因为这些计算包含大量的乘法和加法，这正是矩阵乘法的作用。这种结构非常适合 GPU，所以在编写代码时这是一个很好的开端。

但是这种线性代数的形式可能掩盖了相对简单的步骤，因为现在不仅要处理底层的计算，还要处理矩阵格式的并行结构以及通常伴随它的指数的激增。我们可以说压缩这种形式的方程是一种优化，而我们的目标是简化方程和它们描述的算法。在学习反向传播时，那些对线性代数不太熟悉的人可能认为这是一种过早优化的形式，因为（直到它被掌握）它会掩盖而不是阐明潜在的机制[Hyde09]。可以说，只有完全理解反向传播算法，才能将其写成更紧凑的矩阵形式。因此，找到一个不以矩阵代数方法开始的表示，或者尝试将这些方程分成单独的运算，而不是矩阵和矢量的并行乘法，可能会有所帮助。

另一个潜在的障碍是激活函数（及其导数）倾向于以不同的特殊方式呈现。

总而言之，许多人开始讨论基本方程的链式法则或矩阵形式，以使方程看起来简洁和紧凑，然后解释了为什么这些方程是有用和正确的。这样的符号和方程式看起来令人生畏，但如果将它们分解为基础元素，我们就能真正体会本章所述的这些步骤。一旦把这些方程式拆开并将它们重新组合在一起，我们就可以将它们视为这个优雅算法的摘要。

## 参考资料

[Dauphin14]　　　Yann Dauphin, Razvan Pascanu, Caglar Gulcehre, Kyunghyun Cho, Surya Ganguli, Yoshua Bengio, *Identifying and attacking the saddle point problem in highdimen sional non-convex optimization*, 2014.

[Fullér10]　　　Robert Fullér, *The Delta Learning Rule Tutorial*", Institute for Advanced Management Systems Research, Department of Information Technologies, Åbo Adademi University, 2010.

[Griewank12]　　Andreas Griewank,*Who Invented the Reverse Mode of Differentiation?*, Documenta Mathematica, Extra Volume ISMP 389–400, 2012.

[Hyde09]　　　Randall Hyde, *The Fallacy of Premature Optimization*, ACM Ubiquity, 2009.

[Karpathy15]　　Andrej Karpathy, *Convolutional Neural Networks for Visual Recognition*, Stanford CS231n course notes, 2015.

[Karpathy16]　　Andrej Karpathy, *Yes, You Should Understand Backprop*, Medium, 2016.

[Khan13]　　　Khan Academy, *Chain rule introduction*, 2013.

[Kurenkov15]　　Andrey, Kurenkov, *A 'Brief' History of Neural Nets and Deep Learning, Part 1*, 2015.

[Linnainmaa70]　S Linnainmaa S, *The Representation of the Cumulative Rounding Error of an Algorithm as a Taylor Expansion of the Local Rounding Errors*, Master's thesis, University of Helsinki, 1970.

[MathCentre09]　Math Centre, *The Chain Rule*, Math Centre report mc-TY-chain-2009-1, 2009.

[NASA12]　　　NASA, *Astronomers Predict Titanic Collision：Milky Way vs. Andromeda*, NASA Science Blog, Production editor Dr. Tony Phillips, 2012.

[Neilsen15a]　　Michael A Nielsen, *Using Neural Networks to Recognize Handwritten Digits*, Determination Press, 2015.

[Neilsen15b]　　Michael A Nielsen, *Neural Networks and Deep Learning*, Determination Press, 2015.

[Rumelhart86]　D E Rumelhart, G E Hinton, R J Williams, *Learning Internal Representations by Error Propagation*, in Parallel Distributed Processing: Explorations in the Microstructure of Cognition, Vol. 1, pp. 318-362, 1986.

[Schmidhuber15]　Jürgen Schmidhuber, *Who Invented Backpropagation?*, Blog post, 2015.

[Seung05]　　　Sebastian Seung, *Introduction to Neural Networks*, MIT 9.641J course notes, 2005.

[Trefethen15]　Nick Trefethen, *Who Invented the Great Numerical Algorithms?* Oxford Mathematical Institute, 2015.

[Werbos74]      P Werbos, *Beyond Regression: New Tools for Prediction and Analysis in the Behavioral Sciences*, PhD thesis, Harvard University, Cambridge, MA, 1974.

[Werbos96]      Paul John Werbos, *The Roots of Backpropagation: From Ordered Derivatives to Neural Networks and Political Forecasting*, Wiley-Interscience, 1994.

[Wikipedia17]   Wikipedia, *Goldilocks and the Three Bears*, 2017.

# 第 19 章

# 优化器

本章介绍几种使用反向传播梯度来改善网络中权重值的流行优化器或策略。

## 19.1 为什么这一章出现在这里

训练神经网络通常是一个耗时的过程。能让神经网络变得更快的东西都可以作为我们工具包的补充。本章将介绍一系列工具，以帮助我们在使用梯度下降方法时加速学习。

在第 18 章中，我们看到了反向传播如何让我们有效地应用梯度下降来调整网络权重以改善其性能，也看到仔细选择学习率以平衡速度和稳定性是多么重要。

在本章中，我们将研究建立在基本梯度下降算法之上的算法，以使梯度下降运行得更快，并避免一些可能导致其卡住的问题。这些工具还可以自动完成一些寻找最佳学习率的工作，包括可以随时间自动调整速率的算法。

这些算法被统称为**优化器**。每个优化器都有自己的优点和缺点，所以我们有必要去熟悉它们，以便在构建或修改神经网络时做出正确的选择。

## 19.2 几何误差

从几何概念的角度考虑系统中的误差通常是很有帮助的。这让我们可以绘制出误差的图以及知道如何处理它们，从而帮助我们发挥直觉，了解哪些工具在不同情况下最有效。

### 19.2.1 最小值、最大值、平台和鞍部

由于优化器是基于改进梯度下降的，因此它们还被设计为在每个神经元处使用误差梯度来改善网络性能。

正如我们在第 18 章中看到的那样，通过考虑误差表面可以找到误差梯度，由此知道输出误差如何随特定神经元给定的输出变化而变化。我们将在这里简要回顾一下基本的误差梯度形状。我们说神经元的输出值是误差表面的**输入**，因为我们用它们来找到这些值的误差。

图 19.1 展示了两个神经元输出值的简单误差表面。

用两个以上的神经元绘制误差图很难。例如，3 个输入（3 个神经元中的一个）和 1 个输出将需要一个我们无法绘制的四维图。但我们可以在这些表面的抽象中设想几十甚至几百个维度。无论维数是多少，我们都会指定一组值，并返回误差的数字。那个数字是那个点处"表面"的"高度"。

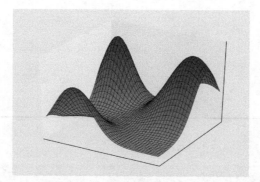

图 19.1 误差表面。对于输出值的每个组合，我们都有一个对应的误差，显示为该点上方的表面高度

我们可以计算出曲面在该点处的梯度。计算梯度的数学过程与有多少维度无关。这很好，因为这意味着我们可以使用图 19.1 所示的图形来发挥我们的直觉，并相信它仍然适用于任何数量的维度。

我们将考虑所有误差表面共有的 4 种类型的特征：**极小值**（minima）、**极大值**（maxima）、**平台**（plateau）和**鞍部**（见第 5 章）。

这些形状是特殊的，因为它们包括一段为 0 的梯度位置（有时只是单个点）。我们有时会说这些梯度消失了。这是我们想要了解的，因为当没有梯度时，第 18 章中的 delta 值将变为 0，这反过来意味着权重更新将为 0。这意味着权重不会改变，神经网络也不会改善。简而言之，没有梯度，就没有学习。

**极小值**是表面上梯度为 0 的点，但向任何方向移动都会导致我们向上移动。极小值对应于碗的底部，如图 19.2a 所示；或者对应于谷底的任何位置，如图 19.2b 所示。

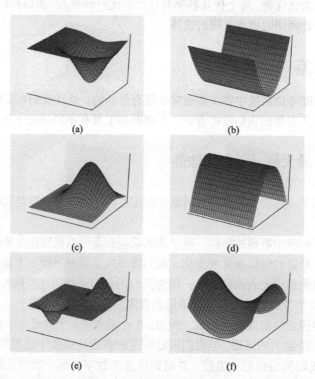

图 19.2 梯度可以降至 0 的位置：(a)极小值或碗的底部；(b)山谷的底部；(c)极大值或山丘的顶部；(d)山脊的顶部；(e)在平台的平坦部分；(f)在鞍部的中间

　　山顶的相应概念称为**极大值**，它是一个峰值，任何方向的运动都会导致向下移动。图 19.2c 展示了这样的山丘。图 19.2d 展示了一个山脊，其中顶部的所有点都是最大值。

　　**平台**是周围表面平坦的区域，所以无论如何移动，我们既不会增加也不会失去高度，如图 19.2e 所示。表面平坦时，梯度为 0。

　　最后，**鞍部**是沿着一个或多个轴移动增加误差的区域，但是沿着一个或多个其他轴移动减小了它。这种形状如图 19.2f 所示。我们可以在任何数量的维度上设置鞍部，其中沿某些维度的移动导致误差增加，而在其他维度中移动导致误差减小。在鞍部上有一个点，在这个点上这些相反的运动达到平衡，梯度为 0。

　　考虑一个最底部有极小值的碗。梯度仅在碗的底部的最低点为 0。但即使我们只是非常接近这一点，梯度也可能非常小，特别是如果碗很浅的话。如果梯度非常接近于 0，那么学习可能不会完全停止，但它可能会减慢，以至于学习似乎要花很长时间。

　　实际上，在误差场景中，每个特征都可以有很多实例，如图 19.1 所示。这些特征的多个实例的集合术语是**极小值**、**极大值**、**平台**和**鞍部**。

　　如果有许多不同深度的山谷，那么总有一个可能比其他山谷更深。我们说整个环境中最深的最小值是**全局最小值**，而其他所有值都是**局部最小值**（local minimum）。同样的想法适用于**全局最大值**和**局部最大值**（local maximum）。在最小化误差时，我们希望找到全局最小值，这是网络可能的输出中可达到的最小误差。但是，我们常常对局部最小值感到满意，这给我们提供了一些对应用来说可以接受的误差。

　　我们在第 8 章中看到，梯度下降可以落进山谷，从一侧"蹦蹦跳跳"到另一侧，或缓慢或快速地下降到底部，然后保持在那里，从未离开山谷。如果山谷环绕着全局最小值，那就太好了，因为我们稍后会看到这可以减缓弹跳的速度。这将让我们沉入盆地的底部，从而找到最佳输出值。

　　但是如果处于局部最小值，那么这种行为可能是一个问题，因为附近可能存在更小的局部最小值，并且我们永远不会从浅层中跳出来到达深层，如图 19.3 所示。

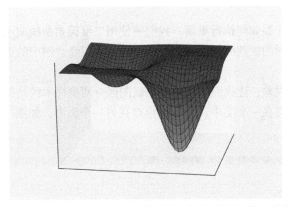

图 19.3　两个局部最小值，一个比另一个更小。寻求最低点的算法不知道它们是否处于最深处的最小值

　　我们想要最小的误差，想要最深处的最小值，但正如所见，我们无法找到它。梯度下降是一种**局部算法**或**贪心算法**，使得它快速而具有鲁棒性，但也会使它一叶障目而无法做出更好的选择——即使它们就在附近。

　　奇怪的是，尽管神经网络的误差表面存在极小值，但实际上鞍部[Dauphin14]提出了一个更大的问题。许多优化算法可能严重地卡在鞍部中，因为在某些方向上的斜率可能非常大，而在其他方向上的斜率可能很小。图 19.4 展示了这种情况下具有两个方向的三维鞍部。

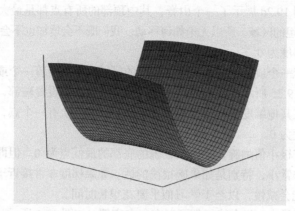

图 19.4　三维鞍部。朝向或远离陡峭的一侧移动将导致误差的巨大变化。采取与这些侧面
垂直的类似尺寸的步骤将导致误差的变化小得多

优化器会专注于陡峭的一侧，尽力避免它们，从而不会增大误差。那些陡峭的边界主导着梯度的计算，因此在其他方向上的非常浅的下降在数值上不值一提，算法在下降这个目标上很少或没有取得进展。

被困在鞍部上的令人沮丧的事情是，我们知道如果它只能往向下的方向移动，系统可以做得更好，但是梯度下降算法看不到大局。它只是环顾四周，看到一个 0 或接近 0 的梯度，最后发现自己卡在平衡点附近。

本章的目的是调查一些算法，这些算法旨在减少在局部最小值内部反弹及卡在鞍部上所带来的问题。我们还将看到如何避免卡在梯度消失的平台上。

## 19.2.2　作为二维曲线的误差

为了说明不同的优化器如何执行更新，我们将使用二维误差曲线演示它们。我们可以将其视为上一节中三维误差地形的横截面，这些处理本身只是我们经常使用的更高维度误差环境的处理建议。

为了熟悉这个二维误差，让我们把它想象成试图区分两类样本的结果，样本被表示为排列在一条线上的点。负值的点在一个类中，所有其他点在另一个类中，如图 19.5 所示。

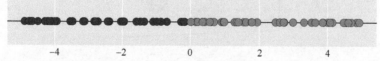

图 19.5　一条线上的两类点。0 左侧的点属于 0 类，以蓝色显示；0 右侧的点属于 1 类，以黄色显示

我们想为这些样本构建分类器。在此示例中，边界仅包含一个数字。该数字左侧的所有样本将分配到 0 类，右侧的所有样本将分配到 1 类。如果想象沿着该边界移动此分割点，我们可以计算被错误分类的样本数并将之称为误差。图 19.6 展示了这种想法。

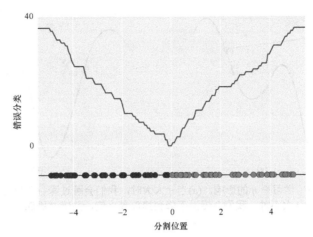

图 19.6　对于线上的每个位置，我们可以将其左侧的所有点分类为 0 类，将其右侧的所有点分类为 1 类。如果我们将错误分类的点数加起来，就可以得到顶部显示的误差曲线

不出所料，由于我们设置了数据由 0 区分，将分割点置于 0 会使误差为 0。我们距离 0 越远，无论是向左还是向右，误差就会越大。

正如我们从第 18 章所知，我们想要使用平滑误差函数，因为它们让我们可以计算其梯度（从而驱动反向传播）。因此，我们可以平滑图 19.6 中的误差曲线，如图 19.7 所示。

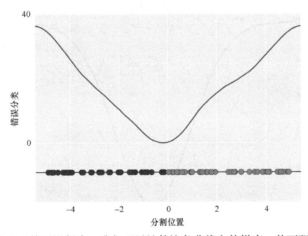

图 19.7　图 19.6 的平滑版本。我们可以计算这条曲线上的梯度，从而驱动反向传播

对于这组特定的随机数据，当我们处于 0 时，误差看起来像是 0，或者只是在 0 误差的右边一点。曲线的底部看起来在 0 位置的左边一点点。这是曲线的最小值，其误差最小。无论从哪里开始，这里都是我们想要最终达到的地方。

将此作为误差曲线处理，我们在本章中将看到的优化器都被设计为使用梯度下降来尽可能高效地找到最小值。

使用梯度下降学习时的关键参数是**学习率**，通常用小写的希腊字母 $\eta$ 表示。接近 1 的较大值会使学习较快，但正如我们在第 8 章中所看到的，这可能导致我们错过一些山谷，直接跳过了它们。较小的 $\eta$ 值（接近 0，但不小于 0）会导致学习率变慢，并且可以找到狭窄的山谷，但我们也在第 8 章中看到，即使附近有更深的山谷，这些值也会使学习陷入平缓的山谷中，如图 19.8 所示。

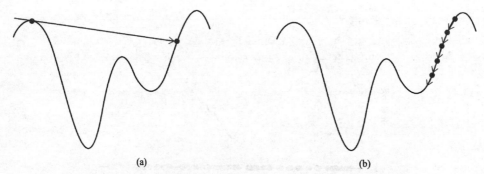

图 19.8　学习率 $\eta$ 的影响。(a)当 $\eta$ 太大时，我们会跳过深谷并错过它；
(b)当 $\eta$ 太小时，我们会慢慢下降到局部最小值，并错过更深的山谷

## 19.3　调整学习率

许多优化器都采用的一个重要想法是：我们可以通过改变学习率来改善学习。一般的想法是，我们可以在学习过程的早期，在寻找一个不错的深谷时迈较大的步子。随着时间的推移，我们可能找到了通往最小值的路，因此当接近谷底时，我们可以走越来越小的碎步。

我们用一个具有负高斯形状的误差曲线来解释优化器，如图 19.9 所示。

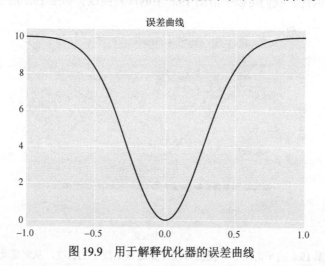

图 19.9　用于解释优化器的误差曲线

这条误差曲线的一些梯度如图 19.10 所示。可以看到，对于小于 0 的输入值，梯度为负，对于大于 0 的输入值，梯度为正。当输入为 0 时，我们位于山谷的最底部，所以这里的梯度是 0。

### 19.3.1　固定大小的更新

我们先回顾一下在使用恒定学习率时会发生什么。换句话说，我们在整个学习过程中将梯度缩放为 $\eta$ 倍，$\eta$ 值保持恒定。

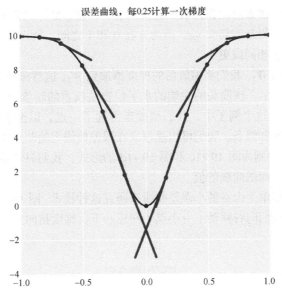

图 19.10　误差曲线及其在某些位置的梯度。为了清晰起见，梯度的长度已按比例缩放。
注意，在曲线的最底部，梯度的长度为 0，因此它只绘制为一个点

　　图 19.11 展示了以固定大小更新的基本步骤。假设我们在神经网络中查看特定的权重。假设权重从值 $W_1$ 开始，我们更新了一次，所以现在它的值为 $W_2$，如图 19.11a 所示。它的相应误差是其上面的误差曲线上的点，标记为 $B$。我们希望再次将权重更新为一个更好的新值，称之为 $W_3$。

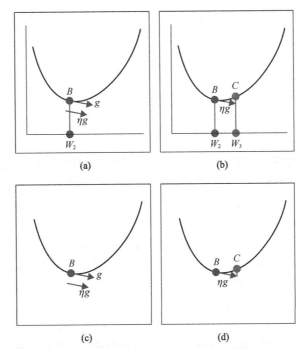

图 19.11　找到梯度下降的步骤。(a)当权重值为 $W_2$ 时，我们在其上方的误差曲线上找到标记为 $B$ 的点。$B$ 处的梯度是标记为 $g$ 的箭头。然后我们将该梯度乘以学习速率 $\eta$，给出箭头 $\eta g$。由于 $\eta$ 通常小于 1，因此 $\eta g$ 比 $g$ 短，但指向相同的方向。(b)从 $W_2$ 和 $\eta g$ 中找到 $W_3$。
(c)图 19.11a 的简化版本。(d)图 19.11b 的简化版本

为了更新权重，我们在 $B$ 点的误差表面上找到它的梯度，如标记为 $g$ 的箭头所示。我们利用学习率 $\eta$ 来缩放梯度以获得新的箭头 $\eta g$。因为 $\eta$ 在 0 和 1 之间，所以 $\eta g$ 是指向与 $g$ 相同方向的新箭头，而它的大小与 $g$ 相同或更小。

为了找到权重的新值 $W_3$，我们将缩放后的梯度添加到 $W_2$。这意味着我们将箭头 $\eta g$ 的尾部放在 $B$ 处，如图 19.11b 所示。该箭头的尖端的水平位置是权重的新值 $W_3$，并且误差表面在其正上方的值被标记为 $C$。在这个例子中，我们稍微走得远了一点，以至于将误差增加了一点。

这些图中有很多标签和线条。我们可以通过只在误差曲线上绘制点来简化这一过程，因此图 19.11a 和图 19.11b 可以绘制为图 19.11c 和图 19.11d 的形式。我们只需要记住，权重的值是点的水平位置，误差是它们上面的曲线的值。

让我们在实践中使用单个山谷的小误差曲线来研究这种技术。图 19.12 展示了左上角的起点。这里的梯度很小，所以我们向右移动了一小点（回想一下，梯度指向上坡，所以我们沿着负梯度的方向移动到下坡）。

恒定学习率$\eta$=0.125

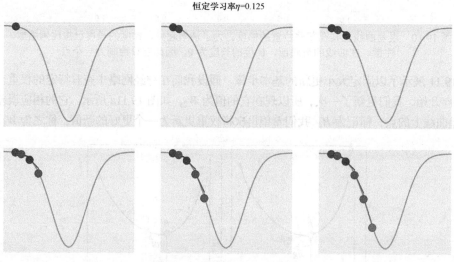

图 19.12　以恒定学习率学习

对于这些图，我们选择 $\eta = 1/8$ 或 0.125。对于恒定大小的梯度下降，这是一个相当大的 $\eta$ 值，我们经常使用 1/100 或更小的值。我们选择了这个大值，因为它可以使图更清晰。较小的值以类似的方式工作，只是更慢。我们没有在这些图的轴上显示值以避免视觉混乱，因为我们真正感兴趣的是发生的现象的性质而不是数字（实际的图形和梯度值如图 19.10 所示）。

因此，我们不是把第一个点移动一整个梯度，而是仅移动其 1/8。

此移动将点带到曲线较陡的部分，此处梯度较大，因此下一次更新会移动得更远。每个学习步骤都以新颜色显示，我们以此来绘制先前位置和新点的梯度。垂直的线用于帮助我们直观了解新点是否位于梯度线末端的上方或下方。

图 19.13 展示了前 6 个点的特写，此外还展示了每个点的误差。在这些图中，我们在每个点展示由学习率缩放的局部导数，该直线与下一个点的颜色相同。我们还展示了从该缩放导数的末尾返回到曲线的垂直线。这些线条在这些数字中有点难以看出，因为它们很短并且紧跟曲线，但在后面的数字中它们会更容易看到。

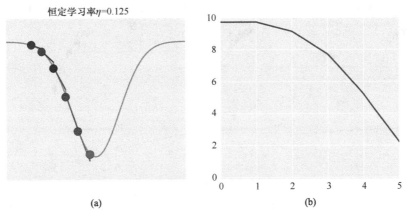

图 19.13　(a)图 19.12 中前 6 个点的特写；(b)与这 6 个点中的每一点相关的误差

这个过程是否会到达曲线的底部？也就是说，网络会不会出现 0 误差？图 19.14 展示了此过程的前 15 个步骤。

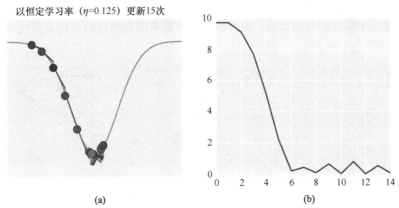

图 19.14　(a)以恒定学习率学习的前 15 个步骤。其中不变的步骤意味着我们花了很多时间在曲线底部弹跳。(b)这 15 点的误差。左侧的点接近于 0，但随后跳跃到山谷的右侧就得到更大的误差

我们接近底部，然后到达右侧的曲线上。但这没关系，因为这里的梯度指向下方和左侧，所以我们回到底部，直到再次超过底部，在左侧的某处结束，然后再次超过底部并最终回到右侧，如此来回。我们有时会说这是在曲线的底部弹跳。

我们正逐渐朝着 0 误差前进，但看起来这个过程将永远持续。这个对称的山谷中的问题特别严重，因为误差在最小值的左右两侧之间来回跳跃。当我们使用恒定的学习率时，这种行为会经常发生。

弹跳过程的发生，是因为当我们接近底部时，想要迈一些小步子，但由于学习率是一个常数，而我们走的步子太大了。

也许图 19.14 的弹跳问题是由学习率为 1/8 引起的。或许其他值不会像那样反弹。图 19.15 展示了一些非常小的 $\eta$ 值的前 6 个步骤的情况。

当 $\eta$ 取 0.025、0.05 和 0.1 时，如图 19.15 所示，我们采取微小的跨步。当我们最终到达底部时，这可能会很好，但它仍将不断尝试去到达那里。一旦接近底部，我们将看到与以前相同的弹跳行为，但规模要小得多。

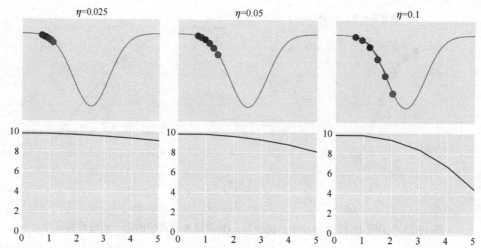

图 19.15　使用较小的学习率进行 6 个梯度下降步骤的过程。上方：使用学习率为 0.025（左列）、
0.05（中间列）和 0.1（右列）的前 6 个点。下方：以上几点的误差值

一些较大的 $\eta$ 值的前 6 个点如图 19.16 所示。在这里，我们可以更容易地看到每个点处的彩色线表示的经学习率缩放的局部导数，以及从缩放导数末端到曲线的灰色垂直线。

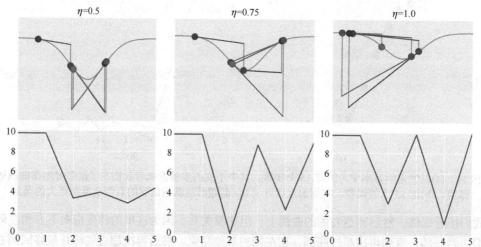

图 19.16　使用更大的学习率，沿山谷进行 6 个梯度下降步骤的过程。上方：使用学习率 0.5（左列）、
0.75（中间列）和 1.0（右列）的前 6 个点。下方：以上几点的误差值

对于图 19.16 中学习率的较大值，我们能立即看到其中的问题。当 $\eta = 0.5$ 时，我们在底部反弹比以前更糟糕。这需要很长时间才能安定下来。当 $\eta = 0.75$ 时，第一步将我们差不多带到底部，但之后我们移动得太远，以至于最终得到的误差几乎与开始时的一样大，尽管换成了山谷的右侧。当 $\eta = 1.0$ 时，同样的问题也出现了，甚至更糟。

这就是典型的大学习率问题。这个问题可以追溯到导数和梯度的定义。这样的测量仅在非常接近我们评估它们的点时才准确。当我们移动太远时，它们不再是匹配曲线，我们可能会在意外的地方结束。

6 个点并不多。让我们看看 15 个点的学习率的结果。小学习率的图形和误差如图 19.17 所示。

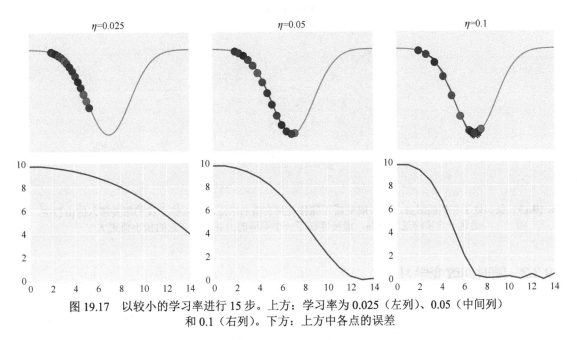

图 19.17　以较小的学习率进行 15 步。上方：学习率为 0.025（左列）、0.05（中间列）
和 0.1（右列）。下方：上方中各点的误差

以大学习率进行的 15 个步骤的结果如图 19.18 所示。

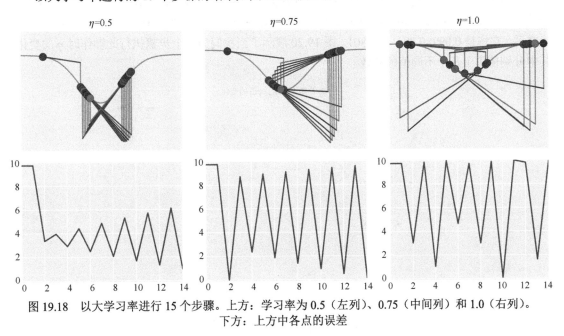

图 19.18　以大学习率进行 15 个步骤。上方：学习率为 0.5（左列）、0.75（中间列）和 1.0（右列）。
下方：上方中各点的误差

$\eta$ 值选择得太小可以让我们接近底部，但这需要很长时间。$\eta$ 值选择得太大又会导致那些我们在图 19.18 中看到的各种弹跳问题。

较大的学习率也可能导致我们跳出一个不错的具有低极小值的山谷。在图 19.19 中，我们跳过了所在山谷的剩余部分，并进入了一个新的具有更大极小值的山谷。

找到一个能以合理速度移动但不会超过山谷或陷入弹跳问题的学习率似乎是一个挑战。

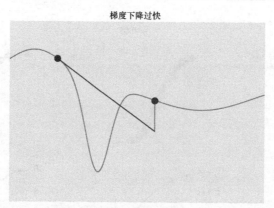

图 19.19 我们处于左侧的绿点，并采取更新步骤移动到右侧的红点。绿点位于我们想要落入的山谷中，但是这一大步跨过了山谷，最终落在了一个不同的山谷中——它的极小值更大

## 19.3.2 随时间改变学习率

如果我们改变学习率会怎样？我们可以在学习开始时使用大的 $\eta$ 值，这样就不会一直缓慢前行，而在接近末尾时使用一个小值，最终也不会在底部弹跳。

使用开始大而逐渐变小的梯度的一种简单方法是在每次更新步骤之后将学习率乘以几乎为 1 的数字，如 0.99。假设起始学习率为 0.1，那么在第一步之后，它将是 $0.1 \times 0.99 = 0.099$。在下一步之后，它将是 $0.099 \times 0.99 = 0.09801$。图 19.20 展示了当我们为多个步骤执行此操作时 $\eta$ 的变化，其中分别使用了几个不同值的乘数。

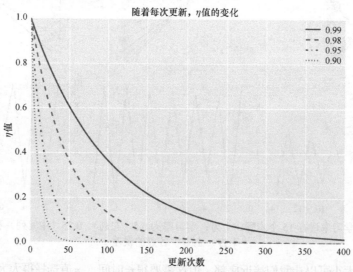

图 19.20 从学习率 $\eta = 1$ 开始，各条曲线显示学习率在每次更新后乘以给定值后如何下降

编写这些曲线方程的最简单方法是使用指数，因此这种曲线称为**指数衰减**（exponential decay）曲线。我们在每一步上乘以的值 $\eta$ 称为**衰减参数**（decay parameter），这通常是非常接近 1 的数字。图 19.20 展示了衰减参数的 4 个示例。

让我们将这种令学习率逐渐降低的方法应用到误差曲线的梯度下降上。我们再次以 1/8 的学习率开始。为了使衰减参数的效果显著可见，我们将其设置为异常低的值 0.8。这意味着每个步骤只有前一步的80%，如图 19.21 所示。

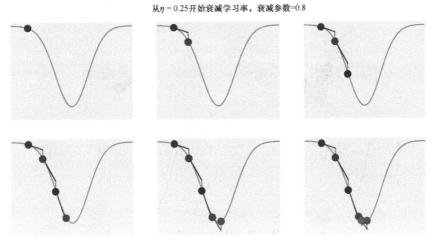

图 19.21    使用衰减学习率的方法后的前 6 个步骤

最终图像以及沿途每个点的误差如图 19.22 所示。

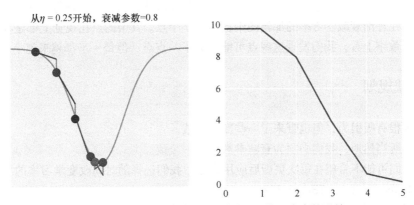

图 19.22    (a)图 19.21 中的右下图；(b)这 6 个点的误差

这是令人激动的。让我们将这个过程延续至 15 步。结果如图 19.23 所示。

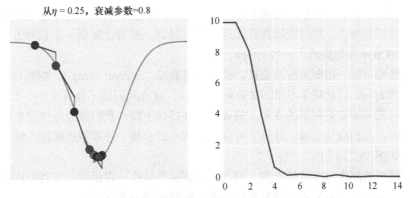

图 19.23    使用衰减学习率的方法后的前 15 个步骤

让我们将这与使用恒定学习率得到的"弹跳"结果进行比较。图 19.24 展示了恒定学习率和衰减学习率的结果。

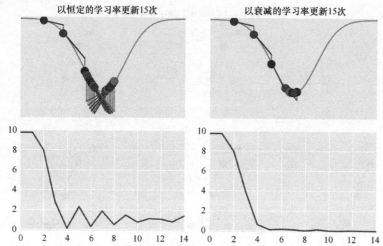

图 19.24    左边是图 19.14 中的恒定学习率，右边是图 19.23 中的衰减学习率。
注意，逐渐衰减的学习率是如何帮助我们有效地定位到具有极小值的山谷的

逐渐衰减的学习率可以很好地定位在山谷的底部并保持在那里。尽管每个图中有 15 个点，但我们也只能在逐渐衰减学习率的那幅图中找出前 7 个点。其余的点在视觉上都是在山谷的底部彼此重叠。从数字上看，我们发现这些点可能移动了一点点，但每一步都越来越小。

### 19.3.3    衰减规划

衰减技术很有吸引力，但也带来了一些新的挑战。

首先，理所当然地，我们必须为衰减参数选择一个值。

其次，我们可能不希望在每次更新后应用衰减。我们选择随时间改变学习率的特殊方式称为**衰减规划**（decay schedule）[Bengio12]。

衰减规划通常用 epoch 表达，而不是样本。也就是说，我们训练训练集中的所有样本，然后在再次训练所有样本之前考虑改变学习率。

最简单的衰减规划是在每个 epoch 之后始终将衰减应用于学习率。该规划如图 19.25a 所示。

另一种常见的规划是暂时推迟任何衰减，因此我们的权重有机会远离其起始随机值并进入可能接近找到极小值的地方。然后应用我们选择的任意规划。图 19.25b 展示了这种方法，它表示将图 19.25a 的指数衰减规划推迟了一些 epoch。

另一种选择是每隔一段时间应用衰减，称为**间隔衰减**（interval decay），如图 19.25c 所示，每经过固定数量的 epoch 后衰减学习率，如每隔 4 或 10。这样我们就不会冒太小、太快的风险。

或者我们可能希望监控网络的误差。只要误差在持续下降，我们就会保持现在的学习率。当网络停止学习时，我们应用衰减，这样它可以采取较小的步幅，并希望能够进入误差环境的更深处。这种方法如图 19.25d 所示。

我们可以轻松地制作许多替代方案，例如，仅在误差减小一定量或一定百分比时应用衰减，或者通过从中减去一个小值而不是将其乘以接近 1 的数值来更新学习率。

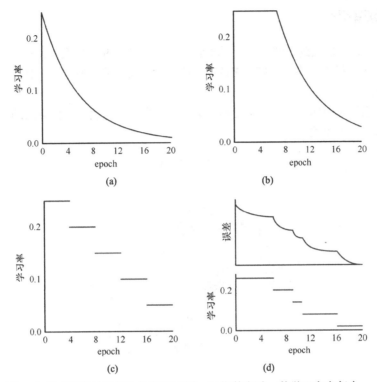

图 19.25 用于学习率衰减的随时间变化的衰减规划。(a)指数衰减，其学习率在每个 epoch 之后衰减；
(b)延迟指数衰减；(c)间隔衰减，其中学习率在每经过固定数量的 epoch 之后衰减
（这里数量为 4）；(d)基于误差的衰减，当误差停止减小时学习率衰减

如果需要，我们甚至可以提高学习率。bold 驱动（ bold driver ）方法着眼于每个 epoch [Orr99]之后总误差的变化情况。如果误差发生了变化，那么我们会稍微提高学习率，比如 1%到 5%。我们的想法是，如果事情进展顺利，误差正在减小，我们可以采取提高学习率的步骤。但是如果误差增加了不止一点，那么我们就会衰减学习率，将其减小一半。通过这种方式，可以在它们要让我们远离之前享受的不断减小的误差之前，立即停止任何增长。

学习率规划的缺点是我们必须提前选择它们的参数[Darken92]。有时，我们可以将这些参数视为**超参数**，并自动搜索最佳值，如第 15 章所述。

一般来说，调整学习率的简单策略通常运作良好，我们可以在众多机器学习库中毫不费力地选择其中一个。指数衰减、步进和 bold 驱动方法很受欢迎[Karpathy16]。

某种学习率衰减是大多数机器学习系统中的共同特点。我们希望在早期阶段快速学习，在地形上大步迈进，寻找能找到的最低的极小值。然后衰减学习率，以便我们的步伐变得更小，允许我们采取逐渐变小的步幅并停留在找到的山谷的最深处。

我们很自然地会想知道是否能不依赖于我们在开始训练之前设定的计划去控制学习率。当然，我们可以以某种方式检测何时接近极小值，或在山谷中，或在弹跳，再自动调整学习率作为响应。

当我们考虑这个问题时出现的一个更有趣的问题可能是：我们不想对所有权重应用相同的学习率调整方法。如果调整我们的更新能够使得每个权重以最适合它的速度学习是很好的。

下面我们看一下如何利用梯度下降的一些变体来实现这些想法。

## 19.4 更新策略

在第 19 章中，我们提到了使用梯度下降来更新网络权重的 3 种变体：批梯度下降、随机梯度下降和 mini-batch 梯度下降。在接下来的部分中，我们将看到这些方法如何在一个小但真实的二元分类问题上执行。

图 19.26 展示了我们熟悉的两个半月形图案。每个半月的点属于它们自己的类。这 300 个样本将成为本章其余部分的参考数据。

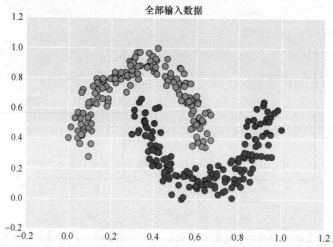

图 19.26　我们将在本章其余部分使用的数据。300 个样本，来自两个各含 150 个样本的类

为了比较神经网络，我们将训练它们，直到误差达到 0 或者看似已停止改进为止。我们将在每个 epoch 后绘制误差图来展示训练结果。由于算法的各种变化，这些图中的 epoch 数量也将在很大范围内变化。

为了对点进行分类，我们将使用具有 3 个隐藏层（各有 12 个、13 个和 13 个点）的神经网络，以及 2 个点的输出层，为我们计算两个类中每个类的可能性。输出中具有较大可能性的类，将被视为神经网络的预测。为了保持一致性，在需要恒定的学习率时，我们将使用 $\eta = 0.01$。

### 19.4.1 批梯度下降

在评估所有样本之后，让我们首先在每个 epoch 后更新一次权重。这称为批梯度下降（batch gradient descent）。

该名称引用了集中式大型机处理器早期使用的计算方式。这些系统一次只能运行一个程序。每个程序（称为作业）的每一行通常保存在一片单独的穿孔卡上。当将卡放入送卡箱并按顺序读取时，它们在计算机中重建以形成程序。负责计算机操作的人员通常会将一堆程序（称为批）聚集在一起，并将它们以一个巨大的堆栈形式提供给计算机。然后，系统将运行第一个作业，生成输出（通常在扇形折叠纸上），然后它将运行下一个作业，以此类推，而无须人员管理该过程。今天有时使用批处理这一短语来指代可以启动并运行一系列操作的任何技术[IBM10]。

在我们的例子中，权重的每次更新都可以被认为是这些操作之一。我们不是在评估每个样本后执行更新，而是等待整个样本集合、epoch 或批次的评估。然后使用来自所有样本的组合信息更新所有权重一次。因此，批次是整个训练集，并且我们在整个集合处理完毕后更新权重一次。

图 19.27 展示了使用批梯度下降的典型训练运行的误差。

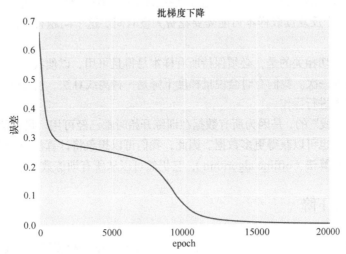

图 19.27　使用批梯度下降进行训练的误差。使用批次中所有样本的平均影响，
每个 epoch 更新权重一次。该图展示了 20000 个训练 epoch

广泛的特征令人放心。误差在开始时下降了很多，表明网络正在误差表面的陡峭部分开始。然后误差下降得很缓慢。这里的表面可能是浅鞍部近似平坦的区域，或者处于仅有一点斜率几乎是平台的区域，因为误差确实继续缓慢下降。最终，算法找到另一个陡峭的区域，并一直跟随它到 0。

批梯度下降看起来非常平滑，但我们看到的是 20000 个 epoch，这个训练量是很大的。为了确认这种印象，我们放大前 400 个 epoch，如图 19.28 所示。

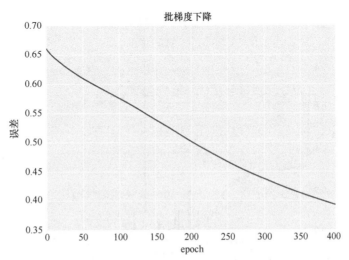

图 19.28　图 19.27 中前 400 个批梯度下降的 epoch 的特写

批梯度下降似乎确实在顺利进行。这是有道理的，因为它每次更新时使用来自所有样本的平均值。

批梯度下降产生一个平滑的、好看的误差曲线，最终达到 0。

批梯度下降在实践中存在一些问题。如果我们有比计算机内存容纳上限更多的样本，那么**分页**（paging）或从较慢的存储介质中检索数据的时间成本可能会变得很大甚至是很严重。当我们处理包含数百万个样本的庞大数据集时，这在某些实际情况中可能是个问题。从较慢的存储空间（甚至硬盘驱动器）中反复读取样本可能需要花费大量时间。这个问题有解决方案，但它们可能涉及很多工作。

与此内存问题密切相关的是，必须保持所有样本易得且可用，以便我们可以一遍又一遍地遍历它们，每个 epoch 一次。我们有时会说批梯度下降是一种离线算法，这意味着它严格地根据已存储和可访问的信息进行操作。

我们说它是"离线"的，是因为所有数据在训练开始时都已经可用。我们稍后会看到"在线"方法，即使在训练时也可以获得更多数据。因此，我们可以想象将计算机与所有网络断开连接，如果它正在运行**离线算法**（offline algorithm），它仍然可以从所有训练数据中学习。

## 19.4.2  随机梯度下降

让我们走到另一个极端，在每个样本后更新权重。这称为**随机梯度下降**，或更常见的是 SGD。回想一下"随机"（stochastic）这个词大致是"随机"（random）的同义词。因为样本以随机顺序到达，所以我们无法预测权重如何在一个样本到另一个样本间变化。

每个样本都会将权重改变一点。由于数据集有 300 个样本，这意味着我们将在每个 epoch 的过程中更新权重 300 次。这会导致误差出现大量跳跃，因为一个样本会向一个方向拉动权重，然后另一个样本又是另一个方向。

由于我们只是在逐个 epoch 的基础上绘制误差，因此不会看到这种小规模的摆动。但即使在 epoch 之间，振荡也依旧是可见的。

图 19.29 展示了神经网络使用 SGD 从这些数据中学习的误差。

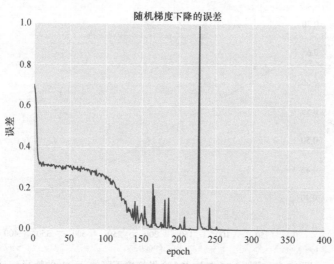

图 19.29  随机梯度下降（或称 SGD）。当我们通过在每个样本之后更新权重来学习图 19.26 的数据时，该图展示了每个 epoch 之后的误差。该图展示了 400 个训练 epoch

该图具有与批梯度下降大致相同的形状，这是合理的，因为两次训练都使用相同的网络和数据。

大约第 225 个 epoch 周围的巨大飙升表明 SGD 是多么难以预测。样本排序中的某些内容以及网络权重的更新方式导致误差从接近 0 到接近 1 地飙升。换句话说，它会从几乎能正确分类每个样本到几乎在每个样本上都犯错，然后再回到正确的位置（虽然这需要几个 epoch，如尖峰右侧的小曲线所示）。如果我们在学习过程中观察误差，就可能会在那里停止训练。如果我们使用自动算法来观察误差，它也可能会阻止它。然而，在这个峰值之后的几个 epoch 又回到了接近 0。这个算法名字中的"随机"一词名副其实。

从图 19.29 中看到，SGD 在短短 400 个 epoch 内降至 0 左右。我们在 400 个 epoch 之后截断了曲线，因为从那时起曲线保持在 0。将其与图 19.27 中批梯度下降所需的大约 20000 个 epoch 进行比较可以发现，这种效率的提高是明显的[Ruder16]。

但让我们看看真正应该比较的东西。每个算法更新多少次权重？批梯度下降在每个 epoch 之后更新权重，因此 20000 个 epoch 意味着它进行了 20000 次更新。SGD 会在每个 epoch 的 300 个样本中的每个样本之后进行更新。因此，在 400 个 epoch 中，它执行了 300×400=120000 次更新，是批梯度下降的 6 倍。这意味着，我们实际花费等待结果的时间并不完全由 epoch 数决定，因为每个 epoch 的时间可能有很大差异。

我们称 SGD 为**在线算法**（online algorithm），因为它不需要存储样本，甚至不需要从一个 epoch 到下一个 epoch。它只是处理每个样本，并立即更新网络。

SGD 会产生**噪声**，如图 19.29 所示。这既好又坏。好的一面是 SGD 可以在搜索极小值时从误差表面的一个区域跳到另一个区域。但不好的一面是，SGD 可能跨过最低的极小值，并且花费时间在其他极小值内部以较大的误差反弹。随着时间的推移，衰减学习率肯定会有助于解决跳跃问题，但搜索仍然会很波动。

误差曲线中的噪声可能是一个问题，因为它使我们很难知道系统何时学习，以及它是否过拟合。我们必须考虑一些 epoch 后才能获得误差的平均值。这可能会消耗很多时间，而且我们可能只在超过了某个标记很久之后才发觉。

### 19.4.3 mini-batch 梯度下降

我们可以在批梯度下降（每个 epoch 更新一次）和随机梯度下降（每个样本后更新）这两种极端情况之间找到一个很好的中间地带。这种折中称为 mini-batch **梯度下降**（mini-batch gradient descent）。在这里，我们在评估了一些固定数量的样本后更新权重。此数字几乎总是远小于批大小（即训练集中的样本数）。我们将这个较小的数字称为 mini-batch **大小**，从训练集中抽取的一组样本是一个 mini-batch。

mini-batch 大小通常大约是 $2^{32} \sim 2^{256}$，并且通常被选择以充分利用我们的 GPU 的并行能力（如果我们有的话）。但这只是为了达到一定的速度。我们可以使用我们喜欢的任何大小的 mini-batch。

使用 32 个样本的 mini-batch 的结果如图 19.30 所示。

这确实是两种算法的完美结合。曲线是平滑的，就像批梯度下降一样，但并非完全那样。它在大约 5000 个 epoch 内降至 0，介于 SGD 所需的 400 和批梯度下降所需的 200000 之间。图 19.31 展示了前 400 个 epoch 的细节。

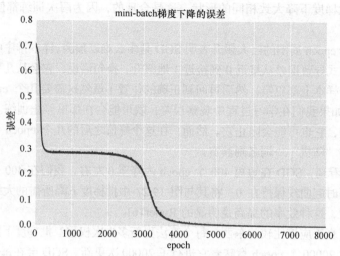

图 19.30　mini-batch 梯度下降。我们使用的是 32 个样本的 mini-batch。
大约 5000 个 epoch 之后，我们发现误差为 0

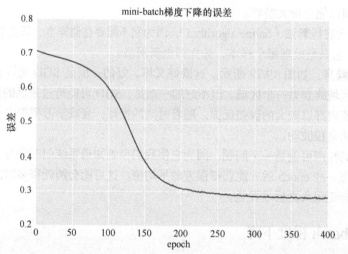

图 19.31　图 19.30 的前 400 个 epoch 的特写，显示出了训练开始时的陡降。
注意，垂直刻度范围是 0.2～0.8

　　mini-batch 梯度下降执行了多少次更新？我们有 300 个样本，使用了 32 个样本的 mini-batch，因此每个 epoch 有 10 个 mini-batch。理想情况下，我们希望 mini-batch 能够精确地划分输入的大小。但在实践中我们无法控制数据集的大小，经常在最后有一个不完整的 mini-batch。因此，每个 epoch 执行 10 次更新，乘以 5000 个 epoch，为我们提供了 50000 次更新。这恰好也在批梯度下降的 20000 次更新和 SGD 的 120000 次更新之间。

　　mini-batch 梯度下降的噪声比 SGD 小，这使得它有助于跟踪误差发生的情况。若使用 GPU 进行计算，该算法能得到巨大的效率提升，可以并行地评估 mini-batch 中的所有样本。因此它比批梯度下降更快，并且在实践中比 SGD 更具吸引力。

　　由于所有这些原因，mini-batch 梯度下降在实践中很受欢迎，"普通" SGD 和批梯度下降的使用相对较少。

事实上，大多数时候在文献中使用的术语"SGD"，或者甚至只是"梯度下降"，都可以理解为是指 mini-batch 梯度下降[Ruder16]。

## 19.5 梯度下降变体

让我们回顾一下 mini-batch 梯度下降的一些挑战，以及解决它们的方法（按照惯例，从这里我们通常将 mini-batch 梯度下降称为 SGD）。组织本节的灵感来自[Ruder16]。

mini-batch 梯度下降是一种很好的算法，但它并不完美。首先，我们必须指定想要使用的学习率 $\eta$ 的值，众所周知这是难以提前选择的。正如我们所看到的，一个太小的值会导致学习时间过长而陷入浅层局部最小值，但是一个太大的值会导致我们超越深层局部最小值，然后当我们确实找到它的最小值时会陷入来回弹跳的困境。如果试图使用衰减规划，通过随时间改变 $\eta$ 来避免这个问题，我们仍然必须选择该规划及其参数。

然后我们必须选择 mini-batch 的大小。这通常不是一个问题，因为我们就使用任何能与硬件结构最匹配的值来进行计算即可。

另一个问题是，考虑到现在我们用"一个全体通用的学习率"的方法更新所有权重，也许那不是最好的方法。也许我们可以为系统中的每个权重找到一个特有的学习率，这样不只是将它往最佳方向移动，而且也能将其移动最佳数值。

要记住，我们可能的另一种改进方法是，正如我们上面提到的，有时鞍部上的区域在所有方向上的变化都可能很浅，所以在局部，它几乎（但并不完全）是一个平台。这会拖延我们的进度，就好似在艰难爬行。因为我们知道在误差环境中通常会有很多鞍部[Dauphin14]，如果有这样一种方法就好了，它可以使得我们在这些情况下不被卡住，或者更好的是，在第一时间就避免卡进这些区域。这样的方法同样适用于平台：我们希望避免陷入梯度下降到 0 的平坦区域。因此我们希望避开梯度下降到 0 的区域，当然除了正在寻求的最小值。

让我们看一下解决这些问题的一些梯度下降法的变体。

### 19.5.1 动量

如果将误差表面看作一个地形地貌，那么如我们在第 5 章中看到的，我们可以将每个步骤描绘成一个沿着表面滚动的球，它在寻找最低点。在二维分类示例中，球的位置由权重给出，球的高度由这些值的误差给出。

图 19.32 再现了第 5 章中的一幅图，该图展示了这样考虑训练过程的一个例子。

我们从物理世界中知道，以这种方式从山上滚下来的真实球将具有一些**惯性**（inertia），这描述了它对运动状态变化的抵抗力。也就是说，如果它以一定的速度在给定的方向上滚动，它将继续以这种方式移动，除非有东西干扰它（例如摩擦，或者有人推球，或者误差环境的斜率变化）。

一个不同但相关的想法是球的**动量**（momentum）。从物理的角度来看，这有点抽象。我们有时会在日常言论中随意混淆这两个术语，将"动量"视为一个对象继续以相同的速度和方向移动的趋势。我们将在这里使用这种解释。

这个概念是使图 19.32 中的球在从高峰下降穿过鞍部并在平台上保持移动的原因。如果球的运动是由梯度严格给出的，当它达到平台时就会停止（或者如果它达到一个近似平台的区域，那么球会慢慢爬行）。但是球的动量（或更恰当地说，它的惯性）使它保持向前滚动。

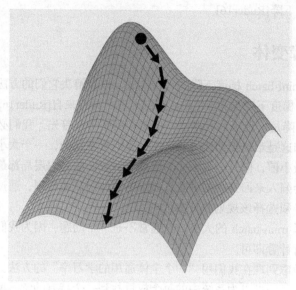

图 19.32　将球沿误差表面下滚。这是第 5 章中的图的再现

假设我们在图 19.33 的左侧附近。当我们滚下山坡时，我们将从−0.5 左右开始到达平台。

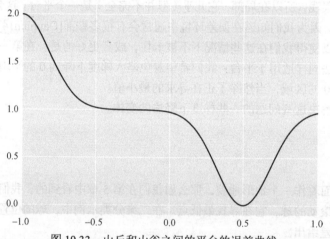

图 19.33　山丘和山谷之间的平台的误差曲线

对于常规的梯度下降，我们就会因为梯度为 0 而停在平台上，如图 19.34a 所示。但是如果我们包含一些动量，那么球会持续滚动一段时间。它会减速，但如果我们很幸运，它会滚动到足以找到下一个山谷的地方。

如果能够让学习过程使用这种动量，那将是很好的，因为它将帮助我们跨越图中那样的平台。

动量梯度下降（momentum gradient descent）技术[Qian99]就是基于这个观点被提出的。对于每个步骤，一旦计算出我们希望每个权重变化多少，就会添加少量来自之前步骤的变化。因此，如果给定步骤的变化为 0 或接近 0，但我们在上一步有一些较大的变化，则将依靠先前的一些动能，推动我们走过平台。

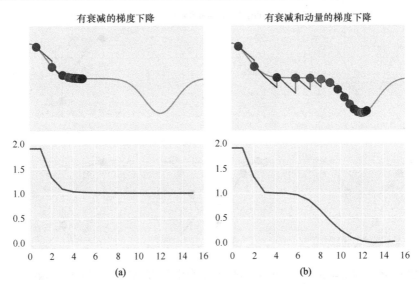

图 19.34 　图 19.33 的误差曲线上的梯度下降。两幅图都显示了 16 个步骤。(a)有衰减的梯度下降。当我们到达平台时，梯度变为 0 并且进度停止。(b)具有衰减和动量的梯度下降（对角线之后讨论）。球在平台上滚动一会儿，损失能量并减速。但它在停止之前到达了下一个山谷，让它有机会进入山谷并到达最小误差

　　图 19.35 直观地展示了这个想法。我们假设一些权重具有值 $A$，并将其更新为值 $B$，我们现在想要找到权重的下一个值，称之为 $C$。为了找到 $C$，我们找到应用于点 $A$ 的变化，也就是移动到误差表面后，将我们带到 $B$ 点的变化。这就是动量，标记为 $m$。

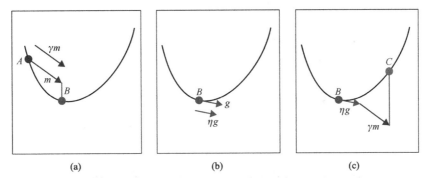

图 19.35 　具有动量的梯度下降步骤。(a)当我们在 $B$ 点时，回顾前一个点 $A$ 并找到"动量"或者说是应用于 $A$ 点的变化。我们称之为"$m$"。这个动量由 $\gamma$ 缩放，是一个从 0 到 1 的数，标记为 $\gamma m$ 的较短的箭头。(b)与基本梯度下降一样，我们在 $B$ 处找到梯度并将其缩放 $\eta$。
(c)从 $B$ 点开始，我们根据缩放的梯度 $\eta g$ 与缩放的动量 $\gamma m$，给出新的 $C$ 点。

　　我们将动量 $m$ 乘以通常用小写希腊字母 $\gamma$（gamma）表示的比例因子。有时这被称为**动量放缩因子**（momentum scaling factor）。这是从 0 到 1 的值。将 $m$ 乘以该值可以得到一个新的箭头 $\gamma m$，它指向与 $m$ 相同的方向，但长度相同或更短。然后我们像之前那样在 $B$ 处找到缩放的梯度 $\eta g$。为了找到 $C$ 点，我们将缩放的动量 $\gamma m$ 和缩放的梯度 $\eta g$ 加到 $B$ 点上。

　　让我们看看这个动作。图 19.36 展示了我们之前的对称波谷，以及使用指数衰减规划和动量训练的连续步骤。这就像我们在图 19.21 中的序列一样，但现在每个步骤的更改还包括动量，或者说从上一步骤开始的变化的缩放版本。我们可以通过从每个点发出的两条线来看到这一点（一条用于梯度，另一条用于动量），然后一同构成了新的变化。

伴随动量的学习率衰减

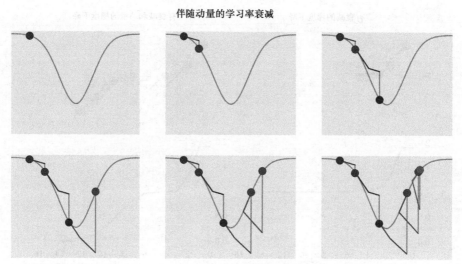

图 19.36　使用指数衰减和动量的学习过程。每一步的变化由缩放梯度（由离开点的第一条线表示）与一些之前的变化（由第一条之后的线表示）的和给出

因此，在每个步骤中，我们首先找到梯度并将其乘以学习率 $\eta$ 的当前值，如以前做的那样。然后找到之前的变化，用 $\gamma$ 缩放它，并将这两个变化添加到权重的当前位置。这种组合形成了我们在这一步中的变化。

图 19.36 中的最后一步，以及沿途每个点的误差如图 19.37 所示。

伴随动量的学习率衰减

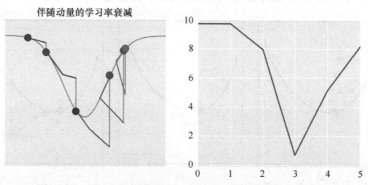

图 19.37　图 19.36 中的最后一步，以及沿途每个点的误差

这里发生了一件有趣的事情：当球"滚上"山谷的右侧时，即使梯度指向下方，它仍继续向上滚动。这正是我们对真实的球的期望。我们可以看到它减速，然后最终它会沿斜坡下滑，超过底部，但比之前超过得少，然后减速并再次回落，以此类推，直到它最终落入山谷的底部。

如果使用了太多的动量，我们可以直接从另一侧"飞出"山谷，但动量太小，我们可能无法穿越沿途遇到的平台。图 19.38 展示了误差曲线，它包括图 19.33 的平台。在这里，使用 $\gamma$ 值来缩放动量，使得我们可以通过平台，但仍然可以在山谷底部达到最小值。

寻找合适的动量是另一项任务，我们需要运用自己的经验和直觉以及试验来了解特定网络的行为以及正在使用的数据。我们也可以使用超参数搜索算法进行搜索。

因此，将所有这些放在一起，可以找到梯度，通过当前学习率 $\eta$ 对其进行缩放，添加先前由 $\gamma$ 缩放的变化，这便给了我们新的位置。

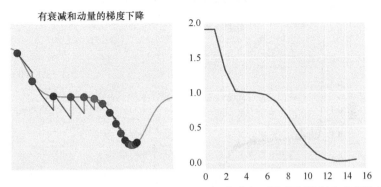

图 19.38　使用足够的动量穿过平台，但不能太多，以免我们不能很好地留在底部的最小值处。
我们可以看到误差曲线中的最小值略微超调，但通过后来的迭代将回到最小值

如果将 $\gamma$ 设置为 0，就不需要添加任何之前的步骤，并且我们会有"普通"（或"vanilla"）GD。如果 $\gamma$ 设置为 1，那么我们将添加上一个更改的全部内容。我们经常使用大约为 0.9 的值。在上图中，我们将 $\gamma$ 设置为 0.7 以更好地说明该过程。

图 19.39 展示了 15 个点使用学习率衰减和动量学习的过程。"球"从左侧开始，向下滚动，然后沿右侧向上，然后再次向下滚动并冲上左侧，不断重复，每次爬升少一点。

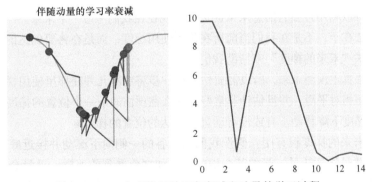

图 19.39　15 个点使用学习率衰减和动量的学习过程

动量有助于我们克服平坦的平台和鞍部的浅层。它还有额外的好处，那便是可以帮助我们压缩陡坡。所以即使学习率很小，我们也可以在那里有一些效率。如上所述，使用过大的动量值存在风险，但适度使用通常会有所帮助。

图 19.40 展示了对图 19.26 中的数据集进行训练的误差，该数据集由两个半月组成。我们正在使用具有动量的 mini-batch 梯度下降。它比图 19.30 的 mini-batch 曲线更嘈杂，因为动量有时会使其超过我们想要的位置，导致误差加剧。在图 19.30 中给数据单独使用 mini-batch 梯度下降时，误差大约需要 5000 个 epoch 才能达到 0。使用动量，我们在 600 多个 epoch 后达到 0。

动量显然有助于我们更快地学习，这是一件好事。

但动量给我们带来了一个新问题：选择动量值 $\gamma$。正如前文提到的，我们可以用经验和直觉来选择这个值，或者将其视为超参数并搜索能够给我们带来最佳结果的值。

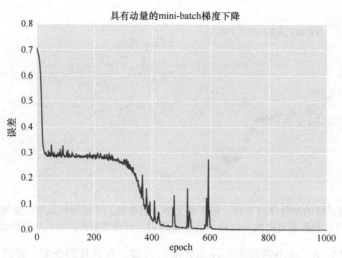

图 19.40 使用具有动量的 mini-batch 梯度下降训练双半月数据的误差曲线。
我们在 600 多个 epoch 时达到 0 误差

## 19.5.2 Nesterov 动量

动量让我们可以利用过去的信息来帮助训练。现在让我们考虑一下未来。

其关键的想法在于，不是在我们当前所在位置使用梯度，而是在将要到达的位置使用梯度。然后可以使用一些"未来的梯度"来帮助我们。

因为我们无法真正预测未来，所以需要估计下一步将在哪儿并在那里使用梯度。我们的想法是，如果误差表面相对平滑，并且估计非常好，那么在预估的下一个位置的梯度将接近我们实际上只是使用标准梯度下降移动（有或没有动量）到达的位置的梯度。

为什么使用未来的梯度很有用？假设我们从山谷的一侧向下滚动并接近底部。在下一步，我们将超过底部并最终到达另一侧的某个地方。正如之前看到的那样，动量会让我们爬上那一侧几步，随着动量的失去而放慢速度，直到我们转身再回来。但是如果可以预测我们会到那边那么远的地方，那么现在在计算中包含一些那个点的梯度，就不用移动到右边的那么远位置，未来的向左推动趋势会使移动距离稍近一些。所以我们不会过冲那么多，并且最终将更接近山谷的底部。

换句话说，如果要做的下一步移动与其上一步移动方向相同，那么我们现在迈出更大的一步。如果下一步移动会使我们后退，那应采取更小的步幅。

让我们把这个过程一步步地分解，这样就不会在估计和实际之间混淆。图 19.41 展示了该过程。和以前一样，我们想象从位置 $A$ 的权重开始，在最近的更新之后，到达 $B$ 处，如图 19.41a 所示。与动量一样，我们发现在 $A$ 点应用的变化将带到 $B$（箭头 $m$），此时用 $\gamma$ 来缩放它。

现在出现了新的部分，如图 19.41b 所示。我们不是在 $B$ 处找到梯度，而是立即将缩放的动量添加到 $B$ 以获得"预测点"$P$。这是我们对下一步结束点的猜测。如图 19.41c 所示，我们在点 $P$ 处找到梯度 $g$，并像往常一样对其进行缩放以获得 $\eta g$。现在我们通过将缩放的动量 $\gamma m$ 和缩放的梯度 $\eta g$ 加到 $B$ 来找到图 19.41d 中的新点 $C$。

这有点疯狂，因为我们根本没有在 $B$ 点使用梯度。我们只是结合了一个缩放版本的让我们到

达 $B$ 的动量，以及预测点 $P$ 的梯度的缩放版本。

　　注意，图 19.41d 中的 $C$ 点比正常动量得到的值更接近山谷底部。通过展望未来看到我们会在山谷的另一边，便能够使用左指向梯度来防止在那边滚太远。

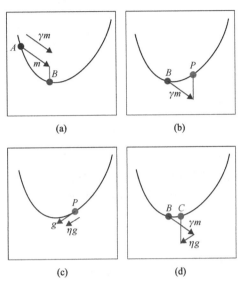

图 19.41　具有 Nesterov 动量的梯度下降。有 4 个步骤。(a)与具有动量的梯度下降一样，在 $B$ 点时，我们回顾前一个点 $A$ 以找到在 $A$ 点计算的变化值。这是动量 $m$，我们用 $\gamma$ 来缩放它得到 $\gamma m$。(b)将缩放的动量添加到 $B$，以给我们一个新的"预测点" $P$。(c)我们在 $P$ 处找到梯度。像往常一样，我们称之为 $g$，并按学习率 $\eta$ 来缩放它得到较小的箭头 $\eta g$。(d)从 $B$ 点出发，添加缩放的梯度和缩放的动量，为我们提供新的 $C$ 点

　　为了纪念开发这种方法的研究人员，我们将其称为 Nesterov 动量（Nesterov momentum）或 Nesterov 加速梯度（Nesterov accelerated gradient）[Nesterov83]。它基本上是我们之前看到的动量技术的加强版本。虽然我们仍然需要为 $\gamma$ 选择一个值，但不必选择任何新参数。这是一个很好的算法示例，可以提高性能，而无须进行更多的工作。

　　在小山谷测试案例中，使用 Nesterov 动量的前 6 个步骤如图 19.42 所示。

伴随Nesterov动量的学习率衰减

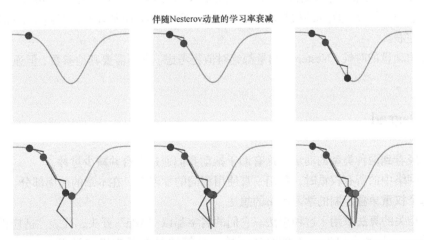

图 19.42　利用 Nesterov 动量与学习率衰减来下山。在每个步骤中，如果我们继续当前的运动，就会使用预测到的点的梯度

图 19.43 展示了图 19.42 的最后一步及其误差。

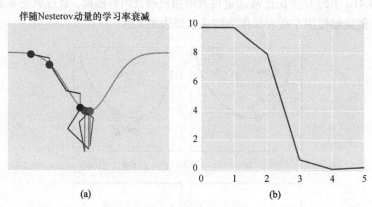

伴随Nesterov动量的学习率衰减

(a)　　　　　　　　　(b)

图 19.43　使用 Nesterov 动量和学习率衰减的学习过程。(a)图 19.42 中的最后一步。
(b)沿途每个点的误差

15 个点后该过程的结果如图 19.44 所示。

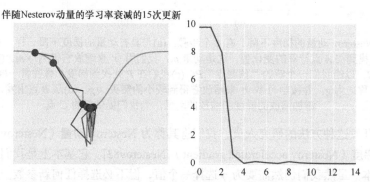

伴随Nesterov动量的学习率衰减的15次更新

图 19.44　在 15 个点运用 Nesterov 动量。它在大约 7 个点之后找到了山谷的底部，然后停留在那里

使用 Nesterov 动量的标准测试案例的误差曲线如图 19.45 所示。与图 19.40 中仅使用动量的结果相比，它使用了完全相同的模型和参数，但它的噪声和效率都较低，误差在 epoch 约为 425 时下降到 0 左右。

任何使用动量的时候，Nesterov 动量都绝对值得考虑。它不需要其他参数，但通常学得更快，噪声更少。

### 19.5.3　Adagrad

我们已经看到两种类型的动量，这有助于推动我们通过平台并减少过冲。

当更新网络中的所有权重时，我们一直使用相同的学习率。在本章的前面部分，我们提到了使用针对每个权重单独定制的学习率 $\eta$ 的想法。

有几个相关的算法采用了这种想法。它们的名字都以 "Ada" 开头，代表 "适应性"。

我们将从一个名为 Adagrad 的算法开始，该算法是自适应梯度学习（Adaptive Gradient Learning）[Duchi11]的缩写。顾名思义，该算法能够适应（或改变）每个权重的梯度规模。

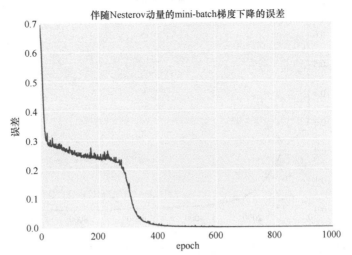

图 19.45 具有 Nesterov 动量的 mini-batch 梯度下降的误差。系统在 epoch 约为 425 时达到 0 误差。
该图展示了 1000 个 epoch

Adagrad 为我们提供了一种以权重为基础进行学习率衰减的方法。对于每个权重，Adagrad 采用我们在更新步骤中使用的梯度，将其求平方（即将其与自身相乘），并将其添加到移动总和中。然后将梯度除以从该和得到的值，得到随后用于更新的值。

因为每个步骤的梯度在加入之前都需要求平方，所以加到总和中的值总是正的。结果，这种运行总和随着时间的推移变得越来越大。

由于总和随着时间的推移变得越来越大，我们将每个变化除以该增长的总和，每个权重的变化随着时间的推移变得越来越小。

这听起来很像学习率衰减。随着时间的推移，权重的变化会变小。这里的不同之处在于，学习的减速是根据每个权重的历史记录唯一计算的。

因为 Adagrad 有效地自动计算每个权重的学习率，所以我们用来使用的学习率并不像早期算法那样重要。这是一个巨大的好处，因为它使我们免于处理微调误差率的任务。我们经常将学习率 $\eta$ 设置为 0.01 之类的小值，然后让 Adagrad 开始处理。

图 19.46 展示了 Adagrad 在测试数据上的性能。

这与大多数其他曲线具有大致相同的形状，但是需要很长时间才能达到 0。

因为梯度的总和随着时间的推移变大，所以最终我们会发现将每个新梯度除以与该总和相关的值能得到接近 0 的梯度。这就是为什么在它尝试解决最后一些残留误差时 Adagrad 的误差曲线下降得如此缓慢的原因。

我们可以做少量工作来解决这个问题。

### 19.5.4　Adadelta 和 RMSprop

Adagrad 的问题在于，我们应用于每个权重更新步骤的梯度越来越小。那是因为运行总和变得越来越大。

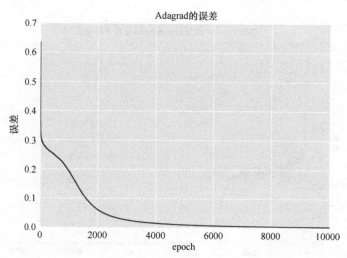

图 19.46　Adagrad 在测试数据中的性能。它在一开始就下降了很多，然后慢慢地在 epoch 约为 8000
时找到了一条达到全局最小值 0 的路径。该图展示了 10000 个 epoch

若不是累积自训练开始以来的所有平方梯度，我们为这些梯度保持一个**衰减总和**会怎样呢？

我们可以将其视为保持最近梯度的运行列表。每次更新权重时，我们将新梯度添加到列表的近端，并将最旧的梯度从远端删除。为了找到我们用来除新梯度的值，我们会将列表中的所有值相加，但还要先将它们全部乘以一个基于它们在列表中的位置的数字。最新的值乘以一个较大的值，而最旧的值乘以一个非常小的值。这样，我们的运行总和最大程度上取决于最近的梯度，而它受较旧梯度的影响较小[Ruder16]。

通过这种方式，梯度的运行总和（以及因此我们将新梯度除以的值）可以基于我们最近应用的梯度上下移动。

该算法称为 Adadelta [Zeiler12]。这个名字来自"自适应"，就像 Adagrad 一样，而"delta"指的是希腊字母 δ（delta），数学家经常用它来指代有多少东西被改变。因此，该算法使用该加权运行总和自适应地改变在每一步上更新权重的程度。

由于 Adadelta 单独调整了各个权重的学习率，任何在陡坡上停留一段时间的权重都会被衰减，因此它不会大得离谱，但当权重在较平坦的部分时，它可以采取更大的步幅。

和 Adagrad 一样，我们的学习率经常以大约 0.01 的值开始，然后让算法从那时起调整它。

图 19.47 展示了 Adadelta 在测试数据中的结果。

这与 Adagrad 在图 19.46 中的表现相比毫不逊色。它很好而且流畅，在 epoch 约为 2500 时达到 0，比 Adagrad 的 8000 个 epoch 早得多。

Adadelta 的缺点是需要另一个参数，遗憾的是它也被称为 gamma（γ）。它与动量算法使用的参数 γ 大致相关，但它们是完全不同的，因此最好将它们视为恰好具有相同名称的不同概念。这里的 γ 值告诉我们，随着时间的推移历史列表缩小的程度。较大的 γ 值将比较小的 γ 值更容易"记住"更远的值，并让它们对总和做出贡献。较小的 γ 值仅关注最近的梯度。通常我们将此 γ 设置为 0.9 左右。

在 Adadelta 中实际上还有另一个参数，由希腊字母 ε（epsilon）命名。这是一个用于保持计算在数值上稳定的细节。大多数库都会将其设置为一个默认值，由程序员精心选择，以使工作尽可能地有效。因此除非有特定需要，否则不应更改它。

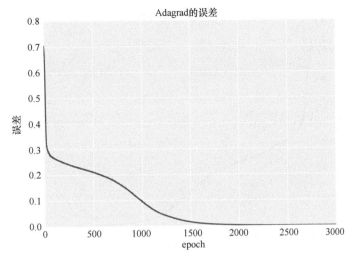

图 19.47　使用 Adadelta 对测试数据进行训练的结果。相比于 Adagrad 的 8000 个 epoch，
我们在 epoch 约为 2500 处得到 0 误差。该图在 epoch 为 3000 处停止

一种与 Adadelta 非常相似但在数学上稍微不同的算法称为 RMSprop [Hinton15]。该名称是因为它使用 "均方根" 运算（通常缩写为 "RMS"）来确定向梯度添加（或传播，因此名称中有 "prop"）的调整。

RMSprop 和 Adadelta 大约在同一时间被发明，并以类似的方式工作。RMSprop 也使用一个参数来控制它 "记住" 多少，并且该参数也被命名为 $\gamma$。同样，良好的初始值约为 0.9。

### 19.5.5　Adam

上述算法都表达了保存每个权重的平方梯度列表的想法。然后，可以通过将此列表中的值相加来创建缩放因子，也可以是在缩放它们之后来创建。每个更新步骤的梯度除以该总和。

Adagrad 在构建其缩放因子时给予列表中的所有元素相同的权重，而 Adadelta 和 RMSprop 将较旧的元素视为不太重要，因此对总量的贡献较小。

在将梯度放入列表之前将梯度求平方，在数学上是有用的，但是当我们对数字求平方时，结果总是正的。这意味着我们忘记了列表中的梯度是正还是负。这是有用的信息。因此，让我们想象保留另一个梯度列表，其中的梯度不进行平方。然后我们可以使用这两个列表来推导出缩放因子。

这是一种称为**自适应矩估计**（Adaptive Moment Estimation）的算法，更常见的名称是 Adam [Kingma15]。

图 19.48 展示了 Adam 的表现。

输出很棒，只是略微嘈杂，并且在 epoch 约为 900 时达到 0 误差，比 Adagrad 或 Adadelta 早得多。

缺点是 Adam 有两个参数，我们必须在学习开始时设置这两个参数。

这两个参数以希腊字母 $\beta$（beta）命名，称为 "beta 1" 和 "beta 2"，写成 $\beta_1$ 和 $\beta_2$。关于 Adam 的论文的作者建议将 $\beta_1$ 设置为 0.9，将 $\beta_2$ 设置为 0.999，这些值确实经常有效。

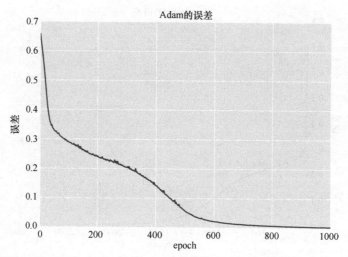

图 19.48　测试集上的 Adam 算法。该算法在大约 900 个 epoch 后达到 0 误差。这与 Adadelta 的 2500 个 epoch 或 Adagrad 的 8000 个 epoch 相比毫不逊色。该图展示了 1000 个 epoch

## 19.6　优化器选择

这并不是已经提出和研究过的所有优化器的完整列表，还有很多其他的优化器，每个都有自己的优点和缺点。我们的目标是概述一些最流行的技术，并了解它们如何实现加速。

图 19.49 总结了我们使用 Nesterov 动量的 mini-batch 梯度下降和 Adagrad、Adadelta 以及 Adam 这 3 种自适应算法的结果。

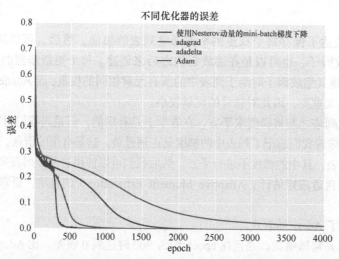

图 19.49　上述 4 种算法随时间的误差。此图仅显示前 4000 个 epoch

在这个简单的测试案例中，具有 Nesterov 动量的 mini-batch 梯度下降是明显的赢家，Adam 紧随其后。在更复杂的情况下，情况发生逆转，自适应算法通常表现更好。

在各种各样的数据集和网络中，我们讨论的最后 3 种自适应算法（Adadelta、RMSprop 和 Adam）的表现通常非常相似[Ruder16]。研究发现，在某些情况下，Adam 的表现要比其他算法好一些，所以这通常是一个很好的起点[Kingma15]。

为什么有那么多优化器？找到最好的并坚持下去是不是明智之举？

事实证明，我们不但不知道"最佳"优化器，而且也不可能有适用于所有情况的最佳优化器。无论我们提出的"最佳"优化器有多好，都可以被证明总是能找到一些其他优化器会更好的情况。这个结论以其有趣的名字，即**无免费午餐定理**（no free lunch theorem）[Wolpert96] [Wolpert97]而闻名。这保证了没有一个优化器总能比其他任何优化器都更好。

注意，无免费午餐定理并未说明所有优化器都是相同的。正如我们在本章的测试中看到的那样，不同的优化器确实表现不同。该定理只告诉我们，没有一个优化器能够永远击败其他优化器。

我们可以通过自动搜索找到任何特定组合的网络和数据的最佳优化器，该搜索可以尝试多个优化器，可能有多组参数选择。无论是自己选择优化器及其参数还是使用搜索结果，我们都需要记住，一组网络和数据的最佳选择会不同于下一组。

# 参考资料

| | |
|---|---|
| [Bengio12] | Yoshua Bengio, *Practical Recommendations for Gradient-Based Training of Deep Architecture*s, in *Neural Networks： Tricks of the Trade： Second Edition*, editors Grégoire Montavon, Geneviève B. Orr, and Klaus-Robert Müller, 2012. |
| [Darken92] | Darken C, Chang J, and Moody J. *Learning rate schedules for faster stochastic gradient search*, Neural Networks for Signal Processing II, Proceedings of the 1992 IEEE Workshop, (September), pg 1-11, 1992. |
| [Dauphin14] | Dauphin Y, Pascanu R, Gulcehre C, Cho K, Ganguli S, and Bengio Y, *Identifying and attacking the saddle point problem in high-dimensional non-convex optimization*, arXiv, 1-14, 2014. |
| [Duchi11] | Duchi J, Hazan E and Singer Y (2011). *Adaptive Subgradient Methods for Online Learning and Stochastic Optimization*, Journal of Machine Learning Research, 12, pgs. 2121-2159, 2011. |
| [Hinton15] | Geoffrey Hinton, Nitish Srivastava, Kevin Swersky. *Neural Networks for Machine Learning: Lecture 6a, Overview of mini-batch gradient descent*, 2015. |
| [IBM10] | IBM, *What Is Batch Processing*, IBM Knowledge Center, z/OS Concepts, 2010. |
| [Karpathy16] | Andrej Karpathy, *Neural Networks Part 3: Learning and Evaluation*, Course notes for Stanford CS231n, 2016. |
| [Kingma15] | Kingma D P and Ba J L. *Adam: a Method for Stochastic Optimization*, International Conference on Learning Representations, pages 1-13, 2015. |
| [Nesterov83] | Nesterov Y. *A method for unconstrained convex minimization problem with the rate of convergence o(1/k2)*, Doklady ANSSSR (translated as Soviet.Math.Docl.), vol. 269, pp. 543-547, 1983. |
| [Orr99] | Genevieve Orr. *CS-449: Neural Networks Course Notes, Momentum and Learning Rate Adaptation*, Williamette University, 1999. |
| [Qian99] | Qian N. *On the momentum term in gradient descent learning algorithms*, Neural Networks, 12(1), pages 145-151, 1999. |

[Ruder16]　　　　Sebastian Ruder. *An overview of gradient descent opti-misation algorithms*.

[Wolpert96]　　　D H Wolpert. *The Lack of A Priori Distinctions Between Learning Theorems*, Neural Computation 8, 1996.

[Wolpert97]　　　D H Wolpert and W G Macready. *No Free Lunch Theorems for Optimization*, IEEE Transactions on Evolutionary Computation, 1(1), 1997.

[Zeiler12]　　　　Zeiler M D. *ADADELTA: An Adaptive Learning Rate Method*, 2012.